THE
VEGETARIAN
FLAVOR
BIBLE

蔬食風味聖經

蔬菜、水果、穀物、豆類、堅果、種籽
美國頂尖大廚的烹飪創意精髓

THE ESSENTIAL GUIDE TO CULINARY CREATIVITY WITH
VEGETABLES, FRUITS, GRAINS, LEGUMES, NUTS, SEEDS, AND MORE,
BASED ON THE WISDOM OF LEADING AMERICAN CHEFS

凱倫・佩吉——著
KAREN PAGE

安德魯・唐納柏格——攝影
ANDREW DORNENBURG

宋宜真、王湘菲、許景理、周沛郁——譯

國家圖書館出版品預行編目資料

蔬食風味聖經／凱倫．佩吉 Karen Page 著；
宋宜真、王湘菲、許景理、周沛郁譯
－初版－新北市：大家出版：遠足文化發行，
2019.1
譯自：The vegetarian flavor bible : the essential guide
to culinary creativity with vegetables, fruits, grains,
legumes, nuts, seeds, and more, based on the wisdom
of leading American chefs
ISBN 978-986-97069-3-3（平裝）
1.蔬菜食譜 2.烹飪
427.3   107020108

作　者	凱倫·佩吉（Karen Page）
攝　影	安德魯·唐納柏格（Andrew Dornenburg）
譯　者	宋宜真、王湘菲、許景理、周沛郁
封面設計	Chi-Yun Huang
內頁設計	黃暐鵬
編輯協力	劉綺文、翁蓓玉
責任編輯	郭純靜
行銷企劃	陳詩韻
總編輯	賴淑玲
社　長	郭重興
發行人兼出版總監	曾大福
出版者	大家出版
發　行	遠足文化事業股份有限公司
	231新北市新店區民權路108-3號6樓
	電話 (02)2218-1417　傳真 (02)8667-1065
	劃撥帳號 19504465　戶名　遠足文化事業有限公司
印　製	凱林彩印股份有限公司
法律顧問	華洋法律事務所　蘇文生律師
定　價	880元
初版一刷	2019年1月
初版三刷	2022年8月

神説：「看哪，我把全地一切含種籽的五穀菜蔬，和一切會結果子、果子裡有種籽的樹，都賜給你們；這些都可作食物。」
——創世記一章29節（和合本修訂版）

我認為素食是一種生活方式……
能對人類命運帶來最有利的影響。
——愛因斯坦，1930年12月28日寫給赫曼·胡斯（Hermann Huth）的信

此時的證據確鑿……沒有其他食物……
能比全食物以及植物性飲食更有益於人類健康。
——T·柯林·坎貝爾，著有《救命飲食：中國健康調查報告》

獻給安德魯。即使共度了29年，仍讓我驚喜不斷。

前言

chapter 1 | 1

對植物的愛：歷來的素食主義者

chapter 2 | 53

風味的最佳表現：
創造出新穎又慈悲的烹調

chapter 3 | 85

素食的風味搭配：列表

誌謝   549
專家簡介   551
食材列表索引   554
中英譯名對照   558

前言

超過一半的美國人（52%）認為，要弄清楚怎麼吃才健康比報稅還難。
——《2012年食物與健康調查：消費者對食品安全、營養和健康的態度》，
由國際食品資訊協會委託

在我訪談過的營養專家中，唯一都有的共識就是：
以植物為基礎的飲食能帶來益處。
——麥可·波倫，《食物無罪》（2008）

　　這本書源自於我遭遇的問題：我不知道要吃什麼。

　　二十多年來，在我書寫食物書的過程中，有幸採訪了許多世界頂尖的廚師，研究他們讓食物如此美味的祕密。跟我工作相關的飲食經驗（包括品嘗葡萄酒的午餐和晚餐），經常都是在丹尼爾（DANIEL）、樂貝爾納丁（Le Bernardin）和自身（Per Se）等餐廳進行，或是，在品嘗各主廚最喜愛的全美餐廳的這一年，我也品嘗了In-N-Out連鎖漢堡店的漢堡、蟹肉小籠湯包，還有帕特（Pat's）和吉諾（Geno's）牛排館的起司牛排。我的生活囊括了對美味的無盡追求，我也總是很雀躍能夠從舌尖學到東西。但隨著越來越多資訊宣導著營養與健康之間的關係，我突然意識到，對於以飲食為業的人來說，當我不因工作而進食的時候，竟然絕少思考我究竟該吃什麼來保持身體健康。

　　2006和2009年，我父親和繼母分別因癌症而過世之後，我不禁想到自己也年近半百。最後我終於作出人生重大決定：在選擇要吃什麼的時候，我應該把健康納入考量。

　　我鑽研了數十個跟食物和營養相關的書籍和網站，對於各式各樣（且通常相互矛盾）的營養建議感到困惑。如果連我這個西北大學和哈佛大學畢業且長期從事烹飪專業的人都無法弄清楚何謂健康的飲食，那其他人該怎麼辦？因此，當我在一份2012年的調查中發現，問卷中的美國人超過半數認為，要搞清楚怎麼吃才健康比報稅還難時，我並不太驚訝。但這真是令人沮喪。

　　一般大眾缺乏營養學知識是個悲劇，而這帶來的結果是，可用營養控制的疾病成了美國人的主要死因，例如癌症、心血管疾病和糖尿病。而以植物性蛋白質來取代動物性蛋白質，能降低上述三種疾病的風險。

　　最後我也真的在最具權威的資料中找到了這個共同點：他們建議飲食要以植物為基礎，特別是各類蔬菜。而必然的推論是，避免空含熱量的「垃圾食物」（尤其是來自脂肪和糖的熱量），並盡可能選擇全食物。

　　2012年5月，我終於決定嘗試三餐都吃素，不過我並未對外聲張。因為在美國中西部地區長大的我，每天至少吃兩次肉，通常是三次，因此我非常

懷疑自己的無肉飲食計畫是否撐得過一兩個星期。

　　我的丈夫安德魯曾在波士頓和紐約市一些最好的餐廳擔任主廚，他也勇敢加入我的無肉飲食實驗。我們家雜貨採買和烹飪工作通常由他包辦，於是我提供的「幫助」就是給他一份「不買清單」：垃圾食物、汽水、白麵粉、白糖、白米飯、任何含氫化植物油或反式脂肪的食品、基改食品。而每讀一則新聞，似乎都可以為這個名單再添新的禁忌食物。

　　於是我的「不買清單」越拉越長，我丈夫開始抱怨：「妳乾脆直接列出妳想要我買什麼。」

　　這讓我靈光一閃。我意識到避開某些食物（無論是肉類還是白色食物），只是消極作為。我決定開始列出能在提供熱量時帶來最多營養的最健康食物，也就是我們可以放鬆心情在家享受的「超級食物」：黑眉豆、藍莓、青花菜、羽衣甘藍、檸檬、藜麥、菠菜。接著，我開始研究和這些食材相容或相近的風味，方便創作菜餚，因此我又加進了對菜餚的想法。這些想法大多來自我對烹飪書、餐廳、全美最厲害素食者和素菜主廚的招牌菜的研究，最後我也採訪了其中數十位。一開始我只是想在家吃得更健康，最終演變出了這本書，以及本書第三章的列表。

　　就這樣過了幾個月。我們都驚訝自己對肉類根本毫無留戀，反而對於所有令人興奮的新食材所創造出的新風味感到雀躍萬分。外出用餐時，我們還注意到同桌人對於我們所點的無肉菜餚大感興趣，遠遠超過我們對他們所點菜餚。我和安德魯自此成為99%的素食者。

　　後來，我終於開始向其他人提到吃素這件事，而好心的朋友和同事不斷問我的問題，也是素食主義者和純素主義者最常被問到的問題：「但是妳要如何獲得蛋白質？」

　　為了確定我所採用的素食健康無虞，並且對這類問題給予充分而明智的答案，我經過一番努力，獲得了康奈爾大學與坎貝爾（T. Colin Campbell）基金會共同頒發的蔬食營養證書。證書的課程是由《救命飲食：中國健康調查報告》（*The China Study*）[1]的作者所創建，這是迄今為止所出版最具開創性、影響最深遠的營養學研究。我從課程習得的知識有助於我對本書的後續研究工作，我在這本書主要想處理三個問題：到底要吃什麼（以及到底要吃多少）？如何吃得健康？以及如何使食物變得美味（以至於無肉根本就不會是問題）？

---

1 繁體中文版書名為《救命飲食：越營養，越危險！？》（柿子文化）

關於蛋白質：即使只吃植物，還是可以在晚餐（以及午餐和早餐）吃到蛋白質

　　自從我公開承認自己吃素之後，就經常出現以下對話（這也是我在康奈爾大學課堂上出的第一份作業）：

　　「嘿，凱倫，我聽說妳現在是素食主義者？但如果妳不吃肉，要如何才攝取得到足夠的蛋白質？妳看起來不像會吃豆腐和麵筋的人啊！」

　　「嗨，帕特，其實，我是有一些非常美味的菜餚，就是用豆腐、麵筋製品甚至天貝做成的，只是我並沒有常吃。我的蛋白質來源，可能就跟你所吃的食物一樣。」

　　「妳的意思是妳會三不五時偷吃一點乳酪漢堡？」

　　「不，我是說，像我有天早上就在街角的貝果店遇到你。一份中等大小的貝果就含有10克蛋白質。」

　　「你開玩笑吧，我還覺得我是在補充大量碳水化合物勒！」

　　「應該這麼說，你的碳水化合物含有蛋白質。當天早餐我是吃貝果抹上幾湯匙的花生醬，所以這又添加了8克蛋白質。當天晚餐，安德魯做了『春天的麵食』（蔬菜義大利麵），我從一杯（240毫升）的麵裡獲得了8克蛋白質，又從他加入的一杯青花菜和一杯菠菜中，各獲得9克蛋白質。而且很好吃呢！」

　　「我還以為人得吃肉才能獲取蛋白質。還有哪些食物含有蛋白質？」

　　「很多植物類的全食物都含有蛋白質，包括豆子、扁豆和豌豆等豆類。還有鷹嘴豆！我知道你喜歡鷹嘴豆，因為我之前看到你在吃墨西哥鷹嘴豆泥捲。另外還有全穀物、堅果和種籽……名單很長呢！」

　　「跟我從乳酪漢堡獲得的蛋白質一樣多嗎？」

　　「從均衡的素食餐點攝取足夠的蛋白質並不難，脂肪含量也低得多。而且基於對癌症和心臟病等健康風險的考量，你絕對不會想吃進過多蛋白質。」

　　「哇！這我真的不知道……我還以為蛋白質對身體很好。」

　　「確實對身體很好，蛋白質是必需營養素。但是很多人都沒有意識到吃太多動物性蛋白質其實非常危險。這可能就足以解釋，為什麼美國花費在健康照護上的資源遠多於其他國家，卻還是有這麼多人生病。」

吃得健康

> 讓食物成為你的藥。
> ──希波克拉底

　　希波克拉底是對的。我們每個人平均一天都有三次機會，可以肩負起選擇和管理自己「藥物」的責任，來解決我們國家的健康危機。由於許多醫生幾乎沒有甚至根本沒有接受過營養學方面的訓練，因此我們每個人都應該學習營養學的基礎知識，好讓自己保持良好的健康狀態並增強免疫系統。令人高興的是，越來越多的美國人終於了解到動物性蛋白質帶來的健康風險，並在飲食中減少甚至完全不攝取動物性蛋白質。美國的人均肉品消費量在這五年來開始降低，並預計會持續下降。

　　然而，即使吃素，你吃下什麼跟你不吃什麼一樣重要。畢竟，白麵包夾素漢堡排搭配玉米片和汽水，這樣的一餐或許不含肉，但也不會有人認為這算健康的膳食。

　　多年前我在造訪紐約市《查氏餐館調查》報告裡一間大受歡迎的素食餐廳時，驚訝地發現，其中有許多菜餚都是油炸的，這讓我吃了之後覺得渾身發沉。這個經驗讓我了解到，選擇以水來烹調（如沸煮、低溫水煮、蒸煮）而非以油脂來烹調（如油炸、煎炒）也至關重要。

　　此外，你需要確保你的飲食著重於營養密度最高的食物，從最少的熱量中獲得最多營養。暢銷書《為活而食》（*Eat to Live*）作者喬爾·福爾曼（Joel Fuhrman）醫師，開發出一種有用的系統「總計營養密度指標」（ANDI），在「全食超市」購物者可能已經熟悉這種系統，因為整間商店都使用這個系統。各種食

物的營養成分評定為0-1000，所以你可以縮減那些營養級分較低的食物（例如可樂和玉米片，分別是1和7分），並尋找那些級分較高的食物（如綠葉甘藍、羽衣甘藍和水田芥等綠葉蔬菜，這些都是完美的1000分）。其他系統，如大衛·卡茨（David Katz）醫師的NuVal（在克羅格和勞氏等連鎖超市中使用），也是根據營養來給評分。在第三章，你會看到許多食物的顏色編碼，這會有助你找到營養密度更高的食物（也就是深綠色和草綠色點的食物），並協助你判斷營養密度沒那麼高的食物（也就是紅色和紫色點的食物）。評分的經驗法則如下：

- 綠色 　　　大多數綠色蔬菜（以及許多香料植物和辛香料）
- 草綠色 　　大多數非綠色蔬菜、新鮮水果和豆類
- 黃色 　　　大多數乾燥或較甜的水果、穀物、堅果和種籽
- 紅色 　　　大多數乳製品（如乳酪、全脂牛奶和優格）
- 紫色 　　　大多數油脂和甜味劑

　　儘管羽衣甘藍無比營養，每餐的蔬菜都選擇羽衣甘藍，也不是健康的飲食。你需要維生素、礦物質和其他營養素，這些都必須來自**各式各樣**的蔬菜。我的策略是平日盡量吃「各國菜系」，如此一來，我每隔一兩週就能廣泛攝取到各樣蔬菜。例如：

中菜	青江菜、青花菜、茄子、長豇豆、蘑菇、荷蘭豆
衣索比亞菜	甜菜、綠葉甘藍、四季豆、扁豆、洋蔥
法國菜	胡蘿蔔、根芹、茄子、法國扁豆、韭蔥、洋蔥
希臘菜	鷹嘴豆、茄子、吉甘特豆、蘿蔓萵苣、菠菜
印度	花椰菜、鷹嘴豆、茄子、波羅蜜、扁豆、菠菜
義大利菜	芝麻菜、球花甘藍、番茄、白豆、櫛瓜
日本菜	毛豆、蘑菇、海菜（海帶、裙帶菜〔又稱海帶芽〕）、菠菜
墨西哥菜	酪梨、豆子、佛手瓜、辣椒、玉米、黏果酸漿、番茄
摩洛哥菜	甘藍菜、胡蘿蔔、鷹嘴豆、甘藷、蕪菁、櫛瓜
西班牙菜	綠色或白色蘆筍、皮奎洛辣椒、馬鈴薯
泰國菜	竹筍、燈籠椒、茄子、四季豆、洋蔥
越南菜	甘藍菜、黃瓜、蘿蔓萵苣、蘑菇、芋頭、水田芥

　　至於其他餐的飲食，多樣性一樣重要，也就是水果、穀物、豆類、堅果和種籽，這有助於確保你攝取到身體所需的多樣營養素。福爾曼醫師甚至還

想出「G-BOMBS」這個縮寫字來記憶這些營養密度最高的食物，並主張納入日常飲食：Greens（綠葉蔬菜）、Beans（豆子）、Onions（洋蔥）、Mushrooms（菇蕈類）、Berries（漿果）和Seeds（種籽）。他發現這些食物在「預防慢性病、促進健康和長壽方面非常有效」。

我喜歡經驗法則，因為這些原則簡單實用。其中最容易記住的是麥可·波倫的十二字箴言：「吃食物，以植物為主，別吃太多。」所謂的「吃食物」指的是全食物，也就是應該避免加工食品。「以植物為主」表示我們應該確保飲食內容主要是蔬菜、水果、全穀物（及全穀物產品）、豆類、堅果和種籽。至於「別吃太多」則是警告我們不要過度進食而變得過重或肥胖，導致自己更容易罹患心臟病、高血壓和糖尿病。

ChooseMyPlate.gov 還提供了「給素食者的提示」，建議素食者可能需要特別注意攝取「蛋白質、鐵、鈣、鋅和維生素B12」。我會在本章後半部處理獲取足夠營養素如蛋白質和鈣質的問題（其實根本不是問題），這裡先簡要回答其他營養素的問題。吃蛋或乳製品的素食者，應該可以獲得足夠的**維生素B12**。素食者有時會在爆米花和拌炒豆腐中撒上乳酪口味的營養酵母（B12的重要來源）或服用B12補充錠。

然而，**鐵**（普遍存在於豆子、黑眼豆、黑糖蜜、青花菜、茶菜、鷹嘴豆、綠葉甘藍、扁豆、菠菜、天貝、豆腐）和**鋅**（普遍存在於杏仁果、豆子、腰果、鷹嘴豆、四季豆、燕麥、南瓜子、小麥胚芽）都很容易從植物中取得。自從我開始吃素食以來，驗血結果從未顯示我缺乏任何營養；此外，我的頭髮和皮膚（現在從裡到外都非常滋潤）也煥然一新。而也許最明顯的是，我感到前所未有的健康。

富含營養的植物性全食物膳食可以解決許多健康問題，保護我們的骨骼、大腦、眼睛、心臟和腎臟，以預防甚至逆轉自體免疫疾病、癌症、糖尿病、心臟病等等。如果你還需要其他理由來支持你吃素，你可以讀第一章。

吃什麼（以及要吃多少）？

素食可以滿足所有建議的營養素。
關鍵在於攝取多樣且適量的食物，以滿足你的熱量需求。
—— CHOOSEMYPLATE.GOV，「給素食者的提示」

選擇植物。吃植物性飲食最健康。讓你盤中盛裝著蔬菜（馬鈴薯和炸薯條並不算蔬菜）和水果……並從豆子、堅果、種籽或豆腐獲取大部分或全部蛋白質。
—— 「營養來源」，哈佛公共衛生學院（HSPH.HARVARD.EDU）

食物由三種主要營養素中的一或多種所組成：**蛋白質、碳水化合物和**

脂肪。這三種營養素對於健康飲食同樣不可或缺，因此你要選擇能為你提供充足營養的食物。但營養素也不要過多，尤其是蛋白質和脂肪，過度攝取會提高致病風險。但正確的比例是多少？我會根據所學，給出一個簡答和一個詳答。

簡答

健康的無肉飲食主要包括比例大致相等的**蔬菜、水果、豆類和全穀物**（以堅果和種籽為主）。如果你每餐都吃一些上述種類的食物，且每週廣泛攝取各樣未加工全食物（以確保你獲得各種維生素、礦物質和其他營養素），而且不暴飲暴食（也就是不攝取過多熱量，尤其是蛋白質或脂肪），一般來說，你就不必擔心並計算自己吃進了多少卡路里、幾克蛋白質或其他東西。

詳答

我們從每種主要營養素獲得的確切熱量比例應該是多少，並沒有一致的看法。就基本標準來說，我這裡會提供美國政府在2010年的ChooseMyPlate.gov計畫所推薦的內容（但許多人認為，過於強調肉類和乳製品，是受到相關企業在經濟和政治上的巨大影響），並對照其他受敬重的消息來源（如《救命飲食》）的建議。我們每個人都需要自己決定吃什麼，而且最好是在資訊充分之下基於個人情況所作出的決定（例如，是年輕且健康的個體，還是較年長且正努力對抗心臟病的個體）。我還會分享我如何根據所學去選擇自己要吃什麼。

蛋白質

《美國2010年飲食指南》建議，每日總熱量的10-35%來自蛋白質。

然而，坎貝爾博士在《救命飲食》中建議每日熱量來自健康蛋白質的比例要少於10%（每日5-6%的蛋白質，就足以補充身體所定期排出的蛋白質，又不致於引發疾病），換算出來就是每天只需50-60克蛋白質。美國人平均每

天攝取70-100克，且集中在動物類（如肉類、家禽、海鮮），而蛋白質攝取過量則與人們處於心臟病和某些癌症的高風險狀態息息相關。由於以植物為基礎的飲食輕輕鬆鬆就能提供每日50-60克的蛋白質，因此《救命飲食》建議避開肉類、禽類、蛋類和乳製品。

10-20%的蛋白質攝取量和多樣的健康問題大有關係（例如，血膽固醇升高、動脈粥樣硬化、癌症、骨質疏鬆症，阿茲海默症和腎結石），當蛋白質多來自動物時更是如此。
——坎貝爾博士，《救命飲食》

蛋白質食物

ChooseMyPlate.gov建議——成人每日應攝取142-184克當量[2]的蛋白質。

哪些算蛋白質食物——有許多素食都能提供蛋白質。

基本選項——豆子（如黑眉豆、腰豆、海軍豆、斑豆、白腰豆）、蛋類（如義式烘蛋）、炸鷹嘴豆泥、豆類（如黑眼豆、鷹嘴豆、扁豆、乾豌豆瓣）、堅果和堅果醬（如杏仁果、腰果、榛果、花生、胡桃、開心果、核桃）、種籽（如奇亞籽、大麻籽、南瓜籽、芝麻、葵花籽）、麵筋素料、豆湯（如豆子、扁豆、乾豌豆瓣），大豆和大豆製品、天貝、組織化植物蛋白（TVP，一種素肉）、豆腐、美式素辣豆醬、某些素食漢堡（如用豆子、豆類或大豆所製成），遑論許多含有蛋白質的食物（如穀物類的卡姆小麥和藜麥或蔬菜類的青花菜、花椰菜、甘藍、菠菜和水田芥菜等，因為其中超過40%的熱量來自蛋白質）。

28克當量的蛋白質相當於約¼杯（60毫升）煮熟的豆子、1個雞蛋、1湯匙花生醬或15克堅果或種籽。如果你比較喜歡以重量計算，以確保自己沒有吃過多，以下是**常見的蛋白質含量換算**：

1顆蛋（大型）＝6克蛋白質

½杯黑眉豆＝7.5克蛋白質

½杯黑眼豆＝6.5克蛋白質

½杯鷹嘴豆＝7.5克蛋白質

½杯扁豆＝9克蛋白質

30克杏仁果＝6克蛋白質

30克花生醬＝7克蛋白質

---

2 即「相當之量」。食物濃度密度不盡相同，故以當量作基準。

30克天貝＝5克蛋白質

¼杯傳統豆腐＝10克蛋白質

1份漢堡王的素食漢堡＝14克蛋白質

1份Shake Shack 'Shroom的素食漢堡＝18克蛋白質

別忘了，素食的蛋白質來源還包括**蔬菜**和**穀物**！其它含蛋白質的食物列舉如下：

1顆中型朝鮮薊＝3克蛋白質

1杯蘆筍＝4克蛋白質

1杯酪梨泥＝5克蛋白質

½個大型貝果＝7克蛋白質

1杯青花菜＝4克蛋白質

1杯抱子甘藍＝4克蛋白質

1顆中型馬鈴薯＝5克蛋白質

½杯藜麥＝4克蛋白質

1杯菠菜＝5克蛋白質

½杯日曬番茄＝4克蛋白質

順帶一提，某些蛋白質必須混在一起吃（如豆子和米飯）的看法已遭否證。有鑑於這則謠言如野草般風吹了又生，在此也有必要再說明澄清。

蛋白質存在於大多數植物性以及動物性食物中。如果一天吃到各樣食物，也獲得足夠的熱量，你的身體就會得到完整的蛋白質。
——美國營養與飲食學會（EATRIGHT.ORG）

坎貝爾博士建議——飲食要避開肉類、家禽、乳製品和雞蛋。任何你想吃的非精製植物性全食物如豆類、堅果等等，都可以吃，並注意多樣性。

埃塞斯廷醫師建議——（Caldwell Esselstyn，暢銷書《預防及逆轉心臟病》作者）：「任何有母親或是有臉的東西，都不要吃（不要吃肉、家禽或魚）。」

我的作法——我的目標是從植物獲得蛋白質，並維持在每日總熱量的10%以下。

一些訣竅——我通常是每天吃 ½-1 杯的豆類。早餐時，我有時會在蘋果片或全麥麵包上抹花生醬，或是製作拌炒豆腐。我喜歡把豆子或鷹嘴豆加進湯裡甚至綠色蔬菜或穀物沙拉中，低脂鷹嘴豆泥更是冰箱中的常備食物。在

烹調中菜或泰國菜時，我會在糙米菜餚和咖哩中加入豆腐丁。

碳水化合物

《美國2010年飲食指南》建議，每日總熱量的45-65%來自碳水化合物。

坎貝爾博士建議——每日總熱量至少要有80%來自健康的碳水化合物。碳水化合物的主要來源是蔬菜、水果、穀物或穀片，以及豆類。

豆類（主要是豌豆和豆子）也是蛋白質的重要來源，所以素食者可把豆類視為碳水化合物（蔬菜）或者蛋白質。

美國農業部食物類型計畫將豆子和豌豆歸為蔬菜類的子類別。該計畫也表明，豆子和豌豆也可視為蛋白質類的一部分。個人可以把豆子和豌豆列入蔬菜也可列入蛋白質食物。青豆、綠色皇帝豆和四季豆則不列入豆子和豌豆類。因為青豆和綠色皇帝豆的營養成分接近澱粉類蔬菜而被歸為同一類，四季豆則與洋蔥、蘿蔓萵苣、芹菜和甘藍菜等蔬菜營養成分相近而列入同一類。
—— CHOOSEMYPLATE.GOV

蔬菜

ChooseMyPlate.gov建議——成人每天2-3杯。

哪些算蔬菜——除了全株新鮮蔬菜，經過切塊或搗碎，或經過冷凍、脫水，或是罐裝，無論生熟皆是，100%的純蔬菜汁也算。

基本選項——從五大類蔬菜中多方攝取，每種蔬菜都提供不同營養素。

- 深綠色：甜菜葉、青江菜、青花菜、恭菜、綠葉甘藍、深綠色萵苣、茞菜、闊葉茞菜、羽衣甘藍、芥菜葉、蘿蔓萵苣、菠菜、蕪菁葉、水田芥。
- 澱粉類：黑眼豆、玉米、青豆、青大蕉、菊芋、皇帝豆、歐洲防風草塊根、大蕉、馬鈴薯、南瓜、甘藷、芋頭、荸薺、冬南瓜、山芋。注意：澱粉類蔬菜熱量密度高，想減重的人尤其應適量食用。
- 豌豆和豆子：黑眉豆、黑眼豆、鷹嘴豆、腰豆、扁豆、海軍豆、斑豆、大豆，乾豌豆瓣、白豆（也含有大量蛋白質）。
- 其他：朝鮮薊、蘆筍、酪梨、甜菜、抱子甘藍、甘藍菜、花椰菜、芹菜、黃瓜、茄子、四季豆、綠燈籠椒、捲心萵苣、蘑菇、秋葵、洋蔥、海菜、芽菜（如豆芽）、夏南瓜、蕪菁、櫛瓜。

坎貝爾博士建議——任何你想吃的非精製植物性全食物如蔬菜等，都可以吃，並注意多樣性。

　　我的作法──我每天都盡量多吃蔬菜，大約一半是生的（如生菜沙拉、蔬果汁和果昔），一半是熟的。我會吃兩、三種綠葉蔬菜，以及一、兩種十字花科蔬菜（如青花菜、甘藍菜、花椰菜）。

　　小訣竅──我會在午餐和／或晚餐吃含有豐富生鮮蔬果的沙拉，每餐也都會吃到一、兩種蔬菜。例如，早餐吃香蕉羽衣甘藍果昔、蔬食蛋捲或蔬食拌炒豆腐，午餐或晚餐時不只喝蔬菜湯，主菜也會有蔬菜，諸如墨西哥捲餅、義式燉麥飯／義式燉飯、麵條或飯、義大利麵食、披薩、炒菜等等。

　　我知道每天吃兩、三種綠葉蔬菜（如綠葉甘藍、羽衣甘藍、菠菜）的重要性，我也發現一杯綠色蔬菜汁是天然的提神聖品，比咖啡因更有效！所以我把每天下午四點要喝的咖啡，都換成了蔬菜汁。

水果

　　ChooseMyPlate.gov 建議──成人每天食用 1½-2 杯。

　　哪些算水果──整顆、切塊、果泥，或 100% 果汁（如蘋果、葡萄、葡萄柚、柳橙）。果乾的營養和纖維濃度不同，半杯果乾（如李子乾或葡萄乾）可算作一杯分量。

　　基本選項──蘋果和蘋果醬、杏桃、香蕉、漿果（如黑莓、藍莓、覆盆子、草莓）、櫻桃、柑橘類水果（如葡萄柚、檸檬、萊姆、柳橙）、葡萄、奇異果、芒果、甜瓜（如羅馬甜瓜、蜜瓜、

西瓜）、油桃、桃、梨、木瓜、鳳梨、李子、紅橘。

坎貝爾博士建議——任何你想吃的非精製植物性全食物如水果等，都可以吃，並注意多樣性。

我的作法——我的目標是每天平均3份未加工的新鮮水果。

小訣竅——我會在早餐的燕麥粥放上水果、生菜沙拉中加入水果，或是飲用果昔。我喜歡香蕉冰凍之後直接放入壓汁機，做成甜點。

穀物／穀片

ChooseMyPlate.gov建議——成人每天食用142-227克當量的穀物，且其中超過50%來自全穀物。

哪些算是穀物——全穀食物是指由全穀物或整顆「準穀物」（定義上並非穀物，但通常被歸類為穀物）所製成的麵包、穀片（如燕麥棒或即食穀製乾點）、餅乾、義大利麵食、墨西哥薄餅等。所謂的全穀物和準穀物包括：莧菜籽、大麥、糙米、蕎麥、布格麥、玉米和全穀玉米粉、法老小麥、卡姆小麥、卡莎（烘製蕎麥）、小米、燕麥（包括生燕麥片和熟燕麥片）、爆米花、藜麥、米、黑麥仁、高粱、斯佩耳特小麥、苔麩、小黑麥、小麥仁、野米或其他穀物。

基本選項——28克當量的穀物大約是¼個大型貝果、1片麵包、½個英式鬆餅、½杯熟穀物（如布格麥片、燕麥）、½杯義大利麵食、½杯米飯、2個直徑7.5公分的美式煎餅、3杯爆米花、1杯即時穀片，或是1個直徑15公分的墨西哥薄餅。

坎貝爾博士建議——任何你想吃的非精製植物性全食物如穀物（麵包、麵食等），都可以吃，並注意多樣性。

我的作法——我每天攝取3-5份的穀物。

小訣竅——我有時會把燕麥片或其他全穀物做成溫熱的早餐，然後以一、兩片全麥麵包或袋餅製成三明治作為午餐，晚餐有時就以糙米等全穀物（如法老小麥、小麥仁）製成義式燉飯，或是全穀的義式麵食、披薩或墨西哥薄餅。

我會盡量避免使用精製穀物（也就是白米飯或白麵包等由白麵粉製成的東西），並選擇全穀製的米粉、玉米麵包、玉米餅和庫斯庫斯。

油脂

《美國2010年飲食指南》建議，每日總熱量的20-35%來自油脂。

坎貝爾博士建議——每日總熱量來自油脂的要少於10%。

油／脂肪

ChooseMyPlate.gov建議——成人每天可攝取5-7小匙的油脂。1小匙的油脂含有40大卡。這個建議意味著飲食中不需再額外增加油脂，因為「有些美國人在他們的飲食中已吃進足夠的油脂，例如堅果、魚、食用油和沙拉醬。」一般美式速食餐飲（SAD）中含有近40%的脂肪（編按：大幅超過攝取建議），所以對於許多人來說，想要達成更健康的目標，就要大幅改變生活方式，例如不製作或訂購油炸食品，拌炒時不加油，或者麵包上不要塗抹厚厚的奶油或油脂。

哪些算是油脂——油脂和油性食物。（請注意，若想降低膽固醇，應盡量減少甚至避免使用在室溫下為固體的油脂，如奶油、人造奶油、乳脂、椰子油和棕櫚油）

基本選項——油（如芥花油、玉米油、榛果油、橄欖油等植物性有機壓榨高油酸的油、紅花籽油、芝麻油、大豆油、葵花油、核桃油），以及油性食物，如酪梨、美乃滋、堅果（如杏仁果、腰果、榛果、花生、核桃）、堅果醬、橄欖、種籽（如亞麻籽、大麻籽、南瓜籽、芝麻、葵花籽）、沙拉淋醬。

坎貝爾博士建議——盡量減少添加植物油（如玉米油、橄欖油、花生油）。

埃塞斯廷醫師的著名建議——「無油飲食」。零油脂。不吃酪梨也不吃堅果。

我的作法——我盡量不在飲食中加入油脂，就算有，也不會加很多（例如我會用蔬菜高湯而不用油脂來烹調）。我有時會在淋醬中加入一點橄欖油，但比例低於標準的1：3。

小訣竅——每天攝取一些有益健康的omega-3油脂（如芥花油、果昔中加入亞麻籽、燕麥棒或燕麥片中的核桃）。我也喜歡把酪梨製成墨西哥酪梨醬，再加入沙拉或是打入沙拉淋醬中。

乳製品

（注意：全脂牛奶的營養成份裡，脂肪占50%、碳水化合物占30%、蛋白質占20%，乳酪則是75%的脂肪和25%的蛋白質。正因如此，乳製品才會列在這裡。但請注意，ChooseMyPlate.gov並未把乳製品列入油脂。）

ChooseMyPlate.gov建議——成人每天可食用3杯（720毫升）當量的乳製品，以脫脂或低脂為佳。

哪些算乳製品——乳酪、鮮奶油、冰淇淋、牛奶、乳冰、（加鈣）豆奶、優格和霜凍優格（你可能還需計入以鮮奶油為基底的湯品、以牛奶為基底的

咖啡飲品，以及以優格為基底的蘸醬或果昔）。

基本選項——1杯（240毫升）當量的乳製品約為2杯卡達乳酪，42克硬質乳酪、1½杯冰淇淋、1杯牛奶或加鈣豆奶、1杯牛奶布丁、½杯瑞可達乳酪、⅓杯乳酪絲，或1杯優格。

坎貝爾博士建議——避免食用乳製品。

埃塞斯廷醫師建議——避免食用乳製品。

我的作法——我有乳糖不耐症，而根據「責任醫療醫師委員會」（Physicians Committee for Responsible Medicine）的說法，這是我剛好與全世界75%的人口共有的特徵。該委員會還指出，我們這些人的現象應該被視為「正常」，而稱呼那些能夠消化乳糖的人具有「乳糖耐受症」。我會避開奶、鮮奶油和其他乳製品，也無法消受ChooseMyPlate一天3杯乳品的建議。我發現有些乳酪和優格比較容易消化，不過有鑑於大量攝取全脂乳製品與乳癌等特定疾病之間具有相關性，我還是很少吃這些乳製品，例如義大利麵食的裝飾配料（如帕爾瑪乳酪）、希臘醬料（如希臘黃瓜優格醬），或印度醬料（如印度優格蘸醬）。

小訣竅——我放棄了十多年來每天一杯卡布奇諾的習慣，改為早餐燕麥片或燕麥棒搭配杏仁奶，而且我發現兩種風味搭配起來相得益彰。

ChooseMyPlate.gov強調：「乳製品所提供的營養素對於維持身體健康至關重要」，包括蛋白質（見上文）、鈣、鉀和維生素D。不過，這些營養素其實也可以從其他食物中獲得，例如：

- **鈣**：豆子（如黑眉豆、腰豆、海軍豆、斑豆、白豆）、黑眼豆、黑糖蜜、青江菜、青花菜、鷹嘴豆、深綠葉蔬菜（如綠葉甘藍、芥菜葉、蕪菁葉）、加鈣豆奶、羽衣甘藍、堅果、堅果醬（如杏仁果）、芝麻、芝麻糊、菠菜、天貝、以硫酸鈣加工製作的豆腐。
- **鉀**：酪梨、豆子（如腰豆、皇帝豆、斑豆）、蓁菜、水果（尤以香蕉為佳）、蔬果汁、扁豆、木瓜、馬鈴薯、菠菜。
- **維生素D**：蛋黃、蘑菇（如波特貝羅大香菇、香菇）或添加維生素D的穀片、蔬果汁和牛奶，或者每一、兩天曬10-15分鐘的太陽，你的身體就會製造足夠的維生素D。如果一直陰天，或是你無法待在戶外，可以考慮服用維生素D補充錠。

順帶一提，如果不喝牛奶，**還可以喝什麼飲料？**關於這個問題，我的作法是早餐喝熱茶，中午喝水或冰茶（我特別喜歡不含咖啡因的SPORTea，我第一次是在賓州伍德洛奇度假村喝到的），晚餐時喝1杯葡萄酒（根據《美國2010年飲食指南》，男士允許喝到2杯葡萄酒）。

把植物性飲食變得美味可口

我相信未來是屬於蔬菜和水果的世界，這些東西比雞肉更有魅力……你夾起一塊肉，放入嘴裡，開始咀嚼。前5秒鐘，肉汁才在你嘴裡流動，然後就消失了，接著你還要再對這個無味的東西咀嚼20秒才能吞下。但這種情況不會出現在鳳梨、蘆筍或青豆上。

——主廚荷西·安德烈斯，在安德森·古柏的訪談節目「60分鐘」
（2010年4月27日）

BOX

了解你的營養

如果你想分析各種食物的營養成分，請參考美國農業部的「國家營養資料庫參考標準」網站：ndb.nal.usda.gov，或者同樣資料庫更人性化的介面：nutritiondata.self.com（在臺灣，可參考衛福部網站之「食品營養成分查詢」https://consumer.fda.gov.tw/Food/TFND.aspx?nodeID=178）。

要分析食譜或日常飲食的營養成分，可參考caloriecount.about.com，這個網站還可針對特定食物查詢「營養等級」。

一旦你致力於享受植物性全食物飲食，有趣的部分才真正要開始。

你會在第二章找到全美頂尖大廚的見解，了解如何讓素食變得美味。在第三章，你會看到一整份完整的植物性食材清單，從A排到Z，裡面有水果、蔬菜、全穀物、豆類、堅果、種籽等等食材，以及最能增強其風味的香料植物、辛香料和其他調味料，更有最能展示其質地和風味的調理技巧。你還可以找到頂尖大廚提供的訣竅，看他們如何運用這些食材，以及如何把這些食材巧妙結合成他們的招牌菜。

我對美味的追求從未消失，只是改變了方向。如果我未曾發現吃素可以如此美味，我永遠無法撐過第一個無肉週。我們在藍山、丹尼爾、麥迪遜公園十一號、小華盛頓酒店、美利思、自身、皮肖利、采庭雅等等餐廳享用過的週年紀念和生日素食大餐，還有全美各種令人印象深刻的素食和素食主義餐廳，以及民族風味和其他以蔬菜為主的餐廳，在在是深具啟發的飲食經驗。這些餐廳讓我們驚奇地發現了嶄新的風味之道。接下來，我很樂於與大家分享過去幾年我有幸習得的所有知識，而我深信，你會像我一樣歡喜地發現這種飲食方式比你過去所想像的更令人滿意也更美味。最重要的是，帶著這本書，你就能站在廚房的第一線，創造出嶄新的菜餚以及全新的飲食方式。這對於他人、對地球，以及對你，都是健康的。

chapter 1

第一章 | 對植物的愛：
歷來的素食主義者

眾神創造了某些種類的生物來補強我們的身體……
樹木、植物和種籽。
——柏拉圖

我確實覺得，精神上要獲得進步，就得在某個階段
不再僅為了滿足我們身體所欲而殺死我們的生物同伴。
——聖雄甘地

人們不知道自己所吃的肉會造成種種破壞。
人們不了解這對環境或人體細胞的影響，
也可能轉頭不看這些動物所受的苦。
所以要讓人們傾聽和理解十分困難，但這正在發生。
——珍・古德

　　這可說是人類史上第一遭，對素食主義的興趣正逐漸成為主流。數千年來，有無數的人擁抱著素食主義，但這仍無法成為常態。根據2012年7月的蓋洛普民意調查顯示，僅有5%的美國成年人自我認同為素食主義者（棄絕所有肉類），另有2%為純素主義者（棄絕所有肉類、蛋類和奶製品），然而這些數字正在增長。無論如何，已有47%以上的美國成年人承認想要減少他們的肉類消耗量（根據2011年《今日美國》的報告），若再加上前述的素食和純素人口，我們或許可以說：少吃甚至不吃肉的欲望終於成了常態。從2006-2010年，美國肉品消費首度連續四年下降，而美國農業部也提供了附帶證據，預測未來的下降趨勢，表明肉品消耗情況正發生深刻變化。

吃素，甚至實踐純素，比以往任何時候都要容易。專屬於素食人的餐廳如雨後春筍般冒出，從費城的高級費吉餐廳（Vedge，GQ評為2012年最佳新餐廳之一）到連鎖快餐店如在地食物（Native Foods）和蔬食燒烤（Veggie Grill），遑論齊波特（Chipotle）、賽百味（Subway）、丹尼爾（DANIEL）、法國洗衣房（French Laundry）到無數的亞洲菜、印度菜、地中海菜和其他民族風味菜等個人餐館中的素食餐點，使得吃素成為方便的選擇。與此同時，農夫市集、CSA認證、素食烹飪書和媒體的快速增長，是家庭廚師的福音。即使是最嚴格的素食主義也沒那麼充滿挑戰性了，一如事實所表明，非乳製奶（2013年全美銷售額上達14億美元）、非乳製奶油（如「大地平衡」奶油）和非乳製乳酪（如「達亞」），以及無蛋美乃滋（如「素乃滋」）的接受度已經越來越高。

這個時代，在一些最有影響力的人支持之下，素食主義和純素主義已不再被歸類為反文化「嬉皮」的玩意兒，開始風行起來。艾倫‧狄珍妮和歐普拉等電視名人，以及克莉絲汀‧貝爾、羅素‧布蘭德、艾倫‧康明、伍迪‧哈里森、安‧海瑟薇、克里西‧海特、瓊‧傑特、傑瑞德‧雷托、亞當‧李維、珍妮佛‧羅培茲、陶比‧麥奎爾、麗婭‧米雪兒、莫里西、娜塔莉‧波曼、王子、艾莉西亞‧席薇史東、凱莉‧安德伍和佛瑞斯‧惠特克等受歡迎的藝人，已經將無肉飲食推向媒體的聚光燈，並持續受到注目。即便是《彭博商業周刊》也側寫了不少戒絕肉類的行業領導人，包括推特的聯合創始人比茲‧史東、飯店經營者史蒂夫‧韋恩，也許最有名的當屬美國前總統比爾‧柯林頓，他經歷了2004年四次冠狀動脈繞道手術和2010年心臟支架手術後，轉為純素飲食，減掉了10公斤。

素食主義一直與人類共存，而那些禁絕肉類的有力論據不但為數眾多，也不因時間而減損。縱觀歷史，可以看出因文化、經濟、環境、道德、全球、醫療、營養、愛國、現實考量、宗教等種種因素而導致了素食主義。歷史上令人印象深刻的偉大奇才，諸如達文西、愛因斯坦和甘地，也追隨著世界宗教以及希臘羅馬哲學家的教誨，在成年後成為素食主義者。

二十世紀出現的營養科學確立了飲食與健康之間的關係，並證明出消耗過多的動物性蛋白質和各種慢性疾病（包括心臟病、某些癌症和肥胖症）之間的相關性。這些開創性研究經由《救命飲食》等暢銷書而重新面世，又藉由大眾化的「「週一無肉日」這一類運動的努力而獲得強化，使研究成果得以推展為普遍常識。前披頭四樂團成員保羅‧麥卡尼的著名妙語：「如果屠宰場的牆是可透視的玻璃牆，每個人都會變成素食主義者。」確實，只需在網際網路和YouTube擊點一下，就可以看到供應美國99%現行肉、蛋、乳製品消費市場的養殖場中怵目驚心的情況。網際網路提供了虛擬的「玻璃牆」，

也促動了不斷成長的動物福利運動。吃動物對於我們最珍貴的自然資源（我們的空氣、土地和水）造成了莫大影響，這些事實、數據和照片讓我們無法忽視現實狀況，甚至導致億萬富翁比爾·蓋茲擁護素食主義，希望藉此拯救地球，並避免迫在眉睫的全球糧食短缺危機。他目前所投資的公司正致力於發展純素肉品以及雞蛋替代品。

有了這樣強大的擁護者和論據，為什麼還有人在吃肉？因為美國社會及其以肉類和乳製品為中心的現狀背後，也有強大的文化、經濟和政治力量在支持。打開電視，你會發現無窮無盡的廣告宣傳著肉製乳製的速食，緊接其後是另一串無窮盡的藥物廣告，允諾著能幫你解除病痛，而這些病痛通常和過度消耗這類速食脫不了關係。

美國政府的政策可以說更支持那些對經濟作出巨大貢獻的大企業，而不是個別公民的健康狀況（尤其是我們的兒童，因肥胖導致的糖尿病蔓延悲慘地預示著他們注定減損的壽命）。用納稅人的金錢來補貼飼餵牲畜的玉米和大豆等農產品，肉類和乳製品企業也同樣受益，2011年，他們直接或間接受益於63%的政府農業補貼，反觀水果和蔬菜生產者卻不及1%。過去五十年來，那些代表肉品、乳製品利益的企業儘管存在明顯的利益衝突，有時候仍會聯手制定國家的營養政策指導方針（2000年法院判決確定）。

但情況越來越明朗，素食主義對你的健康、對其他生物的健康，以及對整個地球來說，更為有益。雖然你不必是完全的素食主義者也能獲益，但我希望你能跟我一樣發現，素食是如此美味，能讓你感覺更好、更輕盈、更有活力，你可以盡可能少吃肉，以獲得最多好處。重要的是，你選擇吃什麼，都出於個人決定，你最好充分了解到吃動物如何影響你個人、你的家庭和其他人，以及整個地球的健康和福祉。

如果你想拯救地球，就停止吃肉。
——保羅·麥卡尼

選擇不吃肉，甚至是少吃肉，是個簡單卻又強而有力的方式，有助於解決當前和未來最迫切的問題。把素食主義視為一系列不同程度的選擇：

素食主義：一系列不同程度的選擇

雜食	半素食或方便素食	奶蛋素食	奶素食或蛋素食	純素食
46%	47%		5%	2%

93% 的人口不會自我認定為完全的素食或純素主義者。數十年來，暢銷書作家約翰‧麥克杜格醫師（Dr. John McDougall）一直推崇低脂純素飲食對健康的益處，同時實行了 99% 以上的無肉飲食。然而，他仍認定自己屬於大多數人。他解釋道：「我不想被視為素食主義者，因為很多自稱為素食主義者的人都不健康。」他們認為素漢堡、炸薯條和可口可樂也算素食餐飲。至於我，儘管從 2012 年 5 月開始實行了 99% 以上的無肉飲食，我也認為自己隸屬於 93% 之列。但我認為這些標籤會引起分歧、凸顯差異，不會使人們凝聚在一起，而凝聚在一起應該是食物能帶來最大的好處和樂趣之一。

　　顯然，各種程度的飲食選擇中都有非素食者。雜食者（動植物都吃）可以選擇限制他們的食肉量，而成為「半素食者」或「方便素食者」。有些人不吃魚以外的肉，被稱為「魚素食者」。「素食者」通常是指那些棄絕肉食的人（包括紅肉、禽肉和海鮮）。「奶素食者」是不吃蛋但吃乳製品的素食主義者，而「蛋素食者」是不吃乳製品但會吃蛋的素食主義者。「純素食者」是指不吃奶也不吃蛋（通常也不吃其他來自動物的產品，如明膠和蜂蜜，不過這要視個人而定）的素食主義者。正如麥克杜格所說，健康的素食或甚至純素食，在於你選擇吃什麼、不吃什麼，這就是為什麼「全食物蔬食」會成為這種健康飲食方法的標語。

　　最終，我們每個人在每一天所做出的決定，使我們有機會能藉由筷子刀叉來決定我們如何創造食物和世界的未來。

　　1960 年代告訴我們「個人即政治」，以及我們選擇如何度日就代表我們對自己的態度，而這一切都可以簡明地歸結到「我們就是我們吃的東西」一句話。由於相信「不記取過去經驗的人，勢必重蹈覆轍」這句格言，本書第一章會以時間表列的方式，概述素食主義的根源，以及植物性飲食為我們帶來快速增長的樂趣。列表中會凸顯某些關鍵性的影響力、組織、經典書籍、著名事件，以及其他影響這個趨勢的里程碑。

你絕對不能用神所賞賜的身體來殺害神所創造的生物，不論是人、動物或其他東西。
——《夜柔吠陀》（12.32），印度教的祭祀文本

動物跟我們一樣擁有靈魂的特權。
——畢達哥拉斯

夫食肉者斷大悲種。
——佛陀

素食歷史上的重大事件

西元前 3000-2000 年之前

印度教這個古老的宗教教導我們，人類不應該把痛苦施加在其他動物身上，這也帶來了素食主義這種和平且慈悲的實踐（或 sadhana，即「靈性實踐」）。

西元前 500 年之前

中國哲人老子（西元前604-531年）寫出了《道德經》這部經典作品，道教也應運而生，成了中國三大宗教之一（另外兩個是佛教和儒教），其訴求為不要傷害其他生靈。

以勾股定理 $a^2 + b^2 = c^2$ 撼動幾何學領域的希臘哲學家畢達哥拉斯（西元前570-495年），帶領了咸認為第一個恪遵素食的社群，古羅馬詩人奧維德在《變形記》中說他是「第一個譴責吃動物肉的人」。禁食肉類的人通常會被稱為「畢達哥拉斯的信徒」，一直到19世紀末才改稱為「素食者」。

經過49天的沉思，釋迦牟尼（西元前563-483年）得道開悟，成為佛陀，開創了佛教。佛教禁止傷害任何生靈，也因此數百萬佛教徒有許多是素食主義者。他鼓勵信眾多吃菠菜。

王子筏馱摩那（原名尼乾陀若提子，西元前540-510年），創立了印度主要宗教之一耆那教。該教珍視動物權，嚴禁殺害生命（甚至包括蟲子和根菜類）。信徒恪遵素食主義。

西元前 400 年以前

希臘哲學家柏拉圖（西元前429-347年）在《法律篇》中提到人的飲食和言行舉止之間的關係。在《理想國》中，蘇格拉底斷定理想的城邦會吃素，認為吃肉這種奢侈的行為會導致衰敗和戰爭。他還質問何以需要過多土地來飼養牲口。

西元前8年　　羅馬詩人奧維德（西元前43-西元17）在《變形記》
　　　　　　中透過畢達哥拉斯之口教導禁肉並終止動物獻祭。

西元100年以前

　　　　　　希臘哲學家普魯塔克（46-120年）是素食主義者，他
　　　　　　寫了《論食肉》等大量支持素食的散文。十九世紀
　　　　　　的浪漫主義詩人雪萊（1792-1822年）把這些作品翻
　　　　　　譯成英文，自己也成了素食主義者。

西元200年以前

　　　　　　希臘哲學家波菲利（233-304年）是身體力行的素食
　　　　　　主義者，他重振了世人對柏拉圖哲學的興趣。

西元1400年代

　　　　　　達文西（1452-1519年）
　　　　　　是公認史上最偉大的天
　　　　　　才，也是自古以來第一
　　　　　　位基於人道主義的道德
　　　　　　訴求來反對肉食的素食
　　　　　　主義者。據說他經常從佛羅倫斯的市場買下用來當
　　　　　　作食物的活鳥來放生。

你不需要是個天才才能成為素食主義者，但包括達文西、愛因斯
坦、甘地和特斯拉在內的許多天才，都支持素食主義⋯⋯義大利
探險家安德利亞・科薩利在給贊助商朱利亞諾・麥迪奇的信中提
到，他在旅行中觀察到印度古吉拉特人的無肉飲食。科薩利寫道：
他們除了避免食肉，也不允許任何生物受到任何傷害，然後他又
加了一句：「就像我們的達文西一樣。」
　　　　　　　　　　　　　　——麥可・葛柏，《怎樣擁有達文西的7種天才》

西元1699年　約翰・伊夫林（1620-1706年）寫了《沙拉專論》鼓吹
　　　　　　人們吃沙拉，這本書也成了「世界第一部沙拉食材
　　　　　　全書」，裡面依照食材烹調及生食的特性區分了數
　　　　　　十種草本植物。

西元1732年　由約翰・科納德・貝索（1691-1768年）帶領前往賓

一頓以生命為代價的餐食
豈不昂貴？
——普魯塔克

凡人，不要因罪惡的筵席玷汙你
的身體，因為你有來自地土和樹
木的果實，這些樹木的枝椏因身
負的重擔彎曲；葡萄為你而成熟，
美味的菜蔬為你而烹調至柔軟；
牛乳、百里香和蜂蜜也為你所食。
大地豐盛無償地供應你溫和的日
用所食，不會發生任何流血事件。
——奧維德《變形記》中畢達哥拉斯
的角色，卷十五（西元8世紀）

夕法尼亞的德意志拓殖者建造了埃弗拉塔修道院，主張素食主義是通往靈性的道路。這個群體到1813年才解散，是北美洲存活最久的社群。修道院至今仍每日開放參觀。

西元1790年代
　　麻州人約翰‧查普曼，也就是大家熟知的蘋果籽強尼（1774-1845年），他在旅行中把蘋果籽散播在整個中西部。基督教密契主義者伊曼紐‧斯威登堡也是素食主義的信徒，據說他主要以核果和漿果維生。

西元1809年　牧師威廉‧考赫德在英格蘭曼徹斯特附近建立了聖經基督教會（BCC），主張禁絕食肉。BCC現在被認為是現代素食主義的先驅。

西元1813年　雪萊受到翰‧法蘭克‧牛頓（1766-1837年）《回歸自然》（或作《為素食者抗辯》）一書的啟發，在〈自然飲食的辯護〉一文說明了素食主義，文中反對浪費動物的生命和珍貴的土地。

西元1817年　牧師威廉‧梅特卡夫（1788-1862年）和40名來自曼徹斯特聖經基督教會的移民者航向美洲，在賓夕法尼亞建立了茹素的教派。

西元1821年　聖經基督教會牧師暨素食者協會領導人約瑟夫‧柏瑟頓之妻瑪塔，撰寫了早期的素食烹飪書《蔬食烹調新體系》。

西元1837年　美國第一本麵包專著《麵包及麵包製作專論》問世，作者席維斯‧葛拉罕（西元1794-1851年）在旅行布道中宣揚全麥麵包（他提到分離麥麩和麥仁是「違背上帝旨意」）和素食主義的好處。由於極具說服力，信眾被稱為「葛拉罕的信徒」。《紐約論壇》創辦人霍勒斯‧格里利便受他影響成了素食主義者，以全麥麵粉製作而成的「葛拉罕餅乾」也應運而生。

現今可居住地裡最肥沃的地區，都因人們為了飼養動物而大量耕作，因此而耽擱和浪費的食物絕對無法計算。
——雪萊

美國生理學會讓禁絕肉食的論據脫離宗教架構，將飲食改革穩穩置於科學研究的領域之中。
——亞當‧史普林森，《素食主義者的十字軍東征》

3月7日，威廉·阿爾科特和席維斯·葛拉罕等人在波士頓共同創辦了美國生理學會（APS），其組織章程規定「含澱粉的蔬菜是對人類最好的食物」。

西元1838年 威廉·阿爾科特（1798-1859年）寫了《蔬菜飲食：由醫療人員和閱歷豐富者所認可》一書。這本書大受歡迎，是美國支持蔬食的早期著作，裡面〈為蔬食抗辯〉一章提出了素食主義的七大重要論據：「(1)解剖學上的論據；(2)生理學上的論據；(3)醫學上的論據；(4)政治上的論據；(5)經濟上的論據；(6)來自經驗的論據；(7)道德上的論據。」他也提倡以全麥麵包、米飯或黑麥麵包等穀物製作的食物取代肉類早餐。

「奧爾柯特之家」以教育改革家布朗森·奧爾柯特的名字命名，是英格蘭一所以素食為原則所創辦的靈性學校。這所學校在數年內蓬勃發展，在1847年成為第一個素食者協會。

有人要我寫一些關於《蔬菜飲食》的介紹，於是我坐下來閱讀這本書，心想或可看到一些古怪混亂的想法。結果，我從奧爾柯特及其上百位捐獻者（包括哲學家和詩人）發現了今日食品討論的核心思想，從學術界到八卦談話節目中，聽到關於健康、永續性、道德甚至食物供應安全問題的評論。

——安娜·湯瑪士（《素食饕客》的作者）在威廉·奧爾柯特《蔬菜飲食》的2012年版導讀

西元1842年 「素食主義者」首度出現在印刷品中。在這本由奧爾柯特之家出版的《健康者》中，說明「素食主義者」是根據當時「蔬菜」一詞的通用意義，來指稱只攝取植物（包括水果和穀物）的人。

西元1843年 「大不列顛及外國發揚人道並禁絕動物食物協會」正式成立。布朗森·奧爾柯特（1799-1888年，威廉·奧爾科特的親人、鄰人），偕同他的家人（包括女兒露意莎·梅·奧爾柯特，後來寫出《小婦人》）及其追隨者，在麻州哈佛鎮建立了美國第一個素食公社。該農場就名為「果園」。

西元1847年 第一個素食者協會在9月的某個夜晚成立於英格蘭的一家沿海醫院。一年之內，成員從150人增加到265人，年齡從14歲到76歲不等。在19世紀結束之前，素食者協會陸續在許多其他國家成立，包括美國（1850年）、德國（1867年）、奧地利（1878年）、法國（1879年）、瑞士（1880年）、紐西蘭（1882年）、匈牙利（1884年）、澳大利亞（1886年）、印度（1889年）、愛爾蘭（1890年）、智利（1891年）、荷蘭（1894年）、瑞典（1895年）、

丹麥（1896年）、比利時（1897年），以及義大利（1899年）。

西元1850年　在這大多數人認為疾病是奧祕或出於神的意志的時期，長老會牧師席維斯・葛拉罕（1794-1851年）一舉成為健康的改革者。5月15日，他在聖經基督教會的大力支持下，與威廉・梅特卡夫牧師（1788-1862年）及威廉・奧爾柯特醫師（1798-1859年，第一任會長）於紐約市柯林頓大廳成立了素食者協會。

西元1853年　在素食者協會的宴會上，婦女參政權運動者蘇珊・安東尼（1820-1906年）舉杯同時敬祝素食主義和婦女權利。

> 我深信，人類會逐漸進步，
> 不再吃動物，這是必然的命運。
> ——亨利・梭羅

西元1854年　亨利・梭羅（1817-1862年）的《湖濱散記》出版，書中描述了他在遺世獨立的麻州瓦爾登湖畔的實驗性生活。

西元1860年　英格蘭約克郡的約翰・史密斯寫了《素食烹調的原理和方法》，書中有大量理論（「試圖從歷史、解剖學、生理學、化學來證明，對人最原始、最自然也最好的飲食是來自蔬菜王國」）和數百道食譜。

西元1863年　艾倫・懷特（1827-1915年）與丈夫詹姆斯・懷特等人在密西根州巴特爾克里克成立了現今的基督復臨安息日會。6月，她宣告上帝啟示她宣揚無肉飲食。三年後，這對夫婦成立了美西健康改革研究所，後來在約翰・凱洛格的領導下成為世界著名的巴特爾克里克療養院。

西元1868年　在席維斯・葛拉罕的影響下，詹姆斯・傑克遜（1811-1895年）提倡以水果和穀物為基礎的飲食，像是他在紐約丹斯維爾的療養院「我們在山坡上的家」首先發明出來的冷食早餐穀物「穀諾拉」（Granula，拉丁文「小穀物」之意），這種早餐也啟

發了懷特的巴特爾克里克療養院。

西元 1881 年　安娜・金斯福德（1846-1888 年）是最早獲得醫學學位的幾位英
　　　　　　國女性之一，她在《飲食的完美方式》一書中寫了素食的益處，
　　　　　　並且協助建立了「食物改革協會」。她遊遍了歐洲為素食主義振
　　　　　　臂疾呼，並矢言反對動物實驗（這也是她在醫學院中特別避免
　　　　　　的事）。

西元 1883 年　霍華德・威廉斯（1837-1931 年）所著《飲食的道德》是第一本關
　　　　　　於素食史的著作，該書影響了從托爾斯泰、亨利・薩特，以及
　　　　　　甘地等素食主義者。

西元 1888 年　倫敦素食者協會成立，出版了《素食主義者》一書。

西元 1800 年代末
　　　　　　約翰・凱洛格醫師（1852-1943 年）大半生都是基督
　　　　　　復臨安息日會信徒，年輕時為艾倫和詹姆斯・懷特
　　　　　　當差，之後在他們的資助下於紐澤西州安息日會學
　　　　　　校接受醫學教育。他畢業之後，便受僱於巴特爾克
　　　　　　里克療養院（原美西健康改革研究所），之後則成為
　　　　　　該院院長。當時早餐常見的內容是香腸和威士忌，
　　　　　　而知名的外科醫師為療養院開發數十種創新的無肉
　　　　　　食物，最特別的就是即時早餐穀片，這在十年內徹
　　　　　　底改變了早餐。療養院吸引了當時的主要名人，包
　　　　　　括愛蜜莉亞・艾爾哈特、托瑪斯・愛迪生、亨利・
　　　　　　福特、瑪麗・陶德、約翰・洛克斐勒、塔夫特總統、
　　　　　　索傑納・特魯思，以及強尼・維斯穆勒。凱洛格成
　　　　　　了當時的素食主義主要推動者，而家樂氏公司（由
　　　　　　他的兄弟威爾・凱洛格經營）的成功，激勵了美國
　　　　　　以外的國家成立公司，提供取代早餐肉品的即食穀
　　　　　　物。

在肉類或肉類食物中並沒有人類
不可或缺或是值得擁有的營養
素，因為這些營養素都可以在植
物產品中取得。

——約翰・凱洛格醫師，《新的營養學：
吃什麼？怎麼吃？》

西元 1890 年　聖路易斯醫師建議，將花生作為無法咀嚼肉類的老
　　　　　　年患者的蛋白質來源，喬治・貝樂開始製作市售花
　　　　　　生醬。五年後，約翰・凱洛格醫師註冊了第一項以

以動物為食……就是不道德，因為這涉及一項違背道德感受的行動：殺戮。

——列夫·托爾斯泰

增加蔬菜絕對可取，因此我認為素食主義值得讚揚，以脫離野蠻習慣。我們可以依靠植物食物來維持並執行我們的工作，甚至大受益處，這不是理論，而是充分證明的事實。

許多幾乎只依賴菜蔬維生的人種，都具有出眾的體格和氣力。毫無疑問，像是燕麥等植物食物，都比肉類更經濟，而在機能上和心理表現上都更為優異。

有鑑於上述事實，應竭盡心力制止對動物的肆意和殘忍的屠殺，這必然會破壞我們的道德。

為了擺脫使我們變得低下的動物本能和食欲，我們應該從我們跳躍的根源開始：我們應該對食物的特性進行徹底改革。

——特斯拉，〈增加人類能量的問題〉

花生為基底的「堅果餐製作」專利，這項產品是巴特爾克里克療養院健康的肉類替代品。到了1899年，花生醬在美國估計產量為90萬公斤。1904年在聖路易斯世界博覽會上亮相後，花生醬的銷售量在1907年暴衝約至1500萬公斤。

西元1892年 托爾斯泰（1828-1910年）寫了影響至深的素食主義散文〈向上的第一步〉，作為《飲食的道德》俄文版的前言。

西元1893年 約翰·凱洛格醫師的妻子艾拉·凱洛格（1853-1920年）撰寫了第一本素食烹飪書《廚房中的科學》。

西元1895年 紐約的素食者協會開了紐約第一家素食餐廳，就稱為《一號素食者餐廳》，地點在西區23街的拜倫飯店（相形之下，1897年的倫敦已經有13間素食餐廳）。五年內，素食連鎖咖啡館「純食」也在曼哈頓區提供了無肉飲食。35年內，素食餐廳連鎖店「農食」的其中三家在曼哈頓西側供應無肉飲食。

西元1898年 「素食者之家&禁酒者的咖啡館」（後更名為希爾提）在蘇黎士開張。該餐館據傳是持續經營的素食餐廳中最古老的，至今仍在營運。餐館老闆如今新開了素食快餐連鎖店「希爾提的提彼特」。

西元1899年 動物福利行動主義者亨利·薩特（1851-1939年）受到雪萊詩作和小冊子的影響，寫下了經典著作《素食主義的邏輯》，進而影響了聖雄甘地轉念投身素食主義。他也將梭羅的著作如《公民不服從》介紹給甘地，對甘地產生了莫大影響。薩特不僅僅是動物福利改革者，還藉由1894年《動物權》一書，成為第一位擁護動物權的作家。

西元1900年 美國芝加哥開了第一家素食餐廳「純食物午餐室」，地點在洛普區E.麥迪森街176號。知名科學家兼發

明家特斯拉（1856-1943年，有「電學時代的發明家」之稱，足以和愛迪生匹敵），寫了一篇文章〈增加人類能量的問題〉，刊登在《世紀畫報》6月號。他在文中稱「對健康營養素的渴望」為「主要之惡」，並責備飼養食用動物是缺乏效能的作為，讚揚素食主義。

他成年後，逐漸從肉類轉向魚類，最後轉向素食。

西元1901年　第一個素食學會成立於俄羅斯。1917年的革命運動後，蘇聯宣告素食主義非法，導致素食學會和餐廳關閉。

西元1902年　紙漿出版業巨頭伯納爾‧麥克法登（1868-1955年）在曼哈頓下城開設了他的第一間素食餐廳「物質文化」。餐廳在6年內成功發展成連鎖店，開設在波士頓、水牛城、紐約、費城、匹茲堡和芝加哥。他還撰寫了一百多本書，提倡主要由新鮮水果、蔬菜和全穀物組成的飲食，這對身體健康至關重要，而這在當時是革命性的概念。

西元1906年　在一連串的動物飼養場的醜聞之後，厄普頓‧辛克萊（1878-1968年）的小說《叢林》出版，揭示了芝加哥牲畜飼養場令人噁心的衛生條件和不人道的勞工待遇。該書成為即時暢銷書，推動了不斷增長的素食運動，並在主流餐廳的菜單上增加了無肉主菜（從蛋捲到義大利麵食）。

西元1907年　9月24日《紐約時報》出現這樣的文章標題「食肉者罹癌人數增加……另一方面，義大利和中國的素食者呈現出最低的死亡率」，文章是根據駐芝加哥庫克‧亞當斯醫師為時七年的研究，指出食肉者會有較高的罹癌風險。文章說：「亞當斯醫師確定指出，飲食是疾病和死亡率上升的最重要因子。」

那些在國外出生的人，因為食用肉品（尤其是來自致病動物的產品）的數量增加，導致他們的罹癌的比例大幅超過本國人民，這可不是無足輕重的小事。
——庫克‧亞當斯醫師，《紐約時報》（1907年9月24日）

未來的醫師將不給藥，但會指導病患如何藉由飲食以及控制疾病的成因和預防方法，來照顧自己的身體。
——湯瑪士‧愛迪生，〈愛迪生對速度時代的歡呼〉《韋恩堡哨兵報》（1902年12月31日）

西元1908年　國際素食聯盟是為了團結世界素食者協會而成立，每兩、三年會在全世界不同地方舉辦全球性研討會。大不列顛素食者協會的雜誌《素食快訊》6月號報導，在近來爆發乳突炎期間，美國發明家愛迪生（1847-1931年）「停止吃肉，並貫徹素食。愛迪生對

於自己飲食上的改變感到十分愉悅，現在他重獲了正常的健康狀態，並持續拒絕各種形式的肉食。」

西元1917年　美國在4月加入一次世界大戰，美國食品管理局局長赫伯特·胡佛也展開了「週一無肉日」和「週三無麥日」的活動，激發美國人減少主食的消耗，以幫助歐洲挨餓的協約國。超過1300萬個美國家庭（占絕大多數）矢言在美國參戰期間（結束於1918年11月）加入這項活動。數百萬個家庭更種植了自由菜園和戰爭菜園，後稱勝利菜園。

西元1920年代

　　基督復臨安息日會的T·A·馮甘迪（1874-1935年）和傑思羅·克拉斯（1863-1923年）等人，開發出大豆製作出來的麵包、早餐穀片、乳酪、咖啡、冰淇淋、豆奶和乾豆仁等豆類食品，並推廣給普羅大眾。

自從醫師祕密聯盟向我保證我再不吃肉就會死於飢餓，至今已過了將近50年。
——蕭伯納，《蕭伯納精選集》

西元1925年　愛爾蘭劇作家蕭伯納（1856-1950年）獲得諾貝爾文學獎，作為素食主義者，他在1901年說了這句名言：「我當了二十五年的食肉族，剩下的年歲則成了食菜族。」

西元1929年　《週六晚間郵報》報導，由於「週一無肉日」和因一次大戰導致的飲食改變，「美國人開始嚴肅看待他們所吃下的東西和進食的方式。許多人首度發現，他們可以吃得少一點也無損健康，甚至有益健康。」股市在該年10月29日崩盤，爆發了經濟大蕭條。在這期間，農人生產大量食物，有能力購買的人卻很少。因此美國人開始挨餓，農人也開始改行。這導致了第一次《農業法案》（於1933年隨著《羅斯福新政》一起通過），以及1938年更新了《農業調整法案》。後者規定《農業法案》必須每五年更新一次，直到今日。

西元1930年代

　　莎迪·席庫拉特（1899-1981年），眾所周知的「素菜熟食之母」，她在紐約市開設了15家連鎖素食餐廳。意第緒素食者協會的紐約市成員視素食主義為道德哲學，正餐會吃的招牌菜餚包括蘑菇排、馬鈴薯排和奶油甜菜。

西元1931年　聖雄甘地（1869-1948年）在11月20日於英國倫敦協助發起了純素運動。他把他的非暴力哲學歸功於托爾斯泰以及梭羅的偉大影響。當其他印度學生在食肉的英格蘭聲明放棄素食主義，甘地則受到亨利·薩特《為素食主義辯護》的影響，重新加入素食主義的行列。他在加入了倫敦素食者協會之後，被選為執行委員，並為文發表於該協會的報紙。

西元1932-1934年

　　在英國，民眾健康聯盟以及葛蘭·霍普金斯委員會報告了乳製品安全的主要問題。報告中提到，至少40%的受測乳牛已感染結核菌，並長期傳染給該國大多數人口（1930年，58%的倫敦孩童測試後出現結核菌的陽性反應）。

西元1934年　汽車製造商亨利·福特（1863-1947年）是相信輪迴的素食主義者，他愛好大豆，還把大豆菜餚（如大豆餅乾和大豆泥）陳列在芝加哥世界博覽會「進步的世紀」之中。

西元1939年　傑思羅·克拉斯的藥草醫學、天然食品暨家庭醫療著作《回到伊甸園》出版，並銷售了400萬本，啟發了1960和70年代的天然食品運動。

西元1941年　美國加入第二次世界大戰。政府鼓勵人民在自家前院、後院、空地甚至公園種植「勝利菜園」，範圍從波士頓公園一直延伸到舊金山的金門公園（一度共有800座菜園），培育自己的食物。1943年，美國

我確實感覺到，靈性上的進展到某個階段之後，會要求我們停止為了滿足身體需求而殺戮生靈。
——聖雄甘地

家庭一週的配給限額是每週約800克肉品。在整個戰爭期間，超過2000萬個這類菜園累計供應了全美40%的新鮮蔬菜消耗量。

首先，最高尚的是道德素食主義者，他們是基於道德上或哲學上的理由拒絕吃肉……其次是宗教素食主義者，他們為了宗教信仰的緣故不吃肉……第三是美學素食主義者，他不願見到動物死去的灰色屍體……第四是科學素食主義者，他比較了動物世界的解剖結構，認定人類天生就是草食動物，根本不該吃肉……第五是食療素食主義者，他們不吃肉，只因為這樣更健康。

——西蒙・古爾德，引自《紐約時報雜誌》（1945年）

西元1942年　艾比・伯格森及其夥伴海勒在紐約市第二大道127號開了猶太素食餐廳「B&H奶素料理」（大多是無肉料理，但有燻鮭魚）。今日，B&H仍供應自製的湯品、波蘭餃子、素肉排佐蕎麥糊和蘑菇濃汁，以及由蛋、洋蔥、大豆和不算是祕密的配方「愛」，所作出的「素肝」。

西元1944年　英國木匠唐納德・華生（1910-2005年）創造出「純素」一詞，用來指稱不食乳製品和蛋製品的素食主義者。他甚至在他的純素協會時事通訊上特別解說純素的英文該怎麼念。

西元1945年　《紐約時報雜誌》刊出了「素食主義者的鼎盛時期」，裡面報導了素食主義者如何在肉品短缺時期的尾聲努力讓食肉的人們改吃素。《美國素食者》雜誌編輯西蒙・古爾德區分出素食主義者的各種等級。

二戰後　　　美國在戰爭末期興建了十座大型軍火工廠，致力於把炸彈生產轉換為肥料生產。農業企業正是在這種以化學為基礎的過程上出現的大規模耕作型態。

西元1948年　凱瑟琳・尼姆和魯賓・亞伯拉莫維茲在加州創立了純素協會，該協會持續運作到1960年。
　　　　　　佛萊明罕心臟研究計畫在麻州設立，目的是確認心血管疾病的猝發因子。經過了半個多世紀的研究，針對肥胖、抽菸、高油脂飲食、高血壓以及糖尿病等等高風險因子，在頂尖醫學期刊上發表了1200篇論文。

西元1949年　8月，第一屆美國素食者大會於威斯康辛州日內瓦湖畔舉開。

20世紀中期營養科學的出現，讓人們視素食為健康的飲食選擇。

西元1958年　羅伯·波金（1914-2004年，也就是後來的「吉普賽·布茲」）年輕時留了一頭長髮，與十來位「自然男孩」共同在加州的土地上生活。他在洛杉磯開了第一家健康食品餐廳「回歸自然健康茅舍」，吸引了帕特·博尼、列·畢頓、安琪·迪金森、喬治·漢密爾頓和葛蘿麗亞·史璜森等名流前來。他出現在史帝夫·艾倫大受歡迎的脫口秀節目中二十多次，也寫了好幾本書，因此得以向美國廣大閱聽者介紹健康素食飲食的理念，以及無花果、蒜頭、小麥草和「果昔」等健康素食食物。

西元1960年　傑·丁夏（1933-2000年）在紐澤西建立了美國純素協會。他的妻子弗萊雅·丁夏在1965年寫了《純素者的廚房》，這是美國第一本「純素」的書籍，她也在丈夫死後繼續維持純素協會的運作。

西元1961年　《美國醫學會雜誌》的編輯斷言：「素食飲食可以預防90%的血栓性栓塞症和97%的冠狀動脈阻塞。」這段聲明在隨後幾年的素食出版品中廣泛獲得報導。

> 如果美國人採用素食，導致美國一半死亡人數的心臟流行病就會消失。
> ——威廉·卡斯特利醫師，佛萊明罕心臟研究計畫前主任，美國公共電視「科學美國人」節目中的前線事件單元「心臟事件」

西元1962年　瑞秋·卡森《寂靜的春天》出版，激發全球的環境保護運動，包括有機製法，並鼓舞了許多人成為素食主義者。

> 在一般家庭的飲食中，肉類和任何來自動物脂肪的產品都含有最重的氯化烴殘留物（即殺蟲劑）。這是因為這些化學物質可溶於脂肪，且不會因為烹飪而受到破壞。
> ——瑞秋·卡森，《寂靜的春天》（1962年）

西元1967年　第一間在亞洲以外的禪修院所塔薩哈拉禪中心於舊金山市的灣區成立，中心的伙食由愛德華·布朗掌廚。三年後，他寫了以佛教素食食譜為主的《塔薩哈拉麵包書》，銷售了上百萬冊。1971年，布朗出家為禪僧。1973年，他出版了第二本食譜書《塔薩

哈拉烹飪書》。2007年，桃樂絲・朵利的紀錄片《烹飪人生》就是以愛德華・布朗為主角。

西元1968年　曼哈頓社交名媛暨電臺主持人沛珍・費茲傑羅出版了《無肉料理：沛珍的素食食譜》，證實了這本書與她和丈夫擁有兩百萬聽眾的電臺節目一樣受歡迎。1989年，《紐約時報》刊出她的訃聞，提到她帶領了兩個動物福利組織，並「反活體解剖以及深信道德上的素食主義。她拒絕吃肉、吃魚、穿戴皮草，『因為我不希望任何生物為了滿足我的方便或愉悅而遭殺害』」。

烹飪書《十大才華》出版，營養學家羅莎里・赫爾德及她的醫師丈夫法蘭克・赫爾德共同著作。這本書成了最早少數幾本可獲得的素食／純素資源（這本烹飪書是受到聖經《創世記》1:29所啟發，2012年的版本是第49次的再刷）。

披頭四樂團到印度研究超覺靜坐。之後，喬治・哈里森，約翰・藍儂，保羅・麥卡尼和林哥・史達宣布他們成為素食主義者，激勵全球其他人效仿。除了約翰・藍儂，另外三位終身都是素食主義者。

「追隨你心」與「起源」（當時洛杉磯另一家素食餐廳）截然不同，後者是由真人領導的邪教組織所經營。我們則完全相反，會把每個人都視為兄弟或姊妹，無論你是穿西裝打領帶還是長髮或完全沒有頭髮。

我們相信，每個人都該像是拜訪朋友家時那樣受到歡迎，這種信念甚至強過我們對素食主義的信念。我們從未打算讓人們改宗或改變。首先，你做不到；再來，這在道德上是錯誤的，因為這樣不尊重別人的選擇權。

我們一直致力於提供人們喜歡的食物，希望他們會這麼說：「試試看，這很好吃！」1972年，「愛情餐盤」這道菜（裡面有酪梨三明治和一杯湯）售價是95美分，今天這套菜仍在菜單上，售價9.5美元。在「追隨你心」用餐的客人中，只有20-25%是素食主義者。這其實沒有什麼好訝異的，畢竟到中餐館用餐的客人也不都是中國人……我這一代接受素食主義時，被認為是激進的。但這是個有趣的動態，現今許多千禧世代就完全跳過素食主義，直接進入純素主義。……今天幾乎任何地方都可以輕鬆找到食物，這簡直令人驚歎。我知道我住在麥加，但要成為素食主義者已經不再困難。最令我興奮的不僅僅是美妙的無肉創造力的曙光（正如戴夫・安德森的瑪德連小酒館和塔爾・羅奈的十字街口等餐廳所體現的創造力），也是認識飲食與健康關係的曙光。

——鮑伯・哥登伯格，「追隨你心」餐廳（加州卡諾加公園）共同經營人

西元1969年　4月1日，榮獲銀星勳章的海軍陸戰隊隊員暨二次世界大戰老

兵吉姆‧貝克（又稱「約德老爹」），在洛杉磯日落大道上開了一間「起源餐廳」，這是早期大受歡迎的素食餐廳。餐廳菜單中的菜餚（如扁豆素食漢堡）據稱是「特意為最高共鳴作準備」，吸引了諸多名流前來，包括華倫‧比提、馬龍‧白蘭度、茱莉‧克莉絲蒂、珍‧芳達、歌蒂‧韓、唐‧強生、約翰‧藍儂、史提夫‧麥昆、卡爾‧雷納和唐納‧蘇德蘭（在1977年電影《安妮‧霍爾》中，伍迪‧艾倫的飾演艾爾維‧辛格造訪了起源餐廳，訂購了「苜蓿芽和搗碎的酵母」）。該餐廳也成為2007年由艾西斯‧阿奎瑞安與伊萊克崔思蒂‧阿奎瑞安所著《起源：約德老爹、耶和華13搖滾樂團以及起源家族不為人知的故事》一書的主角。喬迪‧韋爾和瑪利亞‧戴莫普路斯在2013年的紀錄片《起源家族》就是根據此書拍攝。

西元1970年　4月22日第一次的地球日，美國議院兩黨共同支持邁向一個健康、永續的地球，這開創了現代的主流環境運動。

法蘭西斯‧摩爾‧拉佩寫了一份75頁的小冊子，來說明素菜飲食。隔年又出版了擴充版，即革命性的書籍《一座小行星的飲食方式》，銷售超過300萬本。拉佩在書中主張「飢餓是人為造成」，並基於經濟以及環境上的理由反對肉食（例如牛隻吃下16磅的穀物和大豆才能生產出1磅的牛肉），再結合對全球飢餓的關懷，促使素食主義者和行動主義者認真看待這件事。

一年後，影星強尼‧維斯穆勒在洛杉磯開了美國天然食品店，後來轉手由鮑伯‧哥登伯格及三位友人經營時（到2013年仍維持夥伴關係的保羅‧列文，以及在1985年轉換跑道的麥可‧畢森克和史賓瑟‧溫德畢爾），店裡是七個座位的果汁和三明治吧檯。他們買下商店之後，把吧檯變身為成熟的素食小餐館，並重新命名為「追隨你心」。後來他們發現，原本應該提供無蛋美乃滋的供應商欺騙他們，於是終

我在1971年寫下《一座小行星的飲食方式》時，無法想像在四十年後，我們仍然面臨著嚴重的飢餓問題，儘管全球的食物其實足以餵飽所有人，而且人均產量比我寫這本書的時候還多了40%！……自從去年秋天公布了《2012年世界糧食無保障狀況》（SOFI12），聯合國糧食及農業組織（FAO）便持續制定措施，並更新網路上的糧食安全指標。它現在傾向把飢餓視為一個範圍，從長期和嚴重營養不良的8.68億人口，到糧農組織所謂大多數「食物不足」的人口，這個數字已經攀升至13億（全球總人口數估計為69.74億）。

——法蘭西斯·摩爾·拉佩，與女兒安娜·拉佩在huffingtonpost.com（2013年7月16日）上的問答。

我們所要做的，就是找到人去吃這滿山滿谷價格低廉又品質低劣的食物。在短短兩個世代，一個飽受飢餓摧殘的國家，一路吃出肥胖、糖尿病和各種其他問題。

——導演克里斯多夫·泰勒2008年的紀錄片《食品戰爭》

止合作關係。「素乃滋」這種純素的美乃滋便應運而生，隨後便出現了銷售全美的素沙拉淋醬以及「純素美食家」乳酪這些食物。

西元1971年　愛麗絲·沃特斯在加州柏克萊創立了「帕妮絲之家」。她在該處抵制無風味的市售產品，並開創由在當地農人和其他供應商組成的網絡。她雖不是素食主義者，卻被視為供應另類食品的創造者。她讓美國境內供應的蔬菜品質、純度和風味大幅提升，鼓舞了更多大廚加入他們的烹飪行列，也讓更多用餐者跟他們訂貨。

我在帕妮絲之家工作的那幾年，愛麗絲·沃特斯把蔬菜料理得非常好吃，但他們從來不會大聲說這是「素食」。你會在菜單上看到加入蕁麻和雞蛋的披薩，但你不會想說「喔，這是素菜，你會想的是「喔，這看起來很好吃！」祖尼咖啡館是也是這樣。我認為這種經營方式非常重要。

——黛博拉·麥迪遜，綠色餐廳創店主廚

西元1971-1976年

厄爾·巴茨擔任農業部長期間，對美國的農業政策實施了許多廣泛的變革。小農被告知要「做大，不然就退出」，許多家庭農場因此破產。相較於此，大型農業獲得補貼，而在新的化學肥料和技術的幫助下，收成遠勝以往，生產了前所未有的糧食供應。雖然美國人的食物花費對其收入的占比在其後三十年下降，但醫療保健成本卻以相似的比例上升。

西元1972年　蕭伯納（1859-1950年）是1925年諾貝爾獎得主，長期以來也是道德素食主義者。他的管家兼家廚艾利絲·拉登，在與R·J·米奈合著的《蕭伯納的素食烹飪書》中，納入了許多招牌菜餚，像是扁豆咖哩和鹹味飯。

5月12日，加州大學洛杉磯分校電影系畢業生安娜·湯瑪士的著作《素食饕客》由科諾普夫出版社出版，六年後又出版了《素菜美食家第二冊》。這兩本書都

翻譯為多國語言，銷售了數百萬冊。

朵蘿勒斯‧亞歷山大和吉兒‧瓦德在紐約市格林威治村開設了女性主義集體（其中大部分成員並不完全是素食主義者）餐廳「母親的勇氣」。

西元1973年　莫利‧卡岑等人共同創立了「楓館集體餐廳」，1月在紐約綺色佳開幕，餐廳主打健康天然的食物烹調。餐廳在第二年便致力於素食菜單，在連續經營了四十多年，並出版了十幾本食譜書之後，楓館驅動了創意素食烹調，最後《美食》雜誌認定為「20世紀13家最具影響力的餐廳之一」。1977年，莫利‧卡岑出版了《楓館食譜》，並由《紐約時報》評為有史以來十大暢銷食譜之一，銷量超過兩百萬冊。卡岑《神奇的青花菜森林》一書的眾多版本，累計銷售超過一百萬冊。

黛博拉‧山塔那（音樂家卡洛斯‧山塔那之妻）及其姊妹綺桑，在舊金山市開了最早期的素食餐廳「迪提‧尼法斯」。這間餐廳在隨後十年以價格合理的砂鍋和素漢堡聞名。

對我烹飪產生最大影響的，是我對世界民族的民俗音樂的痴迷。參加音樂節是我的愛好，因為裡面不僅有民俗音樂，還會有希臘、土耳其、巴爾幹和以色列等地的美食，整個音樂節充滿了文化印象。這就是我第一次知道塔布勒沙拉以及鷹嘴豆泥如何成為主流……我在舊金山的山迪葛夫素食餐廳廚房做菜，每小時賺2.25美元，所以我哥哥和一些朋友把我找回綺色佳，協助他們成立餐廳，最後我就留下來了。我寫《楓館食譜》時，各方面都可說是家庭手工的產品。原始計畫是手工整理的，書寫口吻十分個人，是以我的手足和表親為對象。我從未想過這本書會變得如此出名。
——莫利‧卡岑，楓館集體餐廳共同創辦人

西元1974年　《素食時報》第一期出版，創辦人暨編輯為年方23歲的芝加哥護士保羅‧巴瑞特‧歐比斯，銷售通路為健康食品專賣店。1987年，付費發行量成長到13萬冊，到了2013年1月第400期出版，發行量已達31.5萬冊。

我們在1970年代曾多次造訪「母親的勇氣」餐廳。那時我們請他們協助我們開設「血根草餐廳」的計畫，他們便打開他們的食譜書，這對我們幫助很大。
——西爾瑪‧米利安，血根草餐廳創辦人（康乃迪克州布里奇波特）

我在讀安娜‧托馬斯的《素食饕客》時，對於她的旅行方式以及她如何傳達對食物的感官享受，十分折服。它平衡了拉佩《一座小行星的飲食方式》中令人信服的政治觀。
——作家莫利‧卡岑

我最先接觸的幾本食譜中，除了《豆腐烹調法》，其餘都是莫利‧卡岑的食譜書，例如《楓館食譜》和《神奇的青花菜森林》。這些都是我的啟蒙書。
——伊莎‧莫科維茲，《伊莎煮得出來》《以素之名》作者

我越深入實踐素食主義，就越了解到這不僅關乎飲食，還同時是靈性上、道德上、慈悲上、政治上和健康上的議題。簡而言之，這成了我的生活方式。我再也無法把素食主義與我生活的其他面向區隔開來。
——艾倫‧史皮法克，《素食時報》（1975年10月號）

西元 1975 年 《素食之聲》引述聯合國秘書長科特·瓦德罕的話，提到富裕國家的食物消耗（其肉食消耗量通常高於其他國家）是全球飢餓的原因之一。

為了向美國人介紹豆腐的樂趣，威廉·夏利夫和青柳昭子撰寫了《豆腐之書》，該書持續銷售數十萬冊。他們後續又出版了《味噌之書》和《天貝之書》。

靈修社群「農場」在 1971 年建立於田納西州的薩默敦，且一直持續至今日。其出版品《農場素食食譜》對於天貝等豆類食品以及純素飲食的推廣，扮演關鍵角色。

澳洲哲學家彼得·辛格的《動物解放》一書出版，以譴責工廠式農場和反對動物活體醫學研究催生了現代動物權運動。

《紐約時報》標題報導「素食主義者：以年輕人為主且成長中的生活方式」。

一年兩次的「世界素食代表大會」在緬因州舉行，吸引了 1500 位來自全美和世界各地的素食者。

醫學期刊《癌症研究》刊登了肯尼斯·卡羅教授的研究。文章總結了多國研究成果，證實了動物性油脂（而非植物性油脂）攝取越多，罹患乳癌的死亡率就越高。

西元 1976 年 由拉蘿·羅伯森、卡洛·弗林德斯和布洛溫·葛弗瑞所著的《拉蘿的廚房》出版。此書持續銷售了一百多萬冊，被視為當代美國素食食譜的早期經典著作。

1971 年康乃爾大學畢業生茱莉·喬登推出了她的第一本食譜《生命之翼：素食烹調法》（隨後是 1986 年出版的《椰菜鎮咖啡館食譜》，以及 1998 年的《茱莉·喬登的味道》）。從 1977 年到 1991 年，她在紐約州綺色佳開了素食的椰菜鎮咖啡館，以腰果辣椒、每日安吉拉捲和新鮮出爐的麵包聞名。咖啡館於 1993 年關閉後，其特色的蔬菜沙拉、鷹嘴豆、青花菜、糙米、香料植物拌豆腐、橄欖、堅果和乳酪，仍繼續出現在衛格門超市。茱蒂今日便是在此超市監督東北連鎖超市發展無肉熟食。

如果要我選一本對我影響最大的書，我會說是彼得·辛格的《動物解放》，畢竟我是讀了此書之後立即成為素食主義者。

——珍·古德，《新科學家》（2008 年 4 月 16 日）

在眾多受歡迎的素食食譜中，有一本《拉蘿的廚房》是由埃克納斯·伊斯瓦蘭（受甘地影響的印度靈性老師）的門徒撰寫，書中警告身體不要「快速補給燃料」。

——《美國社會歷史》（2009 年，共 10 冊）

茱莉·喬登的《生命之翼》食譜從一開始就是我們的聖經……它很簡單、可靠，食譜是讓簡單的食物具備完整性和風味。

——西爾瑪·米利安，血根草餐廳（康乃迪克州布里奇波特）創辦人

有機素食／純素餐廳「安潔莉卡的廚房」在紐約市開業。2000年，前任行政主廚（1992-1999年）彼得‧伯立出版了《當代素食餐廳》。2003年，當時的老闆蕾思莉‧麥克艾真出版了《安潔莉卡的家庭廚房》，其中包括「龍碗」等招牌菜餚。

西元1977年　美國參議員喬治‧麥戈文擔任營養專家委員會主席，建議減少攝取飽和脂肪和膽固醇，並增加攝取水果、蔬菜和全穀物。這份「麥戈文報告」引起了肉品、蛋品和乳製品行業的軒然大波。

血根草是一家女性主義集體素食餐廳，位於康乃迪克州的布里奇波特。最初的兩位集體成員西爾瑪‧米利安和諾薇爾‧佛瑞在餐廳持續工作了三十多年，寫了兩本食譜（一本素食，一本純素）。

安瑪麗‧寇比於紐約市成立了天然美食學院（NGI），成立的初衷為「我們所吃下的東西，對我們身體、心理和靈性的健康會有重大影響」。

這間學院並不是以推展素食為任務，但每週五晚上都會舉辦素食晚宴，且大受歡迎。晚宴會展示學生的烹飪成果，因此培養出許多有影響力的素食主廚，包括「泥土糖果」餐廳的阿曼達‧科恩、「十字街口」餐廳的塔爾‧羅奈，以及純素食譜作家布蘭恩特‧泰瑞。

由於桃子產量過剩，加州立法禁止農民在市售管道之外銷售產品，導致大量桃子腐爛。憤怒的農民將爛桃子傾倒在州議會大樓的草坪上，州長傑里‧布朗最後終於放寬限制，允許農民在農夫市集銷售農產品，此舉也刺激了農夫市集的擴張。到了1979年，加迪納市的農夫市集成了第一個在南加州開張的市集，也是該州早期幾個市集之一。2005年，加州已經有將近500個農夫市集；2009年，美國有

參議員喬治‧麥戈文後來告訴我，他對這項工作感到非常自豪，勝過他以往做過的任何事情，即使這使得他和中西部各州一些同事的政治生涯付出了代價。這是我對科學政治首度深感不安的一次經驗。

——坎貝爾博士，《救命飲食：中國健康調查報告》作者

與綠色餐廳創始主廚黛博拉・麥迪遜的對話（1979-1983）

我從未認定自己是素食主義者。我在舊金山禪修中心當學生時，我們決定組成一個團體，基於佛教不殺生的原則，在自己的社群中成為素食者，這也成了我們進食的方式。

我從一個優秀的長壽飲食廚師接手了禪修中心的烹飪。不過，在有訪客跟我們一起用餐時，我們不希望訪客對於供應的食物感到陌生而東猜西想。對我來說，目標就是做出人們熟悉的食物，好讓人們願意聚在一起用餐。我深受艾斯克菲爾《法國美食百科全書》這本經典的影響，也因此與其他人現今所做的不太一樣。現今人們想要的是鬆軟的煎餅，而不是全麥煎餅，所以我把食材換成白麵粉。我也在菜單上添加了奶油和乳酪，一如純素時代之前就有的那樣。

綠色餐廳剛開始營運時，只有供應午餐，我們有女性客人會說：「我要帶我的丈夫來！」而這些丈夫在經過一天或一週辛苦的工作之後，進到店裡會想點一塊牛排。但最後我們還是以餐點的質感如溫暖的迷迭香佛卡夏等贏得了這些丈夫的喜愛。我們還以烘焙紙包裹著烘烤的杏仁果，開動時就像是在打開禮物！

我是從伊莉莎白・大衛的《英國廚房裡的鹽、辛香料植物和芳香食材》獲得這個想法。而且我們會用千層蛋糕這樣的菜餚贏得他們的喜愛，蛋糕每一層之間都會抹上新鮮的番茄醬料或乳酪，這在餐桌上創造了很多物理上的效果，變得能轉移他們對肉的注意力。

1979年的綠色餐廳非常時尚。我不想讓它像是一般認知中的素食，所以我們沒有供應豆芽，牆上也沒有繩結流蘇的飾樣。在早期，食物都要很有乳酪味。在我們的早期的顧客中，只有一位不吃乳製品，這是非常罕見的，因此他有了這個綽號：不吃奶的傑里。今天，這種情況整個顛倒過來。

終於，到了今天，沒有人必須為了吃素而作出重大抉擇。而且我已經看到很多人減少很多食肉量，並選擇較高品質的肉。我會告訴人們，我不是素食主義者，因為我不想讓人們對我退避三舍。但是我確實很多時候吃的都是素食，當我規劃旅遊時，我經常預訂素餐，尤其如果我對當地其他食材沒那麼有把握時。

5000個農夫市集。根據美國農業部的數據，截至2018年，有8720個。

我在1990年代搬到新墨西哥州，要開間餐館，但工程有一點延遲。所以有一天我聽到有人說他在聖塔菲農夫市集需要人手幫忙，我便自告奮勇。隔週，我就成了市集管理人。這是我所做過最好的事情。我遇到最棒的種植者……在這種氣候下種植水果並不容易，有幾年收成不錯，但也有很多年收成不佳，所以主要農產品都是蔬菜。聖達菲一直以辣椒而聞名，但市集上的產品不只辣椒。今天，我們有祖傳原生種玉米，可以做出最棒的玉米粉，而到了7月下旬，這裡就什麼都有了。

——黛博拉・麥迪遜，《人人都會素食烹飪》作者

10月1日，第一屆世界素食日由北美素食者協會舉辦，並以10月作為「素食意識月」，自此成為年度

傳統直到今日。次年，國際素食聯盟也贊同以10月1日為世界素食日。

《美國臨床營養學期刊》報導了一項對2.4萬名基督復臨安息日會教友的研究，結果顯示，35-64歲採取植物性飲食的男性，罹患心臟病的風險比該人群中的非素食者低了3倍。

西元1978年　當小華盛頓酒店在維吉尼亞州華盛頓市開幕時，很少有供應商願意送貨到這個距離華盛頓特區110公里的地方。主廚老闆派翠克·歐康乃爾於是從數十名當地農民那裡採購農產品，到2011年1月，餐廳因營運順利而得以僱用自己的農民，在餐廳自己的土地上種植專門的農作，從法國四季豆到苗菜到甜豌豆不等，以補充一百多家供應者不足的產品。餐廳最關注的是素食品嚐菜單（tasting menu），這可說是美國當時最精緻的。

西元1979年　綠色餐廳在舊金山禪修中心的贊助下，於舊金山開業，在創店主廚黛博拉·麥迪遜的主持下，成為美國第一家精緻素食餐廳。餐廳展示出如何優雅地製作禪修中心位於馬林郡有機綠谷農場的農產品。1981年，安妮·索梅維爾受僱前來擔任助手。麥迪遜於1983年離職後，她便接任主廚。

瑪莎·舒爾曼的《素食饗宴》出版，榮獲「美好飲食獎」健康暨特殊飲食類別的獎項。

賴·貝里（1945-2014年）的《素食主義者》出版。這本書主要訪談了知名素食主義者如馬蒂·費爾德曼、克蘿麗絲·利奇曼和丹尼斯·韋弗等演員，以及諾貝爾文學獎得主以撒·辛格。貝里後續又出版了其他素食書，包括1996年的《神的食物：素食主義以及世界宗教》、2004年的《希特勒：既非素食主義者也非動物愛好者》，以及年刊《紐約市的純素指南》。

西元1980年　受到彼得·辛格《動物解放》一書的影響，英格麗·

如果因為某些奇蹟令我決定永遠採取蔬菜飲食，那麼我心目中的全美最佳印度烹飪權威馬德‧傑佛瑞的這本新書，會是我的蔬食聖經。這是迄今為止在蔬菜烹飪方面我所知最全面、最有趣，也最具啟發性的書。

——克雷格‧克萊本，在他的回憶錄《笑聲的饗宴》中寫到關於《馬德‧傑佛瑞的素食烹飪中的東方世界》

早期對於營養和癌症的思考（例托爾和沛托在1981年意義深遠的報告），強調了飲食中脂肪和其他成分的不良影響，這是過去十年最令人信服的證據，表明水果和蔬菜中的保護因子（大多還無法辨識）的重要性。

——哈佛公共衛生學院華特‧威樂特醫師，〈飲食、營養和可避免的癌症〉（1995年）

紐科克與動物權行動主義者亞力克斯‧帕切科共同創立了「善待動物組織」（PETA），組織了動物權意識覺醒活動。

美國的衛福部和農業部共同發布了健康飲食的七項原則，以響應公眾對飲食和健康指南的要求。這些原則後來成了《營養與健康：美國人飲食指南》第一版。他們每五年重審一次，以呈現最新的科學研究，不過各版本之間相當一致。

西元1981年　《馬德‧傑佛瑞的素食烹飪中的東方世界》出版，並獲得詹姆斯‧畢爾德圖書獎「自然食物／特殊飲食」類別。

理查‧托爾和理查‧沛托爵士發表在《美國國家癌症研究院期刊》的報告〈癌症的起因：當今美國癌症可避免風險的量化估計〉中估計，人類罹患的癌症中有35%（「可接受的估計範圍」為10-70%）可歸因於飲食。結果總結後遞呈美國國會。

發表在《癌症》和《刺絡針》期刊上的研究表明，在1.4萬名吸菸者之中，食用含 β-胡蘿蔔素蔬菜者罹患肺癌的比率要低得多。這些研究表明，增加植物性食物的消耗量，可能會降低罹癌風險。

西元1982年　美國國家研究委員會發布了〈飲食、營養和癌症報告〉，這是第一份把飲食、營養和癌症連結起來的重要報告。裡面主要的建議包括：降低油脂的攝取量，並增加蔬果和全穀物食品的攝取量。

查爾斯‧斯塔勒和戴博拉‧沃瑟曼建立了巴爾的摩素食主義者組織。到了1990年，這個組織發展成素食資源小組，反映了全國人民對這份研究報告的需求。該團體出版了《素食主義者期刊》和一些書籍，包括1991年銷售量超過五萬本的《只要純素》，以及1997年的《方便純素》。

演員威廉‧夏特奈為《素食主義者的世界》擔任旁白。這是一部關於素食主義的30分鐘紀錄片，由約納森‧凱製作。即使夏特奈的慢跑服似乎古怪過時，

片中傳達的主要觀點仍與現況相關。

《紐約時報》刊出瑪麗安‧布若的文章〈為素食主義者提出的七大抗辯〉，文中採訪了7位知名的素食主義者，包括馬蒂‧費爾德曼、卡洛‧凱恩和丹尼斯‧韋弗等演員。她寫道：「在以肉食為主的社會中當個素食主義者，通常意味著美食的二等公民……但是，這種情況在過去幾年已有所改善，像是有些知名人士就試著以各種方式實踐素食。這樣的改善至少增加了自稱為素食者的人數。現在有太多的東西被忽略了。這些素食者現在受到了太多忽視。根據『素食資訊服務』這個非營利教育組織，美國的素食人口在700萬-1200萬之間。」

西元1983年　戈德貝克夫婦妮基和戴維出版了《美國全食料理：1300種從快速上菜到精緻美食的無肉養生食譜》。《新聞日》表示這本書是「《烹飪的喜悅》素食版」，而《素食時報》則視之為「不朽的作品」。這本書在2005年重新發行。

珍‧布羅迪在《紐約時報》的專欄文章〈素食餐飲的新研究〉中提到：「主要問題已經變成，吃素會比吃肉更健康嗎？」而她在文中給予肯定的答案。

3月號的《素食時報》刊登了諾貝爾獎作家同時也是素食主義者以撒‧辛格（1904-1991年）的訪談，文中引述他的話：「對我來說，素食主義是一種抗議……抗議所有的不公不義：有這麼多疾病、這麼多死亡、這麼多殘忍。我的素食主義是我的信仰，也是我抗議世界事物的一部分。」

在珍妮絲‧米格里奇歐大受歡迎的洛杉磯素食餐廳裡，由於顧客跟她索取那豐盛湯品的食譜，她於是出版了《追隨你心素食湯品食譜》。餐廳共有人鮑伯‧哥登伯格回憶道：「我們每天供應三到五種湯品，其中一種是含乳湯品、一種是無鹽或無油湯品，並史無前例地給顧客試吃，好讓他們可以決定要點哪一道。人們非常喜歡這些湯，他們想要食譜，我們很自然就決定要做一本食譜書。當然，這些食譜所使用的奶油和乳製品比我們現在餐廳裡用的多了些。」

醫師約翰‧麥克杜格在其著作《麥克道格的計畫》中，納入了以澱粉為基礎的飲食（例如豆子、麵包、玉米、扁豆、義大利麵食、馬鈴薯、米飯），其中包含蔬菜和水果，並會避開動物

總而言之，在以肉類為主要飲食的社會中，素食者不太可能罹患導致死亡和危害身體的慢性疾病……想要獲取素食主義的救命益處，在食用硬乳酪、奶油乳酪、冰淇淋和雞蛋等食物時應該適度。

——珍‧布羅迪，《紐約時報》
（1983年10月12日）

在整個可驗證的人類歷史中，均衡、健康的人大多是從澱粉中獲得大部分熱量。像日本、中國等一度人口成長快速的亞洲人，吃的是甘藷、蕎麥或米；南美洲的印加人吃馬鈴薯；中美洲的瑪雅人和阿茲特克人吃玉米；還有和中東的埃及人則吃小麥。

——約翰·麥克杜格醫師，
引自他的個人電子報（2009年2月）

蔬菜是我的生命……蔬菜的蛋白質遠比動物性蛋白質美好且豐盛。

——米榭爾·布拉斯，引自Grubstreet.com（2011年）

現在，比以往任何時候都更少吃肉類和更多蔬菜，這是邁向更健康生活方式的一步。這是食物的未來。

——雷蒙·布朗克主廚

性食品和添加油。這是西方醫師著作中，首度暗示了不必從食物中獲得「完整蛋白質」，此書揭穿了一個目前仍普遍存在的迷思。他又繼續寫了十多本跟健康相關的著作，總銷售量超過上百萬冊。

馬歇爾·「米奇」·霍尼克及其搭檔（後來成為妻子）「主廚喬」·柯舍在芝加哥開設「芝加哥晚餐」餐廳，提供無肉版本的經典晚餐。餐廳的20週年慶過後不久，他們出版了《芝加哥晚餐食譜書》；2013年餐廳成立30週年時，則出版了《新芝加哥晚餐食譜書》。

主廚米榭爾·布拉斯在法國拉吉奧爾的布拉斯餐廳推出他的第一份蔬食菜單，並在1999年獲得他的第三顆米其林星。他的招牌菜「田園溫沙拉」是由數十種時令鮮嫩蔬菜、香料植物、葉子和種籽組合而成的華麗沙拉，這道菜在未來數十年激發了世界各地的主廚創作出自己的田園沙拉。

大豆食品先驅路易·哈格勒出版了《豆腐烹調書》。

路易·哈格勒1983年的《豆腐烹調書》改變了我的生活。自從我母親把這本書帶回家，連同我和妹妹一起吃素的三人，吃煮都參考這本書，幾乎天天如此。我們以前從未一起購物或烹飪，但這本食譜書讓我們得以凝聚在一起。書中有當時最先進的食物攝影，一切看起來都很棒。至今我仍會製作豆腐布朗尼和燻烤豆腐，甚至每週都會製作以花生醬和醬油調味的豆腐球。

——伊莎·莫科維茲，《伊莎煮得出來》《以素之名》作者

西元1984年 巴特·波坦扎買下位於曼哈頓上東城區的健康食品商店和果汁吧「桑尼斯」，並更名為「健康蠟燭」，這是對前任老闆每晚點燃蠟燭作為祝福的行為致敬。隨著時間推移，商店演變成全方位服務的素食咖啡館。

主廚雷蒙·布朗克在英格蘭牛津郡開設「四季莊園」旅館餐廳，並提供素食菜單的選項。餐廳榮獲米其林二星。

西元1985年 尼爾·巴納德醫師成立了非營利的「醫師負責任醫學委員會」（PCRM），總部位於華盛頓特區，該委員

會發展成全國性的醫師和其他支持者團體，致力於推廣預防性醫學並解決當代醫學爭議，包括努力改革聯邦飲食指南。

茱莉‧沙尼的《經典印度素食和穀物烹飪》出版，並榮獲格蘭菲迪最佳烹飪書獎。

西元1986年　傑納‧博爾和當時的妻子蘿瑞‧休士頓在紐約州沃特金斯格倫村創立了「農場聖所」，為那些從集約畜牧拯救出來的動物提供棲身之處。農場聖所後來在紐約上州擴展到超過700平方公尺，在北加州超過1200平方公尺。

營養學家瑪麗昂‧內斯特遷至華盛頓特區，擔任衛福部次長《營養和健康報導》的編輯，並在1988年夏天出版了這本厚達700頁的書。瑪麗昂隨後透露，她上任的第一天就被告知，勿在書中提出少吃肉或少吃任何其他食物的建議。

創始於德國、日本和瑞士的「社區支持農業」（CSA），開始在美國扎根。CSA快速成長，因此到了2007年，每個州都已經有CSA，全美共有1.25萬個農場加入。

西元1987年　受過聖帕布帕德世界級烹飪訓練的亞穆娜‧德維，寫了經典食譜《黑天神的烹飪：印度素食烹飪的藝術》。這本書成了第一本贏得聲譽卓著的「國際專業烹飪協會」（IACP）食譜獎的素食食譜。

約翰‧羅賓斯（31冰淇淋連鎖店創始者之子）出版《新美國的飲食》，凸顯出美國人為所吃的食物付出的道德、經濟和情感代價，並倡導以素食主義甚至純素主義來治癒世界飢餓和環境。這本書成為即時經典，羅賓斯後續更以《願所有人都得以飽足：新世界的飲食》（1992年）、《食物革命》（2001年）等著作，以及藉由FoodRevolution.org網站繼續發揮影響力。

國際素食營養大會在華盛頓舉行，與會者超過400名營養專家和研究人員。大會每五年召開一次，並

有些人不認為動物應獲得更好的對待，對此我會說：我們對動物所做的事，與其說是呈現出動物的價值，不如說是呈現出我們是怎樣的人。
——傑納‧博爾，《時代》雜誌專訪（2011年5月27日）

在雷根政府（1981-1989年）對企業友善的政治氛圍中，可能受這類建議影響的食品生產者會向他們捐助的國會議員提出投訴，且報告永遠不會公布。這種情節並非偏執幻想，十年來，國會幾乎不間斷地干預聯邦衛生官員的飲食建議。
——瑪麗昂‧內斯特，《食物政治》

從1997年開始進駐現址羅馬林達大學。

黛博拉・麥迪遜和愛德華・布朗出版了《綠色食譜書:知名餐廳的超凡素食料理》。

愛德華・布朗出了《塔薩哈拉麵包書》一書,而當我想寫我的第一本書時,紐約出版界問道:「誰是黛博拉・麥迪遜?」除非愛德華的名字也在上面,否則我無法出版我的書⋯⋯所以我們合著了《綠色食譜書》⋯⋯我是在幾年前造訪加州拉克斯珀市的時候跟他連絡上。他做了比司吉,看到他的手在麵團中舞動,做出的比司吉美味至極,令我印象深刻。

——黛博拉・麥迪遜,綠色餐廳創店主廚

西元1989年　琳達・麥卡尼的《在家烹飪》出版,書中大力宣揚她與前披頭四樂手保羅・麥卡尼的素食生活方式。兩年後,她創立了自己的素食品牌。琳達於1998年過早去世之後,保羅・麥卡尼認真接手了她的素食事業。

同年9月,《行家》雜誌評選出世界十大最佳餐廳,並指出艾倫・杜卡斯位於摩納哥蒙特卡洛的餐廳「路易十五」的特色是素食品嘗菜單。

在紐奧爾良的美國心臟協會會議上,加州索薩利托預防醫學研究所所長迪恩・奧尼希醫師發表了素食及生活方式改變對心臟病預防甚至逆轉之影響的開創性研究結果。

他寫了幾本暢銷全美的書籍,包括《迪恩・奧尼希醫師的心臟病逆轉計畫》(1990年)、《吃多一點,體重輕一點》(1993年)和《頻譜》(2007年)。

西元1980年代

一場嚴重的冰雹摧毀了俄亥俄州老鮑伯・瓊斯和兒子李・瓊斯、小鮑伯・瓊斯的家庭農場。由於知名主廚尚-路易・帕拉丁需要有機種植的南瓜花,瓊

如果屠宰場有玻璃牆,每個人都會成為素食主義者。

——保羅・麥卡尼,在 meat.org 的影片中口述

〈研究發現,改變生活方式可疏通阻塞的動脈〉⋯⋯迪恩・奧尼希醫師的研究表明,只要每日嚴格遵守素食、適度運動、每天1小時瑜伽和冥想的養生方式,不論男女都可逆轉動脈粥狀硬化這種會導致心臟病發作的血管阻塞。專家說,這是首次表明在不使用降膽固醇藥物或手術的情況下便可逆轉這種血管阻塞的研究。

——丹尼爾・高爾曼,《紐約時報》(1989年11月14日)

斯一家遂決定生產高品質、最具風味的產品作為農場重建的策略，主要供應主廚所需。這項轉變的結果成就了「主廚的菜園」，為美國今日的頂級主廚提供特製品項，如苗菜、香料植物芽、祖傳品種蔬菜、特選萵苣，以及可食用的花卉。他們的非營利組織「蔬食U」提供課堂菜園工具組和為期五週的科學課程，目前已在32個州和華盛頓特區的4700間小學和特殊需求課堂上開課。

西元1990年　坎貝爾博士首度公布了中國－康乃爾研究的結果，這是一項開創性的研究，證實了植物性飲食的益處。珍·布羅迪於5月8日在《紐約時報》報導了這項研究，文章標題為〈控訴脂肪和肉類的大規模飲食研究〉。

綠色餐廳前主廚黛博拉·麥迪遜所著圖文並茂的素食食譜書《美味之道》，獲得了IACP的年度烹飪書大獎。

楓館集體餐廳出版了《週日在楓館餐廳》。

經過傳統烹飪訓練的法國主廚尚-喬治·馮格里奇頓，在當時紐約市四星級餐廳「拉法葉」推出了他兼具開創性和影響力的食譜書《簡單料理》，該書捨棄了肉高湯，使用更清爽的油醋醬、調味油、蔬菜汁和蔬菜清湯。

西元1990-1991年
　　　　美國農業部擬定的《食物金字塔》草案通過審查。

西元1991年　1月13日，芝加哥主廚查理·特羅特在紐約市詹姆斯·畢爾德之屋，製作出七道全馬鈴薯菜單，可說是首度在那裡供應的無肉料理（很可能也是首次出現的素食料理）。菜單裡的料理包括有法式馬鈴薯醬糜佐山羊乳酪奶霜、新馬鈴薯甜玉米義式燉飯佐法式玉米清湯、馬鈴薯甜脆片，和黑松露馬鈴薯冰淇淋。

克利夫蘭診所的卡德威·埃塞斯廷醫師，在土桑舉

主廚菜園供應的產品有著令人驚豔的品質。這些產品總是能激發我們一些特別的想法……農夫李·瓊斯預測，蔬菜將成為「盤中的注目焦點」並風行多年。

——主廚馬克·李維，重點餐廳，紐約州薩拉納克湖

有關飲食和致病風險關係，最全面大型研究的早期研究結果，正挑戰著美國飲食教條的大部分內容。這項研究在中國進行，大膽描繪出植物性飲食計畫更有可能促進健康而非致病的圖像。該研究可被視為流行病學大獎賽。

——珍·布羅迪，《紐約時報》（1990年5月8日）

我們在餐廳做了蔬菜品嘗菜單，現在點素食的顧客約占20%……今日我們在馬鈴薯菜單上提供的菜餚，很多原本都是在蔬菜菜單上。

——查理·特羅特，引自《全美餐廳新聞》（1991年2月25日）

辦的第一屆對抗冠狀動脈心臟病全國會議中，發表了他為期五年、開創性的縱貫性研究。該研究顯示，18名心臟病重症患者在改採不含動物性食物和額外添加油脂的飲食之後，能大幅減緩病情進展到末期心臟病。

4月8日，責任醫療醫師委員會建議將美國農業部長期（自1956年以來）的「四大類食物」（肉、奶、蔬果和麵包／穀物），替換為「新四大類食物」：全穀物、蔬菜、豆類和水果。這是基於數十年來經過同行審查的研究，確定植物性飲食的價值。

4月27日，美國農業部在肉品和乳製品企業的壓力下，撤回所擬議的「正確飲食金字塔食物指南」，促進農業發展和告知大眾營養知識這雙重使命的利益衝突，自此浮上表面。

4月27日這起事件也凸顯了農業部在所肩負的推廣美國農產品和宣導公眾如何選擇健康食物這兩個任務中內在的利益衝突。

——瑪麗昂·內斯特，刊登在《健康服務國際期刊》〈食品遊說、食物金字塔，以及美國營養政策〉一文的摘要

禪味餐廳是稀奇罕見的珍寶，風味獨具，像是湯姆·威茲迷人低沉嗓音，也像是在早餐吃玫瑰花瓣。然而，我在那裡遇見的人似乎都陶醉其中……這裡的食物也不拘一格，頗中式，又有點日式，還帶著淡淡的印尼風味，可說是家鄉的健康食物與新式烹調的相遇。

——格爾·格林，1991年5月28日的《紐約雜誌》評論。她在2013年回憶道，在她擔任餐廳評論這四十多年來，這是她唯一評論過的素食餐廳。

嬉皮風格的素食餐廳「禪味」，在曼哈頓劇院區開幕。數年後，這家餐廳成了「紐約市大亞州素食餐廳的祖師爺」。

舊金山「現代禪烘焙坊」創始者西本美代子（也就是後來的辛納爾美代子）出版了《現在來禪美食：給老饕級味蕾的美味純素食譜》。1999年她又出了素食的《日式烹調》，以及2012年的暢銷書《手工純素乳酪》，這激發了許多家庭和專業廚師，嘗試製作各種純素乳酪。

方濟會修士羅恩·皮卡斯基出版了《友善食物》，書中主要關注於全穀物、蔬菜、豆類、海菜等許多所謂的「友善」食物，這些食物「不會帶來肉類和加工食品高昂的環境、經濟和營養成本」。

全美餐飲業協會（NRA）委託進行首次關於無肉菜單選項的調查，結果令人「震驚」。20%的美國成年人回答，基於健康的考量以及口味偏好，他們「有可能或非常可能」會選擇有素食選項的餐廳。

西元1992年　休伯特‧凱勒對經典法國餐廳的興趣減弱，於是在他舊金山著名的「百合花」餐廳以蔬菜高湯和蔬菜泥代替奶油和鮮奶油，並提供五道菜的素食品嘗菜單。心臟病專家迪恩‧奧尼希醫師引借了凱勒的食譜，並收入他的心臟健康食譜《吃多一點，體重輕一點》。

6月，美國農業部將食物金字塔作為代表營養飲食的官方主要食物分類標誌。

洛爾納‧薩斯的《生態廚房食譜》出版，後來重新發行為《洛爾納‧薩斯的素食廚房大全》，莫利‧卡岑譽之為「最佳純素烹飪書」。

西元1993年　「健康蠟燭」餐廳老闆巴特‧波坦扎及其營養師夥伴喬伊‧皮爾森在13日星期五以他們生日的數字下注，贏得樂透彩5.3萬美元。他們用贏得的獎金開了「蠟燭咖啡館」（1994年），十年後又開了「蠟燭79」（2003年），被認為是美國兩家最好的高級素食餐廳。

6月，安‧根特利在聖塔莫尼卡開設了有機的蔬食餐廳「每日真食」。隨後又在西好萊塢和帕沙第納增設新點。

安‧根特利為我們帶來一種有趣、美味又健康的料理。
——《美食》雜誌

西元1994年　行政主廚艾瑞克‧塔克有鑑於加州聖拉菲爾的餐廳「米莉」經營成功，便在舊金山開設了高級素食餐廳「千禧」。塔克合著了《千禧食譜書》（1998年）和《巧妙的純素》（2003年）。

主廚坦亞‧佩卓納在加州棕櫚泉開設「在地食物」快餐店。2009年11、12月，《素食時報》說這是「具有全球意識的素食餐廳」，並「已經擴展到南加州的八個地點，還計畫在加州以外增設十多家分店」。這家純素快速休閒連鎖店在2010年由安德莉亞‧麥克金緹和丹尼爾‧多蘭這對夫婦收購之後，原位於加州的全國總部便遷至芝加哥，2011年多個分店的銷售額將達到1500萬美元。2013年，公司規劃在2014年底會在現有和新的市場（如巴爾的摩、達拉

斯和費城）共設45間分店，到2017年將有200間分店。

世界純素日於11月1日首次舉辦年度慶祝活動，以紀念素食者協會成立50週年。

西元1995年　由吃素20年的詹姆斯‧克倫威爾主演的電影《我不笨，所以我有話說》上映。他因此片獲得奧斯卡獎提名之後，開始反對人類對豬的殘忍行為。

西元1996年　第四代酪農和牧場主人霍華德‧萊曼轉變為素食主義者和食品安全行動主義者，他對「歐普拉脫口秀」的評論，使歐普拉公開宣誓不再吃漢堡。儘管萊曼和歐普拉都未犯下任何不法行為，全美牧民牛肉協會仍在1998年對他們兩人提告。萊曼於是出版了《瘋狂牛仔：牧場主人不食肉的簡單真相》一書，提到牛和乳品工業的危險做法。

約瑟夫‧康納利成立了紐約「雪城地區素食教育協會」，並發行一份28頁的小報。四年後，他與寇林‧荷蘭德合作，把這份報紙轉變成亮麗的彩色雜誌《素食新聞》。

素食主義夫妻檔傑夫‧尼爾森和薩賓娜‧尼爾森架設了VegSource.com，宣揚素食主義的好處。這個網站在五年內成為排名第一的食品網站。

傑夫出版了第一本同名食譜書之後兩年，芝加哥主廚查理‧特羅特也推出了《查理‧特羅特的蔬菜》。

義大利米蘭開了七年的喬伊亞餐廳，成為歐洲第一家贏得米其林星級的素食餐廳。

西元1997年　5月23日，迪迪‧埃蒙斯的《素食星球》出版，後續銷售量達20萬冊。

艾瑞克‧馬庫斯的《純素：飲食新倫理》出版，並在十一年後架設了Vegan.com網站。

黛博拉‧麥迪遜的《人人都會素食烹飪》出版，隔年獲選為國際專業烹飪協會的「年度食譜」，並獲得詹姆斯‧畢爾德最佳素食食譜圖書獎，成為年度暢

從一天一餐素食開始，接著連續一週，然後固定每個月一週。想方設法不要食用動物和動物性產品，並成為習慣。這完全不會剝奪你任何東西，而且很容易做到。然後你開始思考：「還可以做什麼？」這個過程會啟動你的意識。

——素食主義演員詹姆斯‧克隆威爾。在參與《我不笨，所以我有話說》的演出之後，他成了純素主義者。

當我知道那些對我們和對環境帶來痛苦的許多惡事，其實是有出路的，我感覺好多了。一切都跟我們手中的餐具息息相關。

——霍華德‧萊曼，《瘋狂牛仔》（1998年）

我一直認為蔬菜烹飪是美食中最有趣的地方。蔬菜在風味和質地方面提供了令人難以置信的深度和複雜性，更不用說非凡的顏色和形狀……我碰巧愛上了觸摸、烹煮和吃上大量的蔬菜、水果、豆類和穀物的體驗。這真是我生命中最具感官之樂的享受之一。

——查理‧特羅特，《查理‧特羅特的蔬菜》（1996年）

銷食譜。

西元1998年　5月,《素食時報》報導美國各地高級餐廳的素食品
嘗菜單大量增加,這些餐館包括阿夸維特(紐約
市)、鈴鐺(紐約)、雞油菌(費城)、查理·特羅特
(芝加哥)、百合花(舊金山)、法國洗衣房(加州揚
特維爾)、裘裘(紐約)、格雷諾耶(紐約)、萊斯皮
納斯(紐約)、帕提那(洛杉磯)、丹尼爾餐廳(紐
約)、西格(亞特蘭大)和馬鞭草(紐約)。

西元1999年　艾瑞克·布蘭特架設了HappyCow.com,這個網站
有全世界素食餐廳資料庫,上面有1000筆左右的資
料。到了2014年初,光是美國的素食餐廳就已經增
加到5500家。

西元2000年　世界農地面積有史以來首度減少。隨著人口繼續增
加,種植面積每年都在下降。照這種速度繼續下去,
根本無法養活全世界所有人口,這讓人們對全球飢
餓日益擔憂。
　　　　　　10月,法院裁定美國農業部因扣留文件並隱藏經濟
利益衝突,違反聯邦法律。美國農業部提供的訊息
顯示,有六位飲食指南委員會成員(成員共11位)
與食品工業有著財務上的關係,而這和他們的工作
性質有經濟利益上的衝突。

西元2001年　米其林三星主廚阿蘭·帕薩德把紅肉和海鮮從他在
巴黎琶音餐廳的菜單中移除。

西元2002年　5月14日,音樂人魔比(自1986年開始實行純素)
與凱利·提斯代爾在紐約一起開了純素咖啡館「紐
約茶」。他也在同一天發行他的音樂專輯「18」。

西元2003年　美國疾病防制中心報告指出,2000年出生的孩子裡
有⅓會在生命的某個時期罹患第二型糖尿病,總結
是糖尿病發病率的增加與肥胖率的增加成正比。該

現在,素食品嘗菜單的革新,不
只是對素食主義者的接納,還是
對他們的頌揚……主廚葛瑞·昆
茲說,在過去十年中,農夫市集
在都會區的增長使得主廚更容易
也更想去使用時令蔬菜……主廚
湯馬士·凱勒就語帶不屑地說:
「肉類可能是最無聊的食材,但蔬
菜的可能性是無窮無盡的。」
——愛麗絲·費林,《素食時報》(1998年
5月)

讓肉品或乳品工業相關人士擔任
食品顧問,就如同讓菸草公司決
定我們的空氣品質標準一樣不妥
當。
——尼爾·巴納德醫師,非營利團體「責
任醫療醫師委員會」主席。該團體在
1998年對美國農業部提出告訴

阿蘭·帕薩德……是當今公認為
極具遠見的世界最佳主廚。
——主廚大衛·金希,《曼雷薩餐廳》

龐克教導我去質疑一切。當然，依我的情況，這意味著要去質疑如何製作無蛋、無奶油、無鮮奶油的女主人杯子蛋糕。

——伊莎·莫科維茲，引自茱莉亞·莫斯金在《紐時時報》對伊莎的簡介。伊莎說這是此書首次獲得主流媒體報導（2007年1月24日）。

我住在曼哈頓的79街和第三大道附近，所以我一直都在蠟燭咖啡館用餐。我很愛他們的卡郡素肉三明治。我還在蠟燭79開幕期間擔任冷盤主廚。有些廚房工作人員還得從史丹頓島長途跋涉而來，但我可是在一分半鐘內走過半個街廓就來上班的！

——塔爾·羅奈，十字街口，洛杉磯

研究也表明，糖尿病會大幅降低預期壽命。這是美國史上首度出現子代的預期壽命比親代還短。

重新推行「週一無肉日」運動。這一次，不是為戰爭而努力，而是為了幫助人們減少飲食中約15%（或⅓）的肉類和飽和脂肪。這項運動由健康倡導者席德·萊納與約翰霍普金斯大學彭博公衛學院的宜居未來中心共同合作，使人們意識到與肉類攝取過度相關的可預防疾病。這項運動在幾年內就成為全球風潮，由佩姬·紐領導，有23國參與。

缺乏純素烹飪節目令人沮喪，因此年輕的素食主義者伊莎·莫科維茲（16歲開始吃素）和泰瑞·羅米洛在曼哈頓和布魯克林的社區電視臺播出了自己的節目「後龐克廚房」。莫科維茲正著手籌備純素獨立誌《純素者的復仇》時，獲得了一筆出書的交易，於是她轉而把手中的食譜寫成她第一本書並在2005年出版，此書在前兩年持續銷售超過五萬本。莫科維茲和羅米洛後續共同寫了幾本書籍，其中包括2006年的《純素杯子蛋糕拿下全世界》和2007年的《以素之名》，兩人後續又分別寫了自己的書。

「蠟燭79」於紐約市開幕，被視為高級純素餐廳中的貴婦人。

芝加哥主廚查理·特羅特和加州拉克斯珀市的裸食主廚洛珊娜·克萊恩合著《裸食》，這是大開本精裝書，裡面展示了壓汁、脫水和攪打的精美蔬果照。

紐約大學營養與食品研究系兼公共衛生系主任瑪麗昂·內斯特推出了她開創性著作《食物政治：食品工業如何影響營養與健康》，此書獲得許多重要的圖書獎。她後續又寫了《安全食物》（2003年）和《吃什麼》（2006年），並在《食物政治十週年紀念版》（2013年）中更新了內容。

喬爾·福爾曼醫師的《為活而食：富含營養的快速持續減重驚人計畫》出版，書中提倡健康等於營養素除以熱量（也就是營養密度，這個概念在他的「全食超市」中經由總計營養密度指標分級制度加以推廣），並提倡為期六週的素食餐飲減重計畫。這

本書成為《紐約時報》的暢銷書榜首，總銷量超過一百萬冊。

西元 2004 年　美國醫學會引述了了許多新的科學研究，一反過去反對純素飲食的立場。

凱倫‧亞科保和麥可‧亞科保撰寫了第一本關於美國素食主義的完整歷史《美國素食史》。

3 月，特希絲‧恩格爾霍特和馬修‧恩格爾霍特在舊金山開設了他們的第一家有機、在地、永續（且無肉）的餐廳「感恩咖啡館」，隨後並擴張到灣區和洛杉磯（2011 年）。他們又在舊金山（2010 年）和洛杉磯（2014 年）開了有機、純素、非基改的墨西哥餐廳「感謝母親咖啡館」。他們的女兒莫利隨後也創立了以洛杉磯為總部的「金淇淋」（純素冰淇淋）和「智者」（素食啤酒花園），兒子萊倫和凱瑞則製作出食物紀錄片《我能坦白嗎？》。

當時的合作夥伴馬修‧肯尼和薩瑪‧梅格利斯開設紐約市第一家裸食純素高級餐廳「純食物和酒」。2005 年，他們共同寫了《裸食／真實世界：熠熠生輝的 100 道食譜》。這間餐廳被《富比士》納入「全明星紐約餐館」，隨後也名列《紐約時報》「百大餐廳」之中。

肖恩‧麥克萊恩在埃文斯頓市的「三重奏」以及他在芝加哥的海鮮餐廳「春天」擔任主廚之後，在芝加哥開設了高級素食餐廳「綠斑馬」。2006 年，麥克萊恩獲頒詹姆斯‧畢爾德基金會的中西部最佳主廚。

據《富比士》雜誌報導，自 1998 年以來，素食銷售量翻了一倍，營業額在 2003 年達到 16 億美元，並預估在 2008 年增長 61%。

西元 2005 年　「蔬食燒烤」快餐店由合夥人凱文‧波伊蘭和 T‧K‧皮蘭創立於南加州。到 2014 年，快餐休閒素食連鎖

連醫師和營養師都很驚訝地省悟，當你吃下大量的綠色蔬菜，你也會獲得相當大量的蛋白質。
——喬爾‧福爾曼醫師，《為活而食》

你會非常訝異這些調味精靈可以做到什麼程度。吃了墨西哥炒豆泥，你不會覺得少了豬油或肉汁。豆泥的調味非常棒，幾乎會讓你認定裡面一定加了培根……然而，令我那個挑嘴的朋友留下深刻印象的卻是法式布丁塔，質地之滑順潤口，就跟用牛奶和雞蛋做的一樣。
——麥可‧包爾，他在《舊金山紀事報》（2010 年 6 月 20 日）給予「感謝母親咖啡館」的二星評論

這不僅僅是素食，還是連肉食性動物也能露出滿意笑容的素食。
——菲爾‧維特爾，他在《芝加哥論壇報》（2008 年 5 月 15 日）給予綠斑馬的三星評論

素食資源小組估計，2.8% 的美國成年人認為自己是素食主義者，這是自 2000 年調查後的成長。根據素食資源小組，另有 6-10% 的人口表示自己「幾乎是素食」，另有 20-25% 的人表示「傾向素食」，或是會刻意減少飲食中的肉類。
——《富比士》（2004 年 9 月 15 日）

店已在加州、俄勒岡州和華盛頓州擁有26個據點，並計畫繼續擴展。

康乃爾大學教授坎貝爾博士和兒子托馬斯·M·坎貝爾二世的著作《救命飲食：中國健康調查報告》出版，後續累積銷量超過一百萬本。

新的飲食指南標誌著美國農業部首次承認不是每個人都能消化乳製品，並為那些「沒有或不能攝取牛奶」的人提供說明。

哈佛大學公共衛生學院營養學系主任、《要吃要喝，也要健康》一書的作者華特·威樂特醫師，創建了一張記分卡，對2005年《飲食指南》中受益最多者進行排名。「大乳製品」以10分獲勝，「大牛肉」以8分排名第二，而公眾的健康則以6分排名第三。

12月，由前模特兒和經紀人蘿瑞·弗里曼和金·巴諾溫合著、桀驁不馴的純素飲食書《瘦婊子》出版，兩年內銷售超過25萬本。這本書被譯為多國語言，總印量超過300萬本，成為有史以來最暢銷的素食書。

西元2006年　聯合國糧農組織報告，畜牧業所產生的地球溫室氣體占總排放量的18%。相較之下，世界上所有的交通系統（船隻、汽車、飛機、火車等）僅占13%。

動物權行動主義者南西·亞歷山大於2003年開設純素餐廳「崇高」，餐廳營運的全部收益都用於動物福利，在受到颶風破壞之後，於佛羅里達州羅德岱堡重新開幕。

繼「地平線咖啡館」（1994-2005年）之後，里奇·蘭道和凱特·雅各比在費城開了「地平線餐廳」，在隨後五年中贏得了許多追隨者。餐廳工作人員後續也在費城開設自己的純素飲食據點，例如，「黑鳥披薩」和「枝子與藤蔓」（2010年）、「嬉皮城市蔬食」和「瑞秋小姐的食品櫃」（2012年）。

西元2007年　根據美聯社在〈來點牛肉？不，他們過得很好，謝謝你〉一文中的報導，素食餐館的數量和名聲都在

我一直在閱讀《救命飲食》，並且非常喜愛。這份研究能廣為流傳可說意義重大，因為一旦你知道某件事，就不可能假裝不知道。

——鮑伯·哥登伯格，追隨你心餐廳（加州卡諾加公園）

增長，例如「蠟燭79」（紐約）、「地平線」（費城）和「崇高」（勞德代爾堡）。

卡德威・埃塞斯廷醫師出版了《預防和逆轉心臟病：有科學根據並以營養為基礎的革命性治療》，書中主張嚴格的素食。這本書成了暢銷書。

9月28日，喜劇演員、政治評論員和脫口秀節目主持人比爾・馬赫在他《新規則》節目中朝製藥公司的發火之後，下了結論：「健康的答案不是另一種神藥，而是菠菜。」

馬克・彼特曼在他出了暢銷書《極簡烹飪教室》之後，又推出了《極簡烹飪教室素食版》。2013年，他的著作《VB6：6點前吃純素，減重、重拾健康又不復胖》帶動了半日素食主義的風潮。

西元2008年　在凱西・弗雷斯頓《量子健康：健康與幸福的實用性與精神性指南》一書的啟發下，脫口秀節目主持人歐普拉・溫芙蕾進行了為期三週的純素淨化。她的「21日淨化菜單」是由主廚塔爾・羅奈所作。

「純食物和酒」和音樂人魔比的素食餐廳「紐約茶」的前主廚阿曼達・科恩在紐約市東村開設了她的「泥土糖果」餐廳。四年後，餐廳贏得《紐約時報》的二星級評論，這是史上第二家獲此殊榮的素食餐廳（繼蠟燭79之後）。2012年科恩推出她的熱門回憶錄兼漫畫書兼烹飪書《泥土糖果食譜書：來自紐約市超人氣素食餐廳的好風味食

物》，其中彼特・威爾斯在《紐約時報》寫道：「幽默是科恩工作中不可或缺的一部分，她可能也是美國唯一能以漫畫形式出版食譜的主廚，這個作法既聰明且勢在必行。」

4月，《素食時報》刊登了〈美國素食主義〉研究報告，指出有730萬美國人是素食主義者，另有2280萬美

一度是髒亂、陰暗的用餐場所，但在某些城市中足以媲美肉食餐廳的素食和純素餐廳百花齊放，再加上《查氏餐館調查》排名和名流顧客的加持之後，素食和純素餐廳已臻至化境。根據素食餐館網路指南VegDining.com的站長丹尼斯・巴約米的說法，美國已有1000-1200家素食餐廳，幾乎是七年前的兩倍。
——美聯社（2007年4月27日）

除非我們不再讓自己生病，否則我們會繼續病下去……政府不是你的保姆，而是出賣你，還補貼美國的疾病給你。他們得這麼做，這其中牽涉到太多金錢。你也知道，健康的人和死掉的人身上都沒有油水可撈，只有在這兩者之間的人（也就是還算得上活著但帶著至少一項需要處方藥的慢性病的人）才能讓他們撈到錢……健康的答案不是另一種神藥，而是菠菜。
——比爾・馬赫（2007年9月28日）

她喜歡鮮奶油、奶油和炸物，也熱愛淋醬和華美的裝飾。她的許多菜餚都是如此認真地擁抱單一食材，你會發現自己總是會停下來認真想著，這其實是蔬菜，彷彿是第一次品嘗。
——凱特・朱利安，於《紐約客》，評論泥土糖果餐廳主廚兼老闆阿曼達・科恩（2009年1月26日）

2008年的研究還表明，超過一半（53%）的現有素食主義者是用素食來改善他們的整體健康。關注環境問題而吃素的比例為47%，39%的人提到吃素是「健康的自然方法」，31%的人提到食品安全問題，54%的人提到動物福利，25%的人提到減重，還有24%的人提到維持身材。

——《素食時報》（2008年4月）

在美國，用於產肉、奶或蛋的陸生動物中，有99%是工廠養殖的……至於蛋雞所生出的雄性後代會發生什麼事？……牠們毫無貢獻。這就是為什麼所有雄性蛋雞（每年超過2.5億隻，占所有生於美國的蛋雞的一半）會遭到撲殺。

——喬納森・福爾，《吃動物》（2009）

國人表示，他們基本上遵循素食者的飲食方式。

7月15日，納帕谷素食餐廳「烏班圖」的廚師傑洛米・福克斯和甜點主廚迪安妮・福克斯在紐約市詹姆斯・畢爾德之屋舉辦了近二十年來首次的素食晚宴。同年，傑洛米・福克斯被評為《美酒佳餚》雜誌的「最佳新主廚」。

哇，甜豌豆、氣味強烈的薄荷、鬆脆的夏威夷堅果和絲滑的白巧克力。滑順的椰奶、花一般的卡非萊姆、胡椒般的芫荽，以及糖一般的西瓜。滑潤的玉米糊拌上菠菜琉璃苣泥和辛辣的金蓮花泡沫。昨晚我嘗到此生數一數二令人興奮的美味搭配，更遑論在詹姆斯・畢爾德之屋了……加州納帕谷「烏班圖」餐廳的傑洛米・福克斯是2008年《美酒佳餚》最佳新主廚，他簡直讓我們瞠目結舌。而他的妻子「烏班圖」的甜點主廚迪安娜，更以她令人難以置信、點綴著小巧糖漬胡蘿蔔的純素胡蘿蔔杯子蛋糕（素食耶！），讓我們佩服得五體投地。

——米莉・凱瑟，《美酒佳餚》作者，引自網誌文章〈美國最令人興奮的主廚？〉（2008年7月16日）

7月17日，導演麥克・安德森發布了他的紀錄片《進食》。兩年後，飯店大亨史蒂夫・韋恩在遊艇上看了這部片之後，立即轉變為純素主義者，並買了一萬份發送給他的員工，接著聘請諮詢主廚塔爾・羅奈為他在拉斯維加斯的每一間餐廳（包括牛排屋）增添純素菜餚。

我受邀到韋恩的著名餐廳（其中還有一家是米其林二星）擔任諮詢主廚時，其實有點膽怯。我當下就告訴他們，我不是要來教他們怎麼烹飪，而是來告訴他們一些技巧，協助餐廳接納純素顧客，例如用腰果鮮奶油代替高脂鮮奶油，或用「大地平衡」奶油取代一般奶油。在這個兩年的合作過程中，我們想出了搭配每間餐廳菜單的純素菜單，從義大利料理到海鮮料理都有。

——塔爾・羅奈，十字街口餐廳，洛杉磯

西元2009年 1月，善待動物組織選出全美八大素食餐廳：蠟燭79（紐約）、新蜻蜓（俄亥俄州哥倫布市）、綠斑馬（芝加哥）、地平線（費城）、瑪德連小酒館（洛杉

磯），千禧（舊金山）、崇高（英國勞德代爾堡）和蔬食之地（俄亥俄州阿克倫）。

2月，德州消防員瑞普‧艾塞爾斯汀出版了《二號引擎的飲食》一書，該書描述了他的小組成員採用低脂素食後，如何因健康得到益處而獲得鼓舞。這本書成為《紐約時報》的暢銷書。

3月，由第一夫人蜜雪兒‧歐巴馬帶頭，在白宮史上最大的菜園上破土，這最初是二次世界大戰期間第一夫人愛蓮娜‧羅斯福的勝利花園。這個花園的使命富有教育意義：教育兒童當地新鮮蔬果的健康，期望能因此改變美國兒童的肥胖和糖尿病危機。

喬納森‧福爾的《吃動物》出版，素食主義脫口秀主持人艾倫‧狄珍妮說這是她「讀過的重要的書籍之一」。

7月，美國飲食協會（2012年後更名為美國營養與飲食學會）在所發布的〈素食主義立場〉中指出：「美國營養學會的立場是，適當規劃的素食餐飲（包括全素食和純素食）是健康、營養充足，並在預防和治療某些疾病上能提供健康益處……基於證據的審查結果表明，素食與降低缺血性心臟病的死亡風險相關。與非素食者相比，素食者的低密度脂蛋白膽固醇數值較低、血壓較低，還有高血壓和第二型糖尿病的發病率也較低。此外，素食者的身體質量指數和整體癌症發病率也都較低。可以降低慢性病風險的素食特徵包括：降低飽和脂肪和膽固醇的攝取量，以及提高水果、蔬菜、全穀物、堅果、豆製品、纖維素和植化素的攝取量。」

女演員、環保主義者和行動主義者艾莉西亞‧席薇史東寫了《溫柔飲食：讓你感覺良好、減重又救地球的簡單指南》，倡導純素飲食。這本書成為即時暢銷書。

11月3日，主廚里奇‧蘭道和甜點主廚凱特‧雅各比（目前在費城的費吉餐廳）在紐約的詹姆斯‧畢爾德之屋舉辦了第一場純素晚宴。菜單有生醃波特貝羅大香菇搭配南瓜麵包布丁、茴香花椰菜、芹菜根方麵餃搭配焦黑的抱子甘藍、杏鮑菇和鼠尾草芥末乳化液、鹽烤甜菜搭配帶殼胡椒粒豆腐，以及祖傳原生南瓜乳酪蛋糕搭配榲桲果醬和糖漬栗子。

11月19日，烹飪節目主持人瑪莎‧史都華主持了「素食感恩節

雖然植物性飲食大大有益於健康，能降低心臟病死亡風險、降低低密度脂蛋白膽固醇數值，以及降低糖尿病、肥胖和癌症的發病率，但飲食仍然必須「適當規劃」，正如美國飲食協會最近在這個主題所聲明的立場。

──凱瑟琳‧霍布森，《美國新聞與世界報導》（2009年8月4日）

特別節目」，節目來賓有納帕谷素食餐廳「烏班圖」主廚傑洛米‧福克斯、《吃動物》作者喬納森‧福爾，以及紀錄片《美味代價》導演羅伯特‧肯納。瑪莎的女兒艾歷克西斯是素食主義者，她在節目中透露要參加素食感恩節晚宴的計畫。

是的，我成了純素主義者，而且也很喜歡。純素是我收到最好的個人禮物。

——葛蘭特‧巴特勒，飲食版編輯，文章引自《俄勒岡人報》與作者的交流（2013年9月9日）

想想看，包含古埃及、中國和墨西哥在內的整個文明，都以小麥、米、豆或玉米為蛋白質來源。營養學家過去認為素食者必須留心植物性食物的搭配（如豆類和玉米），但現在我們知道，攝取多樣食物和足夠熱量就可以獲得足夠的蛋白質。

——瑪麗昂‧內斯特，《舊金山紀事報》（2010年2月7日）

肉類已遭過度使用……我同意主廚荷西‧安德烈的觀點：肉類占據餐盤中央的統治地位正在式微。水果、穀物和蔬菜無疑是這個國家乃至整個世界永續、健康飲食和營養的未來。

——馬利歐‧巴塔利，在主廚全國性聯合報紙專欄（2012年1月17日）

西元2010年　1月，喬爾‧福爾曼醫師在北美的全食超市連鎖店發動「健康從這裡開始」活動，向超市顧客展示他的ANDI（總營養密度指數）計分系統，用以計算食物相對於其熱量所含有的營養素，強調植物性飲食的健康飲食原則：全食物、低脂肪（而且要正確的脂肪，即植物性的不飽和脂肪）、營養密集（也就是ANDI高分食物，例如蔬菜，尤以綠色為佳，還有豆類、新鮮水果、全穀物和未加工的堅果和種籽）。

2月1日，過去一直是食肉的《俄勒岡人報》飲食版編輯葛蘭特‧巴特勒，宣布他轉向素食主義。原因何在？

巴特勒承認，素食主義正在波特蘭飲食文化中快速增長。素食是很好的挑戰，是更環保（也更慈悲、更善良）的飲食方式，還可減重。

營養學家瑪麗昂‧內斯特在《舊金山紀事報》2月7日的專欄〈純素飲食獲得了一些青睞〉中寫道：「我完全無法理解，為什麼有人會質疑素食的益處？素食者通常比吃大量肉類者更健康。」

2月，脫口秀主持人艾倫‧狄珍妮接受了凱蒂‧庫瑞克的採訪，談論她成為純素主義者的原因。她引用了《瘦婊子》一書，以及西恩‧蒙森2005年的紀錄片《地球上的生靈》（由同樣是素食主義者的名演員瓦昆‧菲尼克斯擔任旁白）。

資深純素主義者霍華德‧斯特恩的助手羅賓‧奎弗斯也加入純素食主義者的行列，她推出了自己的YouTube純素烹飪系列「羅賓的素食教育」。三年後，她出版了純素飲食回憶錄《羅賓的素食教育：真正的食物如何救了我的命》。

5月2日，在「60分鐘」節目中，詹姆斯‧畢爾德獲

獎主廚荷西・安德烈對主持人安德森・古柏表示，肉類被人們「過度高估」，還「有點無聊」，並補充道：「我相信，未來屬於是蔬菜和水果。它們遠比雞肉性感。」

6月22日，克蘿伊・科斯卡雷利以四種純素口味的杯子蛋糕，贏得了美食頻道的電視烘焙比賽「杯子蛋糕大戰」冠軍。這四種口味分別是：巧克力草莓油酥糕餅、鮮奶油餡料的巧克力柑橘搭配糖漬橙皮、生薑肉豆蔻辛香料淋上椰棗焦糖，以及覆盆子提拉米蘇。

8月，主廚馬利歐・巴塔利在他紐約市的義大利超級市場「吃大利」中，宣布成立世界上第一支「蔬菜屠夫」。首先，畢業於美國廚藝學院和哈佛大學的珍妮弗・魯貝爾培訓了一支屠夫團隊，專門為顧客買的蔬菜去皮、修剪、切碎和切片，方便顧客回家烹調。

8月底，「泥土糖果」主廚兼老闆阿曼達・科恩從主廚森本正治手中拿下鐵廚頭銜，成為全美電視節目「鐵人料理」的第一位素食主廚。

紐約市市長麥克・彭博宣布，9月19-26日為官方的祖傳原生種蔬菜週。9月23日，蘇富比舉辦了第一次祖傳原生種蔬菜拍賣會，為農民以及兒童的耕作烹飪教育計畫帶來10萬美元以上的收益。

11月4日，《彭博商業周刊》刊登了〈權力純素者的崛起〉，文中關注美國知名人士採取純素飲食的人數不斷增加，這些人包括前總統比爾・柯林頓、汽車鉅子之後比爾・福特、創投專家伊藤穰一、全食超市執行長約翰・麥基、嘻哈音樂開創者羅素・西蒙斯、推特共同創辦人比茲・史東（他的談話為紐約上州的「農場聖所」帶來2000人次的訪客）、拳擊手麥克・泰森、飯店經營者史蒂夫・韋恩，以及媒體巨頭莫堤摩・祖克曼。

發表於《營養學期刊》的〈美國人不符合聯邦飲食建議〉報告提出，幾乎所有美國人口的飲食都不符合聯邦的飲食建議。例如80%的美國人水果攝取不

與《地球上的生靈》相比，《美味代價》就像迪士尼電影……這是集約畜牧的內幕，每年有500億隻動物死於殺戮，在此之前，他們活在痛苦、受虐、患病，不斷施打抗生素的生活中。我看到了真實景象，而且無法視而不見。現在的我更健康、更快樂。
——艾倫・狄珍妮，談到《地球上的生靈》（2005）

在食物分類中，深綠色蔬菜、橙色蔬菜、豆類和全穀物食物的攝取量最差，幾乎沒有一種可以在每個性別年齡群體中達到建議攝取的標準。
——《營養學期刊》（2010）

足，90%的人蔬菜攝取不足，99%的人全穀物攝取不足。與此同時，過度攝取固體脂肪、添加糖以及酒精飲料（均代表「空熱量」）則是普遍現象。

西元2011年　2月1日，脫口秀主持人歐普拉・溫芙蕾及378名工作人員報告了他們實行純素生活一週的結果，激發了許多觀眾參加該節目的純素挑戰賽。

4月，責任醫療醫師委員會報告指出，美國飲食指南（建議多吃水果和蔬菜，減少肉類和乳製品）與其農業政策存在衝突，該政策將63%的稅金收入直接或間接導入肉品和乳製品生產，15%用於糖、澱粉、油和酒精的生產，至於用於水果和蔬菜生產的則不到1%。

6月，「我的餐盤」（MyPlate）取代「我的飲食金字塔」（MyPyramid）成為美國政府的主要食物分類標誌。

全美餐飲業協會的「2011年熱門餐廳」對1500多位專業主廚的調查表明，超過一半的人認為無肉／素食主菜和純素主菜是「熱門趨勢」。近25%的人認為無肉／素食主菜是「長年的最愛」。生於1946年的前總統柯林頓（現年72歲），在他擔任總統期間對美式燻烤和漢堡等食物的熱愛眾所周知。他在2004年接受了四次冠狀動脈繞道手術，並在2010年進行了心臟支架手術。他坦言他的素食主義經驗：純素飲食讓他減輕了10公斤。在美國有線電視新聞網（CNN）上，柯林頓將他的轉變歸功於低脂、植物性飲食，這來自於眾多醫師的提議，其中包括他近二十年的專屬醫師迪恩・奧尼希，以及醫師卡德威・埃塞斯廷二世。他們都十分推崇全食物、植物性飲食，因為它們深具預防甚至逆轉心臟病的潛力。

獨立電影製作人李・富爾克森發行紀錄片《餐叉勝過手術刀》，片中檢驗了一個深刻的主張：「藉由拒絕我們目前的動物性和加工食品，便可控制甚至逆轉大多數（如果不是全部）影響我們的退行性疾病。」電影以坎貝爾博士和埃塞斯廷醫師的個人冒險為主題。長期食素的女演員克莉絲汀・貝爾看了這部電影之後，決定改採純素飲食，她指出：「《餐叉勝過手術刀》概述了預防心臟病和癌症的極具說服力的方式。」第二年，《餐叉勝過手術刀：食譜》由史洛夫出版社出版。

作為醫師，我強烈要求你們不要再把數十億美元直接或間接補貼給肉品、糖和其他不健康產品的聯邦計畫，這些產品會製造肥胖、第二型糖尿病和其他致死或致殘的健康問題，每年有數百萬美國人深受其害。大多數納稅人都不知道他們在補貼不健康的食品。
——責任醫學醫師委員會主席尼爾・巴納德醫師，致國會和農委會主席的一封信

在快速發展的良好食物流派中，出現了一份極具說服力、極基進、引爆政策的文件：《餐叉勝過手術刀》。該片主張植物性飲食，目的是根除糖尿病、肥胖和高血壓等讓越來越多美國人受害的疾病。
——約翰·安德森，《綜藝》雜誌（2011年5月5日）

由於《餐叉勝過手術刀》這部影片，想嘗試純素食的人更勝以往。我很高興貢獻了片中的甜點橋段，因為人們找到的純素食物越好，就會有越多人繼續採取純素飲食！由於我過去不怎麼遵守低脂飲食指南，因此現在我勇於接受以堅果醬和酪梨來取代動物性脂肪的挑戰，這能讓甜點嘗起來真正像甜點。
——伊莎·莫科維茲，《伊莎煮得出來》《以素之名》作者

喬·克羅斯的影片《瀕死胖子的減肥之旅》發行，片中對照兩個男人以飲用蔬果汁來重獲健康的過程。影片帶來的效應是蔬果汁和蔬果汁食譜書的銷售熱潮。

11月7日，羅賓·萊斯菲爾德和洛伯·帕卓奈特在《紐約》雜誌的文章中宣告：「蔬菜是新的肉品……在全紐約所有認真用心的餐廳中，胡蘿蔔、豌豆等蔬菜不再只是臨時演員，它們是主角。在地飲食人閃邊站，素菜飲食人要來了。」

電影製片人瑪莉莎·沃爾夫森的紀錄片《蔬食教育》追蹤了三位愛好肉食的紐約人，他們同意採取純素飲食六週。電影在多倫多電影節首映，並獲得最佳紀錄片。首映會的觀眾多達四百名，是其他電影的兩倍。

主廚里奇·蘭道和糕點廚師凱特·雅各比在費城開設了純素餐廳「費吉」，餐廳不僅贏得美國最佳新開幕素食餐廳的美譽，還獲選年度最佳新餐廳。他們在2013年出版的《費吉餐廳》食譜獲選為《娛樂週刊》年度十大最佳烹飪書。

西元2012年《出版者週刊》報導，不只有素食主義者，其他人也都會閱讀素食烹飪書。

5月，法學院畢業生馬克·戴弗瑞在Kickstarter.com

自從鴿子尾餐廳主廚約翰·弗萊澤在三月推出他的週一晚餐蔬食菜單以來，優雅的上西區在一週中最死氣沉沉的一日變得十分活躍，這一切都要歸功於大受人們歡迎的蕪菁、歐洲防風草塊根和波羅門參。
——羅賓·萊斯菲爾德和洛伯·帕卓奈特，《紐約》雜誌〈蔬菜是新的肉品〉（2011年11月7日）

我很訝異人們為了終止生活中的虐待（動物）可以做到如此不遺餘力。在看了《蔬食教育》之後，我第一次了解為什麼要這樣做……這部片使我樂於為素食和純素的顧客烹調食物。
——主廚馬克·李維，重點餐廳，紐約州薩拉納克湖

在烹飪界中，最能把不起眼的食物轉化成動人美食的，就屬比費吉餐廳的料理了。
——《烹調之光》雜誌（2012）

現今，你不需要為了風味而吃下任何動物性脂肪或食品。許多素食甚至純素的烹飪書對於打動普通讀者都十分努力用心，而且做得很成功。

——馬克·羅特拉，《出版者週刊》（2012年2月10日）

上募集了1.5萬美元以上的資金，完成他的紀錄片《物種》。這部電影深受普林斯頓大學教授彼得·辛格在《動物解放》中的論點「沒有任何理由可以證明人類比其他物種更重要」以及「物種主義」運動的興起（認為動物工廠是人類史上的重大惡行）的啟發。這部電影於2013年首映。

5月，電視脫口秀節目主持人艾倫·狄珍妮和妻子波蒂亞·德羅西在電視脫口秀節目中讚美純素飲食的優點。她們戒肉、戒乳製品才兩週，體重就降了下來，皮膚的病症（玫瑰斑）也痊癒了。

在5月23日發布的新聞稿中，國際食品資訊協會基金會在《2012年食物與健康調查》中報告，大多數美國人（52%）認為，比起弄清楚自己該吃什麼、不該吃什麼才健康，報稅可容易多了。約76%的人認為，不斷更動的營養指南令人們不知該相信什麼。

5月，微軟創辦人比爾·蓋茲對於致力於用植物性飲食取代肉和乳製品的公司大表讚賞，他說：「這些公司實際上提出了以植物性食材為主的方法，用大豆、豌豆等各式各樣的東西來取代動物性產品。這使得產品更便宜，還可能更健康、減少酷行、減少溫室氣體排放量。」2013年，他在「食物的未來」投影片中，讚揚了「超越肉品」和「超越蛋品」這兩家公司。

考慮到肉品和乳製品的大規模生產對環境的影響，改採素食也很重要。據估計，牲畜所產生的氣體占全世界溫室氣體將近51%……要採用肉類替代品，最大的障礙大多在於替代品的風味和質地。但「超越肉品」「漢普頓溪食品」和「抒情食品」等公司正在做一些令人驚奇的事情。他們確切的配方是祕密，但製作的科學卻很好了解。精確控制對油脂和植物性蛋白質（如大豆粉和植物纖維）施加的壓力和溫度，便可做出完全媲美肉或蛋的風味和質地。例如，我嘗了「超越肉品」的雞肉替代品，坦白說這和真正的雞肉根本沒有差別。

——微軟創版人兼執行長比爾·蓋茲，mashable.com（2013年3月21日）

7月，蓋洛普一項民意調查顯示，超過5%的美國成年人認為自己是素食主義者，而2%的人認為自己

是純素主義者。這標誌著蓋洛普首度詢問純素主義的狀態。

8月，《美形》雜誌選出美國十大高檔素食餐廳，分別是：花開素食餐廳（紐約）、蠟燭79（紐約）、G禪餐廳（康乃狄克州布蘭福德）、卡林綠色餐廳（芝加哥）、千禧餐廳（舊金山）、李子小酒館（西雅圖、純食物和酒（紐約）、每日真食餐廳（洛杉磯）、真實小酒館（波士頓）和費吉餐廳（費城）。

西元2013年 1月，《烹調之光》雜誌選出擁有「最佳素食餐廳菜單」的連鎖餐廳。這包括齊波特墨西哥燒烤、傑森熟食店、麵食公司、潘娜拉麵包店、墨菲爸爸的店、派威亞洲餐廳、華館、露比餐廳和賽百味。素食菜餚的普及，甚至反映在遍及全美的連鎖店上。

3月4日，《華盛頓郵報》的美食編輯喬‧尤南出櫃了！他宣告自己是素食主義者。喬‧尤南寫道：「我的一個採訪對象，也就是仿製肉生產公司的創辦人，他說：『大報的食物編輯是素食主義者？這可是件大事！』還有一些飲食線記者也輕聲承認，如果不是因為工作，他們也會吃素。」

3月，洛杉磯公共廣播電臺KCRW的「好食」節目中，主持人艾凡‧克萊曼首度播出全素食節目。

3月，《GQ》雜誌的艾倫‧瑞奇曼選出2013年度12間最傑出餐廳，費城的純素餐廳「費吉」也名列其中。

3月13日，「日日愛食廚房」在加州卡爾弗城開幕。這是一間健康快速休閒餐廳，裡面的菜單有50%以上是純素，由麥當勞前全球總裁兼營運長麥克‧羅伯茲負責經營。餐廳菜單由行政主廚塔爾‧羅奈和歐普拉‧溫芙蕾的前任私廚阿特‧史密斯所開發。羅伯茲說，他希望在五年內可以獲得250處的專營權。

4月18日，《華爾街日報》刊登了〈新素食〉一文，指出「高級素食菜單正在征服歐洲」。

5月，位於皇后區法拉盛的主動學習小學「P.S. 244」，成為美國第一所早餐和午餐僅供應素食的公立學校。

從5月到8月，格蘭特‧奧赫茨（他的餐廳「阿里尼亞」獲選為《餐廳》雜誌「世界50大餐廳」）和行政主廚戴夫‧貝蘭在他們位於芝加哥的「下一個」餐廳，提供了一份20道菜的素食菜單。

素食者的比例在美國所有人口區段中幾乎都沒有太大差異，這表明人們對於美國社會中誰吃素誰不吃素的刻板印象其實毫無事實根據。最大的區別似乎來自婚姻狀態。未婚成年人成為素食者的可能性會是已婚成年人的兩倍多……純素主義者顯然認為自己並不隸屬於素食主義者，而是截然不同的類別。調查中回答自己是純素者的人，並不認為自己是素食者。

——蓋洛普民意調查（2012年7月）

費吉的每道菜都比我想像的還要美味。帶有伍斯特醬滑潤口感的手指馬鈴薯，風味十分強烈，這也是大多數費吉菜餚的特徵……所有菜餚的風味都有絕佳平衡和滋味，這頓餐點絲毫沒有讓人覺得少了什麼。別忘了，裡面其實沒有肉也沒有魚。

——艾倫‧瑞奇曼，《GQ》（2013年3月）

當柯林頓總統造訪「日日愛食廚房」時，我有幸能坐下來與他交談，這才發現他對我們的餐點是如此樂在其中。他喜歡我們的甜玉米巧達濃湯、酥脆的加登牌雞肉三明治和烤甘藷條。

——塔爾‧羅奈，十字街口餐廳，洛杉磯

在許多餐點裡，蔬菜是可有可無，或者說是「配菜」，也就是配角。對於我們的團隊來說，以蔬菜作為菜餚的主角反而敦促我們要更有創意才行。我們認為，也許現在正是蔬菜領銜主演的時候了。

——下一個餐廳的素食菜單，芝加哥市

該餐廳自2010年開幕以來，每年都會推出三套菜單。

《美國醫學會雜誌》對7.3萬名基督復臨安息日會（該會推廣素食）的成員進行了為期六年的研究，報告稱素食者的壽命比肉食者長。

6月，純素餐廳「美好的一日」（尤其專精於「精進料理」，這是從禪宗寺院發展出的日本古老烹飪）獲得《紐約時報》二星評論。皮特‧威爾斯在評論中寫道：「我在美好的一日用餐時，未曾想念過肉或魚，對此我並不感到震驚。日本人為此創作了數百年，自然有所成果。」

在8月號的封面故事中，《美酒佳餚》雜誌宣稱：「蔬菜是新豬肉、新杯子蛋糕和新精釀啤酒的大集合，是有史以來的最大潮流。」該雜誌選出美國前二十大最佳素食和純素餐廳：肉販的女兒（紐約）、感恩咖啡館（加州威尼斯）、食堂（俄勒岡州波特蘭）、三葉草（波士頓）、十字街口（洛杉磯）、泥土糖果（紐約）、伊莉莎白的邁向裸食（華盛頓特區）、感謝母親（舊金山）、綠種籽純素（休斯頓）、綠斑馬（芝加哥）、綠色餐廳（舊金山）、美好的一日（紐約）、M.A.K.E.（加州聖塔莫尼卡）、千禧（舊金山）、天擇（俄勒岡州波特蘭）、植栽（北卡羅來納州阿什維爾）、李子小酒館（西雅圖）、佛經（西雅圖）、費吉（費城）和水道餐廳（丹佛）。

10月，《漫旅雜誌》選出美國最佳素食餐廳：草葉集咖啡館（西雅圖）、向日葵咖啡館（亞特蘭大）、蠟燭79（紐約）、精選純素咖啡館（邁阿密）、十字街口（洛杉磯）、戴爾的上城（南卡羅來納州查爾斯頓市）、G禪（康乃迪克州布蘭福德）、綠象（緬因州波特蘭）、美好的一日（紐約）、葉子（科羅拉多州波德）、瑪哪食物吧（芝加哥）、千禧（舊金山）、母親咖啡館（奧斯汀）、天擇（俄勒岡州波特蘭）、植栽（北卡羅來納州阿什維爾）、智者咖啡館（鹽湖城）、薩莫薩之屋（加州卡爾弗城）、費吉（費城）、費吉里亞（聖安東尼奧），以及蔬食星系（麻州劍

橋）。《漫旅雜誌》在推特上以此推廣：「美國最好的純素和素食餐廳？不，它們是這個國家最具創新精神的餐廳。」

11月23日，《富比士》刊登了〈比爾‧蓋茲的食物戀：漢普頓溪食品要破解雞蛋產業了〉，文中提到「艾爾‧高爾近來轉變為純素主義者」，前副總統新飲食習性的消息於是傳了出去。

12月4日，「智慧平方」辯論平臺的辯論「有臉的東西都不要吃」，在國家公共廣播電臺播出（見邊欄）。正方團隊「責任醫療醫師委員會的尼爾‧巴納德醫師」和「農場聖所的傑納‧博爾」宣布獲勝。

這個國家最令人興奮的大廚都成了蔬菜崇拜者……蔬菜是美國烹飪的未來。
——《美酒佳餚》（2013年8月）

雖然漢普頓溪食品的執行長喬許‧特垂克未能說服每個人，但那些被他說服的人已經讓舊金山的食品新創公司都轉了向。比爾‧蓋茲就是其中一名幕後支持者，他挑選出這個有可能改變未來糧食生產的公司。迄今為止，特垂克已經從彼得‧泰爾的創始者基金，維諾德‧柯斯拉的柯斯拉創投，和對環境友善的億萬富翁湯姆‧史迪爾那裡募集了600萬美元。近來成為純素主義者的艾爾‧高爾也正在考慮。
——萊恩‧麥克，《富比士》（2013年11月23日）

與尼爾・巴納德醫師的對話

根據2009年的民意調查，約有1%的美國成年人表示不吃動物性產品（也就是實行純素飲食）。在2011年，這個數字上升至2.5%，翻了超過一倍，但相對於48%表示自己餐餐都吃肉、魚或禽肉的人，仍相形見絀。在美國，我們大多數人都擁有豐富的食物和選擇。因此，考量我們的健康、環境和道德問題，到底哪種飲食最好？究竟想還是不想成為肉食性動物？

—— intelligencesquaredus.org

全國公共廣播電臺於2013年12月4日，在400多位嘉賓（包括我）面前，舉辦了〈有臉的東西都不要吃〉的現場辯論，於全美播出。節目是獲獎的「智慧平方辯論平臺」系列比賽之一，由ABC新聞記者約翰・多諾凡主持。

臨床研究員尼爾・巴納德醫師，著有《吃出好腦力》和《糖尿病有救了》等暢銷書，也是責任醫療醫師委員會（PCRM）創始人兼會長。他與「農場聖所」的共同創始者傑納・博爾採取正方立場，而研究員兼網誌寫手克里斯・馬斯特強和農人兼作家喬爾・薩拉丁採取反方立場。

現場觀眾要在辯論前後以電子方式投票，正反雙方的目的則是說服觀眾改變立場。在辯論前的計票，24%的觀眾贊同正方，51%贊同反方，25%未決定。在辯論之後，45%的人贊同正方，43%的人贊同反方，12%的人未定。因此「正方」團隊獲勝。

在辯論結束之後的隔週，我與巴納德醫師進行了對話。以下是他的一些想法：

「在辯論之前的投票結果，反對我方立場的人很多。在辯論期間，反方也贏得了很多掌聲。所以老實說，我無法看清事情會如何發展。但我很高興看到事情最後的結果。

「在某種程度上，這個結果和時代趨勢相符。從道德方面來看，在過去的一、兩年裡，黑猩猩基本上從醫學研究中退出了。在過去的兩、三個月裡，人們一直非常關注虎鯨以及『海洋世界』、樂園的爭議（受到2013年10月於CNN首映的紀錄片《黑魚》所影響，導演為加布里亞・寇柏懷特）。人們開始以前所未有的方式來思考動物。在過去的四、五年，氣候變遷的話題已經從爭議變為公認的事實，至於動物或許還未成為人們心中最關注的話題，但也已浮上檯面。接著，似乎每天都有一位名人宣布他或她要成為純素主義者。所以，時代似乎正在變化。」

關於環境的想法

「雖然環境的論證非常準確，大多數人仍認為有些抽象難解，而且環境很難讓他們產生動力。因為責任分散在太多人身上，因此人們會想：『我吃的這塊牛排不會對事情產生太大影響。』當然，如果你把美國所有的乳牛放在天平的一側，所有的人則放在天平的另一側，

那麼乳牛的質量會比人大得多。每一頭牛都像沙發一樣大，每小時都會呼出甲烷。這對於氣候變遷來說，會是個大問題。」

關於健康的觀察

「健康論證便受到較多關注。人們想減重、降低膽固醇、改善糖尿病、改善皮膚等等。然而，人們對健康的承諾往往比基於道德立場的承諾更為薄弱。如果一個人覺得自己不能吃雞腿是因為自己正在吃生物，那麼他們就不會在假日偷吃，因為不管哪一天偷吃都很離譜。可是如果一個人認為自己吃素只是為了血壓著想，他對吃素可能就不那麼當真了。

「即便如此，這也不完全正確，因為我看到很多人認為改成純素飲食確實挽救了他們的生命，所以這些人也不會為此破戒。

「對於年紀較長的人，例如50歲以上的人，從醫師那裡獲得的消息是他們的血壓太高，那麼健康問題就比較重要。幾乎無一例外，當人們出於健康原因吃素，大約一個月之後就會說：『我覺得大多數的飲食很奇怪，他們整天都在吃動物！』然後開始認為動物問題十分重要，或是開始關注環境議題。無論是哪方面的議題，都表示動物或環境開始對他們產生意義。暢銷書作者約翰．麥克杜格醫師最初只是為了健康而改為純素飲食，然而大約一年前，我聽到他說：『吃素沒多久，我開始覺得動物是個重要問題。』」

關於道德的爭議

「我承認，如果你16歲，你不會擔心前列腺癌。吃素有時是環境問題，有時是健康問題，但對年輕人來說，他們關注的往往是動物問題。

「人們在很多方面都具有極強的物理感知能力。人類的眼睛可以偵到顏色，而貓和狗就沒辦法做得那麼好。另一方面，動物在不同方面的感知能力更好。例如牠們的聽力和嗅覺更為敏銳，有些狗甚至可以嗅出癌症。然而，人們在互動中對他者感受的不知不覺實在太過驚人，就算看著對方的眼睛，還是會看不出對方的想法。我認為，當人們受到指正時，會更刻意忽視。例如事實上人類就是在屠殺動物，而不是『處理』動物（辯論時反方團隊所使用的委婉用語）。

「乳製品也是一樣。像我也攝取乳製品很多年，基於許多健康理由都該離乳製品遠一點，畢竟這是壞脂肪的最大來源。不過，反對乳製品的道德動機極為深刻。乳牛在分娩後很快就會停止泌乳，就跟人類一樣。因此，為了讓乳牛繼續泌乳，酪農業者便會年復一年地進行人工授精。乳牛產下的後代有一半是雄性，而你要如何處理一頭雄性乳牛？把牠放進狹窄的小牛夾欄裡（編注：令小牛無法活動四肢，使肉質更加軟嫩）。文明人不會去吃小牛肉。但只要酪農業存在，就會一直有小牛肉。」

實際現況

「純素飲食（巴納德自1984年就開始實行）比以往更輕鬆了。我在1977年第一次吃素時，健康食品店總是又小又暗，還播著民俗音樂。素食漢堡有點像麵包，豆奶則是像脫脂奶粉粉末，得自己沖泡。但現在健康食品店不僅大而明亮，所有你想要的產品也應有盡有。吃素既輕鬆又普遍。

「每一個人也都不一樣。有些人往素食或純素飲食邁進的速度非常慢，有些人則毫不猶豫。有些人需要很多支援或鼓勵，也有些人一點困難都沒有。就像戒菸一樣，有些人很馬虎，有些人則是：『我心意已決，就這麼辦。』」

chapter 2

第二章 | 風味的最佳表現： 創造出新穎又慈悲的烹調

想不到在沒有奶油、鮮奶油、奶、蛋和其他廚房原料的情況下，還可以有如此豐富的風味。主廚里奇·蘭道的手下一定有位親切的小精靈或是仙女在鍋裡撒下魔粉。我難以理解純素食物怎能在沿途沒有喝采的情況下，進展如此神速。
——艾倫·瑞奇曼，詹姆斯·畢爾德獎獲獎餐廳評審（擔任 15 屆），
他在《GQ》評選費吉餐廳為 2013 年度最出色的餐廳之一

我想做的不是素食，而是很棒的食物……我內心深處仍是個原始人，渴望著大火燒烤的肉食風味，而這就是我一直烹調的東西。我的目標是做出拿掉所有標籤後也令人大感興趣的食物。
——里奇·蘭道，費吉餐廳（費城）

縱觀歷史，人們選擇素食主義的原因很多，最常見的動機主要分為三類：吃動物對你不好（健康動機）、對他者不好（環境動機），以及這本身就是不好（道德動機）。然而，當前這個世代顯然出現了新的理由，讓人拋開肉類和乳製品：風味最佳化。

泰朗斯·布倫南的皮肖利餐廳，在曼哈頓已有二十年歷史。這間餐廳評價極高，包括米其林指南二星和《紐約時報》三星，並提供極佳的素食嘗菜單。泰朗斯向我描述為了讓冬南瓜湯展現最佳風味所經歷的過程：「當我發現雞高湯的味道會壓過南瓜的風味，便把雞高湯換成蔬菜高湯。接著我又把蔬菜高湯的原料換成南瓜，以進一步加強南瓜的風味。這還沒完，我又發現，若在南瓜湯中添加鮮奶油，只是稀釋了南瓜的風味而不是增添風味，所

以我也把它拿掉了。」

等等……什麼？這位受經典法式訓練的主廚，為了做出美國最好喝的南瓜湯，竟把南瓜湯變成了純素的湯？

這個發現讓我想起我在 2000 年之後為《風味聖經》一書展開調查研究時所得知的驚人發現。法國主廚麥克‧里察已在他的法式洋蔥湯中，以味噌清湯取代了肉高湯，他發現味噌清湯為洋蔥湯帶來的豐富和鮮味並不亞於肉高湯，而且不會壓過洋蔥的風味。里察在他 2006 年出版的《廚房中的樂趣》，以蘑菇水和番茄水的配方，製作出更輕盈的素食替代品，用來取代醬汁中的肉高湯。

就在數十年前，1970 年代「新式烹調」的運動中，法國烹飪中奶油和鮮奶油的用量就已經開始減少，但肉高湯還是維持神聖不可侵犯的地位。然而，尚-喬治‧馮格里奇頓在 1990 年出版的開創性書籍《簡單料理》中，使用蔬菜高湯、果汁和油醋醬來代替傳統的高湯和醬汁，之後這種作法便越來越受歡迎。馮格里奇頓在他的書中寫道：「我一直著迷於蘑菇清湯（由焦糖化白色鈕扣菇、紅蔥、蒜、歐芹加水製成）及其濃縮湯汁，只要 30 分鐘，就會變得非常近似於小牛肉高湯。如果繼續濃縮（再煮 10 分鐘，等它變得像糖漿），就能得出原本要花費一天才能做出的小牛肉半釉汁。」自此，這位舉世聞名的主廚便在曼哈頓開設了以蔬菜為主的 ABC 廚房，供應美味的脆皮素漢堡（靈感得自炸鷹嘴豆泥），並在 2017 年開設了素食餐廳 ABCV。

丹尼爾‧布呂德的餐廳菜單也一直強調蔬菜的地位。紐約的布呂德咖啡館長期以來都以「菜園」為標題，凸顯出菜餚受農夫市集所啟發。布呂德的「db 現代小酒館」在 2013 年改頭換面，重新開幕時在開菜單中增添新的「市場料理」，主要是素食，裡面有用大頭菜和櫻桃蘿蔔製作的「db 市場沙拉」、鹽烤芹菜根與野生蘑菇的菜餚，以及油封蘋果和烤大麥原汁。他的同名餐廳丹尼爾（獲選《餐廳》雜誌「世界 50 家最佳餐廳」）也是素食友善餐廳，自 1990 年代以來一直提供素食的品嘗菜單。該餐廳在 2013 年 11 月的素食菜單有扁豆絲絨濃醬搭配根菜類、奧爾良芥末奶霜、細香蔥油和水田芥，以及釉汁白胡桃瓜搭配烤黑皮蘿蔔、南瓜籽油和芥末沙拉等風味豐富的菜餚。

確實，全美及世界各地（從加拿大卡加里到倫敦到雪梨）還有更多餐廳都提供了素食品嘗菜單，使其成為飲食業中增長快速的一股趨勢。今天，我們幾乎可以期待每個城市中最好的餐廳（如紐約的丹尼爾、麥迪遜公園十一號、自身、華盛頓特區的城市禪、小華盛頓酒店、科米、洛杉磯地區的梅莉莎餐廳），都會有素食和純素菜餚。遍布北美的精英羅萊夏朵酒店其附屬餐廳的許多廚房，都竭盡全力取悅他們的素食客人，包括緬因州的卡姆登港旅店餐廳、威斯康辛州的獨木舟灣餐廳、北卡羅來納州的菲靈頓之屋餐廳、賓

州的法謝爾飯店餐廳、紐約的普萊西德湖小屋餐廳和重點餐廳，還有康乃迪克州的溫薇安度假村。

多年來，主要觀光點的水療中心也一直引導這個趨勢。墨西哥的「牧場之門」水療飯店主要以素食料理聞名，包括特製的墨西哥酪梨醬，主要是加入青豆泥（或蘆筍泥、青花菜泥、毛豆泥）來減輕並加疊風味層次。這間飯店的加州姊妹店「金色之門」的長期主廚米榭爾·史都特是第一位獲得詹姆斯·畢爾德獎提名的水療主廚，長期以來他都堅持：「我希望我的蘆筍湯喝起來就像蘆筍，而不是鮮奶油、不是奶油、不是雞清湯。當你的菜裡有新鮮又濃烈的風味成分，就不需要奶油或鮮奶油。」

位於賓州的「伍德拉可小屋」飯店擁有自己的蔬菜和香料植物園（還有草藥大師納丹尼爾·惠特摩，他會對客人大力頌揚草藥植物對健康的益處），因此晚餐菜單上一定有至少一種素食選項，早餐和午餐則更多。北卡羅來納州威斯特葛羅度假水療飯店的羅蘭餐廳主廚納特·科提斯，在我們到訪的第一個晚上，就為我們親手料理了兩種完全不同的素食品嘗菜單，兩種完全不同的豆腐主菜：青醬醃豆腐搭配根菜燉飯、酸葡萄汁燜南瓜布丁、胡桃瓦片餅；黑色蒜醃製燒烤豆腐搭配竹筒飯、橙色寒作里辣醬清湯、涼拌櫻桃蘿蔔、醬油。納特的南方風味蔬食菜單，在第二天晚上會以深具地方特色的油炸醃漬食物這種異想天開的方式登場。

許多高檔的主廚也正在把才能轉換到另一個方向：把新等級的素食帶到超市貨架上。2013年，丹·巴柏推出一系列藍山餐廳的鹹味優格，牛奶來自草飼乳牛，有甜菜、白胡桃瓜、胡蘿蔔、歐洲防風草塊根、甘藷和番茄等風味，並在全食超市等零售點販售。黛安·弗里（曾在米榭爾·吉哈赫、加斯頓·盧諾特和阿蘭·帕薩德手下當學徒，後來開設自己的餐廳「馬鞭草」）則與她的主廚丈夫麥可·歐蘇卡（曾在米榭爾·布拉斯和雅克·馬克西姆手下當學徒）合作，於2009年創立了「蓬勃烘焙公司」，供應「帶有稍許鹹味變化」的頂級鍋派等烘焙食品，以及新鮮蔬菜、浸漬蔬菜和有機全穀物，並同時確保食物的營養和風味。

各類純素甜點也在全美如雨後春筍般冒出，像是純素麵包店（如紐約的貝比蛋糕、登維爾甜甜圈和迪瓦思純素烘焙屋；鳳凰城的石榴咖啡館；俄勒岡州波特蘭市的沛圖尼亞糕餅屋和甜豌豆烘焙公司；華盛頓特區的黏手指烘焙咖啡屋；賓州伯利恆市的純素甜點烘焙坊）、純素甜食店（如加州希爾茲堡的白堊山甜點屋；紐約州紐伯茲市的拉古思塔糖果屋；紐約長島市的莎拉

的糖果屋)、餐車(如紐約市的肉桂蝸牛;俄勒岡州波特蘭市的自家煙燻素食燒烤;西雅圖經由Kickstarter群眾募資而成的李子小酒館)和冰淇淋店(如波士頓的佛姆;紐約市布萊斯·安的冰淇淋店;洛杉磯瑪迪的冰淇淋店)。這些店家做出的食物好吃得銷魂,就連非純素食的顧客也前來消費。這讓店家避開「純素」或「純素的」等字眼,以免嚇跑原本會因美味前來的顧客。

五大趨勢與新料理的交會

長久以來,我一直以蔬菜料理來思考餐廳食物,除了菜餚本身是全然菜蔬,在製作也從自由運用蔬菜、香料植物和穀物來發展各自的特色和個性。這些都歸因於保存了新鮮、爆炸性的風味,能維持自身的完整性和精緻度的風味。
——查理·特羅特,查理·特羅特餐廳主廚,芝加哥第一家以及全美前幾家提供素食品嘗菜單的餐廳

　　許多趨勢正在融合,以創造出一種當代的、新的烹飪和飲食方式,而且不會影響到食物的美味和健康。我的預測是,未來十年將看到新的、慈悲的料理演變,這演變代表了以下幾項事物的交會:

- 素食主義
- 健康
- 全球化
- 美食
- 風味

素食主義:從邊緣站上舞臺中央

我們的菜餚中,約有70%是素食。我們正逐步拿掉肉類。
——丹尼爾·赫姆,麥迪遜公園十一號餐廳主廚,於grubstreet.com

大致上來說,你手上的藍山餐廳食譜有70-80%都是蔬菜或穀物。
——丹·巴勃,石倉農場藍山餐廳主廚,於bloomberg.com

　　儘管素食主義者的整體比例自1999年以來都維持穩定狀態,但在過去的十五年中,較嚴格的純素主義者和較不嚴格的方便素

蔬食界的速食

　　尋找新方式來頌揚素食料理風味的,不僅止於高檔的餐廳。2013年,齊波特墨西哥燒烤連鎖快餐店開始測試製作「索夫利特醬」,這是一種有機、非基改的素食選擇。這種醬料由切碎的豆腐加入齊波特辣椒、烤波布蘭諾辣椒和辛香料一起燜煮,口感接近碎肉,可以加到墨西哥捲餅、墨西哥塔可餅、菜餚和沙拉之中。(齊波特燒烤店先前嘗試推出一種以穀物為主的蛋白質「綜合花園」,就沒有推展到全美各分店)不久之前,齊波特已經從斑豆的菜色中移除了培根,齊波特發言人告訴Consumerist.com:「之前在測試一些食譜的時候,我們就不認為培根會有任何幫助,於是我們剔除了培根,讓斑豆成為素食產品。」

食主義者，人數都出現爆炸性成長。根據《全美餐廳新聞》報導，2012-2013年期間，美國餐廳菜單上的素食菜餚增加了22%。許多美國最好的高檔餐廳，如麥迪遜公園十一號和藍山，似乎也隨著料理的演進自然減少了肉類的供應。許多人也正努力在他們的餐廳推廣「週一無肉日」（參見第59頁）。

亞洲佛教僧侶率先研發世界上首批以大豆或麵筋為基底的素肉製品，成品近似於各種肉類（包括牛肉、雞肉、鴨肉、豬肉和蝦肉）的外觀、質地和風味。幾個世紀之後，經由紐約「禪味」等素食亞洲餐館和美華素食總匯等批發供應商的出現，這些非動物性蛋白質開始在美國成為主流。其他已成為主流的那些取代肉類、乳製品和雞蛋的替代品，近期內也還不至於從超市或素食／純素餐館的菜單中消失。

各種類型的專業素食和純素餐廳的數量也都有所增長，包括快速服務和快速休閒連鎖餐廳（如莫阿茲、在地食物和蔬食燒烤，其中蔬食燒烤的顧客中，有90%是來這裡吃素雞三明治和燒烤素牛肉以減少食肉量的雜食者），介於休閒與中間等級的餐館（如紐約的花開餐館、花開咖啡館和蠟燭咖啡館；洛杉磯的感恩咖啡館、感謝母親咖啡館和每日真食，以及波士頓附近的根素食餐館），以至於頂級餐廳（如紐約市的蠟燭79；舊金山的綠色和千禧）。

這些代表了各種無肉料理，從自然舒適的（如伍茲塔克的花園咖啡館；紐約綺色佳的楓館；洛杉磯附近的追隨你心），到賓至如歸的（如布魯克林的香榭麗舍；芝加哥的芝加哥用餐），再到精緻繁複的（如洛杉磯的十字街口；紐約市的泥土糖果；芝加哥的綠斑馬；費城的費吉），從素食到純素再到純素裸食（如康乃迪克州布蘭福德的G禪，以及聖塔莫尼卡的M.A.K.E.）。

健康：越老越聰明

截至2010年，飲食超越吸菸成為美國疾病和死亡的首要風險因素。
——麥可·摩斯，《紐約時報雜誌》2013年11月號報導青花菜的封面故事

正如本書引言所示，美國人終於意識到飲食的重要性，並願意以健康的角度來重新調整所吃的食物：遠離肉類、蛋類和乳製品（遑論精製加工食品，這些通常添加了鹽、糖和脂肪），並導向營養密集、全食物、以植物為主的飲食。隨著人口高齡化，我們不只是變老，也越來越聰明，而且越懂得尋找有益健康的美食。

週一無肉日

當我開始質疑我吃了什麼東西時，我才意識到我吃肉只是因為我過去一直如此。這個理由似乎不夠好。

——約翰·弗萊澤，鴿子尾餐廳主廚，《紐約時報》三星餐廳，供應素食，以及凸顯蔬菜地位的「週一無肉日」菜單

截至2014年2月，超過200家餐廳參加了週一無肉日計畫，同意在他們的菜單上凸顯無肉菜餚，這些餐廳包括：

杏仁果餐廳（東漢普頓和紐約市）	一間屋子餐廳（紐約市）
巴布餐廳（紐約市）	烹調坊餐廳（紐約市）
本桑釀酒廠餐廳（奧馬哈市）	此處餐廳（紐約市）
邊疆燒烤餐廳（拉斯維加斯和洛杉磯）	戴爾的靈魂餐廳（紐約市）
峽谷牧場餐廳（土桑市）	鴿子尾餐廳（紐約市）

食品服務業的索迪斯每天供應超過1000萬餐點，並在2000多所大學、企業、政府和醫院自助餐廳設立了「週一無肉日」。更多相關訊息請見：meatlessmonday.com。

馬修·肯尼發現，他的經典法國烹飪訓練裡「脂肪疊脂肪」的層疊是「反風味」的，他回想到在轉變為以橄欖油為主的地中海式烹調之前的日子：「那掩蓋了食物成分的風味，吃下它不會讓我感覺美好。」到他三十多歲的時候，他發現自己對於食物帶來的感受非常敏感，於是開始少吃動物性蛋白質。然而，一直要到他轉變成只吃素食和裸食，生活才出現了改變。他回憶道：「我的疼痛消失了，我看起來更年輕，也覺得自己變年輕。作為一位主廚，這種食用和製作食物的新方式重新點燃了我的熱情。」

肯尼繼續開設了許多裸食餐廳，包括2004年曼哈頓的「純食物＆葡萄酒」餐廳（當時的夥伴是薩瑪·梅格利斯），以及2012年聖塔莫尼卡的M.A.K.E，甚至是在邁阿密、新英格蘭和聖塔莫尼卡的裸食學院。肯尼發現：「世界上大多數的餐廳所提供的食物都過時了，且對人們的健康有害而無益。酒池肉林式的飲食方法與糟糕的健康狀態必定相關，但我相信健康美滿以及烹飪藝術應該是朋友而非敵人。你不應該對此妥協。」

全球化：萎縮的世界、開闊的選擇

愛好豬肉的主廚大衛‧張曾在自家菜單寫著「我們不提供素食友好食物」，如今他已沉迷於蔬菜……大衛‧張認為，一道沒有肉、洋蔥或蒜的菜餚能有如此強烈的風味，簡直難以置信。

——吉希拉‧威廉斯，《食物與葡萄酒》（2011年3月）中，描述到大衛‧張在「大開眼界的旅遊」中造訪南韓，體驗由佛寺僧侶和尼姑所準備的齋飯，之後便在2009年8月20日於詹姆斯‧畢爾德之屋供應了夏季蔬食無肉晚餐。

世界各地的人們設法要共同解決地球所面臨的問題時，也擁抱了全球各地的多樣料理。食物長期以來一直是文化的體現，也是驅動全球化的關鍵因素（想想辛香料的傳播路線），這繼續擴大了當今令人深感興趣的食物成分、烹飪技術和風味特徵的範圍。作為全球的大熔爐，美國是世界上最大的辛香料進口國和消費國，而辛香料消耗的速度幾乎是過去十年人口成長速度的三倍。十年前，美國一般的調味料架上可能只有十種辛香料，現在有四十種。

佩蒂‧艾爾德與她的丈夫湯姆在芝加哥都會區擁有一間「辛香料屋」，她說有很多調味品是十年前賣不掉今日卻幾乎賣到缺貨的，例如阿魏粉、咖哩葉、土荊芥、芒果粉、石榴糖蜜和羅望子。

她發現：「在大多數情況下，這些東西搭配素菜比搭配肉類來得好。此外，咖哩比以前賣得更好，還有我們的印度綜合香料葛拉姆馬薩拉，兩者都是蔬菜料理的絕配。昨晚我在那哈餐廳（凱莉‧納哈貝迪恩的芝加哥餐廳）參加了密爾瓦基市主廚珊蒂‧達瑪托的晚宴，我最喜歡的菜是用葛拉姆馬薩拉調味的大頭菜湯，搭配羅望子釉汁杏仁果。」

我們不斷發展的料理反映了我們正在組合這些辛香料，形成真實的、當代的，甚至是混合的（即融合的）菜餚。正如《風味聖經》所指出，食物料理正在經歷一場驚人的歷史性轉變：隨著各種食材的成分在全球各處都可取得，菜餚的特色不再是基於地理而是基於風味。這種基進的轉變也召喚了新的烹飪方法，以及一種新的素食「烹飪書」，不是以食譜記錄經典菜餚，而是基於富有想像力和和諧的風味組合，激發新的烹飪方法。於是就出現了你手裡拿的這本書。

素食廚房：烹飪無邊界

蔬菜經由最佳烹飪和調味，能擁有肉類沒有的風味。如果豆類和穀物是印度料理的骨幹，那麼蔬菜就是肉。在植物性飲食中，印度料理與其他地方的不同之處，在於我們是在烹飪一開始，在放入蔬菜之前就先調味：加一些油，再加入孜然、芫荽、芥末、肉桂……我們有一整套能長期保存的調味品，可以讓無趣的蔬菜和粗糙的根菜類在桌上熠熠生輝，在舌尖上跳舞。

——蘇維爾·沙朗，《美國馬薩拉》（2007年）和《馬薩拉農場》（2011年）作者

　　整個世界的素食料理遠遠超出了平淡無奇的糙米和羽衣甘藍這樣的層面，但許多雜食者仍然錯誤地以此來定義素食。各個國家的習俗及其料理是密不可分的，每個國家或地區都有以蔬菜、水果、豆類、穀物、堅果和種籽為基礎的美味菜餚，並且共同構成了一個無限可能的世界。莫利·卡岑是民俗舞蹈愛好者，她旅行前往民俗慶典，並愛上了全新的食物世界。她因此嘗到了她的第一分鷹嘴豆泥醬、塔布勒沙拉，以及其他地中海和中東菜餚。這些菜餚後來都成了她素食廚房以及暢銷食譜書中的主食（包括最初的《楓館食譜》，其中有超過七十種特色菜餚，如蘑菇木莎卡、菠菜瑞可達乳酪派，以及「醬油櫛瓜筆管麵」）。其他人從全世界不同地區汲取靈感，而我有幸能夠在家鄉曼哈頓定期汲取這些靈感。

　　在供應加勒比料理的餐廳，提供素菜選擇是常見的特色。他們相信人類在在結構上和生理上是自然的素食主義者，並且相信「你就是你所吃的東西」。牙買加的拉斯特法里人只選擇那些他們認為能增強生命力（vitality）的食物（他們以「ital」這個字根來描述他們的料理）。他們吃的比較天然，經常以辣椒來調味食物（有時像印尼人那樣用大麻植株來調味）。我被哈特福市歐式自助餐風格的素食餐廳「火與辛香料」迷住了，我很幸運能在網路搜尋之後，沿著附近的84號州際公路造訪這間餐廳。該餐廳用椰奶來強化風味的佛手瓜令人難以置信。

　　你幾乎都能在中式餐廳的菜單上找到蔬菜。那些喜歡廣式料理的人應該去「佛菩提素菜餐廳」（尤其是水田芥餃子及其令人印象深刻的純素燻烤「豬肉」）以及曼哈頓唐人街的素食港式點心屋。我最喜歡的鄰近中式餐館是「湖南莊園」，我在氣功大師羅伯特·彭接手餐廳之後，開始每週光顧。他在某次晚宴上透露，這間餐廳的食物最能讓他想起家。我最喜歡的兩道菜是糙米飯鋪上長豇豆和茄子，以及豉汁豆腐什蔬。

　　自大學以來，我就一直很喜歡衣索比亞料理，而自從吃素之後，就更加喜愛這種料理的素食趣味。由於該文化有傳統的齋戒期，並且避免吃肉、蛋和乳製品，因此我所知的衣索比亞餐廳都有素食組合的選項，其中包括因傑拉這種海綿質地的煎餅，用來舀起各種燜豆和蔬菜然後放入嘴中。

　　印度料理從最早開始就是素食，而非仿製肉類料理。印度教徒、耆那教徒和道教徒都主張素食主義，當中有寬有嚴，據說印度是全世界素食人口比例最高的國家，因此印度餐館可說是素食主義者最安全的去處。我有幸與全美首屈一指的印度餐館「塔西」（主廚黑曼特·馬圖爾）僅有數個街區之遙。我確信它將與蘇維爾·

沙朗在舊金山的新餐廳同樣等級（沙朗和馬圖爾是紐約戴維餐廳的合作夥伴，這家餐廳是美國第一家米其林星級印度餐廳）。

印尼料理不僅為我們帶來了天貝，餐廳也總是會供應素食。位於曼哈頓劇院區的峇里島努沙英達餐廳提供了幾種素食組合，展示了諸如椰奶燉菜、玉米油炸餡餅和加多加多（各類蔬菜淋上花生醬汁）等菜餚。

以色列人的猶太餐館不會同時供應肉類和乳製品，因此你可以確定供應乳製品的猶太餐館，不會供應含肉的菜餚（不過你可能要跟他們確認是否含魚，因為根據猶太飲食法，魚類並非肉類）。大約8.5%的以色列人口選擇素食主義，而自從格里・尤洛夫斯基2010年在亞特蘭大喬治亞理工學院發表了「這輩子你會聽到的最佳演說」，純素主義便開始崛起。這場演說翻譯成27種語言，成為以色列在YouTube上最受矚目的演講。

義大利麵和披薩一直是素食主義者的主食，但布魯克林的「包利・吉」和波特蘭的波多貝羅純素餐飲店也正在努力使披薩成為純素主食。美國人已經通過餐館和烹飪節目吸收了義大利北部的料理，越來越多人準備以義式燉飯的風格來烹調法老小麥或其他穀物。紐約市的「南布呂德」為義式麥飯設置了吧檯，而我們2013年在威斯康辛州的獨木舟灣餐廳品嘗到義式小麥仁燉飯（裡面加了多種當地乳酪和帕爾瑪乳酪泡沫）之後，激發了安德魯在家中幾度試著重現並改良作法，他使用的是「幸運狗農場」品質絕佳的有機小麥仁。

曼哈頓的米其林星級純素餐廳「美好的一日」，大受日本料理的愛好者歡迎。該餐廳專門提供晚餐時間的品嘗菜單，並陳列出季節性食材，如松茸（松茸在日本料理中的價值，就像白松露之於義大利料理）。午餐時間很划算，一份托盤可能有一道主菜拉麵，上面用三種不同的味噌調味，或是竹筍搭配米飯再加上時令蔬菜，也許還有一個包著調味米飯的春捲或腐竹捲。曼哈頓流行的「超越壽司」以「強大的蘑菇」創作出純素壽司，使用的是六穀米。洛杉磯的美味有機純素日本餐廳「精進」也值得造訪，嘗嘗杏桃－羽衣甘藍沙拉搭配大豆油醋醬、香料「鮪魚」以及酪梨花壽司等菜餚。

幾年前，我的朋友靈媒法如沙建議到一間非正式的韓味純素餐廳一起用午餐，我暗自猶豫。但在品嘗辣味素鴨沙拉和韓式拌飯之後，便成了常客，當時我甚至還沒停止吃肉。這間餐廳和備受讚譽且較正式的餐廳「秋夕」是姊妹餐廳，藉由綠色蔬菜和水果（陰），以及白蘿蔔、胡蘿蔔和馬鈴薯等根菜類（陽）的健康均衡菜單，努力實現韓國的陰陽理想。

我是在餐廳評論家喬納森・戈爾德的陪伴下，首次在洛杉磯品嘗到馬來西亞料理。要認識椰奶、南薑、檸檬香茅咖哩和炒麵等美食，沒有比這裡更適合的地方了。馬來西亞料理以三種料理為基礎：中式料理、印度料理和馬來料理，而在無肉料理的啟發上，受到中、印料理的影響比馬來料理更大。曼哈頓就有自己的米其林星級馬來西亞風味餐廳「海」，靠近聯合廣場，供應經典的馬來紅燒口味（用肉桂、蒜、薑、洋蔥、紅蔥、八角和薑黃調味），馬來西亞蔬菜咖哩，以及印度煎餅夾香蕉和自製花生醬的「貓王三明治」。

二十多年來，我一直是曼哈頓最古老的墨西哥餐廳「古堡旅店咖啡館」咖啡館的忠實顧客，這間餐廳已有五十五年的歷史。（一間以「答案都是『好』。那你的問題是什麼？」為宗旨的餐廳，教人如何不喜歡？）我一、兩年前發現，它會根據

顧客要求提供素食莎莎醬（標準的溫莎莎醬並不是素的），還會附上一份優質的素食菜單，店主亞力克斯·亞歷山卓以蘑菇取代墨西哥炸玉米片早餐中的肉類，讓這道菜成為素食。在我愛上美國最著名的墨西哥餐廳之一（芝加哥的邊疆燒烤）和後來的姊妹餐廳托波洛萬波長達二十年之後，我驚訝地發現後者也提供素食菜單。它讓我感到震驚，特別是主廚安德列斯·帕迪拉非凡的佛手瓜菜餚，這是我品嘗過最好吃的佛手瓜料理。位於舊金山教會街的有機純素墨西哥餐廳「感謝母親」是間頗具魅力的餐廳，其招牌菜有白胡桃瓜玉米粽以及摩爾醬安吉拉捲。

中東料理（如以色列、黎巴嫩、敘利亞和土耳其）提供豐富的素食菜餚，從葡萄葉粽到無數的塗醬和穀物。紐約市「卡露斯揚」餐廳的黎巴嫩風味「姆加達」（綠扁豆＋布格麥＋炸洋蔥）三明治有群信眾在追隨，而我絕對是真正的信徒之一。我所吃過最好吃的炸鷹嘴豆泥蔬菜三明治，是在紐約市一家小而不起眼的餐廳「可口」，它還供應「薩比克」這種以炸茄子和鷹嘴豆泥為餡料的三明治。快速成長的素食連鎖店也供應中東美食，如波士頓的「三葉草」和紐約的「莫阿茲」，都證實了它的美味。

受美國南方靈魂食物影響的素食場所，贏得全美的熱烈讚譽。我永遠不會忘記，我打死不相信華盛頓特區「永生」餐廳的乳酪彎管麵真是純素，這是我吃過最好吃的乳酪彎管麵。我要再次強調，我還沒有嘗試過塔科馬市有二十年歷史的「也要一飲而盡」純素餐館裡廣受喜愛的原創「酵母彎管麵」（裡面有招牌的營養酵母），不過我等不及要去嘗鮮了。這道菜是由「李子小酒館」瑪基妮·豪威爾的父母所創。

臺灣受到佛教信仰影響，大約有10-15%的人口是素食主義者，因此臺灣餐館基本上都會供應許多素食料理，且通常不含蒜、韭蔥和洋蔥（佛教教義反對過度刺激的食物）。這些素食包括各種素肉（如素火腿、素排骨、素香腸和素海鮮），以及豆腐、米飯、麵條和蔬菜。臺灣出生的烹調顧問陳玉琦（Yuki Chen音譯）在曼哈頓的「御坊」對美國大亞洲純素料理帶來了一些影響，其網站表明她最初是想推廣「禪味餐廳菜單背後的大師擘畫」。

一個國家若是有廣大的佛教信眾，以該國菜系為特色的餐廳通常會是素食友善的，泰式餐廳就是很好的例子。只要是點蔬菜咖哩或豆腐泰式炒河粉，可以輕鬆避開大多數肉類和乳製品，但要避開無處不在的魚露有時會是個挑戰。還好有天然發酵的金山調味醬油、泰國醬油（又名白醬油）或豉汁可以代替。

越南餐館經常有素食菜餚，你只需要提防看似無處不在的魚露甜酸汁。曼哈頓的蘭咖啡館是百分之百的素食餐廳，供應的菜餚包括越式法國麵包「banh mi」、香茅麵腸米線，當然還有越式河粉「pho」，這裡是以越式湯河粉搭配素牛肉和豆芽，再以香料植物和萊姆調味。

至於其他菜系的料理，基於菜系傳統，必定較不友善。鑑於肉高湯和半釉汁早已成為法國料理的基本要素，因此曼哈頓第一家法式素食餐廳「綠色餐桌」首次登臺時我眼睛為之一亮。主廚肯·拉森供應的菜餚有純素食洋蔥塔（採用「大地平衡」純素奶油），還有無肉的卡酥萊砂鍋（以黑眉豆、斑豆、蒜、紅蔥為食材，再以月桂葉、小豆蔻、辣椒粉、孜然和百里香調味）。

美食學：為高級料理設定更高標準

> 我三十多年來身為主廚在思維上的自然進展。
> ──阿蘭‧帕薩德，米其林三星餐廳「琶音」主廚，
> 2001年決定把「特級菜園」這道美味蔬食定為招牌菜

> 當你讓卡士達進入鹹味的領域，它的用途就變得更廣泛，可以在各種風味輪廓中盡情發揮……一如香料植物可以浸泡在油脂之中，卡士達也可以，例如把羅勒卡士達浸入番茄湯。龍蒿卡士達搭配橙丁就成了令人耳目一新的開胃菜。卡式達中的部分鮮奶油可以用蔬菜汁取代，使質地更輕盈、風味更濃厚。
> ──湯馬士‧凱勒的著作《布尚餐廳》

> 公認為世界最佳餐廳的諾瑪主廚雷奈‧瑞哲彼說：「我從不為健康而吃，我只為美味而吃。」他這麼幫我惡補：我們之所以該吃蔬菜，並不是因為蔬菜對我們比較好。我們應該採摘這些植物王國的朋友並拿來煎烤一番，最重要的原因是這麼做非常美味。
> ──亞當‧薩荷斯，《美食》雜誌（2012年12月）

哲學家尚－安瑟倫‧畢雅-薩伐杭將美食學描述為「對人類進食時的一切所展開的理性研究，目的是讓人類以最佳食物維生」。這句話歸結為兩件事：食物的成分，以及製作食物的技術。

1971年，艾利絲‧華特斯打開「尼斯之家」的餐廳大門，並打定主意不遷就低於標準的食材，自此美國境內可獲得的食材種類和品質便大幅提升。為了拒絕工業化食品，她與農民和其他供應商建立直接關係，因而掀起了一場革命和新的食品經濟。近數十年來，我們看到了俄亥俄州「主廚的菜園」和加州的「奇諾農場」等專業生產者的興起，以及農夫市集和社區支持農業（CSA）的爆炸性增長。

蔬菜成了碗盤和味蕾上的耀眼新星，肉類相形之下顯得黯然失色。黛安‧弗里2002年的著作《菜餚剖析》記錄了她烹調植物的方式，並描繪了各種菜蔬的家譜（後來黛博拉‧麥迪遜在2013年的《菜蔬辨識》也採用了同樣主題），她發現二十年前那些被認為奇怪的菜蔬，如今有許多已司空見慣。她觀察到：「許多有營養的植物開始受歡迎，包括馬齒莧、蕁麻、礦工的生菜，以及先前被認為是『雜草』的東西。而且像歐芹根和大頭菜之類的根菜類，也不再被當作不尋常的東西了。」

長期擔任舊金山綠色餐廳主廚的安妮‧索梅維爾提到：「大多數人不喜歡蔬菜，通常是這三個原因：煮過頭、煮得不夠，或是調味不夠。」多年來，主廚已經習得讓蔬菜釋放出最佳風味的烹飪和調味方式，並思考風味相容的原則，在創造新的風味時也致力於平衡經典風味的配對。

已故主廚查理‧特羅特就讓世人更重視蔬菜，他把過去精心研發用來烹調動物性食材的技術用在蔬菜身上，並首度讓蔬菜列入品嘗菜單。艾倫‧瑞奇曼於 2011 年 3 月 29 日的《紐約時報》上表示：「艾利絲‧華特斯也許發現了蔬菜，但查理‧特羅特卻是我所知能把蔬菜烹調得如此出色的第一人。」2010 年，位於哥本哈根的諾瑪餐廳被稱為世界最佳餐廳之後，主廚雷奈‧瑞哲彼在《美食》雜誌中被稱許為「以對待肉類的方式來對待蔬菜——以大量的香料植物和奶油（以鮮甜的全脂羊乳製成為佳）來燉煮、塗抹和調味。」

素食廚師長期以來一直使用果汁機（如手持式攪拌棒和維他美仕）、食物乾燥機、壓汁機、煙燻機和螺旋切絲器來烹調。西班牙鬥牛犬餐廳餐廳主廚費蘭‧亞德里亞經過十年密集烹飪實驗（他創造出泡沫、凝膠和魚子醬般的球體），開發並採用了整套新的烹飪技術來增強風味。

M.A.K.E. 的馬修‧肯尼以蔬菜為主題來製作他的菜餚，但要解釋這些菜餚卻令他痛苦萬分：「這不僅僅是一堆胡蘿蔔。這將有部分胡蘿蔔以真空低溫烹調到軟嫩，另一部分則是生的，還有一部分是醃製的。這道菜的特色就在於以一種食材做出多種變化，而基礎就在於食材要新鮮，醬汁都只是用來增強風味。」

洛杉磯「十字街口」餐廳的塔爾‧羅奈在巴黎藍帶廚藝學校舉辦了大師素食工作坊，分享了他如何把法式料理的五種經典母醬（白醬、西班牙醬、荷蘭醬、紅醬和絲絨濃醬）改編成素食版本。他回想道：「這是學生的選修課，對全部十九個校區的全體教職員則是必修課。這很棒，因為這會實際影響到未來數百位廚師，他們從未認真對待純素食。當課程結束時，他們以不同的眼光看待純素料理。」

羅奈是全美極具天賦的純素主廚，他已經將純素餐廳的體驗提升到全新境界。現在，全世界有越來越多優秀的餐廳主廚正把他們的注意力、天賦和創造力轉移到素食甚至純素料理，他們正要開始展示出蔬食菜餚的真正潛力。

風味：探索風味方程式

風味的特徵存在於香料植物或是蔬菜當中，而非蛋白質。這決定了這道菜的個性。

——湯姆·柯里奇歐，寫給史蒂芬妮·瑪奇，《漢普頓》雜誌（2012年11月）

創造新的菜餚時，我會選擇一種食材然後專注在這上面，此時《風味聖經》就要派上用場了。我尋找與眾不同的搭配食材，然後再加入另一個我想用的食材。接下來，我會與副主廚坐下來，在合作、有機和民主的過程中解決這個問題。

我可能會提出（一道菜）的兩個部分，接著遭遇障礙，於是和其他人討論，並打開《風味聖經》。通常情況下，一種食材就可以激發出許多方向，然後再把方向全收斂在一起就可以了。

——瓊·杜布瓦斯，綠斑馬餐廳主廚（芝加哥）

風味矗立在這些趨勢的交叉點上，將趨勢聯合起來。無論其他因素如何發揮作用，都是出自對風味的愛，引領主廚去探索嶄新、無肉的方式，用來增強風味。風味有個面向其實具有強烈的個人色彩，這反映了一個人的經驗、喜好和價值觀。

> **風味＝味道＋口感＋香氣＋「未知因素」**
>
> **味道**＝我們通過味蕾感知到的東西
>
> **口感**＝我們通過嘴巴其他部分感知到的東西
>
> **香氣**＝我們通過鼻子感知到的東西
>
> **「未知因素」**＝我們通過其他感官以及情感、理智和心靈所感知到的東西

風味對於素食和純素烹飪的重要性，就跟其他烹飪方式不相上下。《風味聖經》的第一章概要指出了風味的基本原則。在此我很樂意重述這些基本原則，並提出更詳細的解釋。

我們的味蕾能感知到的基本味道有五種：甜、鹹、酸、苦、鮮。所謂好的烹飪，基本要素就是讓這五味和諧地達成平衡，創造出美味。這是如此簡單，卻又如此困難。畢竟，風味還關乎我們其他感知功能，也就是不僅只有味覺，還包括嗅覺、觸覺、視覺和聽覺。又因為我們是人類，還

會受到其他非物理因素的影響，包括情感、思想和靈魂。

　　學習去辨識和掌控風味顯著的和細微的成分，能讓你成為更優秀的廚師。當你想用植物性食材來創造出美味的菜餚，這本書都會是你在廚房中的好夥伴。

　　每個會下廚的人，甚至只是用餐前為自己的食物調味的人，都可以從掌握食物調味的基本原則受益。這個複雜的主題被簡化為一個事實：整個宇宙或許有大量的食材和幾乎無限的組合方式，但是味蕾只能接收五種基本味道。

　　好食物能完美地平衡這些味道。優秀的廚師知道如何品嚐、分辨出還需要如何調整。一旦你知道調味和平衡味道的方法，全新的烹飪世界就在你眼前展開。好的烹飪永遠不是只按照食譜走這麼簡單。

從嘴巴嘗到的滋味

味道

　　甜味－鹹味－酸味－苦味－鮮味。每吃到一口好滋味，都是這五種味道齊聚在你味蕾上的結果。我們能分別品嘗到這五種味道，也能品嘗到這些味道共舞的展現。每種味道都會互相影響，例如苦味會壓制甜味。除此之外，不同的味道會以不同方式影響我們。鹹味能刺激食欲，甜味則能滿足食欲。花一點時間來探索這五種基本味道，你就會發現，味道通常會受到食物的新鮮度和成熟度等因素的影響，而這有助於發展在地食材在地烹飪的趨勢。

甜味

　　相對於鹹味、酸味、苦味和鮮味，味蕾要接收到甜味，需要最大量的甜味物質。然而，即使美味菜餚中的甜味隱微到難以察覺，我們仍舊能夠欣賞到甜味和其他味道的平衡和「圓融」。甜味可以和苦味、酸味甚至鹹味共存。

　　甜味可以經由蜂蜜、楓糖漿、糖蜜、糖等食材傳送出來，也可以帶出其他食物的風味，像是水果、特定蔬菜（如番茄）和穀物（如燕麥）等。

BOX

精湛的貝托尼餐廳素食菜餚

　　2013年我的年度最愛菜餚之一，就是出身麥迪遜公園十一號餐廳的主廚布萊斯·舒曼在紐約市貝托尼餐廳供應的穀物沙拉，這間餐廳在開幕後不久贏得了《紐約時報》皮特·威爾斯的三星讚揚。這道菜看似簡單：在餐盤上抹上厚厚一層希臘優格，接著撒上混合穀物，再加上各式豆芽。由於風味非凡，背後一定還有很多祕密，我不得不去找布萊斯問個清楚。

　　優格嗎？這是經過擠壓並過篩後，變得非常厚實，好把穀物固定在餐盤上。穀物嗎？就是大麥、布格麥、法老小麥、藜麥、斯佩耳特小麥和小麥仁的組合。每種穀物都是單獨烹煮的：布格麥和藜麥用蒸煮的，大麥、法老小麥、斯佩耳特小麥和小麥仁以微滾烹煮。穀物混合之後，其中一半脫水。將脫水的穀物過篩後浸入高熱（230-240℃）的油中，持續一秒鐘，穀物會膨起而形成鬆脆的質地。將紅蔥和細香蔥末加入未過油的混合穀物，以猶太鹽調味，再淋上檸檬油醋醬。然後將兩種穀物拋擲混合後放置到優格上。接著鋪上芽菜，主要是三葉草芽、一些豌豆芽和少許綠豆芽，最後再灑上些許檸檬油醋醬。

鹹味

1996 年，我和安德魯在書寫《烹飪藝術》一書時，把三十多位美國頂尖大廚放逐到他們自己的無人荒島上，只讓他們帶十種食材供餘生烹飪之用。這些大廚所選擇的食材中，名列第一的就是鹽。鹽是天然的增味劑，也是讓鹹味食物好吃最重要的味道（當然甜味在甜點中也扮演同樣角色）。以煙或松露調味的鹽，能為湯品或燉飯增加各色風味。而紐約市古老的辛香料店鋪卡露斯揚，就在自家網站上列出了數十種風味鹽。除了鹽，適當地區出產的鹹味食材也能在增加蔬食風味上扮演要角，例如帕爾瑪乳酪在義大利麵食、披薩、燉飯上的角色，以及醬油和溜醬油在炒菜和素壽司上的角色。

酸味

酸味在鹹味食物中作為風味增強劑的重要性僅次於鹹味，而在甜味食物中的重要性也僅次於甜味劑。酸調（從檸檬或萊姆所擠出，或是淋上幾滴醋）能為菜餚的風味增加活力和明亮。為菜餚選擇合適的醋（像是用於水果沙拉的蘋果酒醋、用於壽司卷的米醋，或是用於西班牙冷湯的雪利酒醋），都可以進一步增強酸度。酸度與其他味道達到平衡，對菜餚最終的成功至關重要。

苦味

基於生存需求，人類對苦味最敏銳，即使是相當少量的苦味都辨識得出。苦味能平衡甜味，對於去除菜餚中的油膩感也扮演重要角色。舉例來說，核桃的苦味能平衡甜菜沙拉的甜味，同時還能去除常拌入沙拉的山羊乳酪的油膩感。巧克力的苦味天生就能抗衡油膩的甜點。某些人對苦味特別看重，有些主廚會視苦味為「清理」味覺的必備角色，讓你想要一口接一口地吃下去。

鮮味

除了上述四種原始味道，還有現已廣為接受的第五味「鮮味」，我跟安德魯在1996年《烹飪藝術》一書中就有提到。這種味道通常被描述為美味或是「豐盈」的肉味，熟成乳酪（如藍黴乳酪、帕爾瑪乳酪）、發酵食物（如味噌、德國酸菜）、菇蕈、海菜等食材中都有很顯著的鮮味，調味品麩胺酸鈉（味精）更是，這也是知名調味料如「Acćent」的主要成分。素食菜餚中充滿了鮮味食材，從加入了香菇、豆腐、裙帶菜的味噌湯，到加入番茄醬料、菇蕈和帕爾瑪乳酪的義大利麵食，無不如此。

口感

　　嘴巴除了能感覺味道，還能能感覺到與食物的接觸，並接收到其他知覺，像是溫度和質地，這些都是構成風味的要角。食物的這些面向一般都歸類為口感，口感能讓食物符合我們身體喜好，並激發出菜餚最大的益處和愉悅感。菜餚鬆脆香酥的口感能帶來悅耳的聲響和讓人喜愛的質地。

溫度

　　在嘴巴所能感知到的知覺中，溫度是最重要的。食物的溫度甚至能影響我們對味道的感知，例如冷涼的溫度能抑制甜味。食物的溫度也能影響我們對菜餚的感知和樂趣。炙熱夏天的胡蘿蔔冷湯，以及寒冷冬日的烘烤胡蘿蔔，都能讓我們的身體藉由這些食物得到「療癒」，而更加適應外在的環境。

質地

　　食物能蠱惑和取悅人，最主要就在於質地。我們能從軟泥或濃稠滑潤的食物（像是濃湯、馬鈴薯泥）獲得「安撫」，能從鬆脆香酥的食物（像是墨西哥玉米片、焦糖爆米花）獲得「趣味」。食物的質地能啟動我們其他感覺，包括觸覺、視覺和聽覺。

　　小嬰兒只能吃軟泥般的食物，而成人大多喜歡食物的各種質地，尤其是鬆脆香酥，這能讓菜餚平滑（甚至是單調）的質地出現變化。紐約市「美好的一日」餐廳主廚上島良太經常會用酥脆的炸天婦羅搭配質地絲滑的拉麵或烏龍麵，讓質地和風味出現令人愉悅的對比。

　　肉類大多經由質地來傳遞風味，像是嚼勁（如雞肉）或酥脆（如酥脆的煎培根）。無肉的食材也可以擁有類似的質地（如波伏洛乳酪片就能在「素培根生菜番茄三明治」中模擬酥脆培根的質地），甚至植物性食材也可以，如豆類、全穀物、菇蕈、凍豆腐碎粒可以模擬出有嚼勁的牛絞肉，夾入墨西哥塔可餅或拌炒辣椒；而酥炸天貝薄片則可模擬培根，作為總匯三明治的餡料。

　　在趣味烹飪裡，魚子醬可以經由「晶球化」的化學過程來模擬。這是西班牙主廚費蘭‧亞德里亞 2003 年於鬥牛犬餐廳創作出來的，以乳酸鈣混合海藻酸鈉，並由海菜和西瓜等風味來調味，製作出像魚子醬的球狀物。

　　同樣，許多人都喜歡牛奶和鮮奶油濃稠滑潤的質地。這些可以由杏仁果、椰子、榛果、大麻、燕麥、米和大豆所製成的植物奶，或者由腰果鮮奶油和椰子鮮奶油的植物性鮮奶油來模擬。如果你還沒有試過那些更好的純素「冰淇淋」，你可以來享用一下，你會驚訝於「福姆」或「希拉斯＆馬蒂斯」冰淇淋的濃稠滑潤質地，或是市售的「極樂椰子」無奶冷凍甜點。

想用素食或純素食材來模擬非素食食物，還有很多例子，可以參見本書 75-79頁的取代表。

辛辣

我們的嘴也可以感覺到「熱辣」，但其實應該是指「辛辣」。有的辣十分強烈，像是辣椒，有的則十分細微，像是卡宴辣椒。有些人會覺得辛辣的經驗能帶來愉悅。每個人對辛辣的容受程度也不一，因此莎莎醬也會有小辣、中辣、大辣、特辣之分。墨西哥料理辣到有名，而泰式料理到義式料理亦然（你通常會發現以紅辣椒片來調味的蒜味球花甘藍）。

澀

我們的嘴遇到澀就會皺起。這是紅酒或濃茶中的單寧所引起的乾燥感，單寧偶爾也會出現在核桃、蔓越莓和青柿等食物中。蔓越莓的澀通常跟較甜的蘋果和梨子派或奶酥等甜點很搭，而少量的澀味石榴籽撒在濃郁的墨西哥摩爾醬或波斯核桃醬上，則能帶來清爽的平衡感。

通過嗅覺所感知到的香味

香味

風味有80%以上是受到香味所主導。這有助於解釋芳香食材的普及，從新鮮的香料植物和辛香料，到現磨碎檸檬皮等。加入芳香食材可以增強菜餚的香味，以及整道菜餚的風味。

相較於食物風味中的基本味道只有五種，香味的香調則有幾乎無限多種。大多數的香味可以歸類為甜調和鹹調。

甜調香味主要跟甜味劑、水果、特定蔬菜（如甘藷）、香料植物（如羅勒）、辛香料（如肉桂）有關。鹹調香味主要跟「肉味」有關，幾乎就等同於蒜和洋蔥等蔥蒜味，不同文化都是如此。其他的鹹調還有乳酪味、煙燻味和芳香味。純素料理可以找到乳酪味，像是營養酵母或純素乳酪。煙燻味可藉由烹飪技巧（如燒烤或是熱燻法和冷燻法）以及食材（如煙燻甜椒、煙燻液）來加入菜餚。香料味可以反映出區域性的特定風味組合中的風味和弦（如蒜＋薑＋醬油＝亞洲風味；蒜＋檸檬＋奧勒岡＝地中海風味）。

有些風味特質是同時經由味覺和嗅覺來感知。

刺鼻味

刺鼻味是指食材（如辣根和芥末）所發出，會使鼻子和味蕾同時感到刺激（卻又愉悅）的味道和香味。一坨辣根鮮奶油可使甜菜湯簡單的甜味獲得活力，芥末油醋醬也可為苦味綠色蔬菜沙拉增強風味。

化學感知

化學感知是指搔弄（如碳酸飲料的刺痛感）或戲弄（如辣椒的「火熱」或是綠薄荷的「清涼」等錯誤感知）我們味覺的其他感受力。實驗性主廚喜歡把糖和二氧化碳結合（如市售的跳跳糖）再帶入高檔的甜點中，讓人感受到食物在口腔中微爆破的風味。

我們通過其他感覺、情感、理智和心靈所感知到的東西

「未知因素」

當我們意識到並警覺我們正在吃什麼，食物就有能力影響我們的整個自我。我們不僅通過身體感官（包括視覺，見下述），還以情感、理智和甚至心靈來體驗食物。

未知因素考慮到這樣一個事實，也就是不同的人會以不同方式來感知同一種菜餚。例如，喜歡草莓的人和對草莓過敏的人，對於同樣「完美的」草莓塔的風味也會有不同感知。同樣的，雜食者和素食者對於同樣「完美的」燉肉香味或風味也會有不同感知。

當素食者或純素者說，他們「失去了對肉的味覺」，意思並不是他們的味蕾發生了改變，而是在身體上、情感上、理智上以及心靈上，不再覺得肉的風味是美味的。

視覺上

一道菜餚的視覺呈現，能大幅增強我們從菜餚得到的愉悅感。我在麥迪遜公園十一號餐廳品嘗到最美味絕倫的純素品嘗菜單，其中胡蘿蔔塔的視覺呈現就讓我十分愉快。胡蘿蔔在我眼前從暫時附著在餐桌上的絞肉機中絞成碎塊，再搭配我們可以自由運用的辛香料和香料植物來調味，最後調配出細緻的風味。

數十年前，人們就得以用眼睛品嘗菜餚，但只有那些在世界級廚房裡待

過的人才會曉得這種藝術的擺盤或是現代技術所使用的技巧。而自從世界頂級餐廳透過網絡廣為傳播菜餚的照片，重現一道頂級菜餚的精緻外形就比重現其精巧的風味更為容易。

　　菜餚的外觀也能以更直接的方式影響我們對風味的感知。例如，漿果雪碧冰的顏色越深，感知到的漿果風味就越多。特定食物與特定顏色之間的連結越強，風味的力道也越強。例如覆盆子和草莓與紅色的連結，檸檬與黃色的連結，萊姆與綠色的連結。

情感上

我總是會說，我母親的西班牙馬鈴薯和墨西哥蛋餅是我最喜愛的食物，因為這傳達出一件事：情感的價值凌駕一切。
──費蘭・亞德里亞，鬥牛犬餐廳（西班牙）創辦人

　　一如我們以舌頭品嘗食物，我們也以心來品嘗。否則要如何解釋一個人會喜歡自己母親的菜餚勝於名廚所做的菜餚？這也有助於解釋世界各國傳統菜餚和料理方式的持久吸引力，因為這源於人們對於自己的同胞、文化和根深柢固的烹飪傳統的熱愛，這些傳統滋養了他們數個世紀。

　　我對動畫電影《料理鼠王》（*Ratatouille*，意思為「普羅旺斯燉菜」）中那個關鍵時刻感到敬畏，這是我見過把食物的轉變力量描繪得最好的電影。由於我知道製作單位針對電影同名菜餚諮詢了主廚湯馬士・凱勒，因此當我在紐約市「自身」餐廳的素食品嘗菜單中吃到風味非凡的普羅旺斯燉菜時，感到格外愉悅。

理智上

　　如果我們是為了活著而吃，那麼我們有可能靠著營養藥丸和水就可以維生。但我們也為了愉悅而吃。因為我們一天通常進食三次，而一年有365天，因此我們會喜歡創新的食物，像是對傳統菜餚稍加調整。漸漸地，自從1980年代「堆疊食物」的擺盤方式出現，主廚便開始嘗試以各種方式來呈現食材。1990年代之後，前衛料理以及所謂的分子美食的出現，主廚便開始更大膽地去實驗食物的化學組成以及菜餚呈現。

　　概念菜餚提供了令人愉悅的「思考的食物」。紐約市泥土糖果甜點屋的主廚阿曼達・科恩長期研究（研發過程經常要持續數個月），把經典的肉食

重塑出趣味的素食版本，也就是煙燻青花菜，再放入熱狗麵包中，製成「青花菜狗」，再以玉米片包覆花椰菜來取代雞肉，製成素食版的炸雞鬆餅。我在維吉尼亞州的小華盛頓酒店吃過幾道畢生難忘的美食，該餐廳便是以「波特貝羅大香菇仿製的菲力牛排」這道招牌菜而聞名。

心靈上

食物的製作、烹飪和食用過程，就是一場聖禮。以這種態度來對待食物，能提升我們日常生活的品質，這是其他事物無法達成的。世界幾位頂尖大廚都致力於把晚餐饗宴的每個面向做到盡善盡美，從食物、飲料、氣氛到服務，都力求把整體經驗提升到新的層次，不僅讓用餐者沉浸在愉悅、舒適、興趣之中，更能感受到意義。

邁向更慈悲的料理

在馬修肯尼聖塔莫尼卡的裸食餐廳「M.A.K.E」吃個三、四餐，就足以撼動對裸食冷嘲熱諷的鐵石心腸？當然不是……但這可能足以讓他重新考慮對裸食的態度。
——普利茲得獎餐廳評審喬納森‧戈爾德，寫於《洛杉磯時報》（2013年4月13日）

這是個人革新的時機：盡量把你對這個星球的傷害降到最低，以此為你人生的標記。你有什麼理由不去盡量降低傷害？不方便？沒差？事不關己？在這個時代，作為純素者最酷的一點就是：這件事比過去都簡單。你可以吃到肉、乳酪、牛奶的氣味、味道和質地，卻不需要真正吃下這些東西。沒有任何生物會再為了他人的晚餐而受苦和死亡，包括你。
——格里‧尤洛夫斯基，純素行動主義者，2010年於喬治亞理工學院的演講「這輩子你會聽到的最佳演說」，在Youtube上大為轟動

現在，我們正站在歷史和未來的交叉點，我們能選擇每一天的每一餐要做什麼、吃什麼。我希望我們能在更有意識、資訊更充分，同時也更慈悲的情況下，做出這些選擇，這是為我們自己、為他者，也為我們這個地球。

在Technomic最近的一項調查中，三分之二的美國人認為素食可以和非素食一樣讓人得到滿足。本書的目的是希望能擴大這個比例。有鑑於素食和純素菜單和餐廳正把許多非凡的人才帶入植物性料理的領域，因此我毫不懷疑這個比例將繼續擴大。

「荷西‧安德烈、馬利歐‧巴塔利以及湯姆‧柯里奇歐都在宣傳蔬菜是下一件大事。他們真的帶來了幫助。」費城費吉餐廳的里奇‧蘭道和凱特‧

尼爾・巴納德博士談論
乳酪成癮背後的未知因素

「有些人對乳酪的成癮是身體上的因素。早在2003年，美國國家衛生研究院（NIH）便資助我們使用純素飲食進行糖尿病研究。當參與研究的糖尿病患者開始採用純素飲食，他們開始變瘦，血糖下降，整體狀況越變越好。但我注意到當中許多人都有我所謂的食物成癮現象，有些人還會特定指出『我想念乳酪』。未必是牛奶，甚至可能不是冰淇淋，而是乳酪。所以我想，『為什麼？為什麼是那個聞起來像臭襪子的乳酪？』」

「背後的因素有很多。首先，原來有些人體內的基因會讓他們大腦天生就缺少多巴胺受體。如果你有『DRD2 Taq1』對偶基因，你的多巴胺受體就較少，這表示你不會感受到多巴胺的強烈影響，因此你會需要更多多巴胺的刺激。因此你可能會抽菸、喝酒，或是強制性賭博或飲食。約有一半第二型糖尿病患者就是受這種基因的影響而飲食過量，他們會真正想要能提供額外多巴胺的事物，尤其是食物。」

「但乳酪是個特殊案例。就營養上來說，乳酪是很糟糕的，裡面富含飽和脂肪、膽固醇和鈉。然而，乳酪中的酪蛋白和乳蛋白含量極高，而這跟其他蛋白質並不一樣。

「酪蛋白分解後會釋放類似鴉片的物質進入血液，這些溫和的酪啡肽附著在大腦中的鴉片受體，也是海洛因所附著的受體，稱為 μ 受體。所以這關乎的不僅是味道，不僅是口感。乳製品的獨特之處在於它們釋放出酪啡肽，而乳酪的酪啡肽濃度遠高於牛奶和冰淇淋。

「如果我在你吃了乳酪半小時後，把針扎進你的手臂，會發現你的血液中含有鴉片，而這鴉片就會附著在你的大腦上。雖然含量不足以讓你在駕駛時發生危險或搶劫便利商店，卻足以讓你隔天覺得「我想要吃更多乳酪」。當一個人把大腦中正在發生的事情與氣味和風味連結起來，這又臭又討厭的乳酪會變得吸引力十足。

「如果你無法擺脫對乳酪（或是其他任何東西）的依戀，你可能要考慮徹底斷絕。這比你要抵抗不時挑逗著你的乳酪要容易得多。」

雅各比觀察道：「他們不是純素食主義者，也不是那種穿上寫著『吃肉是謀殺』乳牛裝的人。他們只是說出了真相：烹調肉越來越無聊，而蔬菜是最有趣的食物。這是個令人驚奇的觀點，也是了解我們餐飲現場的最佳方式。」

吃素甚至純素在今日比以往任何時候都容易，而且這麼做的人越來越多。紐約市和洛杉磯是我試過覺得最容易辦到的地方，那裡的素食多到令人發窘。吃素最困難的地方是明尼亞波利斯市以東兩個小時的郊區，我們在該地「較好」的餐廳中，不得不告訴服務生我們的墨西哥酪梨醬是褐色的，而她回答道：「這從罐頭裡倒出來的時候就是這個顏色。」最後我們在同個城鎮找到一家東南亞小餐館，裡面有供應美味的素食菜餚，所以只需要堅持下去還是找得到的。

我可以想像內布拉斯加州的奧馬哈市（鼎鼎大名「奧馬哈牛排」的發源地！）可能是最難實踐吃素的地方之一。所以當我第一次聽到布魯克林的純素主義食譜女王伊莎・莫科維茲搬到那裡並計畫開設一家純素咖啡館時，我感到十分震驚。這顯示出素食料理的普及程度，甚至已經不限於各大都會區。

2013年，《素食新聞》羅列出十數個素食友善的小鎮，讓我更為訝異。我發現這些小鎮遍及全美，從北到南和從西到東，包括了北卡羅來納州的阿什維爾、俄勒岡州阿什蘭、喬治亞州的雅典、科羅拉多州的博爾德、綺色佳、紐約、緬因州的波特蘭，以及加州的聖塔克魯茲。

洛杉磯十字街口餐廳的塔爾・羅奈則是全力以赴。他告訴我：「再也沒有什麼事情可以讓我感到驚訝，因為這不是潮流或時尚，而是我們得這麼改變，才能讓我們的世界持續到未來。我期待每一天的到來。」

進入渴望的根源

人們真正渴望的並不是培根,他們渴望的是煙燻和酥脆的東西。他們真正渴望的也並不是魚露,他們渴望的是從發酵的豉汁中得到的發酵鮮味。

——阿曼達·科恩

人們將許多風味特性與肉類連結在一起,但這些風味其實是來自菜餚中其他富含鮮味的食材。如果你用焦糖化洋蔥、番茄醬和紅酒製成含肉的燉菜,再放在同樣食材的無肉燉菜旁邊,你會發現兩者的鮮味和豐潤感幾乎相同。

——艾瑞克·塔克,千禧餐廳,舊金山

人們大多認為自己想要牛奶、鮮奶油和乳酪,但他們真正渴望的其實是濃稠滑潤的口感。如果你把洋蔥煎到焦糖化,再加入蔬菜高湯和紅酒壓成泥,就能模擬出鮮奶油的濃稠滑潤質地。

——瓊·杜布瓦斯,綠斑馬餐廳,芝加哥

我不反對大豆,但我們不會去烹煮豆腐、素肉,或是把某樣東西重製成肉的造形。我們也不供應假的乳酪。我們會試著讓你滿足你朝思暮想的食物質地、焦糖化風味或是脂肪的含量。如果我要端上一道口感濃稠滑潤的菜餚,擁有你一般會從奶油或鮮奶油中得到的質地或肉味,我會油封胡蘿蔔、根菜類、歐洲防風草塊根、芹菜或歐芹。

——亞倫·伍,天擇餐廳,俄勒岡州波特蘭市

如果你渴望這個	試試用這個來取代
鯷魚(如凱薩沙拉的淋醬)	酸豆(續隨子)
鯷魚醬	赤味噌
	酸梅醬
培根	酥炸波伏洛乳酪
	煙燻液
	紅椒粉
	波特貝羅大香菇「培根」
	香煎紫紅藻
	煙燻紅椒粉
	煙燻鹽
	豆乾
	天貝「培根」
	焙炒芝麻油

風味的相容性

良好烹飪的基本面向,就是駕馭風味的相容性。這包括要了解哪種香料植物、辛香料以及其他調味品最能凸顯哪些特定食材。

經過幾個世紀的反覆試驗,得到了不少經典料理和菜餚,其中一些菜餚的特色就在於受人喜愛的永恆風味搭配,例如蘋果搭配肉桂、香蕉搭配萊姆酒、米飯搭配醬油、羅勒搭配番茄,還有豆薯搭配萊姆。

當我們發現,某些食材的組合出現在某些脈絡下,可以讓我們把實際上所吃的東西誤認為另一種東西,這件事真是令人著迷。我四、五歲時,有一次咬下一口派,以為我吃到的那片柔軟、有層次、帶有糖和肉桂味餡料的派就是蘋果派。但當我得知這是所謂的「模擬蘋果派」,裡面是以麗茲餅乾替代蘋果片時,徹底感到震驚!這種經歷是如此深刻,讓我得以在年幼就更深入地思考食物,並且拆解構成菜餚的要素。

模擬蘋果派與現代主義廚房的前衛創作並沒有太大差別,它們都徹底顛覆了經典菜餚。芝加哥的霍馬洛·坎圖指出,經典的風味組合有助於讓實驗性菜餚獲得成功,因為這能把熟悉和舒適感帶入不熟悉和新穎的菜餚。因此,他們也進一步將經典肉類菜餚做了素食詮釋,例如蔬食版的魯賓三明治,這是出現在無數素食餐廳菜單上的熱門菜餚。當你把黑麥麵包、千島醬、瑞士乳酪和德國酸菜放在一起時,這樣的脈絡會讓眼睛相信這是貨真價實的魯賓三明治,因此味蕾對於經過調味的麵筋製品、天貝或其他用來取代鹽漬牛肉的食材會更加寬容。

同樣地,我也深深著迷於戴夫·安德森在洛杉磯「瑪迪」店中模擬鮪魚沙拉三明治的風味和質地(把芹菜丁與素乃滋放在新鮮出爐的義大利拖鞋麵包上),這讓我想到鷹嘴豆泥與罐頭鮪魚泥也略有相似之處。

	老豆腐（在煙燻液、楓糖漿、營養酵母和醬油中醃漬）
	輕生活牌聰明培根（培根狀的無肉蛋白質條）
	輕生活牌法金培根有機煙燻天貝條
牛肉	加登牌無牛肉小丁
牛絞肉	調味布格麥（放在墨西哥捲餅、辣椒、安吉拉捲、墨西哥塔可餅中）
	調味扁豆
	碎天貝
	田野饗宴牌經典美式長條素肉團
牛高湯	赤味噌清湯
	超越法式清湯牌的無牛肉湯底
番茄肉醬	番茄醬汁搭配義式調味扁豆
	番茄醬汁搭配天貝
漢堡	素漢堡
奶油（如塗抹在燒烤吐司或烤三明治上）	橄欖油（如塗抹在麵包上）
	植物性人造奶油（如「大地平衡」）
焦糖	椰棗泥＋鹽＋香莢蘭
焦糖爆米花	爆米花淋上溫熱的糙米糖漿
乳酪	腰果或其他堅果製「乳酪」
	大豆製「乳酪」
	達亞或追隨你心純素「乳酪」
奶油乳酪	大豆「奶油乳酪」
乳酪（如煙燻高達乳酪或是莫札瑞拉乳酪）	豆乾
乳酪（如帕爾瑪乳酪；如加入洋蔥湯、青醬，甚至凱薩沙拉中）	杏仁果碎粒＋現磨碎檸檬皮＋鹽＋芝麻籽
	味噌
	帕爾瑪牌的純素帕爾瑪乳酪
瑞可達乳酪	杏仁果碎粒、腰果或松子「瑞可達」
	無乳奶油乳酪＋板豆腐，1：1搗碎混合
	用碎豆腐做成的豆腐「瑞可達乳酪」
雞肉	硫色絢孔菌
	波羅蜜
	素雞
	加登牌雞里肌或義式裹粉煎肉排；輕生活牌聰明雞肉條；美華素食超市的「雞肉」；喬氏超市的非雞肉條
雞高湯	白味噌湯或甜味噌湯
	超越法式清湯牌無雞肉湯底
辣椒，以肉為基底	辣椒搭配藜麥
巧克力	可可豆碎粒
碎肝醬	核桃扁豆醬
西班牙辣肉腸	瑪利莎牌的素西班牙辣肉腸

卡達乳酪	素「卡達乳酪」
蟹肉餅	「鱈魚角餅」：鹿尾菜＋豆腐＋老灣調味粉，上菜時淋上純素塔塔醬
	「無蟹肉餅」：櫛瓜剁碎＋老灣調味粉
	仿製蟹肉餅：棕櫚心＋麵包粉＋海帶＋檸檬＋芥末＋老灣調味粉
蟹肉蘸醬	白豆蘸醬＋蒔蘿＋海帶＋檸檬＋老灣調味粉
鮮奶油	腰果奶霜
	椰奶
	豆奶
高脂鮮奶油	椰奶（烹飪用為佳）
發泡鮮奶油	腰果奶霜
一般乳製品	椰奶
	其他無乳的素奶
	堅果奶或種籽奶
	絹豆腐
蛋沙拉	仿製版蛋沙拉：老豆腐、純素美乃滋、黑鹽
含蛋烘焙食品	蘋果醬、素蛋粉、亞麻籽、香蕉、絹豆腐
含蛋鹹派	絹豆腐或板豆腐
炒蛋	炒豆腐（可加入一點薑黃讓色澤更像炒蛋）
食用蝸牛	菇蕈（如棕蘑菇）在奶油＋蒜＋歐芹裡燜煮後，塞入貝殼麵或是人造蝸牛殼中，置於法國棍子麵包片上食用
費達乳酪	腰果「費達乳酪」
	大豆「費達乳酪」
魚露	豉汁
	泰式醬油（即白醬油）
	酸梅醬，以水或日式高湯調開
魚高湯	白味噌或甘味噌
希臘旋轉串烤肉片	以炸茄子片或塔夫特旋轉串烤素肉片取代袋餅中的肉，再加上萵苣、番茄和希臘黃瓜優格醬
火腿	煙燻紅椒粉（如加入湯中）
	豆乾（搭配楓糖漿＋溜醬油尤佳）
美乃滋（蛋黃醬）	純素「美乃滋」，如素乃滋
肉	穀物
	豆類
	堅果（如核桃）
	素肉
	天貝
	豆腐
肉醬汁	天貝丁醬汁

煙燻肉	齊波特辣椒加入阿多波＋煙燻液＋煙燻乳酪＋豆乾
肉丸	素丸（麵筋製品） 奈特牌無肉丸子
肉味	辣椒（如齊波特辣椒，使用罐裝辣椒中的阿多波醬汁）、蒜（如烘烤過的蒜）、煙燻液＋味噌、菇蕈、洋蔥（如烘烤過的洋蔥）、紅椒粉（如煙燻紅椒粉）、紅蔥（如烘烤過的紅蔥）、醬油
奶	植物奶，如杏仁奶（如杏仁飲）、腰果奶、榛果奶、大麻奶、堅果奶、燕麥奶、米奶、豆奶
洋蔥湯	以味噌取代洋蔥湯中的牛肉高湯 以糖蜜＋雪利酒醋取代洋蔥湯中的牛肉高湯
牡蠣	蠔菇 波羅門參（具有牡蠣香調）
義式麵食	金線瓜 櫛瓜圈
義式臘腸	輕生活牌聰明達利義式臘腸
派皮	以大地平衡牌天然起酥油製成的派皮
豬肉	硫色絢孔菌 波羅蜜 素肉（麵筋製品） 田野饗宴牌烤肉總匯
豬油	焙炒芝麻油
豬肉絲	波羅蜜，以辣椒粉和其他調味品調味
沙拉淋醬（濃稠滑潤）	塔希尼芝麻醬和以塔希尼芝麻醬為基底的淋醬
沙拉淋醬（清爽）	巴薩米克香醋、香檳酒醋、米酒醋、酸葡萄汁（以上都很溫順，不需再加入油）
香腸（如在披薩上）	天貝丁 田野饗宴牌義式穀肉香腸
無油的煎炒菜餚	以高湯、醋或酒來煎炒
海鮮	微滾烹煮紫紅藻
邋遢喬三明治	調味扁豆夾入漢堡包
奶油濃湯	濃稠滑潤的口感：加入穀物泥（如燕麥泥、白米飯泥或糙米飯泥），或是蔬菜泥（如青花菜泥）
酸奶油	腰果「酸奶油」（生腰果＋檸檬汁＋味噌＋肉豆蔻＋海鹽＋水） 脫脂優格或豆腐「酸奶油」（如板或絹豆腐＋檸檬汁＋鹽＋酸梅醋；或是豆腐＋蘋果酒醋＋檸檬汁＋油＋鹽；或是白味噌＋檸檬汁＋豆腐） 豆奶＋油，一起乳化 絹豆腐泥＋一點檸檬汁 豆腐地牌非氫化「超越酸奶油」

肉高湯	菇蕈或蔬菜高湯;味噌清湯; 同時參見「牛高湯」「雞高湯」「魚高湯」
塔可餅,夾入牛絞肉	塔可餅,夾入調味褐扁豆
鮪魚	豆乾
鮪魚沙拉	碎腰果搭配芹菜末 鷹嘴豆泥搭配芹菜末和海苔 豆腐泥搭配芹菜末、洋蔥末和海帶粉
火雞	素火雞(由豆腐製成,內部塞滿) 田野饗宴牌烤肉總匯
希臘黃瓜優格醬	純素「希臘黃瓜優格醬」:生腰果＋黃瓜＋蒜＋檸檬＋ 橄欖油＋調味料製成
優格	椰子或大豆「優格」

我通常不喜歡假的東西,並且相信烹飪要從最原始的材料做起。我們也都不喜歡試過的預製素漢堡餡,因此都是自己做。但是後來我們了解到,佛教徒製作人造肉由來已久,我們也發現一些非常好的產品。例如,美華素食超市的「雞肉」就有驚人的風味和質地。這用於炙烤很好,因為這種雞肉質地酥脆、黏性極佳,但我可能不會用來做冷雞肉沙拉……雖然「豆腐地」牌酸奶油的質地有點僵硬,但我喜歡用來搭配羅宋湯或馬鈴薯餅。

——西爾瑪・米利安,血根草餐廳,康乃迪克州布里奇波特

注意:為了幫助雜食者轉向方便素食主義／素食主義／純素主義,上述清單也納入幾種加工食品。加工食品可能是非常有用的過渡性「拐杖」,但我也要強調,為了獲得最佳健康狀態,之後能採取全食物飲食會更好。

BOX

《餐廳》雜誌2013年世界前50間最佳餐廳中,位於美國且對素食友善者

在1980年代末和1990年代初,我曾在紐約市「高譚酒吧＆燒烤」餐廳和紐約市的河流咖啡館,以及法國的吉哈荷和帕薩德等許多厲害的廚房裡接受過訓練。我還記得當時要是有客人要求「素食」,廚師就把手邊現有的食材放到一起做成「菜盤」,但這絕對很將就。很高興看到素食是如何演變至今。

——黛安・弗里,蓬勃烘焙公司(紐約市斯卡斯代爾),她從1990年代開始在曼哈頓大受歡迎的馬鞭草餐廳便提供搭配葡萄酒的精緻素食品嘗菜單

第5名 麥迪遜公園十一號餐廳(紐約市)——提供素食品嘗菜單,也可應顧客要求製作純素版本。
第11名 自身餐廳(紐約市)——提供素食品嘗菜單,也可應顧客要求製作純素版本。
第14名 亞林尼餐廳(芝加哥市)——亞林尼的菜單如此聲明:「亞林尼餐廳能供應素食餐點,且維持料理的品質和原創性。當我們以電話確認購票時,請注明您想要素食菜單。」
第19名 樂貝爾納丁餐廳(紐約市)——樂貝爾納丁餐廳的海鮮菜單中,開胃菜及主菜分別供應一種素食選項(沙拉和蔬菜頓飯)。
第29名 丹尼爾餐廳(紐約市)——提供素食品嘗菜單,也可應顧客要求製作純素版本。
第47名 法國洗衣房餐廳(加州揚特維爾市)——提供素食品嘗菜單,也可應顧客要求製作純素版本。

以蔬菜為主的餐廳菜單

蔬菜在餐廳界已提升到了罕見的新高度。蔬菜不再僅是配菜，而成了主角，有屬於自己的品嘗菜單。

下列菜單主要側重在幾家世界最佳餐廳所供應的素食和純素菜餚。

Picholine 皮肖利餐廳

紐約州紐約市

2014年冬季菜單

素食品嘗菜單

繽紛開懷 Amuse Varie

冬季蔬菜沙拉 Winter Vegetable Salad

歐洲防風草塊根、希臘蘑菇、松露油醋醬

Parsnip, Mushrooms à la Grecque, Truffle Vinaigrette

藍哈伯南瓜濃湯 Blue Hubbard Squash Bisque

栗子、梨子醬、法國四香粉蛋白霜

Chestnuts, Pear Butter, Quatre Épices Meringue

根芹菜－蘋果義大利小麵餃 Celery Root-Apple Agnolotti

「羅宋湯」、芹菜天婦羅 "Borscht," Celery Tempura

香脆馬鈴薯雞蛋餅 Potato Crusted Hen Egg

油封馬鈴薯、綠捲鬚苦苣、法式芥末美乃滋

Confit Potato, Frisee, Sauce Gribiche

燒烤杏鮑菇 Grilled King Trumpet Mushroom

油炸野生米餡餅、紅苣菜、香莢蘭-蔓越莓油醋醬

Wild Rice Fritter, Red Endive, Vanilla-Cranberry Vinaigrette

馬鈴薯「法式千層酥」 Potato "Mille-Feuille"

胡蘿蔔、黑皮波羅門參、歐芹油醋醬

Carrots, Salsify, Parsley Vinaigrette

法國熟成乳酪 Fromage Affinés

精選自餐廳乳酪推車

Selections from our Cheese Cart

瓜納哈巧克力女侯爵蛋糕 Guanaja Chocolate Marquise

血橙、尼可拉橄欖、茴香-柚子雪碧冰

Blood Orange, Nicoise Olives, Fennel-Yuzu Sorbet

自身餐廳Per Se

紐約州紐約市

2013年8月24日

素食品嘗菜單

白豆法式布丁塔 White Bean Flan
冬季黑松露、海苔「天婦羅」、壓縮青蔥和壺底溜醬油
Black Winter Truffle, Nori "Tempura," Compressed Scallions and Barrel Aged Tamari

甜玉米雪碧冰 Sweet Corn Sorbet
低溫水煮越橘莓、櫻桃蘿蔔和豌豆捲鬚
Poached Huckleberries, Red Radishes and Pea Tendrils

碳燒茄子「摩納哥炸餛飩」 Charred Eggplant "Barbajuan"
雞尾酒朝鮮薊、亞美尼亞黃瓜、香料植物沙拉，以及「西班牙紅椒堅果醬」
Cocktail Artichokes, Armenian Cucumbers, Herb Salad and "Romesco"

微熟蛋 Coddled Hen Egg
聖馬爾扎諾番茄的「義式調味蔬菜」、夏南瓜、烘烤松子和迷迭香小麵包
San Marzano Tomato "Soffritto," Summer Squash, Toasted Pine Nuts and Rosemary Bialy

「芹菜餡法式小炸餅」 "Celeri Farcien Façon Subric"
Haricots Verts, Pearl Onions and "Crème de Morilles"
法國四季豆、珍珠洋蔥和「羊肚菌鮮奶油」

焦糖化菊芋「義大利小麵餃」 Caramelized Sunchoke "Agnolotti"
烘烤紅葡萄、蘿蔓萵苣心和煙燻瑞可達乳酪「鏡面醬」
Roasted Scarlet Grapes, Romaine Lettuce Hearts and Smoked Ricotta "Glaçage"

「布瑞達乳酪」塔 "Burrata" Tart
祖傳番茄、卡斯泰爾韋特拉諾橄欖、小羅勒和曼尼牌特級初榨橄欖油
Heirloom Tomatoes, Castelvetrano Olives, Petite Basil and Armando Manni Extra Virgin Olive Oil

「琴酒＆果汁」 "Gin & Juice"
香草低溫水煮黑莓、亨利爵士牌琴酒「格蘭尼塔」和通寧凍
Vanilla Poached Blackberries, Hendricks Gin "Granite" and Tonic Gelée

「桃子貝里尼」 "Peach Bellini"
香檳凍和桃子 Champagne Gelée and Peaches

無花果葉「冰」 Fig Leaf "Glace"
味醂凍和條紋無花果 Mirin Gelée and Tiger Striped Figs

巧克力焦糖 Chocolate Caramel
瑪拉魯米牌巧克力「甘納許」、「柳橙法式海綿蛋糕」和糖漬可可豆碎粒
Maralumi Chocolate "Ganache," "Orange Genoise" and Candied Cocoa Nibs

DANIEL 丹尼爾餐廳

紐約州紐約市

2014年2月12日

素食品嘗菜單

韭蔥馬鈴薯絲絨濃醬搭配蘿蔓萵苣
Leek and Potato Velouté with Romaine Lettuce

黑喇叭菌、細葉香芹鮮奶油、棕蘑菇、黑蒜
Black Trumpet, Chervil Cream, Cremini Mushroom, Black Garlic

野米芫荽「白醬燉肉」Fricassée of Wild Rice with Cilantro

嫩蕪菁、瑞士萵菜、珍珠洋蔥
Young Turnips, Swiss Chard, Pearl Onion

釉汁根芹搭配焦糖化長紅蔥
Glazed Celery Root with Caramelized Torpedo Shallot

油煎雞油菌、法國王儲酥皮馬鈴薯球
Sautéed Chanterelle, Pomme Dauphine

釉汁紫葉菊苣搭配血橙 Radicchio Tardivo Glazed with Blood Orange

甘露子天婦羅和卡斯特法蘭科沙拉
Crosnes Tempura and Castelfranco Salad

花椰菜法式炸丸搭配蓽澄茄 Cauliflower Cromesquis with Cubeb Pepper

「聖夫洛朗坦」馬鈴薯、紅酸模
Potato "Saint-Florentin," Red Ribbon Sorrel

菊芋方麵餃搭配油煎黑喇叭菌 Sunchoke Ravioli with Sautéed Black Trumpet

瑞士萵菜「白醬燉肉」、黑蒜、法式咖哩醬汁
Swiss Chard Fricassée, Black Garlic, Vadouvan Sauce

. . . .

苦啤酒 Bitter Brew

鹽花巧克力泡沫、爆小麥、修道院愛爾啤酒冰淇淋
Fleur de Sel Chocolate Foam, Puffed Wheat, Abbey Ale Ice Cream

糖蜜低溫水煮梨 Molasses Poached Pear

萊姆－熱那亞麵包、油封蔓越莓、梨－格烏茲塔明娜葡萄雪碧冰
Lime-Pain de Gênes, Cranberry Confit, Pear-Gewürztraminer Sorbet

Bergamot Parfait 佛手柑百匯

柑橘凍、蜂蜜布列塔尼酥餅、薑乳化液
Citrus Gelée, Honey Sablé Breton, Ginger Emulsion

以下是我畢生嘗過最佳的素食品嘗菜單

小華盛頓酒店餐廳 The Inn at Little Washington

維吉尼亞州華盛頓市

2012 年 7 月 22 日

自家菜園收穫菜單

天婦羅南瓜搭配亞洲蘸醬 Tempura Squash with Asian Dipping Sauce

祖傳番茄湯搭配松露燒烤乳酪三明治
A Shot of our Heirloom Tomato Soup with Truffled Grilled Cheese Sandwich

油炸獅子唐辛子搭配海鹽 Blistered Shishito Peppers with Sea Salt

甜菜幻想曲：烘烤自家菜園甜菜搭配
維吉尼亞山羊乳酪、甜菜雪碧冰和柳橙精淬液
Beet Fantasia: A Mélange of Our Garden Roasted Beets
with Virginia Goat Cheese, Beet Sorbet and Orange Essence

義式寬麵條搭配維吉尼亞菇蕈和當地桃子
Pappardelle Pasta with a Medley of Virginia Mushrooms and Local Peaches

四季豆、花椰菜和松露油醋醬淋覆甜玉米卡士達
Sweet Corn Custard Wreathed with
a Mélange of Garden Beans, Cauliflower and Truffle Vinaigrette

茄子總匯三明治、焦香洋蔥鋪底的燒烤香菇和油炸綠番茄
搭配勃艮第奶油醬汁
Our Club Sandwich of Eggplant, Grilled Shiitake Mushrooms and
Fried Green Tomato on Charred Onions with Burgundy Butter Sauce

白脫乳義式奶凍搭配自家果園醃漬酸櫻桃
Buttermilk Panna Cotta with Sour Cherry Preserves from our Orchard

祖母的溫熱當地桃子塔搭配桃葉冰淇淋
Grandmother's Warm Local Peach Tart with Peach Leaf Ice Cream

以下是我畢生嘗過最佳的素食品嘗菜單

麥迪遜公園十一號餐廳 Eleven Madison Park

紐約州紐約市

2013年8月22日

純素品嘗菜單

杏仁果：與其他堅果搭配煙燻紅椒粉和艾斯佩雷辣椒
Almonds: Nuts for Nuts with Smoked Paprika and Pimente d'Espelette

西瓜：與甜菜和覆盆子一起壓縮
Watermelon: Compressed with Beets and Raspberries

櫛瓜：以苔麩酥和檸檬醃漬，再與紅蔥酥、泡菜和櫛瓜魚子醬一起煙燻
Zucchini: Marinated with Teff Crisp and Lemon,
Smoked with Shallot Crumble, Pickles and Zucchini Caviar

黃瓜：與醃漬芥末籽製成沙拉
Cucumber: Salad with Pickled Mustard Seeds

黃莢四季豆：與萵苣製成沙拉
Wax Beans: Salad with Lettuce

胡蘿蔔：剁碎後搭配法國棍子麵包並撒上調味料
Carrot: Tartare with Baguette and Condiments

葵花：白酒醃煮菊芋和黑松露
Sunflower: Barigoule with Sunchokes and Black Truffle

茄子：與布格麥、甘草和青蔬一起燒烤
Eggplant: Roasted with Bulgur Wheat, Licorice, and Greens

水果：當季漿果 Fruit Plate: Seasonal Berries

巧克力：豆奶蛋鮮奶霜 Chocolate: Soy Milk Egg Cream

薄荷：薄荷雪碧冰搭配菲奈特·布蘭卡（苦酒）和巧克力甘納許
Mint: Sorbet with Fernet Branca and Chocolate Ganache

紅辣椒：乳酪蛋糕搭配草莓和腰果
Red Pepper: Cheesecake with Strawberry and Cashew

扭結麵包：裹覆巧克力和海鹽
Pretzel: Chocolate Covered with Sea Salt

杏桃：甜味黑白餅乾
Apricot: Sweet Black and White Cookie

chapter 3

第三章 | 素食的風味搭配：列表

我對於烹飪與健康之間的關係十分著迷。人們上劇院時，不會期望自己聽完歌劇就變聾子，也不會期望自己看完一齣劇就變瞎子。

那麼，為什麼人們外出用餐就要傷害自己身體？我們要告訴會這麼想的人，烹飪有享樂（卻又充滿威脅）的一面，也有飲食（用於拯救身體）的一面。把這兩方分開是可憎的，我們必須找到調和快樂和健康的方法。我夢想有一種料理，不會對任何人造成傷害。

——阿蘭·桑德宏斯，巴黎米其林三星主廚，
文字引自米莉安·霍斯波達爾的 2001 年著作《天堂的饗宴》

主廚掌握著二十一世紀的健康關鍵，他們也會是改變人們對植物性飲食認知的人。人們以為植物性飲食意味著捨棄某些東西，但事實上，這開啟了一個豐沛的世界。植物性飲食不需要犧牲任何口感、豐潤感，或是吃美食所帶來的滿足感。

——查德·薩爾諾，與克莉絲·卡爾合著暢銷書《瘋狂的性感廚房》

主廚查德・薩爾諾在斷絕乳製品的六個月內，治癒了他童年時期就有的氣喘，並進而採取植物性飲食。他與克莉絲・卡爾共同撰寫了暢銷食譜《瘋狂的性感廚房：點燃美味革命的150種強大素食食譜》，並擔任全食超市健康飲食計畫的主要烹飪教育者。現在他在Rouxbe.com主導植物專業認證課程，課程中有「風味、調味料和質地」這個單元。

薩爾諾說：「作為教育工作者和主廚，每當初出茅廬的廚師和學生踏入廚房時，我所見的最大障礙就是去喚醒並發展他們對於風味平衡、組合和建構的本能。多年來我一直在告訴人們《風味聖經》是市面上可取得的相當重要的資源，這本書有助於引導經驗帶來的直覺，我就是藉由這本書讓烹飪的想法湧現。我認為它應該成為現代主廚、每個家庭和專業廚房的基石。」

在暢銷書作者約翰・麥克杜格博士著名的週末課程中，薩爾諾參加香料植物和辛香料使用的教學研討會，對與會者介紹了這本書及其搭配風味的方法。薩爾諾說：「最開始通常是考慮當季產品。接著我快速瀏覽整本書，重溫我對經典搭配的記憶，或是讓我發現一些難以置信的獨特風味搭配，等我親自試過才發現這樣搭配很棒。」

廚房創意的起點可以是任何東西。正如薩爾諾所說，這通常始於特定當季食材，例如春天初冒出頭的羊肚菌或秋天結出的石榴；也可以始於以特定方式烹飪的期待，例如在夏季燒烤，或是在冬季用烤箱燉煮食物讓屋內溫暖。這還可始於對特定國家或地區風味的渴望，像是普羅旺斯的蒜和香料植物，或東南亞的辣椒和椰奶；或者也可以始於簡單的好奇心，例如實驗新食材或新技巧的衝動。

認識到這一點之後，我在A-Z（從「巴西莓」到「櫛瓜花」）列表中提供了各種烹飪起點：季節（適合秋季、春季、夏季和冬季的食材列表）；各市各樣的蔬菜、水果、豆類、穀物、堅果、種籽、菇蕈、海菜等食材；世界數十種料理；以及各種調味品和調味料（從「阿魏粉」到「南瓜籽油」），更包括數十種不同的鹽、胡椒、香料植物、辛香料、油和醋。

你會在每個條目下方，看到食材關鍵面向的概要：其季節、風味、風味強度、營養剖繪等。你還可以找到最獲推薦的烹飪技巧和一些有用的提示，供你在烹飪時牢記。畢竟，有些食材得以特定的方式來製作，像馬鈴薯就很好處理，可適用許多種方式（從

烤到油炸到搗成泥都行），但精緻的沙拉蔬菜就得生吃，而根菜類就要烘烤或燉煮。

在細讀可相容風味的列表時，《風味聖經》和《酒食聖經》的讀者就會發現這些書使用相同的排列方式，讓你知道哪些是一級搭配。以黑體字並加上星號（*）呈現的食材，表示是無與倫比、歷久彌新的風味搭配，這些「天作之合」的比例僅占所有風味搭配的1-2%。高度推薦的搭配會用黑體字，經常受到推薦的搭配則用粗體字，至於一般字體則表示受到推薦的搭配方式。但是請記得，即使某個風味搭配僅有一位專家推薦，仍然是非常有價值的。

如果你喜歡像球花甘藍、烘烤杏仁果和蒙契格乳酪搭配義大利麵食這樣的組合，那麼同樣的組合製作成披薩也會很棒。
——安妮‧索梅維爾，綠色餐廳（舊金山），《每日青蔬》的作者

你還會在條目中找到三種以上食材所組成的「對味組合」，也就是相近的風味（就跟在《風味聖經》裡一樣）。這些相近的風味能讓你著手進行複雜的風味搭配。另外有些條目還會告訴你美國最富創意廚師的招牌私房素菜，這樣你就可以從全美大受歡迎的蔬食餐廳廚房中獲得做菜的靈感。

安妮‧索梅維爾的引文直指了使用這些風味搭配的核心：一旦你了解哪些風味能夠搭配在一起，你就可以在各種地方盡情應用，從義大利麵食或披薩配料，到混合用於鹹派或沙拉，或是作為湯或燉菜的基底。

任何事物都可以是創作菜餚的起點，你會發現書中有許多類別，能為任何興趣提供靈感，如特定食材（從「巴西莓」到「櫛瓜花」）、特殊料理（以英文字母順序列表，如衣索比亞料理、法國料理、印度料理等）、季節（以英文字母順序列出秋季、春季、夏季和冬季食材）等等。

在這些篇幅中，你還可以在邊欄中找到各種主題的討論，從駕馭蘑菇的「肉味」，到從番茄以外的蔬菜泥製作出義大利麵食的醬料。這些邊欄不止有助於你學習結合「哪些」風味，還有助於你學習「為什麼」以及該「如何」結合這些風味。

留意各種食材之間的區別。畢竟，就連鹹味調味料的製造方式都不一樣（例如即使是鹽，製作方法也不完全相同，遑論布拉格牌液體氨基酸、醬油、溜醬油等）。你在琢磨食材的選擇時，

也在琢磨著所創造出的風味品質。

多年來，我們踏遍了美加各地，花費無數時間拜訪極富創意的主廚和專家，一起談論他們最推薦的風味搭配。我追尋他們的記憶，以及他們的餐廳菜單、網站、食譜書及其喜愛的書籍，期望找出風味搭配之洞見。我們把這些建議整理成本章各條目的列表，內容廣泛且易於應用。這些列表是烹飪靈感的寶庫，讓你可以盡情應用於自家廚房。

有了這些廣大的資訊作後盾，你會曉得如何讓食材展現出更好的風味，或是重現出你能想到的各國料理的風味。從現在起，當你想要激發自己的創造力，便可從本書中諮詢一些美國最具創意廚師的專業建議。無論你想探索新的風味，還是想為再熟悉不過的食材尋找新的出路，都可以在這裡找到有用的祕訣和千變萬化的組合方式。

風味的搭配　MATCHING FLAVORS

食材 INGREDIENT

● 很高 ● 較高 ● 中等 ● 較低 ● 很低（營養密度）

季節：該食材在北美洲一般盛產的季節，會隨著地區和氣候而變化

風味：該食材的主要味道（如苦、鹹、酸、甜、鮮），加上主要香調，以及質地的概述

風味強度：食材風味的相對強度，從弱到強

這是什麼：對較少見食材（及其在營養學上的分類，如穀類、豆類或蔬菜）的概述

對健康的助益：主要維生素、礦物質、其他營養素，以及對健康上的助益

無麩質：標示出該穀物是否含有麩質（在小麥及相關穀物中的一種蛋白質）

營養學剖繪：該食材主要營養素的內容，也就是熱量來自碳水化合物、脂肪或蛋白質的比例，由高排到低

熱量：所述份量的卡路里數

蛋白質：所述份量的蛋白質克數

料理方式：料理該食材通常使用的技巧（以及一般的時間掌握，和／或食材在液體中烹煮的建議比例）

小祕訣：食材在備製、使用以及上桌時的訣竅

近親：所隸屬的植物家族，這有助於啟發風味搭配的實驗

可行的替代物：在緊要關頭，其他可用來替代的食材（可互為代用）

一般字體：這項搭配至少受到一位專家建議。

粗體字：這項搭配受到好幾位專家推薦。

黑體字：這項搭配受到更多專家高度推薦。

伴隨著星號(*)的黑體字：這項搭配受到最多位專家的最高推薦。

斜體：這項搭配會在特定菜餚或料理中使用到。

底線：表示典型肉類菜餚的無肉版本（例如天貝<u>培根</u>），或是以另外一種方式料理的菜餚（例如法老小麥<u>義式燉飯</u>）

注：希望盡量避開奶油、鮮奶油、美乃滋、奶和優格者（例如純素飲食者），可用所想要的無蛋和無乳版本取代這些食材。

巴西莓 Açai

[ah-sah-EE]

風味：酸或苦味，帶有漿果（例如黑莓、藍莓和覆盆子）和巧克力的泥土味香調

這是什麼：類似漿果的水果，常見的販售形式包括濃縮果汁、果汁、粉末或果泥

料理方式：乾燥、榨汁、生食

龍舌蘭糖漿
香蕉
漿果
木薯
甜點，如：乳酪蛋糕、冰淇淋、雪碧冰
飲料，如：雞尾酒、檸檬水
格蘭諾拉麥片
冰淇淋
果凍
蔬果汁
石榴
覆盆子
蔬果昔
雪碧冰
南美洲料理

主廚私房菜　DISHES

巴西莓日落蔬果昔：巴西莓、香蕉、草莓、柳橙汁、芒果、鳳梨、萊姆
——石榴咖啡館（Pomegranate Café），鳳凰城

深紫色蔬果昔：巴西莓、覆盆子、藍莓、草莓、香蕉、枸杞、石榴汁
——石榴咖啡館（Pomegranate Café），鳳凰城

巴西莓盆：森巴宗巴西莓、燕麥棒、香蕉、漿果，淋上龍舌蘭糖漿
——每日真食（Real Food Daily），洛杉磯

優格

胭脂樹籽 Achiote Seeds
（亦稱 Annato Seeds）

風味：酸味，帶有柑橘類、紅椒粉、胡椒和薑黃的泥土味和／或麝香調

風味強度：弱－中等

小祕訣：用來增添料理色澤（黃色／橘色）和風味。

可行的替代物：番紅花（用來增添色澤）

豆類
加勒比海料理
乳酪
辣椒，如：哈瓦那辣椒、哈拉佩諾辣椒
芫荽葉
柑橘類，如：酸橙
丁香
芫荽
孜然
蒜頭
鍋底焦渣醬汁
拉丁美洲料理
萊姆
滷汁醃醬
墨西哥料理
油脂，如：玉米油、橄欖油、蔬菜油
洋蔥
柳橙和酸橙，如：橙汁
奧勒岡
醬料
黑胡椒
義式粗玉米糊
馬鈴薯
波多黎各料理
米
醬汁
麵筋製品
西班牙香炒番茄醬
湯

南美洲料理
冬南瓜，如：白胡桃瓜
燉煮料理
墨西哥塔可餅
豆腐
番茄
醋，如：酒醋
木薯

對味組合

胭脂樹籽＋孜然＋蒜頭＋萊姆＋油脂＋奧勒岡

阿多波醬汁、調味料
Adobo Sauce and/or Seasoning
（同時參見辣椒：齊波特）

風味：鹹／酸／辣

風味強度：中等－強

這是什麼：用以下部分或全部食材製成的調味料或醬汁：（研磨）辣椒／卡宴辣椒＋孜然＋蒜＋香料植物（如奧勒岡）＋洋蔥＋（黑）胡椒＋鹽＋薑黃＋醋

酪梨
豆類，如：黑眉豆
墨西哥捲餅
加勒比海料理[＋孜然＋蒜頭＋柳橙汁＋奧勒岡]
白花椰菜
乳酪，如：巧達乳酪
辣椒，如：齊波特辣椒或辣椒粉
墨西哥玉米捲
菲律賓料理[＋胭脂樹籽＋椰奶＋蒜頭]
墨西哥酪梨醬
拉丁美洲料理
檸檬
萊姆
滷汁醃醬
墨西哥料理[＋齊波特辣椒＋肉桂＋蒜頭＋柳橙汁＋奧勒岡]
柳橙，如：橙汁
義式粗玉米糊

馬鈴薯，如：烤馬鈴薯、炸薯條
醬汁
湯
燉煮料理
高湯，如：蔬菜高湯
墨西哥玉米薄餅脆片

對味組合
阿多波＋酪梨＋辣椒粉＋**萊姆**＋
　鹽
阿多波＋**萊姆**＋**鹽**＋麵筋製品

非洲料理 African Cuisines
（同時參見衣索比亞料理、
摩洛哥料理）
香蕉
豆類
燈籠椒
黑眼豆
燜燒菜餚
甘藍菜
椰子
咖哩類
熱帶水果，如：鳳梨
蒜頭
穀物，如：小米、苔麩酥
綠色蔬菜，如：燉煮綠色蔬菜
扁豆
秋葵
花生和花生醬
大蕉
沙拉淋醬，如：花生沙拉淋醬
沙拉，如：豆子沙拉、扁豆沙拉
醬汁，如：花生醬
湯，如：豆子湯、黑眼豆湯、花生
　湯、山芋湯
燉煮料理，如：燉煮花生、燉煮蔬
　菜
甘藷
番茄
山芋，尤以西非山芋為佳

對味組合
豆類＋米＋甘藷

鷹嘴豆＋椰子＋咖哩粉
芫荽＋孜然＋檸檬＋扁豆＋肉豆
　蔻
四季豆＋花生＋甘藷

● 洋菜 Agar
（同時參見寒天）
[AH-gahr or AG-er AG-er]
風味：幾乎無味
風味強度：極弱
這是什麼：海藻製成的稠化物；
　在純素食飲食中用來取代明膠
營養學剖繪：94% 碳水化合物／
　5% 蛋白質／1% 脂肪
熱量：每大匙 0 大卡
小祕訣：製作凝膠，每 1 杯煮沸的
　液體，使用 2-3 茶匙的洋菜粉
　（或 2-3 茶匙的洋菜片）。不像一
　般的明膠需經過冷藏，洋菜在
　室溫下約一小時便可形成凝膠
　（但是放入冰箱可讓凝結速度快
　上 2 倍）。可用同樣分量的明膠
　取代食譜中的洋菜粉。避免使
　用於生芒果、生木瓜和生鳳梨
　（其中的酵素使洋菜無法凝固）；
　如要使用請先將這些水果煮過。
可行的替代物：明膠

蘋果，如：蘋果酒、蘋果汁
杏桃、杏桃乾或新鮮杏桃
肉凍
香蕉
日本紅豆
漿果，如：藍莓
椰子和椰奶
水果凍點心
果汁
日式料理
果凍
寒天
奇異果
檸檬
日本長壽飲食料理
甜瓜，如：洋香瓜

椰奶
素食義式奶酪
桃子
梨
石榴
布丁
湯
草莓
糖
香莢蘭
西瓜
優格，如：純素優酪

對味組合
洋菜＋果汁＋糖

龍舌蘭糖漿 Agave Nectar
[ah-GAH-vay NECK-ter]
風味：甜味，帶有焦糖、水果、蜂
　蜜和／或楓糖的香調
風味強度：弱（淺色）－中等（琥
　珀色或深色）
這是什麼：用墨西哥多肉植物龍
　舌蘭所製成的甜味劑，顏色和
　質地與蜂蜜類似
營養學剖繪：100% 碳水化合物
熱量：每茶匙 20 大卡
小祕訣：龍舌蘭比糖來得甜，所
　以可減量使用。因為使用龍舌
　蘭製作的烘焙食品較易產生
　褐變，所以烤箱溫度可降低約
　3.8℃並稍微延長烘焙時間。

蘋果
烘焙食物，如：麵包
熱早餐麥片
乳酪，如：山羊乳酪
肉桂
雞尾酒，如：以龍舌蘭酒為基底
甜點，如：水果
飲料
水果
冰淇淋
美式煎餅（淋醬尤以琥珀色或深

色糖漿為佳）

梨

南瓜（尤以琥珀色或深色糖漿為佳）

沙拉淋醬

醬汁，如：烤肉醬、焦糖

蔬果昔

冬南瓜（尤以琥珀色或深色糖漿為佳）

比利時鬆餅（淋醬尤以琥珀色或深色糖漿為佳）

和糖相比，使用龍舌蘭糖漿製作焦糖醬比較容易，因為龍舌蘭糖漿已經是液狀！使用小火慢煮直到糖漿焦糖化，拌入一點大地平衡牌抹醬和杏仁果或豆奶。

——戴夫·安德森，瑪迪餐廳，其前身是瑪德蓮小酒館，洛杉磯

● 多香果 Allspice

季節：秋－冬

風味：甜帶辣，刺鼻和／或帶有黑胡椒、肉桂、丁香、孜然、肉豆蔻乾皮和／或肉豆蔻辛辣香調

風味強度：強

小祕訣：在烹調過程中盡早添加。

近親：丁香

烘焙食物，如：蛋糕、餅乾

豆類，如：烤豆子、黑眉豆

甜菜

衣索匹亞柏柏爾綜合辛香料

飲品，如：印度香料奶茶、可可亞

加勒比海料理，如：烤肉調味料

胡蘿蔔

辣椒，如：哈瓦那辣椒

巧克力

肉桂

丁香

椰子

糖煮水果

黃瓜

孜然

咖哩粉，如：印度、牙買加咖哩粉；和**咖哩類**，如：加勒比海咖哩

甜點，如：酥皮水果派

英式料理

衣索比亞料理

水果，如：蘋果、香蕉、芒果、桃子、梨、鳳梨

薑

穀物，如：藜麥

鍋底焦渣醬汁，如：菇蕈類

冰淇淋

印度料理

牙買加料理，如：**烤肉料理**

番茄醬

滷汁醃醬

墨西哥料理

中東料理

摩洛哥料理

肉豆蔻

堅果，如：美洲山核桃

燕麥

洋蔥

黑胡椒

醃漬蔬菜，如：青花菜、白花椰菜、黃瓜、四季豆

派，如：蘋果派、水果派

抓飯

布丁

南瓜

水果調酒

摩洛哥綜合香料

蘭姆酒

沙拉淋醬

醬汁，如：碳烤醬、烤肉醬、摩爾醬

湯，如：水果湯、番茄湯

冬南瓜，如：日本南瓜

燉煮料理

糖

甘藷

羅望子

茶

蔬菜，尤以根莖蔬菜為佳

醋，如：蘋果酒醋、紅酒醋

香料熱飲酒

對味組合

多香果＋黑胡椒＋蘭姆酒

● 杏仁果（和無糖杏仁果醬）
Almonds (and Unsweetened Almond Butter)

（同時參見杏仁奶）

風味：堅果味，微甜（並有時帶鹹味），帶有酥脆質地

風味強度：弱

營養學剖繪：72% 脂肪／15% 碳水化合物／13% 蛋白質

熱量：每 28.35 克 165 大卡（約 20-25 顆全杏仁果）

蛋白質：6 克

小祕訣：購買有機杏仁果，烘烤以帶出杏仁果的風味和脆度。按理說，杏仁果可能是變化最多的堅果，而且很適合搭配許多食材。

近親：杏桃、櫻桃、油桃、**桃子**、李子

杏仁香甜酒

茴芹

蘋果

杏桃

芝麻菜

烘焙食物，如：餅乾、餡餅皮、快速法麵包

香蕉

大麥

四季豆，如：法國四季豆

燈籠椒，如：紅或黃燈籠椒，尤以燒烤為佳

漿果，如：黑莓、**藍莓**、草莓

飲品，如：巧克力

印度香飯

白蘭地

麵包／七種穀物土司

青花菜

抱子甘藍
布格麥片
奶油
大白菜
糖果
焦糖
葛縷子籽
小豆蔻
胡蘿蔔
白花椰菜
卡宴辣椒
芹菜
芹菜根
乳酪，如：藍黴、奶油乳酪、山羊
　乳酪、蒙契格、瑞可達乳酪、羅
　馬諾、斯提爾頓乳酪
櫻桃
辣椒，如：安佳辣椒和辣椒粉
巧克力／可可亞／可可豆碎粒
巧克力，如：黑巧克力、牛奶巧克
　力、白巧克力
肉桂
柑橘類
椰子
咖啡
玉米粉
庫斯庫斯
蔓越莓
鮮奶油
孜然
穗醋栗，如：黑穗醋栗
咖哩類
椰棗
甜點，如：慕斯、布丁
蘸料
無花果
水果，如：水果乾、新鮮水果、烘
　烤水果
蒜頭
薑
格蘭諾拉麥片
葡萄
綠色蔬菜，如：苦味綠色蔬菜、沙
　拉青蔬

主廚私房菜	DISHES

杏仁果橄欖油蛋糕搭配黑莓和希臘優格
——真食廚房（True Food Kitchen），聖塔莫尼卡

榛果
鹿尾菜
蜂蜜
冰淇淋
糖霜，如：裝飾蛋糕、杯子蛋糕等
印度料理
羽衣甘藍
薰衣草
韭蔥
檸檬，如：檸檬汁、碎檸檬皮
萊姆，如：萊姆汁、碎萊姆皮
水果酒（如：橙酒）
楓糖漿
馬士卡彭乳酪
地中海料理
中東料理
奶類
糖蜜
摩洛哥料理
天然穀物麥片
菇蕈類，如：雞油菌、波特貝羅大
　香菇
芥末粉
油桃
蕎麥麵
其他堅果，如：核桃
燕麥和燕麥片
油脂，如：橄欖油
橄欖
洋蔥，如：紅洋蔥
柳橙，如：橙汁、碎橙皮
紅椒粉
百香果
桃子
梨
美洲山核桃
胡椒，如：黑胡椒
義式青醬
抓飯

松子
開心果
李子，如：李子乾、新鮮李子
義式粗玉米糊
胡桃糖
榲桲
葡萄乾
覆盆子
大黃
米，如：糯米
玫瑰水
迷迭香
蘭姆酒
沙拉
鹽，如：猶太鹽、海鹽
醬汁，如：*摩爾醬、西班牙紅椒堅*
　果醬
芝麻，如：芝麻籽
雪利酒
蔬果昔
湯，如：白捲心菜冷湯
醬油
西班牙料理
辣味杏仁果
菠菜
抹醬
草莓
餡料
糖，如：黃砂糖
百里香
豆腐
番茄
什錦乾果
土耳其料理
香英蘭
醋，如：香檳酒醋、雪利酒醋
水田芥
優格
櫛瓜

對味組合

杏仁果醬＋香蕉＋七種穀物土司

杏仁果＋杏桃＋檸檬

杏仁果＋羅勒＋法國四季豆＋桃子

杏仁果＋燈籠椒＋辣椒＋蒜頭＋雪利酒醋＋番茄

杏仁果＋燈籠椒＋蒜頭＋番茄

杏仁果＋黑莓＋優格

杏仁果＋藍莓＋瑞可達乳酪

杏仁果＋藍黴乳酪＋水田芥

杏仁果＋麵包粉＋蒜頭＋橄欖油＋歐芹＋番茄

杏仁果＋卡宴辣椒＋辣椒粉＋萊姆

杏仁果＋卡宴辣椒＋孜然＋芥末粉＋紅椒粉

杏仁果＋巧克力＋椰子

杏仁果＋鮮奶油＋柳橙＋義式粗玉米糊

杏仁果＋椰棗＋蒜頭＋薑＋醬油

杏仁果＋椰棗＋米

杏仁果＋蜂蜜＋瑞可達乳酪＋香莢蘭

杏仁果＋檸檬＋楓糖

杏仁果＋燕麥＋桃子

馬科納杏仁果
Almonds, Marcona

風味：甜／鹹，帶有濃郁、醇厚、酥脆的質地

這是什麼：產自西班牙的杏仁果

熱量：每28.35克180大卡

料理方式：炒、生食

小祕訣：比起加州杏仁果，馬科納杏仁果風味比較濃郁、較軟也較甜。

烘焙食物

豆類，如：四季豆

甜菜

乳酪，如：蒙契格乳酪

鷹嘴豆

椰棗

甜點

無花果

蒜頭

蜂蜜，如：橙花蜜

檸檬

楓糖漿

油脂，如：橄欖油、葵花油

煙燻紅椒粉

歐洲防風草塊根

榲桲醬

迷迭香

沙拉，如：綠色蔬菜沙拉、蔬菜沙拉

鹽

西班牙料理

夏南瓜和冬南瓜

百里香

根莖蔬菜

雪利酒醋

對味組合

馬科納杏仁果＋四季豆＋檸檬

馬科納杏仁果＋蒙契格乳酪＋榲桲醬

馬科納杏仁果＋橄欖油＋鹽

● 莧籽（穀物）
Amaranth (The Grain)
（同時參見莧屬蔬菜）

風味：微甜，帶有玉米、青草、麥芽、糖蜜、堅果、胡椒、芝麻、菠菜和／或木頭的泥土味香調；有點濃稠滑順／黏稠，像粥般的質地

風味強度：弱－中等

這是什麼：視作全穀，儘管不是穀物家族的一員

無麩質：是

營養學剖繪：74%的碳水化合物／13%蛋白質／13%脂肪

熱量：每杯250大卡（煮熟）

蛋白質：9克

料理方式：膨爆（pop）、微滾烹煮、催芽、蒸

烹調時間：約15-30分，加蓋，煮至軟（別過度烹調否則會變得難咬）

比例：1：3（1杯莧籽對3杯烹調湯汁）

小祕訣：烹調前稍微烘烤。如果烘烤得夠久，穀物會像爆米花一樣爆開，可以當作零食或沙拉和蔬菜上的裝飾。

品牌：Bob's Red Mill、Hodgson Mill

可行的替代物：玉米粉、義式粗玉米糊

杏仁果

蘋果和蘋果汁

烘焙食物，如：麵包、餅乾

豆類，如：黑眉豆、白腰豆、花豆

藍莓

甘藍菜

小豆蔻

法式砂鍋菜

穀片，如：熱早餐麥片

奇亞籽

鷹嘴豆

辣椒

黑巧克力

肉桂

玉米

蒜頭

薑

其他溫和穀物，如：蕎麥、布格麥

片、小米、藜麥、米、野生米
綠色蔬菜
蜂蜜
檸檬
楓糖漿
墨西哥料理
奶類
油脂，如：橄欖油
洋蔥
柳橙，如：橙汁、碎橙皮
歐芹
柿子
開心果
義式粗玉米糊
爆米花
稠粥
布丁
葡萄乾
沙拉、爆莧籽或發芽莧籽
嫩青蔥
湯，如：豆子湯、清湯（作為稠化
　物或膨爆後作為裝飾）
南美洲料理
醬油
菠菜
燉煮料理
蔬菜高湯
溜醬油
番茄，如：填餡番茄
素食漢堡
核桃
山芋
優格

對味組合
莧籽＋杏仁果＋布格麥片＋香料
　植物
莧籽＋蘋果＋核桃
莧籽＋黑眉豆＋甘藷
莧籽＋肉桂＋楓糖漿
莧籽＋玉米＋花豆＋嫩青蔥
莧籽＋檸檬＋橄欖油
莧籽＋藜麥＋野生米
莧籽＋葡萄乾＋豆奶

美式料理 American Cuisine
（同時參見卡津料理、
克利歐料理、美國南方料理、
美式墨西哥料理等）
豆類
藍莓
細香蔥
玉米
蔓越莓
康考特葡萄
楓糖漿
花生
美洲山核桃
爆米花
南瓜和南瓜籽
野生米
小果南瓜
葵花籽
蘋果酒醋
核桃

對味組合
蔓越莓乾＋葵花籽＋野生米

● 茴芹籽 Anise Seeds
[AN-iss]
風味：微甜，帶有水果和甘草的
　刺激香調
風味強度：中等－強
小祕訣：在烹調過程中盡早添加。
近親：胡蘿蔔、歐芹

多香果
杏仁果
蘋果和蘋果醬汁
亞洲料理
烘焙食物，如：**義大利脆餅**、**麵包**
　（黑麥為佳）、**蛋糕**、**餅乾**、派、
　奶酥餅
甜菜
甘藍菜
小豆蔻
胡蘿蔔
白花椰菜

芹菜
乳酪，如：山羊乳酪、蒙斯特乳酪、
　瑞可達乳酪
栗子
中式料理
肉桂
丁香
咖啡
糖煮水果
蔓越莓
鮮奶油
孜然
咖哩粉和咖哩類（如：印度咖哩）
椰棗
甜點
飲料
茴香和茴香籽
無花果
法式料理，尤以普羅旺斯為佳
水果，如：烹調水果、水果乾
蒜頭
薑
榛果
義大利料理
檸檬
扁豆
楓糖漿
滷汁醃醬
美乃滋
地中海東部料理
甜瓜
中東料理
摩洛哥料理
肉豆蔻
堅果，如：杏仁果
柳橙
歐洲防風草塊根
桃子
梨
胡椒，如：黑胡椒
酸漬食物
鳳梨
松子
李子，新鮮李子或李子乾

葡萄牙料理
南瓜
榅桲
葡萄乾
大黃
米
沙拉淋醬
水果沙拉
*醬汁,如:鮮奶油、摩爾醬、番茄
    醬汁*
德國酸菜
斯堪地納維亞料理
湯,如:甘藷湯
東南亞料理
八角
***燉煮料理**,如:燉煮蔬菜*
草莓
糖
甘藷
茶
番茄和番茄醬汁
香莢蘭
蔬菜,如:根莖蔬菜
越南料理
核桃
酒

對味組合
茴芹＋蔓越莓＋核桃
茴芹＋楓糖漿＋松子＋香莢蘭
茴芹＋柳橙＋松子

茴藿香 Anise Hyssop
（亦稱 Licorice Mint）
季節:夏
風味:甜,帶有甘草和薄荷香調
風味強度:弱－中等
近親:薄荷
可行的替代物:茴芹(洋茴香)、
    薄荷

杏桃
烘焙食物,如:餅乾、司康餅
羅勒

豆類,如:四季豆
甜菜
漿果,如:黑莓、**藍莓**、覆盆子
飲品
胡蘿蔔
櫻桃
細葉香芹
巧克力
鮮奶油
穗醋栗
***甜點**,如:脆片、卡士達、派*
茴香
水果,尤以夏季水果為佳
穀物,如:布格麥片、庫斯庫斯
蜂蜜
冰和冰淇淋
薰衣草
檸檬
荔枝
甜瓜,如:洋香瓜、蜜露瓜
薄荷
油桃
柳橙
歐芹
歐洲防風草塊根
桃子
梨
覆盆子
大黃
米
***沙拉**,如:水果沙拉、穀物沙拉、
    綠色蔬菜沙拉*
***醬汁**,如:英式蛋奶醬、卡士達醬*
湯,如:瓜果類湯品
菠菜
冬南瓜
甘藷
麥粒番茄生菜沙拉
茶
番茄
根莖蔬菜
西瓜
酒,如:氣泡酒和／或甜酒
櫛瓜

對味組合
茴藿香＋杏仁果＋桃子
茴藿香＋甜菜＋柳橙
茴藿香＋漿果＋洋香瓜＋莫斯卡
    托甜白酒
茴藿香＋藍莓＋蜂蜜＋檸檬
茴藿香＋茴香＋柳橙

蘋果（和蘋果酒、
蘋果汁及／或蘋果醬汁）
Apples (and Apple Cider, Apple
Juice and/Or Applesauce)
季節:秋
風味:**甜**(有時候帶酸味),帶有
    烘烤辛香料、蜂蜜和／或檸檬
    的澀味香調,生食時質地爽脆
風味強度:弱－中等
這是什麼:水果
營養學剖繪:95% 碳水化合物／
    3% 脂肪／2% 蛋白質
熱量:每杯65大卡(切碎、生食)
料理方式:烘焙、焦糖化、乾燥、
    炸(如油炸餡餅)、燒烤、榨汁、
    低溫水煮、打成泥、生食、煎炒、
    燉煮
小祕訣:**選擇有機蘋果**,連皮吃,
    富含抗氧化劑。購買無糖蘋果
    醬,在烘焙食譜中,以蘋果醬
    取代脂肪。
近親:杏桃、黑莓、櫻桃、桃子、梨、
    李子、榅桲、覆盆子、草莓

龍舌蘭糖漿
多香果
杏仁果
*蘋果醬和**蘋果醬汁***
杏桃
烘烤蘋果
***烘焙食物**,如:蛋糕、馬芬、派*
香蕉
甜菜
黑莓
藍莓
白蘭地,如:蘋果白蘭地

可麗餅
黃瓜
穗醋栗,如:黑穗醋栗
卡士達和法式布丁塔
椰棗
甜點,如:美式鬆厚酥頂派、脆片、酥粒
蛋
莙菜
茴香和茴香籽
無花果
水果乾,如:葡萄乾
薑
穀物,如:莧籽、法老小麥、烘製蕎麥、小米、燕麥、藜麥、小麥仁
格蘭諾拉麥片(尤以蘋果乾為佳)
葡萄
沙拉青蔬
蜂蜜
辣根
豆薯
蔬果汁
羽衣甘藍
羊萵苣
薰衣草
檸檬,如:檸檬汁、碎檸檬皮
扁豆
萵苣,如:蘿蔓萵苣
肉豆蔻乾皮
楓糖漿
馬士卡彭乳酪
薄荷
糖蜜
天然穀物麥片
芥末和芥末籽
肉豆蔻
堅果,如:杏仁果、榛果、花生、美洲山核桃、開心果、核桃
燕麥和燕麥片
堅果油,如:榛果油、花生油、核桃油
洋蔥
柳橙,如:橙汁、碎橙皮

奶油
白脫乳
奶油糖果
甘藍菜,如:紫甘藍菜
卡巴杜斯蘋果酒
焦糖
小豆蔻
胡蘿蔔
腰果
卡宴辣椒
芹菜
芹菜根
乳酪,如:藍黴、康門貝爾、巧達、奶油乳酪、費達、山羊、戈根索拉、葛黎耶和、侯克霍、白乳酪
櫻桃
栗子
辣椒,如:齊波特辣椒、哈拉佩諾辣椒
印度甜酸醬
蘋果酒
***肉桂**
丁香
椰子
糖煮水果,如:糖煮蘋果
蕪菁
蔓越莓乾或新鮮蔓越莓
鮮奶油

歐洲防風草塊根
梨
黑胡椒
費洛皮
松子
李子，如：李子乾、新鮮李子
布丁
南瓜
椪柑
葡萄乾
覆盆子
大黃
米，如：印度香米、糙米、野生米
迷迭香
鼠尾草
沙拉，如：茴香沙拉、水果沙拉、
穀物沙拉、綠色蔬菜沙拉、華
爾道夫沙拉
德國酸菜
種籽，如：葛縷子籽、芝麻籽、葵
花籽
美式涼拌菜絲
酸模
湯，如：白胡桃瓜湯、甘藷湯
酸奶油
菠菜
烈酒，如：蘋果白蘭地、蘋果傑克、
阿瑪涅克白蘭地、卡巴杜斯蘋
果酒、干邑白蘭地、君度橙酒、
櫻桃白蘭地、馬德拉酒、蘭姆
酒、雪利酒、苦艾酒
冬南瓜，如：橡實南瓜、白胡桃瓜、
甜薯瓜
餡料
糖，如：黃砂糖
鹽膚木
甘藷
什錦乾果，尤以蘋果乾為佳
香莢蘭
酸葡萄汁
醋，如：蘋果酒醋
核桃
水田芥
紅酒

| **主廚私房菜** | DISHES |

美式鬆厚酥頂蘋果派：核桃酥底，鋪放一層層蘋果、肉桂和龍舌
蘭，搭配夏威夷堅果香莢蘭醬
—— 118度（118 Degrees），加州

肉桂蘋果條搭配白蘭地焦糖醬汁
——花開（Blossom），紐約市

蘋果和芹菜沙拉搭配榛果油醋醬、蘋果酒果凍、普羅旺斯鮮嫩綠
沙拉
——丹尼爾（DANIEL），紐約市

蜜脆蘋果沙拉：花生脆片、芹菜莖寬絲和煉乳瓦片餅
——自身（Per Se），紐約市

焦糖蘋果貝奈特餅搭配焦糖醬和糖漬美洲山核桃
——李子小酒館（Plum Bistro），西雅圖

反烤蜜脆蘋果塔，搭配煙燻柑曼怡橘酒冰淇淋
——重點（The Point），紐約州薩拉納克湖

優格
櫛瓜

對味組合
蘋果＋多香果＋肉桂＋丁香＋薑＋楓糖漿＋柳橙
蘋果＋杏仁果＋肉桂＋迷迭香
蘋果＋蘋果酒醋＋綠色蔬菜＋楓糖漿＋核桃油
蘋果＋藍黴乳酪＋芹菜
蘋果＋黃砂糖＋焦糖＋肉桂
蘋果＋白脫乳＋山葵＋酸模
蘋果＋焦糖＋堅果（如：花生、美洲山核桃）
蘋果＋乳酪（如：藍黴）＋綠色蔬菜（如：沙拉青蔬、菠菜）**＋堅果**（如：
美洲山核桃、核桃）
蘋果＋肉桂＋蔓越莓＋薑＋楓糖＋葡萄乾＋核桃
蘋果＋肉桂＋椰棗＋燕麥片
蘋果＋肉桂＋蜂蜜＋檸檬
蘋果＋肉桂＋蜂蜜＋香莢蘭＋優格
蘋果＋肉桂＋楓糖漿＋馬士卡彭乳酪
蘋果＋肉桂＋楓糖漿＋米
蘋果＋肉桂＋堅果＋葡萄乾
蘋果＋肉桂＋葡萄乾＋核桃
蘋果＋丁香＋蔓越莓＋柳橙
蘋果＋黃瓜＋薄荷＋優格
蘋果＋茴香＋核桃
蘋果＋無花果＋蜂蜜
蘋果＋薑＋檸檬＋嫩青蔥＋芝麻籽

蘋果＋穀物（如：燕麥、藜麥、野
　　生米）**＋堅果**（如：核桃）
蘋果＋楓糖漿（＋香莢蘭）**＋核桃**

● 杏桃 Apricots
（同時參見杏桃乾）
季節：夏
風味：酸／甜味，帶有杏仁果、蜂
　　蜜、桃子或李子的香調，質地
　　軟而多汁
風味強度：中等
營養學剖繪：83% 碳水化合物／
　　10% 蛋白質／7% 脂肪
熱量：每顆杏桃 20 大卡
料理方式：烘烤、炙烤、乾燥、燒烤、
　　低溫水煮、生食、燉煮
近親：蘋果、黑莓、櫻桃、桃子、梨、
　　李子、榲桲、覆盆子、草莓

杏仁果
蘋果
芝麻菜
羅勒
月桂葉
甜菜
漿果，如：藍莓
白蘭地
白脫乳
焦糖
小豆蔻
胡蘿蔔
穀片，如：熱早餐麥片
乳酪，如：農家乳酪、奶油乳酪、
　　山羊乳酪、瑞可達乳酪、軟質
　　白黴乳酪
櫻桃
巧克力，如：黑巧克力
印度甜酸醬
肉桂
丁香
椰子
糖煮水果
芫荽
庫斯庫斯

蔓越莓
鮮奶油
孜然
咖哩粉和咖哩辛香料
*甜點，如：脆片、酥皮水果派、卡
　　士達*
茴香和茴香籽
無花果
水果乾
蒜頭
薑
穀物，如：大麥、布格麥片、藜麥、
　　米、小麥仁
格蘭諾拉麥片
葡萄柚
榛果
蜂蜜，如：栗子蜂蜜
冰淇淋
豆薯
蔬果汁
果汁
櫻桃白蘭地
檸檬，如：檸檬汁、碎檸檬皮
檸檬香茅
檸檬百里香
萊姆
芒果
楓糖漿
馬士卡彭乳酪
中東料理
薄荷
油桃
肉豆蔻
堅果，如：核桃
洋蔥

柳橙，如：橙汁、橙酒、碎橙皮
桃子
美洲山核桃
胡椒，如：黑胡椒、白胡椒
抓飯
鳳梨
松子
開心果
李子，如：李子乾、新鮮李子
蜜餞
布丁，如：米布丁
葡萄乾
覆盆子
米，如：糙米
番紅花
沙拉，如：水果沙拉、米沙拉
莎莎醬
芝麻，如：芝麻籽
蔬果昔
雪碧冰
湯，如：水果湯
酸奶油
草莓
糖，如：黃砂糖、糖粉
*摩洛哥塔吉鍋燉菜，比如摩洛哥
　　燉煮料理*
龍蒿
餡餅，如：水果餡餅
百里香
香莢蘭
醋，如：巴薩米克香醋、白酒醋
優格
酒，如：甜酒、白酒，如：莫斯卡
　　托甜白酒

杏桃乾 Apricots, Dried
（同時參見杏桃）

風味：類似新鮮的杏桃，但質地更紮實、有嚼勁

風味強度：中等

熱量：每杯315大卡（未煮熟）

料理方式：低溫水煮、生食、燉煮

小祕訣：挑選有機、無硫化處理的乾燥杏桃。

多香果
蘋果
烘焙食物，如：麵包、蛋糕、餅乾、馬芬、派
香蕉
白蘭地
甘藍菜，如：大白菜
卡宴辣椒
穀片、早餐冷或熱麥片
乳酪，如：布利、山羊乳酪、瑞可達乳酪
栗子
辣椒，如：青辣椒、塞拉諾辣椒
巧克力
肉桂
椰子
干邑白蘭地
糖煮水果
庫斯庫斯
蔓越莓
咖哩粉
甜點，如：卡士達
其他水果乾，如：櫻桃、穗醋栗、李子、葡萄乾
法國土司
薑
穀物，如：布格麥片
蜂蜜
果醬
羽衣甘藍
檸檬，如：檸檬汁、碎檸檬皮
萵苣，如：結球萵苣、蘿蔓萵苣
萊姆
楓糖漿

馬士卡彭乳酪
中東料理
摩洛哥料理
薄荷
堅果，如：杏仁果、榛果、美洲山核桃、松子、**開心果**
燕麥和燕麥片
柳橙，如：橙汁、碎橙皮
美式煎餅和可麗餅
歐芹
梨
稠粥
布丁，如：米布丁
覆盆子
米和野生米
沙拉，如：水果沙拉、穀物沙拉
醬汁
種籽，如：南瓜籽
燉煮料理
餡料
糖，如：黃砂糖
甘藷
羅望子果醬
香莢蘭
醋，如：香檳酒醋、米醋
核桃
甜酒，如：馬德拉酒、慕斯卡葡萄酒
櫛瓜

對味組合
杏桃乾＋黃砂糖＋甘藷＋香莢蘭
杏桃乾＋辣椒＋**薑**＋蜂蜜＋**萊姆**＋醋
杏桃乾＋巧克力＋核桃
杏桃乾＋柑橘類（檸檬、萊姆）＋**薑**
杏桃乾＋穀物（如：庫斯庫斯、野生米）＋**堅果**（如：開心果）

荒布藻 Arame
（同時參見海菜）

[ah-rah-may or AIR-uh-may]

風味：微甜，質地結實

風味強度：弱

這是什麼：海菜經切絲、烹調後曬乾，所以看起來很像黑色細麵條

營養學剖繪：80%碳水化合物／20%蛋白質

熱量：每28.35克60大卡

蛋白質：2克

料理方式：煎炒、蒸煮

小祕訣：洗淨後，使用前浸泡5-10分鐘。

杏仁果
蘋果汁
烘焙食物，如：麵包、香薄荷酥皮、酥皮捲、餡餅、倒塔
燈籠椒，如：紅燈籠椒
青花菜
蕎麥
甘藍菜，如：中國白菜、紫甘藍
胡蘿蔔
法式砂鍋菜
芫荽葉
柑橘類
芫荽
玉米
黃瓜
蒔蘿
毛豆
蛋，如：*蛋捲*、*鹹派*
蒜頭
新鮮薑
芝麻鹽
沙拉青蔬，尤以亞洲蔬菜為佳，如：青江菜嫩葉、東京水菜、塌棵菜
辣根
日式料理
羽衣甘藍
萵苣
蓮藕
味醂
味噌
菇蕈類，如：香菇

芥末，如：辣芥末
亞洲麵條，如：蕎麥麵、烏龍麵
油脂，如：橄欖油、芝麻油
洋蔥，如：青蔥、紅洋蔥
鹹派
櫻桃蘿蔔
糙米
沙拉，如：黃瓜、義式麵食沙拉
嫩青蔥
其他*海菜*，如：鹿尾菜、裙帶菜
芝麻，如：芝麻油、芝麻醬、芝麻
　籽
芽菜，如：荷蘭豆苗
荷蘭豆
湯，如：去莢乾燥豌豆瓣湯
醬油
冬南瓜，如：毛茛南瓜、白胡桃瓜
燉煮料理
翻炒料理
酥皮捲，如：費洛皮
填餡甘藍菜
填餡辣椒
甜味劑，如：龍舌蘭糖漿、楓糖漿
塔希尼芝麻醬
溜醬油
天貝
豆腐
炒豆腐
薑黃
蕪菁
蔬菜
醋，如：糙米醋、米酒醋
山葵

對味組合
荒布藻＋胡蘿蔔＋蒜頭＋洋蔥
荒布藻＋胡蘿蔔＋洋蔥
荒布藻＋胡蘿蔔＋荷蘭豆
荒布藻＋鹿尾菜＋味酥＋味噌
荒布藻＋味酥＋芝麻醬

在所有海菜中，我喜歡荒布藻，因
為用途多樣。很適合加入黃瓜沙
拉中搭配烘烤過的芝麻油醋醬或
塔希尼芝麻醬；或加入費洛皮和
辛辣山葵芥末醬製成餡餅卷；也
可和甘藍菜、胡蘿蔔和洋蔥一起
烹調，以米醋、溜醬油，和嫩青蔥
調味。

——潘・布朗，花園咖啡，紐約伍茲塔克

葛鬱金 Arrowroot
（亦稱 Arrowroot Flour/
Powder/Starch）
風味：幾乎無味
風味強度：非常弱
這是什麼：一種稠化物，比起玉
　米澱粉加工處理程度較少。使
　用葛鬱金（生長於熱帶的塊莖
　植物）製成
無麩質：是
小祕訣：先將葛鬱金倒入少量冷
　水中，溶解後再倒入醬汁中；
　或每杯冷的湯汁中可加入1大
　匙葛鬱金，溶解後再將湯汁煮
　微滾。隨著烹煮，湯汁會變得
　清澈。持續攪拌，別過度加熱，
　這讓葛鬱金失去稠化功能。
品牌：Authentic Foods、Bob's Red
　Mill
可行的替代物：玉米澱粉、麵粉、
　葛根粉、樹薯澱粉

烘焙食物，如：比斯吉、麵包、蛋糕、
餅乾、馬芬、派、司康餅
可麗餅
卡士達
甜點
其他麵粉
鍋底焦渣醬汁
冰淇淋
奶類，如：椰奶
甜點餡料
布丁
＊醬汁，如：水果醬、糖醋醬

湯
燉煮料理
翻炒料理

朝鮮薊心 Artichoke Hearts
（同時參見朝鮮薊）
風味：苦／甜，帶有泥土味香調
　和柔嫩、多葉的質地
風味強度：弱－中等
這是什麼：蔬菜（朝鮮薊花苞的
　內部中心部分）
料理方式：深炸、醃滷、醃漬、煎
　炒（注意：絕不可生食）
小祕訣：為了方便使用，可購買
　罐頭、冷凍或玻璃罐裝的朝鮮
　薊心。

杏仁果
芝麻菜
羅勒
豆類，如：白腰豆、**蠶豆**、白豆
燈籠椒，如：紅燈籠椒
麵包粉
布格麥片
續隨子
法式砂鍋菜，如：法式砂鍋飯
乳酪，如：山羊乳酪、莫札瑞拉、
　帕爾瑪、佩科利諾、瑞可達乳
　酪
鷹嘴豆
庫斯庫斯
義大利開胃點心
蔬菜棒沙拉
蒔蘿
蘸料
茄子
蛋，如：***義式蛋餅***、水波蛋
義大利扁麵包
油炸餡餅
蒜頭
焗烤料理
辣根
義大利料理
韭蔥

主廚私房菜 DISHES

朝鮮薊蘸醬：朝鮮薊心、茴香、烤蒜、紅辣椒和各類乳酪烘烤後，搭配自製全麥袋餅
—— 開懷種子咖啡館（Laughing Seed Café），北卡羅萊納州阿什維爾

檸檬，如：檸檬汁、碎檸檬皮
蘑菇，如：牛肝菌、香菇、野菇
油脂，如：橄欖油
橄欖，如：黑橄欖
洋蔥，如：紅洋蔥、白洋蔥
奧勒岡
棕櫚心
歐芹
義式麵食，如：寬麵、尖管麵
豌豆
黑胡椒
義式青醬
松子
披薩
馬鈴薯
開胃小菜

米
義式燉飯
沙拉，如：綠色蔬菜沙拉、義大利麵沙拉、馬鈴薯沙拉
嫩青蔥
湯
酸模
菠菜
百里香
番茄
日曬番茄乾
土耳其料理
核桃
小麥仁
酒，如：干白酒
櫛瓜

對味組合

朝鮮薊心＋芝麻菜＋檸檬汁＋橄欖油＋帕爾瑪乳酪
朝鮮薊心＋麵包粉＋蒜頭＋檸檬汁＋橄欖油＋帕爾瑪乳酪
朝鮮薊心＋續隨子＋檸檬
朝鮮薊心＋胡蘿蔔＋馬鈴薯
朝鮮薊心＋庫斯庫斯＋核桃
朝鮮薊心＋蛋＋帕爾瑪乳酪＋菠菜
朝鮮薊心＋蠶豆＋檸檬
朝鮮薊心＋蒜頭＋韭蔥＋義式青醬＋馬鈴薯
朝鮮薊心＋蒜頭＋檸檬＋橄欖油＋白豆
朝鮮薊心＋檸檬＋橄欖油
朝鮮薊心＋義式麵食＋日曬番茄乾

● 朝鮮薊 Artichokes
（同時參見朝鮮薊心）

季節：春－夏
風味：苦／甜，帶有堅果香調
風味強度：中等－強
這是什麼：未開的花苞，屬於薊類植物家族
營養學剖繪：82% 碳水化合物／13% 蛋白質／5% 脂肪
熱量：每一中型朝鮮薊64大卡
蛋白質：3克
料理方式：沸煮、燜煮、炙烤、深炸、燒烤、高壓烹煮（根據大小，烹調 3-12 分鐘）、烘烤、煎炒、蒸煮（根據大小，烹調15-45分鐘）、燉煮、塞入填料（注意：絕不可生食）
小祕訣：越小的朝鮮薊越軟嫩。
近親：洋甘菊、菊苣、蒲公英葉、苣菜、萵苣、（如：畢布萵苣、捲心萵苣、蘿蔓萵苣）、紫葉菊苣、黑皮波羅門參、龍蒿

耶路撒冷朝鮮薊
蘆筍
羅勒
月桂葉
豆類，如：蠶豆、四季豆、白豆
燈籠椒，如：紅、黃燈籠椒
香料包
麵包粉，如：日式麵包粉
奶油和褐化奶油醬
續隨子
胡蘿蔔
法式砂鍋菜
芹菜
芹菜根
乳酪，如：芳汀那、**山羊乳酪**、葛黎耶和、傑克乳酪、**帕爾瑪**、羅馬諾綿羊乳酪、瑞可達乳酪、含鹽瑞可達乳酪
細葉香芹
鷹嘴豆
辣椒片

芫荽葉
丁香
芫荽
咖哩
蛋，如：水煮全熟蛋
茼菜
茴香和茴香籽
細碎的香料植物
法式料理
蒜頭
印度酥油
焗烤料理
綠色蔬菜
義式葛瑞莫拉塔調味料
香料植物
義大利料理
韭蔥
檸檬，如：檸檬汁、檸檬油、醃檸檬、
　碎檸檬皮
扁豆
萊姆
墨角蘭
美乃滋
薄荷
蘑菇，如：乾蘑菇、牛肝菌、喇叭
　菌
芥末，如：第戎芥末
肉豆蔻
堅果，如：**榛果**、**核桃**
堅果油，如：榛果油、核桃油
橄欖油
橄欖，如：黑橄欖、綠橄欖、卡拉
　瑪塔橄欖
洋蔥，如：西班牙洋蔥、甜洋蔥、
　黃洋蔥
柳橙和血橙
紅椒粉
歐芹
義式麵食
豌豆
胡椒，如：黑胡椒
義式青醬
松子
披薩

馬鈴薯，如：新馬鈴薯
普羅旺斯料理
燉菜
米
義式燉飯
迷迭香
蕪菁甘藍
番紅花
鼠尾草
沙拉，如：綠色蔬菜沙拉、番茄沙
*　拉*
黑皮波羅門參
鹽，如：海鹽
香薄荷
嫩青蔥
紅蔥
酸模
湯，如：朝鮮薊湯
醬油
菠菜
燉煮料理

蔬菜高湯
填餡朝鮮薊
塔希尼芝麻醬
龍蒿
百里香和檸檬百里香
番茄
油醋醬
醋，如：巴薩米克香醋、蘋果酒醋、
　米酒醋、雪利酒醋、白酒醋
核桃
酒，如：干白酒
優格
中東扎塔香料

對味組合

朝鮮薊＋芝麻菜＋續隨子＋檸檬
　＋橄欖油＋帕爾瑪乳酪
朝鮮薊＋巴薩米克香醋＋橄欖油
朝鮮薊＋麵包粉＋續隨子＋橄欖
　＋帕爾瑪乳酪＋番茄
朝鮮薊＋茴香＋菇蕈類

主廚私房菜	DISHES

蕎麥方麵餃，內餡為瑞可達乳酪和新鮮朝鮮薊
——烤爐（Al Forno），羅德島普洛威頓斯

白酒醃煮朝鮮薊搭配番茄哈拉佩諾辣椒印度甜酸醬、蜜汁飛碟南
瓜和四季豆
——丹尼爾（DANIEL），紐約市

朝鮮薊沙拉：爐烤朝鮮薊、搗碎的費達乳酪、櫻桃蘿蔔絲、醃漬茴
香、檸檬朝鮮薊油醋醬
——金色大門溫泉咖啡館（The Golden Door Spa Café），亞利桑那州斯科茨代爾

朝鮮薊和菊芋，搭配番茄、胡椒、韭蔥、青蒜、蒙契格乳酪和白乳
酪卡士達一起焗烤
——綠色餐廳（Greens Restaurant），舊金山

燒烤朝鮮薊搭配檸檬油、薄荷和西班牙紅椒堅果醬
——綠色餐廳（Greens Restaurant），舊金山

蔬菜嫩芽沙拉：燜朝鮮薊嫩芽、燒烤鮮嫩金色櫛瓜、松露油醋醬、
萵苣纈草
——羽（Plume），華盛頓特區

香酥朝鮮薊、哈里薩辣醬、菠菜嫩葉、以色列庫斯庫斯、醃檸檬、
埃及杜卡綜合香料
——真實小酒館（True Bistro），麻州薩默維爾

朝鮮薊＋茴香＋馬鈴薯
朝鮮薊＋蒜頭＋香料植物＋洋蔥
朝鮮薊＋蒜頭＋檸檬＋美乃滋
朝鮮薊＋蒜頭＋檸檬＋橄欖油＋
橄欖＋帕爾瑪乳酪
朝鮮薊＋蒜頭＋檸檬＋橄欖油＋
歐芹
朝鮮薊＋蒜頭＋檸檬＋松子
朝鮮薊＋山羊乳酪＋迷迭香
朝鮮薊＋榛果＋檸檬
朝鮮薊＋香料植物（如：薄荷、歐
芹、龍蒿）**＋檸檬**
朝鮮薊＋檸檬＋芥末＋龍蒿
朝鮮薊＋橄欖油＋帕爾瑪乳酪＋
番茄
朝鮮薊＋柳橙＋白酒
朝鮮薊＋菠菜＋核桃

●耶路撒冷朝鮮薊
Artichokes, Jerusalem
（亦稱菊芋）

季節：秋－春

風味：微甜，帶有朝鮮薊心、堅果、
馬鈴薯、黑皮波羅門參或煙燻
過的泥土味香調。生食時，呈
現如馬鈴薯般，鬆脆香酥的質
地

風味強度：弱－中等

營養學剖繪：92%碳水化合物／
8%蛋白質

熱量：每1杯110大卡（生鮮，切
片）

蛋白質：3克

料理方式：烘焙（以204°C烘焙
20-25分鐘）、汆燙、沸煮（12-15
分鐘）、做成膏、深炸、煎、釉
汁、磨泥、壓碎、打成糊、生食
（切薄片，製作沙拉）、烘烤（以
204°C烤30分鐘）、煎炒、切絲、
微滾烹煮、蒸煮（約15-20分
鐘）、翻炒、炸天婦羅

小祕訣：能刷洗乾淨的話，就不
需去皮了。可像烹調馬鈴薯般
放入烤箱烘烤。煎炒前先蒸煮。

近親：葵花（注意：耶路撒冷朝鮮
薊並不是朝鮮薊的品種，但都
屬於菊花家族）

可行的替代物：荸薺

杏仁果
美國在地料理
蘋果
朝鮮薊心
羅勒
月桂葉
青花菜
奶油和褐化奶油醬
續隨子
小豆蔻
南歐洲刺菜薊
胡蘿蔔
芹菜
芹菜根
瑞士茶菜
乳酪，如：藍黴、巧達、費達、芳
汀那、豪達、**葛黎耶和**、**帕爾瑪**、
聖內泰爾、瑞士乳酪
細葉香芹
栗子
炸洋芋片

細香蔥
柑橘類，如：橙汁
椰子
鮮奶油
法式酸奶油
酥脆麵包丁，如：全穀酥脆麵包丁
孜然
蒔蘿
蛋
茴香
法式料理
蒜頭
印度酥油
薑
全穀物，如：藜麥
葡萄柚
焗烤料理，如：焗烤馬鈴薯
綠色蔬菜，如：芝麻菜、萵苣纈草
榛果
香料植物
義大利料理
羽衣甘藍
韭蔥
檸檬，如：檸檬汁
扁豆
萊姆，如：萊姆汁

楓糖漿
馬鈴薯泥
薄荷
菇蕈類，如：雞油菌
芥末，如：第戎芥末
肉豆蔻
油脂，如：菜籽油、葡萄籽油、榛
　果油、堅果油、**橄欖油**、花生油、
　山核桃油、南瓜籽油、紅花油、
　葵花油、松露油、核桃油
橄欖，如：卡拉瑪塔橄欖
洋蔥，如：春日洋蔥、白洋蔥
柳橙
美式煎餅
歐芹
義式麵食，如：義大利細扁麵、方
　麵餃、義大利直麵
胡椒，如：黑胡椒
松子
義式粗玉米糊
馬鈴薯
濃湯，如：馬鈴薯濃湯、根莖蔬菜
　濃湯、蕪菁濃湯
紫葉菊苣
櫻桃蘿蔔
野生米
義式燉飯
迷迭香
鼠尾草
沙拉，如：綠色蔬菜沙拉、菠菜沙
　拉、野生米沙拉
鹽，如：海鹽
嫩青蔥
種籽，如：芝麻籽、葵花籽
紅蔥
湯，如：耶路撒冷朝鮮薊湯、馬鈴
　薯湯、蔬菜湯
醬油
斯佩耳特小麥
菠菜
芽菜，如：葵花籽芽
冬南瓜，如：白胡桃瓜
燉煮料理
翻炒料理

蔬菜高湯
糖，如：黃砂糖
甘藷
溜醬油
龍蒿
餡餅
天婦羅
百里香
番茄，如：櫻桃番茄、**番茄醬**
蕪菁

對味組合

耶路撒冷朝鮮薊＋蘋果酒醋＋榛果
耶路撒冷朝鮮薊＋胡蘿蔔＋茴香
耶路撒冷朝鮮薊＋蓬菜＋費達乳酪＋蒜頭
耶路撒冷朝鮮薊＋蒜頭＋檸檬＋迷迭香
耶路撒冷朝鮮薊＋檸檬＋橄欖油＋歐芹＋核桃油／核桃
耶路撒冷朝鮮薊＋檸檬＋義式燉飯＋百里香
耶路撒冷朝鮮薊＋菇蕈類＋洋蔥＋菠菜
耶路撒冷朝鮮薊＋芥末＋水田芥
耶路撒冷朝鮮薊＋肉豆蔻＋歐芹＋馬鈴薯
耶路撒冷朝鮮薊＋橄欖＋番茄

● 芝麻菜 Arugula
（又名火箭菜）

[ah-ROO-guh-lah]
季節：春－夏
風味：苦／辣，帶有辣根、芥末、
　堅果和胡椒刺激、辛辣的香調
　和泥土香；生食時，有嚼勁，質
　地些微鬆脆
風味強度：中等（嫩葉）－強（老
　葉）
營養學剖繪：53% 碳水化合物／
　25% 蛋白質／22% 脂肪
熱量：每1½杯 10 大卡（生食）
蛋白質：1 克
料理方式：燜煮、**生食**、煎炒、煮
　軟
小祕訣：使用前將葉片徹底洗淨。
　若使用較老、風味較重的芝麻
　菜，可混入風味較溫和的綠葉
　生菜和／或搭配比較酸的沙拉
　醬來平衡。

根莖蔬菜
苦艾酒
油醋醬
醋，如：蘋果酒醋、雪利酒醋、白
　酒醋
核桃
水田芥
酒，如：干白酒
優格

近親：芥末、櫻桃蘿蔔、水田芥
可行的替代物：比利時苦苣、蒲公
　英葉、闊葉苦菜、菠菜、水田芥

蘋果
杏桃
蘆筍
酪梨
羅勒
豆類，如：黑眉豆、白腰豆、蠶豆、
　四季豆、白豆
甜菜
燈籠椒，如：燒烤綠燈籠椒或紅
　燈籠椒
胡蘿蔔
腰果
乳酪，如：**藍黴**、巧達、**費達**、山
　羊乳酪、格拉娜帕達諾乳酪、蒙
　契格、蒙特利傑克、莫札瑞拉、
　帕爾瑪、**佩科利諾**、瑞可達乳酪、
　含鹽瑞可達乳酪、侯克霍乳酪、

綿羊奶、純素乳酪
細葉香芹
鷹嘴豆
辣椒，如：齊波特辣椒、皮奎洛辣椒和辣椒片
芫荽葉
玉米
酥脆麵包丁，如：全穀酥脆麵包丁
黃瓜
白蘿蔔
椰棗
茄子
蛋，如：*水煮全熟蛋*、*蛋捲*
苣菜，如：比利時苣菜
茴香和茴香籽
無花果
蒜頭
薑
全穀物，如：布格麥片、小米
葡萄柚
焗烤料理
溫和和軟質的沙拉青蔬，如：畢布萵苣
榛果
蜂蜜
辣根
義大利料理
豆薯
韭蔥
檸檬，如：檸檬汁、碎檸檬皮
扁豆
萵苣，如：蘿蔓萵苣
萊姆
楓糖漿
地中海料理
甜瓜，如：蜜露瓜
薄荷
菇蕈類，如：牛肝菌、波特貝羅大香菇、香菇
芥末，如：第戎芥末
堅果，如：夏威夷堅果
油脂，如：菜籽油、榛果油、檸檬油、**堅果油**、**橄欖油**、核桃油

橄欖，如：黑橄欖、卡拉瑪塔橄欖
青蔥
洋蔥，如：紅洋蔥
柳橙
義式麵食，如：*義大利細扁麵、尖管麵、義大利直麵*
桃子
梨
豌豆
美洲山核桃
義式青醬
義式青醬（*芝麻菜＋蒜頭＋帕爾瑪乳酪＋松子*）
松子
披薩
石榴籽
馬鈴薯，如：手指馬鈴薯、新馬鈴薯
南瓜籽
藜麥
紫葉菊苣
葡萄乾
米，如：糙米
義式燉飯

沙拉，如：*芝麻菜沙拉、苣菜沙拉、綠色蔬菜沙拉、綜合生菜沙拉、紫葉菊苣沙拉、三色沙拉（芝麻菜＋苣菜＋紫葉菊苣）*
海鹽
三明治，如：*烤乳酪三明治*
嫩青蔥
紅蔥
湯，如：*芝麻菜湯、韭蔥湯、馬鈴薯湯*
芽菜，如：葵花籽芽
菠菜
小果南瓜，如：夏南瓜、冬南瓜（如：白胡桃瓜、甜薯瓜）
翻炒料理
草莓
甘藷
番茄和日曬番茄乾
醋，如：蘋果酒醋、巴薩米克香醋、無花果巴薩米克香醋、蔓越莓醋、紅酒醋、雪利酒醋、巴薩米克白醋、白酒醋
核桃
西瓜

對味組合

芝麻菜＋蘋果＋巧達乳酪＋芥末＋核桃
芝麻菜＋蘋果＋檸檬汁＋楓糖漿＋橄欖油
芝麻菜＋巴薩米克香醋＋苣菜＋帕爾瑪乳酪＋紫葉菊苣
芝麻菜＋巴薩米克香醋＋帕爾瑪乳酪
芝麻菜＋巴薩米克香醋＋帕爾瑪乳酪＋紅洋蔥＋義式燉飯＋番茄
芝麻菜＋甜菜＋費達乳酪（＋蒜頭）
芝麻菜＋乳酪（如：藍黴、山羊乳酪、帕爾瑪、瑞可達乳酪）＋**水果**（如：杏桃、無花果、葡萄柚、桃子、梨，或甜味蔬菜，如：甜菜、番茄）＋**堅果**（如：榛果、核桃）
芝麻菜＋乳酪（如：帕爾瑪、佩科利諾）＋**蒜頭＋橄欖油**＋義式麵食＋松子
芝麻菜＋鷹嘴豆＋紅洋蔥＋菠菜
芝麻菜＋齊波特辣椒＋柳橙＋番茄
芝麻菜＋玉米＋番茄
芝麻菜＋黃瓜＋費達乳酪＋藜麥＋紅洋蔥＋塔希尼芝麻醬＋番茄
芝麻菜＋茴香＋無花果
芝麻菜＋茴香＋葡萄柚＋*沙拉*
芝麻菜＋茴香＋榛果＋柳橙＋紫葉菊苣

芝麻菜＋茴香＋檸檬＋義式麵食
芝麻菜＋費達乳酪＋無花果
芝麻菜＋費達乳酪＋西瓜＋巴薩米克白醋
芝麻菜＋蒜頭＋檸檬汁＋橄欖油＋帕爾瑪乳酪＋松子
芝麻菜＋蒜頭＋義式青醬＋波特貝羅大香菇＋白豆
芝麻菜＋山羊乳酪＋蜂蜜＋檸檬
芝麻菜＋山羊乳酪＋洋蔥
芝麻菜＋山羊乳酪＋馬鈴薯
芝麻菜＋辣根＋豆薯＋芥末＋紅洋蔥
芝麻菜＋檸檬＋橄欖＋紅洋蔥
芝麻菜＋檸檬＋佩科利諾乳酪＋夏南瓜
芝麻菜＋薄荷＋佩科利諾乳酪＋松子
芝麻菜＋莫札瑞拉乳酪＋番茄
芝麻菜＋橄欖＋柳橙＋帕爾瑪乳酪
芝麻菜＋橄欖＋番茄
芝麻菜＋梨＋迷迭香

主廚私房菜　DISHES

芝麻菜沙拉，搭配紅洋蔥、鷹嘴豆、棕櫚心和酪梨，與烤蒜油醋醬充分拋拌
——花開咖啡館（Café Blossom），紐約市

市售芝麻菜和菇蕈沙拉，搭配芹菜、帕爾瑪乳酪、雪利酒油醋醬
——南布呂德（Boulud Sud），紐約市

芝麻菜方麵餃搭配油封番茄和燜煮茴香、皮奎洛辣椒、番茄乳化物
——丹尼爾（DANIEL），紐約市

芝麻菜、菠菜和紫葉菊苣搭配戈根索拉乳酪、辛香料調味杏仁果、蜂蜜無花果油醋醬
——諾拉（Nora），華盛頓特區

芝麻菜、甜菜和柑橘沙拉，搭配烘烤甜菜、血橙、烤榛果和茴香絲，淋上麝香油醋醬
——波多貝羅（Portobello），俄勒岡州波特蘭市

玉米、芫荽和芝麻菜沙拉搭配優格淋醬
——牧場之門（Rancho La Puerta），墨西哥

阿魏粉 Asafoetida Powder
（亦稱 Hing）
風味：苦，帶有蒜、洋蔥和／或紅蔥的刺激香調
風味強度：中等（煮熟）－強（生）
小祕訣：將阿魏粉加入其他食材前，先倒入油或印度酥油中煎炒，調溫阿魏粉。酌量使用。
可行的替代物：蒜粉、洋蔥粉

豆類，如：乾燥豆類
奶油或印度酥油
甘藍菜
白花椰菜
印度水果與沙拉綜合香料
印度甜酸醬
孜然
咖哩類
印度素食料理
莢果
扁豆，如：紅扁豆、黃扁豆
菇蕈類
馬鈴薯
米，如：印度香米
菠菜
什錦**蔬菜**

阿魏粉是耆那教料理中重要的調味料，因為耆那教徒是不吃根莖蔬菜（如：蒜、洋蔥、馬鈴薯）的素食者。阿魏粉可為菜餚添加蒜或洋蔥香氣。
——黑曼特‧馬圖爾，塔西，紐約市

亞洲料理 Asian Cuisines
（參見中式料理、日式料理、泰式料理、越南料理等）

●蘆筍 Asparagus
季節：春
風味：苦／甜，帶有青草和／或堅果的刺激香調，質地鬆脆、軟嫩
風味強度：弱－中等

這是什麼：綠色蔬菜

營養學剖繪：68%碳水化合物／
　27%蛋白質／5%脂肪

熱量：每1杯30大卡（生食）

蛋白質：3克

料理方式：汆燙、沸煮、炙烤、深炸、
　（如天婦羅）、燒烤、鍋烤、醃漬、
　生食、烘烤（上油，以177°C-
　204°C烤5-20分鐘）、煎炒、微
　滾烹煮、蒸煮（根據厚度，烹調
　1-5分鐘）、翻炒（1-3分鐘）

朝鮮薊和朝鮮薊心

芝麻菜

酪梨

羅勒

月桂葉

豆類，如：蠶豆、四季豆、法國四
　季豆、白豆

燈籠椒、紅燈籠椒，尤以燒烤為
　佳

麵包粉

奶油，如：褐化奶油、新鮮奶油

續隨子

乳酪，如：愛亞格、藍黴、布利、
　康門貝爾、法國乳酪、**費達**、芳
　汀那、山羊乳酪、葛黎耶和、溫
　和乳酪、明斯特、**帕爾瑪**、佩科
　利諾、瑞可達乳酪、羅馬諾、泰
　勒吉奧、軟質乳酪、三倍乳脂

細葉香芹

辣椒膏和辣椒片

細香蔥

芫荽葉

玉米

鮮奶油和法式酸奶油

卡士達

蒔蘿

蛋，如：煎蛋、*義式蛋餅*、水煮全
　熟蛋、*蛋捲*、**水波蛋**、*鹹派*、*炒
　蛋*、半熟水波蛋

茴香和茴香籽

法式料理

蒜頭和綠蒜頭

A

主廚私房菜 | DISHES

烘烤蘆筍、焦脆荷包蛋和芥末油醋醬
—— ABC廚房（ABC Kitchen），紐約市

鄉村無酵餅、燒烤蘆筍、炒軟的韭蔥、輕煙燻布里乳酪、羅勒
—— 綠斑馬（Green Zebra），芝加哥

蘆筍披薩搭配春日洋蔥、諾爾農場青蒜、費達乳酪、艾斯亞格乳酪、梅爾檸檬、胡椒片和義大利歐芹
—— 綠色餐廳（Greens Restaurant），舊金山

燒烤祖克曼農場蘆筍搭配檸檬開心果義式香料植物醬、瑞吉納橄欖油，和安丹堤牌的新鮮山羊乳酪
—— 綠色餐廳（Greens Restaurant），舊金山

綠蘆筍和酪梨沙拉、酸模淋醬和芝麻
—— 尚-喬治（Jean-Georges），紐約市

米蘭蘆筍：燒烤蘆筍搭配煎蛋、焦黑香嫩青蔥、皮奎洛辣椒和帕爾瑪乳酪
—— 義式蔬食（Le Verdure），紐約市

蘆筍薄片沙拉搭配茴香、柳橙、醃漬紅蔥、檸檬油醋醬
—— 天擇（Natural Selection），俄勒岡州波特蘭市

薑

全穀物，如：大麥、庫斯庫斯、法老小麥、藜麥

沙拉青蔬

海鮮醬

蜂蜜

辣根

韭蔥

*檸檬，如：檸檬汁、碎檸檬皮

梅爾檸檬，如：檸檬汁、碎檸檬皮

美乃滋

薄荷

味噌

蘑菇，如：雞油菌、義大利棕蘑菇、羊肚菌、蠔菇、牛肝菌、香菇、野菇

芥末，如：第戎芥末

日式麵條

堅果，如：杏仁果、榛果、美洲山核桃、開心果、**核桃**

油脂，如：菜籽油、**橄欖油**、花生油（尤以烘烤花生油為佳）、南瓜籽油、芝麻油、蔬菜油

橄欖，如：黑橄欖

洋蔥，如：青蔥、紅洋蔥、春日洋蔥、黃洋蔥

柳橙，如：橙汁、碎橙皮

歐芹

義式麵食，如：蝴蝶麵、寬麵、大寬麵

花生和花生醬

豌豆，如：春季豌豆

胡椒，如：黑胡椒、白胡椒

松子

披薩

義式粗玉米糊

馬鈴薯，如：新馬鈴薯

米，如：印度香米、野生米

義大利燉飯

迷迭香

鼠尾草

沙拉淋醬，如：油醋沙拉淋醬

沙拉，如：綠蘆筍、馬鈴薯、蔬菜

鹽，如：猶太鹽、海鹽

醬汁，如：西班牙紅椒堅果醬、塔希尼芝麻醬

嫩青蔥

芝麻，如：芝麻油、芝麻醬、黑芝麻籽、白芝麻籽

紅蔥

酸模

舒芙蕾

湯

醬油

菠菜

翻炒料理

高湯，如：蔬菜高湯

純素食壽司

龍蒿

餡餅，如：蘆筍餡餅、蔬菜餡餅

百里香

豆腐

番茄

油醋醬

醋，如：巴薩米克香醋、香檳酒醋、紅酒醋、雪利酒醋、龍蒿醋、白酒醋

水田芥

干白酒

優格

我喜歡簡單燒烤蘆筍後，淋上梅爾檸檬油醋醬，搭配可口美味的甜菜、山羊乳酪和綠葉生菜。我們也會製作大家喜愛的蘆筍披薩。使用橄欖油、檸檬皮刨絲、鹽和胡椒調味蘆筍，再將蘆筍靜置一會兒，瀝掉一些水份，才不會讓麵團變得太濕。接著，我們在麵團中加入一些生的春日洋蔥和生的綠蒜頭，一點芳汀那乳酪、費達乳酪或艾斯亞格乳酪和紅辣椒末。大家都很喜歡這樣的搭配。製作義式麵食或法老小麥義式燉飯時，我喜歡將蘆筍搭配春豌豆和蠶豆。

——安妮‧索梅維爾，綠色餐廳，舊金山

對味組合

蘆筍＋酪梨＋萊姆＋薄荷＋橄欖油

蘆筍＋羅勒＋橄欖

蘆筍＋燈籠椒＋蛋＋蒜頭＋檸檬汁＋百里香

蘆筍＋細香蔥＋水煮全熟蛋＋芥末＋橄欖油＋醋

蘆筍＋柑橘類（如：檸檬、柳橙）**＋蒜頭＋香料植物**（如：歐芹、龍蒿）**＋橄欖油**

蘆筍＋庫斯庫斯＋柳橙

蘆筍＋蠶豆＋薄荷

蘆筍＋蒜頭＋薑＋嫩青蔥＋芝麻＋芝麻油＋醬油＋醋

蘆筍＋薑＋海鮮醬＋芝麻油＋醬油

蘆筍＋山羊乳酪＋檸檬＋橄欖油＋開心果

蘆筍＋榛果＋帕爾瑪乳酪＋歐芹

蘆筍＋檸檬＋帕爾瑪乳酪（或佩科利諾）**＋義式燉飯**

蘆筍＋檸檬＋美洲山核桃＋米

蘆筍＋洋蔥＋柳橙

蘆筍＋義式麵食＋開心果

蘆筍＋豌豆＋義式燉飯＋番紅花

蘆筍＋芝麻＋豆腐

●白蘆筍 Asparagus, White

季節：春

風味：微甜，帶有朝鮮薊和／或棕櫚心的香調

風味強度：**弱－中等**（風味和質地都較綠蘆筍來得不明顯）

這是什麼：為生長於黑暗中的蘆筍，所以不會變成綠色

料理方式：烘焙、汆燙、沸煮、炙烤、醃漬、煎炒、微滾烹煮、翻炒

小祕訣：越短、質地越像木材的筍莖則需要去皮。白蘆筍中的抗氧化劑含量比綠蘆筍來得少。

綠蘆筍

澳洲料理

羅勒

奶油

乳酪，如：蓽德、蒙契格、帕爾瑪乳酪

細葉香芹

辣椒醬

玉米

鮮奶油

蒔蘿

蛋

法式料理，尤以阿爾薩斯料理為佳

蒜頭

德國料理

榛果

香料植物

義大利料理

檸檬，如：**檸檬汁、碎檸檬皮**

美乃滋

菇蕈類，如：羊肚菌、牛肝菌、波特貝羅大香菇

芥末

油脂，如：橄欖油、松露油

黃洋蔥

歐芹

豌豆

胡椒，如：黑胡椒、白胡椒

義式青醬

馬鈴薯，如：新馬鈴薯

義式燉飯

沙拉，如：豆子沙拉、綠色蔬菜沙拉

鹽，如：海鹽

醬汁，如：**荷蘭醬、美乃滋、西班牙紅椒堅果醬**

紅蔥

湯，如：白蘆筍湯

西班牙料理

糖

瑞士料理

龍蒿

法式醬糜

豆腐

油醋醬

醋，如：香檳酒醋、白酒醋

酒，如：麗絲玲白酒

對味組合

白蘆筍＋奶油＋蛋

白蘆筍＋榛果＋帕爾瑪乳酪＋松露油

白蘆筍＋香料植物＋美乃滋

白蘆筍＋檸檬＋菇蕈類＋歐芹

奧地利料理 Austrian Cuisine

蘆筍，尤以白蘆筍為佳

甘藍菜

白花椰菜

肉桂

咖啡

鮮奶油

黃瓜

蒔蘿

餃類

匈牙利紅燴牛肉

墨角蘭

南瓜籽油

紅椒粉

歐芹

酥皮

酸漬食物

馬鈴薯

南瓜

德國炸肉排

湯，如：餃子湯、湯麵

菠菜

燉煮料理

酥皮捲

酒，如：綠維特利納酒

秋季 Autumn

天氣：通常涼爽

料理方式：烘焙、燜煮、釉汁、烘烤

多香果（盛產季節：秋／冬）

杏仁果（盛產季節：10月）

蘋果（盛產季節：9月～11月）

朝鮮薊（盛產季節：9月～10月）

羅勒（盛產季節：9月）

豆類，如：四季豆（盛產季節：夏／秋）

甜菜

燈籠椒（盛產季節：9月）

青江菜（盛產季節：夏／秋）

青花菜

球花甘藍（盛產季節：7月～12月）

主廚私房菜	DISHES

大型法國白蘆筍和烘烤綠蘆筍搭配細蘆筍、羅勒淋醬，鋪放在康堤乳酪團之上
　　——布里（Bouley），紐約市

白蘆筍和蒜味絲絨濃醬：大蒜和豆腐慕斯、黑蒜粉、蘆筍寬絲
　　——羽（Plume），華盛頓特區

抱子甘藍（盛產季節：11月～2月）

甘藍菜，如：紫甘藍、皺葉甘藍（盛
　產季節：秋/冬）

蛋糕，趁熱上桌尤佳

焦糖

南歐洲刺菜薊（盛產季節：10月）

白花椰菜

芹菜

芹菜根（盛產季節：10月～11月）

蒝菜（盛產季節：6月～12月）

栗子（盛產季節：10月～11月）

辣椒

肉桂

椰子（盛產季節：10月～11月）

玉米（盛產季節：9月）

蔓越莓（盛產季節：9月～12月）

甘露子

黃瓜（盛產季節：9月）

白蘿蔔（盛產季節：秋/冬）

椰棗（盛產季節：秋/冬）

茄子（盛產季節：8月～11月）

日本茄子

比利時苦苣

闊葉苣菜（盛產季節：夏/秋）

茴香（盛產季節：秋/冬）

無花果（盛產季節：9月～10月）

綠捲鬚苦苣

蒜頭（盛產季節：9月）

枸杞（盛產季節：夏/秋）

穀物

葡萄（盛產季節：9月）

綠色蔬菜，如：甜菜葉、苦味綠色
　蔬菜、蕪菁葉

番石榴（盛產季節：夏/秋）

厚重料理

辣根（盛產季節：夏/秋）

酸越橘（盛產季節：8月～9月）

羽衣甘藍（盛產季節：11月～1月）

大頭菜（盛產季節：9月～11月）

扁豆

萵苣，如：綠葉萵苣、紅葉萵苣（盛
　產季節：夏/秋）

歐當歸（盛產季節：9月～10月）

荔枝（盛產季節：9月～11月）

濃味噌
菇蕈類，如：雞油菌、硫色絢孔菌、
　刺蝟菇、舞菇、龍蝦菌、松茸、
　牛肝菌、香菇、野菇
肉豆蔻
堅果
秋葵
洋蔥
血橙（盛產季節：11月～2月）
木瓜（盛產季節：夏/秋）
歐洲防風草塊根
百香果（盛產季節：11月～2月）
梨（盛產季節：7月～10月）
美洲山核桃
柿子（盛產季節：10月～1月）
開心果（盛產季節：9月）
李子（盛產季節：7月～10月）
義式粗玉米糊
石榴（盛產季節：10月～12月）
馬鈴薯
南瓜（盛產季節：9月～12月）
榲桲（盛產季節：10月～12月）
紫葉菊苣
野生米
蕪菁甘藍
鼠尾草
黑皮波羅門參（盛產季節：11月～
　1月）
種籽，如：南瓜籽、葵花籽
慢燒菜餚
荷蘭豆（盛產季節：春/秋）
熱性辛香料，如：黑胡椒、卡宴辣
　椒、肉桂、辣椒粉、丁香、孜然、
　芥末粉
菠菜
小果南瓜，如：橡實南瓜、毛茛南
　瓜、白胡桃瓜、甜薯瓜、哈伯南
　瓜、日本南瓜（盛產季節：10
　月～12月）
餡料
甘藷（盛產季節：11月～1月）
羊乳（土黨參，盛產季節：秋/冬）
番茄（盛產季節：9月）
松露，如：黑松露、白松露

蕪菁（盛產季節：**秋/冬**）
根莖蔬菜
紅酒醋
核桃
水田芥（盛產季節：春/秋）
山芋（盛產季節：11月）

● 酪梨 Avocado

季節：春－夏
風味：像奶油般的風味和質地，帶
　有水果和堅果香
風味強度：弱
這是什麼：嚴格說來是水果
營養學剖繪：77% 脂肪／19% 碳
　水化合物／4% 蛋白質
熱量：每顆酪梨325大卡（生食）
蛋白質：4克
料理方式：一定是生食，因為烹
　煮會讓酪梨吃起來有苦味。壓
　成泥製成墨西哥酪梨醬、鷹嘴
　豆泥醬或三明治抹醬，也可切
　片加入沙拉中。
小祕訣：哈斯酪梨是更小、表皮
　顏色更深、質地緊實的品種（風
　味較豐富，更適合製作墨西哥
　酪梨醬）；羅里達酪梨則是更
　大、表皮顏色更淺的品種（有
　時候含有很多水分）。不管是
　製作成沾醬、抹醬，使用酪梨
　可讓菜餚風味更濃郁，就算是
　做成甜點也很好。
近親：月桂葉、肉桂

耶路撒冷朝鮮薊
芝麻菜
蘆筍
羅勒
豆類，如：黑眉豆、蠶豆
甜菜
紅燈籠椒
麵包，如：發芽穀物麵包、全麥麵
　包
布格麥片
墨西哥捲餅

白脫乳
甘藍菜
加州料理
胡蘿蔔
腰果
卡宴辣椒
芹菜
中美洲料理
乳酪，如：費達、蒙特利傑克、阿
　涅荷乳酪
鷹嘴豆
辣椒，如：齊波特辣椒、哈拉佩諾
　辣椒、波布蘭諾辣椒、塞拉諾
　辣椒；辣椒片和**辣椒粉**
素辣豆醬
細香蔥
芫荽葉
柑橘類
咖啡
芫荽
玉米
庫斯庫斯
黃瓜
孜然
甜點，如：*巧克力慕斯*
蘸料
蛋，如：*墨西哥鄉村蛋餅早餐*、蛋
　捲
茴菜
法士達
茴香
南薑
蒜頭
薑
葡萄柚
綠色蔬菜，如：苦味綠色蔬菜、綠
　葉甘藍、蒲公英葉、綜合生菜、
　沙拉青蔬
***墨西哥酪梨醬**
冰淇淋
豆薯
金桔
韭蔥
檸檬，如：檸檬汁、碎檸檬皮

檸檬香茅
檸檬馬鞭草
萵苣，如：蘿蔓萵苣
萊姆，如：萊姆汁、碎萊姆皮
芒果
美乃滋
甜瓜
奶類
薄荷
味噌
菇蕈類，如：香菇
第戎芥末
墨西哥玉米片
海苔
油脂，如：酪梨油、菜籽油、**橄欖油**、
　　葵花油
橄欖和橄欖醬
洋蔥，如：青蔥、**紅洋蔥**、春日洋蔥、
　　白洋蔥
柳橙，尤以血橙汁為佳
奧勒岡
木瓜
紅椒粉
歐芹
梨
美洲山核桃
黑胡椒
柿子
鳳梨
開心果
石榴
柚子
南瓜籽
墨西哥烤餅
藜麥
櫻桃蘿蔔
開胃小菜
米，如：糙米、紅米
蘭姆酒
沙拉淋醬，如：*綠女神沙拉淋醬*
沙拉
莎莎醬
鹽，如：猶太鹽、海鹽
三明治，如：*乳酪三明治*

醬汁

嫩青蔥

芝麻，如：芝麻籽

紅蔥

紫蘇

蔬果昔

雪碧冰

酸模

湯，如：酪梨湯、冷湯、墨西哥薄
　餅濃湯

酸奶油

菠菜

抹醬

芽菜，如：紫花苜蓿芽、綠豆芽

蔬菜高湯

填餡酪梨

純素壽司，如：純素食手捲壽司、
　純素食海苔卷壽司

墨西哥塔可餅

天貝

豆腐

黏果酸漿

番茄

素食漢堡，如：作為淋醬

醋，尤以巴薩米克香醋、水果醋、
　米醋、酒醋為佳

核桃

山葵

優格

櫛瓜

酪梨對裸食愛好者來說是很重要
的蔬菜，質地密實綿密，而且用
途多變化，可加入沙拉、淋醬、湯
品和捲餅中。

——艾咪‧比奇，G禪餐廳，康乃狄克州
布蘭福德

我好愛**酪梨**，每天都會吃一顆。
我最喜歡的一種沙拉中，番茄的
酸味和西瓜的甜味平衡了酪梨濃
郁的風味。酪梨有多種用途，身
為甜點廚師，我甚至會使用酪梨
製作巧克力慕斯。

——費爾南達‧卡波比安科，迪瓦思純素

烘焙屋，紐約市

對味組合

酪梨＋杏仁果醬＋香蕉＋可可粉＋慕斯

酪梨＋蘆筍＋萊姆＋薄荷＋橄欖油

酪梨＋羅勒＋萊姆

酪梨＋羅勒＋洋蔥＋番茄

酪梨＋黑眉豆＋番茄

酪梨＋芹菜＋**辣椒**＋**芫荽葉**＋孜然＋蒜頭＋**萊姆**＋菠菜

酪梨＋**辣椒**＋**芫荽葉**＋**萊姆**＋洋蔥

酪梨＋辣椒＋柑橘類＋薑＋紫蘇

酪梨＋辣椒粉＋芫荽葉＋豆薯＋洋蔥＋柳橙汁

酪梨＋芫荽葉＋黃瓜＋哈拉佩諾辣椒＋**萊姆**＋薄荷＋優格

酪梨＋芫荽葉＋蒜頭＋**萊姆**＋紅洋蔥＋番茄

酪梨＋柑橘類（如：萊姆、柳橙）＋豆薯

酪梨＋黃瓜＋青蔥＋**萊姆**＋優格

酪梨＋黃瓜＋薄荷＋優格

酪梨＋黃瓜＋海苔＋米

酪梨＋茴菜＋葡萄柚

酪梨＋茴香＋柑橘類（如：葡萄柚、柳橙）

酪梨＋葡萄柚＋木瓜

酪梨＋葡萄柚＋開心果＋石榴

酪梨＋蜂蜜＋優格

酪梨＋檸檬＋紅蔥

酪梨＋萊姆＋山葵

酪梨＋橄欖＋番茄

酪梨＋柳橙＋紅洋蔥

主廚私房菜 | DISHES

燒烤布洛考酪梨和藜麥沙拉，搭配南瓜籽、辣椒、紅心蘿蔔、芫
荽葉和燒烤塞拉諾辣椒
——綠色餐廳（Greens Restaurant），舊金山

哈斯酪梨雪碧冰：西班牙杏仁果冷湯、油封檸檬、西西里開心果
和金蓮花續隨子
——自身（Per Se），紐約市

酪梨雪碧冰盛裝在木瓜之中，搭配陳年巴薩米克香醋
——牧場之門（Rancho La Puerta），墨西哥

素食無麩質巧克力塔：純素巧克力塔、嘉麗寶黑巧克力酪梨「甘
納許」搭配米飯、杏仁果和葡萄乾酥底
——綠色餐桌（Table Verte），紐約市

麵包上放上壓成泥的酪梨就像牙買加花生醬和果醬三明治。我和朋友踢完足球後，就會襲擊廚房櫥櫃找出麵包，爬上我家後院的樹上摘「梨子」，在牙買加我們是這樣說的。將酪梨放上麵包後一起吃，可能會加一點鹽。風味非常新鮮清新。

——蕭瓦因·懷特，花開咖啡館，紐約市

● 竹筍 Bamboo Shoots

季節：春－夏

風味：苦（生食）／甜（煮熟）；帶有朝鮮薊、玉米、堅果和／或荸薺的木質香調。鬆脆但軟嫩、多汁、如鳳梨般的質地

風味強度：弱

營養學剖繪：54% 碳水化合物／31% 蛋白質／15% 脂肪

熱量：每杯 15 大卡（沸煮過，切片）

蛋白質：2 克

料理方式：沸煮（約 60 分鐘）、燜煮、醃漬、煎炒、蒸煮、燉煮、翻炒

小祕訣：使用前於冷水中洗淨。可購買預煮、真空包裝的竹筍或完整（沒有切片）的罐頭竹筍。

亞洲料理
羅勒
豆類，如：長豇豆
燈籠椒
青江菜
甘藍菜，如：中國白菜、大白菜
胡蘿蔔
辣椒，如：紅辣椒
中式料理
芫荽葉

咖哩類，如：綠咖哩、紅咖哩、泰式咖哩
白蘿蔔
日式高湯
蒔蘿
蛋
蒜頭
薑
豆薯
昆布
萊姆
蓮藕
味醂
味噌
菇蕈類，如：金針菇、蠔菇、波特貝羅大香菇、香菇、白菇蕈類
亞洲麵條，如：蒟蒻麵
油脂，如：花生油、芝麻油、蔬菜油
洋蔥
鳳梨
南瓜籽
米
清酒
沙拉，如：亞洲醬汁沙拉、綠色蔬菜沙拉
嫩青蔥
海菜，如：鹿尾菜、裙帶菜
麵筋製品
紅蔥
美式涼拌菜絲
荷蘭豆
湯，如：酸辣湯、菇蕈湯、麵湯、蔬菜湯
醬油
菠菜
燉煮料理
翻炒料理

甜豌豆
溜醬油
天貝
泰式料理
豆腐
越南料理
米醋
山葵
荸薺
米酒
櫛瓜

對味組合

竹筍＋羅勒＋燈籠椒＋椰奶＋紅辣椒醬
竹筍＋辣椒＋芫荽葉＋萊姆
竹筍＋日式高湯＋味醂＋米＋醬油
竹筍＋米＋清酒＋嫩青蔥＋蒟蒻麵＋**醬油**＋豆腐
竹筍＋**醬油**＋山葵

● 香蕉 Bananas

風味：甜，帶有澀味，質地結實綿密

風味強度：弱

這是什麼：水果

營養學剖繪：93% 碳水化合物／4% 蛋白質／3% 脂肪

熱量：每根中型香蕉 105 大卡（生食）

蛋白質：1 克

料理方式：烘焙、炙烤、焦糖化、深炸、冷凍（如：製作蔬果昔）、燒烤、低溫水煮、打成泥、生食、煎炒

小祕訣：放入蔬果昔前先冷凍，便可減少所需的冰塊量。將冷凍香蕉打成泥或放入壓汁機（選擇「原汁含果肉」榨汁方式，而不選擇「過濾」功能），成品會有像霜淇淋的質地，可以直接吃，也可加上一些頂飾配料像楓糖漿和堅果。

主廚私房菜	DISHES

竹筍茶泡飯：竹筍、香菇、金針菇、山椒粒
——美好的一日（Kajitsu），紐約市

龍舌蘭糖漿
蘋果和蘋果汁
杏桃，如：杏桃乾、新鮮杏桃
阿瑪涅克白蘭地
烘焙食物，如：麵包、蛋糕、餅乾、
  馬芬、派、快速法麵包
漿果，如：黑莓、藍莓、覆盆子、
  草莓
波本酒
全穀麵包和土司
奶油
卡巴杜斯蘋果酒
焦糖
小豆蔻
早餐麥片
櫻桃
乳酪，如：奶油乳酪、瑞可達乳酪
辣椒
巧克力，如：黑巧克力、白巧克力
芫荽葉
肉桂
椰子和椰奶
干邑白蘭地
鮮奶油和冰淇淋
孜然
咖哩粉
椰棗
無花果
亞麻籽
法國土司
其他熱帶水果
薑
格蘭諾拉麥片
蜂蜜
櫻桃白蘭地

印度酸乳酪飲品
檸檬
萊姆
麥芽
芒果，如：青芒果、熟芒果
楓糖漿
油桃
肉豆蔻
堅果和堅果醬，如：杏仁果、腰果、
  夏威夷堅果、**花生**、美洲山核
  桃
燕麥和燕麥片
油脂，如：橄欖油
洋蔥
柳橙
美式煎餅
木瓜
百香果
桃子
梨
鳳梨
葡萄乾
蘭姆酒
水果沙拉
芝麻籽，如：黑芝麻籽、白芝麻籽
蔬果昔
糖，如：黃砂糖
葵花籽
甘藷
羅望子
香莢蘭
核桃
優格
日本柚子

對味組合
香蕉＋杏仁奶＋肉豆蔻＋香莢蘭
香蕉＋杏仁果＋燕麥片
香蕉＋蘋果汁＋肉桂
香蕉＋杏桃＋優格
香蕉＋藍莓＋優格
香蕉＋腰果＋鳳梨
香蕉＋巧克力＋花生
香蕉＋肉桂＋柳橙
香蕉＋柑橘類（如：萊姆、柳橙）
  ＋椰子
香蕉＋椰子＋鳳梨＋芝麻
香蕉＋椰棗＋亞麻籽
香蕉＋蜂蜜＋花生醬
香蕉＋楓糖漿＋燕麥片
香蕉＋柳橙＋木瓜
香蕉＋桃子＋覆盆子
香蕉＋鳳梨＋芝麻籽

● **（去殼）大麥** Barley
風味：甜，帶有堅果的澀味，有嚼
  勁的質地
風味強度：弱－中等
這是什麼：全穀物
營養學剖繪：82% 碳水化合物／
  13% 蛋白質／5% 脂肪
無麩質：否
熱量：每28.35克（煮熟後約½杯）
  100大卡
蛋白質：3克
料理方式：沸煮、高壓烹煮、微滾
  烹煮、蒸煮、烘烤
烹調時間：烹調前需浸泡過夜。
  將事先浸泡過的全麥加蓋烹煮
  約35-40分鐘或更長的時間。
  若沒有事先浸泡，則需烹煮約
  75分鐘到軟嫩（注意：快熟大
  麥只需烹煮10-15分鐘即可）
比例：1：3（1份大麥對3份烹調
  湯汁）
小祕訣：若想要更明顯的風味，浸
  泡和烹煮前先烘烤大麥。為了
  獲得最多的營養，與珍珠麥（已
  將外殼完全移除）相比，可選擇

主廚私房菜 | DISHES

香蕉核桃麵包搭配楓糖肉桂奶油
  ——綠色餐廳（Greens Restaurant），舊金山

香蕉焦糖蛋糕搭配烤杏仁果和牛奶巧克力冰淇淋
  ——綠色餐廳（Greens Restaurant），舊金山

去殼大麥（多一層富含纖維質的麩皮）。早餐穀片可試試看用大麥片取代傳統燕麥片。
近親：玉米、卡姆小麥、裸麥、斯佩耳特小麥、黑小麥

龍舌蘭糖漿
杏仁果
蘋果
芝麻菜
酪梨
羅勒
月桂葉
豆類，如：腰豆、皇帝豆、白豆
啤酒
甜菜
燈籠椒，如：紅燈籠椒、黃燈籠椒
黑眼豆
麵包
青花菜和球花甘藍
牛蒡
白脫乳
甘藍菜
續隨子
小豆蔻
胡蘿蔔
腰果
法式砂鍋菜
白花椰菜
芹菜
熱早餐麥片
乳酪，如：費達、山羊乳酪、佩科利諾乳酪
辣椒，如：哈拉佩諾辣椒
細香蔥
芫荽葉
肉桂
椰子
玉米
穗醋栗
咖哩粉
蒔蘿
茄子
茴香

無花果
水果乾
蒜頭
焗烤料理
綠色蔬菜
新鮮香料植物
蜂蜜
羽衣甘藍
韭蔥
檸檬，如：檸檬汁、碎檸檬皮
扁豆
美式長條素肉團
楓糖漿
墨角蘭
牛奶或植物奶，如：米奶或豆奶
薄荷
味噌
***蘑菇**，尤以義大利棕蘑菇、牛肝

菌、波特貝羅大香菇、香菇、喇叭菌、野菇為佳
肉豆蔻
油脂，如：葡萄籽油、**橄欖油**、芝麻油、葵花油
橄欖，如：黑橄欖、綠橄欖、卡拉瑪塔橄欖
洋蔥，如：春日洋蔥、白洋蔥
柳橙
奧勒岡
西班牙燉飯
歐芹
豌豆
黑胡椒
抓飯
石榴和石榴糖蜜
布丁
藜麥

主廚私房菜 | DISHES

溫熱大麥早餐穀片搭配天然蜂蜜、亞麻籽、柳橙片、新鮮無花果、杏仁奶和有機杏仁果
——五月花溫泉旅店（Mayflower Inn & Spa），康乃迪克州華盛頓

對味組合
大麥＋杏仁果＋白花椰菜
大麥＋芝麻菜＋柳橙
大麥＋羅勒＋玉米＋蒜頭＋義式燉飯
大麥＋甜菜＋茴香
大麥＋甜菜＋檸檬
大麥＋白胡桃瓜＋波特貝羅大香菇
大麥＋胡蘿蔔＋香草＋菇蕈類
大麥＋腰果＋芫荽葉＋薄荷
大麥＋腰果＋荷蘭芹＋沙拉
大麥＋肉桂＋奶類＋葡萄乾
大麥＋蒔蘿＋扁豆＋菇蕈類
大麥＋費達乳酪＋義式燉飯
大麥＋費達乳酪＋香菇＋沙拉
大麥＋蒜頭＋墨角蘭＋白酒＋野生蘑菇
大麥＋蜂蜜＋奶類
大麥＋芥藍＋番茄＋湯
大麥＋薄荷＋豌豆
大麥＋荷蘭芹＋白豆

葡萄乾

米，如：糙米

義式燉飯

鼠尾草

沙拉，如：大麥沙拉、穀物沙拉、
　綠色蔬菜沙拉

海鹽

嫩青蔥

種籽，如：芝麻籽、葵花籽

芝麻，如：芝麻油、芝麻籽

紅蔥

湯，**如：菇蕈湯**

酸奶油

醬油

斯佩耳特小麥

菠菜

小果南瓜，如：白胡桃瓜

燉煮料理

翻炒料理

高湯，如：菇蕈高湯或蔬菜高湯

填餡辣椒

餡料

甘藷

溜醬油

龍蒿

百里香

番茄和日曬番茄乾

根莖蔬菜

素食漢堡

醋，如：梅子醋

優格

櫛瓜

大麥麥芽 Barley Malt

風味：甜到非常甜，帶有焦糖、蜂
　蜜、麥芽和／或糖蜜的香調，
　像糖蜜（糖漿）般濃稠、黏的質
　地

風味強度：弱（粉狀）－中等／**強**
　（糖漿）

這是什麼：甜味劑

小祕訣：大麥麥芽粉可取代糖。
　大麥麥芽糖漿可取代糙米糖
　漿、蜂蜜或糖蜜。選擇100%有

機的大麥麥芽糖漿。

烘焙食物，如：麵包、蛋糕、餅乾、
　薑餅、馬芬

豆類，如：烘烤豆類

熱早餐麥片

甜點，如：卡士達

日本長壽飲食料理

楓糖漿

堅果

美式煎餅

爆米花和焦糖玉米

南瓜

小果南瓜，如：冬南瓜

甘藷

大麥麥芽糖漿是很好的液狀甜味
劑。我會用來增加甜點的甜度，
像是卡士達，或製作糖漬堅果時
使用。這種糖漿的風味很明顯，
糖漿已經焦糖化，幾乎像是馬德
拉酒或雪利酒的味道。我在一款
使用啤酒和椒鹽蝴蝶餅為基底的
甜點中加了這款糖漿，糖漿能抗
衡啤酒的麥芽味。

——凱特・雅各比，費吉餐廳，費城

● **珍珠麥** Barley, Pearl
（或稱 Pearled）

風味：微甜，帶有堅果香，質地柔
　軟、有嚼勁

風味強度：弱－中等

這是什麼：穀物（非全穀物）

營養學剖繪：90% 碳水化合物／
　7% 蛋白質／3% 脂肪

熱量：每杯195大卡（煮熟）

蛋白質：4克

料理方式：沸煮、微滾烹煮

烹調時間：烹煮約30-75分鐘到軟
　嫩。

比例：1：2½-3½（1杯大麥對2½-
　3½杯烹調湯汁）

小祕訣：若有多餘烹調時間，可選
　擇大麥全穀（纖維含量較高；參

見大麥）；不然也可選擇使用快
　熟的珍珠麥（不需預先浸泡）。

多香果

蘆筍

羅勒

豆類，如：黑眉豆、腰豆、白豆

甜菜

燈籠椒，如：綠燈籠椒

黑眼豆

奶油

甘藍菜

胡蘿蔔

法式砂鍋菜

芹菜

熱早餐麥片

瑞士甜菜

乳酪，如：藍黴、巧達、傑克乳酪、
　費達、山羊乳酪、葛黎耶和、**帕**
　爾瑪、佩科利諾、義大利波伏
　洛乳酪

辣椒片

素辣豆醬

肉桂

玉米

鮮奶油

法式酸奶油

黃瓜

孜然

穗醋栗

蒔蘿

茴香

蒜頭

其他**穀物**

焗烤料理

榛果

新鮮香料植物

蜂蜜

羽衣甘藍

韭蔥

檸檬，如：檸檬汁、碎檸檬皮

扁豆，如：紅扁豆

萊姆，如：萊姆汁、碎萊姆皮

美式長條素肉團，如：美式素肉

團
奶類
薄荷
菇蕈類，如：鈕扣菇、蠔菇、牛肝菌、
　白菇蕈類、野菇
肉豆蔻
堅果，如：美洲山核桃
油脂，如：榛果油、橄欖油、葵花油、
　核桃油
洋蔥，如：紅洋蔥、白洋蔥、黃洋
　蔥
柳橙
平葉歐芹
豌豆，如：去莢乾燥豌豆瓣
黑胡椒
抓飯
開心果
稠粥
馬鈴薯
葡萄乾
義式燉飯
迷迭香
番紅花
鼠尾草
沙拉
黑皮波羅門參
鹽
紅蔥
湯，如：大麥湯、扁豆湯、蘇格蘭
　濃湯、蔬菜湯
白胡桃瓜
燉煮料理，如：*燉煮蔬菜*
高湯，如：菇蕈高湯、蔬菜高湯
填餡蔬菜，如：*填餡辣椒、填餡番*
　茄
餡料
龍蒿
百里香

番茄和番茄糊
蕪菁
香莢蘭
醋，如：巴薩米克香醋
核桃
水田芥
干紅酒或干白酒
櫛瓜

對味組合
珍珠麥＋羅勒＋番茄＋櫛瓜
珍珠麥＋甜菜＋茴香＋檸檬
珍珠麥＋藍黴乳酪＋菇蕈類
珍珠麥＋茶菜＋茴香＋湯
珍珠麥＋黃瓜＋費達乳酪＋紅洋
　蔥
珍珠麥＋蒜頭＋菇蕈類＋洋蔥
珍珠麥＋堅果＋葡萄乾
珍珠麥＋瑞士茶菜＋白豆

● **羅勒** Basil
季節：夏
風味：微甜，有香氣，帶有茴芹（洋
　茴香）、肉桂、柑橘類、丁香、
　甘草、薄荷和／或胡椒的刺激
　香調
風味強度：中等－強
小祕訣：在上桌前才放入。用來
　替菜餚增添新鮮清新的香味。
近親：薰衣草、墨角蘭、薄荷、奧
　勒岡、迷迭香、鼠尾草、夏季香
　薄荷、百里香

蒜泥蛋黃醬
杏仁果
朝鮮薊心
朝鮮薊
蘆筍

酪梨
豆類，如：蠶豆、四季豆
夏季豆類
白豆，如：白腰豆
燈籠椒，如：紅燈籠椒、烘烤的燈
　籠椒、黃燈籠椒
飲品，如：*雞尾酒、檸檬水*
麵包
球花甘藍
布格麥片
續隨子
白花椰菜
乳酪，如：費達、新鮮白乳酪、山
　羊乳酪、**莫札瑞拉、帕爾瑪乳**
　酪、佩科利諾、瑞可達乳酪
鷹嘴豆
芫荽葉
玉米
庫斯庫斯
古巴料理
黃瓜
咖哩類
茄子
蛋，如：*義式蛋餅、蛋捲*
法式料理
南薑
***蒜頭**
紅捲心菜冷湯
薑
希臘料理
綠色蔬菜，如：沙拉青蔬
榛果
印度料理
義大利料理
豆薯
羽衣甘藍
韭蔥
檸檬
檸檬香茅
墨角蘭
地中海料理
墨西哥料理
小米
薄荷

主廚私房菜	DISHES

珍珠麥和雞油菌濃湯：「皇家」法式酸奶油、蒜香布里歐喜麵包和
芹菜莖寬絲
　——自身（Per Se），紐約市

菇蕈類，如：波特貝羅大香菇
油桃
亞洲粄條，如：泰式炒河粉
堅果
橄欖油
橄欖
洋蔥，如：黃洋蔥
奧勒岡
歐芹
義式麵食，如：義大利麵捲、義大
　利寬麵、千層麵、尖管麵、直麵
桃子
花生
豌豆
胡椒，如：黑胡椒、白胡椒
*義式青醬
松子
開心果
法式蔬菜蒜泥濃湯
披薩
義式粗玉米糊
馬鈴薯，尤以新馬鈴薯為佳
藜麥
普羅旺斯燉菜
米
義式燉飯
迷迭香
鼠尾草
沙拉淋醬
沙拉，如：義式麵食
鹽，如：猶太鹽、海鹽
三明治，如：帕尼尼三明治
醬汁，如：義式麵食醬、番茄醬汁
湯，如：亞洲湯品、豆子湯、巧達
　濃湯、玉米湯、義式蔬菜湯、番
　茄湯、蔬菜湯
東南亞料理
菠菜
小果南瓜，如：金線瓜、夏南瓜
燉煮料理
甘藷
泰式料理，如：綠咖哩
豆腐
*番茄和蕃茄醬汁

日曬番茄乾
夏季蔬菜，如：玉米、番茄、櫛瓜
醋，如：巴薩米克香醋、雪利酒醋
核桃
西瓜
櫛瓜

對味組合
羅勒＋蘆筍＋豌豆＋義式燉飯＋
　番紅花
羅勒＋續隨子＋番茄
羅勒＋辣椒＋芫荽葉＋蒜頭＋萊
　姆＋薄荷
羅勒＋辣椒＋橄欖油＋松子＋日
　曬番茄乾
羅勒＋玉米＋番茄
羅勒＋黃瓜＋薄荷＋豌豆
**羅勒＋蒜頭＋橄欖油＋帕爾瑪乳
　酪＋松子**
羅勒＋蒜頭＋橄欖油＋番茄
羅勒＋檸檬＋橄欖油
羅勒＋薄荷＋開心果
羅勒＋莫札瑞拉乳酪＋橄欖油
羅勒＋菇蕈類＋番茄
羅勒＋番茄＋白豆

泰國羅勒 Basil, Thai
風味：苦／**甜**，芳香，帶有茴芹（洋
　茴香）、羅勒、肉桂、花、甘草
　和／或薄荷的刺激／辛辣香調
風味強度：中等－強
小祕訣：上桌前才加入菜餚中。
　別用來取代義大利羅勒。

亞洲料理
竹筍
腰果
辣椒和辣椒醬（如：泰式辣椒醬）
芫荽葉
椰奶
玉米
咖哩類，如：綠咖哩、印度紅咖哩、
　泰式咖哩
茄子

蒜頭
薑
卡非萊姆葉
檸檬香茅
萊姆
芒果
滷汁醃醬
薄荷
菇蕈類，如：香菇
麵條，如：亞洲麵條
油脂，如：葡萄籽油、南瓜籽油
青木瓜
花生
沙拉
嫩青蔥
紅蔥
湯，如：亞洲湯品、以椰奶為基底
　的湯、素食越式湯河粉
東南亞料理
醬油
翻炒料理
蔬菜高湯
糖，如：楓糖、棕櫚糖
泰式料理
豆腐
越南料理
櫛瓜

對味組合
泰國羅勒＋辣椒＋卡非萊姆葉
泰國羅勒＋芫荽葉＋薄荷
泰國羅勒＋椰奶＋花生

● 月桂葉 Bay Leaf
風味：苦／**甜**，芳香，帶有丁香、花、
　青草、薄荷、肉豆蔻、胡椒、松
　木和／或木頭的刺激／辛辣香
　調
風味強度：弱（若酌量使用的
　話）－強
料理方式：燜煮、微滾烹煮、燉煮
小祕訣：在烹調過程一開始便使
　用，上桌前撈除。謹慎使用，
　避免造成苦味太重。

近親：酪梨、肉桂

北非料理
烤蘋果
豆類，如：蠶豆、乾燥豆類、白豆
燈籠椒
黑眼豆
法國香草束
素辣豆醬
卡士達
法式料理
蒜頭
全穀物
希臘料理
印度料理
扁豆
滷汁醃醬
地中海料理
牛奶和鮮奶油
摩洛哥料理
洋蔥
歐芹
法式酥皮醬靡派
去莢乾燥豌豆瓣
酸漬食物
李子乾
馬鈴薯
布丁，如：米布丁
南瓜
米，如：印度香米
義式燉飯
沙拉淋醬
醬汁，如：*白醬*
湯，如：*豆子湯*
冬南瓜，如：*橡實南瓜*
燉煮料理
蔬菜高湯
百里香
番茄和番茄醬汁
蔬菜

● 豆類：一般或混合豆類
Beans—In General (or Mixed)
這是什麼：莢果

料理方式：一定要煮至**熟透**
烹調時間：根據豆的種類和事先
  浸泡的時間長短，大部分豆類
  需烹煮½-2小時不等。
小祕訣：烹調前，乾燥豆類需浸
  泡過夜（或浸泡8-10小時）。用
  乾淨的水烹煮前，先洗淨並瀝
  乾豆類，之後根據不同種類，
  水煮約1-3小時。烹調過程中
  加入蔥屬食材（如：蒜、洋蔥）
  或香料植物（如：歐芹、百里香）
  時，因為酸（如：檸檬、番茄、醋）
  會干擾烹調過程，所以別加入
  酸。如果是購買含鹽的罐頭豆
  類，使用前須洗淨。乾燥豆類
  煮熟後，分量通常會變成3倍
  （如：⅓杯乾燥豆類=1杯煮熟
  豆類）。有些可加入的調味料
  可幫助腸胃消化豆類，如：阿
  魏、孜然、茴香、薑、昆布、香
  薄荷。
近親：扁豆、花生、豌豆
品牌：Eden

酪梨
羅勒
月桂葉
燈籠椒
奶油
胡蘿蔔
素食什錦鍋
卡宴辣椒
芹菜
乳酪，如：傑克乳酪

細葉香芹
辣椒
辣椒粉
芫荽葉
丁香
芫荽
孜然
蘸料
土荊芥
茴香
蒜頭
薑
全穀物
綠色蔬菜
昆布
檸檬，如：檸檬汁
萊姆，如：萊姆汁
墨角蘭
美乃滋
薄荷
橄欖油
洋蔥
奧勒岡
紅椒粉和煙燻紅椒粉
歐芹
義式麵食
義式青醬
墨西哥烤餅
*米，如：糙米
迷迭香
番紅花
鼠尾草
沙拉，如：*豆子沙拉、綠色蔬菜沙拉*

主廚私房菜	DISHES

三豆辣椒：辣椒、自製素肉、腰豆、斑豆和扁豆，與日曬番茄和各種辣椒微滾烹煮，再鋪上萊姆-哈拉佩諾辣椒豆腐酸奶油
——安潔莉卡的廚房（Angelica Kitchen），紐約市

素食法國白豆什錦鍋，以白豆、花椰菜、抱子甘藍、珍珠洋蔥、瑞士甜菜和棕蘑菇製成，淋上阿雷蘇薩農場鮮奶油，再放入香料植物麵包粉酥底
——餐桌旁的阿雷蘇莎（Arethusa Al Tavolo），康乃迪克州班特姆

番茄莎莎醬
鹽，如：海鹽
＊香薄荷
湯
百里香
番茄
墨西哥全麥薄餅
薑黃
醋，如：米醋

我們只用陶鍋烹調豆類，因為煮出來的豆子好吃太多了。第一次實驗時，我們將豆子浸泡過夜，一半用傳統的金屬鍋烹煮，一半用陶鍋煮（慢慢導熱，讓風味可以慢慢醞釀，更加入味）你一定吃得出來差別。

——西爾瑪．米利安，血根草餐廳，康乃狄克州布里奇波特

● 豆類：日本紅豆
Beans, Adzuki
（亦稱 Aduki 或 Azuki Beans）
[ah-ZOO-kee]
風味：**甜**／酸，帶有栗子和／或堅果的泥土味香調
風味強度：中等－**強**
這是什麼：小型紅色的日本莢果
營養學剖繪：79% 碳水化合物／20% 蛋白質／1% 脂肪
熱量：每杯 295 大卡（沸煮過）
蛋白質：17 克
料理方式：烘焙、沸煮、壓成泥、微滾烹煮、燉煮、翻炒
烹調時間：事先浸泡至少 1-2 小時（或理想上是浸泡過夜）；烹調湯汁煮沸後，接著微滾烹煮 30-90 分鐘到日本紅豆變軟。

杏仁果
蘋果
荒布藻
亞洲料理
大麥
羅勒
月桂葉
豆糕
其他豆類，如：綠豆、紅豆
燈籠椒，如：綠燈籠椒
胡蘿蔔
法式砂鍋菜
芹菜
辣椒，如：阿納海椒、弗雷斯諾辣椒、哈拉佩諾辣椒、波布蘭諾辣椒；辣椒片和辣椒粉
素辣豆醬
中式料理
芫荽葉
肉桂
丁香
可可亞
椰子和椰奶
玉米，如：夏季甜玉米
孜然
甜點，尤以日式甜點為佳，如：羊羹
蘸料，如：豆泥蘸料
蒜頭
薑
穀物，如：大麥、小米、藜麥
蜂蜜
冰淇淋
日式料理
羽衣甘藍
昆布
檸檬，如：檸檬汁
萊姆
日本長壽飲食料理
楓糖漿
味醂
味噌
年糕
菇蕈類，如：蠔菇、香菇
芥末
麵條，如：亞洲麵條
海苔
油脂，如：菜籽油、**橄欖油**、**芝麻油**

主廚私房菜 | DISHES

祖傳培根生菜番茄三明治：祖傳原生種番茄、日本紅豆培根、畢布萵苣、羅勒美乃滋、烤酸麵糰
——肉販的女兒（The Butcher's Daughter），紐約市

日本紅豆蔬菜漢堡：甘藍、胡蘿蔔、芹菜、燕麥、洋蔥和米飯（糙米、紅米和野米）
——蓬勃烘焙公司（Flourish Baking Company），紐約斯卡斯代爾

洋蔥，如：青蔥、紅洋蔥
柳橙，如：碎橙皮
奧勒岡
美式煎餅
歐芹
胡椒，如：黑胡椒、白胡椒
抓飯
稠粥
墨西哥玉米燉煮
南瓜
葡萄乾
紅豆沙
米，如：印度香米、**糙米**、糯米、
　壽司米、短粒白米、野生米
沙拉，如：豆子沙拉、穀物沙拉、
　綠色蔬菜沙拉
海鹽
醬汁
嫩青蔥
芝麻，如：芝麻油、芝麻籽
紅蔥
湯，如：蔬菜湯
醬油
菠菜
抹醬
夏南瓜，如：櫛瓜
冬南瓜，如：橡實南瓜、毛茛南瓜、
　白胡桃瓜、日本南瓜
燉煮料理，如：豆子燉煮、蔬菜燉
　煮
翻炒料理
蔬菜高湯
糖
日式甜點
溜醬油
茶
天貝，如：煙燻天貝
泰式料理
百里香
黏果酸漿
番茄和番茄糊
薑黃
素食漢堡
醋，如：蘋果酒醋、米醋、梅子醋

裙帶菜

對味組合
日本紅豆＋糙米＋蒜頭＋薑＋嫩
　青蔥＋芝麻油＋溜醬油
日本紅豆＋胡蘿蔔＋薑＋海鹽
日本紅豆＋芫荽葉＋椰奶＋萊姆
日本紅豆＋芫荽＋孜然＋薑
日本紅豆＋薑＋芝麻油和芝麻籽
　＋米
日本紅豆＋味噌＋嫩青蔥＋香菇
日本紅豆＋芝麻籽＋壽司米
日本紅豆＋醬油或溜醬油＋冬南
　瓜

● 豆類：紫花雲豆
Beans, Anasazi
風味：微甜，質地結實帶有一點
　粉質
風味強度：弱
這是什麼：莢果
熱量：每¼杯150大卡（乾燥）
蛋白質：7克
料理方式：沸煮、燜煮、高壓烹煮
　（20分鐘以上）、微滾烹煮（烹
　調60-90分鐘到軟嫩為止）
比例：1：3（1杯豆類對3杯烹調
　湯汁）
小祕訣：烹調前，預先浸泡紫花
　雲豆數小時或浸泡過夜。
近親（和可行的替代物）：花豆

酪梨
烤豆子
其他豆類，如：黑眉豆
燈籠椒
麵包粉
胡蘿蔔
法式砂鍋菜
卡宴辣椒
芹菜
乳酪
辣椒，如：阿納海椒、安佳辣椒、
　齊波特辣椒、哈拉佩諾辣椒粉

素辣豆醬
芫荽葉
肉桂
丁香
芫荽
玉米
孜然
蘸料，如：豆泥蘸料
土荊芥
蒜頭
昆布
拉丁美洲料理
墨西哥料理
糖蜜
美國在地料理
油脂，如：橄欖油
洋蔥，如：青蔥、黃洋蔥
奧勒岡
歐芹
馬鈴薯
南瓜
藜麥
豆泥
莎莎醬
湯，如：豆子湯、蔬菜湯
酸奶油
美國西南方料理
燉煮料理
蔬菜高湯
番茄，如：新鮮番茄、日曬番茄乾
素食漢堡
醋，如：紅酒醋

對味組合
紫花雲豆＋胡蘿蔔＋芹菜＋洋蔥
　＋南瓜＋*燉煮料理*
紫花雲豆＋蒜頭＋番茄

● 豆類：黑眉豆 Beans, Black
（亦稱 Turtle Beans）
風味：微甜，帶有泥土味、肉的香
　調。質地豐厚綿密但緊實
風味強度：中等
營養學剖繪：74% 碳水化合物／

主廚私房菜	DISHES

現代黑眉豆與巴哈橄欖油，烤大蒜、酥脆洋蔥、阿涅荷乳酪、芫荽
——邊界燒烤（Frontera Grill），芝加哥

傳統黑眉豆：土荊芥、奶油、甜大蕉、新鮮乳酪
——邊界燒烤（Frontera Grill），芝加哥

黑眉豆墨西哥玉米粥搭配祖傳原生種黃玉米粥、櫻桃蘿蔔絲、芫荽、可緹亞乳酪
——綠斑馬（Green Zebra），芝加哥

黑眉豆辣椒搭配巧達乳酪、法式酸奶油和芫荽
——綠色餐廳（Greens Restaurant），舊金山

香辣有機黑眉豆煎餃搭配味噌芒果醬汁
——裘絲（Josie's），紐約市

黑眉豆蛋糕：墨西哥全麥薄餅、焦糖化大蕉、煙燻黑眉豆泥、南瓜哈瓦那辣椒綠莎莎醬、腰果酸奶油、石榴莎莎醬
——千禧（Millennium），舊金山

23% 蛋白質／2% 脂肪
熱量：每杯 225 大卡（煮熟）
蛋白質：15 克
料理方式：微滾烹煮
烹調時間：事先浸泡過夜（或浸泡 6-8 小時）；沸煮約 1-2 小時到軟嫩。

酪梨
羅勒
月桂葉
燈籠椒，如：綠燈籠椒、紅燈籠椒、黃燈籠椒，尤以燒烤為佳
黑眉豆蛋糕
巴西料理
墨西哥捲餅
加勒比海料理
胡蘿蔔
法式砂鍋菜
卡宴辣椒
芹菜
中美洲料理
乳酪，如：巧達（尤以白乳酪為佳）、可提亞、山羊乳酪、蒙特利傑克乳酪
鷹嘴豆

墨西哥炸玉米片早餐
辣椒，如：阿納海椒、安佳辣椒、齊波特辣椒、哈拉佩諾辣椒、波布蘭諾辣椒、塞拉諾辣椒
辣椒片、**辣椒粉**、辣椒醬
素辣豆醬
細香蔥
巧克力
芫荽葉
柑橘類
咖啡
芫荽
玉米
黃瓜
古巴料理
孜然
蘸料
蛋，如：墨西哥鄉村蛋餅早餐
安吉拉捲
墨西哥玉米捲
土荊芥
蒜頭
薑
穀物
牙買加料理
豆薯

昆布
拉丁美洲料理
檸檬，如：檸檬汁
萊姆，如：萊姆汁、碎萊姆皮
煙燻油
芒果
墨西哥料理
薄荷
味噌
菇蕈類
芥末
墨西哥玉米片
油脂，如：**橄欖油**、花生油、芝麻油、蔬菜油
橄欖，如：綠橄欖
洋蔥，如：青蔥、紅洋蔥、白洋蔥、黃洋蔥
柳橙
奧勒岡，如：墨西哥奧勒岡
紅椒粉
歐芹
法式酥皮醬糜派
胡椒，如：黑胡椒、白胡椒
大蕉
馬鈴薯
波多黎各料理
濃湯
墨西哥烤餅
藜麥
豆泥
米，如：糙米
迷迭香
沙拉，如：豆子沙拉、玉米沙拉、墨西哥塔可餅沙拉
莎莎醬
鹽，如：猶太鹽、海鹽
香薄荷
嫩青蔥
干雪利酒
湯，如：黑眉豆湯
酸奶油
南美洲料理
美國西南方料理
醬油

菠菜
抹醬
小果南瓜，如：橡實南瓜、金線瓜、
　　冬南瓜
燉煮料理
蔬菜高湯
甘藷
墨西哥塔可餅
天貝

美式墨西哥料理
百里香
番茄和番茄糊
墨西哥薄餅，如：墨西哥全麥薄
　　餅
墨西哥披薩
素食漢堡
醋，如：蘋果酒醋、紅酒醋、雪利
　　酒醋

蒸菜，如：瑞士蒸菜
辣椒，如：哈拉佩諾辣椒
素辣豆醬
細香蔥
芫荽葉
丁香
庫斯庫斯
孜然
蘸料，如：豆泥蘸料
闊葉茴菜
茴香
蒜頭
苦味綠色蔬菜，如：甜菜葉
義大利料理
羽衣甘藍
昆布
韭蔥
檸檬，如：檸檬汁、碎檸檬皮
萊姆
菇蕈類
油脂，如：葡萄籽油、橄欖油
橄欖，如：卡拉瑪塔橄欖
洋蔥，如：紅洋蔥、西班牙洋蔥、
　　春日洋蔥
奧勒岡
紅椒粉
歐芹
義式麵食，如：義大利寬麵、細扁
　　麵、義大利麵豆湯
胡椒，如：黑胡椒
義式青醬
法式蔬菜蒜泥濃湯
馬鈴薯
濃湯
米，如：糙米
迷迭香
鼠尾草
沙拉，如：豆子沙拉、綠色蔬菜沙
　　拉、番茄沙拉
鹽，如：猶太鹽、海鹽
香薄荷
紅蔥
湯，如：義式蔬菜湯、義大利麵豆
　　湯、番茄湯

對味組合

黑眉豆＋酪梨＋芫荽葉＋玉米＋萊姆汁
黑眉豆＋酪梨＋芫荽葉＋洋蔥＋米
黑眉豆＋酪梨＋莎莎醬＋菠菜＋*墨西哥捲餅*
黑眉豆＋燈籠椒＋玉米＋萵苣＋嫩青蔥
黑眉豆＋燈籠椒＋蒜頭＋洋蔥
黑眉豆＋糙米＋莎莎醬＋番茄
黑眉豆＋巧達＋鷹嘴豆＋玉米＋青蔥
黑眉豆＋辣椒＋芫荽葉＋芫荽＋**孜然**＋萊姆＋嫩青蔥
黑眉豆＋辣椒＋蒜頭＋芝麻油＋糖
黑眉豆＋辣椒粉或辣椒片＋孜然＋蒜頭＋洋蔥＋番茄
黑眉豆＋齊波特辣椒＋咖啡＋孜然＋柳橙
黑眉豆＋芫荽葉＋萊姆＋奧勒岡＋紅洋蔥
黑眉豆＋芫荽葉＋柳橙
黑眉豆＋芫荽＋孜然＋薑
黑眉豆＋蒜頭＋百里香
黑眉豆＋薑＋昆布＋醬油
黑眉豆＋羽衣甘藍＋甘藷
黑眉豆＋奧勒岡＋鼠尾草＋百里香
黑眉豆＋芒果＋藜麥
黑眉豆＋莎莎醬＋甘藷＋墨西哥薄餅

●豆類：白腰豆
Beans, Cannellini
（同時參見豆類：白豆）
風味：堅果香，質地綿密滑順
風味強度：弱－中等
這是什麼：白色義大利腰豆
料理方式：燜煮、打成泥、微滾烹
　　煮
小祕訣：乾燥豆類需預先浸泡過
　　夜（或浸泡6-8小時）；沸煮和
　　微滾烹煮到軟嫩，約1-2小時。
可行的替代物：其他白豆、海軍

豆

朝鮮薊和朝鮮薊心
芝麻菜
羅勒
月桂葉
燈籠椒，如：燒烤紅燈籠椒
球花甘藍
義大利烤麵包片
胡蘿蔔
素食法國白豆什錦鍋
芹菜

斯佩耳特小麥
菠菜
抹醬
燉煮料理
蔬菜高湯
甘藷
百里香
番茄
日曬番茄乾
醋，如：巴薩米克香醋、雪利酒醋
核桃

對味組合

白腰豆＋巴薩米克香醋＋香料植物（羅勒、迷迭香、鼠尾草）＋橄欖油
白腰豆＋羅勒＋番茄
白腰豆＋月桂葉＋香薄荷
白腰豆＋甜菜葉＋核桃
白腰豆＋燈籠椒＋蒜頭
白腰豆＋茶菜＋蒜頭＋橄欖油＋米＋醋
白腰豆＋芫荽葉＋**蒜頭**＋檸檬汁＋**橄欖油**
白腰豆＋**蒜頭**＋**橄欖油**＋義式麵食
白腰豆＋**蒜頭**＋**橄欖油**＋迷迭香或鼠尾草
白腰豆＋**蒜頭**＋香料植物（如：鼠尾草、百里香）＋**番茄**
白腰豆＋檸檬＋菠菜

●豆類：蔓越莓豆
Beans, Cranberry
（亦稱 Borlotti Beans）

季節：夏（新鮮）；全年（乾燥）
風味：微甜，帶有栗子、肉類、堅果和／或豌豆的泥土香。質地綿密但緊實。
風味強度：弱
營養學剖繪：73% 碳水化合物／24% 蛋白質／3% 脂肪
熱量：每杯 240 大卡（沸煮過）
蛋白質：17 克

料理方式：沸煮、燜煮、高壓烹煮、微滾烹煮
烹調時間：將事先浸泡過的乾燥蔓越莓豆沸煮，接著微滾烹煮約 1-2 小時。新鮮的蔓越莓豆需沸煮約 10 分鐘。
可行的替代物：腰豆、花豆

月桂葉
烘烤豆類
燈籠椒，如：紅燈籠椒
法式奶油什錦薯泥
球花甘藍
奶油
胡蘿蔔
法式砂鍋菜
芹菜
瑞士茶菜
乳酪，如：費達、戈根索拉、帕爾瑪乳酪
素辣豆醬
肉桂
蘸料
法老小麥
蒜頭
焗烤料理
香料植物
鷹嘴豆泥醬
義大利料理
檸檬汁
橄欖油
橄欖
洋蔥，如：黃洋蔥
奧勒岡
歐芹
義式麵食
葡萄牙料理
藜麥
迷迭香
鼠尾草
沙拉
嫩青蔥
湯，如：豆子湯、義式蔬菜湯、義大利麵豆湯

西班牙料理
菠菜
燉煮料理
蔬菜高湯
豆煮玉米
百里香
番茄
核桃
櫛瓜

對味組合

蔓越莓豆＋肉桂＋番茄
蔓越莓豆＋費達乳酪＋核桃
蔓越莓豆＋蒜頭＋青蔥＋檸檬＋橄欖油
蔓越莓豆＋蒜頭＋鼠尾草

●豆類：**蠶豆** Beans, Fava
（亦稱 Broad Beans）

季節：春－夏
風味：苦／甜，帶有奶油、堅果（如栗子）和／或去莢乾燥豌豆瓣的泥土香。有著緊實、有顆粒的濃厚質地
風味強度：中等（直接吃）－較強（乾燥）
營養學剖繪：73% 碳水化合物／24% 蛋白質／3% 脂肪
熱量：每杯 190 大卡（沸煮過）
蛋白質：13 克
料理方式：汆燙（之後才去皮）、沸煮、燜煮、打成泥、較嫩的蠶豆可生食、煎炒、微滾烹煮（新鮮蠶豆煮 8-10 分鐘；乾燥蠶豆則需煮 1½-2 小時）、蒸煮、翻炒
烹調時間：將事先浸泡過的蠶豆沸煮，接著微滾烹煮約 1½-2 小時到軟嫩。注意：若外皮已去除，烹煮時間則少於半小時。
小祕訣：別過度烹調。

朝鮮薊和朝鮮薊心
芝麻菜
蘆筍

酪梨
羅勒
其他豆類，如：四季豆
甜菜
燈籠椒
麵包粉
球花甘藍
義大利烤麵包片
奶油
白脫乳
胡蘿蔔
卡宴辣椒
芹菜
乳酪，如：藍黴、費達、山羊乳酪、莫札瑞拉、**帕爾瑪**、**佩科利諾**、瑞可達乳酪、含鹽瑞可達乳酪、白乳酪
細葉香芹
菊苣
辣椒，如：乾辣椒、哈拉佩諾辣椒
辣椒片、辣椒粉和辣椒醬
細香蔥
芫荽葉
庫斯庫斯
鮮奶油
義大利開胃點心

對味組合

蠶豆＋蘆筍＋豌豆＋義式麵食
蠶豆＋酪梨＋藜麥
蠶豆＋黑胡椒＋香料植物（如：羅勒、細香蔥、歐芹）＋橄欖油＋鹽
蠶豆＋甜菜＋薄荷＋含鹽瑞可達乳酪
蠶豆＋辣椒＋芫荽葉＋蒜頭＋萊姆
蠶豆＋芫荽葉＋費達乳酪＋櫻桃蘿蔔
蠶豆＋孜然＋蒜頭＋檸檬＋橄欖油＋歐芹＋番茄
蠶豆＋蒔蘿＋檸檬＋優格
蠶豆＋蒔蘿＋薄荷
蠶豆＋蒜頭＋檸檬＋薄荷＋橄欖油＋瑞可達乳酪
蠶豆＋蒜頭＋橄欖油＋洋蔥
蠶豆＋蒜頭＋百里香
蠶豆＋山羊乳酪＋檸檬＋橄欖油＋優格
蠶豆＋檸檬＋義式麵食＋瑞可達乳酪
蠶豆＋墨角蘭＋義式麵食
蠶豆＋薄荷＋佩科利諾乳酪＋開心果

孜然
蒔蘿
蘸料
蛋，如：義式蛋餅、蛋捲
土荊芥
炸鷹嘴豆泥
茴香
蒜頭和春蒜
薑
希臘料理
綠色蔬菜，如：苦味綠色蔬菜、沙拉青蔬
鷹嘴豆泥醬
義大利料理
羽衣甘藍
韭蔥
檸檬，如：檸檬汁、碎檸檬皮
梅爾檸檬
萵苣
萊姆
歐當歸
墨角蘭
地中海料理
中東料理
薄荷
摩洛哥料理

菇蕈類，如：龍蝦菌、羊肚菌
蕁麻
肉豆蔻
油脂，如：**橄欖油**、芝麻油、**核桃油**
橄欖
洋蔥，如：紅洋蔥、春日洋蔥
歐芹
義式麵食，如：貓耳朵麵、義大利直麵
豌豆
義式青醬
開心果
葡萄牙料理
馬鈴薯
濃湯
藜麥
櫻桃蘿蔔
野生韭蔥
米
義式燉飯
迷迭香
鼠尾草
沙拉，如：甜菜沙拉
鹽，如：猶太鹽、海鹽
香薄荷，如：夏季香薄荷
嫩青蔥
甜豌豆
湯
西班牙料理
菠菜
抹醬
燉煮料理
塔希尼芝麻醬
百里香
番茄，尤以日曬番茄乾為佳
油醋醬
核桃
優格
櫛瓜

豆類：豆豉（醬汁）Beans, Fermented Black（and Sauce）
風味：**鹹**／甜／鮮味，帶有刺激

香調

風味強度：強－非常強

這是什麼：發酵和鹽漬的黑豆製成的調味料，有時會與薑和柳橙皮混合

小祕訣：烹調前沖洗豆豉，可讓風味變得「較淡」。剁得細碎些可將菜餚調味得更均勻。

荒布藻
蘆筍
羅勒
豆類，如：四季豆、長豇豆、綠豆
燈籠椒
青江菜
青花菜
甘藍菜，如：中國白菜
白花椰菜
辣椒，如：塞拉諾辣椒
辣椒油、辣椒醬和辣椒片
中式料理
芫荽葉
茄子，如：亞洲茄子
蒜頭
薑
亞洲綠色蔬菜，如：青江菜
海鮮醬
蜂蜜
羽衣甘藍，如：恐龍羽衣甘藍、綠色羽衣甘藍
番茄醬
韭蔥
檸檬，如：檸檬汁
萊姆
菇蕈類，如：香菇
麵條，如：亞洲麵食、粄條、蕎麥麵、烏龍麵
油脂，如：花生油、蔥油、芝麻油
洋蔥
柳橙，如：**碎橙皮**
胡椒，如：黑胡椒
米，如：糙米
大米糖漿
沙拉，如：*洋蔥沙拉、菠菜沙拉*

醬汁
嫩青蔥
麵筋製品
芝麻，如：芝麻油、芝麻籽
雪利酒
湯
醬油
菠菜
八角
翻炒料理

高湯，如：*蔬菜高湯*
糖，如：黃砂糖
溜醬油
豆腐
醋，如：巴薩米克香醋、米醋、雪利酒醋
酒，如：干白酒、米酒
優格
櫛瓜

對味組合

豆豉＋巴薩米克香醋＋芝麻＋醬油

豆豉＋辣椒＋蒜頭＋醋

豆豉＋茄子＋優格

豆豉＋蒜頭＋薑

豆豉＋蒜頭＋八角

豆豉＋薑＋碎橙皮

豆豉＋薑＋嫩青蔥＋豆腐＋湯

豆豉＋洋蔥＋芝麻油＋嫩青蔥

我喜歡豆豉為菜餚添加的鮮味，從亞洲茄子到洋蔥沙拉都很適合。
——阿曼達・科恩，泥土糖果，紐約市

● 豆類：笛豆 Beans, Flageolet
[flah-zhoh-LAY]

風味：綿密，質地精細

風味強度：弱

這是什麼：自腰豆／海軍豆的豆莢中取出的未成熟豆子

料理方式：沸煮、微滾烹煮到軟嫩，約 30-90 分鐘

芝麻菜

蘆筍

羅勒

月桂葉

其他豆類，如：紫花雲豆、蠶豆、四季豆

胡蘿蔔

素食法國白豆什錦鍋

芹菜

乳酪，如：山羊乳酪

細葉香芹

柑橘類，如：檸檬、萊姆、柳橙

庫斯庫斯

鮮奶油

黃瓜

細碎的香料植物

法式料理

蒜頭

焗烤料理

香料植物

義大利料理

韭蔥

檸檬

薄荷

油脂，如：橄欖油

橄欖

洋蔥，如：紅洋蔥、甜洋蔥、黃洋蔥

歐芹

義式麵食

義式青醬

開心果

米，如：野生米

迷迭香

沙拉，如：番茄沙拉

鹽

醬汁，如：奶油、蕃茄醬汁

香薄荷

紅蔥

湯

燉煮料理

龍蒿

百里香

番茄和番茄醬汁

酒，如：干白酒

對味組合

笛豆＋羅勒＋番茄

笛豆＋蒜頭＋百里香

笛豆＋蒜頭＋番茄

笛豆＋山羊乳酪＋橄欖

笛豆＋四季豆＋洋蔥＋歐芹＋番茄

笛豆＋開心果＋野生米

● 豆類：法國四季豆
Beans, French Green
（亦稱 Haricots Verts）

小祕訣：比起一般四季豆，法國四季豆較小，口感更精細，質地香酥。

杏仁果

芝麻菜

酪梨

羅勒

紅燈籠椒，如：烘烤燈籠椒

奶油

胡蘿蔔

細葉香芹

細香蔥

法式酸奶油

蒔蘿

法式料理

蒜頭

綠色蔬菜，如：綜合生菜

榛果

檸檬

薄荷

油脂，如：榛果油、**橄欖油**、核桃油

橄欖，如：黑橄欖、卡拉瑪塔橄欖、尼斯橄欖

洋蔥

柳橙

歐芹

胡椒，如：黑胡椒

義式青醬

馬鈴薯，如：新馬鈴薯

沙拉，如：尼斯沙拉

夏季香薄荷

嫩青蔥

紅蔥

湯

翻炒料理

龍蒿

百里香

番茄

醋，如：蘋果酒醋、巴薩米克香醋、香料植物醋、紅酒醋、雪利酒醋、龍蒿醋

核桃

對味組合

法國四季豆＋杏仁果＋蒜頭＋橄欖油

法國四季豆＋榛果＋柳橙

法國四季豆＋洋蔥＋番茄

● 豆類：巨豆 Beans, Gigante
（亦稱 Gigande Beans or Giant Beans）

[zhee-GAHN-teh]

風味：微甜，帶鹹。質地緊實但綿密

風味強度：中等

料理方式：烘焙、燉煮

茴芹籽
月桂葉
麵包粉
胡蘿蔔
法式砂鍋菜
素食法國白豆什錦鍋
芹菜
乳酪，如：費達乳酪
辣椒片
芫荽
蒔蘿
茴香
蒜頭
穀物
希臘料理
蜂蜜
檸檬，如：檸檬汁、碎檸檬皮
橄欖油
橄欖
洋蔥，如：奇波利尼洋蔥
奧勒岡，如：希臘奧勒岡
歐芹
胡椒，如：黑胡椒
米
迷迭香
沙拉，如：豆子沙拉
鹽
湯
菠菜
高湯，如：蔬菜高湯
百里香
番茄
醋，如：紅酒醋

對味組合
巨豆＋燈籠椒＋胡蘿蔔＋番茄
巨豆＋蒔蘿＋蒜頭＋番茄
巨豆＋蒔蘿＋蜂蜜＋橄欖油＋紅酒醋＋番茄
巨豆＋費達乳酪＋橄欖油＋橄欖

● 豆類：大北豆
Beans, Great Northern
（參見豆類：白豆）

● 豆類：四季豆 Beans, Green
（亦稱 String Beans，
亦有黃莢四季豆〔Wax Beans〕；
同時參見豆類：法國四季豆）

季節：夏－秋

風味：微甜，質地緊實

風味強度：弱－中等

這是什麼：莢果，整個豆莢都可食用。營養學上視為蔬菜

營養學剖繪：80% 碳水化合物／13% 蛋白質／7% 脂肪

熱量：每杯 45 大卡（煮熟）

蛋白質：2 克

料理方式：汆燙、沸煮（根據四季豆的厚度，烹調 2-5 分鐘）、高壓烹煮、烘烤、煎炒、**微滾烹煮**、蒸煮（5 分鐘）、燉煮、翻炒

杏仁果
芝麻菜
大麥
羅勒
其他豆類，如：白腰豆、貝殼豆、白豆
燈籠椒，如：紅燈籠椒
奶油
續隨子
胡蘿蔔
腰果
法式砂鍋菜
白花椰菜
卡宴辣椒
芹菜

乳酪，如：巧達、戈根索拉、莫札瑞拉、**帕爾瑪**、佩科利諾、瑞士乳酪
細葉香芹
鷹嘴豆
辣椒和辣椒片
細香蔥
芫荽葉
椰子
玉米
鮮奶油
法式酸奶油
黃瓜
孜然
咖哩和*咖哩類*
蒔蘿
蛋，如：水煮全熟蛋
茴香
法式料理
綠捲鬚苦苣
蒜頭
印度酥油
薑
綠色蔬菜，如：綜合生菜、沙拉青蔬
榛果
鹿尾菜
蜂蜜
印度料理
羽衣甘藍
烘製蕎麥
韭蔥
檸檬，如：檸檬汁、醃檸檬、碎檸檬皮
扁豆
萵苣，如：波士頓萵苣
萊姆
楓糖漿
墨角蘭
小米
薄荷
味噌，尤以白味噌為佳
菇蕈類，如：雞油菌、義大利棕蘑菇、香菇

B

芥末，如：第戎芥末或第戎芥末
　　籽
肉豆蔻
堅果
油脂，如：菜籽油、堅果油、**橄欖油**、
　　花生油、芝麻油、**核桃油**
秋葵
橄欖，如：黑橄欖、尼斯橄欖
洋蔥，如：青蔥、珍珠洋蔥、紅洋
　　蔥
柳橙
奧勒岡
歐芹
義式麵食，如：蝴蝶麵
花生
美洲山核桃
胡椒，如：黑胡椒
義式青醬
抓飯
松子
開心果
馬鈴薯
南瓜籽
藜麥
米，如：糙米、野生米
義式燉飯
迷迭香
沙拉，如：豆子沙拉、鷹嘴豆沙拉、
　　尼斯沙拉、番茄沙拉
鹽，如：猶太鹽、海鹽
香薄荷
嫩青蔥
芝麻，如：芝麻醬汁、芝麻籽
紅蔥
湯，如：豆子湯、蔬菜湯
醬油
菠菜
燉煮料理
翻炒料理
蔬菜高湯
豆煮玉米
葵花籽
龍蒿
天貝

百里香
豆腐
番茄，如：櫻桃番茄、聖女小番茄
薑黃
醋，如：巴薩米克香醋、蘋果酒醋、
　　紅酒醋、雪利酒醋、龍蒿醋
核桃
水田芥
櫛瓜

對味組合

四季豆＋杏仁果＋檸檬
四季豆＋蒜頭＋檸檬
四季豆＋蒜頭＋堅果（如：松子、
　　核桃）＋橄欖油
四季豆＋香料植物（如：歐芹、迷
　　迭香）＋堅果（如：開心果、核
　　桃）＋紅蔥
四季豆＋蜂蜜＋檸檬＋芥末
四季豆＋檸檬＋松子
四季豆＋芥末＋馬鈴薯＋龍蒿
四季豆＋洋蔥＋番茄
四季豆＋義式青醬＋義式燉飯

我把四季豆當零食吃，內含的葉
綠素像是咖啡因，可以快速補充
你的能量！
——肯‧拉森，綠色餐桌，紐約市

● **豆類：腰豆** Beans, Kidney
（同時參見豆類：紅豆）
風味：甜，帶有澀味和／或泥土
　　香，質地緊實、「豐盈」
風味強度：中等
營養學剖繪：73% 碳水化合物／
　　24% 蛋白質／3% 脂肪
熱量：每杯225大卡（沸煮過）
蛋白質：15克
料理方式：沸煮、微滾烹煮、燉煮
烹調時間：烹調前乾燥腰豆需浸
　　泡過夜（或浸泡6-8小時）；沸
　　煮至少15分鐘，接著微滾烹煮
　　約45分鐘至2小時到柔軟、熟
　　透為止。

茴芹籽
酪梨
大麥
羅勒
月桂葉
燈籠椒，如：綠燈籠椒、紅燈籠椒
黑眼豆
卡津料理
加勒比海料理
胡蘿蔔
法式砂鍋菜
卡宴辣椒
芹菜
中美洲料理
辣椒，如：齊波特辣椒、哈拉佩諾
　　辣椒
素辣豆醬
辣椒醬和辣椒粉
細香蔥
芫荽葉
玉米
克利歐料理
孜然
蘸料，如：豆泥蘸料
土荊芥
茴香
蒜頭
薑
綠色蔬菜
秋葵海鮮湯，如：素食海鮮湯
牙買加料理
卡姆小麥
檸檬，如：碎檸檬皮
萊姆
美式素肉丸，如：佐義式麵食
墨西哥料理
油脂，如：**橄欖油**、葵花油
洋蔥，如：**紅洋蔥、甜洋蔥、白洋
　　蔥**
柳橙
奧勒岡
紅椒粉
歐芹
歐洲防風草塊根

義式麵食
花生
豌豆
馬鈴薯
南瓜籽
藜麥
紅豆和米
豆泥
米，如：糙米
米和豆類
鼠尾草
沙拉，如：豆子沙拉、綠色蔬菜沙拉
醬汁，如：義式麵食醬汁
香薄荷
嫩青蔥
湯，如：義式蔬菜湯、義大利麵湯、蔬菜湯
南美洲料理
醬油
抹醬
燉煮料理，如：燉煮蔬菜
蔬菜高湯
龍蒿
百里香
豆腐
番茄，如：番茄汁、番茄糊
素食漢堡
醋，如：紅酒醋、雪利酒醋、白酒醋
核桃
小麥仁
櫛瓜

對味組合

腰豆＋齊波特辣椒＋蒜頭＋米＋番茄

腰豆＋奧勒岡＋鼠尾草＋百里香

每個星期天，牙買加家庭都會吃「飯和豆子」，飯是用椰奶和蘇格蘭圓帽辣椒製作，搭配紅腰豆。
　　——蕭瓦因·懷特，花開咖啡館，紐約市

● **豆類：皇帝豆 Beans, Lima**
（亦稱 Butter Beans）

季節：夏

風味：略苦／甜，帶有奶油、鮮奶油和／或堅果的香調。質地濃厚、豐盈、滑順

風味強度：弱－中等

這是什麼：莢果；營養學上視為澱粉類蔬菜

營養學剖繪：79% 碳水化合物／19% 蛋白質／2% 脂肪

熱量：每杯 210 大卡（小皇帝豆，煮沸過）

蛋白質：12 克

料理方式：壓成泥、打成泥、微滾烹煮（15 分鐘）、蒸煮（注意：絕不可生食）

烹調時間：倒入加了鹽的水中烹調前，皇帝豆需浸泡過夜（或 6-8 小時），煮到軟嫩。如果豆子比較小顆，烹煮約 45-90 分鐘；如果豆子比較大顆，則需烹煮 60-90 分鐘。

羅勒
月桂葉
四季豆
燈籠椒，如：綠燈籠椒、紅燈籠椒
奶油
白脫乳
胡蘿蔔
法式砂鍋菜
乳酪，如：巧達、**費達**、帕爾瑪乳酪
細葉香芹
辣椒片
細香蔥
芫荽葉
玉米
鮮奶油
黃瓜
蒔蘿
蘸料
茄子

茴香和茴香籽
蒜頭
香料植物，如：羅勒、芫荽葉、迷迭香、鼠尾草、百里香
辣根
羽衣甘藍
韭蔥
檸檬，如：檸檬汁
萵苣
墨角蘭
薄荷
糖蜜
菇蕈類
肉豆蔻
橄欖油
橄欖
洋蔥，如：紅洋蔥、黃洋蔥
奧勒岡
歐芹
胡椒，如：黑胡椒
濃湯
藜麥
迷迭香
鼠尾草
沙拉，如：三種豆子沙拉
海鹽
嫩青蔥
酸模
湯
美國南方料理
菠菜
抹醬
小果南瓜，如：哈伯南瓜、夏南瓜
燉煮料理
豆煮玉米
鹽膚木
溜醬油
百里香
番茄和番茄糊
醋，如：蘋果酒醋、紅酒醋
干白酒
優格

對味組合

皇帝豆＋辣椒粉＋蒜頭＋檸檬汁
　＋橄欖油
皇帝豆＋玉米＋番茄（豆煮玉米）
皇帝豆＋玉米＋蒜頭＋迷迭香＋
　番茄（豆煮玉米）
皇帝豆＋茴香＋蒜頭
皇帝豆＋費達乳酪＋橄欖＋番茄
皇帝豆＋費達乳酪＋菠菜
皇帝豆＋蒜頭＋檸檬＋橄欖油＋
　奧勒岡
皇帝豆＋蒜頭＋洋蔥
皇帝豆＋檸檬＋歐芹＋湯
皇帝豆＋嫩青蔥＋優格

● **豆類：長豇豆** Beans, Long
（亦稱 Yard-Long Beans）

風味：苦／甜，帶有莢果（如：豆
　類、豌豆）和／或堅果的香調，
　質地鬆脆
風味強度：弱－中等
這是什麼：莢果，類似四季豆，長
　度通常約31公分甚或更長！
營養學剖繪：79% 碳水化合物／
　19%蛋白質／2%脂肪
熱量：每杯50大卡（沸煮過）
蛋白質：3克
料理方式：沸煮、燜煮、深炸、煎炒、
　蒸煮、燉煮、翻炒
小祕訣：每段切成7.6公分，烹調
　和製作菜餚會更容易。
近親：黑眼豆

亞洲料理
豆類，如：豆豉
燈籠椒，如：紅燈籠椒
辣椒，如：哈拉佩諾辣椒、泰國鳥
　眼辣椒
辣椒膏和辣椒醬
芫荽葉
椰子和椰奶
芫荽
孜然
咖哩粉

蛋，如：*蛋捲*
茴香
茴香籽
葫蘆巴
蒜頭
薑
檸檬，如：檸檬汁、碎檸檬皮
茴芹風味香甜酒，如：保樂酒
薄荷
菇蕈類
堅果
油脂，如：菜籽油、花生油、蔬菜
　油
洋蔥
紅椒粉
義式麵食
胡椒，如：黑胡椒、四川花椒
義式青醬
沙拉
鹽，如：海鹽
芝麻，如：芝麻油、芝麻醬、芝麻
　籽
紅蔥
醬油
翻炒料理
糖

塔希尼芝麻醬
羅望子
番茄
醋，如：米酒醋、雪利酒醋、白酒
　醋
核桃
荸薺

對味組合

長豇豆＋辣椒＋薑＋米酒醋
長豇豆＋辣椒＋檸檬
長豇豆＋芫荽葉＋芝麻油／芝麻
　籽＋醬油
長豇豆＋椰奶＋薑＋紅蔥

我好喜歡在「迷詢中國」的一道
菜，是炒長豇豆搭配很多孜然。
——阿曼達‧科恩，泥土糖果，紐約市

┃**主廚私房菜**　DISHES

涼拌越南長豇豆搭配櫻桃蘿
蔔、黃瓜和胡蘿蔔絲
——餐＆飲餐廳（FnB Restaurant），
亞利桑那州斯科茨代爾

●豆類：綠豆 Beans, Mung

風味：微甜，帶有奶油、青草和／或去莢乾燥豌豆瓣湯的香調，質地柔軟

風味強度：**弱**－中等

營養學剖繪：74% 碳水化合物／23% 蛋白質／3% 脂肪

熱量：每杯 215 大卡（沸煮過）

蛋白質：14 克

料理方式：高壓烹煮、煎炒、微滾烹煮（30-60 分鐘）、催芽、翻炒

小祕訣：可選擇是否需要預先浸泡綠豆。

比例：1：3（1 杯綠豆對 3 杯烹調湯汁）

阿魏粉
亞洲料理
月桂葉
燈籠椒
青江菜
大白菜
胡蘿蔔
法式砂鍋菜
卡宴辣椒
辣椒，如：哈拉佩諾辣椒、紅辣椒
中式料理
細香蔥
芫荽葉
肉桂
椰子和椰奶
芫荽
孜然
咖哩類
印度豆泥糊
蒔蘿
葛拉姆馬薩拉
蒜頭

印度酥油
薑
穀物，如：布格麥片
鍋底焦渣醬汁
綠色蔬菜
鷹嘴豆泥醬
印度料理
韭蔥
檸檬，如：檸檬汁
扁豆
萊姆
小米
印度綠豆糊
扁豆洋蔥燉飯
菇蕈類
芥末籽
亞洲麵條
油脂，如：椰子油、芥末油、橄欖油
洋蔥，如：紅洋蔥
美式煎餅
歐芹
豌豆，如：去莢乾燥豌豆瓣
素食河粉
抓飯
濃湯
米，如：印度香米、糙米、長粒米
沙拉
鹽，如：海鹽
醬汁
湯，如：味噌湯、綠豆湯
東南亞料理
菠菜
綠豆芽
燉煮料理
甜豌豆
天貝
豆腐

番茄
薑黃
蔬菜
優格

對味組合

綠豆＋布格麥片＋橄欖油＋洋蔥

綠豆＋椰奶＋孜然＋蒜頭＋薑＋洋蔥

綠豆＋芫荽＋孜然＋蒜頭＋薑

●豆類：海軍豆 Beans, Navy（亦稱 Yankee Beans）

風味：微甜，帶有鮮奶油的香調和粉質的質地

風味強度：弱－**中等**

營養學剖繪：76% 碳水化合物／20% 蛋白質／4% 脂肪

熱量：每杯 255 大卡（沸煮過）

蛋白質：15 克

料理方式：微滾烹煮

烹調時間：烹調前乾燥豆子需浸泡過夜（或 6-8 小時），沸煮後，接著微滾烹煮到軟嫩，約 1-2 小時

有此一說：全美第二受歡迎的豆類（僅次於花豆）

可行的替代物：白腰豆

芝麻菜
蘆筍
烤豆子
大麥
羅勒
甜菜
波士頓料理
球花甘藍
甘藍菜，如：紫甘藍
胡蘿蔔
法式砂鍋菜
白花椰菜
芹菜
芹菜根
乳酪，如：瑞可達乳酪

主廚私房菜 ｜ DISHES

櫛瓜綠豆美式煎餅和斯肯納櫻桃、羅勒和馬齒莧沙拉，搭配酸模松露醬汁和紫皮馬鈴薯脆片
——佛經（Sutra），西雅圖

辣椒
素辣豆醬
丁香
玉米
蘸料
茴香
蒜頭
番茄醬
韭蔥
楓糖漿
糖蜜
菇蕈類
芥末，如：第戎芥末、黃芥末
洋蔥，如：白洋蔥、黃洋蔥
柳橙
歐芹
義式麵食，如：義大利麵豆湯
胡椒，如：黑胡椒
抓飯
馬鈴薯
濃湯
藜麥
米
迷迭香
沙拉，如：番茄沙拉、蔬菜沙拉
鹽，如：猶太鹽、海鹽
香薄荷
紅蔥
湯，如：豆子湯、番茄湯
抹醬
夏南瓜
燉煮料理
糖，如：黃砂糖
甘藷
百里香
番茄和番茄糊
醋，如：蘋果酒醋

對味組合
海軍豆＋黑胡椒＋楓糖漿＋芥末
　＋糖
海軍豆＋黃砂糖＋糖蜜＋醋

● **豆類：花豆** Beans, Pinto
季節：冬
風味：泥土香，帶鹹。煮熟時，帶
　有粉質的質地
風味強度：弱－中等
營養學剖繪：74% 碳水化合物／
　22% 蛋白質／4% 脂肪
熱量：每杯 245 大卡（沸煮過）
蛋白質：15 克
料理方式：壓成泥、打成泥、回鍋
　炸、微滾烹煮、燉煮
烹調時間：烹調前乾燥豆子需浸
　泡過夜（或 6-8 小時），沸煮約
　1-2 小時到軟嫩。
近親：腰豆、豆類
有此一說：全美最受歡迎的豆類

茴芹籽
酪梨
烤肉醬
月桂葉
其他豆類，如：黑眉豆、腰豆
墨西哥捲餅
法式砂鍋菜
乳酪，如：巧達或傑克乳酪
辣椒，如：安佳辣椒、齊波特辣椒、
　哈拉佩諾辣椒、波布蘭諾辣椒、
　塞拉諾辣椒和**辣椒粉**
素辣豆醬
墨西哥玉米薄餅脆片
芫荽葉
玉米
孜然
蘸料
蛋，如：墨西哥鄉村蛋餅早餐

土荊芥
茴香
豆類，如：豆泥
蒜頭
羽衣甘藍
昆布
檸檬
萊姆
煙燻油
楓糖漿
墨西哥料理
菇蕈類，如：波特貝羅大香菇
芥末
墨西哥玉米片
橄欖油
洋蔥
奧勒岡
歐芹
法式酥皮醬麋派
黑胡椒
濃湯
藜麥
豆泥
米，如：糙米
鼠尾草
沙拉，如：墨西哥塔可餅
莎莎醬
鹽，如：海鹽
香薄荷
嫩青蔥
湯
美國西南方料理
斯佩耳特小麥
抹醬
素食燉煮料理

高湯，如：蔬菜高湯
墨西哥塔可餅
美式墨西哥料理
百里香
番茄和番茄糊
墨西哥薄餅
墨西哥披薩
素食漢堡

對味組合
花豆＋辣椒＋鼠尾草
花豆＋辣椒粉＋孜然
花豆＋芫荽葉＋煙燻油＋洋蔥
花豆＋孜然＋蒜頭＋洋蔥＋藜麥
花豆＋奧勒岡＋鼠尾草＋百里香

● 豆類：紅豆 Beans, Red
（同時參見豆類：腰豆）
風味：微甜，類似腰豆，質地緊實
風味強度：比腰豆弱
烹調時間：烹煮已浸泡過的乾燥
　　紅豆約1½-2小時，煮至軟嫩
可行的替代物：腰豆

法式砂鍋菜
墨西哥炸玉米片早餐
辣椒，如：安佳辣椒
素辣豆醬
咖啡
克利歐料理
香料什錦飯
墨西哥料理
歐芹
紅豆和米
米
沙拉，如：豆子沙拉、綠色蔬菜沙拉
香薄荷
湯
美國西南方料理

豆類：貝殼豆 Beans, Shell
（參見豆類：蔓越莓豆；豆類：
　蠶豆；豆類：皇帝豆）

● 豆類：白豆 Beans, White
（同時參見豆類：白腰豆；
　豆類：海軍豆）
季節：冬
風味：中性，帶有堅果香調，質地
　　綿密
風味強度：弱－中等
營養學剖繪：74%碳水化合物／
　　24%蛋白質／2%脂肪
熱量：每杯250大卡（沸煮過）
蛋白質：17克
料理方式：烘焙、微滾烹煮

朝鮮薊
芝麻菜
蘆筍
烤豆子
大麥
羅勒
月桂葉
紅燈籠椒，尤以烘烤為佳
麵包粉
義大利烤麵包片
甘藍菜，如：皺葉甘藍
續隨子
胡蘿蔔
法式砂鍋菜
素食法國白豆什錦鍋
白花椰菜
芹菜
芹菜根
萵菜，如：瑞士萵菜
乳酪，如：巧達、帕爾瑪乳酪
細葉香芹
鷹嘴豆
辣椒，如：青辣椒片、辣椒醬和辣椒粉
素辣豆醬
細香蔥
庫斯庫斯
全穀物酥脆麵包丁
孜然
椰棗
蒔蘿

蘸料
蛋，如：水煮全熟蛋
闊葉茴菜
茴香、茴香花粉和茴香籽
法式料理
綠捲鬚苦苣
蒜頭
苦味**綠色蔬菜**，如：甜菜葉、芥末葉
蜂蜜
鷹嘴豆泥醬，比如白豆泥
義大利料理
羽衣甘藍，尤以恐龍羽衣甘藍為佳
昆布
韭蔥
檸檬，如：檸檬汁、碎檸檬皮
萵苣，如：奶油萵苣
楓糖漿
糖蜜
菇蕈類，如：義大利棕蘑菇、蠔菇、波特貝羅大香菇、香菇
芥末，如：乾第戎芥末
油脂，如：**橄欖油**、花生油
橄欖，如：綠橄欖
洋蔥，如：紅洋蔥、甜洋蔥、白洋蔥
柳橙
奧勒岡
歐芹
義式麵食
豌豆
胡椒，如：黑胡椒、白胡椒
義式青醬
馬鈴薯
南瓜
濃湯
迷迭香
鼠尾草
沙拉，如：豆子沙拉、茴香沙拉、綠色蔬菜沙拉
鹽，如：猶太鹽、海鹽
醬汁，如：番茄醬汁
德國酸菜

素香腸
香薄荷
嫩青蔥
紅蔥
***湯**，如：白豆湯*
斯佩耳特小麥
菠菜
抹醬
小果南瓜，如：白胡桃瓜
燉煮料理
蔬菜高湯
糖，如：黃砂糖
甘藷

白豆＋羅勒＋芹菜
白豆＋羅勒＋闊葉萵苣＋帕爾瑪乳酪
白豆＋羅勒＋蒜頭
白豆＋羅勒＋嫩青蔥＋*蘸醬*
白豆＋羅勒＋番茄
白豆＋甘藍菜＋帕爾瑪乳酪
白豆＋孜然＋蒜頭＋檸檬＋鼠尾草
白豆＋蒔蘿＋蒜頭＋檸檬
白豆＋蒜頭＋橄欖油＋迷迭香
白豆＋蒜頭＋迷迭香
白豆＋蒜頭＋香料植物（如：奧勒岡、歐芹、**鼠尾草**、百里香）＋檸檬
　＋橄欖油＋義式麵食＋番茄
白豆＋蒜頭＋日曬番茄乾
白豆＋檸檬＋橄欖＋迷迭香＋百里香
白豆＋菇蕈類＋龍蒿＋百里香
白豆＋柳橙＋百里香

塔希尼芝麻醬
龍蒿
百里香
番茄
日曬番茄乾
托斯卡納料理
根莖蔬菜
醋，如：巴薩米克香醋、蘋果酒醋、
　紅酒醋、米醋、梅子醋、白酒醋
小麥仁
干紅酒

對味組合
白豆＋蘆筍＋蒜頭

● **甜菜** Beets
季節：全年皆有，尤其是夏末－
　秋
風味：甜，帶有非常重的泥土香
　和刺激香調。質地香酥、緊實
風味強度：中等－強
營養學剖繪：86% 碳水化合物／
　11% 蛋白質／3% 脂肪
熱量：每杯60大卡（生食）
蛋白質：2克
料理方式：烘焙（以177℃烤約60
　分鐘）、沸煮（根據大小烹調約
　20-45分鐘）、刨絲（如：搭配穀
　物、沙拉）、切細條、醃漬、高
　壓烹煮、（10-25分鐘）、生食、
　烘烤、煎炒、切絲、蒸煮（約
　25-40分鐘）
近親：茶菜、藜麥、菠菜、瑞士茶
　菜

龍舌蘭糖漿
多香果
茴藿香
茴芹籽
蘋果和蘋果汁
荒布藻
芝麻菜
蘆筍
酪梨
烘焙食物，如：蛋糕
羅勒
月桂葉
豆類，如：**蠶豆**、四季豆
燈籠椒，如：綠、紅、黃燈籠椒
黑莓
黑眼豆
麵包，如：黑巧克力麵包、黑麥麵
　包
奶油
白脫乳
甘藍菜，如：綠甘藍菜、紫甘藍、
　皺葉甘藍
續隨子
葛縷子籽

小豆蔻

義式生醃冷盤

胡蘿蔔

白花椰菜

芹菜和芹菜葉

芹菜根

瑞士甜菜

乳酪，如：**藍黴**、康寶諾拉、腰果
乳酪、奶油乳酪、**費達**、**山羊乳
酪**、戈根索拉、豪達、哈瓦堤、
蒙特利傑克、帕爾瑪、西班牙
白乳酪、**瑞可達乳酪**、**含鹽瑞
可達乳酪**、侯克霍、鹽味乳酪

細葉香芹

鷹嘴豆

菊苣

辣椒和辣椒片

洋芋片，如：炸洋芋片

細香蔥

巧克力和可可亞

印度甜酸醬

芫荽葉

肉桂

柑橘類，如：*橙汁*

丁香

芫荽

庫斯庫斯

蔓越莓

鮮奶油

法式酸奶油

蔬菜棒沙拉

黃瓜

孜然

咖哩粉

甜點，如：紅絲絨蛋糕

蒔蘿

毛豆

蛋，尤以水煮全熟蛋為佳

莙薘菜

闊葉莙薘菜心

炸鷹嘴豆泥

茴香、茴香葉和茴香籽

綠捲鬚苦苣

水果乾

主廚私房菜	DISHES

巧克力甜菜蛋糕、烤梨雪碧冰、甜菜和梨皮
——泥土糖果（Dirt Candy），紐約市

義式瑞可達乳酪疙瘩、辣根、甜菜、開心果
——鴿子尾（Dovetail），紐約市

甜菜巧克力杯子蛋糕搭配純素奶油乳酪淋面
——火＆辛香料（Fire & Spice），康乃迪克州哈特福

烘烤鮮嫩甜菜、珍珠麥、辣根打發山羊乳酪、核桃油醋醬
——綠斑馬（Green Zebra），芝加哥

烘烤鮮嫩甜菜和覆盆子沙拉、鹹味巧克力、辛香料調味美洲山核
桃、龍蒿
——綠斑馬（Green Zebra），芝加哥

三色甜菜沙拉搭配迪佛托富士蘋果、核桃、芝麻菜、安丹堤牌的
新鮮山羊乳酪和蘋果酒油醋醬
——綠色餐廳（Greens Restaurant），舊金山

烘烤甜菜搭配榛果油、巴薩米克香醋和百里香
——千禧（Millennium），舊金山

純素紅甜菜薯泥炒豆腐搭配豆乾、紅甜菜、甘藷、馬鈴薯、紅蔥、
新鮮百里香、精選吐司
——莫華克·班德（Mohawk Bend），洛杉磯

甜菜萊姆甘納許、山羊乳酪霜凍優格、開心果碎粒
——桃福（Momofuku），紐約市

燒烤甜菜脆片搭配布格麥沙拉、蘋果和辣根鮮奶油
——納西莎（Narcissa），紐約市

烘烤鮮嫩甜椒搭配新鮮卡塔帕諾山羊乳酪、開心果和雪利酒紅蔥
淋醬
——北福克餐食旅店（North Fork Table & Inn），紐約州紹斯霍爾德

韃靼甜菜、蒔蘿無酵餅、溏心鵪鶉蛋、酥脆續隨子和血橙胡椒
——重點（The Point），紐約州薩拉納克湖

韃靼甜菜：烘烤甜菜、胡蘿蔔蒜泥蛋黃醬、腰果乳酪，搭配法國
棍子麵包上菜
——波多貝羅（Portobello），俄勒岡州波特蘭市

甜菜薯泥搭配天貝：烘烤甜菜、甘藷和天貝，搭配焦糖化洋蔥和
伍斯特醬
——波多貝羅（Portobello），俄勒岡州波特蘭市

夏季時蔬和甜菜沙拉，搭配溫熱當地山羊乳酪油炸餡餅、焦糖化
柳橙和紅蔥油醋醬
——白色穀倉旅店（The White Barn Inn），緬因州肯納邦克

蒜頭
薑
穀物
葡萄柚，如：葡萄柚汁
綠色蔬菜，如：嫩葉、**甜菜葉**、苦味綠色蔬菜、綠葉甘藍、蒲公英葉、綜合生菜、混合青蔬、芥末葉
哈里薩辣醬
雜燴，如：紅絨馬鈴薯雜燴
香料植物
鹿尾菜
蜂蜜
辣根
蔬果汁，如：甜菜＋胡蘿蔔＋芹菜
羽衣甘藍
金桔
薰衣草
韭蔥
檸檬，如：檸檬汁、碎檸檬皮
醃檸檬
檸檬香茅
扁豆，如：綠扁豆、紅扁豆
萵苣，如：奶油萵苣
萊姆
肉豆蔻乾皮
萵苣纈草
芒果
楓糖漿
墨角蘭
馬士卡彭乳酪
美乃滋
奶類
薄荷
東京水菜
菇蕈類
芥末，如：第戎芥末
肉豆蔻
堅果，如：榛果、夏威夷堅果、美洲山核桃、松子、開心果、**核桃**
油脂，如：菜籽油、榛果油、夏威夷堅果油、芥末油、堅果油、**橄欖油**、花生油、紅花油、蔬菜油、

核桃油
橄欖，如：黑橄欖、卡拉瑪塔橄欖
洋蔥，如：青蔥、紅洋蔥、白洋蔥、黃洋蔥
柳橙，如：橙汁、碎橙皮
奧勒岡
紅椒粉
歐芹
歐洲防風草塊根
義式麵食
梨
胡椒，如：黑胡椒、白胡椒
石榴，如：石榴糖蜜、石榴籽
罌粟籽
馬鈴薯
南瓜籽
馬齒莧
藜麥
櫻桃蘿蔔
葡萄乾
開胃小菜
大黃
義式燉飯，如：甜菜燉飯
俄羅斯料理
黑麥，如：黑麥麵包
鼠尾草
沙拉，如：甜菜沙拉、胡蘿蔔沙拉、綠色蔬菜沙拉
莎莎青醬
鹽，如：猶太鹽、海鹽
香薄荷
嫩青蔥
海菜，如：荒布藻、裙帶菜
種籽，如：罌粟籽、葵花籽
紅蔥
酸模
湯，如：羅宋湯
酸奶油
醬油
菠菜
八角
燉煮料理
蔬菜高湯
糖，如：黃砂糖

葵花籽
龍蒿
韃靼料理，如：甜菜（類似韃靼牛排）
百里香
豆腐
番茄
蕪菁
根莖蔬菜
素食漢堡，如：甜菜-扁豆素漢堡
酸葡萄汁
油醋醬，如：柑橘類
*醋，如：**巴薩米克香醋**、香檳酒醋、**蘋果酒醋、水果醋、蔓越莓醋、紅酒醋**、米醋、雪利酒醋、龍蒿醋、巴薩米克香醋、白酒醋*
裙帶菜
山葵
水田芥
西瓜
干紅酒
優格
中東扎塔香料

對味組合

甜菜＋芝麻菜＋費達乳酪＋巴薩米克香醋＋核桃
甜菜＋芝麻菜＋辣根＋美洲山核桃
甜菜＋酪梨＋柳橙
甜菜＋巴薩米克香醋＋黑莓
甜菜＋巴薩米克香醋＋胡蘿蔔＋細香蔥＋綠色蔬菜
甜菜＋巴薩米克香醋＋細香蔥＋歐芹＋紅洋蔥
甜菜＋巴薩米克香醋＋茴香＋柳橙
甜菜＋甜菜葉＋蒔蘿＋檸檬＋優格
甜菜＋甜菜葉＋墨角蘭＋松子
甜菜＋黑橄欖＋柳橙
甜菜＋乳酪（如：藍黴、費達、西班牙白乳酪）＋**水果**（如：蘋果、穗醋栗、柳橙）＋**綠色蔬菜**（如：

芝麻菜、蒲公英葉、莒菜)+**堅
果**(如:榛果、松子、核桃)

甜菜＋乳酪(如:費達、山羊乳酪、
馬士卡彭乳酪、瑞可達乳酪)+
堅果(如:榛果、美洲山核桃、
松子、開心果、核桃)

甜菜＋細香蔥+黃瓜+山葵+洋
蔥+**優格**

甜菜＋細香蔥+櫻桃蘿蔔+**優格**

甜菜+芫荽+孜然+山羊乳酪+
優格

甜菜＋法式酸奶油＋蒔蘿+柳橙

甜菜+第戎芥末+山羊乳酪+菠
菜+核桃

甜菜+蒔蘿+茴香+義式燉飯

甜菜+茴香+薑+優格

甜菜＋茴香＋柳橙+水田芥+優
格

甜菜＋蒜頭＋橄欖油+歐芹

甜菜＋蒜頭＋橄欖油+龍蒿

甜菜+蒜頭+優格

甜菜＋薑＋薄荷＋柳橙

甜菜+山羊乳酪+扁豆

**甜菜＋山葵＋開心果＋瑞可達乳
酪**

甜菜+山葵+紅蔥+龍蒿

甜菜+薄荷+優格

甜菜+芥末+柳橙

甜菜＋柳橙汁／碎橙皮+(雪利
酒／酒)**醋＋核桃油**+核桃

甜菜+開心果+水田芥+優格

甜菜+塔希尼芝麻醬+優格

甜菜+優格+中東扎塔香料

我們的**甜菜**塔是要從韃靼牛肉做
出變化,所以我思考了和韃靼牛
肉及甜菜的關係。韃靼牛肉帶給
我靈感,讓我想到續隨子、紅蔥、
和〔素食〕伍斯特醬;而甜菜則讓
我想到蒔蘿和柳橙。比起傳統的
蛋黃,鶴鶉蛋是個較清淡、較精
細的選擇。

——馬克‧李維,重點餐廳,紐約薩拉納
克湖

● 燈籠椒：一般或混合

Bell Peppers—In General, or Mixed

季節：夏－秋

風味：苦（生食）／甜（烘烤後），帶有胡椒香調，質地鬆脆

甜度：綠色（比較苦）＜黃色＜橘色＜紅色（比較甜）

風味強度：中等（紅色／烘烤過）－強（綠色／生食）

這是什麼：青椒就是未成熟的紅燈籠椒（後者是留在藤上成熟後才採收）。

營養學剖繪：86% 碳水化合物／8% 蛋白質／6% 脂肪

熱量：每杯 40 大卡（紅燈籠椒，沸煮過）

蛋白質：1 克

料理方式：烘焙、汆燙、燜煮、炙烤、燒烤、醃漬、打成泥、生食、**烘烤**（放入加蓋的碗中蒸煮前，於明火上烘烤）、煎炒、蒸煮、燉煮、翻炒（3-5分鐘）、塞入填料

小祕訣：**選擇有機燈籠椒**。紅色和黃色燈籠椒也稱甜椒，比起綠色燈籠椒，前兩者含有較多營養。

近親：辣椒、茄子、鵝莓、馬鈴薯、黏果酸漿、番茄

茴芹
荒布藻
朝鮮薊
芝麻菜
大麥
羅勒
月桂葉
豆類，如：**黑眉豆**、蠶豆、紅豆
青江菜
麵包
青花菜
球花甘藍
義大利烤麵包片
布格麥片

甘藍菜
續隨子
胡蘿蔔
法式砂鍋菜
白花椰菜
卡宴辣椒
芹菜
芹菜籽
茶菜
乳酪，如：巧達、費達、芳汀那、山羊乳酪、莫札瑞拉、帕爾瑪、義大利波伏洛、軟質乳酪
細葉香芹
鷹嘴豆
辣椒、辣椒片和辣椒粉
素辣豆醬
細香蔥
芫荽葉
椰奶
芫荽
玉米
玉米麵包
蔬果漿
庫斯庫斯
黃瓜
孜然
咖哩類
蘸料
茄子
蛋，如：義式蛋餅、蛋捲、鹹派、炒蛋、墨西哥薄餅
茴香
蒜頭
紅捲心菜冷湯
薑
全穀物
焗烤料理
沙拉青蔬
哈里薩辣醬
雜燴
蜂蜜
豆薯
韭蔥
檸檬，如：檸檬汁、碎檸檬皮

醃檸檬
扁豆
萊姆
芒果
墨角蘭
美式長條素肉團
地中海料理
墨西哥料理
小米
薄荷
味噌
菇蕈類，如：鈕扣菇、波特貝羅大香菇、香菇
亞洲麵條，如：泰式炒河粉
油脂，如：菜籽油、玉米油、**橄欖油**、花生油、芝麻油
橄欖，如：黑橄欖、綠橄欖、卡拉瑪塔橄欖
洋蔥，如：紅洋蔥、甜洋蔥、黃洋蔥
奧勒岡
紅椒粉，如：煙燻紅椒粉、甜紅椒粉
歐芹
義式麵食，如：千層麵、義大利細扁麵、米粒麵、直麵
桃子
梨
黑胡椒
抓飯
鳳梨
松子
披薩，如：菇蕈類
義式粗玉米糊
石榴糖蜜
馬鈴薯
濃湯
墨西哥烤餅
藜麥
葡萄乾
普羅旺斯燉菜
開胃小菜
米，如：**糙米**、野生米
義式燉飯

西班牙紅椒堅果醬
番紅花
鼠尾草
沙拉，如：豆子沙拉、綠色蔬菜沙
　　拉、義大利麵沙拉、馬鈴薯沙
　　拉、番茄沙拉、蔬菜沙拉
鹽
三明治，如：烤乳酪三明治、義式
　　三明治
醬汁
芝麻籽
紅蔥
美式涼拌菜絲
荷蘭豆
西班牙香炒番茄醬
湯，如：豆子湯、紅捲心菜冷湯、
　　秋葵海鮮湯、紅辣椒湯、番茄
　　湯、蔬菜湯
南美洲料理
抹醬

對味組合

燈籠椒＋杏仁果＋麵包粉＋蒜頭＋紅椒粉＋雪莉酒醋＋番茄
燈籠椒＋巴薩米克香醋＋羅勒＋蒜頭＋橄欖油
燈籠椒＋巴薩米克香醋＋辣椒粉＋蒜頭＋**橄欖油**
燈籠椒＋巴薩米克香醋＋橄欖油＋紅洋蔥
燈籠椒＋羅勒＋辣椒＋蒜頭
燈籠椒＋羅勒＋茄子＋蒜頭
燈籠椒＋羅勒＋茴香＋山羊乳酪
燈籠椒＋羅勒＋蒜頭＋橄欖油＋洋蔥＋奧勒岡＋番茄
燈籠椒＋乳酪＋蛋＋番茄
燈籠椒＋辣椒＋芫荽葉＋萊姆＋薄荷＋嫩青蔥
燈籠椒＋小黃瓜＋蒜頭＋番茄
燈籠椒＋蔓越莓乾＋菇蕈類＋鼠尾草＋野生米
燈籠椒＋蛋＋菇蕈類＋洋蔥
燈籠椒＋蠶豆＋蒜頭＋檸檬
燈籠椒＋蒜頭＋薑＋芝麻油＋醬油
燈籠椒＋蒜頭＋味噌＋蔬菜高湯
燈籠椒＋蒜頭＋橄欖油＋番茄＋節瓜
燈籠椒＋蘋果酒醋＋蒜頭＋蜂蜜＋橄欖油＋紅洋蔥
燈籠椒＋檸檬汁＋薄荷＋松子＋米
燈籠椒＋橄欖油＋洋蔥＋紅酒醋＋百里香
燈籠椒＋石榴糖蜜＋核桃
燈籠椒＋紅豆＋米

夏南瓜
燉煮料理
翻炒料理
蔬菜高湯
填餡辣椒
餡料，如：以色列庫斯庫斯、藜麥、
　　米
甘藷
塔希尼芝麻醬
天貝
美式墨西哥料理
泰式料理
百里香
豆腐
番茄，如：綠番茄、日曬番茄乾
***番茄、番茄糊和番茄醬汁**
土耳其料理
夏季蔬菜
醋，如：巴薩米克香醋、紅酒醋、
　　雪利酒醋

核桃
干紅酒或干白酒
優格
櫛瓜

很多紐約人說他們不喜歡**燈籠椒**
的風味，但我覺得他們其實是不
喜歡生的燈籠椒。燈籠椒的產季
在加州很短（九月-十月），但紅
色和黃色燈籠椒很適合燒烤、烘
烤、製成湯品或放入咖哩中煎炒。
而且，就算是搭配鷹嘴豆泥醬生
食也非常美味。燈籠椒只要用烤
箱烘烤後，接著放入加蓋的碗中
蒸煮後，便很容易去皮，皮一剝
就掉了。
　　——安妮・索梅維爾，綠色餐廳，舊金山

● 漿果：一般或混合
Berries—In General,
or Mixed Berries
（同時參見特定漿果，如：黑莓、
藍莓、覆盆子、草莓）
季節：春－夏
風味：甜／酸
風味強度：弱－中等
料理方式：低溫水煮、生食

杏仁果
杏桃
羅勒
早餐麥片
洋甘菊
乳酪，如：奶油乳酪、瑞可達乳酪
巧克力，如：黑巧克力、牛奶巧克

力、白巧克力
肉桂
鮮奶油和法式酸奶油
甜點，如：餡餅、英式百匯甜點
接骨木花糖漿
薑
格蘭諾拉麥片
蜂蜜
檸檬
萊姆
香甜酒，如：黑穗醋栗乳酒、薄荷乳酒、金萬利香橙甜酒、櫻桃白蘭地
楓糖漿
馬士卡彭乳酪
蛋白霜烤餅
薄荷
油桃
柳橙
桃子
黑胡椒
甜點內餡
布丁，如：夏季布丁
水果沙拉
種籽，如：罌粟籽
蔬果昔
酸奶油
糖，如：黃砂糖
香莢蘭
醋，如：巴薩米克香醋
酒，如：氣泡酒、甜酒，如：莫斯卡托甜白酒
優格

對味組合
漿果＋蜂蜜＋優格

苦味食材 Bitterness
味道：苦
功用：平緩；刺激食慾；凸顯其他味道
小祕訣：苦味可促進食慾。加入苦味食材，可讓菜餚變得清淡。越辣的食物或飲料，越嘗不到苦味。

苦味食物的例子：
芝麻菜
蘇打粉和泡打粉
皇帝豆
啤酒，尤以無酒精麥芽發酵飲為佳（如：苦麥酒）
綠燈籠椒
苦味物
球花甘藍
抱子甘藍
綠甘藍菜
咖啡因（如：咖啡、茶）
蒸菜
菊苣
黑巧克力
可可亞
蔓越莓
茄子
苣菜
闊葉苣菜
葫蘆巴
綠捲鬚苦苣
葡萄柚
苦味綠色蔬菜、深色葉菜，如：甜菜葉、蒲公英葉、芥末葉、蕪菁葉
苦味香料植物
辣根

羽衣甘藍
萵苣，如：蘿蔓萵苣
苦瓜
橄欖
紫葉菊苣
大黃
通寧水
薑黃
核桃，如：黑核桃
水田芥
酒、紅酒，尤以單寧酸含量高的酒為佳
碎柑橘皮，如：碎檸檬皮、碎橙皮等
櫛瓜

● 黑莓 Blackberries
（同時參見漿果）
季節：夏
風味：酸／甜、多汁，帶有許多鬆脆的籽
風味強度：中等
營養學剖繪：79% 碳水化合物／11% 蛋白質／10% 脂肪
熱量：每杯65大卡（生食）
蛋白質：2克
料理方式：煮熟、直接吃、冷凍（如：加入蔬果昔中）
近親：蘋果、杏桃、櫻桃、桃子、梨、李子、榲桲、覆盆子、草莓

杏仁果
蘋果
香蕉
藍莓
焦糖
肉桂
蔬果漿
鮮奶油和冰淇淋
甜點，如：美式鬆厚酥頂派、脆片、酥皮水果派
苣菜
無花果
薑

榛果
蜂蜜
檸檬
檸檬香草,如:檸檬香蜂草、檸檬
　馬鞭草
萊姆
芒果
楓糖漿
馬士卡彭乳酪
甜瓜,如:蜜露瓜
奶類,如:杏仁奶
薄荷
天然穀物麥片
油桃
肉豆蔻
燕麥
柳橙,如:橙汁、碎橙皮
木瓜
美洲山核桃
桃子
胡椒,如:黑胡椒
派
南瓜籽
覆盆子
大黃
玫瑰天竺葵
沙拉,如:水果沙拉
醬汁
蔬果昔
雪碧冰
湯,如:水果湯
草莓
糖,如:黃砂糖
香莢蘭
西瓜
酒,如:水果酒、紅酒
優格

對味組合
黑莓+蘋果+黃砂糖+肉桂
黑莓+蘋果+肉桂+榛果
黑莓+肉桂+柳橙
黑莓+萊姆+薄荷
黑莓+萊姆+優格

黑莓+木瓜+優格

● 黑眼豆 Black-Eyed Peas
（又名牛豆）
風味:微甜,帶有豆類、奶油、塵土、
　堅果和／或豌豆的泥土味和／
　或鹹味,質地緊實
風味強度:弱－中等／強
這是什麼:莢果
營養學剖繪:71% 碳水化合物／
　24% 蛋白質／5% 脂肪
熱量:每杯200大卡（沸煮過）
蛋白質:14克（其他豌豆則是每
　杯9克）
烹調時間:為了讓黑眼豆更容易
　被消化,烹調前需事先浸泡。
　沸煮後,微滾烹煮約30-45分鐘
　（若有事先預泡）至90分鐘（若
　使用乾燥的豆子）,烹煮到軟嫩。
小祕訣:比起其他莢果,黑眼豆
　更容易被腸胃消化。
品牌:Eden Organic（罐裝）

非洲料理
龍舌蘭糖漿
多香果
芝麻菜
烤肉醬
大麥
羅勒
月桂葉
豆類,如:四季豆、腰豆
燈籠椒,如:綠燈籠椒、紅燈籠椒、
　烘烤燈籠椒
墨西哥捲餅
甘藍菜
卡津料理
續隨子
加勒比海料理

胡蘿蔔
法式砂鍋菜
芹菜
瑞士萘菜
乳酪,如:費達乳酪
辣椒,如:齊波特辣椒、哈瓦那辣
　椒、哈拉佩諾辣椒;辣椒片、辣
　椒醬、辣椒粉
素辣豆醬
芫荽葉
椰子,如:椰子醬、椰奶
芫荽
玉米
玉米麵包
克利歐料理
孜然
蒔蘿
蘸料
蒜頭
薑
苦味綠色蔬菜,如:**綠葉甘藍、芥
　末葉或蕪菁葉**
秋葵海鮮湯
香料植物,如:新鮮香料植物
豆子燉飯
鷹嘴豆泥醬
印度料理
昆布
檸檬,如:檸檬汁
墨角蘭
菇蕈類,如:義大利棕蘑菇、香菇
油脂,如:**橄欖油、紅花油、葵花
　油**
橄欖
洋蔥,如:**紅洋蔥、黃洋蔥**
奧勒岡
歐芹
黑胡椒
馬鈴薯

主廚私房菜	DISHES

黑眼豆蛋糕搭配紅辣椒蔬果漿、齊波特辣椒蒜泥蛋黃醬
　——花開咖啡館（Café Blossom）,紐約市

米，如：糙米、長粒米、糯米
鼠尾草
沙拉，如：豆子沙拉、綠色蔬菜沙
　　拉、豆子燉飯沙拉、番茄沙拉
鹽
嫩青蔥
紅蔥
美式非洲食物
湯，如：綠葉甘藍湯
美國南方料理
菠菜
燉煮料理
蔬菜高湯
豆煮玉米
塔希尼芝麻醬
溜醬油
羅望子
德州魚子醬豆類燉煮
百里香
番茄
醋，如：蘋果酒醋、巴薩米克香醋
優格

對味組合

黑眼豆＋燈籠椒＋芹菜＋洋蔥
黑眼豆＋糙米＋洋蔥
黑眼豆＋椰奶＋糯米
黑眼豆＋玉米＋蒔蘿
黑眼豆＋費達乳酪＋番茄
黑眼豆＋蒜頭＋綠色蔬菜
黑眼豆＋香料植物＋檸檬＋橄欖
　　油
黑眼豆＋洋蔥＋番茄
黑眼豆＋南瓜＋米

● **藍莓 Blueberries**
季節：春－夏
風味：酸／甜。質地柔軟、多汁
風味強度：弱－中等
營養學剖繪：91% 碳水化合物（糖
　　份很高）／5% 脂肪／4% 蛋白質
熱量：每杯85大卡（生食）
蛋白質：1克
料理方式：乾燥、冷凍、直接吃、

微滾烹煮（10分鐘）
小祕訣：冷凍藍莓和新鮮藍莓都
　　一樣適合製作蔬果昔。像是在
　　濃稠麵糊或較小的容器中，如
　　果擔心藍莓會爆裂，可使用乾
　　燥藍莓（如：製作迷你馬芬的
　　烤盤）。
可行的替代物：黑果

龍舌蘭糖漿
杏仁果
北美洲料理
蘋果和蘋果汁
杏桃
烘焙食物，如：麵包、**馬芬**、派、
　　快速法麵包、司康餅、餡餅
香蕉
黑莓
白脫乳
早餐麥片
乳酪，如：藍黴、**奶油乳酪**、瑞可
　　達乳酪
肉桂
玉米
玉米 *蛋糕*
鮮奶油和冰淇淋
法式酸奶油
可麗餅
黃瓜
穗醋栗
甜點，如：*法式水果塔、美式鬆厚
　　酥頂派、脆片、酥皮水果派*
飲料，如：*雞尾酒*
茴香
熱帶水果
薑
全穀物，如：斯佩耳特小麥
格蘭諾拉麥片
榛果
蜂蜜
薰衣草
檸檬，如：檸檬汁、碎檸檬皮
萊姆，如：萊姆汁、碎萊姆皮
芒果

楓糖漿
馬士卡彭乳酪
甜瓜，如：洋香瓜
薄荷
油桃
肉豆蔻
堅果
燕麥和燕麥片
柳橙，如：橙汁、碎橙皮
美式煎餅
桃子
美洲山核桃
派
鳳梨
覆盆子
大黃
糙米
沙拉，如：***水果沙拉***、綠色蔬菜沙
　　拉
莎莎醬
水果醬汁
蔬果昔
水果湯
酸奶油
草莓
糖，如：黃砂糖
百里香
香莢蘭
西瓜
優格

對味組合

藍莓＋肉桂＋檸檬＋米
藍莓＋肉桂＋肉豆蔻＋桃子
藍莓＋玉米＋油桃
藍莓＋奶油乳酪＋檸檬＋肉豆蔻
藍莓＋薑＋柳橙
藍莓＋榛果＋大黃＋瑞可達乳酪
藍莓＋蜂蜜＋萊姆＋芒果
藍莓＋檸檬＋瑞可達乳酪
藍莓＋楓糖漿＋美洲山核桃

● 青江菜 Bok Choy（亦稱 Chinese Cabbage、Pak Choi）

[bahk CHOY]

季節：全年皆有，尤其是夏－秋

風味：苦／甜，帶有甘藍菜、蕪菜、牛奶和／或菠菜的刺激香調。質地柔軟但香酥／鬆脆、多汁

風味強度：弱

這是什麼：蔬菜

營養學剖繪：57% 碳水化合物／32% 蛋白質／11% 脂肪

熱量：每杯20大卡（切絲，沸煮過）

蛋白質：3克

料理方式：汆燙、沸煮、燜煮、生食、烘烤（以204℃烤

5分鐘）、煎炒（大火）、微滾烹煮、蒸煮、**翻炒**

小祕訣：青江菜是快熟的綠色蔬菜。購買尺寸小（和軟嫩）的青江菜。

近親：甘藍菜

龍舌蘭糖漿

杏仁果，如：烘烤或煙燻杏仁果

亞洲料理

黑眉豆和豆豉醬油

紅燈籠椒

青花菜

球花甘藍

甘藍菜，如：大白菜、紫甘藍菜

小豆蔻

胡蘿蔔

腰果

法式砂鍋菜

白花椰菜

芹菜

辣椒，如：哈拉佩諾辣椒

辣椒片、辣椒膏和辣椒醬

中式料理

芫荽葉

肉桂

椰奶

咖哩粉和咖哩類

五香粉

蒜頭

薑

綠色蔬菜，如：亞洲綠色蔬菜、蒲公英葉

海鮮醬

韭蔥

檸檬

檸檬香茅

萊姆

蓮藕

味醂

味噌

菇蕈類，如：中式乾香菇、香菇

麵條，如：中式麵條、蕎麥麵、烏龍麵

油脂，如：菜籽油、辣椒油、葡萄籽油、橄欖油、花生油、**芝麻油**、葵花油

洋蔥，如：黃洋蔥

花生和花生醬

日式醋汁醬油

馬鈴薯

藜麥

米，如：糙米、短粒米

嫩葉沙拉

海鹽

嫩青蔥

芝麻籽

紅蔥

美式涼拌菜絲

湯

黑豆

醬油

芽菜

白胡桃瓜

燉煮料理

翻炒料理

高湯，如：菇蕈高湯或蔬菜高湯

黃砂糖

塔希尼芝麻醬

溜醬油

天貝

泰式料理

豆腐

薑黃

蕪菁

油醋醬

醋，如：糙米醋、米醋、梅子醋

荸薺

酒，如：不甜的雪利酒

櫛瓜

對味組合

青江菜＋亞洲麵條＋花生醬

青江菜＋亞洲麵條＋豆腐＋*翻炒料理*

青江菜＋燈籠椒＋橄欖油＋香菇

青江菜＋豉汁＋荸薺

主廚私房菜	DISHES

蒜薑翻炒青江菜，上菜時搭配糙米飯和李子醬汁
——血根草（Bloodroot），康乃迪克州布里奇波特

亞洲大餃子：蒸餃，內餡為大火翻炒蔬菜、毛豆、薑、蒜，上菜時搭配甜辣蘸醬和燒烤青江菜
——峽谷牧場（Canyon Ranch），麻州萊諾克斯

青江菜搭配青花菜、文頓大豆和白嶺蕪菁
——格拉梅西酒館（Gramercy Tavern），紐約市

煎炒迷你青江菜、薑汁和風醬、烤花生
——綠斑馬（Green Zebra），芝加哥

迷你青江菜、東京蕪菁泡菜、腰果、辣椒油醋醬
——皮肖利（Picholine），紐約市

青江菜＋糙米醋＋芝麻油＋溜醬
油

青江菜＋辣椒＋蒜頭＋薑＋芝麻
油

青江菜＋辣椒片＋椰奶＋紅燈籠
椒

青江菜＋豆豉醬＋蒜頭＋薑

青江菜＋蒜頭＋薑＋醬油

青江菜＋蒜頭＋橄欖油

青江菜＋蒜頭＋芝麻＋豆腐

青江菜＋薑＋花生＋日式醋汁醬
油

青江菜＋薑＋豆腐

青江菜＋海鮮醬＋香菇

青江菜＋檸檬＋塔希尼芝麻醬

青江菜＋檸檬香茅＋萊姆

青江菜＋菇蕈類＋豆腐

青江菜＋嫩青蔥＋香菇

● 琉璃苣 Borage

[BOHR-ij]

季節：春

風味：甜，帶有芹菜、黃瓜、香料
植物和／或蜂蜜的香調。葉片
帶有絨毛

風味強度：弱－中等

這是什麼：香料植物／綠葉蔬菜

營養學剖繪：51% 碳水化合物／
28% 脂肪／21% 蛋白質

熱量：每杯 20 大卡（生食）

蛋白質：2 克

料理方式：生食、煎炒、蒸煮

小祕訣：加入菜餚前先細切。使
用藍紫色的琉璃苣當作可食用
的裝飾，加入雞尾酒、沙拉或
其他菜餚中。

主廚私房菜 | DISHES

自種琉璃苣義式燉飯搭配煙
燻當地雞蛋、琉璃苣、自製
瑞可達乳酪
——法謝爾飯店（Hotel
Fauchère），賓州米爾福德鎮

可行的替代物：芹菜（可取代莖
部）、菠菜（可取代葉）

羅勒

乳酪，如：奶油乳酪、瑞可達乳酪、
含鹽瑞可達乳酪

細葉香芹

鷹嘴豆

細香蔥

雞尾酒，如：以琴酒為基底，如：
皮姆之杯

鮮奶油

黃瓜

蒔蘿

飲料，如：果汁、冰飲

蛋，如：水煮蛋、水波蛋、煙燻蛋

歐洲料理

茴香

蒜頭

德國料理

琴酒

檸檬，如：檸檬汁

薄荷

芥末

油脂，如：橄欖油、蔬菜油、核桃
油

歐芹

義式麵食，如：方麵餃

胡椒，如：白胡椒

馬鈴薯

米，如：阿勃瑞歐米

義式燉飯

沙拉淋醬

沙拉，如：麵包沙拉、鷹嘴豆沙拉、
水果沙拉、綠色蔬菜沙拉

醬汁，如：綠醬、香料植物醬汁

嫩青蔥

酸模

湯，如：冷湯、黃瓜湯、蔬菜湯

酸奶油

蔬菜高湯

茶

百里香

番茄

蔬菜

醋，如：水果醋、米酒醋

水田芥

白酒

優格

對味組合

琉璃苣＋細葉香芹＋細香蔥＋奶
油乳酪＋歐芹＋酸模＋優格＋
醬汁

琉璃苣＋蛋＋馬鈴薯

我喜歡琉璃苣、小地榆和紫草科
植物。這三種香料植物嘗起來像
黃瓜，如果手邊剛好沒有黃瓜，可
用來當作替代品加入沙拉中。紫
草科植物對斷裂的骨頭也很好，
〔血根草餐廳合夥人〕諾薇爾．佛
瑞曾用紫草科植物治癒自己。

——西爾瑪．米利安，血根草餐廳創辦人，
康乃狄克州布里奇波特

● 波伊森莓 Boysenberries
（同時參見黑莓）

小祕訣：使用方法和黑莓一樣，波
伊森莓是三種漿果（黑莓、覆
盆子和羅甘莓）混種後的產物。

布拉格牌液體氨基酸
Bragg Liquid Aminos

風味：牛肉高湯、醬油和／或紅
酒的複雜香調

風味強度：中等－強

這是什麼：以大豆為基底、未發酵
的調味料，雖然不是低鈉食品，
但無麩質，可替代醬油

小祕訣：加入烘烤過的芝麻油，即
可成為搭配蔬菜的速成醬汁。

可行的替代物：醬油、羅望子

豆類

胡蘿蔔

法式砂鍋菜

白花椰菜

芹菜
芫荽葉
白蘿蔔
茄子
蒜頭
薑
全穀物
鍋底焦渣醬汁
綠色蔬菜，如：綠葉甘藍
蜂蜜
蔬果汁，如：胡蘿蔔汁
羽衣甘藍
檸檬，如：檸檬汁
扁豆
菇蕈類，如：香菇
油脂，如：橄欖油、芝麻油
洋蔥
歐芹
爆米花
馬鈴薯
裸食料理
米，如：糙米
沙拉淋醬，如：凱薩沙拉淋醬
沙拉
醬汁
嫩青蔥
麵筋製品
湯，如：紅捲心菜冷湯
抹醬
燉煮料理
翻炒料理
蔬菜高湯
豆腐
番茄
蔬菜，如：蒸蔬菜
素食漢堡

對味組合
布拉格牌液體氨基酸＋糙米＋胡
　蘿蔔＋芹菜＋洋蔥＋豆腐
布拉格牌液體氨基酸＋蒜頭＋檸
　檬汁＋橄欖油

巴西料理 Brazilian Cuisine
黑眉豆
小豆蔻
辣椒
芫荽葉
丁香
椰奶
巴西豆子燉菜
蒜頭
薑
綠色蔬菜，如：綠葉甘藍
羽衣甘藍
肉豆蔻
洋蔥
柳橙
歐芹
黑胡椒
巴西胡椒
南瓜
米
番紅花
莎莎醬
百里香

對味組合
黑眉豆＋洋蔥＋柳橙

● 全穀麵包粉
Bread Crumbs, Whole-Grain
風味：通常是中性風味，質地鬆
　脆
風味強度：弱
小祕訣：可以自己製作專屬的健
　康麵包粉，將全穀或催芽過的
　穀物麵包（如 Ezekiel 牌）乾燥
　或稍微烘烤後，放入食物調理
　機中攪打至稍微變成碎屑狀即
　可。如需要較大碎粒和更明顯
　的口感，在菜餚上方直接用乳
　酪刨絲器將乾燥的麵包刨碎。
　可為焗烤、義式麵食、沙拉、湯
　品等菜餚增加鬆脆質地。

芝麻菜

蘆筍
豆類，如：四季豆
裹粉，如：用於素肉排
法式砂鍋菜
素食法國白豆什錦鍋
白花椰菜
乳酪，如：山羊乳酪、帕爾瑪、佩
　科利諾乳酪
莒菜
茴香
蒜頭
焗烤料理
義大利料理
莢果，如：扁豆
乳酪彎管麵
墨角蘭
菇蕈類
堅果，如：開心果
橄欖油
洋蔥
歐芹
義式麵食，如：義大利細扁麵、彎
　管麵、直麵
義式青醬
紫葉菊苣
迷迭香
沙拉，如：豆子沙拉、凱薩沙拉、
　綠色蔬菜沙拉、菇蕈類沙拉
湯，如：紅捲心菜冷湯、白豆湯
餡料
百里香
番茄，如：烤番茄
素食漢堡
水田芥
櫛瓜

對味組合
麵包粉＋蒜頭＋橄欖油＋帕爾瑪
　乳酪
麵包粉＋羽衣甘藍＋檸檬汁＋帕
　爾瑪乳酪

日式麵包粉
Bread Crumbs, Panko
風味：中性，質地非常鬆脆
風味強度：弱
這是什麼：日式的麵包粉
熱量：每½杯110大卡
小祕訣：為麵筋製品和豆腐製作鬆脆的外皮或是當作深炸食物（如蔬菜）的裹料。

朝鮮薊
蘆筍
烘烤料理
裹粉
乳酪，如：山羊乳酪、莫札瑞拉、帕爾瑪、佩科利諾乳酪
麵包皮
油炸料理
茄子
香料植物，如：羅勒、歐芹
日式料理
檸檬
<u>美式素肉丸</u>
菇蕈類，如：蠔菇
堅果，如：美洲山核桃
麵筋製品
小果南瓜，如：日本南瓜
餡料，如：朝鮮薊填餡
豆腐

早餐、早午餐
Breakfast and Brunch
小祕訣：吃早餐可帶動新陳代謝，也可避免在接下來的一整天中吃得過多。若無法決定自己早餐想吃什麼，可以考慮以下幾種食物：

杏仁果醬，如：放進全穀麵包裡
蘋果和蘋果汁
全穀貝果麵包，如：佐堅果醬
香蕉
比斯吉佐香腸和淋汁
全穀麵包，如：切片或土司，佐或

不佐堅果醬
早餐墨西哥捲餅
穀片，如：冷麥片
穀片，如：熱麥片、全穀物：莧籽、小米、燕麥、藜麥、小麥仁；如：佐漿果、肉桂、可可粉、椰子碎片、亞麻籽、楓糖漿、和／或奶類—像杏仁奶、米奶或豆奶）
墨西哥炸玉米片早餐（比如豆類＋乳酪＋莎莎醬＋墨西哥薄餅或墨西哥玉米薄餅脆片＋任選蛋類）
可麗餅，如：水果或香薄荷可麗餅
蛋料理：義式蛋餅、蛋捲、炒蛋
法國土司，如：肉桂-椰棗、素食（如：以杏仁奶，或亞麻籽油和水取代蛋）、全麥麵包
義式蛋餅，如：青花菜-乳酪蛋餅
新鮮水果，如：蘋果、香蕉、藍莓、草莓
水果和乳酪
格蘭諾拉麥片，如：蔓越莓楓糖口味
雜燴，如：燈籠椒、乳酪、蛋、洋蔥、馬鈴薯、嫩青蔥、菠菜、甘藷、番茄、蔬菜
墨西哥鄉村蛋餅（或豆腐）早餐：墨西哥薄餅加蛋佐乳製品或純素乳酪、公雞嘴莎莎醬、墨西哥酪梨醬和（腰果）酸奶油
甜瓜，如：洋香瓜或蜜露瓜
天然穀物麥片
水果馬芬和／或全穀物馬芬
堅果醬，如：杏仁果醬、花生醬，佐全穀麵包或切片水果或蔬菜
燕麥片，如：佐水果乾或新鮮水果、亞麻籽、堅果
美式煎餅，如：蘋果／核桃、香蕉／核桃、藍莓、南瓜、素食煎餅
派或餡餅，如：瑞可達乳酪餡餅
稠粥，如：堅果粥
糙米，如：搭配肉桂
拌炒料理，炒蛋或炒豆腐

蔬果昔，如：水果昔
舒芙蕾
湯，如：水果湯
墨西哥早餐塔可餅
全麥土司佐堅果醬和香蕉
炒豆腐
早餐墨西哥披薩：酪梨＋豆類＋墨西哥玉米薄餅＋蛋＋莎莎醬
全穀比利時鬆餅，如：佐水果
小麥胚芽，如：加到優格裡
早餐捲餅三明治
優格，如：佐水果（如：香蕉、漿果、桃子）、格蘭諾拉麥片

● 青花菜 Broccoli
季節：秋－冬
風味：微苦，帶有甘藍菜、白花椰菜和／或青草的香調。生食時，質地鬆脆
風味強度：中等

這是什麼：綠色蔬菜

對健康有益的主張：美國公共利益科學中心出版的《健康行動》將青花菜納入「十大最好的食物」名單中。

營養學剖繪：73% 碳水化合物／17% 蛋白質／10% 脂肪

熱量：每杯55大卡（沸煮過）

蛋白質：4克

料理方式：最好煮熟後食用，比生食來得好，但只要烹調到軟嫩即可，別過度烹調。沸煮（3-5分鐘）、深炸（如：天婦羅）、高壓烹煮（2-3分鐘）、打成泥、烘烤、煎炒、微滾烹煮（5-6分鐘）、蒸煮、翻炒（2-3分鐘）

小祕訣：用剩下來的青花菜莖製作沙拉。

近親：抱子甘藍、芽菜、甘藍菜、白花椰菜、綠葉甘藍、辣根、羽衣甘藍、大頭菜、春山芥、蘿蔔、蕪菁甘藍、蕪菁、水田芥

杏仁果
酪梨
羅勒，如：義大利羅勒或泰國羅勒
豆類，如：黑眉豆、**白腰豆**、四季豆、白豆
燈籠椒，如：**紅燈籠椒**，尤以烘烤為佳
麵包粉
布格麥片
奶油和褐化奶油醬
續隨子
腰果
法式砂鍋菜
白花椰菜
卡宴辣椒
乳酪，如：藍黴、**費達**、**巧達**、山羊乳酪、戈根索拉、豪達、莫札瑞拉、**帕爾瑪**、佩科利諾、羅馬諾乳酪
鷹嘴豆

辣椒，如：青、紅辣椒；和**辣椒片**
細香蔥
芫荽葉
椰子和椰奶
芫荽
鮮奶油
可麗餅
蔬菜棒沙拉
咖哩類和**咖哩**，如：咖哩醬、咖哩粉、咖哩辛香料
蒔蘿
蛋，如：*卡士達*、*蛋捲*、*鹹派*
亞麻籽
蒜頭
薑
芝麻鹽
焗烤料理
綜合生菜
墨西哥酪梨醬
榛果
鷹嘴豆泥醬
韭蔥
檸檬，如：檸檬汁、碎檸檬皮
萊姆
墨角蘭
美乃滋
味噌，如：大麥
菇蕈類，如：蠔菇、香菇
芥末，如：第戎芥末、芥末籽
麵條，如：亞洲麵食、粄條、蕎麥麵、烏龍麵
堅果，如：花生、美洲山核桃
油脂，如：**橄欖油**、花生油、芝麻油、核桃油
橄欖，如：黑橄欖
洋蔥，如：紅洋蔥、黃洋蔥
柳橙
奧勒岡
歐芹，如：義大利歐芹

義式麵食，如：義大利寬麵、細扁麵、尖管麵、直麵
胡椒，如：黑胡椒
義式青醬
松子
披薩
馬鈴薯，如：*烘烤馬鈴薯、紅馬鈴薯*
南瓜籽
米，如：*糙米*
迷迭香
鼠尾草
沙拉，如：*綠色蔬菜沙拉、義式麵食沙拉、番茄沙拉、蔬菜沙拉*
黑皮波羅門參
鹽，尤以海鹽為佳
醬汁，如：荷蘭醬
香薄荷
嫩青蔥
麵筋製品
芝麻，如：*芝麻油、芝麻籽*
紅蔥
美式涼拌菜絲
舒芙蕾
湯，如：*青花菜湯、奶油濃湯*
黃豆
醬油
菠菜
綠豆芽
小果南瓜，如：金線瓜
燉煮料理
翻炒料理
蔬菜高湯
塔希尼芝麻醬
溜醬油
龍蒿
天婦羅
百里香
豆腐

艾科佩農場芥藍花菜湯搭配巧達乳酪和細香蔥
——綠色餐廳（Greens Restaurant），舊金山

番茄
日曬番茄乾
薑黃
油醋醬
醋，如：巴薩米克香醋、米醋、龍蒿醋
核桃
水田芥
小麥仁
干白酒
優格

對味組合
青花菜＋杏仁果＋柑橘類（如：檸檬、柳橙）（＋蒜頭）
青花菜＋杏仁果＋菇蕈類
青花菜＋杏仁果＋羅馬諾乳酪
青花菜＋羅勒＋蒜頭＋橄欖油＋

帕爾瑪乳酪＋核桃
青花菜＋燈籠椒＋續隨子＋橄欖
青花菜＋燈籠椒＋莫札瑞拉乳酪
青花菜＋辣椒＋蒜頭＋薑＋萊姆＋橄欖油
青花菜＋辣椒（新鮮辣椒或辣椒片）**＋蒜頭＋橄欖油**
青花菜＋辣椒＋蒜頭＋柳橙（橙汁、碎橙皮）
青花菜＋費達乳酪＋薄荷＋紅洋蔥
青花菜＋亞麻籽＋檸檬
青花菜＋蒜頭＋薑＋芝麻（油／籽）**＋溜醬油**
青花菜＋蒜頭＋檸檬＋橄欖油＋辣椒粉
青花菜＋蒜頭＋檸檬＋塔希尼芝麻醬

青花菜＋薑＋柳橙
青花菜＋檸檬＋歐芹
青花菜＋萊姆＋麵條＋花生
青花菜＋味噌＋芝麻
青花菜＋洋蔥＋柳橙
青花菜＋柳橙＋帕爾瑪乳酪＋番茄
青花菜＋義式麵食＋佩科利諾乳酪＋白豆
青花菜＋紅洋蔥＋優格
青花菜＋米醋＋芝麻油＋芝麻籽＋醬油／溜醬油

● 芥藍 Broccoli, Chinese
（亦稱 Chinese Kale、Gai Lan）
風味：微苦，質地香酥鬆脆
風味強度：弱－中等
營養學剖繪：60% 碳水化合物／27% 脂肪／13% 蛋白質
熱量：每杯20大卡（煮熟）
蛋白質：1克
料理方式：汆燙、煎炒、蒸煮、翻炒
小祕訣：如果需要快熟的綠色蔬菜，可選擇芥藍。

甜菜
胡蘿蔔
細香蔥
柑橘類
五香粉
蒜頭
薑
穀物
韭蔥
檸檬，如：檸檬汁、碎檸檬皮
味醂
味噌
菇蕈類，如：香菇
芥末
油脂，如：辣椒油、葡萄籽油、橄欖油、花生油或芝麻油
橄欖
義式麵食

花生
葡萄乾
醬汁，如：黑眉豆醬、海鮮醬
嫩青蔥
醬油
冬南瓜
翻炒料理
糖
豆腐
番茄
醋，如：巴薩米克香醋或米醋
酒，如：米酒

對味組合
芥藍＋豆豉醬＋細香蔥＋蒜頭
芥藍＋蒜頭＋薑＋花生＋嫩青蔥
　＋醬油
芥藍＋蒜頭＋薑＋香菇＋豆腐
芥藍＋蒜頭＋薑＋醬油
芥藍＋芥末＋醬油

●球花甘藍 Broccoli Rabe
（亦稱 Broccoli Raab、Rapini）
風味：苦，帶有芥末、胡椒、辛香
　料和／或蕪菁的刺激香調
風味強度：中等－強
營養學剖繪：46% 蛋白質／40%
　碳水化合物／14%脂肪
熱量：每杯30大卡（煮熟）
蛋白質：3克
料理方式：沸煮、燜煮、炒、濾煮法、
　烘烤、煎炒、微滾烹煮、蒸煮、
　翻炒（注意：不可生食）
近親：青花菜、甘藍菜、蕪菁和蕪
　菁葉

杏仁果
大麥
羅勒
豆類，如：蠶豆、貝殼豆、白豆
燈籠椒，如：紅或黃燈籠椒，尤以
　烘烤為佳
麵包粉
義大利烤麵包片

續隨子
胡蘿蔔
乳酪，如：費達、芳汀那、新鮮乳酪、
　莫札瑞拉、**帕爾瑪**、佩科利諾、
　瑞可達、含鹽瑞可達、羅馬諾、
　綿羊奶、煙燻莫札瑞拉、白乳酪
栗子
鷹嘴豆
辣椒，如：哈拉佩諾辣椒和**辣椒**
　片
中式料理
細香蔥
芫荽葉
柑橘類
鮮奶油
穗醋栗
茄子
蛋
* **蒜頭**
薑
穀物，如：大麥
榛果
義大利料理
檸檬
梅爾檸檬
菇蕈類
芥末籽
叛條
油脂，如：**橄欖油**、花生油
橄欖
洋蔥，如：黃洋蔥
奧勒岡
紅椒粉，如：煙燻紅椒粉
義式麵食，尤以全穀物製作為佳，

如：寬麵、貓耳朵麵、尖管麵、
　直麵
花生
黑胡椒
義式青醬
松子
披薩
義式粗玉米糊
馬鈴薯
葡萄乾
米，如：糙米
義式燉飯
沙拉淋醬，如：檸檬油醋醬
沙拉
海鹽
嫩青蔥
紅蔥
湯，*如*：*豆子湯、球花甘藍湯*
醬油
夏南瓜
燉煮料理
翻炒料理
蔬菜高湯
天貝
豆腐
番茄
薑黃
醋，如：巴薩米克香醋、紅酒醋、
　雪利酒醋、白酒醋
核桃
干白酒

對味組合
球花甘藍＋豆類＋義式麵食

主廚私房菜	DISHES

燒烤球花甘藍搭配辣番茄醬汁和酸奶油
——ABC廚房（ABC Kitchen），紐約市

焦黑球花甘藍搭配辣椒、香酥紅蔥酥
——南布呂德（Boulud Sud），紐約市

義大利直麵和素丸、球花甘藍、黑橄欖、羅勒義式紅醬
——花開咖啡館（Café Blossom），紐約市

球花甘藍＋麵包粉＋辣椒片＋蒜頭

球花甘藍＋糙米＋鷹嘴豆＋蒜頭

球花甘藍＋糙米＋芫荽葉＋花生＋醬油

球花甘藍＋乳酪（如：佩科利諾、瑞可達乳酪）＋義式麵食

球花甘藍＋辣椒＋柑橘類＋費達乳酪＋義式麵食

球花甘藍＋辣椒＋蒜頭

球花甘藍＋辣椒片＋蒜頭＋檸檬＋橄欖油

球花甘藍＋辣椒粉＋橄欖＋煙燻莫札瑞拉＋*披薩*

球花甘藍＋辣椒片＋檸檬＋義式麵食

球花甘藍＋蒜頭＋檸檬＋松子＋葡萄乾

球花甘藍＋蒜頭＋橄欖油＋義式麵食

球花甘藍＋蒜頭＋松子

● **芥藍花菜 Broccolini**
風味：微甜，帶有青草胡椒般的香調。質地軟嫩但香酥
風味強度：弱－中等
這是什麼：青花菜和芥藍（一種中國青花菜）的混種
熱量：每杯35大卡
料理方式：用以下方式快速烹煮：汆燙、沸煮、生食、煎炒、蒸煮、翻炒

杏仁果
羅勒
燈籠椒，如：紅燈籠椒

麵包粉
青花菜和球花甘藍
乳酪，如：費達、帕爾瑪乳酪
辣椒，如：乾辣椒和辣椒膏、辣椒片和辣椒醬
芫荽葉
蛋，如：*義式蛋餅*
蒜頭
薑
檸檬，如：檸檬汁、碎檸檬皮
菇蕈類，如：牛肝菌
芥末，如：第戎芥末
油脂，如：**橄欖油**、牛肝菌油、芝麻油、蔬菜油
橄欖
洋蔥，如：紅洋蔥
柳橙，如：橙汁、碎橙皮
歐芹
義式麵食，如：寬麵
花生和花生醬
胡椒，如：黑胡椒
馬鈴薯
沙拉
海鹽
芝麻，如：芝麻油、芝麻籽
紅蔥
湯
醬油
高湯，如：蔬菜高湯
豆腐
番茄
醋，如：巴薩米克香醋、蘋果酒醋

對味組合
芥藍花菜＋巴薩米克香醋＋第戎芥末＋橄欖油

芥藍花菜＋辣椒＋芫荽葉＋蒜頭＋薑

芥藍花菜＋蛋＋菇蕈類＋帕爾瑪乳酪＋義式麵食

芥藍花菜＋蒜頭＋橄欖油＋帕爾瑪乳酪＋義式麵食

芥藍花菜＋薑＋柳橙

芥藍花菜＋柳橙＋芝麻油＋醬油

糙米糖漿 Brown Rice Syrup
（又名米麥芽糖漿）
風味：甜，帶有奶油糖果、焦糖、麥芽和／或米飯的香調。質地呈濃稠的液狀
風味強度：弱
營養學剖繪：97%碳水化合物／3%蛋白質
熱量：每大匙75大卡
小祕訣：甜度只有一般糖品的一半，可取代蜂蜜（如塗在吐司上）或楓糖糖漿（如淋在比利時鬆餅上）。
可行的替代物：大麥麥芽糖漿

烘焙食物，如：*蛋糕、餅乾、馬芬*
咖啡
餅乾，尤以脆餅為佳
冰淇淋
滷汁醃醬
美式煎餅
爆米花，如：*焦糖玉米*
沙拉淋醬
比利時鬆餅

● **抱子甘藍 Brussels Sprouts**
季節：秋－冬
風味：苦／甜，帶有青花菜、甘藍菜和／或堅果的刺激香調，質地香酥
風味強度：弱（幼嫩）－中等／強（老熟）
這是什麼：綠色蔬菜
營養學剖繪：71%碳水化合物／17%蛋白質／12%脂肪

主廚私房菜	DISHES

燒烤橄欖青醬豆腐搭配芥藍花菜和紫色馬鈴薯泥
——李子小酒館（Plum Bistro），西雅圖

炸菇蕈薯條搭配盤烤芥藍花菜、菇蕈和歐芹核桃青醬
——波多貝羅（Portobello），俄勒岡州波特蘭市

熱量：每½杯30大卡（沸煮過）

蛋白質：2克

小祕訣：購買較小的抱子甘藍，稍微煮熟後食用比生食好。烹調到軟嫩即可，別沸煮，這樣會使營養價值流失。而且過度烹調還會讓硫磺味變得明顯，破壞風味。

料理方式：汆燙、沸煮、燜煮、炒、燒烤、蔬果切片器、高壓烹煮（2-3分鐘）、打成泥、烘烤（以177℃烘烤20-30分鐘）、煎炒、切絲、微滾烹煮、蒸煮（7-10分鐘）、翻炒、炸天婦羅

近親：青花菜、甘藍菜、花椰菜、綠葉甘藍、辣根、**羽衣甘藍**、大**頭菜**、春山芥、蘿蔔、蕪菁甘藍、蕪菁、水田芥

杏仁果

蘋果（蘋果乾和新鮮蘋果）、**蘋果酒和蘋果汁**

耶路撒冷朝鮮薊

羅勒

月桂葉

燈籠椒，如：紅燈籠椒

麵包粉

奶油和褐化奶油醬

續隨子

葛縷子籽

胡蘿蔔

腰果

白花椰菜

芹菜

芹菜根

乳酪，如：**藍黴**、**巧達**、費達、山羊乳酪、戈根索拉、豪達、葛黎耶和、**帕爾瑪**、佩科利諾、義大利波伏洛、瑞可達、侯克霍乳酪、瑞士乳酪

栗子（傳統）

辣椒片

細香蔥

椰奶

荒萎

蔓越莓乾

鮮奶油和法式酸奶油

蔬菜棒沙拉

孜然

咖哩粉

蒔蘿

蛋，如：煎蛋、水煮全熟蛋、蛋捲、水波蛋

茴菜，如：比利時茴菜

茴香

茴香籽

蒜頭

印度酥油

薑

全穀物，如：蕎麥

葡萄柚

葡萄

榛果

杜松子

羽衣甘藍

烘製蕎麥

檸檬，如：檸檬汁、碎檸檬皮

扁豆，如：法國扁豆

萊姆

楓糖漿

墨角蘭

薄荷

味醂

味噌

菇蕈類，如：香菇

芥末，如：第戎芥末、芥末粉和芥末籽

肉豆蔻

油脂，如：菜籽油、榛果油、芥末油、堅果油、**橄欖油**、花生油、南瓜籽油、芝麻油、**核桃油**

洋蔥，如：青蔥、紅洋蔥

柳橙，如：橙汁

奧勒岡

紅椒粉，如：煙燻紅椒粉

歐芹

歐洲防風草塊根

義式麵食，如：全穀義式麵食

梨

美洲山核桃

胡椒，如：黑胡椒、白胡椒

松子

開心果

馬鈴薯

葡萄乾

米，如：印度香米

迷迭香

蕪菁甘藍

沙拉

鹽，如：**猶太鹽、海鹽**、煙燻鹽

嫩青蔥

芝麻籽

紅蔥

美式涼拌菜絲

湯，如：*栗子湯、蔬菜湯*

酸奶油

醬油

芽菜，如：黃豆芽、綠豆芽

小果南瓜，如：冬南瓜

翻炒料理

蔬菜高湯

糖

葵花籽

溜醬油

百里香

豆腐，如：豆乾

蕪菁

根莖蔬菜

苦艾酒

油醋醬

醋，如：蘋果酒醋、巴薩米克香醋、米酒醋、雪利酒醋、龍蒿醋、白酒醋

核桃

荸薺

酒，如：干白酒、米酒

優格

對味組合

抱子甘藍＋杏仁果＋柳橙汁

抱子甘藍＋蘋果＋山羊乳酪＋榛果

抱子甘藍＋黑胡椒＋佩科利諾
抱子甘藍＋藍黴乳酪＋核桃
抱子甘藍＋麵包粉＋水煮全熟蛋
　＋檸檬＋歐芹
抱子甘藍＋蕎麥＋菇蕈類
抱子甘藍＋葛縷子籽＋芥末
抱子甘藍＋葛縷子籽＋柳橙
抱子甘藍＋葛縷子＋酸奶油
抱子甘藍＋白花椰菜＋蒜頭＋橄
　欖油＋迷迭香
抱子甘藍＋栗子＋楓糖漿
抱子甘藍＋辣椒片＋蒜頭＋紅蔥
抱子甘藍＋鮮奶油＋肉豆蔻＋帕
　爾瑪乳酪
抱子甘藍＋蔓越莓乾＋核桃
抱子甘藍＋蒜頭＋檸檬＋橄欖油
抱子甘藍＋蒜頭＋松子＋紅蔥
抱子甘藍＋蒜頭＋醋＋核桃
抱子甘藍＋薑＋百里香
抱子甘藍＋榛果＋楓糖漿
抱子甘藍＋杜松子＋柳橙汁
抱子甘藍＋檸檬＋芥末＋歐芹＋
　核桃油
抱子甘藍＋味噌＋芥末
抱子甘藍＋菇蕈類＋松子
抱子甘藍＋柳橙＋芝麻油

珍喬治・馮耶瑞何頓思考風味的
方式很獨特。我為他設計了**抱子
甘藍**食譜〔搭配烘烤過的美洲山
核桃和酪梨〕，於〔純食物和酒〕
餐廳中製作，這道菜真是美味極
了！
——西爾瑪・米利安，血根草餐廳，康乃
狄克州布里奇波特

在主流餐廳裡，你一定會看到**抱
子甘藍**搭配培根這道菜。我們
會用帶煙燻味的豆乾來取代〔培

根〕，再用柳橙汁的甜味、一點龍
舌蘭加上味噌的鮮味來凸顯煙燻
風味。
——艾瑞克・塔克，千禧餐廳，舊金山

● 蕎麥 Buckwheat
（又名脫殼蕎麥；同時參見
烘製蕎麥、全穀日本蕎麥麵）
風味：微甜，帶有堅果的泥土香
風味強度：弱－中等
這是什麼：視為全穀物，雖然本
　身並不是穀物而是非草類作物
　的種籽
無麩質：是
營養學剖繪：82%碳水化合物／
　12%蛋白質／6%脂肪
熱量：每杯155大卡（煮熟）
蛋白質：6克
料理方式：烘焙、沸煮、鍋烤、烘烤、
　微滾烹煮（約10-20分鐘煮到軟
　嫩）、翻炒、烘烤
比例：1：2-3（1份蕎麥對2-3份
　烹調湯汁）
小祕訣：烘烤至鬆脆（以帶出風
　味）。灑在沙拉或蔬菜上。烘
　烤過的脫殼蕎麥粒便成為烘製
　蕎麥在市面上販售（參見烘製
　蕎麥）。

近親：大黃、酸模（不是小麥）

杏仁果和杏仁果醬
蘋果，如：蘋果酒、新鮮蘋果、蘋
　果汁
荒布藻
蘆筍
香蕉
羅勒
月桂葉
豆類，如：黑眉豆

燈籠椒，如：紅燈籠椒
漿果，如：藍莓
比利時堅果
奶油
甘藍菜
小豆蔻
胡蘿蔔
腰果
法式砂鍋菜
芹菜
熱早餐麥片
瑞士茶菜
乳酪，如：費達、芳汀那、山羊乳酪、
　葛黎耶和、帕爾瑪乳酪
鷹嘴豆
細香蔥
肉桂
玉米
可麗餅
椰棗
歐洲東部料理
蛋或蛋白，如：煎蛋、水波蛋、烤
　蛋
亞麻籽
法式北部料理
水果乾
蒜頭
薑
其他溫和穀物，如：碎小麥、碎小
　米、碎米
香料植物
蜂蜜
冰淇淋
烘製蕎麥
大頭菜
韭蔥
檸檬，如：檸檬汁、碎檸檬皮
楓糖漿
*以穀物、堅果和／或蔬菜製成的
　美式素肉*
菇蕈類，如：野菇
麵條，如：蕎麥麵
橄欖油
洋蔥，如：焦糖化洋蔥

美式煎餅
歐芹
義式麵食，如：蝴蝶麵
梨
黑胡椒
抓飯
松子
義式粗玉米糊
稠粥
馬鈴薯
楊梓
俄羅斯料理
鼠尾草
沙拉
海鹽
嫩青蔥
芝麻，如：芝麻油、芝麻醬汁、芝
　　麻籽
湯，如：黑眉豆湯、馬鈴薯湯
酸奶油
醬油
菠菜
小果南瓜
高湯，如：菇蕈高湯、蔬菜高湯
填餡蔬菜，如：填餡甘藍菜、填餡
　　菇蕈類、填餡冬南瓜
餡料
百里香
豆腐
番茄
香莢蘭
蔬菜，如：根莖蔬菜
素食漢堡
核桃
優格

對味組合

蕎麥＋蘋果＋楓糖漿
蕎麥＋香蕉＋核桃
蕎麥＋羅勒＋菇蕈類＋番茄
蕎麥＋藍莓＋肉桂＋薑＋香莢蘭
蕎麥＋胡蘿蔔＋菇蕈類
蕎麥＋蛋（如：煎蛋、水波蛋）＋
　　蒜頭＋百里香

蕎麥＋費達乳酪＋歐芹
蕎麥＋蒜頭＋菇蕈類＋洋蔥
蕎麥＋蒜頭＋歐芹＋醬油
蕎麥＋檸檬＋橄欖油＋歐芹＋嫩
　　青蔥
蕎麥＋菇蕈類＋嫩青蔥＋芝麻油
蕎麥＋馬鈴薯＋百里香

● 布格麥片：全麥
Bulgur, Whole Wheat
（同時參見碎麥片、小麥仁）

[BUHL-guhr]
風味：堅果香調，質地（如細磨）
　　鬆軟或有嚼勁（如中等研磨或
　　粗磨）
風味強度：**弱－**中等
這是什麼：預煮（如蒸煮過）、乾
　　燥、壓碎的／研磨的全穀麥仁
無麩質：否
營養學剖繪：85% 碳水化合物／
　　13% 蛋白質／2% 脂肪
熱量：每杯 150 大卡（煮熟）
蛋白質：6 克
料理方式：沸煮（10-20 分鐘）、微
　　滾烹煮（15-20 分鐘）、蒸煮
烹調時間：加蓋烹煮約 15-20 分鐘
比例：1：1½（細磨）-2½（粗磨）
　　（1 杯布格麥對 1½-2½ 杯烹調湯
　　汁）
小祕訣：不同的研磨顆粒有不同
　　的用途：細磨顆粒較適合製作
　　麥粒番茄生菜沙拉，粗磨顆粒
　　較適合製作抓飯。蒸煮前先煎
　　炒過，可強化其堅果味。調味
　　後，可在美式素辣豆醬、墨西
　　哥塔可餅等菜餚中取代絞肉。

杏仁果
蘋果和蘋果汁
杏桃，如：杏桃乾
芝麻菜
豆類，如：白腰豆、鸞豆
燈籠椒，如：綠燈籠椒
青花菜

奶油
白脫乳
甘藍菜，如：紫甘藍
胡蘿蔔
法式砂鍋菜
白花椰菜
熱早餐麥片
芹菜
蒔菜
乳酪，如：費達、山羊乳酪
鷹嘴豆
辣椒，如：安佳辣椒、和辣椒粉
素辣豆醬
芫荽葉
肉桂
柳橙，如：碎橙皮
芫荽
玉米
蔓越莓乾
黃瓜
孜然
穗醋栗
蒔蘿
茄子
炸鷹嘴豆泥
無花果
水果乾
蒜頭
葡萄葉
葡萄
綠色蔬菜，如：綠葉甘藍
新鮮香料植物
蜂蜜
阿拉伯素食丸子（使用細粒穀物）
韭蔥
檸檬，如：檸檬汁、碎檸檬皮
扁豆，如：綠扁豆、紅扁豆
萵苣，如：畢布萵苣、蘿蔓萵苣
萊姆
美式素肉丸和素肉醬汁
地中海料理
中東料理
薄荷
菇蕈類，如：義大利棕蘑菇

芥末
堅果
油脂,如:**橄欖油**、**芝麻油**、核桃
　　油
橄欖
洋蔥,如:青蔥、紅洋蔥、甜洋蔥、
　　白洋蔥
柳橙
歐芹
豌豆
胡椒,黑胡椒或白胡椒
抓飯(使用大粒穀物)
松子
開心果
李子

對味組合
布格麥片+杏仁果+莧籽
布格麥片+杏仁果+蘋果+肉桂(+蜂蜜)(+葡萄乾)
布格麥片+芝麻菜+白豆
布格麥片+羅勒+番茄+抓飯
布格麥片+羅勒+番茄+核桃+麥粒番茄生菜沙拉
布格麥片+燈籠椒+鷹嘴豆+孜然
布格麥片+燈籠椒+辣椒粉+**孜然**+檸檬汁+芥末+橄欖油+洋蔥+
　　番茄
布格麥片+鷹嘴豆+檸檬+薄荷+**橄欖油**+荷蘭芹+**番茄**
布格麥片+芫荽葉+萊姆
布格麥片+肉桂+檸檬+松子
布格麥片+芫荽+洋蔥+荷蘭芹
布格麥片+小黃瓜+洋蔥+荷蘭芹+番茄
布格麥片+小黃瓜+番茄
布格麥片+蒔蘿+費達乳酪+蒜頭+菠菜
布格麥片+穗醋栗乾+檸檬汁+薄荷+洋蔥+荷蘭芹
布格麥片+水果乾(如:杏桃、穗醋栗、葡萄乾)+**堅果**(如:開心果、
　　核桃)
布格麥片+茄子+優格
布格麥片+蒜頭+韭蔥+菇蕈類+瑞士茶菜
布格麥片+蒜頭+檸檬+薄荷+荷蘭芹
布格麥片+山羊乳酪+荷蘭芹+番茄
布格麥片+扁豆+核桃
布格麥片+薄荷+荷蘭芹+番茄
布格麥片+薄荷+紅蔥+番茄
布格麥片+菇蕈類+菠菜+抓飯
布格麥片+柳橙+開心果

石榴
布丁
南瓜
櫻桃蘿蔔
葡萄乾
米
義式燉飯
沙拉,如:穀物沙拉、番茄沙拉、
　　蔬菜沙拉

莎莎醬,如:番茄莎莎醬
鹽,如:海鹽
醬汁
嫩青蔥
種籽,如:芝麻籽、葵花籽
芝麻,如:芝麻油、芝麻籽
紅蔥
湯
菠菜
小果南瓜,如:金線瓜、夏南瓜、
　　冬南瓜、黃南瓜
燉煮料理
蔬菜高湯
填餡蔬菜,如:填餡燈籠椒、填餡
　　甘藍菜、葡萄葉捲、填餡番茄
餡料
麥粒番茄生菜沙拉(使用細粒穀
　　物)
溜醬油
紅橘
龍蒿
百里香
豆腐
番茄和番茄糊
日曬番茄乾
醋,如:巴薩米克香醋
核桃
優格
中東扎塔香料
櫛瓜

● **牛蒡** Burdock(亦稱 Burdock
Root、Gobo Root)
風味:甜,風味濃郁,帶有朝鮮薊、
　　堅果和/或馬鈴薯濃郁的泥土
　　香。生的牛蒡質地軟嫩但鬆脆;
　　煮熟時,則有嚼勁
風味強度:中等

這是什麼：日本的根莖蔬菜
營養學剖繪：92% 碳水化合物／7% 蛋白質／1% 脂肪
熱量：每杯 110 大卡（沸煮過）
蛋白質：3 克
料理方式：煎炒、切絲、微滾烹煮、翻炒
小祕訣：不可生食，不需要去皮，但要刷洗乾淨。
近親：朝鮮薊

蘋果，如：蘋果酒、蘋果汁
荒布藻
耶路撒冷朝鮮薊
大麥
糙米糖漿
甘藍菜，如：皺葉甘藍
胡蘿蔔
芹菜
芹菜葉
辣椒，如：哈拉佩諾辣椒、泰國鳥眼辣椒和辣椒片
日式高湯
椰棗
茴香籽
蒜頭
薑
穀物，如：小米
綠色蔬菜，如：蒲公英葉
鹿尾菜
日式料理
羽衣甘藍
日式炒牛蒡
韭蔥
檸檬，如：檸檬汁、碎檸檬皮
萊姆
蓮藕
日本長壽飲食料理

滷汁醃醬
味醂
味噌
菇蕈類，如：香菇
芥末
亞洲麵條，如：蒟蒻麵
堅果
油脂，如：菜籽油、玉米油、紅花油、芝麻油、葵花油、蔬菜油
洋蔥，如：黃洋蔥
歐洲防風草塊根
馬鈴薯
米，如：印度香米、糙米、野生米
清酒
沙拉
黑皮波羅門參
嫩青蔥
芝麻，如：芝麻油、芝麻籽
湯
醬油
菠菜
冬南瓜
燉煮料理
翻炒料理
高湯，如：菇蕈高湯、蔬菜高湯
糖
塔希尼芝麻醬
溜醬油
龍蒿
天婦羅和日式炒牛蒡
照燒醬
豆腐
番茄
醋，如：梅子醋
核桃
水田芥

對味組合

牛蒡＋**蘋果汁**＋**胡蘿蔔**＋**薑**＋芝麻＋醬油
牛蒡＋**胡蘿蔔**＋蓮藕＋芝麻
牛蒡＋**胡蘿蔔**＋**芝麻**＋**芝麻（油／籽）**＋**醬油**
牛蒡＋辣椒＋味醂＋清酒＋醬油
牛蒡＋蒜頭＋薑
牛蒡＋薑＋芝麻
牛蒡＋**薑**＋**醬油**
牛蒡＋洋蔥＋香菇
牛蒡＋馬鈴薯＋龍蒿
牛蒡＋**米**＋**嫩青蔥**＋**芝麻油**＋**芝麻籽**＋**醬油**

將切成火柴棒大小的牛蒡和胡蘿蔔混合，用烘烤過的芝麻油和羅望子調味。這道菜非常簡單，也非常美味。
——馬克・蕭德爾，G 禪餐廳，康乃狄克州布蘭福德

緬甸料理 Burmese Cuisine

豆類，如：長豇豆
辣椒，如：乾辣椒、紅辣椒、辣椒醬
芫荽葉
椰子
咖哩類
茄子
鷹嘴豆粉
蒜頭
薑
綠色蔬菜，如：亞洲綠色蔬菜
檸檬香茅
萊姆
亞洲麵條，如：粄條
油脂，如：花生油
花生
米
嫩青蔥
紅蔥
醬油
芽菜

甘藷
豆腐
薑黃

對味組合
綠色蔬菜＋蒜頭＋萊姆＋花生＋
紅蔥

澄清奶油 Butter, Clarified
（同時參見印度酥油）
小祕訣：可耐高溫烹調，因為固
形物已移除。

奶油 Butter
純素替代品：Earth Balance 品牌天
然植物油抹醬（0克反式脂肪，
非基因改造）

● 低脂白脫乳
Buttermilk, Low-Fat
風味：酸，質地濃稠綿密
風味強度：中等－強
營養學剖繪：46% 碳水化合物／
35% 蛋白質／19%脂肪
熱量：每杯100大卡
蛋白質：8克

酪梨

BOX

牧場沙拉淋醬＝**白脫乳基底
沙拉淋醬**，通常混和以下食
材：
羅勒＋燈籠椒＋黑胡椒＋卡
宴辣椒＋辣椒醬汁＋**細香蔥
＋芫荽＋蒔蘿＋蒜頭＋香料
植物**＋檸檬汁＋**蛋奶醬**＋芥
末＋橄欖油＋洋蔥＋奧勒岡
＋紅椒粉＋歐芹＋鹽＋嫩青
蔥＋紅蔥＋酸奶油＋糖＋龍
蒿＋百里香＋醋＋伍斯特素
食辣醬油＋優格

主廚私房菜 DISHES

美國南方油炸玉米球、綜合生菜、蜂蜜奶油和白脫乳淋醬
——酸葡萄汁（Verjus），巴黎

B

香蕉
烘焙食物，如：比斯吉、玉米麵包、
馬芬、司康餅、水果蛋糕
大麥，如：珍珠麥
羅勒
甜菜
漿果，如：黑莓、藍莓、覆盆子、
草莓
比斯吉
青花菜
布格麥片
卡宴辣椒
櫻桃
鷹嘴豆
細香蔥
巧克力
芫荽葉
肉桂
柑橘類
玉米
玉米麵包
黃瓜
孜然
椰棗
蒔蘿
蒜頭，如：烤蒜頭
薑
新鮮香料植物，如：羅勒、細香蔥、
芫荽葉、蒔蘿、歐芹
蜂蜜
辣根
檸檬，如：檸檬汁
萊姆，如：萊姆汁
楓糖漿
美乃滋
薄荷
糖蜜
芥末，如：第戎芥末、芥末粉、芥
末籽

油桃
肉豆蔻
燕麥片和燕麥
洋蔥
柳橙
美式煎餅和比利時鬆餅
歐芹
桃子
黑胡椒
李子
馬鈴薯
葡萄乾
薄荷醬
大黃
沙拉淋醬，尤以奶油沙拉淋醬、香
料植物沙拉淋醬、田園沙拉淋
醬為佳
醬汁，如：義式麵食醬汁
嫩青蔥
美式涼拌菜絲
蔬果昔
雪碧冰
湯，如：白脫乳湯、白胡桃瓜湯、
黃瓜湯、穀物湯
白胡桃瓜
糖，如：黃砂糖
香莢蘭
綠色蔬菜
醋，如：蘋果酒醋、雪利酒醋、白
酒醋
酒
核桃
小麥仁
伍斯特素食辣醬油
優格

●甘藍菜：一般或混合

Cabbage—In General,
or Mixed Cabbages

季節：秋－冬

風味：苦／甜，帶有刺激和／或
　　胡椒的香調，質地鬆脆

風味強度：弱－中等

營養學剖繪：85%碳水化合物／
　　12%蛋白質／3%脂肪

熱量：每杯25大卡（切碎，生食）

蛋白質：1克

料理方式：烘焙、沸煮、燜煮、刨絲、
　　醃漬、高壓烹煮（3-4分鐘）、生
　　食、煎炒、切絲、微滾烹煮、蒸
　　煮（6-8分鐘）、翻炒（2-4分鐘）、
　　塞入填料、炸天婦羅。熟食甘
　　藍菜比生食來得好，但別煮過
　　頭，否則會產生刺激、硫化物
　　的味道。

小祕訣：紫甘藍因質地較緊實，所
　　需的烹調時間比綠甘藍菜來得
　　久。

近親：青花菜、抱子甘藍、花椰菜、
　　綠葉甘藍、辣根、羽衣甘藍、大
　　頭菜、春山芥、白蘿蔔、蕪菁甘
　　藍、蕪菁、水田芥

蘋果、蘋果汁和蘋果酒
燈籠椒
奶油和褐化奶油醬
葛縷子籽

對味組合
甘藍菜＋荒布藻＋芝麻籽＋芝麻油
甘藍菜＋糙米＋松子＋番茄
甘藍菜＋葛縷子籽＋蒜頭＋海鹽
甘藍菜＋葛縷子籽＋檸檬＋葵花油
甘藍菜＋胡蘿蔔＋蘋果酒醋＋美乃滋＋芥末
甘藍菜＋胡蘿蔔＋薑＋薄荷＋米酒醋＋芝麻油
甘藍菜＋鮮奶油＋肉豆蔻
甘藍菜＋薑＋萊姆
甘藍菜＋薑＋醬油
甘藍菜＋味醂＋芝麻油＋酸梅醬
甘藍菜＋馬鈴薯＋蕪菁

胡蘿蔔
芹菜
乳酪，如：藍黴、巧達、費達、帕
　　爾瑪乳酪
蕪菁葉
美式涼拌甘藍菜絲
鮮奶油
蒔蘿
蒜頭
薑
辣根
杜松子
韭蔥
檸檬，如：檸檬汁、碎檸檬皮
萊姆，如：萊姆汁
菇蕈類
芥末，如：第戎芥末、乾芥末、芥
　　末醬、芥末籽
肉豆蔻
油脂，如：亞麻籽油、大麻油、芥
　　末油、堅果油、**橄欖油**、紅花油、
　　芝麻油、蔬菜油、核桃油
洋蔥，如：青蔥、紅洋蔥、白洋蔥
歐芹
胡椒，如：黑胡椒、白胡椒
馬鈴薯
米
沙拉
鹽，如：猶太鹽、海鹽、煙燻鹽
種籽，如：大麻籽、罌粟籽、芝麻籽、
　　葵花籽

芝麻，如：芝麻油、芝麻籽
美式涼拌菜絲
湯
醬油
填餡甘藍菜
蕪菁
醋，如：蘋果酒醋、香檳酒醋、米
　　酒醋、雪利酒醋、酒醋

●中國白菜 Cabbage, Chinese
（亦稱大白菜，同時參見青江菜）

風味：甜，帶有甘藍菜和芹菜的
　　香調，質地香酥／鬆脆但軟嫩、
　　多汁

風味強度：弱（很適合搭配風味
　　較強的綠葉生菜）

營養學剖繪：57%碳水化合物／
　　32%蛋白質／11%脂肪

熱量：每杯20大卡（切絲，煮熟）

蛋白質：3克

料理方式：烘焙、汆燙、沸煮、燜煮、
　　燒烤、醃漬、醃漬、生食、煎炒、
　　切絲、微滾烹煮、蒸煮、翻炒（4-5
　　分鐘）、塞入填料

小祕訣：中國白菜裡最受歡迎的
　　品種是大白菜。別過度烹調，
　　否則風味會流失。

杏仁果
荒布藻
芝麻菜
亞洲料理
竹筍
羅勒和泰國羅勒
黑豆和豆豉醬
四季豆
甜菜
燈籠椒
糙米糖漿
奶油
其他甘藍菜，如：綠甘藍菜、皺葉
　　甘藍
胡蘿蔔
卡宴辣椒

菊苣
辣椒，如：乾紅辣椒、哈拉佩諾辣
　　椒；辣椒片、辣椒醬和辣椒粉
中式料理
芫荽葉
丁香
玉米澱粉
黃瓜
孜然
蒔蘿
茴香籽
蒜頭
薑
風味強烈的綠色蔬菜
鹿尾菜
蜂蜜
韓式泡菜
檸檬
萵苣，如：東京水菜
萊姆
蓮藕
薄荷
味醂
味噌
菇蕈類，如：黑香菇、香菇、野菇
芥末籽
亞洲麵條，如：綠豆粉皮、烏龍麵
油脂，如：辣椒油、椰子油、橄欖油、

花生油、紅花油、**芝麻油**、蔬菜
油
洋蔥，如：青蔥
歐芹
花生和花生醬
梨
豌豆
黑胡椒
酸漬食物
松子
紫葉菊苣
櫻桃蘿蔔
葡萄乾
米，如：糙米
沙拉，如：亞洲沙拉、甘藍菜沙拉
鹽，如：海鹽
嫩青蔥
種籽，如：芝麻籽、葵花籽
麵筋製品
芝麻，如：芝麻油、芝麻醬汁、芝
　　麻籽
美式涼拌菜絲，如：涼拌亞洲蔬
　　菜絲
荷蘭豆
湯，如：亞洲湯品、甘藍菜湯、蔬
　　菜湯
醬油
春捲

對味組合

中國白菜＋亞洲麵條＋芫荽葉＋芝麻油＋芝麻醬＋醬油
中國白菜＋燈籠椒＋胡蘿蔔＋花生淋醬
中國白菜＋辣椒油＋芝麻籽
中國白菜＋辣椒片＋蒜頭＋薑
中國白菜＋芫荽葉＋檸檬＋薄荷
中國白菜＋芫荽葉＋花生
中國白菜＋蒜頭＋薑＋芝麻油
中國白菜＋薑＋檸檬
中國白菜＋薑＋花生
中國白菜＋薑＋芝麻＋醬油
中國白菜＋薑＋豆腐
中國白菜＋檸檬汁＋芝麻油＋醬油
中國白菜＋花生醬＋米酒醋＋醬油
中國白菜＋米＋香菇＋豆腐

燉煮料理
翻炒料理
高湯，如：蔬菜高湯
填餡甘藍菜
糖
甜豌豆
溜醬油
豆腐
薑黃
亞洲蔬菜
醋，如：蘋果酒醋、巴薩米克香醋、
　　黑醋、糙米醋、米酒醋
核桃
水田芥
米酒

● **綠甘藍菜** Cabbage, Green
（亦即高麗菜）

風味：微甜（煮熟會更甜），帶有
　　胡椒香。生食時，質地柔軟有
　　彈性
風味強度：弱
料理方式：汆燙（若希望風味較
　　弱）、沸煮、燜煮、生食（如涼
　　拌小菜）、烘烤、切絲、微滾烹
　　煮、蒸煮、翻炒

蘋果和蘋果酒／蘋果汁
月桂葉
豆類，如：四季豆
燈籠椒，如：紅燈籠椒
麵包，如：黑麥麵包
全穀麵包粉
奶油
甘藍菜捲
葛縷子籽
小豆蔻
胡蘿蔔
芹菜
芹菜根
芹菜鹽／芹菜籽
乳酪，如：葛黎耶和、瑞士乳酪
芫荽葉
芫荽

鮮奶油
酥脆麵包丁，如：粗磨黑麥麵包
　　丁、黑麥麵包丁
孜然
咖哩類、咖哩粉和咖哩辛香料
蒔蘿
茴香
蒜頭
薑
匈牙利料理
杜松子
韭蔥
褐扁豆
萊姆
奶類
芥末，如：第戎芥末
橄欖油
洋蔥，如：黃洋蔥
歐芹

胡椒，如：黑胡椒
馬鈴薯
開胃小菜
米，如：糙米或白米
義式燉飯
迷迭香
沙拉，如：甘藍菜沙拉
鹽，如：海鹽
美式涼拌菜絲
湯，如：羅宋湯、甘藍菜湯
酸奶油
高湯，如：蔬菜高湯
填餡甘藍菜
溜醬油
百里香
番茄和番茄糊
醋，如：蘋果酒醋、紅酒醋、白酒
　　醋
核桃

對味組合
綠甘藍菜＋蘋果＋葛縷子籽

● **大白菜** Cabbage, Napa
（亦稱中國白菜）
這是什麼：深受喜愛的大白菜品
　　種

● **紫甘藍** Cabbage, Red
季節：**秋－冬**
風味：較為刺激的香調，質地較
　　甘藍菜來得緊實
風味強度：弱－中等
料理方式：**燜煮**、蔬果切片器、醃
　　漬、生食（如涼拌小菜）、煎炒、
　　燉煮、煮軟
小祕訣：於加有少許或稍多蘋果
　　汁或醋的水中烹煮，以維持紅

色的外觀。

多香果
*蘋果和蘋果汁
月桂葉
青花菜
葛縷子籽
胡蘿蔔
芹菜籽
乳酪，如：藍黴、費達、山羊乳酪、
　侯克霍乳酪
栗子
蘋果酒或梨子酒
肉桂
丁香
蔓越莓，如：蔓越莓乾、新鮮蔓越
　莓、蔓越莓汁
孜然
蒔蘿
紫紅藻
茴香和茴香籽
水果，如：酸味水果
蒜頭
薑
沙拉青蔬
蜂蜜
杜松子
羽衣甘藍
檸檬，如：檸檬汁
萊姆，如：萊姆汁
歐當歸
墨角蘭
薄荷
芥末，如：第戎芥末、乾芥末、芥
　末籽
肉豆蔻
油脂，如：菜籽油、葡萄籽油、堅
　果油、**橄欖油**、花生油、核桃油
洋蔥，如：**紅洋蔥**、白洋蔥
西洋梨和亞洲梨
美洲山核桃
胡椒，如：黑胡椒
石榴
葡萄乾

沙拉，*如：甘藍菜沙拉（冷沙拉或
　溫沙拉）、綠色蔬菜沙拉*
鹽
嫩青蔥
芝麻，如：芝麻籽
紅蔥
美式涼拌菜絲
湯，如：羅宋湯、酸辣湯
燉煮料理
糖，如：有機黃砂糖
龍蒿
百里香
醋，如：蘋果酒醋、巴薩米克香醋、
　紅酒醋、雪利酒醋
核桃
酒，尤以干紅酒為佳
優格

對味組合

紫甘藍＋蘋果＋黃砂糖＋葛縷子
　籽＋醋
紫甘藍＋蘋果＋黃砂糖＋洋蔥＋
　醋
紫甘藍＋蘋果＋蒜頭＋橄欖油＋
　龍蒿＋醋
紫甘藍＋蘋果＋優格
紫甘藍＋巴薩米克香醋＋費達乳
　酪＋葵花籽
紫甘藍＋乳酪（如：藍黴，山羊乳
　酪）**＋核桃**
紫甘藍＋薑＋芝麻
紫甘藍＋梨＋紅洋蔥＋核桃

● **皺葉甘藍** Cabbage, Savoy
季節：秋－冬

風味：微苦／甜，質地軟嫩
風味強度：非常弱
料理方式：沸煮、燜煮、生食、烘烤、
　蒸煮

蘋果
豆類，如：白豆
燈籠椒
黑麥麵包
奶油
甘藍菜捲
葛縷子籽
胡蘿蔔
芹菜
瑞士茶菜
乳酪，如：豪達、葛黎耶和、帕爾瑪、
　瑞士乳酪
辣椒，如：塞拉諾辣椒
玉米
鮮奶油和法式酸奶油
孜然
蒔蘿
茴香
水果乾，如：杏桃乾、葡萄乾
蒜頭
薑
穀物，如：珍珠麥
葡萄柚
杜松子
羽衣甘藍
韭蔥
檸檬，如：檸檬汁
薄荷
味噌
菇蕈類

| **主廚私房菜** | DISHES |

大火油煎皺葉甘藍嫩心，搭配焗烤珍珠麥、龍蒿和榛果義式香料植
物醬
——城市禪（CityZen），華盛頓特區

皺葉甘藍春捲，以醃漬天貝、玉米筍、大白菜、荷蘭豆和胡蘿蔔，
搭配薑汁檸檬味噌淋醬
——曼納（Manna），倫敦

芥末
肉豆蔻
堅果，如：腰果、榛果、花生、美
　洲山核桃
油脂，如：菜籽油、葡萄籽油、**橄
　欖油**、花生油、芝麻油、蔬菜油
洋蔥，如：紅洋蔥、白洋蔥、黃洋
　蔥
歐芹
義式麵食
胡椒，如：黑胡椒
開心果
馬鈴薯
米，如：阿勃瑞歐米、長粒米
迷迭香
鼠尾草
沙拉
鹽，如：猶太鹽
德國酸菜
芝麻，如：芝麻油、芝麻籽
涼拌亞洲蔬菜絲
荷蘭豆
湯，如：甘藍菜湯、**義式蔬菜湯**、
　飯湯
菠菜
燉煮料理
蔬菜高湯
填餡甘藍菜
溜醬油
龍蒿
天貝
百里香
醋，如：蘋果酒醋、紅酒醋、米酒醋、
　白酒醋
優格

對味組合
皺葉甘藍＋水果乾＋米
皺葉甘藍＋蒜頭＋橄欖油＋歐芹
　＋米＋番茄

可可或可可豆碎粒
Cacao or Cacao Nibs
（同時參見巧克力：黑巧克力）
風味：苦，帶有**巧克力**香（若烘烤
　過，則有煙燻味），質地鬆脆
風味強度：中等－強
什麼是可可豆碎粒：烘烤過、壓
　碎的乾燥可可豆（碾碎成粉就
　是無糖可可粉）

*烘焙食物，如：布朗尼、蛋糕、餅乾、
　馬芬*
飲品，如：熱巧克力
*糖果和糖果類點心，如：乳脂軟
　糖*
焦糖
早餐麥片
巧克力，如：黑巧克力、牛奶巧克
　力
甜點，尤以生食為佳
格蘭諾拉麥片
冰淇淋和義式冰淇淋
堅果，如：杏仁果、美洲山核桃
燕麥片
爆米花
布丁
水果沙拉
蔬果昔
抹醬
糖
什錦乾果和穀物能量棒
香莢蘭

可可，基本上就是未加工的巧克
力，算是大自然中一種最強大的
超級食物。除了有營養價值外，
巧克力也是沒有任何副作用的興
奮劑。我使用可可豆碎粒、粉或
果莢製作巧克力淋醬和松露。如
果我想要類似可可的風味，但不
想要興奮劑時，我會使用生角豆
粉替代。
——艾咪·比奇，G禪餐廳，康乃狄克州
布蘭福德

卡津料理 Cajun Cuisine
月桂葉
豆類，如：四季豆、腰豆
燈籠椒，如：綠燈籠椒
黑眼豆
卡津調味料
胡蘿蔔
卡宴辣椒
芹菜
辣椒
孜然
蒜頭
秋葵海鮮湯
香料什錦飯
秋葵
洋蔥
奧勒岡
紅椒粉
豌豆
米，如：雞雜飯
甘藷
番茄

對味組合
燈籠椒＋芹菜＋洋蔥

●續隨子（酸豆）Capers
風味：鹹和／或酸（根據醃製溶
　液的不同，如：鹵水或醋，風味
　不同），帶有檸檬的刺激香調
風味強度：**強**
這是什麼：醃漬過，綠色，未成熟
　的花芽
小祕訣：使用前洗淨或浸泡至少
　24小時，以弱化風味。用來裝
　飾沙拉前，可考慮在非常燙的
　油中酥炸1-2分鐘。
可行的替代物：綠橄欖，特別是
　切碎的

朝鮮薊
芝麻菜
蘆筍
羅勒

豆類，如：四季豆、腰豆
甜菜
燈籠椒，如：烤燈籠椒
抱子甘藍
奶油
西西里島燉菜
胡蘿蔔
白花椰菜
芹菜
細葉香芹
鷹嘴豆
庫斯庫斯
蒔蘿
蘸料
茄子
闊葉苣菜
法式料理
蒜頭
希臘料理
綠色蔬菜，如：綠葉甘藍
義式葛瑞莫拉塔調味料
義大利料理
羽衣甘藍
檸檬，如：檸檬汁、碎檸檬皮
墨角蘭
美乃滋
地中海料理
芥末，如：第戎芥末
油脂，如：菜籽油、橄欖油
橄欖，如：黑橄欖、希臘橄欖、綠橄欖、義大利橄欖、卡拉瑪塔

橄欖
洋蔥
奧勒岡
歐芹
義式麵食，如：蝴蝶麵、細扁麵
黑胡椒
酸漬食物
松子
披薩
義式粗玉米糊
馬鈴薯，如：新馬鈴薯、紅馬鈴薯
普羅旺斯料理
葡萄乾
沙拉淋醬，如：油醋醬
沙拉，如：豆子沙拉、凱薩沙拉、穀物沙拉
醬汁，*如：奶油醬汁、義大利檸檬續隨子醬汁、普塔內斯卡醬汁、塔塔醬、番茄醬汁*
麵筋製品
紅蔥
西班牙料理
抹醬
橄欖醬
龍蒿
豆腐
番茄
日曬番茄乾
蔬菜
醋，如：巴薩米克香醋、香檳酒醋或白酒醋

干白酒
櫛瓜

對味組合

續隨子＋羅勒＋蒜頭＋義式麵食＋番茄（新鮮蕃茄或日曬番茄乾）

續隨子＋羅勒＋橄欖

續隨子＋甜菜＋芹菜＋蒔蘿

續隨子＋黑橄欖＋黑胡椒＋蒜頭＋芥末

續隨子＋白花椰菜＋碎檸檬皮＋義式麵食

續隨子＋茄子＋番茄

續隨子＋蒜頭＋綠色蔬菜＋橄欖油＋醋

續隨子＋蒜頭＋檸檬＋芥末＋橄欖油

續隨子＋蒜頭＋檸檬＋歐芹＋紅蔥＋白酒

續隨子（＋蒜頭）＋橄欖＋番茄

續隨子＋檸檬＋橄欖油＋橄欖＋歐芹

（拉斯維加斯辛那達餐廳的）希歐·史內格是了不起而且是美國境內最好的義大利主廚之一。在我一起工作過的同事中，他也是保持著最開放態度的人。他吃得很健康，並且承認美國人每天三餐／每週七天都吃太多肉和動物蛋白質了，所以他愛上了我告訴他的素食料理。我們一起創造了全素義大利肉餃和全素凱薩沙拉。在凱薩沙拉中需呈現鹹味，我使用續隨子取代鯷魚，大家愛死這種搭配了！

——塔爾·羅奈，十字街口餐廳，洛杉磯

焦糖 Caramel
我們使用士力架巧克力棒為基底製作純素甜點，焦糖則是用打成泥的椰棗加一點鹽和香莢蘭調味後製成。

主廚私房菜 DISHES

雞油菌和馬鈴薯無酵餅搭配油封煙燻韭蔥、油炸續隨子、烘烤蒜頭，以及腰果奶霜
——千禧（Millennium），舊金山

韃靼甜菜搭配蒔蘿無酵餅、溏心水煮鵪鶉蛋、酥脆續隨子，和血橙胡椒
——重點（The Point），紐約州薩拉納克湖

義大利檸檬續隨子素肉：白酒檸檬續隨子醬汁淋上素肉片，搭配馬鈴薯泥和燒烤闊葉苣菜
——筆記V（V-Note），紐約市

——凱西和瑪琳‧托爾曼，石榴咖啡館，鳳凰城

● 葛縷子籽 Caraway Seeds

風味：苦／**酸**／**甜**；芳香，帶有茴芹（洋茴香）、孜然、蒔蘿、甘草和／或堅果的香調

風味強度：中等－**強**

小祕訣：在烹調過程中較晚再添加。

近親：茴芹（洋茴香）、胡蘿蔔、芹菜、芹菜根、細葉香芹、芫荽、孜然、蒔蘿、茴香、歐芹、歐芹根、歐洲防風草塊根

可行的替代物：蒔蘿籽

杏仁果
蘋果和蘋果酒、蘋果醬汁
阿瓜維特酒
澳洲料理
烘焙食物，如：麵包、蛋糕、全麥餅乾
大麥
四季豆
甜菜
麵包，如：愛爾蘭蘇打麵包、粗磨黑麥麵包、黑麥麵包
抱子甘藍
甘藍菜，如：紫甘藍
胡蘿蔔
白花椰菜
乳酪，如：巧達、費達、帕爾瑪乳酪
辣椒，如：乾辣椒
美式涼拌甘藍菜絲
酸奶油
黃瓜
飲料，如：香甜酒
埃及杜卡綜合香料
東歐料理
蛋，如：蛋捲
水果
蒜頭
德國料理

哈里薩辣醬
榛果
匈牙利料理
杜松子
檸檬
菇蕈類
麵條
肉豆蔻
洋蔥
柳橙
歐芹
馬鈴薯
南瓜
黑麥麵包
海鹽
醬汁
德國酸菜
湯／法式濃湯，如：馬鈴薯湯、南瓜湯、甘藷湯
抹醬，如：*純素乳酪抹醬*
小果南瓜，如：冬南瓜
燉煮料理
甘藷
天貝
豆腐，如：老豆腐
香莢蘭
蔬菜，尤以根莖蔬菜為佳
醋

對味組合

葛縷子籽＋蘋果＋肉豆蔻＋柳橙
葛縷子籽＋甘藍菜＋馬鈴薯
葛縷子籽＋檸檬＋鹽＋豆腐

● 小豆蔻 Cardamom

[CAR-duh-mum]

風味：微甜；芳香，帶有肉桂、尤加利樹、花、水果（如**檸檬**）、薄荷和／或胡椒的刺激／辛辣香調

風味強度：強

小祕訣：在烹調過程早期添加。整顆使用可獲得精細的風味，研磨後使用會有較明顯的風

味。也可以試試看黑色的小豆蔻，可為菜餚添加培根般的風味。

近親：薑、薑黃

有此一說：全世界排名第三的昂貴辛香料，僅次於番紅花和香莢蘭。

杏仁果
蘋果
烘焙食物，如：麵包、蛋糕、咖啡蛋糕、餅乾、酥皮、派
豆類，如：黑眉豆
奶油
甘藍菜
焦糖
胡蘿蔔
熱早餐麥片
辣椒
巧克力
芫荽葉
肉桂
丁香
椰子和椰奶
咖啡，如：*土耳其咖啡*
芫荽
孜然
咖哩類，新鮮咖哩葉、咖哩粉和咖哩辛香料
卡士達
椰棗
甜點
飲料，如：*印度香料奶茶*
衣索比亞料理
葫蘆巴
水果
葛拉姆馬薩拉
蒜頭
薑
穀物
蜂蜜
冰淇淋
印度料理
檸檬

扁豆，如：紅扁豆
芒果
楓糖漿
滷汁醃醬
中東料理
奶類
薄荷
柳橙，如：橙汁、碎橙皮
歐芹
梨
胡椒，如：黑胡椒
抓飯
開心果
布丁，如：米布丁
榅桲
葡萄乾
摩洛哥綜合香料
米
玫瑰水
番紅花
水果沙拉
斯堪地納維亞料理
湯
東南亞料理
燉煮料理
甘藷
茶*，如：印度香料奶茶*
豆腐
土耳其料理
薑黃
香莢蘭
蔬菜
優格

對味組合

小豆蔻＋巧克力＋咖啡
小豆蔻＋新鮮咖哩葉＋蒜頭＋薑＋薑黃
小豆蔻＋蜂蜜＋柳橙＋開心果＋優格
小豆蔻＋梨＋糖＋香莢蘭＋酒
小豆蔻＋葡萄乾＋米
小豆蔻＋米＋玫瑰水＋番紅花
小豆蔻＋玫瑰水＋番紅花＋優格

加勒比海料理
Caribbean Cuisines
（同時參見牙買加料理）

多香果
羅勒
月桂葉
佛手瓜
辣椒，如：哈瓦那辣椒、蘇格蘭圓帽辣椒和辣椒醬
芫荽葉
肉桂
柑橘類
丁香
椰奶
刺芹（又名假芫荽）
咖哩
蒔蘿
熱帶水果
蒜頭
薑
牙買加料理
烤肉料理
檸檬
萊姆
芒果
墨角蘭
糖蜜
肉豆蔻
洋蔥，如：青蔥
柳橙
奧勒岡
歐芹
鳳梨
大蕉
蘭姆酒，如：深色蘭姆酒
莎莎醬
糖，如：黃砂糖
羅望子
百里香
木薯

● 胡蘿蔔 Carrots

季節：夏－秋
風味：甜；芳香，質地香酥、多汁
風味強度：弱－中等
這是什麼：根菜類
營養學剖繪：89%碳水化合物／6%蛋白質／5%脂肪
熱量：每杯55大卡（生食，切碎）
蛋白質：1克
料理方式：烘焙、汆燙、沸煮、燜煮、刨絲、燒烤、高壓烹煮（2-5分鐘）、打成泥、生食、烘烤、煎炒、微滾烹煮、蒸煮（5-10分鐘）、翻炒（5-10分鐘）
小祕訣：將胡蘿蔔刷洗乾淨，但克制住去皮的衝動，並且告訴自己外皮美味又具有營養價值。最好稍微煮熟後食用，比生食來得好。
近親：茴芹（洋茴香）、葛縷子、芹菜、芹菜根、細葉香芹、芫荽、蒔蘿、茴香、歐芹、歐芹根、歐洲防風草塊根
可行的替代物：南瓜、冬南瓜

多香果
杏仁果
蘋果，如：蘋果酒、新鮮蘋果、蘋果汁
杏桃
荒布藻
朝鮮薊，如：朝鮮薊嫩葉、耶路撒冷朝鮮薊
蘆筍
酪梨
烘焙食物，如：蛋糕*、馬芬*
羅勒和泰國羅勒
月桂葉
豆類，如：黑眉豆、**蠶豆**、**四季豆**
甜菜
燈籠椒，如：紅燈籠椒
青花菜和球花甘藍
牛蒡
奶油

甘藍菜，如：綠甘藍菜、大白菜、
　　紫甘藍
葛縷子籽
小豆蔻
腰果
芹菜和芹菜根
乳酪，如：巧達、奶油乳酪、費達、
　　山羊乳酪、帕爾瑪、瑞可達、瑞
　　士乳酪
細葉香芹
鷹嘴豆
辣椒、辣椒片和／或辣椒粉
素辣豆醬
細香蔥
芫荽葉
肉桂
柑橘類
丁香
椰子、椰子醬、椰奶
芫荽
鮮奶油和法式酸奶油
蔬菜棒沙拉
黃瓜
孜然
咖哩類、咖哩粉和咖哩辛香料
白蘿蔔
椰棗
甜點，如：蛋糕、慕斯
蒔蘿
茴香和茴香籽
水果乾
蒜頭
*薑
穀物，如：大麥、布格麥片、庫斯
　　庫斯、法老小麥、小米、藜麥
綠色蔬菜，如：胡蘿蔔葉、綠葉甘
　　藍、沙拉青蔬
蜂蜜
韭蔥
檸檬，如：檸檬汁、碎檸檬皮
扁豆
萊姆，如：萊姆汁、碎萊姆皮
楓糖漿
墨角蘭

馬士卡彭乳酪
薄荷
味噌
摩洛哥料理
菇蕈類，如：金針菇、龍蝦菌
芥末，如：第戎芥末和芥末籽
亞洲麵食料理，如：泰式炒河粉
肉豆蔻
堅果，如：榛果、夏威夷堅果、美
　　洲山核桃、松子
油脂，如：椰子油、橄欖油、花生油、
　　芝麻油
橄欖
洋蔥，如：青蔥、珍珠洋蔥、紅洋
　　蔥
柳橙，如：橙汁、碎橙皮
紅椒粉
歐芹
歐洲防風草塊根
花生和花生醬
豌豆
胡椒，如：黑胡椒、白胡椒
義式青醬
鳳梨
馬鈴薯
濃湯，如：胡蘿蔔濃湯、根莖蔬菜
　　濃湯
葡萄乾
米
義式燉飯
迷迭香
沙拉
鹽，尤以猶太鹽、海鹽、香薄荷鹽
　　為佳
嫩青蔥
種籽，如：茴芹籽、葛縷子籽、罌
　　粟籽、芝麻籽、葵花籽
芝麻，如：芝麻油、芝麻醬、芝麻
　　籽
紅蔥
美式涼拌菜絲，如：甘藍菜絲
甜豌豆
湯，如：胡蘿蔔湯、洋蔥湯、蔬菜
　　湯

醬油
菠菜
燉煮料理，如：摩洛哥塔吉鍋燉
　　菜
蔬菜高湯
糖，如：黃砂糖
塔希尼芝麻醬
龍蒿
百里香
豆腐
番茄
薑黃
蕪菁
香莢蘭
蔬菜，如：其他根莖蔬菜
醋，如：巴薩米克香醋、蘋果酒醋、
　　紅酒醋、米酒醋、白酒醋
核桃和核桃油
水田芥
優格
櫛瓜

對味組合
胡蘿蔔＋杏仁果＋鳳梨＋香莢蘭
胡蘿蔔＋蘋果＋肉桂＋美洲山核
　　桃＋香莢蘭
胡蘿蔔＋蘋果＋葡萄乾＋核桃
胡蘿蔔＋巴薩米克香醋＋甜菜＋
　　細香蔥＋綠色蔬菜
胡蘿蔔＋黃砂糖＋柳橙＋鳳梨＋
　　葡萄乾
胡蘿蔔＋續隨子＋蒔蘿
胡蘿蔔＋葛縷子籽＋孜然
胡蘿蔔＋葛縷子籽＋蒜頭＋檸檬
　　＋橄欖油＋歐芹
胡蘿蔔＋小豆蔻＋楓糖＋柳橙＋
　　優格＋湯
胡蘿蔔＋芹菜＋洋蔥
胡蘿蔔＋辣椒＋芫荽葉＋萊姆汁
胡蘿蔔＋芫荽葉＋薑＋嫩青蔥＋
　　芝麻油
胡蘿蔔＋肉桂＋椰子＋堅果＋鳳
　　梨
胡蘿蔔＋肉桂＋肉豆蔻＋鳳梨＋

核桃
胡蘿蔔＋肉桂＋柳橙＋香莢蘭
胡蘿蔔＋柑橘類＋孜然
胡蘿蔔＋椰子＋蒜頭＋薑＋萊姆汁
胡蘿蔔＋蔓越莓＋柳橙＋核桃
胡蘿蔔＋孜然＋蒜頭＋檸檬＋歐芹
胡蘿蔔＋咖哩＋薑＋卡非萊姆
胡蘿蔔＋椰棗＋葵花籽＋優格
胡蘿蔔＋蒔蘿＋檸檬＋扁豆
胡蘿蔔＋茴香＋蒜頭
胡蘿蔔＋茴香＋優格
胡蘿蔔＋水果（如：蘋果、柳橙、鳳梨、葡萄乾）＋**堅果**（如：杏仁果、腰果、美洲山核桃、核桃）
胡蘿蔔＋蒜頭＋薑＋核桃油
胡蘿蔔＋蒜頭＋馬鈴薯＋百里香
胡蘿蔔＋薑＋蜂蜜＋迷迭香
胡蘿蔔＋薑＋味噌＋芝麻籽＋甜豌豆
胡蘿蔔＋薑＋柳橙（或其他柑橘類，如：萊姆）
胡蘿蔔＋薑＋海菜＋芝麻（油／籽）＋醬油
胡蘿蔔＋哈里薩辣醬＋葡萄乾
胡蘿蔔＋蜂蜜＋檸檬汁＋橄欖油＋葡萄乾＋醋＋核桃
胡蘿蔔＋蜂蜜＋柳橙
胡蘿蔔＋蜂蜜＋鳳梨＋優格
胡蘿蔔＋檸檬汁＋芥末＋歐芹
胡蘿蔔＋楓糖漿＋芥末
胡蘿蔔＋味噌＋菠菜＋豆腐
胡蘿蔔＋堅果（如：松子、核桃）**＋葡萄乾**
胡蘿蔔＋歐洲防風草塊根＋百里香
胡蘿蔔＋芝麻＋甜豌豆

使用整根胡蘿蔔。將綠色蔬菜加入沙拉中或和義式燉飯一起烹煮，這些食物都對健康有益。
——費爾南達‧卡波比安科，迪瓦思純素烘焙屋，紐約市

胡蘿蔔和孜然很適合搭配在一起。
——阿曼達‧科恩，泥土糖果，紐約市

我們使用油、香料植物和辛香料油封胡蘿蔔，便可將胡蘿蔔製成肥美、多汁的油封質地。我們油炸胡蘿蔔碎片，然後再攪打成麵包屑。我們可能會醃製胡蘿蔔或將它們發酵，經脫水後研磨成粉末當做調味料。所以，我們現在已有八種使用胡蘿蔔的方式，並將各種形式的胡蘿蔔放入你在這裡享用的一道菜或四道菜的套餐中。你現在可品嘗完整、帶有深度的胡蘿蔔風味。如果我們能從菜單上的兩到八道菜做到這一點，突然間，你和你的味覺已被提升到一個完全不同的水準。這件事就很像將舊世界的葡萄酒和新世界葡萄酒相比，它仍然是紅葡萄酒，但卻完全不同。
——亞倫‧伍，天擇餐廳，俄勒岡州波特蘭

●腰果、腰果醬
Cashews and Cashew Nut Butter

風味：甜，像奶油般和蔬菜的香（特別是生食時），質地濃郁

風味強度：弱／中等（生食）－中等／強（烘烤）

營養學剖繪：66%脂肪／23%碳水化合物／11%蛋白質

熱量：每28.35克155大卡（生腰果）

蛋白質：5克

料理方式：生食、烘烤

小祕訣：烘烤腰果帶出風味和脆度。在烹調過程最後或上桌前才加入菜餚。

近親：芒果、開心果

杏仁果
杏桃

烘焙食物，如：餅乾
香蕉
豆類，如：四季豆
燈籠椒，如：烘烤燈籠椒
藍莓
青江菜
奶油／印度酥油
甘藍菜
小豆蔻
胡蘿蔔
白花椰菜
卡宴辣椒
芹菜
芹菜根
中美洲料理
乳酪，如：山羊乳酪、堅果乳酪
鷹嘴豆
辣椒，如：塞拉諾辣椒
素辣豆醬
中式料理
巧克力／可可豆碎粒
芫荽葉
肉桂
丁香
椰子和椰奶
玉米
鮮奶油，如：生食
孜然
咖哩類
咖哩粉
甜點
蘸料和蘸醬
葛拉姆馬薩拉
蒜頭
薑
格蘭諾拉麥片和格蘭諾拉麥片棒
榛果
海鮮醬

蜂蜜
鷹嘴豆泥醬
印度料理
檸檬，如：檸檬汁
萊姆
芒果
椰奶
味噌
菇蕈類，如：波特貝羅大香菇、香
　　菇
芥末
肉豆蔻
橄欖油
洋蔥
柳橙
青木瓜
法式酥皮醬糜派
花生醬
豌豆
胡椒，如：黑胡椒
鳳梨
松子
馬鈴薯
南瓜
米，如：印度香米、茉莉香米、壽
　　司米
義式燉飯
沙拉淋醬
沙拉
海鹽
沙嗲
醬汁，如：堅果醬汁
芝麻，如：芝麻籽
蔬果昔
荷蘭豆
湯，如：胡蘿蔔湯、白花椰菜湯
酸奶油
南美洲料理

醬油
菠菜
冬南瓜，如：白胡桃瓜
燉煮料理
翻炒料理
餡料
糖，如：黃砂糖、楓糖
甜豌豆
塔希尼芝麻醬
天貝
百里香
豆腐
番茄和日曬番茄乾
香莢蘭
素食漢堡
山葵
小麥仁
優格

對味組合
腰果＋胡蘿蔔＋薑
腰果＋胡蘿蔔＋柳橙
腰果＋鷹嘴豆＋咖哩＋馬鈴薯
腰果＋辣椒＋芫荽葉＋椰奶＋蒜
　　頭＋薑＋萊姆＋豆腐
腰果＋芫荽葉＋菠菜
腰果＋蜂蜜＋柳橙
腰果＋芥末＋荷蘭豆＋醬油
腰果＋柳橙＋米

腰果的質地綿密到令人難以置信，從開胃菜、腰果乳酪、主菜到甜點都很適合使用，我甚至還會加上打發的腰果奶霜。市面上的生乳乳酪蛋糕，口味從德國巧克力到礁島萊姆，都是以腰果為基底製作，美味極了！
——艾咪・比奇，G禪餐廳，康乃狄克州布蘭福德

主廚私房菜 DISHES

薰衣草－腰果乳酪蛋糕包覆葵花巧克力無花果外殼，搭配新鮮藍莓
——佛經（Sutra），西雅圖

● **白花椰菜 Cauliflower**
季節：秋－冬
風味：甜，帶有奶油、芥末、堅果和／或胡椒的刺激香調。質地

柔軟但鬆脆（生食）／質地綿密
（煮熟）

風味強度：中等

營養學剖繪：64% 碳水化合物／
20% 蛋白質／16% 脂肪

熱量：每½杯15大卡（沸煮過）

蛋白質：1克

料理方式：最好煮熟後食用，比
生食來得好。烘焙、汆燙、沸煮、
燜煮、深炸、乾燥、炒、榨汁、
壓成泥、高壓烹煮（2-3分鐘）、
打成泥、烘烤（以204°C烘烤
20-25分鐘）、煎炒、微滾烹煮、
煙燻、蒸煮（5-10分鐘）、翻炒
（2-5分鐘）；但過度烹調可以凸
顯硫磺香調。

小祕訣：別過度烹調。將打成泥
的白花椰菜加入蔬菜湯中，增
加綿密的質地。也可厚切（約2
公分）當做「牛排」，煎至褐變。

近親：青花菜、抱子甘藍、甘藍菜、
綠葉甘藍、辣根、羽衣甘藍、大
頭菜、春山芥、白蘿蔔、蕪菁甘
藍、蕪菁、水田芥

杏仁果

北印洋芋白花椰菜咖哩

蘋果

蘆筍

大麥

羅勒

月桂葉

豆類，如：黑豆、豆豉、四季豆、
白豆

燈籠椒，如：綠燈籠椒、紅燈籠椒

黑眼豆

青江菜

麵包粉，如：全麥麵包粉

青花菜

抱子甘藍

布格麥片

奶油和褐化奶油醬

白脫乳

續隨子

小豆蔻

胡蘿蔔

腰果

卡宴辣椒

芹菜

乳酪，如：藍黴、巧達、愛蒙塔爾、
費達、山羊乳酪、戈根索拉、豪
達、葛黎耶和、哈瓦堤、蒙契格、
莫札瑞拉、潘塔雷奧乳酪、**帕
爾瑪**、佩科利諾、羅卡爾、斯提
爾頓、瑞士乳酪

細葉香芹

鷹嘴豆

辣椒，如：青辣椒、紅辣椒；**辣椒片、
辣椒醬和辣椒粉**

素辣豆醬

細香蔥

巧達濃湯

芫荽葉

肉桂

柑橘類

椰子和椰奶

芫荽

玉米

庫斯庫斯

鮮奶油和牛奶

春山芥

蔬菜棒沙拉

孜然

咖哩類和**咖哩**，如：咖哩油、咖哩
粉、咖哩辛香料

蒔蘿

蛋，如：*鹹派*

葫蘆巴

義大利綜合炸物

葛拉姆馬薩拉

蒜頭

印度酥油

薑

焗烤料理

綠色蔬菜，如：苦味綠色蔬菜

榛果

香料植物

蜂蜜

辣根

印度料理

羽衣甘藍

烘製蕎麥

主廚私房菜 | DISHES

花椰菜和椰棗絲絨濃醬燉菜搭配烘烤菊芋、花椰菜和帕爾瑪乳酪
絲絨濃醬、檸檬水煮黑皮波羅門參、黑麥仁和栗子
——貝克塔餐飲（Beckta Dining and Wine），加拿大渥太華

蒜歐芹細扁麵搭配烤馬里基塔農場花椰菜、青蔥、青蒜、松子、
檸檬，續隨子芥末醬，菲歐瑞薩丁佩科利諾乳酪
——綠色餐廳（Greens Restaurant），舊金山

大火油煎花椰菜搭配蒜、杏仁果、甜辣義式燉甜椒、續隨子
——千禧（Millennium），舊金山

花椰菜：花椰菜排、維那瑞米飯、杏仁果和托斯卡尼佩科利諾乳
酪
——薩魯梅莉亞·蘿西（Salumeria Rosi），紐約市

義大利綜合炸物：酥脆花椰菜、甜辣醬、芝麻籽
——崇高（Sublime），佛州羅德岱堡

花椰菜馬鈴薯泥和「鍋底焦渣醬汁」：新鮮花椰菜攪打馬鈴薯泥、
牛肝菌「鍋底焦渣醬汁」搭配新鮮迷迭香
——蔬食燒烤（Veggie Grill），洛杉磯

韭蔥
檸檬，如：檸檬汁、碎檸檬皮
扁豆
萊姆
芒果
墨角蘭
白花椰菜泥、馬鈴薯泥
美乃滋
地中海料理
中東料理
牛奶或植物奶，如：腰果奶
小米
薄荷
菇蕈類，如：波特貝羅大香菇
芥末，如：第戎芥末或芥末籽
亞洲麵條，如：粄條
肉豆蔻
營養酵母
堅果
油脂，如：芥末油、**橄欖油**、核桃
　油
橄欖，如：黑橄欖、綠橄欖、卡拉
　瑪塔橄欖
洋蔥，如：紅洋蔥、黃洋蔥
柳橙
奧勒岡
紅椒粉
歐芹
義式麵食，如：蝴蝶麵、千層麵、
　細扁麵、尖管麵、管狀麵
豌豆
胡椒，如：黑胡椒、白胡椒
義式青醬
松子
開心果
義式粗玉米糊
馬鈴薯，如：紅馬鈴薯
南瓜
濃湯
葡萄乾
米，如：阿勃瑞歐米、印度香米、
　糙米
義式燉飯
迷迭香

番紅花
鼠尾草
沙拉，如：*白花椰菜沙拉、綠色蔬*
　菜沙拉、義大利麵沙拉
鹽，如：猶太鹽、海鹽
香薄荷
嫩青蔥
種籽，如：葛縷子籽、罌粟籽、南
　瓜籽、芝麻籽
芝麻，如：芝麻油、芝麻醬、芝麻
　籽
紅蔥
荷蘭豆

舒芙蕾
湯，如：*白花椰菜湯、咖哩湯、蔬*
　菜湯
酸奶油
醬油
斯佩耳特小麥
菠菜
小果南瓜
是拉差香甜辣椒醬
牛排
燉煮料理
翻炒料理
高湯，如：菇蕈高湯、蔬菜高湯

對味組合

白花椰菜＋杏仁果＋大麥
白花椰菜＋杏仁果＋褐化奶油醬＋檸檬
白花椰菜＋杏仁果＋葡萄乾
白花椰菜＋巴薩米克香醋＋蒜頭＋橄欖油＋葡萄乾
白花椰菜＋印度香米＋鷹嘴豆＋椰子
白花椰菜＋麵包粉＋續隨子＋檸檬＋歐芹
白花椰菜＋麵包粉（＋乳酪）＋細香蔥＋義式麵食＋歐芹
白花椰菜＋抱子甘藍＋續隨子＋檸檬
白花椰菜＋抱子甘藍＋蒜頭＋橄欖油＋迷迭香
白花椰菜＋續隨子＋蒔蘿＋蒜頭＋番茄
白花椰菜＋續隨子＋綠橄欖＋檸檬＋橄欖油
白花椰菜＋腰果＋芫荽葉＋椰子＋堅果奶＋洋蔥＋薑黃
白花椰菜＋巧達乳酪＋芥末
白花椰菜＋巧達乳酪＋帕爾瑪乳酪＋歐芹＋義式麵食
白花椰菜＋鷹嘴豆＋茄子＋葡萄乾
白花椰菜＋辣椒＋萊姆汁
白花椰菜＋辣椒粉＋歐芹＋義式麵食
白花椰菜＋芫荽葉＋薑
白花椰菜＋椰子＋咖哩
白花椰菜＋孜然＋薑＋羅望子＋薑黃
白花椰菜＋蒜頭＋番茄
白花椰菜＋薑＋柳橙
白花椰菜＋戈根索拉乳酪＋義式麵食＋百里香
白花椰菜＋檸檬＋歐芹
白花椰菜＋碎檸檬皮＋芥末＋紅蔥
白花椰菜＋薄荷＋帕爾瑪乳酪＋松子
白花椰菜＋橄欖＋柳橙
白花椰菜＋鼠尾草＋核桃
白花椰菜＋嫩青蔥＋芝麻油＋醬油

甘藷
麥粒番茄生菜沙拉
墨西哥塔可餅
塔希尼芝麻醬
羅望子
龍蒿
百里香
豆腐
番茄和蕃茄醬汁
日曬番茄乾
松露
薑黃
醋，如：巴薩米克香醋、米醋、白
　酒醋
裙帶菜
核桃
水田芥
酒，如：干白酒
優格

我從試驗中學到我不喜歡楓糖煙
燻的白花椰菜，我偏愛山核桃煙
燻的風味。我會煙燻白花椰菜後
裹粉、深炸，成品看起來會像炸
雞，可搭配比利時鬆餅一起吃，就
會很像素食版的炸雞鬆餅。
——阿曼達・科恩，泥土糖果，紐約市

我會用白花椰菜製作湯品，用馬
鈴薯壓泥器將白花椰菜壓碎，這
樣就會有米飯的質地，混合番紅
花、番茄、白葡萄酒和蒜一起烹
煮。這是有點特別的組合，因為
可以同時品嘗到有趣和熟悉的味
道。——里奇・蘭道，費吉餐廳，費城

素魚子醬 Caviar, Vegan
風味：鹹，帶有海洋味，像魚子醬
　般的質地，細緻香酥
這是什麼：以海藻為基底，類似
　魚子醬的產品
品牌：Cavi-Art、Kelp Caviar
小祕訣：冷盤或辣味菜餡中皆可
　使用。

酪梨
法式開胃小菜
蛋，如：水煮全熟蛋、*蛋捲*
義式麵食
馬鈴薯
沙拉，如：素海鮮沙拉
酸奶油
純素食壽司

Cavi-Art牌**純素魚子醬**，使用富含
鹽分的海藻製成，可以幫助凸顯
酪梨的清新。這實在太令人驚奇
了！
——蕭瓦因・懷特，花開咖啡館，紐約市

● **卡宴辣椒** Cayenne
（又名紅辣椒）
風味：辣／香辣
風味強度：強
這是什麼：用研磨過的紅辣椒製
　成的粉末
小祕訣：長久以來皆當做風味嚐
　強劑使用。卡宴辣椒烹煮得越
　久會越辣。

多香果
杏仁果
豆類，如：黑眉豆、四季豆、綠豆、
　紅豆
燈籠椒
卡津料理
腰果
白花椰菜
乳酪
鷹嘴豆
素辣豆醬
巧克力和可可亞
芫荽葉
玉米
孜然
咖哩類
蒔蘿
蘸料，如：豆泥蘸料、鷹嘴豆泥蘸

料
紫紅藻
茄子
蛋，如：水煮全熟蛋，尤以魔鬼蛋
　為佳
墨西哥玉米捲
蒜頭
檸檬
扁豆
萊姆
低脂料理
低鹽料理
滷汁醃醬
洋蔥，如：白洋蔥
紅椒粉
豌豆
美洲山核桃
松子
大蕉
馬鈴薯
豆泥
沙拉，如：蛋沙拉、馬鈴薯沙拉、
　豆腐沙拉
醬汁，如：烤肉醬、堅果醬汁
種籽，如：南瓜籽、葵花籽
湯，如：甜菜湯、*胡蘿蔔湯*、豆類湯、
　菇蕈湯
酸奶油
燉煮料理
糖
豆腐
番茄
素食漢堡
核桃，如：*辣味核桃*
優格

對味組合
卡宴辣椒＋杏仁果＋紫紅藻（或
　鹽）
卡宴辣椒＋玉米＋萊姆
卡宴辣椒＋蒔蘿＋蒜頭＋優格

● **芹菜** Celery
季節：全年皆有，尤其是夏－秋

風味：微甜，帶有香料植物、礦物和／或堅果的泥土香調。質地香酥／鬆脆（生食）和帶有纖維的嚼勁

風味強度：弱／中等（如：心或莖內部）—中等／強（如：莖外部）

這是什麼：蔬菜

營養學剖繪：73%碳水化合物／17%蛋白質／10%脂肪

熱量：每杯15大卡（生食，切碎）

蛋白質：1克

料理方式：沸煮、燜煮、鮮奶油、蔬果切片器、高壓烹煮（2-5分鐘）、生食、煎炒、蒸煮、翻炒（2-5分鐘）

小祕訣：**選擇有機芹菜。別過度烹調芹菜葉，葉子含有最多的營養。**

近親：茴芹（洋茴香）、葛縷子、胡蘿蔔、芹菜根、芫荽、蒔蘿、茴香、歐芹、歐芹根、歐洲防風草塊根

杏仁果和杏仁果醬

茴芹籽

蘋果

朝鮮薊

大麥

羅勒

月桂葉

豆類，如：黑眉豆、腰豆

甜菜

紅燈籠椒

麵包粉，如：全穀麵包粉

布格麥片

奶油和褐化奶油醬

甘藍菜

續隨子

葛縷子

胡蘿蔔

法式砂鍋菜

白花椰菜

芹菜根、香芹調味鹽和芹菜籽

乳酪，如：**藍黴**、布利、巧達、奶油乳酪、山羊乳酪、戈根索拉、豪達、葛黎耶和、**帕爾瑪、斯提爾頓**、瑞士乳酪

細葉香芹

栗子

鷹嘴豆

細香蔥

丁香

雞尾酒，如：血腥瑪麗

鮮奶油

蔬菜棒沙拉

黃瓜

孜然

咖哩類

蒔蘿

蛋，如：水煮全熟蛋，尤以魔鬼蛋為佳

苣菜

茴香

蒜頭

葡萄

焗烤料理

綜合生菜

榛果

大頭菜

韭蔥

檸檬，如：檸檬汁

扁豆

萊姆

歐當歸

萵苣纈草

楓糖漿

墨角蘭

美乃滋

調味蔬菜（芹菜＋胡蘿蔔＋洋蔥）

菇蕈類，如：蠔菇、野菇

芥末，如：第戎芥末

堅果，如：杏仁果、榛果、核桃

油脂，如：堅果油、**橄欖油**、核桃油

橄欖，如：綠橄欖

洋蔥，如：紅洋蔥

柳橙，如：新鮮柳橙、橙汁

歐芹

花生和花生醬

梨

豌豆

美洲山核桃

胡椒，如：黑胡椒

鳳梨

開心果

馬鈴薯

馬齒莧

櫻桃蘿蔔

葡萄乾

米

義式燉飯

迷迭香

沙拉，如：蛋沙拉、水果沙拉、義大利麵沙拉、馬鈴薯沙拉、蔬菜沙拉

鹽，如：海鹽

醬汁

嫩青蔥

芹菜籽

紅蔥

美式涼拌菜絲

荷蘭豆

湯，如：芹菜湯、芹菜根湯、馬鈴薯湯、蔬菜湯

醬油

小果南瓜

燉煮料理

翻炒料理

高湯，如：蔬菜高湯

填餡芹菜

餡料

龍蒿

百里香

番茄

薑黃

蕪菁

梅子醬

醋

核桃油

核桃

荸薺

水田芥

優格

對味組合
芹菜＋杏仁果醬＋葡萄乾
芹菜＋蘋果＋核桃
芹菜＋胡蘿蔔＋洋蔥
芹菜＋乳酪（如：藍黴）**＋水果**
　（如：蘋果、柳橙、梨）**＋堅果**
　（如：榛果、美洲山核桃、核桃）
芹菜＋黃瓜＋芥末
芹菜＋蒜頭＋番茄
芹菜＋柳橙＋美洲山核桃
芹菜＋歐芹＋番茄
芹菜＋開心果＋優格

●芹菜根 Celery Root
（又名芹菜根菜）
季節：秋－春
風味：苦／酸／甜，帶有茴芹（洋
　茴香）、芹菜、榛果、礦物、歐芹、
　馬鈴薯、松露和／或核桃的泥
　土香。質地鬆脆（生食）或膨鬆
　（煮熟）
風味強度：弱－中等（比芹菜弱）
營養學剖繪：84% 碳水化合物／
　10% 蛋白質／6% 脂肪
熱量：每杯45大卡（沸煮過）
蛋白質：1克
料理方式：烘焙（以177°C 烤約
　30-40分鐘）、汆燙、沸煮、燜煮、
　深炸、炒、刨絲、醃漬、壓成泥、
　高壓烹煮（3-5分鐘）、打成泥、
　生食（當做涼拌小菜）、烘烤、
　煎炒、蒸煮（5-20分鐘）、翻炒
小祕訣：使用前一定要去皮。想
　增加醬汁的濃郁程度，可使用
　打成泥的芹菜根取代奶油。
近親：茴芹（洋茴香）、葛縷子、
　胡蘿蔔、芹菜、芫荽、蒔蘿、茴
　香、歐芹、歐芹根、歐洲防風草
　塊根

***蘋果、蘋果酒、蘋果汁**
朝鮮薊

豆類，如：白腰豆、四季豆
甜菜
燈籠椒，如：綠燈籠椒、烘烤燈籠
　椒
麵包粉，如：全穀麵包粉
奶油，如：褐化奶油、山羊奶油
白脫乳
甘藍菜，如：皺葉甘藍
續隨子
葛縷子籽
胡蘿蔔
卡宴辣椒
芹菜
芹菜葉
芹菜籽
瑞士茶菜
乳酪，如：**藍黴**、鞏德、愛蒙塔爾、
　山羊乳酪、**葛黎耶和**、莫札瑞
　拉、**帕爾瑪**、佩科利諾、瑞士乳
　酪
細葉香芹
栗子
鷹嘴豆
芹菜根炸物
細香蔥
巧達濃湯
鮮奶油和法式酸奶油
蒔蘿
蛋
比利時苦苣
茴香
蒜頭
焗烤料理
榛果

蜂蜜
羽衣甘藍
大頭菜
韭蔥
檸檬，如：檸檬汁
扁豆，如：法國扁豆
萊姆，如：萊姆汁
馬士卡彭乳酪
美乃滋
小米
薄荷
味噌
菇蕈類，如：雞油菌、義大利棕蘑
　菇、蠔菇、牛肝菌
芥末，如：第戎芥末、柏瑪芮芥末
　籽醬和／或全穀芥末醬
肉豆蔻
堅果，如：腰果
油脂，如：榛果油、堅果油、**橄欖油**、
　山核桃油、**葵花油**、松露油、核
　桃油
橄欖，如：黑橄欖
洋蔥
柳橙，如：橙汁、碎橙皮
血橙
紅椒粉，如：煙燻紅椒粉
歐芹
歐洲防風草塊根
梨
豌豆
去莢乾燥豌豆瓣
美洲山核桃
黑胡椒
松子

馬鈴薯，如：馬鈴薯泥
濃湯，如：馬鈴薯濃湯
野生韭蔥
法式調味蛋黃醬
米，如：阿勃瑞歐米、野生米
義式燉飯
**其他根莖蔬菜，如：胡蘿蔔、蕪菁
　　等**
迷迭香
蕪菁甘藍
番紅花
鼠尾草
沙拉淋醬，如：奶油醬汁、油醋醬
沙拉，如：冬季沙拉
黑皮波羅門參
鹽，如：猶太鹽、煙燻鹽、松露鹽
醬汁
紅蔥
美式涼拌菜絲
酸模
*湯，如：芹菜湯、芹菜根湯、韭蔥湯、
　　番茄湯*
醬油
燉煮料理
蔬菜高湯
糖，如：黃砂糖
龍蒿
百里香
番茄和番茄糊
**松露，如：黑松露、松露油、松露
　　鹽**
根莖蔬菜，如：蕪菁
醋，如：蘋果酒醋、紅酒醋、雪利
　　酒醋、白酒醋
核桃
水田芥
野生米
干紅酒或干白酒
優格

對味組合
芹菜根＋蘋果＋芹菜
**芹菜根＋蘋果＋法式酸奶油＋芥
　　末**

芹菜根＋蘋果＋茴香＋榛果＋檸
　　檬
芹菜根＋蘋果＋歐芹＋葡萄乾
芹菜根＋蘋果＋核桃
芹菜根＋芝麻菜＋帕爾瑪乳酪＋
　　牛肝菌
芹菜根＋黑松露＋馬鈴薯
芹菜根＋藍黴乳酪＋細香蔥
芹菜根＋白脫乳＋香料植物＋橄
　　欖油＋橄欖
芹菜根＋雞油菌＋野生米
**芹菜根＋乳酪＋蒜頭＋芥末＋馬
　　鈴薯**
芹菜根＋栗子＋蘋果酒＋鮮奶油
　　＋菇蕈類
芹菜根＋栗子＋龍蒿
芹菜根＋細香蔥＋韭蔥＋百里香
芹菜根＋茴香＋馬鈴薯＋湯
**芹菜根＋蒜頭＋歐洲防風草塊根
　　＋馬鈴薯**
芹菜根＋蒜頭＋歐洲防風草塊根
　　＋蕪菁甘藍
芹菜根＋檸檬汁＋美乃滋
芹菜根＋檸檬汁＋芥末＋核桃油
芹菜根＋楓糖漿＋芥末
芹菜根＋帕爾瑪乳酪＋歐芹
芹菜根＋歐洲防風草塊根＋馬鈴
　　薯
芹菜根＋歐洲防風草塊根＋百里
　　香
芹菜根＋迷迭香＋蕪菁甘藍

香芹調味鹽 Celery Salt
風味：鹹，帶有芹菜香調

甜菜
血腥瑪麗
甘藍菜
芹菜
辣椒醬
蒔蘿
蘸料
蛋，如：水煮全熟蛋
蒜頭

蔬果汁，如：番茄汁、蔬菜汁
洋蔥
沙拉淋醬
沙拉，如：馬鈴薯沙拉
美式涼拌甘藍菜絲
*湯，尤以豆子湯、紅捲心菜冷湯、
　　扁豆湯、番茄湯為佳*
酸奶油
蔬菜高湯
番茄

● 芹菜籽 Celery Seeds
風味：苦和／或微甜，帶有芹菜、
　　芹菜葉、香料植物（如歐芹）、
　　檸檬和／或辛香料的刺激香調
風味強度：中等－**強**

烘焙食物，如：麵包
甘藍菜
胡蘿蔔
芹菜
乳酪，如：帕爾瑪乳酪
雞尾酒，如：血腥瑪麗
黃瓜
蒔蘿
蘸料
蛋
蒜頭
檸檬
滷汁醃醬
美乃滋
芥末，如：第戎芥末
堅果
油脂，如：杏仁油、橄欖油
洋蔥
黑胡椒
酸漬食物
馬鈴薯
沙拉淋醬
*沙拉，如：蛋沙拉、水果沙拉、彎
　　管麵沙拉、**馬鈴薯沙拉**和蔬菜
　　沙拉*
醬汁
德國酸菜

美式涼拌菜絲，如：甘藍菜絲
湯，如：芹菜湯、湯麵、洋蔥湯、
　櫛瓜湯
酸奶油
菠菜
燉煮料理，如：燉煮蔬菜
番茄和番茄汁
蔬菜和蔬菜汁
醋，如：蘋果酒醋、白酒醋
伍斯特素食辣醬油

● 茱菜，如：彩虹茱菜、
紅茱菜、瑞士茱菜（菾蓬
菜）或混合茱菜
Chard, E.G., Rainbow, Red/Ruby,
Swiss, or Mixed
季節：全年皆有，尤其是夏－秋
風味：苦／微鹹；葉子有更重的
　菠菜泥土味，而莖部的菠菜香
　調則較弱
風味強度：中等（煮熟）－強（生
　食）
這是什麼：綠色蔬菜
營養學剖繪：74% 碳水化合物／
　23% 蛋白質／3% 脂肪
熱量：每杯 35 大卡（切碎、沸煮過）
蛋白質：3 克
料理方式：這款快熟的綠色蔬菜
　最好煮熟後食用，比生食來得
　好。用烹調蘆筍的方式處理莖
　部，用烹調菠菜的方式處理葉
　片，如：烘焙、汆燙、沸煮（3-4
　分鐘）、**燜煮**、濾煮法、醃漬、
　煎炒、蒸煮（3-4分鐘）、翻炒
小祕訣：選擇較幼嫩的茱菜，口
　感軟嫩適合製作沙拉。
近親：甜菜、藜麥、菠菜
可行的替代物：菠菜

杏仁果
蘋果
羅勒
豆類，如：乾燥豆類、白豆
燈籠椒

麵包粉
布格麥片
奶油
續隨子
胡蘿蔔
乳酪，如：藍黴、巧達、農家、費
　達、山羊乳酪、葛黎耶和、莫札
　瑞拉、**帕爾瑪**、佩科利諾、**瑞可**
　達乳酪、泰勒吉奧乳酪

鷹嘴豆
辣椒，如：齊波特辣椒、乾辣椒、
　紅辣椒和**辣椒片**
芫荽葉
肉桂
椰子
芫荽
鮮奶油
可麗餅，如：蕎麥可麗餅

孜然
穗醋栗
咖哩類
卓瑪
茄子
蛋，如：煎蛋、義式蛋餅、蛋捲、
　水波蛋、鹹派
茴香和茴香籽
法式料理，如：尼斯料理
＊蒜頭
薑
焗烤料理
其他綠色蔬菜
羽衣甘藍
灰藜
韭蔥
檸檬，如：檸檬汁、碎檸檬皮
扁豆
萊姆，如：萊姆汁、碎萊姆皮
歐當歸
馬士卡彭乳酪
小米
薄荷
味醂
菇蕈類，如：牛肝菌、波特貝羅大
　香菇、香菇
芥末和芥末籽
蕁麻
麵條，如：亞洲麵條、粄條
肉豆蔻
油脂，如：菜籽油、辣椒油、橄欖

油、花生油、芝麻油
橄欖，如：卡拉瑪塔橄欖
洋蔥，如：紅洋蔥
柳橙，如：橙汁、碎橙皮
紅椒粉，如：煙燻紅椒粉、甜紅椒
　粉
歐芹
義式麵食，如：義大利麵捲、蝴蝶
　麵、螺旋麵、義式麵疙瘩、千層
　麵、貓耳朵麵、尖管麵、方麵餃、
　義式圓肉餃
黑胡椒
松子
義式粗玉米糊
馬鈴薯，如：紅馬鈴薯
藜麥
葡萄乾
米，如：印度香米、糙米
義式燉飯
番紅花
沙拉，如：綠色蔬菜沙拉、水田芥
　沙拉
鹽，如：猶太鹽、海鹽
嫩青蔥
種籽，如：南瓜籽、芝麻籽
紅蔥
酸模
湯，如：菾菜湯、扁豆湯、義式蔬
　菜湯、馬鈴薯湯
酸奶油
醬油
燉煮料理
翻炒料理
蔬菜高湯
填餡菾菜，如：填入穗醋栗＋松
　子＋米
塔希尼芝麻醬
溜醬油
百里香
豆腐
番茄和蕃茄醬汁
日曬番茄乾
醋，如：蘋果酒醋、巴薩米克香醋、
　紅酒醋

核桃
小麥仁
伍斯特素食辣醬油
優格
櫛瓜

對味組合
菾菜＋橡實南瓜＋蒜頭＋葛黎耶
　和乳酪
菾菜＋巴薩米克香醋＋蒜頭＋橄
　欖油＋紅洋蔥
菾菜＋羅勒＋蛋＋洋蔥
菾菜＋乳酪（如：帕爾瑪、瑞可達
　乳酪）＋洋蔥
菾菜＋鷹嘴豆＋蛋＋檸檬＋湯
菾菜＋鷹嘴豆＋茴香
菾菜＋鷹嘴豆＋義式麵食
菾菜＋辣椒＋蒜頭＋橄欖油＋醋
菾菜＋辣椒＋番茄
菾菜＋穗醋栗＋松子＋米
菾菜＋蒔蘿＋韭蔥
菾菜＋蒜頭＋薑＋醬油
菾菜＋蒜頭＋檸檬＋橄欖油
菾菜＋檸檬＋芥末
菾菜＋檸檬＋橄欖油＋帕爾瑪乳
　酪
菾菜＋檸檬＋塔希尼芝麻醬
菾菜＋味醂＋香菇＋醬油
菾菜＋柳橙＋煙燻紅椒粉
菾菜＋帕爾瑪乳酪＋義式粗玉米
　糊＋波特貝羅大香菇
菾菜＋義式麵食＋瑞可達乳酪＋
　番茄醬汁
菾菜＋義式麵食＋白豆
菾菜＋花生＋鳳梨
菾菜＋松子＋葡萄乾
菾菜＋松子＋塔希尼芝麻醬＋優
　格

我愛菾菜！彩虹菾菜的莖富含風
味，我很喜歡烹調這種菜。只要
切段後放入熱橄欖油中翻炒1-2
分鐘，接著加入綠色蔬菜、一些
蒜、一些水或高湯、鹽和胡椒，再

烹煮1-2分鐘。最後可加入杏仁果、松子或南瓜籽增加一些質地，如果你喜歡刺激一點的風味，可灑上一點辣椒末。

——安妮‧索梅維爾，綠色餐廳，舊金山

我們在這裡是在創造風味：例如，我們將蕎菜和洋蔥、蒜和其他很美味的傳統燉煮食材一起燉煮，然後將一部分燉菜脫水並製成粉末，稍後將會放入麵疙瘩或義式麵食的麵糰中。這算是調味材料，你可使用約5%在麵糰中。接下來，將沒有脫水的蕎菜放入盤子中，再放上麵疙瘩。我們還會炸一些蕎菜做為裝飾。突然間，蕎菜呈現出完整的風味，因為我們已將蕎菜以不同的形式整合在菜餚中。所以，當顧客享用菜餚時，他們說，『哇！我從來沒有吃過這樣的蕎菜！』這是因為我們不只是將蕎菜簡單地炒了一下；我們操控它，仔細思考後，然後用各樣的方式將蕎菜融入菜餚中再呈現給你。

——亞倫‧伍，天擇餐廳，
俄勒岡州波特蘭

●佛手瓜 Chayote
（又名合掌瓜；同時參見夏南瓜）

季節：冬

風味：中性，帶有黃瓜和櫛瓜的香調。質地香酥，帶有纖維；佛手瓜柔軟、可食用的種籽被形容是杏仁果和皇帝豆混合後的風味

風味強度：非常弱－弱

這是什麼：嚴格說來是水果

營養學剖繪：77% 碳水化合物／17% 脂肪／6% 蛋白質

熱量：每杯40大卡（沸煮過）

蛋白質：1克

料理方式：烘焙、沸煮（8-10分鐘）、炙烤、刨絲、燒烤、濾煮法、

打成泥、生食、煎炒、真空低溫烹調、蒸煮、燉煮、塞入填料

小祕訣：和烹調櫛瓜的方式相同。

近親：葫蘆、小果南瓜

可行的替代物：夏南瓜、櫛瓜

杏仁果

蘋果

燈籠椒，如：紅燈籠椒

麵包粉

奶油

加勒比海料理

中美洲料理

乳酪，如：蒙特利傑克

辣椒，如：齊波特辣椒、哈拉佩諾辣椒

芫荽葉

肉桂

椰奶

玉米

鮮奶油

克利歐／卡津料理，佛手瓜在此名為 *mirliton*

咖哩類

墨西哥玉米捲

茴香和茴香籽

蒜頭

薑

焗烤料理

蜂蜜

牙買加料理

拉丁美洲料理

檸檬

萊姆

路易斯安那州料理，佛手瓜在此名為 *mirliton*

芒果

墨西哥料理

橄欖油

洋蔥，如：春日洋蔥、白洋蔥、黃洋蔥

柳橙

奧勒岡

歐芹

南瓜籽

沙拉，如：水果沙拉、綠色蔬菜沙拉、馬鈴薯沙拉

莎莎醬

嫩青蔥

美式涼拌菜絲

湯

酸奶油

美國南方料理

橡實南瓜

燉煮料理

翻炒料理

蔬菜高湯

填餡佛手瓜

壽司，如：海苔卷

甘藷

龍蒿

百里香

豆腐，如：板豆腐

番茄

墨西哥玉米薄餅

墨西哥披薩

薑黃

香莢蘭

水田芥

對味組合

佛手瓜＋杏仁果＋肉桂＋蜂蜜

佛手瓜＋蒜頭＋洋蔥＋番茄

佛手瓜和墨西哥綠摩爾醬：橡實南瓜香氣燜煮佛手瓜、青綠南瓜籽摩爾醬、滑潤南瓜籽玉米粽、浸潤於優格中的佛手瓜顆粒
——托波洛萬波（Topolobampo），芝加哥

●乳酪：艾斯亞格
Cheese, Asiago
風味強度：弱－中等
可行的替代物：帕爾瑪乳酪、羅馬諾乳酪

杏仁果
芝麻菜
麵包，如：義大利扁麵包
蛋，如：義式蛋餅
墨西哥玉米捲
無花果
蒜頭
葡萄
義大利料理
義式麵食
披薩
馬鈴薯
沙拉，如：綠色蔬菜沙拉、義大利麵沙拉
菠菜
夏南瓜
番茄
櫛瓜

●乳酪：藍黴 Cheese, Blue
（如：戈根索拉乳酪、侯克霍乳酪、斯提爾頓乳酪）
風味強度：強

杏仁果
蘋果
杏桃
甜菜
麵包，如：**堅果麵包**、粗磨黑麥麵

包、葡萄乾麵包、**核桃麵包**
白脫乳
卡宴辣椒
芹菜
奶油乳酪
烘烤栗子
細香蔥
黃瓜
椰棗
蒔蘿
蘸料
莒菜
茴香
無花果
水果
蒜頭
葡萄
綠色蔬菜，如：嫩葉菜、苦味綠色蔬菜、沙拉青蔬
榛果
蜂蜜
韭蔥
萵苣，如：結球萵苣
馬士卡彭乳酪
美乃滋
奶類
菇蕈類
堅果，如：榛果、核桃，尤以烘烤為佳
橄欖油
洋蔥
歐芹
義式麵食
桃子
梨

美洲山核桃
黑胡椒
松子
李子
馬鈴薯，如：烘烤馬鈴薯
櫻桃蘿蔔
沙拉淋醬
沙拉
鹽
三明治
醬汁
酸奶油
菠菜
葵花籽
百里香
番茄
蔬菜，如：生菜、蒸蔬菜
醋，如：巴薩米克香醋、紅酒醋、雪利酒醋、白酒醋
核桃
水田芥
西瓜
優格

對味組合
藍黴乳酪＋杏仁果＋水田芥
藍黴乳酪＋蘋果＋芹菜
藍黴乳酪＋蘋果＋茴香
藍黴乳酪＋杏桃＋巴薩米克香醋＋芹菜＋榛果
藍黴乳酪＋芹菜＋椰棗
藍黴乳酪＋黃瓜＋番茄
藍黴乳酪＋水果（如：無花果、桃子、梨）**＋綠色蔬菜**（如：菠菜）**＋堅果**（如：榛果、美洲山核桃、核桃）
藍黴乳酪＋水果（如：梨）**＋綠色蔬菜**（如：菠菜）
藍黴乳酪＋綠色蔬菜（如：蘿蔓萵苣、菠菜）**＋堅果**（如：核桃）
藍黴乳酪＋韭蔥＋百里香
藍黴乳酪＋洋蔥＋梨＋美洲山核桃＋菠菜
藍黴乳酪＋洋蔥＋核桃

主廚私房菜 | DISHES

爐烤無花果和梅塔格藍黴乳酪無酵餅搭配焦糖化洋蔥、芝麻菜、巴薩米克釉汁
——峽谷牧場（Canyon Ranch），佛州邁阿密海灘

「奧弗涅藍黴乳酪」：瑞士蒸菜法式小炸餅、密西根酸櫻桃、褐化奶油烤核桃
——自身（Per Se），紐約市

乳酪：布利 Cheese, Brie

風味強度：中等

料理方式：烘焙

可行的替代物：卡門貝爾乳酪

杏仁果
蘋果
芝麻菜
麵包，尤以法式長條麵包為佳
櫻桃
椰棗
茴香
無花果
甜瓜
綜合生菜
羊肚菌
堅果，如：開心果
洋蔥
梨
沙拉
三明治
草莓
蔬菜，如：生菜
水果醋，如：蔓越莓醋

對味組合

布利乳酪＋芝麻菜＋梨

● 乳酪：義大利布瑞達生乳酪 Cheese, Burrata

風味強度：弱

羅勒
豆類，如：**蠶豆**
麵包
胡蘿蔔
黃瓜
蒜頭
義大利料理
甜瓜，如：洋香瓜
堅果，如：腰果
橄欖油
紅洋蔥
義式麵食
桃子
義式青醬
李子
鹽
番茄
巴薩米克香醋

對味組合

布瑞達乳酪＋巴薩米克香醋＋羅勒＋紅洋蔥＋番茄

我喜愛義大利布瑞達生乳酪。我們使用溫熱的義大利布瑞達生乳酪搭配義式麵食和青醬，或搭配

醃漬蔬菜和香酥藜麥，或搭配胡蘿蔔葉醬、胡蘿蔔和蠶豆，甚至可以搭配洋香瓜、甜瓜冰沙和烘烤過的腰果。我想要使用大家熟悉的一種乳酪做示範，讓大家知道其實一年四季都可以用同種乳酪。在美國有家從義大利普利亞來的乳酪製作公司，他們製作超棒的乳酪（由齊格曼販售）。
——瓊·杜布瓦斯，綠斑馬，芝加哥

● 乳酪：巧達 Cheese, Cheddar

風味強度：中等

蘋果、蘋果酒、蘋果汁
芝麻菜
蘆筍
酪梨
白豆
比斯吉
麵包粉
麵包，如：法國麵包、粗磨黑麥麵包、全黑麥麵包、全麥麵包
青花菜
葛縷子籽
白花椰菜
卡宴辣椒
辣椒，如：齊波特辣椒、哈拉佩諾辣椒、波布蘭諾辣椒
墨西哥香炸辣椒捲
辣椒粉
玉米
卡士達
椰棗
蒔蘿
蛋
墨西哥玉米捲

茴香
蒜頭
葡萄
焗烤料理
粗粒玉米粉
蜂蜜
辣根
羽衣甘藍
韭蔥
美式長條素肉團
乳酪彎管麵
菇蕈類
芥末
堅果
燕麥
洋蔥，如：焦糖化洋蔥
紅椒粉
義式麵食，如：彎管麵
梨
美洲山核桃
黑胡椒
餡餅皮
爆米花
馬鈴薯
墨西哥烤餅
楓梓醬
米
沙拉
三明治，如：烤乳酪三明治
醬汁
嫩青蔥
舒芙蕾
菠菜
百里香
黏果酸漿
番茄
蘋果酒醋
核桃

● 乳酪：山羊 Cheese, Chèvre
（又名新鮮山羊乳酪）

● 乳酪：可提亞 Cheese, Cotija（參見乳酪：阿涅荷）

● 乳酪：農家乳酪
Cheese, Cottage
風味強度：弱－中等
營養學剖繪：73% 蛋白質／15% 碳水化合物／12% 脂肪
熱量：每杯 165 大卡（低脂）
蛋白質：28 克
小祕訣：將農家乳酪、檸檬汁和香料植物混合後打成泥，製成醬汁，可倒在義大利直麵或其他義式麵食上。
品牌：試試看南西牌的酸味複合低脂有機農家乳酪，風味獨一無二。

蘋果
芝麻菜
香蕉
羅勒
燈籠椒，如：綠燈籠椒
漿果
全穀麵包
胡蘿蔔
芹菜
其他乳酪，如：藍黴、帕爾瑪乳酪
乳酪蛋糕
細香蔥
芫荽葉
肉桂
芫荽
黃瓜
蒔蘿
蘸料
蛋
亞麻籽和亞麻籽油
水果，尤以新鮮水果為佳，如：洋香瓜、鳳梨
蒜頭
薑
焗烤料理
綠色蔬菜，如：甜菜葉
香料植物
蜂蜜
檸檬，如：檸檬汁、碎檸檬皮

橄欖油
橄欖
洋蔥
青蔥，如：嫩青蔥
柳橙
美式煎餅
紅椒粉
歐芹
義式麵食，如：千層麵
梨
胡椒，如：黑胡椒、白胡椒
義式青醬
葡萄乾
覆盆子
沙拉淋醬，如：奶油醬汁
沙拉
鹽，如：海鹽
種籽，如：葵花籽
酸奶油
菠菜
番茄
核桃
水田芥
優格
櫛瓜

對味組合
農家乳酪＋黑胡椒＋橄欖油

● 奶油乳酪 Cheese, Cream
（同時參見白乳酪）
風味：酸，質地濃郁但可抹開
風味強度：中等－**強**
這是什麼：新鮮、未熟成的乳酪
營養學剖繪：88% 脂肪／7% 蛋白質／5% 碳水化合物
熱量：每大匙 50 大卡
蛋白質：1 克
小祕訣：選擇使用 ● 脫脂奶油乳酪。
可行的替代物：新堡乳酪

蘋果
杏桃

酪梨
甜菜
燈籠椒，如：紅燈籠椒
漿果
藍莓
水果和／或堅果麵包，如：椰棗-
　堅果麵包
續隨子
胡蘿蔔
芹菜
乳酪，如：藍黴、法國乳酪、新鮮
　乳酪、山羊乳酪、瑞可達乳酪
乳酪蛋糕
櫻桃
細香蔥
巧克力
肉桂
椰子
咖啡
蔓越莓
椰棗
甜點
蘸料
糖霜，如：加在胡蘿蔔蛋糕上
水果乾
蒜頭
薑
全麥餅乾
番石榴
蜂蜜
奇異果
檸檬，如：檸檬汁、碎檸檬皮
楓糖漿
馬士卡彭乳酪
薄荷
芥末
肉豆蔻
堅果
橄欖
柳橙，如：橙汁、碎橙皮
奧勒岡
歐芹
鳳梨
開心果

李子乾
榲桲醬
葡萄乾
覆盆子
大黃
鹽
三明治，如：烤乳酪三明治
醬汁
嫩青蔥
種籽，如：芝麻籽
酸奶油
菠菜
抹醬
草莓
糖，如：糖粉
百里香
番茄，如：日曬番茄乾
香莢蘭
優格

對味組合
奶油乳酪＋酪梨＋辣椒醬＋蒜頭
　＋檸檬汁
奶油乳酪＋楓糖漿＋馬士卡彭乳
　酪
奶油乳酪＋菠菜＋日曬番茄乾

純素奶油乳酪：腰果
"Cheese, Cream"—Cashew Nut
（Vegan）
小祕訣：和一般奶油乳酪的使用
　方式相同。
品牌：Dr. Cow Tree 堅果乳酪（使
　用腰果或夏威夷堅果製成）

我們使用自製的「**奶油乳酪**」抹
在生「百變貝果」上。我們浸泡
腰果和夏威夷堅果，再將這兩種
堅果混合蒜、檸檬汁、紅洋蔥、鹽、
胡椒和水打成泥製成奶油乳酪。
——凱西和瑪琳・托爾曼，石榴咖啡館，
鳳凰城

C

素奶油乳酪：大豆
"Cheese, Cream"—Soy
品牌：追隨你心、蔬食星系或豆
　腐地等品牌製作的乳酪，但需
　確認其中不含反式脂肪。

貝果麵包
甜點
糖霜，如：蛋糕、杯子蛋糕（如：
　胡蘿蔔蛋糕、櫛瓜蛋糕）

對味組合
豆腐奶油乳酪＋楓糖漿＋柳橙汁
　／碎橙皮＋香莢蘭

●乳酪：愛蒙塔爾
Cheese, Emmental（法國）or
Emmentaler（瑞士）
料理方式：切絲
可行的替代物：瑞士乳酪

麵包，如：黑麥麵包
大白菜
乳酪火鍋
水果
菇蕈類
洋蔥，如：紅洋蔥
義式麵食，如：千層麵
梨
三明治
菠菜

●乳酪：費達
Cheese, Feta
風味：鹹和酸；半緊實／易碎
料理方式：烘焙、直接吃、煙燻
純素小祕訣：可用鬆軟的夏威夷

堅果取代這種乳酪。

蘋果
芝麻菜
蘆筍
大麥
羅勒
豆類，如：蔓越莓豆、皇帝豆、紅豆
甜菜
燈籠椒，如：紅燈籠椒、烘烤燈籠椒
麵包，如：橄欖麵包、全麥麵包
袋餅
續隨子
蒜菜，如：瑞士蒜菜
鷹嘴豆
芫荽葉
黃瓜
椰棗
蒔蘿
茄子
蛋，如：*義式蛋餅、蛋捲、鹹派*
法老小麥
茴香
無花果
蒜頭
葡萄
焗烤料理
希臘料理
蜂蜜
羽衣甘藍
檸檬，如：檸檬汁、碎檸檬皮
扁豆，如：紅扁豆
萵苣，如：蘿蔓萵苣

墨角蘭
地中海料理
薄荷
菇蕈類
橄欖油
橄欖，如：黑橄欖、希臘橄欖、卡拉瑪塔橄欖
洋蔥，如：醃漬洋蔥、紅洋蔥
柳橙
奧勒岡
歐芹
義式麵食，如：蝴蝶麵、米型麵
黑胡椒
開心果
披薩
馬鈴薯
藜麥
義式燉飯
迷迭香
鼠尾草
沙拉淋醬
沙拉，如：*希臘沙拉、蔬菜沙拉*
三明治
醬汁
香薄荷
嫩青蔥
芝麻
酸模
湯，如：*番茄湯*
希臘菠菜派
菠菜
抹醬，如：*費達生奶油抹醬*
鹽膚木
百里香
番茄
日曬番茄乾
醋，如：巴薩米克香醋、紅酒醋
核桃
西瓜
優格
櫛瓜

對味組合
費達乳酪＋朝鮮薊心＋蒜頭＋菠菜＋*披薩*
費達乳酪＋芝麻菜＋無花果
費達乳酪＋蘆筍＋蛋＋番茄
費達乳酪＋巴薩米克香醋＋日曬番茄乾
費達乳酪＋燈籠椒＋菇蕈類
費達乳酪＋黑橄欖＋米粒麵＋日曬番茄乾
費達乳酪＋蒔蘿＋蛋＋菠菜
費達乳酪＋茴香＋西瓜
費達乳酪＋蒜頭＋奧勒岡
費達乳酪＋檸檬＋嫩青蔥
費達乳酪＋墨角蘭＋薄荷＋番茄
費達乳酪＋橄欖油＋橄欖＋歐芹＋紅洋蔥＋番茄
費達乳酪＋迷迭香＋菠菜

我們使用櫻桃木煙燻**費達乳酪**。費達乳酪真的會吸收風味，所以你需要風味溫和的木頭。

——阿曼達‧科恩，泥土糖果，紐約市

● 乳酪：芳汀那
Cheese, Fontina
朝鮮薊
芝麻菜
羅勒
燈籠椒，如：烘烤燈籠椒
蛋，如：*蛋捲*
芹菜
乳酪火鍋
水果，尤以新鮮水果為佳
葡萄
義大利料理
菇蕈類，如：雞油菌
第戎芥末
洋蔥，如：炙烤洋蔥和／或紅洋蔥

義式麵食，如：義大利麵捲、彎管麵
梨
披薩
李子
馬鈴薯
墨西哥烤餅
鼠尾草
沙拉
三明治，如：烤乳酪三明治、帕尼尼三明治
醬汁
白胡桃瓜
番茄
日曬番茄乾
白松露
核桃
櫛瓜

對味組合

芳汀那乳酪＋芝麻菜＋紅洋蔥＋日曬番茄乾＋三明治
芳汀那乳酪＋番茄＋櫛瓜＋披薩

●乳酪：山羊 Cheese, Goat
料理方式：烘焙、直接吃

杏仁果
蘋果
杏桃乾或新鮮杏桃
朝鮮薊
芝麻菜
蘆筍
羅勒
豆類，如：蠶豆、黃莢四季豆
甜菜
紅燈籠椒，尤以烘烤過的為佳
漿果，如：黑莓、覆盆子、**草莓**
麵包，如：水果和／或堅果麵包、全穀麵包
青花菜
續隨子
胡蘿蔔
卡宴辣椒

芹菜
蕃菜
其他乳酪，如：奶油乳酪、訥沙泰勒乳酪、瑞可達乳酪
乳酪蛋糕
櫻桃，如：櫻桃乾、新鮮櫻桃、酸櫻桃、甜櫻桃
細葉香芹
辣椒，如：皮奎洛辣椒和辣椒片、辣椒醬
細香蔥
肉桂
玉米
蔓越莓乾
鮮奶油
椰棗
蒔蘿
蘸料
茄子
蛋料理，如：*義式蛋餅、蛋捲、鹹派*
茼菜
茴香和茴香籽
無花果
蒜頭
穀物，如：小米
葡萄
綠色蔬菜，如：沙拉青蔬
榛果
香料植物
蜂蜜
大頭菜
韭蔥
檸檬，如：檸檬汁、碎檸檬皮
扁豆
萵苣

萊姆
墨角蘭
薄荷
菇蕈類，如：香菇
堅果，如：美洲山核桃
油脂，如：榛果油、**橄欖油**、松子油、核桃油
橄欖，如：黑橄欖
洋蔥，如：焦糖化洋蔥、青蔥、紅洋蔥
柳橙，如：橙汁、碎橙皮
奧勒岡
歐芹
義式麵食，如：千層麵、方麵餃、義式圓肉餃
桃子
梨
胡椒，如：黑胡椒、白胡椒
義式青醬
松子
開心果
披薩
大蕉
李子乾或新鮮李子
義式粗玉米糊
石榴
馬鈴薯
墨西哥烤餅
榲桲
藜麥
葡萄乾
野生韭蔥
義式燉飯
迷迭香
鼠尾草
沙拉，如：*水果沙拉、綠色蔬菜沙*

拉
海鹽
三明治，如：烤乳酪三明治
醬汁
香薄荷
嫩青蔥
種籽，如：罌粟籽
舒芙蕾
菠菜
小果南瓜，如：夏南瓜
甘藷
橄欖醬
餡餅
百里香
番茄
日曬番茄乾
香莢蘭
烤蔬菜
油醋醬
醋，如：巴薩米克香醋、蘋果酒醋、
　　紅酒醋、雪利酒醋
核桃
小麥仁
優格
中東扎塔香料
櫛瓜
櫛瓜花

對味組合
山羊乳酪＋蘋果＋甜菜
山羊乳酪＋蘋果＋芹菜＋*沙拉*
山羊乳酪＋芝麻菜＋蛋
山羊乳酪＋芝麻菜＋梨
山羊乳酪＋巴薩米克香醋＋甜菜
　　＋蒔蘿＋鼠尾草
山羊乳酪＋巴薩米克香醋＋無花
　　果
山羊乳酪＋羅勒＋蒜頭
山羊乳酪＋甜菜＋蘋果酒醋
山羊乳酪＋續隨子＋蒜頭＋奧勒
　　岡＋日曬番茄乾
山羊乳酪＋焦糖化洋蔥＋鼠尾草
山羊乳酪＋無花果＋石榴籽
山羊乳酪＋蒜頭＋綠色蔬菜＋百

「2013」洋蔥湯，搭配煙燻豪
達乳酪、酸麵糰「海綿蛋糕」、
洋蔥清湯
　　——皮肖利（Picholine），紐約市

祖傳原生種蘋果和煙燻豪達
乳酪沙拉搭配蜂蜜核桃淋醬
　　——牧場之門（Rancho La
Puerta），墨西哥

里香
山羊乳酪＋蒜頭＋橄欖油＋百里
香
山羊乳酪＋葡萄＋開心果
山羊乳酪＋菇蕈類＋松子＋菠菜
山羊乳酪＋梨＋核桃
山羊乳酪＋義式青醬＋日曬番茄
　　乾
山羊乳酪＋紅洋蔥＋番茄
山羊乳酪＋嫩青蔥＋日曬番茄乾

●乳酪：戈根索拉
Cheese, Gorgonzola
（參見乳酪：藍黴乳酪）

●乳酪：豪達 Cheese, Gouda
蘋果
杏桃
芝麻菜
麵包，如：酸種麵包
櫻桃
蜂蜜
菇蕈類
洋蔥
梨
披薩
沙拉
湯，如：洋蔥湯
菠菜
核桃

佛蒙特煎歐姆蛋搭配煮軟菠
菜、葛黎耶和乳酪和細香蔥
　　——布呂德咖啡館（Café Boulud），
紐約市

●乳酪：葛黎耶和
Cheese, Gruyère
蘋果
芝麻菜
蘆筍
麵包，如：堅果麵包
卡宴辣椒
芹菜
櫻桃
細香蔥
蛋料理，如：*義式蛋餅、蛋捲、鹹*
　　派
莒菜
乳酪火鍋
蒜頭
焗烤料理
榛果
韭蔥
美乃滋
菇蕈類
芥末
肉豆蔻
油脂，如：橄欖油、核桃油
洋蔥，如：焦糖化洋蔥
歐洲防風草塊根
梨
馬鈴薯
榲桲
迷迭香
沙拉
三明治，如：*烤乳酪三明治*
醬汁
舒芙蕾
湯，如：*洋蔥湯*
菠菜
百里香
番茄

烤蔬菜
核桃

對味組合
葛黎耶和乳酪＋蘆筍＋細香蔥＋
　蛋
葛黎耶和乳酪＋卡宴辣椒＋肉豆
　蔻
葛黎耶和乳酪＋韭蔥＋菇蕈類＋
　百里香

●乳酪：哈羅米
Cheese, Halloumi

風味：鹹／酸，帶有費達乳酪的香
　調，有時有薄荷味。質地緊實、
　有嚼勁，幾乎密實到可耐燒烤
　而不會融化
風味強度：**弱**
這是什麼：用綿羊奶製成的希臘
　乳酪，有時候是使用山羊奶
料理方式：烘焙、**燒烤**、煎炒、煎
　上色或新鮮乳酪直接上桌

芝麻菜
燈籠椒，如：紅燈籠椒、烘烤燈籠
　椒
麵包，如：袋餅、全穀麵包
續隨子
胡蘿蔔
蕎菜
賽浦勒斯料理
椰棗
蒔蘿
茄子
無花果
蒜頭
薑

主廚私房菜 DISHES
燒烤哈羅米乳酪和桃子，搭
配蕎菜莖沙拉、日曬橄欖和
甜椒清湯
——歐連納（Oleana），麻州劍橋

希臘料理
沙拉青蔬
哈里薩辣醬
蜂蜜
串燒
黎巴嫩料理
韭蔥
檸檬
扁豆
萊姆
甜瓜
薄荷
橄欖油
橄欖，如：卡拉瑪塔橄欖
歐芹
桃子
梨
黑胡椒
義式青醬
松子
沙拉，如：綠色蔬菜沙拉
海鹽
三明治
敘利亞料理
番茄
核桃
中東扎塔香料

對味組合
哈羅米乳酪＋續隨子＋檸檬

●乳酪：哈瓦堤
Cheese, Havarti

風味：奶油香
風味強度：弱

燈籠椒，如：烘烤燈籠椒
麵包，如：全黑麥麵包
黃瓜
蒔蘿
水果，尤以秋季水果為佳
辣根
芥末
堅果，如：杏仁果

梨
義式青醬
三明治
酸奶油
櫛瓜

●乳酪：傑克 Cheese, Jack
（又名蒙特利傑克乳酪）
杏仁果
美洲料理
豆類，如：花豆
燈籠椒
墨西哥炸玉米片早餐
辣椒，如：塞拉諾辣椒
墨西哥香炸辣椒捲
芫荽葉
玉米
蛋料理，如：蛋捲、炒蛋
墨西哥玉米捲
無花果
萊姆
墨西哥料理
橄欖
義式麵食
梨
美洲山核桃
辣椒，如：皮奎洛辣椒
李子乾
義式粗玉米糊
南瓜籽
墨西哥烤餅
楓梓醬
莎莎醬
醬汁
墨西哥塔可餅
烤蔬菜
核桃
山芋

對味組合
傑克乳酪＋燈籠椒＋玉米
傑克乳酪＋辣椒＋玉米

●乳酪：蒙契格
Cheese, Manchego

杏仁果
朝鮮薊
燈籠椒，如：烘烤燈籠椒
麵包，如：硬皮麵包、水果麵包
（如：無花果）
球花甘藍
椰棗
蛋，如：*蛋捲、墨西哥薄餅*
無花果
榅桲（榅桲醬）
橄欖油
橄欖，如：黑橄欖、綠橄欖、西班
牙橄欖
洋蔥，如：焦糖化洋蔥
歐芹
辣椒，如：皮奎洛辣椒、紅辣椒、
烘烤辣椒
梅子醬
***榅桲醬**
沙拉
西班牙料理
番茄

核桃

對味組合
蒙契格乳酪＋杏仁果＋球花甘藍
蒙契格乳酪＋杏仁果＋榅桲醬
蒙契格乳酪＋朝鮮薊＋橄欖
蒙契格乳酪＋椰棗＋核桃
蒙契格乳酪＋無花果＋核桃

●乳酪：莫札瑞拉
Cheese, Mozzarella

純素小祕訣／品牌：試試看Follow
　Your Heart品牌的大豆莫札瑞
　拉。

杏仁果
朝鮮薊心和朝鮮薊
芝麻菜
蘆筍
***羅勒**
燈籠椒，尤以烘烤過的為佳
麵包粉
青花菜和球花甘藍
義大利披薩餃
續隨子
芹菜
其他乳酪，如：帕爾瑪乳酪
茄子
蛋，如：*鹹派*
無花果
蒜頭
焗烤料理
苦味綠色蔬菜或沙拉青蔬

義大利料理
韭蔥
檸檬，如：檸檬汁、碎檸檬皮
甜瓜
薄荷
菇蕈類，如：義大利棕蘑菇、波特
　貝羅大香菇
橄欖油
橄欖，如：黑橄欖、綠橄欖、和橄
　欖醬
奧勒岡
義式麵食，如：*千層麵、管狀麵*
桃子
胡椒，如：黑胡椒、白胡椒，尤以
　烘烤者為佳
義式青醬
披薩
南瓜
紫葉菊苣
米，如：阿勃瑞歐米
義式乳酪捲
迷迭香
鼠尾草
沙拉
鹽，如：猶太鹽、海鹽
三明治，如：*帕尼尼三明治*
串烤
菠菜
番茄、綠番茄和日曬番茄乾
松露
香莢蘭
烤蔬菜
油醋醬
醋，如：巴薩米克香醋、紅酒醋
櫛瓜
櫛瓜花

對味組合
莫札瑞拉乳酪＋羅勒＋無花果
**莫札瑞拉乳酪＋羅勒＋橄欖油＋
　番茄**
莫札瑞拉乳酪＋燈籠椒＋波特貝
　羅大香菇
莫札瑞拉乳酪＋黑橄欖＋番茄＋

櫛瓜
莫札瑞拉乳酪＋續隨子＋檸檬
莫札瑞拉乳酪＋義式青醬＋日曬
　番茄乾

● 乳酪：帕爾瑪乳酪
Cheese, Parmesan

純素小祕訣：為了增添義式麵食
　的鹹度和質地，撒在菜餚上的
　帕爾瑪乳酪可用麵包粉和續隨
　子取代。

朝鮮薊心和朝鮮薊
芝麻菜
蘆筍
羅勒
豆類，如：蔓越莓豆、蠶豆、四季豆、
　白豆
麵包粉
青花菜
法式砂鍋菜
芹菜根
瑞士茶菜
栗子
鷹嘴豆
椰棗
茄子
蛋，如：義式蛋餅
茴菜
闊葉茴菜
茴香
無花果
義式蛋餅
水果，如：葡萄
蒜頭
焗烤料理
粗粒玉米粉

蜂蜜
義大利料理
羽衣甘藍，如：恐龍羽衣甘藍、綠
　色羽衣甘藍
大頭菜
韭蔥
檸檬
甜瓜
菇蕈類，如：波特貝羅大香菇
橄欖油
洋蔥
義式麵食，如：蝴蝶麵、義式麵疙
　瘩、千層麵、彎管麵、寬管麵
梨
義式青醬
松子
披薩
義式粗玉米糊
爆米花
馬鈴薯
南瓜
鹹派
義式燉飯
迷迭香
鼠尾草
沙拉淋醬，如：凱薩沙拉淋醬
沙拉，如：凱薩沙拉
醬汁
湯
夏南瓜
餡料
甜豌豆
百里香
番茄
綠番茄
醋，如：巴薩米克香醋
核桃
櫛瓜

對味組合
帕爾瑪乳酪＋羅勒＋番茄
帕爾瑪乳酪＋椰棗＋核桃
帕爾瑪乳酪＋蜂蜜＋百里香＋核
　桃

帕爾瑪乳酪＋波特貝羅大香菇＋
　迷迭香

● 乳酪：佩科利諾
Cheese, Pecorino

杏仁果
芝麻菜
甜菜
燈籠椒，尤以烘烤燈籠椒、甜燈
　籠椒為佳
青花菜
白花椰菜
其他乳酪，如：帕爾瑪、瑞可達乳
　酪
蛋，如：義式蛋餅
茴菜
葡萄
沙拉青蔬
蜂蜜，如：栗子蜂蜜
義大利料理
檸檬
波特貝羅大香菇
油脂，如：橄欖油
歐芹
義式麵食，如：義大利直麵
梨
胡椒，如：黑胡椒
義式青醬
義式粗玉米糊
義式燉飯
沙拉
夏南瓜
松露
醋，如：巴薩米克香醋
核桃
水田芥

C

對味組合

佩科利諾乳酪＋芝麻菜＋核桃

● 乳酪：義大利波伏洛

Cheese, Provolone

小祕訣：將切成薄片的義大利波伏洛乳酪煎炸（可選擇灑一些煙燻紅椒粉）至香酥，當做培根的速成替代品加入烤馬鈴薯、沙拉或三明治中。

朝鮮薊
紅燈籠椒，尤以烘烤為佳
茴香
無花果
葡萄
沙拉青蔬
義大利料理
萵苣
萊姆
橄欖油
橄欖
義式麵食，如：千層麵、細管狀麵
梨
義式青醬
披薩
義式粗玉米糊
馬鈴薯，如：*烘烤馬鈴薯*
紫葉菊苣
沙拉
三明治，如：素食培根萵苣番茄三明治
醬汁
番茄
烤蔬菜
櫛瓜

● 乳酪：阿涅荷

Cheese, Queso Añejo

這是什麼：墨西哥熟成乳酪
料理方式：剁碎或刨絲加在菜餚上
可行的替代物：帕爾瑪乳酪、佩科利諾乳酪、羅馬諾乳酪

羅勒
豆類，如：豆泥
卡宴辣椒
墨西哥炸玉米片早餐
辣椒和辣椒粉
芫荽葉
玉米，如：烤玉米（如：佐美乃滋）
蛋和蛋料理，如：*義式蛋餅、墨西哥鄉村蛋餅早餐*
墨西哥玉米捲
蒜頭
沙拉青蔬
萊姆
墨西哥料理
橄欖油
洋蔥
義式麵食
義式青醬
南瓜籽
沙拉淋醬
沙拉，如：凱薩沙拉
湯
墨西哥塔可餅
墨西哥薄餅
蔬菜
醋

對味組合

阿涅荷乳酪＋卡宴辣椒＋玉米＋美乃滋

阿涅荷乳酪＋芫荽葉＋南瓜籽

● 乳酪：墨西哥鮮乳酪

Cheese, Queso Fresco

料理方式：剁碎後放在菜餚上
可行的替代物：溫和的費達乳酪或其他溫和的新鮮山羊乳酪

酪梨
黑眉豆
玉米
茄子
墨西哥玉米捲

墨西哥料理
大蕉
墨西哥烤餅
豆泥
沙拉，如：綠色蔬菜沙拉、蔬菜沙拉
夏南瓜
墨西哥塔可餅
番茄

● 乳酪：瑞可達

Cheese, Ricotta

風味：中性，質地綿密
風味強度：弱
營養學剖繪：66% 脂肪／28% 蛋白質／6% 碳水化合物
熱量：每 ½ 杯 215 大卡（全脂牛奶製成的瑞可達乳酪）
蛋白質：14 克
料理方式：烘焙、生食
純素小祕訣：可用松子（有類似鬆軟的質地）、夏威夷堅果／南瓜籽或豆腐取代這種乳酪。

杏仁果
蘋果
杏桃
朝鮮薊
芝麻菜
羅勒
蠶豆
蜂花粉
甜菜
燈籠椒，如：紅燈籠椒，尤以烘烤為佳
漿果，如：藍莓、覆盆子、草莓
東歐乳酪薄烤餅
全穀麵包和日式全穀麵包粉
青花菜
蒸菜
其他**乳酪**，如：奶油乳酪、山羊乳酪、葛黎耶和、莫札瑞拉、**帕爾瑪**、佩科利諾、羅馬諾乳酪
乳酪蛋糕

自製瑞可達乳酪方麵餃：茴香、番茄、檸檬麵包粉
——南布呂德（Boulud Sud），紐約市

「法切林乳酪」：瑞可達乳酪磅蛋糕、賓櫻桃、檸檬馬鞭草，以及大溪地香莢蘭-萊姆冰淇淋
——法國洗衣房（The French Laundry），加州揚特維爾

熱那亞羅勒義式小型麵餃搭配瑞可達乳酪、布倫特伍德玉米、獅子椒和餐廳自種的小果南瓜
——法國洗衣房（The French Laundry），加州揚特維爾

瑞可達乳酪派：烘焙瑞可達乳酪搭配新鮮香料植物和一顆蛋
——北福克餐食旅店（North Fork Table & Inn），紐約州紹斯霍爾德

燒烤無花果搭配滑潤蜂蜜瑞可達乳酪和杏仁果
——牧場之門（Rancho La Puerta），墨西哥

栗子
細香蔥
巧克力
肉桂
丁香
咖啡
義大利開胃點心
椰棗
茄子
蛋，如：義式蛋餅、蛋捲
茴香
無花果
水果，如：水果乾、新鮮水果
蒜頭
義式麵疙瘩
苦味綠色蔬菜
香料植物
蜂蜜，如：栗子蜂蜜、尤加利蜂蜜、薰衣草蜂蜜
義大利料理
羽衣甘藍，如：恐龍羽衣甘藍
韭蔥
檸檬，如：檸檬汁、碎檸檬皮
墨角蘭
馬士卡彭乳酪
甜瓜
薄荷
菇蕈類，如：牛肝菌、波特貝羅大

香菇
填餡菇蕈類
蕁麻
肉豆蔻
堅果，如：榛果
橄欖油
橄欖，如：黑橄欖
柳橙，如：血橙
奧勒岡
美式煎餅
紅椒粉
歐芹
義式麵食，如：義大利麵捲、義式麵疙瘩、千層麵、寬管麵、方麵餃、細管麵
桃子
花生和花生醬
豌豆
胡椒，如：黑胡椒
義式青醬
費洛皮
派
松子
披薩
李子
義式粗玉米糊
馬鈴薯
義式乳酪捲

番紅花
鼠尾草
鹽
紅蔥
湯
酸奶油
菠菜
毛茛南瓜
糖，如：黃砂糖
龍蒿
餡餅
百里香
番茄和蕃茄醬汁
香莢蘭
醋，如：巴薩米克香醋、蘋果酒醋、紅酒醋、雪利酒醋
核桃，如：核桃糖、烘烤核桃
水田芥
櫛瓜和填餡櫛瓜
櫛瓜花

對味組合
瑞可達乳酪＋杏仁果＋肉桂＋蜂蜜＋花生醬＋香莢蘭
瑞可達乳酪＋杏仁果＋蜂蜜
瑞可達乳酪＋杏桃＋芝麻菜
瑞可達乳酪＋朝鮮薊＋韭蔥＋*披薩*
瑞可達乳酪＋巴薩米克香醋＋草莓
瑞可達乳酪＋羅勒＋帕爾瑪乳酪＋義式麵食＋松子
瑞可達乳酪＋藍莓＋檸檬
瑞可達乳酪＋栗子＋蜂蜜
瑞可達乳酪＋巧克力＋草莓
瑞可達乳酪＋水果乾＋蜂蜜
瑞可達乳酪＋蛋＋香料植物＋帕爾瑪乳酪＋派
瑞可達乳酪＋蠶豆＋檸檬＋義式麵食
瑞可達乳酪＋無花果＋蜂蜜＋開心果
瑞可達乳酪＋無花果＋核桃
瑞可達乳酪＋綠色蔬菜＋義式麵

食
**瑞可達乳酪＋蜂蜜＋檸檬＋酸奶
油**
瑞可達乳酪＋豌豆＋百里香
瑞可達乳酪＋鼠尾草＋櫛瓜花

● 乳酪：含鹽瑞可達
Cheese, Ricotta Salata
這是什麼：濕潤、新鮮、加鹽和加
　壓過的瑞可達乳酪（類似費達
　乳酪）
料理方式：刨絲、刨薄片

蘋果
朝鮮薊
芝麻菜
酪梨
羅勒
豆類，如：蠶豆
甜菜
乳酪蛋糕
柑橘類水果
黃瓜
茄子
苣菜
茴香
水果
蒜頭
沙拉青蔬
蜂蜜
義大利料理
羽衣甘藍
檸檬
萵苣，如：奶油萵苣
菇蕈類，如：野菇
橄欖油
橄欖
柳橙
歐芹
歐洲防風草塊根
***義式麵食**，如：千層麵、義大利寬
　管麵、大寬麵、直麵*
梨
豌豆

開心果
披薩
紫葉菊苣
葡萄乾
***沙拉**，如：綠色蔬菜沙拉、義大利
　麵沙拉、菠菜沙拉*
紅蔥
菠菜
小果南瓜，如：白胡桃瓜、夏南瓜
百里香
番茄和番茄醬汁
炙烤蔬菜
巴薩米克香醋
核桃
西瓜

對味組合
含鹽瑞可達乳酪＋茄子＋蒜頭＋
　橄欖油＋歐芹＋番茄
含鹽瑞可達乳酪＋綠色蔬菜＋檸
　檬＋芥末＋梨
含鹽瑞可達乳酪＋芥藍＋檸檬＋
　橄欖油＋紅蔥

主廚私房菜　DISHES

番茄朝鮮薊羅馬諾沙拉：番
茄、白腰豆、朝鮮薊、綠橄欖
和羅馬諾乳酪，與檸檬淋醬
充分拋拌
——峽谷牧場（Canyon Ranch），
亞利桑那州土桑

● 乳酪：侯克霍
Cheese, Roquefort
（參見乳酪：藍黴）

● 乳酪：羅馬諾
Cheese, Romano
杏仁果
青花菜
義大利料理
菇蕈類，如：波特貝羅大香菇
義式麵食，如：寬麵

義式青醬
披薩
沙拉
湯

● 乳酪：煙燻莫札瑞拉
Cheese, Smoked Mozzarella
朝鮮薊
芝麻菜
蘆筍
羅勒
烘烤燈籠椒
青花菜
義大利烤麵包片
闊葉苣菜
無花果
焗烤料理
蜂蜜
菇蕈類
橄欖醬
洋蔥，如：焦糖化洋蔥
義式麵食，如：焗烤義麵、尖管麵
義式青醬
披薩
馬鈴薯
紫葉菊苣
義式燉飯
三明治，如：帕尼尼三明治
嫩青蔥
菠菜
番茄

對味組合
煙燻莫札瑞拉＋羅勒＋番茄
煙燻莫札瑞拉＋馬鈴薯＋嫩青蔥

乳酪：斯提爾頓
Cheese, Stilton（See Cheese, Blue）
（參見乳酪：藍黴）

● 乳酪：瑞士 Cheese, Swiss
蘋果
蘆筍
麵包，如：粗磨黑麥麵包

蛋，如：義式蛋餅、鹹派
茴香
葡萄
焗烤料理
羽衣甘藍
韭蔥
波特貝羅大香菇
洋蔥
歐洲防風草塊根
梨
馬鈴薯
三明治，如：<u>魯本三明治</u>
醬汁
瑞士料理

● 乳酪：泰勒吉奧
Cheese, Taleggio
芝麻菜
蘆筍
榛果
義大利料理
檸檬
芥末醬（芥末水果蜜餞）
堅果
梨
義式青醬
披薩
義式粗玉米糊

紫葉菊苣
葡萄乾
義式燉飯
沙拉，如：綠色蔬菜沙拉
三明治，如：炙烤三明治
番茄

純素「乳酪」 "Cheese," Vegan
義大利披薩餃
乳酪盤，如：佐水果、堅果
蘸料，如：乳酪蘸料
茄子，如：烤茄子
墨西哥玉米捲
乳酪火鍋
義式麵食，如：彎管麵
披薩
墨西哥烤餅
三明治，如：烤乳酪三明治、魯本
　三明治
素食漢堡

● 酸櫻桃、甜櫻桃
Cherries, Sour and Sweet
季節：夏
風味：甜和／或酸，多汁
風味強度：中等
這是什麼：水果
營養學剖繪：88% 碳水化合物／

7% 蛋白質／5% 脂肪（酸）
熱量：每杯 80 大卡（如酸櫻桃，生
　食）
蛋白質：2 克
料理方式：烘焙、乾燥、烹調食點
　酒燃燒、低溫水煮、生食、燉煮
小祕訣：非產季時，可考慮使用
　冷凍櫻桃。酸櫻桃比甜櫻桃含
　有更多的營養。
近親：蘋果、杏桃、黑莓、桃子、梨、
　李子、榅桲、覆盆子、草莓

多香果
杏仁果
蘋果和蘋果汁
杏桃
烘焙食物，如：蛋糕、餅乾、脆片
羅勒
黑莓
白蘭地
奶油
焦糖
小豆蔻
乳酪，如：奶油乳酪、**山羊乳酪**、
　瑞可達乳酪
櫻桃饗宴
辣椒，如：哈拉佩諾辣椒
巧克力
印度甜酸醬
肉桂
柑橘類，如：橙汁
法式櫻桃水果塔
丁香
椰子
糖煮水果
玉米／玉米粉
鮮奶油和法式酸奶油
烤水果奶酥
紅穗醋栗
薑
格蘭諾拉麥片
榛果
蜂蜜
冰淇淋

C

香莢蘭

醋，如：巴薩米克香醋、原味醋或
　　白酒醋

酒，尤以干白酒、紅酒或波特酒
　　為佳

優格

對味組合

櫻桃＋杏仁果＋杏桃

櫻桃＋杏仁果＋巴薩米克香醋

櫻桃＋杏仁果＋巧克力

櫻桃＋杏桃＋燕麥

櫻桃＋羅勒＋香莢蘭

櫻桃＋肉桂＋薑＋柳橙汁＋香莢
　　蘭

櫻桃＋肉桂＋酒

櫻桃＋薑＋梨

櫻桃＋檸檬＋馬士卡彭乳酪＋香
　　莢蘭

櫻桃＋桃子＋美洲山核桃

櫻桃＋開心果＋優格

櫻桃到貨時，我喜歡在鹹香菜餡
中加入櫻桃。我喜歡將櫻桃搭配
綿密的義大利布瑞達生乳酪，在
口感上會產生很好的對比。我會
在焦糖醋醬中使用櫻桃，製造甜
和酸味，平衡乳酪的綿密感。櫻
桃也很適合搭配穀物，像是法羅
小麥或菲卡麥，再配上許多檸檬。
我喜歡將櫻桃搭配較甜的香料植
物，像是細葉香芹或歐芹；櫻桃
搭配羅勒也很棒。櫻桃也很適合
搭配堅果，但因為櫻桃太常搭配
杏仁果了，我會使用櫻桃搭配黑
核桃的組合。

——瓊‧杜布瓦斯，綠斑馬，芝加哥

櫻桃乾，尤以酸櫻桃為佳
Cherries, Dried, Esp. Sour

風味：酸，有嚼勁

風味強度：中等－強

*櫻桃香甜酒

檸檬，如：檸檬汁、碎檸檬皮

檸檬馬鞭草

薄荷

油桃

肉豆蔻

堅果

燕麥片和燕麥

柳橙，如：橙汁、碎橙皮

桃子

梨

美洲山核桃

黑胡椒

派

開心果

李子

大黃

沙拉，如：水果沙拉、綠色蔬菜沙
　　拉

甜點醬汁

蔬果昔

雪碧冰

湯，如：水果湯

酸奶油

八角

糖

| | |

主廚私房菜 DISHES

格倫米爾沙拉：綜合青蔬苗、甜菜、櫻桃蘿蔔、糖漬核桃、櫻桃乾、
山羊乳酪和櫻桃油醋醬
——格倫米爾宅邸（Glenmere Mansion），紐約州切斯特

蘋果和蘋果汁
烘焙食物，如：義大利脆餅、麵包、
　酥皮
熱早餐麥片
乳酪，如：山羊乳酪
櫻桃和櫻桃汁
巧克力，如：黑巧克力
糖煮水果
椰棗
甜點
其他水果乾，如：杏桃乾
薑
穀物，如：藜麥、野生米
格蘭諾拉麥片
綠色蔬菜，如：綜合生菜、沙拉青
　蔬
檸檬，如：檸檬汁、碎檸檬皮
天然穀物麥片
燕麥
柳橙
梨
抓飯
爆米花
榅桲
沙拉
醬汁
餡料
什錦乾果
香莢蘭
醋，如：巴薩米克香醋
核桃

對味組合
櫻桃乾＋蘋果汁＋薑＋榅桲＋糖

●**細葉香芹** Chervil
季節：春－秋
風味：微甜；芳香，帶有茴芹（洋

茴香）、甘草、歐芹、胡椒和／
或龍蒿的香調
風味強度：**非常弱**
小祕訣：使用新鮮的（不是乾燥）
　細葉香芹效果最好。在烹調過
　程最後或上桌前才加入菜餚中。
近親：葛縷子、胡蘿蔔、芫荽、孜然、
　歐芹

杏仁果
朝鮮薊
蘆筍
羅勒
豆類，如：蠶豆、四季豆、白豆、
　黃莢四季豆
法國香草束
布格麥片
奶油
胡蘿蔔
乳酪，如：法國乳酪、山羊乳酪、
　佩科利諾、羅馬諾、軟質白乳
　酪
細香蔥
芫荽葉
冷食料理
庫斯庫斯
鮮奶油
法式酸奶油
黃瓜
蒔蘿
蛋，如：水煮全熟蛋和*蛋料理*
細碎的香料植物
法式料理
全穀物
綠色蔬菜，如：蒲公英葉、沙拉青
　蔬
韭蔥
檸檬

萵苣
墨角蘭
薄荷
菇蕈類，如：羊肚菌
芥末
堅果
橄欖油
歐芹
義式麵食
豌豆
義式青醬
馬鈴薯，如：新馬鈴薯
米
沙拉淋醬
沙拉，如：蛋沙拉、綠色蔬菜沙拉、
　馬鈴薯沙拉
醬汁，如：*奶油醬汁*
紅蔥
酸模
湯，如：*奶油濃湯、馬鈴薯湯、蔬*
　菜湯
菠菜
餡料
龍蒿
番茄、番茄醬汁和日曬番茄乾
醋，如：香檳酒醋、白酒醋
櫛瓜

對味組合
細葉香芹＋細香蔥＋歐芹＋龍蒿
（*細碎的香料植物*）

●**栗子** Chestnuts
季節：**秋－冬**
風味：甜，帶有煙燻（特別是烘烤
　過後）、堅果和／或香莢蘭的泥
　土香。綿密、濃郁，如澱粉般
　的質地
風味強度：**弱－中等**
這是什麼：堅果
對健康的助益：和其他堅果比起
　來，脂肪含量低
營養學剖繪：92%碳水化合物／
　5%脂肪／3%蛋白質

熱量：每28.35克55大卡（去皮，生食）

料理方式：烘焙、沸煮（15-40分鐘）、燜煮、糖漬、乾燥、燒烤、壓成泥、高壓烹煮（根據是新鮮或乾燥的栗子，烹煮5-20分鐘）、打成泥、烘烤（以204°C烘烤15-20分鐘）、煎炒（約20分鐘）、蒸煮（約10分鐘）

小祕訣：必須煮熟和剝皮。如果是乾燥栗子，可保存數年。如果你很喜歡栗子奶油濃湯，也可試試耶路撒冷朝鮮薊湯。

蘋果、蘋果酒和蘋果汁
烘焙食物，如：蛋糕、派
月桂葉
豆類，如：白豆
白蘭地
麵包粉
青花菜和球花甘藍
抱子甘藍
奶油
甘藍菜，如：紫甘藍
胡蘿蔔
法式砂鍋菜
卡宴辣椒
芹菜
芹菜根
乳酪，如：藍黴、芳汀那乳酪
鷹嘴豆
辣椒，如：齊波特辣椒
巧克力
肉桂
丁香
咖啡
干邑白蘭地
蔓越莓
鮮奶油
穗醋栗
甜點
蘸料
蛋
法老小麥

茴香和茴香籽
蒜頭
薑
全穀物
葡萄
苦味綠色蔬菜
蜂蜜，如：栗子蜂蜜
義大利料理
羽衣甘藍
韭蔥
檸檬，如：檸檬汁
扁豆，如：法國扁豆、紅扁豆
馬德拉酒
楓糖漿
奶類
味醂
菇蕈類，如：鈕扣菇、牛肝菌、白菇蕈類
肉豆蔻
油脂，如：菜籽油、葡萄籽油、橄欖油、芝麻油
洋蔥
柳橙，如：碎橙皮
歐芹
歐洲防風草塊根
義式麵食，如：義式麵疙瘩、義大利大寬麵、義式圓肉餃
法式酥皮醬糜派，如：栗子-扁豆口味
梨
美洲山核桃
胡椒，如：黑胡椒
義式青醬
松子
李子乾
布丁

南瓜
濃湯
葡萄乾
覆盆子
米，如：糯米、中級或短粒穀物、野生米
義式燉飯
迷迭香
蘭姆酒
鼠尾草
清酒
沙拉
鹽，如：海鹽
黑芝麻籽
紅蔥
雪利酒
舒芙蕾
湯，如：栗子湯、白胡桃瓜湯
西班牙料理
冬南瓜，如：白胡桃瓜、日本南瓜
翻炒料理
蔬菜高湯
填餡，如：填餡玉米麵包
糖，如：黃砂糖
龍蒿
香莢蘭
根莖蔬菜，如：甜菜、芹菜根、蕪菁
醋，如：巴薩米克香醋、雪利酒醋酒、紅酒，如：不甜的葡萄酒或甜酒，如：波特酒

對味組合
栗子＋黑芝麻籽＋米
栗子＋球花甘藍＋蒜頭＋橄欖油
栗子＋抱子甘藍＋小果南瓜

栗子＋白胡桃瓜＋蒜頭＋鼠尾草
栗子＋芹菜根＋龍蒿
栗子＋肉桂＋蒜頭＋南瓜
栗子＋芳汀那乳酪＋義式麵食＋
　　白松露
栗子＋檸檬＋歐芹
栗子＋義式麵食＋迷迭香

● 奇亞籽 Chia Seeds
風味：堅果和／或罌粟籽的香調，
　　浸泡後呈現粉圓般的質地
風味強度：弱
對健康有益的主張：喬爾・福爾
　　曼將奇亞籽列為十大「帶來超
　　級免疫力的超級食物」。
營養學剖繪：53% 脂肪／36% 碳
　　水化合物／11% 蛋白質
熱量：每 28.35 克 140 大卡
蛋白質：4 克
小祕訣：在早餐穀片上灑上研磨
　　過的奇亞籽。用來稠化湯品，
　　因為奇亞籽在湯汁中會變成凝
　　膠狀。將¼杯奇亞籽加入⅔杯
　　水中拌攪，冷藏 10 分鐘後，便
　　會變成像布丁般的稠度。
有此一說：奇亞籽泡水後可吸收
　　自己體積 12 倍的水分
近親：薄荷、鼠尾草

蘋果
烘焙食物，如：比斯吉、麵包、蛋糕、
　　　餅乾、馬芬
香蕉
黑眉豆
漿果，如：藍莓
角豆
早餐麥片
素辣豆醬
巧克力和可可亞／可可
肉桂
椰子、椰子醬和椰奶
椰棗
飲料，如：萊姆汁
亞麻籽
薑
枸杞，如：乾枸杞
格蘭諾拉麥片
蜂蜜
羽衣甘藍
檸檬
萊姆，如：萊姆汁

印加蘿蔔
芒果
楓糖漿
奶類，如：腰果奶、椰奶、大麻籽
　　　奶
薄荷
肉豆蔻
堅果和堅果醬，如：巴西堅果
燕麥片、燕麥和燕麥麩
梨
美洲山核桃
稠粥
布丁
葡萄乾
鼠尾草
沙拉
蔬果昔
湯
金線瓜
糖，如：椰子糖

絹豆腐
香莢蘭
素食漢堡
核桃
優格和冷凍優格

對味組合
奇亞籽＋杏仁奶＋蘋果＋蕎麥＋
　肉桂
奇亞籽＋腰果＋椰子＋椰棗
奇亞籽＋可可亞＋蜂蜜＋絹豆腐
　＋香莢蘭
奇亞籽＋薑＋梨＋梨

──────────────────

● 鷹嘴豆 Chickpeas
（亦稱 Garbanzo Beans）
季節：全年皆有，尤其是夏季（新
　鮮的）
風味：微甜，帶有堅果（如：栗子、
　核桃）的泥土／澱粉香調。質
　地濃郁、綿密但緊實
風味強度：弱
對健康有益的主張：美國公共利
　益科學中心出版的《健康行動》
　將鷹嘴豆納入「十大最好的食
　物」名單中。
營養學剖繪：68% 碳水化合物／
　19% 蛋白質／13% 脂肪
熱量：每杯 270 大卡（沸煮過）
蛋白質：15 克
料理方式：沸煮、炒、高壓烹煮、
　烘烤、微滾烹煮、煙燻、催芽、
　燉煮
小祕訣：烹調前，預先浸泡乾燥
　的鷹嘴豆，浸泡過夜（或 6-8 小
　時）。沸煮到軟嫩和徹底煮熟，
　約 1½-3 小時。請注意，比起大
　多數的莢果，鷹嘴豆需要較長
　的浸泡時間。

北非料理
杏仁果
蘋果、蘋果酒或蘋果汁
杏桃乾

朝鮮薊
酪梨
羅勒和泰國羅勒
月桂葉
四季豆
燈籠椒，如：烘烤燈籠椒
布拉格牌液體氨基酸
麵包，如：袋餅、全穀麵包
布格麥片
白脫乳
大白菜
續隨子
小豆蔻
胡蘿蔔
腰果
白花椰菜
卡宴辣椒
芹菜
鷹嘴豆綜合香料
瑞士蒸菜
乳酪，如：巧達、費達、山羊、帕
　爾瑪乳酪
辣椒，如：齊波特辣椒、哈拉佩諾
　辣椒和辣椒片
素辣豆醬
芫荽葉
肉桂
柑橘類，如：檸檬、萊姆、柳橙
丁香
椰子和椰奶
芫荽
庫斯庫斯
黃瓜
孜然，如：烘烤過的
穗醋栗
咖哩類，如：印度咖哩、咖哩粉、
　咖哩辛香料
蒔蘿
蘸料，如：鷹嘴豆泥蘸料
茄子
炸鷹嘴豆泥
茴香
蒜頭
薑

穀物，如：法老小麥、小米、藜麥、
　米、小麥仁
希臘料理
苦味綠色蔬菜，如：莧屬蔬菜、甜
　菜葉、苦味蔬菜沙拉
香料植物
*鷹嘴豆泥醬
印度料理
義大利料理
羽衣甘藍
檸檬，如：檸檬汁
醃檸檬
扁豆，如：綠扁豆
萊姆
芒果
美乃滋
地中海料理
墨西哥料理
中東料理
薄荷
摩洛哥料理
菇蕈類，如：牛肝菌、波特貝羅大
　香菇
芥末籽
油脂，如：橄欖油、芝麻油、葵花油、
　蔬菜油
橄欖，如：卡拉瑪塔橄欖、尼斯橄
　欖
洋蔥，如：紅洋蔥、黃洋蔥
奧勒岡
紅椒粉，如：煙燻紅椒粉、甜紅椒
　粉
歐芹
義式麵食，如：全穀義式麵食
胡椒，如：黑胡椒、白胡椒
烘烤紅辣椒
松子
開心果
義式粗玉米糊
馬鈴薯
南瓜
藜麥
米，如：印度香米、糙米、野生米
迷迭香

番紅花
鼠尾草
沙拉淋醬
沙拉，如：豆子沙拉、切碎沙拉、
　　綠色蔬菜沙拉、蔬菜沙拉
鹽，如：猶太鹽、海鹽
嫩青蔥
種籽，如：南瓜籽、芝麻籽
湯，如：義式蔬菜湯、番茄湯、蔬
　　菜湯
菠菜
抹醬
小果南瓜，如：夏南瓜、黃南瓜
燉煮料理，如：*燉煮蔬菜*
蔬菜高湯
鹽膚木
甘藷
麥粒番茄生菜沙拉
摩洛哥塔吉鍋燉菜
塔希尼芝麻醬
低鈉溜醬油
羅望子
龍蒿
百里香
番茄、番茄糊和日曬番茄乾
墨西哥全麥薄餅
薑黃
素食漢堡
醋，如：巴薩米克香醋、紅酒醋、
　　雪利酒醋
核桃
優格
櫛瓜

我提出來的一些菜餚實際嘗到時
比寫在紙上時美味多了。我用胡
蘿蔔、芹菜和（素食）美乃滋製作
的煙燻鷹嘴豆沙拉，還搭配了蔬
菜一起包著吃，有些人懷疑這樣
好吃嗎？但其實每個人都愛死了
這個味道！
——喬治·皮內達，蠟燭79，紐約市

主廚私房菜　DISHES

鷹嘴豆和茄子：炸鷹嘴豆泥香料植物球、調味蠶豆鷹嘴豆泥醬、
中東茄泥蘸醬、中東鹹脆餅
——南布呂德（Boulud Sud），紐約市

辛香料調味鷹嘴豆搭配烤箱烘乾番茄以及攪打歐芹蒜頭
——十字街口（Crossroads），洛杉磯

燉煮鷹嘴豆、羅望子、烘烤花椰菜咖哩、茄子、芫荽葉、優格
——綠斑馬（Green Zebra），芝加哥

鷹嘴豆法式醬糜搭配杏桃、開心果和塔希尼芝麻醬
——歐連納（Oleana），麻州劍橋

芫荽、鷹嘴豆以及羽衣甘藍湯
——每日真食（Real Food Daily）洛杉磯

日曬番茄乾鷹嘴豆泥醬：自製鷹嘴豆蘸醬、黃瓜、烘烤小袋餅
——每日真食（Real Food Daily）洛杉磯

對味組合

鷹嘴豆＋杏桃＋開心果＋塔希尼芝麻醬
鷹嘴豆＋羅勒＋糙米＋咖哩
鷹嘴豆＋羅勒＋黃瓜＋費達乳酪＋蒜頭＋紅洋蔥
鷹嘴豆＋月桂葉＋肉桂＋薑
鷹嘴豆＋糙米＋菇蕈類＋素食漢堡
鷹嘴豆＋布格麥片＋茄子＋薄荷＋藜麥
鷹嘴豆＋卡宴辣椒＋費達乳酪＋蒜頭＋菠菜＋番茄
鷹嘴豆＋卡宴辣椒＋蒜頭＋檸檬＋橄欖油＋塔希尼芝麻醬
鷹嘴豆＋辣椒＋芫荽葉＋萊姆
鷹嘴豆＋芫荽葉＋芫荽＋孜然＋蒜頭＋檸檬＋橄欖油
鷹嘴豆＋椰奶＋孜然
鷹嘴豆＋芫荽＋孜然＋薄荷＋芝麻籽
鷹嘴豆＋黃瓜＋番茄
鷹嘴豆＋孜然＋茄子
鷹嘴豆＋孜然＋蒜頭＋檸檬＋塔希尼芝麻醬
鷹嘴豆＋孜然＋紅洋蔥＋番茄＋薑黃
鷹嘴豆＋穗醋栗＋松子＋米
鷹嘴豆＋咖哩粉＋蒜頭＋萊姆汁＋洋蔥
鷹嘴豆＋費達乳酪＋洋蔥＋番茄
鷹嘴豆＋蒜頭＋檸檬＋塔希尼芝麻醬
鷹嘴豆＋蒜頭＋薄荷
鷹嘴豆＋山羊乳酪＋橄欖＋番茄
鷹嘴豆＋芥藍＋帕爾瑪乳酪＋湯
鷹嘴豆＋薄荷＋洋蔥＋優格
鷹嘴豆＋馬鈴薯＋番紅花＋泰國羅勒
鷹嘴豆＋菠菜＋甘藷

● 菊苣 Chicory

（亦稱 Red Chicory；
同時參見紫葉菊苣）

季節：秋－春

風味：苦，帶有球花甘藍的香調。
質地飽滿、鬆脆

風味強度：中等－強

營養學剖繪：71% 碳水化合物／
18% 蛋白質／11% 脂肪

熱量：每杯 10 大卡（切碎，生食）

料理方式：燜煮、燒烤、生食、煎
炒（約 15-20 分鐘）

近親：朝鮮薊、洋甘菊、蒲公英葉、
苣菜、萵苣（如：畢布萵苣、捲
心萵苣、蘿蔓萵苣）、紫葉菊苣、
黑皮波羅門參、龍蒿

杏仁果

蘋果，如：富士蘋果

耶路撒冷朝鮮薊

芝麻菜

豆類，如：腰豆

甜菜

麵包粉

奶油

續隨子

胡蘿蔔

乳酪，如：**藍黴**、巧達、費達、芳
汀那、新鮮乳酪、戈根索拉、葛

黎耶和、**帕爾瑪**、侯克霍乳酪、
斯提爾頓、瑞士乳酪

辣椒片

細香蔥

蔓越莓乾

鮮奶油

蛋，如：水煮全熟蛋

茴香

無花果

蒜頭

葡萄柚

葡萄

焗烤料理

其他綠色蔬菜

榛果

蜂蜜

檸檬

萵苣，如：綜合生菜、綜合萵苣

薄荷

芥末，如：第戎芥末

肉豆蔻

堅果，如：榛果、核桃

堅果油，如：榛果油、核桃油

橄欖油

橄欖，如：黑橄欖、綠橄欖

洋蔥

柳橙，如：血橙

歐芹

歐洲防風草塊根

義式麵食

梨

美洲山核桃

柿子，如：富有甜柿

松子

馬鈴薯

葡萄乾

米

沙拉，如：*苦味綠色蔬菜沙拉、混
合青蔬沙拉*

嫩青蔥

紅蔥

酸模

舒芙蕾

醬油

糖，如：黃砂糖

番茄

根莖蔬菜

醋，如：巴薩米克香醋、紅酒醋、
雪利酒醋

核桃

水田芥

伍斯特素食辣醬油

櫛瓜

對味組合

菊苣＋杏仁果＋梨

菊苣＋蘋果＋藍黴乳酪＋美洲山核桃

菊苣＋蘋果＋無花果＋山羊乳酪

菊苣＋藍黴乳酪＋蔓越莓乾＋美洲山核桃

菊苣＋藍黴乳酪＋榛果＋梨

菊苣＋藍黴乳酪＋核桃油＋核桃

菊苣＋麵包粉＋蒜頭＋洋蔥＋帕爾瑪乳酪＋米

菊苣＋乳酪（如：藍黴、山羊乳酪、帕爾瑪乳酪）**＋水果**（如：蘋果、梨）
＋堅果（如：榛果、美洲山核桃、核桃）

菊苣＋蒜頭＋米

菊苣＋葡萄柚＋菊芋

菊苣＋檸檬＋橄欖油＋帕爾瑪乳酪

菊苣＋帕爾瑪乳酪＋核桃

● 辣椒：一般或混合

Chiles—In General, or Mixed

季節：夏－秋

風味：辣（和有時候甜）

風味強度：中等－極強

這是什麼：蔬菜

營養學剖繪：84% 碳水化合物／
12% 蛋白質／4% 脂肪

熱量：每 ½ 杯 30 大卡（如：生食，
綠色，切碎）

蛋白質：1 克

料理方式：生食、烘烤、煎炒、烘
烤

小祕訣：**選擇有機辣椒**。烘烤乾
燥辣椒以帶出風味。在烹調過
程最後才加入菜餚中。

近親：燈籠椒、茄子、鵝莓、馬鈴薯、
黏果酸漿、番茄

亞洲料理
酪梨
羅勒，如：泰國羅勒
豆類，如：黑眉豆、花豆
燈籠椒
卡津料理
葛縷子籽
加勒比海料理
乳酪，如：巧達、芳汀那、山羊乳
　　酪、蒙特利傑克、莫札瑞拉、帕
　　爾瑪、墨西哥鮮乳酪
中式料理
巧克力，如：純巧克力、黑巧克力
芫荽葉
肉桂
椰子和椰奶
芫荽
玉米
玉米麵包
黃瓜
孜然
咖哩類
茄子
蛋，如：蛋捲
南薑
蒜頭
薑
綠色蔬菜
墨西哥酪梨醬
印度料理，如：*南印度料理*
拉丁美洲料理
檸檬，如：檸檬汁
檸檬香茅
扁豆
萊姆，如：萊姆汁
芒果
墨角蘭
***墨西哥料理**
摩爾醬
菇蕈類
麵條
堅果
油脂，如：橄欖油、芝麻油、葵花
　　油

橄欖
洋蔥，如：紅洋蔥
奧勒岡，如：墨西哥奧勒岡
歐芹
義式麵食
花生，尤以亞洲料理中的為佳
豌豆
鳳梨
馬鈴薯
開胃小菜
米
沙拉，如：豆子沙拉、泰式沙拉
***莎莎醬**
醬汁，如：水果醬汁、摩爾醬、莎
　　莎醬
種籽，如：南瓜籽
芝麻，如：芝麻油、芝麻籽，尤以
　　亞洲料理中的為佳
紅蔥
湯
酸奶油
南美洲料理
東南亞料理
美國西南方料理
醬油
燉煮料理
填餡辣椒
糖，如：棕櫚糖
羅望子
美式墨西哥料理
***泰式料理**
百里香
黏果酸漿
番茄和蕃茄醬汁
墨西哥薄餅和墨西哥玉米薄餅脆
　　片
薑黃
甜味蔬菜，如：甜菜、胡蘿蔔、玉
　　米
醋，如：巴薩米克香醋、紅酒醋、
　　米酒醋、雪利酒醋
優格

對味組合

辣椒＋巧克力＋蒜頭＋堅果＋洋
　　蔥＋種籽類
辣椒＋芫荽葉＋蒜頭＋紅洋蔥＋
　　番茄＋醋＋*莎莎醬*

我使用很多弗雷斯諾**辣椒**。他們
看起來像是紅色的哈拉佩諾辣
椒，但比較甜。如果紅燈籠椒和
哈拉佩諾辣椒在一起，繁衍出後
代，吃起來就會是這個味道。

——夏伶・巴曼，餐＆飲餐廳，亞利桑那
州斯科茨代爾

辣椒：阿納海 Chiles, Anaheim
[AN-uh-hyme]

風味：辣；苦（特別是綠色）或甜
　　（特別是紅色）
風味強度：對辣椒類來說算是
　　弱－中等
料理方式：烘烤、塞入填料

豆類，如：黑眉豆
乳酪，如：巧達乳酪
墨西哥香炸辣椒捲
其他辣椒，如：齊波特辣椒
素辣豆醬
巧達濃湯，如：玉米巧達濃湯
芫荽葉
芫荽
玉米
玉米麵包
孜然
蘸料
蛋，如：蛋捲
沙拉
***莎莎醬**
鹽
醬汁
燉煮料理
翻炒料理
***填餡辣椒**
墨西哥塔可餅
黏果酸漿

番茄
素食漢堡
米醋

● 辣椒：安佳 Chiles, Ancho
風味：辣／甜，帶有咖啡和／或
　　水果（如：李子乾或葡萄乾）的
　　香調
風味強度：弱－中上
這是什麼：乾燥的波布蘭諾辣椒
小祕訣：磨碎製成辣椒粉。

胭脂樹籽

月桂葉
豆類，如：黑眉豆、腰豆、花豆、
　　紅豆
布格麥片
腰果
其他辣椒，如：瓜吉羅辣椒
素辣豆醬
巧克力
丁香
芫荽
玉米
孜然
茄子

土荊芥
蒜頭
扁豆，如：褐扁豆
萊姆，如：萊姆汁
墨西哥料理
油脂，如：葡萄籽油、蔬菜油
洋蔥
奧勒岡，如：乾奧勒岡、墨西哥奧
　　勒岡
胡椒，如：黑胡椒
米
莎莎醬
鹽，如：海鹽

安佳辣椒＋萊姆＋豆腐

辣椒：鈴鐺 Chiles, Cascabel
[KAH-skah-bel]

風味：辣，帶有泥土、水果、堅果、
　　煙燻、菸草和／或木頭的濃厚
　　香調

風味強度：中等（對辣椒類來
　　說）**－強**

料理方式：烘烤

小祕訣：上桌前撈起鈴鐺辣椒，因
　　為外皮不容易煮爛。

杏仁果
豆類
法式砂鍋菜
其他辣椒，如：齊波特辣椒
辣椒
芫荽葉
墨西哥玉米捲
法士達
葡萄柚
蜂蜜
檸檬
萊姆
墨西哥料理
菇蕈類
柳橙
桃子
南瓜
莎莎醬，尤以生食為佳
醬汁，如：摩爾醬
湯
小果南瓜，如：冬南瓜
燉煮料理
墨西哥塔可餅
墨西哥粽
黏果酸漿
番茄

辣椒：齊波特 Chiles, Chipotle
[chih-POHT-lay]

風味：辣／苦／甜，帶有巧克力、
　　堅果和／或煙燻的香調

風味強度：中等－強

這是什麼：乾燥的煙燻哈拉佩諾
　　辣椒

小祕訣：購買浸泡在阿多波醬汁
　　（以番茄為基底的醬汁，可增添
　　酸度和鹹味）中的罐裝胡椒。

龍舌蘭糖漿
芝麻菜
酪梨
羅勒
豆類，如：**黑眉豆**、花豆
燈籠椒，如：紅燈籠椒
胡蘿蔔
法式砂鍋菜
中美洲料理
乳酪
墨西哥炸玉米片早餐
其他辣椒和辣椒醬，如：泰式甜
　　辣醬
素辣豆醬
巧克力
芫荽葉
玉米
孜然
安吉拉捲
蒜頭
蜂蜜
檸檬，如：檸檬汁、碎檸檬皮
萊姆，如：萊姆汁、碎萊姆皮
楓糖漿
滷汁醃醬
美乃滋
墨西哥料理
味噌
糖蜜
菇蕈類，如：波特貝羅大香菇
芥末
油脂，如：菜籽油、**橄欖油**、蔬菜
　　油
洋蔥，如：紅洋蔥、白洋蔥
柳橙，如：橙汁、碎橙皮
奧勒岡
紅椒粉

醬汁，如：*阿多波醬汁*、*摩爾醬*
湯，如：*蔬菜湯*
燉煮料理
高湯，如：*蔬菜高湯*
填餡安佳辣椒
墨西哥塔可餅
墨西哥粽
豆腐
番茄

對味組合
安佳辣椒＋蒜頭＋奧勒岡＋番茄
　　＋醬汁

胡椒，如：黑胡椒
披薩
石榴
墨西哥玉米燉煮
馬鈴薯
墨西哥烤餅
藜麥
米
沙拉淋醬
沙拉
莎莎醬
鹽，如：猶太鹽、海鹽
三明治，如：烤乳酪三明治
醬汁，如：蘸醬
干雪利酒
湯，如：黑眉豆湯
美國西南方料理
醬油
菠菜
抹醬
白胡桃瓜
燉煮料理
蔬菜高湯
糖，如：黃砂糖
甘藷
墨西哥塔可餅
墨西哥粽
溜醬油
天貝
美式墨西哥料理
豆腐
黏果酸漿
番茄（罐裝或新鮮）和番茄醬、番
　茄糊、番茄醬汁等
墨西哥薄餅和墨西哥玉米薄餅脆
　片
醋，如：蘋果酒醋、巴薩米克香醋、
　香檳酒醋、米酒醋、白酒醋
山芋

對味組合
齊波特辣椒＋巴薩米克香醋＋孜
　然＋洋蔥＋番茄
齊波特辣椒＋芫荽葉＋蒜頭＋萊

姆
齊波特辣椒＋柑橘類（如：萊姆、
　柳橙）＋蒜頭
齊波特辣椒＋蒜頭＋洋蔥＋番茄
齊波特辣椒＋萊姆汁＋洋蔥＋番
　茄

辣椒：青辣椒 Chiles, Green
（參見辣椒：哈拉佩諾；辣椒：
塞拉諾）

辣椒：瓜吉羅 Chiles, Guajillo
風味：辣，帶有漿果、煙燻和／或
　茶的香調
風味強度：中等－強
這是什麼：乾燥辣椒

胭脂樹籽
月桂葉
其他辣椒，如：安佳辣椒
素辣豆醬
丁香
芫荽
孜然
蛋
土荊芥
蒜頭
豆薯
萊姆
墨西哥料理
油脂，如：葡萄籽油
墨西哥奧勒岡
黑胡椒
海鹽
醬汁，如：義式麵食醬汁
湯
燉煮料理
番茄

辣椒：哈瓦那
Chiles, Habanero
風味：辣，帶有水果香調（極為煎
　熬的嗆辣就不用多說了）
風味強度：極強

小祕訣：也稱為蘇格蘭圓帽辣椒，
　算是全世界最辣的辣椒之一。

多香果
蘋果
酪梨
紅燈籠椒
加勒比海料理
胡蘿蔔
芫荽葉
丁香
熱帶水果
墨西哥酪梨醬
番茄醬
檸檬，如：檸檬汁
萊姆
芒果
薄荷
油脂蔬菜，如：橄欖
洋蔥，如：紅洋蔥、白洋蔥
奧勒岡
木瓜
鳳梨
南瓜
櫻桃蘿蔔
莎莎醬
海鹽
醬汁，如：熱醬汁、烤肉醬
糖
黏果酸漿
番茄
米酒醋

因為哈瓦那辣椒一但切開後，風
味實在太強了，我會將整個**蘇格
蘭圓帽辣椒**不切開放入菜餚中，
以便讓風味變得較溫和，並在上
桌前將辣椒撈除。
　　——蕭瓦因・懷特，花開咖啡館，紐約市

●**辣椒：哈拉佩諾**
Chiles, Jalapeño
風味：辣，帶有胡椒香
風味強度：中等－非常強

料理方式：塞入填料（如：搭配乳酪）

小祕訣：在烹調過程最後才放入哈拉佩諾辣椒。

蘋果
酪梨
豆類，如：黑眉豆、花豆
胡蘿蔔
卡宴辣椒
乳酪，如：阿涅荷、巧達乳酪
墨西哥香炸辣椒捲
印度甜酸醬
芫荽葉
肉桂
椰奶
玉米
玉米麵包和玉米馬芬
黃瓜
孜然
咖哩類
蘸料
無花果
墨西哥酪梨醬
蜂蜜
豆薯
檸檬，如：檸檬汁
萊姆
芒果
墨西哥料理
薄荷
油脂，如：橄欖油
洋蔥，如：白洋蔥
棕櫚心
花生醬
義式青醬
南瓜籽
鼠尾草
沙拉淋醬，如：柑橘類沙拉淋醬
沙拉
莎莎醬，如：莎莎青醬
鹽，如：海鹽
醬汁，如：墨西哥鄉村蛋餅醬汁
湯

小果南瓜，如：白胡桃瓜、夏南瓜
燉煮料理
墨西哥塔可餅
黏果酸漿
番茄
苦艾酒
香檳酒醋

對味組合
哈拉佩諾辣椒＋香檳酒醋＋萊姆＋橄欖油

●辣椒：帕西里亞乾辣椒
Chiles, Pasilla
風味：辣／甜，帶有巧克力、乾燥水果和／或堅果的香調
風味強度：**中等－強**
這是什麼：乾燥的其拉卡辣椒

酪梨
燈籠椒
甘藍菜
乳酪，如：可提亞乳酪
其他辣椒，如：安佳辣椒
素辣豆醬
墨西哥巧克力
玉米
鮮奶油
墨西哥玉米捲
土荊芥
蒜頭
墨西哥酪梨醬
萊姆
菇蕈類，如：鈕扣菇、香菇
橄欖油
洋蔥
馬鈴薯
莎莎醬
醬汁，如：*摩爾醬*
嫩青蔥
美式涼拌菜絲
湯，如：*蒜頭湯、南瓜湯、番茄湯、墨西哥薄餅濃湯*
填餡辣椒

墨西哥塔可餅
番茄

對味組合
帕西里亞乾辣椒＋土荊芥＋蒜頭＋菇蕈類

●辣椒：波布蘭諾
Chiles, Poblano
季節：夏
風味：辣，帶有煙燻香調。濃郁、絲絨般的質地
風味強度：中等－強
有此一說：乾燥的波布蘭諾辣椒便是安佳辣椒
料理方式：烘焙、火烤、炒、燒烤、烘烤、塞入填料

酪梨
豆類，如：黑眉豆、花豆、白豆
甜燈籠椒，如：紅燈籠椒、黃燈籠椒
胡蘿蔔
法式砂鍋菜
卡宴辣椒
瑞士蒸菜
乳酪，如：巧達、山羊乳酪、蒙特利傑克、墨西哥鮮乳酪
其他辣椒：安佳辣椒、**齊波特辣椒**
墨西哥香炸辣椒捲
辣椒片和辣椒粉
素辣豆醬
芫荽葉
玉米
孜然
蛋，如：*義式蛋餅、炒蛋*
墨西哥玉米捲
法士達
蒜頭
穀物
玉米粥
韭蔥
萊姆

墨西哥料理

菇蕈類，如：蠔菇、波特貝羅大香菇、香菇

橄欖油

洋蔥，如：紅洋蔥

柳橙

奧勒岡

墨西哥玉米燉煮

馬鈴薯

南瓜

墨西哥烤餅

藜麥

米，如：糙米

沙拉淋醬

沙拉

莎莎醬

嫩青蔥

湯，如：黑眉豆湯、玉米湯、菇蕈湯、馬鈴薯湯

酸奶油

燉煮料理

蔬菜高湯

填餡辣椒

墨西哥塔可餅

天貝

豆腐

黏果酸漿

番茄

墨西哥玉米薄餅

蔬菜，如：烘烤蔬菜

素食漢堡

櫛瓜

對味組合

波布蘭諾辣椒＋乳酪＋芫荽葉＋墨西哥玉米捲＋蒜頭＋菠菜＋墨西哥薄餅

波布蘭諾辣椒＋芫荽葉＋萊姆＋洋蔥＋番茄

波布蘭諾辣椒＋孜然＋柳橙＋米

波布蘭諾辣椒＋蒜頭＋洋蔥

我長大的地方沒有太多辣椒（密西根州），但隨著時間過去我越來越喜歡辣椒。我最愛**波布蘭諾辣椒**。我喜歡他們很棒的香氣和煙燻味，我會用阿薩德烤架（Asador Grill，又名辣椒烤架或乾烤焗架）架在爐臺上火烤辣椒。我在辣椒中塞入藜麥和山羊乳酪，搭配安佳辣椒、齊波特辣椒、玉米、芫荽、墨角蘭和一點點萊姆提振風味！
——安妮·索梅維爾，綠葉生菜，舊金山

●辣椒：塞拉諾
Chiles, Serrano

風味：辣／辛辣，帶鹹

風味強度：強－非常強

小祕訣：塞拉諾辣椒甚至比哈拉佩諾辣椒還更辣（但沒有像哈瓦那辣椒那樣辣）。

豆類，如：花豆

血腥瑪麗

辣椒粉

素辣豆醬

芫荽葉

芫荽

玉米

黃瓜

孜然

蛋，如：墨西哥鄉村蛋餅早餐

墨西哥玉米捲

蒜頭

墨西哥酪梨醬

豆薯

萊姆

墨西哥料理

糖蜜

油脂，如：橄欖油、蔬菜油

洋蔥，如：黃洋蔥

柳橙，如：橙汁

鳳梨

南瓜和南瓜籽

沙拉

莎莎醬

醬汁，如：墨西哥鄉村蛋餅醬汁

黏果酸漿

番茄

醋，如：白酒醋

對味組合

塞拉諾辣椒＋芫荽葉＋椰奶＋薑＋印度辛香料＋**檸檬香茅**＋番茄

塞拉諾辣椒＋薑＋扁豆＋米

塞拉諾辣椒＋洋蔥＋番茄

我真的很喜歡塞拉諾辣椒，它們為食物注入生命力！加上一些番茄、芫荽葉和鹽，我就是在天堂了。
——安妮·索梅維爾，綠葉生菜，舊金山

辣椒：泰國鳥眼 Chiles, Thai

風味：辣

風味強度：非常強

泰國羅勒

豆類，如：四季豆

燈籠椒

青江菜

青花菜

腰果

芫荽葉

泰式咖哩

蒜頭

薑

卡非萊姆

檸檬香茅

萊姆，如：萊姆汁、碎萊姆皮

菇蕈類

亞洲麵條，如：粄條

油脂，如：花生油

洋蔥，如：紅洋蔥

素蠔油

泰式炒河粉

米，如：茉莉香米

嫩青蔥

醬油

菠菜

芽菜

泰式料理

豆腐

● 辣椒片 Chili Pepper Flakes

風味：辣

風味強度：強（但比辣椒粉弱）

可行的替代物：阿勒坡辣椒末（使用日曬乾燥的敘利亞辣椒製成）

烘焙食物，如：麵包
竹筍
燈籠椒
青花菜和球花甘藍
鷹嘴豆
素辣豆醬
蒜頭
義大利料理
扁豆
滷汁醃醬
菇蕈類
油脂，如：橄欖油
義式麵食，如：義大利直麵
披薩
豆泥
沙拉淋醬
沙拉
醬汁，如：蘸醬、義式麵食醬汁、番茄醬汁
湯
燉煮料理
翻炒料理
番茄和番茄醬汁

● 辣椒粉 Chili Powder

風味：辣

風味強度：非常強

這是什麼：研磨過的乾燥辣椒；有時候也含有多香果、卡宴辣椒、丁香、芫荽、**孜然**、蒜粉、洋蔥粉、**奧勒岡**、紅椒粉和／或鹽

小祕訣：將辣椒粉儲存在冷凍庫中。

酪梨

豆類，如：黑眉豆、花豆
乳酪，如：巧達乳酪
鷹嘴豆
辣椒醬
素辣豆醬
玉米
玉米麵包
孜然
蘸料
墨西哥玉米捲
蒜頭
墨西哥酪梨醬
義大利料理
萊姆
滷汁醃醬
美乃滋
墨西哥料理
墨西哥玉米片
美洲山核桃，如：辣味山核桃
爆米花
豆泥
米
沙拉淋醬
醬汁，如：番茄醬汁
種籽
湯，如：黑眉豆湯
燉煮料理
翻炒料理
龍舌蘭酒
美式墨西哥料理
番茄和番茄醬汁
辣味什錦乾果
蔬菜，如：炒蔬菜

中式料理 Chinese Cuisine

料理方式：烘焙、炒、蒸煮、翻炒

蘆筍
竹筍
甘藍菜，如：中國白菜
辣椒
肉桂
五香粉
蒜頭

薑
海鮮醬
亞洲麵條，如：小麥麵條
花生
米，如：糙米
嫩青蔥
芝麻，如：芝麻油、芝麻籽
荷蘭豆
醬油
春捲
八角
清蒸料理
翻炒料理
糖
豆腐
蔬菜
米酒醋
小麥，如：小麥麵條（尤以中國北方尤佳）
米酒

我在**香港**待了兩年，發現他們製作素食的方式非常鼓舞人心。當時在北美洲沒有地方可以享用素食。但在香港，吃素十分普遍，因為大家一個禮拜至少會吃一次素食，其他人也不會覺得奇怪。香港人從無肉食材中帶出的風味令人驚喜。

——阿曼達·科恩，泥土糖果，紐約市

● 細香蔥 Chives

季節：**春－秋**

風味：刺激，帶有洋蔥或嫩青蔥的香調

風味強度：**弱**－中等

小祕訣：新鮮的細香蔥可直接使用。在烹調過程快要結束或上桌前才將細香蔥加入菜餚。

近親：蘆筍、蒜、韭蔥、洋蔥、紅蔥

蘆筍
酪梨

豆類，如：黑眉豆、四季豆、海軍豆、
　　花豆
甜菜
紅燈籠椒
奶油
白脫乳
胡蘿蔔
芹菜
乳酪，如：巧達、農家、山羊乳酪、
　　帕爾瑪、瑞可達乳酪
細葉香芹
哈拉佩諾辣椒
中式料理
美式涼拌甘藍菜絲
玉米
庫斯庫斯
黃瓜
蘸料
蛋，如：魔鬼蛋、義式蛋餅、水煮
　　全熟蛋、蛋捲、炒蛋
細碎的香料植物
法式料理，如：普羅旺斯料理
蒜頭
全穀物
焗烤料理
鍋底焦渣醬汁
其他香料植物，如：羅勒、薄荷、
　　歐芹、龍蒿
義大利料理，如：托斯卡尼料理
韭蔥
檸檬
扁豆
萵苣，如：蘿蔓萵苣
萊姆
菇蕈類，如：羊肚菌
第戎芥末
雞蛋麵
橄欖油
橄欖
洋蔥
歐芹
義式麵食，如：義大利寬麵、直麵
豌豆
去莢乾燥豌豆瓣

美洲山核桃
馬鈴薯，如：燒烤馬鈴薯、馬鈴薯
　　泥
沙拉淋醬
沙拉，如：豆子沙拉、蛋沙拉、穀
　　物沙拉、義大利麵沙拉、馬鈴
　　薯沙拉
三明治
醬汁，如：奶油乳酪醬汁
紅蔥
湯和巧達濃湯，如：冷湯、以鮮奶
　　油為基底的湯、黃瓜湯、馬鈴
　　薯奶油冷湯
酸奶油
冬南瓜，如：白胡桃瓜
燉煮料理
翻炒料理
高湯，如：蔬菜高湯
餡料
龍蒿
番茄
蔬菜，如：根莖蔬菜
醋，如：白酒醋
優格
櫛瓜

對味組合
細香蔥＋蒜頭＋檸檬＋橄欖油＋
　　帕爾瑪乳酪＋義式麵食

韭菜 Chives, Garlic
（亦稱 Chinese Chives）
季節：春
風味：刺激，帶有蒜和洋蔥的香
　　調
風味強度：中等－強

奶油
乳酪
辣椒
中式料理
餃類，如：亞洲餃類
日本茄子
蛋，如：炒蛋

蒜頭
薑
檸檬
味噌
菇蕈類，如：香菇
日式料理
麵條，如：亞洲麵條
芝麻油
歐芹
馬鈴薯
米和炒飯
沙拉淋醬
紅蔥
湯，如：味噌湯
醬油
芽菜
翻炒料理
豆腐
番茄
蔬菜，如：炒根莖蔬菜
醋

對味組合
韭菜＋亞洲麵條＋芝麻油＋香菇
　　＋醬油

● 巧克力：黑巧克力
Chocolate, Dark
（同時參見可可、可可粉）

風味：苦（和有時候甜），帶有堅
　　果味
風味強度：中等－強
對健康的助益：抗氧化劑（黑巧克
　　力中含量比牛奶巧克力多；越
　　苦的巧克力抗氧化劑越多）
小祕訣：將融化的巧克力、牛奶
　　（和一點點肉桂）和新鮮或乾燥
　　水果（如：杏桃、香蕉、草莓）
　　混合後當作蘸醬。

胭脂樹籽
多香果
蘋果和蘋果醬
杏桃

烘焙食物，如：*布朗尼、蛋糕、餅乾、*
　　馬芬
香蕉
漿果
飲品，如：*熱巧克力*
白蘭地
巴西堅果
糙米糖漿
奶油
糖果
焦糖
腰果
奶油乳酪
櫻桃，如：新鮮櫻桃、櫻桃乾
栗子
辣椒
素辣豆醬
肉桂
丁香
椰子
*咖啡和義式濃縮咖啡
餅乾
鮮奶油
椰棗
甜點
無花果，如：無花果乾
水果乾和新鮮水果
薑
枸杞
全麥餅乾
格蘭諾拉麥片
榛果
蜂蜜
熱巧克力／熱可可亞
冰淇淋
檸檬
檸檬香茅
夏威夷堅果
麥芽
楓糖漿
棉花糖
墨西哥料理
奶類
薄荷

| 主廚私房菜 | DISHES |

巧克力麵包布丁：鹹焦糖、松子，以及可可豆碎粒冰淇淋
——藍山（Blue Hill），紐約市

墨西哥巧克力布朗尼搭配焦糖化香蕉、法式香莢蘭冰淇淋、糖漬核桃，以及巧克力安佳辣椒淋醬
——西蠟燭咖啡館（Candle Cafe West），紐約市

巧克力千層蛋糕：咖啡豆鮮奶油、巧克力甘納許、幸運手牌黑拉格啤酒焦糖、花生脆片、麥芽碎片冰淇淋
——千禧（Millennium），舊金山

香蕉巧克力塔搭配牧豆酥皮巴西堅果
——真食廚房（True Food Kitchen），聖塔莫尼卡

扭結餅花生酥底的大塊巧克力碎片餅、麥芽卡士達、司陶特啤酒冰淇淋
——費吉（Vedge），費城

抹茶
摩爾醬
慕斯
肉豆蔻
*堅果，如：杏仁果、榛果、花生、美洲山核桃、開心果、核桃和堅果醬
燕麥
堅果油，如：杏仁果油或核桃油
柳橙
百香果
梨
李子乾
爆米花
布丁
葡萄乾
覆盆子
蘭姆酒
醬汁，如：甜點醬汁、摩爾醬
雪碧冰
酸奶油
草莓
糖或原蔗糖
豆腐
香莢蘭
甜酒，如：班努斯甜酒、波特酒、佩德羅-希梅內斯雪利酒

優格

對味組合
黑巧克力＋杏仁果油＋可可亞＋堅果
黑巧克力＋杏仁果＋椰子
黑巧克力＋杏仁果＋楓糖漿＋豆腐
黑巧克力＋焦糖＋咖啡
黑巧克力＋焦糖＋香莢蘭
黑巧克力＋櫻桃＋椰棗＋堅果
黑巧克力＋肉桂＋水果乾／新鮮水果＋奶類
黑巧克力＋椰子＋薑
黑巧克力＋椰子＋美洲山核桃
黑巧克力＋咖啡＋柳橙
黑巧克力＋榛果＋李子乾
黑巧克力＋美洲山核桃＋香莢蘭
黑巧克力＋開心果＋核桃

巧克力：白巧克力
Chocolate, White
營養學剖繪：52%脂肪／43%碳水化合物（糖份很高）／5%蛋白質

杏桃
烘焙食物，如：餅乾

漿果，如：黑莓、覆盆子、草莓
乳酪，如：奶油乳酪
櫻桃
其他巧克力，如：黑巧克力
肉桂
柑橘類
椰子
鮮奶油
甜點，如：乳酪蛋糕、慕斯
薑
榛果
檸檬，如：檸檬汁、碎檸檬皮
萊姆，如：萊姆汁、碎萊姆皮
薄荷
堅果，如：榛果、夏威夷堅果
燕麥片
柳橙，如：橙汁、碎橙皮
梨
大黃
蘭姆酒
香莢蘭

對味組合
白巧克力＋大黃＋草莓

● 芫荽葉 Cilantro（亦稱 Chinese Parsley、Fresh Coriander Leaf）

[sill-AHN-troh]

季節：全年皆有，尤其是春－夏

風味：苦／酸／甜，帶有檸檬、萊姆和／或歐芹的刺激香調（對不喜歡芫荽葉的人來說，味道就像肥皂一樣）

風味強度：強

這是什麼：一種香料植物

小祕訣：使用新鮮的（不是乾燥或煮熟）芫荽葉效果最好。在烹調過程已經要結束時再放入菜餚中，或理想中是上桌前才放入。使用芫荽葉平緩辣味菜餚的辣度。

近親：芫荽、歐芹

可行的替代物：歐芹

北非料理
杏仁果
亞洲料理（除了日式料理）
酪梨
羅勒
豆類，如：黑眉豆、蠶豆、花豆、
　白豆
甜菜
燈籠椒
小豆蔻
加勒比海料理
胡蘿蔔
白花椰菜
卡宴辣椒
芹菜
蒸菜
鷹嘴豆
辣椒，如：安佳辣椒、齊波特辣椒、
　哈拉佩諾辣椒、塞拉諾辣椒
素辣豆醬
青醬
中式料理
印度甜酸醬
肉桂
柑橘類
椰子和椰奶
芫荽
玉米
玉米麵包
庫斯庫斯
黃瓜
孜然
咖哩類，如：印度咖哩
蘸料
毛豆
茄子
蛋，如：水煮全熟蛋
墨西哥玉米捲
土荊芥
法士達
蒜頭
薑
綠色蔬菜，如：芥末葉

墨西哥酪梨醬
印度料理
豆薯
拉丁美洲料理
檸檬，如：檸檬汁
檸檬香茅
扁豆
萊姆，如：萊姆汁
芒果
滷汁醃醬
甜瓜，如：洋香瓜
墨西哥料理
薄荷
味噌
摩爾醬
菇蕈類，如：香菇
芥末
麵條，尤以亞洲麵條為佳，如：蕎
　麥麵
堅果
油脂，如：**橄欖油**、蔬菜油
秋葵
洋蔥，如：紅洋蔥
柳橙和血橙，如：橙汁
泰式炒河粉
木瓜，如：紅木瓜
歐芹
義式麵食，如：義大利米麵
花生
梨
豌豆
黑胡椒
義式青醬
墨西哥玉米燉煮
馬鈴薯
南瓜籽
藜麥
米，如：印度香米、糙米
沙拉淋醬
沙拉，如：亞洲沙拉、泰式沙拉
莎莎醬，如：綠莎莎醬、墨西哥莎
　莎醬、番茄莎莎醬
三明治
醬汁

嫩青蔥
酸模
湯，如：鷹嘴豆湯、紅捲心菜冷湯、
　墨西哥薄餅濃湯
南美洲料理
東南亞料理
醬油
小果南瓜，如：夏南瓜、冬南瓜
燉煮料理
甘藷
墨西哥塔可餅
塔希尼芝麻醬
羅望子
美式墨西哥料理
泰式料理
豆腐
黏果酸漿
番茄
墨西哥薄餅
蔬菜
越南料理
醋，如：白酒醋
裙帶菜
核桃
小麥仁
優格
櫛瓜

對味組合
芫荽葉＋杏仁果＋蒜頭＋**橄欖油**
芫荽葉＋酪梨＋辣椒＋蒜頭＋紅
　洋蔥＋番茄
芫荽葉＋羅勒＋辣椒＋蒜頭＋萊
　姆＋薄荷
芫荽葉＋羅勒＋蒜頭＋帕爾瑪乳
　酪
芫荽葉＋黑胡椒＋蒜頭
芫荽葉＋胡蘿蔔＋**萊姆**＋米
芫荽葉＋卡宴辣椒＋孜然＋蒜頭
　＋檸檬＋橄欖油＋歐芹
芫荽葉＋辣椒＋椰奶＋萊姆
芫荽葉＋辣椒＋芫荽＋孜然＋蒜
　頭＋萊姆＋薄荷＋橄欖油
芫荽葉＋辣椒＋玉米

芫荽葉＋辣椒＋蒜頭＋萊姆
芫荽葉＋辣椒＋萊姆
芫荽葉＋辣椒＋萊姆＋洋蔥＋黏
　果酸漿／番茄
芫荽葉＋椰奶＋檸檬
芫荽葉＋玉米＋萊姆
芫荽葉＋玉米＋番茄
芫荽葉＋孜然＋萊姆
芫荽葉＋蒜頭＋薑＋米醋＋芝麻
　（油／籽）＋醬油
芫荽葉＋蒜頭＋核桃
芫荽葉＋豆薯＋萊姆＋洋蔥＋柳
　橙＋木瓜
芫荽葉＋洋蔥＋花豆
芫荽葉＋番茄＋冬南瓜

● 肉桂 Cinnamon
季節：全年皆有，尤其是秋－冬
風味：苦／甜；非常芳香
風味強度：強
有此一說：一茶匙肉桂含有的抗
　氧化劑和½杯藍莓一樣多。
小祕訣：在烹調過程早期添加，但
　過度烹調肉桂，會產生苦味。
近親：酪梨、月桂葉

杏仁果
蘋果、蘋果酒和蘋果汁
烘焙食物，如：麵包、蛋糕、餅乾、
　馬芬、酥皮、派
香蕉
豆類
甜菜
飲品，如：可可亞、蛋酒、熱巧克
　力
藍莓
早餐／早午餐，如：咖啡蛋糕、法
　國土司、美式煎餅
奶油
胡蘿蔔
白花椰菜
早餐麥片，如：熱麥片
辣椒
素辣豆醬

巧克力和可可亞
丁香
椰子
咖啡和義式濃縮咖啡
糖煮水果
玉米
庫斯庫斯
咖哩類，如：印度咖哩
咖哩粉
卡士達
椰棗
甜點，如：脆片、卡士達
　法國土司
水果和水果甜點
葛拉姆馬薩拉
薑
葡萄柚
葡萄
蜂蜜
冰淇淋
印度料理
檸檬，如：檸檬汁
楓糖漿
地中海料理
墨西哥料理
中東料理
奶類
摩洛哥料理
肉豆蔻
堅果
燕麥片
洋蔥
橙花水
柳橙和血橙，如：橙汁
煎餅
桃子
梨
美洲山核桃
爆米花
布丁
葡萄乾
大黃
米
玫瑰水

醬汁，如：巧克力醬
燉煮料理
餡料，如：米餡
糖，如：黃砂糖
甘藷
茶
番茄
香莢蘭
酒，如：香料熱飲酒、紅酒
優格

對味組合
肉桂＋杏仁果＋穀物（如：庫斯
　庫斯、燕麥）＋葡萄乾
肉桂＋杏仁果＋米
肉桂＋巧克力＋奶類
肉桂＋楓糖漿＋美洲山核桃

柑橘類 Citrus—In General
（參見葡萄柚、檸檬、萊姆、
　柳橙、紅橘）
小祕訣：使用柑橘類是添加風味
　的最好方法，無需額外加入脂
　肪或鹽份。柑橘類果汁或果皮
　的風味皆豐厚。

地中海寬皮柑 Clementines
（參見橘子、柳橙、紅橘）

● 丁香 Cloves
風味：苦／甜，帶有刺激／辛香
　料的香調
風味強度：強
小祕訣：在烹調過程中早期添加。
近親：多香果

多香果
蘋果、蘋果酒和蘋果汁
烘焙食物，如：麵包、比斯吉、蛋糕、
　餅乾、水果蛋糕、薑餅、馬芬、
　酥皮、派
甜菜，如：醃漬甜菜
小豆蔻
辣椒

巧克力
肉桂
芫荽
蔓越莓
孜然
甜點，如：卡士達
飲料
葫蘆巴
水果，*尤以烹調／燉煮為佳*
葛拉姆馬薩拉
薑
蜂蜜
檸檬，*如：碎檸檬皮*
扁豆
楓糖漿
滷汁醃醬
肉豆蔻
堅果
洋蔥
柳橙，*如：橙汁、碎橙皮*
梨，*如：水煮西洋梨*
胡椒，*如：黑胡椒*
抓飯
布丁
南瓜
法式四種香料
摩洛哥綜合香料
開胃小菜，如：蔓越莓
米
沙拉淋醬
醬汁，*如：烤肉醬、甜點醬汁、摩爾醬*
素食邋遢喬三明治
湯
醬油
冬南瓜
燉煮料理
蔬菜高湯
糖，*如：黃砂糖*
甘藷
羅望子
茶
薑黃
香莢蘭

酒，*如：香料熱飲酒*

對味組合

丁香＋多香果＋蘋果酒＋肉桂＋楓糖漿＋香莢蘭
丁香＋蘋果＋蔓越莓
丁香＋肉桂＋孜然＋綠扁豆＋洋蔥＋柳橙
丁香＋肉桂＋柳橙＋梨＋香莢蘭＋酒

● 可可粉 Cocoa Powder（同時參見可可；巧克力：黑巧克力）
有此一說：比綠茶或紅酒含有更多抗氧化劑！

酪梨

烘焙食物，*如：布朗尼、蛋糕、餅乾*
飲品，*如：熱巧克力、熱可可亞*
素辣豆醬
椰子和椰奶
奶類，*如：杏仁奶、牛奶、大麻奶、米奶、豆奶*
堅果和堅果醬，*如：杏仁果醬*

對味組合

可可粉＋龍舌蘭糖漿＋酪梨

● 椰子、椰漿、椰奶
Coconut, Coconut Cream,
and Coconut Milk
（同時參見椰子醬、椰子糖漿、椰子水、椰奶）
風味：甜，帶有堅果香。質地有嚼勁（椰肉）或綿密（椰奶）
風味強度：中等－強
營養學剖繪：82% 脂肪／14% 碳水化合物／4% 蛋白質
熱量：每 28.35 克 185 大卡（如：椰子肉，乾燥，未加糖）
蛋白質：2 克
料理方式：乾燥（刨成雪花片、切絲）、生食、烘烤、刨薄片

小祕訣：為了使用方便，可試試冷凍的椰子絲。
品牌：Thai Kitchen 頂級有機椰奶

杏仁果

杏桃
培根
烘焙食物，*如：麵包、蛋糕、美式鬆厚酥頂派、餅乾（如：燕麥片）、馬卡龍、馬芬、餡餅皮*
香蕉
羅勒
豆類，*如：四季豆*
燈籠椒，*如：紅燈籠椒*
飲品
奶油糖果
甘藍菜，*如：切成絲的甘藍菜、大白菜*
焦糖
加勒比海料理
胡蘿蔔
白花椰菜
早餐麥片，*如：**格蘭諾拉麥片**、天然穀物麥片*
櫻桃
辣椒，*如：乾辣椒、塞拉諾辣椒*
巧克力，*如：黑巧克力、白巧克力*
芫荽葉
肉桂
椰子水
芫荽
蔓越莓乾
鮮奶油和法式酸奶油
黃瓜
孜然
咖哩，*如：印度咖哩、泰式咖哩、蔬菜咖哩；咖哩醬和咖哩粉*
椰棗
甜點，*如：蛋糕、卡士達、**冰淇淋**、派、布丁、雪碧冰*
茄子
水果，*尤以新鮮水果、熱帶水果為佳，如：番石榴、荔枝、**芒果**、木瓜、**百香果**、**鳳梨***

椰子蛋白霜搭配芒果、木瓜和百香果
——麥迪遜公園十一號（Eleven Madison Park），紐約市

椰子萊姆法式卡士達，搭配糖煮芒果和芝麻籽餅乾
——綠色餐廳（Greens Restaurant），舊金山

南薑
蒜頭
薑
全麥餅乾
葡萄柚
蜂蜜
糖霜
印度料理
卡非萊姆葉
羽衣甘藍
奇異果
檸檬
檸檬香茅
扁豆，如：紅扁豆
萵苣，如：蘿蔓萵苣
萊姆
馬卡龍
楓糖漿
滷汁醃醬
甜瓜，如：蜜露瓜
奶類，如：杏仁奶、米奶
薄荷
味噌
堅果，如：巴西堅果、腰果、榛果、
　　夏威夷堅果、花生、美洲山核
　　桃、開心果、核桃
燕麥／燕麥片
油脂，如：芝麻油
柳橙
紅椒粉
歐洲防風草塊根
豌豆
胡椒，如：黑胡椒
大蕉
石榴
馬鈴薯
覆盆子

米，如：茉莉香米、糯米
蘭姆酒
沙拉，如：水果沙拉、綠色蔬菜沙
　　拉
醬汁
嫩青蔥
芝麻籽
蔬果昔
湯
東南亞料理
醬油
菠菜
小果南瓜，如：白胡桃瓜
草莓
糖，如：黃砂糖、椰子糖
甘藷
樹薯粉
天貝
泰式料理
豆腐
番茄
什錦乾果
薑黃
香莢蘭
酒醋
水田芥
優格
櫛瓜

對味組合
椰子＋香蕉＋枸杞＋印加蘿蔔粉
　　＋*蔬果昔*
椰子＋香蕉＋優格
椰子＋黃砂糖＋薑＋香莢蘭
椰子＋腰果＋楓糖漿＋香莢蘭
椰子＋辣椒＋甘藷＋番茄
椰子＋柑橘類（如：檸檬、萊姆）

　　＋芒果
椰子＋蔓越莓＋格蘭諾拉麥片＋
　　榛果
椰子＋咖哩＋花生＋豆腐
椰子＋咖哩粉＋甘藷
椰子＋椰棗＋堅果＋柳橙
椰子＋檸檬香茅＋百香果
椰子＋萊姆＋石榴籽＋水田芥
椰子＋萊姆＋熱帶水果＋優格
椰子＋鳳梨＋蘭姆酒
椰子＋米奶＋香莢蘭

我喜歡直接吃幼嫩的椰子肉，就
連原味的椰肉我都愛。但如果你
加入酪梨和萊姆，就可以做出非
常誘人的布丁！你也可以利用脫
水的椰子搭配卡宴辣椒、調味用
煙燻液、生龍舌蘭糖漿或楓糖糖
漿，製作『牛肉乾』，讓椰肉變得
鹹香，這令人難以置信！
——艾咪・比奇，G禪餐廳，康乃狄克州
布蘭福德

我會將非常冰的椰漿混合一
點龍舌蘭糖漿和香莢蘭，使用
KitchenAid 攪拌器攪打約5-10分
鐘做出非常美味的頂飾配料。椰
漿越冰需要攪打的時間就越短。
——迪娜・賈拉勒，佛姆和根餐廳，麻薩
諸塞州奧爾斯頓

椰子醬 Coconut Butter
風味：鮮奶油香調，稠度綿密
風味強度：弱
這是什麼：研磨椰子肉＋椰子油
　　（像從椰子製成的堅果醬）
品牌：Artisana（有機裸食）、Nu-
　　tiva Coconut Manna（有機）

蘋果
酪梨
烘焙食物，如：蛋糕、餡餅皮
香蕉
麵包和快速法麵包

純素乳酪
奇亞籽
巧克力
肉桂
椰子
椰棗
甜點，如：乳酪蛋糕、焦糖布丁、
　　冰淇淋、布丁
淋醬
糖霜
枸杞
蜂蜜
扁豆，如：紅扁豆
奶類，如：杏仁奶、大麻奶
馬芬
開心果
南瓜
裸食料理
醬汁
焗炒料理
蔬果昔
湯，如：扁豆湯
抹醬
香莢蘭

對味組合
椰子醬＋酪梨＋香蕉＋巧克力
椰子醬＋肉桂＋蜂蜜＋香莢蘭
椰子醬＋孜然＋茴香籽＋洋蔥＋
　　紅扁豆＋菠菜

我所有的生乳乳酪和甜點中（像
乳酪蛋糕）皆使用生特級初榨**椰
子醬**或椰子油。
　　——艾咪・比奇，G禪餐廳，康乃狄克州
布蘭福德

椰子糖漿 Coconut Nectar
風味：甜，帶有焦糖、鮮奶油、糖漿、
　　糖蜜和／或香莢蘭的香調。像
　　蜂蜜或糖蜜的濃厚質地
風味強度：弱
這是什麼：甜味劑
小祕訣：可取代龍舌蘭糖漿、蜂

蜜或糖蜜。
品牌：Coconut Secret、Sweet Tree
　　（都是有機、低溫生榨）

早餐麥片
乳酪蛋糕
甜點
堅果，如：杏仁果、夏威夷堅果
燕麥片
美式煎餅
花生醬
裸食料理
水果醬汁，如：蔓越莓醬汁
蔬果昔
比利時鬆餅

椰子糖漿的風味實在非常美味，
和風味較強的甜味劑相比，像玉
米糖漿，椰子糖漿算是中性風味
的甜味劑。
　　——凱西・托爾曼，石榴咖啡館，鳳凰城

● **椰子水** Coconut Water
營養學剖繪：78% 碳水化合物／
　　13% 蛋白質／9% 脂肪
熱量：每杯45大卡
蛋白質：2克
小祕訣：可取代食譜中的水（像
　　蔬果昔食譜），增添營養成分。

杏仁果
酪梨
飲品，如：雞尾酒
椰子
檸檬
萊姆
芒果
鳳梨
布丁
蘭姆酒
醬汁
蔬果昔
雪碧冰
湯

咖啡、義式濃縮咖啡
Coffee / Espresso
風味：苦，帶有巧克力、水果（如
　　漿果）、堅果、辛香料和／或香
　　莢蘭的香調
風味強度：弱／中等（淺焙）－中
　　等／強（重烘焙）

多香果
烘焙食物
飲品，如：拿鐵咖啡
焦糖
小豆蔻
菊苣
巧克力，如：黑巧克力、白巧克力
肉桂
可可亞
椰子和椰奶
鮮奶油
甜點，如：卡士達
水果
冰淇淋
卡非萊姆葉
檸檬
萊姆
香甜酒，如：白蘭地、干邑白蘭地、
　　愛爾蘭威士忌
芒果
奶類，如：牛奶、植物奶（如：杏
　　仁奶、大麻奶、豆奶）
堅果，如：杏仁果、**榛果**、夏威夷
　　堅果
莎莎醬，如：烹調莎莎醬
醬汁
蔬果昔
雪碧冰
辛香料
糖，如：黃砂糖
羅望子
香莢蘭
核桃

對味組合
咖啡＋巧克力＋肉桂

咖啡＋肉桂＋檸檬

咖啡＋椰奶＋香莢蘭

在我們的咖啡中，我和李契會使用（全素）絲牌奶精，而不使用高脂鮮奶油或牛奶。絲牌奶精的質地和顏色都很好。

——凱特·雅各比，費吉餐廳，費城

我使用原木大豆奶精或 Trader Joe's 奶精加在我的咖啡中，讓我的咖啡變得十分香醇濃郁。

——伊莎·莫科維茲，《伊莎煮得出來》以及《以素之名》作者

● 芫荽 Coriander

風味：苦／酸／**甜**；芳香，帶有**葛縷子**、西洋杉、花、**檸檬**、芥末、柳橙和／或**鼠尾草**刺激和／或辛辣的香調和澀味

風味強度：弱－中等／強

小祕訣：在烹調過程最後再放入菜餚中。烘烤芫荽籽以釋放風味。

近親：茴芹（洋茴香）、葛縷子、胡蘿蔔、芹菜、芹菜根、細葉香芹、**芫荽葉**、孜然、蒔蘿、茴香、**歐芹**、歐芹根、歐洲防風草塊根

蘋果

亞洲料理

烘焙食物，如：比斯吉、麵包、餅乾、酥皮、派

豆類，如：紅豆

甜菜

青江菜

蛋糕

胡蘿蔔

辣椒，如：青辣椒

素辣豆醬

肉桂

柑橘和碎柑橘皮

丁香

椰奶

咖啡

庫斯庫斯

孜然

咖哩類，如：*印度咖哩*

咖哩粉

甜點

茴香

葫蘆巴

葛拉姆馬薩拉

薑

穀物

印度料理

檸檬

扁豆，如：紅扁豆

滷汁醃醬

地中海料理

中東料理

菇蕈類

洋蔥

柳橙

豌豆

胡椒，如：黑胡椒

義式粗玉米糊

馬鈴薯

南瓜

沙拉淋醬

沙拉

芝麻籽

湯，如：扁豆湯

冬南瓜

燉煮料理

豆腐

薑黃

蔬菜

● 玉米 Corn

季節：*夏－初秋*

風味：甜

風味強度：弱－中等

這是什麼：全穀物（不是蔬菜）

無麩質：是

營養學剖繪：80% 碳水化合物／11%脂肪／9%蛋白質

熱量：每杯135大卡（黃色甜玉米，

生食）

蛋白質：5克

料理方式：烘焙（留著包葉，以190℃烤20分鐘）、沸煮（1-3分鐘）、鮮奶油、燒烤（留著包葉）、高壓烹煮、烘烤、煎炒、蒸煮

小祕訣：趁玉米非常新鮮時上桌。使用沸煮過玉米、富有風味的水做為湯品的高湯。

近親：大麥、卡姆小麥、裸麥、斯佩耳特小麥、黑小麥

美洲料理

芝麻菜

酪梨

烘焙食物，如：玉米麵包、玉米馬芬

大麥和珍珠麥

羅勒，如：檸檬羅勒、甜羅勒、泰國羅勒

豆類，如：**黑眉豆**、蠶豆、四季豆、腰豆、皇帝豆、花豆

燈籠椒，如：綠燈籠椒、紅燈籠椒

黑眼豆

藍莓

布格麥片

奶油

白脫乳

葛縷子籽

胡蘿蔔

法式砂鍋菜

白花椰菜

卡宴辣椒

芹菜

芹菜籽

中美洲料理

佛手瓜

乳酪，如：**巧達**、可提亞、費達、山羊乳酪、蒙契格、蒙特利傑克、帕爾瑪、瑞士乳酪

辣椒，如：阿納海椒、齊波特辣椒、哈拉佩諾辣椒、波布蘭諾辣椒、紅辣椒、燒烤紅辣椒

素辣豆醬

玉米冷湯搭配醃漬茄子和細葉香芹
——藍山（Blue Hill），紐約市

澤西玉米法式燉菜：燜煮恐龍羽衣甘藍、金葉過路黃的花、玉米筍沙拉
——丹尼爾（DANIEL），紐約市

棒烤玉米：辣椒美乃滋、椰肉片、辣椒粉
——柬埔寨三明治（Num Pang），紐約市

玉米卡士達：玉米麵包粉、哈拉佩諾辣椒-石榴焦糖醋醬
——費吉（Vedge），費城

辣椒醬和辣椒粉
細香蔥
芫荽葉
椰子、椰奶和椰子油
芫荽
玉米棒
鮮奶油
孜然
咖哩類、咖哩粉和咖哩辛香料
蒔蘿
毛豆
蛋，如：*卡士達、鹹派、炒蛋*
土荊芥
茴香
油炸餡餅
蒜頭
印度酥油
薑
粗粒玉米粉
香料植物，如：羅勒、歐芹
蜂蜜
豆薯
韭蔥
檸檬
萊姆，如：萊姆汁
歐當歸
楓糖漿
墨角蘭
美乃滋
墨西哥料理
奶類

小米
薄荷
味噌，如：淡味噌、白味噌
菇蕈類，如：雞油菌、羊肚菌、蠔菇、牛肝菌、香菇、野菇
芥末和芥末籽
油桃
肉豆蔻
油脂，如：椰子油、**橄欖油**、芝麻油
洋蔥，如：青蔥、紅洋蔥、黃洋蔥
奧勒岡
美式煎餅
歐芹
義式麵食
胡椒，如：黑胡椒、白胡椒、四川花椒
義式青醬
松子
義式粗玉米糊
馬鈴薯
布丁
南瓜和南瓜籽
藜麥
開胃小菜
米，尤以野生米為佳
番紅花
鼠尾草
沙拉，如：*豆子沙拉、玉米沙拉、蛋沙拉、義大利麵沙拉、馬鈴薯沙拉、蔬菜沙拉*

莎莎醬
鹽，如：猶太鹽、海鹽、煙燻鹽
香薄荷
嫩青蔥
芝麻籽
紅蔥
舒芙蕾
湯和巧達濃湯，如：玉米湯、馬鈴薯湯、蔬菜湯
美國西南方料理
醬油
小果南瓜，如：白胡桃瓜、夏南瓜、黃南瓜
燉煮料理
蔬菜高湯
豆煮玉米
糖
甘藷
龍蒿
百里香
黏果酸漿
番茄，如：櫻桃番茄、紅番茄、黃番茄
墨西哥薄餅，如：墨西哥玉米薄餅
薑黃
醋，如：蘋果酒醋、香檳酒醋、米酒醋、白酒醋
小麥仁
優格
櫛瓜

對味組合

玉米＋酪梨＋黑眉豆＋芫荽葉＋萊姆汁
玉米＋巴薩米克香醋＋燈籠椒＋橄欖油＋洋蔥＋日曬番茄乾
玉米＋**羅勒**＋茴香＋番茄
玉米＋羅勒＋蒜頭
玉米＋**羅勒**＋洋蔥＋番茄
玉米＋豆類＋米
玉米＋燈籠椒＋嫩青蔥
玉米＋黑眉豆＋番茄
玉米＋藍莓＋楓糖漿

玉米＋卡宴辣椒＋辣椒粉＋孜然＋蒜頭＋萊姆

玉米＋辣椒＋可提亞乳酪＋萊姆

玉米＋辣椒＋蒜頭＋萊姆＋橄欖油＋洋蔥＋番茄

玉米＋細香蔥＋洋蔥

玉米＋椰子＋薑

玉米＋椰奶＋咖哩辛香料

玉米＋蒜頭＋味噌

玉米＋蒜頭＋菇蕈類＋鼠尾草

玉米＋蒜頭＋馬鈴薯＋百里香

玉米＋蜂蜜＋醬油

玉米＋哈拉佩諾辣椒＋楓糖漿

玉米＋藜麥＋嫩青蔥

在我長大的地方（紐約五指湖地區），玉米是種宗教。我們看待玉米的方式就像法國人看待法式長棍麵包一樣。你不會將早上買來的長棍麵包放到晚餐才吃！同樣地，您會盡可能地購買新鮮玉米，趁新鮮享用。玉米和時間有緊密的關係，因為玉米在收成後便失去 50% 的甜度。農民每天採摘玉米三次：早上七點，中午和下午三點。上午七點採摘的玉米是最好的，但你必須在午餐時享用。若是晚餐要吃，你就買下午三點採摘的玉米。我喜歡最簡單的做法：玉米、奶油和鹽。我的妻子伊莎貝爾（柏格特克）喜歡使用萊姆和孜然搭配玉米。

——克里斯多福‧貝茲，法可赫飯店，賓夕法尼亞州米爾福德

玉米是我覺得最好用的食材。有天我拿到一根非基因改造玉米，所以味道很棒。我專注在玉米上，最後玉米將成為我們的顧客和工作人員的最愛。我做了一個大家喜愛的冰鮮玉米湯：我把玉米從穗軸上切下來，做成玉米奶，用玉米穗軸製作高湯。用一堆洋蔥、百里香和蒜炒玉米，然後倒入玉米奶和高湯。我收乾湯汁，將食材全部混在一起打成泥，倒入半對半鮮奶油。我將玉米湯搭配刨薄片的白蘿蔔和碎歐芹。湯很棒，因為放涼後就變成了冷湯，白蘿蔔的胡椒味會降低湯的濃郁度，綠色歐芹帶出獨特味道，使所有風味完美融合。

——瓊‧杜布瓦斯，綠斑馬，芝加哥

● 玉米粉、義式粗玉米糊
Cornmeal and Polenta
（同時參見美式粗玉米粉）

風味：甜，帶有奶油和／或玉米的香調。煮熟時，質地綿密

風味強度：弱－中等

這是什麼：穀物，乾燥玉米粒製成，研磨成細粉（如：玉米麵粉、玉米澱粉）、中等或粗顆粒（如：美式粗玉米粉、義式粗玉米糊）的質地

無麩質：是

營養學剖繪：86% 碳水化合物／8% 脂肪／6% 蛋白質

熱量：每 ½ 杯 220 大卡（全穀物、黃色，未煮熟）

蛋白質：5 克

料理方式：沸煮、炙烤、炒、燒烤、煎炒、微滾烹煮

烹調時間：根據包裝備後的說明，煮到軟嫩，因為時間可從 1 分鐘（即食或細磨粉末）至 20-45 分鐘（粗磨）不等。

比例：1：3（緊實玉米粉，如：用來燒烤或煎炸）到 1：5-6（柔軟、綿密的玉米粉或義式粗玉米糊）

小祕訣：選擇有機玉米粉。若想為菜餚添加一點藍紫色調時，可使用藍玉米粉，比起一般玉米粉，藍玉米粉的蛋白質含量較高。可使用口感綿密的義式粗玉米糊取代馬鈴薯泥。另一種方法是讓義式粗玉米糊在烤盤上冷卻後切片，在上桌前稍微炙烤、燒烤或煎炸，搭配番茄醬汁和／或醃漬蔬菜。

品牌：de la Estancia Organic Polenta 義式粗玉米糊已經細磨過了，不是沖泡即食產品，但不到 1 分鐘便可煮軟！

杏仁果和杏仁奶

莧籽

蘋果和蘋果醬

朝鮮薊

蘆筍

烘焙食物，如：蛋糕、玉米麵包、玉米馬芬

羅勒

豆類，如：黑眉豆、腰豆

漿果，如：藍莓

裹粉，如：用於菇蕈類或豆腐

青花菜和球花甘藍

奶油

白脫乳

胡蘿蔔

法式砂鍋菜

熱早餐麥片

乳酪，如：愛亞格、藍黴、巧達、芳汀那、山羊乳酪、**戈根索拉**、葛黎耶和、蒙特利傑克、莫札瑞拉、**帕爾瑪**、佩科利諾、瑞可達乳酪、煙燻乳酪、泰勒吉奧乳酪

櫻桃

辣椒，如：齊波特辣椒、哈拉佩諾
　　辣椒和辣椒粉
細香蔥
肉桂
椰漿
芫荽
玉米
蔓越莓，如：蔓越莓乾
鮮奶油和牛奶
可樂餅
麵包皮，如：麵包、披薩
餃類
茄子
蛋，如：煎蛋、水波蛋
闊葉苴菜
茴香
麵粉，如：斯佩耳特小麥、全麥
薯條，如：燒烤薯條
蒜頭
焗烤料理
綠色蔬菜，如：蒲公英葉
蜂蜜
黃金玉米球
義大利北方料理
強尼蛋糕
羽衣甘藍
檸檬，如：檸檬汁、碎檸檬皮
楓糖漿
馬士卡彭乳酪
牛奶或植物奶，如：豆奶
糖蜜
馬芬
菇蕈類，如：雞油菌、牛肝菌、波
　　特貝羅大香菇、香菇、喇叭菌、
　　野菇
肉豆蔻
營養酵母
油脂，如：玉米油、堅果油、**橄欖油**、
　　芝麻油、松露油、核桃油
橄欖，如：卡拉瑪塔橄欖
洋蔥，如：青蔥、白洋蔥
柳橙
奧勒岡
美式煎餅和比利時鬆餅

歐芹
黑胡椒
義式青醬
義式粗玉米糊
稠粥
大黃
迷迭香
鼠尾草
鹽，如：海鹽
素食香腸，如：義式烤香腸
種籽，如：罌粟籽、芝麻籽、葵花
　　籽
芝麻，如：芝麻油、芝麻籽
酸奶油
菠菜
匙用麵包
冬南瓜
蔬菜高湯
黃砂糖
百里香
番茄、番茄醬汁和日曬番茄乾
墨西哥薄餅
松露
香莢蘭
根莖蔬菜
醋，如：巴薩米克香醋
核桃
優格
櫛瓜

對味組合
玉米粉＋杏仁果＋檸檬
玉米粉＋齊波特辣椒＋楓糖漿

玉米粉＋肉桂＋椰子＋肉豆蔻＋
　　香莢蘭
玉米粉＋蛋＋帕爾瑪乳酪
玉米粉＋山羊乳酪＋香料植物
玉米粉＋蜂蜜＋馬士卡彭乳酪＋
　　柳橙
義式粗玉米糊＋杏仁奶＋肉桂
**義式粗玉米糊＋杏仁果＋鮮奶油
　　＋檸檬＋柳橙**
義式粗玉米糊＋杏仁果＋葡萄乾
義式粗玉米糊＋朝鮮薊＋橄欖＋
　　番茄
義式粗玉米糊＋朝鮮薊＋迷迭香
**義式粗玉米糊＋羅勒＋玉米＋番
　　茄**
義式粗玉米糊＋胡蘿蔔＋蒜頭＋
　　迷迭香
義式粗玉米糊＋乳酪＋迷迭香＋
　　番茄
**義式粗玉米糊＋蒜頭＋菇蕈類＋
　　歐芹＋迷迭香**
義式粗玉米糊＋蒜頭＋鼠尾草
義式粗玉米糊＋山羊乳酪＋卡拉
　　瑪塔橄欖
義式粗玉米糊＋戈根索拉乳酪＋
　　波特貝羅大香菇＋鼠尾草
義式粗玉米糊＋戈根索拉乳酪＋
　　核桃
義式粗玉米糊＋蜂蜜＋馬士卡彭
　　乳酪＋柳橙
義式粗玉米糊＋楓糖漿＋芝麻籽
義式粗玉米糊＋馬士卡彭乳酪＋
　　糖蜜

主廚私房菜	DISHES

去殼堅果義式粗玉米糊，搭配蔓越莓豆、南瓜籽辣椒、蒜炒恐龍
羽衣甘藍，以及綠葉甘藍搭配芫荽萊姆鮮奶油
　　——相遇咖啡館（Encuentro Cafe），加州歐克蘭

燒烤「波浪磨坊」義式粗玉米糊，搭配燒烤野菇、酥脆紅蔥、香料
植物鮮奶油、刀削帕達諾乳酪，以及芝麻菜
　　——綠色餐廳（Greens Restaurant），舊金山

焗烤義式粗玉米糊搭配燜煮秋季青蔬、羊乳酪，以及烘烤燈籠椒
　　——牧場之門（Rancho La Puerta），墨西哥

義式粗玉米糊＋馬士卡彭乳酪＋
迷迭香＋核桃

義式粗玉米糊＋莫札瑞拉乳酪＋
菇蕈類

**義式粗玉米糊＋菇蕈類＋帕爾瑪
乳酪＋瑞可達乳酪＋菠菜**

義式粗玉米糊＋菇蕈類＋番茄

義式粗玉米糊＋菇蕈類＋櫛瓜

義式粗玉米糊＋奧勒岡＋迷迭香

義式粗玉米糊＋帕爾瑪乳酪＋迷
迭香

**義式粗玉米糊＋牛肝菌＋菠菜＋
番茄**

● 玉米澱粉 Cornstarch

這是什麼：細研磨的玉米粉，做
為黏結劑或稠化物

料理方式：為了避免結塊，先倒
入冷水中溶解，再加入熱／沸
煮的湯汁中，或倒入翻炒料理
中增加稠度

比例：1茶匙玉米澱粉對¼-⅓杯冷
水

小祕訣：若想使用稠化物，又要
讓菜餚保持透明（而不會變混
濁），可選用玉米澱粉。選用有
機（非基因改造）的品牌。

可行的替代物：葛鬱金、玉米麵
粉、樹薯澱粉

烘焙食物，如：餅乾
咖哩類
卡士達
乳酪火鍋
鍋底焦渣醬汁
奶類
甜點內餡
布丁，如：巧克力布丁、椰子布丁
醬汁
湯，如：水果湯
翻炒料理
糖
香莢蘭

● 以色列庫斯庫斯
Couscous, Israeli

風味：堅果香，有嚼勁

風味強度：弱

這是什麼：義式麵食（可視為一
份穀物）

熱量：每½杯325大卡（沸煮過）

蛋白質：18克

品牌：Bob's Red Mill

龍舌蘭糖漿
多香果
杏仁果
蘋果
杏桃乾
朝鮮薊
蘆筍
羅勒
豆類，如：黑眉豆、白豆
燈籠椒，如：烘烤燈籠椒
小豆蔻
胡蘿蔔
腰果
白花椰菜
芹菜
乳酪，如：費達乳酪
鷹嘴豆
辣椒，如：波布蘭諾辣椒
細香蔥
肉桂
椰子和椰奶
蔓越莓乾
黃瓜
孜然
穗醋栗
咖哩
蒔蘿
茄子
茴香
無花果
水果乾
蒜頭
香料植物
檸檬，如：檸檬汁、醃檸檬、碎檸

檬皮
扁豆，如：法國扁豆、紅扁豆
萵苣，如：奶油萵苣
萊姆，如：萊姆汁、碎萊姆皮
椰奶
薄荷
味噌
菇蕈類，如：香菇
油脂，如：**橄欖油**
橄欖，如：卡拉瑪塔橄欖
洋蔥，如：紅洋蔥
柳橙
紅椒粉，如：煙燻紅椒粉
歐芹
豌豆
胡椒，如：黑胡椒、白胡椒
義式青醬
松子
開心果
馬齒莧
葡萄乾
義式燉飯
番紅花
*沙拉，如：穀物沙拉、綠色蔬菜沙
拉*
海鹽
嫩青蔥
紅蔥
湯，如：番茄湯、櫛瓜湯
菠菜
小果南瓜，如：白胡桃瓜
燉煮蔬菜
蔬菜高湯
填餡番茄
黃砂糖
塔希尼芝麻醬
龍蒿
百里香
豆腐
番茄和番茄醬汁
薑黃
醋，如：巴薩米克香醋或雪利酒
醋
水田芥

酒，如：干白酒
山芋
優格

對味組合
以色列庫斯庫斯＋杏仁果＋杏桃＋椰奶
以色列庫斯庫斯＋杏仁果＋歐芹
以色列庫斯庫斯＋蘆筍＋菇蕈類
以色列庫斯庫斯＋羅勒＋茄子
以色列庫斯庫斯＋胡蘿蔔＋柳橙＋葡萄乾
以色列庫斯庫斯＋鷹嘴豆＋茄子
以色列庫斯庫斯＋鷹嘴豆＋費達乳酪＋檸檬
以色列庫斯庫斯＋鷹嘴豆＋薄荷＋歐芹
以色列庫斯庫斯＋鷹嘴豆＋塔希尼芝麻醬
以色列庫斯庫斯＋黃瓜＋費達乳酪＋薄荷
以色列庫斯庫斯＋杏桃乾＋開心果
以色列庫斯庫斯＋水果乾＋松子
以色列庫斯庫斯＋費達乳酪＋菠菜
以色列庫斯庫斯＋萊姆＋薄荷
以色列庫斯庫斯＋菇蕈類＋豆腐
以色列庫斯庫斯＋歐芹＋松子

● 全麥庫斯庫斯
Couscous, Whole-Wheat

風味：中性，帶有堅果香，質地鬆
　軟
風味強度：弱－中等
這是什麼：全穀義式麵食
營養學剖繪：85% 碳水化合物／
　14% 蛋白質／1% 脂肪
熱量：每杯 175 大卡（沸煮過）
蛋白質：6 克
料理方式：蒸煮、沖泡（於沸煮的
　水中）
烹調時間：加蓋沖泡約 5-10 分鐘
　到軟嫩。
比例：1：1-2（1 杯庫斯庫斯對 1-2
　杯烹調湯汁）
可行的替代物：小米

多香果
蘋果和蘋果汁
杏桃，如：**杏桃乾**、新鮮杏桃
芝麻菜

蘆筍
豆類，如：蠶豆、白豆
燈籠椒，如：綠、紅燈籠椒
甘藍菜
小豆蔻
胡蘿蔔
白花椰菜
卡宴辣椒
芹菜
乳酪，如：費達乳酪
細葉香芹
鷹嘴豆
辣椒，如：波布蘭諾辣椒
細香蔥
芫荽葉
肉桂
柑橘類
芫荽
玉米
黃瓜
孜然
穗醋栗

咖哩，如：咖哩粉、咖哩辛香料
椰棗
茄子
茴香
水果，如：**水果乾**、果汁
蒜頭
薑
葡萄柚，如：新鮮葡萄柚、葡萄柚
　汁、葡萄柚碎皮
哈里薩辣醬
香料植物
蜂蜜
羽衣甘藍
檸檬，如：檸檬汁、碎檸檬皮
萊姆
甜瓜
奶類，如：杏仁奶、米奶
薄荷
摩洛哥料理
菇蕈類
北非料理
堅果，如：杏仁果、榛果、松子、
　開心果、核桃
橄欖油
橄欖，如：黑橄欖
洋蔥，尤以紅洋蔥為佳
柳橙，如：新鮮柳橙、橙汁、碎橙
　皮
奧勒岡
木瓜
紅椒粉
歐芹
豌豆
黑胡椒
辣椒
抓飯
石榴
馬鈴薯
南瓜
紫葉菊苣
葡萄乾
義式燉飯
番紅花
沙拉，如：*穀物沙拉*

海鹽
醬汁
嫩青蔥
紅蔥
菠菜
小果南瓜，如夏南瓜：黃南瓜、櫛
　瓜；和冬南瓜，如：橡實南瓜、
　白胡桃瓜
燉煮料理，如：蔬食摩洛哥塔吉
　鍋燉菜
蔬菜高湯

對味組合

全麥庫斯庫斯＋杏仁果＋蘋果汁＋椰棗
全麥庫斯庫斯＋杏仁果＋肉桂＋番紅花＋薑黃
全麥庫斯庫斯＋杏桃＋杏仁奶＋柳橙＋開心果
全麥庫斯庫斯＋杏桃＋杏仁果＋小豆蔻＋肉桂
全麥庫斯庫斯＋杏桃＋白胡桃瓜
全麥庫斯庫斯＋杏桃＋薑＋松子
全麥庫斯庫斯＋杏桃（乾）＋開心果
全麥庫斯庫斯＋蘆筍＋菇蕈類
全麥庫斯庫斯＋蘆筍＋柳橙
全麥庫斯庫斯＋燈籠椒＋蒜頭
全麥庫斯庫斯＋燈籠椒＋薄荷
全麥庫斯庫斯＋胡蘿蔔＋鷹嘴豆＋肉桂＋洋蔥＋葡萄乾＋櫛瓜
全麥庫斯庫斯＋白花椰菜＋孜然
全麥庫斯庫斯＋鷹嘴豆＋咖哩粉
全麥庫斯庫斯＋鷹嘴豆＋茄子＋費達乳酪＋柳橙
全麥庫斯庫斯＋鷹嘴豆＋蒜頭＋檸檬＋塔希尼芝麻醬
全麥庫斯庫斯＋鷹嘴豆＋羽衣甘藍＋番茄
全麥庫斯庫斯＋鷹嘴豆＋南瓜＋葡萄乾
全麥庫斯庫斯＋肉桂＋蜂蜜＋奶類＋葡萄乾
全麥庫斯庫斯＋肉桂＋柳橙＋番紅花
全麥庫斯庫斯＋柑橘類＋蜂蜜
全麥庫斯庫斯＋芫荽＋孜然＋薑＋番紅花
全麥庫斯庫斯＋椰棗＋蜂蜜
全麥庫斯庫斯＋費達乳酪＋開心果
全麥庫斯庫斯＋檸檬＋薄荷＋歐芹＋松子
全麥庫斯庫斯＋薄荷＋石榴
全麥庫斯庫斯＋洋蔥＋歐芹＋松子
全麥庫斯庫斯＋葡萄乾＋番紅花

糖
甘藷
麥粒番茄生菜沙拉
塔希尼芝麻醬
龍蒿
番茄（包括櫻桃番茄）、番茄汁和
　番茄糊
薑黃
蕪菁
蔬菜
櫛瓜

● **蔓越莓** Cranberries
季節：秋－冬
風味：**酸**，苦
風味強度：中等－強
營養學剖繪：95% 碳水化合物／
　3% 蛋白質／2% 脂肪
熱量：每杯 50 大卡（生食，切碎）
料理方式：沸煮、微滾烹煮（約 5
　分鐘）
小祕訣：乾燥和新鮮蔓越莓都可
　試試。選擇添加糖較少的蔓越
　莓汁。

洋菜
龍舌蘭糖漿
多香果
美國料理
蘋果、蘋果酒和蘋果汁
杏桃，如：杏桃乾
烘焙食物，如：麵包、蛋糕、餅乾、
　馬芬、派、快速法麵包、司康餅
甜菜
焦糖
軟質乳酪
栗子
辣椒，如：哈拉佩諾辣椒或塞拉諾
　辣椒
肉桂
丁香
美式鬆厚酥頂派
糖煮水果
玉米粉
穗醋栗
椰棗
甜點，如：美式鬆厚酥頂水果派
　或脆片
飲料，如：雞尾酒、蔬果汁、水果
　調酒
無花果
薑
格蘭諾拉麥片
榛果
蜂蜜
蔬果汁

羽衣甘藍
檸檬，如：檸檬汁、碎檸檬皮
萊姆，如：萊姆汁、碎萊姆皮
楓糖漿
味噌
馬芬
肉豆蔻
堅果，如：杏仁果、夏威夷堅果、
　美洲山核桃、開心果、**核桃**
燕麥和燕麥片
洋蔥，如：珍珠洋蔥
***柯橙**，如：橙汁、碎橙皮
橘子
美式煎餅
梨
美洲山核桃
胡椒，如：黑胡椒
柿子
石榴
布丁，如：麵包布丁
南瓜
南瓜籽
葡萄乾
覆盆子
***開胃小菜**，如：蔓越莓*
米，如：糙米、野生米
沙拉淋醬
***沙拉**，如：綠色蔬菜沙拉*
莎莎醬
海鹽
***醬汁**，如：蔓越莓醬汁*
雪碧冰
湯，如：水果湯
冬南瓜，如：橡實南瓜、白胡桃瓜
餡料
糖，如：黃砂糖
甘藷
紅橘
什錦乾果
香莢蘭
醋，如：巴薩米克香醋
伏特加
西瓜
酒，如：波特酒
優格

對味組合
蔓越莓＋蘋果＋柳橙
蔓越莓＋蘋果＋葡萄乾
蔓越莓＋巴薩米克香醋＋**薑**＋蜂蜜｜味噌＋**柳橙**
蔓越莓＋黃砂糖＋萊姆＋**柳橙**＋**核桃**
蔓越莓＋辣椒＋萊姆
蔓越莓＋肉桂＋**薑**＋**柳橙**＋香莢蘭＋核桃
蔓越莓＋丁香＋**薑**＋**柳橙**
蔓越莓＋椰棗＋柳橙
蔓越莓＋楓糖漿＋香莢蘭
蔓越莓＋堅果＋野生米
蔓越莓＋燕麥粉＋核桃
蔓越莓＋柳橙＋梨＋美洲山核桃

● 蔓越莓乾 Cranberries, Dried
風味：甜／酸，有嚼勁
風味強度：中等－強
小祕訣：選用蔓越莓乾時，另用果汁增添甜度。
可行的替代物：櫻桃乾（特別是酸櫻桃）、葡萄乾

多香果
杏仁果和杏仁醬
美洲料理
蘋果和蘋果汁
芝麻菜
烘焙食物，如：麵包、餅乾、酥皮
甜菜
麵包粉
抱子甘藍
熱早餐麥片
肉桂
甜點
穀物，如：法老小麥、藜麥
格蘭諾拉麥片
榛果
楓糖漿
奶類
薄荷
天然穀物麥片
肉豆蔻
燕麥片和燕麥
洋蔥，如：焦糖化洋蔥
柳橙，如：橙汁、碎橙皮
梨
美洲山核桃
柿子
抓飯
石榴
爆米花
布丁，如：米布丁
南瓜籽
米，如：長粒米、野生米
沙拉，如：穀物沙拉、綠色蔬菜沙拉
醬汁，如：蔓越莓醬汁
菠菜

餡料，如：填餡玉米麵包
糖
什錦乾果
香莢蘭
核桃

對味組合
蔓越莓乾＋杏仁果＋抓飯＋藜麥
蔓越莓乾＋庫斯庫斯＋開心果
蔓越莓乾＋穀物（如：庫斯庫斯、燕麥、藜麥、野生米）**＋堅果**（如：杏仁果、美洲山核桃、開心果、核桃）
蔓越莓乾＋燕麥＋核桃
蔓越莓乾＋碎橙皮＋野生米
蔓越莓乾＋梨＋美洲山核桃
蔓越莓乾＋美洲山核桃＋野生米
蔓越莓乾＋核桃＋野生米

● 高脂鮮奶油 Cream, Heavy
營養學剖繪：94% 脂肪／3% 碳水化合物／3% 蛋白質
小祕訣：使用絹豆腐，不要用真正的鮮奶油，便可製作出綿密的素食醬汁。或關注烹調實驗室應用研究總監史考特‧海門丁格的洞察，他表示：「奶類鮮奶油是脂肪和水的乳化物。一旦你了解這個道理後，只要有對的方法，任何東西都可以做成『鮮奶油』。」

腰果「奶霜」"Cream," Cashew
風味：中性，帶有堅果香，質地濃郁、綿密
風味強度：弱－中等
這是什麼：泡入水中浸泡過夜的生腰果，加水混合打成細緻的泥，變成像鮮奶油的稠度
小祕訣：可用腰果f取代一般鮮奶油。
品牌：MimicCreme是無奶鮮奶油的選擇，使用杏仁果和腰果製成

烘焙食物，如：蛋糕、馬芬
可麗餅
甜點，如：慕斯、布丁、半凍冰糕
水果
焗烤料理
鍋底焦渣醬汁
冰淇淋
美式煎餅
義式麵食，如：方麵餃
馬鈴薯，如：馬鈴薯泥
醬汁，如：奶油乳酪醬、鮮奶油、義式麵食醬汁
蔬果昔
*湯，如：青花菜湯、白胡桃瓜湯、**奶油濃湯**、番茄湯*

素發泡鮮奶油
Cream, Whipped（Vegan）
品牌：Soy Whip

● 法式酸奶油 Crème Fraîche
（同時參見白乳酪）
風味：酸，質地滑順
風味強度：中等
這是什麼：新鮮、經發酵的鮮奶油
小祕訣：可用來將醬汁變濃稠，因為和酸奶油不同，法式酸奶油煮熟時不會結塊。
可行的替代物：白乳酪（由牛奶製成）、酸奶油

蘋果、蘋果酒和蘋果汁
漿果，如：覆盆子、草莓
焦糖
柑橘類，如：橙汁、碎橙皮
椰棗
無花果
法式料理
水果，如：新鮮水果、核果類、樹果類
柳橙，如：橙汁、碎橙皮
義式麵食
馬鈴薯

義式燉飯

醬汁

湯,如:甜菜湯、白胡桃瓜湯、胡蘿蔔湯、菇蕈湯、豌豆湯、南瓜湯

冬南瓜

燉煮料理

糖,如:黃砂糖

餡餅

●十字花科蔬菜
Cruciferous Vegetables

(參見芝麻菜、青江菜、青花菜、芥藍花菜、球花甘藍、抱子甘藍、甘藍菜、花椰菜。綠色蔬菜,如:綠葉甘藍、芥末葉、蕪菁葉、羽衣甘藍、大頭菜葉、蘿蔔葉、水田芥)

十字花科蔬菜的能量是其他植物食物的2倍,十字花科蔬菜不僅是現存最強大的抗癌食物,營養密度也是所有蔬菜中最高。

——喬爾・福爾曼博士,《超級免疫力》作者

古巴料理 Cuban Cuisine

月桂葉

豆類,如:黑眉豆、花豆

燈籠椒

甘藍菜

芫荽葉

玉米

黃瓜

蒜頭

萵苣

萊姆

柳橙

花生

大蕉

南瓜

米

嫩青蔥

小果南瓜,如:魚翅瓜

甘藷

番茄

● 黃瓜 Cucumbers

季節:春-夏

風味:微甜,帶有甜瓜的香調、質地濕潤但清脆

風味強度:弱-中等

這是什麼:蔬菜

營養學剖繪:68% 碳水化合物/20% 蛋白質/12% 脂肪

熱量:每杯15大卡(生食,切碎)

蛋白質:1克

料理方式:生食比較可口;不然也可汆燙、燜煮、醃漬、煎炒或蒸煮

小祕訣:選擇有機黃瓜。

近親:甜瓜、南瓜、小果南瓜

可行的替代物:帶有黃瓜味的香料植物,如:琉璃苣、小地榆、紫草科植物

杏仁果

茴芹和茴藿香

蘋果

杏桃

芝麻菜

酪梨

羅勒

豆類,如:黑眉豆

甜菜

燈籠椒,如:綠燈籠椒

飲品,如:氣泡水

琉璃苣

奶油

白脫乳

甘藍菜,如:中國白菜

續隨子

葛縷子籽

胡蘿蔔

卡宴辣椒

芹菜和芹菜籽

乳酪,如:奶油乳酪、費達、山羊乳酪、瑞可達、軟質白黴乳酪

細葉香芹

鷹嘴豆

辣椒,如:阿納海椒、哈拉佩諾辣椒、紅辣椒、塞拉諾辣椒;和辣椒醬

細香蔥和韭菜

芫荽葉

柑橘類

椰子和椰奶

庫斯庫斯,如:以色列庫斯庫斯

鮮奶油

春山芥

蔬菜棒沙拉

孜然

咖哩類、咖哩粉和咖哩辛香料

***蒔蘿**

蘸料

飲料,如:雞尾酒、氣泡水

茄子

蛋,如:水煮全熟蛋

莒菜

闊葉莒菜

茴香

南薑

蒜頭

薑

穀物,如:布格麥片、法老小麥、斯佩耳特小麥

葡萄,如:白葡萄

希臘料理

沙拉青蔬

木槿

蜂蜜

辣根

印度料理

豆薯

羽衣甘藍

克非爾奶酒

羊萵苣

檸檬,如:檸檬汁、碎檸檬皮

檸檬香茅

扁豆,如:紅扁豆

萵苣,如:奶油萵苣、蘿蔓萵苣

萊姆,如:萊姆汁、碎萊姆皮

奧勒岡
棕櫚心
木瓜
紅椒粉
歐芹
桃子
花生
梨
綠豌豆
胡椒，如：黑胡椒、白胡椒
義式青醬
酸漬食物
鳳梨
松子
李子
石榴
馬鈴薯
粗磨黑麥麵包
藜麥
櫻桃蘿蔔
印度黃瓜優格蘸醬
米
番紅花
沙拉淋醬
沙拉，如：*碎沙拉、黃瓜沙拉、希臘沙拉、綠色蔬菜沙拉、義大利麵沙拉*
黑皮波羅門參
鹽，如：猶太鹽、海鹽
三明治
醬汁，如：*印度黃瓜優格蘸醬、青瓜酸乳酪醬汁*
香薄荷
嫩青蔥
海菜
種籽，如：罌粟籽、南瓜籽、芝麻籽
芝麻，如：芝麻油、芝麻醬汁、芝麻籽
紅蔥
紫蘇
湯，如：*冷湯、黃瓜湯、**紅捲心菜冷湯**、夏南瓜湯、馬鈴薯奶油冷湯、**白捲心菜冷湯***

歐當歸
芒果
墨角蘭
美乃滋
甜瓜，如：洋香瓜、蜜露瓜
中東料理
豆奶
*__薄荷__，尤以綠薄荷為佳
菇蕈類，如：香菇

芥末，如：第戎芥末粉
亞洲麵條，如：蕎麥麵、烏龍麵
油脂，如：酪梨油、亞麻籽油、葡萄籽油、**橄欖油**、芝麻油、葵花油、蔬菜油
橄欖，如：卡拉瑪塔橄欖
洋蔥，如：青蔥、紅洋蔥、春日洋蔥、白洋蔥
柳橙，如：橙汁

酸奶油
醬油
菠菜
芽菜，如：蘿蔔苗
燉煮料理
草莓
填餡黃瓜
糖
越式春捲
壽司，如：海苔卷
麥粒番茄生菜沙拉
塔希尼芝麻醬
龍蒿
泰式料理
百里香
豆腐，尤以絹豆腐為佳
番茄
薑黃
青瓜酸乳酪醬汁
醋，如：香檳酒醋、蘋果酒醋、紅
　酒醋、米酒醋、龍蒿醋、巴薩米
　克白醋、白酒醋
裙帶菜
核桃
山葵
水田芥
西瓜
*優格
中東扎塔香料

我喜歡在家裡製作熱黃瓜湯：我
會用洋蔥和一些特級初榨橄欖油
烹煮黃瓜，然後加入孜然、芫荽
和馬沙拉咖哩。如果我想要亮綠
色湯，我不會添加任何白葡萄酒；
但如果我想要暗淡的綠色，我會
添加白葡萄酒。最後，我可能會
加入優格或法式酸奶油，或如果
我想要更不一樣的風味，我會添
加一些酸乳酒。
——克里斯多福‧貝茲，法可赫飯店，賓
夕法尼亞州米爾福德

主廚私房菜	DISHES

黃瓜西班牙冷湯：希臘優格、薄荷、芹菜莖
——布呂德咖啡館（Café Boulud），紐約市

黃瓜冷絲絨濃醬：薑-清酒「格蘭尼塔」、盛開的花園沙拉，以及
安丹堤牌的優格
——法國洗衣房（The French Laundry），加州揚特維爾

西班牙冷湯：洋蔥、黃瓜、寒作里辣醬、威斯特葛羅香料植物
——威斯特葛羅度假水療飯店中的羅蘭餐廳（Rowland's Restaurant），北卡羅
萊納州布洛英羅克

黃瓜酪梨冷湯、杏仁果皮卡達醬、孜然、薄荷
——費吉（Vedge），費城

對味組合
黃瓜＋杏仁果＋酪梨＋孜然＋薄荷
黃瓜＋亞洲麵條＋芝麻醬汁
黃瓜＋酪梨＋辣椒＋細香蔥＋萊姆＋優格
黃瓜＋酪梨＋青蔥＋萊姆＋優格
黃瓜＋酪梨＋海苔＋（壽司）米
黃瓜＋羅勒＋蒜頭＋番茄
黃瓜＋甜菜＋優格
黃瓜＋白脫乳＋蒔蘿＋嫩青蔥
黃瓜＋辣椒＋芫荽葉＋萊姆＋嫩青蔥
黃瓜＋辣椒＋芫荽葉＋花生
黃瓜＋辣椒＋芫荽葉＋米醋＋糖
黃瓜＋辣椒＋豆薯＋萊姆
黃瓜＋芫荽葉＋柑橘類（如：萊姆）
黃瓜＋芫荽葉＋薄荷
黃瓜＋椰奶＋薄荷
黃瓜＋孜然＋萊姆＋薄荷＋優格
黃瓜＋孜然＋紅椒粉＋優格
黃瓜＋咖哩＋花生＋優格
黃瓜＋蒔蘿＋蒜頭＋醋
黃瓜＋蒔蘿＋薄荷＋優格
黃瓜＋蒔蘿＋嫩青蔥＋醋＋裙帶菜
黃瓜＋費達乳酪＋檸檬＋薄荷
黃瓜＋費達乳酪＋核桃
黃瓜＋蒜頭＋香料植物（如：蒔蘿、薄荷、歐芹）＋優格
黃瓜＋蒜頭＋檸檬＋橄欖油｜奧勒岡
黃瓜＋檸檬＋萊姆＋薄荷＋嫩青蔥＋豆腐
黃瓜＋萊姆＋芒果＋歐芹＋紅洋蔥
黃瓜＋薄荷＋優格
黃瓜＋味噌＋芝麻
黃瓜＋米醋＋芝麻籽＋醬油

● 孜然 Cumin

風味：苦／甜；芳香，帶有檸檬、堅果和／或煙燻的泥土香／麝香／刺激／辛辣的香調

風味強度：弱／中等－強

小祕訣：在乾燥的鍋中烘烤孜然以帶出風味。在烹調過程的早期添加。

有此一說：孜然是全世界第二受歡迎的辛香料，僅次於黑胡椒。

近親：葛縷子、細葉香芹、芫荽、**歐芹**

北非料理
酪梨
中東茄泥蘸醬
烘焙食物，如：麵包
豆類，如：黑眉豆、腰豆、長豇豆
燈籠椒
布格麥片
墨西哥捲餅
甘藍菜
胡蘿蔔
卡宴辣椒
乳酪，如：巧達、瑞士乳酪
鷹嘴豆
辣椒
辣椒粉
素辣豆醬
細香蔥
芫荽葉
肉桂
丁香
可可亞
芫荽
庫斯庫斯
古巴料理
咖哩類，如：印度咖哩
新鮮咖哩葉和咖哩粉
印度豆泥糊
茄子
蛋
墨西哥玉米捲
葫蘆巴

蒜頭
薑
穀物
希臘料理
鷹嘴豆泥醬
印度料理
串燒
拉丁美洲料理
檸檬
扁豆，如：紅扁豆
萊姆
滷汁醃醬
地中海料理
墨西哥料理
中東料理
薄荷
摩洛哥料理
菇蕈類，如：蠔菇
洋蔥
奧勒岡
紅椒粉，如：甜紅椒粉
豌豆
胡椒，如：黑胡椒
馬鈴薯
濃湯
米，如：印度香米
沙拉淋醬
沙拉，如：豆子沙拉、米沙拉
莎莎醬
醬汁，如：蕃茄醬汁
德國酸菜
芝麻籽
湯，如：豆子湯、扁豆湯
東南亞料理
西班牙料理
小果南瓜，如：日本南瓜
燉煮料理
墨西哥塔可餅
羅望子
美式墨西哥料理
番茄和番茄醬汁
土耳其料理
薑黃
蔬菜，如：根莖蔬菜

核桃
優格

對味組合

孜然＋酪梨＋黑眉豆＋萊姆＋番茄

孜然＋黑眉豆＋芫荽葉＋蒜頭

孜然＋芫荽葉＋咖哩辛香料

孜然＋蒜頭＋馬鈴薯

孜然＋紅椒粉＋番茄

孜然是所有辛香料中我最喜歡的一種，很能襯托其他風味。它的泥土味／堅果味／煙燻味非常強烈，很容易蓋過一道菜餚的風味，你絕對不要以為用到足才能讓大家嘗到孜然。反之，只需撒上一點，人們就會問：「那是什麼風味？！」

——里奇‧蘭道，費吉餐廳，費城

我喜歡**孜然**的味道，這讓我想起穿越牙買加樹林的感覺……。非常適合搭配穀物，因為孜然可帶出穀物的泥土和木質風味。

——蕭瓦因‧懷特，花開咖啡館，紐約市

新鮮咖哩葉 Curry Leaves
（亦稱 Curry Leaf）

風味：苦／酸，帶有咖哩粉、檸檬、柳橙皮和／或松樹的泥土香／刺激／辛辣香調

風味強度：弱－中等強

料理方式：煎炒、微滾烹煮、燉煮

小祕訣：在烹調過程中較晚再添加或最後再放入。

亞洲料理
豆類
麵包，如：饢
甘藍菜
小豆蔻
胡蘿蔔
白花椰菜

主廚私房菜	DISHES

紅咖哩蔬菜：鳳梨、蔬菜，以及在紅咖哩椰奶中微滾烹煮的毛豆，上菜時淋在糙米飯上，再撒上開心果
——峽谷牧場（Canyon Ranch），土桑

帕能咖哩：糙米飯、馬鈴薯、薑、胡蘿蔔以及椰子清湯
——真食廚房（True Food Kitchen），聖塔莫尼卡

辣椒
印度甜酸醬
肉桂
柑橘類，如：檸檬、萊姆
丁香
椰子和椰奶
芫荽
孜然
咖哩類，如：*印度咖哩、東南亞咖哩*
印度豆泥糊
茄子
茴香籽
葫蘆巴
蒜頭
印度酥油
薑
印度料理
扁豆
芥末籽
秋葵
洋蔥
豌豆
胡椒，如：黑胡椒
馬鈴薯
米
沙拉淋醬，如：以優格為基底的沙拉淋醬
湯
燉煮料理
甘藷
羅望子
番茄
薑黃
蔬菜
優格

泰式咖哩醬 Curry Paste, Thai
（如：綠咖哩或紅咖哩）
這是什麼：通常使用以下食材製成：**辣椒**＋**南薑**＋蒜＋薑＋卡非萊姆葉＋**檸檬香茅**
品牌：Maesri、Thai Kitchen

酪梨
竹筍
泰國羅勒
豆類，如：四季豆
燈籠椒
胡蘿蔔
白花椰菜
鷹嘴豆
辣椒醬
芫荽葉
***椰奶**
泰式咖哩
毛豆
茄子
南薑
穀物
卡非萊姆葉
檸檬香茅
萊姆
偽鴨肉
麵條，如：亞洲麵條
洋蔥
花生
鳳梨
開心果
馬鈴薯，如：紅馬鈴薯
米，如：糙米、茉莉香米
嫩青蔥

湯
醬油
翻炒料理
糖，如：黃砂糖、棕櫚糖
甜豌豆
甘藷
泰式料理
豆腐
蔬菜，如：綜合蔬菜
櫛瓜

對味組合
泰式咖哩醬＋椰奶＋米＋蔬菜

●白蘿蔔 Daikon
季節：秋－冬
風味：苦／**甜**（煮熟更甜）／辣，帶有胡椒和／或櫻桃蘿蔔的香調，質地脆、嫩、多汁
風味強度：較弱／中等（煮熟）－較強（生食）
這是什麼：日本又稱大根，外形像胡蘿蔔
營養學剖繪：86% 碳水化合物／9% 蛋白質／5%脂肪
熱量：18公分的白蘿蔔60大卡
蛋白質：2克
料理方式：烘焙、燜煮、釉汁、刨絲、醃漬、醃漬、生食（例如切細條、螺旋狀）、烘烤、煎炒、炙燒、刨絲（例如加進麵裡）、切絲、微滾烹煮、蒸煮、燉煮、翻炒（2-3分鐘）
小祕訣：使用前先刷過外皮。生蘿蔔薄片可以搭配蘸料和抹醬。螺旋狀的蘿蔔絲可以做成素「麵」。
近親：甘藍菜

龍舌蘭糖漿
蘋果
亞洲料理
竹筍
燈籠椒

D

焦糖化白蘿蔔搭配酸李蔬果漿：釉汁櫻桃蘿蔔、鮮嫩蕪菁、紐西蘭菠菜
——丹尼爾（DANIEL），紐約市

青江菜
甘藍菜，如：中國白菜、大白菜
胡蘿蔔
辣椒，如：哈拉佩諾辣椒；辣椒片或辣椒粉
中式料理
芫荽葉
蔬菜棒沙拉
黃瓜
日式高湯
紫紅藻
高脂食品
煎炸食品
蒜頭
薑
穀物
蘿蔔葉
蜂蜜
日式料理
大頭菜
昆布
檸檬，如：**檸檬汁、碎檸檬皮**
萵苣
萊姆
日本長壽飲食料理
楓糖漿
味醂
味噌，如：甜白味噌
菇蕈類，如：牛肝菌、香菇
芥末
亞洲麵條，如：蕎麥麵、日本蕎麥麵、烏龍麵
油脂，如：橄欖油、花生油、芝麻油
洋蔥，如：青蔥、紅洋蔥
柳橙，如：橙汁、碎橙皮
木瓜
歐芹

梨，如：亞洲梨
柿子
酸漬食物
馬鈴薯
藜麥
櫻桃蘿蔔
印度黃瓜優格蘸醬
米，如：糙米
清酒
沙拉，如：水果沙拉、蔬菜沙拉
莎莎醬
鹽
三明治，如：越式法國麵包
嫩青蔥
海菜
芝麻，如：芝麻油、芝麻籽
芝麻籽，如：黑芝麻籽
美式涼拌菜絲，如：*涼拌亞洲蔬菜絲*
荷蘭豆
湯，如：味噌湯、菇蕈湯
醬油
春捲
燉煮料理
翻炒料理
蔬菜高湯
糖
溜醬油
豆腐
梅子醬
醋，如：巴薩米克香醋、蘋果酒醋、米醋、雪利酒醋、梅子醋、酒醋
山葵
優格
日本柚子，如：柚子汁、碎柚子皮

對味組合
白蘿蔔＋蘋果＋美式涼拌菜絲

白蘿蔔＋胡蘿蔔＋黃瓜＋萵苣＋嫩青蔥
白蘿蔔＋胡蘿蔔＋大頭菜
白蘿蔔＋胡蘿蔔＋米醋
白蘿蔔＋芫荽葉＋優格
白蘿蔔＋味醂＋米醋＋醬油＋日本柚子
白蘿蔔＋柳橙＋櫻桃蘿蔔
白蘿蔔＋柳橙＋芝麻
白蘿蔔＋柿子＋米醋＋日本柚子
白蘿蔔＋嫩青蔥＋芝麻籽

白蘿蔔刨絲生食，對消化很好，所以傳統上會和天婦羅擺在一起。生的白蘿蔔有助於分解胃中的脂肪。
——馬克・蕭德爾，G禪餐廳，康乃狄克州布蘭福德

我愛白蘿蔔，也愛青蘿蔔，青蘿蔔比白蘿蔔小，帶著綠色的紋絡。青蘿蔔甘、苦而多汁，烘烤之後再煎炒，會得到非常美妙的綿密質地。
——里奇・蘭道，費吉餐廳，費城

日式高湯Dashi（又名昆布高湯；同時參見蔬菜高湯）

風味：帶有海的香調，和水水的質地
風味強度：弱－中等
這是什麼：昆布＋水煮成的日式高湯

芫荽葉
薑
鹿尾菜
昆布
味醂
味噌
菇蕈類，如：香菇
日本蕎麥麵
海苔
嫩青蔥
味噌湯

醬油
豆腐
糙米醋

對味組合
日式高湯＋米醋＋醬油

替我們的素食和純素食客人製作
食物時，**日式高湯**是一個主要材
料。日式高湯的稠度和風味非常
適合當作湯品、醬汁，甚至法式
素清湯的基礎。
——馬克‧李維，重點餐廳，紐約州薩拉
納克湖

● 椰棗 Dates
季節：秋－冬
風味：甜－非常甜，有嚼勁的質
　　地
風味強度：中等
營養學剖繪：98% 碳水化合物／
　　2% 蛋白質
熱量：每顆去核的蜜棗有 65 大卡
小祕訣：在去核的椰棗裡塞進杏
　　仁果，當糖果吃（酌量食用）。
　　脫水、研磨過的椰棗可當作棗
　　糖。

北非料理
莧屬植物
蘋果、蘋果乾或新鮮蘋果；和蘋
　　果汁
杏桃
烘焙食物，如：麵包、蛋糕、馬芬、
　　餡餅皮、司康餅
香蕉
波本酒
麩
紫甘藍
焦糖
小豆蔻
胡蘿蔔
乳酪，如：藍黴、奶油乳酪、費達、
　　哈羅米、**帕爾瑪乳酪**

櫻桃
巧克力，如：黑巧克力、白巧克力
肉桂
丁香
咖啡
椰子
糖果類點心，如：松露狀甜點
蔓越莓
鮮奶油
甜點
亞麻籽
薑
格蘭諾拉麥片
蜂蜜
檸檬
楓糖漿
馬士卡彭乳酪
中東料理
杏仁奶或其他植物奶
味噌，如：淡味噌、甜味噌
肉豆蔻
堅果，如：**杏仁果、美洲山核桃、**
　　松子、開心果
核桃
燕麥粉
燕麥和燕麥片
橄欖油
洋蔥，如：焦糖褐洋蔥
柳橙，如：橙汁、碎橙皮
歐芹
歐洲防風草塊根
花生和花生醬
梨和梨汁
布丁
南瓜
藜麥
米
蘭姆酒
沙拉淋醬
海鹽
醬汁
芝麻，如：芝麻籽
蔬果昔，如：果昔
湯

抹醬
冬南瓜，如：白胡桃瓜
糖，如：黃砂糖
塔希尼芝麻醬
羅望子
太妃糖
絹豆腐
香莢蘭
醋，如：巴薩米克香醋
優格

對味組合
椰棗＋杏仁奶／杏仁果＋香蕉＋
　　肉桂＋肉豆蔻＋香莢蘭
椰棗＋杏仁果＋帕爾瑪乳酪
椰棗＋蘋果＋肉桂＋椰子＋肉豆
　　蔻＋碎橙皮＋美洲山核桃
椰棗＋蘋果＋肉桂＋燕麥片
椰棗＋杏桃＋薑
椰棗＋巴薩米克香醋＋藍黴乳酪
椰棗＋香蕉＋椰子＋天然穀物麥
　　片
椰棗＋香蕉＋燕麥
椰棗＋巧克力＋核桃
椰棗＋椰子＋堅果
椰棗＋椰子＋柳橙
椰棗＋檸檬＋燕麥片
椰棗＋堅果（如：核桃）＋燕麥＋
　　甜味劑（如：黃砂糖、楓糖漿）
椰棗＋柳橙＋芝麻籽
椰棗＋帕爾瑪乳酪＋核桃
椰棗＋花生＋香莢蘭

除了把浸軟、液化的**椰棗**當作甜
味劑，我們的純素起司拼盤都搭
配了椰棗，此外也有椰棗和無花
果中塞了純素「山羊乳酪」的開
胃菜。我們把椰棗、核桃和海鹽

D

放進攪拌機，打碎之後放進派盤裡壓實，做成美味的生甜點殼。

——艾咪・比奇，G禪餐廳，康乃狄克州布蘭福德

脫水乾燥 Dehydrating

我們用**食物乾燥機**做各種事，包括製作食物粉末，這方面應用得很頻繁。比方說，我們會把芹菜乾燥，做成粉末，加入芹菜蛋糕。我們也會把黃番茄乾燥，做成番茄粉。我們也會用乾燥機把番茄、甜菜根和梨做成果乾，或是把白花椰菜變成鬆脆的小塊狀。用乾燥機做的事，都能用烤箱完成——只是用乾燥機比較快。我個人不用烤箱處理，是因為如果烤箱正在乾燥什麼東西，就不能拿來做其他任何事了。

——阿曼達・科恩，泥土糖果，紐約市

甜點 Desserts
糖的攝取最小化是健康飲食的趨勢。你渴望甜食的時候，可以考慮以下甜點，比起一般甜點，這些的含糖量可能比較低：

蘋果，如：烘烤蘋果
香蕉，如：烘烤香蕉、冷凍綜合水果
蛋糕，如：胡蘿蔔蛋糕、水果蛋糕、香料蛋糕、櫛瓜蛋糕
乳酪蛋糕，如：以豆腐所製的素食蛋糕
黑巧克力
美式鬆厚酥頂派
糖果類點心，如：松露狀生甜點
餅乾，如：椰棗餅乾／堅果餅乾、燕麥片餅乾／葡萄乾餅乾，生食
水果脆片
水果碎粒
椰棗

水果乾（和不加糖的水果乾）或新鮮水果
蜂蜜
冰淇淋，如：以椰奶為基底的楓糖漿
馬芬
桃子，如：炙烤桃子
西洋梨，如：水煮西洋梨
派，如：水果派、南瓜派
布丁，如：奇亞籽布丁、巧克力布丁、椰子布丁、水果布丁、南瓜布丁、米布丁、樹薯布丁
蔬果昔，如：香蕉果昔、可可果昔、椰子果昔
水果雪碧冰
甘藷
半凍優格和一點點的楓糖漿

對味組合
龍舌蘭糖漿＋杏仁果＋可可碎片＋松露狀生甜點＋香莢蘭
杏仁果＋可可粉＋椰棗
香蕉＋蜂蜜＋芝麻籽
胡蘿蔔＋椰子＋奶油乳酪＋薑＋夏威夷堅果

我們第一名的**甜點**是酥粒。這是季節性的甜點，時常是以蘋果或梨為主，並加上漿果。我們會用龍舌蘭或黃砂糖來增甜並用柑橘皮和少許琴酒調味。頂飾很簡單：黃砂糖、無麩質的混合粉（例如鷹嘴豆粉、米粉、樹薯澱粉和高梁粉），以及人造奶油或棕櫚酥油。」

——亞倫・伍，天擇餐廳，奧勒岡州波特蘭市

● 蒔蘿 Dill
（同時參見蒔蘿籽、蒔蘿葉）
季節：春－夏
風味：酸（蒔蘿籽）／甜（蒔蘿葉），茴芹（洋茴香）和／或葛縷子的香調

風味強度：弱／中等（蒔蘿葉）－中等／強（蒔蘿籽）
注意：如果要較甜而溫和的風味，就用蒔蘿葉，別用蒔蘿籽。蒔蘿的風味比葛縷子弱，但比茴芹（洋茴香）強。
小祕訣：直接添加，或在烹調過程最後加入。
近親：茴芹（洋茴香）、葛縷子、**胡蘿蔔**、芹菜、芹菜根、細葉香芹、芫荽、**茴香、歐芹、歐芹根**、歐洲防風草塊根、野茴香

朝鮮薊
蘆筍
烘焙食物，如：麵包
羅勒
豆類，如：乾燥豆類、四季豆、皇帝豆、白豆
甜菜
燈籠椒，如：紅燈籠椒
黑眼豆
甘藍菜
續隨子
葛縷子籽
胡蘿蔔
白花椰菜
芹菜
乳酪，如：農家、費達、新鮮白乳酪、山羊乳酪
鷹嘴豆
細香蔥
芫荽葉
玉米
***黃瓜**
蘸料
東歐料理
茄子
蛋，如：水煮全熟蛋或蛋餅
北歐料理
茴香
蒜頭
德國料理
薑

穀物，如：大麥
蜂蜜
辣根
羽衣甘藍
烘製蕎麥
大頭菜
檸檬，如：檸檬汁
美乃滋
小米
味噌
菇蕈類
麵條
北歐料理
橄欖油
洋蔥
紅椒粉
歐芹
義式麵食，如：蝴蝶麵、寬麵、義
　大利大寬麵、尖管麵
豌豆
胡椒，如：黑胡椒、綠胡椒
酸漬食物，尤以*蒔蘿籽＋酸漬黃*
　*瓜*為佳
波蘭料理
罌粟籽
馬鈴薯
南瓜
米
俄羅斯料理
沙拉淋醬
沙拉，如：*蛋沙拉、馬鈴薯沙拉*
醬汁，如：*乳酪醬汁、番茄醬汁、*
　優格醬汁
德國酸菜
斯堪地納維亞料理
美式涼拌菜絲
湯和巧達濃湯，如：*冷湯、菠菜湯、*
　優格湯
酸奶油
菠菜
小果南瓜，如：夏南瓜
燉煮料理
塔希尼芝麻醬
豆腐，如：嫩豆腐

番茄和番茄醬汁
土耳其料理
蔬菜
醋，如：巴薩米克香醋
小麥仁
優格
櫛瓜

對味組合
蒔蘿＋甜菜＋續隨子＋芹菜
蒔蘿＋黃瓜＋優格
蒔蘿＋茴香＋費達乳酪
蒔蘿＋費達乳酪＋大頭菜
蒔蘿＋費達乳酪＋菠菜
蒔蘿＋蒜頭＋薑＋綠胡椒＋檸檬
蒔蘿＋蒜頭＋酸奶油＋優格
蒔蘿＋辣根＋酸奶油
蒔蘿＋菇蕈類＋優格

● 蒔蘿籽 Dill Seeds
（同時參見蒔蘿、蒔蘿葉）
風味：酸，帶有強烈的茴芹（洋茴
　香）和／或葛縷子香調
風味強度：中等－**強**
小祕訣：在烹調過程中盡早添加。
可行的替代物：葛縷子

月桂葉
甜菜
麵包，如：黑麥麵包
甘藍菜
胡蘿蔔
乳酪
辣椒粉
黃瓜
孜然
鍋底焦渣醬汁
檸檬
扁豆
洋蔥
紅椒粉
歐芹
酸漬食物
馬鈴薯

米
沙拉淋醬
醬汁
湯，如：*甜菜湯、黃瓜湯、馬鈴薯*
　湯
菠菜
百里香
薑黃
蔬菜，如：烘烤蔬菜
醋

對味組合
蒔蘿籽＋月桂葉＋甜菜
蒔蘿籽＋甘藍菜＋胡蘿蔔

● 蒔蘿葉 Dill Weed
（同時參見蒔蘿、蒔蘿籽）
風味：甜，帶有泥土味，和茴芹（洋
　茴香）、葛縷子和／或甘草的辛
　辣香調
風味強度：弱－中等

蘆筍
豆類，如：四季豆
甜菜
奶油
甘藍菜
胡蘿蔔
乳酪，如：風味溫和的乳酪
黃瓜
蛋
希臘料理
印度料理
檸檬
美乃滋
中東料理
芥末
馬鈴薯，尤以新馬鈴薯為佳
米
俄羅斯料理
沙拉，如：*蛋沙拉、馬鈴薯沙拉*
醬汁，如：*奶油狀醬汁、芥末醬汁*
酸奶油
優格

D

對味組合

蒔蘿葉＋蘆筍＋奶油＋菇蕈類

蒔蘿葉＋甘藍菜＋費達乳酪＋薄荷

蒔蘿葉＋茶菜＋巧達乳酪＋鮮奶油＋蒜頭

● 紫紅藻（薄片）
Dulse（Flakes）

風味：鹹、酸，帶有培根、堅果和／或海鮮的濃郁香調，質地有嚼勁

風味強度：中等－強

這是什麼：紅褐色的海藻／石蓴／海菜

料理方式：煎、烘烤、煎炒、微滾烹煮、翻炒

小祕訣：使用前必須先沖洗再浸泡（20-30分鐘），減少鹹度。煎炒時，培根似的香氣會增強（可以當作培根塊來使用）；微滾烹煮之後，海鮮的香調會更強烈。

可行的替代物：海鹽

蘋果
酪梨
豆類，如：黑眉豆
奶油
甘藍菜，如：中國白菜、大白菜、紫甘藍
續隨子
腰果
芹菜
素辣豆醬
椰子
咖哩
蒔蘿
蘸料
蛋，如：炒蛋
薑
芝麻鹽
穀物，如：燕麥
綠色蔬菜，如：綠葉甘藍
愛爾蘭料理

檸檬，如：檸檬汁、碎檸檬皮
味噌
菇蕈類，如：香菇
麵條，如：日本蕎麥麵
油脂，如：橄欖油、芝麻油
洋蔥，如：紅洋蔥
歐芹
義式麵食
法式酥皮醬麋派，如：魚派
花生和花生醬
披薩
爆米花
馬鈴薯，如：烘烤馬鈴薯
米，如：糙米
沙拉
鹽，如：海鹽
三明治，如：培根萵苣番茄三明治
嫩青蔥
蘇格蘭料理
芝麻，如：芝麻油、芝麻醬、芝麻籽
湯，如：豆子湯
菠菜
芽菜
燉煮料理
翻炒料理
塔希尼芝麻醬
豆腐
梅子醬
蔬菜
裙帶菜
核桃
水田芥
捲裹料理

對味組合

紫紅藻＋羅勒＋日曬番茄乾＋核桃

紫紅藻＋蒔蘿＋碎檸檬皮＋歐芹

紫紅藻＋薑＋芝麻油

紫紅藻＋檸檬＋塔希尼芝麻醬

紫紅藻＋檸檬汁／碎檸檬皮＋核桃

紫紅藻＋海鹽＋芝麻籽

● 毛豆 Edamame
[ed-ah-MAH-mee]

季節：夏

風味：微甜，帶有奶油、綠色蔬菜和／或堅果的香調，以及豐富、軟中帶脆的質地

風味強度：弱

這是什麼：豆莢中未成熟的大豆

營養學剖繪：36% 脂肪／32% 碳水化合物／32% 蛋白質

熱量：一杯 130 大卡（冷凍，帶殼）

蛋白質：12 克

料理方式：煮熟（約 5 分鐘）、生食、烘烤、蒸煮

芝麻菜
酪梨
四季豆
甜菜
燈籠椒，如：紅燈籠椒、黃燈籠椒
胡蘿蔔
腰果
乳酪，如：費達、佩科利諾乳酪
辣椒，如：哈拉佩諾辣椒；和辣椒片
芫荽葉
椰子
玉米
黃瓜
白蘿蔔
蘸料
餃類
闊葉茝菜
蒜頭
薑
穀物，如：布格麥片、庫斯庫斯、藜麥、米
綠色蔬菜，如：綜合生菜
香料植物
鷹嘴豆泥醬
日式料理
昆布

主廚私房菜 DISHES

毛豆餃子搭配白蘿蔔和白松露油
——真食廚房（True Food Kitchen），聖塔莫尼卡

韭蔥
檸檬，如：檸檬汁
萊姆
薄荷
味噌
菇蕈類，如：義大利棕蘑菇
亞洲麵條，如：粄條、日本蕎麥麵、
　烏龍麵
油脂，如：菜籽油、**橄欖油、芝麻油**、
　白松露油
洋蔥，如：青蔥、紅洋蔥、黃洋蔥
歐芹
義式麵食，如：義大利細扁麵
法式酥皮醬糜派
花生
黑胡椒
馬鈴薯，如：新馬鈴薯
藜麥
櫻桃蘿蔔
米，如：阿勃瑞歐米、黑米、糙米
義式燉飯
沙拉，如：亞洲沙拉、玉米沙拉、

綠色蔬菜沙拉、馬鈴薯沙拉
鹽，尤以**海鹽**為佳
醬汁
嫩青蔥
海菜
種籽，如：**南瓜籽、芝麻籽**
紅蔥
湯，如：味噌湯
醬油
菠菜
抹醬
白胡桃瓜
翻炒料理
蔬菜高湯
甜豌豆
溜醬油
豆腐
番茄，如：櫻桃番茄
素食漢堡
米酒醋
山葵
水田芥

對味組合

毛豆＋亞洲麵條＋胡蘿蔔＋辣椒片＋米醋＋嫩青蔥＋芝麻油＋醬油
毛豆＋酪梨＋檸檬＋南瓜籽＋番茄
毛豆＋燈籠椒＋藜麥
毛豆＋黑胡椒＋海菜＋芝麻籽
毛豆＋胡蘿蔔＋玉米＋紅洋蔥
毛豆＋胡蘿蔔＋薑＋花生＋沙拉
毛豆＋辣椒＋檸檬＋鹽
毛豆＋辣椒＋蒜頭
毛豆＋玉米＋藜麥
毛豆＋薑＋醬油
毛豆＋檸檬＋萊姆＋橄欖油＋米酒醋
毛豆＋薄荷＋嫩青蔥
毛豆＋海鹽＋芝麻油＋芝麻籽
毛豆＋日本蕎麥麵＋醬油

● 茄子 Eggplant
（亦稱 Aubergine）
季節：夏－秋
風味：苦／甜，帶有泥土的香調
　和海綿般的質地
風味強度：弱－中等
這是什麼：蔬菜
營養學剖繪：83% 碳水化合物／
　10% 蛋白質／7% 脂肪
熱量：一杯20大卡（生茄子，切成
　小方塊）
蛋白質：1克
料理方式：烹調至熟透：烘焙、汆
　燙、沸煮、燜煮、炙烤、炭化、
　深炸、炒、燒烤、打成泥、烘烤、
　煎炒、蒸煮、翻炒、塞入填料
　（如：米飯、番茄）
近親：燈籠椒、辣椒、鵝莓、馬鈴薯、
　黏果酸漿、番茄

非洲料理
朝鮮薊心
芝麻菜
亞洲料理
中東茄泥蘸醬
羅勒，尤以泰國羅勒為佳
月桂葉
豆類，如：黑眉豆、皇帝豆、白腰豆、
　白豆
燈籠椒，如：烘烤燈籠椒、綠燈籠
　椒、紅燈籠椒或黃燈籠椒
青江菜
麵包粉，如：日式麵包粉、全穀麵
　包粉
布格麥片
續隨子
西西里島燉菜
小豆蔻
胡蘿蔔
腰果
法式砂鍋菜
芹菜

蒸菜
*乳酪，如：愛亞格、費達、山羊
　乳酪、葛黎耶和、**莫札瑞拉、帕**
　爾瑪、瑞可達乳酪、含鹽瑞可
　達乳酪、綿羊奶、瑞士乳酪
細葉香芹
鷹嘴豆
辣椒，如：青辣椒、哈拉佩諾辣椒、
　紅辣椒、塞拉諾辣椒；辣椒片、
　辣椒醬和辣椒粉
中式料理

蕪菁葉
肉桂
椰子和椰奶
蕪菁
庫斯庫斯和以色列庫斯庫斯
鮮奶油
孜然
咖哩類：咖哩粉和咖哩辛香料
卡士達
日式高湯
蒔蘿

蘸料
帕爾瑪乳酪茄子
義式乳酪茄子捲
填餡茄子
蛋，如：*蛋捲、鹹派、炒蛋*
茴香籽
葫蘆巴
法式料理
*蒜頭
薑
焗烤料理

希臘料理
海鮮醬
蜂蜜
印度料理
義大利料理
日式料理
大頭菜
檸檬，如：**檸檬汁**
檸檬香茅
扁豆
萊姆
肉豆蔻乾皮
墨角蘭
地中海料理
中東料理
小米
薄荷
味醂
味噌，如：白味噌、黃味噌
摩洛哥料理
蘑菇木莎卡
菇蕈類，如：波特貝羅大香菇
亞洲麵條，如：日本蕎麥麵
肉豆蔻
堅果
油脂，如：**橄欖油**、花生油、芝麻油、
　　葵花油
秋葵
橄欖，如：黑橄欖、綠橄欖、尼斯
　　橄欖
洋蔥，如：青蔥、紅洋蔥、白洋蔥、
　　黃洋蔥
柳橙，如：橙汁、碎橙皮
奧勒岡
紅椒粉和煙燻紅椒粉
歐芹
義式麵食，如：千層麵、義大利細
　　扁麵、米粒麵、尖管麵、管狀麵
花生和花生醬
胡椒，如：黑胡椒、白胡椒
義式青醬
松子
披薩
義式粗玉米糊

┌──────────────┐
│ **主廚私房菜** │ DISHES
└──────────────┘

燜煮圓茄搭配番茄、酸豆和羅勒
　——藍山（Blue Hill），紐約市

夏季蔬菜塔，內有油封番茄、茄子、櫛瓜，以及芝麻菜-羅勒青醬
　——布呂德咖啡館（Café Boulud），紐約市

焦黑茄子「摩納哥炸餛飩」、布格麥「塔布勒沙拉」、歐芹芽菜和
印度優格蘸醬
　——自身（Per Se），紐約市

茄子：中東茄泥蘸醬、油炸／燒烤祖傳原生種番茄、莫札瑞拉乳
酪、陳年巴薩米克香醋
　——威斯特葛羅度假水療飯店的羅蘭餐廳（Rowland's Restaurant at
Westglow），北卡羅萊納州布洛英羅克

石榴和石榴糖蜜
馬鈴薯
藜麥
紫葉菊苣
葡萄乾
普羅旺斯燉菜（＋燈籠椒＋蒜頭
　　＋洋蔥＋番茄＋櫛瓜）
米，如：糙米、茉莉香米、野生米
義式燉飯
迷迭香
番紅花
鼠尾草
清酒
沙拉，如：亞洲沙拉、地中海沙拉
鹽，如：海鹽
三明治，如：炙烤莫札瑞拉乳酪
　　三明治
香薄荷
嫩青蔥
麵筋素肉
芝麻籽，如：白芝麻籽
紅蔥
紫蘇葉
湯
東南亞料理
醬油
菠菜
抹醬
芽菜，如：黃豆芽

素牛排
燉煮料理
翻炒料理
蔬菜高湯
摩洛哥塔吉鍋燉菜
塔希尼芝麻醬
溜醬油
龍蒿
天貝
泰式料理
百里香
豆腐
*番茄、番茄糊和番茄醬汁
薑黃
醋，如：巴薩米克香醋、蘋果酒醋、
　　紅酒醋、雪利酒醋
核桃
優格
中東扎塔香料
櫛瓜

對味組合
茄子＋亞洲麵條＋花生醬
茄子＋巴薩米克香醋＋羅勒＋奧
　　勒岡
茄子＋巴薩米克香醋＋番茄＋櫛
　　瓜
茄子＋羅勒＋燈籠椒＋蒜頭＋番
　　茄＋櫛瓜

E

茄子＋羅勒＋蒜頭＋橄欖油＋歐
　芹

茄子＋羅勒＋瑞可達乳酪＋番茄

茄子＋芽菜＋青江菜＋毛豆＋芝
　麻油

茄子＋燈籠椒＋蒜頭

茄子＋燈籠椒＋味噌

茄子＋燈籠椒＋洋蔥＋番茄＋櫛
　瓜

茄子＋青江菜＋蒜頭

茄子＋麵包粉＋帕爾瑪乳酪＋迷
　迭香＋核桃

茄子＋續隨子＋芹菜＋洋蔥＋松
　子＋番茄＋醋

茄子＋乳酪（如：莫札瑞拉、帕爾
　瑪、瑞可達乳酪）＋番茄

茄子＋鷹嘴豆＋番茄＋石榴糖蜜

茄子＋黃瓜＋蒜頭＋薄荷＋優格

茄子＋孜然＋優格

茄子＋蒔蘿＋核桃＋優格

茄子＋費達乳酪＋薄荷

茄子＋蒜頭＋薑＋嫩青蔥＋芝麻
　＋芝麻油＋醬油

**茄子＋蒜頭＋檸檬＋橄欖油（＋
　塔希尼芝麻醬）**

茄子＋蒜頭＋橄欖油＋歐芹

茄子＋蒜頭＋帕爾瑪乳酪＋歐芹
　＋瑞可達乳酪＋番茄

茄子＋蒜頭＋番茄＋櫛瓜

茄子＋薑＋味噌＋芝麻籽

茄子＋薑＋醬油

茄子＋香料植物＋檸檬汁＋橄欖
　油

茄子＋薄荷＋紅椒粉＋松子＋米
　＋優格

茄子＋薄荷＋番茄＋優格

茄子＋味噌＋芝麻籽＋紫蘇

茄子＋義式麵食＋義式青醬＋瑞
　可達乳酪＋核桃

茄子＋芝麻籽＋醬油

●日本茄子 Eggplant, Japanese
季節：全年皆有，尤其是秋季
風味強度：比其他茄子弱

我們使用的茄子有五、六種——包括日本茄子，日本茄子皮較薄，肉
較多。我們五月到十一月都有茄子，一年有七個月的茄子。為了保持
新鮮感，我們向不同國家吸取靈感。比方說，我為一場私人晚餐做了
中式的糖醋茄子，加了辣椒、白醋、蒜、老抽和芫荽葉。茄子和上述所
有材料一起煎炒，讓茄子吸進所有的風味。

——莎琳·貝德曼，餐&飲餐廳，亞利桑那州斯科茨代爾

我愛在甜點裡加進蔬菜，因為這樣很有趣——這是最重要的！我們最
有創意的菜餚就是這麼來的。蔬菜是催化劑，不過我不希望你吃完之
後，嘴裡都是菜味——我希望你用餐尾聲的最後一口是甜蜜、愉快的
時刻，讓你剛品嚐過的一切湧上心頭。茄子有種籽，所以比較像水果，
不像蔬菜。茄子的風味不重，但會吸飽你加進的風味，這點很像豆腐。
茄子的口感迷人。不知道為什麼我著迷於製作茄子提拉米蘇，不過總
之我就是很著迷。我們把茄子和馬斯卡彭乳酪混合之後，放進一層層
的迷迭香風味手指餅乾之間，結果完美極了！

——阿曼達·科恩，泥土糖果，紐約市

來費吉餐廳，茄子捲是非點不可
的一道菜。茄子捲是把茄子切薄
片，在橄欖油裡低溫煮過，包進茄
子和烤過的碎白花椰菜當餡料，
最後加上綠莎莎醬。這道菜加了
許多的新鮮香料植物，一大撮鹽，
用醃黑橄欖當頂飾。茄子捲帶有
許多強烈的風味，但仍然嚐得到
茄子和白花椰菜。這些菜餚超越季節歷久不衰，我們覺得這樣很重要。

——里奇·蘭道和凱特·雅各比，費吉餐廳，費城

我正在開發一道塞填料的烤茄子新菜，祕訣是避免口感單調。這道菜
應該會加一些松子帶來酥脆的口感，很可能也會加布格麥增加嚼勁，
並且用費達乳酪、洋蔥和碎檸檬皮調味。

——安妮·索梅維爾，綠色餐廳，舊金山

料理方式：烘焙、炙烤、深炸、**燒烤**、
　醃漬、**烘烤**、微滾烹煮、蒸煮、
　翻炒
小祕訣：日本茄子在烘烤後還能
　維持質地，比較不吸油。
近親：胡椒、馬鈴薯、番茄
可行的替代物：茄子

羅勒和泰國羅勒

紅燈籠椒或黃燈籠椒，尤以烘烤
　為佳

甘藍菜

續隨子

乳酪，如：莫札瑞拉乳酪

辣椒，如：紅辣椒

中式料理

蘸料

五香粉

蒜頭

薑

芝麻鹽

印度料理

日式料理
檸檬
萊姆
薄荷
味醂
味噌
菇蕈類，如：香菇
橄欖油
橄欖
紅洋蔥
義式麵食，如：千層麵
花生和花生醬
松子
披薩
開胃小菜
米
清酒
沙拉
鹽
醬汁，如：素蠔油、花生醬
嫩青蔥
芝麻，如：芝麻油、芝麻籽
紫蘇
醬油
菠菜
糖，如：黃砂糖
溜醬油
豆腐
醋，如：蘋果酒醋、巴薩米克香醋、
　紅酒醋、米醋、雪利酒醋
優格

對味組合
日本茄子＋蒜頭＋萊姆＋味噌
日本茄子＋薑＋醬油

蛋 Eggs（如：新鮮的蛋）
風味：微甜，帶有澀味
風味強度：弱
營養學剖繪：63% 脂肪／35% 蛋
　白質／2% 碳水化合物
熱量：每顆蛋 70 大卡（全蛋，生食）
蛋白質：6 克
料理方式：烘焙、煎、水煮到全熟、

低溫水煮、拌炒、煮到半熟
小祕訣：可以考慮購買富含 ome-
　ga-3 脂肪酸的蛋。如果你有在
　吃蛋，要確認那些蛋都是有機、
　人道飼養的。

芝麻菜
蘆筍
酪梨
羅勒
燈籠椒，尤以烘烤為佳
麵包，尤以全麥為佳
墨西哥捲餅
奶油
續隨子
法式砂鍋菜
乳酪，如：巧達、蓽德、奶油乳酪、
　愛蒙塔爾、費達、**山羊乳酪**、葛
　黎耶和、哈瓦堤、蒙特利傑克、
　莫札瑞拉、**帕爾瑪**、瑞可達乳
　酪、侯克霍乳酪
細葉香芹
辣椒醬和**辣椒粉**
細香蔥
鮮奶油
孜然
咖哩粉
卡士達
甜點
蒔蘿
芙蓉蛋
茄子
魔鬼蛋
茴香

法國土司
綠捲鬚苦苣
義式蛋餅
蒜頭
綠色蔬菜，如：燉菜、沙拉青蔬
香草植物
墨西哥鄉村蛋餅早餐
羽衣甘藍
韭蔥
墨角蘭
美乃滋
奶類
菇蕈類，如：羊肚菌、波特貝羅大
　香菇
橄欖油
蛋餅
洋蔥
奧勒岡
紅椒粉
歐芹
胡椒，如：黑胡椒、白胡椒
義式青醬
披薩
義式粗玉米糊
馬鈴薯
鹹派
沙拉淋醬
沙拉，如：蛋沙拉、綠色蔬菜沙拉
莎莎醬
鹽，如：猶太鹽、海鹽
香薄荷
嫩青蔥
拌炒料理
紅蔥

酸模

舒芙蕾

湯,如:地中海式檸檬雞湯

醬油

菠菜

甘藷

墨西哥塔可餅

龍蒿

百里香

番茄

西班牙蛋餅

醋

水田芥

優格

櫛瓜

對味組合

蛋+蘆筍+細香蔥+葛黎耶和乳
　　酪

蛋+蘆筍+*義式蛋餅*+山羊乳酪

蛋+羅勒+番茄

蛋+山羊乳酪+韭蔥

蛋+葛黎耶和乳酪+菠菜

蛋+芥藍+瑞可達乳酪

蛋+檸檬+米+湯

蛋+菇蕈類+嫩青蔥

蛋+肉豆蔻+菠菜

蛋+豌豆+香菇

蛋+紅蔥+菠菜

蛋,水煮到全熟
Eggs, Hard-Boiled

料理方式:切碎、魔鬼蛋、剖半、
　　醃漬、過篩、切片

純素替代物:蛋沙拉之類的料理
　　中,水煮蛋蛋白可用偏老或特
　　別老的豆腐來取代

杏仁果

朝鮮薊

芝麻菜

蘆筍

酪梨

羅勒

純素的蛋替代物

早餐的炒蛋可以用「炒」豆腐類食材(如老豆腐)代替。

板豆腐也能代替純素菜餡(如「蛋沙拉」)。

烘焙時,可以用元氣牌素蛋粉或其他素蛋粉產品,這種產品以馬鈴薯蛋白為基底,一般可用1½小匙的素蛋粉加2大匙的水來代替一顆蛋。

不過,你的櫥櫃或冰箱裡很可能已經有蛋的替代品,等等你就知道了。

怎麼知道還能用哪些替代品?首先,判斷原來蛋的功用是固定(把混合物凝固在一起,但不需要膨脹起來,例如法式砂鍋菜、素漢堡肉),或是膨鬆(把氣泡帶進麵糊或麵團,功用像打發的蛋,例如用於烘焙麵包、蛋糕、杯子蛋糕或馬芬等烘焙產品),或只是增加溼潤度。

蛋的替代品,一份等同一顆蛋(建議用途)

- ¼杯蘋果醬(增添溼潤度,可用在布朗尼、蛋糕、杯子蛋糕、快速法麵包等等)
- ¼杯壓成泥的酪梨(固定)
- 1小匙小蘇打粉+1大匙蘋果酒醋(膨鬆並增加溼潤度)
- ½根香蕉壓成泥(增加溼潤度和/或固定,例如加入蛋糕、馬芬、美式煎餅、快速法麵包)
- ¼杯碳酸水(膨鬆)
- 1大匙奇亞籽粉+3大匙水,混合(增加溼潤度;如果要膨鬆,加入¼小匙的泡打粉)
- ¼杯全脂椰漿+1小匙泡打粉(膨鬆,尤其適合用在風味搭配的菜餡)
- ¼杯水果泥(例如杏桃、黑李乾,增加溼潤度)
- 1大匙研磨的亞麻籽+3大匙水,混合(固定;如果要膨鬆,加入¼小匙的泡打粉,尤其適合搭配堅果/種籽類的菜餡,例如全穀餅乾、馬芬、美式煎餅)
- 3大匙堅果醬,例如花生醬(固定,例如用在穀物為主的漢堡排)
- ¼杯攪爛的絹豆腐(增加溼潤度,尤其適合比較紮實的烘焙食品,例如布朗尼、紅蘿蔔蛋糕)
- ¼杯蔬菜泥,例如甜菜、胡蘿蔔、南瓜(增加溼潤度)
- ¼杯含奶或無奶優格(增加溼潤度,例如用於蛋糕、馬芬、美式煎餅、快速法麵包)

我們烹煮時不用蛋,所以我用檸檬汁或蘋果酒醋加泡打粉讓我的蛋糕發起來。烤餅乾的時候,我用元氣牌素蛋粉。做「蛋白霜烤餅」也意外的好用,成品很美觀。

——凱特·雅各比,費吉餐廳,費城

魔鬼蛋撒上咖哩粉和煙燻紅椒粉
——孔雀餐廳中的圖書館食物吧
（The Library Bar at The Peacock），
紐約市

豆類，如：白腰豆、四季豆、白豆
燈籠椒，如：綠燈籠椒、紅燈籠椒、
　　黃燈籠椒
續隨子
胡蘿蔔
卡宴辣椒
芹菜
香芹調味鹽
細葉香芹
辣椒，如：青辣椒、哈拉佩諾辣椒；
　　和辣椒醬
細香蔥
芫荽葉
鮮奶油
黃瓜
咖哩類
咖哩粉
魔鬼蛋
蒔蘿
蛋沙拉
苣菜
蒜頭
穀物，如：糙米、法老小麥
焗烤料理
冬季綠色蔬菜，如：闊葉苣菜、紫
　　葉菊苣
韭蔥
檸檬，如：檸檬汁
萵苣，如：蘿蔓萵苣
歐當歸
墨角蘭
美乃滋，如：素食美乃滋
薄荷
芥末，如：第戎芥末、乾芥末
橄欖油
尼斯橄欖

洋蔥，如：紅洋蔥、春日洋蔥
紅椒粉
歐芹
胡椒，如：黑胡椒
馬鈴薯
紫葉菊苣
櫻桃蘿蔔
沙拉，如：*蛋沙拉、穀物沙拉、綠
　　色蔬菜沙拉、扁豆沙拉、尼斯
　　沙拉、馬鈴薯沙拉、菠菜沙拉、
　　番茄沙拉、蔬菜沙拉*
鹽，如：猶太鹽
三明治，如：*蛋沙拉三明治*
嫩青蔥
紅蔥
湯，如：甜菜湯、羅宋湯
酸奶油
菠菜
芽菜，如：芥末苗、蘿蔔苗
龍蒿
番茄
醋，如：白酒醋
水田芥
優格

對味組合

水煮全熟蛋＋蘆筍＋細香蔥＋第
　　戎芥末＋檸檬汁＋橄欖油
水煮全熟蛋＋芹菜＋美乃滋＋芥
　　末
水煮全熟蛋＋芹菜＋優格
水煮全熟蛋＋檸檬＋美乃滋＋芥
　　末

埃及料理 Egyptian Cuisine

中東茄泥蘸醬
豆類，如：**蠶豆**
白乳酪
鷹嘴豆
芫荽
黃瓜
孜然
蒔蘿
埃及杜卡綜合香料

茴香籽
蒜頭
葡萄葉
鷹嘴豆泥醬
扁豆，如：**紅扁豆**
墨角蘭
薄荷
堅果，如：杏仁果、榛果、開心果
油脂，如：橄欖油
義式麵食，如：彎管麵
黑胡椒
松子
米
海鹽
種籽，如：芝麻籽
湯，如：紅扁豆湯
菠菜
填餡甘藍菜
麥粒番茄生菜沙拉
塔希尼芝麻醬
百里香
番茄和番茄醬汁
優格

對味組合

黃瓜＋薄荷＋優格
孜然＋蠶豆＋檸檬汁＋橄欖油

● 苣菜 Endive
（亦稱 Belgian Endive）

季節：全年皆有，尤其是秋－春
風味：微苦／甜，質地酥而鬆脆
風味強度：弱－中等
這是什麼：蔬菜
營養學剖繪：72% 碳水化合物／
　　18% 蛋白質／10% 脂肪
熱量：½ 杯 5 大卡（切碎生食）
料理方式：烘焙、沸煮、燜煮（5-10
　　分鐘）、炙烤、炒、釉汁、燒烤、
　　生食、烘烤、煎炒、蒸煮、翻炒、
　　塞入填料
小祕訣：把整顆生苣菜代替薯片
　　浸入蘸料裡，或是在葉片裡盛
　　滿食物泥或抹醬。

E

比利時苦苣沙拉：荔枝、臍橙、皮埃蒙特榛果、東京水菜和澳洲黑松露
——法國洗衣房（The French Laundry），加州揚特維爾

苦苣：燒烤苦苣和紫葉菊苣、烤艾美許藍黴乳酪和巴薩米克白醋
——瑪哪食物吧（Mana Food Bar），芝加哥

苦苣沙拉搭配醃漬亞洲梨、羽衣甘藍、石榴、紅藜麥、胡桃和柿子油醋醬
——莫華克‧班德（Mohawk Bend），洛杉磯

「天皇」苦苣搭配醃漬蕪菁甘藍、龍蒿和芥末醬
——皮肖利（Picholine），紐約市

近親：朝鮮薊、洋甘菊、菊苣、蒲公英葉、萵苣（例如畢布萵苣、捲心萵苣、蘿蔓萵苣）、紫葉菊苣、黑皮波羅門參、龍蒿

杏仁果
蘋果
耶路撒冷朝鮮薊
芝麻菜
酪梨
羅勒
豆類，如：蠶豆、白豆
甜菜
燈籠椒，如：紅燈籠椒
漿果，如：黑莓
麵包粉，如：全穀麵包粉
奶油
續隨子
葛縷子籽
芹菜
乳酪，如：**藍黴**、康塔爾、巧達、費達、芳汀那、山羊乳酪、戈根索拉、**葛黎耶和**、**帕爾瑪**、佩科利諾、瑞可達乳酪、**侯克霍**、軟質乳酪、瑞士乳酪
細葉香芹
辣椒和辣椒片
細香蔥
芫荽葉
柑橘類

地中海寬皮柑
鮮奶油
蔬菜棒沙拉
黃瓜
蒔蘿
蛋，如：水煮全熟蛋、*鹹派*
闊葉莒菜
法老小麥
茴香
無花果
綠捲鬚苦苣
蒜頭
葡萄柚
葡萄
焗烤料理

對味組合
莒菜＋芝麻菜＋梨＋核桃
莒菜＋酪梨＋葡萄柚
莒菜＋酪梨＋紅洋蔥＋水田芥
莒菜＋綠色蔬菜嫩葉＋茴香＋蒜頭＋帕爾瑪乳酪＋油醋醬
莒菜＋巴薩米克香醋＋蒜頭＋橄欖油
莒菜＋藍黴乳酪＋法老小麥＋梨
莒菜＋藍黴乳酪＋菇蕈類＋美洲山核桃
莒菜＋乳酪（如：藍黴、葛黎耶和、佩科利諾）＋**水果**（如：蘋果、柳橙、梨）＋**堅果**（如：榛果、核桃）
莒菜＋蒔蘿＋榛果＋檸檬＋橄欖油＋馬鈴薯
莒菜＋檸檬＋橄欖油＋歐芹
莒菜＋帕爾瑪乳酪＋波特貝羅大香菇
莒菜＋帕爾瑪乳酪＋白豆

綠色蔬菜
榛果
金桔
韭蔥
檸檬，如：檸檬汁、碎檸檬皮
萵苣，如：蘿蔓萵苣
美乃滋
薄荷
菇蕈類，如：波特貝羅大香菇
芥末，如：第戎芥末、乾芥末
肉豆蔻
堅果
油脂，如：葡萄籽油、榛果油，堅果油、**橄欖油**、核桃油
橄欖，如：黑橄欖
紅洋蔥
柳橙和血橙，如：橙汁、碎橙皮
奧勒岡
棕櫚心
木瓜
歐芹
梨
美洲山核桃
胡椒，如：黑胡椒
披薩
義式粗玉米糊
石榴
馬鈴薯
紫葉菊苣

櫻桃蘿蔔

米

沙拉，如：菠菜、三色沙拉（比如
　苣菜＋芝麻菜＋紫葉菊苣）

嫩青蔥

紅蔥

湯

高湯，如：蔬菜高湯

苣菜葉捲

糖

甜豌豆

紅橘

龍蒿

百里香

番茄，如：櫻桃番茄

黑松露

油醋醬

醋，如：**巴薩米克香醋**、水果醋、
　雪利酒醋、**巴薩米克白醋**、酒
　醋

核桃

水田芥

優格

我一直在做鹹的素食馬芬，使用
各種蔬菜、乳酪、堅果或種籽類，
我最愛的一個配方加了焦糖化的
苣菜、藍黴乳酪和核桃。

——黛安・弗里，蓬勃烘焙公司，紐約州
斯卡斯代爾

捲葉苣菜 Endive, Curly
（參見綠捲鬚苦苣）

土荊芥 Epazote
[eh-pah-ZOH-teh]

風味：苦／甜，帶有芫荽葉、芫荽、
　茴香、香料植物、檸檬、薄荷、
　奧勒岡、歐芹和／或鼠尾草的
　刺激香調

風味強度：中等－強

對健康的助益：加強風味，幫助
　消化豆類

可行的替代物：墨西哥奧勒岡

酪梨

豆類，如：**黑眉豆、花豆**

豆泥

中美洲料理

佛手瓜

乳酪，如：蒙契格、墨西哥、蒙特
　利傑克、莫札瑞拉乳酪

墨西哥炸玉米片早餐

辣椒，如：齊波特辣椒；辣椒片、
　辣椒醬和辣椒粉

素辣豆醬

芫荽葉

玉米

鮮奶油

孜然

蒜頭

玉米黑粉菌

萊姆

墨西哥料理

菇蕈類

洋蔥

馬鈴薯

墨西哥餡料薄餅，如：**墨西哥餡
　料乳酪薄餅**

墨西哥焗烤

豆泥

米

沙拉

莎莎醬

醬汁，如：摩爾醬

湯，如：豆子湯、黑眉豆湯、蒜頭湯、
　菇蕈湯、西班牙蛋餅湯

南美洲料理

美國西南方料理

夏南瓜

燉煮料理

墨西哥茶

黏果酸漿

番茄

墨西哥薄餅，如：墨西哥玉米薄
　餅

櫛瓜

櫛瓜花

對味組合

土荊芥＋辣椒粉＋萊姆＋櫛瓜

● **闊葉苣菜 Escarole**

季節：全年皆有，尤其是夏－秋

風味：苦，帶有堅果香調和酥脆
　質地

風味強度：中等－強

營養學剖繪：75% 碳水化合物／
　25% 蛋白質

熱量：1 杯 10 大卡

料理方式：燜煮、燒烤、生食、烘烤、
　煎炒、微滾烹煮、蒸煮

近親：菊苣、苣菜、綠捲鬚苦苣、
　紫葉菊苣

杏仁果

蘋果

朝鮮薊

豆類，如：蔓越莓豆、白腰豆、白
　豆

甜菜

燈籠椒，如：烘烤燈籠椒

麵包粉和酥脆麵包丁

義大利烤麵包片

奶油

甘藍菜，如：紫甘藍

續隨子

胡蘿蔔

白花椰菜

乳酪，如：**藍黴**、芳汀那、山羊、
　莫札瑞拉、**帕爾瑪**、侯克霍乳
　酪

鷹嘴豆

辣椒和**辣椒片**

柑橘類

法式酸奶油

黃瓜

穗醋栗

蒔蘿

蛋，如：義式蛋餅

苣菜

茴香和茴香籽

蒜頭

甜菜和闊葉苣菜：烘烤紅甜菜、山羊乳酪卡士達、大黃和油封梅爾檸檬
——包魯德酒吧（Bar Boulud），紐約市

蘿蔓萵苣心和闊葉苣菜搭配卡拉馬塔橄欖、烤松子和滑潤艾斯亞格乳酪醬汁
——牧場之門（Rancho La Puerta），墨西哥

榛果
義大利料理
卡姆小麥
韭蔥
檸檬，如：**檸檬汁**
扁豆
萵苣，如：奶油萵苣
薄荷
菇蕈類，如：牛肝菌
芥末，如：第戎芥末
營養酵母
油脂，如：堅果油、**橄欖油**
橄欖，如：黑橄欖、綠橄欖
洋蔥，如：白洋蔥、黃洋蔥
柳橙和血橙
歐芹
歐洲防風草塊根
義式麵食，如：寬麵、米粒麵、尖管麵、直麵
梨
胡椒，如：黑胡椒、白胡椒

柿子
松子
披薩
義式粗玉米糊
石榴
馬鈴薯
紫葉菊苣
葡萄乾
米，如：阿勃瑞歐米、糙米
沙拉
鹽，如：猶太鹽、海鹽
醬汁，如：義式麵食醬汁
紅蔥
湯，如：闊葉苣菜湯、義式蔬菜湯、馬鈴薯湯、白豆湯
小果南瓜，如：黃南瓜
燉煮料理，如：燉煮白豆
蔬菜高湯
鹽膚木
百里香
豆腐

對味組合
闊葉苣菜＋麵包粉＋乳酪＋義式麵食
闊葉苣菜＋續隨子＋蒜頭＋松子＋葡萄乾
闊葉苣菜＋鷹嘴豆＋洋蔥
闊葉苣菜＋鷹嘴豆＋牛肝菌
闊葉苣菜＋辣椒片＋蒜頭＋檸檬
闊葉苣菜＋蒜頭＋碎檸檬皮＋橄欖油
闊葉苣菜＋蒜頭＋帕爾瑪乳酪
闊葉苣菜＋蒜頭＋義式麵食＋白豆
闊葉苣菜＋蒜頭＋湯＋番茄
闊葉苣菜＋山羊乳酪＋日曬番茄乾＋水田芥
闊葉苣菜＋檸檬＋柳橙＋櫻桃蘿蔔
闊葉苣菜＋檸檬汁＋橄欖油＋帕爾瑪乳酪

番茄和日曬番茄乾
醋，如：蘋果酒醋、巴薩米克香醋、紅酒醋、雪利酒醋、白酒醋
核桃
水田芥

衣索比亞料理
Ethiopian Cuisine
四季豆
甜菜
紅燈籠椒
衣索比亞柏柏爾綜合辛香料
辛香料調味奶油
甘藍菜
胡蘿蔔
丁香
水煮全熟蛋
蒜頭
薑
綠色蔬菜，如：綠葉甘藍
因傑拉
莢果，如：鷹嘴豆、扁豆、去莢乾燥豌豆瓣
洋蔥
紅椒粉
豌豆
馬鈴薯
辛香料
衣索比亞提布斯醬炒菜
薑黃
燉煮蔬菜
瓦特燉菜

對味組合
衣索比亞柏柏爾綜合辛香料＋蒜頭＋洋蔥

法老小麥 Farro
（亦稱 Emmer Wheat）
[FAHR-oh]
風味：微甜，帶有大麥和／或堅果的泥土香調，質地有嚼勁
風味強度：弱
這是什麼：全穀類；注意：法老小

麥和斯佩耳特小麥不同，斯佩耳特小麥通常是**非常耐煮的**穀物。

無麩質：否

營養學剖繪：81% 碳水化合物／12% 蛋白質／7% 脂肪

熱量：¼杯170大卡（未煮熟）

蛋白質：7克

烹調時間：預先浸泡法老小麥，可以縮短烹煮時間。雖然買得到全穀法老小麥，不過在美國，市面上的法老小麥大多是半珍珠小麥（semipearled、semi-perlato，半珠光之意）或珍珠小麥（pearled、perlato），也就是去除部分或全部的硬殼。全穀的法老小麥烹煮時間很長（至少45-60分鐘），而珍珠法老小麥最少只需要一半的時間就能煮好。微滾烹煮法老小麥，加蓋燜到軟。

比例：1：2-3（1杯法老小麥對2-3杯的烹調湯汁）

小祕訣：加入煮白腰豆的水，讓「義式麥飯」的質地更粉、更綿密。

F

主廚私房菜 DISHES

法老小麥沙拉：烘烤朝鮮薊、蘆筍、甜椒、番茄和巴薩米克白醋
——在餐飲店（al di la Trattoria），布魯克林

克拉斯・馬廷斯的二粒小麥和榅桲：野生菠菜、青豆和櫛瓜
——藍山（Blue Hill），紐約市

有機法老小麥搭配熱那亞青醬和帕爾瑪乳酪
——南布呂德（Boulud Sud），紐約市

法老小麥豌豆和蘆筍：以義式燉飯的方式烹調法老小麥，搭配新鮮豌豆、蘆筍薄片、帕爾瑪乳酪、羅馬佩科利諾乳酪、奶油和薄荷
——義式蔬食（Le Verdure），紐約市

椰棗法老小麥：埃及杜卡綜合辛香料、小果南瓜、薄荷、石榴
——皮肖利（Picholine），紐約市

櫛瓜和法老小麥義式燉麥飯：在蔬菜高湯中微滾烹煮烤法老小麥粒，最後放上椰子豆腐香料植物鮮奶油和新鮮烘烤櫛瓜丁
——神聖的周（Sacred Chow），紐約市

蘋果和蘋果汁
杏桃乾
朝鮮薊
芝麻菜
蘆筍
羅勒
月桂葉
豆類，如：白腰豆、蠶豆、白豆
甜菜
燈籠椒，尤以烘烤為佳
麵包
奶油
白脫乳
甘藍菜，如：新鮮甘藍、皺葉甘藍
胡蘿蔔
法式砂鍋菜
芹菜
乳酪，如：費達、格拉娜帕達諾、**帕爾瑪**、佩科利諾、瑞可達乳酪
菊苣
鷹嘴豆
辣椒，如：瓜吉羅辣椒
細香蔥
柑橘類
椰子和椰奶
玉米
黃瓜
椰棗
蒔蘿
埃及杜卡綜合香料
茄子
蛋
茴香
蒜頭
薑
葡萄
焗烤料理
蜂蜜
義大利料理
羽衣甘藍
克非爾奶酒
韭蔥
檸檬，如：檸檬汁、碎檸檬皮
醃檸檬
扁豆
歐當歸
芒果
墨角蘭
地中海料理
薄荷
菇蕈類，如：雞油菌、義大利棕蘑菇、牛肝菌、香菇、白菇蕈類、野菇
肉豆蔻
堅果，如：杏仁果、腰果、開心果
油脂，如：堅果油、**橄欖油**
黑橄欖
洋蔥，如：焦糖化洋蔥、黃洋蔥
柳橙，如：橙汁、碎橙皮
奧勒岡
歐芹
歐洲防風草塊根
義式麵食
梨
抓飯
松子
石榴
藜麥
紫葉菊苣

櫻桃蘿蔔

糙米

義式燉飯，比如以法老小麥製作
的，又名**法老小麥燉飯**

迷迭香

沙拉，如：*穀物沙拉、綠色蔬菜沙
拉*

紅蔥

湯，如：*營養豐富的湯、義式蔬菜
湯、菇蕈湯、冬季湯*

菠菜

冬南瓜，如：*橡實南瓜、白胡桃瓜、
日本南瓜*

燉煮料理

高湯，如：菇蕈高湯或蔬菜高湯

糖，如：黃砂糖

百里香

豆腐

番茄

醋，如：蘋果酒醋、紅酒醋、雪利
酒醋

核桃

干白酒

櫛瓜

對味組合

法老小麥＋蘋果酒醋＋白胡桃瓜＋蔓越莓乾＋橄欖油
法老小麥＋羅勒＋橄欖油＋帕爾瑪乳酪＋歐芹＋核桃
法老小麥＋黃砂糖＋椰奶＋芒果
法老小麥＋菊苣＋橄欖油＋梨＋雪利酒醋
法老小麥＋柑橘類＋薑
法老小麥＋椰子＋櫛瓜
法老小麥＋茄子＋番茄
法老小麥＋費達乳酪＋菇蕈類
法老小麥＋蒜頭＋芥藍
法老小麥＋韭蔥＋歐洲防風草塊根
法老小麥＋檸檬＋柳橙＋迷迭香
法老小麥＋薄荷＋佩科利諾乳酪＋蔬菜 高湯
法老小麥＋洋蔥＋帕爾瑪乳酪＋*義式燉飯*＋野菇
法老小麥＋歐芹＋紅蔥
法老小麥＋豌豆＋藜麥＋菠菜＋櫛瓜
法老小麥＋醃檸檬＋紫葉菊苣

法老小麥有種堅果風味，所以是
我最愛的穀物。我喜歡把法老小
麥加入生菜沙拉，配上杏桃乾和
櫻桃蘿蔔。

——莎琳‧貝德曼，餐＆飲餐廳，亞利桑
那州斯科茨代爾

我愛**法老小麥**的堅果味和彈牙的
質地，以及在吃義式麥飯的感覺。
法老小麥釋放澱粉漿的情況和阿
勃瑞歐米不同，但仍像義式燉飯
一樣，有一點自己的醬汁……每
一季都可以做出不同的版本：春
天就是要加許多豌豆、春日洋蔥、
菠菜和蔬菜高湯。夏天可以用玉
米配上番茄。秋天的義式麥飯搭
配白胡桃瓜、羽衣甘藍和烤蒜頭，
上面可以刨上帕爾瑪乳酪絲。冬
天的義式麥飯可以加入野菇，以
及蔬菜高湯或浸泡乾牛肝菌的水。

——安妮‧索梅維爾，綠色餐廳，舊金山

● 茴香 Fennel

季節：全年皆有，尤其是秋−冬

風味：甜，帶有茴芹（洋茴香）和
／或甘草的香調，質地酥脆

風味強度：弱−中等

營養學剖繪：85% 碳水化合物／
10% 蛋白質／5% 脂肪

熱量：1杯 30大卡（切片，生食）

蛋白質：1克

料理方式：烘焙、汆燙、沸煮、燜煮、
炒、燒烤、用蔬果切片器切片、
生食、烘烤、煎炒、刨絲、微滾
烹煮、蒸煮、翻炒

近親：茴芹（洋茴香）、葛縷子、
芹菜、芹菜根、芫荽、蒔蘿、歐
芹、歐芹根、歐洲防風草塊根

杏仁果

茴芹

蘋果，如：青蘋果

朝鮮薊和朝鮮薊心

耶路撒冷朝鮮薊

芝麻菜

蘆筍

酪梨

羅勒

月桂葉

豆類，如：**白腰豆**、蠶豆、四季豆、
白豆

甜菜和甜菜汁

燈籠椒，如：紅燈籠椒、黃燈籠椒

麵包粉

奶油

續隨子

胡蘿蔔

腰果

法式砂鍋菜

白花椰菜

芹菜

芹菜根

蒸菜

乳酪，如：藍黴、費達、**山羊**、戈
根索拉、豪達、葛黎耶和、蒙契
格、**帕爾瑪**、佩科利諾、皮亞維、

瑞可達、含鹽瑞可達乳酪、瑞士乳酪

櫻桃，如：櫻桃乾

細葉香芹

栗子

鷹嘴豆

菊苣

辣椒，如：哈拉佩諾辣椒；和辣椒片

中式料理

細香蔥

柑橘類

地中海寬皮柑

芫荽

庫斯庫斯

蔓越莓，如：蔓越莓乾

鮮奶油

黃瓜

咖哩類、咖哩粉和咖哩辛香料

蒔蘿

毛豆

茄子

蛋，如：卡士達、水煮全熟蛋、*蛋餅、鹹派*

苣菜

闊葉苣菜

茴香葉、茴香花粉和茴香籽

無花果

法式料理

綠捲鬚苦苣

蒜頭

薑

穀物，如：小米、藜麥、斯佩耳特小麥

葡萄柚

焗烤料理

綠色蔬菜，如：綜合生菜、冬季綠色蔬菜

榛果

蜂蜜

義大利料理

韭蔥

檸檬，如：檸檬汁、碎檸檬皮

扁豆

F

萵苣，如：蘿蔓萵苣

萊姆

有八角風味的**香甜酒**，比如保樂酒、力加酒、桑布加酒

萵苣纈草

芒果

地中海料理

薄荷

菇蕈類，如：牛肝菌、波特貝羅大香菇、白菇蕈類、野菇

芥末，如：第戎芥末和芥末籽

堅果

油脂，如：菜籽油、榛果油、堅果油、**橄欖油**、蔬菜油、核桃油

橄欖，如：黑橄欖、綠橄欖、義大利橄欖

洋蔥，如：奇波利尼洋蔥、紅洋蔥、春日洋蔥

柳橙，如：橙汁、碎橙皮

血橙

奧勒岡

棕櫚心

歐芹

義式麵食，如：義大利細扁麵、貓耳朵麵、米粒麵

桃子

梨

美洲山核桃

胡椒，如：黑胡椒、白胡椒

保樂酒

開心果

披薩

石榴

馬鈴薯

南瓜籽

紫葉菊苣

櫻桃蘿蔔

開胃小菜

米和野生米

義式燉飯

番紅花

鼠尾草

沙拉，如：茴香沙拉、穀物沙拉、綠色蔬菜沙拉、番茄沙拉

鹽，如：猶太鹽、海鹽

醬汁，如：番茄醬汁

嫩青蔥
白芝麻籽
紅蔥
美式涼拌菜絲
甜豌豆
舒芙蕾
湯，如：*茴香湯、馬鈴薯湯、番茄湯、*
　　蔬菜湯
醬油
小果南瓜，如：金線瓜、夏南瓜、
　　冬南瓜
八角
燉煮料理，如：*燉煮蔬菜*
翻炒料理
高湯，如：茴香高湯、蔬菜高湯
餡料

溜醬油
龍蒿
百里香
番茄和番茄醬汁
蕪菁
香莢蘭
酸葡萄汁
苦艾酒
醋，如：巴薩米克香醋、香檳酒醋、
　　蘋果酒醋、蔓越莓醋、雪利酒
　　醋、白酒醋
核桃
水田芥
干白酒
櫛瓜

對味組合
茴香＋酸（如：柳橙汁、醋）**＋甜菜**
茴香＋杏仁果＋酪梨＋綜合生菜
茴香＋芝麻菜＋葡萄柚＋榛果
茴香＋酪梨＋柑橘類＋萵苣縷草＋橄欖
茴香＋甜菜＋比利時茗菜
茴香＋血橙＋蘿蔓萵苣
茴香＋腰果＋柳橙＋香莢蘭
茴香＋乳酪（如：豪達、帕爾瑪、瑞可達乳酪）**＋堅果**（如：杏仁果、核桃）
　　＋樹果（如：蘋果、梨）
茴香＋蔓越莓＋堅果＋沙拉＋野生米
茴香＋黃瓜＋芥末＋百里香
茴香＋茗菜＋梨
茴香＋闊葉茗菜＋橄欖＋含鹽瑞可達乳酪
茴香＋闊葉茗菜＋柳橙
茴香＋茴香籽＋蒜頭**＋橄欖油＋**百里香
茴香＋茴香籽＋檸檬汁**＋橄欖油**
茴香＋費達乳酪＋檸檬＋歐芹
茴香＋蒜頭＋橄欖**＋帕爾瑪乳酪＋**番茄
茴香＋蒜頭＋馬鈴薯
茴香＋綠色蔬菜＋葛黎耶和乳酪＋菇蕈類
茴香＋檸檬＋橄欖油**＋**帕爾瑪乳酪**＋**歐芹*＋沙拉*
茴香＋菇蕈類＋帕爾瑪乳酪
茴香＋橄欖**＋**柳橙
茴香＋柳橙＋堅果（如：美洲山核桃、核桃）
茴香＋柳橙＋紅洋蔥＋白豆
茴香＋帕爾瑪乳酪＋義式燉飯＋番茄

茴香葉 Fennel Fronds
（or Leaves）
風味：茴芹（洋茴香）／甘草的香
　　調
風味強度：弱
料理方式：裝飾（尤其在使用茴
　　香的菜餚）、生食

豆類
甘藍菜
乳酪，如：帕爾瑪乳酪
柑橘類
雞尾酒，如：以伏特加為基底
蛋和蛋料理
茴香
義大利料理
檸檬
地中海料理
油脂
洋蔥，如：紅洋蔥
義式麵食
義式青醬（＋蒜頭＋橄欖油＋帕
　　爾瑪乳酪＋松子）
米
義式燉飯
沙拉淋醬，如：柑橘類沙拉淋醬
油醋醬
沙拉，如：*胡蘿蔔沙拉、柑橘類沙*
　　拉、茴香沙拉、綠色蔬菜沙拉
莎莎醬
素食香腸
湯，如：大麥湯、黃瓜湯

對味組合
茴香葉＋酪梨＋茴香＋葡萄柚＋
　　沙拉

茴香花粉 Fennel Pollen
季節：春－夏
風味：苦／甜／鮮味；芳香，帶有
　　茴芹（洋茴香）、柑橘類、茴香、
　　香料植物、蜂蜜和／或甘草的
　　刺激香調
風味強度：弱－中等／強

小祕訣：為一道菜畫龍點睛。

杏桃
蘆筍
烘焙食物，如：蛋糕、餅乾
胡蘿蔔
乳酪，如：蒙特利傑克、瑞可達乳
　　酪
巧克力
肉桂
柑橘類
鮮奶油和法式酸奶油
茄子
茴香和茴香籽
蒜頭
義大利（中部和北部）料理
韭蔥
檸檬，如：檸檬汁、碎檸檬皮
菇蕈類
堅果，如：杏仁果、開心果
燕麥片
柳橙
義式麵食，如：方麵餃
黑胡椒
義式粗玉米糊
馬鈴薯
米
義式燉飯
沙拉
鹽，如：海鹽
番茄和番茄醬汁
蔬菜，如：烘烤蔬菜、春季蔬菜
優格

● 茴香籽 Fennel Seeds
風味：苦／甜，帶有茴芹（洋茴
　　香）、葛縷子、孜然、蒔蘿和／
　　或甘草的香調
風味強度：弱－中等
小祕訣：在烹調過程最後添加。
　　咬開幾粒茴香籽，可以讓口氣
　　清新。
可行的替代物：茴芹籽（洋茴香籽）

蘋果
耶路撒冷朝鮮薊
烘焙食物，如：麵包、蛋糕、餅乾、
　　薄餅
羅勒
豆類，如：四季豆
甜菜
青花菜
抱子甘藍
甘藍菜
胡蘿蔔
白花椰菜
芹菜根
乳酪
鷹嘴豆
中式料理
肉桂
丁香
芫荽
黃瓜
咖哩類
孜然
甜點，如：印度甜點
茄子
英式料理
歐洲料理
茴香
葫蘆巴
無花果
五香粉
葛拉姆馬薩拉
蒜頭
薑
葡萄柚，如：葡萄柚汁、碎葡萄柚
　　皮
綠色蔬菜，如：甜菜葉
普羅旺斯香草
義大利料理
大頭菜
韭蔥
檸檬，如：檸檬汁
扁豆
香甜酒
芒果

滷汁醃醬
墨角蘭
地中海料理
菇蕈類
芥末，如：第戎芥末
橄欖油
橄欖
柳橙
紅椒粉
荷蘭芹
歐洲防風草塊根
義式麵食
去莢乾燥豌豆瓣
黑胡椒
漬物
披薩
馬鈴薯
南瓜
摩洛哥綜合香料
米
番紅花
沙拉淋醬
沙拉**，如：義大利麵沙拉、**馬鈴薯
　　沙拉
***醬汁**，如：義式麵食*
德國酸菜
斯堪地納維亞料理
紅蔥
***湯**，如：胡蘿蔔湯、芹菜根湯、去*
　　莢乾燥豌豆瓣湯、番茄湯
八角
餡料
甘藷
龍蒿
茶
百里香
番茄和番茄醬汁
蔬菜，如：綠色蔬菜、烘烤蔬菜
核桃

對味組合
茴香籽＋葡萄柚＋檸檬＋芥末＋
　　紅蔥
茴香籽＋韭蔥＋番茄

茴香籽＋墨角蘭＋百里香

● **葫蘆巴** Fenugreek
風味：帶有燒焦的糖、焦糖、芹菜、巧克力、咖啡和／或楓糖漿的刺激和／或可口香氣
風味強度：弱／中等（葉）－中等／強（種籽）
這是什麼：可作香料植物使用（乾燥或新鮮葉片），可作辛香料（種籽），也可作蔬菜（新鮮食用）
小祕訣：烘烤葫蘆巴種籽，可以釋放類似楓糖漿的風味（葫蘆巴其實可以製作人工楓糖漿）。長時間烹煮（例如微滾烹煮）會讓風味減弱。葫蘆巴芽菜可以用於沙拉。
近親：苜蓿、豌豆

北非料理
烘焙食物
豆類，如：乾燥豆類、四季豆、腰豆、綠豆
麵包
青花菜
甘藍菜
葛縷子籽
小豆蔻
胡蘿蔔
白花椰菜
乳酪，如：奶油狀乳酪、印度乳酪、白乳酪
鷹嘴豆
辣椒和辣椒膏
印度甜酸醬
芫荽葉
肉桂
丁香
芫荽
孜然
咖哩類、新鮮咖哩葉和咖哩粉
印度豆泥糊
印度多薩餅，比如印度可麗餅

茄子
蛋，如：*蛋餅*
茴香籽
麵粉，如：扁豆粉、米穀粉
蒜頭
薑
綠色蔬菜，如：綠葉甘藍、蕪菁葉
蜂蜜
印度料理
檸檬
扁豆
美乃滋
地中海料理
中東料理
芥末籽
洋蔥
歐洲防風草塊根
豌豆
去莢乾燥豌豆瓣
胡椒，如：黑胡椒
漬物
馬鈴薯，如：馬鈴薯咖哩、馬鈴薯泥
米，如：印度香米、長粒米
沙拉淋醬
沙拉，如：馬鈴薯沙拉
醬汁，如：印度黃瓜優格醬汁、白醬
湯，如：扁豆湯
菠菜
冬南瓜，如：白胡桃瓜
燉煮蔬菜
茶，如：薄荷茶
番茄
土耳其料理
薑黃
蕪菁
核桃
優格
櫛瓜

對味組合
葫蘆巴籽＋辣椒＋芫荽葉＋蒜頭＋番茄

葫蘆巴籽＋孜然＋蒜頭＋薑＋扁豆＋薑黃

● **蕨菜** Fiddlehead Ferns
季節：春
風味：苦，帶有朝鮮薊、蘆筍、四季豆和／或菇類的香調，質地鬆脆
風味強度：中等－強
營養學剖繪：57% 碳水化合物／33% 蛋白質／10% 脂肪
熱量：每28克10大卡（生食）
蛋白質：1克
料理方式：汆燙、沸煮（5+分鐘）、燜煮、醃漬、低溫水煮、打成泥、煎炒、蒸煮（注意：不可生食）

杏仁果
芝麻菜
蘆筍
奶油和褐化奶油醬
乳酪，如：蓽德、山羊、葛黎耶和、帕爾瑪乳酪
辣椒，如：青辣椒
細香蔥
芫荽
鮮奶油
孜然
卡士達
蛋，如：水煮全熟蛋、*鹹派*
葫蘆巴籽
蒜頭
薑
韭蔥
檸檬
墨角蘭
奶類
味噌
菇蕈類，如：酒杯蘑菇、舞菇、羊肚菌、野菇
芥末
蕁麻
蕎麥麵
肉豆蔻

油脂，如：榛果油、堅果油、**橄欖油**

洋蔥，如：青蔥、紅洋蔥

奧勒岡

紅椒粉

荷蘭芹

義式麵食

豌豆

黑胡椒

義式青醬（如：蕨菜＋杏仁果＋橄欖油＋帕爾瑪乳酪）

日式醋汁醬油

馬鈴薯，如：新馬鈴薯

野生米

義式燉飯

沙拉，如：溫沙拉

鹽

醬汁，如：奶油乳酪、荷蘭醬

香薄荷

芝麻，如：芝麻油、芝麻籽

紅蔥

舒芙蕾

湯

醬油

夏南瓜

蔬菜高湯

薑黃

油醋醬

醋，如：蘋果酒醋、巴薩米克香醋、雪利酒醋

櫛瓜

對味組合

蕨菜＋奶油＋香草＋羊肚菌＋野生韭蔥

蕨菜＋奶油＋檸檬

蕨菜＋雞油菌＋義式燉飯

蕨菜＋蒜頭＋墨角蘭

蕨菜＋蒜頭＋橄欖油＋荷蘭芹

蕨菜＋芥末＋橄欖油

蕨菜＋芝麻油＋芝麻籽＋醬油

● **無花果** Figs
（同時參見無花果乾）

季節：夏－秋

風味：甜，帶有澀味香調，成熟時質地柔軟（內部布滿細小鬆脆的種籽）

風味強度：弱－中等

營養學剖繪：94% 碳水化合物（糖分高）／3% 脂肪／3% 蛋白質

熱量：1 大顆無花果 50 大卡（生食）

料理方式：烘焙炙烤、焦糖化、深炸、燒烤、生食、烘烤、煎炒、微滾烹煮

茴芹籽

蘋果

阿瑪涅克白蘭地

芝麻菜

烘焙食物，如：蛋糕、玉米麵包、瑪芬、速發麵包

羅勒

月桂葉

漿果，如：黑莓、藍莓

奶油

焦糖

小豆蔻

穀片，如：早餐麥片

乳酪，如：藍黴、布瑞達、卡伯瑞勒斯乳酪、法國乳酪、**奶油乳酪**、**費達**、新鮮白乳酪、**山羊乳酪**、戈根索拉、蒙契格、蒙特利傑克、莫札瑞拉、帕爾瑪、佩科利諾、**瑞可達乳酪**、**斯提爾頓**

辣椒，如：哈拉佩諾辣椒

巧克力

印度甜酸醬

肉桂

丁香

椰子和椰奶

君度橙酒

糖煮水果

蔓越莓

鮮奶油

甜點

茴菜，如：紅茴菜

茴香和茴香籽

綠捲鬚苦苣

薑

葡萄

蜂蜜

薰衣草

檸檬，如：檸檬汁、碎檸檬皮

奶油萵苣

萊姆，如：萊姆汁、碎萊姆皮

馬士卡彭乳酪

地中海料理

甜瓜，如：洋香瓜

中東料理

椰奶

薄荷

糖蜜

堅果，如：**杏仁果、榛果、美洲山核桃、開心果，核桃**

燕麥片和燕麥

油脂，如：椰子油、葡萄籽油、橄欖油

焦糖化洋蔥

柳橙，如：橙汁、橙酒、碎橙皮

美式煎餅

桃子

梨

主廚私房菜 DISHES

烘烤岩漠農場無花果和布瑞達乳酪，放在燒烤核桃麵包上，搭配芝麻菜和苦苣沙拉
——綠色餐廳（Greens Restaurant），舊金山

蜂蜜燒烤無花果搭配甜瑞可達乳酪
——泰勒朋（Telepan），紐約市

黑胡椒
柿子
費洛皮
披薩
石榴
榅桲
覆盆子
開胃小菜
米
迷迭香
沙拉淋醬，如：藍黴乳酪沙拉淋
　　醬
沙拉，如：綠色蔬菜沙拉、菠菜沙

拉
海鹽
芝麻籽
酸奶油
菠菜
八角
草莓
填餡無花果
糖，如：黃砂糖
餡餅
百里香
香莢蘭
醋，如：巴薩米克香醋、紅酒醋、

雪利酒醋、巴薩米克白醋
水田芥
酒，如：馬德拉酒、馬沙拉酒、紅酒、
　　甜酒（如：波特酒）
優格

日本**無花果**在日本很受歡迎，我認為日本無花果最棒了——不過我發現糖果紋無花果（因為顏色鮮紅，風味像甜塔，又有鬆脆的子，因此亦稱覆盆子無花果）的風味更豐富，而且更適合當水果食用。

——上島良太，美好的一日餐廳，紐約市

對味組合
無花果＋杏仁果＋茴芹
無花果＋杏仁果＋梨＋紅酒
無花果＋茴芹＋小豆蔻＋開心果＋優格
無花果＋蘋果＋蜂蜜
無花果＋蘋果＋美洲山核桃
無花果＋芝麻菜＋羅勒＋乳酪＋蜂蜜
無花果＋芝麻菜＋法國乳酪
無花果＋芝麻菜＋費達乳酪
無花果＋芝麻菜＋核桃
無花果＋巴薩米克香醋＋乳酪
無花果＋巴薩米克香醋＋橄欖油
無花果＋巴薩米克香醋＋開心果
無花果＋羅勒＋山羊乳酪＋石榴籽
無花果＋羅勒＋莫札瑞拉乳酪
無花果＋黑胡椒＋乳酪＋蜂蜜
無花果＋乳酪（如：藍黴、布瑞達、費達、山羊、戈根索拉、馬士卡彭、
　　瑞可達乳酪）**＋堅果**（如：杏仁果、美洲山核桃、開心果、核桃）
無花果＋肉桂＋蜂蜜＋香莢蘭
無花果＋奶油乳酪＋蜂蜜＋薄荷＋瑞可達乳酪
無花果＋山羊乳酪＋百里香
無花果＋戈根索拉乳酪＋（焦糖化）洋蔥
無花果＋蜂蜜＋堅果＋瑞可達乳酪
無花果＋蜂蜜＋美洲山核桃
無花果＋蜂蜜＋波特酒＋迷迭香
無花果＋蜂蜜＋覆盆子
無花果＋蜂蜜＋香莢蘭＋酒
無花果＋蜂蜜＋核桃＋優格
無花果＋甜瓜＋薄荷
無花果＋甜瓜＋柳橙

● 無花果乾 Figs, Dried
風味：甜，帶有蜂蜜、堅果和／或
　　葡萄乾的香調，質地柔軟有嚼
　　勁，內部布滿細小鬆脆的種籽
風味強度：中等
料理方式：可燉煮

杏仁果
茴芹籽
蘋果
烘焙食物，如：蛋糕、瑪芬、速發
　　麵包
香蕉
白蘭地
小豆蔻
乳酪，如：藍黴、奶油乳酪、費達、
　　山羊、戈根索拉、蒙契格、帕爾
　　瑪、瑞可達乳酪
栗子
肉桂
椰子
蔓越莓
椰棗
甜點
格蘭諾拉麥片
蜂蜜
果醬
檸檬，如：檸檬汁、碎檸檬皮
堅果，如：杏仁果、夏威夷堅果、

美洲山核桃、核桃
燕麥和燕麥片
橄欖
柳橙，如：橙汁、碎橙皮
梨
美洲山核桃
開心果
南瓜籽
葡萄乾
點心
燉煮料理
摩洛哥塔吉鍋燉肉
醋，如：巴薩米克香醋
核桃
酒，如：紅酒、甜酒
優格

對味組合
無花果乾＋杏仁果＋奶油乳酪
無花果乾＋香蕉＋椰子
無花果乾＋栗子＋柳橙
無花果乾＋山羊乳酪＋沙拉青蔬
　＋核桃
無花果乾＋蜂蜜＋堅果
無花果乾＋蜂蜜＋柳橙＋優格

五香粉 Five-Spice Powder
風味：甜
風味強度：弱－中等
這是什麼：肉桂＋丁香＋茴香籽
　＋八角＋花椒的混合辛香料

燜燒菜餚
中式料理
蒜頭
薑
滷汁醃醬
堅果如：杏仁果、開心果、核桃
米
烘烤料理
醬汁
種籽，如：南瓜籽
燉煮料理
快炒料理

豆腐

亞麻籽油 Flaxseed Oil
（參見亞麻籽油）

● 亞麻籽 Flaxseeds
風味：微甜，帶有堅果香調，質地
　鬆脆
風味強度：弱
這是什麼：種籽
對健康有益的主張：喬爾‧福爾
　曼，《增進超級免疫力的頭號超
　級食物》
對健康的助益：每天一大匙亞麻
　籽粉（例如加進穀片或蔬果昔，
　可滿足每日 omega-3 脂肪酸的
　需求。
小祕訣：購買整顆種籽，磨碎後
　立刻使用。種籽磨過才能完整
　釋放出營養價值。如果想保存
　營養的益處，就不要高溫烹煮。
　烘焙時可以當蛋的代替物，用
　滿滿 1 大匙亞麻籽粉代替一大
　顆蛋；以 1：3 的比例把亞麻籽
　粉浸泡在熱水中，然後拌入濃
　稠的麵糊（1 大匙亞麻籽對 3 大
　匙的水）。

蘋果和蘋果醬汁
酪梨
***烘焙食物*，如：*麵包*、蘇打餅、瑪芬、
　餡餅皮、披薩皮、速發麵包**
香蕉
胡蘿蔔和胡蘿蔔汁
穀片，如：早餐麥片
柑橘類
芫荽
農家乳酪
甜點
茴香
麵粉，如：全麥麵粉
法國土司
穀物
格蘭諾拉麥片

香草
蜂蜜
蔬果汁
羽衣甘藍
美式長條素肉團
堅果，如：花生和花生
核桃醬
燕麥、燕麥麩、燕麥片
橄欖油
美式煎餅和比利時鬆餅，如：加
　在麵糊裡
義大利薄餅
米
沙拉，如：作為配料
芝麻籽
蔬果昔
湯
冬南瓜
蔬菜
素食漢堡
優格
櫛瓜

米穀粉 Flour, Rice

我喜歡用**米穀粉**做蕈菇類的炸
衣，米穀粉中磨進一些阿勃瑞歐
米，增添質地，並磨進一些芝麻
或芫荽籽增添質地和風味。豆奶
或米漿加入一點第戎芥末增添黏
滯性，菇類浸進去，然後沾上混
合的米穀粉，卜鍋油炸。
　　——艾瑞克‧塔克，千禧餐廳，舊金山

F

蓬勃烘焙公司的黛安·弗里

我身為主廚,對全株植物(從根到果實)的烹調很有興趣,對於健康、愉快的生活方式,這種烹調不可或缺。

不過食物首先必須滿足味覺,所以永遠必須找到成分的正確組合,和風味與質地的平衡。

我一直在用非傳統的方式,拿穀物和豆類做實驗:包進馬芬裡,加入鹹卡士達,碾碎加入塔殼中。

這種方式也讓我用富含能量的植物食材,取代毫無營養的白麵粉和糖,加入我們的產品中。

我對發芽穀粉特別有興趣,因為發芽穀粉不只有很棒的風味,而且是烘焙食品富含能量的成分。

我的廚房致力研發鹹的烘焙食物,因此我會設法先做出風味,然後選擇用適合的方式來呈現。

以下是一些組合:

鹹食

- 發芽斯佩耳特小麥粉,搭配蘆筍、酸模、南瓜子和帕爾瑪乳酪
- 發芽玉米粉馬芬搭配醃甜菜、夏威夷堅果和山羊乳酪
- 小米粉餅乾,搭配烤鷹嘴豆、鹽膚木和芝麻籽
- 鹹的米布丁,搭配油封的茴香、胡蘿蔔和龍蒿
- 藜麥布丁,搭配青花菜和巧達乳酪

水果

- 椰子粉司康,搭配藍莓、薑和大麻籽
- 野生米和藜麥馬芬,搭配香蕉、蔓越莓乾和核桃
- 巧克力櫻桃司康,搭配純香萊蘭豆克非爾奶酒和杏仁果
- 草莓果醬馬芬,拾配石榴糖蜜、梅爾檸檬和奇亞籽

斯佩耳特小麥粉 Flour, Spelt

由於**斯佩耳特小麥粉**的麩質比麵粉少,用斯佩耳特小麥粉做的馬芬不能膨脹得那麼高,所以我們不把馬芬模子裝到⅔,而是裝到¾。

——瑪琳·托爾曼,石榴咖啡館,亞利桑那州鳳凰城

我們用**斯佩耳特小麥粉**做蘋果甜甜圈,斯佩耳特小麥粉對身體很好,富含維生素,容易消化。我們試著用全麥麵粉做甜甜圈,但

成品很重。我是用楓糖漿為甜甜圈和其他蛋糕增加甜度,以免太強烈。2010年,「休憩時間」網站頒了「最佳甜甜圈」獎給我們,說來有趣,我的合作夥伴自己有一家 Dunkin' Donuts。

——費爾南達·卡波比安科,迪瓦思純素烘焙屋,紐約市

我認為**斯佩耳特小麥粉**做的披薩風味勝過白麵粉做的披薩。搭配西洋梨和瑞可達乳酪,十分美味。

——瑪基妮·豪威爾,李子小酒館餐車,西雅圖

發芽麵粉 Flour, Sprouted
品牌:根本飲食、祝你健康

食用花卉 Flowers, Edible
有些花可以吃,例如茴藿香(像甜甜的甘草)、琉璃苣(像黃瓜,甜蜂蜜)、康乃馨、菊苣、細香蔥(蒜頭、洋蔥)、菊花、雛菊、金針花、薰衣草(香料植物、刺激、甜)、萬壽菊(花香、酸)、金蓮花(蜂蜜、胡椒)、三色菫(薄荷)和紫羅蘭(甜)——但大部分的花並不會帶來多少自己的風味。花的功能主要還是裝飾。

我們在美利思餐廳頂樓種**食用花卉**……大部分食用花卉的香甜獨特風味來自花粉……金蓮花的風味強過大部分的食用花卉——有種非常強烈、芬芳、類似胡椒的辛辣風味。黃花酢漿草也很酸。

——喬塞·席特林,美利思餐廳,聖塔莫尼卡

菲卡麥 Freekeh(亦稱 Frikeh)
[FREE-kah]
風味:帶有青草、肉、堅果和／或煙的泥土味,質地有嚼勁
風味強度:中等
這是什麼:一種穀物,幼小翠綠的菲卡麥先經過火燒再收成。
料理方式:微滾烹煮(20-30分鐘)
比例:1:1½-2(1杯菲卡麥對1½-2杯烹調湯汁)
小祕訣:要釋放堅果香,可以在烹煮之前用平底鍋烘烤。
可行的替代物:布格麥＋幾滴煙燻調味液

北非料理
多香果
蘋果
杏桃乾
蘆筍

烘焙食物，如：麵包
豆類，如：紅豆、黑眉豆、黃豆
甜菜
燈籠椒，如：紅燈籠椒
麵包粉，如：日式麵包粉
奶油
胡蘿蔔
卡宴辣椒
芹菜
熱早餐麥片
乳酪，如：布瑞達、費達、帕爾瑪
　　乳酪
鷹嘴豆
辣椒，如：青辣椒
芫荽葉
肉桂
丁香
芫荽
黃瓜
孜然
茄子
蛋
水果乾，如：杏桃乾、蔓越莓乾、
　　李子乾、葡萄乾
蒜頭
其他穀物，如：燕麥
蜂蜜
檸檬，如：檸檬汁、碎檸檬皮
扁豆
美式素肉丸
地中海料理
中東料理
薄荷
菇蕈類，如：鈕扣菇、金針菇、蠔菇、
　　香菇
北非料理
肉豆蔻
堅果，如：腰果、榛果、核桃
油脂，如：堅果油、**橄欖油**
橄欖，如：卡拉瑪塔橄欖
洋蔥，如：紅洋蔥
奧勒岡
紅椒粉，如：辣紅椒粉、甜紅椒粉
荷蘭芹

黑胡椒
抓飯
松子
開心果
石榴籽
義式燉飯
番紅花
沙拉，如：穀物沙拉
海鹽
種籽，如：南瓜籽、芝麻籽、葵花
　　籽
紅蔥
湯
白胡桃瓜
燉煮料理
高湯，如：菇蕈高湯、蔬菜高湯
餡料
甘藷
麥粒番茄生菜沙拉
百里香
番茄和番茄糊
日曬番茄乾
素食漢堡
核桃
優格
櫛瓜

對味組合

墨西哥有機菲卡麥＋蘋果＋早餐
　　麥片＋肉桂＋葡萄乾
墨西哥有機菲卡麥＋麵包粉＋蛋
　　＋美式素肉丸＋帕爾瑪乳酪＋
　　荷蘭芹
墨西哥有機菲卡麥＋肉桂＋芫荽
　　＋孜然

我煮熟菲卡麥之後，再乾燥、炸
過，讓菲卡麥像米香一樣變得香
酥，並且配上綿密的布瑞達生乳
酪。

　　　——瓊‧杜布瓦斯，綠斑馬餐廳，芝加哥

法式料理 French Cuisine

蘋果
杏桃
奶油
素食法國白豆什錦鍋
乳酪
鮮奶油
蛋，如：*蛋捲*
蒜頭
焗烤料理
香料植物，如：細碎的香料植物
調味蔬菜（胡蘿蔔＋芹菜＋洋蔥）
芥末，如：第戎芥末
洋蔥
歐芹
酥皮
梨
馬鈴薯
法式調味蛋黃醬，如：芹菜根法
　　式調味蛋黃醬
沙拉，如：扁豆沙拉
醬汁
焗炒料理
紅蔥
烈酒
高湯
龍蒿
餡餅，如：香薄荷（如：洋蔥、櫛瓜）
　　餡餅、甜餡餅（如：水果）
百里香
番茄
松露，如：黑松露
根莖蔬菜
油醋醬
酒醋，如：紅酒醋、白酒醋
麥，尤以小麥粉為佳
酒
櫛瓜

二十六歲的時候，我第一次去法
國。我最深的印象是法國人好愛
蔬菜！簡單的食物卻留下深刻的
影響。我也學到他們喜歡用壓力
鍋烹調蔬菜。壓力鍋把蔬菜煮到

很柔軟，有點快溶化的質地。這種方法產生的香氣無可比擬……我待在法國的那段時間，好像每餐都有個餡餅！如果說大家覺得美國人每餐都吃熱狗和漢堡，我覺得法國人就是每餐都吃餡餅。在法國，午餐是一天中最豐盛的那一餐，所以晚餐通常比較簡單——例如加了卡士達的咖哩口味櫛瓜餡餅，搭配沙拉。我跟一位法國女士學到用一半的奶油和一半的人造奶油做餡餅麵團，這樣可以做出比較酥脆的餡餅殼，但現在我用100%的大地平衡牌產品來做我們的純素餡餅。

——肯·拉森，綠色餐桌，紐約市首屈一指的法式素食小酒館

新鮮香料 Freshness
季節：春－夏
小祕訣：書中列出的香料植物都可新鮮入菜（烹調不多或完全不烹調），為菜餚增添清新的氣息。其他列出的調味則會替菜餚加上鮮明的風味。相反的用法可參見**慢燒菜餚**。

羅勒
細香蔥
芫荽葉
柑橘類
蒔蘿
茴香花粉
薄荷
龍蒿

●綠捲鬚苦苣 Frisée
（又名捲葉萵菜）
風味：苦／微甜，質地「鬆軟」
風味強度：**較弱**（嫩葉）－較強（老葉）
這是什麼：葉子細緻的捲葉萵菜品種
料理方式：燜煮、生食、炙燒、煮

軟

蘋果
芝麻菜
蘆筍
四季豆
甜菜
麵包粉
腰果
芹菜
乳酪，如：**藍黴**、法國、費達、*白乳酪*、山羊乳酪、戈根索拉、蒙契格、**帕爾瑪**、侯克霍乳酪
細香蔥
蛋，如：煎蛋、水波蛋
苣菜
闊葉苣菜
茴香
蒜頭
薑
葡萄柚
其他沙拉青蔬
榛果
檸檬，如：檸檬汁
萵苣纈草
楓糖漿
薄荷
菇蕈類，如：雞油菌、杏鮑菇、牛肝菌、波特貝羅大香菇、香菇
第戎芥末
堅果，如：腰果、榛果、核桃
油脂，如：菜籽油、葡萄籽油、榛果油、堅果油、**橄欖油**、葵花油、核桃油
柳橙和血橙及其果汁
棕櫚心

歐芹
梨
胡椒，如：黑胡椒、白胡椒
石榴
馬鈴薯
紫葉菊苣
櫻桃蘿蔔
沙拉，如：綠色蔬菜沙拉、馬鈴薯沙拉
鹽，如：猶太鹽、海鹽
香薄荷
種籽，如：葵花籽
紅蔥
湯
菠菜
芽菜，如：葵花籽芽
龍蒿
百里香
番茄
醋，如：蘋果酒醋、巴薩米克香醋、紅酒醋、雪利酒醋、白酒醋
裙帶菜
核桃
水田芥

對味組合
綠捲鬚苦苣＋芝麻菜＋甜菜＋山羊乳酪＋棕櫚心＋醋
綠捲鬚苦苣＋巴薩米克香醋＋第戎芥末＋橄欖油＋馬鈴薯
綠捲鬚苦苣＋巴薩米克香醋＋山羊乳酪
綠捲鬚苦苣＋酥脆麵包丁＋蛋＋蒜頭＋檸檬＋菇蕈類
綠捲鬚苦苣＋戈根索拉乳酪＋核桃

綠捲鬚苦苣＋侯克霍乳酪＋雪利
　酒醋＋核桃油

白乳酪 Fromage Blanc

風味：酸，帶有乳脂的香調，質地
　滑順紮實但可以抹開（有點類
　似瑞可達乳酪）

風味強度：弱－中等

這是什麼：用牛奶製作，「是法國
　對優格的回應」

對健康的助益：脂肪含量少或不
　含脂肪

料理方式：攪打

可行的替代物：奶油乳酪、法式酸
　奶油（直接用鮮奶油製成）、新
　鮮瑞可達乳酪糊、酸奶油、優格

杏桃
蘆筍
香蕉
羅勒
漿果，如：藍莓、草莓
東歐乳酪薄烤餅
藍莓
麵包
奶油乳酪
乳酪蛋糕
細香蔥

柑橘類，如：柑橘果汁、碎柑橘皮
可麗餅
蛋，如：*義式蛋餅*
甜點
蘸料
無花果
細碎的香料植物
法式料理
水果和果醬和蜜餞
蒜頭
格蘭諾拉麥片
香料植物
蜂蜜
冰淇淋
薰衣草
韭蔥
楓糖漿
芥末，如：第戎芥末
油桃
堅果
洋蔥，如：春日洋蔥
歐芹
桃子
開心果
披薩
馬鈴薯
沙拉，如：水果沙拉
三明治

雪碧冰
湯，如：*胡蘿蔔湯*
抹醬
草莓
糖
龍蒿
番茄
香莢蘭

對味組合

白乳酪＋蛋＋調味香料＋*蛋餅*
白乳酪＋蒜頭＋香料植物
白乳酪＋格蘭諾拉麥片＋蜂蜜

冷凍蔬果
Fruits And Vegetables, Frozen

小祕訣：冷凍蔬果的營養含量，時
　常超過新鮮購買但擱置幾天的
　蔬果。

水果乾 Fruits, Dried（參見
杏桃乾、櫻桃乾、蔓越莓乾、
穗醋栗乾、李子乾、葡萄乾等）

小祕訣：只選用有機的水果乾。
　如果水果很硬，可以先蒸煮再
　使用。

南薑 Galangal（同時參見薑）
[guh-LANG-uhl]
風味：酸／辣、芳香、帶有樟腦、
　　柑橘類、花、薑、檸檬、芥末子、
　　胡椒和／或熱帶水果的泥土、
　　刺激香調，和木質的質地
風味強度：非常強
這是什麼：「泰國薑」
近親和可行的替代物：薑

*烘焙食物，如：蛋糕（比如胡蘿蔔
　蛋糕）、餅乾、快速法麵包（比
　如香蕉麵包）*
白花椰菜
辣椒，如：泰國鳥眼辣椒
巧克力
芫荽葉
柑橘類，如：檸檬、萊姆
椰子和椰奶
芫荽
咖哩類，如：綠咖哩、紅咖哩
蒜頭
薑
蜂蜜
印尼料理
卡非萊姆葉
檸檬香茅
馬來西亞料理
味噌，如：白味噌
菇蕈類
洋蔥
歐芹
梨，如：亞洲梨
馬鈴薯
米
醬汁
嫩青蔥
紅蔥
紫蘇
湯，如：椰子湯
東南亞料理
小果南瓜，如：白胡桃瓜、日本南
　瓜
燉煮料理

翻炒料理
高湯，如：蔬菜高湯
糖，如：黃砂糖
羅望子
泰式料理
薑黃
越南料理

對味組合

南薑＋白胡桃瓜＋椰奶＋檸檬香
　茅＋菇蕈類＋高湯＋豆腐
南薑＋辣椒＋芫荽葉＋椰奶＋芫
　荽＋卡非萊姆葉
南薑＋薑＋日本南瓜＋白味噌

獨行菜 Garden Cress
（參見春山芥）

● 蒜頭 Garlic
季節：全年皆有，尤其是春（青
　蒜）－秋
風味：從甜到刺激，帶有堅果和
　／或洋蔥的香調
風味強度：從弱／中等（尤其是
　烘烤過）－強（尤其是生食）
營養學剖繪：85% 碳水化合物／
　12% 蛋白質／3% 脂肪
熱量：每瓣5大卡（生食）
料理方式：烘焙、燒烤、打成泥、
　生食（例如加在沙拉上）、烘烤
　（204℃烤到軟，約半小時）、煎
　炒、燉煮、翻炒
小祕訣：蒜頭用橄欖油燜煮之後，
　可以當作抹醬（例如抹在麵包
　或蘇打餅上），或用於烹調。
近親：蘆筍、細香蔥、韭蔥、洋蔥、
　紅蔥

蒜泥蛋黃醬
杏仁果
美洲料理
朝鮮薊
耶路撒冷朝鮮薊
蘆筍

羅勒
月桂葉
**豆類，如：黑眉豆、蠶豆、白腰豆、
　蠶豆、四季豆、皇帝豆、花豆、
　貝殼豆、白豆**
甜菜
麵包和麵包粉
青花菜和球花甘藍
奶油
續隨子
胡蘿蔔
法式砂鍋菜
白花椰菜
蒸菜
**乳酪，如：費達、山羊、葛黎耶和、
　帕爾瑪、瑞可達、瑞士乳酪**
鷹嘴豆
**辣椒，如：辣椒片、辣椒膏和辣椒
　醬**
中式料理
細香蔥
丁香
玉米
庫斯庫斯
咖哩類
蘸料
茄子
蛋和蛋黃
闊葉茞菜
茴香
蕨菜
法式料理
薑
希臘料理
**綠色蔬菜，如：苦味綠色蔬菜、蒲
　公英葉**
香料植物
印度料理
義大利料理
羽衣甘藍
拉丁美洲料理
韭蔥
莢果
檸檬，如：檸檬汁、碎檸檬皮

扁豆
萵苣，如：蘿蔓萵苣
墨西哥料理
中東料理
薄荷
味醂
菇蕈類，如：牛肝菌
芥末，如：第戎芥末
亞洲麵條，如：泰式炒河粉
橄欖油
橄欖，如：卡拉瑪塔橄欖
洋蔥
柳橙
奧勒岡
紅椒粉
歐芹
義式麵食，如：義大利細扁麵、尖
　　管麵、直麵
花生
豌豆
胡椒，如：黑胡椒
義式青醬
松子
法式蔬菜蒜泥濃湯
披薩
馬鈴薯，如：馬鈴薯泥
濃湯
迷迭香
番紅花
鼠尾草
沙拉淋醬，如：油醋沙拉淋醬
沙拉
鹽，如：海鹽
醬汁，如：摩爾醬、蒜泥馬鈴薯、
　　青瓜酸乳酪醬汁
芝麻油
紅蔥
酸模
湯，如：蒜頭湯
酸奶油
醬油
西班牙料理
菠菜
抹醬

小果南瓜，如：金線瓜、夏南瓜
燉煮料理
翻炒料理
蔬菜高湯
塔希尼芝麻醬
溜醬油
百里香
豆腐
黏果酸漿
番茄和蕃茄醬汁

土耳其料理
薑黃
越南料理
醋，如：巴薩米克香醋、紅酒醋、
　　米酒醋醋
山芋
優格
櫛瓜

對味組合

蒜頭＋杏仁果＋麵包粉＋**檸檬**＋橄欖油＋歐芹

蒜頭＋羅勒＋橄欖油＋番茄

蒜頭＋麵包粉＋菇蕈類＋歐芹

蒜頭＋青花菜＋檸檬

蒜頭＋蕪菜＋馬鈴薯＋迷迭香

蒜頭＋費達乳酪＋奧勒岡

蒜頭＋薑＋味醂＋芝麻油＋醬油

蒜頭＋薑＋歐芹

蒜頭＋芥藍＋溜醬油

蒜頭＋韭蔥＋馬鈴薯＋番紅花＋湯＋蔬菜高湯

蒜頭＋檸檬＋歐芹

蒜頭＋橄欖油＋歐芹

蒜頭＋橄欖油＋迷迭香

蒜頭＋歐芹＋鼠尾草

蒜頭＋馬鈴薯＋迷迭香

黑蒜頭 Garlic, Black

風味：鹹／甜／鮮味，帶有巴薩米克香醋、巧克力、甘草、糖蜜、糖漿、羅望子和／或松露的泥土香調，質地類似卡士達醬

風味強度：弱－中等

這是什麼：發酵熟成的蒜

品牌：香料屋（thespicehouse.com）

亞洲料理
羅勒
烘烤燈籠椒
奶油和褐化奶油醬
芹菜根
乳酪，如：奶油乳酪、帕爾瑪乳酪
辣椒，如：風味較溫和的辣椒
細香蔥
蘸料
蒜頭
蜂蜜
羽衣甘藍
韓式料理
檸檬
菇蕈類
麵條，如：亞洲麵條
橄欖油
橄欖

歐芹
義式麵食
披薩
馬鈴薯
義式燉飯
沙拉淋醬
沙拉，如：馬鈴薯沙拉
紅蔥
橄欖醬
番茄
醋，如：巴薩米克香醋、巴薩米克白醋
酒

對味組合

黑蒜＋羅勒＋橄欖油＋番茄＋巴薩米克白醋

青蒜 Garlic, Green
（又名蒜苗或春蒜）

季節：**春**

風味：微甜，帶有蒜和香料植物的香調

風味強度：**弱－中等**

可行的替代物：嫩青蔥

蒜泥蛋黃醬

朝鮮薊
蘆筍
烘焙食物，如：麵包
羅勒
乳酪，如：帕爾瑪乳酪
蛋，如：義式蛋餅、蛋捲
蒜頭
焗烤料理
韭蔥
檸檬，如：檸檬汁、碎檸檬皮
油脂，如：蔬菜油
歐芹
義式麵食
義式青醬
松子
披薩
馬鈴薯，如：馬鈴薯泥
義式燉飯
沙拉淋醬
沙拉
醬汁
湯
翻炒料理

對味組合

青蒜＋朝鮮薊＋巴薩米克香醋＋橄欖油＋歐芹

青蒜＋蘆筍＋帕爾瑪乳酪＋義式麵食

青蒜＋羅勒＋橄欖油＋帕爾瑪乳酪＋松子

青蒜＋韭蔥＋馬鈴薯

蒜薹 Garlic Scapes

風味：蒜的香調

風味強度：弱－中等

這是什麼：蒜的花莖／莖

料理方式：深炸、燒烤、醃漬、生食、煎炒、蒸煮

近親：細香蔥、韭蔥、洋蔥

杏仁果
羅勒
四季豆

麵包
義大利烤麵包片
奶油
芹菜
乳酪，如：奶油乳酪、**帕爾瑪**、瑞
　可達乳酪
鷹嘴豆
蒔蘿
蛋，如：義式蛋餅、蛋捲
蒜頭
綠色蔬菜，如：甜菜葉
鷹嘴豆泥醬
檸檬，如：檸檬汁、碎檸檬皮
歐當歸
菇蕈類
堅果，如：杏仁果
堅果油，如：核桃油
橄欖油
歐芹
義式麵食，*如：尖管麵、直麵*
花生
黑胡椒
義式青醬
松子
馬鈴薯
米
鼠尾草
沙拉淋醬
沙拉
鹽，*如：海鹽*
*湯，如：蒜頭湯、韭蔥湯、馬鈴薯
　湯*
酸奶油
菠菜
翻炒料理
蔬菜高湯
葵花籽
照燒醬
百里香
番茄
核桃
干白酒

對味組合
蒜薑＋奶油＋百里香
蒜薑＋奶油乳酪＋蒔蘿
蒜薑＋蛋＋菇蕈類
蒜薑＋堅果（如：杏仁果、核桃）
　＋橄欖油

● **印度酥油** Ghee
風味：焦糖和／或堅果的香調，質
　地濃郁滑順（時常有顆粒感）
風味強度：弱－中等
這是什麼：印度的澄清奶油
對健康的助益：去除乳固形物，所
　以脂肪和膽固醇含量少於奶油
小祕訣：比奶油更適合用於高溫
　烹煮（例如炒炸）。印度酥油冷
　藏，最多可保存六個月。
品牌：古法有機

麵包
小豆蔻
辣椒
芫荽葉
丁香
孜然
新鮮咖哩葉
甜點
蒜頭
薑
印度料理
檸檬
扁豆
薄荷
馬鈴薯
米

● **薑** Ginger—In General
風味：酸／甜／辣；芳香，帶有檸
　檬和／或胡椒的刺激／辛香香
　調，質地多汁
風味強度：中等－強
營養學剖繪：86% 碳水化合物／
　8% 脂肪／6% 蛋白質
熱量：¼杯20大卡（生食，切片）

料理方式：烘焙、做成糖、乾燥、
　直接吃、刨絲、醃漬、生食、翻
　炒
小祕訣：新鮮的薑比較常用在亞
　洲料理的鹹食中。乾薑時常用
　在烘焙甜點、混合香料和慢燒
　菜餚（例如燉菜）。
近親：小豆蔻、南薑、薑黃

非洲料理
龍舌蘭糖漿
杏仁果
蘋果和蘋果酒
杏桃
亞洲料理
蘆筍
烘焙食物，*如：麵包、蛋糕、餅乾、
　馬芬、派*
香蕉
羅勒
四季豆
燈籠椒，*如：綠燈籠椒、紅燈籠椒*
漿果
飲品，*如：愛爾啤酒、啤酒、茶*
藍莓
青江菜
青花菜和芥藍花菜
牛蒡
甘藍菜，*如：紫甘藍、皺葉甘藍*
小豆蔻
加勒比海料理
胡蘿蔔
腰果
白花椰菜
芹菜
櫻桃，*如：櫻桃塔*
鷹嘴豆
辣椒，*如：哈拉佩諾辣椒；辣椒片、
　辣椒粉*
中式料理
巧克力，*如：黑巧克力、白巧克力*
芫荽葉
肉桂
椰子和椰奶

冷水果法式清湯搭配檸檬薑雪碧冰和壓縮甜瓜
——金色大門溫泉咖啡館（The Golden Door Spa Café），亞利桑那州斯科茨代爾

芫荽
玉米
蔓越莓
鮮奶油和冰淇淋
孜然
咖哩類，尤以亞洲咖哩或印度咖
　　哩為佳
油炸料理，如：炸豆腐、炸蔬菜
甜點
蘸料
毛豆
茄子
茴香和茴香籽
無花果
水果
葛拉姆馬薩拉
＊蒜頭
薑汁汽水
薑餅
全穀物，如：蕎麥
葡萄柚
綠色蔬菜，如：亞洲生菜、綠葉甘
　　藍
鹿尾菜
海鮮醬
蜂蜜
冰淇淋
印度料理
牙買加料理
日式料理
奇異果
昆布
韭蔥
檸檬
檸檬香茅
扁豆
萊姆
蓮藕
低鹽料理

荔枝
芒果
楓糖漿
滷汁醃醬
甜瓜，如：洋香瓜
薄荷
味醂
味噌
糖蜜
摩洛哥料理
菇蕈類，如：香菇
亞洲**麵條**，如：粄條、日本蕎麥麵、
　　烏龍麵
燕麥和燕麥片
油脂，如：葡萄籽油、芝麻油
秋葵
洋蔥，如：青蔥、春日洋蔥

柳橙，如：橙汁、碎橙皮
木瓜
歐芹
歐洲防風草塊根
百香果
義式麵食，如：米粒麵
桃子
花生
梨
豌豆
醃漬薑
抓飯
鳳梨
李子
馬鈴薯
南瓜
葡萄乾
大黃
米，如：印度香米、糙米
蘭姆酒
清酒
沙拉淋醬

對味組合

薑＋龍舌蘭糖漿＋飲品＋蘇打水
薑＋黃砂糖＋胡蘿蔔＋肉桂
薑＋黃砂糖＋葡萄柚
薑＋胡蘿蔔＋檸檬香茅
薑＋胡蘿蔔＋柳橙
薑＋辣椒粉＋花生
薑＋芫荽葉＋蒜頭＋米酒醋＋芝麻＋醬油
薑＋柑橘類（如：**檸檬、萊姆**）**＋蜂蜜**
薑＋蒜頭＋味醂＋芝麻油＋醬油
薑＋蒜頭＋橄欖油＋醬油
薑＋蒜頭＋荷蘭芹
薑＋葡萄籽油＋嫩青蔥＋雪利酒醋＋醬油
薑＋昆布＋味噌＋溜醬油＋豆腐＋裙帶菜
薑＋檸檬香茅＋花生
薑＋萊姆＋薄荷
薑＋萊姆＋鳳梨＋蘭姆酒
薑＋楓糖漿＋山芋
薑＋花生＋山芋
薑＋嫩青蔥＋醬油
薑＋芝麻（油／籽）＋醬油

鹽，如：猶太鹽、海鹽
醬汁，如：*蘸醬、宮保醬汁*
嫩青蔥
麵筋素肉
芝麻，如：芝麻油、芝麻籽
美式涼拌菜絲，如：涼拌亞洲蔬
*　　菜絲*
荷蘭豆
湯，如：*亞洲湯品、酸辣湯、甘藷*
*　　湯*
東南亞料理
醬油
菠菜
芽菜，如：黃豆芽、綠豆芽
冬南瓜，如：白胡桃瓜
燉煮料理，如：摩洛哥燉煮
翻炒料理
糖，如：黃砂糖
甜豌豆
甘藷
塔希尼芝麻醬
溜醬油
羅望子
茶
豆腐，如：絹豆腐
番茄
薑黃
蔬菜，如：中式蔬菜、根莖蔬菜
醋，如：蘋果酒醋、**糙米醋**、香檳
　　酒醋、紅酒醋、**米醋**、雪利酒醋、
　　白酒醋
山葵
蘇打水
水田芥
小麥仁
山芋
優格
櫛瓜

薑或許不是傳統精進（佛教僧侶）
料理的食材，不過我無法想像不
用薑——我不能受老規矩束縛
（傳統上也禁止茶和酒）。薑是神
奇的材料，風味和質地非凡，幾

乎和什麼都能搭配，而且有療效，
便宜又能迅速地治好我太太冬天
的感冒……我做醃漬薑片的一個
祕訣是，別把薑泡在煮沸的醃汁
裡面冰起來，而是瀝掉醃汁，用
風扇冷卻薑片，這樣就能把風味
濃縮。

——上島良太，美好的一日餐廳，紐約市

● **薑粉 Ginger, Powdered**
（乾燥、研磨製成）
風味：甜，帶有刺激的胡椒香調
風味強度：中等－強
近親：小豆蔻、薑黃

杏仁果
美洲料理
茴芹
蘋果
杏桃
烘焙食物，如：麵包、蛋糕、餅乾、
*　　薑餅、薑餅乾*
燜燒菜餚
胡蘿蔔
印度甜酸醬
肉桂
丁香
椰子
糖煮水果
孜然
咖哩類
椰棗
甜點
歐洲料理
水果
蜂蜜
檸檬
芒果
楓糖漿
糖蜜
摩洛哥料理
肉豆蔻
柳橙
桃子

南瓜
布丁
葡萄乾
番紅花
沙拉淋醬
湯
冬南瓜，如：白胡桃瓜
燉煮料理
糖，如：黃砂糖
甘藷
摩洛哥塔吉鍋燉菜
薑黃
香莢蘭
蔬菜，如：燉煮蔬菜、根莖蔬菜

麩質 Gluten
這是什麼：小麥和其他穀物中含
　　有的一種蛋白複合物

無麩質 Gluten-Free
小祕訣：有些穀物不含麩質（和
　　小麥不同）。無麩質的穀物包
　　括莧籽、蕎麥、小米、藜麥、米、
　　高粱、苔麩和野生米。

枸杞 Goji Berries
[GOH-jee]
季節：夏（夏末）－秋
風味：苦／酸／甜，帶有櫻桃乾、
　　蔓越莓、葡萄和／或木質香調，
　　質地有嚼勁、有顆粒感
熱量：半杯180大卡（乾燥的）
料理方式：乾燥、生食
小祕訣：要找非人工添加糖分的
　　枸杞。把乾枸杞泡在水裡，再
　　加進蔬果昔。
可行的替代物：蔓越莓乾、葡萄
　　乾

合仁果
杏桃，如：杏桃乾
亞洲料理
烘焙食物，如：餅乾、馬芬，司康
*　　餅*

香蕉
漿果
熱早餐麥片
巧克力和可可豆碎粒
椰子
椰棗
穀物能量棒
薑
格蘭諾拉麥片
檸檬
萊姆
楓糖漿
天然穀物麥片
堅果，如：夏威夷堅果
燕麥片和燕麥
柳橙，如：橙汁、碎橙皮
梨
石榴和石榴汁
覆盆子
海鹽
醬汁，如：水果醬汁
種籽，如：亞麻籽、芝麻籽、葵花籽
蔬果昔
湯
燉煮料理
甘藷
什錦乾果
核桃
優格

快煮穀物 Grains, Fast-Cooking
（參見庫斯庫斯、藜麥）

（全）穀物和穀片
(Whole) Grains And Cereals
（同時參見全麥庫斯庫斯、義式粗玉米糊、藜麥、糙米、小麥仁等）

小祕訣：最好遵照你用的穀物包裝上的特定指示，別忘了烹煮時間仍然受到一些因素影響，包括火力和你鍋子的導熱性。然而，有些大致的原則，或許可以參考：烹煮之前先把穀物沖洗過。使用厚實可以密合的鍋子，穀物和烹調煮液（如水或高湯）的比例則視穀物所需來調整。先煮沸，加入穀物之後，再煮沸。然後調到小火，蓋上鍋蓋，按指示的烹煮時間，微滾烹煮。檢查確認穀物煮到希望的軟度；然後離火，蓋著蓋子燜 5-15 分鐘，用叉子拌鬆之後即可盛裝。

對味組合
莧籽＋糙米＋小米＋傳統燕麥片

你不能像在煮大麥或法老小麥那樣過度烹煮**穀物**。在義大利，用煮法老小麥燉飯煮義式麥飯，其實很常見，我也會這樣煮大麥，讓大麥變得彈牙有嚼勁。不過**布格麥**過度烹煮會變成糊狀，所以煮的時候要一直留意。穀物也非常適合脫水、磨粉做成酥底……或乾燥（脫水）炸成「米香」。
——瓊・杜布瓦斯，綠斑馬餐廳，芝加哥

祕訣是別在一個盤子裡盛太大份的**穀物**，否則吃的人會厭煩。我喜歡用水果乾幫穀物調味，例如加上杏桃、穗醋栗、無花果，或在冬天加入蘋果和梨子。或是用（乾燥蔬菜做的）粉末調味。我也會

把穀物填入一些東西，例如甘藍菜、蓊菜或羽衣甘藍，模仿卓瑪式菜餡捲起來——例如藜麥和乾燥的韓式泡菜粉加上無花果乾或穗醋栗乾和醃辣椒或醃黃瓜，包進甘藍菜葉。整體的印象或許會讓你的頭腦踏上一趟冒險之旅。
——亞倫・伍，天擇餐廳，奧勒岡州波特蘭市

西非豆蔻 Grains of Paradise
風味：苦，帶有**黑胡椒**、奶油、小豆蔻、辣椒、芫荽、**花**、薑、葡萄柚片、**檸檬**和／或堅果的澀、辣和／或刺激香調；質地鬆脆

風味強度：中等－強

小祕訣：磨成細粉，在烹調過程最後添加。

近親：小豆蔻

可行的替代物：黑胡椒

品牌：香料屋（thespicehouse.com）

*北非和**西非**料理*
多香果
蘋果
烘焙食物，如：蛋糕、派
啤酒
肉桂
丁香
芫荽
庫斯庫斯
孜然
茄子
琴酒
薑
檸檬
扁豆
摩洛哥料理
肉豆蔻
秋葵
黑胡椒
馬鈴薯
南瓜
摩洛哥綜合香料

米
迷迭香
沙拉淋醬
湯，如：白胡桃瓜湯、扁豆湯、馬
*　鈴薯湯*
小果南瓜，如：白胡桃瓜
燉煮料理
番茄
根莖蔬菜
醋
櫛瓜花

● 葡萄柚 Grapefruit

季節：全年皆有，尤其是**冬季**
風味：酸，從苦（例如白葡萄柚）
　到甜（例如粉紅、紅葡萄柚），
　質地非常多汁
風味強度：強
這是什麼：柳橙和柚子的雜交種
對健康的助益：抗氧化物（粉紅
　和紅葡萄柚的 F 抗氧化物含量
　高於白葡萄柚）
營養學剖繪：90% 碳水化合物／
　7% 蛋白質／3% 脂肪
熱量：半顆葡萄柚 40 大卡（生食，
　白葡萄柚）
蛋白質：1 克
料理方式：烘焙（177℃10 分鐘）、
　炙烤、燒烤、生食
近親：金桔、檸檬、萊姆、柳橙

龍舌蘭糖漿
耶路撒冷朝鮮薊

芝麻菜
酪梨
香蕉
甜菜
大白菜
金巴利酒
腰果
芹菜
芹菜根
乳酪，如：費達、帕爾瑪乳酪
菊苣
辣椒和辣椒粉
芫荽菜
肉桂
其他柑橘類水果
椰子
糖煮水果
芫荽
飲料，如：氣泡酒
雞尾酒
比利時苦苣
茴香
白乳酪
薑
義式冰沙
綠色蔬菜
榛果
蜂蜜
冰
豆薯
羽衣甘藍
奇異果
檸檬

萊姆
楓糖和楓糖漿
馬士卡彭乳酪
甜瓜
薄荷
味醂
芥末
橄欖油
柳橙
歐芹
百香果
梨
鳳梨
開心果
石榴
覆盆子
迷迭香
沙拉淋醬
沙拉，如：水果沙拉、綠色蔬菜沙
*　拉*
海鹽
醬汁
嫩青蔥
蔬果昔
雪碧冰
醬油
草莓
糖，如黃砂糖
龍蒿
香莢蘭
醋，如：香檳酒醋、米酒醋、雪利
　酒醋、白酒醋
伏特加
核桃
水田芥
酒，如：氣泡酒
優格

對味組合

葡萄柚＋芝麻菜＋橄欖油
葡萄柚＋芝麻菜＋榛果＋石榴
葡萄柚＋酪梨＋比利時苣菜／茴
**　香／沙拉青蔬／水田芥**
葡萄柚＋薑＋龍蒿

葡萄柚＋義式冰沙＋草莓
葡萄柚＋蜂蜜＋薄荷
葡萄柚＋楓糖漿＋草莓
葡萄汁＋味醂＋米酒醋＋醬油

● 葡萄葉 Grape Leaves
風味：類似檸檬，帶有濃厚的葉
　　片質地
風味強度：弱－中等
料理方式：烘焙、汆燙、沸煮、燒烤、
　　濾煮法、蒸煮、塞入填料
營養學剖繪：66% 碳水化合物／
　　19% 脂肪／15% 蛋白質
熱量：1杯15大卡
蛋白質：1克

多香果
杏桃乾
豆類
布格麥片
乳酪，如：愛亞格、藍黴、**費達**、
　　芳汀那、山羊、葛黎耶和、凱斯
　　利乳酪
肉桂
穗醋栗
蒔蘿
茴香
無花果
蒜頭
穀物，如：藜麥、**米**
希臘料理
榛果
伊朗料理
黎巴嫩料理
檸檬，如：檸檬汁
扁豆，如：紅扁豆
薄荷
菇蕈類
堅果
橄欖油
洋蔥，如：紅洋蔥、黃洋蔥
歐芹
黑胡椒
松子

葡萄乾
米，如：印度香米、糙米、長粒米
迷迭香
嫩青蔥
湯，如：甘藍菜湯
蔬菜高湯
葡萄葉捲，又叫地中海式葡萄葉
卷飯或卓瑪（這是該地區的壽
　　司！）
百里香
番茄
土耳其料理
醋，如：巴薩米克香醋
優格

對味組合
葡萄葉＋布格麥片＋杏桃乾＋檸
　　檬＋薄荷
葡萄葉＋蒔蘿＋蒜頭＋薄荷＋歐
　　芹＋米＋優格
葡萄葉＋蒔蘿＋檸檬＋薄荷＋松
　　子＋米
葡萄葉＋費達乳酪＋炙烤料理＋
　　橄欖油

● 葡萄 Grapes（● 葡萄汁）
季節：夏－秋
風味：甜，質地非常多汁
風味強度：弱－中等
營養學剖繪：94% 碳水化合物（糖
　　分高）／4% 蛋白質／2% 脂肪
熱量：1杯65大卡（生食，紅葡萄
　　或綠葡萄）
蛋白質：1克
料理方式：冷凍、生食、烘烤
小祕訣：選購有機葡萄。

杏仁果
蘋果和蘋果汁
芝麻菜
香蕉
羅勒
藍莓
抱子甘藍

布格麥片
紫甘藍
焦糖
小豆蔻
胡蘿蔔
芹菜
芹菜根
乳酪，如：藍黴、布利、奶油乳酪、
　　牛乳乳酪、費達、新鮮乳酪、山
　　羊乳酪、瑞可達乳酪、軟質乳
　　酪、泰勒吉奧乳酪
巧克力
肉桂
丁香
黃瓜
甜點，如：餡餅
比利時苦苣
法老小麥
茴香和茴香籽
無花果
蒜頭
白捲心菜冷湯
薑
穀物，如：糙米、藜麥
葡萄柚
綠色蔬菜，如：綜合生菜、沙拉青
　　蔬
榛果
蜂蜜
豆薯
檸檬，如：碎檸檬皮
萊姆
芒果
馬士卡彭乳酪
甜瓜
杏仁奶
薄荷
肉豆蔻
堅果，如：杏仁果、核桃
油脂，如：葡萄籽油、**橄欖油**、核
　　桃油
洋蔥，如：紅洋蔥、甜洋蔥
柳橙
歐芹

花生和花生醬
梨
美洲山核桃
披薩
覆盆子
米，如：糙米
迷迭香
蘭姆酒
沙拉，如：水果沙拉、穀物沙拉、
　綠色蔬菜沙拉、蔬菜沙拉
莎莎醬
鹽
嫩青蔥
湯，如：水果湯、白捲心菜冷湯
酸奶油
芽菜，如：蘿蔔苗、葵花籽芽
八角
草莓
糖，如：黃砂糖
鹽膚木
番茄

香莢蘭
酸葡萄汁
醋，如：巴薩米克香醋、雪利酒醋、
　白酒醋
核桃
水田芥
西瓜
酒
優格

對味組合
葡萄＋蘋果＋布格麥片＋檸檬
葡萄＋巴薩米克香醋＋瑞可達乳
　酪
葡萄＋奶油乳酪＋薑
葡萄＋芹菜＋核桃
葡萄＋費達乳酪＋榛果＋沙拉青
　蔬
葡萄＋費達乳酪＋扁豆＋薄荷
葡萄＋檸檬＋糖

希臘料理 Greek Cuisine
（同時參見地中海料理）
多香果
茴芹籽
土耳其果仁甜餅
羅勒
月桂葉
豆類，如：巨豆
燈籠椒
乳酪，如：費達、山羊乳酪、哈羅米、
　綿羊奶乳酪
肉桂
丁香
蒔蘿
地中海式葡萄葉卷飯（葡萄葉捲）
茄子
蛋
茴香
無花果
蒜頭

葡萄葉
素食旋轉炙烤，如：茄子＋袋餅
*　＋青瓜酸乳酪醬汁*
蜂蜜
串燒
檸檬
薄荷
肉豆蔻
堅果
橄欖油
橄欖，如：卡拉瑪塔橄欖
洋蔥
奧勒岡
歐芹
費洛皮
松子
袋餅
馬鈴薯
葡萄乾
米
沙拉，尤以薄荷裝飾為佳
湯，如：豆子湯
希臘波菜派或波菜＋乳酪派
菠菜
葡萄葉卷飯
百里香
番茄和番茄醬汁
優格
櫛瓜

對味組合

朝鮮薊＋薄荷＋馬鈴薯＋番茄
續隨子＋黃瓜＋費達乳酪＋卡拉
　瑪塔橄欖＋紅洋蔥＋番茄
乳酪＋費洛皮＋菠菜
黃瓜＋蒔蘿＋蒜頭＋優格
蒔蘿＋檸檬＋橄欖油
茄子＋蒜頭＋橄欖油
蒜頭＋檸檬＋橄欖油＋奧勒岡
巨豆＋蒜頭＋洋蔥＋歐芹＋番茄

● 綠色蔬菜：一般或混合
Greens—In General or Mixed
（同時參見芝麻菜、青江菜、
甘藍菜、瑞士蒸菜、甜菜葉、
苦味綠色蔬菜、綠葉甘藍、
蒲公英葉、沙拉青蔬、蕪菁葉、
羽衣甘藍、萵苣、菠菜）
這是什麼：葉子茂密的綠色蔬菜
料理方式：汆燙、沸煮、燜煮、生食、
　　煎炒、蒸煮、翻炒
小祕訣：快速烹調，以免養分流失。

芝麻菜
羅勒
豆類，如：白豆
奶油
乳酪，如：愛亞格、費達、山羊乳
　酪、蒙特利傑克、莫札瑞拉、帕
　爾瑪、瑞士乳酪
辣椒、辣椒片和辣椒醬
蛋，如：*義式蛋餅、蛋捲、鹹派*
蒜頭
薑
穀物，如：藜麥、米、斯佩耳特小
　麥
檸檬
菇蕈類
芥末
堅果，如：核桃
橄欖油
洋蔥，如：青蔥、紅洋蔥
義式麵食
黑胡椒
馬鈴薯，如：新馬鈴薯、紅馬鈴薯
沙拉
鹽，如：猶太鹽、海鹽
三明治
種籽，如：葛縷子籽、芹菜籽、芝
　麻籽
蔬果昔
湯，如：豆子湯、扁豆湯
醬油
燉煮料理
蔬菜高湯

素食漢堡
醋，如：巴薩米克香醋、紅酒醋

我們希望把重心放在烹調光譜的
兩端——一端是高溫，另一端是
低溫。高溫時，要用比平常更高
的溫度和速度烹調蔬菜，得到炙
燒和焦糖化的效果，內部依舊鬆
脆，有口感的對比。或是低溫慢
速烹調；那麼一來，就會得來酥
脆的外部，內部則有脫水的嚼勁。
家庭料理者知道這樣處理肉類；
只需要依樣處理蔬菜就行了。高
溫快速烹調的菜餚有個好例子，
就是**中式炒菜心**。這道菜稍微炒
過，口感清脆，拋進碗裡自己燜
軟。如果我們用很低的溫度去烹
調菜心，就會變成癟癟的、脫水
的蔬菜乾。

——阿曼達・科恩，泥土糖果，紐約市

● 莧屬蔬菜（葉／莖）
Greens, Amaranth（又名莧菜；
同時參見灰藜和菠菜）
季節：夏
風味：微甜，帶有朝鮮薊、蘆筍、
　　甜菜葉、甘藍菜、蒸菜、羽衣甘
　　藍和／或菠菜的泥土香調
風味強度：弱－中等
營養學剖繪：62% 碳水化合物／
　　26% 蛋白質／12% 脂肪
熱量：1杯5大卡（生食）
蛋白質：1克
料理方式：燜煮、生食、煎炒、蒸煮、
　　翻炒
小祕訣：幼嫩植株的葉子最軟。
　　按菠菜的方式烹調。
可行的替代物：灰藜、菠菜

羅勒
燈籠椒，如：綠燈籠椒、紅燈籠椒
奶油
加勒比海料理
芹菜根

乳酪，如：巧達、山羊乳酪、瑞可
　　達乳酪、熟成乳酪、綿羊奶、瑞
　　士乳酪
辣椒，如：乾辣椒、蘇格蘭圓帽辣
　　椒
椰奶
芫荽
玉米
孜然
咖哩粉和咖哩香料
蛋，如：義式蛋餅、*鹹派*
蒜頭
薑
穀物，如：布格麥片、米
牙買加料理
羽衣甘藍
韭蔥
檸檬，如：檸檬汁
扁豆，如：紅扁豆
萊姆
油脂，如：玉米油、**橄欖油**、花生油、
　　芝麻油
秋葵
洋蔥
歐芹
大蕉
米
沙拉
鹽
三明治
嫩青蔥
芝麻籽
紅蔥
湯
醬油
燉煮料理，如：燉煮莧菜
翻炒料理
蔬菜高湯
甘藷
百里香
番茄
醋，如：蘋果酒醋
干白酒

對味組合

莧屬植物＋椰奶＋秋葵
莧屬植物＋芝麻油＋芝麻籽＋醬
　　油

幾年前，在這裡工作的一名牙買
加女人向我們介紹了莧菜（莧屬
植物）。她帶了些種籽給我們，我
們發現這種植物非常容易長。雖
然傳統是加在湯和燉菜裡，但我
們也加入鹹派中，我們的顧客總
是驚為天人。
——西爾瑪·米利安，血根草餐廳創辦人，
康乃狄克州布里奇波特

亞洲綠菜蔬菜 Greens, Asian
（參見青江菜、芥藍、大白菜、
東京水菜、塌棵菜）

● 甜菜葉 Greens, Beet
季節：夏－秋
風味：苦／微甜，帶有甘藍菜和
　　／或菠菜的泥土味，質地柔軟
風味強度：較弱（嫩葉）－中等（較
　　老的葉）
營養學剖繪：71% 碳水化合物／
　　24% 蛋白質／5% 脂肪
熱量：1杯10大卡（生食）
蛋白質：1克
料理方式：煮熟比生食好；煎炒、
　　蒸煮、煮軟
可行的替代物：莙薘菜、菠菜

蘋果
豆類，如：蠶豆、豆豉、白豆
甜菜
甘藍菜
莙薘菜，如：彩虹莙薘菜
乳酪，如：藍黴、法國乳酪、費達、
　　山羊乳酪、瑞可達乳酪、含鹽
　　瑞可達乳酪
鷹嘴豆
辣椒粉
素辣豆醬

肉桂
椰奶
咖哩類
蒔蘿
蛋，如：*鹹派*
無花果
蒜頭
薑
穀物，如：蕎麥、布格麥片
其他綠色蔬菜，如：莙薘菜或羽衣
　　甘藍
榛果
辣根
芥藍，如：托斯卡尼芥藍
韭蔥
檸檬
扁豆
肉豆蔻
橄欖油
柳橙
奧勒岡
義式麵食
美洲山核桃
松子
披薩
馬鈴薯
葡萄乾
義式燉飯
沙拉淋醬，如：油醋沙拉淋醬
蔬果昔
*湯，如：甜菜湯、羅宋湯、鷹嘴豆
　　湯*
燉煮料理
蔬菜高湯

G

醋，如：巴薩米克香醋、紅酒醋、
　雪利酒醋
核桃
優格

對味組合
甜菜葉＋蘋果＋肉桂
甜菜葉＋巴薩米克香醋＋甜菜
甜菜葉＋蒜頭＋橄欖油
甜菜葉＋核桃＋白豆

● 苦味綠色蔬菜
Greens, Bitter
（參見甜菜葉、綠葉甘藍、蒲公
英葉、芥末葉、羽衣甘藍等）

● 綠葉甘藍 Greens, Collard
季節：秋－春
風味：苦／甜，有時有辣味，帶有
　甘藍菜、羽衣甘藍和／或芥末
　的泥土、刺激香調，質地滑順
風味強度：中等（較嫩的葉）－強
　（較老的葉）
營養學剖繪：68% 碳水化合物／
　20% 蛋白質／12% 脂肪
熱量：1杯10大卡（生食，切碎）
蛋白質：1克
料理方式：汆燙、沸煮、燜煮、切
　細條、醃漬、生食、煎炒（3-5分
　鐘）、切絲、微滾烹煮（60分鐘，
　或煮到軟）、蒸煮（3-5分鐘）、
　燉煮、翻炒
小祕訣：選購有機的綠葉甘藍。
　除掉莖；把葉子切成每段5公
　分。最好長時間燜煮或微滾烹
　煮到軟。
近親：青花菜、抱子甘藍、甘藍菜、
　白花椰菜、辣根、羽衣甘藍、大
　頭菜、春山芥、櫻桃蘿蔔、蕪菁
　甘藍、蕪菁、水田芥

非洲料理
龍舌蘭糖漿
多香果

杏仁果和杏仁奶油
蘋果，如：蘋果酒、蘋果汁
大麥，如：珍珠麥
月桂葉
豆類，如：黑眉豆、白腰豆、海軍豆、
　花豆、白豆
啤酒
紅燈籠椒
黑眼豆
蕎麥
布格麥片
奶油
甘藍菜，如：綠甘藍菜、紫甘藍
小豆蔻
胡蘿蔔
芹菜
鷹嘴豆
辣椒，如：齊波特辣椒、哈拉佩諾
　辣椒；**辣椒片**、**辣椒醬**和辣椒
　粉
肉桂
柑橘類
丁香
椰子，如：椰子醬、椰奶、椰子水

甘藍捲裹料理，比如以豆腐、蔬
　菜等作為餡料
玉米麵包
芫荽
鮮奶油
孜然
咖哩粉和咖哩香料
蒔蘿
卓瑪
紫紅藻
埃及料理
衣索比亞料理
法老小麥
蒜頭
印度酥油
薑
穀物
榛果
印度料理
牙買加料理
羽衣甘藍
卡姆小麥
韭蔥
檸檬，如：檸檬汁

對味組合
綠葉甘藍＋蘋果酒醋＋黑眼豆
綠葉甘藍＋蘋果酒醋＋辣椒片＋蒜頭
綠葉甘藍＋辣椒＋蒜頭＋檸檬＋橄欖油
綠葉甘藍＋齊波特辣椒＋煙燻油
綠葉甘藍＋柑橘類＋葡萄乾
綠葉甘藍＋蒜頭＋檸檬
綠葉甘藍＋蒜頭＋**橄欖油**＋溜醬油
綠葉甘藍＋蒜頭＋番茄
綠葉甘藍＋**檸檬汁**＋**橄欖油**＋米
綠葉甘藍＋米醋＋芝麻油＋芝麻籽＋醬油
綠葉甘藍＋番茄＋櫛瓜

扁豆
煙燻調理液
椰奶
菇蕈類
第戎芥末
麵條，如：烏龍麵
肉豆蔻
油脂，如：菜籽油、芥末油、堅果
　油、**橄欖油**、花生油（如：烘烤
　過的）、芝麻油（如：烘烤過的）
橄欖
洋蔥，如：黃洋蔥
柳橙，如：橙汁
煙燻紅椒粉
義式麵食，如：千層麵、全穀義式
　麵食
花生和花生醬
黑胡椒
松子
馬鈴薯
藜麥
葡萄乾
米，如：糙米
鹽，如：海鹽、煙燻鹽
嫩青蔥
種籽，如：大麻籽、芝麻籽
芝麻，如：芝麻油、芝麻籽
紅蔥
煙燻風味食物，如：煙燻紅椒粉
　或豆乾
湯，如：豆子湯、扁豆湯、甘藷湯
酸奶油
南美洲料理
美國南方料理
醬油
西班牙料理
小果南瓜，如：毛茛南瓜、日本南
　瓜
燉煮料理
蔬菜高湯
填餡綠葉甘藍
純素食壽司捲
甘藷
溜醬油

天貝
豆腐
番茄
薑黃
根莖蔬菜
醋，如：蘋果酒醋、米醋
小麥仁
櫛瓜

切掉綠葉甘藍的多刺部分之後，
泡進檸檬汁加以軟化，然後裹到
食材外面做成無麵包的「三明
治」，或用來取代海苔，做蔬菜卷
壽司。用蔬果切片器把蔬菜切片，
包在卷壽司裡。

——艾咪·比奇，G禪餐廳，康乃狄克州
布蘭福德

綠葉甘藍正在烹調的時候，會有
種奶油般、在嘴裡融化的質地。
我喜歡用一點橄欖油、蒜片、少許
的水和一撮鹽來烹煮，和馬鈴薯
泥一起當作克里奧式天貝的配菜。

——馬克·蕭德爾，G禪餐廳，康乃狄克
州布蘭福德市

● **蒲公英葉** Greens, Dandelion
季節：**春**－早秋
風味：**苦**／酸，帶有胡椒的刺激、
　辛香料香調，質地柔軟
風味強度：中等－**強**
營養學剖繪：72% 碳水化合物／
　15% 蛋白質／13% 脂肪
熱量：1杯25大卡（生食，切碎）
蛋白質：1克
料理方式：沸煮、汆燙、燜煮、生
　食（嫩葉）、煎炒、蒸煮、燉煮（老
　葉）、煮軟
小祕訣：烹調之前先加鹽。放入
　滾水中（不要放入冷水中，以免
　「固定」苦味）。混合其他風味
　比較溫和的蔬菜或加入味噌，
　中和苦味。做沙拉時，要用嫩
　葉（較軟嫩，風味比較溫和）。

近親：朝鮮薊、洋甘菊、菊苣、苣
　菜、萵苣（例如畢布萵苣、捲心
　萵苣、蘿蔓萵苣）、紫葉菊苣、
　黑皮波羅門參、龍蒿
可行的替代物：蕪菜、羽衣甘藍、
　芥末葉、菠菜

杏仁果
蘋果
酪梨
羅勒
豆類，如：白腰豆
甜菜
奶油
胡蘿蔔
法式砂鍋菜
卡宴辣椒
芹菜
乳酪，如：巧達、山羊乳酪、戈根
　索拉、葛黎耶和、莫札瑞拉、**帕**
　爾瑪、綿羊奶乳酪
鷹嘴豆
辣椒，如：哈拉佩諾辣椒；和辣椒
　片
細香蔥
酥脆麵包丁，如：全穀酥脆麵包
　丁
咖哩粉
蒔蘿
蛋，如：義式蛋餅、水煮全熟蛋、
　鹹派
苣菜
茴香
法式料理
蒜頭
薑
焗烤料理
其他綠色蔬菜，如：風味較溫和
　的綠色蔬菜、芥末葉
榛果
大麻籽
羽衣甘藍
檸檬，如：檸檬汁
扁豆，如：紅扁豆

G

有機蒲公英和酪梨沙拉，搭配山葵淋醬
——秋夕（Hangawi），紐約市

綠葉蔬菜納入「十大優良食物」之中，提到一些「能量綠色蔬菜」，例如綠葉甘藍、羽衣甘藍、芥末葉、菠菜、瑞士莙薘菜和蕪菁葉。

萵苣，如：奶油萵苣、蘿蔓萵苣
楓糖漿
地中海料理
味噌
桑葚
菇蕈類，如：香菇
芥末，如：第戎芥末
麵條，如：烏龍麵
柳橙，如：血橙
油脂，如：亞麻籽油、**橄欖油**、花生油、核桃油
洋蔥，如：生洋蔥、切片洋蔥
柳橙，如：橙汁
歐芹
義式麵食，如：尖管麵
花生
胡椒，如：黑胡椒
松子
馬鈴薯
葡萄乾
義式燉飯
鼠尾草
沙拉，如：蒲公英葉沙拉、綠色蔬菜沙拉、義大利麵沙拉
鹽，如：海鹽

嫩青蔥
紅蔥
湯，如：蔬菜湯
醬油
菠菜
燉煮料理
翻炒料理
草莓
葵花籽
龍蒿
天貝
番茄，如：櫻桃番茄
日曬番茄乾
風味較溫和的蔬菜
醋，如：**巴薩米克香醋、蘋果酒醋、蔓越莓醋、紅酒醋、雪利酒醋**
核桃
山葵

● 綠葉蔬菜 Greens, Leafy
（參見苦味綠色蔬菜、沙拉青蔬）

這是什麼：苦味綠色蔬菜和沙拉青蔬
對健康有益的主張：美國公共利益科學中心的《健康行動》把

對味組合
蒲公英葉＋杏仁果＋血橙
蒲公英葉＋酪梨＋花生＋山葵
蒲公英葉＋巴薩米克香醋＋蒜頭＋橄欖油
蒲公英葉＋甜菜＋山羊乳酪＋葵花籽
蒲公英葉＋鷹嘴豆＋柳橙汁
蒲公英葉＋辣椒粉＋蒜頭＋橄欖油
蒲公英葉＋蘋果酒醋＋蒜頭＋橄欖油＋醬油
蒲公英葉＋第戎芥末＋蒜頭＋水煮全熟蛋＋橄欖油＋帕爾瑪乳酪
蒲公英葉＋蒜頭＋檸檬＋芥末＋橄欖油
蒲公英葉＋蒜頭＋檸檬＋橄欖油＋醋
蒲公英葉＋蒜頭＋松子
蒲公英葉＋橄欖油＋洋蔥＋醋

● 東京水菜 Greens, Mizuna
季節：春－夏
風味：苦，帶有青草、芥末和／或胡椒的刺激香調，質地軟而酥脆
風味強度：弱（較小的葉）－強（較大的葉）
料理方式：沸煮、燜煮、醃漬、生食、煎炒、微滾烹煮、蒸煮、翻炒
近親：芫荽、**芥末葉**、歐芹

杏仁果
蘋果
芝麻菜
蘆筍
酪梨
豆類，如：**蠶豆**
甜菜
胡蘿蔔
芹菜
乳酪，如：山羊乳酪、佩科利諾乳酪
栗子
中式料理
細香蔥
芫荽
蔓越莓乾
黃瓜
毛豆
綠捲鬚苦苣
薑
穀物，如：藜麥
風味較溫和的沙拉青蔬
蜂蜜
日式料理
檸檬
味噌，如：濃味噌、淡味噌
亞洲麵條，如：日本蕎麥麵、素麵

油脂，如：橄欖油、花生油、芝麻
　　油
青蔥
血橙
梨，如：亞洲梨
豌豆
李子
馬鈴薯，如：新馬鈴薯
紫葉菊苣
米，如：糙米
*沙拉（尤以嫩葉為佳），如：亞洲
　　沙拉、綠色蔬菜沙拉、涼麵沙
　　拉*
種籽，如：南瓜籽、芝麻籽
芝麻，如：芝麻油、芝麻籽
湯，如：亞洲湯品
醬油
翻炒料理（尤以老葉為佳）
塔希尼芝麻醬
溜醬油
塌棵菜
天貝
豆腐
番茄
醋，如：巴薩米克香醋、米酒醋、
　　雪利酒醋

對味組合
東京水菜＋杏仁果＋李子
東京水菜＋酪梨＋番茄
東京水菜＋檸檬＋橄欖油
東京水菜＋米酒醋＋芝麻油＋芝
　　麻醬＋醬油

● 芥末葉 Greens, Mustard
季節：冬－春
風味：苦／辣，帶有芥末的鮮明
　　刺激／辛香料香調
風味強度：中等／強（嫩葉）－強
　　／非常強（較老的葉）
營養學剖繪：69% 碳水化合物／
　　25% 蛋白質／6% 脂肪
熱量：1杯15大卡（生食，切碎）
蛋白質：2克

料理方式：沸煮、燜煮、燒烤、打
　　成泥、生食、煎炒、微滾烹煮、
　　蒸煮、燉煮、翻炒、煮軟、炒軟
小祕訣：放入滾水中（不要放入冷
　　水中，以免「固定」苦味）。加
　　入味噌或其他風味比較溫和的
　　蔬菜，中和芥末葉的強烈風味。
近親：甘藍菜
可行的替代物：蕪菜、闊葉苣菜、
　　羽衣甘藍、菠菜

非洲料理
亞洲料理
豆類，如：腰豆
黑眼豆
麵包粉
續隨子
胡蘿蔔
腰果
卡宴辣椒
芹菜
乳酪，如：山羊乳酪、豪達（煙燻）、
　　帕爾瑪、瑞可達乳酪
鷹嘴豆
辣椒，如：哈拉佩諾辣椒；辣椒醬、
　　辣椒片和辣椒粉
中式料理
孜然
穗醋栗
咖哩粉
蒔蘿
蛋
法老小麥
綠捲鬚苦苣
蒜頭
薑
穀物
焗烤料理
其他綠色蔬菜，如：蒲公英葉、風
　　味較溫和的蔬菜（如：菠菜）
印度料理
日式料理
羽衣甘藍
檸檬，如：檸檬汁

芒果
小米
味噌
東京水菜
糖蜜
菇蕈類
麵條，如：亞洲麵條、日本蕎麥麵
油脂，如：辣椒油、芥末油、**橄欖油**，
　　花生油、芝麻油、葵花油
橄欖
洋蔥，如：青蔥、紅洋蔥、黃洋蔥
柳橙
花生和花生醬
梨
黑胡椒
松子
馬鈴薯
葡萄乾
米
沙拉，如：義大利麵沙拉、馬鈴薯
　　沙拉
鹽，如：海鹽
三明治
醬汁
嫩青蔥
芝麻籽
紅蔥
湯，如：豆子湯
東南亞料理
美國南方料理
醬油
燉煮料理
翻炒料理
高湯，如：蔬菜高湯
甘藷
溜醬油
百里香
豆腐
炒豆腐
番茄
風味溫和和／或更甜的蔬菜
醋，如：蘋果酒醋、巴薩米克香醋、
　　紅酒醋、白酒醋
核桃

酒，如：米酒
伍斯特素食辣醬油
山芋

對味組合
芥末葉＋續隨子＋檸檬
芥末葉＋辣椒＋孜然＋蒜頭＋橄
　欖油＋醋
芥末葉＋蘋果酒醋＋糖蜜＋花生
芥末葉＋蒜頭＋薑＋醬油
芥末葉＋蒜頭＋花生
芥末葉＋檸檬汁＋橄欖油＋核桃
芥末葉＋洋蔥＋番茄
芥末葉＋嫩青蔥＋芝麻油＋溜醬
　油

● 沙拉青蔬：一般和混合
Greens, Salad—In General And
Mixed（例如綜合生菜；同時
參見芝麻菜、莒菜、闊葉莒菜、
綠捲鬚苦莒、萵苣、萵苣縷草、
東京水菜、紫葉菊莒、沙拉淋醬、
菠菜、水田芥等）

這是什麼：包含所有可以加入沙
　拉生食的綠色蔬菜，包括萵苣
　（萵苣幾乎都以生食最好）

注意：混合的沙拉青蔬稱為「綜合
　生菜」，可能包括以下的其中數
　種：芝麻菜＋細葉香芹＋蒲公
　英＋莒菜＋綠捲鬚苦莒＋東京
　水菜＋芥末葉＋橡葉萵苣＋萵
　苣縷草＋紫葉菊莒＋酸模

小祕訣：徹底沖洗，生食。

杏仁果

茴芹籽
蘋果
酪梨
羅勒
甜菜
黑莓
續隨子
芹菜
乳酪，如：藍黴、布利、山羊乳酪、
　戈根索拉乳酪
細葉香芹
細香蔥
芫荽葉
蔓越莓乾
酥脆麵包丁
蒔蘿
茴香
蒜頭
榛果
蜂蜜
檸檬，如：檸檬汁
扁豆
萵苣縷草
芒果
墨角蘭
薄荷
芥末，如：第戎芥末、乾芥末
堅果
油脂，如：亞麻籽油、葡萄籽油、
　　橄欖油
紅洋蔥
柳橙，如：血橙
歐芹
梨
胡椒，如：黑胡椒

松子
開心果
馬鈴薯，如：新馬鈴薯
櫻桃蘿蔔
米
沙拉，如：穀物沙拉、綠色蔬菜沙
　　拉、馬鈴薯沙拉
鹽，如：海鹽
香薄荷
芝麻籽
紅蔥
溜醬油
龍蒿
百里香
豆腐
素食漢堡
醋，如：巴薩米克香醋、紅酒醋、
　　雪利酒醋、白酒醋
核桃

對味組合
綜合生菜＋蘋果＋芹菜＋榛果
綜合生菜＋酪梨＋芫荽葉
綜合生菜＋巴薩米克香醋＋蒜頭
　＋芥末＋橄欖油
綜合生菜＋藍黴乳酪＋梨
綜合生菜＋山羊乳酪＋美洲山核
　桃
綜合生菜＋山羊乳酪＋草莓
綜合生菜＋扁豆＋米

● 蕪菁葉 Greens, Turnip
季節：秋－冬
風味：苦，帶有芥末葉的辣香調
風味強度：**強**
營養學剖繪：81% 碳水化合物／
　11% 蛋白質／8% 脂肪
熱量：1杯20大卡（生食，切碎）
蛋白質：1 克
料理方式：先汆燙，然後煎炒或蒸
　煮；較老較韌的菜葉用沸煮或
　燜煮；否則可烘焙、煎炒、煮軟

蘋果

主廚私房菜 DISHES

蕪菁葉、蒜頭、辣椒、薄荷、佩科利諾乳酪
——耶魯書房酒店（the Study at Yale Hotel）的祖傳餐廳（Heirloom），康乃迪克州紐哈芬

豆類，如：花豆、白豆
黑眼豆
麵包粉
奶油
卡宴辣椒
乳酪，如：帕爾瑪、佩科利諾乳酪
鷹嘴豆
辣椒和辣椒片
椰子和椰奶
鮮奶油
孜然
咖哩粉
日式高湯
蛋
蒜頭
薑
穀物
檸檬，如：檸檬汁、碎檸檬皮
萊姆

薄荷
味噌
菇蕈類，如：蠔菇
芥末，如：第戎芥末
亞洲麵條，如：素麵
橄欖油
橄欖，如：黑橄欖
洋蔥
柳橙
歐芹
義式麵食
美洲山核桃
馬鈴薯
米
番紅花
沙拉
鹽，如：猶太鹽
香腸
芝麻，如：芝麻油、芝麻籽

湯，如：豆子湯、馬鈴薯湯、根莖蔬菜湯
美國南方料理
醬油
蔬菜高湯
甘藷
豆腐
番茄
薑黃
蕪菁
醋，如：蘋果酒醋
核桃
干白酒

對味組合
蕪菁葉＋蒜頭＋檸檬＋橄欖油＋洋蔥
蕪菁葉＋義式麵食＋白豆

燒烤 Grilling
許多蔬菜和其他植物食材燒烤之後十分美味，包括：

朝鮮薊
蘆筍

G

燈籠椒
青江菜
麵包
胡蘿蔔
玉米,如:(包在葉子裡的)玉米
　棒
茄子
莒菜
茴香
蒜頭
串燒,如:水果串、菇蕈串、豆腐串、
　蔬菜串等
韭蔥
菇蕈類,如:波特貝羅大香菇
洋蔥
桃子
鳳梨
披薩
馬鈴薯
墨西哥餡料薄餅
迷迭香
小果南瓜,如:夏南瓜
甘藷
豆腐
番茄
根莖蔬菜
櫛瓜

幾乎所有蔬菜我都拿來燒烤——
櫻桃蘿蔔、大頭菜、甘藍菜。甚
至菠菜、羽衣甘藍、蒸菜——我
會在上面淋一點橄欖油、撒點鹽,
堆起來,然後用高溫燒烤,拋翻
兩次,不過在這之前我會先用五
分鐘左右,把蔬菜煮到半熟,讓
蔬菜變得有點軟——也可以用同
樣的方法烹調歐洲防風草塊根和
櫻桃蘿蔔。
　　——阿曼達·科恩,泥土糖果,紐約市

● 粗玉米粉 Grits
這是什麼:穀物—乾燥玉米磨成
　的最粗顆粒
營養學剖繪:89% 碳水化合物／

8% 蛋白質／3% 脂肪
熱量:1 杯 145 大卡(加水煮熟)
蛋白質:3 克
料理方式:烘焙、沸煮(約 15-40
　分鐘)、微滾烹煮
小祕訣:可以去找石磨研磨的粗
　粒玉米粉,其中含有麩皮和胚
　芽。

奶油
卡宴辣椒
熱早餐麥片
蒸菜
乳酪,如:巧達、帕爾瑪、佩科利諾、
　含鹽瑞可達乳酪
辣椒,如:青辣椒;辣椒片和辣椒
　醬
芫荽葉
玉米
鮮奶油
蛋
水果
蒜頭
綠色蔬菜,如:綠葉甘藍
羽衣甘藍
楓糖漿
馬士卡彭乳酪
奶類
糖蜜
肉豆蔻
橄欖油
洋蔥,如:甜洋蔥、黃洋蔥
紅椒粉
胡椒,如:黑胡椒
義式粗玉米糊
稠粥
布丁
鹽,如:猶太鹽、海鹽
嫩青蔥

葵花籽
美國南方料理
高湯,如:玉米高湯、蔬菜高湯
醋,如:蘋果酒醋
水田芥
酒,如:干白酒

四季莊園的蓋瑞·瓊斯做出一道
意外美味的義式燉飯方麵餃——
讓我想到可以在我的義式素肉圓
餃裡塞入粗玉米粉。
　　——馬克·李維,重點餐廳,紐約州薩拉
納克湖

● 番石榴／番石榴汁 (● 糖漿)／番石榴醬
Guava / Guava Juice (or Nectar) / Guava Paste
季節:夏-秋
風味:**甜**／酸,帶有花和水果的
　香調(蘋果、梨、鳳梨和／或草
　莓)
風味強度:弱(例如直接吃)-中
　等(例如做成番石榴醬)
營養學剖繪:75% 碳水化合物／
　13% 蛋白質／12% 脂肪
熱量:1 杯 115 大卡(生食)
蛋白質:4 克
料理方式:烘焙、榨汁、低溫水煮、
　生食

蘋果
烘焙食物,如:蛋糕、馬芬、餡餅
香蕉
飲品,如:雞尾酒、蔬果汁
腰果
乳酪,如:奶油乳酪、農夫、山羊
　乳酪、蒙契格、西班牙白乳酪
辣椒醬

加州金米粗粉小型麵餃、秋季蔬菜和白胡桃瓜奶油醬汁
——重點(The Point),紐約州薩拉納克湖

巧克力，如：白巧克力
印度甜酸醬
肉桂
柑橘類，如：檸檬、萊姆、柳橙
丁香
椰子、椰漿和椰奶
糖煮水果
鮮奶油
***甜點**，如：蛋糕、乳酪蛋糕*
其他熱帶水果，如：奇異果、芒果、木瓜、鳳梨、楊桃
薑
綠色蔬菜，如：沙拉青蔬
榛果
蜂蜜
印度料理
果醬
檸檬
萊姆，如：碎萊姆皮
芒果
馬士卡彭乳酪
芥末
肉豆蔻
堅果，如：腰果、夏威夷堅果
橄欖油
洋蔥
柳橙
木瓜
梨，如：亞洲梨
費洛皮
鳳梨
李子
榅桲
葡萄乾
蘭姆酒
沙拉，如：水果沙拉
醬汁
蔬果昔
雪碧冰
南美洲料理
醬油
蔬菜高湯
草莓
糖，如：黃砂糖

墨西哥粽
香莢蘭
醋，如：巴薩米克香醋
酒，如：氣泡酒
優格，如：低脂優格

對味組合
番石榴＋奶油乳酪＋糖＋墨西哥粽

● **榛果** Hazelnuts（又名榛子）
風味：微鹹／甜，帶有奶油（尤其是烘烤過）、椰子、鮮奶油、青草（例如生食）和／或煙味（例如烘烤過的榛果）的香調，質地酥脆豐富
風味強度：較弱（例如生食）－較強（例如烘烤過）
營養學剖繪：81%脂肪／11%碳水化合物／8%蛋白質
熱量：½杯360大卡（切碎）
蛋白質：8克
料理方式：烘烤（135°C烤20-30分鐘），烤（177°C烤5分鐘）

杏仁果
蘋果
杏桃，如：杏桃乾
朝鮮薊
芝麻菜
蘆筍
***烘焙食物**，如：義大利脆餅、蛋糕、餅乾、派*
香蕉
豆類，如：四季豆
甜菜
漿果，如：黑莓、藍莓
抱子甘藍

焦糖
白花椰菜
芹菜根
熱早餐麥片
乳酪，如：藍黴、費達、山羊乳酪、戈根索拉、葛黎耶和、蒙契格、瑞可達乳酪、泰勒吉奧乳酪
櫻桃
巧克力，如：黑巧克力、白巧克力
印度甜酸醬
肉桂
咖啡和義式濃縮咖啡
庫斯庫斯
蔓越莓
鮮奶油和冰淇淋
***甜點**，如：脆片*
埃及杜卡綜合香料
茄子
莧菜
茴香
無花果
綠捲鬚苦苣
水果，如：水果乾、新鮮水果
格蘭諾拉麥片
葡萄
苦味綠色蔬菜，如：甜菜葉
沙拉青蔬，如：綜合生菜
蜂蜜，如：栗子蜜
冰淇淋
羽衣甘藍
韭蔥
扁豆
萵苣
香甜酒，如：杏仁香甜酒
美式長條素肉團
楓糖漿
蛋白霜烤餅
薄荷

主廚私房菜	DISHES

榛果焦糖炸彈麵糊：黑巧克力慕斯、榛果糖、巧克力蛋糕和巧克力釉汁
——波多貝羅（Portobello），俄勒岡州波特蘭市

菇蕈類，如：羊肚菌、野菇
油脂，如：榛果油、柳橙油
柳橙，如：橘子（比如橙汁、碎橙
　　皮）
歐芹
百香果
義式麵食
法式酥皮醬糜派
桃子
梨
柿子
義式青醬
鳳梨
李子乾
布丁
南瓜
藜麥
紫葉菊苣
葡萄乾
覆盆子
大黃

對味組合
榛果＋蘋果＋抱子甘藍
榛果＋芝麻菜＋藍黴乳酪＋茴菜＋紫葉菊苣
榛果＋蘆筍＋甜菜
榛果＋香蕉＋巧克力
榛果＋藍黴乳酪＋桃子
榛果＋黃砂糖＋肉桂＋梨
榛果＋焦糖＋杏桃乾＋巧克力
榛果＋費達乳酪＋葡萄＋沙拉青蔬
榛果＋無花果＋山羊乳酪或瑞可達乳酪
榛果＋蒜頭＋芥藍＋日曬番茄乾
榛果＋山羊乳酪＋梨
榛果＋山羊乳酪＋葡萄乾＋菠菜
榛果＋榛果油＋橘子＋沙拉青蔬＋醋
榛果＋菇蕈類＋歐芹

乾燥香料植物 Herbs, Dried
風味強度：一般比新鮮的狀態強
　　烈，所以要適度調整
小祕訣：乾燥香料植物需要時間
　　恢復原狀、釋放風味，所以要
　　在烹調過程中盡早添加。

義式燉飯
迷迭香
沙拉，如：水果沙拉、綠色蔬菜沙
　　拉、菠菜沙拉、三色沙拉
醬汁，如：*西班牙紅椒堅果醬*
湯
西班牙料理
菠菜
冬南瓜，如：橡實南瓜、白胡桃瓜
草莓
餡料
糖，如：黃砂糖
甘藷
太妃糖
日曬番茄乾
能量棒
香莢蘭
素食漢堡
醋，如：巴薩米克香醋、香檳酒醋、
　　雪利酒醋、白酒醋
櫛瓜

鹿尾菜 Hiziki（亦稱 Hijiki）
[hee-ZEE-kee; hee-JEE-kee]
風味：鹹，帶有泥土和／或海洋的
　　香調，質地細緻但紮實
風味強度：中等－強
這是什麼：海菜，外觀是乾燥的黑

色條狀。
熱量：½杯5大卡
蛋白質：1克
料理方式：煎炒、微滾烹煮（約
　　30-40分鐘）
小祕訣：帶有砂粒，必須在冷水中
　　浸泡10分鐘（兩次）才能使用
　　（浸泡過的水中有砂子，要倒
　　掉）。浸泡也能減少鹽分含量。
　　此外，鹿尾菜會膨脹4倍，變得
　　像黑天使髮麵。

亞洲料理
豆類，如：四季豆
燈籠椒，如：紅燈籠椒、黃燈籠椒
青江菜
布拉格牌液體氨基酸
糙米糖漿
牛蒡
大白菜
胡蘿蔔
法式砂鍋菜
卡宴辣椒
芹菜
帕爾瑪乳酪
辣椒，如：哈拉佩諾辣椒
芫荽葉
柑橘類
玉米
素食蛋類料理
毛豆
茄子
蒜頭
薑
穀物
香料植物
日式料理
韭蔥
蓮藕
日本長壽飲食料理
味醂
味噌，如：赤味噌
菇蕈類，如：香菇
亞洲麵條，如：糙米粄條或日本

鱈魚角蛋糕：鹿尾菜、豆腐和香料植物拌勻後，搭配塔塔醬

——筆記V（V-Note），紐約市

蕎麥麵

油脂，如：橄欖油、芝麻油

洋蔥，如：青蔥、白洋蔥、黃洋蔥

歐芹

法式酥皮醬糜派

花生

綠豌豆

米，如：糙米

沙拉淋醬，如：味噌沙拉淋醬

沙拉，如：綠色蔬菜沙拉、涼麵沙拉、海菜沙拉

海鹽

嫩青蔥

芝麻油

芝麻籽

紅蔥

湯，如：味噌湯

黃豆

醬油

小果南瓜

燉煮料理

翻炒料理

糖，如：黃砂糖

葵花籽

塔希尼芝麻醬

溜醬油

塔塔醬

天貝

豆腐

番茄，如：櫻桃蕃茄

蕪菁

蔬菜，尤以根莖蔬菜、甜味蔬菜為佳

醋，如：糙米醋、米醋、梅子醋

荸薺

水田芥

山芋

對味組合

鹿尾菜＋糙米＋胡蘿蔔＋香菇

鹿尾菜＋胡蘿蔔＋蒜頭＋薑＋味噌＋芝麻（油／籽）

鹿尾菜＋日式高湯＋芝麻油＋芝麻籽＋醬油＋豆腐

鹿尾菜＋蒜頭＋薑

鹿尾菜＋薑＋醬油

鹿尾菜＋香料植物＋塔塔醬＋豆腐

鹿尾菜＋米醋＋芝麻油、芝麻籽＋醬油

鹿尾菜＋芝麻油＋溜醬油

● 玉米粥 Hominy

風味：帶有奶油和玉米的香調，質地有嚼勁

風味強度：弱

這是什麼：乾燥的玉米粒，除掉胚和外皮

酪梨

豆類，如：紫花雲豆、花豆、紅豆

燈籠椒

胡蘿蔔

法式砂鍋菜

芹菜

乳酪，如：山羊乳酪、蒙特利傑克、墨西哥鮮乳酪

辣椒，如：乾紅辣椒、新鮮青辣椒、哈拉佩諾辣椒；辣椒醬和辣椒粉

芫荽葉

玉米

孜然

蒜頭

萊姆

墨西哥料理

菇蕈類，如：波特貝羅大香菇

美國在地料理

油脂，如：橄欖油、芝麻油、葵花油、蔬菜油

洋蔥，如：白洋蔥

墨西哥奧勒岡

黑胡椒

素食墨西哥玉米燉煮

南瓜籽

櫻桃蘿蔔

鼠尾草

湯

美國西南方料理

白胡桃瓜

燉煮料理

蔬菜高湯

百里香

黏果酸漿

番茄

對味組合

玉米粥＋辣椒＋芫荽葉＋黏果酸漿

玉米粥＋辣椒＋蒜頭＋萊姆

玉米粥＋辣椒＋洋蔥＋奧勒岡

● 蜂蜜 Honey—In General

風味：甜到非常甜，帶有澀澀的香調，質地濃稠如糖漿

風味強度：較弱（例如洋槐蜜＜苜蓿蜜）−較強（例如野花蜜＜蕎麥蜜）

營養學剖繪：100%碳水化合物

熱量：1大匙65大卡

料理方式：生食

小祕訣：一般而言，蜂蜜顏色愈深，營養價值就愈高（例如抗氧化物、礦物質、維生素的含量）。

可行的替代物：龍舌蘭糖漿、糙米糖漿、楓糖漿、糖蜜

蘋果

杏桃

芝麻菜

烘焙食物，如：比斯吉、麵包、蛋糕、餅乾、馬芬

香蕉

豆類，如：乾燥豆類

甜菜

H

飲品，如：咖啡、茶
早餐料理，如：麥片、法國土司、
　　美式煎餅、土司、比利時鬆餅
奶油
小豆蔻
胡蘿蔔
乳酪，如：藍黴、奶油乳酪、山羊
　　乳酪、佩科利諾、**瑞可達乳酪**
栗子
辣椒，如：哈拉佩諾辣椒
巧克力
肉桂
柑橘類
丁香
椰子
庫斯庫斯
鮮奶油
甜點，如：水果甜點
蘸料
茴香
無花果
水果，如：水果乾、新鮮水果
薑
穀物，如：藜麥
格蘭諾拉麥片
葡萄柚
榛果
薰衣草
檸檬，如：檸檬汁、碎檸檬皮
扁豆
萊姆
滷汁醃醬
馬士卡彭乳酪
甜瓜，如：蜜露瓜
薄荷
味噌
芥末，如：第戎芥末
肉豆蔻
堅果，如：**杏仁果**、美洲山核桃、
　　開心果、**核桃**
燕麥和燕麥片
柳橙，如：橙汁、碎橙皮
梨
黑胡椒

大蕉
李子
榅桲
藜麥
葡萄乾
覆盆子
大黃
米
迷迭香
沙拉淋醬
沙拉，如：水果沙拉、綠色蔬菜沙
　　拉
三明治，如：花生醬三明治
醬汁，如：燒烤醬、花生醬汁
種籽，如：南瓜籽、芝麻籽、葵花
　　籽
蔬果昔
醬油
抹醬，如：抹在比斯吉、麵包上
冬南瓜，如：甜薯瓜
糖，如：黃砂糖
龍蒿
豆腐
蕪菁
香莢蘭
醋，如：巴薩米克香醋
山芋
優格

對味組合
蜂蜜＋杏仁果＋瑞可達乳酪
蜂蜜＋無花果＋瑞可達乳酪
蜂蜜＋薑＋檸檬／萊姆

純素蜂蜜 Honey, Vegan
（同時參見蜂蜜）
風味：甜，帶有蘋果或蘋果花的
　　香調、蜂蜜的質地
這是什麼：蘋果做成的純素蜂蜜
　　替代品。
小祕訣：和龍舌蘭糖漿等量使用。
可行的替代物：龍舌蘭糖漿、楓
　　糖漿
品牌：無蜂蜜

蘋果濃縮製成的無蜂純素蜂蜜是
我遇過最神奇的一個產品。外觀
和滋味跟一般蜂蜜一模一樣！
　　——蕭瓦因‧懷特，花開咖啡館，紐約市

辣根：●醃漬或 ●新鮮
Horseradish—Prepared or Fresh
季節：夏－秋
風味：苦／非常辣，帶有芥末和
　　／或胡椒的刺激香調
風味強度：非常強
料理方式：刨絲、切絲
小祕訣：上桌前添加。選購白辣
　　根（不要粉紅的）。
近親：青花菜、抱子甘藍、甘藍菜、
　　白花椰菜、綠葉甘藍、羽衣甘
　　藍、大頭菜、春山芥、**芥末**、櫻
　　桃蘿蔔、蕪菁甘藍、蕪菁、水田
　　芥

蘋果和蘋果醬汁
芝麻菜
酪梨
豆類，如：紅豆、烘烤豆子、四季豆、
　　豆子濃湯
甜菜和甜菜汁
血腥瑪麗
奶油
甘藍菜
胡蘿蔔
白花椰菜
芹菜
乳酪
冷盤料理
細香蔥
鮮奶油
法式酸奶油
黃瓜
蒔蘿
蘸料
蛋，如：水煮全熟蛋
中歐和北歐料理
蒜頭

苦味綠色蔬菜，如：甜菜葉
番茄醬
檸檬，如：檸檬汁、碎檸檬皮
萊姆，如：萊姆汁、碎萊姆皮
馬士卡彭乳酪
美乃滋
味噌，如：淡味噌
菇蕈類，如：牛肝菌
芥末，如：第戎芥末
橄欖油
洋蔥
歐芹
歐洲防風草塊根
義式麵食，如：義式麵疙瘩
豌豆，如：綠豌豆
黑胡椒
馬鈴薯
野生韭蔥
開胃小菜
迷迭香
鼠尾草
沙拉淋醬
沙拉，如：穀物沙拉、彎管麵沙拉、馬鈴薯沙拉
鹽
三明治
***醬汁**，如：奶油狀醬汁*
嫩青蔥
酸模
酸奶油
醬油
黃砂糖
天貝
百里香
豆腐，如：絹豆腐
番茄、番茄汁和日曬番茄乾
根莖蔬菜
素食漢堡
醋，如：蘋果酒醋、巴薩米克香醋、紅酒醋、白酒醋
水田芥
優格
櫛瓜

| 主廚私房菜 | DISHES |

金褐梨子塔搭配越橘莓和法式酸奶油
——帕妮絲之家（Chez Panisse），加州柏克萊

越橘莓梨子脆片搭配核桃奶酥和肉桂大豆義式冰淇淋
——綠色餐廳（Greens Restaurant），舊金山

蘋果越橘莓法式酥餅搭配糖煮越橘莓和法式酸奶油冰淇淋
——綠色餐廳（Greens Restaurant），舊金山

香蕉和越橘莓「夾心蛋糕」：「日內瓦醬」天使蛋糕、香蕉卡士達、越橘莓果醬，以及香蕉-法式酸奶油雪酪
——自身（Per Se），紐約市

越橘莓「乳酪蛋糕」：越橘莓果凍和消化餅酥粒
——皮肖利（Picholine），紐約市

對味組合
辣根＋蘋果＋胡蘿蔔
辣根＋甜菜＋檸檬
辣根＋甜菜＋迷迭香＋優格
辣根＋苦味綠色蔬菜（如：芝麻菜、酸模）＋馬鈴薯
辣根＋胡蘿蔔＋歐洲防風草塊根＋馬鈴薯
辣根＋芹菜＋番茄汁
辣根＋細香蔥＋優格
辣根＋醋＋優格

酸越橘 Huckleberries
季節：夏
風味：酸／甜，帶有藍莓香調
風味強度：中等－強
營養學剖繪：94% 碳水化合物／4% 蛋白質／2% 脂肪
熱量：每28克10大卡（生食）
可行的替代物：藍莓

龍舌蘭糖漿
蘋果
香蕉
白脫乳
奶油乳酪，如：低脂奶油乳酪
乳酪蛋糕
肉桂
蔬果漿

法式酸奶油
***甜點**，如：美式鬆厚酥頂派、脆片、卡士達、法式可麗餅、冰淇淋、義大利奶凍、酥皮、派、舒芙蕾、餡餅*
消化餅
果醬
檸檬，如：梅爾檸檬
萊姆，如：萊姆汁
柳橙
美式煎餅，如：蕎麥煎餅
梨
松子
布丁，如：麵包布丁
糖
核桃

玉米黑粉菌 Huitlacoche
[weet-lah-COH-chay]

風味：鮮味，帶有玉米、肉類、菇類和煙味等複雜的泥土、刺激香調
風味強度：弱－中等
這是什麼：一種生長在玉米上的菌類；又稱玉米黑穗病或「墨西哥松露」

酪梨
中美洲料理

墨西哥松露和菇蕈：現做西班牙蛋餅搭配有機奧特溪牌巧達乳酪、尼可斯農場牌墨西哥松露、當地林地菇蕈，以及青綠烘烤黏果酸漿莎莎醬
——托波洛萬波（Topolobampo），芝加哥

乳酪，如：可提亞、山羊乳酪、克索白乳酪
辣椒
墨西哥香炸辣椒捲
巧克力
芫荽葉
玉米
可麗餅
安吉拉捲
土荊芥
蒜頭
冰淇淋
萵苣
萊姆
墨西哥料理
菇蕈類，如：野菇
洋蔥
墨西哥餡料薄餅
湯
燉煮料理
甘藷
墨西哥塔可餅
墨西哥粽
墨西哥薄餅，如：墨西哥玉米薄餅
香莢蘭
櫛瓜花

對味組合

玉米黑粉菌＋酪梨＋乳酪＋芫荽葉＋菇蕈類＋洋蔥＋墨西哥薄餅
玉米黑粉菌＋乳酪＋櫛瓜花
玉米黑粉菌＋芫荽葉＋玉米＋萊姆＋萵苣＋洋蔥＋墨西哥薄餅

印度料理 Indian Cuisine
小祕訣：印度可說是全球素食主義最盛行的國家，國內估計有20-42%的素食人口。

多香果
杏仁果
茴芹籽
豆類
麵包，尤以北印度為佳
小豆蔻
腰果
桂皮（或肉桂）
白花椰菜
卡宴辣椒
乳酪，如：印度乳酪
鷹嘴豆
辣椒
芫荽葉，尤以南印度為佳
肉桂
丁香
椰子，尤以在甜點裡和南印度為佳
芫荽
孜然，尤以北印度為佳
咖哩類
新鮮咖哩葉、咖哩粉和咖哩香料
印度多薩烤餅
茄子
茴香籽
葫蘆巴
葛拉姆馬薩拉（印度混合香料通常包括月桂葉、黑胡椒、小豆蔻、桂皮／肉桂、丁香、芫荽、孜然、茴香和／或肉豆蔻）
蒜頭，尤以北印度為佳
印度酥油（脫水奶油）
薑，尤以北印度為佳
香料植物

扁豆
薄荷
芥末籽，尤以南印度為佳
肉豆蔻
油脂，如：菜籽油、葡萄籽油
洋蔥
紅椒粉
豌豆
胡椒，如：黑胡椒
開心果，尤以放進甜點裡為佳
罌粟籽
馬鈴薯
印度香米，尤以南印度為佳
番紅花
鼠尾草
醬汁，如：印度黃瓜優格醬汁
辛香料
菠菜
八角
棕櫚糖
羅望子，尤以南印度為佳
番茄
薑黃
蔬菜，尤以南印度為佳
小麥，尤以北印度為佳
優格

印尼料理 Indonesian Cuisine
辣椒
椰子
芫荽
蒜頭
燒烤料理
檸檬香茅
糖蜜
麵條
花生和花生醬汁
胡椒
米
沙嗲，比如沙嗲串燒
麵筋素肉
醬油
辛香料，如：丁香、肉豆蔻、胡椒
翻炒料理

糖，如：黃砂糖
羅望子
天貝
蔬菜

對味組合
辣椒＋蒜頭＋萊姆＋花生＋醬油
＋糖

● 愛爾蘭苔 Irish Moss
風味：中性，帶有凝膠狀的質地
風味強度：弱
這是什麼：海菜，用作稠化物（例如用於甜點、純素乳酪）
營養學剖繪：89% 碳水化合物／8% 蛋白質／3% 脂肪
熱量：每28克15大卡
小祕訣：仔細沖洗（生的愛爾蘭苔可能含有砂粒），使用前在冷水中浸泡過夜或更久。

杏仁奶
香蕉
麵包
可可和巧克力
素食乳酪（如：以堅果為基底）
肉桂
椰子和椰奶
甜點用鮮奶油（如：純素鮮奶油）
甜點，*如：鮮奶油點心、卡士達、焦糖布丁、慕斯、派*
冰淇淋
果醬和果凍
濃稠的沙拉淋醬，如：牧場沙拉淋醬
蔬果昔
湯
高湯
提拉米蘇
香莢蘭
素食優格，如：以堅果為基底

對味組合
愛爾蘭苔＋杏仁奶＋香蕉＋肉桂

＋香莢蘭
愛爾蘭苔＋可可豆碎粒＋椰子＋椰奶
愛爾蘭苔＋蒜頭＋大麻籽＋香料植物＋檸檬汁

比起洋菜，我們更常用**愛爾蘭苔**當稠化物。愛爾蘭苔的均質性更好、更綿密，凝固的效果美觀，而且營養價值更高。

——凱西和瑪琳·托爾曼，石榴咖啡館，亞利桑那州鳳凰城

以色列料理 Israeli Cuisine
（同時參見地中海料理）
豆類，如：蠶豆
甜菜
紅燈籠椒
麵包，如：袋餅
乳酪，如：費達乳酪
鷹嘴豆，如：鷹嘴豆泥醬
以色列庫斯庫斯
蘸料
茄子，如：中東茄泥蘸醬
炸鷹嘴豆泥
哈里薩辣醬
蜂蜜
沙拉，如：黃瓜沙拉、麥粒番茄菜沙拉、番茄沙拉
三明治，如：以色列袋餅（茄子＋水煮全熟蛋＋鷹嘴豆泥醬）、麵筋素肉沙威瑪
塔希尼芝麻醬
番茄
優格，如：水切式優格（又名希臘優格）
中東扎塔香料

義大利北方料理
Italian Cuisine, Northern
蘆筍
羅勒
豆類
奶油

乳酪，如：愛亞格、芳汀那、戈根索拉、帕爾瑪、泰勒吉奧乳酪
鮮奶油和以鮮奶油為基底的醬汁
榛果
檸檬，*如：檸檬汁*
馬士卡彭乳酪
堅果
義式麵食，尤以新鮮、雞蛋含量高或緞帶型為佳（如：**寬麵、義大利細扁麵、方麵餃**），通常與其他澱粉結合在一起，比如豆類
義式青醬
松子
義式粗玉米糊
馬鈴薯
米，如：阿勃瑞歐米、卡納羅利米；和義式燉飯
迷迭香
鼠尾草
醬汁，如：以鮮奶油為基底
白松露
醋，尤以巴薩米克香醋、酒醋為佳
酒，如：馬沙拉酒、紅酒、白酒

義大利南方料理
Italian Cuisine, Southern
朝鮮薊
羅勒
燈籠椒
乳酪，如：莫札瑞拉、瑞可達乳酪
辣椒和辣椒粉
肉桂
茄子
茴香
蒜頭
香料植物
墨角蘭
肉豆蔻
橄欖油
橄欖
奧勒岡
義式麵食，*尤以乾燥麵條、管狀麵為佳，並搭配番茄醬汁上桌*

披薩，如：拿坡里披薩
葡萄乾
醬汁，如：以紅番茄為基底的醬汁
番茄和番茄醬汁
酒
櫛瓜

● 青波羅蜜
Jackfruit, Unripe Green

季節：夏
風味：中性，帶有蘋果、香蕉、荔枝、芒果、甜瓜類（如洋香瓜）和／或鳳梨的微弱香調；類似鳳梨乾、雞絲或手撕豬肉，擁有層狀、有嚼勁、多汁或肉質的質地
風味強度：弱
這是什麼：熱帶水果
營養學剖繪：92% 碳水化合物／5% 蛋白質／3% 脂肪
熱量：1杯155大卡（切片，生食）
蛋白質：2克
烹調方式：醃漬
小祕訣：在印度或其他亞洲地區的市場尋找罐裝或冷凍的生（也就是青或未成熟）波羅蜜（浸泡的是鹽水，不是甜的糖漿！）。大廚蘇珊·弗尼格在街頭餐館製作純素菜餚（例如包子和墨西哥塔可餅）的時候，喜歡運用切絲、煮熟的波羅蜜，而不用加工的素肉。她發現波羅蜜與任何風味都搭配，甚至騙過無肉不歡的人。使用前最好先沖洗、瀝乾、切絲；或是切成一口大小的三角形，像切鳳梨那樣。波羅蜜是世上最大的樹生水果，可以長到90公分長。多留意柳安妮地球村水果的產品。

亞洲料理
香蕉

燒烤料理
燒烤醬
月桂葉
燈籠椒
印度香飯
奶油或地球平衡牌奶油
墨西哥燉豬肉
胡蘿蔔
腰果
白花椰菜
辣椒，如：齊波特辣椒、青辣椒；和辣椒粉
素辣豆醬
中式料理
芫荽葉
椰奶
芫荽
蛋類料理
孜然
咖哩類，如：印度咖哩、泰式咖哩
甜點，比如以成熟波羅蜜製作的
墨西哥玉米捲
葛拉姆馬薩拉
蒜頭
薑
土耳其燒烤
印度料理
卡非萊姆葉
韭蔥
檸檬，如：檸檬汁
檸檬香茅
萊姆，如：萊姆汁
馬來西亞料理
糖蜜

菇蕈類
墨西哥玉米片
油脂，如：菜籽油
洋蔥，如：紅洋蔥、白洋蔥
奧勒岡
義式麵食
綠豌豆
馬鈴薯
米，如：印度香米
三明治，如：包子、手撕豬、魯本三明治
煙燻調理液
東南亞料理
醬油
燉煮料理
蔬菜高湯
墨西哥塔可餅
番茄、番茄糊和番茄醬汁
墨西哥薄餅，如：墨西哥玉米薄餅
薑黃
酒，如：不甜的葡萄酒

對味組合
波羅蜜＋燒烤醬＋煙燻調理液＋手撕豬
波羅蜜＋燈籠椒＋椰奶＋咖哩類＋咖哩醬＋蒜頭＋檸檬香茅
波羅蜜＋芫荽葉＋洋蔥＋莎莎醬＋墨西哥塔可餅＋墨西哥薄餅
波羅蜜＋芫荽＋孜然＋咖哩類＋番茄＋薑黃
波羅蜜＋芫荽＋土耳其燒烤＋檸檬＋奧勒岡＋袋餅＋醬油＋青

瓜酸乳酪醬汁

在印度東部，**波羅蜜**是成熟時當作水果吃，但北印比較常吃生的（未成熟），當作蔬菜，加進印度香飯裡。

——黑曼特·馬圖爾，塔西餐廳，紐約市

印度黑糖 Jaggery
風味：甜；芳香，帶有奶油、焦糖、楓糖漿和／或糖蜜的香調
風味強度：弱－中等
這是什麼：甘蔗或棕櫚做的未精製糖
可行的替代物：深色紅糖

杏仁果
香蕉
飲品，如：咖啡、茶
麵包
糖果
小豆蔻
腰果
鷹嘴豆
椰奶
甜點，*如：布丁*
印度料理
奶類
花生
葡萄乾
米
果汁糖漿
優格

對味組合
印度黑糖＋小豆蔻＋腰果＋椰奶
｜葡萄乾

牙買加料理 Jamaican Cuisine
（同時參見加勒比海料理）
酪梨
豆類，*如：黑眉豆、紅豆*
燈籠椒
黑眼豆

甘藍菜
胡蘿蔔
芫荽葉
椰子和椰奶
咖哩類
蒜頭
薑
芥末葉
燒烤料理，如：烤天貝、烤豆腐、烤蔬菜
洋蔥
柳橙
大蕉
葡萄乾
米
菠菜
燉煮料理
甘藷
番茄

日式料理 Japanese Cuisine
青花菜
炙烤料理
牛蒡

胡蘿蔔
辣椒
白蘿蔔
日式高湯
毛豆
日本茄子
蒜頭
薑
燒烤料理
餃子
波羅蜜
日式炒牛蒡
昆布
味醂（甜米酒）
味噌
菇蕈類，*如：舞菇、蠔菇、香菇*
亞洲麵條，*如：拉麵、日本蕎麥麵*
烏龍麵
海苔卷，如：酪梨卷、黃瓜卷
醃漬料理
鳳梨
水煮料理
米，*如：黑米、糙米、壽司*
醬汁，如：日式醋汁醬油、照燒醬

J

嫩青蔥
海菜，如：海帶、海苔
芝麻，如：芝麻油、芝麻籽
湯，如：味噌湯
醬油
小果南瓜
清蒸料理
甘藷
茶，如：綠茶
天婦羅
米酒醋
山葵
米酒，如：清酒
日本柚子
櫛瓜

對味組合
蒜頭＋薑＋醬油
薑＋清酒＋醬油
薑＋嫩青蔥＋醬油

● 豆薯 Jícama
[HEE-kah-mah]
季節：冬－春
風味：微甜，帶有荸薺的香調，質
　　地酥／鬆脆而多汁
風味強度：弱
這是什麼：根莖蔬菜
營養學剖繪：93% 碳水化合物／
　　5% 蛋白質／2% 脂肪
熱量：1 杯 50 大卡（生食，切片）
蛋白質：1 克
料理方式：烘焙、沸煮、燜煮、炒、
　　生食、煎炒、切絲、蒸煮、翻炒
小祕訣：使用前先去皮。切薄片，
　　代替脆片，搭配墨西哥酪梨醬、
　　鷹嘴豆泥醬或其他蘸料。
近親：甘藷

蘋果
芝麻菜
酪梨
羅勒，如：泰國羅勒
黑眉豆

豆薯路邊小吃：豆薯、黃瓜、鳳梨、新鮮萊姆、搗碎的瓜希柳辣椒
——邊界燒烤（Frontera Grill），芝加哥

四季豆，如：法國四季豆
甜菜
燈籠椒，如：綠燈籠椒、紅燈籠椒
黑莓
青花菜
抱子甘藍
甘藍菜，如：綠甘藍菜、紫甘藍
胡蘿蔔
卡宴辣椒
中美洲料理
佛手瓜
鷹嘴豆
辣椒，如：哈拉佩諾辣椒、塞拉
　　諾辣椒；**辣椒片**和**辣椒粉**
芫荽葉
柑橘類
玉米
蔬菜棒沙拉
黃瓜
水果
蒜頭
薑
葡萄柚
墨西哥酪梨醬
辣根

金桔
檸檬，如：檸檬汁
醃檸檬
風味溫和的萵苣，如：畢布萵苣、
　　奶油萵苣、蘿蔓萵苣
萊姆，如：萊姆汁
馬來西亞料理
芒果
甜瓜
墨西哥料理
小米
薄荷
菇蕈類，如：鈕扣菇
芥末
麵條，如：粄條
油脂，如：辣椒油、葡萄籽油、橄
　　欖油、花生油、芝麻油
橄欖
洋蔥，如：青蔥、紅洋蔥
柳橙，如：柳橙、橙汁
木瓜
紅椒粉
花生
梨
美洲山核桃

對味組合
豆薯＋蘋果＋櫛瓜
豆薯＋芝麻菜＋辣根＋芥末＋紅洋蔥
豆薯＋酪梨＋芫荽葉＋柑橘類（如：葡萄柚、柳橙）
豆薯＋酪梨＋柑橘類（如：柳橙、葡萄柚）＋櫻桃蘿蔔
豆薯＋黑眉豆＋黃瓜＋薄荷＋米酒醋
豆薯＋卡宴辣椒＋芫荽葉＋萊姆＋洋蔥＋柳橙＋木瓜
豆薯＋卡宴辣椒＋綠色蔬菜＋檸檬＋萊姆＋木瓜
豆薯＋辣椒粉＋萊姆＋花生
豆薯＋辣椒粉＋萊姆汁＋鹽
豆薯＋芫荽葉＋柳橙
豆薯＋黃瓜＋萊姆
豆薯＋葡萄柚＋美洲山核桃＋紫甘藍＋沙拉

胡椒，如：黑胡椒、白胡椒
鳳梨
南瓜籽
藜麥
櫻桃蘿蔔
開胃小菜
米
沙拉，如：水果沙拉、綠色蔬菜沙
　　拉
莎莎醬
鹽
嫩青蔥
芝麻，如：芝麻油、芝麻籽
美式涼拌菜絲
南美洲料理
醬油
菠菜
芽菜，如：葵花籽芽
糖
墨西哥塔可餅
紅橘
番茄
油醋醬
醋，如：巴薩米克香醋、米醋、白
　　酒醋
酒
水田芥
西瓜
小麥仁
櫛瓜

榨汁 Juices（同時參見蔬果昔）

技巧小祕訣：我們很愛冠軍牌的
　　果汁機（為這本書訪談過的許
　　多其他專家也是），也知道其他
　　人用奧米加牌果汁機用得很滿
　　意。蓬勃烘焙公司的黛安·弗
　　里用她的維他美仕食物調理機
　　做蔬果汁，加入一點水，然後
　　用豆奶過濾袋過濾蔬果汁——
　　發現清理起來比果汁機更簡單。
風味小祕訣：不要把羽衣甘藍和
　　蘿蔓萵苣打在一起，不然依據
　　紐約市花開素食餐廳老闆潘蜜

拉·伊莉莎白的說法，會「嚐
起來像泥巴」。要增添甜味，可
以在綠果菜汁裡加入龍舌蘭糖
漿、甜菜、椰子水、椰棗、水果、
蜂蜜或楓糖漿。

我最愛的綠果菜汁是用蘋果、芹
菜、綠葉甘藍、羽衣甘藍和檸檬
打成的。
——黛安·弗里，蓬勃烘焙公司，紐約州
斯卡斯代爾

我早上必喝的果菜汁加了芫荽
葉、茴香、薑、羽衣甘藍、檸檬、
梨和鳳梨。
——馬修·肯尼，M.A.K.E.，聖塔莫尼卡

少許檸檬汁最能壓過一些風味
比較強烈的綠果菜汁裡的「青草
味」。加入檸檬汁、蘋果汁和薑的
效果更好。
——瑪琳·托爾曼，石榴咖啡館，亞利桑
那州鳳凰城

杜松子 Juniper Berries

風味：**苦／酸／甜**；芳香，帶有琴
　　酒、檸檬和／或松香那種澀澀
　　的香調
風味強度：中等－強
可行的替代物：琴酒

蘋果
耶路撒冷朝鮮薊
月桂葉
麵包
奶油
甘藍菜，如：紫甘藍
葛縷子籽
乳酪
酸菜
蛋
茴香
蒜頭
琴酒

滷汁醃醬
橄欖油
義式麵食
黑胡椒
酸漬食物
馬鈴薯
米
迷迭香
鼠尾草
德國酸菜
冬南瓜
餡料
甘藷
根莖蔬菜
醋

對味組合

杜松子＋蘋果＋茴香
杜松子＋蒜頭＋馬鈴薯

卡非萊姆、卡非萊姆葉
Kaffir Lime And Kaffir Lime Leaves

風味：苦／**酸**，芳香，帶有柑橘
　　類、花和／或檸檬的澀或刺激
　　香調，質地有嚼勁
風味強度：中等－強
這是什麼：東南亞柑橘類水果
烹調方式：翻炒
小祕訣：雖然也使用果皮、榨汁，
　　但這種水果最受重視的是芳香
　　的葉片。
可行的替代物：萊姆皮

蘋果，如：蘋果汁
亞洲料理
峇里島料理
羅勒，如：泰國羅勒
柬埔寨料理
胡蘿蔔
辣椒（尤以泰國鳥眼辣椒為佳）和
　　辣椒醬
素辣豆醬
芫荽葉
椰子和椰奶

玉米
黃瓜
咖哩類
卡士達
飲料
熱帶水果
南薑
蒜頭
薑
印度料理
印尼料理
檸檬香茅
萊姆，如：萊姆汁
馬來西亞料理
芒果
滷汁醃醬
薄荷
菇蕈類
麵條，如：亞洲麵條
秋葵
梨，如：亞洲梨或仙人掌梨
義式青醬
米
沙拉淋醬
沙拉，如：泰式沙拉、番茄沙拉
醬汁
芝麻，如：芝麻籽
湯，如：椰子湯、酸辣湯、泰式湯品
東南亞料理
八角
燉煮料理
翻炒料理
高湯，如：蔬菜高湯
糖
羅望子
泰式料理
薑黃
蔬菜，如：綠色蔬菜

對味組合
卡非萊姆葉＋胡蘿蔔＋檸檬香茅
　＋湯
卡非萊姆葉＋椰奶＋南薑＋檸檬

香茅
卡非萊姆葉＋椰奶＋花生＋豆腐
卡非萊姆葉＋薑＋檸檬香茅＋萊姆
卡非萊姆葉＋米＋薑黃

───── ● **羽衣甘藍** Kale

風味：苦／甜（尤其是冬季），帶
　有甘藍菜的刺激香調，質地很韌
風味強度：弱－中等
這是什麼：葉子茂盛的綠色蔬菜
營養學剖繪：72% 碳水化合物／
　16% 蛋白質／12% 脂肪
熱量：1 杯 35 大卡（生食，切碎）
蛋白質：2 克
料理方式：汆燙、沸煮（4-5 分鐘）、
　燜煮、燒烤、長時間烹調、醃漬、
　濾煮法、打成泥、生食、煎炒（中
　火加熱約 8 分鐘）、蒸煮（4-5 分
　鐘）、燉煮、翻炒
小祕訣：選購有機的羽衣甘藍。
　許多羽衣甘藍愛好者偏好恐龍
　羽衣甘藍的品種（又名托斯卡
　尼羽衣甘藍），風味比較豐富，
　質地絲滑。可以用第戎芥末來
　浸軟（和醃漬）生羽衣甘藍，增
　添風味、軟化質地。
近親：青花菜、抱子甘藍、甘藍菜、
　白花椰菜、綠葉甘藍、辣根、大
　頭菜、春山芥、櫻桃蘿蔔、蕪菁
　甘藍、蕪菁、水田芥

杏仁果
茴芹
蘋果
荒布藻
芝麻菜
酪梨
大麥
羅勒
豆類，如：紅豆、蔓越莓豆、四季豆、
　腰豆、綠豆、紅豆、白豆
甜菜

燈籠椒，如：紅燈籠椒，尤以炙烤
　為佳
黑眼豆
青江菜
麵包粉，如：全麥麵包粉
抱子甘藍
布格麥片
褐化奶油
甘藍菜，如：紫甘藍
續隨子
葛縷子籽
胡蘿蔔
腰果
法式砂鍋菜
白花椰菜
卡宴辣椒
芹菜
芹菜根
蒸菜
乳酪，如：巧達、農家、**費達**、山
　羊乳酪、葛黎耶和、莫扎瑞拉、
　帕爾瑪、**佩科利諾**、義大利波
　伏洛、瑞可達乳酪、含鹽瑞可
　達乳酪、羅馬諾、瑞士、純素乳
　酪
櫻桃乾
栗子
鷹嘴豆
辣椒，如：齊波特辣椒、乾紅辣椒、
　波布蘭諾辣椒、塞拉諾辣椒；
　辣椒膏、**辣椒片**和辣椒醬
洋芋片，如：脫水洋芋片（非油炸）
細香蔥
芫荽葉
椰奶
玉米
蔓越莓乾
鮮奶油
孜然
咖哩類
椰棗
蒔蘿
紫紅藻
蛋，如：義式蛋餅、水煮全熟蛋、

蛋捲、水波蛋、鹹派
闊葉苣菜
法老小麥
茴香籽
蒜頭
蒜薹
薑
葡萄柚
焗烤料理
其他綠色蔬菜，如：綠葉甘藍、蒲
　公英葉、芥末葉
榨汁
昆布
韭蔥
檸檬，如：檸檬汁、碎檸檬皮
扁豆
楓糖漿
薄荷
味噌
東京水菜
菇蕈類，如：洋菇、牛肝菌、波特
　貝羅大香菇、香菇
芥末，如：第戎芥末
亞洲麵條，如：日本蕎麥麵、烏龍
　麵
海苔
堅果
油脂，如：菜籽油、亞麻籽油、葡
　萄籽油、堅果油、**橄欖油**、芝麻
　油、蔬菜油
橄欖，如：黑橄欖
洋蔥，如：焦糖化洋蔥、**紅洋蔥**、
　西班牙洋蔥、春日洋蔥、白洋
　蔥、黃洋蔥
柳橙，如：橙汁
奧勒岡
木瓜，如：青木瓜
紅椒粉，如：煙燻紅椒粉
歐芹
義式麵食，如：千層麵
花生
美洲山核桃
黑胡椒
義式青醬

松子
開心果
披薩
義式粗玉米糊
葡萄牙料理
馬鈴薯
濃湯
藜麥
紫葉菊苣
櫻桃蘿蔔
葡萄乾，如：褐葡萄乾、黃葡萄乾
米，如：阿勃瑞歐米、**糙米**、野生
　米
義式燉飯
迷迭香
沙拉
鹽，如：猶太鹽、粉紅鹽、海鹽、

　煙燻鹽
香薄荷
嫩青蔥
海菜
種籽，如：大麻籽、南瓜籽、芝麻
　籽
芝麻，如：芝麻醬、芝麻籽
紅蔥
美式涼拌菜絲
蔬果昔
荷蘭豆
湯，如：*豆子湯、羽衣甘藍湯、義
　式蔬菜湯、馬鈴薯湯、蔬菜湯、
　白豆湯*
醬油
斯佩耳特小麥
菠菜

夏南瓜和尤以冬南瓜為佳，如：白　　溜醬油　　　　　　　　　　　　木薯
　胡桃瓜、甜薯瓜、日本南瓜　　　百里香
燉煮料理，如：燉煮大麥、燉煮冬　　豆腐　　　　　　　　　　　　　羽衣甘藍並不是夏季作物，但需
　季料理　　　　　　　　　　　　番茄　　　　　　　　　　　　　　求太高，所以全年供應。夏天裡，
翻炒料理　　　　　　　　　　　蕪菁　　　　　　　　　　　　　　炙熱的陽光會讓羽衣甘藍比較
蔬菜高湯　　　　　　　　　　　**醋**，如：蘋果酒醋、**巴薩米克香醋**、　苦、比較老，需要更長時間烹煮
餡料　　　　　　　　　　　　　　**糙米醋**、紅酒醋、雪利酒醋、梅　才能軟化，所以不大適合當沙拉
葵花籽　　　　　　　　　　　　　　子醋　　　　　　　　　　　　青蔬，比較適合燜煮。
甘藷　　　　　　　　　　　　**核桃**　　　　　　　　　　　　　——潘姆‧布朗，花園咖啡館，紐約州伍
塔希尼芝麻醬　　　　　　　　　優格　　　　　　　　　　　　　　茲塔克

對味組合

羽衣甘藍＋蘋果＋醋（如：巴薩米克香醋、蘋果酒醋）＋核桃　　　如果我要做**羽衣甘藍**沙拉，我會
羽衣甘藍＋酪梨＋杏桃乾＋檸檬＋柳橙＋開心果＋葡萄乾＋醬油　　把油加進羽衣甘藍然後揉搓，也
羽衣甘藍＋酪梨＋菇蕈類＋紅洋蔥　　　　　　　　　　　　　　許還加上第戎芥末。我希望得到
羽衣甘藍＋巴薩米克香醋＋甜菜＋費達乳酪＋核桃　　　　　　　酸、油和鹹的結合。
羽衣甘藍＋巴薩米克香醋＋柳橙＋開心果＋番茄　　　　　　　　——阿曼達‧科恩，泥土糖果，紐約市
羽衣甘藍＋羅勒＋麵條＋芝麻醬
羽衣甘藍＋甜菜＋核桃　　　　　　　　　　　　　　　　　　我愛替焦化的**羽衣甘藍**配上豆
羽衣甘藍＋糙米＋蒜頭＋薑＋醬油　　　　　　　　　　　　　乾，我把豆乾切成像碎培根，有
羽衣甘藍＋白胡桃瓜＋義式燉飯＋番茄　　　　　　　　　　　種類似的煙燻風味。
羽衣甘藍＋續隨子＋帕爾瑪乳酪＋義式麵食　　　　　　　　　——瑪基妮‧豪威爾，李子小酒館餐車，
羽衣甘藍＋乳酪（如：巧達）**＋水果**（如：蘋果）**＋堅果**（如：杏仁果）　西雅圖
羽衣甘藍＋鷹嘴豆＋費達乳酪＋檸檬
羽衣甘藍＋鷹嘴豆＋菇蕈類　　　　　　　　　　　　　　　　我愛**羽衣甘藍**——是早期的採用
羽衣甘藍＋鷹嘴豆＋帕爾瑪乳酪＋湯　　　　　　　　　　　　者。過去幾年，我只吃生的羽衣
羽衣甘藍＋辣椒＋蒜頭＋薑　　　　　　　　　　　　　　　甘藍。在那之前我比較喜歡燜煮
羽衣甘藍＋辣椒片＋蒜頭＋橄欖油＋帕爾瑪乳酪＋松子　　　的，或加入蒜頭和橄欖油煎炒，或
羽衣甘藍＋辣椒膏＋蛋＋蒜頭＋馬鈴薯　　　　　　　　　　　是和費達乳酪與松子一起加入義
羽衣甘藍＋亞麻籽油＋檸檬汁＋溜醬油　　　　　　　　　　　式麵食。
羽衣甘藍＋蒜頭＋水煮全熟蛋＋檸檬＋帕爾瑪乳酪　　　　　　——莫利‧卡岑，著有《楓館食譜》和《菜
羽衣甘藍＋蒜頭＋檸檬　　　　　　　　　　　　　　　　　餚之心》
羽衣甘藍＋蒜頭＋檸檬＋橄欖油
羽衣甘藍＋蒜頭＋檸檬＋橄欖油＋松子　　　　　　　　　　每一週我們都會經手一箱箱的**羽**
羽衣甘藍＋蒜頭＋橄欖油＋帕爾瑪乳酪＋紅酒醋　　　　　　**衣甘藍**，比起一般羽衣甘藍，我
羽衣甘藍＋蒜頭＋芝麻（油／籽）**＋醬油**＋醋　　　　　　們一向喜歡比較不苦、比較細緻
羽衣甘藍＋蒜頭＋香菇　　　　　　　　　　　　　　　　　　的藍綠色托斯卡尼羽衣甘藍；一
羽衣甘藍＋蒜頭＋醬油　　　　　　　　　　　　　　　　　般羽衣甘藍老多了。兩種羽衣甘
羽衣甘藍＋薑＋塔希尼芝麻醬　　　　　　　　　　　　　　　藍都會用蒜頭、檸檬汁和橄欖油
羽衣甘藍＋葡萄柚＋紅洋蔥　　　　　　　　　　　　　　　　去醃漬軟化。
羽衣甘藍＋味噌＋芝麻籽＋豆腐＋核桃　　　　　　　　　　　——凱西和瑪琳‧托爾曼，石榴咖啡館
羽衣甘藍＋橄欖油＋橄欖＋義式麵食＋松子　　　　　　　　　（亞利桑那州，鳳凰城）
羽衣甘藍＋橄欖油＋洋蔥＋柳橙＋葡萄乾
羽衣甘藍＋迷迭香＋白豆　　　　　　　　　　　　　　　　　我會用手把酪梨揉進**羽衣甘藍**的
　　　　　　　　　　　　　　　　　　　　　　　　　　　　葉片中，用鹽、胡椒和檸檬汁調味。

醃漬羽衣甘藍沙拉：切碎的醃漬羽衣甘藍、橄欖、酪梨、核桃，和滑潤的蒜頭紫紅藻淋醬
—— 118度（118 Degrees），加州

羽衣甘藍沙拉搭配萊姆、塞拉諾辣椒和薄荷
—— ABC廚房（ABC Kitchen），紐約市

羽衣甘藍絲搭配味噌醃漬豆腐費達乳酪、日曬番茄丁和烤核桃，淋上橄欖油、檸檬和蒜頭
—— 安潔莉卡的廚房（Angelica Kitchen），紐約市

泰開懷：全生主菜：白蘿蔔細絲、白胡桃瓜和胡蘿蔔，放在蒜頭-檸檬醃漬的羽衣甘藍上，淋上泰式塔希尼芝麻醬
—— 安潔莉卡的廚房（Angelica Kitchen），紐約市

托斯卡尼羽衣甘藍沙拉：蔓越莓乾、松子、羅馬佩科利諾乳酪
—— 南布呂德（Boulud Sud），紐約市

最棒的羽衣甘藍沙拉：羽衣甘藍嫩葉、葵花籽塔希尼芝麻醬、酪梨、青蘋果、烤葵花籽、煙燻海鹽
—— 肉販的女兒（The Butcher's Daughter），紐約市

調味羽衣甘藍凱撒沙拉：羽衣甘藍嫩葉、酪梨、杏仁帕爾瑪乳酪、烤杏仁果、紅蔥酥和七穀酥脆麵包
—— 肉販的女兒（The Butcher's Daughter），紐約市

羽衣甘藍和紫葉菊苣沙拉：糖漬核桃、葡萄、佩科利諾乳酪絲、雪利酒油醋醬
—— 布呂德咖啡館（Café Boulud），紐約市

羽衣甘藍希臘菠菜派：哈里薩辣醬調味的煙燻番茄鍋／薄荷油
—— 十字街口（Crossroads），洛杉磯

紅辣椒羽衣甘藍：當地恐龍羽衣甘藍、瓜希柳辣椒醬、當地馬鈴薯、木柴燒烤洋蔥、阿涅荷乳酪
—— 邊界燒烤（Frontera Grill），芝加哥

生羽衣甘藍和蘋果沙拉：醃漬羽衣甘藍、蘋果、紫甘藍和茴香絲，與黃瓜薄荷淋醬拋拌均勻後，放上甜菜捲絲
—— 大智者（Great Sage），馬里蘭州克拉克斯維爾

燒烤辣羽衣甘藍：辣椒、蒜頭、當地太陽蛋
—— 法謝爾飯店（Hotel Fauchère），賓州米爾福德鎮

羽衣甘藍溫沙拉、酪梨、玉米片、辣胡蘿蔔、齊波特辣椒淋醬
—— M.A.K.E.，聖塔莫尼卡

羽衣甘藍搭配羅勒、杏仁果、醃漬芒果搭配塔希尼芝麻淋醬和芝麻威化餅
—— 歐連納（Oleana），麻州劍橋

煙燻羽衣甘藍搭配菠菜杏仁果、豆乾和烘烤蒜頭
—— 李子小酒館（Plum Bistro），西雅圖

生羽衣甘藍沙拉搭配薑油、溜醬油、生豆腐、海藻和萊姆汁
—— 李子小酒館（Plum Bistro），西雅圖

雷妮花生羽衣甘藍沙拉：茂盛的羽衣甘藍、胡蘿蔔、白胡桃瓜、紅辣椒，以花生-蘋果酒醃製
—— 席法（Seva），密西根州安娜堡

托斯卡尼恐龍羽衣甘藍，與檸檬汁、橄欖油、蒜頭、辣椒片、佩科利諾托斯卡尼乳酪刨絲和麵包粉充分拋拌
—— 真食廚房（True Food Kitchen），鳳凰城

● 恐龍羽衣甘藍 Kale, Black
（又名托斯卡尼羽衣甘藍）

風味：微甜（也較不苦），風味比
　　綠芥藍豐富，質地也比較絲滑
風味強度：比一般羽衣甘藍弱

杏仁果
豆類，如：蔓越莓豆、白豆
麵包粉，如：全麥麵包粉
乳酪，如：帕爾瑪、佩科利諾乳酪
栗子
辣椒粉
全穀酥脆麵包丁
蒜頭
義大利料理，尤以托斯卡尼料理
　　為佳
檸檬汁
小米
菇蕈類，如：牛肝菌、波特貝羅大
　　香菇
橄欖油
義式麵食，如：千層麵
馬鈴薯
義式燉飯
鼠尾草
鹽
湯
番茄
紅酒醋

對味組合
恐龍羽衣甘藍＋杏仁果＋蒜頭＋
　　橄欖油
恐龍羽衣甘藍＋辣椒粉＋蒜頭＋
　　檸檬＋橄欖油＋佩科利諾乳酪
恐龍羽衣甘藍＋蒜頭＋新馬鈴薯
　　＋橄欖油
恐龍羽衣甘藍＋馬鈴薯＋鼠尾草

● 卡姆小麥 Kamut
[kah-MOOT]

風味：微甜，帶濃郁的奶油和／
　　或堅果香調，質地豐富有嚼勁
風味強度：弱－中等
這是什麼：一種全穀小麥，又名
　　高粒山小麥
無麩質：否
營養學剖繪：79% 碳水化合物／
　　16% 蛋白質／5% 脂肪
熱量：1 杯 250 大卡（煮熟）
蛋白質：11 克
料理方式：高壓烹煮、慢燒、蒸煮
烹調時間：浸泡過再煮的卡姆小
　　麥，加蓋約 15-20 分鐘；未浸泡
　　過的要軟化，最多需要兩小時。
比例：1：4（1 杯卡姆小麥對 4 杯
　　烹調湯汁）
近親：大麥、玉米、裸麥、斯佩耳
　　特小麥、黑小麥、小麥

杏仁果
蘋果和蘋果汁
蘆筍
酪梨
烘焙食物，如：麵包
羅勒
月桂葉
豆類，如：腰豆、皇帝豆
甜菜
燈籠椒，如：紅燈籠椒、黃燈籠椒
青花菜和球花甘藍
奶油
白脫乳
甘藍菜，如：皺葉甘藍
胡蘿蔔
腰果
芹菜
芹菜根

冬南瓜義式燉卡姆小麥麥飯：燒烤舞菇、腰果奶霜、新鮮去殼豆、
烘烤藍色香蕉瓜、燜煮茴香和韭蔥、秋季青蔬、炸酸豆、檸檬皮
刨絲、牛肝菌油和小果南瓜天婦羅
——千禧（Millennium），舊金山

熱早餐麥片
乳酪，如：費達、山羊乳酪、帕爾
　　瑪乳酪
細葉香芹
鷹嘴豆
辣椒粉
素辣豆醬
細香蔥
芫荽葉
肉桂
芫荽
孜然
蒔蘿
闊葉莙薘菜
茴香
水果乾，如：杏桃乾、蔓越莓乾
蒜頭
薑
其他穀物，如：大麥、藜麥、米
蜂蜜
克非爾奶酒
檸檬，如：檸檬汁、碎檸檬皮
扁豆，如：綠扁豆
萊姆
歐當歸
墨角蘭
菇蕈類，如：舞菇、蠔菇
芥末，如：第戎芥末
堅果
油脂，如：酪梨油、堅果油、**橄欖**
　　油
橄欖，如：卡拉瑪塔橄欖
洋蔥，如：青蔥、紅洋蔥
柳橙
歐芹
歐洲防風草塊根
美洲山核桃

黑胡椒

抓飯

披薩

石榴

葡萄乾

米，如：野生米

義式燉飯

鼠尾草

沙拉，*如：穀物沙拉、綠色蔬菜沙拉、番茄沙拉、蔬菜沙拉*

海鹽

嫩青蔥

湯，*如：義式蔬菜湯*

醬油

菠菜

小果南瓜，如：冬南瓜（比如橡實南瓜）

燉煮料理

高湯，*如：蔬菜高湯*

餡料

甜豌豆

麥粒番茄生菜沙拉

百里香

番茄、番茄醬和番茄糊

日曬番茄乾

香莢蘭

根莖蔬菜

素食漢堡

醋，*如：巴薩米克香醋、糙米醋、蘋果酒醋、白酒醋*

水田芥

優格

對味組合

卡姆小麥＋蘋果＋美洲山核桃＋香莢蘭

卡姆小麥＋蔓越莓乾＋冬南瓜

卡姆小麥＋腰豆＋菇蕈類

寒天 Kanten

這是什麼：一種紮實、不透明的明膠狀點心，成分是果汁（時常和水果一起供應）、洋菜和葛根粉

比例：960毫升果汁（例如蘋果汁）＋4大匙洋菜粉片＋2大匙葛根粉

小祕訣：試試用薑或綠茶取代果汁。搭配腰果奶霜或打發鮮奶油和／或水果。

按季節變換寒天的口味：

秋：蔓越莓＋梨

冬：紅豆＋栗子

春：漿果＋檸檬

夏：蘋果＋桃子

試著用下列水果做寒天：

蘋果和**蘋果汁**

漿果，如：藍莓、覆盆子、草莓

櫻桃和櫻桃汁

柑橘類，如：葡萄柚、檸檬

蔓越莓和蔓越莓汁

芒果和芒果汁

甜瓜和甜瓜汁

柳橙，如：橘子和柳橙汁

桃子和桃子汁

梨和**梨汁**

石榴和石榴汁

日本柚子和日本柚子汁

● **烘製蕎麥** Kasha（又名烘烤去殼蕎麥；同時參見蕎麥）

風味：微苦，帶有堅果和烘烤的泥土香調，質地鬆脆

風味強度：**強**

這是什麼：全穀物（烘烤的去殼蕎麥）

營養學剖繪：82% 碳水化合物／12% 蛋白質／6% 脂肪

熱量：1杯155大卡（煮熟）

蛋白質：6克

烹調時間：約烹煮15分鐘，加蓋，燜10分鐘之後上桌。

比例：1：2（1杯烘製蕎麥對2杯烹調湯汁）

近親：大黃

蘋果

四季豆

甜菜

燈籠椒

甘藍菜

胡蘿蔔

法式砂鍋菜

白花椰菜

芹菜

鷹嘴豆

辣椒醬

玉米

可樂餅

黃瓜

椰棗

蒔蘿

東歐料理

蛋，*如：水煮全熟蛋和碎蛋*

蒜頭

鍋底焦渣醬汁，*如：菇蕈鍋底焦渣醬汁*

豆薯

羽衣甘藍

韭蔥

檸檬，*如：檸檬汁*

扁豆，*如：紅扁豆*

薄荷

菇蕈類，*如：波特貝羅大香菇、香菇*

油脂，*如：橄欖油、蔬菜油*

洋蔥

主廚私房菜	DISHES

屠夫的堡：烘製蕎麥波特貝羅大香菇堡、腰果巧達乳酪、畢布萵苣、祖傳原生種番茄、醃漬食物和特殊醬料，搭配烘烤馬鈴薯角和自製番茄醬
——肉販的女兒（The Butcher's Daughter），紐約市

柳橙
去莢乾燥豌豆瓣
歐芹
全穀義式麵食，如：*蝴蝶麵*
黑胡椒
抓飯
開心果
糙米
俄羅斯料理
沙拉，如：玉米沙拉、穀物沙拉
海鹽
嫩青蔥
湯，如：甜菜湯、甘藍菜湯、扁豆
　　湯、菇蕈湯、去莢乾燥豌豆瓣
　　湯、蔬菜湯
醬油
菠菜
橡實南瓜
燉煮料理
蔬菜高湯
填餡蔬菜，如：填餡甘藍菜、填餡
　　小果南瓜、填餡番茄
餡料
葵花籽
豆腐
番茄
蝴蝶麵穀物飯，比如烘製蕎麥＋
　　蝴蝶麵
根莖蔬菜
素食漢堡
醋，如：巴薩米克香醋
核桃
水田芥
優格和冷凍優格（如：作為配料）
櫛瓜

對味組合
烘製蕎麥＋椰棗＋開心果
烘製蕎麥＋蒔蘿＋菇蕈類
烘製蕎麥＋滷汁＋菇蕈類＋洋蔥
烘製蕎麥＋洋蔥＋義式麵食＋水
　　田芥

我愛在沙拉裡加入烘製蕎麥，玉

米的甜味可以恰當地平衡那種泥
土風味。烘製蕎麥不只適合做填
餡甘藍菜和香料飯，我也愛用來
做可樂餅——我會用烘製蕎麥和
馬鈴薯泥製作，在煎鍋裡褐化，淋
上醬汁或只搭配焦糖化的洋蔥。
　　——潘姆·布朗，花園咖啡館，紐約州伍
茲塔克

● *海帶、海帶顆粒、海帶粉*
Kelp, Kelp Granules, And Kelp
Powder
（同時參見荒布藻、昆布、
海菜、裙帶菜）
風味：鹹，帶有海的香調
風味強度：弱／中等（例如粉
　　狀）–中等／強（例如粒狀）
這是什麼：分類上屬於海菜的一
　　個科
營養學剖繪：79% 碳水化合物／
　　11%脂肪／10%蛋白質
熱量：2大匙5大卡（生食）
小祕訣：用海帶粉為鷹嘴豆泥或
　　豆腐調味，讓素鮪魚沙拉增添
　　海鮮般的風味。

杏仁果，如：生食
大麥
豆類
乾柴魚
胡蘿蔔
鷹嘴豆
洋芋片，如：炸洋芋片
柑橘類，如：檸檬、萊姆
無肉蛋類料理
白蘿蔔
日式高湯
魚排（比如豆腐做的）
蒜頭
薑
穀物
日式料理
韓式泡菜
檸檬

萵苣，如：蘿蔓萵苣
萊姆
味醂
味噌
菇蕈類，如：蠔菇
營養酵母
油脂，如：菜籽油
洋蔥
黑胡椒
爆米花
馬鈴薯
米，如：壽司
沙拉淋醬
沙拉，如：仿鮪魚沙拉
醬汁，如：日式醋汁醬油
芝麻，如：芝麻油、芝麻籽
湯和巧達濃湯，如：蠔菇湯
醬油
菠菜
燉煮料理
翻炒料理
高湯，如：日式高湯
糖
溜醬油
天貝
豆腐
米醋
櫛瓜

對味組合
海帶＋米醋＋醬油＋壽司米
海帶粉＋芹菜＋檸檬汁＋美乃滋
　　＋沙拉＋嫩青蔥＋醬油＋豆腐

● *奇異果* Kiwi（亦稱 Kiwifruit）
季節：晚秋－春
風味：甜／酸，帶有瓜類和／或
　　草莓的香調，質地柔軟，有時
　　會吃到細小鬆脆的種籽
風味強度：弱－中等
營養學剖繪：87% 碳水化合物／
　　7%脂肪／6%蛋白質
熱量：1杯110大卡（生食）
蛋白質：2克

烹調方式：生食

小祕訣：奇異果保存於室溫下，會
繼續變甜。

杏仁果
蘋果
酪梨
香蕉
漿果
糙米糖漿
腰果
早餐麥片
奶油乳酪
櫻桃
巧克力，如：黑巧克力、白巧克力
肉桂
柑橘類
椰子
君度橙酒
鮮奶油和**冰淇淋**
黃瓜
甜點
飲料
薑
葡萄柚
葡萄
綠色蔬菜，如：綠色蔬菜嫩葉
榛果
蜂蜜
豆薯
串燒
櫻桃白蘭地
檸檬，如：檸檬汁、碎檸檬皮
萊姆，如：萊姆汁、碎萊姆皮
荔枝
夏威夷堅果
芒果
滷汁醃醬
甜瓜，如：蜜露瓜
薄荷
堅果
柳橙，如：橙汁、碎橙皮
血橙
木瓜

百香果
鳳梨
開心果
石榴
罌粟籽
布丁
覆盆子
蘭姆酒
沙拉淋醬
水果沙拉
雪碧冰
楊桃
草莓
黃砂糖
水果餡餅
香莢蘭
西瓜
氣泡酒，如：香檳；甜酒，如：冰
酒
優格

對味組合
奇異果＋香蕉＋柳橙汁
奇異果＋香蕉＋草莓
奇異果＋蜂蜜＋萊姆
奇異果＋薄荷＋優格

● **大頭菜** Kohlrabi
季節：夏－秋
風味：微甜，帶有青花菜、甘藍菜、
白花椰菜、黃瓜、芥末、櫻桃蘿
蔔、蕪菁和／或荸薺的香調；
質地酥脆多汁
風味強度：**較弱**（尤其是較嫩的
葉）－較強（尤其是較老的葉）
營養學剖繪：82% 碳水化合物／
15% 蛋白質／3% 脂肪
熱量：1 杯 40 大卡（生食）
蛋白質：2 克
料理方式：**沸煮**（20-30 分鐘）、燜
煮、釉汁、刨絲、燒烤、濾煮法、
打成泥、生食、烘烤、煎炒、蒸
煮（約 30-45 分鐘）、燉煮、翻炒、
塞入填料

近親：其他十字花科的蔬菜，例如
青花菜、抱子甘藍、**甘藍菜**、白
花椰菜、綠葉甘藍、羽衣甘藍
有此一說：芝加哥大廚史蒂芬妮・
伊澤德自稱為大頭菜的頭號粉
絲。

杏仁果
茴芹
蘋果
羅勒
豆類
藍莓
青花菜
奶油
大白菜
葛縷子籽
胡蘿蔔
法式砂鍋菜
卡宴辣椒
芹菜
芹菜根
乳酪，如：藍黴、費達、山羊乳酪、
豪達、**帕爾瑪**、瑞可達乳酪、瑞
士乳酪
細葉香芹
辣椒
中國南方料理
細香蔥
玉米
庫斯庫斯
鮮奶油
蔬菜棒沙拉
黃瓜
孜然
咖哩粉和咖哩香料
白蘿蔔
蒔蘿
北歐料理
茴香
蒜頭
德國料理
薑
焗烤料理

綠色蔬菜，如：芥末葉
辣根
匈牙利料理
印度料理
韭蔥
檸檬，如：檸檬汁、碎檸檬皮
扁豆，如：紅扁豆
萵苣，如：蘿蔓萵苣
楓糖漿
墨角蘭
美乃滋
甜瓜，尤以洋香瓜為佳
薄荷
菇蕈類
芥末，如：第戎芥末和芥末
種籽
肉豆蔻
油脂，如：葡萄籽油、芥末油、**橄**
　　欖油、花生油、芝麻油
洋蔥，如：青蔥、春日洋蔥、維塔
　　莉亞洋蔥

紅椒粉
歐芹
豌豆
派
馬鈴薯
濃湯
櫻桃蘿蔔
法式調味蛋黃醬
義式燉飯
迷迭香
沙拉淋醬
沙拉，如：穀物沙拉、綠色蔬菜沙
　　拉、蔬菜沙拉
鹽，如：海鹽
醬汁
芝麻，如：芝麻油、芝麻籽
紅蔥
美式涼拌菜絲
湯
酸奶油
醬油

春捲
燉煮料理
翻炒料理
蔬菜高湯
糖，如：黃砂糖
龍蒿
百里香和檸檬百里香
番茄
薑黃
蕪菁
根莖蔬菜
醋，如：巴薩米克香醋、水果醋、
　　紅酒醋、米酒醋、白酒醋
中東扎塔香料

大頭菜可以切小塊、煙燻，然後
放進方形調理盤裡，加高湯和油
來烘焙，做成油封，但外觀仍然
誘人。很適合加入根莖蔬菜類的
波隆納醬汁，搭配義式粗玉米糊
和波特貝羅大香菇。」

南瓜籽

櫻桃蘿蔔

米,如:糙米

鼠尾草

沙拉

醬汁,尤以蘸醬為佳

嫩青蔥

海菜,如:紫紅藻、裙帶菜

湯,如:豆子湯、洋蔥湯

醬油

小果南瓜,如:日本南瓜

燉煮料理,如:燉煮根莖蔬菜

高湯,如:日式高湯

溜醬油

百里香

豆腐

蔬菜,尤以根莖蔬菜為佳

糙米醋

裙帶菜

對味組合

昆布+胡蘿蔔+芥藍+味噌+香菇

昆布+薑+香菇

昆布+味噌+洋蔥+香菇

昆布+味噌+香菇+豆腐+裙帶菜

要怎麼做純素的海鮮菜餚,我本來一點頭緒也沒有。手邊有多的**昆布**高湯,就能做出純素蛤蜊巧達濃湯的副產物。最後我們加進一些番茄、煙燻蠔菇和腰果奶霜,取代傳統的鮮奶油,效果非常好。
——塔爾・羅奈,十字街口餐廳,洛杉磯

韓國料理 Korean Cuisine

豆瓣醬

辣椒和辣椒片、辣椒膏和辣椒粉

蒜頭

薑

燒烤料理

韓式泡菜

芥末

對味組合

大頭菜+蘋果+檸檬+芥末+美式涼拌菜絲

大頭菜+羅勒+菇蕈類

大頭菜+芹菜根+肉豆蔻+洋蔥+馬鈴薯

大頭菜+辣椒粉+芥末

大頭菜+細香蔥+檸檬

大頭菜+鮮奶油+*德國料理*+肉豆蔻

大頭菜+蒔蘿+費達乳酪+*希臘料理*

大頭菜+蒔蘿+辣根+檸檬汁+酸奶油

大頭菜+蒜頭+帕爾瑪乳酪+歐芹+義式燉飯

大頭菜+蒜頭+醬油

大頭菜+紅椒粉+酸奶油

大頭菜+芝麻籽+醬油

——艾瑞克・塔克,千禧餐廳,舊金山

昆布 Kombu

風味:微甜/鮮味,帶有海的香調

風味強度:中等-強

這是什麼:海菜(可食用的海帶),用來增加風味

料理方式:深炸、醃漬、烘烤、微滾烹煮、燉煮

小祕訣:昆布能分解豆類之中無法消化的醣類。昆布泡軟、切小塊,可以加入沙拉或蔬菜之中。用昆布和水可製成素高湯(精進高湯)。昆布會讓高湯營養更豐富。

近親:海帶

豆類,如:紅豆、白腰豆、乾燥皇帝豆

胡蘿蔔

芫荽葉

鮮奶油

白蘿蔔

日式高湯

蘸料

茄子

蒜頭

薑

穀物

日式料理

羽衣甘藍

莢果

檸檬

日本長壽飲食料理

小米

味醂

味噌

菇蕈類,如:乾香菇、蠔菇(比如煙燻)、香菇

麵條,如:日本蕎麥麵、烏龍麵

海苔

油脂,如:辣椒油、芝麻油

洋蔥

亞洲麵條，如：日本蕎麥麵
米，如：短粒米到中級穀物
嫩青蔥
芝麻，如：芝麻油、芝麻籽
湯（趁熱上桌）
豆瓣醬
醬油
綠豆芽
燉煮料理（非常熱的上桌）
糖
豆腐
蔬菜，如：冷食／生食、醃漬（如：
　韓式泡菜）、熱食／清蒸
醋
酒

對味組合
辣椒醬＋醬油＋豆瓣醬

● 金桔 Kumquat
季節：秋－冬
風味：**苦／甜／酸**，果皮甜，可食；
　質地多汁
風味強度：中等－強
營養學剖繪：81% 碳水化合物／
　10% 脂肪／9% 蛋白質
熱量：每粒金桔15大卡（生食）
料理方式：做成糖、醃漬、生食、
　燉煮
近親：葡萄柚、檸檬、萊姆、柳橙

茴芹
蘋果，尤以青蘋果為佳
杏桃
芝麻菜
酪梨
烘焙食物，如：蛋糕、馬芬
香蕉
甜菜
藍莓
白蘭地
布格麥片
奶油
白脫乳

辣椒粉
中式料理
巧克力，如：黑巧克力、白巧克力
印度甜酸醬
芫荽葉
柑橘類
丁香
糖煮水果
庫斯庫斯
蔓越莓
穗醋栗
椰棗
無花果
薑
消化餅，如：餅乾酥底
葡萄柚
蜂蜜
冰淇淋
日式料理
豆薯
檸檬，如：檸檬汁
檸檬凝乳
萊姆，如：萊姆汁
芒果
柑橘果醬
薄荷
菇蕈類，如：香菇
紅洋蔥
柳橙，如：橙汁
木瓜
歐芹
胡椒，如：粉紅胡椒
鳳梨
開心果
蜜餞
布丁，如：麵包布丁
葡萄乾
大黃
蘭姆酒
沙拉淋醬
沙拉，如：水果沙拉、穀物沙拉、
　綠色蔬菜沙拉
醬汁
蔬果昔

楊桃
草莓
餡料
糖，如：黃砂糖
果汁糖漿
紅橘
香莢蘭
酒醋
核桃

對味組合
金桔＋酪梨＋甜菜＋柑橘類

葛根粉 Kuzu（又名葛根）
風味：中性
風味強度：非常弱
這是什麼：植物根部萃取的澱粉
　質，作**稠化物**用。
比例：製作鍋底焦渣醬汁等醬汁
　類時，1杯烹調湯汁加1½大匙
　葛根粉；要讓液體凝固，則是1
　杯液體加2大匙葛根粉
小祕訣：把葛根粉融於少許冷水
　中，再加進其他成分裡。
可行的替代物：葛鬱金

月桂葉
裹粉
中式料理
日式高湯
甜點，如：寒天、布丁
膠凝料理
薑
穀物
鍋底焦渣醬汁
日式料理
檸檬
日本長壽飲食料理

楓（糖）
味醂
麵條，如：亞洲麵條
芝麻油
洋蔥
歐芹
桃子
梨
甜點內餡，如：水果
李子
布丁
櫻桃蘿蔔
米
醬汁
嫩青蔥
芝麻，如：芝麻籽
紫蘇
湯
醬油
燉煮料理
菇蕈類高湯，如：香菇高湯
溜醬油
梅干

對味組合
葛根粉＋月桂葉＋菇蕈類高湯＋
　洋蔥＋芝麻油＋醬油
葛根粉＋鍋底焦渣醬汁＋芝麻籽
　＋溜醬油

● 灰藜 Lamb's-Quarter
（亦稱野莧或野菠菜；同時參見
莧屬蔬菜小祕訣、菠菜）
季節：夏季
風味：蘆筍、堅果（花生、核桃）
　以及／或者菠菜的風味，質地
　柔軟
風味強度：中等－強
營養學剖繪：58% 碳水化合物／
　24% 蛋白質／18% 脂肪
熱量：每1杯60大卡（切碎、高溫
　水煮）
蛋白質：6克
料理方式：烘焙、煎炒、蒸煮（煮

熟比生食好）
小祕訣：沸水下鍋（絕對不要冷
　水下鍋，會有苦味）。烹煮會引
　出堅果味。搭配味噌或其他較
　溫和的蔬菜來讓風味變淡。
近親：蕪菜、土荊芥、菠菜
可行的替代物：莧菜、菠菜

杏仁果
蘆筍
酪梨
豆類，如：紫花雲豆、花豆
砂鍋菜
卡宴辣椒
芹菜根
乳酪，如：山羊乳酪、蒙特利傑克、
　明斯特、帕爾瑪乳酪
辣椒，如：哈拉佩諾辣椒
辣椒膏
細香蔥
芫荽葉
鮮奶油
墨西哥鮮奶油
蛋，如：*蛋餅、鹹派、炒蛋*
墨西哥有機菲卡麥

蒜頭
香草
韭蔥
檸檬
味噌，尤以淡味噌為佳
菇蕈類，如：羊肚菌
芥末，如：第戎芥末
肉豆蔻
堅果
油脂，如：堅果油、**橄欖油**、芝麻
　油
橄欖，如：卡拉瑪塔橄欖
洋蔥
柳橙
義式麵食
豌豆苗
豌豆
義式青醬
馬鈴薯

南瓜
濃湯
沙拉
醬汁
嫩青蔥
湯
酸奶油
小果南瓜，如：白胡桃瓜
燉煮料理
翻炒料理
番茄
墨西哥薄餅，如：墨西哥玉米薄
　餅
溫和蔬菜
油醋醬
核桃

對味組合
灰藜＋齊波特辣椒＋芫荽葉＋蒜
　頭＋番茄＋墨西哥薄餅
灰藜＋蛋＋菇蕈類＋馬鈴薯
灰藜＋蒜頭＋橄欖油

● 春山芥 Land Cress
（亦稱獨行菜；同時參見水田芥）
風味：中等（特別是冬季）－辣（特
　別是夏季），帶有芝麻菜、辣根、
　芥末、胡椒以及／或者水田芥
　的風味，質地清脆
風味強度：弱－強
營養學剖繪：62% 碳水化合物／
　20% 蛋白質／18% 脂肪
熱量：每1杯20大卡（生食）
蛋白質：1克
料理方式：煮熟、生食
近親：芥菜
可行的替代物：水田芥

甜菜
奶油
胡蘿蔔
白花椰菜
芹菜
日式高湯

蛋，如：水煮全熟蛋
茼菜
檸檬，如：檸檬汁
地中海料理
亞洲麵條，如：素麵
豌豆
披薩
馬鈴薯
清酒
沙拉，*如：綠色蔬菜沙拉、蔬菜沙拉*
三明治
湯，*如：奶油濃湯、馬鈴薯湯*
醬油
菠菜
醋

薰衣草 Lavender

風味：苦／酸／甜；很香，帶有花、香料植物、香料植物、檸檬以及／或者木頭的嗆鼻味
風味強度：強
料理方式：新鮮、烹煮、浸漬
近親：羅勒、墨角蘭、薄荷、奧勒岡、迷迭香、鼠尾草、夏季香薄荷、百里香
可行的替代物：葛縷子籽

杏桃
芝麻菜
烘焙食物，*如：義大利脆餅、蛋糕、餅乾、司康餅、奶酥餅*
羅勒
漿果，*如：黑莓、藍莓、覆盆子、草莓*
奶油
糖果
葛縷子籽
胡蘿蔔
乳酪，*如：藍黴、白乳酪、山羊乳酪、戈根索拉*
櫻桃
肉桂
柳橙，如：橙汁

椰子
玉米
鮮奶油、法式酸奶油和冰淇淋
卡士達
甜點
飲料，如：檸檬水
無花果
法式料理，*尤以普羅旺斯料理為佳*
水果和水果蜜餞
番石榴
普羅旺斯香料植物
蜂蜜
冰淇淋
檸檬，*如：碎檸檬皮*
檸檬水
芒果
美乃滋
地中海料理
薄荷
油桃
油脂，*如：堅果油、橄欖油、核桃油*
柳橙
桃子
李子

馬鈴薯
南瓜籽
大黃
米
迷迭香
番紅花
沙拉淋醬
沙拉，如：水果沙拉
醬汁
香薄荷
湯
燉煮料理
糖，*如：糖粉*
果汁糖漿
香料植物茶
百里香
豆腐
香莢蘭
醋，如：白酒醋
核桃
水田芥
優格

對味組合
薰衣草＋奶油＋迷迭香
薰衣草＋藍黴乳酪＋無花果＋蜂

蜜

我喜歡乾燥仍新鮮翠綠的香料植物，用咖啡磨豆機研磨過後，製成調味鹽——例如，迷迭香鹽或薰衣草糖。

——黛安·弗里（Diane Forley），蓬勃烘焙公司，紐約州斯卡斯代爾

● 韭蔥 Leeks
季節：秋－春
風味：微甜，帶有洋蔥風味
風味強度：弱
營養學剖繪：89% 碳水化合物／7% 蛋白質／4% 脂肪
熱量：每1杯55大卡（生食）
蛋白質：1克
料理方式：沸煮、燜煮、油炸、燒烤、高壓烹煮（2-4分鐘）、烘烤、煎炒、蒸煮（5-6分鐘）、燉煮、翻炒（2-3分鐘）
小祕訣：非常、非常仔細地用冷水沖洗掉韭蔥內層的所有髒污和沙子。在烹煮初期就下鍋。別煮過頭（或褐變），否則韭蔥會變苦。
近親：蘆筍、細香蔥、蒜頭、洋蔥、紅蔥

朝鮮薊
耶路撒冷朝鮮薊
蘆筍
大麥
羅勒
月桂葉
豆類，如：白腰豆、蠶豆、笛豆、四季豆、白豆
甜菜
燈籠椒，如：紅燈籠椒，尤以烘烤為佳
麵包粉／酥脆麵包丁，如：全穀麵包粉／丁
奶油
甘藍菜

續隨子
胡蘿蔔
法式砂鍋菜
芹菜
乳酪，如：藍黴、巧達、費達、山羊乳酪、戈根索拉、葛黎耶和、哈羅米、莫札瑞拉、帕爾瑪、瑞可達乳酪、綿羊奶乳酪
細葉香芹
栗子
細香蔥
椰奶
鮮奶油和法式酸奶油
卡士達和焦糖布丁
蒔蘿
蛋，如：煎蛋、義式蛋餅、水煮全熟蛋、蛋捲、鹹派、炒蛋、舒芙蕾
茴香
蒜頭，如：青蒜、蒜薹、春蒜
薑
焗烤料理
羽衣甘藍
檸檬，如：檸檬汁、碎檸檬皮
扁豆，如：綠扁豆
歐當歸
薄荷
菇蕈類，如：蠔菇、香菇、野菇
芥末，如：第戎芥末
油脂，如：榛果油、堅果油、橄欖油、花生油、核桃油
橄欖，如：黑橄欖、卡拉瑪塔橄欖
洋蔥，如：青蔥、白洋蔥
柳橙

奧勒岡
歐芹
義式麵食，如：寬麵、義式麵疙瘩
豌豆
胡椒，如：黑胡椒、白胡椒
義式青醬
披薩
馬鈴薯
南瓜和南瓜籽
藜麥
米，如：阿勃瑞歐米、糙米
義式燉飯
西班牙紅椒堅果醬
迷迭香
番紅花
沙拉淋醬，如：芥末油醋沙拉淋醬
沙拉
鹽，如：猶太鹽、海鹽
醬汁，如：乳酪醬汁
嫩青蔥
紅蔥
酸模
湯，如：大麥湯、菊芋湯、扁豆湯、馬鈴薯湯、馬鈴薯奶油冷湯
醬油
菠菜
小果南瓜，如：白胡桃瓜
燉煮料理
翻炒料理
蔬菜高湯
龍蒿
餡餅，如：乳酪餡餅、馬鈴薯餡餅
百里香

主廚私房菜	DISHES

燜煮韭蔥搭配莫札瑞拉乳酪、芥末麵包粉和煎蛋
——餐&飲餐廳（FnB Restaurant），亞利桑那州斯科茨代爾

韭蔥塔、百里香和腰果乳酪、香料植物橄欖油酥底、芝麻菜
——真實小酒館（True Bistro），麻州薩默維爾

韭蔥搭配西班牙紅椒南瓜籽醬
——費吉（Vedge），費城

烹煮莢果

三種主要的莢果分類：

- 包含鷹嘴豆、扁豆、乾燥豆類、乾豌豆等豆類
- 新鮮豆類和新鮮豌豆
- 花生和大豆

　最好照著你所使用莢果的包裝說明來烹煮，並了解烹煮時間的變化可能取決於很多種因素，包括熱度和鍋具的導熱性。不過，還是有些有用的經驗法則：

- 清洗莢果以去除任何髒污或雜質（例如小石子）。
- 大部分莢果烹煮前都要泡水過夜。這樣會縮短烹煮時間，並且較容易消化。倒掉浸泡用水。（如果時間緊迫，把莢果放到水中煮沸還是能達到快速浸泡的效果，接著離火靜置至少1小時。在烹煮前瀝乾並沖洗。）
- 將鍋裡的莢果與烹調湯汁（例如水、高湯）煮沸，然後轉小火，鍋蓋留縫微滾。確認已煮到想要的軟度後，離火。

豆腐，*如：炒豆腐*
番茄和番茄醬汁
蕪菁
醋，*如：白酒醋*
核桃

水田芥
小麥仁
酒，*如：干紅酒、白酒*
優格
櫛瓜

對味組合

韭蔥＋藍黴乳酪＋百里香
韭蔥＋白胡桃瓜＋百里香
韭蔥＋胡蘿蔔＋芹菜＋洋蔥
韭蔥＋芹菜＋洋蔥＋馬鈴薯＋高湯
韭蔥（＋鮮奶油）＋第戎芥末＋蒜頭＋百里香＋白酒
韭蔥＋蛋＋葛黎耶和乳酪＋*鹹派*
韭蔥＋茴香＋戈根索拉乳酪
韭蔥＋茴香＋檸檬＋百里香
韭蔥＋費達乳酪＋蒜頭＋肉豆蔻＋瑞可達乳酪＋菠菜
韭蔥＋蒜頭＋檸檬
韭蔥＋檸檬＋芥末
韭蔥＋洋蔥＋番茄
韭蔥＋馬鈴薯＋水田芥

莢果 Legumes

（同時參見特定豆類：鷹嘴豆、扁豆、花生、豌豆、大豆）
小祕訣：許多廚師都試著煙燻莢果來增加「肉味」。

● 檸檬香茅 Lemongrass

風味：酸／甜，帶有柑橘類（例如檸檬或碎檸檬皮）以及／或者花的風味
風味強度：弱－中等／強烈
這是什麼：東南亞的植物，作為調味料使用
料理方式：打泥、微滾烹煮
小祕訣：使用新鮮的。煮好後移除所有莖再出餐。否則就要把這些纖維狀的莖打成泥或切成很薄的薄片。
可行的替代物：碎檸檬皮

亞洲料理
竹筍
泰國羅勒

柬埔寨料理
胡蘿蔔
辣椒，*如：新鮮辣椒、青辣椒、紅辣椒*
辣椒膏
芫荽葉
椰子和椰奶
芫荽
玉米
咖哩類，*尤以泰式咖哩為佳*
甜點
茄子
南薑
蒜頭
薑
穀物
印尼料理
卡非萊姆葉
檸檬，*如：檸檬汁、碎檸檬皮*
萊姆，*如：萊姆汁、碎萊姆皮*
蓮藕
馬來西亞料理
菇蕈類，*如：香菇*

麵食料理
芝麻油
洋蔥，如：黃洋蔥
素食越南河粉
鳳梨
米，如：糙米
沙拉淋醬
沙拉，如：番茄沙拉
醬汁
嫩青蔥
紅蔥
湯，如：*亞洲湯品或水果湯*
東南亞料理
醬油
燉煮料理
翻炒料理
蔬菜高湯
糖，如：棕櫚糖
溜醬油
羅望子
茶
泰式料理
豆腐
番茄
薑黃
越南料理
米醋
優格

對味組合
檸檬香茅＋辣椒＋蒜頭＋薑＋紅
　　蔥
檸檬香茅＋椰子＋萊姆＋鳳梨＋
　　優格
檸檬香茅＋椰子＋荔枝＋芒果＋
　　薄荷＋木瓜＋鳳梨＋*沙拉*
檸檬香茅＋椰奶＋棕櫚糖
檸檬香茅＋蒜頭＋薑

● 檸檬 Lemons
風味：酸，帶有花香
風味強度：中等－**強**
這是什麼：柑橘水果
營養學剖繪：63% 碳水化合物／

24% 蛋白質／13% 脂肪
熱量：每個中型檸檬 20 大卡（生
　食、含皮）
蛋白質：1 克
小祕訣：同時使用檸檬汁（為了
　維生素 C）和刨絲的檸檬皮（為
　了檸檬苦素和檸檬油精）。
近親：葡萄柚、金桔、萊姆、柳橙

蒜泥蛋黃醬
杏仁果
莧屬植物

朝鮮薊
芝麻菜
蘆筍
酪梨
烘焙食物，如：比斯吉、蛋糕、餅乾、
　快速法麵包、司康餅
羅勒
豆類，如：蠶豆、四季豆
甜菜
紅燈籠椒
漿果，如：黑莓、**藍莓**、鵝莓、覆
　盆子、草莓

主廚私房菜 | DISHES

白巧克力檸檬慕斯、烘烤鳳梨、檸檬杏仁果瓦片餅
——綠斑馬（Green Zebra），芝加哥

檸檬吧：杏仁果椰子酥底、檸檬卡士達塔
——純食物和酒（Pure Food and Wine），紐約市

青花菜
奶油
續隨子
小豆蔻
胡蘿蔔
白花椰菜
乳酪，如：奶油乳酪、山羊乳酪、
　　佩科利諾、瑞可達乳酪
乳酪蛋糕
鷹嘴豆
細香蔥
巧克力
椰子
芫荽
玉米
庫斯庫斯
鮮奶油
黃瓜
孜然
穗醋栗
甜點，如：乳酪蛋糕、布丁
蒔蘿
飲料，如：雞尾酒、檸檬水
毛豆
茄子
蛋
茴香
亞麻，如：亞麻籽油、亞麻籽
蒜頭
薑
全穀物，如：大麥、布格麥片
希臘料理
義式葛瑞莫拉塔調味料
番石榴
榛果
香料植物
蜂蜜
羽衣甘藍
薰衣草
韭蔥
檸檬凝乳
扁豆，如：紅扁豆
萊姆
芒果

楓糖漿
滷汁醃醬
馬士卡彭乳酪
杏仁奶
薄荷
味噌
菇蕈類，如：波特貝羅大香菇
芥末，如：第戎芥末
麵條
堅果，如：榛果
橄欖油
橄欖，如：綠橄欖
洋蔥
柳橙，如：橙汁、碎橙皮
*奧勒岡
美式煎餅
木瓜
紅椒粉
歐芹
歐洲防風草塊根
義式麵食，如：義大利細扁麵、米
　　粒麵、直麵
桃子
梨

對味組合
檸檬＋杏仁果＋椰子
檸檬＋蘋果＋蜂蜜＋蘿蔓萵苣＋沙拉
檸檬＋芝麻菜＋帕爾瑪乳酪
檸檬＋蘆筍＋黑胡椒＋義式麵食
檸檬＋蘆筍＋檸檬＋美洲山核桃＋米
檸檬＋羅勒＋薄荷
檸檬＋藍莓＋蜂蜜＋瑞可達乳酪
檸檬＋藍莓＋優格
檸檬＋續隨子＋醬汁＋白酒
檸檬＋白花椰菜＋塔希尼芝麻醬
檸檬＋椰子＋草莓
檸檬＋鮮奶油＋醬汁＋龍蒿
檸檬＋蒜頭＋芥末＋橄欖油＋奧勒岡＋醋
檸檬＋蒜頭＋奧勒岡
檸檬＋蒜頭＋歐芹
檸檬＋四季豆＋歐芹
檸檬＋薄荷＋櫛瓜
檸檬＋義式燉飯＋百里香＋櫛瓜

豌豆
美洲山核桃
黑胡椒
開心果
大蕉
罌粟籽
馬鈴薯
紫葉菊苣
櫻桃蘿蔔
米
野生米
義式燉飯
迷迭香
番紅花
沙拉淋醬，如：檸檬油醋沙拉淋
　　醬
醬汁
紅蔥
湯，如：地中海式檸檬雞湯、扁豆
　　湯
小果南瓜，如：夏南瓜
糖，如：黃砂糖
甜豌豆
麥粒番茄生菜沙拉

塔希尼芝麻醬
龍蒿
茶
百里香
豆腐
番茄
香莢蘭
醋，如：香檳酒醋、米醋、雪利酒醋、
　　酒醋
山葵
酒，如：干白酒
優格
中東扎塔香料
櫛瓜

對身為生食主廚的我而言，最重
要的食材之一就是檸檬汁。除了
作為調味料以外，檸檬汁還能嫩
化蔬菜。
——艾咪·比奇（Ami Beach），G禪餐廳，
康乃狄克州布蘭福德市

梅爾檸檬 Lemons, Meyer
季節：秋－春
風味：酸／甜，帶有檸檬和柳橙
　　風味
風味強度：中等－強（但比一般
　　檸檬弱）

杏仁果
芝麻菜
蘆筍
*烘焙食物，如：蛋糕、餅乾、馬芬、
　　司康餅、餡餅*
香蕉
漿果，如：黑莓、藍莓、覆盆子
飲品，如：雞尾酒
芹菜

主廚私房菜 | DISHES
綜合生菜搭配梅爾檸檬油醋
醬和搗碎的奧勒岡藍黴乳酪
——市場（Marché），俄勒岡州尤金

乳酪，如：藍黴、瑞可達乳酪
乳酪蛋糕
柑橘類，如：葡萄柚、檸檬、萊姆
椰子
糖煮水果
鮮奶油
卡士達
椰棗
甜點，如：布丁
茴香
水果，如：水果乾或其他形式
薑
穀物，如：布格麥片
葡萄柚
蜂蜜
冰淇淋
檸檬
萊姆
楓糖漿
薄荷
慕斯
洋蔥，如：茂宜洋蔥、甜洋蔥
柳橙，如：橙汁
歐芹
義式麵食
松子
鳳梨
開心果
罌粟籽
義式燉飯
沙拉淋醬
*沙拉，如：穀物沙拉、綠色蔬菜沙
　　拉、蔬菜沙拉*
醬汁，如：奶油醬汁
紅蔥
糖，如：黃砂糖
龍蒿
百里香
櫻桃番茄
香莢蘭
蔬菜，如：根莖蔬菜、蒸蔬菜
櫛瓜

對味組合
梅爾檸檬＋杏仁果＋香莢蘭
梅爾檸檬＋薑＋香莢蘭
梅爾檸檬＋歐芹＋紅蔥＋百里香
梅爾檸檬＋松子＋糖

我喜歡梅爾檸檬，它能替菜餚增
加很棒的酸味，搭配蘆筍、毛伊
島甜洋蔥或櫛瓜特別美味。我甚
至還會燒烤這些蔬菜。
——喬塞·席特林（Josiah Citrin），美利思
餐廳，聖塔莫尼卡

醃檸檬 Lemons, Preserved
風味：鹹／**酸**／鮮，帶有柑橘類
　　風味
風味強度：中等－**強**
小祕訣：在沸水中汆燙幾秒鐘或
　　洗淨，以淡化風味。

杏桃，如：杏桃乾、新鮮杏桃
芝麻菜
大麥，如：珍珠麥
豆類，如：四季豆、白豆
燈籠椒，如：綠燈籠椒、紅燈籠椒
小豆蔻
胡蘿蔔
鷹嘴豆
辣椒，如：紅辣椒
肉桂
丁香
庫斯庫斯，如：以色列庫斯庫斯
黃瓜
茄子
茴香
蒜頭
薑
穀物
莢果，如：鷹嘴豆、扁豆
新鮮檸檬，如：檸檬汁
扁豆
薄荷
摩洛哥料理
黑種草籽

橄欖，如：黑橄欖、綠橄欖
洋蔥
歐芹
義式麵食
松子
馬鈴薯
開胃小菜
米
義式燉飯
番紅花
沙拉淋醬
沙拉，如：綠色蔬菜沙拉、義大利
　　麵沙拉、馬鈴薯沙拉
湯，如：扁豆湯
菠菜
小果南瓜，如：白胡桃瓜
燉煮料理
蔬菜高湯
摩洛哥塔吉鍋燉菜，如：塔吉燉
　　煮根莖蔬菜
豆腐，如：老豆腐
番茄
蕪菁

對味組合
醃檸檬＋黑橄欖＋蒜頭＋歐芹
醃檸檬＋白胡桃瓜＋鷹嘴豆
醃檸檬＋胡蘿蔔＋孜然＋沙拉
醃檸檬＋茴香＋綠橄欖

檸檬百里香 Lemon Thyme
風味：酸，帶有花、檸檬和百里香
　　的香氣
風味強度：較弱－較強
小祕訣：檸檬百里香的風味比一
　　般百里香更清淡。

蘆筍
羅勒
月桂葉
甜菜
飲品
胡蘿蔔
細香蔥

蛋
茴香
無花果
水果
薑
薄荷
菇蕈類
柳橙
歐芹
馬鈴薯
米
沙拉淋醬
沙拉，如：水果沙拉、綠色蔬菜沙
　　拉
醬汁
菠菜
餡料
豆腐
蕪菁
蔬菜，尤以春季蔬菜為佳

檸檬馬鞭草 Lemon Verbena
風味：酸，帶有花、水果（例如檸
　　檬、萊姆）以及／或者香料植物
　　的風味
風味強度：強

杏仁果
杏桃
烘焙食物，如：蛋糕、奶酥餅
漿果，如：藍莓、覆盆子、草莓
飲品，如：水果飲料、冰茶、印度
　　酸乳酪飲品
櫻桃
糖煮水果
卡士達、焦糖布丁和義式奶酪
甜點
歐洲料理
水果
蜂蜜
冰淇淋
檸檬，如：檸檬汁
萊姆，如：萊姆汁
滷汁醃醬

美乃滋
薄荷
菇蕈類
油桃
桃子
布丁
覆盆子
沙拉，如：水果沙拉、綠色蔬菜沙
　　拉
醬汁，如：英式蛋奶醬
雪碧冰
草莓
糖
羅望子
茶，如：綠茶、香料植物茶
香莢蘭
礦泉水
櫛瓜

● 扁豆 Lentils—In General
（同時參見特定扁豆）
季節：秋－冬
風味：甜，帶有澀味／泥土味，烹
　　煮過的質地含括固體到糊狀。
風味強度：中等
這是什麼：莢果
營養學剖繪：70％碳水化合物／
　　27％蛋白質／3％脂肪
熱量：每1杯230大卡（高溫水煮）
蛋白質：18克
料理方式：沸煮、微滾烹煮（絕對
　　要煮熟）
烹調時間：煮到變軟，通常少於
　　30分鐘
比例：1：2½（1杯扁豆對2½杯烹
　　調湯汁，例如：水）
小祕訣：烹煮前將扁豆沖洗乾淨
　　並移除任何小石子。不同於莢
　　果，扁豆不需要預先浸泡。烹
　　調用水中不要加鹽，這樣會需
　　要更多烹調時間。如一般通則，
　　顏色愈深的扁豆風味越濃烈，
　　質地愈硬。
近親：豆類、扁豆、花生、豌豆

蘋果和蘋果汁
朝鮮薊
芝麻菜
蘆筍
大麥
羅勒
月桂葉
四季豆
啤酒
甜菜
燈籠椒，如：紅燈籠椒、烘烤燈籠
　椒
蕎麥
布格麥片
奶油
甘藍菜
續隨子
小豆蔻
胡蘿蔔
腰果
法式砂鍋菜
白花椰菜
卡宴辣椒
芹菜
芹菜根
莙薘菜，如：瑞士茶菜
乳酪，如：**費達、山羊乳酪**（尤以
　新鮮乳酪為佳）、戈根索拉、帕
　爾瑪乳酪
鷹嘴豆
辣椒，如：安佳辣椒或青辣椒，或
　塞拉諾辣椒和辣椒粉
素辣豆醬
細香蔥
芫荽葉
肉桂
丁香
椰子
芫荽
鮮奶油
黃瓜
孜然
咖哩粉、咖哩香料和**咖哩類**

| 主廚私房菜 | DISHES |

扁豆湯、芹菜根、帕爾瑪乳酪和香料植物
　—— ABC 廚房（ABC Kitchen），紐約市

扁豆、野菇、燒烤特雷維索和奶油韭蔥素食法國什錦鍋
　——十字街口（Crossroads），洛杉磯

紅扁豆可樂餅搭配芒果印度甜酸醬、青蔥、薄荷和芫荽
　——綠斑馬（Green Zebra），芝加哥

法式扁豆核桃派搭配豆腐酸奶油、無麥米餅和蔬菜棒
　——每日真食（Real Food Daily），洛杉磯

印度豆泥糊，*比如印度燉扁豆*
蒔蘿
蘸料
茄子
蛋，如：水煮全熟蛋
闊葉苜菜
歐洲料理
茴香
法式料理，*尤以法國扁豆為佳*
綠捲鬚苦苣
葛拉姆馬薩拉
蒜頭
印度酥油
薑
焗烤料理
綠色蔬菜
榛果
香料植物
鷹嘴豆泥醬
印度料理
義大利料理
羽衣甘藍
韭蔥
檸檬，如：檸檬汁、碎檸檬皮
醃檸檬
萊姆
美式長條素肉團，*如：美式素肉*
　團
墨角蘭
地中海料理
中東料理
薄荷

姆加達
菇蕈類
芥末（如：第戎芥末）和芥末籽
　（如：黑芥末籽）
肉豆蔻
油脂，如：菜籽油、椰子油、**橄欖油**、
　花生油、葵花油、核桃油
洋蔥，如：青蔥、紅洋蔥、白洋蔥、
　黃洋蔥
柳橙，如：橙汁、碎橙皮
奧勒岡
棕櫚心
紅椒粉
歐芹
義式麵食沙拉，*如：彎管麵、直麵*
法式酥皮醬麋派
胡椒，如：黑胡椒、白胡椒
抓飯
松子
馬鈴薯
濃湯
藜麥
米，如：印度香米、糙米、野生米
迷迭香
沙拉，*如：扁豆沙拉、蔬菜沙拉*
鹽，如：猶太鹽、海鹽
醬汁
嫩青蔥
紅蔥
酸模
湯
醬油或溜醬油

菠菜

小果南瓜，如：白胡桃瓜

燉煮料理

蔬菜高湯

葵花籽

甘藷

麥粒番茄生菜沙拉

墨西哥塔可餅（當季扁豆佐墨西哥塔可餅香料）

摩洛哥塔吉鍋燉菜

羅望子

龍蒿

百里香

番茄和日曬番茄乾

番茄

對味組合

扁豆＋甜菜＋山羊乳酪

扁豆＋燈籠椒＋菇蕈類

扁豆＋糙米＋洋蔥＋菠菜

扁豆＋胡蘿蔔＋芹菜＋第戎芥末＋韭蔥

扁豆＋卡宴辣椒＋肉桂＋芫荽＋孜然

扁豆＋芹菜＋番茄＋櫛瓜

扁豆＋辣椒＋薄荷

扁豆＋芫荽葉＋蒜頭＋檸檬

扁豆＋芫荽葉＋甘藷＋優格

扁豆＋肉桂＋柳橙＋菠菜

扁豆＋椰子＋萊姆

扁豆＋芫荽＋孜然＋薑

扁豆＋孜然＋蒜頭

扁豆＋孜然＋薑黃

扁豆＋咖哩粉＋蒜頭＋薑＋檸檬

扁豆＋咖哩粉＋優格

扁豆＋第戎芥末＋檸檬汁

扁豆＋綠捲鬚苦苣＋山羊乳酪＋洋蔥

扁豆＋蒜頭＋檸檬＋歐芹＋日曬番茄乾

扁豆＋蒜頭＋薄荷

扁豆＋蒜頭＋橄欖油＋鹽

扁豆＋穀物（如：藜麥）＋**香料植物**（如：羅勒、蒔蘿、薄荷、歐芹）＋檸檬

扁豆＋韭蔥＋義式麵食＋菠菜

扁豆＋橄欖油＋洋蔥＋米

扁豆＋*印度豆泥糊*＋洋蔥＋番茄

扁豆＋菠菜＋優格

薑黃

蔬菜，尤以根莖蔬菜或冬季蔬菜為佳

素食漢堡，如：搭配米飯

醋，如：紅酒醋、米酒醋、雪利酒醋、酒醋

裙帶菜

核桃

水田芥

優格，如：低脂優格或綿羊奶優格

櫛瓜

我愛將扁豆煮軟，然後與蔬菜（特別是洋蔥、菇蕈，還有像是青花菜）一起混合壓進吐司模裡，烘烤40分鐘。冷卻後，我會把成品切片，搭配馬鈴薯泥和肉汁出餐。

——潘姆·布朗（Pam Brown），花園咖啡館，紐約州伍茲塔克

黃扁豆和紅扁豆的質地最清爽、風味最清淡，黑扁豆的質地最密實、風味最濃烈。綠扁豆的質地及風味則介於中間。

——黑曼特·馬圖爾（Hemant Mathur），塔西，紐約市

● 黑扁豆 Lentils, Black（亦稱 Beluga）

風味：帶有堅果的泥土味，有嚼勁但質地柔軟

風味強度：弱－中等

小祕訣：黑扁豆煮好後還保持原來形狀。

料理方式：沸煮、燜煮

烹調時間：沸煮約20-30分鐘至變軟。

比例：1：2¼（1杯扁豆對2¼杯水）

月桂葉

燈籠椒

麵包粉

奶油

胡蘿蔔

芹菜

芫荽葉

芫荽

鮮奶油

孜然

蒔蘿

茄子

印度料理，尤以北部料理為佳

中東料理

橄欖油

洋蔥

義式麵食

馬齒莧

米

主廚私房菜　DISHES

沙威瑪式烤胡蘿蔔、黑扁豆、綠色鷹嘴豆、番茄橄欖燉菜、綠哈里薩辣醬
——費吉（Vedge），費城

沙拉，如：扁豆沙拉、蔬菜沙拉
湯，如：扁豆湯、冬季湯
南亞料理
高湯，如：蔬菜高湯
填餡燈籠椒或茄子
甘藷
百里香
蔬菜
核桃
酒，如：紅酒
優格

位於德里的布卡拉餐廳是世界上最棒的印度餐廳之一，我在那裡當了兩年廚師後，學會如何烹煮黑扁豆。先將扁豆浸泡過夜，濾乾後以小火慢慢沸煮2小時，然後添加薑、蒜頭醬、番茄泥、鹽、辣椒粉、無鹽奶油和高脂鮮奶油來調味。煮好的扁豆口感豐潤且美味，餐廳每天要烹煮50或60磅扁豆來供給300位顧客！現在我還是用相同的方法來烹煮扁豆。

——黑曼特‧馬圖爾（Hemant Mathur），塔西，紐約市

● 褐扁豆 Lentils, Brown

風味：帶有堅果以及／或者胡椒的泥土味，（烹煮過後）質地柔軟
風味強度：中等－強
料理方式：沸煮、搗成糊狀、打泥、微滾烹煮
烹調時間：沸煮約20-60分鐘至變軟。
比例：1：3（1杯扁豆對3杯水）
小祕訣：使用想要的軟度（或甚至是糊狀）。

酪梨
燈籠椒
芹菜籽
庫斯庫斯
印度豆泥糊
茄子
美式長條素肉團
橄欖油
洋蔥
法式酥皮醬麋派
肉餅
濃湯
米
沙拉
嫩青蔥
湯，如：冬季湯
南亞料理
醬油
燉煮料理
填餡蔬菜，如：填餡燈籠椒、填餡茄子
溜醬油
素食漢堡
核桃

對味組合

褐扁豆＋橄欖油＋洋蔥＋嫩青蔥＋溜醬油＋核桃

● 鷹嘴豆 Lentils, Chickpea

我會用鷹嘴豆來做鷹嘴豆粉，我以鷹嘴豆粉而非玉米澱粉來黏結食材。我用鷹嘴豆粉來做印度蔬菜油炸餡餅。

——黑曼特‧馬圖爾（Hemant Mathur），塔西，紐約市

● 法國扁豆 Lentils, French

風味：微甜，帶有堅果以及／或者胡椒的泥土味，質地結實有嚼勁
風味強度：弱－中等
料理方式：燜煮、醃滷
烹調時間：沸煮20-45分鐘直到變軟。
比例：1：2½（1杯扁豆對2½杯水或高湯）
小祕訣：如果你想要扁豆保持原來的形狀，就用法國綠扁豆。

月桂葉
啤酒
燈籠椒，如：紅燈籠椒、黃燈籠椒
胡蘿蔔
卡宴辣椒
芹菜
芹菜根
荼菜
乳酪，如：費達、山羊乳酪、含鹽瑞可達乳酪
辣椒片
芫荽葉
庫斯庫斯
全穀酥脆麵包丁
孜然
印度豆泥糊
法式料理
蒜頭
鍋底焦渣醬汁
羽衣甘藍
韭蔥
檸檬，如：檸檬汁
薄荷
芥末，如：第戎芥末
橄欖油
洋蔥，如：紅洋蔥、西班牙洋蔥、黃洋蔥
紅椒粉
歐芹
義式麵食
黑胡椒

櫻桃蘿蔔
長粒白米
迷迭香
鼠尾草
沙拉，如：扁豆沙拉
醬汁
湯，如：扁豆湯、義式蔬菜湯、冬
　季湯
南亞料理
填餡蔬菜，如：填餡燈籠椒、填餡
　茄子
龍蒿
百里香
番茄和番茄糊
醋，如：巴薩米克香醋、紅酒醋、
　雪利酒醋
酒，如：干紅酒
優格

對味組合
法國扁豆＋胡蘿蔔＋芹菜＋洋蔥
法國扁豆＋孜然＋檸檬
法國扁豆＋蒜頭＋綠色蔬菜
法國扁豆＋蒜頭＋檸檬＋薄荷＋
　橄欖油＋菠菜
法國扁豆＋芥末＋醋
法國扁豆＋龍蒿＋百里香

● **綠扁豆** Lentils, Green
風味：帶有肉以及／或者堅果的
　泥土味，質地結實
風味強度：中等－強（對扁豆而
　言）
料理方式：微滾烹煮
烹調時間：綠扁豆要煮約20-45分
　鐘

比例：1：2½（1杯扁豆對2½杯水）
小祕訣：當綠扁豆保持結實質地
　時，很適合用來做沙拉。

烘烤料理
月桂葉
甜菜
紅燈籠椒，如：烘烤燈籠椒
胡蘿蔔
芹菜
瑞士恭菜
乳酪，如：費達、山羊、瑞可達乳
　酪
辣椒粉
芫荽葉
芫荽
黃瓜
孜然
咖哩類
咖哩粉
印度豆泥糊
蒔蘿
水煮全熟蛋
蒜頭
穀物
綠色蔬菜
印度料理
韭蔥
檸檬，如：檸檬汁
中東料理
薄荷
香菇
芥末
蕁麻
北美洲料理
油脂，如：橄欖油、葵花油

橄欖，如：卡拉瑪塔橄欖
洋蔥
歐芹
義式麵食
法式酥皮醬靡派
胡椒，如：黑胡椒
米，如：糙米
沙拉，如：綠色蔬菜沙拉、扁豆沙
　拉
海鹽
嫩青蔥
酸模
湯，如：扁豆湯
南美洲料理
菠菜
燉煮料理
蔬菜高湯
龍蒿
百里香
番茄
薑黃
優格
櫛瓜

對味組合
綠扁豆＋山羊乳酪＋薄荷＋沙拉

我愛綠扁豆，因為綠扁豆風味和
我家鄉牙買加的樹豆一樣。綠扁
豆很適合用來搭配（椰子）飯或百
里香扁豆湯。
　　——蕭瓦因・懷特（Shawain Whyte），花開
咖啡館，紐約市

● **紅扁豆** Lentils, Red
風味：微甜，帶有去莢乾燥豌豆
　瓣的泥土味，烹煮過後質地柔
　軟呈糊狀
風味強度：**弱－中等**
料理方式：沸煮、打泥、微滾烹煮、
　燉煮
烹調時間：紅扁豆煮10-30分鐘至
　變軟。
比例：1：2（1杯紅扁豆對2杯水）

| **主廚私房菜** | DISHES |

綠色扁豆絲絨濃醬、皮奎洛辣椒哈里薩辣醬、焦糖化珍珠洋蔥、
根菜類、塌棵菜沙拉
　　——丹尼爾（DANIEL），紐約市

蓬勃蔬菜鍋派：扁豆與菠菜和青花菜微滾烹煮
　　——蓬勃烘焙公司（Flourish Baking Company），紐約斯卡斯代爾

小祕訣：紅扁豆就算沒有預先浸
泡也很快就會煮熟。

阿魏粉
芝麻菜
酪梨
羅勒
月桂葉
甜菜
燈籠椒，如：綠燈籠椒或紅燈籠
　　椒
麵包，如：袋餅
青花菜
布格麥片
牛蒡
小豆蔻
胡蘿蔔
腰果，如：生吃
白花椰菜
卡宴辣椒
芹菜
莙薘菜，如：費達莙薘菜、瑞士莙薘菜
鷹嘴豆
辣椒，如：印度辣椒、哈拉佩諾辣
　　椒、塞拉諾辣椒、泰國鳥眼辣
　　椒；和**辣椒片／辣椒粉**
芫荽葉
肉桂
椰奶
芫荽
玉米
可樂餅
黃瓜
孜然
新鮮咖哩葉、咖哩醬或**咖哩粉**和
　　咖哩類
印度豆泥糊
蒔蘿
茄子
茴香籽
葫蘆巴籽
蒜頭
印度酥油
薑

綠色蔬菜，如：莧屬植物、芥末葉
鷹嘴豆泥醬
印度料理
義大利料理
阿拉伯肉丸
昆布
黎巴嫩料理
韭蔥
檸檬，如：檸檬汁、碎檸檬皮
萵苣，如：蘿蔓萵苣
萊姆，如：萊姆汁
美式長條素肉團
芒果
墨角蘭
椰奶
薄荷
味噌
菇蕈類
芥末，如：第戎芥末、芥末粉和芥
　　末籽
油脂，如：菜籽油、**橄欖油**、芝麻
　　油
橄欖，如：黑橄欖
洋蔥，如：紅洋蔥、白洋蔥、黃洋
　　蔥
柳橙
奧勒岡

紅椒粉，如：甜紅椒粉
歐芹
義式麵食，如：寬麵、貓耳朵麵
法式酥皮醬糜派，如：扁豆酥皮
　　醬糜派、堅果酥皮醬糜派
肉餅
黑胡椒
抓飯
開心果
石榴和石榴糖蜜
馬鈴薯，如：紅馬鈴薯、甘藷、白
　　馬鈴薯
濃湯
米，如：印度香米、黑米、糙米
迷迭香
沙拉
海鹽
醬汁，如：<u>*波隆納醬汁*</u>
嫩青蔥
葵花籽
紅蔥
湯，如：哈粒那扁豆湯、扁豆湯、
　　南印度辣椒咖哩湯、菜泥濃湯、
　　冬季湯
菠菜
抹醬
冬南瓜，如：白胡桃瓜

主廚私房菜	DISHES

紅扁豆可樂餅、芒果印度甜酸醬、青蔥、薄荷、芫荽
——綠斑馬（Green Zebra），芝加哥

紅扁豆方麵餃搭配蘋果茴香天貝、金黃甜菜和蘋果白酒醬
——李子小酒館（Plum Bistro），西雅圖

紅扁豆是我最愛的。我愛紅扁豆
同時具有扁豆和獨特的風味。我
愛紅扁豆分解成濃厚質地的樣
子。我喜歡用埃及的方式來煮紅
扁豆配馬鈴薯，然後做成泥狀，再
以孜然、鹽和胡椒調味，最後擠上
檸檬汁收尾。
——潘姆‧布朗（Pam Brown），花園咖
啡館，紐約州伍茲塔克

紅扁豆風味很淡。你可以用來與
很多種扁豆做搭配，例如黑扁豆、
綠扁豆、黃扁豆和鷹嘴豆，這些
扁豆一起烹煮後，會呈現多種色
彩和質地。
——黑曼特‧馬圖爾（Hemant Mathur），塔
西，紐約市

燉煮料理
蔬菜高湯
甘藷
羅望子
百里香
番茄和番茄醬

對味組合
紅扁豆＋酪梨＋芫荽葉＋檸檬
紅扁豆＋糙米＋嫩青蔥
紅扁豆＋胡蘿蔔＋芹菜＋蒜頭＋歐芹＋義式麵食＋番茄
紅扁豆＋胡蘿蔔＋韭蔥
紅扁豆＋芫荽葉＋咖哩粉＋優格
紅扁豆＋肉桂＋芫荽＋孜然
紅扁豆＋椰子＋蒜頭＋薑
紅扁豆＋芫荽＋孜然
紅扁豆＋蒜頭＋洋蔥
紅扁豆＋檸檬＋義式麵食＋迷迭香

● 黃扁豆 Lentils, Yellow
風味：質地濃厚
風味強度：弱－中等

阿魏粉
辣椒粉
孜然
印度豆泥糊
印度料理
油脂，如：菜籽油
洋蔥
米，如：印度香米
鹽
薑黃

黃扁豆風味很淡，也可以快速煮成柔軟、濃厚質地。黃扁豆可以簡單沸煮，並用薑黃、辣椒粉和鹽調味。或者，你也可以回火用阿魏粉以油煎炒，並添加孜然和洋蔥來替扁豆調味。

——黑曼特·馬圖爾（Hemant Mathur），塔西，紐約市

薑黃
素食漢堡
醋，如：蘋果酒醋、梅子醋、酒醋
小麥仁
酒，如：白酒
優格

● 萵苣：一般或混合
Lettuces—In General or Mixed
（同時參見特定萵苣，
例如奶油萵苣、蘿蔓萵苣）
季節：春－秋
風味：微甜／苦
風味強度：弱－強（視種類而定）
這是什麼：通稱沙拉青蔬
料理方式：最好生食
小祕訣：就營養來說，可選擇奶油萵苣、蘿蔓萵苣和其他綠葉或紅葉萵苣。當心發胖的沙拉

醬。可考慮用整片皺縮的萵苣葉來替代塔可餅包裹餡料。
近親：朝鮮薊、洋甘菊、菊苣、蒲公英葉、苣菜、紫葉菊苣、黑皮波羅門參、龍蒿

芝麻菜
酪梨
胡蘿蔔
腰果
芹菜
乳酪，如：藍黴、費達、帕爾瑪、
　佩科利諾乳酪
柳橙，如：橙汁
黃瓜
蛋
茴香
蒜頭
薑
綠色蔬菜，如：綠色蔬菜嫩葉、其
　他蔬菜、沙拉青蔬
豆薯
韭蔥
檸檬，如：檸檬汁
*萵苣捲裹料理，如：以蔬菜、板豆
　腐等捲起來*
薄荷
菇蕈類，如：香菇
芥末
油脂，如：榛果油、**堅果油、橄欖油、**
　花生油、核桃油

| 主廚私房菜 | DISHES |

畢布萵苣：藍山農場優格、榛果和蘆筍
——藍山（Blue Hill），紐約市

溫室結球萵苣；自製優格、豌豆和蠶豆
——藍山（Blue Hill），紐約市

酪梨萵苣沙拉搭配薑汁胡蘿蔔淋醬
——秋夕（Hangawi），紐約市

辣味泰式萵苣捲：芒果、胡蘿蔔、甘藍、腰果、羅勒、薄荷、芫荽、豌豆苗、羅望子醬
——純食物和酒（Pure Food and Wine），紐約市

熱量：每1杯10大卡（切碎、生食）
蛋白質：1克
料理方式：燜煮、燒烤、生食、煎
　　　炒

杏仁果
蘋果，如：青蘋果
酪梨
羅勒
豆類，如：黑眉豆
燈籠椒，如：紅燈籠椒、烘烤燈籠
　　　椒
布格麥片，如：細粒穀物
白脫乳
胡蘿蔔
白花椰菜
卡宴辣椒
芹菜
芹菜根
佛手瓜
乳酪，如：愛亞格、藍黴、費達、
　　　山羊乳酪、戈根索拉、帕爾瑪
　　　乳酪
細葉香芹
鷹嘴豆
辣椒，如：紅辣椒；辣椒膏和辣椒
　　　片
細香蔥
芫荽葉
蔓越莓，如：蔓越莓乾
法式酸奶油
黃瓜
孜然
蒔蘿
溏心蛋
茴香
綠捲鬚苦苣
蒜頭
薑
葡萄柚
榛果
細碎的香草植物，如：細葉香芹、
　　　細香蔥、歐芹、龍蒿
蜂蜜

希臘橄欖
洋蔥，如：春日洋蔥
梨
豌豆
黑胡椒
松子
石榴籽
櫻桃蘿蔔
米
沙拉淋醬，如：*油醋沙拉淋醬*
沙拉
鹽
嫩青蔥
紅蔥
湯，如：*萵苣湯、豌豆湯*
豆腐
番茄
油醋醬
醋，如：巴薩米克香醋、蘋果酒醋、
　　　紅酒醋

核桃

不是所有生菜都是萵苣，但是所
有萵苣都是生菜，所以不要把萵
苣拿去烹煮。
　　——紐約市聯合廣場綠色市集的標語

畢布萵苣 Lettuce, Bibb
（亦稱奶油萵苣；見奶油萵苣）

波士頓萵苣 Lettuce, Boston
（亦稱奶油萵苣；見奶油萵苣）

●奶油萵苣 Lettuce, Butter
（亦稱畢布萵苣、波士頓萵苣）
風味：甜，帶有奶油風味，質地軟
　　　嫩、稍微清脆
風味強度：弱
營養學剖繪：61%碳水化合物／
　　　25%蛋白質／14%脂肪

奶油萵苣搭配費達乳酪和青蔥拌半生熟蛋油醋醬
——卡利歐佩（Calliope），紐約市

畢布萵苣沙拉搭配梅塔格藍黴乳酪、紅蔥酥、番茄、松露油醋醬
——五月花溫泉旅店（Mayflower Inn & Spa），康乃迪克州華盛頓

波士頓萵苣、烘烤甜菜、腰果山羊乳酪、烤核桃、香檳油醋醬
——真實小酒館（True Bistro），麻州薩默維爾

豆薯
檸檬，如：檸檬汁、碎檸檬皮
萵苣捲裹料理，如：包板豆腐、蔬菜等
歐當歸
薄荷
味噌，如：淡味噌
菇蕈類
芥末，如：第戎芥末
油脂，如：**橄欖油**、芝麻油
橄欖，如：黑橄欖
洋蔥，如：青蔥、紅洋蔥
柳橙和血橙
歐芹
歐洲防風草塊根
美洲山核桃
黑胡椒
柿子
開心果
石榴籽
藜麥
紫葉菊苣
櫻桃蘿蔔
沙拉，如：*綠色蔬菜沙拉、番茄沙拉*
三明治
嫩青蔥
種籽，如：南瓜籽、芝麻籽
紅蔥
小果南瓜，如：白胡桃瓜
甜豌豆
紅橘
龍蒿
百里香
豆腐，如：老豆腐

番茄和日曬番茄乾
油醋醬，如：紅蔥油醋醬
醋，如：巴薩米克香醋、香檳酒醋、蘋果酒醋、紅酒醋、雪利酒醋、白酒醋
核桃
萵苣捲裹料理
優格

對味組合
奶油萵苣＋杏仁果＋豆薯＋柳橙
奶油萵苣＋酪梨＋葡萄柚＋美洲山核桃＋紫葉菊苣
奶油萵苣＋辣椒＋柳橙＋美洲山核桃
奶油萵苣＋茴香＋葡萄柚
奶油萵苣＋無花果＋山羊乳酪＋龍蒿
奶油萵苣＋戈根索拉乳酪＋榛果＋檸檬＋橄欖

● **羊萵苣** Lettuce, Lamb's
（亦稱野萵苣、萵苣纈草）
季節：春－夏
風味：甜，帶有奶油、花、水果以及／或者堅果的風味，質地柔軟
風味強度：非常弱－弱
料理方式：生食、蒸煮

杏仁果
蘋果，如：青蘋果
朝鮮薊
芝麻菜
羅勒

甜菜，如：烤甜菜
芹菜
乳酪，如：山羊乳酪、帕爾瑪、含鹽瑞可達乳酪
細葉香芹
細香蔥
柑橘類
蛋，如：水波蛋
茴菜
茴香和茴香籽
綠捲鬚苦苣
蒜頭
其他沙拉青蔬，如：綜合生菜
豆薯
檸檬，如：檸檬汁、碎檸檬皮
畢布萵苣
薄荷
芥末
油脂，如：**堅果油**、橄欖油、花生油、核桃油
橄欖
柳橙，如：橙汁、碎橙皮
梨
胡椒
紫葉菊苣
櫻桃蘿蔔
沙拉
鹽
三明治
紅蔥
龍蒿
番茄
油醋醬
醋，如：巴薩米克香醋、香檳酒醋、佩德羅-希梅內斯雪利酒醋、雪利酒醋、酒醋
核桃

綜合生菜和萵苣纈草沙拉：春季蔬菜、芥末油醋醬、蔬菜棒
——丹尼爾（DANIEL），紐約市

優格

對味組合
羊萵苣＋杏仁果＋柑橘類＋茴香
羊萵苣＋蘋果＋地中海寬皮柑＋
　茴菜＋核桃
羊萵苣＋甜菜＋芹菜
羊萵苣＋甜菜＋瑞可達乳酪
羊萵苣＋蒜頭＋優格

● 蘿蔓萵苣 Lettuce, Romaine
季節：春－秋
風味：苦／微甜，質地清脆
風味強度：弱
營養學剖繪：67% 碳水化合物／
　18% 蛋白質／15% 脂肪
熱量：每1杯10大卡（生食、刨絲）
蛋白質：1克
料理方式：燜煮、燒烤、生食、煎
　炒
小祕訣：試著在凱薩沙拉中添加
　海苔絲來增添海味，或添加酸
　豆來增添酸鹹味。

杏仁果，如：切片杏仁果
蘋果
酪梨
羅勒
黑眉豆
甜菜
燈籠椒，如：綠燈籠椒、紅燈籠椒
麵包，如：酥脆麵包丁
白脫乳
續隨子
胡蘿蔔
卡宴辣椒
芹菜
乳酪，如：藍黴、費達、戈根索拉、
　蒙特利傑克、莫札瑞拉、**帕爾**
　瑪、墨西哥鮮乳酪、斯提爾頓
　乳酪
堅果乳酪，如：松子、南瓜籽－夏
　威夷堅果帕爾瑪乳酪
細葉香芹

切剁蘿蔓萵苣沙拉搭配豆乾和杏仁果
　——牛蒡（Gobo），紐約市

開懷種子沙拉：蘿蔓萵苣、春季綜合蔬菜、胡蘿蔔和紫甘藍刨絲、
櫻桃番茄、紅燈籠椒、黃瓜、紅洋蔥、新鮮玉米、汆燙青花菜、綠
豆芽和苜蓿芽，撒上葵花籽和南瓜籽
　——開懷種子咖啡館（Laughing Seed Café），北卡羅萊納州阿什維爾

蘿蔓萵苣心沙拉：蘿蔓萵苣嫩葉、山羊乳酪、馬科納杏仁果和柑
橘油醋醬
　——義式蔬食（Le Verdure），紐約市

蘿蔓萵苣嫩葉沙拉：橄欖、芥末、白脫乳、檸檬、帕爾瑪乳酪、鴨
蛋黃
　——威斯特葛羅度假水療飯店的羅蘭餐廳（Rowland's Restaurant at
Westglow），北卡羅萊納州布洛英福克

燒烤蘿蔓萵苣心、法國扁豆、烘烤番茄、芥末、酥脆麵包
　——真實小酒館（True Bistro），麻州薩默維爾

鷹嘴豆
辣椒，如：哈拉佩諾、塞拉諾辣椒
細香蔥
芫荽葉
玉米、玉米片和墨西哥玉米薄餅
酥脆麵包丁，如：全穀酥脆麵包
　丁
黃瓜
蒔蘿
蛋，如：水煮蛋、水煮全熟蛋、蛋
　黃
綠捲鬚苦苣
蒜頭
薑
葡萄柚
豆薯
韭蔥
檸檬，如：檸檬汁、碎檸檬皮
萊姆，如：萊姆汁、碎萊姆皮
歐當歸
芒果
美乃滋，如：素乃滋
味噌，如：大麥味噌、白味噌
菇蕈類，如：香菇
芥末，如：奶油狀的第戎芥末、芥
　末粉

海苔
油脂，如：菜籽油、**橄欖油**、芝麻油、
　蔬菜油
橄欖，如：卡拉瑪塔橄欖、尼斯橄
　欖
洋蔥，如：青蔥、紅洋蔥
柳橙
歐芹
梨
美洲山核桃
胡椒，如：黑胡椒、白胡椒
開心果
石榴
馬鈴薯，尤以新馬鈴薯為佳
葡萄乾
沙拉淋醬，如：凱薩沙拉淋醬、油
　醋沙拉淋醬、優格沙拉淋醬
*沙拉，如：**凱薩沙拉**、切碎沙拉、*
　希臘沙拉、綠色蔬菜沙拉
鹽，如：猶太鹽、海鹽
三明治
嫩青蔥
種籽，如：南瓜籽、芝麻籽、葵花
　籽
紅蔥
紫蘇

醬油
抱子甘藍
塔希尼芝麻醬
溜醬油
龍蒿
天貝
百里香
豆腐，如：絹豆腐、豆乾、嫩豆腐
番茄和日曬番茄乾
番茄
梅子醬
醋，如：巴薩米克香醋、香檳酒醋、
　蘋果酒醋、紅酒醋、米酒醋、雪
　利酒、龍蒿醋、巴薩米克白醋

對味組合
蘿蔓萵苣＋杏仁果＋酪梨＋胡蘿蔔＋豆乾＋番茄
蘿蔓萵苣＋蘋果＋芹菜＋萊姆＋葡萄乾＋核桃
蘿蔓萵苣＋酪梨＋萊姆
蘿蔓萵苣＋酪梨＋南瓜籽
蘿蔓萵苣＋藍黴乳酪＋梨＋核桃
蘿蔓萵苣＋胡蘿蔔＋黃瓜＋蒔蘿＋費達乳酪
蘿蔓萵苣＋鷹嘴豆＋黃瓜＋費達乳酪＋橄欖＋紅洋蔥＋番茄
蘿蔓萵苣＋蒔蘿＋蒜頭＋檸檬＋嫩青蔥
蘿蔓萵苣＋蒔蘿＋橄欖油＋紅酒醋＋嫩青蔥
蘿蔓萵苣＋第戎芥末＋檸檬＋橄欖油＋嫩青蔥
蘿蔓萵苣＋費達乳酪＋番茄
蘿蔓萵苣＋蒜頭＋檸檬
蘿蔓萵苣＋戈根索拉乳酪＋核桃
蘿蔓萵苣＋檸檬＋帕爾瑪乳酪
蘿蔓萵苣＋梨＋雪利酒醋＋核桃

● **萊姆**（汁、碎皮）Limes
風味：苦／**酸**／甜，質地非常多
　汁
風味強度：中等
營養學剖繪：86% 碳水化合物／
　8% 蛋白質／6% 脂肪
熱量：每顆萊姆 20 大卡
近親：葡萄柚、金桔、檸檬、柳橙
小祕訣：把乾萊姆磨成粉可以撒
　在菜餚上當作辛香料。

杏仁果

核桃
水田芥
伍斯特素食辣醬油
優格

我們廣受歡迎的「生塔可餅」是
用蘿蔓萵苣來替代塔可餅，裡面
的餡料是發芽的核桃和核桃泥，
以哈拉佩諾辣椒、芫荽、燈籠椒
和卡宴辣椒，搭配墨西哥酪梨醬、
腰果「帕爾瑪乳酪」和新鮮青蔥
出餐。
　　——艾咪‧比奇（Ami Beach），G 禪餐廳，
康乃狄克州布蘭福德

蘋果
杏桃
芝麻菜
酪梨
烘焙食物，如：派、餡餅
香蕉
羅勒
燈籠椒
漿果，如：黑莓、草莓
*飲品，如：萊姆汁、瑪格麗塔、莫
　吉托*
青花菜

焦糖
胡蘿蔔
乳酪，如：可提亞乳酪
辣椒，如：齊波特、哈拉佩諾、塞
　拉諾辣椒；和辣椒粉
芫荽葉
椰子和**椰奶**
芫荽
玉米
黃瓜
孜然
飲料，如：瑪格麗塔
水果，尤以熱帶水果為佳
蒜頭
薑
消化餅
葡萄
墨西哥酪梨醬
番石榴
海鮮醬
蜂蜜
印度料理
豆薯
檸檬
檸檬香茅
萵苣，如：蘿蔓萵苣
荔枝
芒果
滷汁醃醬
美乃滋
甜瓜，如：蜜露瓜
墨西哥料理
薄荷
菇蕈類
芥末粉
麵條，如：**亞洲麵條、粄條**
堅果，如：**夏威夷堅果**
油脂，如：**葡萄籽油、橄欖油、葵
　花油**
洋蔥
柳橙
環太平洋料理
木瓜
花生

墨西哥萊姆塔、香檳凍、杏仁奶酥、烤蛋白霜
——綠斑馬（Green Zebra），芝加哥

生墨西哥萊姆乳酪蛋糕：以腰果、酪梨和新鮮萊姆，放入素消化
餅酥底製成
——開懷種子咖啡館（Laughing Seed Café），北卡羅萊納州阿什維爾

梨
派
石榴
布丁，如：米布丁
藜麥
覆盆子
米
迷迭香
蘭姆酒
沙拉淋醬
沙拉，如：水果沙拉
莎莎醬
醬汁，如：日式醋汁醬油
嫩青蔥
芝麻，如：芝麻油
紅蔥
湯，如：湯麵、泰式湯品
東南亞料理
醬油
白胡桃瓜
糖，如：黃砂糖
粉圓
龍蒿
餡餅
龍舌蘭酒
泰式料理
豆腐
黏果酸漿
番茄
越南料理
*醋，如：香檳酒醋、米醋、雪利酒
醋*
西瓜
優格

對味組合

萊姆＋酪梨＋蘿蔓萵苣
萊姆＋齊波特辣椒＋玉米
萊姆＋芫荽葉＋孜然
萊姆＋芫荽葉＋蒜頭＋油脂
萊姆＋椰子＋消化餅
萊姆＋薑＋蜂蜜
萊姆＋薑＋薄荷
萊姆＋荔枝＋薄荷
萊姆＋薄荷＋嫩青蔥
萊姆＋菇蕈類＋芝麻

煙燻調味液 Liquid Smoke

風味：肉以及／或者煙燻風味
風味強度：中等－強
這是什麼：把煙味濃縮在水中，
不是人造香料；會帶來很多種
風味，例如蘋果、山核桃、牧豆、
美洲山核桃

烤豆子
豆類，如：黑眉豆、海軍豆、紅豆
甘藍菜
法式砂鍋菜
素辣豆醬
蘸料
蛋
鍋底焦渣醬汁
綠色蔬菜，如：綠葉甘藍、芥末葉
菇蕈類
橄欖油
馬鈴薯
醬汁，如：燒烤醬
麵筋素肉
*湯，如：豆子湯、去莢乾燥豌豆瓣
湯*

醬油
燉煮料理
蔬菜高湯
天貝，如：*天貝培根或天貝香腸*
豆腐
素食漢堡

對味組合

煙燻調理液＋橄欖油＋醬油＋蔬
菜高湯

● 蓮藕 Lotus Root
季節：夏－冬
風味：微甜，帶有朝鮮薊、豆薯、
荸薺的泥土味，質地清脆（類
似荸薺）
風味強度：弱
營養學剖繪：89% 碳水化合物／
10% 蛋白質／1% 脂肪
熱量：每10片60大卡（生食）
蛋白質：2克
料理方式：烘焙、沸煮、煮糖、油炸、
刨絲、醃漬、生食、烘烤、微滾
烹煮、蒸煮、燉煮、翻炒
近親：睡蓮

酪梨
芽菜
豆類，如：長豇豆
燈籠椒
青花菜
櫻桃
**辣椒，如：哈拉佩諾辣椒和辣椒
片**
中式料理
洋芋片
芫荽葉
柑橘類
丁香
糖煮水果
黃瓜
咖哩類
茴香籽
蒜頭

薑
印度料理
日式料理
韭蔥
檸檬，如：檸檬汁
檸檬香茅
萵苣，如：奶油萵苣
萊姆，如：萊姆汁
荔枝
日本長壽飲食料理
芒果
味噌
菇蕈類，尤以亞洲香菇為佳
亞洲麵條，如：粄條
油脂，如：橄欖油、蔬菜油
秋葵
洋蔥，如：春日洋蔥
柳橙
酸漬食物
南瓜
櫻桃蘿蔔
米，如：糯米
炒飯
番紅花
沙拉
海鹽
芝麻油
荷蘭豆
湯，如：亞洲湯品
東南亞料理
醬油
燉煮料理
翻炒料理
蔬菜高湯
糖
甜豌豆
菊芋
溜醬油
天婦羅
豆腐
薑黃
根莖蔬菜
醋，如：米醋、白酒醋
荸薺

水田芥
米酒

對味組合
蓮藕＋薑＋檸檬
蓮藕＋檸檬香茅＋萊姆

歐當歸 Lovage
季節：春－秋
風味：酸，帶有茴芹、羅勒、芹菜、
　　檸檬、
歐芹、松木以及／或者酵母的麝
　　香風味
風味強度：中等－**強**
這是什麼：香料植物
小祕訣：將歐當歸的空心莖當作
　　血腥瑪麗調酒或番茄湯的吸
　　管。歐當歸的籽用法同香芹籽。
近親和可行的替代物：歐芹

蘋果
烘焙食物，如：麵包、酥皮
豆類，如：乾燥豆類、四季豆
燈籠椒
英式料理
義大利烤麵包片
奶油
葛縷子籽
胡蘿蔔
法式砂鍋菜
芹菜
蒸菜
乳酪，如：鮮奶油乳酪、帕爾瑪乳
　　酪
細葉香芹
辣椒
細香蔥
玉米
黃瓜
蒔蘿
蛋，如：*義式蛋餅*、水煮全熟蛋
茴香
法式料理
蒜頭和蒜薹

綠色蔬菜
義大利料理
韭蔥
檸檬，如：檸檬汁
萵苣
墨角蘭
薄荷
菇蕈類
芥末
異株蕁麻
橄欖油
洋蔥，如：甜洋蔥
奧勒岡
歐芹
義式青醬
松子
馬鈴薯，如：馬鈴薯泥
櫻桃蘿蔔
米
沙拉，如：*胡蘿蔔沙拉、蛋沙拉、*
　　綠色蔬菜沙拉
三明治，如：*迷你三明治*
醬汁，如：番茄醬汁
酸模
湯，如：*扁豆湯、番茄湯*
菠菜
燉煮料理
蔬菜高湯
餡料
甜豌豆
麥粒番茄生菜沙拉
龍蒿
百里香
番茄和番茄汁
蕪菁
蔬菜，尤以根莖蔬菜為佳
醋
櫛瓜

對味組合
歐當歸＋蒜頭＋奧勒岡＋番茄
歐當歸＋馬鈴薯＋湯＋蕪菁

中餐和晚餐 Lunch And Dinner

當你不知道中餐或晚餐要煮什麼時，就從這裡找靈感：

墨西哥捲餅，如：全穀墨西哥薄
    餅搭配豆類、米和蔬菜
法式砂鍋菜，如：墨西哥炸玉米片
    早餐（烤西班牙蛋餅薯片砂鍋）
素辣豆醬
蔬菜可麗餅，如：蘆筍可麗餅
燉鍋料理
咖哩類，如：印度咖哩、泰式咖哩
蛋，如：義式蛋餅、鹹派
墨西哥玉米捲
法士達
炸鷹嘴豆泥，如：全穀袋餅佐黃
    瓜、鷹嘴豆泥醬、番茄鷹嘴豆
    泥
法老小麥燉飯（以法老小麥來做
    義式燉飯），如：搭配蔬菜串，
    如：菇蕈類和蔬菜
千層麵，如：佐菠菜、其他蔬菜、[豆
    腐]瑞可達乳酪和番茄醬汁
萵苣捲裹料理，如：以穀物、蔬菜
    捲成
菇蕈類，如：波特貝羅大香菇牛
    排，以馬鈴薯泥和滷汁麵條做
    成
麵條，如：亞洲麵條，搭配芝麻醬
    和蔬菜
義式麵食，如：全穀義式麵食，佐
    奶油狀醬汁（如：以腰果為基
    底）或番茄醬汁和蔬菜
抓飯，如：野生米
披薩，如：全穀披薩，佐番茄醬汁
    和蔬菜（乳酪為選用）
義式粗玉米糊，如：搭配菇蕈類
    和／或蔬菜（乳酪為選用）
義式燉飯，如：佐蔬菜（乳酪為選
    用）
沙拉，如：豆子沙拉、凱薩沙拉、
    鷹嘴豆沙拉、水果沙拉、穀物
    沙拉、綠色蔬菜沙拉、義大利
    麵沙拉、馬鈴薯沙拉、菠菜沙

拉、豆腐沙拉（如：鮪魚）、蔬
菜沙拉
三明治，如：全穀三明治麵包、袋
餅或西班牙蛋餅；搭配乳酪、
堅果醬或豆腐和／或水果（如：
蘋果、香蕉）或蔬菜（如：酪梨、
燈籠椒、洋蔥、番茄）；或經典
素食魯本三明治
麵筋素肉，如：搭配一種醬汁、一
種澱粉（如：穀物、馬鈴薯）和
蔬菜
湯，如：莢果湯（如：豆子湯、扁
豆湯、豌豆湯）、菇蕈湯或蔬菜
湯
義式麵食和美式素肉餅，佐番茄
醬汁
金線瓜義式麵食，如：佐番茄醬
汁
燉煮料理，如：燉煮穀物、燉煮莢
果、燉煮蔬菜
翻炒料理，如：佐糙米、豆腐和／
或蔬菜
填餡（如：搭配穀物）蔬菜，如：
填餡燈籠椒、填餡甘藍菜、填
餡茄子、填餡菇蕈、填餡小果
南瓜、填餡番茄、填餡櫛瓜
壽司，如：海苔卷
墨西哥塔可餅，如：全穀墨西哥
薄餅搭配豆類、米、莎莎醬、蔬
菜
天貝，如：搭配醬汁和蔬菜
豆腐，如：炙烤豆腐，搭配醬汁、
米和蔬菜
墨西哥披薩
蔬菜，如：蒸蔬菜
素食漢堡
小麥仁義式燉飯，如：佐蔬菜（乳
酪為選用）
捲裹料理

● 荔枝 Lychees
季節：夏季
風味：甜；芳香，帶有櫻桃以及／
或者葡萄的風味，質地多汁、

如果凍
風味強度：弱－中等
營養學剖繪：90% 碳水化合物／
6% 脂肪／4% 蛋白質
熱量：每1杯125大卡（生食）
蛋白質：2克
料理方式：生食
小祕訣：籽有毒，不可以吃。

杏仁果
燈籠椒
漿果，如：黑莓、藍莓、覆盆子、
草莓
奶油乳酪
櫻桃
辣椒，如：哈拉佩諾、塞拉諾辣椒
中式料理
白巧克力
芫荽葉
椰子和椰奶
鮮奶油
甜點，如：水果餡餅
飲料，如：雞尾酒
蒜頭
琴酒
薑
葡萄柚
蜂蜜
冰淇淋
豆薯
奇異果
檸檬，如：檸檬汁
檸檬香茅
萊姆，如：萊姆汁
芒果
甜瓜，如：蜜露瓜
薄荷
油桃
堅果
洋蔥，如：青蔥或紅洋蔥
柳橙，如：橘子、紅橘
百香果
桃子
梨，如：亞洲梨

鳳梨
李子
布丁，如：麵包布丁、米布丁
米
玫瑰水
蘭姆酒
清酒
水果沙拉
水果莎莎醬
糖，如：黃砂糖、棕櫚糖
香莢蘭
伏特加
酒，如：李子酒、氣泡酒
優格

對味組合
荔枝＋椰奶＋米
荔枝＋薑＋奇異果
荔枝＋薑＋萊姆
荔枝＋蜂蜜＋萊姆

印加蘿蔔、印加蘿蔔粉、
印加蘿蔔根
Maca, Maca Powder, or Maca Root
風味：奶油糖果、**麥芽**以及／或
者堅果的風味
風味強度：弱－中等
小祕訣：用來提升蔬果昔的濃厚
感。

烘焙食物，如：麵包、餅乾、馬芬
香蕉
漿果，如：枸杞、覆盆子、草莓
糖果，如：松露狀巧克力
熱早餐麥片，如：燕麥片
奇亞籽
巧克力和可可豆碎粒
肉桂
椰子和椰子水
義式濃縮咖啡
椰棗
甜點，如：布丁
飲料，如：以咖啡為基底
水果，尤以熱帶水果為佳，如：芒

我自由了：奇亞籽稠粥搭配大麻籽奶、山欖、印加蘿蔔、肉桂、楓糖漿、枸杞和時令水果
——感恩咖啡館（Café Gratitude），洛杉磯

催芽奇亞籽蔬果昔：香蕉、椰棗、椰肉、椰子汁、肉桂、印加蘿蔔
—— M.A.K.E.，加州聖塔莫尼卡

神奇印加蘿蔔蔬果昔：芒果、草莓、鳳梨、香蕉、覆盆子、柳橙汁、椰奶、印加蘿蔔粉、枸杞
——石榴咖啡館（Pomegranate Café），鳳凰城

果、鳳梨
楓糖漿
奶類，如：杏仁奶、椰奶、大麻奶、米奶
堅果、堅果醬和堅果奶，如：杏仁果、夏威夷堅果
柳橙，如：橙汁
美式煎餅和比利時鬆餅
蔬果昔
香莢蘭

對味組合
印加蘿蔔＋杏仁果醬＋可可
印加蘿蔔＋杏仁果醬＋椰奶＋椰棗＋香莢蘭

乳酪彎管麵
Macaroni And Cheese
小祕訣：許多很棒的純素食主義者將乳酪彎管麵改為以下組合：全穀彎管麵和一些辣椒片＋玉米澱粉＋第戎芥末＋**蒜頭**

＋**奶類（例如豆奶）＋營養酵母**＋油（例如芥花油、大豆油）＋**紅椒粉＋歐芹＋鹽（例如海鹽）**＋溜醬油＋豆腐

● 肉豆蔻乾皮 Mace
風味：苦／**甜**；芳香；帶有丁香、肉豆蔻以及／或者松木的刺鼻味
風味強度：中等－強（雖然風味與肉豆蔻相似，但較淡）
這是什麼：辛香料
近親：肉豆蔻

蘋果
烘焙食物*，如：*蛋糕、餅乾、馬芬、派
胡蘿蔔
乳酪和乳酪料理，尤以乳霜狀為佳
櫻桃
巧克力

乳酪彎管麵（鮮奶油般的滑潤口感據說來自豆奶和豆腐）
——林地純素小酒館（Woodland's Vegan Bistro），原名永恆生命咖啡館（Everlasting Life Café），華盛頓特區

素酪彎管麵（腰果＋蒜頭＋營養酵母＋橄欖油＋德國酸菜）
——伊莎·莫科維茲（Isa Chandra Moskowitz）

辣味卡津料理酵母彎管麵，本店知名的純素乳酪彎管麵（料理祕訣據說是加入辣椒片＋芥末＋營養酵母＋豆奶）
——李子小酒館（Plum Bistro），西雅圖

熱巧克力
印度甜酸醬
鮮奶油和奶類
卡士達
甜甜圈
飲料，如：*蛋酒、熱巧克力*
水果，如：*水果乾、新鮮水果*
素食熱狗
冰淇淋
檸檬
楓糖漿
肉豆蔻
堅果
燕麥
柳橙
布丁
南瓜
蔬菜濃湯
葡萄乾
大黃
水果沙拉
醬汁*，如：*白醬、鮮奶油醬汁、洋蔥醬汁
湯*，如：*清湯、鮮奶油濃湯
餡料
糖
甘藷
香莢蘭
蔬菜
核桃
酒，如：*香料酒*

萵苣纈草 Mâche（參見羊萵苣）

● 曼密 Mamey
（亦稱曼密蘋果或曼密果）
[MAH-may／
MAH-may sah-POH-tay]
季節：春－秋
風味：甜，帶有杏仁果、杏仁香甜酒、杏桃、香蕉、焦糖、蜂蜜、馬拉斯基諾櫻桃、甜瓜、肉豆蔻、梨子、柿子、南瓜、甘藷，以及／或者香莢蘭的風味，質

地柔軟、濃厚、水潤

風味強度：中等

這是什麼：水果

營養學剖繪：89% 碳水化合物／
8% 脂肪／3% 蛋白質

熱量：每半顆曼密蘋果215大卡

蛋白質：2克

料理方式：生食、燉煮

小祕訣：存放於室溫下至變軟。
冷凍後出餐，風味最佳。

可行的替代物：芒果

烘焙食物，如：麵包、蛋糕、馬芬、
派、餡餅
飲品
白脫乳
中美洲料理
柑橘類，如：金桔、柳橙
丁香
蔬果漿
鮮奶油，如：生奶油
古巴料理
甜點，如：卡士達、慕斯、布丁
薑
沙拉青蔬
蜂蜜
冰淇淋和雪碧冰
墨西哥料理
奶類和奶昔
肉豆蔻
清酒，如：不甜的清酒
沙拉，如：水果沙拉
蔬果昔
糖，如：黃砂糖
香莢蘭
西印度料理

● 芒果 Mangoes
季節：春－夏
風味：**甜**／微酸，帶有蜂蜜、桃子
以及／或者鳳梨的風味，質地
特別多汁
風味強度：中等－強
誰說它們有益健康：美國公共利

益科學中心（Center for Science in
the Public Interest）在《健康行動》
（*Nutrition Action*）上發表包含芒
果在內的「十種最棒食物」。
營養學剖繪：94% 碳水化合物／
3% 蛋白質／3% 脂肪
熱量：每1杯110大卡（生食、切片）
蛋白質：1克
料理方式：燒烤、**生食**、烘烤
近親：腰果、開心果

杏仁果和杏仁奶
芝麻菜
酪梨
香蕉
泰國羅勒
豆類，如：**黑眉豆**、白腰豆
燈籠椒，如：紅燈籠椒、黃燈籠椒
漿果，如：**黑莓、藍莓、覆盆子、**
草莓
飲品，如：榨汁、印度酸乳酪飲品、
水果調酒
小豆蔻
腰果
卡宴辣椒
佛手瓜
鷹嘴豆
辣椒，如：青辣椒、哈瓦那辣椒、
哈拉佩諾辣椒、紅辣椒、塞拉
諾辣椒、泰國鳥眼辣椒
白巧克力
印度甜酸醬
芫荽葉
肉桂
丁香
椰子和椰奶
芫荽
玉米
蔬果漿
鮮奶油、法式酸奶油和冰淇淋
可麗餅

黃瓜
孜然
咖哩
甜點，如：*乳酪蛋糕*
茴菜
茴香
葫蘆巴
蒜頭
薑
白果
蜂蜜
印度料理
豆薯
卡非萊姆葉
奇異果
印度酸乳酪飲品
薰衣草
檸檬，如：檸檬汁
萵苣
萊姆，如：萊姆汁
卡非萊姆
香甜酒，如：櫻桃白蘭地
甜瓜，如：洋香瓜
墨西哥料理
椰奶
薄荷
油桃
亞洲麵條，如：日本蕎麥麵
堅果
油脂，如：菜籽油、橄欖油、花生
油
洋蔥，如：青蔥、**紅洋蔥**、甜洋蔥
柳橙和橘子，如：橙汁、碎橙皮
奧勒岡
木瓜
煙燻紅椒粉
歐芹
百香果
桃子
花生
梨

主廚私房菜 DISHES

溫熱蘋果芒果酥頂派搭配肉桂燕麥奶酥和脫脂香莢蘭冰淇淋
——金色大門溫泉咖啡館（The Golden Door Spa Café），亞利桑那州斯科茨代爾

鳳梨
大蕉
布丁
藜麥
大黃
米，如：糯米
蘭姆酒
沙拉，如：亞洲涼麵沙拉、水果沙
　拉、綠色蔬菜沙拉、義大利麵
　沙拉、米沙拉
莎莎醬
鹽
醬汁
嫩青蔥
海藻
芝麻，如：芝麻油、芝麻籽
紅蔥
蔬果昔
荷蘭豆
雪碧冰
湯，如：水果湯

對味組合

芒果＋酪梨＋辣椒＋芫荽葉＋萊姆＋洋蔥＋醋
芒果＋香蕉＋蜂蜜＋萊姆汁＋柳橙汁
芒果＋豆類＋芫荽葉＋萊姆＋洋蔥
芒果＋燈籠椒＋芫荽葉＋萊姆
芒果＋黑莓＋萊姆
芒果＋黃砂糖＋肉桂＋柳橙
芒果＋小豆蔻＋蜂蜜＋優格
芒果＋腰果＋薄荷
芒果＋辣椒＋芫荽葉＋萊姆＋紅洋蔥
芒果＋辣椒＋孜然＋蒜頭＋萊姆＋柳橙
芒果＋椰子＋粉圓＋白巧克力
芒果＋椰子＋優格
芒果＋椰奶＋糯米
芒果＋茴香＋檸檬＋蘭姆酒
芒果＋蜂蜜＋薄荷＋優格
芒果＋蜂蜜＋柳橙汁＋優格
芒果＋奇異果＋木瓜＋鳳梨
芒果＋萊姆＋薄荷＋柳橙＋木瓜
芒果＋萊姆＋薄荷＋紅洋蔥
芒果＋萊姆＋覆盆子＋香莢蘭
芒果＋桃子＋覆盆子

菠菜
八角
翻炒料理
糖，如：黃砂糖、棕櫚糖
甘藷
羅望子
粉圓
餡餅
天貝
豆腐
黏果酸漿
番茄
墨西哥薄餅，如：墨西哥全穀薄
　餅
熱帶水果
香莢蘭
醋，如：香檳酒醋、紅酒醋、米酒
　醋
酒，如：氣泡酒、甜酒和／或白酒
　（如：索甸甜白酒）
優格
日本柚子

青芒果 Mangoes, Green
（同時參見芒果）
這是什麼：未成熟的芒果

加勒比海料理
辣椒，如：青辣椒、泰國鳥眼辣椒
印度甜酸醬
芫荽葉
咖哩類
菲律賓料理
薑
萊姆，如：萊姆汁
薄荷
油脂，如：芝麻油
洋蔥，如：紅洋蔥
酸漬食物
開胃小菜
沙拉
芝麻籽
糖，如：黃砂糖、棕櫚糖
泰式料理

● **楓糖漿 Maple Syrup**
風味：**甜／苦**，帶有焦糖以及／或
　者蜂蜜的風味，質地是糖漿狀
風味強度：中等－強
營養學剖繪：99% 碳水化合物／
　1% 脂肪
熱量：每 1 大匙 50 大卡
小祕訣：B 級的楓糖漿顏色較深、
　精煉度較低、風味較濃烈、含
　有較多礦物質。

多香果
蘋果
耶路撒冷朝鮮薊
烘焙食物
香蕉
乾燥豆類
漿果，如：藍莓、覆盆子、草莓
波本酒
*早餐料理，如：法國土司、美式煎
　餅、比利時鬆餅*
抱子甘藍

M

自製藜麥美式煎餅、時令水果、草莓奶油、薑汁楓糖漿
——蠟燭79（Candle 79），紐約市

哈拉佩諾辣椒油炸玉米球，搭配楓糖奶油
——泥土糖果（Dirt Candy），紐約市

楓糖漿沙拉：芝麻菜、葡萄乾、核桃和青蘋果，搭配滑潤楓糖油醋醬
——根（Root），麻州奧爾斯頓

奶油	柳橙
白脫乳	**美式煎餅**
小豆蔻	桃子
胡蘿蔔	**梨**
辣椒，如：哈拉佩諾辣椒	派，如：楓糖派、南瓜派
肉桂	罌粟籽
柑橘類	稠粥
丁香	**南瓜**
餅乾	南瓜籽
玉米	葡萄乾
玉米粉	米
蔓越莓	蘭姆酒
無花果	蕪菁甘藍
薑	芝麻籽，如：黑芝麻籽、白芝麻籽
淋面醬汁	冬南瓜
格蘭諾拉麥片	糖，如：黃砂糖
檸檬	甘藷
馬士卡彭乳酪	蕪菁
味噌	**香莢蘭**
芥末，如：第戎芥末	**比利時鬆餅**
肉豆蔻	
堅果，如：**杏仁果**、腰果、榛果、夏威夷堅果、**美洲山核桃**、核桃	
燕麥和燕麥片	

對味組合

楓糖漿＋橡實南瓜＋奶油＋芥末
楓糖漿＋杏仁果＋蔓越莓乾＋燕麥＋南瓜籽
楓糖漿＋藍莓＋檸檬
楓糖漿＋白胡桃瓜＋蒜頭
楓糖漿＋肉桂＋美洲山核桃＋香莢蘭
楓糖漿＋芥末＋美洲山核桃＋麵筋素肉
楓糖漿＋梨＋美洲山核桃
楓糖漿＋美洲山核桃＋甘藷

素的。
——艾咪・比奇（Ami Beach），G禪餐廳，康乃狄克州布蘭福德

我特別喜愛在秋季和冬季使用**楓糖漿**作為甜味劑。其他季節我會用龍舌蘭糖漿、麥芽糖漿或有機蔗糖。
——凱特・雅各比（Kate Jacoby），費吉餐廳，費城

● 墨角蘭 Marjoram

季節：夏－冬

風味：苦／甜；芳香，帶有花的風味、辣味、以及／或者羅勒、奧勒岡以及／或者百里香的香料風味

風味強度：弱（一般的）－中等／強（野生的）

這是什麼：香料植物

小祕訣：在烹煮過程的最後才添加墨角蘭。

近親：羅勒、薰衣草、薄荷、奧勒岡（風味較濃烈）、迷迭香、鼠尾草、夏季香薄荷、百里香

可行的替代物：奧勒岡

朝鮮薊
羅勒
月桂葉
豆類，如：乾燥豆類、四季豆、皇帝豆
甜菜
燈籠椒
法國香草束
奶油
甘藍菜
續隨子
胡蘿蔔
白花椰菜
乳酪，如：農家、奶油乳酪、芳汀那、新鮮乳酪、山羊乳酪、莫札瑞拉、帕爾瑪乳酪
辣椒，如：乾辣椒

以技術上來說，**楓糖漿**並不是生的，但楓糖漿是已經廣泛使用的甜味劑中加工最少的，並且是純

玉米

孜然

茄子

蛋，如：義式蛋餅、水煮全熟蛋、蛋捲

歐洲料理

茴香籽

蕨菜

細碎的香料植物

法式料理

蒜頭

希臘料理

綠色蔬菜，如：甜菜葉

燒烤料理

義大利料理

檸檬

滷汁醃醬

地中海料理

菇蕈類，如：野菇

堅果

油脂，如：橄欖油

橄欖，如：綠橄欖

洋蔥

柳橙，如：橙汁

奧勒岡

紅椒粉

歐芹

歐洲防風草塊根

義式麵食

松子

披薩

葡萄牙料理

馬鈴薯，如：新馬鈴薯

普羅旺斯燉菜

米

義式燉飯

迷迭香

沙拉淋醬

沙拉，如：豆子沙拉、綠色蔬菜沙拉、義大利麵沙拉、番茄沙拉

醬汁，如：燒烤醬、奶油醬汁、墨角蘭醬汁、菇蕈醬汁、義式麵食醬汁、番茄醬汁

湯，如：豆子湯、洋蔥湯、番茄湯、

蔬菜湯

抹醬

小果南瓜，如：夏南瓜（尤以櫛瓜為佳）、冬南瓜（尤以白胡桃瓜為佳）

燉煮料理

餡料

甜豌豆

龍蒿

百里香

番茄和番茄醬汁

醋，如：紅酒醋

核桃

酒

對味組合

墨角蘭＋續隨子＋綠橄欖＋歐芹＋松子

墨角蘭＋辣椒＋柳橙

● 馬士卡彭乳酪 Mascarpone

[mahs-kahr-POH-neh]

風味：甜，帶有奶油的風味，質地滑順、柔軟、蓬鬆

風味強度：弱

這是什麼：用濃厚奶油製成的新鮮柔軟義大利「乳酪」

營養學剖繪：98%脂肪／2%蛋白質

熱量：每28克120大卡

蛋白質：2克

可行的替代物：奶油乳酪（特別是打發的）、訥沙泰勒乳酪、瑞可達乳酪（特別是打發的）

蘋果

杏桃

朝鮮薊

羅勒

甜菜

燈籠椒，如：紅燈籠椒、烘烤燈籠椒

漿果，如：**藍莓、覆盆子、草莓**

早餐／早午餐，如：法國土司

蒸菜

乳酪，如：奶油乳酪、戈根索拉、帕爾瑪、羅比奧乳酪

巧克力，如：黑巧克力、白巧克力

肉桂

可可亞

咖啡和義式濃縮咖啡

鮮奶油和發泡鮮奶油

椰棗

甜點，如：*乳酪蛋糕、可麗餅、冰沙、冰淇淋、芭菲、布丁、半凍冰糕、餡餅、提拉米蘇*

無花果

水果

蒜頭

蜂蜜，如：栗子蜂蜜

義大利料理

檸檬，如：檸檬汁、碎檸檬皮

萊姆，如：萊姆汁、碎萊姆皮

楓糖漿

薄荷

菇蕈類

油桃

麵條

堅果，如：杏仁果、榛果、松子、開心果、核桃

柳橙和血橙

義式麵食，如：*寬麵、千層麵、細扁麵*

桃子

梨

豌豆

李子

義式粗玉米糊

罌粟籽

義式燉飯

迷迭香

鼠尾草

沙拉，如：水果沙拉

醬汁，如：義式麵食醬汁

湯，如：青花菜湯、白胡桃瓜湯、小果南瓜湯、菇蕈湯、歐洲防風草塊根湯、南瓜湯、菠菜湯、番茄湯

菠菜
抹醬
糖
提拉米蘇
番茄和日曬番茄乾

對味組合
馬士卡彭乳酪＋蘋果＋肉桂＋楓糖漿
馬士卡彭乳酪＋杏桃＋開心果
馬士卡彭乳酪＋巴薩米克香醋＋肉桂＋楓糖漿＋梨
馬士卡彭乳酪＋巴薩米克香醋＋草莓
馬士卡彭乳酪＋羅勒或鼠尾草＋義式麵食＋核桃
馬士卡彭乳酪＋甜菜＋罌粟籽
馬士卡彭乳酪＋巧克力＋咖啡＋柳橙
馬士卡彭乳酪＋肉桂＋馬沙拉酒＋柳橙＋梨＋糖
馬士卡彭乳酪＋無花果＋薑
馬士卡彭乳酪＋戈根索拉＋義式粗玉米糊
馬士卡彭乳酪＋菇蕈類＋義式麵食
馬士卡彭乳酪＋柳橙＋香莢蘭
馬士卡彭乳酪＋義式粗玉米糊＋迷迭香＋核桃

松露，如：白松露
香莢蘭
醋，如：**巴薩米克香醋**
酒，如：馬沙拉酒
櫛瓜

抹茶粉 Matcha Powder
風味：苦，帶有植物的泥土味
風味強度：弱－中等
這是什麼：綠茶粉
營養學剖繪：67% 蛋白質、33% 碳
　水化合物
熱量：每 28 克 85 大卡
蛋白質：14 克

龍舌蘭糖漿
酪梨
烘焙食物，如：蛋糕、餅乾
香蕉
漿果
飲品，如：拿鐵咖啡
可可亞
椰子水
甜點，如：布丁
薑
蜂蜜
冰淇淋
芒果
植物奶，如：杏仁奶、米奶、豆奶

鳳梨
藜麥
沙拉淋醬
蔬果昔
茶

對味組合
抹茶粉＋龍舌蘭糖漿＋酪梨＋香
　蕉＋植物奶

● 美乃滋 Mayonnaise
小祕訣：關於純素食主義者（蛋
　素）的替代品，可選擇老字號的
　素乃滋，或自己製作。原木餐
　廳（Wildwood）也做了一款風
　味濃烈的蒜泥蛋黃醬（蒜泥美
　乃滋）。

豆類，如：四季豆
燈籠椒，如：紅燈籠椒、烘烤燈籠
　椒
續隨子
胡蘿蔔

辣椒，如：齊波特辣椒、青辣椒、
　紅辣椒
玉米，如：玉米棒
蛋，如：水煮全熟蛋
蒜頭
香料植物，如：羅勒、細葉香芹、
　細香蔥、芫荽葉、蒔蘿、墨角蘭、
　歐芹、**龍蒿**
檸檬
芥末，如：第戎芥末
柳橙，如：橙汁、碎橙皮
酸漬食物
馬鈴薯
沙拉淋醬，如：藍黴乳酪沙拉淋
　醬、牧場沙拉淋醬
沙拉，如：蛋沙拉、義大利麵沙拉、
　馬鈴薯沙拉、蔬菜沙拉
三明治
醬汁
嫩青蔥
美式涼拌菜絲，如：美式涼拌甘
　藍菜絲
辛香料，如：卡宴辣椒、番紅花
素食漢堡

地中海料理 Mediterranean Cuisines（參見希臘料理、義大利料理等南歐料理）

這麼多的**地中海食物**原本就都是
純素，所以我們才說十字街口餐
廳就是地中海餐廳。我們沒有使
用「純素」這字眼。這樣在這裡用
餐的人才不會覺得食物很陌生。
豆腐或天貝或麵筋製品的口感對
多數人來說都是陌生的。雖然我
喜歡天貝，不過如果有人第一次
嘗試吃素就吃了天貝，那你將無
法說服他成為純素食主義者。人
們都需要熟悉食物，這是過渡性
的，而且取決於個人。我們的希
臘菠菜餡餅或添加辛香料的鷹嘴
豆是大家已經熟悉的料理，我們
的義式燉飯已經是菜單上最不具

威脅性的菜餚，也是大家已經吃過的東西。

——塔爾·羅奈（Tal Ronnen），十字街口餐廳，洛杉磯

甜瓜：一般或混合
Melon—In General, or Mixed
（同時參見洋香瓜、蜜露瓜、西瓜等）

季節：夏－秋
風味：甜，質地多汁
風味強度：弱－中等
料理方式：生食
近親：黃瓜、南瓜、小果南瓜

芝麻菜
香蕉
羅勒
燈籠椒
漿果，如：黑莓、**覆盆子、草莓**
辣椒
芫荽葉
椰子和椰奶
黃瓜
甜點
蒜頭
薑
冰沙
葡萄
蜂蜜
檸檬
檸檬香茅
萊姆
薄荷
洋蔥，如：紅洋蔥
柳橙
梨
胡椒，如：黑胡椒、白胡椒
蘭姆酒
沙拉，如：水果沙拉
莎莎醬
水果湯
泰國羅勒
番茄

香莢蘭
酒，如：**氣泡酒**（如：香檳）和／或**甜酒**（如：莫斯卡托甜白酒、波特酒）
優格

對味組合
甜瓜＋漿果＋檸檬
甜瓜＋辣椒＋芫荽葉＋蒜頭＋萊姆＋洋蔥
甜瓜＋蜂蜜＋萊姆
甜瓜＋萊姆＋薄荷

苦瓜 Melon, Bitter

風味：**苦／酸，帶有奎寧的風味**
風味強度：強
這是什麼：綠色時（未成熟）即摘採下來的水果，當作蔬菜食用
料理方式：汆燙、沸煮（切片，3-5分鐘）、燒烤、醃漬、蒸煮、翻炒、填料
小祕訣：為了減少苦味，用鹽摩擦苦瓜切片，然後靜置幾分鐘或把切片放到沸水中汆燙 2-3 分鐘。此外，苦瓜不用削皮，凹凸不平的外皮是可以食用的。
近親：小果南瓜
可行的替代物：冬瓜

亞洲料理
豆類，如：黑豆、豆豉
柬埔寨料理
辣椒，如：青辣椒、哈拉佩諾辣椒、紅辣椒
中式料理，尤以廣東料理為佳
芫荽葉
椰子和椰奶
芫荽
孜然
咖哩類
東印度料理
蛋
蒜頭
薑

冰淇淋
印度料理
卡姆小麥
檸檬
萊姆
味噌
油脂，如：菜籽油、橄欖油、花生油、芝麻油
洋蔥
酸漬食物
石榴籽
罌粟籽
馬鈴薯
米
鹽，如：海鹽
芝麻，如：芝麻油、芝麻醬、芝麻籽
雪碧冰
湯
醬油
小果南瓜，如：日本南瓜
翻炒料理
填餡苦瓜
糖，如：黃砂糖
豆腐，如：板豆腐
番茄
薑黃
醋，如：蘋果酒醋
優格

對味組合
苦瓜＋蒜頭＋醬油
苦瓜＋蜂蜜＋檸檬
苦瓜＋味噌＋豆腐

● 洋香瓜 Melon, Cantaloupe

季節：夏季
風味：甜，質地多汁
風味強度：弱－中等
營養學剖繪：87% 碳水化合物／8% 蛋白質／5% 脂肪
熱量：每 1 杯 60 大卡（生食、整顆）
蛋白質：1 克
近親：黃瓜、南瓜、小果南瓜

M

龍舌蘭糖漿
羅勒
漿果，如：黑莓、藍莓、覆盆子
白脫乳
乳酪，如：藍黴、農家乳酪
辣椒，如：哈拉佩諾辣椒
芫荽葉
肉桂
柑橘類，如：**檸檬、萊姆、柳橙**
黃瓜
椰棗
無花果
蒜頭
薑
蜂蜜
冰和冰沙
檸檬香茅
芒果
楓糖漿
其他甜瓜，如：蜜露瓜
薄荷
油桃
堅果醬，如：腰果醬
肉豆蔻
橄欖油
紅洋蔥
木瓜
桃子
胡椒，如：黑胡椒或白胡椒
葡萄乾
覆盆子
糙米
沙拉，如：*水果沙拉*
莎莎醬
鹽，如：海鹽
雪碧冰

酸模
水果湯
香莢蘭
醋，如：巴薩米克香醋
西瓜
酒，如：氣泡酒、甜酒
優格

對味組合
洋香瓜＋龍舌蘭糖漿＋薑
洋香瓜＋羅勒＋黑胡椒＋藍黴乳
　酪
洋香瓜＋薑＋萊姆＋柳橙
洋香瓜＋蜂蜜＋香莢蘭＋優格
洋香瓜＋檸檬＋薄荷
洋香瓜＋芒果＋木瓜

● **蜜露瓜** Melon, Honeydew
季節：夏季
風味：甜，質地多汁
風味強度：弱－中等
營養學剖繪：92% 碳水化合物／
　5% 蛋白質／3% 脂肪
熱量：每1杯65大卡（生食、整顆）
蛋白質：1克

芝麻菜
羅勒
漿果，如：黑莓、藍莓、覆盆子
飲品，如：*水果調酒*
卡宴辣椒
肉桂
黃瓜
薑
蜂蜜
奇異果

檸檬，如：檸檬汁、碎檸檬皮
檸檬香茅
萊姆
楓糖漿
其他甜瓜，如：洋香瓜
薄荷
木瓜
胡椒，如：白胡椒
石榴
沙拉，如：*水果沙拉*
莎莎醬
鹽
水果串燒
蔬果昔
雪碧冰
水果湯
糖
豆腐
香莢蘭
醋，尤以水果醋為佳，如：蘋果酒
　醋、蔓越莓醋
酒，如：氣泡酒、甜酒
優格

對味組合
蜜露瓜＋卡宴辣椒＋檸檬
蜜露瓜＋薑＋檸檬＋石榴
蜜露瓜（＋蜂蜜）＋檸檬和／或萊
姆＋薄荷

冬瓜 Melon, Winter
季節：冬季
風味：甜，帶有櫛瓜的風味，質地
　類似甜瓜多汁
風味強度：弱
這是什麼：亞洲小果南瓜（不是
　一般說的甜瓜）
料理方式：燜煮、微滾烹煮、蒸煮
可行的替代物：苦瓜

竹筍
辣椒粉
中式料理
芫荽葉

| 主廚私房菜 | DISHES |

洋香瓜雪碧冰搭配茴芹奶油酥餅和茉莉法式清湯
——查理‧特羅特，芝加哥
辣甜瓜湯：洋香瓜和乾燥辣椒、醃漬胡蘿蔔、炸紅蔥，以及薄荷
細香蔥油
——柬埔寨三明治（Num Pang），紐約市

椰奶
蒜頭
薑
卡非萊姆
檸檬香茅
菇蕈類，如：香菇
嫩青蔥
紅蔥
湯，如：中式湯品、冬瓜湯
燉煮料理
翻炒料理

綜合生菜 Mesclun
（參見沙拉青蔬）

墨西哥料理 Mexican Cuisine

胭脂樹籽
酪梨
月桂葉
豆類，尤以黑眉豆、花豆、紅豆為
　佳
墨西哥捲餅
肉桂
墨西哥油炸玉米夾餅
佛手瓜
乳酪，如：可提亞乳酪
墨西哥炸玉米片早餐
*辣椒，如：乾辣椒、新鮮辣椒和
　辣椒粉
墨西哥巧克力
芫荽葉
肉桂
柑橘類，如：檸檬、萊姆、柳橙
丁香
玉米
鮮奶油
孜然
墨西哥玉米捲
土荊芥
煎炸料理
蒜頭
墨西哥油炸玉米袋餅
墨西哥酪梨醬

檸檬
萊姆，如：萊姆汁
馬薩玉米麵粉，比如馬薩玉米粉
　麵團
煉奶
堅果
洋蔥，如：白洋蔥
柳橙，尤以苦橙為佳
墨西哥奧勒岡
馬鈴薯
墨西哥餡料薄餅
豆泥
米
番紅花
莎莎醬
嫩青蔥
種籽，如：南瓜籽、芝麻籽
湯，如：西班牙蛋餅湯
小果南瓜
墨西哥塔可餅
墨西哥粽
番茄
墨西哥薄餅，如：墨西哥玉米薄餅
墨西哥披薩
香莢蘭
蔬菜
醋
小麥

我用墨西哥摩爾醬的全部材料做
過一款冰淇淋，其中包含蒜頭、
洋蔥這類辛香料，不過用量較少。
我也做過墨西哥巧克力蛋糕，麵
糊裡摻有齊波特辣椒，出餐時佐
以香莢蘭和椰子醬。
——安潔·拉莫斯（Angel Ramos），蠟燭
79，紐約市

中東料理
Middle Eastern Cuisines
豆類，如：蠶豆
布格麥片
乳酪，如：費達乳酪
鷹嘴豆

肉桂
丁香
芫荽
庫斯庫斯
孜然
蒔蘿
茄子
炸鷹嘴豆泥
水果，如：水果乾
蒜頭
薑
蜂蜜
鷹嘴豆泥醬
檸檬，如：新鮮檸檬、醃檸檬
扁豆
薄荷，如：乾薄荷
肉豆蔻
堅果，如：杏仁果、松子、開心果、
　核桃
橄欖油
橄欖
洋蔥
奧勒岡
歐芹
黑胡椒
袋餅，如：全麥袋餅
石榴
罌粟籽
葡萄乾
摩洛哥綜合香料
米
烘烤料理
芝麻，如：芝麻油、芝麻醬汁（塔
　希尼芝麻醬）、芝麻籽
鹽膚木
番茄
優格
中東扎塔香料

對味組合
布格麥片＋薄荷＋洋蔥＋歐芹
鷹嘴豆＋蒜頭＋檸檬＋塔希尼芝
　麻醬
茄子＋蒜頭＋歐芹＋塔希尼芝麻

醬

牛乳，如 ● 全脂牛乳 或 ● 脫脂牛乳 Milk, E.G., Whole or Nonfat—In General

小祕訣：純素食主義者在烘焙或製作法式吐司、搭配早餐穀片和製作蔬果昔時，可以使用植物奶（例如杏仁奶、大麻奶、米奶、豆奶等等）。

● 杏仁奶 Milk, Almond

風味：微甜，帶有杏仁果風味，質地介於適中到濃厚。

風味強度：中等

不含乳糖：是

營養學剖繪：56% 碳水化合物／42% 脂肪／7% 蛋白質

熱量：每1杯60大卡

蛋白質：1克

小祕訣：製作美味的純素熱巧克力，要加熱融化苦甜或半甜巧

自製杏仁奶 BOX

蓬勃烘焙公司（Flourish Baking Company）的黛安・弗里說自製美味的杏仁奶很容易，步驟為：

1. 將生杏仁果浸泡過夜
2. 瀝乾生杏仁果
3. 把浸泡過的杏仁果與水以1：3的比例用維他美仕食物調理機打在一起
4. 用細網目的豆奶過濾袋來過濾打好的杏仁奶
5. 添加肉桂或肉豆蔻至杏仁奶中（非必要）

　　你也可以將杏仁奶煮過，添加少許果膠，冷卻後會變成像是優格的杏仁果醬，可以直接吃或是搭配漿果、烤蜂蜜燕麥脆片等等。

克力，然後與杏仁奶混合，有熱就好，否則杏仁奶會蒸發。

品牌：「藍鑽石杏仁微風」（Blue Diamond Almond Breeze）原味無糖杏仁果

龍舌蘭糖漿
烘焙食物，如：麵包、蛋糕、餅乾、馬芬
可可
早餐麥片
肉桂
咖啡
甜點，尤以奶油狀為佳
淋醬
鮮奶油飲料
法國土司
水果
芒果
薄荷
肉豆蔻
燕麥和燕麥片
布丁
覆盆子
醬汁，如：甜點醬汁
蔬果昔
香莢蘭

對味組合

杏仁奶＋龍舌蘭糖漿＋可可＋香莢蘭

● 椰奶 Milk, Coconut

風味：甜，帶有椰子風味，質地濃郁、濃厚

風味強度：中等－強

這是什麼：刮出的椰子肉所製成的液體

不含乳糖：是

營養學剖繪：91% 脂肪／5% 碳水化合物／4% 蛋白質

熱量：每1杯445大卡（罐裝）

蛋白質：5克

小祕訣：尋找紙盒裝的有機椰奶

主廚私房菜 DISHES

羅吉歐的勁力蔬果昔：杏仁果醬、杏仁奶、生可可、巧克力太陽勇士牌蛋白質、肉桂
——石榴咖啡館（Pomegranate Café），鳳凰城

（相較於罐裝）。有健康意識的人可以選擇低熱量（風味會較淡、脂肪也會較低），或無糖的椰奶。濃縮的椰奶可以用來做甜點、醬汁和湯品。

洋菜
龍舌蘭糖漿
亞洲料理
烘焙食物
香蕉
羅勒
豆類，如：四季豆、腰豆
飲品
白蘭地
青花菜
加勒比海料理
胡蘿蔔
腰果
白花椰菜
蕓菜
鷹嘴豆
巧克力
椰子和椰子油
玉米
咖哩類，如：泰式咖哩
卡士達
甜點
茄子
義式濃縮咖啡
南薑
蒜頭
綠色蔬菜，如：苦味綠色蔬菜
夏威夷料理
冰淇淋
印度料理

卡非萊姆葉
葛根粉
拉丁美洲料理
韭蔥
檸檬香茅
扁豆
萊姆和佛羅里達萊姆
芒果
菇蕈類
亞洲麵條，如：粄條
洋蔥，如：紅洋蔥
百香果
花生
豌豆
鳳梨
大蕉
馬鈴薯
布丁，如：南瓜布丁、米布丁
南瓜和南瓜籽
米，如：糙米、糯米、野生米
沙拉淋醬
醬汁
芝麻籽
蔬果昔
雪碧冰
湯，如：法式濃湯、胡蘿蔔湯、菇 蕈湯、豌豆湯、馬鈴薯湯、番茄 湯
菠菜
冬南瓜，如：橡實南瓜、哈伯南瓜
燉煮料理，如：印度燉煮料理
糖，如：黃砂糖
甜豌豆
甘藷
珍珠粉圓
天貝
泰國羅勒
泰式料理
豆腐
香莢蘭
發泡鮮奶油
櫛瓜

我們用自製的**椰奶**來做冰淇淋基底，並用愛爾蘭苔來作為穩定劑。我們甚至會用虹吸式氣泡機以椰奶為基底打發奶油來作為頂飾配料。「極樂椰子」這款奧勒岡州產的超美味「冰淇淋」是以**椰奶**和龍舌蘭製成的非乳製品，最近出售給製乳廠。

——艾隆・亞當斯（Aaron Adams），波多貝羅純素餐飲店，奧勒岡州波特蘭市

我們有一部賣漢堡的新純素餐車，也賣像我們「純素胖男孩」（Vegan Fat Boys）這種甜點，那是裝滿基底為**椰奶**的極樂椰子冰淇淋的布朗尼。質地非常濃郁、濃厚，不會很冰，風味不會太強烈。為基底，加上純素布朗尼。

——瑪基妮・豪威爾（Makini Howell），李子小酒館餐車，西雅圖

我們的冰淇淋是混合椰奶和豆奶製作而成，以免兩者的風味、質地和顏色干擾了冰淇淋。成品是非常濃稠、濃厚的冰淇淋……我們的烤南瓜冰淇淋的重點主要是肉桂，但也有多香果、丁香和肉豆蔻……。椰奶含有高脂肪，你要做的就只有添加一點糖粉，然後用機器攪打成美味、濃稠的奶油狀。

——凱特・雅各比（Kate Jacoby），費吉餐廳，費城

我們的招牌冰淇淋是以**椰漿**、未精煉的有機蔗糖、龍舌蘭和微量的植物穩定劑（瓜爾膠和三仙膠）來製作，並適度添加具有外國情調的辛香料和芳香宜人的調味料，像是烤松子和茴香，或帶有卡宴辣椒和肉桂的墨西哥巧克力，或泰國辣椒花生。我們的基本堅果口味以混合杏仁果和腰果製成，焦糖、巧克力、餅乾、花生醬和香莢蘭等則最適合搭配更傳統的口味。我們的無酒精冰淇淋口味則是以大豆為基底製成。

——迪娜・賈拉勒（DEENA JALAL），佛姆冰淇淋店和根素食餐廳，麻州奧爾斯頓

椰奶超棒的——能提供椰奶給純素顧客真是救了我們。我們在純素甜點裡大量使用椰奶，例如我們的素義式椰奶乳酪，所以甜點裡只要添加一點點香莢蘭和糖。我們還用 iSi 鮮奶油發泡器把椰奶和洋菜混合物做成慕斯。

——馬克・李維（Mark Levy），重點餐廳，紐約州薩拉納克湖

對味組合
椰奶+香蕉+珍珠粉圓+芝麻籽
椰奶+胡蘿蔔+檸檬香茅
椰奶+白花椰菜+馬鈴薯+菠菜
椰奶+義式濃縮咖啡+香莢蘭
椰奶+南薑+檸檬香茅+麵條
椰奶+卡非萊姆+花生
椰奶+萊姆+豌豆+米
椰奶+萊姆+樹薯粉
椰奶+甘藷+野生米

山羊乳 Milk, Goat
風味：鹹／酸／甜
風味強度：中等－強
小祕訣：因為山羊乳的乳糖含量（4.1%）低於牛乳（4.7%），而且沒有牛乳主要引起問題的蛋白質（Alpha-Si-酪蛋白），因此更容易消化。以中火來濃縮變甜，製作出「卡杰塔」（cajeta，濃稠的墨西哥焦糖醬）。

蘋果
奶油
胡蘿蔔和胡蘿蔔汁
乳酪
巧克力
肉桂
糖果類點心，如：焦糖、乳脂軟糖
奶油甜點，如：布丁
茄子
蛋，如：*鹹派*
蜂蜜
冰淇淋和義式冰淇淋
美式煎餅
馬鈴薯
蔬果昔
湯
糖
香莢蘭
優格

● 大麻奶 Milk, Hemp

風味：帶有堅果風味，質地濃厚
風味強度：弱－中等
這是什麼：用大麻籽製作而成的
　　乳品
不含乳糖：是

龍舌蘭糖漿
烘焙食物，如：蛋糕、馬芬
早餐料理，如：美式煎餅、比利時
　　鬆餅
糙米糖漿
腰果
法式砂鍋菜
早餐麥片，如：格蘭諾拉麥片、燕
　　麥片
巧克力
咖啡
椰棗
蘸料
冰淇淋
拿鐵咖啡
楓糖漿
布丁，如：奇亞籽布丁

蔬果昔
湯，如：*菇蕈湯*
香莢蘭

我們試過很多種不同的植物奶來
做我們富含牛乳乳脂的拿鐵咖啡
配方，現在用**大麻奶**和椰奶各半，
以龍舌蘭糖漿來作為甜味劑，添
加到 2 份義式濃縮咖啡裡。大麻
奶和椰奶都好，不過來自椰奶的
脂肪會增加很棒的濃醇感，而大
麻奶則增添了更多低調的堅果風
味，它們一起打出來的奶泡真的
很棒。
　　——凱西和瑪琳‧托爾曼（Cassie and Mar-
　　lene Tolman），石榴咖啡館，鳳凰城

● 米奶 Milk, Rice

風味：甜，帶有米的風味，質地輕
　　盈
風味強度：中等
不含乳糖：是
小祕訣：因為甜味的關係，比起
　　鹹香的餐點，米奶更適合用來
　　做甜點。
品牌：米夢（Rice Dream）

烘焙食物，如：麵包、蛋糕、餅乾、
　　馬芬
香蕉
肉桂
甜點，如：奶油點心（如：卡士達）
瓦倫西亞杏仁茶
冰淇淋
拉丁美洲料理
墨西哥料理
義式麵食，如：乳酪通心麵
布丁，如：香蕉布丁、米布丁
葡萄乾
醬汁，如：白醬
蔬果昔
糖
香莢蘭

米奶能做出很棒的卡士達和醬
汁。我都用米奶來做白醬。
　　——黛安‧弗里（Diane Forley），蓬勃烘焙
公司，紐約州斯卡斯代爾

● 豆奶 Milk, Soy

風味：帶有蔬菜風味，質地濃厚
風味強度：強
不含乳糖：是
營養學剖繪：54% 碳水化合物／
　　27% 脂肪／19% 蛋白質
熱量：每 340 克 165 大卡
蛋白質：8 克
小祕訣：能夠打出不錯的奶泡，可
　　用來製作像卡布奇諾或拿鐵咖
　　啡。考慮用香莢蘭口味的豆奶
　　來做甜點和甜味飲品。
品牌：絲牌（Silk）

烘焙食物，如：麵包、蛋糕、餅乾、
　　馬芬
香蕉
巧克力
咖啡和咖啡飲料，如：卡布奇諾、
　　拿鐵咖啡
奶油甜點（如：義式奶酪）
凍膠

香莢蘭－卡非萊姆－義大利豆奶凍，搭配芒果和覆盆子
——唯一僅有帕米拉度假村（One&Only Palmilla）的查理．特羅特特餐廳C（Charlie Trotter's Restaurant C），墨西哥洛斯卡沃斯

蜂蜜
萊姆，如：卡非萊姆
芒果
馬鈴薯泥
布丁
覆盆子
沙拉淋醬
醬汁，如：奶油狀醬汁、義式麵食醬汁
蔬果昔
豆腐，如：絹豆腐
香莢蘭

● 小米 Millet

[MILL-let]
風味：苦／甜，帶有玉米以及／或者堅果的香氣；質地耐嚼、脆及／或者蓬鬆
風味強度：**弱**－中等（焙烤過的）
這是什麼：全穀
無麩質：是
營養學剖繪：82%碳水化合物／11%蛋白質／7%脂肪
熱量：每1杯210大卡（煮熟的）
蛋白質：6克
料理方式：乾式烘烤、醃滷、高壓烹煮、微滾烹煮、蒸煮、焙烤
烹調時間：微滾烹煮約15-20分鐘（較有嚼勁）至30-40分鐘（較軟），直到想要的軟度。
比例：1：2-3（1杯小米對2-3杯液體。添加愈多水小米就會愈軟；此外，可以用蔬菜高湯而非水來中和風味。）
小祕訣：蒸煮後再焙烤以引出風味。醃滷或烹煮義式燉飯：煎炒小米後，再添加液體慢慢微滾烹煮。

可行的替代物：庫斯庫斯

北非*料理*
杏仁果
莧屬植物
蘋果，如：蘋果汁、蘋果醬汁
杏桃，如：杏桃乾
芝麻菜
亞洲料理
酪梨
烘焙食物，如：麵包、馬芬
羅勒
奶油麵糊，如：美式煎餅、比利時鬆餅
月桂葉
豆類，如：紅豆、黑眉豆、蠶豆、四季豆、白豆
甜菜
紅燈籠椒
漿果，如：藍莓
丼飯
青花菜
牛蒡
奶油
甘藍菜
小豆蔻
胡蘿蔔
法式砂鍋菜
白花椰菜
芹菜和芹菜根
熱早餐麥片
蕪菁
乳酪，如：巧達、傑克、帕爾瑪、佩科利諾、瑞可達乳酪
櫻桃
細葉香芹
鷹嘴豆
辣椒，如：阿納海辣椒、哈拉佩諾

辣椒
辣椒醬和辣椒粉
細香蔥
芫荽葉
肉桂
椰子
芫荽
玉米
庫斯庫斯
可樂餅
孜然
穗醋栗
咖哩粉、咖哩香料和*咖哩類*
印度豆泥糊
椰棗
蒔蘿
茄子
茴香
蒜頭
薑
其他穀物，如：布格麥片、玉米、燕麥、藜麥、米
格蘭諾拉麥片
綠色蔬菜，如：苦味綠色蔬菜、綜合生菜、沙拉青蔬
蜂蜜
印度東部料理
韭蔥
檸檬，如：檸檬汁、碎檸檬皮
扁豆
萊姆，如：萊姆汁
芒果
楓糖漿
奶類，如：杏仁奶、其他植物奶
小米蛋糕
薄荷
馬芬
菇蕈類，如：牛肝菌、波特貝羅大香菇
堅果，如：榛果、**花生**、美洲山核桃、松子
燕麥
油脂，如：菜籽油、玉米油、**橄欖油**、花生油、蔬菜油

小米沙拉：吉豆、歐芹、烘烤櫛瓜、白花椰菜、胡蘿蔔和迷你蕪菁，
置於綜合生菜上方，搭配滑潤黃瓜淋醬
——蠟燭咖啡館（Candle Cafe），紐約市

洋蔥，如：青蔥、春日洋蔥、黃洋
　蔥
柳橙
奧勒岡
歐芹
歐洲防風草塊根
桃子
豌豆
黑胡椒
抓飯
義式粗玉米糊
稠粥
布丁
南瓜
葡萄乾，如：金黃葡萄乾
覆盆子
米，如：糙米、長粒米
義式燉飯
迷迭香
番紅花
沙拉，如：水果沙拉、綠色蔬菜沙
***　拉***
海鹽
三明治，如：邋遢喬三明治
嫩青蔥
種籽，如：罌粟籽、南瓜籽、芝麻籽、
　葵花籽
芝麻，如：芝麻油、芝麻籽
紅蔥
湯
酸奶油
醬油
小果南瓜，如：橡實南瓜、白胡桃
　瓜，夏季日本南瓜
燉煮料理（如稠化料理質地）
翻炒料理
高湯，如：玉米高湯、蔬菜高湯

填餡菇蕈類或蔬菜，如：填餡朝
*　鮮薊或填餡洋蔥*
餡料
甘藷
麥粒番茄生菜沙拉
溜醬油
龍蒿
天貝
百里香
黏果酸漿
日曬番茄乾
番茄、番茄糊和番茄醬汁
薑黃
蕪菁
香莢蘭
蔬菜，如：蔬菜嫩葉、炒青菜
素食漢堡
醋，如：巴薩米克香醋、紅酒醋、
　梅子醋
核桃
水田芥
山芋
優格
櫛瓜

對味組合
小米＋龍舌蘭糖漿＋杏仁奶＋椰
　奶
小米＋杏仁果＋小豆蔻＋肉桂＋
　孜然＋薑黃
小米＋杏仁果＋柳橙
小米＋杏桃＋葡萄乾
小米＋黑眉豆＋甘藷
小米＋藍莓＋茴香＋榛果
小米＋白花椰菜＋*馬鈴薯泥*
小米＋鷹嘴豆＋蒜頭＋綠色蔬菜
小米＋芫荽葉＋萊姆＋番茄

小米＋椰棗＋堅果
小米＋蒜頭＋薄荷＋歐芹
小米＋薑＋冬南瓜
小米＋蜂蜜＋奶類
小米＋蜂蜜＋堅果
小米＋檸檬＋水田芥
小米＋柳橙＋美洲山核桃
小米＋花生＋甘藷

當我開設馬鞭草餐廳（Verbena，
1994年）時，我會去卡露斯揚香料
店（Kalustyan，曼哈頓有名的香
料和特色食品店）購買不常見的
穀物來製作餐廳的料理。那時候
還沒有其他餐廳使用小米。在《紐
約時報》的評論裡，把小米稱作
「鳥食」。所以你看已經改變了多
少回！
——黛安・弗里（Diane Forley），蓬勃烘焙
公司，紐約州斯卡斯代爾

● **薄荷 Mint**（一般是綠薄荷）
風味：微甜；芳香，帶有香料植物
　以及／或者檸檬的刺鼻味
風味強度：弱／中等（例如綠薄
　荷）－強（例如胡椒薄荷）
小祕訣：食譜中所用的薄荷通常
　都是綠薄荷（例如對比於胡椒
　薄荷）。薄荷會提供「涼感的假
　象」，並替菜餚增添清新的風
　味。
近親：羅勒、薰衣草、墨角蘭、奧
　勒岡、迷迭香、鼠尾草、夏季香
　薄荷、百里香

杏仁果
蘋果
朝鮮薊
亞洲料理
大麥
羅勒
豆類，如：黑眉豆、新鮮豆類、四
　季豆、白豆
燈籠椒

漿果，如：藍莓、覆盆子、草莓
飲品，如：朱立普(調酒)、印度酸
　乳酪飲品、檸檬水、莫吉托、茶
波本酒
抱子甘藍
甘藍菜
小豆蔻
胡蘿蔔
腰果
乳酪，如：法國乳酪、費達、瑞可
　達乳酪
鷹嘴豆
辣椒，如：青辣椒、哈拉佩諾辣椒
細香蔥
巧克力，如：黑巧克力
印度甜酸醬
芫荽葉
柑橘類
椰子和椰奶
芫荽
庫斯庫斯，如：以色列庫斯庫斯、
　全麥庫斯庫斯
鮮奶油
*****黃瓜**
咖哩類
甜點
蒔蘿
茄子
莙菜
炸鷹嘴豆泥
無花果
綠捲鬚苦苣
水果，如：水果乾、新鮮水果
蒜頭
琴酒
薑
穀物
葡萄柚
葡萄和葡萄汁
冰淇淋
印度料理
豆薯
羽衣甘藍
檸檬

檸檬香茅
扁豆
萵苣
萊姆
歐當歸
荔枝
芒果，如：芒果青
地中海料理
甜瓜，如：蜜露瓜
中東料理
小米
莫吉托
摩洛哥料理
波特貝羅大香菇
亞洲麵條，尤以粄條為佳
橄欖
洋蔥
柳橙和柳橙汁
木瓜，如：青木瓜
歐芹
義式麵食
桃子
梨
豌豆
義式青醬
抓飯
鳳梨
松子
開心果
馬鈴薯，如：新馬鈴薯
藜麥
印度黃瓜優格蘸醬
米
義式燉飯
蘭姆酒
沙拉，如：豆子沙拉、**水果沙拉**、
　穀物沙拉、綠色蔬菜沙拉、泰
　式沙拉、蔬菜沙拉
莎莎醬
醬汁，如：_阿根廷青醬_
嫩青蔥
紅蔥
豆芽
湯

東南亞料理
菠菜
小果南瓜，如：橡實南瓜、白胡桃
　瓜、黃南瓜
餡料，如：穀物餡料
糖，如：黃砂糖
麥粒番茄生菜沙拉
茶，如：綠茶、**薄荷茶**、**摩洛哥茶**
番茄
蔬菜，如：醃漬蔬菜
越南料理
醋，如：巴薩米克香醋、白酒醋
酒
西瓜
小麥仁
優格
櫛瓜

對味組合
薄荷＋朝鮮薊＋辣椒
薄荷＋巴薩米克香醋＋漿果
薄荷＋巴薩米克香醋＋桃子＋瑞
　可達乳酪
薄荷＋大麥＋胡蘿蔔＋豌豆
薄荷＋羅勒＋芫荽葉＋辣椒＋蒜
　頭＋萊姆
薄荷＋燈籠椒＋辣椒＋蒜頭＋木
　瓜＋鳳梨
薄荷＋小豆蔻＋薑＋檸檬
薄荷＋辣椒＋芫荽葉＋蒜頭＋橄
　欖油＋醋
薄荷＋辣椒＋檸檬＋紅蔥＋糖
薄荷＋柑橘類＋櫛瓜
薄荷＋黃瓜＋優格
薄荷＋費達乳酪＋扁豆
薄荷＋費達乳酪＋豌豆＋米
薄荷＋以色列庫斯庫斯＋萊姆
薄荷＋檸檬＋草莓
薄荷＋萊姆＋荔枝
薄荷＋橄欖油＋白豆＋白酒醋

味醂 Mirin

風味：微甜，帶有糖漿風味

風味強度：中等

這是什麼：用來烹調的日本甜米酒；酒精比例約為13-14%，糖比例為40-50%。

小祕訣：在健康食品店尋找「本釀造本味醂」(hon-mirin honjozo)等級的味醂；要注意亞洲超市賣的高甜度版味醂通常含有高果糖玉米糖漿。

亞洲料理

胡蘿蔔

白蘿蔔

蒜頭

薑

鹿尾菜

日式料理

日本長壽飲食料理

滷汁醃醬

味噌

清酒

沙拉淋醬

***醬汁*，**如：*蘸醬、照燒醬*

芝麻油

湯

醬油

燉煮料理

翻炒料理

糖

豆腐

蔬菜，尤以甜味蔬菜為佳

米醋

對味組合

味醂＋蒜頭＋薑＋芝麻油＋醬油

有機味噌：一般（或混合味噌）Miso—In General (or Mixed Misos), Organic [MEE-soh]

風味：甜（淡味噌）以及／或者鹹（黑味噌），帶有可可、咖啡、麥芽、堅果以及／或者酵母的泥土味／香鹹味

風味強度：弱（顏色較淡的味噌，例如白色、黃色）－強（顏色較深的味噌，例如紅色、褐色）

這是什麼：日本的發酵大豆糊，在日本會用於無數種不同的料理，就跟美國的乳酪一樣！

營養學剖繪：55%碳水化合物／25%脂肪／20%蛋白質

熱量：每½杯275大卡

蛋白質：16克

料理方式：為了保護味噌的營養價值，絕對不要煮沸。

小祕訣：混合淡色和和深色味噌可以獲得更多層次的風味。將味噌添加到糊狀或泥狀的蔬菜裡，當成醬料使用。此外，依季節來定製味噌湯；例如，**春季／夏季**就用淡色味噌＋羅勒＋四季豆，**秋季／冬季**就用深色味噌＋抱子甘藍＋蒜頭。

蘆筍

酪梨

豆類，如：紅豆、黑眉豆、四季豆、花豆

青江菜

抱子甘藍

牛蒡

甘藍菜，如：中國白菜、大白菜

胡蘿蔔

細香蔥

芫荽葉

白蘿蔔

日式高湯

*蘸料，*如：*豆泥蘸料*

淋醬

紫紅藻

毛豆

茄子

蒜頭

薑

釉汁

鍋底焦渣醬汁

*綠色蔬菜，*如：*亞洲綠色蔬菜、蒲公英葉*

海鮮醬

蜂蜜

日式料理

昆布

韭蔥

檸檬，如：**檸檬汁、碎檸檬皮**

檸檬香茅

蓮藕

日本長壽飲食料理

楓糖漿

＊滷汁醃醬

主廚私房菜　DISHES

味噌小型麵餃搭配紫甘藍、油封蕪菁和日式醋汁醬油
——查理・特羅特，芝加哥

BOX

從最清淡到最濃烈的味噌

種類	用來搭配
白色	沙拉配料、湯品
淡色／甜味／黃色	風味較淡的高湯、醬料和湯品
中間色	大部分都適合
深色／褐色	長時間燜煮或燉煮的菜餚
黑色	其他味噌、湯品

苦瓜
小米
薄荷
味醂
菇蕈類，如：金針菇、**香菇**、野菇
芥末
亞洲麵條，如：拉麵、粄條、**日本蕎麥麵**、烏龍麵
海苔
油脂，如：菜籽油、芝麻油
洋蔥，如：青蔥、春日洋蔥、白洋蔥、黃洋蔥
柳橙，如：橙汁、碎橙皮
歐芹
歐洲防風草塊根
豌豆
義式青醬
馬鈴薯
南瓜
櫻桃蘿蔔
米，如：糙米
清酒
沙拉淋醬
醬汁
青蔥
海菜
芝麻，如：芝麻油、芝麻籽
紫蘇
荷蘭豆
湯，如：羽衣甘藍湯、味噌湯
黃豆
醬油
菠菜
抹醬
芽菜
小果南瓜，如：日本南瓜
燉煮料理
翻炒料理
蔬菜高湯
甘藷
塔希尼芝麻醬
溜醬油
豆腐
番茄

蕪菁
蔬菜
醋，如：米酒醋
裙帶菜
核桃
水田芥

對味組合
味噌＋胡蘿蔔＋芥藍＋昆布＋香菇
味噌＋胡蘿蔔＋菠菜＋豆腐
味噌＋薑＋檸檬香茅＋湯
味噌＋薑＋嫩青蔥
味噌＋薑＋豆腐
味噌＋昆布＋洋蔥＋香菇
味噌＋菇蕈類＋嫩青蔥
味噌＋嫩青蔥＋豆腐＋裙帶菜
味噌＋芝麻＋豆腐＋水田芥
味噌＋香菇＋紫蘇
味噌＋香菇＋水田芥
味噌＋豆腐＋烏龍麵

褐味噌 Miso, Brown
季節：秋－冬
風味：**鹹**／鮮，質地濃醇
風味強度：強

羅勒
啤酒
蒜頭
鍋底焦渣醬汁
菇蕈類
葡萄籽油
洋蔥
湯
溜醬油
百里香
豆腐
番茄糊
干烈酒，如：雪利酒

黑味噌 Miso, Dark
季節：秋－冬
風味：**鹹**

風味強度：中等－強
這是什麼：發酵三年的味噌

豆類，如：黑眉豆、花豆
糙米糖漿
牛蒡
胡蘿蔔
法式砂鍋菜
素辣豆醬
白蘿蔔
薑
鍋底焦渣醬汁
扁豆
滷汁醃醬
味醂
芥末
堅果
洋蔥
歐芹
醬汁，如：紅酒醬汁、番茄醬汁
芝麻醬
湯，如：胡蘿蔔、深色湯或綜合湯蔬菜味噌（尤以冬季蔬菜味噌為佳）
冬南瓜
燉煮料理，如：燉煮蔬菜
翻炒料理，如：搭配根莖蔬菜
豆腐
番茄和番茄醬汁
根莖蔬菜
米醋

淡味噌 Miso, Light
（亦稱甜味噌）
季節：春－夏
風味：**鹹**、酸以及／或者甜
風味強度：弱－中等
這是什麼：發酵一年或更短時間的味噌

杏仁果
酪梨
豆類，如：四季豆、花豆
鷹嘴豆

玉米，如：炙烤玉米
蒔蘿
蘸料，如：豆泥蘸料
蒜頭
薑
鍋底焦渣醬汁
蜂蜜
鷹嘴豆泥醬
檸檬，如：檸檬汁、碎檸檬皮
滷汁醃醬
味醂
油脂，如：菜籽油
柳橙，如：橙汁、碎橙皮
歐芹
馬鈴薯，如：馬鈴薯泥
清酒
沙拉淋醬
醬汁
海菜
芝麻，如：芝麻醬、芝麻籽
湯，如：奶油濃湯
抹醬
豆腐
米酒醋
米酒

對味組合
淡味噌＋杏仁果醬＋米酒
淡味噌＋蒜頭＋檸檬＋歐芹＋芝
　麻醬
淡味噌＋蜂蜜＋油脂＋醋
淡味噌＋米醋＋芝麻醬
淡味噌＋芝麻醬＋蔬菜高湯
淡味噌＋醬油＋豆腐

赤味噌 Miso, Red
風味：鹹／甜，質地濃醇
風味強度：中等－強
這是什麼：大豆主要與大麥一起
　發酵（比淡味噌發酵的時間更
　久，大概1-3年），直到變成紅
　褐色

羅勒

啤酒
白蘿蔔
日式高湯
茄子
蒜頭
薑
釉汁
鍋底焦渣醬汁
營養豐富的菜餚
韭蔥
檸檬，如：碎檸檬皮
滷汁醃醬
味醂
菇蕈類，如：香菇
葡萄籽油
洋蔥
歐芹
清酒
嫩青蔥
海菜，如：裙帶菜
芝麻，如：芝麻油、芝麻醬、芝麻
　籽
湯，如：營養豐富的湯
芽菜
燉煮料理
塔希尼芝麻醬
溜醬油
百里香
豆腐
番茄糊
干烈酒，如：雪利酒
日本柚子

白味噌 Miso, White
（同時參見淡味噌）
風味：鹹／微甜
風味強度：較弱
這是什麼：大豆與米一起發酵

杏仁果和杏仁果醬
胡蘿蔔
蘸料，如：豆泥蘸料
滷汁醃醬
菇蕈類，如：波特貝羅大香菇

芥末
油脂，如：花生油、芝麻油
花生和花生醬
馬鈴薯，如：馬鈴薯泥
沙拉淋醬
淺色的醬汁
炒豆腐
芝麻，如：芝麻籽
湯，如：味噌湯
翻炒料理
塔希尼芝麻醬
豆腐
醋，如：糙米醋、米醋

對味組合
白味噌＋胡蘿蔔＋芝麻籽
白味噌＋芥末＋油脂＋塔希尼芝
　麻醬＋醋

黃味噌 Miso, Yellow
（同時參見淡味噌）
風味：泥土味
風味強度：較弱
這是什麼：大豆主要與大麥一起
　發酵

釉汁
滷汁醃醬
沙拉淋醬
醬汁
味噌*湯*
豆腐

● 糖蜜 Molasses
風味：苦（顏色最深）／甜（顏色
　最深）—非常甜（顏色最淡），帶
　有黃砂糖、焦糖、咖啡以及／或
　者煙燻的風味，質地如糖漿
風味強度：中強（顏色最淡）—非
　常強（顏色最深）
小祕訣：糖蜜的範圍從中等的（顏
　色最淡）到深色到黑糖蜜（顏色
　最深）。顏色愈深的糖蜜越有
　營養。試著用糖蜜替代楓糖漿

淋在全穀美式煎餅和比利時鬆餅上。

可行的替代物：麥芽糖漿、蜂蜜、楓糖漿

烤豆子
烘焙食物，如：麵包、餅乾、薑餅
藍莓
穀片，如：熱早餐麥片
辣椒粉
肉桂
丁香
咖啡
蒜頭
薑
釉汁
穀物
檸檬，如：檸檬汁
奶類
肉豆蔻
燕麥片
柳橙，如：橙汁、碎橙皮
梨
醬汁，如：燒烤醬、泰式燒烤醬
蔬果昔
冬南瓜
甘藷
天貝
豆腐
香莢蘭
核桃

對味組合
糖蜜＋辣椒粉＋薑
糖蜜＋肉桂＋肉豆蔻＋碎橙皮
糖蜜＋蒜頭＋薑＋柳橙
糖蜜＋薑＋檸檬汁

摩洛哥料理 Moroccan Cuisine
杏仁果
杏桃
燈籠椒，如：綠燈籠椒
胡蘿蔔
卡宴辣椒

薄荷香料植物醬
鷹嘴豆
辣椒
芫荽葉
肉桂
芫荽
庫斯庫斯
黃瓜
孜然
椰棗
蛋
無花果
水果
蒜頭
薑
哈里薩辣醬
蜂蜜
檸檬，如：新鮮檸檬、醃檸檬
堅果
橄欖油
橄欖
洋蔥
柳橙
紅椒粉
歐芹
胡椒
松子
開心果
葡萄乾
摩洛哥綜合香料
番紅花
沙拉，如：胡蘿蔔沙拉
芝麻籽
燉煮料理，又名***摩洛哥塔吉鍋燉菜***，如：燉煮胡蘿蔔、燉煮鷹嘴豆、燉煮根莖蔬菜
糖
番茄
薑黃

●菇蕈類
Mushrooms—In General
風味：帶有泥土味以及／或者木味，質地似肉

風味強度：弱－中等
這是什麼：真菌
料理方式：烘焙(6-8分鐘)、炙烤、深炸、燒烤、鍋烤、生食（例如用在生菜沙拉裡）、烘烤、煎炒（3-4分鐘）、煙燻、蒸煮（5分鐘）、燉煮、填料
小祕訣：一般都要煮熟才出餐。相較於一般菇蕈（例如鈕扣菇、白蘑菇），對健康最有益處的菇蕈選擇為亞洲菇蕈（例如舞菇、香菇)或野菇（例如雞油菌、羊肚菌）。

杏仁果
朝鮮薊
芝麻菜
蘆筍
酪梨
竹筍
大麥
羅勒
月桂葉
豆類，如：海軍豆、花豆、白豆
青江菜
麵包粉，如：*日式麵包粉、全麥麵包粉*
香薄荷麵包布丁
抱子甘藍
奶油
小豆蔻
胡蘿蔔
法式砂鍋菜
卡宴辣椒
芹菜
蕪菁
乳酪，如：藍黴、費達、山羊乳酪、葛黎耶和、帕爾瑪、含鹽瑞可達乳酪
細葉香芹
鷹嘴豆
辣椒
細香蔥
芫荽葉

芥末
麵條，如：雞蛋麵、粄條、烏龍麵
肉豆蔻
堅果，如：杏仁果、榛果、美洲山
　　核桃、松子、開心果、**核桃**
油脂，如：**橄欖油**、花生油、芝麻油、
　　松露油（如：白松露油）、核桃
　　油
橄欖
洋蔥，如：青蔥、白洋蔥
柳橙
奧勒岡
紅椒粉
歐芹
義式麵食，如：義大利大寬麵、方
　　麵餃
法式酥皮醬靡派
豌豆
胡椒，如：黑胡椒、白胡椒
全麥費洛皮
披薩

肉桂
芫荽
玉米粉，如：做成玉米脆餅皮
玉米澱粉
鮮奶油
可麗餅
孜然
捷克料理
白蘿蔔
日式高湯
蒔蘿
茄子
蛋，如：煎蛋、義式蛋餅、蛋捲、
　　鹹派
莒菜
法老小麥
茴香
＊蒜頭
薑
全穀物
鍋底焦渣醬汁，如：菇蕈鍋底焦
　　渣醬汁
蜂蜜
羽衣甘藍
韭蔥
檸檬，如：檸檬汁、碎檸檬皮
檸檬香茅
墨角蘭
馬士卡彭乳酪
美式長條素肉團，比如以菇蕈類

和堅果製作
奶類，如：椰奶
小米
薄荷
味醂
東京水菜
其他菇蕈類

對味組合
菇蕈類＋芝麻菜＋義式麵食＋豌豆
菇蕈類＋藍黴乳酪＋香料植物＋洋蔥＋核桃
菇蕈類＋麵包粉＋細香蔥＋蒜頭＋橄欖油
菇蕈類＋葛縷子籽＋蒔蘿＋馬鈴薯＋酸奶油
菇蕈類＋茴香＋菠菜＋填餡
菇蕈類＋蒜頭＋薑＋嫩青蔥
菇蕈類＋蒜頭＋韭蔥＋檸檬＋核桃
菇蕈類＋蒜頭＋墨角蘭＋薄荷＋歐芹＋番茄
菇蕈類＋蒜頭＋橄欖油＋歐芹＋迷迭香＋百里香
菇蕈類＋蒜頭＋洋蔥＋百里香
菇蕈類＋蒜頭＋洋蔥＋蔬菜高湯
菇蕈類＋山羊乳酪＋迷迭香
菇蕈類＋檸檬＋芥末
菇蕈類＋檸檬汁＋橄欖油＋帕爾瑪乳酪＋百里香
菇蕈類＋檸檬汁＋橄欖油＋歐芹

主廚私房菜	DISHES

烘烤菇蕈無酵餅搭配番茄果醬、烘烤菇蕈、焦糖化洋蔥、新鮮杏
仁瑞可達乳酪和綠捲鬚苦苣
——十字街口（Crossroads），洛杉磯

義式粗玉米糊
馬鈴薯
藜麥
米和野生米
義式燉飯
迷迭香
鼠尾草
沙拉
鹽，如：猶太鹽、海鹽
醬汁，如：菇蕈醬汁
德國酸菜
香薄荷
嫩青蔥
芝麻，如：芝麻油（尤以烤芝麻油

為佳）、芝麻籽
紅蔥
酸模
湯，如：菇蕈湯、蔬菜湯
酸奶油
菠菜
芽菜，如：葵花籽芽
小果南瓜，如：白胡桃瓜、冬南瓜
高湯，如：菇蕈高湯、蔬菜高湯
填餡菇蕈類
餡料
塔希尼芝麻醬
龍蒿
百里香

豆腐
番茄
薑黃
素食漢堡
醋，如：巴薩米克香醋、雪利酒醋、
　白酒醋
水田芥
酒，如：干紅酒或白酒、干雪利酒、
　馬德拉酒
餛飩
優格
櫛瓜

如果綠色蔬菜是超級免疫力之王，那麼**菇蕈**就是超級免疫力之后……
白蘑菇、義大利棕蘑菇、波特貝羅大香菇、蠔菇、舞菇和赤靈芝都具有
抗癌的功效。
——喬爾・福爾曼博士（Dr. Joel Fuhrman），《超級免疫力》（*Super Immunity*）

請在**菇蕈**是良藥幾個字下面畫底線。妥善烹煮菇蕈，然後吃掉，享受
各式菇蕈，而非單一特定種類。
——安德列・威爾博士（Dr. Andrew Weil），www.drweil.com

嚴格來說，生**菇蕈**對你而言並沒有好處。此外，煮熟的菇蕈口感比生
吃好上太多了。那麼，（做生食料理的時候）不加熱要怎麼賦與菇蕈風
味呢？使用柑橘類和鹽，因為兩者可以引出風味，並改善菇蕈的質地。
如果你用鹽摩擦菇蕈，菇蕈中的水分會排出，固體脫水後就會軟化。
——阿曼達・科恩（Amanda Cohen），泥土糖果，紐約市

八月可以買到**鮑魚菇**這種非常多肉的多肉**菇蕈**，然後二月到四月在太
平洋西北地區也可以再買到。鮑魚菇非常巨大，直徑大約將近13公分。
我會將鮑魚菇切薄片、割線，然後與奶油、干邑白蘭地、紅蔥、蒜頭、
歐芹和百里香低溫水煮1小時至變軟。搭配糖漬開心果一起出餐。
——瓊・杜布瓦斯（Jon Dubois），綠斑馬，芝加哥

我喜歡風味較溫和的、具有扇貝口感的**喇叭菌**。它們讓醃醬變得很棒。
——瑪基妮・豪威爾（Makini Howell），李子小酒館餐車，西雅圖

我會把**大杏鮑菇**切片成扇貝的樣子，兩者的質地很像，雖然杏鮑菇不
會蜷曲也不像奶油。杏鮑菇的質地可能像木頭，所以我用檸檬汁來酸
化，讓杏鮑菇變軟、變好看，留下的糖分也有助於我用蒜頭和橄欖油
煎炒時，使杏鮑菇焦糖化。
——艾隆・亞當斯（Aaron Adams），波多貝羅純素餐飲店，奧勒岡州波特蘭市

黑色喇叭菌
Mushrooms, Black Trumpet
季節：晚夏—初冬
風味：芳香，帶有奶油、水果、肉
　以及／或者煙燻的泥土味，質
　地柔軟、濃醇、耐嚼
風味強度：中等—**強**
料理方式：煎炒
小祕訣：通常都是乾燥販售，浸
　泡熱水30分鐘就會復水。
近親：雞油菌
可行的替代物：松露（黑色喇叭
　菌的綽號就是「窮人的松露」）

朝鮮薊
奶油
法式砂鍋菜
乳酪，如：帕爾瑪、泰勒吉奧乳酪
蛋，如：*蛋捲*
蒜頭，如：青蒜
辣根
洋蔥
歐芹
義式麵食
披薩
馬鈴薯
米
鼠尾草
沙拉，如：豆子沙拉
醬汁，如：奶油狀醬汁
麵筋素肉

朝鮮薊和青蒜湯搭配黑喇叭菌酥脆麵包
——帕妮絲之家（Chez Panisse），加州柏克萊

紅蔥
湯，如：白胡桃瓜湯
小果南瓜，如：白胡桃瓜
翻炒料理
蔬菜高湯
百里香
酒，如：不甜的葡萄酒、白酒

我喜歡黑色喇叭菌的泥土味，幾乎就是泥土的風味。以歐芹、紅蔥和白酒做成醬料有助於黑喇叭菌釋放風味，特別是搭配麵筋製品與烤馬鈴薯。
——喬治・皮內達（Jorge Pineda），蠟燭79，紐約市

● **鈕扣菇** Mushrooms, Button
（亦稱白蘑菇）
季節：全年
風味：微甜，帶有泥土味，口感柔嫩
這是什麼：一般常見的菇蕈
風味強度：非常弱（生食）—弱／中等（煮熟）
營養學剖繪：50% 碳水化合物／37% 蛋白質／13% 脂肪
熱量：每1杯15大卡（生食、切片）
蛋白質：2克
料理方式：烘焙、燜煮、炙烤、煎炒、蒸煮、翻炒、填料
近親：義大利棕蘑菇、金針菇、波特貝羅大香菇

大麥
蕎麥
奶油乳酪
辣椒片
芫荽葉

椰奶
咖哩類
茴香
蒜頭
檸檬，如：檸檬汁
味噌，如：赤味噌
其他菇蕈類，如：野菇
麵條，如：雞蛋麵
橄欖油
橄欖，如：義式橄欖
紅椒粉
歐芹
野生米
沙拉，如：綠色蔬菜沙拉、菇蕈沙拉
醬汁，如：菇蕈醬汁
嫩青蔥
湯
酸奶油
燉煮料理
高湯，如：菇蕈高湯
填餡菇蕈類
溜醬油
優格

不喜歡白鈕扣菇的人可能是因為沒有煮好，煎白鈕扣菇的溫度要非常高。想讓白鈕扣菇焦糖化就用蒜頭及橄欖油來煎，再以辣椒片和歐芹調味。
——艾瑞克・塔克（Eric Tucker），千禧餐廳，舊金山

雞油菌 Mushrooms, Chanterelle
季節：晚春－秋
風味：微甜／鮮，帶有杏桃、花、水果、堅果以及／或者胡椒的泥土味，質地耐嚼、似肉
風味強度：弱－中等

料理方式：烘焙、燜煮、烘烤、煎炒
小祕訣：新鮮和乾燥的都很美味。風味會在烹調過程穩定下來。不要煮過頭，否則雞油菌可能會變硬。
近親：黑色喇叭菌

豆類，如：貝殼豆
麵包或土司
蕎麥
奶油
芹菜根
栗子
玉米
鮮奶油
蛋，如：蛋捲、水波蛋
蕨菜
蒜頭和黑蒜
鍋底焦渣醬汁
榛果
香料植物，如：細葉香芹、細香蔥、鼠尾草、百里香
韭蔥
檸檬
馬士卡彭乳酪
小米
其他菇蕈類，如：牛肝菌
芥末
油脂，如：榛果油、橄欖油、花生油
洋蔥，如：紅洋蔥、白洋蔥
柳橙和柳橙香甜酒
歐芹
義式麵食
胡椒，如：黑胡椒、白胡椒
義式粗玉米糊
野生韭蔥
米，如：阿勃瑞歐米、糙米、野生米
義式燉飯
迷迭香
沙拉
鹽，如：猶太鹽、海鹽

醬汁，如：白醬
紅蔥
湯
小果南瓜，如：橡實南瓜、毛茛南
　　瓜、白胡桃瓜、甜薯瓜、金線瓜
燉煮料理
翻炒料理
高湯，如：菇蕈高湯、蔬菜高湯
溜醬油
龍蒿
天貝
百里香
醋，如：巴薩米克香醋、蘋果酒醋、
　　雪利酒醋、白酒醋
干白酒
強化葡萄酒，如：馬德拉酒或馬
　　沙拉酒

對味組合
雞油菌＋芹菜根＋野生米
雞油菌＋鮮奶油＋歐芹＋紅蔥

硫色絢孔菌 Mushrooms, Chicken of The Woods
季節：夏－秋
風味：**雞、螃蟹、檸檬**、龍蝦以及
　　／或者火雞的風味，質地像雞
　　肉
風味強度：弱－中等
料理方式：燜煮、炙烤、燒烤、醃滷、
　　烘烤、煎炒、微滾烹煮、翻炒
小祕訣：這個菇蕈與舞菇不同種。

耶路撒冷朝鮮薊

奶油
胡蘿蔔
芹菜根
乳酪，如：奶油乳酪、蒙特利傑克、
　　帕爾瑪乳酪
鮮奶油
蛋
蒜頭
沙拉青蔬
檸檬，如：檸檬汁
其他菇蕈類，如：鈕扣菇、香菇
麵條
堅果
洋蔥
柳橙
歐芹
義式麵食
胡椒，如：黑胡椒、白胡椒
義式粗玉米糊
米
義式燉飯
迷迭香
鹽
醬汁，如：義式麵食醬汁、照燒醬
紅蔥
菇蕈高湯
龍蒿
百里香
酒，如：干白酒

● 義大利棕蘑菇
Mushrooms, Cremini
[krem-EE-nee]
風味：富含泥土味及肉味，質地

結實、似肉
風味強度：**弱**－中等
這是什麼：未成熟的波特貝羅大
　　香菇
營養學剖繪：60％碳水化合物／
　　37％蛋白質／3％脂肪
熱量：每1杯20大卡（生食、切片）
蛋白質：2克
料理方式：炙烤、生食、煎炒
近親：**鈕扣菇、金針菇和波特貝
　　羅大香菇**

多香果
大麥
月桂葉
四季豆
白豆，如：**白腰豆**
奶油
乳酪，如：芳汀那、佩科利諾乳酪
辣椒粉
細香蔥
丁香
鮮奶油
蛋，如：*義式蛋餅、蛋捲、鹹派*
蒜頭
鍋底焦渣醬汁，如：菇蕈鍋底焦
　　渣醬汁
榛果
義大利料理
檸檬
法國扁豆
楓糖漿
墨角蘭
奶類
其他菇蕈類，如：波特貝羅大香
　　菇、香菇
堅果油，如：榛果油
橄欖油
洋蔥
奧勒岡
歐芹
義式麵食，如：*千層麵、方麵餃*
法式酥皮醬糜派，如：*酥皮核桃-
　　菇蕈醬糜派*

M

豌豆
黑胡椒
披薩
義式粗玉米糊
藜麥
迷迭香
鼠尾草
鹽
醬汁，如：菇蕈醬汁、番茄醬汁
紅蔥
湯，如：菇蕈湯、大麥湯
醬油
菠菜
燉煮料理，如：燉豆子
翻炒料理
高湯，如：菇蕈高湯、蔬菜高湯
填餡菇蕈
餡料，如：方麵餃餡料
甘藷
龍蒿
百里香
豆腐，如：炒豆腐
番茄和番茄醬汁
素食漢堡
醋，如：巴薩米克香醋
核桃
酒，如：干白酒
櫛瓜

對味組合
義大利棕蘑菇＋鮮奶油＋龍蒿
義大利棕蘑菇＋蛋＋芳汀那乳酪
義大利棕蘑菇＋扁豆＋核桃
義大利棕蘑菇＋洋蔥＋天貝
義大利棕蘑菇＋核桃＋白豆

● 金針菇 Mushrooms, Enoki
（亦稱 Enokitake）
[enn-OH-kee 或
enn-oh-kee-TAHkee]
風味：微甜，帶有水果風味（例如葡萄），質地軟嫩但有脆度（而且煮熟後耐嚼）
風味強度：**弱**
營養學剖繪：70% 碳水化合物／23% 蛋白質／7% 脂肪
熱量：每1杯30大卡（生食、切碎）
蛋白質：2克
料理方式：深炸、生食、微滾烹煮、蒸煮、翻炒
小祕訣：用這些小的長莖金針菇來作為配料。
近親：鈕扣菇、義大利棕蘑菇和波特貝羅大香菇。

蘋果
亞洲料理
羅勒和泰國羅勒
長豇豆
燈籠椒，如：紅燈籠椒
胡蘿蔔
卡宴辣椒
帕爾瑪乳酪
細香蔥
黃瓜
蒔蘿
蒜頭
薑
海鮮醬
日式料理
檸檬，如：檸檬汁
檸檬香茅
味噌
其他菇蕈類，如：波特貝羅大香

菇、香菇、白菇蕈類
橄欖油
胡椒，如：黑胡椒、白胡椒
櫻桃蘿蔔
沙拉
鹽
三明治
醬汁
嫩青蔥
紅蔥
美式涼拌菜絲
湯，如：清湯、味噌湯
醬油
春捲
翻炒料理
蔬菜高湯
壽司
溜醬油
豆腐
醋
水田芥

對味組合
金針菇＋蒜頭＋帕爾瑪乳酪
金針菇＋醬油＋豆腐＋蔬菜高湯

刺蝟菇 Mushrooms, Hedgehog
季節：晚夏－秋
風味：微甜，帶有水果、堅果、胡椒以及／或者松木的泥土味，質地半乾、結實、似肉
風味強度：中等（長時間烹煮後）－強（短暫烹煮後）
料理方式：燜煮、烘烤、煎炒
可行的替代物：雞油菌

奶油
法式砂鍋菜

乳酪，如：瑞可達乳酪
鮮奶油
蒜頭
檸檬
馬士卡彭乳酪
柳橙
歐芹
義式麵食，如：寬麵
黑胡椒
披薩
馬鈴薯
紅蔥
酒，如：干雪利酒

舞菇 Mushrooms, Hen of The Woods（亦稱 Maitake Mushrooms）

季節：秋季

風味：鮮，帶有雞、蒜頭、龍蝦、肉以及／或者堅果的泥土味，質地結實、似肉

風味強度：弱－中等

營養學剖繪：74% 碳水化合物／21% 蛋白質／5% 脂肪

熱量：每1杯30大卡（生食、切丁）

蛋白質：1克

料理方式：燜煮、燒烤、烘烤、煎炒（約5分鐘）、微滾烹煮、燉煮

小祕訣：使用前浸漬在水或高湯中30分鐘。

近親：香菇

麵包粉
義大利烤麵包片
奶油
芹菜根
佩科利諾
辣椒，如：哈拉佩諾辣椒
中式料理
芫荽葉
玉米粉
鮮奶油
日式高湯
蕨菜

蒜頭
穀物
鍋底焦渣醬汁
香料植物
辣根
熱醬汁
日式料理
韭蔥
檸檬汁
扁豆，如：黑扁豆
萊姆汁
馬德拉酒
馬士卡彭乳酪
白味噌
其他菇蕈類，如：蠔菇、香菇
芥末
麵條，如：日本蕎麥麵
油脂，如：葡萄籽油、**橄欖油**、松露油
洋蔥和春日洋蔥
柳橙，如：橙汁
歐芹
義式麵食
法式酥皮菇蕈醬糜派
黑胡椒
披薩
義式粗玉米糊

米
沙拉
鹽，如：猶太鹽
醬汁，如：義式麵食醬汁
嫩青蔥
芝麻，如：芝麻油、芝麻籽
紅蔥
湯
醬油
菠菜
燉煮料理
翻炒料理
高湯，如：菇蕈高湯、蔬菜高湯
甘藷
溜醬油
百里香
醋，如：巴薩米克香醋、雪利酒醋
核桃
酒，如：波特酒
伍斯特素食辣醬油

對味組合

舞菇＋芹菜根＋芥末
舞菇＋蒜頭＋綠色蔬菜＋橄欖油
舞菇＋蒜頭＋橄欖油＋歐芹＋義式麵食
舞菇＋檸檬汁＋味噌＋溜醬油

M

主廚私房菜 DISHES

菇＋蛋：舞菇、半生熟蛋、吉豆、新鮮香料植物
——橡子（The Acorn），溫哥華

法式舞菇派、維達利亞洋蔥甜醬、香料植物奶油
——綠斑馬（Green Zebra），芝加哥

蛋黃義式麵疙瘩、菇蕈褐化奶油、舞菇
——墨印（Ink），洛杉磯

烘烤舞菇和蘆筍，搭配蘋果、櫻桃蘿蔔、歐洲防風草塊根泥
——天擇（Natural Selection），俄勒岡州波特蘭市

烘烤舞菇搭配酥脆菊芋、青豆、鮮奶油般滑潤的辣根
——費吉（Vedge），費城

以溜醬油和楓糖烘烤的舞菇-胡桃鮮奶油玉米粽，搭配燒烤球花甘藍、小豆蔻墨西哥摩爾紅醬，以及黑色檸檬龍舌蘭酒焦糖醋醬
——佛經（Sutra），西雅圖

舞菇＋歐芹＋米

我們這幾年一直都有在做**舞菇**派，吃起來就像野外找來的舞菇一樣。我們將舞菇用橄欖油連同焦糖化洋蔥、紅蔥、蒜頭、百里香、菇蕈高湯和波特酒（就像傳統法式酥皮醬糜派）一起煎上色，然後用馬士卡彭乳酪和松露油收尾。我們用洋菜來做波特酒凍。

——瓊·杜布瓦斯（Jon Dubois），綠斑馬，芝加哥

我們供應烤**舞菇**佐芹菜根油炸餡餅和法式烤韭蔥調味蛋黃醬。我們喜愛舞菇的質地，因為舞菇是楔形，所以你可以有稍微燒焦、有小小皺褶邊緣的舞菇，還有多汁的底部。

——里奇·蘭道（Rich Landau）和凱特·雅各比（Kate Jacoby），費吉餐廳，費城

舞菇是巨大的鮮味炸彈。當你將舞菇放到烤箱裡去乾燥時，我敢說它們的特質就跟培根一樣。

——艾瑞克·塔克（Eric Tucker），千禧餐廳，舊金山

龍蝦菌 Mushrooms, Lobster
季節：夏－秋
風味：鹹／甜，帶有蝦蟹貝類（例如**龍蝦**！）的風味，質地結實但軟嫩、耐嚼
味強度：弱
這是什麼：亮紅橘色的真菌（不是真的菇蕈）
料理方式：烘焙、燜煮、煎炒、微滾烹煮、翻炒

奶油
乳酪，如：佩科利諾乳酪
玉米
鮮奶油
蒔蘿

主廚私房菜	DISHES

義式麵食搭配龍蝦菌、小果南瓜、佩科利諾乳酪和小果南瓜花奶油
——餐＆飲餐廳（FnB Restaurant），亞利桑那州斯科茨代爾

蛋，如：*義式蛋餅、蛋捲*
蒜頭
薑
其他菇蕈類，如：**蠔菇**
橄欖油
洋蔥
義式麵食
米
義式燉飯
迷迭香
鹽
奶油狀醬汁
湯和法式濃湯
燉煮料理
翻炒料理
菇蕈類高湯或蔬菜高湯
餡料
龍蒿
法式菇蕈醬糜
百里香
豆腐
醋
櫛瓜和櫛瓜花

松茸 Mushrooms, Matsutake
季節：秋－冬
風味：芳香，帶有肉桂、薄荷、堅果、松木以及／或者辛香料的泥土味，質地非常厚實、似肉
風味強度：中等－強
料理方式：烘焙、燜煮、炙烤、紙包料理、燒烤、醃滷、煎炒、蒸煮、炸天婦羅
小祕訣：輕柔烹煮。當心不要把松茸煮乾，或是切得太薄，否則可能會失去風味。

蘋果
亞洲料理
蘆筍
月桂葉
青江菜
甘藍菜，如：皺葉甘藍
胡蘿蔔
芹菜和芹菜根
帕爾瑪乳酪
細葉香芹
辣椒，如：泰國鳥眼辣椒
細香蔥
丁香
卡士達
日式高湯
蛋
綠捲鬚苦苣
蒜頭
薑
米飯
蜂蜜
日式料理
卡非萊姆
韭蔥
檸檬，如：檸檬汁、碎檸檬皮
萵苣纈草
味醂
味噌
東京水菜
日本蕎麥麵
橄欖油
白洋蔥
柳橙，如：橙汁、碎橙皮
胡椒，如：黑胡椒、四川花椒
松子
米，如：短粒米
迷迭香
清酒
鹽
嫩青蔥
紅蔥
湯
醬油
翻炒料理

松茸壽喜燒丼：松茸與蒟蒻、嫩青蔥一起烹煮後，鋪在米飯上
——美好的一日（Kajitsu），紐約市

松茸炊合：日本芋頭、南瓜腐，撒上日本柚皮刨絲
——美好的一日（Kajitsu），紐約市

燜煮松茸：青花菜和黑芝麻糊，在浸泡著日本柚子的汁液中燜煮
——美利思（Mélisse），加州聖塔莫尼卡

燒烤松茸搭配味噌卡士達、薑、大豆和卡非萊姆
——重點（The Point），紐約州薩拉納克湖

糖
壽喜燒
溜醬油
百里香
米酒醋
干白酒

對味組合
松茸＋韭蔥＋清酒
松茸＋醬油＋醋

世界上再也沒有像松茸一樣的東西！我曾在餐廳裡供應松茸搭配自製蕎麥麵條，或只將松茸放在米飯上燒烤。
——艾瑞克·塔克（Eric Tucker），千禧餐廳，舊金山

日本料理中，可能沒有任何食材比松茸還珍貴。松茸在日本知名的程度就跟松露在義大利或法國一樣。我喜愛松茸的質地，而且永遠無法忘懷我曾嘗過的一道令人驚喜、以舞菇為主角的美味壽喜燒料理。不過那道料理就像一場短距離衝刺，我更喜歡把舞菇放在瓶子裡做成土瓶蒸，這樣才能真的彰顯舞菇的持久風味，而且更像是一場長程馬拉松。
——上島良太，美好的一日餐廳，紐約市

羊肚菌 Mushrooms, Morel
季節：春季
風味：鮮，帶有培根、蛋、堅果的泥土味以及／或者肉味，以及／或者帶有煙燻味，質地厚實、耐嚼（特別是新鮮時）
風味強度：弱（顏色較淡）—中等（顏色較深）
料理方式：沸煮、煎炒、微滾烹煮、燉煮
小祕訣：只煮羊肚菌就好，不要混雜其他菇蕈。
近親：松露

耶路撒冷朝鮮薊
蘆筍，如：綠蘆筍、白蘆筍
豆類，如：**蠶豆**
麵包粉
奶油
葛縷子籽
胡蘿蔔
芹菜根
茶菜
乳酪，如：山羊乳酪、**帕爾瑪乳酪**
細葉香芹
細香蔥
玉米
鮮奶油
蛋，如：*義式蛋餅*、水波蛋
茴香籽
蕨菜
法式料理

蒜頭
苦味綠色蔬菜
灰藜
檸檬
蕁麻
堅果油，如：榛果油、花生油
橄欖油
洋蔥，如：春日洋蔥
歐芹
義式麵食，如：*義式麵疙瘩*
豌豆
胡椒，如：黑胡椒、白胡椒
馬鈴薯
米
義式燉飯
迷迭香
番紅花
鹽
醬汁，如：*奶油狀醬汁*
紅蔥

扭指麵、羊肚菌、豌豆、瑞可達乳酪和新鮮辣椒
—— ABC 廚房（ABC Kitchen），紐約市

水煮一小時的雞蛋搭配羊肚菌、瑞士茶菜和甘草
——查理·特羅特（Charlie Trotter's），芝加哥

素食薄肉排搭配馬沙拉酒釉汁羊肚菌
——十字街口（Crossroads），洛杉磯

野生羊肚菌、蕨菜、荷蘭醬
——綠斑馬（Green Zebra），芝加哥

奧勒岡羊肚菌義式燉飯搭配春季豌豆、嫩菠菜、蘆筍、佩科利諾乳酪絲
——諾拉（Nora），華盛頓特區

手撕馬鈴薯義式麵疙瘩和羊肚菌，搭配青豆、蘆筍、蕨菜、豆苗、瑞可達山羊乳酪
——諾拉（Nora），華盛頓特區

酸奶油

菠菜

燉煮料理

高湯，如：菇蕈高湯、蔬菜高湯

龍蒿

百里香

番茄

醋，如：香檳酒醋

水田芥

酒，如：干白酒、雪利酒、白酒

對味組合

羊肚菌＋蘆筍＋細葉香芹＋蠶豆

羊肚菌＋苦味綠色蔬菜＋蒜頭＋
　　義式麵食

品嚐羊肚菌是如此的墮落，我會
拿「大地平衡」（Earth Balance）這
個牌子的奶油和鹽及胡椒來烹煮
羊肚菌，出餐時再佐以香檳酒醋。
——馬克・蕭德爾（Mark Shadle），G禪
餐廳，康乃狄克州布蘭福德

春季時，你可以在內華達山脈找
到羊肚菌，我會在那時候親自採
收羊肚菌。腰果奶霜的脂肪帶來
羊肚菌美好的風味。我可能會用
它們與豌豆一起來做糕點麵團。
——艾瑞克・塔克（Eric Tucker），千禧餐廳，
舊金山

蠔菇 Mushrooms, Oyster

季節：秋季

風味：甜和泥土味，帶有奶油、蠔
　　菇、胡椒以及／或者海鮮的風
　　味，質地耐嚼、柔嫩

風味強度：弱（煮熟）

營養學剖繪：60%碳水化合物／
　　31%蛋白質／9%脂肪

熱量：每1杯40大卡（生食、切片）

蛋白質：3克

料理方式：油封、深炸、烘烤、煎炒、
　　燉煮、翻炒（提醒：不要生吃。）

小祕訣：烹煮過程會讓風味減弱。

北卡羅萊納州菲靈頓之屋餐廳主廚 柯林・貝德福（Colin Bedford）的菇蕈料理

在菲靈頓之屋餐廳裡，我們烹調菇蕈的方式與肉類非常像。我們
會把較大的**杏鮑菇**或**舞菇**整個放入橄欖油裡油封，或用真空低溫烹
調法來處理它們，這是另一種很棒的技術，可以讓風味滲入並創造多
層次的風味。全年的風味都有所不同。三月，我們會用百里香、蒜頭
和白酒，因為白酒能真的提點風味。

杏鮑菇是既大又肥厚的好菇蕈。我們會用蒜頭、月桂葉和百里香
來油封杏鮑菇。蕈柄和蕈傘的比例非常誇張，大約是95%對5%，所
以我們會用蕈柄來做生醃料理，將杏鮑與大量芳香食材以85℃烹煮1
小時到1小時30分鐘。待冷卻後，用蔬果切片器切薄片，放到盤子上。
為了有清脆的口感，這道料理會再添像是真的冷朝鮮薊的甘露子、
菊芋、奇波利尼洋蔥和蒜頭。

舞菇是我的最愛。舞菇有似肉的質地，而且有非常多種變化。我
們會把舞菇整個油封。菊芋就跟薑一樣，能對舞菇產生很棒的影
響，讓舞菇具有一種溫暖、大地的氣息—新鮮的薑能添加熱量，糖
漬的薑能柔和風味。我也會加西班牙雪利酒醋和一點點楓糖漿，我
們用的是「三國野生豐收」（Mikuni Wild Harvest）這個牌子的「貴族」
（NOBLE）楓糖漿。

雞油菌是我的另一個最愛。百里香是我最愛的搭配之一，鼠尾草
也是。在秋季或冬季，黑蒜頭也能跟雞油菌搭配得不錯：我們會將黑
蒜頭焦糖化，然後磨成泥，所謂的黑蒜頭就是一種發酵過的蒜頭，會
帶來甜味。這時候我們就會添加一些馬德拉酒和楓糖（漿）來增添更
多風味。雞油菌是一種我們不接受客製的菇蕈，我們喜歡預先烹煮
雞油菌，搭配芳香食材、奶油一起燉煮，最後再添加一點白酒來平
衡風味。

松茸需要保持簡單，所以我們不會隨便亂處理，也不會油封。松茸
煮好後，我們會在上面割線，然後用鍋子煎上色，所以你會獲得截然
不同的質地。

杜布隆菇比香菇還小，不過我們用相同的方式來料理它們。

快速烹煮，不要煮過頭，免得
失去一切！在法式濃湯和其他
菜餚裡，作為蠔菇的替代品。

朝鮮薊（包括耶路撒冷朝鮮薊）

芝麻菜

亞洲料理

蘆筍

羅勒

月桂葉

黑眉豆

豆豉

四季豆

麵包粉

奶油

甘藍菜，如：紫甘藍

胡蘿蔔

芹菜

BOX

柯林·貝德福的醃漬菇蕈

因為鴻喜菇的本質像海綿，所以非常適合用來醃漬。義大利棕蘑菇則太難醃漬了；你只會得到一小塊。醃漬菇蕈時，醃漬溶液取決於季節，會影響我們對醋的選擇，例如：
- **秋季**：馬德拉酒醋和義大利雪利酒醋
- **冬季**：波特酒醋、紅酒醋和覆盆子醋
- **春季**：檸檬醋和夏多內葡萄酒醋
- **夏季**：巴薩米克白醋和香檳酒醋

芹菜根
乳酪，如：**帕爾瑪**、瑞士、泰勒吉奧乳酪
細葉香芹
辣椒，如：齊波特辣椒、青辣椒、哈拉佩諾辣椒
中式料理
細香蔥
巧達濃湯
蘋果酒
芫荽葉
肉桂
椰子和椰奶
芫荽
玉米粉
鮮奶油
可麗餅
孜然
咖哩類，如：綠咖哩
日式高湯
蒔蘿
茄子，如：日本茄子
蛋，如：*鹹派、炒蛋*
茴香
蒜頭

薑
焗烤料理
綠色蔬菜，如：亞洲綠色蔬菜
辣根
日式料理
羽衣甘藍
韓式料理
韭蔥
檸檬，如：檸檬汁、碎檸檬皮
檸檬香茅
萵苣
萊姆
薄荷
味醂
其他菇蕈類，如：鈕扣菇、金針菇、龍蝦菌、香菇
第戎芥末
麵條，如：粄條、日本蕎麥麵
肉豆蔻
堅果，如：杏仁果、**榛果**、花生、美洲山核桃、松子、**核桃**
油脂，如：菜籽油、榛果油、堅果油、**橄欖油**、山核桃油、芝麻油、核桃油
洋蔥，如：紅洋蔥、黃洋蔥
柳橙和柳橙汁
日式麵包粉
歐芹
歐洲防風草塊根
義式麵食，如：寬麵、義大利細扁麵，義大利大寬麵、方麵餃、寬扁麵
義式青醬
披薩
義式粗玉米糊
馬鈴薯
紫葉菊苣
米，如：糙米、茉莉香米
迷迭香
鼠尾草
清酒
沙拉，如：*溫沙拉*
黑皮波羅門參
醬汁，如：*鮮奶油醬汁、白醬*

嫩青蔥
麵筋製品
紅蔥
法式濃湯和巧達濃湯，如：菇蕈湯
酸奶油
醬油
菠菜
小果南瓜，如：甜薯瓜、日本南瓜
燉煮料理
翻炒料理
高湯，如：菇蕈高湯、蔬菜高湯
鹽膚木
羅望子
龍蒿
餡餅
天婦羅
照燒醬
百里香
豆腐
番茄
蔬菜
醋，如：巴薩米克香醋、蘋果酒醋、米酒醋
酒，如：米酒、白酒

朝鮮薊蠔菇：朝鮮薊泥、酥脆蠔菇、黃番茄貝亞恩蛋黃醬和海帶魚子醬（圖片見351頁）
——十字街口（Crossroads），洛杉磯

芝麻玉米粉酥底的蠔菇，搭配蘋果辣椒甜辣醬、洋蔥絲和櫻桃蘿蔔沙拉
——千禧（Millennium），舊金山

蠔菇義大利緞帶麵搭配羽衣甘藍、素肉和新鮮細香蔥
——李子小酒館（Plum Bistro），西雅圖

玉米粉酥底的蠔菇、辣根蒔蘿泥蛋黃醬、秘魯黃辣椒醬
——真實小酒館（True Bistro），麻州薩默維爾

中東扎塔香料
櫛瓜

對味組合

蠔菇＋月桂葉＋橄欖油＋百里香
蠔菇＋蘋果酒＋鮮奶油＋義式粗玉米糊＋鼠尾草
蠔菇＋鮮奶油＋歐芹＋*披薩*
蠔菇＋豆豉＋薑
蠔菇＋蒜頭＋檸檬＋歐芹＋義式麵食
蠔菇＋檸檬＋薄荷＋義式麵食＋櫛瓜
蠔菇＋迷迭香＋番茄

我的朝鮮薊**蠔菇**這道料理（以朝鮮薊泥搭配清脆的蠔菇、黃番茄貝亞恩蛋黃醬和海葡萄）的靈感來自有一天替朝鮮薊剝皮的時候。當時我正剝著朝鮮薊的皮，有一片掉到盤子上，這時候那片朝鮮薊皮看起來就像是牡蠣殼。我最愛做的事之一就是重新創造我喜愛的料理，而且我想念當一名純素食主義者和出乎意料的素食菜餚。這個靈感自然就出現了，並轉而變成「洛克菲勒蠔菇」這道菜。

——塔爾・羅奈（Tal Ronnen），十字街口餐廳，洛杉磯

猴頭菇 Mushrooms, Pom Pom

風味：**螃蟹**、龍蝦以及／或者小牛肉的風味
料理方式：煎炒
近親：松露

奶油
其他菇蕈類，如：舞菇
橄欖油
洋蔥
歐芹
義式麵食
黑胡椒
海鹽
醬汁
燉煮料理
高湯，如：菇蕈高湯、蔬菜高湯
龍蒿
番茄

●牛肝菌 Mushrooms, Porcini
（亦稱 Boletes or Cèpes；同時參見野菇）

季節：夏－秋
風味：微甜；芳香，帶有肉、堅果以及／或者煙燻的泥土味以及／或者刺鼻味，質地濃醇、似肉
風味強度：中等－強（和乾燥時較強）
熱量：每28克100大卡（乾燥的）

蛋白質：7克
料理方式：烘焙、燜煮、燒烤、生食、烘烤、煎炒、微滾烹煮、燉煮、填料
小祕訣：通常是乾燥的，這樣可以強化並提升風味。會磨成粉（例如用辛香料研磨器），並在烹煮豆腐前，覆在豆腐上成為外皮，或是作為調味料使用。要復水時，只要在添加到料理前20-30分鐘浸泡在熱水中即可；浸泡過牛肝菌帶有風味的水可以過濾後添加到醬料、湯品或燉菜中。

杏仁果
朝鮮薊
蘆筍
大麥
羅勒
月桂葉
麵包粉
義大利烤麵包片
奶油
義式生醃菇蕈冷盤
胡蘿蔔
法式砂鍋菜
芹菜
乳酪，如：山羊乳酪、**帕爾瑪**、義大利波伏洛、瑞可達乳酪、羅馬諾乳酪
鷹嘴豆
細香蔥
丁香
玉米
鮮奶油
義大利開胃點心
蒔蘿
餃類，如：捷克麵包團子
茄子
蛋，如：義式蛋餅、蛋捲
比利時苦苣
闊葉苣菜
無花果

烘烤蒜頭馬鈴薯泥，搭配黑皮諾葡萄-牛肝菌醬汁
——綠色餐廳（Greens Restaurant），舊金山

牛肝菌炭烤麵包片搭配白豆、蒜頭、茴香、山羊乳酪
——天擇（Natural Selection），俄勒岡州波特蘭市

法式料理
蒜頭
穀物
鍋底焦渣醬汁
苦味綠色蔬菜
義大利料理
韭蔥
檸檬，如：檸檬汁
墨角蘭
薄荷
其他菇蕈類，如：波特貝羅大香菇
油脂，如：榛果油、堅果油、**橄欖油**、牛肝菌油
洋蔥，如：青蔥、黃洋蔥
棕櫚心
歐芹
義式麵食，如：寬麵、義式麵疙瘩、千層麵
花生
豌豆
胡椒，如：黑胡椒、白胡椒
全麥費洛皮
抓飯
松子
義式粗玉米糊
馬鈴薯
南瓜
藜麥
米
義式燉飯
迷迭香
鼠尾草
沙拉
鹽，如：海鹽
醬汁，如：菇蕈醬汁、番茄醬汁
香薄荷，如：夏季香薄荷

紅蔥
湯
菠菜
小果南瓜，如：冬南瓜
燉煮料理
高湯，如：菇蕈高湯、蔬菜高湯
填餡辣椒或櫛瓜
餡料
餡餅
天貝
百里香
番茄和番茄糊
白松露
醋，如：巴薩米克香醋、紅酒醋、雪利酒醋、巴薩米克白醋
酒，如：干紅酒或白酒、馬德拉酒或雪利酒

對味組合

牛肝菌＋羅勒＋蒜頭＋橄欖油＋馬鈴薯
牛肝菌＋荼菜＋鷹嘴豆
牛肝菌＋細香蔥＋檸檬
牛肝菌＋鮮奶油＋馬鈴薯
牛肝菌＋蒜頭＋檸檬＋橄欖油＋百里香

牛肝菌是野菇的教父。它們是既大、似肉、又超級營養的菇蕈，當你外出在森林裡覓食時，找到的牛肝菌真的非常雄偉。
——艾瑞克·塔克（Eric Tucker），千禧餐廳，舊金山

●波特貝羅大香菇
Mushrooms, Portobello
風味：濃醇、帶泥土味、似肉的味道和質地
風味強度：中等－強
營養學剖繪：69% 碳水化合物／25% 脂肪／6% 蛋白質
熱量：每1杯45大卡（燒烤過、切片）
蛋白質：2克
料理方式：炙烤、**燒烤**、醃滷、烘烤、煎炒（約15分鐘）、煎上色、填料
近親：**鈕扣菇**、義大利棕蘑菇和金針菇

杏仁果
芝麻菜
蘆筍
培根，比如以煙燻波特貝羅大香菇製成
大麥，如：珍珠麥
羅勒
豆類，如：黑眉豆、貝殼豆、白豆
燈籠椒，如：綠燈籠椒或紅燈籠椒，尤以炙燒或烘烤為佳
麵包粉
青花菜
義大利烤麵包片
小圓麵包，如：全穀漢堡
奶油
卡宴辣椒
芹菜和芹菜葉
瑞士荼菜
乳酪，如：巧達、傑克乳酪、費達、山羊乳酪、戈根索拉、豪達、蒙契格、**莫札瑞拉**、**帕爾瑪**、義大利波伏洛、瑞可達乳酪、瑞士乳酪
細葉香芹
鷹嘴豆
辣椒，如：齊波特辣椒、哈拉佩諾辣椒；辣椒片、辣椒粉
細香蔥
芫荽葉
庫斯庫斯，如：以色列庫斯庫斯、全麥庫斯庫斯

M

主廚私房菜	DISHES

托斯卡尼波特貝羅大香菇三明治：燒烤波特貝羅大香菇、烘烤紅辣椒以及焦糖化洋蔥，撒上純素莫札瑞拉乳酪和辣味美乃滋
——花開（Blossom），紐約市

「法式蘸醬三明治」：焦糖化洋蔥、瑞士乳酪和波特貝羅大香菇，放上香料植物法國棍子麵包，搭配烘烤過的蒜頭-菇蕈汁以及精選有機野菜或炸薯蕷條
——草葉集咖啡館（Cafe Flora），西雅圖

燒烤波特貝羅大香菇三明治，放上阿克美牌佛卡夏搭配燒烤甜椒、烘烤洋蔥、車輪麵、羅勒美乃滋和芝麻菜。搭配手指馬鈴薯、朝鮮薊、醃漬紅洋蔥、酸豆和香檳第戎油醋醬
——綠色餐廳（Greens Restaurant），舊金山

波特貝羅大香菇墨西哥餡料薄餅：醃滷菇蕈、蒙特利傑克乳酪、酪梨、焦糖化洋蔥、波布蘭諾辣椒鮮奶油
——米阿默咖啡館（Mii amo Café），亞利桑那州塞多納

生醃雙孢蘑菇、托納多牌鷹嘴豆、茴香芥末和酥脆酸豆
——費吉（Vedge），費城

油脂，如：菜籽油、葡萄籽油、堅果油、**橄欖油**、松露油、核桃油
洋蔥，如：青蔥、紅洋蔥、白洋蔥、黃洋蔥
柳橙，如：橙汁
奧勒岡
煙燻紅椒粉
歐芹
歐洲防風草塊根
義式麵食，如：寬麵、千層麵、尖管麵
法式酥皮醬糜派，如：*酥皮菇蕈醬糜派、酥皮蔬菜醬糜派*
梨
黑胡椒
義式青醬
松子
開心果
披薩
義式粗玉米糊
馬鈴薯
墨西哥餡料薄餅
米，如：*印度香米、糙米*

鮮奶油
可麗餅
蒔蘿
茄子
蛋，如：*蛋捲*
比利時苦苣
闊葉苣菜
法士達
茴香
義大利扁麵包
蒜頭
薑
鍋底焦渣醬汁，如：菇蕈鍋底焦渣醬汁
綠色蔬菜，如：苦味綠色蔬菜、沙拉青蔬
榛果
香料植物
義大利料理
韭蔥
檸檬，如：檸檬汁
蒿苣纈草
墨角蘭
小米
薄荷

慕斯
其他**菇蕈類**，如：義大利棕蘑菇、牛肝菌、香菇、白菇蕈類
芥末

對味組合

波特貝羅大香菇＋芝麻菜＋巴薩米克香醋＋莫札瑞拉＋迷迭香
波特貝羅大香菇＋芝麻菜＋芥末
波特貝羅大香菇＋芝麻菜＋紅燈籠椒＋白豆
波特貝羅大香菇＋巴薩米克香醋＋蒜頭＋橄欖油＋歐芹
波特貝羅大香菇＋大麥＋湯＋百里香
波特貝羅大香菇＋燈籠椒＋茄子＋山羊乳酪＋三明治
波特貝羅大香菇＋燈籠椒＋披薩＋櫛瓜
波特貝羅大香菇＋苦味綠色蔬菜＋馬鈴薯
波特貝羅大香菇＋芫荽葉＋蒜頭＋薑＋哈拉佩諾辣椒＋醬油
波特貝羅大香菇＋蒜頭＋橄欖油＋帕爾瑪乳酪＋菠菜
波特貝羅大香菇＋蒜頭＋醬油
波特貝羅大香菇＋蒜頭＋日曬番茄乾
波特貝羅大香菇＋山羊乳酪＋馬鈴薯
波特貝羅大香菇＋山羊乳酪＋菠菜
波特貝羅大香菇＋薄荷＋櫛瓜
波特貝羅大香菇＋義式青醬＋義式粗玉米糊
波特貝羅大香菇＋義式粗玉米糊＋迷迭香
波特貝羅大香菇＋菠菜＋番茄
波特貝羅大香菇＋醋＋核桃油＋核桃

迷迭香
沙拉，如：菇蕈沙拉
海鹽
三明治，如：*法式蘸料三明治*、帕
　尼尼三明治、捲餅三明治
醬汁
嫩青蔥
芝麻，如：芝麻油、芝麻籽
紅蔥
湯
醬油
菠菜
夏南瓜
冬南瓜，如：白胡桃瓜
菇蕈類牛排
燉煮料理
翻炒料理
高湯，如：菇蕈高湯、蔬菜高湯
填餡菇蕈類
墨西哥塔可餅
溜醬油
龍蒿
百里香
豆腐
番茄和番茄糊
日曬番茄乾
墨西哥薄餅
素食漢堡
醋，如：**巴薩米克香醋**、紅酒醋、
　雪利酒醋
核桃
水田芥
酒，如：干白酒或馬德拉酒
櫛瓜

我曾經烘烤以煙燻紅椒粉、百里
香、紅蔥搓過的**波特貝羅大香菇**
來製作波特貝羅大香菇「培根」。
切成薄片的波特貝羅大香菇可以
從接觸的辛香料混合物獲得顏色
層次，實際上看起來就像培根。
——肯・拉森（KEN LARSEN），綠色餐桌，
紐約市

● 乾香菇、新鮮香菇
Mushrooms, Shiitake—
Dried And Fresh
[shee-TAH-kay]
季節：春季；秋季
風味：微甜／鮮；芳香，帶有蒜頭、
　松木、煙燻、牛排、木頭以及／
　或者酵母的泥土味，刺鼻味，
　質地結實、耐嚼（特別是煮熟
　的）、似肉
風味強度：**中等**（新鮮的）—**強**（乾
　燥的）
這是什麼：野菇
營養學剖繪：90% 碳水化合物／
　7% 蛋白質／3% 脂肪
熱量：每 1 杯 80 大卡（煮熟的）
蛋白質：2 克
新鮮料理方式：烘焙、燜煮、炙烤、
　深炸、燒烤、烘烤（30 分鐘）、
　煎炒（10-15 分鐘）、微滾烹煮、
　煙燻、蒸煮、翻炒
乾燥料理方式：在冷水中浸泡
　10-15 分鐘或過夜以復水；然後
　依上述料理方式烹調。過濾，
　然後把富含營養的泡菇水添加
　到醬料、湯品或燉菜。
近親：舞菇

荒布藻
朝鮮薊心
芝麻菜
東亞料理
蘆筍
酪梨
竹筍
羅勒和**泰國羅勒**
月桂葉
豆類，如：紅豆、豆豉、四季豆
啤酒和麥酒
燈籠椒，如：綠燈籠椒、紅燈籠椒
青江菜
白蘭地
青花菜
墨西哥捲餅

奶油
甘藍菜，如：中國白菜或大白菜
胡蘿蔔
法式砂鍋菜
卡宴辣椒
芹菜
蒸菜，如：瑞士蒸菜
乳酪，如：費達、山羊乳酪、帕爾
　瑪乳酪
辣椒，如：安佳辣椒和辣椒醬
中式料理
細香蔥
椰奶
白蘿蔔
日式高湯
餃類，如：亞洲餃類、鍋貼
茄子
蛋，如：*蛋捲、鹹派*
闊葉苣菜
蒜頭
薑
穀物，如：**大麥、糙米、蕎麥**、卡
　姆小麥、烘製蕎麥、**珍珠麥**、藜
　麥、米、野生米
鍋底焦渣醬汁
綠色蔬菜，如：東京水菜
榛果
蜂蜜
日式料理
卡非萊姆葉
羽衣甘藍
昆布
韓式料理
韭蔥
檸檬，如：檸檬汁、碎檸檬皮
檸檬香茅
萵苣，如：蘿蔓萵苣
萊姆
日本長壽飲食料理
墨角蘭
牛奶或植物奶，如：豆奶
味醂
味噌
其他菇蕈類，如：鈕扣菇、義大利

香菇沙拉：醃滷香菇、胡蘿蔔絲、紫甜菜、黃色小果南瓜搭配甜味薑汁淋醬
——118度（118 Degrees），加州

香菇味噌湯：味噌、新鮮海藻、香菇和青蔥趁熱上桌
——118度（118 Degrees），加州

農場蔬菜餃子搭配味噌香茅清湯、薑、青蔥、瑞士菾菜和香菇
——伍德拉可小屋（The Lodge at Woodloch），賓州豪利

泰式炒河粉：燒烤香菇、毛豆、大白菜、豆芽、芥藍花菜、豆腐、辣味噌油醋醬
——米阿默咖啡館（Mii amo Café），亞利桑那州塞多納

香菇以蒜頭迷迭香巴薩米克香醋和紅酒醬為塗料燒烤，搭配法式胡蘿蔔奶油派和烤法國棍子麵包片
——智者咖啡館（Sage's Cafe），鹽湖城

香菇和豆腐萵苣杯：薑、大豆和腰果
——真食廚房（True Food Kitchen），鳳凰城

棕蘑菇、舞菇、蠔菇、牛肝菌、波特貝羅大香菇、野菇

亞洲麵條，如：蕎麥麵、拉麵、日本蕎麥麵、烏龍麵

海苔卷（比如純素食壽司）

堅果，如：腰果、榛果、開心果、核桃

油脂，如：葡萄籽油、榛果油、堅果油、**橄欖油**、花生油、芝麻油

洋蔥，如：焦糖褐洋蔥、青蔥、醃漬洋蔥、黃洋蔥

歐芹

義式麵食，如：寬麵、義大利細扁麵

法式酥皮菇蕈醬糜派

黑胡椒

披薩

義式粗玉米糊

日式醋汁醬油

米

義式燉飯

迷迭香

鼠尾草

清酒

沙拉，如：菇蕈沙拉

鹽，如：猶太鹽

醬汁，如：純素XO醬汁

香薄荷

嫩青蔥

麵筋素肉

芝麻，如：芝麻油、芝麻醬、芝麻籽

紅蔥

紫蘇

湯，如：酸辣湯、扁豆湯、味噌湯、湯麵、蔬菜湯

黃豆

醬油

菠菜

春捲

小果南瓜，如：冬南瓜

是拉差香甜辣椒醬

燉煮料理

翻炒料理

高湯，如：菇蕈高湯和／或蔬菜高湯

餡料

糖，如：黃砂糖

甜豌豆

壽司

甘藷

墨西哥塔可餅

溜醬油

百里香

豆腐

炒豆腐

日曬番茄乾

番茄糊和番茄醬汁

蕪菁

素食漢堡

醋，如：**巴薩米克香醋**、糙米醋、白酒醋

酒，如：馬德拉酒、紅酒

日本柚子，如：日本柚子汁、碎柚子皮

對味組合

香菇＋亞洲麵條＋芝麻醬＋醬油

香菇＋芹菜＋洋蔥＋醬油

香菇＋豆豉＋米醋＋芝麻油＋是拉差香甜辣椒醬＋溜醬油

香菇＋蒜頭＋醬油

香菇＋薑＋味醂＋清酒＋醬油

香菇＋薑＋嫩青蔥

香菇＋薑＋芝麻＋醬油

香菇＋檸檬汁＋醬油

香菇＋味噌＋芝麻籽

香菇＋味噌＋紫蘇＋醬油＋豆腐

香菇＋橄欖油＋洋蔥＋*披薩*＋迷迭香＋核桃

香菇＋嫩青蔥＋甘藷

我有時候想要不以亞洲料理的方式來烹調香菇，例如混合其他菇蕈，像是義大利棕蘑菇，然後就像做威靈頓牛排一樣，把菇蕈都包在糕點麵團裡。
——艾瑞克·塔克（Eric Tucker），千禧餐廳，舊金山

白蘑菇 Mushrooms, White
（參見鈕扣菇）

野菇：一般或混合
Mushrooms, Wild—In General, or Mixed（同時參見雞油菌、舞菇、羊肚菌、牛肝菌等）
料理方式：烘烤、燉煮

蘆筍
大麥
豆類，如：白腰豆
乳酪，如：費達、山羊乳酪、豪達、
　　泰勒吉奧乳酪
可麗餅
義大利開胃點心
蛋
墨西哥玉米捲
粉，如：糙米粉
蒜頭
青蒜
香料植物
韭蔥
味醂
肉豆蔻
油脂，如：**橄欖油**、松露油
洋蔥，如：奇波利尼洋蔥
歐芹
美洲山核桃
黑胡椒
費洛皮
抓飯
松子
披薩
迷迭香
鼠尾草
鹽
麵筋素肉
紅蔥
醬油
菠菜
燉煮料理，如：燉煮菇蕈
蔬菜高湯
溜醬油
龍蒿
餡餅，如：菇蕈餡餅
百里香

豆腐，如：板豆腐、豆乾
酒，如：馬德拉酒

對味組合
野菇＋白腰豆＋歐芹＋松露油
野菇＋蛋＋披薩麵團
野菇＋費達乳酪＋費洛皮＋紅蔥

＋菠菜
野菇＋蒜頭＋橄欖油＋紅蔥＋白
　里香
野菇＋山羊乳酪＋香料植物＋紅
　蔥
野菇＋馬德拉酒＋美洲山核桃

野菇和山羊乳酪餡餅卷搭配濃縮巴薩米克香醋
——金色大門餐廳（The Golden Door），加州埃斯孔迪多

野菇和韭蔥小塔搭配葛黎耶和乳酪和百里香
——綠色餐廳（Greens Restaurant），舊金山

野菇方麵餃搭配燒烤松茸和雞油菌、皺葉菠菜、春日洋蔥、青蒜、松子、香料植物奶油、格拉娜帕達諾乳酪
——綠色餐廳（Greens Restaurant），舊金山

野菇蛋捲搭配藜麥、甜洋蔥、嫩菠菜和白巧達乳酪
——伍德拉可小屋（The Lodge at Woodloch），賓州豪利

野菇燉飯搭配冬南瓜、黑松露奶油
——皮肖利（Picholine），紐約市

鮮嫩萵苣搭配第戎鮮奶油，搭配無花果、梨子、醃漬胡蘿蔔、酥脆麵包和辛香料胡桃
——天擇（Natural Selection），俄勒岡州波特蘭市

馬鈴薯
櫻桃蘿蔔
米
沙拉淋醬，如：*油醋沙拉淋醬*
沙拉
三明治
醬汁
德國酸菜
素香腸
嫩青蔥
麵筋素肉
紅蔥
荷蘭豆
酸奶油
醬油
菠菜
糖，如：黃砂糖
龍蒿
天貝
百里香
酸葡萄汁
醋，如：無花果醋、蔓越莓醋、紅酒醋、雪利酒醋、酒醋
酒，如：干紅酒
優格

對味組合
芥末＋甘藍菜＋馬鈴薯
芥末＋芫荽葉＋萊姆＋優格
芥末＋楓糖漿＋油脂＋醋
芥末＋楓糖漿＋美洲山核桃＋天貝

芥末粉 Mustard Powder
（亦稱乾芥末）
風味：辣、芥末的嗆鼻味

●**芥末，例如第戎芥末**
Mustard, e.g., Dijon（同時參見芥末葉、芥末粉、芥末籽）
風味：苦；辣、帶有胡椒和辛香料的風味
風味強度：中等－非常強
小祕訣：大多數的情況都是選用第戎芥末醬（使用酸葡萄汁而非醋製成）；其他選擇包含細磨以及／或者磨成粒狀的芥末。在烹煮過程的最後才添加芥末。
近親：青花菜、抱子甘藍、綠葉甘藍、辣根、羽衣甘藍、大頭菜

龍舌蘭糖漿
芝麻菜
蘆筍
酪梨
羅勒
烘烤豆類
豆類，如：**蠶豆、四季豆、花豆**
黑眼豆
青花菜和芥藍
抱子甘藍
甘藍菜
續隨子
法式砂鍋菜
白花椰菜
芹菜根

乳酪
細香蔥
芫荽葉
鮮奶油和法式酸奶油
黃瓜
孜然
茴香
法式料理，尤以第戎芥末為佳
水果，如：蜜餞
蒜頭
釉汁
穀物
沙拉青蔬
蜂蜜
韭蔥
檸檬，如：檸檬汁、碎檸檬皮
萵苣
萊姆
楓糖漿
滷汁醃醬
墨角蘭
美乃滋
菇蕈類
油脂，如：亞麻籽油、葡萄籽油、橄欖油
歐芹
美洲山核桃
胡椒，如：黑胡椒、綠胡椒、白胡椒

風味強度：強

這是什麼：磨成粉的芥末籽

小祕訣：使用6個月之內的芥末粉，否則會失去作用。將芥末粉與冷水混合（以保持「濃烈度」；或用熱水來降低辣味）做成辣芥末醬；使用前靜置10-15分鐘。另一個作法是用啤酒或白酒來混合芥末粉。

品牌：英國牛頭牌（Colman's）

豆類，如：花豆
啤酒
甘藍菜
乳酪，如：巧達、葛黎耶和、瑞士乳酪
蘸料
香料植物，如：奧勒岡、龍蒿
蜂蜜
扁豆
楓糖漿
美乃滋
營養酵母
油脂，如：橄欖油
紅椒粉
義式麵食，如：乳酪彎管麵
爆米花
沙拉淋醬
醬汁，如：*烤肉醬、荷蘭醬*
美式涼拌菜絲
菠菜
去莢乾燥豌豆瓣
豆腐
醋

● 芥末籽 Mustard Seeds

風味：苦、嗆味

風味強度：中等（黃色的）—強（褐色的）

小祕訣：在鍋裡加蓋焙烤或煎炒，帶出有大地氣息的甜味。印度咖哩用的是黑芥末籽。

非洲料理

美洲料理
亞洲料理
奶油和澄清奶油
白花椰菜
鷹嘴豆
咖哩類，如：印度咖哩
歐洲料理
印度料理
扁豆
滷汁醃醬
芥末
酸漬食物
米
沙拉淋醬
醬汁
菠菜
薑黃
蔬菜，如：沸煮蔬菜
醋

生麩 Nama-Fu
（同時參見麵筋製品的介紹）

風味：中性，質地滑順、耐嚼，近似濃厚的卡士達或扇貝

這是什麼：新鮮麥麩是日本寺廟素食料理的重要食材，通常由麥麩及糯米粉製成，麵筋製品也是由生麩衍生而來

營養學剖繪：大多是蛋白質，幾乎沒有脂肪

料理方式：汆燙、燒烤

小祕訣：也可以買到乾燥的。

蘆筍
糖果類點心
日式高湯
日式料理
味醂
味噌
菇蕈類，如：黑色喇叭菌
油脂，如：菜籽油
棕櫚心
清酒
醬汁

海菜
芝麻，如：芝麻油、芝麻醬、芝麻籽
紫蘇
湯，如：味噌湯、蔬菜湯
醬油
燉煮料理
壽喜燒
梅干醬
山葵
荸薺

美國在地料理
Native American Cuisine

豆類，「印地安共生農作三姊妹」之一
漿果，如：蔓越莓、草莓
麵包，如：炸麵包
辣椒
巧克力
玉米，「印地安共生農作三姊妹」之一
水果，如：水果乾
蒜頭，如：野生蒜
穀物
蜂蜜
楓糖
堅果
洋蔥，如：野生洋蔥
馬鈴薯
種籽，如：南瓜籽、葵花籽
小果南瓜，「印地安共生農作三姊妹」之一
番茄

● 油桃 Nectarines
（同時參見桃子的小祕訣）

季節：夏季

風味：甜，質地多汁

風味強度：弱－中等

營養學剖繪：86%碳水化合物／8%蛋白質／6%脂肪

熱量：每1杯65大卡（生食、切片）

蛋白質：2克

料理方式：烘焙、炙烤、燒烤、低
　　溫水煮、生食、煎炒
小祕訣：選擇有機油桃。
近親：杏桃、桃子、李子
可行的替代物：桃子

烘焙食物，如：麵包、蛋糕
羅勒
漿果，如：黑莓、藍莓、覆盆子、
　　草莓
白蘭地
奶油
白脫乳
焦糖
熱早餐麥片
乳酪，如：藍黴乳酪、莫札瑞拉乳
　　酪
櫻桃
肉桂
丁香
鮮奶油
甜點，如：脆片、美式鬆厚酥頂派、
　　水果蛋糕
無花果
薑
沙拉青蔬
榛果
蜂蜜
冰淇淋
檸檬，如：檸檬汁
芒果
楓糖漿
馬士卡彭乳酪
甜瓜，如：洋香瓜
薄荷
肉豆蔻
堅果，如：杏仁果、榛果、夏威夷
　　堅果
燕麥或燕麥片
橄欖油
柳橙
美式煎餅
桃子
黑胡椒

派
李子
醃漬小菜
迷迭香
沙拉，如：水果沙拉和綠色蔬菜
　　沙拉
莎莎醬
雪碧冰
湯，如：水果湯
糖，如：黃砂糖
龍蒿
香莢蘭
醋，如：巴薩米克香醋
酒，如：無氣泡的紅、白酒，或有
　　氣泡的香檳
優格

對味組合
油桃＋杏仁果＋焦糖
油桃＋巴薩米克香醋＋羅勒
油桃＋焦糖＋薑
油桃＋薑＋檸檬

蕁麻 Nettles（亦稱異株蕁麻）
季節：春－夏
風味：苦／甜，帶有肉（煮熟後）、
　　菠菜和／或焙烤風味
風味強度：強
料理方式：汆燙、沸煮、煎炒
小祕訣：小心：用夾子把蕁麻放
　　進你的購物袋裡。將蕁麻放進
　　沸水中汆燙，軟化尖刺。不要
　　用冷水，這會讓蕁麻保有苦味。
　　與味噌或其他較溫和的蔬菜搭
　　配在一起，可以中和蕁麻強烈

的風味。
可行的替代物：菠菜

杏仁果
北美洲料理
蘆筍
羅勒
奶油和褐化奶油
白脫乳
乳酪，如：帕爾瑪、佩科利諾、瑞
　　可達、含鹽瑞可達乳酪
辣椒，如：紅辣椒
細香蔥
鮮奶油
法式酸奶油
咖哩類
蛋，如：義式蛋餅、水波蛋
歐洲料理
茴香
法式料理
蒜頭
義大利料理
羽衣甘藍
韭蔥
檸檬，如：檸檬汁
味噌
菇蕈類，如：羊肚菌
堅果
橄欖油
洋蔥
義式麵食，如：義式麵疙瘩、寬管
　　麵、方麵餃
豌豆
黑胡椒
義式青醬

松子
披薩
馬鈴薯
米，如：阿勃瑞歐米
義式燉飯
鼠尾草
鹽，如：海鹽
醬汁
紅蔥
舒芙蕾
湯
高湯，如：菇蕈高湯、蔬菜高湯
茶
風味較溫和的蔬菜
核桃
酒，如：干白酒
優格

對味組合
蕁麻＋羅勒＋乳酪＋蒜頭＋檸檬
汁＋橄欖油＋松子
蕁麻＋鮮奶油＋蛋
蕁麻＋韭蔥＋馬鈴薯

黑種草籽 Nigella Seeds
風味：微苦和／或刺激，帶有芹
菜、乳酪、芥末、堅果、洋蔥、
奧勒岡、胡椒和／或者煙燻的
霉味，質地清脆
風味強度：中等
這是什麼：辛香料

多香果
烘焙食物，如：***麵包和無酵餅***
小豆蔻
鷹嘴豆
肉桂
芫荽
孜然
咖哩類
茄子
埃及料理
莒菜
茴香籽

葫蘆巴
薑
綠色蔬菜，如：蕪菁葉
印度料理
莢果，如：扁豆
中東料理
芥末籽
胡椒，如：黑胡椒
馬鈴薯
南瓜
米，如：印度香米
番紅花
小果南瓜，如：白胡桃瓜、哈伯南
瓜
甘藷
土耳其料理
薑黃
蔬菜，如：綠色蔬菜
中東扎塔香料

對味組合
黑種草籽＋孜然＋茴香籽＋葫蘆
巴＋芥末籽
黑種草籽＋茄子＋茴香籽

黑種草是我有史以來最愛的辛香
料。我甚至會添加到我的中東扎
塔香料裡，增加一股難以忘懷的
美妙乳酪風味。

——里奇‧蘭道，費吉餐廳，費城

亞洲麵條 Noodles, Asian
（參見粉條、寒天麵條、拉麵、
粄條、米粉、日本蕎麥麵、素麵、
日本烏龍麵）
小祕訣：許多亞洲麵條在烹調前
都應該要先浸泡。亞洲麵條作
成冷熱食皆可。為了獲得最多
營養，最好選用全穀麵條。

對味組合
亞洲麵條＋薑＋花生＋米醋
亞洲麵條＋羽衣甘藍＋芝麻油＋
芝麻籽＋醬油

亞洲麵條＋萊姆＋花生
亞洲麵條＋菇蕈類＋大白菜

冬粉 Noodles, Bean Thread
（亦稱 glass noodle，參見粉條）

蕎麥麵 Noodles, Buckwheat
（參見日本蕎麥麵）

粉條 Noodles, Cellophane
（亦稱冬粉、綠豆粉皮）
風味：中性，質地耐嚼
風味強度：弱
這是什麼：非常細的綠豆粉條
料理方式：先浸泡（在熱水中至
變軟）再烹煮約8-15分鐘直到
軟嫩

龍舌蘭糖漿
亞洲料理
蘆筍
燈籠椒，如：紅燈籠椒
青江菜
青花菜和芥藍
甘藍，如：中國白菜、大白菜
胡蘿蔔
辣椒，如：哈拉佩諾辣椒、泰國鳥
眼辣椒
芫荽葉
椰奶
黃瓜
咖哩粉和咖哩類
紫紅藻
亞洲茄子
蛋，如：水波蛋
蒜頭
薑
日式料理

主廚私房菜 | DISHES

烤芝麻麵條、自製韓國泡菜、
燜煮蓮藕、芥菜
——綠斑馬（Green Zebra），芝加哥

醬油
菠菜
春捲
翻炒料理
高湯，如：菇蕈高湯、蔬菜高湯
糖
溜醬油
泰式料理
豆腐，如：絹豆腐
蔬菜
越南料理
醋，如：米酒醋、白酒醋
水田芥

對味組合
粉條＋甘藍菜＋胡蘿蔔＋海藻＋
　芝麻
粉條＋芫荽葉＋黃瓜＋蒜頭＋薑
粉條＋芫荽葉＋花生油＋米醋
粉條＋香菇＋菠菜

中式雞蛋麵
Noodles, Chinese Egg
風味：帶有蛋的風味，質地濃醇、
　耐嚼
風味強度：弱－中等
這是什麼：用蛋和小麥作成的中
　式麵條
可行的替代物：以蛋為基底作成
　的義大利麵條

蘆筍
青江菜
胡蘿蔔
中式料理
炒麵
芫荽葉
咖哩類
蒜頭
薑
亞洲綠色蔬菜
撈麵
菇蕈類，如：亞洲菇蕈
油脂，如：辣椒油、芝麻油

豆薯
味醂
味噌，如：黃味噌
菇蕈類，如：香菇
油脂，如：辣椒油、花生油、**芝麻**
　油、蔬菜油
洋蔥
豌豆苗
花生

胡椒，如：黑胡椒、四川花椒
清酒
沙拉，如：涼麵沙拉
嫩青蔥
海菜，如：荒布藻、鹿尾菜、裙帶
　菜
芝麻，如：芝麻油、芝麻籽
湯，如：酸辣湯
東南亞料理

花生和花生醬汁

嫩青蔥

芝麻，如：芝麻油、芝麻醬汁、芝麻籽

湯

醬油

翻炒料理

糖，如：黃砂糖

醋，如：巴薩米克香醋

日本綠茶蕎麥麵
Noodles, Green Tea Soba

風味：帶有綠茶的風味，質地耐嚼

風味強度：弱－中等

這是什麼：添加綠茶的日本蕎麥麵

料理方式：蕎麥麵放入鍋子中，加蓋以沸水煮約4-5分鐘

小祕訣：蕎麥麵被視為美味佳餚，會在特別場合出現。

芫荽葉

黃瓜

毛豆

蒜頭

薑

菇蕈類，如：亞洲菇、黑色喇叭菌、雞油菌、蠔菇、香菇

海苔

芝麻油

花生

醬汁，如：蘸醬

嫩青蔥

芝麻籽

醬油

菠菜

米醋

山葵

對味組合

日本綠茶蕎麥麵＋黃瓜＋花生醬＋嫩青蔥

寒天麵條 Noodles, Kelp

風味：中性，質地彈牙（綠色）或爽脆（透明）

風味強度：弱（透明）—中等（綠色）

這是什麼：用海菜作成的麵條

健康元素：幾乎沒有熱量、碳水化合物和脂肪

無麩質：是

小祕訣：寒天麵條主要有兩種：**透明**（風味清淡、質地爽脆）和**綠色**（帶有海藻風味，且口感如義大利麵般彈牙）。因為寒天麵條在製作過程中不可以加熱超過43℃，所以據說適合作為生食料理。

龍舌蘭糖漿

杏仁果和杏仁果醬

亞洲料理

燈籠椒

青江菜

「*丼飯*」

甘藍菜

胡蘿蔔

腰果和腰果醬

辣椒，如：泰國鳥眼辣椒

辣椒粉和辣椒粉

芫荽葉

黃瓜

蒜頭

綠色蔬菜，如：亞洲綠色蔬菜、沙拉青蔬

檸檬，如：檸檬汁

萊姆

味噌

菇蕈類，如：亞洲菇、蠔菇

油脂，如：**橄欖油**、芝麻油

洋蔥，如：**青蔥**

柳橙

泰式炒河粉

生素食料理

沙拉，如：*綠色蔬菜沙拉、涼麵沙拉*

海菜

芝麻，如：芝麻油、芝麻醬、芝麻籽

紅蔥

紫蘇

荷蘭豆

湯

醬油

菠菜

翻炒料理

塔希尼芝麻醬

溜醬油

羅望子醬

番茄

蔬菜

櫛瓜

對味組合

寒天麵條＋味噌＋柳橙＋海菜＋芝麻籽

寒天麵條＋味噌＋芝麻籽

寒天麵條＋芝麻＋紫蘇＋蔬菜

寒天麵條＋芝麻醬汁＋菠菜

綠豆粉皮
Noodles, Mung Bean（參見粉條）

拉麵 Noodles, Ramen

這是什麼：烘焙或炸過的中式小麥麵條

竹筍

芽菜

青江菜

胡蘿蔔

辣椒，如：乾辣椒

芫荽葉

玉米

黃瓜

茄子

蛋，如：水煮全熟蛋、水波蛋

蒜頭

薑

綠色蔬菜，如：綠葉甘藍

蜂蜜
日式料理
羽衣甘藍
昆布
檸檬香茅
味噌
菇蕈類，如：亞洲菇、香菇、木耳
海苔
油脂，如：菜籽油、葡萄籽油、紅辣椒油、芝麻油
洋蔥
豌豆
酸漬食物
沙拉
鹽，如：猶太鹽
嫩青蔥
海菜
麵筋製品
湯
醬油
芽菜
高湯，如：菇蕈高湯、蔬菜高湯
糖
溜醬油
豆腐
蔬菜
醋，如：雪利酒醋
米酒

對味組合

拉麵＋玉米＋蒜頭＋青蔥＋味噌
拉麵＋薑＋嫩青蔥＋醬油
拉麵＋羽衣甘藍＋菇蕈類＋紅辣椒油＋麵筋製品
拉麵＋羽衣甘藍＋香菇＋醬油＋蔬菜高湯

● 粄條 Noodles, Rice
（亦稱河粉、米線）

這是什麼：米穀粉作成的麵條，通常像義大利細扁麵一樣平
營養學剖繪：95% 碳水化合物／3% 蛋白質／2% 脂肪
熱量：每 1 杯 195 大卡（煮熟的）
蛋白質：2 克
料理方式：浸泡（在熱水裡至變軟）—然後想要的話可以翻炒
小祕訣：在烹飪過程中（例如翻炒時）要用足量的油，以免粄條黏在一起。選擇糙米粄條。

杏仁果
亞洲料理
羅勒和泰國羅勒
豆類，如：四季豆
燈籠椒，如：紅燈籠椒
青江菜
青花菜
甘藍菜，如：紫甘藍菜、皺葉甘藍
胡蘿蔔
腰果
白花椰菜
卡宴辣椒
辣椒，如：哈拉佩諾辣椒、塞拉諾辣椒、泰國鳥眼辣椒；辣椒醬和辣椒醬汁
芫荽葉
椰子
黃瓜
茄子
蛋
中式五香粉
蒜頭
薑

綠色蔬菜，如：芥末葉
海鮮醬
印尼料理
韓式泡菜
萵苣，如：蘿蔓萵苣
萊姆，如：萊姆汁
楓糖漿
薄荷
味噌
菇蕈類，如：亞洲菇、香菇
海苔，如：海帶
油脂，如：橄欖油、花生油、蔥油、芝麻油
洋蔥，如：紅洋蔥
素食泰式炒河粉
歐芹
花生
日式醋汁醬油
沙拉，如：綠色蔬菜沙拉、涼麵沙拉
醬汁，如：是拉差香甜辣椒醬
嫩青蔥
芝麻，如：芝麻油、芝麻醬、芝麻籽
紅蔥
新加坡料理
湯
醬油
芽菜，如：綠豆芽
翻炒料理
蔬菜高湯
糖，如：黃砂糖、棕櫚糖
溜醬油
羅望子
天貝
泰式料理
豆腐，如：老豆腐、豆乾

番茄，如：櫻桃番茄
蔬菜，尤以口感爽脆的蔬菜、綠
　色蔬菜為佳
越南料理
醋，如：巴薩米克香醋或米醋

核桃
荸薺
水田芥
櫛瓜

對味組合

粄條＋杏仁果＋薑＋萊姆＋木瓜＋皺葉甘藍
粄條＋羅勒＋核桃
粄條＋芽菜＋蒜頭＋萊姆＋花生＋嫩青蔥＋羅望子＋豆腐
粄條＋青江菜＋香菇
粄條＋青花菜＋海鮮醬＋花生＋豆腐
粄條＋胡蘿蔔＋黃瓜＋萵苣＋油脂＋嫩青蔥
粄條＋辣椒＋蒜頭＋薑＋豆腐
粄條＋芫荽葉＋歐芹＋芝麻油＋醬油
粄條＋椰子＋茄子＋芥末葉＋香菇
粄條＋蒜頭＋味噌＋芝麻籽
粄條＋薄荷＋櫛瓜

蒟蒻麵、豆腐蒟蒻麵
Noodles, Shirataki And Tofu Shirataki

風味：風味清淡，帶有海洋風味
　（如魚或海鮮），和義大利麵的
　嚼勁（豆腐版本）
風味強度：弱－中等
這是什麼：這些低熱量的麵條是
　用一種山芋製成（有時候也添
　加豆腐，讓風味與質地都與一
　般義大利麵更接近）
健康元素：幾乎沒有熱量
小祕訣：沖洗麵條幾次（3-4次），
　以減少魚腥味或魚味。

燈籠椒，如：紅燈籠椒
青江菜
椰奶
咖哩類，尤以泰式咖哩為佳
咖哩醬和咖哩辛香料

蒜頭
薑
萊姆，如：萊姆汁
味噌
泰式炒河粉
沙拉，如：涼麵沙拉、蔬菜沙拉
醬汁，如：奶油醬汁
嫩青蔥
湯
醬油
翻炒料理
蔬菜高湯
豆腐，如：烤豆腐、豆乾

對味組合

蒟蒻麵＋椰奶＋咖哩辛香料＋豆
　腐
蒟蒻麵＋蔬菜高湯＋萊姆汁

| 主廚私房菜 | DISHES |

拌炒蒟蒻麵：甜辣醃豆腐、熱炒櫛瓜、蓮藕和毛豆
——伍德拉可小屋（The Lodge at Woodloch），賓州豪利

全穀日本蕎麥麵
Noodles, Soba—Whole-Grain

這是什麼：用蕎麥和以小麥為基
　底製成的麵條
營養學剖繪：82% 碳水化合物／
　17% 蛋白質／1% 脂肪
熱量：每1杯115大卡（煮熟的）
蛋白質：6克
小祕訣：日本蕎麥麵煮好後用冷
　水沖洗，以去除澱粉。在較溫
　暖的季節以冷麵出餐，在較冷
　的季節以熱麵出餐。

蘆筍
酪梨
羅勒和泰國羅勒
豆類，如：四季豆
豆豉
燈籠椒，如：紅燈籠椒、黃燈籠椒
青花菜、芥藍花菜和球花甘藍
抱子甘藍
甘藍菜，如：大白菜、紫甘藍、皺
　葉甘藍
胡蘿蔔
腰果
芹菜
茖蔥
辣椒，如：哈拉佩諾辣椒和**辣椒**
　片
芫荽葉
椰奶
玉米
黃瓜
白蘿蔔
日式高湯
蘸料，如：熱高湯
毛豆
茄子
蒜頭
薑
沙拉青蔬
海鮮醬
日式料理
卡非萊姆葉

羽衣甘藍
昆布
檸檬，如：檸檬汁
萵苣，如：蘿蔓萵苣
萊姆
蓮藕
味醂
味噌，如：赤味噌
菇蕈類，如：金針菇、波特貝羅大
　香菇、香菇、野菇
海苔

油脂，如：菜籽油、玉米油、葡萄
　籽油、橄欖油、花生油、**芝麻油**
紅洋蔥
柳橙，如：橙汁
花生和花生醬
豌豆
豌豆苗
醃漬甘藍菜，如：醃漬紫甘藍
李子和梅干醬汁
櫻桃蘿蔔，如：冰柱蘿蔔
清酒

沙拉，如：亞洲沙拉、冷麵沙拉
嫩青蔥
海菜，如：荒布藻、紫紅藻、鹿尾
　菜、裙帶菜
芝麻，如：芝麻油、芝麻醬、芝麻
　籽
荷蘭豆
湯，如：椰子湯、味噌湯
醬油
菠菜
芽菜，如：紫花苜蓿芽、蕎麥苗、
　綠豆芽、葵花籽芽
翻炒料理
高湯，如：蔬菜高湯
糖，如：黃砂糖
甜豌豆
粉絲卷壽司
甘藷
塔希尼芝麻醬
溜醬油，如：低鈉溜醬油
天貝
照燒醬
豆腐，如：板豆腐、絹豆腐、豆乾
番茄，如：櫻桃番茄或葡萄番茄
　（聖女小番茄）和番茄糊
醋，如：蘋果酒醋、巴薩米克香醋、
　米酒醋、白酒醋
山葵
荸薺
水田芥
酒，如：不甜的雪利酒
捲裏料理，如：越南米紙膾卷

對味組合

日本蕎麥麵＋酪梨＋胡蘿蔔＋腰果＋芫荽葉＋花生＋豆腐
日本蕎麥麵＋青花菜＋甘藍菜＋胡蘿蔔＋蓮藕＋荷蘭豆
日本蕎麥麵＋腰果＋金針菇和香菇＋蘿蔓萵苣＋捲裏皮
日本蕎麥麵＋辣椒粉＋蒜頭＋嫩青蔥＋芝麻（油／籽）＋溜醬油
日本蕎麥麵＋芫荽葉＋萊姆＋花生醬＋嫩青蔥
日本蕎麥麵＋黃瓜＋費達乳酪＋檸檬＋歐芹
日本蕎麥麵＋白蘿蔔＋日式高湯＋海苔＋嫩青蔥＋醬油＋山葵
日本蕎麥麵＋干雪利酒＋昆布＋溜醬油
日本蕎麥麵＋蒜頭＋薑＋芫荽葉＋嫩青蔥
日本蕎麥麵＋蒜頭＋薑＋鹿尾菜＋味噌
日本蕎麥麵＋蒜頭＋薑＋花生＋紫甘藍
日本蕎麥麵＋蒜頭＋薑＋米醋＋溜醬油
日本蕎麥麵＋蒜頭＋芝麻醬＋醬油
日本蕎麥麵＋薑＋海藻＋香菇＋醬油
日本蕎麥麵＋綠色蔬菜＋萊姆＋芝麻油＋醬油＋豆腐
日本蕎麥麵＋柳橙＋芝麻＋豆腐

主廚私房菜　DISHES

日式湯麵：以香菇、昆布、生薑和日式醬油熬煮出的傳統日式清
湯，加入日本蕎麥麵趁熱上桌
——安潔莉卡的廚房（Angelica Kitchen），紐約市

堅果好朋友：日本蕎麥麵、腰果、胡蘿蔔、芫荽、哈拉佩諾辣椒花
生醬、酪梨、芝麻油、豆腐、蘿蔓萵苣
——超越壽司（Beyond Sushi），紐約市

日式蕎麥冷麵沙拉：日本蕎麥麵、蔬菜絲、黃瓜、芫荽、芝麻、花生、
花生淋醬
——每日真食（Real Food Daily）洛杉磯

日本蕎麥麵以芝麻油醋醬拌勻後，放在混合綠色蔬菜上，搭配塔
希尼芝麻醬、時令蔬菜和孜然-芝麻黑天貝
——智者咖啡館（Sage's Cafe），鹽湖城

懷石料理的菜單裡，你想要確保
第一道菜就產生震撼力，而且主
菜本身非常出色，那主餐前後的
菜餚應該要平淡一點，來提高主
菜的驚奇。在主餐上桌前，我會
安排一些非常簡單的美味菜餚，
像是日本蕎麥麵。
——上島良太，美好的一日餐廳，紐約市

● 素麵 Noodles, Somen
季節：春－夏，這些季節一般都

是做成冷麵
風味：中性，質地爽口、滑順
風味強度：弱
這是什麼：非常細的全麥麵條
營養學剖繪：87% 碳水化合物／12% 蛋白質／1% 脂肪
熱量：每1杯230大卡（煮熟）
蛋白質：7克
烹調時間：沸煮2分鐘至變軟
小祕訣：煮好後用冷水沖洗，以去除澱粉。

燈籠椒
胡蘿蔔
芹菜
芫荽葉
黃瓜
毛豆
蒜頭
薑
日式料理
韓式料理
萊姆
棕櫚心
木瓜
歐洲防風草塊根
花生和花生醬汁
沙拉，如：涼麵沙拉
蘸醬
嫩青蔥
紫蘇
湯，如：冷湯或熱湯
醬油
蕪菁
醋，如：米醋

烏龍麵 Noodles, Udon

風味：中性，質地柔軟、滑溜
風味強度：弱
這是什麼：小麥製成的粗（扁平或圓）麵條
烹調時間：烹調1-3分鐘（新鮮麵條）或5-7分鐘（乾燥麵條）至變軟
小祕訣：煮好後用冷水沖洗，以去除澱粉。
可行的替代物：義大利細扁麵

龍舌蘭糖漿
杏仁果
四季豆
燈籠椒，如：紅燈籠椒、黃燈籠椒
青江菜
青花菜
甘藍菜，如：大白菜
胡蘿蔔
芹菜
辣椒醬和辣椒片
芫荽葉
椰奶
芝麻涼麵
黃瓜
白蘿蔔
日式高湯
蛋
蒜頭
薑
海鮮醬
蜂蜜
日式料理
昆布

檸檬，如：檸檬汁
楓糖漿
味醂
味噌
菇蕈類，如：亞洲菇、鈕扣菇、義大利棕蘑菇、蠔菇、香菇
海苔
油脂，如：橄欖油、芝麻油
洋蔥
花生、花生醬和花生醬汁
櫻桃蘿蔔
清酒
沙拉，如：亞洲沙拉、冷麵沙拉
蘸醬
嫩青蔥
芝麻，如：芝麻油、芝麻醬、芝麻醬汁、芝麻籽
荷蘭豆
湯，如：以椰奶為基底的湯
醬油
小果南瓜，如：日本南瓜
翻炒料理
高湯，如：菇蕈高湯、蔬菜高湯
甜豌豆
塔希尼芝麻醬
溜醬油
天婦羅
豆腐，如：烘烤豆腐、老豆腐
蔬菜
米醋
山葵
水田芥

對味組合

烏龍麵＋杏仁果＋薑＋菇蕈類＋嫩青蔥
烏龍麵＋青江菜＋味噌＋香菇
烏龍麵＋辣椒膏＋蒜頭＋花生醬＋米醋＋醬油
烏龍麵＋日式高湯＋昆布＋醬油
烏龍麵＋蒜頭＋米醋＋嫩青蔥＋醬油＋塔希尼芝麻醬
烏龍麵＋薑＋菇蕈類＋豆腐
烏龍麵＋味醂＋菇蕈湯＋醬油＋

N

水田芥
烏龍麵＋花生醬＋荷蘭豆
烏龍麵＋米醋＋荷蘭豆＋醬油

海苔 Nori（亦稱紫菜）
[NOR-ee]

風味：鹹，帶有海的風味，質地像
　　手工紙
風味強度：弱（原樣）－中等（焙
　　烤後）
這是什麼：乾燥壓成片狀的海藻，
　　一般用來包壽司、手卷和海苔
　　卷
對健康的助益：容易消化；蛋白
　　質含量高於其他海藻
營養學剖繪：53% 碳水化合物／
　　40% 蛋白質／7% 脂肪
熱量：每 1 片 1 大卡
小祕訣：使用前輕輕焙烤乾海藻

片，在開火的瓦斯爐上揮動，
這樣可以提升風味和質地。在
傳統的壽司餐廳，素食者的選
擇一般包括用帶有黏性的短粒
白米或糙米來捲裹酪梨和／或
黃瓜的壽司。不過，紐約市的
超越壽司餐廳（Beyond Sushi）
的特色就是混合美味、富含鐵
質的六種穀米：裸麥粒、大麥、
珍珠麥、糙米、紅米和黑米。

芝麻菜，如：芝麻菜苗
蘆筍
酪梨
大麥，如：去殼大麥、珍珠麥
豆類，如：法國四季豆
紅燈籠椒
牛蒡
胡蘿蔔

佛手瓜
辣椒粉
芫荽葉
黃瓜
白蘿蔔
蛋，如：蛋捲
醃漬薑
全穀物，如：糙米、去殼大麥、珍
　　珠麥、藜麥、裸麥粒
蒲公英葉
日式料理
奇異果
昆布
日本長壽飲食料理
芒果
味醂
味噌
菇蕈類，如：金針菇、香菇
麵條，如：日本蕎麥麵、烏龍麵

海苔卷
洋蔥
爆米花
米，尤以黑米、糙米、日本米、紅米、
　　短粒米、糯米、壽司米、白米為
　　佳
飯糰
裸麥粒
沙拉，如：豆子沙拉、穀物沙拉、
　　綠色蔬菜沙拉
海鹽
嫩青蔥
海菜
芝麻籽，如：白芝麻籽
紫蘇
荷蘭豆
湯
醬油
菠菜

對味組合

海苔捲組合＝海苔＋糯米＋以下任何一種組合：
苜蓿芽＋酪梨＋甘藷
杏仁果＋菠菜＋豆腐
酪梨＋胡蘿蔔＋黃瓜
酪梨＋佛手瓜＋辣椒＋芫荽葉
酪梨＋黃瓜＋芒果
酪梨＋酸漬薑＋香菇
黃瓜＋白蘿蔔＋梅子醬
黃瓜＋香菇＋菠菜
黃瓜＋豆腐＋山葵
菇蕈類＋照燒醬汁＋豆腐

● 肉豆蔻 Nutmeg

季節：秋－冬
風味：苦／**甜**，帶有丁香和／或
　　肉豆蔻乾皮的辛香料風味
風味強度：弱－**強**
近親：肉豆蔻乾皮
小祕訣：在烹調過程將終了時添
　　加肉豆蔻。因為肉豆蔻具有高
　　飽和脂肪，所以適量添加就好。

蘋果

芽菜，如：紫花苜蓿芽
燉煮料理
純素食壽司
甘藷
溜醬油
天貝
照燒醬
豆腐
梅干和梅干醬
蔬菜
醋，如：糙米醋、米醋
酒
裙帶菜
山葵

焙烤**海苔**，然後磨成海苔粉來作
為調味料，添加到帶有海洋特質
的料理中，例如炸菇蕈。
　　　——艾瑞克‧塔克，千禧餐廳，舊金山

烘焙食物，如：比斯吉、蛋糕、餅乾、
　　酥皮、派
香蕉
胡蘿蔔
熱早餐麥片
乳酪，如：巧達、葛黎耶和、佩科
　　利諾、瑞可達乳酪
乳酪料理，如：乳酪火鍋、舒芙蕾
巧克力
肉桂
丁香

椰奶
鮮奶油和奶類
*甜點，如：乳酪蛋糕、卡士達、布
　　丁*
*飲料，尤以鮮奶油或奶類為基底
　　為佳，如：蛋酒*
蛋和蛋料理，如：鹹派
法式料理
水果，如：水果乾、新鮮水果
薑
苦味綠色蔬菜，如：炒苦味綠色
　　蔬菜
冰淇淋
印度料理
義大利料理，如：醬汁
檸檬
檸檬香茅
肉豆蔻乾皮
奶類
菇蕈類
麵食料理，如：乳酪彎管麵
義式麵食
馬鈴薯，如：馬鈴薯泥
布丁，如：米布丁
南瓜
法國四香粉
米
*醬汁，如：燒烤醬、白醬、**奶油乳
　　酪醬汁**、義式麵食醬汁、番茄
　　醬汁*
湯，如：奶油濃湯
菠菜
小果南瓜，如：冬南瓜
燉煮料理，如：燉煮蔬菜
甘藷
香莢蘭
山芋

我去法國時，注意到我拜訪的每
戶人家都有**肉豆蔻**的味道。我在
馬鈴薯千層派中，添加整顆新鮮
的肉豆蔻。我還會在製作山芋料
理時，在肉桂、月桂葉、百里香和
一些其他食材之外，多添加肉豆

蔻。我也會將肉豆蔻添加到馬鈴薯、奶油、蒜頭和百里香中。肉豆蔻甚至還能用來平衡煎炒菠菜和生菜的苦味。

——肯・拉森，綠色餐桌，紐約市

營養酵母 Nutritional Yeast
（亦暱稱為NOOCH）

風味：鹹香／鮮，帶有乳酪（特別是經焙烤過）、雞高湯（特別是經焙烤過）和／或堅果的濃醇風味

風味強度：弱－中等

這是什麼：是一種失去活性的黃色薄片酵母（注意：營養酵母與啤酒酵母不同）

熱量：每1大匙30大卡

蛋白質：4克

品牌：紅星（Red Star）

杏仁果
葛鬱金
朝鮮薊
大麥
豆類
大蒜麵包
裹粉
青花菜
生腰果
法式砂鍋菜
蕪菜
非乳製品的乳酪，如：堅果製乳酪
蘸料
淋醬
蒜頭，如：新鮮蒜頭、蒜粉
鍋底焦渣醬汁
鷹嘴豆泥醬
海帶粉
檸檬，如：檸檬汁
彎管麵
植物奶
芥末，如：第戎芥末
生堅果，如：腰果、夏威夷堅果

油脂，如：葡萄籽油、橄欖油
洋蔥，如：洋蔥粉
紅椒粉
義式麵食
黑胡椒
披薩
爆米花
馬鈴薯，如：烘烤馬鈴薯
米
沙拉淋醬
沙拉
鹽，如：海鹽
醬汁，如：「奶油」醬汁
芝麻籽
湯
菠菜
抹醬
燉煮料理
蔬菜高湯
溜醬油
百里香
豆腐，如：炒豆腐
薑黃
蔬菜

對味組合

營養酵母＋第戎芥末＋蒜頭＋植物奶

營養酵母＋蒜頭＋檸檬＋芥末

營養酵母＋蒜頭＋洋蔥＋芝麻籽
營養酵母＋義式麵食＋豆奶
營養酵母＋豆腐＋薑黃

我會用老派的作法來製作「肉汁」，先做奶油炒麵糊再添加芳香食材，像是蒜頭和洋蔥。我還添加了兩大風味成分來賦與「肉汁」像是家禽的風味，分別是焙烤過的營養酵母，以及溜醬油而非鹽。

——戴夫・安德森，以前是瑪德連酒館的瑪迪的冰淇淋店，洛杉磯

堅果 Nuts（同時參見
杏仁果、腰果、花生、核桃等）

巴西堅果 Nuts, Brazil

風味：堅果味，帶有熱帶（如椰子、夏威夷堅果）風味，質地非常濃醇

風味強度：中等

熱量：每28.35克185大卡

蛋白質：4克

小祕訣：每天不要吃超過2顆，以免硒過量（可能會中毒）。

蘋果
烘焙食物，如：蛋糕、餅乾、派
熱早餐麥片
巧克力
椰棗
甜點
無花果
綜合堅果
派皮
葡萄乾
沙拉
蔬果昔
作為零食
餡料
什錦乾果

● 夏威夷堅果
Nuts, Macadamia

風味：鹹（特別是加鹽的）／微甜，帶有奶油風味，質地濃醇、濃郁／清脆

風味強度：中等－強

營養學剖繪：88%脂肪／8%碳水化合物／4%蛋白質

熱量：每28.35克205大卡

蛋白質：2克

杏仁果
烘焙食物，如：麵包、餅乾、馬芬
香蕉
青花菜
甘藍菜
辣椒，如：齊波特辣椒
巧克力，如：**黑巧克力、白巧克力**

肉桂
椰子和椰奶
咖啡
甜點
水果乾，如：蔓越莓乾
蒜頭
薑
葡萄
夏威夷料理
榛果
蜂蜜
冰淇淋
奇異果
檸檬
萊姆
芒果
油桃
燕麥和燕麥片
柳橙
美式煎餅
木瓜
梨子
義式青醬
鳳梨
米，如：印度香米、野生米
蘭姆酒
沙拉
莎莎醬，如：鳳梨沙拉醬
醬汁，如：巧克力醬、堅果醬
湯
抹醬
楊桃
翻炒料理
草莓
黃砂糖
紅橘
香莢蘭

對味組合
夏威夷堅果＋巧克力＋咖啡
夏威夷堅果＋椰子＋白巧克力

● 燕麥片、燕麥
Oatmeal And Oats
風味：微甜，帶有堅果味，質地耐嚼和／或濃厚（煮過）
風味強度：弱
這是什麼：全穀
營養學剖繪：70% 碳水化合物／15% 蛋白質／15% 脂肪
熱量：每 28.35 克 110 大卡（生）
蛋白質：5 克
料理方式：沸煮、微滾烹煮
烹調時間：加蓋烹煮石磨燕麥粒 10 分鐘，或傳統燕麥片（亦稱燕麥片）約 10-15 分鐘；雖然預先浸泡可縮短烹煮時間，不過全穀鋼切燕麥粒仍然要 30 分鐘才可煮好
比例：1：2-3（1 杯燕麥對 2-3 杯液體，如杏仁奶或水）
小祕訣：用乳製品（如杏仁奶）替代全部或部分水和／或石磨燕麥粒來做出更濃厚的燕麥片。要做出更有嚼勁的燕麥片，就選用全穀鋼切燕麥粒。想要介於兩者中間的質地嗎？你可能更喜歡傳統燕麥片。全穀脫殼燕麥粒可以用於鹹香料理，如香料飯。

杏仁果
蘋果和蘋果汁
杏桃，如：杏桃乾
烘焙食物，如：比斯吉、麵包、蛋糕、餅乾、馬芬、快速法麵包
香蕉
漿果，如：藍莓、覆盆子
裹粉，如：用於素肉排
奶油
白脫乳
小豆蔻
腰果
芹菜
熱早餐麥片
乳酪，如：帕爾瑪乳酪

肉桂
椰子
鮮奶油
甜點，如：水果脆片和酥粒
蒔蘿
茴香籽
水果乾，如：櫻桃乾、蔓越莓乾、穗醋栗乾、椰棗乾、無花果乾、桃子乾、李子乾、葡萄乾
薑
格蘭諾拉
蜂蜜
愛爾蘭料理
蔬果汁，如：蘋果汁、梨子汁
克非爾奶酒
楓糖漿
美式素肉丸或美式長條素肉團
奶類，牛奶或植物奶，如：杏仁奶、椰子奶、大麻奶、米奶、豆奶
糖蜜
天然穀物麥片
肉豆蔻
堅果，如：杏仁果、腰果、榛果、夏威夷堅果、花生、美洲山核桃、開心果、核桃
* *燕麥片*
油脂，如：椰子油、亞麻籽油、紅花油、芝麻油
柳橙，如：橙汁、碎橙皮
美式煎餅和比利時鬆餅
歐芹
桃子
梨
李子
葡萄乾
鼠尾草
海鹽
蘇格蘭料理
種籽，如：亞麻籽、南瓜籽、芝麻籽、葵花籽
湯，如：愛爾蘭、蘇格蘭的燕麥濃湯，或者用燕麥來使湯更濃稠
蔬菜高湯
糖，如：黃砂糖

什錦乾果
香莢蘭
素食漢堡
優格

對味組合
燕麥＋杏仁果＋肉桂＋水果（如：
　藍莓、櫻桃）＋**楓糖漿**
燕麥＋杏仁奶＋椰棗＋葵花籽
燕麥＋杏仁果＋腰果＋**肉桂＋楓糖
　漿**＋香莢蘭
燕麥＋杏仁果＋肉桂＋優格
燕麥＋杏仁果＋蜂蜜＋葡萄乾
燕麥＋杏仁果＋昆布＋葵花籽
燕麥＋蘋果＋黃砂糖＋**肉桂**＋葡萄
　乾
燕麥＋蘋果＋巧達乳酪
燕麥＋蘋果＋肉桂＋椰棗
燕麥＋蘋果＋肉桂＋蜂蜜＋葡萄乾
燕麥＋蘋果＋蜂蜜＋馬芬
燕麥＋蘋果／梨＋楓糖漿
燕麥＋香蕉＋肉桂＋楓糖漿
燕麥＋香蕉＋楓糖漿＋堅果（如：
　榛果）
燕麥＋黃砂糖＋堅果＋葡萄乾
燕麥＋肉桂＋無花果＋蜂蜜＋香莢
　蘭
燕麥＋肉桂＋楓糖漿
燕麥＋蔓越莓＋堅果（如：榛果、核
　桃）
燕麥＋薑＋李子
燕麥＋蜂蜜＋味噌＋核桃
燕麥＋蜂蜜＋堅果＋葡萄乾
燕麥＋美洲山核桃＋甘藷＋香莢蘭

● **油脂** Oil—In General
實際上所有食用油的熱量每 1 大匙
大約是 120 大卡，脂肪含量高，營養
成分低。
小祕訣：根據預期的用途來選擇油
　品，比方料理收尾用（以特級初
　榨橄欖油來調味），或是低溫、中
　溫或高溫烹調用（如葡萄籽油、
　花生油、紅花油）。始終都要選

擇不含化學物及溶劑、未精煉、較少加工的油品（如「壓榨」或「冷壓」），以及有機玉米油和大豆油。

● 橡實南瓜籽油
Oil, Acorn Squash Seed

風味：褐奶油、栗子、辛香料、小果南瓜和／或焙烤過的核桃的泥土味，質地濃醇

風味強度：中等

小祕訣：用於中等溫度烹調（如煎炒）。

品牌：石溪（Stony Brook）

抱子甘藍
法式砂鍋菜
乳酪，如：軟質乳酪
滷汁醃醬
沙拉
湯，如：*冬季湯*
小果南瓜，尤以冬南瓜為佳，如：橡實南瓜、白胡桃瓜
蔬菜，如：烘烤蔬菜、蒸蔬菜

● 杏仁油 Oil, Almond

風味：杏仁果的風味

風味強度：**弱－中等**

料理方式：烘焙、生食

小祕訣：用於中溫（如烘焙、煎炒）至高溫（如油炸）烹調。

品牌：拉杜藍喬（La Tourangelle）

杏仁果
蘆筍
烘焙食物
中式料理
淋醬
印度料理
萵苣，如：蘿蔓萵苣
芥末
義式麵食
沙拉淋醬，如：油醋沙拉淋醬
沙拉

醬汁
煎炒料理
翻炒料理
蔬菜
醋，如：香檳酒醋

● 摩洛哥堅果油 Oil, Argan

風味：帶有鮮奶油、水果和／或**堅果**的風味，質地濃厚

風味強度：較弱（未焙烤過的）—較強（焙烤過的）

小祕訣：只用在料理收尾時，不用來烹調。

可行的替代物：杏仁果油、榛果油

杏仁果和杏仁膏
羅勒
燈籠椒，如：紅燈籠椒、烘烤燈籠椒
乳酪，如：藍黴、山羊乳酪
鷹嘴豆
巧克力
庫斯庫斯
鮮奶油
黃瓜
甜點
蘸料
蛋，如：*煎蛋、炒蛋*
蜂蜜
鷹嘴豆泥醬
檸檬，如：檸檬汁
扁豆
摩洛哥料理
義式麵食
義式青醬
松子
米
沙拉淋醬和沙拉

醬汁
芝麻，如：芝麻醬、芝麻籽
湯，如：豆子湯、黃瓜湯、扁豆湯、豌豆湯、馬鈴薯湯、蔬菜湯
燉煮料理，如：摩洛哥塔吉鍋燉菜
甘藷
番茄
蔬菜，如：炙烤蔬菜
酸葡萄汁
醋，如：蘋果酒醋、香檳酒醋
優格
中東扎塔香料
櫛瓜

對味組合
摩洛哥堅果油＋杏仁果＋蜂蜜
摩洛哥堅果油＋蜂蜜＋優格
摩洛哥堅果油＋扁豆＋番茄

● 酪梨油 Oil, Avocado

風味：濃郁，帶有酪梨和／或奶油的風味

風味強度：弱

料理方式：乳化、油炸、燒烤、生食、烘烤、煎炒、翻炒

小祕訣：用中溫（如烘焙、煎炒）至高溫（如油炸、翻炒）烹調。

酪梨
芫荽葉
蛋，如：*煎蛋*
水果，如：柑橘類
葡萄柚
檸檬，如：檸檬汁、碎檸檬皮
萊姆，如：萊姆汁、碎萊姆皮
甜瓜
柳橙，如：橙汁、碎橙皮
義式青醬

主廚私房菜	DISHES

無鮮奶油的滑順豆湯搭配酥脆布瑞達乳酪和摩洛哥堅果油
——美利思（Mélisse），加州聖塔莫尼卡

沙拉淋醬
沙拉
蔬菜，如：炙烤蔬菜、烘烤蔬菜
醋，如：水果醋、雪利酒醋、龍蒿
　　醋
優格

對味組合
酪梨油＋芫荽葉＋萊姆汁＋優格

● 亞麻薺籽油
Oil, Camelina Seed
風味：帶有蘆筍、青花菜、白花椰
　　菜、生菜、堅果和／或種籽的
　　風味
風味強度：中等－強
料理方式：烘焙、煎炒、翻炒
小祕訣：保持新鮮的時間比亞麻
　　籽油更長。

蘆筍
烘焙食物，如：馬芬、快速法麵包
甘藍菜
胡蘿蔔
熱早餐麥片
乳酪，如：帕爾瑪乳酪
鷹嘴豆
蒔蘿
蘸料，如：中東茄泥蘸醬、鷹嘴豆
　　泥醬
茄子
蛋，如：*鹹派*
蒜頭，如：*青蒜*
格蘭諾拉麥片
蜂蜜
羽衣甘藍
檸檬，如：*焦糖化檸檬*
滷汁醃醬
芥末，如：*第戎芥末*
義式麵食，如：*蔬菜義式麵食*
黑胡椒
義式青醬
抓飯
米

沙拉淋醬
沙拉
以油脂為基底的醬汁
美式涼拌菜絲，如：涼拌亞洲蔬
　　菜絲、美式涼拌甘藍菜絲
蔬果昔
蔬菜，如：*烘烤蔬菜*
醋，如：*蘋果酒醋、巴薩米克香醋*
櫛瓜

亞麻薺籽油帶有真的吸引人、強
烈、像種籽般的香味。我會將亞
麻薺籽油與焦糖化檸檬和綠蒜頭
搭配在一起。
——喬塞・席特林，美利思餐廳，加州聖
塔莫尼卡

● 芥花油 Oil, Canola
風味：中性
風味強度：弱
這是什麼：來自加拿大（Canada）
　　的菜籽油，這也是芥花油英文
　　名canola的由來
料理方式：烘焙、**油炸**、煎炒
小祕訣：在許多芥花油都用基因
　　改造種籽製成的同時，只用**壓**
　　榨的有機芥花油；否則就完全
　　選擇另一種油。盡量使用新鮮
　　的芥花油，並定期檢查是否腐
　　敗（因為芥花油很快就會有油
　　耗味）。芥花油可以用在中溫
　　（如烘焙）至高溫（如油炸）烹
　　調。用在會掩蓋其他更高價油
　　品風味的重口味菜餚上。

亞洲料理
烘焙食物，如：馬芬、快速法麵包
麵包
辣椒
咖哩類，如：*亞洲咖哩*
蘸料
淋醬
墨西哥料理
美式煎餅

沙拉淋醬
沙拉
醬汁
湯
辣味料理
燉煮料理

● 辣椒油 Oil, Chili
這是什麼：浸漬了辣椒的蔬菜油
　　（如花生油）
小祕訣：在烹調尾聲添加，來為
　　菜餚收尾並增加熱度。

亞洲料理
甘藍菜，如：中國白菜、大白菜
芫荽葉
蒜頭
薑
芒果
亞洲麵條
芝麻油
花生
沙拉淋醬
醬汁，如：蘸醬、花生醬
紅蔥
醬油
糖，如：黃砂糖
甘藷
塌棵菜
醋，如：紅酒醋、米酒醋

對味組合
辣椒油＋米醋＋芝麻油＋醬油＋
糖

● 椰子油 Oil, Coconut
風味：椰子、鮮奶油、堅果和／或
　　香莢蘭的風味，質地濃醇、濃厚
風味強度：弱－中等
料理方式：油炸（因為椰子油的
　　冒煙點高）
小祕訣：選擇初榨、非氫化的椰
　　子油。
品牌：歐米茄（Omega）

龍舌蘭糖漿
杏仁果和杏仁果醬
亞洲料理
烘焙食物，如：蛋糕、餅乾
巧克力和可可粉
椰子
糖果類點心，如：松露狀甜點
芫荽
咖哩類
甜點，如：生甜點
甜甜圈
蒜頭
薑
綠色蔬菜，如：苦味綠色蔬菜
冰淇淋
糖霜
印度料理
萊姆
肉豆蔻
燕麥片
洋蔥
爆米花
嫩青蔥
東南亞料理
翻炒料理
甘藷

對味組合
椰子油＋杏仁果＋可可粉＋椰子
椰子油＋芫荽＋薑

當我用椰子醬來做生食甜點時，我會混合**椰子油**和可可粉來做成松露狀生甜點。
——艾咪·比奇，G禪餐廳，康乃狄克州布蘭福德

烘焙用油的選擇很重要。我會用芥花油、葡萄籽油或**椰子油**來做餅乾。椰子油可以用來做甜甜圈和蛋糕，不過你必須要小心椰子油的風味不要變得太突出。
——費爾南達·卡波比安科，迪瓦思純素烘焙屋，紐約市

椰子油在22°C以上會是液態，低於這個溫度時，會變成固態，質地像是奶油或起酥油。我們要做比司吉時，會把固態椰子油切塊放進麵團裡，這樣會讓比司吉有層次，更容易形成薄片。我們也會把切塊的固態椰子油添加到美式煎餅麵糊裡，會產生發酵的效果，讓我們的美式煎餅清盈蓬鬆，更勝使用芥花油。
——迪娜·賈拉勒，佛姆冰淇淋店和根素食餐廳，麻州奧爾斯頓

● 亞麻籽油 Oil, Flaxseed
對健康的助益：omega-3脂肪酸
小祕訣：據說亞麻籽的木脂素含量甚至比亞麻籽油更高。亞麻籽油加熱後營養會被破壞。亞麻籽油要儲存於冰箱。

朝鮮薊
燈籠椒，如：烘烤紅燈籠椒
麵包
早餐麥片
香料植物
檸檬
第戎芥末
爆米花
稠粥
米
沙拉淋醬
沙拉
醬汁
蔬果昔
抹醬
蘋果酒醋

對味組合
亞麻籽油＋蘋果酒醋＋檸檬汁
亞麻籽油＋香料植物＋紅酒醋

● 葡萄籽油 Oil, Grapeseed
風味：中性，帶有清淡的水果、葡萄和／或堅果風味
風味強度：非常弱
小祕訣：用於高溫烹調，如煎炒。只買冷壓葡萄籽油。
可行的替代物：奶油、芥花油

柑橘類
椰子
香料植物
滷汁醃醬
美乃滋
其他油脂，如：堅果油、橄欖油
沙拉淋醬，如：油醋沙拉淋醬
沙拉
以油脂為基底的醬汁
煸炒料理
醋

橄欖油的風味有時候會太突出，**葡萄籽油**則有一種美妙、溫和的風味，所以我通常會以1：2的比例混用橄欖油與葡萄籽油。
——喬塞·席特林，美利思餐廳，加州聖塔莫尼卡

● 榛果油 Oil, Hazelnut
風味：帶有榛果風味
風味強度：中等－強
小祕訣：用於低溫至中溫（如烘焙、煎炒）烹調，或作為收尾用油。榛果油容易燒焦，使用時要小心。榛果油若開封，冷藏保存幾個月內就要用完。

蘋果
朝鮮薊
烘焙食物
豆類，如：四季豆
漿果，如：黑莓、覆盆子
麵包
青花菜
乳酪，如：新鮮乳酪

菊苣
柑橘類榨汁
甜點，如：糖果類點心、餅乾
蘸料
淋醬
苣菜
無花果
蒜頭
綠色蔬菜，如：苦味綠色蔬菜、蒲
　公英葉
榛果
檸檬，如：檸檬汁
芥末，如：第戎芥末
其他風味較弱的油脂
義式麵食
梨子
柿子
馬鈴薯
米，如：野生米
沙拉淋醬，如：油醋沙拉淋醬
沙拉
醬汁
紅蔥
菠菜
番茄
醋，如：蘋果酒醋、巴薩米克香醋、
　香檳酒醋、水果醋、雪利酒醋、
　龍蒿醋

榛果油搭配朝鮮薊或苣菜是不錯
的組合。
──喬塞・席特林，美利思餐廳，加州聖
塔莫尼卡

● 大麻籽油 Oil, Hemp
風味：帶有堅果和大麻的風味，
　質地濃厚
風味強度：中等─中等／強
對健康的助益：omega-3
小祕訣：保存於冰箱，盡快用完。
　不要加熱。

蒜頭
穀物，如：燕麥、藜麥

蜂蜜
檸檬，如：檸檬汁
芥末，如：第戎芥末
其他風味較弱的油脂
義式青醬
爆米花
沙拉淋醬
沙拉
醬汁
蔬果昔
湯，如：酪梨湯、冷湯
蔬菜
醋，如：巴薩米克香醋

● 檸檬油 Oil, Lemon
風味：檸檬風味
風味強度：強

朝鮮薊
芝麻菜
蘆筍
烘焙食物，如：酥皮
四季豆
甜菜
青花菜和芥藍花菜
胡蘿蔔
乳酪，如：山羊乳酪
辣椒粉
茴香
蒜頭
黑橄欖
歐芹
義式麵食
胡椒，如：黑胡椒
迷迭香
沙拉淋醬，如：檸檬沙拉淋醬
油醋醬
沙拉
百里香

堅果油 Oil, Nut（參見杏仁油、
榛果油、開心果油、核桃油）

● 橄欖油 Oil, Olive
風味：水果和／或橄欖的泥土味，
　質地濃醇
風味強度：較弱（如顏色較淺的
　初榨橄欖油）─較強（如顏色較
　深的特級初榨橄欖油）
料理方式：烘焙、油炸、生食、煎
　炒（小火）
小祕訣：直接使用，或只加熱至
　低溫。選擇顏色較淺、風味較
　清淡的初榨（亦稱「純」）橄欖
　油來烘焙、油炸、燒烤、烘烤和
　煎炒；選用顏色較深、風味較
　強的特級初榨橄欖油來做沙拉
　醬，也可以撒在披薩或普切塔
　這款義式烤麵包上。做沙拉醬
　時，一般醋與特級初榨橄欖油
　的比例是1：3或1：4，不過想
　要攝取少一點食物脂肪（並非
　指熱量）的人，應該考慮用少一
　點油。

杏仁果
芝麻菜
烘焙食物，尤以義式為佳，如：蛋
　糕、餅乾、義大利餡餅
羅勒
豆類，如：白腰豆、白豆
甜菜
麵包和麵包粉
義大利烤麵包片
續隨子
乳酪，如：莫札瑞拉、帕爾瑪、佩
　科利諾乳酪
鷹嘴豆
辣椒
柑橘類
芫荽
玉米粉
孜然
淋醬
茄子
蛋，如：煎蛋
茴香

法式料理，如：普羅旺斯料理
蒜頭
苦味綠色蔬菜和沙拉青蔬
香料植物，如：新鮮香料植物
鷹嘴豆泥醬
義大利料理
檸檬，如：檸檬汁、碎檸檬皮
萊姆，如：萊姆汁、碎萊姆皮
滷汁醃醬
美乃滋
地中海料理
中東料理
摩洛哥料理
菇蕈類，如：波特貝羅大香菇
芥末，如：第戎芥末
其他油脂，如：榛果油、核桃油
橄欖
洋蔥
柳橙，如：橙汁、碎橙皮
歐芹
義式麵食
黑胡椒
義式青醬
松子
披薩
馬鈴薯
迷迭香
沙拉淋醬，如：油醋沙拉淋醬
沙拉，如：豆子沙拉、綠色蔬菜沙拉、托斯卡尼麵包丁沙拉、義大利麵沙拉、馬鈴薯沙拉
鹽
醬汁，如：冷的醬汁
焗炒料理
湯
西班牙料理
百里香
番茄
蔬菜
醋，如：巴薩米克香醋、香檳酒醋、水果醋、紅酒醋、雪利酒醋、白酒醋
核桃

對味組合
橄欖油＋羅勒＋辣椒片＋蒜頭＋番茄
橄欖油＋羅勒＋蒜頭＋帕爾瑪乳酪＋松子
橄欖油＋蒜頭＋歐芹
橄欖油＋蒜頭＋紅酒醋
橄欖油＋鹽＋蔬菜

我可以將1970年代和現代素食烹調的差異總結為三個字：橄欖油。從前通常會在菜餚上覆上滿滿的奶油和鮮奶油。橄欖油讓更多風味能顯露出來，特別是佐以蒜頭和香料植物的料理。
——莫利・卡岑，作家

一旦你愛上了特級初榨橄欖油，就再也容不下其他油品了。我只會用特級初榨橄欖油來替料理收尾。需要高溫烹調時，我則用芥花油、葡萄籽油或紅花油，或者是將其中一些油品混合使用。
——里奇・蘭道，費吉餐廳，費城

● **花生油** Oil, Peanut
風味：中性（一般）—堅果味（烘烤過）
風味強度：弱（一般）—中等／強（一般）
料理方式：**深炸、油炸、燒烤、生食、烘烤、煎炒、翻炒**
小祕訣：用於高溫烹調料理時，使用一般花生油或烘烤過的花生所製成的花生油。要嚴肅看待花生過敏這件事，確認賓客都知道料理中使用花生製品。
品牌：洛利瓦（Loriva）烤花生油

亞洲料理
烘焙食物
中式料理
咖哩類
油炸料理

水果
蒜頭
薑
扁豆
麵條，如：亞洲麵條
義式麵食
花生
沙拉淋醬，如：亞洲沙拉淋醬、水果沙拉淋醬
沙拉，如：水果沙拉
醬汁，如：花生醬汁
嫩青蔥
芝麻，如：芝麻油、芝麻籽
醬油
翻炒料理
豆腐
醋，如：巴薩米克香醋、麥芽醋

對味組合
花生油＋薑＋嫩青蔥＋醬油

● **松子油** Oil, Pine Nut
風味：中性，帶有松子和／或松香的風味
風味強度：弱

羅勒
青花菜和球花甘藍
蕓菜
乳酪，如：帕爾瑪乳酪
辣椒片
蒜頭
歐芹
義式麵食
義式青醬
松子
米
醬汁
醬油
菠菜
餡料
百里香
番茄
醋，如：米醋、酒醋

O

●開心果油 Oil, Pistachio

風味：開心果的風味

風味強度：弱－中等

小祕訣：用於中溫烹調（如烘焙、
　　　煎炒）。

蘋果
蘆筍
酪梨
烘焙食物，如：麵包
甜菜
乳酪，如：山羊乳酪
蘸料
淋醬
蒜頭
葡萄
萵苣
美乃滋
柳橙
義式麵食
梨子
義式青醬
開心果
沙拉淋醬
沙拉
醬汁
番茄
醋，如：巴薩米克香醋、紅酒醋、
　　龍蒿醋
櫛瓜和櫛瓜花

對味組合

開心果油＋柳橙＋開心果

●南瓜籽油 Oil, Pumpkin Seed

風味：堅果的風味，質地非常濃
　　　醇

風味強度：較弱（未焙烤過）－較
　　　強（焙烤過）

對健康的助益：omega-3脂肪酸

小祕訣：不要用南瓜籽油來烹煮。
　　　要將南瓜籽油灑在料理上收尾。

美洲料理

澳洲料理
酪梨
烘焙食物，如：酥皮
柑橘類
玉米
克羅埃西亞料理
甜點
蘸料
淋醬
冰淇淋，如：香莢蘭冰淇淋
印度料理
楓糖漿
滷汁醃醬
墨西哥料理
芥末，如：第戎芥末
其他風味較弱的油脂，如：蔬菜
　　　油
義式麵食
南瓜
南瓜籽
米
沙拉
醬汁
斯洛維尼亞料理
湯
小果南瓜，如：冬南瓜
蔬菜
醋，如：蘋果酒醋、巴薩米克香醋、
　　米酒醋

菜籽油 Oil, Rapeseed
（參見芥花油）

●紅棕櫚油 Oil, Red Palm

風味：煙燻的嗆味，質地介於油
　　　和番茄糊之間

風味強度：中等－強

這是什麼：從棕櫚果實壓榨出來
　　　的油（不要跟棕櫚仁油搞混）

品牌：叢林製品公司（Jungle Prod-
　　　ucts）

西非料理
烘焙食物，如：馬芬

香蕉
辣椒
素辣豆醬
芫荽葉
椰子
庫斯庫斯
咖哩類
蛋和蛋料理
蒜頭
薑
檸檬
萊姆
乳酪彎管麵（為了黃色／橘色）
其他油脂，如：菜籽油、椰子油、
　　中性的油
洋蔥
*自家做義式麵食（為了黃色／橘
　　色）*
大蕉
爆米花
米
沙拉淋醬
醬汁，如：番茄醬汁
湯，如：南瓜湯
番茄和番茄醬汁
蔬菜，如：烘烤蔬菜、炒蔬菜

●紅花油 Oil, Safflower

風味：中性，有時候帶有堅果味，
　　　質地濃醇

風味強度：弱

小祕訣：用於深炸、煎炒、翻炒。
　　　選用高油酸且製程無添加化學
　　　品的紅花油。

近親：葵花家族，如耶路撒冷朝
　　　鮮薊、波羅門參

品牌：洛利瓦（Loriva）、味譜
　　　（Spectrum）

耶路撒冷朝鮮薊
烘焙食物
菊苣
咖哩類
格蘭諾拉麥片

萵苣
麵條，如：亞洲麵條
沙拉淋醬
沙拉
波羅門參
翻炒料理

● 芝麻油 Oil, Sesame

風味： 芳香，帶有堅果風味，質地濃醇

風味強度： 中等（淡色）－強（深色）

這是什麼： 從芝麻壓榨出來的油

小祕訣： 淡色的芝麻油用於低溫至中溫烹調（如烘焙、煎炒），和深色的（烘烤或焙烤過）芝麻油主要作為調味料灑於生食或煮好的料理上收尾。要買新鮮的芝麻油，並在1年內用完。

亞洲料理
烘焙食物
豆類，如：四季豆
中式料理
蘸料和蘸醬
淋醬
蒜頭
薑
穀物
綠色蔬菜
日式料理
韓式料理
檸檬，如：檸檬汁
萊姆，如：萊姆汁
滷汁醃醬
味酥
味噌
芥末，如：第戎芥末
麵條，如：亞洲麵條
其他油脂，如：菜籽油、橄欖油、葵花油
柳橙
義式麵食
南瓜

沙拉淋醬，如：亞洲沙拉淋醬
沙拉，如：亞洲沙拉、綠色蔬菜沙拉、涼麵沙拉
醬汁
芝麻籽
湯，如：味噌湯
醬油
翻炒料理
甜豌豆
溜醬油
豆腐
醋，如：蘋果酒醋、米醋

對味組合
芝麻油＋蒜頭＋薑＋味酥＋醬油

● 葵花油 Oil, Sunflower Seed

風味： 堅果的風味

風味強度： 弱－中等

小祕訣： 用於中溫（如烘焙、煎炒）至高溫（如油炸、翻炒）烹調。由於葵花油通常經過高度精煉和加工，使用葵花油要酌量。此外，不健康的omega-6脂肪酸含量也不低，如果要用葵花油，請找高油酸版本和／或洛利瓦（Loriva）牌。

沙拉淋醬
沙拉，如：綠色蔬菜沙拉、菠菜沙拉
醬汁
葵花籽芽
葵花籽
醋，如：蘋果酒醋、紅酒醋

● 松露油
Oil, Truffle—In General
（即黑松露油或白松露油）

風味： 鮮

風味強度： 中等－強

小祕訣： 松露油可灑在料理上，但並不適合用來烹煮。選擇其中有小片松露的松露油，如厄

巴尼公司（Urbani）

乳酪
蛋
韭蔥
菇蕈類，如：雞油菌、波特貝羅大香菇
義式麵食
馬鈴薯
義式燉飯
沙拉淋醬

● 黑松露油 Oil, Truffle—Black

風味： 鮮

風味強度： 強

蛋
法式料理
滷汁醃醬
菇蕈類
馬鈴薯
沙拉

● 俄勒岡松露油
Oil, Truffle—Oregon

風味： 鮮

這是什麼： 用在俄勒岡找到的松露所製成的油

菇蕈類，如：野菇
義式麵食，尤以義式奶油麵食為佳
披薩
爆米花
馬鈴薯，如：烘烤馬鈴薯、馬鈴薯泥
義式燉飯
醬汁，如：奶油醬汁

● 白松露油 Oil, Truffle—White

風味： 鮮

風味強度： 強

朝鮮薊

蘆筍
蛋，如：炒蛋
義大利料理
滷汁醃醬
菇蕈類，如：牛肝菌
義式麵食，如：義式寬麵、義式麵
　疙瘩
馬鈴薯
義式燉飯

對味組合
白松露油＋菇蕈類＋義式燉飯

● 蔬菜油 Oil, Vegetable
小祕訣：忽略這類無所不在的通
　用名稱「蔬菜油」，根據原料名
　稱用油，這樣你才能確定你吃
　下什麼。

● 核桃油 Oil, Walnut
風味：帶有核桃的泥土味，質地
　濃醇
風味強度：中等－強
對健康的助益：omega-3脂肪酸
小祕訣：出餐前才加在料理上。
　用於低溫至中溫烹調（如烘焙、
　煎炒）。

蘋果
耶路撒冷朝鮮薊

經典沙拉：貝勒斯青蔬、諾加雷拉核桃油、新鮮萊姆、烤核桃和
辣椒絲
　——托波洛萬波（Topolobampo），芝加哥

芝麻菜
蘆筍
烘焙食物，如：麵包、司康餅
甜菜
麵包
芹菜和芹菜葉
乳酪，如：藍黴乳酪
菊苣
柑橘類，如：柑橘類果汁
蘸料
茴菜
闊葉茴菜
茴香
無花果
綠捲鬚苦苣
蒜頭
葡萄
綠色蔬菜，如：苦味綠色蔬菜、蒲
　公英葉、沙拉青蔬
冰淇淋
檸檬，如：檸檬汁
扁豆
第戎芥末
其他風味較弱的油脂，如：橄欖

油
歐芹
義式麵食
桃子
梨子
黑胡椒
柿子
石榴
紫葉菊苣
沙拉淋醬，如：油醋沙拉淋醬
沙拉，如：穀物沙拉、綠色蔬菜沙
　拉
醬汁
紅蔥
番茄
蔬菜，如：炙烤蔬菜
醋，如：巴薩米克香醋、香檳酒醋、
　蘋果酒醋、紅酒醋、雪利酒醋、
　龍蒿醋、白酒醋
核桃

對味組合
核桃油＋藍黴乳酪＋芹菜＋梨子
　＋核桃

替代油脂 Oil Substitutes
小祕訣：當烘焙甜點（如蛋糕、餅
　乾、杯子蛋糕、馬芬等等）時，
　將食譜中所用的油品以等量水
　果泥替代。你可以用蘋果泥或
　其他水果泥（如香蕉、李子乾、
　南瓜），甚至是用深色的黑眉豆
　泥來烘焙甜點，如布朗尼和巧
　克力蛋糕。煎炒蒜頭、洋蔥或
　其他蔬菜時，用蔬菜高湯來替
　代油。

選擇你的用油

料理方式	最佳用油
不加熱	杏仁果油、酪梨油、亞麻籽油、榛果油、南瓜油、紅花油、葵花油、核桃油
小火烹煮（如烘焙、煎炒）	椰子油、玉米油、橄欖油、花生油、芝麻油
中火烹煮（如較大火烘焙、煎炒）	芥花油、葡萄籽油、紅花油
大火烹煮（如油炸、翻炒）	芥花油、玉米油、花生油、紅花油、葵花油

●秋葵 Okra

季節：夏－秋

風味：苦／酸，帶有朝鮮薊、蘆筍和／或茄子的風味，質地有時候稍微黏滑

風味強度：中等－強

營養學剖繪：71%碳水化合物／21%蛋白質／8%脂肪

熱量：每½杯20大卡（高溫水煮）

蛋白質：1克

料理方式：烘焙、汆燙、沸煮、燜煮、裹粉、深炸、油炸、燒烤、醃滷、醃漬、高壓烹煮、煎炒、微滾烹煮、蒸煮、燉煮

小祕訣：為了將秋葵可能的黏性降到最小，先放到鹽水裡汆燙，再放入冰水中搖晃。不要用黃銅鍋、銅鍋或鐵鍋烹調秋葵，否則秋葵會變黑。

非洲料理

杏桃乾

羅勒

豆類，如：四季豆

燈籠椒，如：綠燈籠椒、紅燈籠椒、黃燈籠椒

布格麥片

奶油

加勒比海料理

卡宴辣椒

芹菜

鷹嘴豆

辣椒、辣椒片、辣椒醬和辣椒粉

芫荽葉

肉桂

椰子

芫荽

玉米和玉米粉

克利歐料理

黃瓜

孜然

咖哩類

咖哩粉

蒔蘿

茄子

衣索比亞料理

茴香

葛拉姆馬薩拉

蒜頭

薑

粗粒玉米粉

秋葵海鮮湯

蜂蜜

印度料理

檸檬，如：檸檬汁

萊姆

地中海料理

中東料理

薄荷

菇蕈類

芥末籽

肉豆蔻

油脂，如：葡萄籽油、**橄欖油**、芝麻油

洋蔥，如：青蔥、紅洋蔥

柳橙

歐芹

黑胡椒

大蕉

馬鈴薯

普羅旺斯燉菜

米，如：長粒米

沙拉

鹽，如：猶太鹽

醬汁，如：熱醬汁（如：塔巴斯科辣椒醬）、**番茄醬汁**

湯

美國南方料理

燉煮料理

甘藷

百里香

***番茄**

薑黃

醋

優格

對味組合

秋葵＋豆類＋米

秋葵＋燈籠椒＋咖哩粉＋紅洋蔥

秋葵＋黑胡椒＋檸檬汁

秋葵＋玉米＋番茄

秋葵＋玉米粉＋橄欖油＋洋蔥

秋葵＋蒜頭＋薑＋番茄

秋葵＋薑＋番茄

秋葵＋馬鈴薯＋燉煮料理＋番茄

秋葵與肉桂、杏桃乾、檸檬汁和番茄一起燉煮時，會釋出黏度到醬汁中，結合成這令人無法抗拒的組合。

——黛安·弗里，蓬勃烘焙公司，紐約州斯卡斯代爾

●橄欖或綜合橄欖

Olives—In General, or Mixed

風味：苦、**鹹**和／或酸

風味強度：弱／中等－強（視品種而定）

營養學剖繪：88%脂肪／10%碳水化合物／2%蛋白質（高鈉）

熱量：每顆橄欖4大卡

杏仁果

朝鮮薊，如：球狀朝鮮薊、耶路撒冷朝鮮薊

芝麻菜

蘆筍

酪梨

烘焙食物，如：麵包、義大利扁麵包

羅勒

月桂葉

O

韭蔥
檸檬，如：檸檬汁、碎檸檬皮
美乃滋
地中海料理
摩洛哥料理
義式三明治
菇蕈類
堅果
橄欖油
洋蔥，如：紅洋蔥
柳橙，如：橙汁、碎橙皮
奧勒岡
紅椒粉
歐芹
義式麵食，如：細扁麵、直麵
胡椒，如：黑胡椒、白胡椒
義式青醬
松子
披薩
義式粗玉米糊
馬鈴薯，如：新馬鈴薯
普羅旺斯料理
米
義式燉飯
迷迭香
沙拉，如：豆子沙拉、切碎沙拉、穀物沙拉、希臘沙拉、尼斯沙拉、義大利麵沙拉
莎莎醬
鹽，如：猶太鹽、海鹽
三明治
醬汁，如：義式麵食醬汁、（素食）普塔內斯卡醬汁
菠菜
抹醬
橄欖醬
百里香
番茄和日曬番茄乾
番茄
烤蔬菜
醋，如：紅酒醋、雪利酒醋
核桃
櫛瓜

豆類，如：黑眉豆、白腰豆、蠶豆、四季豆
燈籠椒，尤以烘烤燈籠椒為佳
麵包
續隨子
西西里島燉菜
白花椰菜
瑞士甜菜
乳酪，如：費達、凱斯利、帕爾瑪乳酪
鷹嘴豆
辣椒，如：哈拉佩諾辣椒和辣椒片
芫荽葉
柑橘類
芫荽

庫斯庫斯
孜然
蘸料
茄子
蛋，如：魔鬼蛋、義式蛋餅、水煮全熟蛋、半熟水波蛋
莧菜
茴香
無花果
蒜頭
穀物
希臘料理
綠色蔬菜，如：沙拉青蔬
香料植物
鷹嘴豆泥醬
羽衣甘藍

對味組合

橄欖＋芝麻菜＋無花果＋帕爾瑪乳酪
橄欖＋蘆筍＋羅勒
橄欖＋羅勒＋豆腐＋番茄
橄欖＋甜菜＋費達乳酪
橄欖＋甜菜＋橄欖＋柳橙
橄欖＋續隨子＋蒜頭＋洋蔥＋奧勒岡＋番茄
橄欖＋續隨子＋檸檬汁＋橄欖油
橄欖＋續隨子＋番茄
橄欖＋辣椒粉＋蒜頭＋檸檬＋迷迭香
橄欖＋茴香＋柳橙
橄欖＋費達乳酪＋蒜頭＋菠菜
橄欖＋蒜頭＋檸檬＋迷迭香
橄欖＋香料植物＋檸檬
橄欖＋柳橙＋歐芹＋松子
橄欖＋義式麵食＋松子＋番茄

卡拉瑪塔橄欖
Olives, Kalamata
[kah-lah-MAH-tah]
風味：鹹，帶有水果和／或紅酒的風味，質地濃醇、似肉
風味強度：強
這是什麼：以加鹽的鹹醋水來醃漬的黑色或深紫色希臘橄欖

朝鮮薊心
羅勒
燈籠椒
續隨子
西西里島燉菜
南歐洲刺菜薊
瑞士茶菜
乳酪，如：費達乳酪
鷹嘴豆
辣椒粉
黃瓜
孜然
蒜頭
希臘料理
香料植物
韭蔥
檸檬，如：檸檬汁、碎檸檬皮
味噌

菇蕈類
第戎芥末
橄欖油
洋蔥
柳橙，如：碎橙皮
奧勒岡
紅椒粉
歐芹
義式麵食，如：細扁麵、尖管麵、管狀麵
橄欖醬
黑胡椒
披薩
義式粗玉米糊
馬鈴薯，如：紅肉馬鈴薯
迷迭香
沙拉淋醬
沙拉，如：希臘沙拉、菠菜沙拉
海鹽
醬汁，如：義式麵食醬汁、普塔內斯卡醬汁
嫩青蔥
菠菜
抹醬
橄欖醬
豆腐，如：老豆腐、嫩豆腐
番茄和番茄醬汁

番茄乾
醋，如：紅酒醋
干烈酒

對味組合

卡拉瑪塔橄欖＋朝鮮薊心＋日曬番茄乾
卡拉瑪塔橄欖＋羅勒＋續隨子
卡拉瑪塔橄欖＋燈籠椒＋黃瓜＋費達乳酪＋番茄
卡拉瑪塔橄欖＋續隨子＋義式麵食＋番茄
卡拉瑪塔橄欖＋辣椒片＋蒜頭＋檸檬＋橄欖油＋柳橙＋奧勒岡
卡拉瑪塔橄欖＋第戎芥末＋蒜頭＋檸檬
卡拉瑪塔橄欖＋蒜頭＋迷迭香

曼薩尼亞橄欖 Olives, Manzanilla（亦稱西班牙橄欖）
風味：鹹，帶有堅果（特別是杏仁果）和／或煙燻風味，質地厚實、濃醇、似肉
風味強度：中等－強
這是什麼：浸漬過鹽水的短小綠色西班牙橄欖

杏仁果，如：西班牙杏仁果
雞尾酒，如：馬丁尼
蒜頭
橄欖油
西班牙櫻桃辣椒
披薩
沙拉
西班牙料理

尼斯橄欖 Olives, Niçoise
風味：酸，帶有堅果風味，質地濃醇
風味強度：弱－中等
這是什麼：產自南法的小黑橄欖
可行的替代物：卡拉瑪塔橄欖

豆類，如：四季豆、白豆

O

法式料理，尤以普羅旺斯料理為佳
香料植物
檸檬，如：檸檬汁、碎檸檬皮
萵苣，如：蘿蔓萵苣
洋蔥
柳橙，如：血橙
橄欖醬
馬鈴薯
迷迭香
沙拉，如：尼斯沙拉、蔬菜沙拉
鹽
橄欖醬
百里香

皮肖利橄欖 Olives, Picholine
風味：帶有茴芹和／或堅果風味，
　　口感清脆
風味強度：中等
這是什麼：產自南法的綠橄欖

朝鮮薊
酪梨
月桂葉
鷹嘴豆
柑橘類，如：檸檬、柳橙
茴香
法式料理，尤以普羅旺斯料理為
　　佳
蒜頭
檸檬
芥末
橄欖油
洋蔥，如：紅洋蔥
柳橙
沙拉，如：蛋沙拉、茴香沙拉、綠
　　色蔬菜沙拉
百里香
醋

● 洋蔥或綜合洋蔥
Onions—In General, or Mixed
季節：全年，特別是秋季
風味：甜（焦糖化更甜），帶有刺
　　鼻風味

風味強度：較弱（煮熟）—更強（生
　　食）
這是什麼：蔬菜
營養學剖繪：90% 碳水化合物（高
　　糖分）／8% 蛋白質／2% 脂肪
熱量：每1杯65大卡（生食）
蛋白質：2克
料理方式：烘焙（60-90分鐘）、沸
　　煮、燜煮、炙烤、焦糖化、深炸、
　　油炸、燒烤、醃漬、高壓烹煮、
　　烘烤、煎炒、蒸煮、翻炒
小祕訣：洋蔥能增加食慾，且幾
　　乎能搭配所有鹹香食物。
近親：蘆筍、細香蔥、蒜頭、韭蔥、
　　紅蔥

蘋果，如：蘋果酒、果實、蘋果汁
荒布藻
芝麻菜
酪梨
大麥和珍珠麥
羅勒
月桂葉
豆類，如：黑眉豆、四季豆、腰豆、
　　花豆、白豆
甜菜
燈籠椒
黑眼豆
麵包粉
麵包，如：義大利扁麵包
奶油
焦糖化洋蔥
小豆蔻

胡蘿蔔
法式砂鍋菜
白花椰菜
卡宴辣椒
芹菜
芹菜籽
蒸菜
乳酪，如：藍黴、巧達、法國乳酪、
　　蓽德、愛蒙塔爾、費達、山羊乳
　　酪、豪達、**葛黎耶和**、非乳製品
　　乳酪、**帕爾瑪**、佩科利諾、**瑞士**
　　乳酪
栗子
鷹嘴豆
辣椒
素辣豆醬
肉桂
丁香
糖煮水果
油封料理
芫荽
玉米
庫斯庫斯
鮮奶油
法式酸奶油
酥脆麵包丁
咖哩類
咖哩粉
椰棗
蒔蘿
蘸料
茄子
蛋，如：義式蛋餅、水煮全熟蛋、

蛋捲、鹹派
茴香和茴香籽
無花果
法式料理，如：法式湯品、法式餡餅
綠捲鬚苦苣
蒜頭
全穀物
鍋底焦渣醬汁
綠色蔬菜，如： 苦味綠色蔬菜（如：綠葉甘藍）或沙拉青蔬
蜂蜜
羽衣甘藍
檸檬，如： 檸檬汁、碎檸檬皮
扁豆
馬德拉酒
墨角蘭
奶類
薄荷
味噌
菇蕈類，如： 牛肝菌
第戎芥末
肉豆蔻
油脂，如：橄欖油
橄欖
奧勒岡

對味組合

洋蔥＋芝麻菜＋法國乳酪＋無花果
洋蔥＋酪梨＋蒜頭＋*沙拉*
洋蔥＋燈籠椒＋馬鈴薯
洋蔥＋苦味蔬菜＋醬油
洋蔥＋黑胡椒＋肉豆蔻＋瑞士乳酪
洋蔥＋黑胡椒＋油脂＋番茄糊＋蔬菜高湯
洋蔥＋藍黴乳酪＋核桃
*洋蔥＋胡蘿蔔＋芹菜
洋蔥＋乳酪＋酥脆麵包丁＋蒜頭＋蔬菜高湯
洋蔥＋鮮奶油＋第戎芥末
洋蔥＋費達乳酪＋橄欖
洋蔥＋蒜頭＋薄荷＋巴薩米克白醋
洋蔥＋檸檬＋歐芹
洋蔥＋歐芹＋溜醬油
洋蔥＋迷迭香＋醋
洋蔥＋百里香＋醋

歐芹
歐洲防風草塊根
義式麵食，如： 細管狀麵
胡椒，如： 黑胡椒、白胡椒
派
松子
披薩
義式粗玉米糊
罌粟籽
馬鈴薯
南瓜
藜麥
葡萄乾
醃漬小菜
米，如： 阿勃瑞歐米、糙米、野生米
義式燉飯
迷迭香
鼠尾草
沙拉淋醬
沙拉
鹽，如：猶太鹽、海鹽
三明治
醬汁
香薄荷
紅蔥

雪利酒
酸模
湯，如：洋蔥湯、蔬菜湯
醬油
菠菜
小果南瓜，如：金線瓜
燉煮料理
高湯，如：蔬菜高湯
填餡洋蔥，如：搭配乳酪、香料植物和／或米
糖（比如一撮）
鹽膚木
甘藷
塔希尼芝麻醬
溜醬油
洋蔥餡餅
百里香
番茄和番茄糊
蔬菜，如：根莖蔬菜
素食漢堡
醋，如： 巴薩米克香醋、紅酒醋、雪利酒醋、龍蒿醋、巴薩米克白醋
核桃
酒，如：干紅酒或白酒
優格
櫛瓜

奇波利尼洋蔥
Onions, Cipollini
風味：甜
料理方式：釉汁、燒烤、烘烤

月桂葉
肉桂
蜂蜜
義大利料理
串燒
橄欖油
其他洋蔥
義式麵食
葡萄乾
迷迭香
鼠尾草

沙拉
醬汁
紅蔥
蔬菜高湯
糖，如：黃砂糖
百里香
醋，如：巴薩米克香醋、香檳酒醋、
　雪利酒醋
干紅酒

綠洋蔥 Onions, Green
（參見嫩青蔥）

珍珠洋蔥 Onions, Pearl
風味：甜
風味強度：弱

麵包粉
抱子甘藍
牛蒡
胡蘿蔔
法式砂鍋菜
鮮奶油
蒜頭
穀物，如：大麥、庫斯庫斯
焗烤料理
串燒
扁豆
菇蕈類，如：牛肝菌、波特貝羅大
　香菇
油脂，如：橄欖油
歐芹
義式麵食
馬鈴薯
米
迷迭香
沙拉
醬汁
紅蔥
湯，如：菇蕈湯
菠菜
燉煮料理
高湯，如：菇蕈高湯、蔬菜高湯
天貝

醋，如：巴薩米克香醋

對味組合
珍珠洋蔥＋鮮奶油＋菠菜

紅洋蔥 Onions, Red
（同時參見洋蔥）
風味：微甜，質地比黃洋蔥還厚
　實、乾燥
風味強度：弱
料理方式：可以用在沙拉裡生食，
　還可以燒烤、烘烤
小祕訣：紅洋蔥的風味平淡，很
　適合搭配水果，以及其他更平
　淡和／或更甜的蔬菜和莢果，
　更不用說在沙拉和莎莎辣醬或
　三明治和素食漢堡中生食有多
　搭配。

酪梨
豆類，如：黑眉豆
甜菜
胡蘿蔔
白花椰菜
芹菜
乳酪，如：藍黴、費達、山羊乳酪、
　傑克、帕爾瑪乳酪
鷹嘴豆
芫荽葉
蛋，如：義式蛋餅
茴香
水果，如：蘋果、芒果、甜瓜、柳橙、
　木瓜、桃子、鳳梨
蒜頭
薑
蜂蜜
豆薯
檸檬，如：檸檬汁
萊姆，如：萊姆汁、碎萊姆皮
楓糖漿
味噌，如：濃味噌或赤味噌
菇蕈類，如：波特貝羅大香菇
橄欖油
橄欖

洋蔥圈
柳橙，如：橙汁、碎橙皮
歐芹
黑胡椒
披薩
馬鈴薯
墨西哥餡料薄餅
沙拉，如：綠色蔬菜沙拉、馬鈴薯
　沙拉、番茄沙拉
莎莎醬，如：水果莎莎醬、番茄莎
　莎醬
鹽，如：猶太鹽、海鹽
湯
冬南瓜，如：白胡桃瓜
蔬菜高湯
甘藷
百里香
番茄
素食漢堡
醋，如：巴薩米克香醋、紅酒醋、
　米酒醋、雪利酒醋、白酒醋
酒，如：干紅酒

對味組合
紅洋蔥＋巴薩米克香醋＋橄欖油
紅洋蔥＋羅勒＋番茄
紅洋蔥＋辣椒＋芫荽葉＋橄欖油
　＋醋
紅洋蔥＋辣椒＋玉米＋蒜頭＋萊
　姆＋番茄
紅洋蔥＋玉米＋番茄
紅洋蔥＋蔓越莓＋薑＋柳橙
紅洋蔥＋費達乳酪＋松子
紅洋蔥＋豆薯＋柳橙
紅洋蔥＋檸檬＋橄欖油＋帕爾瑪
　乳酪＋歐芹＋沙拉
紅洋蔥＋萊姆＋薄荷
紅洋蔥＋味噌＋蔬菜高湯
紅洋蔥＋紅酒醋＋百里香

● 春日洋蔥 Onions, Spring
（同時參見青蔥）
小祕訣：春日洋蔥同時指青蔥（小
　且溫和）和嫩青蔥（較小且較溫

和）這兩種未成熟的洋蔥。兩者通常可以替換使用。

維達利亞洋蔥 Onions, Vidalia

季節：春－夏
風味：甜－非常甜，質地多汁
風味強度：弱－中等
這是什麼：喬治亞州的「州菜」，以世界最甜的洋蔥而聞名

羅勒
麵包粉
乳酪，如：藍黴、山羊乳酪、帕爾瑪乳酪
蒜頭
第戎芥末
橄欖油
黑胡椒
松子
鹽
醬汁
填餡洋蔥
百里香
醋，如：巴薩米克香醋、紅酒醋
干白酒
櫛瓜

●柳橙、●柳橙汁和碎橙皮
Oranges, Orange Juice,
And Orange Zest

季節：全年，特別是冬季
風味：酸／**甜**，質地非常多汁
風味強度：中等－強
營養學剖繪：91% 碳水化合物／7% 蛋白質／2% 脂肪
熱量：每個中型柳橙65大卡
蛋白質：1克
料理方式：低溫水煮、生食
小祕訣：購買有機柳橙。檸檬能

讓柳橙的風味更突出。
近親：葡萄柚、金桔、檸檬、萊姆
可行的替代物：地中海寬皮柑、橘子、紅橘

茴芹籽
蘋果
杏桃
阿瑪涅克白蘭地
芝麻菜
亞洲料理
蘆筍
酪梨
烘焙食物，如：蛋糕、馬芬、快速法麵包、司康餅、餡餅
香蕉
大麥，如：珍珠麥
羅勒
豆類，如：黑眉豆、白豆
甜菜
漿果，如：藍莓、覆盆子、草莓
飲品，如：蔬果汁、西班牙水果酒、蔬果昔
白蘭地
青花菜和芥藍花菜
布格麥片
甘藍菜，如：紫甘藍
小豆蔻
胡蘿蔔
芹菜根
熱早餐麥片
乳酪，如：奶油乳酪、**費達**、山羊乳酪
鷹嘴豆
辣椒粉
辣椒，如：齊波特辣椒
中式料理（在地食材）
細香蔥
巧克力，如：黑巧克力、白巧克力

芫荽葉
肉桂
其他柑橘類水果，如：**葡萄柚、檸檬、萊姆**
丁香
椰子
糖煮水果
芫荽
庫斯庫斯
蔓越莓
鮮奶油
孜然
白蘿蔔
椰棗
甜點，如：布丁
莙菜
闊葉莙菜
茴香
無花果
水果乾和新鮮水果
蒜頭
薑
綠色蔬菜，如：蒲公英葉、沙拉青蔬
義式葛瑞莫拉塔調味料
蜂蜜
辣根
豆薯
奇異果
萵苣，如：畢布萵苣
柳橙香甜酒，如：君度橙酒、金萬利香橙甜酒
芒果
楓糖漿
滷汁醃醬
柑橘果醬
馬士卡彭乳酪
綜合生菜
小米
薄荷
味噌
菇蕈類，如：香菇、野菇
第戎芥末
亞洲麵條

O

堅果，如：**杏仁果、腰果、榛果、**
花生、**美洲山核桃、松子、開心**
果、核桃
油脂，如：**橄欖油**、葵花油
橄欖，如：黑橄欖、卡拉瑪塔橄欖
洋蔥，如：青蔥、紅洋蔥、維塔莉
亞洋蔥
血橙
木瓜
歐芹
歐洲防風草塊根
梨子
黑胡椒
鳳梨
李子

石榴
南瓜
藜麥
紫葉菊苣
櫻桃蘿蔔
大黃
米和野生米
迷迭香
蕪菁甘藍
鼠尾草
沙拉淋醬
沙拉，如：酪梨沙拉、胡蘿蔔沙拉、
水果沙拉、綠色蔬菜沙拉
醬汁
嫩青蔥

麵筋製品
芝麻，如：芝麻油、芝麻籽
紅蔥
蔬果昔，如：漿果蔬果昔、鳳梨蔬
果昔
荷蘭豆
湯，如：水果湯
雪碧冰
醬油
菠菜
小果南瓜，如：白胡桃瓜
八角
楊桃
翻炒料理
糖，如：黃砂糖
甘藷
溜醬油
豆腐
蕪菁
香莢蘭
醋，如：巴薩米克香醋、香檳酒醋、
蘋果酒醋、紅酒醋、米酒醋、雪
利酒醋、白酒醋
水田芥
酒，如：紅酒
山芋
優格

對味組合
柳橙＋杏仁果＋畢布萵苣＋豆薯
柳橙＋杏仁果＋椰棗＋無花果
柳橙＋芝麻菜＋榛果
柳橙＋蘆筍＋庫斯庫斯
柳橙＋酪梨＋甜菜
柳橙＋酪梨＋黑眉豆＋紅洋蔥
柳橙＋巴薩米克香醋＋甜菜＋茴香
柳橙＋大麥＋茴香＋櫻桃蘿蔔
柳橙＋黑眉豆＋藜麥
柳橙＋胡蘿蔔＋薑
柳橙＋腰果＋米
柳橙＋鷹嘴豆＋庫斯庫斯＋茴香
柳橙＋辣椒粉＋蒜頭＋薑＋醬油
柳橙＋芫荽葉＋豆薯
柳橙＋肉桂＋蜂蜜＋梨子
柳橙＋蔓越莓＋梨子
柳橙＋蒲公英葉＋松子
柳橙＋茴香＋橄欖
柳橙＋茴香＋歐芹
柳橙＋茴香＋核桃
柳橙＋茴香＋水田芥＋白豆
柳橙＋費達乳酪＋菠菜
柳橙＋薑＋米酒醋
柳橙＋山羊乳酪＋石榴＋核桃
柳橙＋蜂蜜＋迷迭香
柳橙＋美洲山核桃＋紫葉菊苣
柳橙＋芝麻＋菠菜

● 血橙 Oranges, Blood
（同時參見柳橙）
季節：冬－春
風味：酸／甜，帶有覆盆子的風
味
風味強度：中等

杏仁果
芝麻菜
酪梨
甜菜
飲品，如：蔬果汁、含羞草雞尾酒
抱子甘藍
焦糖
乳酪，如：藍黴、費達、山羊乳酪
菊苣

辣椒
巧克力，如：白巧克力
芫荽葉
肉桂
其他柑橘類，如：萊姆、柳橙
丁香
鮮奶油
甜點，如：水果餡餅
茴菜
茴香
穀物，如：藜麥
葡萄柚
沙拉青蔬
蜂蜜
冰／冰沙
豆薯
奇異果
金桔
檸檬
萵苣，如：蘿蔓萵苣
芒果
薄荷
油脂，如：橄欖油
橄欖，如：黑橄欖
紅洋蔥
木瓜
石榴
罌粟籽
櫻桃蘿蔔，如：黑櫻桃蘿蔔
沙拉淋醬
沙拉，如：水果沙拉、綠色蔬菜沙拉
莎莎醬
醬汁
菠菜
糖，如：黃砂糖
紅橘
百里香
香莢蘭
醋，如：巴薩米克香醋、風味較溫和的醋
核桃
水田芥
氣泡酒，如：香檳

對味組合
血橙＋芝麻菜＋甜菜＋核桃
血橙＋黑橄欖＋茴香＋檸檬汁＋橄欖油

● 橘子 Oranges, Mandarin
季節：秋－春
風味：甜／酸，帶有柳橙風味，質地非常多汁
風味強度：中等
這是什麼：地中海寬皮柑和紅橘是橘子的變種，橘子又是柳橙較小顆的變種
營養學剖繪：90% 碳水化合物／5% 蛋白質／5% 脂肪
熱量：每顆中型橘子50大卡（生）
蛋白質：1克
料理方式：炙烤、生食
近親和可行的替代物：地中海寬皮柑、柳橙、紅橘

龍舌蘭糖漿
杏仁果
香蕉
羅勒
漿果
焦糖
腰果
乳酪蛋糕
辣椒膏
中式料理
細香蔥
黑巧克力
芫荽葉
椰子

糖煮水果
蔓越莓
鮮奶油
薑
沙拉青蔬
榛果
海鮮醬
冰淇淋
豆薯
金桔
檸檬，如：檸檬汁
萵苣，如：蘿蔓萵苣
萊姆
芒果
薄荷
肉豆蔻
油脂，如：亞麻籽油、橄欖油
洋蔥，如：紅洋蔥
柳橙，如：碎橙皮
歐芹
桃子
梨子
美洲山核桃
黑胡椒
米
沙拉淋醬
沙拉，如：水果沙拉、綠色蔬菜沙拉、菠菜沙拉
莎莎醬
醬汁
紅蔥
雪碧冰
菠菜
草莓
糖，如：黃砂糖

主廚私房菜 | DISHES

酥皮搭配焦糖和地中海寬皮柑冰淇淋、烤榛果和苦甜巧克力
——帕妮絲之家（Chez Panisse），加州柏克萊

開悟亞洲沙拉：甜地中海寬皮柑、有機毛豆，以及活力有機綜合青蔬拌杏仁果片、紫甘藍、胡蘿蔔、黃瓜和番茄，搭配自家芝麻薑汁油醋醬
——野花（Wildflower），紐澤西州米爾維爾鄉

餡餅
番茄
醋，如：香檳酒醋、雪利酒醋
優格

對味組合
橘子＋芫荽葉＋萊姆＋洋蔥＋番茄

● **奧勒岡** Oregano
風味：苦（特別是希臘奧勒岡）／微甜（特別是義大利奧勒岡），帶有花、藥草、檸檬和／或墨角蘭的刺鼻味
風味強度：中等（義大利＜希臘）－強（墨西哥）
小祕訣：乾燥奧勒岡要在開始烹調時就添加，新鮮奧勒岡要在烹調尾聲才添加。奧勒岡的變化性很大，從較溫和到較辣、較刺激都有。義大利奧勒岡比希臘或墨西哥甜，也較溫和。
近親：羅勒、薰衣草、墨角蘭、薄荷、迷迭香、鼠尾草、夏季香薄荷、百里香

羅勒
乾燥豆類，如：黑眉豆、白豆
燈籠椒、紅燈籠椒和黃燈籠椒，尤以烘烤為佳
續隨子
卡宴辣椒
乳酪，如：費達、軟質乳酪、白乳酪
鷹嘴豆
辣椒，如：紅辣椒
素辣豆醬
芫荽葉
柑橘類，如：檸檬、柳橙
玉米
孜然
茄子
蛋，如：蛋捲
茴菜

茴香
蒜頭
穀物
希臘料理
義大利料理
串燒
檸檬，如：檸檬汁、碎檸檬皮
滷汁醃醬
墨角蘭
地中海料理
墨西哥料理
中東料理
菇蕈類
第戎芥末
橄欖油
橄欖
洋蔥
柳橙
義式麵食
黑胡椒
披薩
馬鈴薯
米
沙拉淋醬
沙拉，如：希臘沙拉
海鹽
醬汁，尤以義式麵食、**披薩醬汁**、番茄醬汁為佳
嫩青蔥
湯，如：義式蔬菜湯、菠菜湯、番茄湯、優格湯
美國西南方料理
夏南瓜
冬南瓜
燉煮料理
餡料
塔希尼芝麻醬
番茄和番茄醬汁
蔬菜，如：烘烤蔬菜、炒蔬菜、夏季蔬菜
櫛瓜

對味組合
奧勒岡＋白腰豆＋櫛瓜

奧勒岡＋費達乳酪＋沙拉＋番茄
奧勒岡＋蒜頭＋檸檬＋沙拉淋醬
奧勒岡＋檸檬汁＋橄欖油＋滷汁醃醬

墨西哥奧勒岡
Oregano, Mexican
風味：苦，帶有花、藥草、檸檬和／或墨角蘭的刺鼻味
風味強度：強
小祕訣：在開始烹調時就添加。
可行的替代物：土荊芥

豆類，如：黑眉豆
墨西哥捲餅
中美洲料理
辣椒，如：青辣椒
素辣豆醬
辣椒粉
孜然
安吉拉捲
墨西哥玉米捲
蒜頭
墨西哥料理
洋蔥
紅椒粉
莎莎醬
醬汁
湯
美國西南方料理
辣味料理
燉煮蔬菜
墨西哥塔可餅
美式墨西哥料理

有機產品 Organic Produce
小祕訣：無論何時都盡可能選擇有機產品，尤其是當你要購買的蔬果是美國環境工作組織（Environmental Working Group，EWG）列入「Dirty Dozen Plus」的十幾樣蔬果中。這是指受化學污染影響最嚴重的蔬果，分別是**蘋果、燈籠椒、芹菜、櫻桃**

番茄、辣椒、綠葉甘藍、黃瓜、葡萄、羽衣甘藍、油桃（進口）、桃子、馬鈴薯、菠菜、草莓和夏南瓜。

EWG指出：富含水果和蔬菜的飲食對健康的益處大於曝露在農藥下的風險。使用EWG的《農產品污染導購指南》（EWG's Shopper's Guide to Pesticides）來盡可能減少曝露於農藥下的風險，但是吃傳統種植法生產的蔬果還是比不吃要好很多。

義大利米粒麵 Orzo
（參見義大利米粒麵）

● 棕櫚心 Palm, Hearts of

風味：微甜，帶有朝鮮薊心、竹筍和／或堅果的泥土味，質地軟嫩、呈層狀但厚實

風味強度：弱

這是什麼：龍鱗櫚的樹莖心

營養學剖繪：59% 碳水化合物／22% 蛋白質／19% 脂肪

熱量：每1杯40大卡（罐裝）

蛋白質：4克

料理方式：汆燙、燒烤、醃滷、生食、煎炒、煎上色、蒸煮、燉煮、翻炒

小祕訣：以質地來說，可作為海鮮（如螃蟹）的替代品，以風味來說，可作為白蘆筍的替代品。

杏仁果，如：馬科納杏仁果
朝鮮薊和朝鮮薊心
芝麻菜
蘆筍
酪梨
燈籠椒
麵包粉
紫甘藍
胡蘿蔔
腰果
卡宴辣椒

芹菜
中美洲料理
乳酪，如：蒙契格乳酪
芫荽葉
玉米
哥斯大黎加料理
蛋類料理
蘸料
蒜頭
全穀物
香料植物
豆薯
海帶
拉丁美洲料理

檸檬，如：檸檬汁、碎檸檬皮
檸檬香茅
扁豆
萵苣，如：蘿蔓萵苣
萊姆，如：萊姆汁、碎萊姆皮
芒果
美乃滋
菇蕈類，如：香菇
芥末，如：第戎芥末
亞洲麵條，如：素麵
油脂，如：橄欖油、蔬菜油
美國 Old Bay 品牌調味料
洋蔥，如：青蔥、紅洋蔥
柳橙和血橙

主廚私房菜	DISHES

椰子大蒜湯搭配日式柴燒夏威夷棕櫚心
——布里餐廳（Bouley Restaurant），紐約市

波士頓畢布萵苣、紅色水田芥、新鮮夏威夷棕櫚心、杏鮑菇絲沙拉
——布里餐廳（Bouley Restaurant），紐約市

「蟹肉餅」：棕櫚心／蘋果／甜菜／辣根鮮奶油（如上圖）
——十字街口（Crossroads），洛杉磯

咖哩野米和夏威夷棕櫚心：海蘆筍天婦羅、茗荷刨片
——丹尼爾（DANIEL），紐約市

棕櫚心——法式咖哩方麵餃：西西里島燉茄子、芫荽嫩葉
——丹尼爾（DANIEL），紐約市

棕櫚心沙拉：蘿蔓萵苣、番茄、棕櫚心、酪梨、烤杏仁油醋將和蒙契格乳酪刨片
——古堡旅店咖啡館（El Parador Café），紐約市

夏威夷棕櫚心搭配紅橘、豌豆苗、黃瓜、羅望子油醋醬
——諾拉（Nora），華盛頓特區

夏威夷棕櫚心、檸檬香茅玉米泥、菲律賓番茄撈麵、醃漬玉米
——費吉（Vedge），費城

P

奧勒岡

木瓜

歐芹

黑胡椒

鳳梨

沙拉，如：*綠色蔬菜沙拉、涼麵沙拉*

鹽

嫩青蔥

湯

南美洲料理

對味組合

棕櫚心＋杏仁果＋酪梨＋蒙契格乳酪＋蘿蔓萵苣＋番茄

棕櫚心＋蘆筍＋羅勒＋香菇

棕櫚心＋酪梨＋黑橄欖＋松子＋番茄

棕櫚心＋酪梨＋芒果

棕櫚心＋酪梨＋柳橙

棕櫚心＋卡宴辣椒＋鹽

棕櫚心＋鷹嘴豆＋番茄

棕櫚心＋芫荽葉＋豆薯＋檸檬＋柳橙

棕櫚心＋蒜頭＋香料植物＋萊姆＋橄欖油

棕櫚心＋美乃滋＋芥末＋海苔＋美國 Old Bay 品牌調味料＋*蛋類料理*

● 棕櫚起酥油 Palm Shortening

風味：中性

風味強度：弱

這是什麼：脂肪

料理方式：深炸

品牌：味譜有機公司（Spectrum Organics），或其他通過英國林業諮詢公司「森林專家」（Pro-Forest）認證的小農生產、非氫化、有機、永續性的起酥油，這樣就能確保可持續獲取棕櫚油，並符合嚴格的社會、環境和技術標準。

烘焙食物，如：*蛋糕、餅乾、酥粒、麵皮*

甜點

薯條，如：*炸薯條*

糖霜

菠菜

抹醬

抱子甘藍

蔬菜高湯

墨西哥塔可餅

紅橘

百里香

番茄，如：櫻桃番茄、葡萄番茄（聖女小番茄）

油醋醬

醋，如：巴薩米克香醋

我會用**棕櫚起酥油**和純素糖粉、一點點豆奶來做糖霜。如果我想有香氣，就會添加一些橙花純露或玫瑰純露。

——亞倫・伍，天擇餐廳，奧勒岡州波特蘭市

● 木瓜 Papaya（亦即紅肉木瓜）

季節：夏－秋

風味：**甜／酸**，帶有甜瓜的麝香風味，質地柔軟、多汁（成熟時）

風味強度：弱－中等

營養學剖繪：92% 碳水化合物／5% 蛋白質／3% 脂肪

熱量：每 1 杯 55 大卡（生食、切小塊）

蛋白質：1 克

料理方式：烘焙、燒烤、生食、煎炒

小祕訣：避免使用明膠，因為水果

酵素會妨礙明膠凝固。

龍舌蘭糖漿

芝麻菜

酪梨

香蕉

豆類，如：黑眉豆

紅燈籠椒，尤以烘烤為佳

漿果，如：覆盆子、草莓

加勒比海料理

胡蘿蔔

卡宴辣椒

乳酪，如：墨西哥乳酪

辣椒，如：安佳辣椒、哈拉佩諾辣椒和辣椒醬

印度甜酸醬

芫荽葉

肉桂

柑橘類，如：葡萄柚、**檸檬**、＊**萊姆**

椰子

黃瓜

孜然

咖哩類

白蘿蔔

蒜頭

薑

葡萄柚

沙拉青蔬

蜂蜜

冰淇淋

果醬

豆薯

奇異果

薰衣草

檸檬香茅

萵苣

芒果

滷汁醃醬

甜瓜，如：洋香瓜、蜜露瓜

薄荷

肉豆蔻

堅果，如：杏仁果、腰果、夏威夷堅果、花生

橄欖油
紅洋蔥
柳橙,如:果實、橙汁、碎橙皮
百香果
桃子
鳳梨
米
沙拉淋醬
沙拉,如:水果沙拉
莎莎醬
鹽
嫩青蔥
紅蔥

對味組合
木瓜＋香蕉＋蜂蜜
木瓜＋香蕉＋芒果＋香茅蘭＋優格
木瓜＋香蕉＋柳橙
木瓜＋燈籠椒＋芫荽葉＋萊姆＋洋蔥
木瓜＋卡宴辣椒＋芫荽葉＋**萊姆**
木瓜＋卡宴辣椒＋綠色蔬菜＋豆薯＋檸檬＋**萊姆**
木瓜＋辣椒＋芫荽葉＋薑
木瓜＋辣椒＋芒果＋薄荷＋鳳梨
木瓜＋芫荽葉＋芒果＋嫩青蔥
木瓜＋椰子＋米
木瓜＋薑＋萊姆
木瓜＋薑＋芒果＋柳橙
木瓜＋蜂蜜＋薄荷＋優格
木瓜＋豆薯＋柳橙＋紅洋蔥
木瓜＋奇異果＋芒果＋鳳梨
木瓜＋萊姆＋芒果＋薄荷＋柳橙
木瓜＋萊姆＋薄荷
木瓜＋百香果＋覆盆子
木瓜＋草莓＋優格

● 青木瓜 Papaya, Green
風味:微甜,質地結實、清脆、但又充滿水分(如同蘋果或黃瓜)
風味強度:非常弱
料理方式:切絲
小祕訣:青木瓜(未成熟的木瓜)通常都作為蔬菜食用,而成熟的木瓜則是作為水果食用。

泰國羅勒
四季豆
胡蘿蔔
辣椒,如:新鮮紅辣椒和辣椒醬
黃瓜
蒜頭
薑
萵苣,如:波士頓萵苣、奶油萵苣
萊姆,如:萊姆汁

蔬果昔
雪碧冰
醬油
菠菜
綠豆芽
糖,如:黃砂糖
越式春捲
豆腐
番茄
墨西哥玉米薄餅
香茅蘭
醋,如:米酒醋、龍蒿醋
優格

薄荷
紅洋蔥
花生
沙拉,如:泰式沙拉
醬油
糖,如:黃砂糖、棕櫚糖
溜醬油
羅望子
泰式料理
番茄,如:櫻桃番茄
米醋

對味組合
青木瓜＋辣椒＋蒜頭＋**萊姆＋花生**
青木瓜＋四季豆＋萊姆＋花生＋番茄
青木瓜＋萊姆＋花生＋泰國羅勒

● 紅椒粉 Paprika
(同時參見煙燻紅椒粉)
風味:苦／微甜(和有時候辣,取決於品種),帶有泥土味／水果香／和嗆味
風味強度:弱(如甜紅椒粉)－強(如辣紅椒粉或煙燻紅椒粉)
這是什麼:細磨成粉的乾辣椒
小祕訣:匈牙利紅椒粉一般是用風乾紅甜椒製成。試試看在火上方煙燻過的**煙燻紅椒粉**來替料理增添煙燻風味。
近親:燈籠椒、辣椒、茄子、鵝莓、馬鈴薯、黏果酸漿、番茄

黑眉豆
卡宴辣椒
乳酪
辣椒和辣椒粉
素辣豆醬
芫荽葉
芫荽
玉米
孜然
魔鬼蛋

東歐料理，如：**匈牙利料理**
蛋，如：水煮全熟蛋、蛋捲
蒜頭
素食匈牙利紅燴牛肉
匈牙利料理
檸檬
萊姆
滷汁醃醬
菇蕈類，如：填餡菇蕈類
洋蔥
柳橙
奧勒岡
美洲山核桃
黑胡椒
馬鈴薯
濃湯
米
沙拉淋醬
沙拉，如：彎管麵沙拉、馬鈴薯沙拉
醬汁，如：鮮奶油醬汁、番茄醬汁
德國酸菜
湯
酸奶油
美國西南方料理
西班牙料理，尤以煙燻為佳
紅椒粉
抹醬
燉煮料理
醬牛肉，如：菇蕈醬牛肉
甘藷
德州料理
番茄
薑黃
蔬菜，如：巴薩米克香醋、雪利酒醋

對味組合
紅椒粉＋菇蕈類＋酸奶油

● **煙燻紅椒粉** Paprika, Smoked
（亦是西班牙紅椒粉或
維拉地區的西班牙紅椒粉）
風味：苦／微甜（和有時候辣，取

決於品種），帶有肉和／或煙燻的風味
風味強度：中等－強
小祕訣：將煙燻紅椒粉添加到液體或湯品中之前，先以熱油迅速加熱，以釋出風味。

杏仁果
酪梨
燈籠椒，如：紅燈籠椒、烘烤燈籠椒
法式砂鍋菜
鷹嘴豆
芫荽
孜然
茄子
蛋，如：烘蛋、魔鬼蛋、水煮全熟蛋、炒蛋
蒜頭
綠色蔬菜，如：綠葉甘藍
鷹嘴豆泥醬
羽衣甘藍
莢果，如：豆類（如：黑眉豆、腰豆、白豆）、黑眼豆、**鷹嘴豆**、扁豆、去莢乾燥豌豆瓣
檸檬，如：檸檬汁
菇蕈類，如：波特貝羅大香菇
堅果
橄欖油
洋蔥
柳橙
西班牙燉飯，如：菇蕈燉飯、素食燉飯
義式麵食
馬鈴薯
米
根莖蔬菜，如：胡蘿蔔、蕪菁甘藍
沙拉淋醬
海鹽

酥脆鷹嘴豆、煙燻紅椒粉和檸檬
——餐＆飲餐廳（FnB Restaurant），亞利桑那州斯科茨代爾

醬汁，如：西班牙紅椒堅果醬、番茄醬汁、優格醬汁
素食西班牙辣香腸（如：麵筋製品＋橄欖油＋煙燻紅椒粉）
麵筋製品
湯，如：豆子湯、鷹嘴豆湯、羽衣甘藍湯、扁豆湯、去莢乾燥豌豆瓣湯、番茄湯、蔬菜湯、冬南瓜湯
酸奶油
西班牙料理
燉煮料理
蔬菜高湯
甘藷
塔希尼芝麻醬
天貝培根
番茄
優格

對味組合
煙燻紅椒粉＋蒜頭＋橄欖油＋麵筋製品

西班牙紅椒粉 Paprika, Spanish
（參見煙燻紅椒粉）

● **歐芹** Parsley
風味：甜，帶有芹菜、香料植物、檸檬和／或胡椒的澀味、泥土味
風味強度：**弱**（捲葉歐芹）—弱／中等（平葉歐芹或義大利香芹）
料理方式：新鮮、煎炒
小祕訣：歐芹最好選擇新鮮的（非乾燥過）。可用來替其他香料植物和辛香料提升風味。在烹調收尾時再添加。咀嚼歐芹枝可以讓你的呼吸變清新。不要忘了歐芹莖具有大量風味，諸

瑪餐廳（Noma）的主廚（René Redzepi）會在冬天煎炒歐芹莖，認為它們「非常美妙」。

近親：茴芹、葛縷子、**胡蘿蔔、芹菜、芹菜根**、細葉香芹、芫荽、孜然、**蒔蘿、茴香、歐芹根、歐洲防風草塊根**

杏仁果
蘋果
朝鮮薊
酪梨
中東茄泥蘸醬
大麥
羅勒
月桂葉
豆類，如：黑眉豆、四季豆
甜菜
紅燈籠椒
法國香草束
麵包粉
布格麥片
奶油
甘藍菜
續隨子
胡蘿蔔
白花椰菜
芹菜根
乳酪，如：凱斯利、帕爾瑪乳酪
細葉香芹
鷹嘴豆
辣椒和辣椒粉
青醬
細香蔥
芫荽葉
玉米
庫斯庫斯
黃瓜
孜然
蘸料
茄子
蛋，如：**水煮全熟蛋、蛋捲**
芭菜
茴香和茴香籽

細香料植物
蒜頭
薑
鍋底焦渣醬汁
沙拉青蔬
其他香料植物
鷹嘴豆泥醬
莢果
檸檬，如：檸檬汁、碎檸檬皮
扁豆
歐當歸
墨角蘭
地中海料理
中東料理
薄荷
摩洛哥料理
菇蕈類
麵條
橄欖油
橄欖
洋蔥
柳橙，如：橙汁、碎橙皮
歐洲防風草塊根
義式麵食，如：*寬麵、細扁麵、尖管麵、直麵*
豌豆
黑胡椒
義式青醬
松子
披薩
馬鈴薯
櫻桃蘿蔔
米
迷迭香
沙拉淋醬
沙拉，如：*蛋沙拉、綠色蔬菜沙拉、歐芹沙拉、義大利麵沙拉、馬鈴薯沙拉、米沙拉、麥粒番茄生菜沙拉*
莎莎醬，如：*綠莎莎醬*
海鹽
三明治
醬汁，如：*青醬、歐芹醬汁、義式麵食醬汁*

香薄荷
嫩青蔥
紅蔥
酸模
湯，如：*豆子湯、胡蘿蔔湯、洋蔥湯*
菠菜
小果南瓜，如：夏南瓜、冬南瓜（如：白胡桃瓜）
燉煮料理
高湯，如：*蔬菜高湯*
餡料
鹽膚木
甘藷
麥粒番茄生菜沙拉或中東歐芹沙拉佐布格麥片
龍蒿
百里香
番茄和日曬番茄乾
醋，如：巴薩米克香醋、紅酒醋、雪利酒醋
核桃
櫛瓜

對味組合
歐芹＋朝鮮薊＋蒜頭
歐芹＋麵包粉＋奶油＋蒜頭＋紅蔥
歐芹＋布格麥片＋檸檬＋薄荷＋番茄
歐芹＋續隨子＋蒜頭＋**檸檬**＋橄欖油
歐芹＋辣椒片＋蒜頭＋橄欖油＋醋
歐芹＋蒜頭＋義式葛瑞莫拉塔調味料**＋檸檬**
歐芹＋蒜頭＋檸檬＋薄荷＋橄欖油＋核桃

我喜歡用歐芹來調味。義式歐芹燉飯非常美味，顏色和風味都充滿生氣。我不只會用歐芹的葉片，也會使用莖和根。歐芹莖可以替料理增加很棒的口感，我會

用在湯品來添加清脆口感。歐芹根則與歐洲防風草塊根的草本性相似，我偏好製成泥或烘烤過再添加到湯品中。大家也要記得除了平葉歐芹，還有很多其他品種的歐芹。我對捲葉歐芹十分著迷，這種歐芹經常被忽略，帶有幾乎近似芹菜的強烈風味。美國曾有一段時間如果料理上沒有楔形柳橙角和捲葉歐芹是不能出餐的。

——克里斯多福·貝茲，法謝爾飯店餐廳，賓州米爾福德鎮

歐芹根 Parsley Root

季節：冬季

風味：芳香，帶有胡蘿蔔、芹菜、芹菜根、歐芹和／或歐洲防風草塊根的泥土味

風味強度：中等－強

這是什麼：根菜類

料理方式：沸煮、燜煮、刨絲、搗成糊狀、打泥、烘烤、煎炒、蒸煮、燉煮

近親：茴芹、葛縷子、**胡蘿蔔**、芹菜、**芹菜根**、細葉香芹、**蒔蘿**、**茴香**、**歐芹**、歐洲防風草塊根

可行的替代物：胡蘿蔔、芹菜根、歐洲防風草塊根、蕪菁

蘋果
月桂葉
豆類，如：白腰豆、白豆
奶油
葛縷子籽
胡蘿蔔
白花椰菜

芹菜
乳酪，如：帕爾瑪乳酪
栗子
鮮奶油
法式酸奶油
歐洲料理，尤以中歐和東歐為佳
茴香
蒜頭
焗烤料理
雜燴
榛果
檸檬，如：檸檬汁
楓糖漿
馬鈴薯泥
菇蕈類，如：雞油菌、刺蝟菇
橄欖油
洋蔥
柳橙，如：碎橙皮
歐芹
黑胡椒
抓飯
馬鈴薯
濃湯，如：歐洲防風草塊根濃湯、馬鈴薯濃湯
法式調味蛋黃醬
鼠尾草
沙拉
鹽，如：猶太鹽
醬汁，如：青醬
紅蔥
美式涼拌菜絲
湯，如：芹菜根湯、馬鈴薯湯
小果南瓜，如：白胡桃瓜
燉煮料理，如：燉煮蔬菜
蔬菜高湯
百里香

松露，如：黑松露
蕪菁
其他根莖蔬菜
醋，如：香檳酒醋
水田芥
干白酒

對味組合
歐芹根＋蒜頭＋橄欖油

● 歐洲防風草塊根 Parsnips

季節：秋－春

風味：甜，帶有芹菜、香料植物和／或堅果的泥土味，質地滑順、像馬鈴薯的漿糊狀（已熟）

風味強度：中等－**強**

這是什麼：根菜類，就像是灰白的胡蘿蔔

營養學剖繪：91%碳水化合物／5%蛋白質／4%脂肪

熱量：每½杯55大卡（高溫水煮、切片）

蛋白質：1克

料理方式：烘焙、汆燙、沸煮、燜煮、深炸、油炸、刨絲、燒烤、搗成糊狀、高壓烹煮、打泥、烘烤、煎炒、微滾烹煮（15-20分鐘）、蒸煮

小祕訣：為了要有最佳的風味和質地，選擇幼嫩、柔嫩的歐洲防風草塊根。

近親：茴芹、葛縷子、**胡蘿蔔**、芹菜、芹菜根、細葉香芹、**蒔蘿**、茴香、歐芹、歐芹根

多香果
茴芹籽
蘋果、蘋果酒和蘋果汁
烘焙食物，如：麵包、蛋糕、馬芬、派
羅勒
月桂葉
豆類
麵包粉

主廚私房菜	DISHES

無乳大蒜杏仁湯、歐芹根和歐芹泥搭配香菇
——布里餐廳（Bouley Restaurant），紐約市

歐芹根泥搭配菊芋白醬燉肉：刺蝟菇、酸葡萄汁醃漬芹菜、可可豆刨片
——丹尼爾（DANIEL），紐約市

主廚私房菜	DISHES

歐洲防風草塊根可樂餅、歐肯納根蘋果、自家煙燻熟成巧達乳酪、愛爾淡啤酒醬汁
——橡子（The Acorn），溫哥華

油封歐洲防風草塊根搭配皺葉甘藍、煎炒杏鮑菇、焦糖化洋蔥
——丹尼爾（DANIEL），紐約市

歐洲防風草塊根湯搭配椰子、萊姆和薄荷
——尚-喬治（Jean-Georges），紐約市

焦黑歐洲防風草塊根搭配大蒜、西班牙杏仁果、豆乾、百里香和檸檬
——李子小酒館（Plum Bistro），西雅圖

奶油和褐化奶油
續隨子
焦糖
小豆蔻
胡蘿蔔
芹菜、芹菜葉和芹菜籽
芹菜根
佛手瓜
乳酪，如：奶油乳酪、帕爾瑪乳酪
細葉香芹
歐洲防風草塊根脆片
細香蔥
芫荽葉
肉桂
丁香
椰子
芫荽
庫斯庫斯
鮮奶油
法式酸奶油
孜然
咖哩，如：咖哩粉、咖哩辛香料和*咖哩類*
椰棗
甜點，如：蛋糕、卡士達
蒔蘿
蛋
茴香
蒜頭
印度酥油
薑

焗烤料理
苦味綠色蔬菜，如：蒲公英葉、芥末葉
馬鈴薯煎餅
蜂蜜
辣根
鷹嘴豆泥醬
羽衣甘藍
韭蔥
檸檬，如：檸檬汁、碎檸檬皮
扁豆
萵苣
萊姆，如：萊姆汁、碎萊姆皮
肉豆蔻乾皮
楓糖漿
墨角蘭
美乃滋
牛奶或**植物奶**，如：杏仁奶、米奶、豆奶
薄荷
味噌
菇蕈類，如：牛肝菌、波特貝羅大香菇、香菇
芥末，如：第戎芥末、全穀芥末粉
肉豆蔻
堅果，如：杏仁果、榛果、美洲山核桃、**核桃**
油脂，如：亞麻籽油、葡萄籽油、榛果油、**橄欖油**、花生油、芝麻油、葵花油、核桃油
洋蔥，如：珍珠洋蔥、紅洋蔥、黃

洋蔥
柳橙，如：橙汁、碎橙皮
美式煎餅
紅椒粉
歐芹
義式麵食，如：義式麵疙瘩、方麵餃
梨子
胡椒，如：黑胡椒、白胡椒
馬鈴薯
南瓜
濃湯，如：*胡蘿蔔濃湯、歐洲防風草塊根濃湯、馬鈴薯濃湯、南瓜濃湯*
米和芹菜根米（芹菜根製成的米替代品）
其他根莖蔬菜，如：胡蘿蔔、芹菜根、蕪菁甘藍、蕪菁
迷迭香
蕪菁甘藍
鼠尾草
沙拉，如：歐洲防風草塊根沙拉、蔬菜沙拉
海鹽
香薄荷
嫩青蔥
芝麻，如：芝麻油、芝麻籽
紅蔥
美式涼拌菜絲
酸模
湯和法式濃湯，如：*鮮奶油濃湯、扁豆湯、歐洲防風草塊根湯、馬鈴薯湯、冬季蔬菜湯*
酸奶油
冬南瓜
八角
燉煮料理
蔬菜高湯
糖，如：黃砂糖
甘藷
龍蒿
百里香
豆腐，如：絹豆腐
薑黃

素食的風味搭配：列表 397

蕪菁
香莢蘭
其他根莖蔬菜
醋，如：巴薩米克香醋、蘋果酒醋、
　米醋、雪利酒醋、白酒醋
酒，如：干紅酒
優格

我做的**歐洲防風草塊根**果醬是用
香莢蘭和米酒醋來調味。
──馬克‧李維，重點餐廳，紐約州薩拉
納克湖

對味組合

歐洲防風草塊根＋多香果＋杏仁果＋肉桂＋香莢蘭
歐洲防風草塊根＋杏仁果＋蜂蜜＋鼠尾草
歐洲防風草塊根＋蘋果＋肉桂＋美洲山核桃
歐洲防風草塊根＋蘋果＋甘藷
歐洲防風草塊根＋黑胡椒＋奶油
歐洲防風草塊根＋焦糖＋奶油乳酪＋核桃
歐洲防風草塊根＋胡蘿蔔＋蒔蘿＋馬鈴薯
歐洲防風草塊根＋胡蘿蔔＋蕪菁甘藍＋甘藷
歐洲防風草塊根＋芹菜根＋馬鈴薯
歐洲防風草塊根＋栗子＋菇蕈類＋帕爾瑪乳酪
歐洲防風草塊根＋肉桂＋丁香＋薑＋肉豆蔻
歐洲防風草塊根＋椰子＋萊姆＋薄荷
歐洲防風草塊根＋芫荽＋孜然＋薑
歐洲防風草塊根＋孜然＋柳橙
歐洲防風草塊根＋咖哩＋優格
歐洲防風草塊根＋蒜頭＋洋蔥＋番茄
歐洲防風草塊根＋薑＋柳橙汁／碎橙皮
歐洲防風草塊根＋蜂蜜＋迷迭香
歐洲防風草塊根＋蜂蜜＋芝麻（油／籽）＋醬油
歐洲防風草塊根＋韭蔥＋檸檬＋歐芹＋馬鈴薯
歐洲防風草塊根＋扁豆＋根莖蔬菜
歐洲防風草塊根＋楓糖漿＋美洲山核桃
歐洲防風草塊根＋楓糖漿＋百里香
歐洲防風草塊根＋馬鈴薯＋南瓜
歐洲防風草塊根＋馬鈴薯＋香菇

如果我要供應滑順的**歐洲防風草塊根**濃湯，我會讓料理中有其他歐洲防風草塊根的風味，例如，同時有煮熟和生的歐洲防風草塊根、炸歐洲防風草塊根片和油封過的歐洲防風草塊根「奶油」。我會不斷思考新方法來讓更多歐洲防風草風味再次進到料理中，例如自油封歐洲防風草塊根取出歐洲防風草塊根油，然後添加到湯裡重新乳化。將一切加在一起後，風味會變得更有衝擊性。
──亞倫‧伍，天擇餐廳，奧勒岡州波特蘭市

● **百香果** Passion Fruit

風味：甜／酸，帶有番石榴、蜂
　蜜、茉莉香米和／或香莢蘭的
　風味，凝膠狀的果肉充滿了清
　脆的種籽
風味強度：中等－強
營養學剖繪：86% 碳水化合物／
　8% 蛋白質／6% 脂肪
熱量：每1杯230大卡（生食）
蛋白質：5克
料理方式：烘焙、烹煮、打泥、生
　食
小祕訣：種籽可以食用。

龍舌蘭糖漿
蘋果
香蕉
羅勒
蛋糕
焦糖
齊波特辣椒
巧克力，如：黑巧克力、白巧克力
肉桂
柑橘類，如：葡萄柚、檸檬、柳橙
椰子和椰奶
鮮奶油
甜點，如：填餡甜點、冷凍甜點、
　義大利奶凍、布丁（如：米布
　丁）、雪碧冰、餡餅
其他熱帶水果
薑
蜂蜜
冰淇淋
奇異果
檸檬香茅
萊姆
芒果
滷汁醃醬
甜瓜，如：洋香瓜
蛋白霜烤餅
薄荷
堅果，如：杏仁果、腰果、榛果、
　夏威夷堅果、花生、開心果
木瓜

鳳梨
李子
覆盆子
蘭姆酒
沙拉淋醬
水果沙拉
醬汁
蔬果昔
草莓
糖，如：黃砂糖
香莢蘭
醋，如：白酒醋
酒，如：氣泡酒（如：香檳）
優格

對味組合
百香果＋杏仁果＋黃砂糖＋肉桂
百香果＋腰果＋椰子＋白巧克力
百香果＋巧克力＋榛果
百香果＋椰子＋檸檬香茅
百香果＋椰子＋開心果
百香果＋鮮奶油＋草莓
百香果＋蜂蜜＋草莓＋優格
百香果＋薄荷＋草莓

● 全穀義式麵食
Pasta—Whole- Grain, In General
這是什麼：全穀製品（精製）
營養學剖繪：81% 碳水化合物／
　15% 蛋白質／4% 脂肪
熱量：每1杯175大卡（煮熟的全
　麥義大利直麵）
蛋白質：7克
小祕訣：有比以前更多種類的全
　穀義式麵食，包含由糙米、蕎麥、
　玉米、燕麥、藜麥、米、斯佩爾
　特小麥、全麥等等製作而成。
　嘗試各種形狀的義式麵食，如
　斜筆管麵、螺旋麵、貝殼麵等等。
可行的替代物：能刨成細長絲狀
　的蔬菜（如櫛瓜）可替代義大利
　細扁麵、義大利直麵等等；切
　片蔬菜（如茄子、夏南瓜、甘藷）
　可替代寬麵片。

與溫薇安渡假村（Winvian）的主廚
克里斯・艾迪（Chris Eddy）談論為純素食主義者烹調

　2013年我最喜歡的一道菜是我在溫薇安渡假村享用的簡單義大利素食大寬麵，這座位於康乃狄克州的獨特渡假村擁有18間獨立設計的小屋，包含直升機和樹屋。這道素食大寬麵的特色是綠色醬汁搭配煎炒過的花椰菜、菇蕈和洋蔥，上面撒有非常少許的刨絲乳酪。濃厚醬汁是由蒸過的青花菜連同少許冰塊以維他美仕食物調理機打成的泥（根據克里斯・艾迪主廚所言：「青花菜要盡快冷卻」）、一些清澈的蔬菜高湯（「這樣才不會干擾美麗的綠色」）、以卡宴辣椒或辣椒片帶來一點點熱度（「這始終是個讓你就算吃完了都還會留下印象的特徵」）和少許褐化奶油（「這替醬汁增加了一個令人驚豔的特點」）所製成。這是以艾迪主廚與艾倫・杜卡斯主廚（Alain Ducasse）一起工作時，學到的「簡單到不可思議」的技巧為基礎來製作，而我可以證明這醬汁非常的美味。

　艾迪說這種技巧也可以用在其他蔬菜上，像是甘藍、胡蘿蔔、白花椰菜、芹菜根或歐洲防風草塊根，如果還需要添加濃醇的風味，可用奶油來替代一些清澈的蔬菜高湯（雖然奶油的白色會淡化原本的明亮色彩），雖然這道料理原本沒有添加奶油就已經具有濃厚且濃醇的風味。

　雖然艾迪描繪溫薇安渡假村餐廳的顧客有約35-40%是有吃魚的魚素者，他和行政主廚派翠克・埃斯皮諾薩（Patrick Espinoza）和他們的廚房團隊在2013年夏天花了一個月的時間吃素，只為了讓自己體驗溫薇安渡假村餐廳素食顧客的重要部分（「大約占我們顧客的7-8%」）。為什麼？「第一，我們愛蔬菜。」艾迪承認。出於對溫薇安渡假村餐廳素食顧客的同情，「我們想感受他們的痛苦。我們開始明白，當他們外出用餐時，（其他餐廳）永遠只有那些料理可選擇的沮喪，不管是茄子帕爾瑪乳酪或義式燉飯或沙拉。」艾迪和他的團隊為期一個月的素食實驗除了促使他們開發出一系列不斷變化的料理，像是我愛的那道令人驚豔的大寬麵，還有一個額外的好處：艾迪團隊的多位廚師都發現自己感覺更健康，而且有時候也較不急躁。「現在，我們想為我們的素食顧客全力以赴，並且給他們一些特別的。」艾迪說。任務完成。

主廚私房菜　DISHES

義大利直麵和素丸，搭配松露番茄醬汁、烘烤大蒜、煎炒菠菜和腰果帕爾瑪乳酪（圖片見400頁）
——西蠟燭咖啡館（Candle Café West），紐約市

白胡桃瓜方麵餃：甜洋蔥泥、煙燻農夫乳酪、蔓越莓、胡桃、肉桂和羽衣甘藍
——菲靈頓之屋（Fearrington House），北卡羅萊納州菲靈頓村

義大利蠶豆餃，搭配野生韭蔥、佩科利諾乳酪泡沫和法式蔬菜蒜泥濃湯
——皮肖利（Picholine），紐約市

●桃子 Peaches

季節：夏季

風味：甜／酸，質地柔軟、多汁

風味強度：弱－中等

營養學剖繪：87% 碳水化合物／8% 蛋白質／5% 脂肪

熱量：每顆大桃子70大卡

蛋白質：2克

料理方式：烘焙、炙烤、燒烤、低溫水煮、打泥、生食、烘烤、煎炒

小祕訣：**選擇有機桃子**。外皮顏色越淡（亦即越白）的桃子越甜；外皮顏色越深（亦即越黃）的桃子越酸。

近親：蘋果、杏桃、黑莓、櫻桃、梨子、李子、榲桲、覆盆子、草莓

可行的替代物：油桃

多香果

蘋果和蘋果汁

杏桃，如：杏桃乾、新鮮杏桃、杏桃泥

芝麻菜

烘焙食物，如：派、司康餅

羅勒

漿果，如：黑莓、**藍莓**、覆盆子、草莓

奶油

白脫乳

焦糖

小豆蔻

乳酪，如：藍黴、布瑞達、奶油乳酪、山羊乳酪、哈羅米、莫札瑞拉、**瑞可達**、含鹽瑞可達乳酪

辣椒，如：齊波特辣椒、塞拉諾辣椒

巧克力

印度甜酸醬

芫荽葉

肉桂

丁香

椰子

糖煮水果

芫荽

＊鮮奶油和法式酸奶油

水芹，如：胡椒水芹

穗醋栗

甜點，如：美式鬆厚酥頂派、脆片、酥粒、梅爾巴冰品、派

茴菜

義大利各地製作的**義式麵食**都不含蛋。利古里亞的義式麵疙瘩不含蛋（所以原本就是素食）。我使用樹薯粉製作的方麵餃麵團也不含蛋。我有時候會用濃稠的腰果奶霜或者羽衣甘藍或蔬菜泥來做方麵餃的填料。我所供應的青豆方麵餃會佐羊肚菌、薄荷、檸檬皮刨絲和炒軟不上色的紅蔥。

——艾隆·亞當斯，波多貝羅純素餐飲店，奧勒岡州波特蘭市

義式麵食是讓人們在速食餐廳嘗試素食料理的好方法。披薩也是。這些料理是很好的切入點，當上桌餐點的食材是像是祖傳原生種番茄或青醬時，可以幫助吸引人們，不會令人望之生畏。

——瑪基妮·豪威爾，李子小酒館餐車，西雅圖

主廚私房菜	DISHES

桃子：薑餅、白乳酪雪碧冰和松子
——藍山（Blue Hill），紐約市

小羅馬番茄和白桃沙拉、彼得森青蔬、羅勒和巴薩米克香醋蜂蜜
——真就是生活（Cal-a-Vie），加州維斯塔

芝麻菜和桃子沙拉搭配帕爾瑪乳酪、檸檬和香莢蘭淋醬、松露、芹菜、芝麻籽、茴香
——菲靈頓之屋（Fearrington House），北卡羅萊納州菲靈頓村

「魯柏特」：「半干」桃子、核桃橄欖醬、珍珠洋蔥和水田芥
——法國洗衣店（The French Laundry），加州揚特維爾

英式梨子百匯：檸檬馬鞭草義大利奶凍、「K和J」果園梨子和香檳格蘭尼塔
——法國洗衣店（The French Laundry），加州揚特維爾

燒烤哈羅米乳酪和梨子，搭配茶菜莖沙拉、日曬橄欖和甜椒清湯
——歐連納（Oleana），麻州劍橋

茴香
薑
全穀物，如：藜麥、小麥
漿果
葡萄
沙拉青蔬，如：嫩萵苣
榛果
蜂蜜
冰淇淋
克非爾奶酒
薰衣草
檸檬，如：檸檬汁、碎檸檬皮
檸檬香茅
檸檬馬鞭草
萊姆
荔枝

芒果
楓糖漿
馬士卡彭乳酪
薄荷
肉豆蔻
堅果，如：杏仁果、腰果、夏威夷
堅果、美洲山核桃、開心果、核
桃
燕麥和燕麥片
橄欖油
紅洋蔥
柳橙，如：橙汁、橙酒、碎橙皮
黑胡椒
石榴
南瓜籽
櫻桃蘿蔔

迷迭香
蘭姆酒
番紅花
沙拉，如：水果沙拉、穀物沙拉、
綠色蔬菜沙拉
莎莎醬
海鹽
嫩青蔥
雪利酒
蔬果昔
雪碧冰
湯，如：冷湯和／或水果湯
酸奶油
美國南方料理
烈酒，如：波本酒、白蘭地、干邑
白蘭地、君度橙酒、櫻桃白蘭地

其他核果，如：櫻桃、油桃、李子

糖，如：黃砂糖、楓糖

龍蒿

香莢蘭

醋，如：蘋果酒醋、巴薩米克香醋、香檳酒醋、米醋、酒醋

水田芥

威士忌

紅酒或白酒；水果酒、氣泡酒和／或甜酒，如：香檳、氣泡酒、索甸甜白酒

優格

日本柚子

對味組合

桃子＋杏仁果＋肉桂＋優格

桃子＋杏仁果＋檸檬＋橄欖油＋番紅花

桃子＋巴薩米克香醋＋莒菜＋楓糖漿＋橄欖油＋水田芥

桃子＋巴薩米克香醋＋薄荷＋瑞可達乳酪

桃子＋羅勒＋莫札瑞拉乳酪

桃子＋漿果＋檸檬

桃子＋藍莓＋檸檬＋楓糖漿

桃子＋藍黴乳酪＋榛果

桃子＋腰果奶霜＋巴薩米克香醋

桃子＋櫻桃＋巴薩米克香醋

桃子＋辣椒＋芫荽＋薑＋萊姆＋醋

桃子＋芫荽葉＋薑＋萊姆

桃子＋肉桂＋蜂蜜＋檸檬＋優格

桃子＋鮮奶油＋檸檬馬鞭草＋覆盆子

桃子＋茴香＋檸檬

桃子＋薑＋蜂蜜＋檸檬＋檸檬香茅

桃子＋薑＋檸檬

桃子＋蜂蜜＋檸檬＋優格

桃子＋蜂蜜＋堅果（如：杏仁果、美洲山核桃）**＋燕麥片／燕麥**

桃子＋芒果＋覆盆子

桃子＋楓糖漿＋堅果（如：杏仁果、核桃）**＋柳橙汁＋瑞可達乳酪**

桃子＋楓糖漿＋柳橙＋香莢蘭

桃子＋馬士卡彭乳酪＋草莓＋香莢蘭

桃子＋開心果＋香莢蘭

● 花生、花生醬
Peanuts And Peanut Butter

風味：鹹和／或甜，帶有堅果澀味

風味強度：中等－強

這是什麼：莢果

營養學剖繪：73% 脂肪／16% 蛋白質／11% 碳水化合物

我們會做一份素食桃子梅爾巴冰品，這是利用**桃子**佐覆盆子和杏仁果的勝利組合來替代香莢蘭冰淇淋佐椰奶雪碧冰。
——馬克・李維，重點餐廳，紐約州薩拉納克湖

桃子的風味把我帶到南方，所以我偏好將桃子搭配美洲山核桃和威士忌。
——凱特・雅各比，費吉餐廳，費城

熱量：每28.35克花生160大卡

蛋白質：7克

熱量：每2大匙花生醬190大卡

蛋白質：8克

料理方式：沸煮、燉煮

小祕訣：選用只含有花生和鹽（查看成分標籤）的全天然花生醬。因為花生會引起嚴重過敏，你供餐的料理要是含有花生，一定要提醒賓客。

近親：豆類、扁豆、豌豆

非洲料理

龍舌蘭糖漿

蘋果

美洲料理

亞洲料理

烘焙食物，如：餅乾、馬芬

香蕉

泰國羅勒

四季豆

燈籠椒，如：紅燈籠椒

麩，如：燕麥麩、麥麩

青花菜

甘藍菜，如：綠甘藍菜、大白菜

糖果

胡蘿蔔

卡宴辣椒

辣椒，如：塞拉諾辣椒；辣椒油、辣椒膏、辣椒片、辣椒醬

中式料理

巧克力，如：黑巧克力、牛奶巧克力

芫荽葉

肉桂

丁香

椰子和椰奶

黃瓜

孜然

咖哩類

甜點

蘸料和蘸醬

水果乾

蒜頭

薑
格蘭諾拉麥片
葡萄
苦味綠色蔬菜，如：綠葉甘藍、芥
　末葉
沙拉青蔬，如：芝麻菜
蜂蜜
檸檬香茅
萊姆，如：萊姆汁、碎萊姆皮
芒果
薄荷
麵條，尤以亞洲麵條為佳，如：中
　式雞蛋麵、粄條、日本蕎麥麵、
　烏龍麵
其他堅果
燕麥和燕麥片
油脂，如：橄欖油、花生油、芝麻油、
　蔬菜油
紅洋蔥

柳橙，如：橙汁
泰式炒河粉
紅椒粉
義式麵食
黑胡椒
義式青醬
馬鈴薯
南瓜
葡萄乾
米
沙拉淋醬，如：泰式沙拉淋醬
沙拉，如：甘藍菜沙拉、涼麵沙拉、
　泰式沙拉
鹽
三明治
沙嗲
醬汁，如：花生醬、蔬菜醬汁
嫩青蔥
種籽，如：芝麻籽、葵花籽

芝麻，如：芝麻醬、芝麻籽
蔬果昔
湯，如：花生湯、甘藷湯
東南亞料理
醬油
菠菜
燉煮料理
翻炒料理
糖，如：黃砂糖
甘藷
塔希尼芝麻醬
溜醬油
羅望子和羅望子汁
天貝
泰式料理
豆腐
番茄
什錦乾果
薑黃
香莢蘭
越南料理
醋，如：蘋果酒醋、糙米醋、紅酒
　醋、米酒醋

對味組合
花生＋蘋果＋葡萄乾
花生＋亞洲麵條＋青花菜＋海鮮醬＋豆腐
花生＋香蕉＋巧克力
花生＋麩＋蜂蜜＋香莢蘭
花生＋糙米醋＋辣椒＋芫荽葉＋椰奶＋**蒜頭**＋**薑**＋薄荷＋*醬汁*＋**醬油**
花生＋黃砂糖＋*蘸醬*＋米酒醋＋醬油
花生＋辣椒＋芫荽葉＋**蒜頭**＋**醬油**＋醋
花生＋辣椒＋椰奶＋嫩青蔥
花生＋辣椒＋萊姆
花生＋辣椒膏＋椰奶＋檸檬香茅
花生＋辣椒膏＋檸檬香茅＋羅望子
花生＋辣椒膏＋米酒醋＋芝麻醬＋醬油
花生＋椰子＋咖哩
花生＋蒜頭＋**薑**＋**醬油**＋塔希尼芝麻醬＋醋
花生＋**薑**＋嫩青蔥＋**醬油**
花生＋薑＋芝麻籽
花生＋米酒醋＋芝麻油＋醬油＋全麥義大利直麵

● 梨子 Pears—In General
季節：秋－冬
風味：甜，帶有柑橘類、卡士達、
　蜂蜜、堅果、索甸甜白酒及／
　或香莢蘭淡雅的風味，質地爽
　脆、多汁和／或質地柔軟（成
　熟時）
風味強度：弱－中等
這是什麼：水果
營養學剖繪：96%碳水化合物（高
　糖分）／2%蛋白質／2%脂肪
熱量：每1顆中型梨子105大卡
　（生）
蛋白質：1克
料理方式：烘焙、燜煮、燒烤、醃
　漬、低溫水煮、打泥、生食、烘
　烤、煎炒、燉煮
近親：蘋果、杏桃、黑莓、櫻桃、
　桃子、李子、榲桲、覆盆子、草
　莓

P

柑橘和辛香料蛋糕：水煮梨、馬士卡彭乳酪慕斯、薑味義式冰淇淋
——南布呂德（Boulud Sud），紐約市

城市禪水果盤：薑水煮梨、石榴、無花果、白胡桃瓜和康考特葡萄雪碧冰
——城市禪（CityZen），華盛頓特區

燒烤青蛙谷瓦倫梨搭配水田芥、雷斯岬經典藍黴乳酪、榛果、黃金巴薩米克香醋和阿貝金納橄欖油
——綠色餐廳（Greens Restaurant），舊金山

梨子和秋季青蔬沙拉：茴香刨片、紅洋蔥和櫻桃蘿蔔、迷迭香糖漬胡桃，以及梨子-味噌淋醬
——千禧（Millennium），舊金山

核桃梨子油酥糕餅，以辛香料白巧克力為內餡，搭配薑餅冰淇淋和英式肉桂奶油醬
——千禧（Millennium），舊金山

捲葉水芹和梨子沙拉：無花果乾、山羊乳酪、柳橙花蜜、葡萄乾酥脆麵包
——天擇（Natural Selection），俄勒岡州波特蘭市

梨子沙拉：萵苣纈草、礦工的生菜、繁縷、烤榛果和松露油醋醬
——波多貝羅（波特貝羅大香菇 Portobello），俄勒岡州波特蘭市

龍舌蘭糖漿
多香果
茴芹籽
蘋果、蘋果酒和蘋果汁
芝麻菜
烘焙食物，如：蛋糕、派、餡餅
香蕉
黑莓
波本酒
白蘭地，如：梨子白蘭地
奶油
甘藍菜，如：紫甘藍、白甘藍菜
焦糖
小豆蔻
腰果奶霜
芹菜
乳酪，如：**藍黴**（如：卡伯瑞勒斯乳酪、戈根索拉、侯克霍、斯提爾頓）、布利、奶油乳酪、**費達**、**山羊乳酪**、葛黎耶和、哈羅米、**帕爾瑪**、佩科利諾、瑞可達乳

酪
櫻桃，如：櫻桃乾、新鮮櫻桃
栗子
菊苣
細香蔥
巧克力（尤以黑巧克力為佳）和可可亞
肉桂
柑橘類
丁香
蔓越莓
鮮奶油和法式酸奶油
穗醋栗，如：黑穗醋栗
椰棗
甜點，如：脆片、酥粒、冰淇淋、雪碧冰、餡餅
茴菜
茴香和茴香籽
無花果
水果乾
薑

薑餅
葡萄柚
苦味綠色蔬菜或沙拉青蔬，如：綠色蔬菜嫩葉、綜合生菜
蜂蜜
杜松子
檸檬，如：檸檬汁、碎檸檬皮
萵苣，如：奶油萵苣、蘿蔓萵苣
萊姆
楓糖漿
馬士卡彭乳酪
薄荷
糖蜜
肉豆蔻
堅果，如：**杏仁果、榛果、美洲山核桃、開心果、核桃**
燕麥和燕麥片
油脂，如：葡萄籽油、橄欖油
洋蔥，如：紅洋蔥
柳橙，如：橙汁、碎橙皮
美式煎餅

欧芹
欧洲防风草块根
百香果
黑胡椒
柿子
费洛皮
凤梨
披萨
李子乾
水煮西洋梨
石榴
　　桲
紫叶菊苣

对味组合

梨子＋龙舌兰糖浆＋柠檬＋草莓
梨子＋多香果＋黑胡椒＋枫糖浆＋红酒
梨子＋杏仁果＋菊苣
梨子＋杏仁果＋无花果
梨子＋芝麻菜＋巴萨米克香醋＋蓝黴乳酪＋茴香＋橄榄油
梨子＋石榴籽＋红葱
梨子＋巴萨米克香醋＋肉桂＋枫糖浆
梨子＋蓝黴乳酪＋茴香
梨子＋奶油莴苣＋蜂蜜
梨子＋焦糖＋花生
梨子＋小豆蔻＋白酒
梨子＋卡宴辣椒＋薑＋酱油
梨子＋乳酪（如：蓝黴、山羊乳酪、帕尔玛乳酪）**＋坚果**（如：榛果、美洲山核桃、核桃）
梨子＋樱桃＋薑
梨子＋肉桂＋蔓越莓＋燕麦
梨子＋肉桂＋柠檬汁＋枫糖浆＋红酒
梨子＋蔓越莓＋榛果
梨子＋蔓越莓＋柳橙
梨子＋蔓越莓＋美洲山核桃＋香荚兰
梨子＋鲜奶油＋糖蜜
梨子＋茴香＋茴香籽＋薑
梨子＋费达乳酪＋红洋葱＋沙拉青蔬
梨子＋薑＋柳橙
梨子＋薑＋美洲山核桃
梨子＋山羊乳酪＋榛果
梨子＋戈根索拉乳酪＋美洲山核桃＋菠菜
梨子＋榛果＋覆盆子
梨子＋蜂蜜＋枫糖浆＋柳橙＋帕尔玛乳酪

葡萄乾
覆盆子
法式调味蛋黄酱
大黄
迷迭香
沙拉*，如：*水果沙拉、绿色蔬菜沙拉、菠菜沙拉
海盐
酱汁，如：*甜点酱汁*
红葱
蔬果昔
汤
酸奶油

菠菜
冬南瓜，如：白胡桃瓜
八角
炖煮料理，尤以西洋梨乾为佳
糖，如：黄砂糖
龙蒿
百里香
什锦乾果，尤以西洋梨乾为佳
香荚兰
醋，如：巴萨米克香醋、苹果酒醋、水果醋、蔓越莓醋、米醋、雪利酒醋、白酒醋
巴萨米克香醋
水田芥
红酒或白酒—不甜的酒或甜酒，如：波特酒
优格

● **豌豆** Peas（亦称 English Peas、Garden Peas、Green Peas；同时参见黑眼豆、去荚乾燥豌豆瓣）
季节：春－夏
风味：微甜，质地柔软、呈糊状
风味强度：弱－中等
这是什么：荚果（就营养成分来，常被认为是澱粉类蔬菜）
营养学剖绘：73% 碳水化合物／23% 蛋白质／4% 脂肪
热量：每1杯120大卡（生食）
蛋白质：8克
料理方式：汆烫、沸煮（2-3分钟）、焖煮、低温水煮、打泥、煎炒、微滚烹煮（2-3分钟）、蒸煮、翻炒（2-3分钟）
小祕诀：试著将豌豆冷冻，这样能保持新鲜度和营养价值。
近亲：豆类、扁豆、花生

多香果
杏仁果
朝鲜蓟
芦笋
酪梨
大麦

主廚私房菜	DISHES

冷豆湯：燜煮蘿蔓萵苣、瑞可達乳酪、檸檬皮刨絲
——布呂德咖啡館（Café Boulud），紐約市

花園沙拉：豌豆、龍蒿、羊肚菌酥脆麵包、當地有機蔬菜
——威斯特葛羅度假水療飯店的羅蘭餐廳（Rowland's Restaurant at Westglow），北卡羅萊納州布洛英羅克

農夫市集沙拉：青豆、朝鮮薊、檸檬、薄荷和蒙契格乳酪
——真食廚房（True Food Kitchen），加州聖塔莫尼卡

羅勒
月桂葉
蠶豆
麵包粉
布格麥片
奶油
白脫乳
甘藍菜
小豆蔻
胡蘿蔔
腰果
法式砂鍋菜
白花椰菜
芹菜
乳酪，如：費達、山羊乳酪、莫札瑞拉、**帕爾瑪**、瑞可達乳酪
細葉香芹
辣椒，如：青辣椒、紅辣椒
細香蔥
芫荽葉
椰奶
芫荽
庫斯庫斯
鮮奶油和法式酸奶油
黃瓜
咖哩類，尤以綠咖哩為佳
咖哩粉
蒔蘿
蛋
茴香
葛拉姆馬薩拉
蒜頭，如：青蒜、白蒜頭
印度酥油
薑

葡萄柚
苦味綠色蔬菜
墨西哥酪梨醬
鷹嘴豆泥醬
卡非萊姆葉
韭蔥
檸檬，如：檸檬汁、碎檸檬皮
檸檬香茅
萵苣，如：奶油萵苣
萊姆
墨角蘭
美乃滋
薄荷
菇蕈類，如：羊肚菌、蠔菇、香菇、野菇
麵條
肉豆蔻
油脂，如：**橄欖油**、花生油、芝麻油、葵花油
洋蔥，如：青蔥、珍珠洋蔥、紅洋蔥、春日洋蔥、白洋蔥、黃洋蔥
奧勒岡
素食西班牙燉飯
歐芹
義式麵食，如：寬麵、螺旋麵、尖管麵
胡椒，如：黑胡椒、綠胡椒
義式青醬
馬鈴薯，如：**新馬鈴薯**
藜麥
米，如：糙米
義式燉飯
迷迭香
番紅花

鼠尾草
沙拉，如：*義大利麵沙拉、蔬菜沙拉*
鹽，如：猶太鹽、海鹽
醬汁
香薄荷
嫩青蔥
芝麻，如：芝麻油、芝麻籽
紅蔥
荷蘭豆
酸模
湯，如：*豌豆湯、菠菜湯、蔬菜湯*
酸奶油
醬油
斯佩耳特小麥
菠菜
小果南瓜，如：白胡桃瓜、甜薯瓜
燉煮料理
翻炒料理
高湯，如：蔬菜高湯
甜豌豆
龍蒿
百里香
豆腐，如：絹豆腐
番茄
薑黃
蕪菁
醋
優格

有些蔬菜確實需要速度（亦即從收成到上桌的時間），玉米和**豌豆**就是最好的例子。新鮮豌豆是世界上最棒的。我愛有添加新鮮豌豆的義式燉飯或義式麵食。
——克里斯多福·貝茲，法謝爾飯店餐廳，賓州米爾福德鎮

沒有什麼比真正甜美的**豌豆**或甜豌豆還棒。我喜歡用豌豆捲鬚、豌豆苗和亮澤的檸檬橄欖油淋醬來做豌豆蘿蔔沙拉。
——安妮·索梅維爾，綠色餐廳，舊金山

對味組合

豌豆＋杏仁果＋葡萄柚＋百里香
豌豆＋朝鮮薊＋奧勒岡＋甜豌豆
豌豆＋芝麻菜＋馬鈴薯
豌豆＋白脫乳＋薄荷＋橄欖油＋
　嫩青蔥
豌豆＋胡蘿蔔＋菇蕈類
豌豆＋辣椒＋優格
豌豆＋辣椒粉＋薄荷
豌豆＋芫荽葉＋椰子
豌豆＋椰子＋芫荽
豌豆＋蒔蘿＋薄荷
豌豆＋蒜頭＋薄荷＋菠菜
豌豆＋薑＋芝麻油
豌豆＋萊姆＋薄荷＋紅椒粉
豌豆＋薄荷＋菇蕈類＋大黃
豌豆＋薄荷＋瑞可達乳酪
豌豆＋薄荷＋義式燉飯
豌豆＋菇蕈類＋義式麵食
豌豆＋菇蕈類＋花生油＋醬油
豌豆＋義式麵食＋瑞可達乳酪

● 去莢乾燥豌豆瓣 Peas, Split

風味：微甜，帶有泥土味，質地柔
　軟、濃厚、甘美多汁
風味強度：弱（黃色）一中等（綠
　色）
這是什麼：乾燥裂開的豌豆
營養學剖繪：72% 碳水化合物／
　25% 蛋白質／3% 脂肪
熱量：每 1 杯 335 大卡（生）
蛋白質：24 克
料理方式：打泥
烹調時間：沸煮後微滾烹煮 30-60
　分鐘（黃色的要更久）至變軟。
　不需要預先浸泡。
小祕訣：**不要高壓烹煮，當去莢
　乾燥豌豆瓣出現泡泡時，可能
　會堵塞排氣閥導致爆炸。**

大麥
羅勒
月桂葉
燈籠椒，如：紅燈籠椒

胡蘿蔔
芹菜
辣椒片和辣椒粉
細香蔥
芫荽葉
酥脆麵包丁，如：全穀酥脆麵包
　丁
孜然
咖哩類
咖哩粉和咖哩辛香料
印度豆泥糊
蒔蘿
蘸料
紫紅藻
蒜頭
薑
沙拉青蔬
香料植物
羽衣甘藍
韭蔥
檸檬，如：檸檬汁
墨角蘭
薄荷
橄欖油
洋蔥，如：青蔥、紅洋蔥、白洋蔥、
　黃洋蔥
奧勒岡
煙燻紅椒粉
歐芹
義式麵食
新鮮豌豆
胡椒，如：黑胡椒、白胡椒
義式青醬
馬鈴薯
濃湯
馬齒莧
米，如：印度香米、糙米
迷迭香
沙拉
海鹽
醬汁
香薄荷
酸模
湯，如：去莢乾燥豌豆瓣湯

醬油
辛香料
菠菜
抹醬
燉煮料理
蔬菜高湯
龍蒿
百里香
豆乾
番茄和番茄糊
薑黃
根莖蔬菜
素食漢堡（如：佐米飯）
醋，如：紅酒醋、白酒醋
酒

對味組合

去莢乾燥豌豆瓣＋蒔蘿＋蒜頭
去莢乾燥豌豆瓣＋馬鈴薯＋湯

● 美洲山核桃 Pecans

季節：秋季
風味：苦／甜，帶有奶油和／或
　堅果的風味，質地濃醇
風味強度：弱－中等
營養學剖繪：87% 脂肪／8% 碳水
　化合物／5% 蛋白質
熱量：每 ½ 杯 375 大卡（切碎）
蛋白質：5 克
近親和可行的替代物：核桃

杏仁果
美國在地料理和北美洲料理
蘋果
蘆筍
***烘焙食物，如：麵包、蛋糕、餅乾、
　酥皮、派、司康餅***
香蕉
漿果，如：藍莓
波本酒
糙米糖漿
抱子甘藍
奶油，如：褐化奶油
紫甘藍

焦糖
法式砂鍋菜
卡宴辣椒
芹菜
*早餐麥片，如：**格蘭諾拉麥片***
乳酪，如：藍黴、山羊乳酪、瑞可
　達乳酪
櫻桃，尤以櫻桃乾為佳
辣椒粉
巧克力
肉桂
地中海寬皮柑
蔓越莓乾
鮮奶油
椰棗
甜點
莧菜
無花果
蒜頭
薑
**全穀物，如：莧屬植物、斯佩耳特
　小麥**
格蘭諾拉麥片
葡萄
苦味綠色蔬菜
蜂蜜，如：生蜂蜜
冰淇淋，如：奶油山核桃冰淇淋
羽衣甘藍
檸檬，如：檸檬汁
扁豆
萵苣，如：蘿蔓萵苣
楓糖漿
糖蜜
天然穀物麥片
菇蕈類，如：香菇、野菇
芥末
肉豆蔻
堅果
燕麥
柳橙
美式煎餅
紅椒粉
歐芹
法式酥皮醬糜派

桃子
梨子
派，如：山核桃派、甘藷派
抓飯
鳳梨
披薩
石榴籽
爆米花
布丁
南瓜
蔬菜濃湯
紫葉菊苣
葡萄乾
米，如：糙米、紅米、野生米
沙拉
波羅門參
海鹽
麵筋製品
湯，如：白胡桃瓜湯
美國南方料理
菠菜
冬南瓜，如：白胡桃瓜
餡料
糖，如：黃砂糖、楓糖
鹽膚木
甘藷
溜醬油
餡餅
香莢蘭
素食漢堡
比利時鬆餅
小麥胚芽油
優格

對味組合
美洲山核桃＋蘋果＋白胡桃瓜
美洲山核桃＋蘋果＋蘿蔓萵苣
美洲山核桃＋蘆筍＋檸檬＋野生
　米
美洲山核桃＋糙米＋香菇
美洲山核桃＋奶油＋焦糖＋鹽
**美洲山核桃＋卡宴辣椒／辣椒粉
　＋肉桂＋鹽＋糖**
美洲山核桃＋椰棗＋香莢蘭

美洲山核桃＋蔓越莓乾＋野生米
美洲山核桃＋柳橙＋紫葉菊苣
美洲山核桃＋梨子＋菠菜

● **黑胡椒** Pepper, Black
風味：辣（有時候甜）；芳香，帶
　有丁香、檸檬和／或木頭的刺
　鼻味
風味強度：中等－強
小祕訣：尋找特利杰里黑胡椒粒，
　這地區的黑胡椒風味豐富、複
　雜，被認為是世上最棒的黑胡
　椒。胡椒會帶有「假熱」的暗
　示，也會刺激食慾。為了獲得
　黑胡椒的最佳風味，始終都要
　用胡椒研磨器新鮮現磨。在出
　餐前一刻才添加到料理上。

多香果
北美洲料理
杏桃
烘焙食物，如：辛香料蛋糕
羅勒
漿果
卡津料理
小豆蔻
乳酪
櫻桃
肉桂
丁香
椰奶
芫荽
克利歐料理
孜然
蛋
歐洲料理
新鮮水果，如：漿果、鳳梨
蒜頭
薑
鍋底焦渣醬汁
印度料理
檸檬，如：檸檬汁
扁豆
萊姆，如：萊姆汁

滷汁醃醬
肉豆蔻
堅果
橄欖油
橄欖
洋蔥
歐芹
酸漬食物
馬鈴薯
南瓜
迷迭香
沙拉淋醬
沙拉
鹽
醬汁,如:黑胡椒醬汁
湯
東南亞料理
美國南方料理
高湯
草莓
百里香
番茄
薑黃
蔬菜
醋,如:蘋果酒醋

我想黑胡椒和五顏六色的胡椒粒是整個廚房最不該被低估的辛香料之一。胡椒粒是真正的漿果,不僅甜還帶有果香且辛辣,所以很棒的胡椒可以添加非常多風味。我會供應帶有胡椒的白花椰菜派,胡椒讓白花椰菜在餐盤上更為突出。

——里奇・蘭道,費吉餐廳,費城

艾斯佩雷胡椒
Pepper, Espelette
風味:辣,帶有海洋、桃子、胡椒和/或煙燻的風味
風味強度:弱/中等-強
這是什麼:由法國和西班牙巴斯克地區所產的乾辣椒製成的糊醬或粉末

可行的替代物:(較溫和)卡宴辣椒、(辣)紅椒粉

杏仁果
巴斯克料理
燈籠椒
麵包
乳酪,如:法國乳酪、西班牙乳酪
巧克力
飲料,如:血腥瑪麗
蛋
蒜頭
蜂蜜
美乃滋
橄欖油
洋蔥
歐芹
馬鈴薯

四川花椒 Pepper, Szechuan
風味:酸/辣,帶有茴芹的刺鼻味
風味強度:強
小祕訣:研磨前烘烤乾燥幾分鐘。在烹調收尾時再加進菜餚。
近親:其他不是黑胡椒的胡椒

亞洲料理
豆類,如:黑眉豆
辣椒
中式料理
柑橘類水果,如:檸檬、萊姆、柳橙
油炸料理
中式五香粉
蒜頭
薑
印度料理
日式料理
菇蕈類
亞洲麵條
洋蔥
鹽
嫩青蔥

芝麻,如:芝麻油、芝麻籽
湯
醬油
八角
翻炒料理

● 白胡椒 Pepper, White
風味:辣,帶有像是紅酒的風味
風味強度:中等-強(比黑胡椒弱)
小祕訣:當你不想看到菜餚上有黑色斑點和/或當你想要用較溫和的胡椒勝於黑胡椒時,就用白胡椒。烹調收尾時再加進菜餚。選擇馬來西亞沙勞越的白胡椒粒。

多香果
亞洲料理
丁香
芫荽
蛋,如:*鹹派、炒蛋*
歐洲料理
薑
鍋底焦渣醬汁,如:淡色鍋底焦渣醬汁
日式料理
檸檬香茅
乳酪彎管麵
馬鈴薯泥
肉豆蔻
義式麵食
馬鈴薯
沙拉淋醬,如:清澈的沙拉淋醬
醬汁,如:白醬
湯,如:奶油濃湯、淺色的湯、白湯
東南亞料理
高湯
泰式料理
白色或淺色的食物

● **胡椒薄荷 Peppermint**
風味:微甜
風味強度:非常強
這是什麼:香料植物

蘋果
烘焙食物,如:布朗尼、蛋糕、餅
　　乾,尤以*糖霜*為佳
漿果,如:草莓
辣椒
巧克力和可可亞
芫荽葉
黃瓜
甜點,尤以巧克力為佳
飲料
冰淇淋
芒果
沙拉,如:菠菜沙拉
醬汁
蔬果昔
雪碧冰
燉煮料理
茶
香莢蘭
優格

胡椒醬 Pepper Sauce
(參見辣胡椒醬)

辣椒 Peppers, Chile
(參見辣椒)

● **皮奎洛辣椒 Peppers, Piquillo**
風味:辣
風味強度:中等-強
料理方式:烘烤、填料

蒜泥蛋黃醬
杏仁果
朝鮮薊
蘆筍
白豆
麵包
乳酪,如:**山羊乳酪、蒙契格、莫**

札瑞拉乳酪
鷹嘴豆
黑巧克力
蛋
蒜頭
檸檬
菇蕈類
橄欖油
橄欖
洋蔥
柳橙
素食西班牙燉飯
紅椒粉,如:煙燻紅椒粉、西班牙
　　紅椒粉
歐芹
黑胡椒
馬鈴薯
米,如:西班牙圓米
沙拉
鹽
湯
西班牙料理
抹醬
燉煮料理
填餡皮奎洛辣椒,如:*佐山羊乳*
　　酪或白豆
糖
番茄
醋,如:雪利酒醋

對味組合
皮奎洛辣椒+山羊乳酪+菇蕈類

甜椒 Peppers, Sweet
(參見燈籠椒:紅燈籠椒和黃燈
籠椒)

● **柿子 Persimmons**
季節:秋-冬
風味:甜/酸,帶有杏桃和/或
　　辛香料的風味
風味強度:中等-強
營養學剖繪:95%碳水化合物(高
　　糖分)/3%脂肪/2%蛋白質

熱量:每顆柿子35大卡(生食)
料理方式:烘焙(特別是蜂屋柿)、
　　炙烤、冷凍、打泥、生食、烘烤
小祕訣:通常在使用前都會讓柿
　　子(蜂屋柿)變得非常軟。不
　　過越小、越甜的柿子(富有柿)
　　應該要在還紮實、爽脆的時候
　　食用。

柿子龍舌蘭糖漿
酪梨
烘焙食物,如:*麵包、蛋糕、餅乾、*
　　馬芬、派、快速法麵包(尤以日
　　本蜂屋柿為佳)
香蕉
大麥
白蘭地
焦糖
乳酪,如:奶油狀乳酪、費達、山
　　羊乳酪
櫻桃,如:櫻桃乾或新鮮櫻桃
肉桂
丁香
蔓越莓
鮮奶油
卡士達
白蘿蔔
比利時苦苣
闊葉苦菜
無花果
綠捲鬚苦苣
薑
消化餅
葡萄柚
葡萄,如:紅葡萄
沙拉青蔬
蜂蜜
冰淇淋
果醬
奇異果
韭蔥
檸檬,如:檸檬汁
萵苣,如:奶油萵苣、綜合萵苣
萊姆

楓糖漿
野菇
肉豆蔻
堅果，如：杏仁果、榛果、美洲山
　核桃、核桃
油脂，如：葡萄籽油、榛果油、橄
　欖油、核桃油
洋蔥，如：百慕達洋蔥、紅洋蔥
柳橙和柳橙汁
歐洲防風草塊根
西洋梨和亞洲梨
黑胡椒
鳳梨
石榴
布丁（尤以日本蜂屋柿為佳）
紫葉菊苣
櫻桃蘿蔔
葡萄乾
米，如：阿勃瑞歐米、野生米
蘭姆酒
沙拉（尤以富有柿為佳）
鹽，如：海鹽
醬汁，如：甜點醬汁

對味組合

柿子＋多香果＋肉桂＋薑
柿子＋杏仁果＋山羊乳酪
柿子＋酪梨＋葡萄柚＋洋蔥
柿子＋蔓越莓＋楓糖漿
柿子＋費達或山羊乳酪＋榛果＋萵苣
柿子＋薑＋檸檬汁＋柳橙汁
柿子＋綠色蔬菜＋橄欖油＋柳橙汁＋梨子＋美洲山核桃＋雪利酒醋
柿子＋檸檬＋芝麻＋醬油
柿子＋檸檬＋香莢蘭＋核桃
柿子＋楓糖漿＋美洲山核桃
柿子＋石榴＋核桃
柿子＋香莢蘭＋優格

主廚私房菜	DISHES

蜂屋柿布丁搭配干邑白蘭地鮮奶油
　——帕妮絲之家（Chez Panisse），加州柏克萊

「蜜汁香莢蘭」：柿子蒸布丁、糖漬核桃和檸檬香莢蘭糖漿
　——自身（Per Se），紐約市

芝麻，如：芝麻醬、芝麻籽
紅蔥
蔬果昔
雪碧冰
湯
醬油
蔬菜高湯
糖，如：黃砂糖
甘藷
豆腐和豆腐醬
蕪菁
香莢蘭
醋，如：米醋、雪利酒醋
水田芥
山芋
優格
日本柚子

我偏好在餐末供應水果，但柿子
例外：柿子不太甜，風味也不會太
蓋過其他料理，很適合使用在一
頓飯的其他時間點。我會安排冷
凍柿子佐豆腐泥作為中間餐點，

而且我也認為芝麻醬能畫龍點睛。
　——上島良太，美好的一日餐廳，紐約市

全麥費洛皮
Phyllo, Whole-Wheat

這是什麼：以麵粉和水製成，薄
　如紙張的麵皮
營養學剖繪：73% 碳水化合物／
　18% 脂肪／9% 蛋白質
熱量：每張60大卡
蛋白質：1克
小祕訣：選擇有機全麥版本。以
　費洛皮麵團製作純素料理時，
　可用椰子或葡萄籽油替代融化
　奶油。

蘋果
土耳其果仁甜餅
奶油，尤以融化的為佳
乳酪，如：山羊乳酪、瑞可達乳酪
無花果
希臘料理
蜂蜜
中東料理
菇蕈類
堅果
油脂，如：椰子油、葡萄籽油
梨子
三角酥
希臘菠菜派
菠菜
酥皮捲
烤蔬菜

對味組合

**費洛皮＋費達＋蒜頭＋洋蔥＋瑞
　可達乳酪＋菠菜**
**費洛皮＋蒜頭＋檸檬＋菇蕈類＋
　肉豆蔻＋菠菜＋豆腐**
費洛皮＋山羊乳酪＋蜂蜜

純素義大利餡餅
Piecrusts, Vegan

小祕訣：在提供以水果碎粒、堅

蘋果果餡卷：香料酒烘烤蘋果、開心果果餡卷、薑味糖漿、開心果-肉豆蔻冰淇淋
——千禧（Millennium），舊金山

果、辛香料和其他更多食材為基底的健康、美味的純素義大利餡餅時，創造性地思考。你可以壓製一個以下面組合為基底的派皮來做你下一個派盤：

杏仁奶＋杏仁果＋燕麥粉＋食用油

蘋果泥＋椰子＋消化餅碎屑＋美洲山核桃

糙米糖漿＋肉桂＋椰子油＋燕麥＋美洲山核桃

椰子＋椰棗＋香莢蘭＋核桃

椰棗＋消化餅酥底（＋柳橙汁）

西班牙紅椒粉 Pimenton
（同時參見煙燻紅椒粉）

風味：苦／甜；有時候辣和／或有煙燻味

風味強度：範圍從平淡（甜）至中等（苦甜）至強（辣）

這是什麼：西班牙紅椒粉

小祕訣：尋找標籤上有標明出自西班牙自治區艾斯垂馬杜拉「維拉」地區的字樣，像是 de la Vera（維拉的）或 from La Vera（出自維拉），產自此處的西班牙紅椒粉被認為具有最佳品質。

●鳳梨 Pineapple

季節：冬季

風味：酸／甜，質地多汁

風味強度：中等

營養學剖繪：94%碳水化合物（高糖分）／4%蛋白質／2%脂肪

熱量：每1杯85大卡（生食、大塊）

蛋白質：1克

料理方式：烘焙、炙烤（以260℃炙烤約3-5分鐘）、燒烤、低溫水煮、生食、烘烤、煎炒

小祕訣：除了新鮮鳳梨以外，可以考慮冷凍鳳梨和甚至是浸泡在果汁中方便食用的罐裝鳳梨。

龍舌蘭糖漿
杏桃
酪梨
烘焙食物，如：蛋糕（尤以反轉鳳梨為佳）
香蕉
羅勒
黑眉豆
甜菜
紅燈籠椒
漿果，如：藍莓、覆盆子、草莓
奶油
焦糖
加勒比海料理
腰果
乳酪，如：瑞可達乳酪
辣椒，如：齊波特辣椒、哈拉佩諾辣椒、紅辣椒、塞拉諾辣椒
辣椒粉
巧克力，如：黑巧克力、白巧克力
印度甜酸醬
芫荽葉
肉桂
丁香
椰子和椰奶
鮮奶油和冰淇淋
黃瓜
咖哩類和咖哩粉／辛香料
飲料，如：鳳梨可樂達

其他熱帶水果
蒜頭
薑
葡萄柚
夏威夷料理
蜂蜜
豆薯
奇異果
金桔
薰衣草
檸檬，如：檸檬汁、碎檸檬皮
檸檬香茅
萊姆，如：萊姆汁、碎萊姆皮
香甜酒，如：白蘭地、君度橙酒、金萬利香橙甜酒、櫻桃白蘭地、橙酒
芒果
楓糖漿
甜瓜
薄荷
糖蜜
波特貝羅大香菇
肉豆蔻
堅果，如：杏仁果、榛果、夏威夷堅果、花生、開心果、核桃
油脂，如：葡萄籽油、橄欖油
洋蔥，如：紅洋蔥
柳橙，如：橙汁、碎橙皮
棕櫚心
木瓜
歐洲防風草塊根
百香果
胡椒，如：黑胡椒、四川花椒
葡萄乾
米，如：糙米

燒烤鳳梨脆片：鳳梨與薑、萊姆、黃砂糖一起烘焙後，上面鋪放核桃-燕麥脆粒
——大智者（Great Sage），馬里蘭州克拉克斯維爾

鳳梨與香料、印度煎餅、黑莓果醬：烘烤煙燻齊波特辣椒調味的鳳梨，搭配一點海鹽、椰子雪碧冰和黑莓醬
——綠色餐桌（Table Verte），紐約市

迷迭香
蘭姆酒，如：白色蘭姆酒
鼠尾草
沙拉淋醬
沙拉，如：水果沙拉
莎莎醬
鹽，如：猶太鹽
醬汁，如：照燒醬
嫩青蔥
種籽，如：南瓜籽、葵花籽
麵筋製品
水果串
蔬果昔
雪碧冰
湯
酸奶油
烈酒，如：琴酒、**蘭姆酒**
八角
燉煮料理，如：燉煮蔬菜
翻炒料理
糖，如：黃砂糖
甘藷
天貝
豆腐
番茄
香莢蘭
越南料理
醋，如：蘋果酒醋、紅酒醋、
　米醋、白酒醋
優格

對味組合
鳳梨＋杏仁果＋香莢蘭
鳳梨＋蘋果＋黃砂糖＋薑＋
　柳橙汁＋醬油
鳳梨＋香蕉＋黃砂糖
鳳梨＋香蕉＋檸檬＋紅洋蔥
　＋莎莎醬
鳳梨＋黑眉豆＋黃瓜＋莎莎
　醬
鳳梨＋黃砂糖＋薑＋萊姆
　（＋燕麥＋核桃）
**鳳梨＋黃砂糖＋蜂蜜＋蘭姆
　酒＋香莢蘭**

鳳梨＋黃砂糖＋萊姆
鳳梨＋胡蘿蔔＋肉桂＋葡萄乾
鳳梨＋辣椒＋芫荽葉＋蒜頭＋萊
　姆＋紅洋蔥
鳳梨＋辣椒＋萊姆＋薄荷＋番茄
鳳梨＋辣椒＋萊姆＋紅洋蔥
鳳梨＋芫荽葉＋萊姆
鳳梨＋肉桂＋咖哩＋八角
鳳梨＋椰子＋黃砂糖
鳳梨＋椰子＋薑＋蘭姆酒
鳳梨＋椰子＋百香果＋白巧克力
鳳梨＋椰子＋蘭姆酒
鳳梨＋椰子＋優格
鳳梨＋薑＋楓糖漿
鳳梨＋蜂蜜＋薄荷＋優格
鳳梨＋奇異果＋芒果＋木瓜
鳳梨＋*印度酸乳酪飲品*＋八角＋
　優格
鳳梨＋萊姆＋薄荷
鳳梨＋花生＋山芋

所有的牙買加人都是吃鳳梨雞長
大的。我喜歡做（純素的）鳳梨燉
菜，先把蔬菜與鳳梨、白蘭姆酒
和黃糖連同一點點蘋果酒或紅酒
醋煎炒，所以這道燉菜會既甜又
香且風味濃郁。

——蕭瓦因·懷特，花開咖啡館，紐約市

● 松子 Pine Nuts（亦稱松仁）
風味：帶有奶油和／或松香，質
　地濃醇、柔軟
風味強度：中等－強
營養學剖繪：85% 脂肪／8% 碳水
　化合物／7% 蛋白質
熱量：每28.35克190大卡
蛋白質：4克
這是什麼：特定松木的種籽
料理方式：生食、烘烤、焙烤

北非料理
茴芹
蘋果
杏桃

芝麻菜
蘆筍
烘焙食物，如：餅乾
羅勒
四季豆
甜菜
燈籠椒，如：紅燈籠椒
麵包粉
青花菜
球花甘藍
胡蘿蔔
瑞士莙薘菜
乳酪，如：費達、山羊乳酪、莫札瑞拉、**帕爾瑪、瑞可達乳酪**
鷹嘴豆
庫斯庫斯
蔓越莓乾
穗醋栗，如：穗醋栗乾
甜點
茄子
莙薘菜
闊葉莙薘菜
茴香
蒜頭
全穀物，如：布格麥片、庫斯庫斯、小米、藜麥、斯佩耳特小麥、小麥仁
苦味綠色蔬菜，如：甜菜葉、綠葉甘藍、沙拉青蔬
義大利料理，尤以南方為佳
羽衣甘藍
檸檬，如：檸檬汁
萵苣，如：蘿蔓萵苣
楓糖漿
馬士卡彭乳酪
東部地中海料理
墨西哥料理
中東料理
其他堅果，如：杏仁果、開心果、核桃
堅果油，如：松子、核桃
橄欖油
橄欖
洋蔥

柳橙，如：血橙
歐芹
義式麵食：寬麵、米粒麵、尖管麵、方麵餃、直麵
***義式青醬**
抓飯
馬鈴薯，如：新馬鈴薯
紫葉菊苣
葡萄乾
米
松子瑞可達乳酪
義式燉飯
迷迭香
番紅花
鼠尾草
沙拉，如：水果沙拉、綠色蔬菜沙拉、義大利麵沙拉、菠菜沙拉
醬汁
湯
菠菜
小果南瓜，如：夏南瓜、冬南瓜
葡萄葉卷飯
甘藷
塔希尼芝麻醬
紅橘
豆腐，如：絹豆腐
番茄和日曬番茄乾
番茄
土耳其料理
香莢蘭
蔬菜，如：烤蔬菜
水田芥
小麥仁
櫛瓜

對味組合
松子＋羅勒＋蒜頭＋橄欖油＋帕爾瑪乳酪
松子＋甜菜＋馬士卡彭乳酪
松子＋苦味蔬菜＋葡萄乾
松子＋青花菜＋義式麵食
松子＋庫斯庫斯＋檸檬
松子＋穗醋栗＋米
松子＋蒜頭＋四季豆

松子＋蒜頭＋菠菜
松子＋山羊乳酪＋義式青醬＋日曬番茄乾
松子＋橄欖＋柳橙＋歐芹
松子＋橄欖＋義式麵食＋番茄

●**開心果** Pistachios
風味：帶有奶油和堅果的風味，質地濃醇
風味強度：中等
這是什麼：堅果
營養學剖繪：67% 脂肪／20% 碳水化合物／13% 蛋白質
熱量：每½杯 345 大卡（生食）
蛋白質：12 克
料理方式：生食、烘烤
近親：腰果、芒果、鹽膚木

杏仁果
杏桃，如：杏桃乾
芝麻菜
蘆筍
酪梨
***烘焙食物**，如：**土耳其果仁甜餅、蛋糕、餅乾、馬芬、快速法麵包**
羅勒
甜菜
印度波亞尼香料飯
青花菜
抱子甘藍
布格麥片
小豆蔻
胡蘿蔔
芹菜
乳酪，如：藍黴、山羊乳酪、戈根索拉、帕爾瑪、瑞可達乳酪、泰勒吉奧乳酪
櫻桃
辣椒粉
巧克力，如：黑巧克力、白巧克力
椰子
玉米粉
庫斯庫斯
蔓越莓

焖煮迷你甜菜：苦苣、綠芹菜、藍黴乳酪、開心果、覆盆子油醋醬
——格倫米爾宅邸（Glenmere Mansion），紐約州切斯特

穗醋栗
咖哩類和咖哩粉／辛香料
椰棗
甜點
蘸料
茄子
茴菜
無花果
水果乾
蒜頭
薑
格蘭諾拉麥片
葡萄柚
葡萄
蜂蜜
冰淇淋
義大利料理
檸檬
扁豆
萊姆，如：萊姆汁、碎萊姆皮
芒果
楓糖漿

地中海料理
中東料理
薄荷
燕麥片和燕麥
柳橙
義式麵食
法式酥皮醬糜派
桃子
義式青醬
費洛皮
抓飯
鳳梨
松子
石榴
布丁
榲桲
藜麥
大黃
米，尤以野生米為佳
米布丁
玫瑰水
番紅花

沙拉，如：穀物沙拉
鹽，如：海鹽
醬汁
蔬果昔
小果南瓜，如：白胡桃瓜
糖，如：楓糖
鹽膚木
塔希尼芝麻醬
番茄
土耳其料理
香莢蘭
蔬菜
醋，如：蔓越莓醋
核桃
水田芥
西瓜
優格

對味組合

開心果＋杏仁果＋玫瑰水
開心果＋杏桃＋椰棗
開心果＋羅勒＋薄荷
開心果＋抱子甘藍＋橄欖油＋醋
開心果＋小豆蔻＋柳橙
開心果＋小豆蔻＋布丁＋米＋玫瑰水
開心果＋辣椒粉＋大蒜粉＋洋蔥粉
開心果＋柑橘類＋芒果
開心果＋水果乾（如：杏桃、櫻桃）＋**穀物**（庫斯庫斯、藜麥）
開心果＋蒜頭＋柳橙
開心果＋山羊乳酪＋葡萄
開心果＋山羊乳酪＋番茄
開心果＋松子＋米＋番紅花
開心果＋大黃＋優格
開心果＋草莓＋優格

● 大蕉或綜合大蕉
Plantains—In General, or Mixed

風味：範圍從鹹味和質地帶澱粉（綠色）到微甜和紮實的（黃色／褐色）到甜和濃厚的（黑色），帶有（像香蕉的）果香

風味強度：弱／中等（綠色）—中等（黃色、黑色）

這是什麼：水果

營養學剖繪：97%碳水化合物（高糖分）／2%蛋白質／1%脂肪

熱量：每1杯235大卡（煮熟的、搗成糊狀的）

蛋白質：2克

料理方式：烘焙（以177°C烘焙45-60分鐘）、沸煮（25-40分鐘）、炙烤、深炸、燒烤、搗成糊狀、生食（只有全變黑色時）、煎炒、微滾烹煮、蒸煮（約10分鐘）

小祕訣：作為澱粉類蔬菜出餐。如果要添加到湯品或燉菜中時，在烹煮過程的最後10分鐘才加進去。

近親：香蕉

P

非洲料理
杏仁果
黑眉豆
燈籠椒
奶油
加勒比海料理
中美洲料理
乳酪，如：藍黴、山羊乳酪
辣椒、辣椒片和辣椒醬
肉桂
椰子和椰奶
古巴料理
熱帶水果，如：木瓜、鳳梨
薑
拉丁美洲料理
檸檬
萊姆，如：萊姆汁
油脂，如：椰子油、橄欖油、蔬菜
　　油
洋蔥，如：紅洋蔥、黃洋蔥
米，如：茉莉香米

綠大蕉 Plantains, Green
風味：中性，質地帶澱粉
風味強度：弱－中等
料理方式：烘焙、沸煮、深炸、油
　　炸、搗成糊狀、煎炒、燉煮
小祕訣：尋找沒有帶任何黃色的
　　綠大蕉。

非洲料理
豆類，如：黑眉豆、花豆
奶油
小豆蔻
加勒比海料理
中美洲料理
乳酪，如：墨西哥鮮乳酪
鷹嘴豆
辣椒和辣椒粉
大蕉片
芫荽葉
肉桂
丁香
椰子和椰漿

芫荽
孜然
咖哩
熱帶水果
葛拉姆馬薩拉
蒜頭
薑
萊姆，如：萊姆汁
墨西哥料理
糖蜜
摩爾醬
油脂，如：胭脂樹籽油、杏仁果油、
　　橄欖油、蔬菜油
橄欖
洋蔥，如：紅洋蔥
紅椒粉
黑胡椒
波多黎各料理
米
莎莎醬
鹽，如：猶太鹽
嫩青蔥
紅蔥
湯
燉煮料理
百里香
煎大蕉
優格

對味組合
綠大蕉＋蒜頭＋百里香

甜大蕉 Plantains, Sweet
（如褐色或黃色）
風味：甜，帶香蕉風味，質地柔軟，
　　濃厚但紮實
風味強度：中等
料理方式：烘焙、沸煮、深炸、燒

烤、搗成糊狀、煎炸、煎炒

非洲料理
多香果
黑眉豆
燈籠椒，如：綠燈籠椒
奶油
中美洲料理
巧克力
芫荽葉
肉桂
丁香
椰奶
古巴料理
甜點，如：布丁
熱帶水果
蒜頭
薑
蜂蜜
檸檬
萊姆
墨西哥料理
糖蜜
橄欖油
紅洋蔥
柳橙
黑胡椒
葡萄乾
米，如：糙米
蘭姆酒，尤以深色為佳
鹽
嫩青蔥
湯
八角
燉煮蔬菜
糖，如：黃砂糖

| 主廚私房菜 | DISHES |

黑眉豆和大蕉玉米粽：蒸煮玉米殼包覆的玉米粽，內餡為黑眉豆
和大蕉。搭配瓜希柳辣椒醬、酸奶油、阿涅荷乳酪、芝麻菜沙拉
——邊界燒烤（Frontera Grill），芝加哥

對味組合
甜大蕉＋燈籠椒＋黑眉豆＋芫荽
　葉＋米＋嫩青蔥

● 李子 Plums
季節：夏－秋
風味：甜和／或酸，帶櫻桃、柑橘
　類和／或蜂蜜的澀味，質地非
　常多汁
風味強度：弱－中等
營養學剖繪：90％碳水化合物（高
　糖分）／5％蛋白質／5％脂肪
熱量：每顆李子30大卡
料理方式：烘焙、低溫水煮、生食、
　燉煮
近親：杏仁果、蘋果、杏桃、黑莓、
　櫻桃、桃子、梨子、榲桲、覆盆
　子、草莓

多香果
茴藿香
蘋果和蘋果汁
杏桃
芝麻菜
香蕉
月桂葉
豆類，如：黑眉豆
燈籠椒，如：紅燈籠椒
黑莓
奶油
焦糖
小豆蔻
乳酪，如：藍黴、奶油乳酪、費達、
　山羊乳酪、曼努里、軟質乳酪
櫻桃
辣椒，如：哈拉佩諾辣椒和辣椒
　粉
巧克力
印度甜酸醬
芫荽葉
肉桂
丁香
糖煮水果
芫荽

鮮奶油和法式酸奶油
卡士達
椰棗
甜點，如：美式鬆厚酥頂派、脆片、
　酥粒、派、餡餅
蒜頭
薑
葡萄柚
蜂蜜，如：刺槐蜜、三葉草蜜
櫻桃白蘭地
檸檬，如：檸檬汁、碎檸檬皮
萊姆
香甜酒，如：白蘭地（如：李子白
　蘭地）
楓糖漿
馬士卡彭乳酪
薄荷
糖蜜
油桃
肉豆蔻
堅果，如：**杏仁果**、榛果、美洲山
　核桃、**核桃**
燕麥片和燕麥
橄欖油
紅洋蔥
柳橙，如：橙汁、橙酒、碎橙皮
歐芹
百香果
桃子
梨子
胡椒，如：黑胡椒
日式醋汁醬油
波特酒
覆盆子
大黃
鼠尾草
沙拉，如：水果沙拉、綠色蔬菜沙
　拉、菠菜沙拉
莎莎醬，如：李子莎莎醬
鹽
醬汁，如：李子醬汁
芝麻，如：芝麻籽
紅蔥
雪碧冰

八角
草莓
糖，如：黃砂糖
香莢蘭
醋，如：巴薩米克香醋、香檳酒醋、
　紅酒醋、梅子醋
核桃
酒，如：紅酒、甜酒、白酒
優格

對味組合
李子＋杏仁果＋肉桂＋柳橙
李子＋杏仁果＋蜂蜜＋馬士卡彭
　乳酪
李子＋大麥＋山羊奶＋蜂蜜
李子＋黃砂糖＋燕麥
李子＋辣椒＋蒜頭＋薑＋檸檬
李子＋肉桂＋蜂蜜
李子＋肉桂＋柳橙
李子＋蒜頭＋蜂蜜＋橄欖油＋紅
　洋蔥＋醋
李子＋薑＋柳橙
李子＋蜂蜜＋柳橙＋香莢蘭
李子＋楓糖漿＋柳橙

● 李子乾、李子乾泥
Plums, Dried（aka Prunes）
and Dried Plum Puree
風味：甜，帶有葡萄乾風味，質地
　耐嚼、有黏性
風味強度：中等
營養學剖繪：96％碳水化合物
　／3％蛋白質／1％脂肪
熱量：每½杯210大卡（表面凹皺
　的李子乾）
蛋白質：2克
料理方式：溫水煮、生食
小祕訣：在烘焙時，可用李子乾
　泥替代脂肪或油脂。

杏仁果
蘋果
杏桃
烘焙食物，如：麵包、蛋糕、馬芬

香蕉

焦糖

乳酪，如：藍黴、布利、奶油乳酪、
　費達、山羊乳酪、瑞可達乳酪

栗子

巧克力，如：黑巧克力

肉桂

丁香

咖啡

糖煮水果

玉米粉

鮮奶油

法式酸奶油

脆片

穗醋栗

甜點，如：美式鬆厚酥頂派

格蘭諾拉麥片

榛果

蜂蜜

冰淇淋

果醬和蜜餞

檸檬

香甜酒，如：*阿瑪涅克白蘭地、*
　白蘭地（如：蘋果、梨子）、干
　邑白蘭地

馬士卡彭乳酪

堅果

燕麥片和燕麥

柳橙，如：橙汁、碎橙皮

美式煎餅

梨子

美洲山核桃

開心果

罌粟籽

稠粥

布丁，如：麵包布丁

葡萄乾

沙拉

作為零食

冬南瓜，如：橡實南瓜

八角

燉煮料理

糖，如：黃砂糖

香莢蘭

巴薩米克香醋

核桃

酒，如：水果紅酒（如：薄酒萊）、
　波特酒（如：陳年波特酒）、甜
　白酒（如：慕斯卡葡萄酒、索甸
　甜白酒）

優格

對味組合

李子乾＋蘋果＋肉桂＋葡萄乾

李子乾＋黃砂糖＋紅酒

李子乾＋焦糖＋美洲山核桃

李子乾＋肉桂＋柳橙

梅干和梅干醬
Plums, Umeboshi And Umeboshi
Plum Paste（參見梅干）

義式粗玉米糊 Polenta（參見
玉米粉，義式粗玉米糊由此製成）

石榴糖蜜 Pomegranate Molasses

風味強度：強（比新鮮石榴籽更
　強）

多香果

芝麻菜

香蕉

豆類

燈籠椒

飲品

布格麥片

小豆蔻

胡蘿蔔

乳酪，如：山羊乳酪

鷹嘴豆

辣椒

肉桂

丁香

孜然

甜點

蘸料

飲料

茄子

蒜頭

薑

釉汁

葡萄柚

檸檬，如：檸檬汁

扁豆

滷汁醃醬

中東料理

芥末和芥末籽

橄欖油

梨子

抓飯

沙拉淋醬

沙拉

醬汁

雪碧冰

菠菜

燉煮料理，如：燉煮扁豆

土耳其料理

蔬菜，尤以根莖蔬菜為佳

醋，如：巴薩米克香醋

核桃

●石榴、●石榴汁
Pomegranates And Pomegranate
Juice（同時參見石榴糖蜜）

季節：秋季

風味：酸／甜，帶有蔓越莓的風
　味，質地多汁、帶有清脆的籽
　（新鮮時）

風味強度：中等（新鮮的籽）

營養學剖繪：81% 碳水化合物／
　12% 脂肪／7% 蛋白質

熱量：每½杯75大卡（新鮮的籽）

蛋白質：1克

料理方式：多汁、生食

小祕訣：因為新鮮石榴的產季不
　長，也可以冷凍（可整顆放到
　夾鏈密封袋裡）。一年內，只要
　解凍、切開、剝下美味多汁的
　種籽，就可以做成蔬果昔和其
　他料理。

龍舌蘭糖漿

多香果
杏仁果
蘋果
芝麻菜
酪梨
香蕉
大麥
豆類
燈籠椒
布格麥片
小豆蔻
胡蘿蔔
乳酪，如：奶油乳酪、山羊乳酪
櫻桃，如：櫻桃乾、新鮮櫻桃
鷹嘴豆
辣椒，如：波布蘭諾辣椒
巧克力
肉桂
丁香
椰子
庫斯庫斯
蔓越莓，如：蔓越莓乾、新鮮蔓越莓
黃瓜
孜然
咖哩類
甜點，如：美式鬆厚酥頂水果派和脆片、冰、雪碧冰
蘸料
飲料
茄子
茴菜
無花果
綠捲鬚苦苣
蒜頭
薑
釉汁
穀物
義式冰沙
葡萄柚
沙拉青蔬
蜂蜜
莢果
檸檬，如：檸檬汁

扁豆，如：紅扁豆
萊姆
楓糖漿
滷汁醃醬
地中海料理
瓜類，如：苦瓜
中東料理
薄荷
芥末和芥末籽
橄欖油
橄欖，如：綠橄欖
洋蔥，如：紅洋蔥
柳橙和柳橙汁，如：血橙、臍橙
歐芹
梨子
美洲山核桃
抓飯
松子
開心果
榲桲
藜麥
米
沙拉淋醬
沙拉，如：黃瓜沙拉、水果沙拉、綠色蔬菜沙拉
醬汁
蔬果昔
雪碧冰
湯，尤以秋季湯為佳
菠菜
冬南瓜，如：白胡桃瓜、甜薯瓜
燉煮料理，如：燉煮扁豆
糖，如：黃砂糖
鹽膚木
甘藷
塔希尼芝麻醬

百里香
番茄
土耳其料理
蔬菜，尤以根莖蔬菜為佳
醋，如：巴薩米克香醋、雪利酒醋、紅／白酒醋
核桃
西瓜
小麥仁
優格
日本柚子，如：柚子汁

對味組合
石榴＋蘋果＋白胡桃瓜＋核桃
石榴＋芝麻菜＋茴菜
石榴＋巴薩米克香醋＋松子＋菠菜
石榴＋燈籠椒＋辣椒＋孜然＋檸檬＋核桃
石榴＋黃瓜＋蒜頭＋薄荷
石榴＋山羊乳酪＋柳橙＋核桃
石榴＋葡萄柚＋綠色蔬菜＋紅洋蔥
石榴＋檸檬＋糖
石榴＋柳橙＋日本柚子

柚子 Pomelo
（參見葡萄柚的介紹）
季節：冬季
風味：酸／甜，帶有葡萄柚的風味（雖然比葡萄柚較溫和、較甜、較多汁）
風味強度：強
這是什麼：柑橘類水果

| **主廚私房菜** | DISHES |

牙買加煙燻香料石榴糖蜜素肉排，搭配新鮮茴香、糖漬柳橙和玫瑰花瓣，鋪放在野米上
——李子小酒館（Plum Bistro），西雅圖

石榴奇異果美式煎餅搭配打發石榴糖蜜奶油和法式酸奶油
——李子小酒館（Plum Bistro），西雅圖

P

● 爆米花，如氣爆式爆米花

Popcorn, E.G., Air-Popped

對健康的助益：含有高纖維、低熱量（用氣爆式製作時）

小祕訣：選擇有機爆米花，因為非有機爆米花名列美國農業部（USDA）含有農藥和有毒化學物食物前十名。噴一點醬油來增加風味和鹹味，或添加一點橄欖油並撒上帶有乳酪味的營養酵母來增加維生素B12。

《華盛頓郵報》美食編輯、《吃你的蔬菜》作者喬·尤南創作了令人上癮的香料爆米花，這款油爆式爆米花由基督復臨安息日會的素食餐廳「小夥子」（Little Lad's）製作，特色是用營養酵母、乾燥奧勒岡、乾燥蒔蘿、乾燥百里香、乾紅辣椒碎片，再以細海鹽搖晃（可選擇）。

杏仁果
焦糖
卡宴辣椒
乳酪，如：巧達、帕爾瑪乳酪
辣椒粉
肉桂
椰子，如：椰子油、椰子糖
芫荽
孜然
咖哩粉
乾蒔蘿
紫紅藻
蒜頭和大蒜粉
芝麻鹽
香料植物，尤以乾燥為佳
蜂蜜
檸檬
營養酵母
油脂，如：椰子油、葡萄籽油、花生油
松露油
洋蔥粉
乾奧勒岡

欧芹
花生醬和花生
美洲山核桃
迷迭香
鼠尾草
海鹽
芝麻籽
醬油
黃砂糖
溜醬油
百里香
薑黃
香莢蘭

對味組合

爆米花＋杏仁果＋蜂蜜
爆米花＋黃砂糖＋肉桂

墨西哥玉米燉煮 Posole
（參見脫殼玉米粒）

● 馬鈴薯

Potatoes—In General, With Skin

季節：全年，特別是夏—冬

風味：中性，帶有泥土味，質地帶澱粉

風味強度：弱

這是什麼：澱粉類蔬菜

營養學剖繪：93% 碳水化合物／6% 蛋白質／1% 脂肪

熱量：每½杯70大卡（高溫水煮）

蛋白質：1克

料理方式：烘焙（整顆用鋁箔紙包起來，以204°C烘焙約50-60分鐘）、沸煮（提醒：用剩下的、有營養的水分來做醬料、湯品）、深炸、油炸、燒烤、搗成糊狀（特別是較成熟、含有較多澱粉的馬鈴薯）、打泥、烘烤（切成四等分，以204°C烘烤20-40分鐘）、煎炒、蒸煮、填料

小祕訣：選擇有機馬鈴薯。保留馬鈴薯皮以添加額外的風味、口感和營養。烹調前要擦洗乾

淨。馬鈴薯不切開，整顆沸煮，這樣就不會洗收水分。在烘焙前，用叉子戳馬鈴薯數次，這樣蒸氣才能散去。馬鈴薯是美國人最愛的蔬菜（特別是炸薯條！），但是不要忘了享用各種蔬菜的重要性，以確保你自己獲得同樣多種類的營養。

近親：燈籠椒、辣椒、茄子、鵝莓、黏果酸漿、番茄

馬鈴薯泥的可行的替代物：搗成糊狀的白豆、小米，打成泥的白花椰菜

芝麻菜
蘆筍
烘焙食物，如：麵包、蛋糕
羅勒
月桂葉
豆類，如：蠶豆、四季豆
燈籠椒，如：綠燈籠椒和／或烘烤燈籠椒
青花菜
奶油
白脫乳
甘藍菜，如：皺葉甘藍
續隨子
葛縷子籽
小豆蔻
胡蘿蔔
腰果
法式砂鍋菜
白花椰菜
卡宴辣椒
芹菜、**芹菜根**和芹菜籽
蒸菜
乳酪，如：愛亞格、藍黴、巧達、芳汀那、山羊乳酪、豪達、葛黎耶和、傑克、蒙契格、莫札瑞拉、帕爾瑪、佩科利諾、瑞士乳酪
細葉香芹
菊苣
鷹嘴豆
辣椒，如：齊波特辣椒

細香蔥和韭菜
芫荽葉
肉桂
丁香
椰子和椰漿
芫荽
玉米
鮮奶油
法式酸奶油
孜然
咖哩粉和辛香料
咖哩類
蒔蘿
茄子
蛋，如：*義式蛋餅、水煮全熟蛋、蛋捲、鹹派、墨西哥薄餅*
茴香
葫蘆巴
法式料理
葛拉姆馬薩拉
蒜頭
薑
全穀物，如：藜麥、斯佩耳特小麥
焗烤料理
綠色蔬菜，如：綠葉甘藍、芥末葉、沙拉青蔬、冬季綠色蔬菜
辣根
印度料理
羽衣甘藍
薰衣草
韭蔥
檸檬，如：檸檬汁、**碎檸檬皮**
扁豆
歐當歸
墨角蘭
美乃滋
牛奶或植物奶，如：米奶、豆奶
薄荷
菇蕈類，如：羊肚菌、牛肝菌、波特貝羅大香菇、**野菇**
芥末，如：第戎芥末、芥末油、芥末籽
肉豆蔻
油脂，如：菜籽油、辣椒油、**橄欖油**、花生油、蔬菜油
秋葵
橄欖，如：黑橄欖、綠橄欖
洋蔥，如：**青蔥**、紅洋蔥、西班牙洋蔥、維塔莉亞洋蔥、黃洋蔥
奧勒岡
紅椒粉
歐芹，尤以平葉歐芹為佳，和歐芹根
歐洲防風草塊根
義式麵食，如：**義式麵疙瘩**
豌豆
去莢乾燥豌豆瓣
胡椒，如：**黑胡椒**、白胡椒
義式青醬
松子
馬鈴薯蛋糕／美式馬鈴薯煎餅
野生韭蔥
迷迭香
蕪菁甘藍
番紅花
鼠尾草
沙拉，如：蛋沙拉、綠色蔬菜沙拉、馬鈴薯沙拉（冷沙拉或溫沙拉）
鹽，如：猶太鹽、海鹽、煙燻鹽
香薄荷
嫩青蔥
紅蔥
蒜泥馬鈴薯
酸模
湯，如：韭蔥湯、馬鈴薯湯、酸模湯、蔬菜湯
酸奶油
菠菜
冬南瓜，如：白胡桃瓜、甜薯瓜
燉煮料理
蔬菜高湯
填餡烘烤馬鈴薯／兩次烘烤馬鈴薯
甘藷
塔希尼芝麻醬
龍蒿
百里香
番茄
松露，如：黑松露、白松露
薑黃
蕪菁
根莖蔬菜
醋，如：香檳酒醋、雪利酒醋、白酒醋
核桃
水田芥
酒，如：干白酒
優格

主廚私房菜	DISHES

波蘭餃子：平底鍋油煎，內餡為馬鈴薯和焦糖化洋蔥、腰果酸奶油、嫩青蔥
——蓮花盛開（Blossoming Lotus），俄勒岡州波特蘭

赤褐馬鈴薯塞番茄：釉汁雞油菌、寶塔花菜泥、油蔥
——丹尼爾（DANIEL），紐約市

尼可斯農場油封馬鈴薯沙拉、山羊費達乳酪、卡拉瑪塔橄欖、洋蔥刨絲、奧勒岡
——綠斑馬（Green Zebra），芝加哥

馬鈴薯「法式千層酥」搭配胡蘿蔔、波羅門參和歐芹油醋醬
——皮肖利（Picholine），紐約市

藍肉馬鈴薯（或紫肉馬鈴薯）Potatoes, Blue (or Purple)

季節：全年，特別是夏季—冬季中期

風味：中性，帶有堅果的泥土味，

P

對味組合

馬鈴薯＋黑橄欖＋檸檬＋日曬番茄乾
馬鈴薯＋白脫乳＋巧克力＋肉桂＋香莢蘭
馬鈴薯＋白胡桃瓜＋鼠尾草
馬鈴薯＋白花椰菜＋韭蔥
馬鈴薯＋芹菜根＋歐洲防風草塊根
馬鈴薯＋巧達乳酪＋辣椒＋玉米
馬鈴薯＋齊波特辣椒＋蒜頭
馬鈴薯＋芫荽葉＋椰子
馬鈴薯＋鮮奶油＋蒜頭＋百里香
馬鈴薯＋法式酸奶油＋蒔蘿
馬鈴薯＋茴香＋蒜頭＋韭蔥
馬鈴薯＋茴香＋檸檬＋優格
馬鈴薯＋蒜頭＋香料植物（如：奧勒岡、迷迭香、鼠尾草）
馬鈴薯＋蒜頭＋檸檬＋橄欖油＋歐芹＋醋
馬鈴薯＋蒜頭＋碎檸檬皮＋歐芹＋迷迭香＋百里香
馬鈴薯＋蒜頭＋橄欖油
馬鈴薯＋蒜頭＋橄欖油＋核桃
馬鈴薯＋葛黎耶和乳酪＋冬南瓜
馬鈴薯＋香料植物（如：奧勒岡、迷迭香、百里香）＋檸檬
馬鈴薯＋韭蔥＋肉豆蔻＋洋蔥＋歐芹

質地乾燥、粉狀、帶澱粉
風味強度：弱
健康元素：抗氧化劑
料理方式：烘焙、製粉、沸煮、油炸、燒烤、搗成糊狀、烘烤、蒸煮
小祕訣：烹調時保留富有營養的外皮。檸檬汁可以提亮馬鈴薯的顏色，同時凸顯風味。

朝鮮薊
豆類
奶油
乳酪，如：巧達、可提亞乳酪
辣椒，如：波布蘭諾辣椒
洋芋片
細香蔥
芫荽葉
玉米
鮮奶油
蒜頭

綠色蔬菜，如：沙拉青蔬
檸檬，如：檸檬汁
馬鈴薯泥
油脂，如：韭菜油、橄欖油
紅椒粉，如：煙燻紅椒粉
歐芹
秘魯料理
沙拉，如：綠色蔬菜沙拉、馬鈴薯
　　沙拉
鹽，如：海鹽
紅蔥
湯，如：馬鈴薯湯、蔬菜湯
百里香
醋，如：蘋果酒醋、紅酒醋

當我第一次被**紫肉馬鈴薯**的美麗顏色吸引時，我就愛上紫肉馬鈴薯的風味，它比一般的赤褐馬鈴薯或黃肉馬鈴薯帶有更多堅果味、更紮實。我所供應的紫肉馬鈴薯是與任何香料植物、一些鹽和胡椒、還有一點檸檬汁或刨絲檸檬皮一起搗成糊狀；或者是佐以青醬豆腐。

——瑪基妮 · 豪威爾，李子小酒館餐車，西雅圖

手指馬鈴薯 Potatoes, Fingerling
風味：微甜，帶有奶油和／或堅果的豐富風味、泥土味，質地紮實、蠟質。
風味強度：弱
料理方式：燜煮、烤箱烘烤、煎炸、烘烤

四季豆
奶油
續隨子
腰果奶霜
細葉香芹
辣椒，如：哈拉佩諾辣椒
細香蔥
鮮奶油
紫紅藻

蛋，如：義式蛋餅
細香料植物
蒜頭
辣根
美乃滋
橄欖油
煙燻紅椒粉
歐芹
黑胡椒
披薩
迷迭香
鼠尾草
沙拉，如：綠色蔬菜沙拉、綠豆沙
　　拉、馬鈴薯沙拉
鹽，如：海鹽
紅蔥
湯和巧達濃湯，如：玉米濃湯
龍蒿
伍斯特素食辣醬油

高澱粉馬鈴薯 Potatoes, High- Starch（如愛達荷州馬鈴薯、赤褐馬鈴薯）
小祕訣：切割高澱粉馬鈴薯時，會在刀子上留下濃稠狀的白色液體；殘留物越多，馬鈴薯的澱粉含量越高。
料理方式：烘焙、油炸、**搗成糊狀**

低澱粉馬鈴薯 Potatoes, Low- Starch（如新馬鈴薯）
沸煮馬鈴薯
焗烤料理
馬鈴薯沙拉

新馬鈴薯 Potatoes, New（亦稱紅皮馬鈴薯）
季節：春－夏
風味：微甜，質地濕潤、濃厚
風味強度：弱
這是什麼：當季新鮮收穫的馬鈴薯
料理方式：沸煮、搗成糊狀、烘烤、鹽烤、蒸煮（避免油炸）

續隨子
胡蘿蔔
腰果，如：碎生腰果
細香蔥
鮮奶油
蒔蘿
蒜頭
焗烤料理
香料植物
辣根
韭蔥
檸檬，如：檸檬汁
薄荷
芥末，如：第戎芥末
橄欖油
紅椒粉
歐芹
胡椒，如：黑胡椒、白胡椒
迷迭香
番紅花
沙拉，如：綠色蔬菜沙拉、馬鈴薯
　　沙拉
鹽，如：海鹽
香薄荷
嫩青蔥
紅蔥
湯和法式濃湯
酸奶油
燉煮料理
蔬菜高湯
龍蒿
百里香
醋，如：蘋果酒醋
核桃
優格

對味組合
新馬鈴薯＋細香蔥＋檸檬＋橄欖油
新馬鈴薯＋蘋果酒醋＋蒔蘿＋辣根＋橄欖油
新馬鈴薯＋蒔蘿＋馬鈴薯泥＋橄欖油＋歐芹＋豆奶
新馬鈴薯＋蒜頭＋檸檬＋芥末

新馬鈴薯＋蒜頭＋紅蔥＋龍蒿＋醋

新馬鈴薯＋辣根＋芥末＋嫩青蔥＋優格

紅皮馬鈴薯 Potatoes, Red
（參見新馬鈴薯）

赤褐馬鈴薯 Potatoes, Russet
風味：微甜，帶有泥土味，質地乾燥、酥脆／蓬鬆，外皮既厚又耐嚼

風味強度：弱

料理方式：**烘焙**、油炸、**搗成糊狀**、烘烤

小祕訣：因為赤褐馬鈴薯烹煮後無法保持形狀，所以不建議用來做法式砂鍋菜或沙拉。

烘烤「薯條」
烘烤馬鈴薯
細香蔥
義式麵疙瘩
馬鈴薯泥
酸奶油

厚皮馬鈴薯 Potatoes, Thick-Skinned（如愛達荷州馬鈴薯、赤褐馬鈴薯）
料理方式：烘焙、油炸

薄皮馬鈴薯 Potatoes, Thin-Skinned
（如新馬鈴薯、白肉馬鈴薯）
料理方式：沸煮、高壓烹煮、蒸煮

白肉馬鈴薯 Potatoes, White
風味：中性，帶有薄皮

風味強度：弱

料理方式：沸煮、油炸、搗成糊狀、蒸煮

法式砂鍋菜
帶皮馬鈴薯泥

沙拉，如：馬鈴薯沙拉
湯
燉煮料理

黃肉馬鈴薯 Potatoes, Yellow
（如育空黃金馬鈴薯）
風味：微甜，帶有奶油風味，質地濃醇

風味強度：弱

這是什麼：多種變化、適合所有用途、澱粉含量中等的馬鈴薯

料理方式：烘焙（整顆以204℃烘焙60分鐘）、沸煮、燒烤、搗成糊狀、烘烤（切成四等分，以204℃烘烤20-40分鐘）

如：蘋果
烘烤馬鈴薯
細香蔥
馬鈴薯泥
爐烤馬鈴薯
鼠尾草
沙拉，如：馬鈴薯沙拉
酸奶油

高壓烹煮 Pressure-Cooking
小祕訣：可比傳統烹煮方法快50-70%，用來煮需要緩慢烹煮的食物像是**乾豆**和**穀類**特別有幫助。

我愛高壓烹煮豆類和穀類，不只是因為這樣更快，也因為這樣讓豆類和穀物易於消化。鷹嘴豆一般都要煮好幾個小時，但用壓力鍋沸煮只要60分鐘就可煮好。白豆是我唯一不會用高壓烹煮的豆類，因為這樣煮出來的白豆對我們以其為特點的芝麻菜沙拉來說太糊了。而且你也不該高壓烹煮去莢乾燥豌豆瓣或大豆，因為它們的泡沫可能阻塞壓力鍋的裝置，導致壓力鍋爆炸。我很不幸在廚房剛油漆完就以吃足苦頭的方式學到這件事……糙米用高壓

烹煮可最多只花40分鐘就煮好，因為高壓烹煮不需要太多液體，所以米對液體的比例只要1：2。

——潘姆‧布朗，素食的花園咖啡館，紐約州伍茲塔克

李子乾、李子乾泥 Prunes And Prune Puree（參見李子乾）

豆類 Pulses
（同時參見特定豆類：鷹嘴豆、特定扁豆、去莢乾燥豌豆瓣）
這是什麼：莢果

蛋白質：每½杯最多9克

小祕訣：½杯煮熟豆類的蛋白質等同於一份蔬菜和56克肉含有的蛋白質。更多資訊請參見網站：cookingwithpulses.com。

非洲料理
澳洲料理
印度料理
地中海料理
中東料理
南美洲料理

每½杯豆類含有最多9克蛋白質，以低脂或零脂肪的方式來替代動物性蛋白質。豆類透過添加氨基酸提高了穀類穀片的蛋白質品質。因為豆類的營養密度高，可以被視為是蛋白質和蔬菜。

—— cookingwithpulses.com

●南瓜 Pumpkin
（同時參見冬南瓜）
季節：秋季

風味：甜，帶有甘藷的泥土味，質地密實、纖維狀

風味強度：弱－中等

這是什麼：名義上，南瓜是有堅硬外皮的（亦即冬季）小果南瓜。

營養學剖繪：88% 碳水化合物／

9% 蛋白質／3% 脂肪

熱量：每1杯50大卡（煮熟的、搗成糊狀）

蛋白質：2克

料理方式：烘焙（以177-204°C烘焙45-60分鐘）、沸煮、燒烤、搗成糊狀、打泥、烘烤（以177°C烘烤60分鐘）、蒸煮

小祕訣：為了方便使用，可以考慮罐裝南瓜。

近親：黃瓜、甜瓜、小果南瓜

可行的替代物：胡蘿蔔、冬南瓜

多香果
杏仁果
美洲料理
蘋果、蘋果酒和蘋果汁
烘烤迷你南瓜
烘焙食物，如：*麵包布丁、麵包、餅乾、馬芬、派、快速法麵包、司康餅*
羅勒
月桂葉
豆類，如：紫花雲豆、黑眉豆、白腰豆、腰豆、皇帝豆、花豆、白豆
白蘭地
麵包粉
奶油和褐化奶油
焦糖
小豆蔻
胡蘿蔔
腰果
卡宴辣椒
芹菜
乳酪，如：藍黴、**奶油乳酪**、愛蒙塔爾、**費達**、芳汀那、山羊乳酪、**葛黎耶和**、莫札瑞拉、**帕爾瑪**、佩科利諾、瑞可達乳酪、羅馬諾、軟質乳酪、瑞士、純素乳酪
乳酪蛋糕
栗子
鷹嘴豆
辣椒，如：安佳辣椒、齊波特辣椒、青辣椒、瓜吉羅、哈瓦那辣椒、橙燈籠椒、紅辣椒、蘇格蘭圓帽辣椒
辣椒粉
細香蔥
巧克力，如：黑巧克力、白巧克力
芫荽葉
肉桂
丁香
椰子和椰奶
干邑白蘭地
芫荽

玉米
庫斯庫斯
蔓越莓，如：蔓越莓乾和蔓越莓汁
鮮奶油
孜然
咖哩類和新鮮咖哩葉、咖哩醬、咖哩粉
卡士達
甜點，如：*乳酪蛋糕、派*
茴香和茴香籽
綠捲鬚苦苣

主廚私房菜 | DISHES

南瓜慕斯搭配蔓越莓和糖漬胡桃
——安潔莉卡的廚房（Angelica Kitchen），紐約市

南瓜肉桂捲：自製巨無霸肉桂捲，內有南瓜和胡桃
——蓮花盛開（Blossoming Lotus），俄勒岡州波特蘭

煎烤南瓜麵包：薑泥、南瓜果醬和燕麥片雪碧冰
——城市禪（CityZen），華盛頓特區

南瓜安吉拉捲：以南瓜、黑眉豆、烘烤玉米、芫荽和辣椒為內餡包覆在西班牙蛋餅中，再撒上芫荽，淋上酸奶油和墨西哥摩爾醬，放在西班牙藜麥上
——大智者（Great Sage），馬里蘭州克拉克斯維爾

南瓜椰子法式濃湯搭配南瓜籽
——伍德拉可小屋（The Lodge at Woodloch），賓州豪利

玉米粽：南瓜和烘烤哈拉佩諾辣椒玉米粽搭配南瓜籽墨西哥摩爾醬
——瑪哪食物吧（Mana Food Bar），芝加哥

南瓜卡士達：辛香料打發鮮奶油、糖漬南瓜籽、焦糖醬、薑汁糖蜜餅乾
——千禧（Millennium），舊金山

「塞米諾爾」南瓜，與法式咖哩粉和木槿一起烘烤，燜煮琉璃苣、「戴菲諾」芫荽
——牛心餐廳（Oxheart），休士頓

南瓜美式煎餅搭配打發楓糖奶油、楓糖漿、南瓜籽、黃砂糖和葡萄乾
——李子小酒館（Plum Bistro），西雅圖

南瓜鼠尾草方麵餃搭配烘烤茴香鮮奶油醬、楓糖豆乾和南瓜
——李子小酒館（Plum Bistro），西雅圖

南瓜乳酪蛋糕、胡桃酥底、波本威士忌和黃砂糖鮮奶油
——真實小酒館（True Bistro），麻州薩默維爾

P

肉豆蔻
堅果
燕麥和燕麥片
油脂，如：堅果油、橄欖油、花生
　　油、南瓜籽油、芝麻油、葵花油、
　　蔬菜油、核桃油
洋蔥，如：紅洋蔥、白洋蔥
柳橙，如：橙汁、碎橙皮
美式煎餅和比利時鬆餅
紅椒粉
歐芹
歐洲防風草塊根
義式麵食，如：義大利麵捲、義式
　　麵疙瘩、米粒麵、方麵餃、義式
　　圓肉餃
花生
梨子
美洲山核桃
胡椒，如：黑胡椒、白胡椒
派
鳳梨

松子
開心果
大蕉
李子乾
馬鈴薯
布丁
南瓜籽
�梓
紫葉菊苣
葡萄乾
米，如：阿勃瑞歐米、糙米、長粒
　　米、野生米
大米糖漿
義式燉飯
迷迭香
蘭姆酒
鼠尾草
鹽，如：猶太鹽、海鹽
芝麻籽，如：黑芝麻籽
舒芙蕾
湯，如：南瓜湯、冬季湯

葛拉姆馬薩拉
蒜頭
薑
消化餅酥粒
焗烤料理
綠色蔬菜
榛果
蜂蜜
韭蔥
檸檬，如：檸檬汁、碎檸檬皮
檸檬香茅
萊姆，如：萊姆汁、碎萊姆皮
肉豆蔻乾皮
楓糖漿
牛奶或植物奶，如：椰奶、豆奶
小米
薄荷
味酥
味噌，如：淡味噌
糖蜜
菇蕈類，如：香菇、木耳
芥末和芥末籽

對味組合
南瓜＋多香果＋肉桂＋薑＋柳橙＋香莢蘭
南瓜＋杏仁果＋葡萄乾
南瓜＋蘋果＋芫荽葉＋咖哩＋韭蔥
南瓜＋巴薩米克香醋＋帕爾瑪乳酪＋鼠尾草
南瓜＋黑芝麻＋玉米＋菠菜
南瓜＋麵包粉＋蒜頭＋歐芹
南瓜＋黃砂糖＋肉桂＋丁香＋薑＋肉豆蔻＋柳橙＋核桃
南瓜＋小豆蔻＋肉桂＋丁香
南瓜＋鷹嘴豆＋芫荽葉＋蒜頭＋薑＋檸檬香茅
南瓜＋辣椒＋蒜頭＋柳橙＋迷迭香
南瓜＋肉桂＋丁香＋椰奶＋薑＋肉豆蔻＋香莢蘭
南瓜＋肉桂＋薑＋楓糖漿＋美洲山核桃
南瓜＋肉桂＋薑＋燕麥片＋葡萄乾
南瓜＋肉桂＋楓糖漿
南瓜＋椰奶＋咖哩醬
南瓜＋蔓越莓＋柳橙
南瓜＋奶油乳酪＋消化餅酥粒＋柳橙
南瓜＋蒜頭＋橄欖油＋迷迭香＋百里香
南瓜＋肉豆蔻＋帕爾瑪乳酪
南瓜＋燕麥＋鼠尾草＋核桃
南瓜＋洋蔥＋鼠尾草＋湯＋豆奶

蔬菜
東南亞料理
醬油
菠菜
燉煮料理
蔬菜高湯
填餡迷你南瓜
糖，如：黃砂糖
龍蒿
百里香
豆腐，如：板豆腐
番茄，如：番茄糊、番茄醬、日曬
　番茄乾
香莢蘭
根莖蔬菜
醋，如：巴薩米克香醋、香檳酒醋
核桃
白酒
優格
櫛瓜

● 馬齒莧 Purslane
（亦稱 Verdolaga）
季節：夏季—初秋
風味：苦／鹹／酸，帶有黃瓜、檸
　檬、胡椒、酸模和／或番茄的
　風味，質地清脆、多汁
風味強度：非常弱／弱（生）—中
　等（熟）
這是什麼：香料植物／植物
營養學剖繪：71%碳水化合物／
　20%蛋白質／9%脂肪
熱量：每1杯20大卡（熟）
蛋白質：2克
料理方式：生食、煎炒、蒸煮
小祕訣：可以同菠菜的煮法。烹
　煮時苦味會增加，所以只要稍
　微煮一下就好。

芝麻菜
羅勒
豆類，如：四季豆、花豆
甜菜
燈籠椒

麵包，如：袋餅
抱子甘藍
奶油
白脫乳
胡蘿蔔
乳酪，如：費達、山羊乳酪、傑克、
　莫札瑞拉乳酪
鷹嘴豆
辣椒，如：青辣椒、哈拉佩諾辣椒
細香蔥
芫荽葉
柑橘類
以色列庫斯庫斯
鮮奶油
黃瓜
蒔蘿
蘸料
茄子
蛋，如：*義式蛋餅*
蒜頭
葡萄柚
榛果
蜂蜜
羽衣甘藍，如：羽衣甘藍嫩葉
檸檬
扁豆，如：黑扁豆
萵苣，如：蘿蔓萵苣
墨西哥料理
薄荷
第戎芥末
粄條
橄欖油
橄欖
洋蔥，如：奇波利尼洋蔥、青蔥、
　紅洋蔥、白洋蔥
柳橙
歐芹

黑胡椒
開心果
馬鈴薯
法國普羅旺斯料理
櫻桃蘿蔔
沙拉淋醬
沙拉，如：麵包沙拉、切碎沙拉、
　黃瓜沙拉、蛋沙拉、阿拉伯蔬
　菜沙拉、綠色蔬菜沙拉、**馬鈴
　薯沙拉**、蔬菜沙拉
莎莎醬
海鹽
三明治
嫩青蔥
紅蔥
酸模
湯，如：*法式家常濃湯*
酸奶油
小果南瓜，如：甜薯瓜、夏南瓜
蔬菜高湯
鹽膚木
塔希尼芝麻醬
龍蒿
黏果酸漿
番茄
醋，如：米醋
優格
櫛瓜

對味組合
馬齒莧＋羅勒＋酥脆麵包丁＋黃
　瓜＋橄欖油＋洋蔥＋番茄＋醋
馬齒莧＋羅勒＋山羊乳酪＋嫩青
　蔥＋番茄
馬齒莧＋費達乳酪＋番茄
馬齒莧＋蒜頭＋肉豆蔻＋洋蔥＋
　馬鈴薯＋酸模

主廚私房菜	DISHES

萵苣縴草和馬齒莧沙拉，搭配烘烤甜薯瓜、奇波里尼洋蔥、抱子
甘藍、鷹嘴豆、櫻桃蘿蔔、葵花籽，與滑潤的龍蒿淋醬充分拋拌
——蠟燭79（Candle 79），紐約市

馬齒莧＋蒜頭＋優格
馬齒莧＋蘿蔓萵苣＋嫩青蔥

馬齒莧是所有食材中，人們會在吃了之後問「這是什麼？」的食材之一。夏天我喜歡在沙拉裡添加生的馬齒莧，或是稍微煎炒一下，不過要小心煮過頭。

——安潔‧拉莫斯，蠟燭79，紐約市

野莧 Quelites（參見灰藜）

● 榲桲 Quinces

季節：秋季

風味：酸，帶有蘋果、花和／或梨子的風味，質地很硬

風味強度：弱－中等

營養學剖繪：97%碳水化合物／2%蛋白質／1%脂肪

熱量：每顆中型榲桲50大卡（生食）

料理方式：烘焙、低溫水煮（如放到簡易糖漿和／或葡萄酒中）、燉煮

小祕訣：絕對不要供應生食。出餐前要先去除外皮。榲桲具有高果膠（一種凝劑），可替代果膠粉來製作某些料理。

近親：杏仁果、蘋果、杏桃、黑莓、櫻桃、桃子、梨子、李子、覆盆子、草莓

*蘋果和蘋果汁

烘焙食物，如：蛋糕、脆片、派
奶油
乳酪，如：藍黴、奶油乳酪、山羊乳酪、戈根索拉、蒙契格、瑞可

達乳酪、軟質乳酪、西班牙乳酪，尤以佐榲桲醬為佳
櫻桃乾餡餅
菊苣
辣椒粉
印度甜酸醬
芫荽葉
肉桂
糖煮水果
芫荽
鮮奶油
法式酸奶油
可麗餅
孜然
甜點，如：蘋果或梨子脆片、酥粒、餡餅
薑
蜂蜜
檸檬，如：檸檬汁
楓糖漿
肉豆蔻
堅果，如：杏仁果、美洲山核桃、開心果、核桃
油脂，如：堅果油、核桃油
柳橙
美式煎餅
　　桲醬
*梨子
派和餡餅，如：蘋果、梨子的派或餡餅
石榴和石榴糖蜜
醃漬／果醬
布丁，如：麵包布丁、米布丁
覆盆子
沙拉，如：綠色蔬菜沙拉
糖，如：黃砂糖
香莢蘭
醋，如：巴薩米克香醋、香檳酒醋、米醋
酒，如：甜酒、白酒
優格

對味組合

榲桲＋蘋果＋肉桂

榲桲＋藍黴乳酪＋綠色蔬菜＋雪利酒醋＋核桃油＋核桃
榲桲＋肉桂＋薑＋美式煎餅

● 藜麥 Quinoa

[KEEN-wah]

風味：苦／微甜，帶有庫斯庫斯、青草、香料植物、小米、堅果和／或芝麻的泥土味，質地輕盈且蓬鬆（已熟）、稍微脆口

風味強度：弱－中等

這是什麼：藜麥是一種香料植物的果實而非穀類，但通常會被認為藜麥是一種全穀物

對健康的助益：大多數的藜麥含有15-20%蛋白質（高於一般小麥的14%、小米的9-11%和米7-8%），鈣含量也高於牛乳。

無麩質：是

營養學剖繪：71%碳水化合物／15%蛋白質／14%脂肪

熱量：每1杯220大卡（熟）

蛋白質：8克

料理方式：沸煮、微滾烹煮、蒸煮、焙烤

烹調時間：烹煮10-15分鐘（白色）至20分鐘（紅色）至30分鐘（黑色）

比例：1：1½-2（1杯藜麥對1½-2杯液體，如高湯、水）

小祕訣：藜麥烹煮前，必須要非常仔細洗淨，以移除所有苦味的跡象，和洗淨時產生的泡沫。用於料理前可先經焙烤，以提升風味。添加液體前，藜麥先煎炒5分鐘，以提升風味和質地。添加的液體也可以用蔬菜高湯或蔬菜汁，或是果汁（如柳橙汁或百香果汁）來替代全部或部分水。煮好後用叉子翻鬆，以分開穀類（但黑藜麥和紅藜麥並不會像白藜麥那麼黏在一起）。藜麥就算煮過頭也不會變糊。

近親：莧菜、甜菜、萘菜、灰藜、
菠菜

杏仁果和杏仁奶
芝麻菜
酪梨
多穀物烘焙食物，如：麵包、馬芬
羅勒
豆類，如：紅豆、黑眉豆、蠶豆、
四季豆、腰豆、皇帝豆、海軍豆、
花豆、白豆
甜菜
燈籠椒，尤以紅燈籠椒或黃燈籠
椒為佳
胡蘿蔔
芹菜
熱早餐麥片
瑞士萘菜
乳酪，尤以費達、山羊乳酪、帕爾
瑪、含鹽瑞可達乳酪為佳
辣椒，如：齊波特辣椒、青辣椒
細香蔥
芫荽葉
柑橘類，如：檸檬、萊姆、柳橙的
果汁或碎皮
玉米
黃瓜
孜然
茴菜
水果乾，如：杏桃乾、蔓越莓乾、
穗醋栗乾、葡萄乾
蒜頭
其他穀物，如：風味較弱的穀物
綠色蔬菜，如：甜菜葉、綠葉甘藍
羽衣甘藍
墨西哥料理，如：墨西哥玉米捲、
法士達、莎莎醬
薄荷
菇蕈類，尤以義大利棕蘑菇、香
菇為佳
堅果，尤以杏仁果、腰果、花生、
美洲山核桃、松子（尤以烤過
為佳）、開心果、核桃為佳
油脂，如：橄欖油、核桃油

洋蔥，如：青蔥、紅洋蔥、春日洋
蔥、白洋蔥、黃洋蔥
奧勒岡
歐芹
抓飯
鳳梨
石榴籽
沙拉，如：穀物沙拉、綠色蔬菜沙
拉
鹽，尤以海鹽為佳
嫩青蔥
湯，如：黃瓜湯

南美洲料理
菠菜
小果南瓜，尤以冬南瓜為佳，如：
橡實南瓜、白胡桃瓜
燉煮料理
高湯，如：菇蕈高湯、蔬菜高湯
填餡蔬菜，如：填餡燈籠椒、填餡
番茄、填餡櫛瓜
餡料
壽司，如：藜麥壽司
麥粒番茄生菜沙拉
番茄，如：櫻桃番茄、紅番茄、日

主廚私房菜	DISHES

藜麥搭配荷蘭豆、甜豌豆和薑
—— ABC 廚房（ABC Kitchen），紐約市

素漢堡：白胡桃瓜和藜麥餅、烘烤甜椒、酪梨、萵苣、番茄、美乃滋，
放上杜蘭粗粒小麥粉漢堡包
—— 花開（Blossom），紐約市

自製藜麥美式煎餅，搭配時令水果、草莓奶油和薑汁楓糖漿
—— 蠟燭79（Candle 79），紐約市

天貝蔬菜玉米粽搭配藜麥香料飯、煎炒菠菜南瓜籽、巧克力墨西
哥摩爾醬、墨西哥酪梨醬、酸奶油和芒果莎莎醬
—— 蠟燭79（Candle 79），紐約市

紅藜麥：平底鍋烘烤新鮮朝鮮薊心和蠶豆／番茄清湯
—— 十字街口（Crossroads），洛杉磯

藜麥沙拉搭配茴香、酪梨和葡萄柚
—— 奧斯汀湖溫泉休閒中心（Lake Austin Spa Resort），德州奧斯汀

藜麥和裙帶菜沙拉，搭配芝麻薑汁油醋醬
—— 伍德拉可小屋（The Lodge at Woodloch），賓州豪利

藜麥和鮮嫩青蔬沙拉、石榴、糖漬核桃、糖漬蔓越莓
—— 瑪德連小酒館（Madeleine Bistro），洛杉磯

藜麥：烤穀物、穗醋栗、杏仁果、薄荷和紅橘
—— 瑪哪食物吧（Mana Food Bar），芝加哥

藜麥搭配搗碎開心果和中東扎塔香料（即香料植物、鹽、芝麻、
鹽膚木）
—— 歐連納（Oleana），麻州劍橋

無麩質藜麥強尼煎餅，搭配香蕉、楓糖漿和希臘優格
—— 真食廚房（True Food Kitchen），鳳凰城

藜麥塔布勒沙拉搭配水田芥、甜菜、石榴、檸檬和冷壓橄欖油
—— 真食廚房（True Food Kitchen），加州聖塔莫尼卡

曬番茄乾　　　　　　　醋　　　　　　　　芝麻菜
素食漢堡　　　　　　　優格　　　　　　　羅勒
醋，如：巴薩米克香醋、香檳酒醋、　櫛瓜　　　　　　　月桂葉
　紅酒醋、米醋、雪利酒醋、梅子　　　　　　　　　　豆類，如：白腰豆、白豆
　　　　　　　　　　　　　　　　　　　　　　甜菜
對味組合　　　　　　　　　　　　　　　　　　麵包粉
藜麥＋杏仁奶＋肉桂＋堅果　　　　　　　　　　奶油
藜麥＋燈籠椒＋胡蘿蔔＋歐芹＋米醋＋芝麻（油／籽）　甘藍菜，如：皺葉甘藍
藜麥＋黑眉豆＋孜然　　　　　　　　　　　　　續隨子
藜麥＋黑眉豆＋芒果　　　　　　　　　　　　　胡蘿蔔
藜麥＋腰果＋鳳梨　　　　　　　　　　　　　　乳酪，如風味強的：愛亞格、藍黴
藜麥＋黃瓜＋費達乳酪＋歐芹＋番茄　　　　　　　（戈根索拉、侯克霍乳酪、斯提
藜麥＋黃瓜＋檸檬＋薄荷＋歐芹　　　　　　　　　爾頓）、費達、芳汀那、山羊乳
藜麥＋蒔蘿＋檸檬汁＋櫛瓜　　　　　　　　　　　酪、葛黎耶和、莫札瑞拉、帕爾
　　　　　　　　　　　　　　　　　　　　　　　瑪、佩科利諾、瑞可達、泰勒吉
單吃藜麥可能就像在吃鳥食。我喜歡混合白藜麥和紅藜麥、黑藜麥，　　奧乳酪
這樣的風味和質地很棒，會有堅果味並帶有嚼勁。　　　　　　　　　鷹嘴豆
　　　　──莎琳・貝德曼（Charleen Badman），餐＆飲餐廳，亞利桑那州斯科茨代爾　菊苣
　　　　　　　　　　　　　　　　　　　　　　　辣椒片
我愛藜麥，並特別喜歡做藜麥塔布勒沙拉。我會添加洋蔥、番茄、黃瓜、　細香蔥
歐芹、檸檬和鹽。藜麥不必煮很久，就會吸收所有風味。　　　　　　柑橘類
　　　　──阿曼達・科恩，泥土糖果，紐約市　　　　　　　　　　蛋，如：水煮全熟蛋、蛋捲
　　　　　　　　　　　　　　　　　　　　　　　茴菜
我們料理中所用的任何食材都有一個原因：對風味、質地以及／或者　闊葉茴菜
健康有好處。藜麥符合上述所有條件，所以成為我們的「家常穀物」，　茴香和茴香籽
藜麥很適合用來做沙拉，而黃金藜麥是我們招牌「根素食漢堡」的兩　無花果
樣重要食材之一（另一樣是黑眉豆）。我們的漢堡在整形成素漢堡肉　綠捲鬚苦苣
餅前，也添加了胡蘿蔔泥、蒜頭、洋蔥，以及用黑胡椒和紅椒粉調味的　水果乾，如：櫻桃乾、蔓越莓乾、
麵包粉。為了達到似肉的質地，素漢堡肉餅會烹煮兩次，先放在烤架　　葡萄乾
上低溫慢烤，再高溫煎至酥脆。　　　　　　　　　　　　　　　樹果，如：蘋果、梨子
　　　　──迪娜・賈拉勒，佛姆冰淇淋店和根素食餐廳，麻州奧爾斯頓　蒜頭
　　　　　　　　　　　　　　　　　　　　　　　穀物
　　　　　　　　　　　　　　　　　　　　　　　葡萄柚
● 紫葉菊苣 Radicchio　　　烘烤、煎炒、煎上色、蒸煮、翻　焗烤料理
[rod-EEK-ee-oh]　　　　　炒　　　　　　　　　　　綠色蔬菜，如：蒲公英葉、其他沙
季節：全年，特別是夏－冬　小祕訣：烹調紫葉菊苣可以帶出　　拉青蔬、冬季綠色蔬菜
風味：苦，帶有泥土味，質地爽脆　　甜味。食譜書作家瑪契拉・賀　榛果
　／酥脆、厚實　　　　　　　桑（Marcella Hazan）則建議斜切　蜂蜜
風味強度：中等－強　　　　　成薄片。　　　　　　　　辣根
營養學剖繪：76% 碳水化合物／　近親：朝鮮薊、洋甘菊、菊苣、蒲　義大利料理
　15% 蛋白質／9% 脂肪　　　　公英葉、茴菜、萵苣（如畢布萵　檸檬，如：檸檬汁、碎檸檬皮
熱量：每1杯10大卡（生、刨絲）　　苣、捲心萵苣、蘿蔓萵苣）、波　萵苣
蛋白質：1克　　　　　　　　羅門參、龍蒿　　　　　　萊姆，如：萊姆汁、碎萊姆皮
料理方式：烘焙、燜煮、炙烤、燒　　　　　　　　　　　　芒果
　烤、切細條、以烤箱燒烤、生食、　蘋果

菇蕈類，如：牛肝菌、香菇、野菇
芥末，如：第戎芥末
油脂，如：玉米油、榛果油、堅果油、
　橄欖油、花生油、南瓜籽油、核
　桃油
洋蔥，如：紅洋蔥
柳橙，如：橙汁、碎橙皮
歐芹，如：平葉歐芹
義式麵食，如：千層麵、貓耳朵麵、
　尖管麵、直麵
梨子
美洲山核桃
胡椒，如：黑胡椒、白胡椒

松子
開心果
披薩
義式粗玉米糊
馬鈴薯
南瓜
櫻桃蘿蔔
米，如：阿勃瑞歐米、野生米
義式燉飯
迷迭香
鼠尾草
沙拉，如：穀物沙拉、混合青蔬沙
　拉、三色沙拉（紫葉菊苣＋芝

麻菜＋莒菜）
鹽，如：海鹽
紅蔥
湯
醬油
菠菜
冬南瓜
燉煮料理
高湯，如：菇蕈高湯、蔬菜高湯
溜醬油
百里香
番茄
醋，如：巴薩米克香醋、蘋果酒醋、
　水果醋、紅酒醋、雪利酒醋
核桃
水田芥
酒，如：干白酒
伍斯特素食辣醬油

對味組合

紫葉菊苣＋蘋果＋茴香
紫葉菊苣＋芝麻菜＋莒菜
紫葉菊苣＋巴薩米克香醋＋蒜頭＋橄欖油
紫葉菊苣＋巴薩米克香醋＋菇蕈類＋帕爾瑪乳酪＋義式燉飯
紫葉菊苣＋甜菜＋藍黴乳酪＋核桃油＋核桃
紫葉菊苣＋藍黴乳酪＋核桃油＋核桃
紫葉菊苣＋麵包粉＋水煮全熟蛋＋歐芹
紫葉菊苣＋麵包粉＋帕爾瑪乳酪
紫葉菊苣＋乳酪（如：愛亞格、藍黴、山羊乳酪）＋水果（如：蔓越莓乾、
　柳橙、梨子）＋堅果（如：榛果、美洲山核桃、松子、核桃）
紫葉菊苣＋茴香＋橄欖油＋柳橙＋梨子
紫葉菊苣＋茴香＋橄欖油＋紅酒醋
紫葉菊苣＋綠捲鬚苦苣＋芥末＋堅果＋梨子＋紅酒醋
紫葉菊苣＋蒜頭＋橄欖油＋帕爾瑪乳酪＋白豆
紫葉菊苣＋蒜頭＋橄欖油＋醋
紫葉菊苣＋蒜頭＋歐芹＋義式麵食＋瑞可達乳酪
紫葉菊苣＋戈根索拉乳酪＋菇蕈類
紫葉菊苣＋檸檬＋義式麵食

主廚私房菜 DISHES

紫葉菊苣沙拉搭配莫札瑞拉乳酪、芒果和羅勒
——麥迪遜公園十一號（Eleven Madison Park），紐約市

烘烤甜菜沙拉搭配涼拌紫葉菊苣、藍黴乳酪淋醬和烤核桃
——市場（Marché），俄勒岡州尤金

燒烤紫葉菊苣沙拉搭配肉桂烘烤胡蘿蔔、石榴、法老小麥、烤開
心果，醃檸檬油醋醬，塔希尼芝麻醬，黑烏爾法橄欖辣椒油和新
鮮香料植物
——千禧（Millennium），舊金山

R

● 櫻桃蘿蔔 Radishes—In General
（同時參見白蘿蔔）
季節：春－夏
風味：微甜／辣，帶有堅果和胡
　椒的嗆味，質地爽脆（生食）或
　濃厚（煮熟的）
風味強度：中等（煮熟的）—強
　（生食）
營養學剖繪：83% 碳水化合物／
　12% 蛋白質／5% 脂肪
熱量：每1杯20大卡（生食、切片）
蛋白質：1克
料理方式：燜煮、刨絲、生食（最
　好）、烘烤、煎炒、削薄片（摻
　到麵條裡）、蒸煮
近親：青花菜、抱子甘藍、甘藍、
　白花椰菜、綠葉甘藍、辣根、
　羽衣甘藍、人頭菜、春山芥、
　蕪菁甘藍、蕪菁、水田芥

杏仁果
芝麻菜
蘆筍
酪梨

羅勒
豆類，如：**蠶豆、四季豆、白豆**
甜菜
燈籠椒，如：綠燈籠椒
麵包，如：硬皮全穀（如：黑麥、小麥）麵包
奶油
甘藍菜
續隨子
胡蘿蔔
卡宴辣椒
芹菜
香芹調味鹽
乳酪，如：**藍黴、奶油乳酪、傑克、費達、山羊乳酪、豪達、葛黎耶和，蒙契格，帕爾瑪、瑞可達乳酪**
細葉香芹
鷹嘴豆
細香蔥
芫荽葉

對味組合
櫻桃蘿蔔＋酪梨＋萵苣
櫻桃蘿蔔＋麵包＋奶油＋鹽
櫻桃蘿蔔＋甘藍菜＋香芹調味鹽＋洋蔥
櫻桃蘿蔔＋胡蘿蔔＋卡宴辣椒＋萊姆汁＋鹽＋美式涼拌菜絲
櫻桃蘿蔔＋細香蔥＋奶油乳酪＋酸奶油
櫻桃蘿蔔＋芫荽葉＋萊姆＋橄欖油
櫻桃蘿蔔＋黃瓜＋蒔蘿
櫻桃蘿蔔＋黃瓜＋茴香＋芥末
櫻桃蘿蔔＋蒔蘿＋鹽＋醋＋優格
櫻桃蘿蔔＋闊葉苣菜＋檸檬＋柳橙
櫻桃蘿蔔＋蒜頭＋優格
櫻桃蘿蔔＋檸檬＋開心果
櫻桃蘿蔔＋薄荷＋柳橙
櫻桃蘿蔔＋米酒醋＋芝麻油＋醬油

鮮奶油
黃瓜
咖哩粉
蒔蘿
毛豆
水煮全熟蛋
歐洲料理，如：法式料理、德國料理
茴香
蒜頭
全穀物，如：大麥、糙米、藜麥
綠色蔬菜，如：蘿蔔苗、沙拉青蔬
鷹嘴豆泥醬
檸檬，如：*檸檬汁、碎檸檬皮*
萵苣，如：結球萵苣、蘿蔓萵苣
萊姆，如：萊姆汁、碎萊姆皮
歐當歸
萵苣纈草
墨角蘭
綜合生菜
薄荷
菇蕈類
芥末
油脂，如：**橄欖油**、開心果油、芝麻油、核桃油
橄欖，如：*黑橄欖*
洋蔥，如：紅洋蔥
柳橙和血橙，如：*橙汁、碎橙皮*

奧勒岡
歐芹，如：*平葉歐芹*
梨子
美洲山核桃
黑胡椒
開心果
馬齒莧
蘿蔔苗
迷迭香
沙拉淋醬，尤以乳酪、檸檬或醋為基底者佳，如：油醋沙拉淋醬
沙拉，如：豆子沙拉、穀物沙拉、綠色蔬菜沙拉、馬鈴薯沙拉、蘿蔔沙拉、蔬菜沙拉
鹽，如：*鹽之花、海鹽，煙燻鹽*
嫩青蔥
芝麻，如：芝麻油、芝麻籽
紅蔥
荷蘭豆
湯，如：紅捲心菜冷湯、蔬菜湯
醬油
春捲，如：越南春捲
甜豌豆
溜醬油
百里香
蕪菁
醋，如：*蘋果酒醋、米酒醋、白酒醋*
水田芥
優格

黑蘿蔔 Radishes, Black
季節：冬－春
風味：帶有辣根的風味，質地厚實、爽脆
風味強度：強
料理方式：刨絲、醃漬、生食、烘烤、煎炒、燉煮、翻炒
小祕訣：食用前先削皮。刨絲後用來做湯品和燉菜。

杏仁果
蘋果

豆類，如：綠豆、花豆
燈籠椒，如：紅燈籠椒
辣椒粉
洋芋片
細香蔥
芫荽葉
蒜頭
薑
綠色蔬菜
蜂蜜
檸檬
薄荷
味醂
油脂，如：**橄欖油、芝麻油**
洋蔥，如：**紅洋蔥**
血橙
歐芹
歐洲防風草塊根
胡椒，如：黑胡椒
馬鈴薯
沙拉，如：綠色蔬菜沙拉、馬鈴薯
  沙拉
鹽，如：**海鹽**
紅蔥
紫蘇
湯
小果南瓜，如：白胡桃瓜
燉煮料理
甘藷
米醋
核桃

我喜歡黑蘿蔔的強烈風味，特別
是佐以芝麻油和味醂，（後者的）
甜味能淡化（前者的）苦味。
——里奇‧蘭道，費吉餐廳，費城

紅心蘿蔔 Radishes, Watermelon
季節：秋－春
風味：微甜，帶有豆薯和／或胡
  椒的風味，質地厚實、清脆
風味強度：弱－中等
料理方式：刨絲、醃滷、醃漬、生食、
  煎炒、削薄片、切片、切片

有此一說：又名西瓜蘿蔔，得名
  自綠色外皮和粉紅色／紅色果
  肉。

蘋果，如；青蘋果
芝麻菜
蘆筍
酪梨

奶油和褐化奶油
白脫乳
胡蘿蔔
卡宴辣椒
芹莖
乳酪，如：**藍黴、法國乳酪、費達、**
  山羊乳酪、豪達、帕爾瑪、含鹽
  瑞可達乳酪

野生芝麻菜沙拉，搭配紅心蘿蔔和韓國泡菜淋醬
——泥土糖果（Dirt Candy），紐約市

細香蔥
芫荽葉
柑橘類，如：檸檬、萊姆
法式酸奶油
黃瓜
蒔蘿
蛋，如：水煮全熟蛋
茴香
無花果
綠捲鬚苦苣
蒜頭
豆薯
羽衣甘藍
韭蔥
檸檬
萊姆
美乃滋
薄荷
芥末，如：第戎芥末
亞洲麵條，如：日本蕎麥麵、烏龍麵
堅果，如：榛果、開心果、核桃
油脂，如：**橄欖油**、芝麻油
橄欖，如：綠橄欖
洋蔥、白洋蔥
柳橙，如：橙汁
歐洲防風草塊根
豌豆
黑胡椒
石榴籽
南瓜籽
藜麥
沙拉，如：柑橘類沙拉、穀物沙拉、綠色蔬菜沙拉、三種豆子沙拉
海鹽
芝麻籽
醬油
菠菜
草莓

糖
甜豌豆
龍蒿
醋，如：蘋果酒醋、巴薩米克香醋、米醋、巴薩米克白醋、白酒醋
水田芥
西瓜

對味組合

紅心蘿蔔＋酪梨＋南瓜籽＋沙拉青蔬

紅心蘿蔔＋柑橘瓣＋沙拉青蔬

我會把**紅心蘿蔔**切片，這樣才能煮透，會變得很紅，幾乎像血一樣。我會把它們放到奶油中拌一下，再添加到歐洲防風草塊根料理或沙拉裡。我也會醃漬紅心蘿蔔來做成韓國泡菜。
——阿曼達‧科恩，泥土糖果，紐約市

紅心蘿蔔的顏色和風味都很美好。它們刨絲也好，用蔬果切片器切片也可以，甚至還能好好的儲存一段相當的時間。
——馬克‧李維，重點餐廳，紐約州薩拉納克湖

人們是用第一眼來吃東西，所以上桌的食物應該總是看起來很漂亮。紅心蘿蔔很漂亮，它們的顏色和風味能提升從柑橘類沙拉到穀物沙拉到春捲等一切料理。
——索梅維爾，綠色餐廳，舊金山

● 葡萄乾 Raisins

風味：甜—非常甜，質地耐嚼
風味強度：中等
營養學剖繪：95% 碳水化合物／

3% 蛋白質／2% 脂肪
熱量：每¼杯120大卡（去籽）
蛋白質：1克
料理方式：烘焙、生食、蒸煮、燉煮
小祕訣：選擇有機、風乾的葡萄乾；風乾有助於保留營養。

多香果
杏仁果
茴芹
蘋果
杏桃，如：杏桃乾
烘焙食物，如：麵包、餅乾、水果蛋糕、馬芬、司康餅
香蕉
珍珠麥
白蘭地
球花甘藍
奶油
白脫乳
甘藍菜
焦糖
小豆蔻
胡蘿蔔
芹菜根
熱早餐麥片或冷麥片
蒁菜，如：瑞士蒁菜
乳酪，如：山羊乳酪、瑞可達乳酪
栗子
鷹嘴豆
巧克力，如：黑巧克力、白巧克力
肉桂
丁香
干邑白蘭地
糖煮水果
玉米
庫斯庫斯
法式酸奶油
穗醋栗
卡士達
椰棗
甜點
闊葉苣菜

其他水果乾，如：無花果乾
蒜頭
薑
格蘭諾拉麥片
綠色蔬菜，如：綠葉甘藍
榛果
蜂蜜
冰淇淋，如：蘭姆酒冰淇淋
印度料理
義大利料理，尤以威尼斯料理為佳
羽衣甘藍
檸檬，如：檸檬汁、碎檸檬皮
香甜酒，如：堅果香甜酒
楓糖漿
馬士卡彭乳酪
摩洛哥料理
肉豆蔻
堅果
燕麥和燕麥片
洋蔥，如：甜洋蔥
柳橙，如：橙汁、碎橙皮
歐芹
義式麵食，如：米粒麵
花生
梨子
美洲山核桃
鳳梨
松子
開心果
李子乾
布丁，如：麵包布丁、米布丁
南瓜
南瓜籽
榲桲
藜麥
米，如：印度香米
蘭姆酒
沙拉，如：胡蘿蔔沙拉、華爾道夫

沙拉
醬汁，如：摩爾醬
作為零食
酸奶油
美國南方安逸香甜酒
菠菜
小果南瓜，如：橡實南瓜
燉煮料理
餡料
糖，如：黃砂糖
葵花籽
甘藷
摩洛哥塔吉鍋燉菜
什錦乾果
香莢蘭
核桃
威士忌
酒，如：紅酒、甜酒、白酒
優格

對味組合

葡萄乾＋杏仁果／杏仁奶＋肉桂＋穀物（如：米、珍珠麥）
葡萄乾＋黃砂糖＋燕麥
葡萄乾＋小豆蔻＋米
葡萄乾＋胡蘿蔔＋肉桂＋檸檬＋藜麥
葡萄乾＋胡蘿蔔＋孜然
葡萄乾＋胡蘿蔔＋亞麻籽油＋溜醬油＋梅子醋
葡萄乾＋胡蘿蔔＋松子
葡萄乾＋胡蘿蔔＋核桃
葡萄乾＋肉桂＋穀物（如：庫斯庫斯、燕麥、珍珠麥、藜麥）
葡萄乾＋庫斯庫斯＋檸檬
葡萄乾＋柳橙＋蘭姆酒

野生韭蔥 Ramps
季節：春－夏

風味：微甜；芳香，帶有蒜頭和／或洋蔥的嗆味
風味強度：弱－中等
這是什麼：野生韭蔥
料理方式：汆燙、燜煮、燒烤、半熟、醃漬、生食、微滾烹煮、燉煮
小祕訣：風味會隨著烹煮而變更甜。
近親：韭蔥、百合

北美洲料理
蘆筍
蠶豆
麵包粉
奶油
胡蘿蔔
卡宴辣椒
蕎菜
乳酪，如：布瑞達乳酪、山羊乳酪、莫札瑞拉、帕爾瑪乳酪
辣椒，如：哈拉佩諾辣椒
鮮奶油
蛋，如：*卡士達、義式蛋餅、蛋捲、鹹派、炒蛋*
蕨菜
蒜頭
焗烤料理
綠色蔬菜
榛果
檸檬，如：碎檸檬皮
扁豆
歐當歸
馬士卡彭乳酪
野菇，如：羊肚菌
芥末，如：第戎芥末
蕁麻
堅果油，如：核桃
橄欖油
春日洋蔥
柳橙
歐芹
義式麵食，如：寬麵、細扁麵、直麵

義大利直麵：春季野生韭蔥、烘烤菇蕈、蘆筍、香料植物奶油、帕爾瑪乳酪
——格倫米爾宅邸（Glenmere Mansion），紐約州切斯特

野生韭蔥燉飯、臍橙、野生韭蔥青醬、葵花籽、燒烤苦味青蔬
——綠斑馬（Green Zebra），芝加哥

義大利細扁麵：野生韭蔥和核桃青醬、慢煮水煮蛋、青豆、羊肚菌、帕爾瑪乳酪
——羽（Plume），華盛頓特區

豌豆
黑胡椒
義式青醬
義式粗玉米糊
馬鈴薯，如：新馬鈴薯
米，如：阿勃瑞歐米
義式燉飯
紅蔥
湯，如：蘆筍湯
醬油
菠菜
燉煮料理
高湯，如：蔬菜高湯
葵花籽
龍蒿
百里香
番茄
醋，如：巴薩米克香醋、雪利酒醋、酒醋
核桃
干白酒
優格

對味組合
野生韭蔥＋蘆筍＋蛋＋羊肚菌
野生韭蔥＋蘆筍＋檸檬＋薄荷＋義式麵食
野生韭蔥＋蘆筍＋帕爾瑪乳酪
乳酪＋義式燉飯
野生韭蔥＋布瑞達乳酪＋蒜頭＋番茄
野生韭蔥＋蒜頭＋哈拉佩諾辣椒＋義式麵食

野生韭蔥＋馬士卡彭乳酪＋義式粗玉米糊
野生韭蔥＋橄欖油＋帕爾瑪乳酪
乳酪＋*義式青醬*＋核桃
野生韭蔥＋義式麵食＋番茄

● 覆盆子 Raspberries
季節：夏季
風味：甜／酸，質地軟弱、多汁
風味強度：弱－中等
營養學剖繪：82% 碳水化合物／10% 脂肪／8% 蛋白質
熱量：每1杯65大卡（生）
蛋白質：1克
近親：杏仁果、蘋果、杏桃、黑莓、桃子、梨子、李子、榲桲、草莓

杏仁果
蘋果
杏桃
烘焙食物，如：麵包、馬芬、司康餅
香蕉
其他漿果，如：黑莓、藍莓、草莓
飲品
白脫乳

乳酪，如：布利、奶油乳酪、山羊乳酪、瑞可達乳酪
巧克力，如：黑巧克力
***白巧克力**
肉桂
柑橘類水果
丁香
蔬果漿
鮮奶油
英式蛋奶醬和法式酸奶油
***甜點，如：可麗餅、脆片、酥粒、卡士達**
無花果
薑
消化餅
葡萄柚
葡萄
榛果
蜂蜜
冰淇淋
檸檬，如：檸檬汁、碎檸檬皮
萊姆，如：萊姆汁、碎萊姆皮
香甜酒，如：莓子香甜酒、白蘭地、干邑白蘭地、君度橙酒、覆盆子啤酒、金萬利香橙甜酒、櫻桃白蘭地、蘭姆酒（尤以深色為佳）、龍舌蘭
芒果
楓糖漿
馬士卡彭乳酪
甜瓜，如：蜜露瓜
蛋白霜烤餅
奶類
薄荷
油桃
堅果，如：夏威夷堅果
燕麥和燕麥片

覆盆子：山羊乳酪蛋糕和開心果
——藍山（Blue Hill），紐約市

白巧克力法式卡士達：覆盆子、薑、杏仁果脆片
——天擇（Natural Selection），俄勒岡州波特蘭市

油脂，如：橄欖油、核桃油
柳橙，如：橙汁、碎橙皮
美式煎餅
木瓜
桃子
梨子
美洲山核桃
黑胡椒
鳳梨
松子
開心果
李子
罌粟籽
蜜餞
榲桲
大黃
沙拉淋醬，如：油醋沙拉淋醬
沙拉，如：水果沙拉、綠色蔬菜沙拉
醬汁
蔬果昔
雪碧冰
酸奶油
八角
糖，如：黃砂糖
紅橘
香莢蘭
馬鞭草
醋，如：巴薩米克香醋、紅酒醋、雪利酒醋
西瓜
酒，如：紅酒、氣泡酒（如：香檳）、甜酒（如：莫斯卡托甜白酒）
優格

對味組合
覆盆子＋杏桃＋薄荷
覆盆子＋黃砂糖＋肉桂＋燕麥
覆盆子＋（蜂蜜＋）檸檬＋優格
覆盆子＋芒果＋桃子
覆盆子＋薄荷＋開心果

● 大黃 Rhubarb
季節：春－夏

風味：非常酸，帶有檸檬的風味，質地爽脆（生食）或軟嫩（煮熟的）
風味強度：強
這是什麼：一種較常被當作水果食用的蔬菜（名義上）
營養學剖繪：78%碳水化合物／14%蛋白質／8%脂肪
熱量：每1杯25大卡（生食、切丁）
蛋白質：1克
料理方式：烘焙、低溫水煮、打泥、煎炒、燉煮
小祕訣：大黃葉絕對不可食用，有毒。

杏仁果和杏仁果風味*餅乾*或鮮奶油
歐白芷
蘋果和蘋果汁
杏桃
烘焙食物，如：蛋糕、派、餡餅
香蕉
漿果，如：黑莓、**藍莓**、**草莓**
奶油
白脫乳
焦糖
小豆蔻
芹菜
乳酪，如：藍黴、奶油乳酪、山羊乳酪、瑞可達乳酪
櫻桃
印度甜酸醬
肉桂
柑橘類
丁香
椰漿和椰奶
糖煮水果
鮮奶油
法式酸奶油
黑穗醋栗乳酒
甜點，如：美式鬆厚酥頂派、脆片、酥粒、卡士達、傻瓜甜點
飲料，尤以氣泡酒為佳
接骨木花糖漿

水果
薑
葡萄柚，如：葡萄柚汁、葡萄柚碎皮
榛果
蜂蜜
冰淇淋
檸檬和梅爾檸檬，如：檸檬汁、碎檸檬皮
萊姆，如：萊姆汁、碎萊姆皮
芒果
楓糖漿
奶類，如：山羊奶
薄荷
肉豆蔻
燕麥和燕麥片
柳橙，如：橙汁、碎橙皮
桃子
胡椒，如：黑胡椒、粉紅胡椒
鳳梨，如：鳳梨果肉、鳳梨汁
開心果
李子
義式粗玉米糊
石榴
布丁，如：樹薯布丁
葡萄乾
覆盆子和覆盆子汁
玫瑰水
沙拉

R

大黃：蒸山羊乳酪蛋糕和優格雪碧冰
——藍山（Blue Hill），紐約市

秋季大黃冷湯：聖塔芭芭拉有機草莓、蕎麥義式冰淇淋
——布里（Bouley），紐約市

草莓和大黃義大利奶凍：杏仁果酥粒、香莢蘭香緹鮮奶油、含羞草雪碧冰
——布呂德咖啡館（Café Boulud），紐約市

草莓-大黃酥粒派
——蠟燭咖啡館（Candle Cafe），紐約市

慢煮大黃搭配芹菜和綿羊奶優格雪碧冰
——麥迪遜公園十一號（Eleven Madison Park），紐約市

草莓大黃酥粒搭配檸檬和羅勒雪碧冰
——天擇（Natural Selection），俄勒岡州波特蘭市

醬汁
湯，如：大黃湯、草莓湯、酸辣湯
雪碧冰
酸奶油
菠菜
八角
燉煮料理
*草莓
糖，如：黃砂糖
香莢蘭
醋，如：巴薩米克香醋、水果醋、雪利酒醋
酒，如：紅酒；氣泡酒，如：香檳；甜酒
優格，如：綿羊奶

對味組合
大黃＋杏仁果＋蘋果＋楓糖漿＋覆盆子
大黃＋杏仁果＋薑＋楓糖漿
大黃（＋杏仁果＋燕麥）＋柳橙＋草莓＋香莢蘭
大黃＋杏仁果＋香莢蘭
大黃＋蘋果＋肉桂＋丁香＋柳橙
大黃＋蘋果＋石榴
大黃＋黃砂糖＋薑＋香莢蘭
大黃＋丁香＋蜂蜜＋柳橙

大黃＋茴香＋山羊乳酪＋榛果＋水田芥
大黃＋薑＋草莓
大黃＋檸檬＋草莓
大黃＋芒果＋柳橙

白米 Rice—In General
風味：微甜
風味強度：弱
這是什麼：穀類
無麩質：是
營養學剖繪：92% 碳水化合物／7% 蛋白質／1% 脂肪
熱量：每½杯白米（中粒米，煮熟）120 大卡
蛋白質：2 克
料理方式：沸煮、蒸煮
小祕訣：越深色的米越有營養（亦即 ●黑色＞●褐色＞●白色）

莧菜
美國料理，尤以南方和西南方為佳
茴芹籽
亞洲料理
羅勒
月桂葉

豆類，如：黑眉豆
燈籠椒，如：紅燈籠椒、烘烤燈籠椒、填餡燈籠椒
飲品，如：瓦倫西亞杏仁茶
印度波亞尼香料飯
青花菜
奶油
甘藍菜捲
小豆蔻
加勒比海料理
胡蘿蔔
法式砂鍋菜
卡宴辣椒
瑞士乳酪
細葉香芹
辣椒粉和辣椒醬汁
中式料理
細香蔥
芫荽葉
肉桂
丁香
椰子和椰奶
鮮奶油
孜然
咖哩粉和咖哩類
卡士達
蒔蘿
茄子
茴香
水果乾，如：杏桃乾、李子乾、葡萄乾
蒜頭
薑
亞洲綠色蔬菜
印度料理
義大利料理
日式料理
韓式料理
韭蔥
莢果，如：扁豆
檸檬，如：檸檬汁、碎檸檬皮
檸檬百里香
檸檬香茅
墨角蘭

墨西哥料理
中東料理
奶類
菇蕈類
肉豆蔻
堅果，如：杏仁果、美洲山核桃、
　　松子、開心果、核桃
洋蔥
柳橙
奧勒岡，如：墨西哥奧勒岡
西班牙燉飯
紅椒粉
歐芹
豌豆
抓飯
鳳梨
大蕉
布丁
南瓜
葡萄乾
大黃
番紅花
鼠尾草
鹽
香薄荷
海菜
湯
醬油
西班牙料理
夏南瓜
蔬菜高湯
填餡菇蕈類或蔬菜，如：填餡燈
　　籠椒、填餡茄子、填餡番茄
糖，如：黃砂糖
溜醬油
龍蒿
素食法式醬糜
百里香

番茄
薑黃
香萊蘭
蔬菜，如：春季蔬菜
米醋
優格

對味組合

**白米＋杏仁果或杏仁奶＋小豆蔻
　　＋肉桂（＋水果，如：蘋果）＋
　　甜味料**（黃砂糖、蜂蜜、楓糖漿）
白米＋胡蘿蔔＋韭蔥／洋蔥＋歐
　　芹＋抓飯
白米＋芫荽葉＋蒜頭＋墨西哥奧
　　勒岡＋番茄
白米＋肉桂＋奶類（＋葡萄乾）＋
　　香萊蘭
白米＋椰子＋檸檬
白米＋椰子＋葡萄乾
白米＋費達乳酪＋薄荷

● 阿勃瑞歐米 Rice, Arborio
（亦稱義式燉飯用米）

風味：中性，帶有堅硬的白堊色米
　　心和澱粉質的奶油色表面（熟）
風味強度：弱
料理方式：用奶油或食用油煎炒
　　至變白色。在逐漸添加滾燙／
　　沸騰的液體（如蔬菜高湯）時，
　　要攪拌，然後微滾烹煮約20分

鐘。
比例：1：3-3½（1杯阿勃瑞歐米對
　　3-3½杯烹調湯汁，如汁液、高
　　湯、水和／或葡萄酒）
小祕訣：讓季節激發你的義式燉
　　飯用米的配對靈感，例如夏天
　　是羅勒和番茄，秋天是野菇。
　　試著用其他穀物來做與義式燉
　　飯用米相同的風味配對，如大
　　麥、法老小麥。選擇營養較豐
　　富的阿勃瑞歐糙米。
可行的替代物：巴爾多米、卡納
　　羅利米（比較少見，但能做出
　　最濃厚、最棒的義式燉飯）、維
　　阿龍那諾米

朝鮮薊
芝麻菜
蘆筍
羅勒
豆類，如：蠶豆、四季豆
啤酒，如：印度淡色愛爾啤酒
甜菜
燈籠椒
奶油
胡蘿蔔
白花椰菜
芹菜
瑞士蒸菜
乳酪，如：藍黴、費達、芳汀那、
　　山羊乳酪、**帕爾瑪**、佩科利諾、
　　瑞可達、泰勒吉奧乳酪
辣椒，如：紅辣椒
細香蔥
玉米
茴香

R

蕨菜
蒜頭
青蒜
綠色蔬菜，如：甜菜葉
義大利北方料理
蔬菜汁，如：白花椰菜汁
羽衣甘藍
韭蔥
檸檬，如：檸檬汁、碎檸檬皮
檸檬百里香
萊姆，如：萊姆汁、碎萊姆皮
楓糖漿
馬士卡彭乳酪
薄荷
菇蕈類，如：鈕扣菇、雞油菌、義
　大利棕蘑菇、羊肚菌、蠔菇、牛
　肝菌、香菇、野菇
芥末籽
蕁麻

肉豆蔻
橄欖油
洋蔥，如：春日洋蔥、黃洋蔥
西班牙燉飯
歐芹
豌豆
胡椒，如：黑胡椒、白胡椒
義式青醬
松子
米布丁
紫葉菊苣
＊義式燉飯
義式燉糕
番紅花
鼠尾草
猶太鹽
嫩青蔥
紅蔥

酸模
菠菜
夏南瓜或冬南瓜，如：白胡桃瓜
高湯，如：菇蕈高湯或蔬菜高湯
龍蒿
百里香
番茄
番茄乾
白松露
香莢蘭
苦艾酒
巴薩米克香醋
酒，如：干紅酒或白酒
櫛瓜
櫛瓜花

印度香米、印度糙香米

Rice, Basmati, And
Brown Basmati Rice

風味：微甜；芳香，帶有堅果、爆
　米花、煙燻和／或焙烤的風味，
　質地厚實，稍微耐嚼
風味強度：弱－中等
這是什麼：長粒舊米
料理方式：沸煮、微滾烹煮（2分
　鐘）、蒸煮
烹調時間：加蓋微滾烹煮20（一
　般香米）至40（糙米香米）分鐘
比例：1：1½（一般香米）-2（糙米
　香米）（1杯香米對1½-2杯烹調
　湯汁）
小祕訣：在烹煮前洗淨印度香米，
　浸泡10分鐘。依照塔西餐廳的
　黑曼特・馬圖爾所言，烹煮時
　要用足量的水，水量要到達你
　的第一個指節。
品牌：法拉克

杏仁果

杏桃，如：杏桃乾
羅勒
月桂葉
豆類，如：蠶豆、綠豆
燈籠椒，尤以紅燈籠椒為佳

對味組合

義式燉飯＋蘋果＋肉桂＋楓糖漿
義式燉飯＋朝鮮薊＋乳酪（如：瑞可達乳酪）＋蠶豆
義式燉飯＋蘆筍＋檸檬＋豌豆
義式燉飯＋蘆筍＋薄荷＋瑞可達乳酪
義式燉飯＋蘆筍＋羊肚菌＋帕爾瑪乳酪
義式燉飯＋羅勒＋茄子＋番茄
義式燉飯＋羅勒＋綠色蔬菜（如：蘆筍、豌豆）＋番紅花
義式燉飯＋羅勒＋番茄＋櫛瓜
義式燉飯＋甜菜＋蒔蘿＋茴香
義式燉飯＋藍黴乳酪＋鼠尾草＋核桃
義式燉飯＋白胡桃瓜＋雞油菌＋番紅花
義式燉飯＋白胡桃瓜＋蒸菜＋羽衣甘藍＋菇蕈類
義式燉飯＋胡蘿蔔＋蒜頭＋檸檬＋百里香
義式燉飯＋乳酪（如：戈根索拉、帕爾瑪乳酪）＋南瓜＋鼠尾草
義式燉飯＋椰奶＋檸檬＋香莢蘭
義式燉飯＋茄子＋薄荷＋番茄
義式燉飯＋費達乳酪＋蒜頭＋菇蕈類＋菠菜
義式燉飯＋綠色蔬菜（如：豌豆、菠菜）＋菇蕈類（如：牛肝菌）
義式燉飯＋檸檬百里香＋羊肚菌＋豌豆＋春日洋蔥
義式燉飯＋羊肚菌＋春蒜＋春日洋蔥
義式燉飯＋豌豆＋義式青醬＋番茄
義式燉飯＋義式青醬＋日曬番茄乾＋櫛瓜
義式燉飯＋松子＋葡萄乾＋菠菜

印度波亞尼香料飯
奶油
白脫乳
小豆蔻，如：黑豆蔻、綠豆蔻
胡蘿蔔
腰果
白花椰菜
櫻桃乾
細葉香芹
鷹嘴豆
辣椒，尤以乾紅辣椒為佳
細香蔥
芫荽葉
肉桂
丁香
椰子和椰奶
孜然
穗醋栗
咖哩類，如：*印度咖哩*
椰棗
蒔蘿
茴香籽
葛拉姆馬薩拉
蒜頭
印度酥油
薑
蜂蜜
印度料理
檸檬，如：檸檬汁、碎檸檬皮
萊姆
芒果
馬士卡彭乳酪

對味組合
印度香米＋杏仁果＋蜂蜜＋柳橙＋香莢蘭
印度香米＋月桂葉＋小豆蔻＋丁香＋孜然
印度香米＋小豆蔻＋肉桂＋椰棗＋蒜頭＋薑
印度香米＋小豆蔻＋肉桂＋薑＋香莢蘭
印度香米＋小豆蔻＋奶類＋柳橙＋葡萄乾＋**香莢蘭**
印度香米＋孜然＋茴香籽＋番紅花
印度香米＋孜然＋印度酥油＋綠豆＋芥末＋薑黃
印度香米＋水果乾（如：杏桃、椰棗、葡萄乾）＋**堅果**（如：杏仁果、腰果、松子）
印度香米＋茴香籽＋柳橙

奶類
薄荷
芥末籽，如：黑芥末籽
油脂，如：菜籽油、**橄欖油**、紅花油
洋蔥，如：青蔥、紅洋蔥、黃洋蔥
柳橙，如：橙汁、碎橙皮
巴基斯坦料理
歐芹
義式麵食，如：米粒麵
豌豆
抓飯
松子
開心果
米布丁
葡萄乾，如：金黃葡萄乾
番紅花
沙拉，如：米沙拉
鹽，如：**猶太鹽、海鹽**
嫩青蔥
南瓜籽
湯
冬南瓜，如：橡實南瓜
蔬菜高湯
草莓
餡料
糖，如：黃砂糖
龍蒿
薑黃
香莢蘭

● **黑米** Rice, Black（亦稱紫米）
風味：微甜，帶有菇蕈和／或堅果的風味
風味強度：弱－中等
對健康的助益：抗氧化劑；甚至比糙米更營養
比例：1：2（1杯黑米對2杯烹調湯汁，如高湯、水）
有此一說：中國古代只有貴族能吃這種米，一般人禁止食用，所以黑米被稱為「被禁止的米」（forbidden rice=紫米的英文）。

茴芹籽
亞洲料理
酪梨
香蕉
羅勒
甜菜
燈籠椒，如：紅燈籠椒、黃燈籠椒
青江菜
甘藍菜，如：紫甘藍
胡蘿蔔
腰果
芹菜
乳酪，如：帕爾瑪乳酪
鷹嘴豆
辣椒，如：齊波特辣椒、哈拉佩諾辣椒
中式料理
細香蔥
芫荽葉
肉桂
椰子和椰子醬／椰漿／**椰奶**
甜點
蒜頭
薑
綠色蔬菜，如：綠葉甘藍
韓式泡菜
萵苣
萊姆
芒果
楓糖漿
牛奶或植物奶，如：杏仁奶、椰奶、

R

大麻奶、米奶、豆奶

味醂

牛肝菌

肉豆蔻

堅果，如：腰果、花生

油脂，如：橄欖油、花生油、芝麻
　油

洋蔥，如：紅洋蔥

青蔥

柳橙，如：橙汁、碎橙皮

花生

豌豆

黑胡椒

抓飯

布丁，如：米布丁

南瓜籽

義式燉飯

沙拉，如：米沙拉

鹽

嫩青蔥

東南亞料理

醬油

黃豆四季豆

菠菜

八角

翻炒料理

蔬菜高湯

黃砂糖、棕櫚糖

壽司

天貝

泰式料理

豆腐

香莢蘭

白酒

對味組合

黑米＋杏仁奶＋肉桂＋香莢蘭

黑米＋椰子／椰漿／椰奶＋水果
　（如：香蕉、芒果）＋甜味劑（如：
　黃砂糖、楓糖漿、棕櫚糖）

黑米＋薑＋八角

黑米＋韓式泡菜＋嫩青蔥

黑米＋芝麻油＋醬油

西班牙圓米 Rice, Bomba
（同時參見西班牙料理）

小祕訣：西班牙圓米比其他米能
　多吸收30%液體。

蘆筍

蒜頭

菇蕈類

橄欖油

橄欖，如：綠橄欖

黃洋蔥

西班牙燉飯

紅椒粉，如：煙燻紅椒粉、甜紅椒
　粉

歐芹

番紅花

西班牙料理

蔬菜高湯

番茄

干白酒

● 糙米 Rice, Brown—In General

風味：堅果味，質地耐嚼

風味強度：弱－中等

這是什麼：全穀

營養學剖繪：87% 碳水化合物／
　7%蛋白質／6%脂肪

熱量：每1杯220大卡（中粒米，
　煮熟的）

蛋白質：5克

烹調時間：低溫加蓋沸煮30-50分
　鐘至軟嫩

比例：1：2（1杯糙米對2杯烹調
　湯汁）

小祕訣：因為糙米需要花很長的
　時間烹煮，所以一定要多煮一
　點，剩下的可以冷凍起來，之
　後再用爐子復熱冷凍糙米10分
　鐘。如果你時間緊迫，快速糙
　米可以在10-15分鐘內煮熟。

品牌：倫德伯格有機（Lundberg
　Organic）

羅勒

月桂葉

燈籠椒，如：紅燈籠椒

韓式拌飯

青花菜和球花甘藍

牛蒡

甘藍菜，如：綠甘藍菜、皺葉甘藍、
　填餡甘藍菜

胡蘿蔔

卡宴辣椒

熱早餐麥片，如：佐水果和堅果

素辣豆醬

芫荽葉

芫荽

黃瓜

主廚私房菜 DISHES

翻炒蔬菜：熱炒四季豆、鮮嫩青花菜、櫛瓜、棕蘑菇、燈籠椒和迷
你青江菜搭配有機溜醬油糙米
——裘絲（Josie's），紐約市

韓式拌飯：辣味噌和蔬菜鋪放在糙米飯上，再擺上太陽蛋
——瑪哪食物吧（Mana Food Bar），芝加哥

翻炒芫荽-花生：翻炒青花菜、紅辣椒和黃辣椒、菇蕈、綠豆芽、
胡蘿蔔和青蔥，搭配辣味芫荽-花生-薑-萊姆醬，鋪放在糙米飯
上，再撒上烘烤花生
——席法（Seva），密西根州安娜堡

照燒醬糙米飯、亞洲蔬菜、芝麻和酪梨（可加點豆腐）
——真食廚房（True Food Kitchen），聖塔莫尼卡

毛豆
蛋
茴香籽
炒飯
蒜頭
薑
其他全穀物，如：大麥、蕎麥、法
　老小麥、小米、燕麥、黑麥、小
　麥仁、野生米
綠色蔬菜
羽衣甘藍
莢果，如：日本紅豆或黑眉豆、鷹
　嘴豆、扁豆
檸檬，如：檸檬汁、碎檸檬皮
萊姆
日本長壽飲食料理
美式素肉丸（*如：糙米＋洋蔥＋*
　歐芹＋核桃）
味噌
菇蕈類，如：香菇
堅果，如：杏仁果、核桃
油脂，如：菜籽油、橄欖油、芝麻
　油
洋蔥，如：青蔥、紅洋蔥
歐芹
豌豆
抓飯

對味組合
糙米＋杏仁果＋肉桂＋水果（如：藍莓、葡萄乾）＋楓糖漿＋香莢蘭
糙米＋黑眉豆＋蒜頭＋羽衣甘藍＋塔希尼芝麻醬
糙米＋青花菜＋豆腐
糙米＋黃砂糖＋李子乾＋碎橙皮
糙米＋白胡桃瓜＋蒜頭
糙米＋芫荽葉＋蒜頭＋萊姆＋洋蔥
糙米＋毛豆＋薑
糙米＋薑＋韭蔥＋豌豆
糙米＋薑＋味噌＋豆腐＋蔬菜
糙米＋羽衣甘藍＋嫩青蔥
糙米＋檸檬＋塔希尼芝麻醬＋蔬菜
糙米＋扁豆＋菠菜
糙米＋菇蕈類＋菠菜＋豆腐
糙米＋鼠尾草＋根莖蔬菜
糙米＋芝麻＋香菇＋豆腐

布丁
葡萄乾
義式燉飯
沙拉，*如：穀物沙拉*
嫩青蔥
海菜，如：鹿尾菜、昆布
麵筋製品
芝麻籽，如：黑芝麻籽和**芝麻醬**
湯，如：番茄湯
醬油
菠菜
芽菜，如：黃豆芽、豌豆芽
小果南瓜，如：白胡桃瓜
翻炒料理
蔬菜高湯
甜味劑，如：味醂、黃砂糖
塔希尼芝麻醬
溜醬油
龍蒿
百里香
豆腐和豆皮
薑黃
蔬菜，尤以根莖蔬菜為佳
素食漢堡
醋，如：褐醋、梅子醋
核桃
水田芥

糙米：印度糙香米 Rice,
Brown—Basmati（參見印度香米）

糙米：茉莉糙香米 Rice,
Brown—Jasmine（參見茉莉香米）

● **長粒糙米**
Rice, Brown—Long-Grain
風味：泥土味，質地蓬鬆、不黏
烹調時間：加蓋微滾烹煮40-50分
　鐘
比例：1：2（1杯糙米對2杯烹調
　湯汁，如清湯、水）

法式砂鍋菜
抓飯
沙拉
湯
翻炒料理
餡料

● **短粒糙米**
Rice, Brown—Short-Grain
風味：堅果味，質地濃厚、軟但耐
　嚼、具黏性
烹調時間：加蓋微滾烹煮40-50分
　鐘
比例：1：2（1杯糙米對2杯烹調
　湯汁，如清湯、水）

可樂餅
甜點
西班牙燉飯
布丁
飯糰或米可樂餅
義式燉飯
沙拉，如：穀物沙拉、綠色蔬菜沙
　拉
海苔卷壽司
素食漢堡

R

卡納羅利米 Rice, Carnaroli
（亦稱義式燉飯用米；
見阿勃瑞歐米的介紹）
這是什麼：比阿勃瑞歐米稍微長
　一點的長粒米

● 茉莉香米 Rice, Jasmine
（同時參見泰式料理）
風味：芳香，帶有花、堅果、爆米
　花和／或焙烤的風味，質地柔
　軟
風味強度：中等
這是什麼：長粒米
烹調時間：15-20分鐘
比例：1：1½（1杯茉莉香米對1½
　杯烹調湯汁，如清湯、水）

月桂葉
腰果
芫荽葉
椰子和椰奶
蔓越莓乾
咖哩類
椰棗
甜點
茴香籽
蒜頭
薑
葡萄
檸檬，如：檸檬汁、碎檸檬皮
檸檬香茅
甜瓜，如：洋香瓜
椰奶
柳橙，如：橙汁
花生
美洲山核桃
義式青醬
抓飯
大蕉
沙拉
麵筋製品
泰式料理
豆腐
核桃

優格

對味組合
茉莉香米＋椰子＋檸檬

長粒米 Rice, Long-Grain
（同時參見印度香米、茉莉香米）
小祕訣：「長粒米」是指穀物長度
　至少是寬度的3倍。為了有更
　多營養，選擇纖維含量高於白
　米的長粒糙米。

咖哩類
炒飯
抓飯
沙拉
燉煮料理
翻炒料理

短粒米 Rice, Short-Grain
（同時參見阿勃瑞歐米、壽司米）
小祕訣：「短粒」是指穀物長度不
　到寬度的2倍。為了有更多營
　養，選擇纖維含量高於白米的
　短粒糙米。

日式「丼飯」
早餐麥片
布丁，如：米布丁
義式燉飯
素壽司，如：海苔卷

糯米 Rice, Sticky
風味：甜，質地帶有黏性，讓我們
　更容易用筷子進食
風味強度：弱
小祕訣：在蒸煮前，將糯米浸泡
　過夜。
料理方式：沸煮，然後蒸煮
比例：1：1⅓（1杯糯米對1⅓杯烹
　調湯汁，如高湯、水）
品牌：西木（Nishiki）

亞洲料理

香蕉葉
香蕉
韓式拌飯
胡蘿蔔
椰子和椰奶
黃瓜
亞洲甜點
芝麻鹽
日式料理
韓式泡菜
韓式料理
芒果
香菇
油脂，如：葡萄籽油、芝麻油
鳳梨
嫩青蔥
綠豆芽
草莓
糖，如：黃砂糖
壽司
泰式料理
香莢蘭
櫛瓜

對味組合
糯米＋椰奶＋芒果

壽司米 Rice, Sushi
這是什麼：質地帶有黏性的短粒
　米
料理方式：沸煮、蒸煮
比例：1：1½（1杯壽司米對1½杯
　烹調湯汁，如高湯、水）
小祕訣：考慮用帶黏性的壽司糙
　米來獲取更多營養。紐約市的
　超越壽司餐廳不用一般的壽司
　米，而是用了（去穀）大麥、（珍
　珠）大麥、黑米、（短粒）糙米、
　紅米和裸麥粒這六種穀物的美
　味組合來做成海苔卷和純素食
　壽司。

壽司

對味組合

壽司米＋米醋＋糖

● 野生米 Rice, Wild

季節：秋季

風味：苦／甜，帶有青草和／或堅
果的複雜泥土味／鹹香味，質
地非常耐嚼

風味強度：中等－強

這是什麼：被認為是全穀，即使
就名義上來說其實是水生草本
植物的種籽，在植物學上並不
屬於穀類家族

對健康的助益：纖維和蛋白質含
量是糙米的2倍

無麩質：是

營養學剖繪：83％碳水化合物／
14％蛋白質／3％脂肪

熱量：每1杯170大卡（熟）

蛋白質：7克

料理方式：高壓烹煮（20-25分
鐘）、微滾烹煮（加蓋煮35-60
分鐘）、蒸煮

比例：1：3-4（1杯野米對3-4杯
烹調湯汁）

小祕訣：烹煮前徹底洗淨野米。
與其他米組合在一起，以降低
嚼勁。

有此一說：野米是北美唯一的本
土穀物。

杏仁果
美洲料理
蘋果、蘋果酒醋和蘋果汁
朝鮮薊心
蘆筍
烘焙食物，如：麵包、蛋糕
月桂葉
豆類，如：四季豆、白豆
燈籠椒，如：紅燈籠椒、黃燈籠椒
布格麥片
奶油
小豆蔻
胡蘿蔔

法式砂鍋菜
芹菜
芹菜葉和芹菜籽
芹菜根
乳酪，如：藍黴、費達、山羊乳酪
細香蔥
肉桂
玉米
可麗餅
椰棗
蒔蘿
蛋，如：義式蛋餅、蛋捲
水果乾，如：**櫻桃乾、蔓越莓乾**
蒜頭
印度酥油
其他穀物，如：大麥、米
綠色蔬菜，如：綠葉甘藍
榛果
韭蔥
檸檬，如：檸檬汁、碎檸檬皮
楓糖漿
美國中西部料理
菇蕈類，如：雞油菌、義大利棕蘑
菇、羊肚菌、牛肝菌、白菇蕈類
芥末
美國在地料理
堅果，如：夏威夷堅果
油脂，如：榛果油、**橄欖油**、核桃
油
洋蔥，如：青蔥、紅洋蔥、白洋蔥、
黃洋蔥
柳橙，如：橙汁、碎橙皮
奧勒岡
美式煎餅和比利時鬆餅
歐芹
美洲山核桃
黑胡椒
抓飯
松子
南瓜
葡萄乾
其他米類，如：印度香米、**糙米**、
長糙米、紅糙米
鼠尾草

沙拉，如：野生米沙拉
鹽，如：猶太鹽、海鹽
嫩青蔥
種籽，如：葵花籽
紅蔥
湯，如：菇蕈湯
酸奶油
醬油
菠菜
夏南瓜和夏南瓜，如：橡實南瓜、
白胡桃瓜、日本南瓜
蔬菜高湯
*餡料，如：甘藍菜、菇蕈類、辣椒、
南瓜、小果南瓜*
溜醬油
紅橘
龍蒿
百里香
醋，如：香檳酒醋、紅酒醋、巴薩
米克白醋、白酒醋
核桃
水田芥
干白酒
櫛瓜

對味組合

野生米＋甜菜＋柳橙
野生米＋麵包粉＋芹菜＋蔓越莓
乾＋香料植物＋洋蔥＋*餡料*
野生米＋糙米＋堅果
野生米＋蘋果酒醋＋核桃油
野生米＋肉桂＋碎橙皮
野生米＋椰棗＋美洲山核桃
野生米＋櫻桃乾＋松子
野生米＋費達乳酪＋檸檬＋薄荷
野生米＋水果（如：**蘋果、椰棗、
櫻桃乾或蔓越莓、葡萄乾**）＋**堅
果**（如：**杏仁果、美洲山核桃、
松子、核桃**）
野生米＋蒜頭＋菠菜
野牛米＋薑＋鳳梨
野生米＋青蔥＋榛果
野生米＋日本南瓜＋鼠尾草
野生米＋松子＋香菇＋菠菜

野生米＋嫩青蔥＋核桃

瑞可達乳酪 Ricotta
（參見乳酪：瑞可達）

這是什麼：雖然就技術上來說並非乳酪，但瑞可達乳酪一般仍被稱為乳酪，所以列在乳酪分類下。

義式燉飯 Risotto
（參見阿勃瑞歐米的介紹）

根莖蔬菜：一般或綜合
Root Vegetables—In General, or Mixed（同時參見甜菜、胡蘿蔔、歐洲防風草塊根、蕪菁甘藍、甘藷、蕪菁等）

我會油封**根莖蔬菜**，像是胡蘿蔔、芹菜根、歐芹根和歐洲防風草塊根，要用蔬果切片器將根莖蔬菜削薄片，然後連同香料植物、辛香料和柑橘類泡在橄欖油裡，放進29℃的烤箱中烤6-8小時，這樣會破壞根莖蔬菜的細胞壁結構。當根莖蔬菜變得軟嫩，它們的水分就已經被脂肪所替代。我會將這些根莖蔬菜壓製成泥並過濾，這樣會創造出如同室溫奶油的質地。因為這種「根莖蔬菜奶油」的特質與奶油或軟質乳酪一樣，所以我能以相同的方式來使用，像是用在法式小點上或用來裹覆其他食材。

——亞倫・伍（Aaron Woo），天擇餐廳，奧勒岡州內波特蘭市

● 迷迭香 Rosemary

季節：冬季（這時候迷迭香較溫和；夏季時，迷迭香的風味較強烈）

風味：苦／微甜；芳香；帶有樟腦、檸檬、薄荷、胡椒、松木、鼠尾草、煙燻和／或木頭的風味

風味強度：中等強（冬）–強（夏）

料理方式：燒烤

小祕訣：在烹煮過程的早期添加。

近親：羅勒、薰衣草、墨角蘭、薄荷、奧勒岡、鼠尾草、夏季香薄荷、百里香

蘋果
杏桃
蘆筍
烘焙食物，如：麵包、蛋糕、餅乾、義大利扁麵包、司康餅、奶酥餅
大麥
月桂葉
豆類，如：白腰豆、乾燥豆類、蠶豆、四季豆、白豆
甜菜
燈籠椒
香料包
麵包粉
麵包
抱子甘藍
奶油
甘藍菜，如：皺葉甘藍
胡蘿蔔
白花椰菜
芹菜
乳酪，如：巧達、法國乳酪、奶油乳酪、費達、山羊乳酪、**帕爾瑪**、瑞可達乳酪
細香蔥
柑橘類
鮮奶油
甜點
茄子
蛋和**蛋**料理
茴香和茴香籽
無花果
法式料理，尤以普羅旺斯為佳
水果，如：水煮過的
＊**蒜頭**
琴酒
穀物

葡萄柚
葡萄
燒烤料理，如：燒烤蔬菜
普羅旺斯香料植物
蜂蜜
義大利料理
蔬菜烤串
薰衣草
韭蔥
檸檬，如：檸檬汁、碎檸檬皮
扁豆
萊姆
歐當歸
滷汁醃醬
墨角蘭
地中海料理
奶類
薄荷
菇蕈類，如：羊肚菌、蠔菇、牛肝菌、波特貝羅大香菇、香菇
橄欖油
橄欖
洋蔥
柳橙，如：橙汁、碎橙皮
奧勒岡
歐芹
歐洲防風草塊根
義式麵食，如：米粒麵
梨子
豌豆，如：**去莢乾燥豌豆**
黑胡椒
松子
披薩
義式粗玉米糊
馬鈴薯
南瓜
藜麥
紫葉菊苣
米，如：阿勃瑞歐米
義式燉飯
鼠尾草
沙拉淋醬
沙拉，如：*豆子沙拉、水果沙拉*
醬汁，如：燒烤醬、鮮奶油、義式

麵食醬汁、番茄醬汁
香薄荷
嫩青蔥
紅蔥
雪利酒
湯，如：豆子湯、義式蔬菜湯、番
　茄湯
菠菜
夏南瓜和冬南瓜，如：橡實南瓜、
　白胡桃瓜
燉煮料理
蔬菜高湯
草莓
餡料
甘藷
百里香
豆腐
番茄、番茄汁和番茄醬汁
蔬菜，尤以為炙烤、串燒、烘烤為
　佳
醋，如：巴薩米克香醋、紅酒醋
酒
優格
櫛瓜

對味組合

迷迭香＋巴薩米克香醋＋紅蔥
迷迭香＋巴薩米克香醋＋菠菜
迷迭香＋奶油＋檸檬
迷迭香＋費達乳酪＋菠菜
迷迭香＋蒜頭＋檸檬＋橄欖油＋
　白豆
迷迭香＋蒜頭＋橄欖油＋馬鈴薯
迷迭香＋蜂蜜＋柳橙
迷迭香＋檸檬＋豆腐
迷迭香＋檸檬＋白豆
迷迭香＋菇蕈類＋百里香
迷迭香＋洋蔥＋馬鈴薯
迷迭香＋奧勒岡＋百里香
迷迭香＋帕爾瑪乳酪＋義式粗玉
　米糊
迷迭香＋帕爾瑪乳酪＋番茄＋白
　豆

不管什麼時候，只要你把**迷迭香**
和百里香組合在一起，都會立刻
如置身感恩節。迷迭香充滿熱情、
深沉和濃郁的風味，能提升從袋
裝洋芋片到菇蕈料理等任何食物
的風味。不過迷迭香味道非常刺
鼻，所以用量只要一點點。我不
會把迷迭香添加到湯品中：在迷
迭香釋出你無論如何都想得到的
一切時，迷迭香會變成灰色。我
反而是把迷迭香枝放進湯裡攪
拌，讓迷迭香的風味滲入湯裡。
——里奇·蘭道，費吉餐廳，費城

● 蕪菁甘藍 Rutabagas

季節：秋－春
風味：甜／有時候苦，有時候帶
　有甘藍、堅果和／或蕪菁強烈、
　辛辣的和／或嗆味，質地爽脆
風味強度：中等（特別是煮熟
　的）－強（特別是生的）
這是什麼：根菜類
營養學剖繪：86% 碳水化合物／
　9% 蛋白質／5% 脂肪
熱量：每1杯70大卡（熟、切小塊）
蛋白質：2克
料理方式：烘焙（約 177°C 烤
　50-60分鐘）、汆燙、沸煮、燜煮、
　深炸、刨絲、雜燴、切細條、醃
　滷、搗成糊狀、高壓烹煮、打泥、
　烘烤、煎炒、切絲、蒸煮（10-15
　分鐘）、燉煮、翻炒
小祕訣：不要沒煮熟。煮越久風
　味越甜，但不要煮過頭。添加
　一點甜味（如糖）來抵銷苦味。
　與風味較清淡的蔬菜一起做成
　泥，如馬鈴薯。

近親：青花菜、抱子甘藍、甘藍、
　白花椰菜、綠葉甘藍、辣根、羽
　衣甘藍、大頭菜、春山芥、櫻桃
　蘿蔔、蕪菁、水田芥
可行的替代物：蕪菁

龍舌蘭糖漿
多香果
杏仁果
蘋果、蘋果酒和蘋果汁
耶路撒冷朝鮮薊
烘焙食物，如：派、餡餅
大麥
羅勒
月桂葉
甜菜
青江菜
青花菜
奶油
葛縷子籽
小豆蔻
胡蘿蔔
法式砂鍋菜
卡宴辣椒
芹菜
芹菜根
乳酪，如：藍黴、奶油乳酪、山羊
　乳酪、**葛黎耶和**、帕爾瑪乳酪
栗子
細香蔥
肉桂
椰奶
芫荽
鮮奶油
孜然
蒔蘿
蛋，如：義式蛋餅

| **主廚私房菜** | DISHES |
糖漬栗子、蕪菁甘藍-肉豆蔻乾皮泥、野菇白醬燉肉搭配辣根
　——丹尼爾（DANIEL），紐約市
烘烤蕪菁甘藍沙拉、燒烤杏鮑菇、焦黑洋蔥、開心果
　——費吉（Vedge），費城

R

法老小麥
茴香和茴香籽
蒜頭
薑
綠色蔬菜，如：苦味綠色蔬菜、綠
　葉甘藍、蒲公英葉
雜燴，如：加蛋後上桌
榛果
普羅旺斯香料植物
蜂蜜
辣根
羽衣甘藍
韭蔥
檸檬，如：檸檬汁
扁豆
萊姆
肉豆蔻乾皮
楓糖漿
墨角蘭
薄荷
味噌
野菇
芥末
肉豆蔻
堅果，如：花生、開心果
油脂，如：榛果油、堅果油、**橄欖
　油**、葵花油、蔬菜油
洋蔥，如：紅洋蔥、黃洋蔥
柳橙，如：橙汁、碎橙皮

奧勒岡
紅椒粉，如：煙燻紅椒粉
歐芹
歐芹根
歐洲防風草塊根
梨子
胡椒，如：黑胡椒、白胡椒
馬鈴薯，如：**馬鈴薯泥**
濃湯
藜麥
葡萄乾
迷迭香
番紅花
鼠尾草
沙拉
海鹽
香薄荷
嫩青蔥
蘇格蘭料理
湯，如：**蕪菁甘藍湯**
酸奶油
冬南瓜，如：白胡桃瓜
八角
燉煮料理
翻炒料理
高湯，如：根莖蔬菜高湯、蔬菜高
　湯
糖，如：黃砂糖
瑞典料理

甘藷
龍蒿
百里香
豆腐
番茄
蕪菁
香莢蘭
根莖蔬菜
醋，如：巴薩米克香醋、蘋果酒醋、
　麥芽醋、雪利酒醋
水田芥

蕪菁甘藍是菜單上難以售出的蔬
菜之一。我或許不會把焗烤蕪菁
甘藍放在生菜類的菜單上，但會
把蕪菁甘藍作為幾樣食材之一塞
進一道料理中（如雜燴），或者也
許根本沒提到料理中有使用蕪菁
甘藍這樣食材。

　　——安妮・索梅維爾，綠色餐廳，舊金山

● **裸麥粒** Rye Berries
（亦稱全裸麥）
風味：甜／酸，帶有裸麥和核桃
　的風味，質地非常耐嚼
風味強度：中等－強
這是什麼：全穀
健康元素：升糖指數低於小麥和
　其他穀類；迅速引起飽足感
無麩質：否
營養學剖繪：81％碳水化合物／
　13％蛋白質／6％脂肪
熱量：每¼杯150大卡（乾燥的）
蛋白質：6克
料理方式：微滾烹煮（加蓋約60
　分鐘）、蒸煮
比例：1：3（1杯裸麥粒對3杯烹
　調湯汁）
小祕訣：裸麥粒沖洗乾淨，浸泡
　過夜。與其他較不耐嚼的穀類
　混合使用。
近親：大麥、玉米、斯佩爾特小麥、
　黑小麥、小麥
可行的替代物：黑小麥、小麥仁

對味組合
蕪菁甘藍＋蘋果＋胡蘿蔔＋洋蔥＋甘藷
蕪菁甘藍＋蘋果＋楓糖漿
蕪菁甘藍＋青花菜＋胡蘿蔔
蕪菁甘藍＋葛縷子籽＋蒜頭
蕪菁甘藍＋胡蘿蔔＋（煎）蛋＋歐洲防風草塊根＋馬鈴薯
蕪菁甘藍＋胡蘿蔔＋芥末＋歐芹＋馬鈴薯
蕪菁甘藍＋胡蘿蔔＋肉豆蔻＋馬鈴薯
蕪菁甘藍＋乳酪＋馬鈴薯
蕪菁甘藍＋芹菜＋洋蔥
蕪菁甘藍＋椰奶＋萊姆
蕪菁甘藍＋韭蔥＋蕪菁
蕪菁甘藍＋歐洲防風草塊根＋馬鈴薯
蕪菁甘藍＋馬鈴薯＋迷迭香＋百里香

茴芹
蘋果
烘焙食物，如：麵包
豆類，如：黑眉豆、腰豆
甜菜
燈籠椒，如：紅燈籠椒
麵包，如：粗磨黑麥麵包、黑麥麵包
紫甘藍
葛縷子籽
胡蘿蔔
法式砂鍋菜
芹菜
熱早餐麥片
乳酪，如：山羊乳酪、葛黎耶和、哈羅米乳酪
細葉香芹
鷹嘴豆
素辣豆醬
肉桂
玉米
椰棗
北歐料理
茴香
蒜頭
其他較軟**穀物**，如：大麥、**糙米**、藜麥
蜂蜜
韭蔥
扁豆，如：紅扁豆
楓糖漿
糖蜜
芥末，如：第戎芥末
北歐料理
堅果，如：美洲山核桃、核桃
油脂，如：橄欖油、芝麻油、核桃油
洋蔥，如：焦糖化洋蔥、紅洋蔥

柳橙，如：碎橙皮
歐芹
歐洲防風草塊根
豌豆
抓飯
馬鈴薯
葡萄乾
義式燉飯
俄羅斯料理
鼠尾草
沙拉，如：穀物沙拉
德國酸菜
斯堪地納維亞料理
湯，如：羅宋湯
燉煮料理
蔬菜高湯
餡料
黃砂糖
葵花籽
百里香
番茄
蔬菜
醋，如：蘋果酒醋、巴薩米克香醋

對味組合

裸麥粒＋蘋果＋黃砂糖＋葛縷子籽＋紫甘藍
裸麥粒＋蘋果＋肉桂＋葡萄乾
裸麥粒＋葛縷子籽＋胡蘿蔔＋芹菜＋橄欖油＋洋蔥＋醬油
裸麥粒＋葡萄乾＋核桃

● 番紅花 Saffron

風味：苦／酸／甜，帶有蜂蜜的泥土味和刺鼻味
風味強度：較弱（黃色）—較強（橘色、紅色）
小祕訣：在烹調過程較晚才添加；

烹調熱度會激起番紅花的活性。這種亮黃色／橘色調的辛香料用於烹調是取其顏色和風味。少少的番紅花就能帶來很大的影響，絕對不要添加超過需要的量。

烘焙食物，如：麵包、蛋糕、司康餅
羅勒
燈籠椒，如：烘烤燈籠椒
印度波亞尼香料飯
奶油
小豆蔻
卡宴辣椒
茶菜
細香蔥
肉桂
庫斯庫斯
咖哩類
甜點
茄子
茴香
蒜頭
薑
印度北方料理
檸檬，如：檸檬汁、碎檸檬皮
墨角蘭
美乃滋
地中海料理
摩洛哥料理
堅果，如：杏仁果、開心果
橄欖油
柳橙，如：橙汁、碎橙皮
素食西班牙燉飯
歐芹
義式麵食，如：義大利細扁麵
胡椒，如：黑胡椒
抓飯
馬鈴薯
米布丁
葡萄乾
＊米

番紅花乳酪蛋糕：大黃冰淇淋、羅勒凝膠、黑橄欖-開心果碎粒
——費吉（Vedge），費城

*義式燉飯
玫瑰水
沙拉淋醬
醬汁，如：鮮奶油醬汁、番茄醬汁
紅蔥
湯
西班牙料理
燉煮料理，如：燉煮豆子、燉煮蔬
  菜
番茄
優格
櫛瓜

對味組合
番紅花＋小豆蔻＋玫瑰水
番紅花＋帕爾瑪乳酪＋義式燉飯

● **鼠尾草** Sage
季節：秋季（鹹味）—春季（薄荷味）
風味：苦／酸／甜，帶有樟腦、桉樹類、花、香料植物、檸檬、薄荷和／或松木味／霉味／刺鼻味／豐富風味／辛辣風味
風味強度：中等－強
這是什麼：香料植物
小祕訣：在烹調過程即將告終時才添加。
近親：羅勒、薰衣草、墨角蘭、薄荷、奧勒岡、迷迭香、夏季香薄荷、百里香

朝鮮薊
蘆筍
烘焙食物，如：比斯吉、玉米麵包、
  義大利扁麵包
豆類，如：蔓越莓豆、乾燥豆類、
  花豆、**白豆**
麵包和麵包粉

奶油和褐化奶油
法式砂鍋菜
乳酪，如：布利、巧達、費達、芳
  汀那、葛黎耶和、**帕爾瑪**、瑞可
  達乳酪
栗子
玉米
玉米粉，如：做成玉米麵包時
茄子
蛋，如：義式蛋餅、炒蛋
茴香
蒜頭和蒜薹
印度酥油
穀物
鍋底焦渣醬汁
杜松子
韭蔥
檸檬
扁豆
墨角蘭
地中海料理
薄荷
菇蕈類，如：野菇
橄欖油
洋蔥，如：黃洋蔥
歐芹
義式麵食，如：義式麵疙瘩、千層
  麵、貓耳朵麵、直麵
豌豆，如：綠豌豆、去莢乾燥豌豆
  瓣
黑胡椒
義式青醬
松子
披薩
馬鈴薯
南瓜
米
瑞可達乳酪，如：烘烤瑞可達乳
  酪

義式燉飯
迷迭香
蕪菁甘藍
沙拉，如：豆子沙拉、香料植物沙
  拉
醬汁
香薄荷
湯，如：白胡桃瓜湯、扁豆湯、南
  瓜湯、甘藷湯、白豆湯
冬南瓜，如：橡實南瓜、白胡桃瓜
燉煮料理
蔬菜高湯
填餡
百里香
番茄
蔬菜，如：根莖蔬菜
醋
核桃

對味組合
鼠尾草＋麵包粉＋橄欖油
鼠尾草＋奶油＋檸檬＋帕爾瑪乳
  酪＋義式麵食
鼠尾草＋白胡桃瓜＋核桃
鼠尾草＋乳酪＋番茄
鼠尾草＋蒜頭＋橄欖油＋歐芹＋
  冬南瓜
鼠尾草＋蒜頭＋馬鈴薯
鼠尾草＋蒜頭＋白豆
鼠尾草＋核桃＋義式青醬

沙拉淋醬 Salad Dressings

對味組合
杏仁果＋蒔蘿＋蒜頭＋檸檬汁＋
  塔希尼芝麻醬
蘋果酒醋＋細香蔥＋蒜頭＋檸檬
  汁＋橄欖油＋歐芹＋塔希尼芝
  麻醬＋溜醬油
蘋果酒醋＋芫荽葉＋蒜頭＋萊姆
  汁／碎萊姆皮＋橄欖油
蘋果酒醋＋楓糖漿＋芥末
蘋果酒醋＋洋蔥＋罌粟籽＋塔希
  尼芝麻醬

愛上沙拉的祕密：美味的沙拉淋醬

　「你可以替自己的飲食所做的最健康和最充滿風味的改變之一就是吃更多蔬菜，更多的大量蔬菜。你所攝取的蔬菜至少要有半數是生的，例如沙拉裡的蔬菜。透過熟悉一系列吸引人的淋醬來讓蔬菜保持風味是很值得追求的目標。不要使用傳統的含油淋醬，這種淋醬每湯匙含有將近120大卡（就如同純脂肪本身的熱量），會破壞你已經做出的美好改變。下面提供減少熱量和脂肪，卻無損風味的一些方法：

　比例：標準比例是1：3或1：4（1份醋對3或4份油脂），但考慮將沙拉淋醬中的油脂降到最少（如果沒有排除使用油脂）。

　小祕訣：始終都要用醋以及／或者柑橘類（例如檸檬、萊姆、柳橙）果汁和調味料（例如柑橘類的皮、香料植物；蒜末、洋蔥末或紅蔥末；辛香料）來作為製作沙拉淋醬的起點，再慢慢將任何油脂攪打進去。如果添加了太多油脂，風味就會不平衡。為了要有更多Omega-3，考慮用亞麻籽油或核桃油來替代一部分特級初榨橄欖油。帶有柑橘類的油醋醬使用的是風味較淡的醋，例如香檳酒醋、米醋或西班牙雪利酒醋。想要將油脂量減到最少或乾脆不用的人，可以用其他液體或糊醬來作為沙拉淋醬的基底，例如白脫乳、果汁、克菲爾奶酒、堅果醬、塔希尼芝麻醬、蔬菜汁或蔬菜高湯、醋、優格和／或水，甚至是水果、絹豆腐或蔬菜（如酪梨）。

　要讓蔬菜淋醬更濃厚，可以添加一點奶油乳酪、新鮮山羊乳酪、克菲爾奶酒、馬士卡彭乳酪或瑞可達乳酪；純素食主義者則可以混合營養酵母或嫩豆腐。這裡列出的組合不僅用在沙拉很棒，也可以用來做浸泡液、蘸料、醃醬、煎炒或翻炒，或是淋在熱蔬菜、亞洲麵食或義式麵食上。

酪梨＋卡宴辣椒＋蒜頭＋**檸檬汁**＋橄欖油＋歐芹
酪梨＋黃瓜＋蒔蘿＋檸檬汁＋楓糖漿
巴薩米克香醋＋羅勒＋蒜頭＋芥末＋橄欖油
[巴薩米克油醋醬] 巴薩米克香醋＋第戎芥末＋蒜頭＋橄欖油 [＋羅勒＋檸檬汁]
巴薩米克香醋＋第戎芥末＋蒜頭＋薑＋楓糖漿
巴薩米克香醋＋第戎芥末＋蒜頭＋蜂蜜＋豆腐（如：絹豆腐）
[綠女神沙拉醬] 羅勒＋芹菜＋蒔蘿＋蒜頭＋青蔥＋美乃滋
羅勒＋檸檬汁
黑芝麻＋蒜頭＋芝麻油＋山葵
白脫乳＋細香蔥
白脫乳＋蘋果酒醋＋蒔蘿＋蒜頭＋紅蔥
[牧場沙拉淋醬] 白脫乳＋蒜頭＋香料植物 [如：細香蔥、芫荽葉、歐芹]＋萊姆＋美乃滋＋鹽
白脫乳＋辣根
[凱薩沙拉] 續隨子＋蒜頭＋檸檬汁＋味噌＋橄欖油
胡蘿蔔＋蒔蘿＋薑
胡蘿蔔＋蒜頭＋薑＋洋蔥＋（蘋果酒）醋
胡蘿蔔＋薑＋味噌
香檳酒醋＋蜂蜜＋菜籽油
鷹嘴豆＋蒜頭＋檸檬汁＋芥末＋（巴薩米克香醋）醋
[綠女神沙拉醬] 細香蔥＋歐芹＋龍蒿醋＋豆腐
芫荽葉＋孜然＋萊姆
芫荽葉＋蒜頭＋薑＋日式醋汁醬油＋芝麻

與斯科茨代爾餐＆飲餐廳的貝德曼談論製作很棒的沙拉

要做出很棒的沙拉，你必須要有酥脆、甜味、香味、多脂等要素。

- 酥脆：「為了讓沙拉有酥脆的口感，除了堅果，我還會用各種不同材料。我喜歡用洋蔥家族的成員來當材料，例如用橄欖油油炸的切絲鹽漬洋蔥。韭蔥和紅蔥都很爽脆，可以用來作為配料。我也喜歡用爆米香來增添口感。」
- 甜味：「甜味的來源可以是添加新鮮水果，像是蘋果或梨子；添加水果乾，像是葡萄乾；或甚至是添加甜的蔬菜，像是玉米或番茄。」
- 香味：「還有一個增加沙拉吸引力的好方法是添加辛香料。你可以添加一些辣椒或甚至是與蕪菁甘藍很對味的新鮮生薑。」
- 多脂：「要增加脂肪的選擇有很多。你可以選擇帶油脂的蔬菜，像是酪梨。你可以將美乃滋做成蒜泥蛋黃醬。將乳酪浸漬橄欖油也是不錯的沙拉淋醬。」

芫荽葉＋蒜頭＋橄欖油＋紅酒醋＋烘烤番茄
芫荽葉＋蜂蜜＋萊姆
芫荽葉＋萊姆＋蒜頭＋橄欖油＋雪利酒醋
柑橘類＋醬油
[亞洲花生] 椰奶＋咖哩醬＋薑＋花生醬＋醬油
[黃瓜蒔蘿] 黃瓜＋蒔蘿＋檸檬汁＋洋蔥＋絹豆腐

孜然＋萊姆汁
[凱薩沙拉] 第戎芥末＋蒜頭＋檸檬汁＋橄欖油＋帕爾瑪乳酪＋紅酒醋＋伍斯特（素食）辣醬油
第戎芥末＋蒜頭＋檸檬汁＋橄欖油＋素乃滋＋醋
第戎芥末＋檸檬汁＋橄欖油＋柳橙汁＋醬油
第戎芥末＋檸檬汁＋橄欖油＋紅蔥
第戎芥末＋紅酒醋＋紅蔥＋核桃油
[牧場沙拉淋醬] 蒔蘿＋蒜頭＋檸檬汁＋洋蔥＋歐芹＋素乃滋＋醋
蒔蘿＋蒜頭＋芥末
蒔蘿＋塔希尼芝麻醬＋豆腐
費達乳酪＋蒜頭＋奧勒岡
蒜頭＋薑＋檸檬汁＋歐芹＋芝麻油
蒜頭＋薑＋味噌＋柳橙
蒜頭＋薑＋橄欖油＋米醋＋芝麻油＋溜醬油
蒜頭＋薑＋花生＋米醋＋醬油
蒜頭＋大麻籽＋蜂蜜＋**檸檬汁＋塔希尼芝麻醬**
[牧場沙拉淋醬] 蒜頭＋香料植物＋洋蔥＋豆奶＋素乃滋
蒜頭＋檸檬汁＋芥末＋龍蒿
蒜頭＋檸檬汁＋橄欖油＋溜醬油
蒜頭＋檸檬汁＋柳橙汁
[檸檬塔希尼芝麻醬] 蒜頭＋**檸檬汁**＋芝麻油＋**塔希尼芝麻醬**＋溜醬油
蒜頭＋**檸檬汁**＋海苔＋橄欖油＋醬油＋豆腐
[希臘] 蒜頭＋**檸檬汁**＋橄欖油＋碎屑狀費達乳酪或老豆腐
蒜頭＋檸檬汁＋塔希尼芝麻醬＋溜醬油＋梅子醋
蒜頭＋芥末＋米醋
蒜頭＋橄欖油＋紅酒醋
蒜頭＋芝麻醬／芝麻籽＋山葵
薑＋蜂蜜＋味噌＋米醋
薑＋檸檬汁＋油脂＋塔希尼芝麻醬＋溜醬油
薑＋檸檬香茅＋楓糖漿＋柳橙汁＋米醋＋**芝麻油**
薑＋萊姆＋芒果
[柳橙油醋醬] 薑＋萊姆＋柳橙汁＋醋
[亞洲芝麻醬] 薑＋楓糖漿＋柳橙汁＋米醋＋**芝麻油**
薑＋味噌＋芥末＋芝麻油＋塔希尼芝麻醬＋溜醬油＋（蘋果酒）醋
薑＋味噌＋芝麻
薑＋花生醬／花生油＋醬油
薑＋芝麻

薑＋芝麻＋醬油

薑＋塔希尼芝麻醬

[綠女神沙拉醬]青蔥＋橄欖油＋歐芹＋紅蔥＋白酒醋

[義大利沙拉醬]香料植物（羅勒、奧勒岡）＋橄欖油＋醋

青蔥＋歐芹＋塔希尼芝麻醬＋醋

蜂蜜＋花生油＋白酒醋

蜂蜜＋罌粟籽＋紅酒醋

[千島]番茄醬＋洋蔥＋碎醃漬醬菜佐料＋絹豆腐或素乃滋

檸檬汁＋楓（糖）＋芥末＋溜醬油

檸檬汁＋芥末＋營養酵母＋溜醬油＋醋

[希臘]檸檬汁＋奧勒岡＋百里香＋（紅酒）醋＋碎屑狀費達乳酪或老
　豆腐

[日式醋汁醬油]檸檬汁＋米醋＋芝麻油＋醬油

檸檬汁＋塔希尼芝麻醬

檸檬汁＋芥末＋橄欖油＋核桃油

萊姆汁＋（蒜頭＋薑＋蜂蜜）＋芝麻籽

萊姆汁＋薄荷＋米酒

萊姆汁＋味噌＋花生油

[楓糖芥末]楓糖漿＋芥末＋（巴薩米克香）醋

[中東]鷹嘴豆＋蒜頭＋檸檬汁＋醋

味醂＋味噌＋醬油＋（糙米）醋

[日本味噌]味噌＋芥末＋（米酒）醋

味噌＋柳橙

味噌＋芝麻油

芥末＋橄欖油＋歐芹＋龍蒿

橄欖油＋柳橙汁＋雪利酒醋＋核桃油

橄欖油＋紅酒醋＋紅蔥

柳橙＋番紅花＋塔希尼芝麻醬

柳橙＋芝麻油＋醬油

歐芹＋嫩青蔥＋塔希尼芝麻醬＋梅干泥

芝麻（油／醬／籽）＋醬油

紅蔥＋雪利酒醋＋核桃油

每道料理都要有個畫龍點睛的特質。當你將綠葉蔬菜沙拉拌好出餐
時，並不會所有葉子都翻轉同一面，所以有些葉菜的背面會朝向顧客，
我稱此為「蓬鬆」和「高聳」——生菜雙胞胎——這讓沙拉很吸引人。
如果你列出了一串製作沙拉的食材，不要把它們都藏在底下。確保要
凸顯的食材的確有彰顯出來，而且並不顯得廉價：3顆特級櫻桃番茄
並不會讓你傾家蕩產。你會希望有人感受到你在乎料理的每一步。

——安妮・索梅維爾（Annie Somerville），綠色餐廳，舊金山

● 波羅門參 Salsify

季節：秋－冬

風味：微甜，帶有朝鮮薊心、蘆筍
　（特別是白色的波羅門參）、椰
　子（特別是黑色的波羅門參）、
　耶路撒冷朝鮮薊、堅果和／或
　牡蠣的風味

風味強度：中等

這是什麼：根菜類

營養學剖繪：87% 碳水化合物／
　11% 蛋白質／2% 脂肪

熱量：每1杯95大卡（高溫水煮）

蛋白質：4克

料理方式：烘焙、汆燙、沸煮（10-20
　分鐘）、燜煮（45分鐘）、油炸、
　釉汁、搗成糊狀、鍋烤、低溫水
　煮、打泥、生食、烘烤、煎炒、
　微滾烹煮、蒸煮、燉煮

小祕訣：去除不可食用的外皮。
　浸漬在檸檬水中以免變褐色。
　烹煮至非常軟嫩。

近親：朝鮮薊、洋甘菊、菊苣、蒲
　公英葉、苣菜、萵苣（如畢布萵
　苣、捲心萵苣、蘿蔓萵苣）、紫
　葉菊苣、龍蒿

茴芹

蘋果

朝鮮薊

耶路撒冷朝鮮薊

燈籠椒，如：紅燈籠椒

麵包粉

牛蒡

奶油和褐化奶油

胡蘿蔔

卡宴辣椒

芹菜

芹菜根

蒜菜，如：瑞士蒜菜

乳酪，如：帕爾瑪、綿羊奶乳酪

細葉香芹

細香蔥

芫荽

鮮奶油

S

法式酸奶油
穗醋栗
蛋
比利時苦苣
茴香
蒜頭
印度酥油
穀物，如：珍珠麥、藜麥、米
焗烤料理
雜燴
榛果
香料植物
韭蔥
檸檬，如：檸檬汁
歐當歸
菇蕈類，如：鈕扣菇、蠔菇、羊肚
　　菌、野菇
第戎芥末
堅果，如：杏仁果、美洲山核桃、
　　松子、核桃
油脂，如：**橄欖油**、山核桃油、紅
　　花油、葵花油、核桃油
洋蔥
青蔥
柳橙，如：橙汁、碎橙皮
歐芹
歐洲防風草塊根
義式麵食，如：寬麵
黑胡椒
義式粗玉米糊
石榴
馬鈴薯
濃湯
榅桲
義式燉飯
鼠尾草

沙拉淋醬，如：油醋沙拉淋醬
沙拉
鹽，如：猶太鹽、松露鹽
醬汁，如：荷蘭醬
嫩青蔥
紅蔥
酸模
湯，如：波羅門參湯、蔬菜湯
燉煮料理
高湯，如：菇蕈高湯、蔬菜高湯
百里香
番茄
黑松露
醋，如：香檳酒醋、白酒醋
酒
白酒
優格

對味組合
波羅門參＋蘋果＋榛果
波羅門參＋麵包粉＋蛋＋帕爾瑪
　　乳酪
波羅門參＋細葉香芹＋細香蔥
波羅門參＋檸檬＋歐芹＋紅蔥

● **鹽** Salt—In General

基於我受到的法式訓練，**鹽之花**
是我最依賴的鹽之一。鹽之花的
風味搭配番茄非常完美。我會用
富有大量海洋風味的**馬爾頓海鹽**
來做烘烤根莖蔬菜的料理。灰鹽
通常裝在藍色瓶子裡，風味強烈，
且比其他鹽還粗。我不反對用猶
太鹽，只是猶太鹽的風味剛好不
是我習慣的。

　——喬塞・席特林（Josiah Citrin），美利
思餐廳，聖塔莫尼卡

黑鹽 Salt, Black
風味：鹹；帶有蛋和／或硫磺的
　　刺鼻味
風味強度：非常強
這是什麼：粉灰色的印度礦物鹽
小祕訣：尋找印度的黑鹽，印度
　　語稱 kala namak。替純素食料
　　理增添水煮蛋的風味（如炒豆
　　腐、用豆腐做的「蛋沙拉」）。
警告：只添加一點點黑鹽就很
　　有風味！將黑鹽磨細，用最少
　　量即可。

蘋果
香蕉
印式點心
辣椒粉
印度甜酸醬
黃瓜
水果
蜂蜜
印度料理
奇異果
檸檬，如：檸檬汁
柳橙
酸漬食物
印度黃瓜優格蘸醬
素食蛋沙拉
醬汁，如：*乳酪醬汁*
豆腐，如：*歐姆豆腐捲、炒豆腐*
番茄
優格

對味組合
黑鹽＋辣椒片＋蜂蜜＋檸檬汁
黑鹽＋黃瓜＋番茄＋優格

喜馬拉雅山鹽 Salt, Himalayan

喜馬拉雅山鹽是我唯一隨時都會
用到的調味料。這款鹽絕對有助

於將任何東西的風味引出，特別是用來生食的食物。

——艾咪・比奇（Ami Beach），G禪餐廳，康乃狄克州布蘭福德

猶太鹽 Salt, Kosher
風味強度：強
小祕訣：將猶太鹽當作風味大膽或較重口味料理的平常用鹽。

海鹽 Salt, Sea
風味強度：中等
小祕訣：將海鹽當作大部分料理的平常用鹽，特別是用來替冰涼上桌的料理調味。

煙燻鹽 Salt, Smoked
風味：鹹，帶有煙燻風味

豆類
扁豆
馬鈴薯，如：烘烤馬鈴薯

松露鹽 Salt, Truffle
風味：鹹，帶有松露的泥土味
小祕訣：出餐前才添加。

芹菜根
蛋和蛋料理
爆米花
馬鈴薯
義式燉飯
沙拉
蔬菜，如：根莖蔬菜

鹹度 Saltiness
小祕訣：在料理中添加鹽會減少苦、酸和甜的風味的效果。下面有增加料理鹹度的一些方法。

布拉格牌液體氨基酸
愛上香料（Herbamare）有機香料植物鹽
鹽，如：猶太鹽、海鹽、煙燻鹽、

松露鹽
海菜，如：紫紅藻
醬油
有機無麥溜醬油

我用食用紫紅藻等海菜來添加礦物質和鹹度。

——黛安・弗里（Diane Forley），蓬勃烘焙公司（Flourish Baking Company），紐約州斯卡斯代爾

● 德國酸菜 Sauerkraut
風味：鹹、**酸**和／或甜，質地脆（較新鮮的）或軟（做好較久的）
風味強度：中等－**強**
這是什麼：發酵／醃漬過的刨絲甘藍
對健康的助益：活性酶、益生菌
營養學剖繪：80% 碳水化合物／16% 蛋白質／4% 脂肪
熱量：每1杯30大卡
蛋白質：1克
料理方式：燜煮

蘋果和蘋果酒
培根
月桂葉
麵包，如：黑麥麵包
葛縷子籽
胡蘿蔔
法式砂鍋菜
乳酪，如：瑞士乳酪
栗子
蒔蘿
東歐料理
茴香籽
蒜頭
杜松子
菇蕈類，如：牛肝菌
麵條，如：雞蛋麵
油脂，如：葡萄籽油
洋蔥
黑胡椒
馬鈴薯

迷迭香
沙拉淋醬，如：千島沙拉淋醬
鹽
*三明治，如：**魯本三明治**、**香腸三明治***
素香腸
冬季香薄荷
紅蔥
酸奶油
燉煮料理
黃砂糖
天貝
醋，如：蘋果酒醋、白酒醋
不甜到微甜的白酒，比如阿爾薩斯麗絲玲白酒

對味組合
德國酸菜＋蘋果＋葛縷子籽

● 香薄荷 Savory
季節：全年，特別是夏季（夏季香薄荷）和冬季（冬季香薄荷）
風味：苦，帶有薄荷、**胡椒**和／或百里香的泥土味／草本味
風味強度：中等強（夏季香薄荷）－強（冬季香薄荷）
小祕訣：使用當季可買到的香薄荷；每種都是自然補充的季節性商品。不過，幾乎也都可以互相替代。冬季香薄荷較夏季香薄荷苦和刺鼻，所以少用。在烹調過程尾聲時添加。
近親：羅勒、薰衣草、墨角蘭、薄荷、奧勒岡、迷迭香、鼠尾草、百里香
可行的替代物：百里香

羅勒
月桂葉
*乾燥豆類，如：白腰豆、白豆（尤以冬季香薄荷為佳）
新鮮豆類，如：蠶豆、四季豆、皇帝豆（尤以夏季香薄荷為佳）
甜菜

S

燈籠椒
黑眼豆
法國香草束
抱子甘藍
甘藍菜
素食法國白豆什錦鍋（卡酥來）
白花椰菜
芹菜
乳酪，如：農家、奶油乳酪、山羊
　乳酪、帕爾瑪和*乳酪料理*
栗子
細香蔥
孜然
茄子
蛋，如：*蛋捲、炒蛋*
歐洲料理
高脂食品
茴香
細香料植物
*法式料理，尤以普羅旺斯料理為
　佳*
蒜頭
德國料理
鍋底焦渣醬汁
普羅旺斯香料植物
其他香料植物，如：混合香料植
　物
義大利料理
羽衣甘藍
薰衣草
莢果
檸檬
扁豆
墨角蘭
地中海料理
薄荷
菇蕈類，如：牛肝菌
肉豆蔻
橄欖油
橄欖
洋蔥
奧勒岡
紅椒粉
歐芹

法式酥皮醬糜派
豌豆
義式粗玉米糊
馬鈴薯
米
迷迭香
鼠尾草
沙拉淋醬，如：油醋沙拉淋醬
沙拉，如：豆子沙拉、馬鈴薯沙拉
***醬汁**，如：鍋底焦渣醬汁、番茄醬
　汁*
麵筋製品
紅蔥
***湯**，如：豆子湯、去莢乾燥豌豆瓣
　湯、以番茄為基底的湯*
夏南瓜
燉煮料理
蔬菜高湯
餡料
龍蒿
百里香
番茄和番茄醬汁
蔬菜，尤以根莖蔬菜為佳，如：蕪
　菁
醋，如：紅酒醋、雪利酒醋
紅酒
櫛瓜

對味組合
香薄荷＋月桂葉＋乾燥豆類＋洋
　蔥
夏季香薄荷＋朝鮮薊心＋蠶豆＋
　橄欖油
夏季香薄荷＋蒜頭＋四季豆
冬季香薄荷＋蛋＋洋蔥＋歐芹
冬季香薄荷＋蒜頭＋番茄＋*醬汁*

────────────

● 嫩青蔥 Scallions
（亦稱青蔥或春日洋蔥）
季節：春季（嫩青蔥）－夏季（青
　蔥）
風味：洋蔥的嗆味，質地軟嫩
風味強度：弱／中等（嫩青蔥）－
　中等／強（青蔥）

這是什麼：蔥苗成熟後變成蔥（未
　成熟的嫩青蔥和青蔥通常被稱
　為春日洋蔥，可以互換使用）
營養學剖繪：81% 碳水化合物／
　14% 蛋白質／5% 脂肪
熱量：每1杯35大卡（生、切碎）
蛋白質：2克
料理方式：燜煮、炙烤、燒烤、醃
　漬、低溫水煮、生食、煎炒、微
　滾烹煮、翻炒
近親：洋蔥

朝鮮薊
亞洲料理
蘆筍
羅勒
月桂葉
豆類，如：黑眉豆、**蠶豆**、白豆
燈籠椒
青江菜
青花菜
奶油
胡蘿蔔
乳酪，如：巧達、奶油乳酪、山羊
　乳酪、風味較溫和的乳酪、帕
　爾瑪乳酪
辣椒
中式料理
芫荽葉
肉桂
丁香
玉米
庫斯庫斯
鮮奶油
*蔬菜棒沙拉，尤以風味較溫和的
　嫩青蔥為佳*
黃瓜
咖哩粉／*辛香料和咖哩類*
白蘿蔔
蒔蘿
亞洲餃類
茄子，如：日本茄子
蛋，如：*蛋捲、鹹派*
茴香

蒜頭
薑
全穀物，如：庫斯庫斯
鍋底焦渣醬汁
綠色蔬菜，如：苦味綠色蔬菜
蜂蜜
日式料理
韓式料理
韭蔥
檸檬，如：檸檬汁
檸檬香茅
皇帝豆
萊姆
芒果
滷汁醃醬
椰奶
薄荷
味噌
菇蕈類
芥末，如：第戎芥末和芥末
種籽
亞洲麵條，如：日本蕎麥麵
肉豆蔻
油脂，如：**橄欖油**、花生油、芝麻油
柳橙
奧勒岡
美式蔥煎餅
木瓜
紅椒粉
歐芹
義式麵食
花生
胡椒，如：黑胡椒、白胡椒
鳳梨
馬鈴薯，如：烘烤馬鈴薯、馬鈴薯泥
米，如：黑米、糙米、壽司米、野生米
義式燉飯
迷迭香
鼠尾草
沙拉淋醬
沙拉，如：*蘆筍沙拉、玉米沙拉、涼麵沙拉、馬鈴薯沙拉、番茄沙拉、櫛瓜沙拉*
莎莎醬
鹽，如：猶太鹽
三明治
醬汁
美式蔥煎餅
芝麻油
湯，如：*紅捲心菜冷湯、菇蕈湯、湯麵*
東南亞料理
醬油
小果南瓜
翻炒料理
高湯，如：蔬菜高湯
糖
麥粒番茄生菜沙拉
泰式料理
百里香
豆腐
番茄
蔬菜
醋，如：巴薩米克香醋、香檳酒醋、蘋果酒醋、米醋、白酒醋
核桃
西瓜
櫛瓜

對味組合
嫩青蔥＋黑眉豆＋玉米＋番茄
嫩青蔥＋蒜頭＋薑
嫩青蔥＋薑＋日本蕎麥麵
嫩青蔥＋薄荷＋櫛瓜
嫩青蔥＋芝麻油＋醬油

拌炒料理 Scrambles
（參見炒豆腐）

海蘆筍 Sea Beans
（亦稱玻璃草或聖彼得草）
季節：春－夏
風味：鹹／酸，帶有蘋果（綠色的）、蘆筍、海洋和／或菠菜的風味，質地清脆（新鮮時）
風味強度：中等
這是什麼：沼澤植物
料理方式：汆燙、深炸、醃漬、生食、煎炒、蒸煮、翻炒（提醒：快速烹調以保留清脆度）
近親：不是海菜

酪梨
卡宴辣椒
辣椒，如：紅辣椒
蒔蘿
蒜頭
薑
檸檬，如：檸檬汁
萊姆，如：萊姆汁
菇蕈類，如：香菇
油脂，如：橄欖油
黑胡椒
沙拉
翻炒料理
天婦羅
醋，如：巴薩米克香醋、米酒醋、白酒醋

海菜 Sea Vegetables（同時參見荒布藻、紫紅藻、鹿尾菜、昆布、海苔、裙帶菜）
風味：鹹，帶有海味
風味強度：範圍從較弱（如荒布藻、裙帶菜）－較強（如鹿尾菜）
健康元素：含有非常高的基本礦物質及微量礦物質
小祕訣：海菜儲存在低溫、乾燥的地方會很漂亮。烹調前，將乾海帶泡冷水至少5分鐘來復水（並減少鈉含量）。作為冷食及熱食皆可。

如果你將石蓴乾燥，吃起來就像是黑松露—就是鮮味炸彈！你可以沿著加州聖馬提歐海灣找到石蓴，並在冬季收穫，只要將石蓴乾燥後磨成粉，就可以來替海菜沙拉或飯糰調味。

—— 艾瑞克‧塔克（Eric Tucker），千禧餐
廳，舊金山

季節性 Seasonality
（參見春季、夏季、秋季、冬季）

活過每一個季節；呼吸空氣、喝
水、品嘗水果，讓自己感受它們
對你的影響。
—— 亨利‧大衛‧梭羅（Henry David
Thoreau）

海藻 Seaweed
（參見海菜、荒布藻、紫紅藻、
鹿尾菜、海帶、海苔、裙帶菜）

大麻籽 Seeds, Hemp
風味：微甜，帶有堅果、松子、芝
麻、**葵花籽**和／或香菜蘭的風
味，質地似奶油、濃厚
風味強度：弱－中等
健康元素：omega-3脂肪酸
近親：大麻（但種籽並沒有會對精
神產生顯著影響的相同特性）
品牌：努提瓦（Nutiva）

杏仁果
酪梨
烘焙食物，如：麵包、餅乾、馬芬、
義大利餡餅、快速法麵包
白豆，如：白腰豆
燈籠椒
漿果

黑莓
甘藍菜
胡蘿蔔
腰果和腰果醬
早餐**麥片**，如：天然穀物麥片
芹菜根
乳酪，如：農家乳酪
素辣豆醬
巧克力
芫荽葉
蘸料
蛋，如：蛋捲
全穀物
格蘭諾拉麥片
檸檬，如：檸檬汁
萊姆，如：萊姆汁
菇蕈類，如：波特貝羅大香菇
麵條，如：日本蕎麥麵
燕麥片
油脂，如：大麻油
青蔥
義式青醬
抓飯
爆米花
米
沙拉淋醬
沙拉，如：綠色蔬菜沙拉
蔬果昔
湯
抹醬，如：鷹嘴豆泥抹醬
冬南瓜，如：橡實南瓜、白胡桃瓜
翻炒料理
什錦乾果

蔬菜
素食漢堡
白酒醋
核桃
水田芥
優格

● **罌粟籽** Seeds, Poppy
風味：微甜，帶有堅果或煙燻風
味，質地濃醇、清脆
風味強度：弱
小祕訣：焙烤罌粟籽來增強風味。

杏仁果
蘋果
亞洲料理
烘焙食物，如：貝果麵包、比斯吉、
麵包、蛋糕、餅乾、酥皮、麵包
捲
豆類，如：四季豆
藍莓
奶油
白脫乳
甘藍菜
糖果
胡蘿蔔
白花椰菜
乳酪，如：瑞可達乳酪
肉桂
丁香
鮮奶油
咖哩粉
甜點
蘸料，如：乳酪蘸料
茄子
蛋和蛋料理
中歐料理
水果
薑
蜂蜜
印度料理
檸檬，如：檸檬汁、碎檸檬皮
扁豆
地中海料理

中東料理
麵條
肉豆蔻
洋蔥，如：甜洋蔥
柳橙和血橙，如：橙汁、碎橙皮
義式麵食，如：義大利大寬麵
馬鈴薯，如：沸煮馬鈴薯
李子乾
米
俄羅斯料理
沙拉淋醬，尤以奶油沙拉淋醬為
　佳，如：水果或綠色蔬菜沙拉
　淋醬
沙拉，如：水果沙拉、義大利麵沙
　拉
醬汁，如：奶油醬汁
芝麻籽
美式涼拌菜絲，如：美式涼拌甘
　藍菜絲
湯
酸奶油
菠菜
草莓
糖
番茄
土耳其料理
香莢蘭
蔬菜
核桃
櫛瓜

對味組合
罌粟籽＋藍莓＋檸檬
罌粟籽＋檸檬＋香莢蘭

● 南瓜籽 Seeds, Pumpkin
（亦稱 Pepitas）
季節：秋季
風味：甜，帶有巴西堅果和／或
　椰子的風味，質地耐嚼（生的）
　或脆（焙烤過的）
風味強度：弱
營養學剖繪：71% 脂肪／16% 蛋
　白質／13% 碳水化合物

熱量：每 28.35 克 150 大卡（乾燥
　的）
蛋白質：7 克
料理方式：烘焙（121°C 烘焙約
　60-90 分鐘）、沸煮、生食、烘烤
　（177°C 烘烤 15-20 分鐘）、焙烤
小祕訣：將籽沖洗乾淨，接著在
　鹽水中浸漬幾小時。焙烤前弄
　乾。你也可以用烘烤南瓜籽同
　樣的方法來烘烤其他冬南瓜
　籽。
可行的替代物：葵花籽

美洲料理
烘焙食物，如：麵包、蛋糕、餅乾、
　馬芬
豆類，如：黑眉豆、四季豆
裹粉
焦糖
卡宴辣椒
乳酪，如：山羊乳酪、西班牙乳酪
辣椒，如：齊波特辣椒、安佳辣椒
　乾、青辣椒、哈拉佩諾辣椒
辣椒粉，如：齊波特辣椒
芫荽葉
肉桂
芫荽
玉米
蔓越莓乾
孜然
咖哩粉
墨西哥玉米捲
蒜頭
全穀物，如：法老小麥、小米、小
　麥仁
格蘭諾拉麥片
榛果
檸檬，如：檸檬汁

萊姆，如：萊姆汁
楓糖漿
馬薩麵團
素食美乃滋
墨西哥料理
摩爾醬
天然穀物麥片
燕麥片
油脂，如：玉米油、橄欖油、花生
　油、南瓜籽油、紅花油、葵花油、
　蔬菜油
義式青醬
南瓜
藜麥
葡萄乾
米，如：野生米
沙拉淋醬
沙拉，如：綠色蔬菜沙拉、涼麵沙
　拉、義大利麵沙拉
莎莎醬
鹽，如：猶太鹽、海鹽
醬汁，如：摩爾醬、南瓜籽醬汁
麵筋製品
湯，如：白胡桃瓜湯、南瓜湯
南美洲料理
美國西南方料理
醬油
菠菜
抹醬
小果南瓜，如：白胡桃瓜
燉煮料理
糖，如：黃砂糖
墨西哥粽
溜醬油
豆腐，如：炒豆腐
黏果酸漿
番茄和日曬番茄乾
什錦乾果

S

素食漢堡
山芋

對味組合
南瓜籽＋卡宴辣椒＋咖哩粉
南瓜籽＋卡宴辣椒＋橄欖油＋海鹽
南瓜籽＋辣椒＋芫荽葉＋萊姆＋莎莎醬
南瓜籽＋辣椒＋蒜頭＋莎莎醬
南瓜籽＋辣椒粉＋蒜頭＋萊姆＋鹽＋糖
南瓜籽＋薑＋溜醬油

我喜歡油炸南瓜籽，並用像是處理堅果的方式來料理南瓜籽，好供應給我們對堅果過敏的顧客。
——瓊·杜布瓦斯（Jon Dubois），綠斑馬，芝加哥

● 葵花籽 Seeds, Sunflower
季節：秋季

風味：堅果風味
風味強度：弱−中等
營養學剖繪：74%脂肪／14%碳水化合物／12%蛋白質
熱量：每28.35克165大卡（乾燥的）
蛋白質：6克
料理方式：生食、烘烤、發芽、焙烤
小祕訣：使用前焙烤以提升風味。試試以葵花籽醬作為花生醬的替代品。
可行的替代物：南瓜籽

杏桃
烘焙食物，如：麵包、餅乾、馬芬、義大利餡餅
四季豆
法式砂鍋菜
穀片，如：熱早餐麥片
蔓越莓乾
甜點

水果
全穀物，如：烘製蕎麥、小米、燕麥、藜麥、長粒米、小麥仁
格蘭諾拉麥片
蜂蜜
韭蔥
檸檬
扁豆
糖蜜
天然穀物麥片
營養酵母
堅果，如：杏仁果、榛果
美式煎餅
義式麵食
法式酥皮醬靡派
義式青醬
葡萄乾
義式燉飯
沙拉，如：綠色蔬菜沙拉
其他種籽，如：亞麻子籽、南瓜籽
湯
美國西南方料理

SUNFLOWER MILLET FLAX _ $4

抹醬
餡料
溜醬油
豆腐，尤以絹豆腐為佳
番茄乾
能量棒和綜合能量棒
素食漢堡
優格

對味組合

葵花籽＋羅勒＋蒜頭＋橄欖油＋義式麵食
葵花籽＋亞麻子籽＋小米
葵花籽＋扁豆＋洋蔥＋法式酥皮醬糜派
葵花籽＋藜麥＋葡萄乾

我喜歡以烹煮義式燉飯的方式以洋蔥茴香清湯來烹煮**葵花籽**，並用葵花籽泥和焙烤過的整顆葵花籽來凸顯這道料理。
——瓊·杜布瓦斯（Jon Dubois），綠斑馬，芝加哥

● **麵筋製品** Seitan
（同時參見生麩的小祕訣）

[SAY-tahn]
風味：中性，質地似肉（如雞肉片）
風味強度：弱
這是什麼：以暱稱為小麥肉的小麥麩質所製成，用來替代肉
營養學剖繪：81％蛋白質／15％碳水化合物／4％脂肪
熱量：每28.35克105大卡（小麥蛋白）
蛋白質：21克
料理方式：烘焙、炭烤、油炸、燒烤、醃滷、大火油煎、煎炒、煎上色、蒸煮、燉煮、翻炒

小祕訣：為了要有最佳風味，一定要將麵筋製品醃滷至少幾小時。透過調味過的外皮來增加口感，如添加香料植物、日式麵包粉。在醬汁、湯品、墨西哥塔可餅餡料中，使用「碎」麵筋製品。麵筋製品也可以冷凍。你很容易就能從小麥蛋白開始做起，來做出自己的麵筋製品，並且調味（就像你會做自己的西班牙辣素腸或希臘旋轉串烤素肉片那樣）。不過，如果你只是入門初學者，剛開始要製作，可以嘗試「箭頭磨坊」的快速預拌粉或「諾克斯山農場」的預拌粉。你也可以從天然食物品牌「輕生活」（Lightlife）和「白浪」，或是本地製造商，像是「橋牌」（康乃狄克州米德爾敦），找到大量生產的麵筋製品。

可行的替代物：天貝、板豆腐或白豆乾

亞洲料理
燒烤醬
羅勒和泰國羅勒
月桂葉
豆類，如：黑眉豆、四季豆、花豆、紅豆
燈籠椒
布拉格牌液體氨基酸
青花菜和球花甘藍
牛蒡
續隨子和續隨子漿果
胡蘿蔔
雞（＋雞肉風味蔬菜高湯）
鷹嘴豆
辣椒，如：哈拉佩諾辣椒
辣椒片和辣椒粉
中式料理
柑橘類
椰子

玉米粉（如：做成糕點麵皮）
咖哩粉和**咖哩類**
白蘿蔔
茄子
法士達
茴香
蒜頭
薑
土耳其燒烤，尤以佐袋餅和青瓜酸乳酪醬汁上桌為佳
香料植物和普羅旺斯香料植物
海鮮醬
日式料理
昆布
韭蔥
檸檬
檸檬香茅
扁豆
日本長壽飲食料理
楓糖漿
味噌，如：白味噌
菇蕈類，如：雞油菌、香菇、野菇
芥末，如：第戎芥末
麵條，如：粄條
海苔
營養酵母
油脂，如：橄欖油、芝麻油
橄欖
洋蔥，如：紅洋蔥、白洋蔥
奧勒岡
煙燻紅椒粉
歐芹
義式麵食
花生和花生醬
美洲山核桃
黑胡椒
義大利檸檬酸豆料理
抓飯
松子
義式粗玉米糊
日式醋汁醬油
南瓜籽
米，如：糙米
迷迭香

鼠尾草

海鹽

三明治，如：俱樂部三明治（佐香
　脆天貝培根）、費城牛肉乳酪三
　明治、魯本三明治

香腸，如：西班牙辣素香腸、義大
　利素香腸

德國炸素排

海菜

芝麻籽

紅蔥

牧羊人派

串燒

荷蘭豆

湯

醬油

菠菜

芽菜

燉煮料理

翻炒料理

高湯，如：菇蕈高湯、蔬菜高湯

酸奶牛肉，如：菇蕈酸奶牛肉

甘藷

塔希尼芝麻醬

溜醬油

羅望子

百里香

豆腐

番茄和番茄糊

番茄乾

薑黃

梅干醬

巴薩米克香醋

裙帶菜

核桃

酒，如：干紅酒或白酒

馬沙拉酒、波特酒

伍斯特素食辣醬油

日本柚子

主廚私房菜　DISHES

義式裹粉煎素排：素排淋上白酒檸檬酸豆醬，搭配馬鈴薯泥和羽
衣甘藍後上菜
　——花開（Blossom），紐約市

素肉串搭配奇米秋里柑橘-香料植物醬
　——蠟燭咖啡館（Candle Café），紐約市

義式裹粉煎素排搭配馬沙拉酒釉汁羊肚菌（如上圖）
　——十字街口（Crossroads），洛杉磯

美式長條素肉團：有機扁豆、素肉、香菇和甘藷餅，搭配味噌汁
和熱炒青蔬
　——裴絲（Josie's），紐約市

燻烤素肉，搭配以菇蕈鼠尾草為內餡的玉米麵包，以及大火油煎
綠葉甘藍
　——卡林綠色（Karyn's on Green），芝加哥

素肉和格子鬆餅搭配焦糖化洋蔥、濃縮安丘辣椒楓糖、水田芥和
滑潤凱撒沙拉醬，以及糖漬核桃
　——植栽（Plant），北卡羅萊納州阿什維爾

燻烤素肉：糖蜜-芥末釉汁素肉、酥炸義式粗玉米糊，以及慢煮綠
葉甘藍
　——波多貝羅（波特貝羅大香菇 Portobello），俄勒岡州波特蘭市

俱樂部三明治：酥脆素肉、天貝培根、酪梨、番茄、素乃滋，以及
酸麵包
　——每日真食（Real Food Daily）洛杉磯

焦黑素排、滑潤美式粗玉米粉、焦軟綠葉甘藍、煙燻洋蔥和辣椒醋
　——真實小酒館（True Bistro），麻州薩默維爾

對味組合

麵筋製品＋巴薩米克香醋＋薑＋楓糖漿
麵筋製品＋羅勒＋薑＋芝麻＋荷蘭豆
麵筋製品＋燈籠椒＋乳酪**＋洋蔥**
麵筋製品＋燈籠椒＋椰奶＋咖哩＋洋蔥
麵筋製品＋續隨子＋蒜頭＋檸檬＋歐芹**＋紅蔥＋白酒**
麵筋製品＋續隨子＋蒜頭＋檸檬＋菠菜
麵筋製品＋卡宴辣椒＋茴香＋蒜頭＋紅椒粉＋_義大利香腸_
麵筋製品＋鷹嘴豆＋茴香＋橄欖
麵筋製品＋柑橘類＋香料植物
麵筋製品＋白蘿蔔＋日式醋汁醬油＋醬油＋日本柚子
麵筋製品＋茄子＋檸檬＋塔希尼芝麻醬
麵筋製品＋蒜頭＋薑＋昆布＋醬油／溜醬油
麵筋製品＋蒜頭＋萊姆＋奧勒岡
麵筋製品＋蒜頭＋奧勒岡＋迷迭香
麵筋製品＋楓（糖）＋芥末＋美洲山核桃
麵筋製品＋馬沙拉酒＋紅蔥＋百里香
麵筋製品＋味噌＋香菇＋溜醬油
麵筋製品＋菇蕈類＋菠菜＋酒
麵筋製品＋橄欖油＋煙燻紅椒粉＋_西班牙辣香腸_

豆腐、天貝和**麵筋製品**是素者主義者不可或缺的三位一體（holy trinity）。麵筋製品具有各種用途，所以是我的最愛。
——喬伊・皮爾森（Joy Pierson），蠟燭79，紐約市

我愛供應帶有脆外皮的**麵筋製品**，這層脆外皮是由腰果、南瓜或葵花籽，甚至藜麥所製成。我們不刷蛋液，而是先將麵筋製品泡在水、檸檬汁、蒜頭和營養酵母等純素食混合物中，再裹上形成脆外皮的食材，然後煎炒。
——安潔・拉莫斯（Angel Ramos），蠟燭79，紐約市

在我們供應素食版的魯本三明治之前，我不知道有哪家素食餐廳也有供應。我們以**麵筋製品**為基底作出五香燻「小麥肉」，加上一點點德國酸菜、辣芥末、千島醬和素乃滋，放在超大的猶太裸麥麵包上，還可以添加瑞士乳酪、純素乳酪或我最愛的農家式豆腐（這是搗成糊狀，以蒜頭、細香蔥和洋蔥調味的豆腐）。過去十年來，我大概吃了兩千個魯本三明治。一開始，我們是先抹一層素乃滋，然後散放會在三明治裡變軟的小片素培根來做魯本三明治。不過麵筋版更像原本真正葷食版的魯本三明治。
——鮑伯・哥登伯格（Bob Goldberg），追隨你心餐廳，加州卡諾加公園

芝麻油 Sesame Oil
（參見芝麻油）

● **芝麻籽 Sesame Seeds—In General**（亦稱 goma）
風味：微甜，帶有奶油、牛乳和／或堅果（如杏仁果）風味，質地濃醇
風味強度：弱（白芝麻）—中等（黑芝麻）
營養學剖繪：73% 脂肪／16% 碳水化合物／11% 蛋白質
熱量：每28.35克160大卡（乾燥的）
蛋白質：5克
料理方式：生食、烘烤
小祕訣：焙烤芝麻以引出風味。使用磨成粉或整顆的。

**亞洲料理**，尤以黑芝麻籽為佳
蘆筍
酪梨
**烘焙食物**，如：貝果麵包、麵包、麵包棒、蛋糕、餅乾、玉米麵包、蘇打餅、酥皮、義大利餡餅
香蕉
羅勒
豆類，如：四季豆
漿果
青花菜
糙米糖漿
牛蒡
甘藍菜
胡蘿蔔
法式砂鍋菜
鷹嘴豆
辣椒，如：辣椒片、辣椒油
中式料理，尤以黑芝麻為佳
芫荽葉
柑橘類，如：檸檬、萊姆
黃瓜
白蘿蔔
椰棗
_甜點_，如：蛋糕、餅乾、布丁

淋醬
炸鷹嘴豆泥
水果
蒜頭
薑
芝麻鹽（芝麻＋鹽、以8：1混合）
全穀物，如：大麥、庫斯庫斯、小
　　米、藜麥、米
格蘭諾拉麥片
鍋底焦渣醬汁
苦味綠色蔬菜、沙拉青蔬
哈爾瓦酥糖
蜂蜜
印度料理
日式料理，尤以黑芝麻籽為佳
葛根粉
楓糖漿
中東料理
味酥
味噌
菇蕈類，如：香菇
麵條，尤以亞洲麵條為佳，如：日
　　本蕎麥麵
海苔
義式青醬
米，如：糯米
沙拉淋醬
沙拉，如：*水果沙拉、綠色蔬菜沙*
　　拉、義大利麵沙拉
鹽，如：海鹽
醬汁，如：*摩爾醬、塔希尼芝麻醬*
嫩青蔥
其他種籽，如：亞麻籽、大麻籽、
　　罌粟籽
麵筋製品
芝麻，如：*生芝麻醬、芝麻油、芝*
　　麻醬
紅蔥
紫蘇，如：紅紫蘇
荷蘭豆
湯
醬油
菠菜
抹醬

翻炒料理
甜豌豆
鹽膚木
壽司，如：*海苔卷*
塔希尼芝麻醬
溜醬油
百里香
豆腐
番茄
什錦乾果
蔬菜
米醋
中東扎塔香料

對味組合
芝麻籽＋酪梨＋綠色蔬菜＋番茄
芝麻籽＋香蕉＋椰子
芝麻籽＋辣椒片＋大麻籽＋海苔
　　＋罌粟籽
芝麻籽＋薑＋蜂蜜＋萊姆
芝麻籽＋檸檬＋中東扎塔香料
芝麻籽＋海苔＋紫蘇
芝麻籽＋鹽膚木＋百里香

● 紅蔥 Shallots
季節：夏－秋
風味：微甜，帶有蒜頭和／或洋
　　蔥的複雜風味
風味強度：**弱**－中等
營養學剖繪：89% 碳水化合物／
　　10% 蛋白質／1%脂肪
熱量：每1大匙10大卡（生、切碎）
料理方式：烘焙、汆燙、沸煮、燜
　　煮、深炸、油炸、燒烤、醃漬、
　　生食、烘烤、煎炒、燉煮、翻炒、
　　焙烤
小祕訣：紅蔥的風味比蒜頭或洋
　　蔥還清淡。
近親：蘆筍、細香蔥、蒜頭、韭蔥、
　　洋蔥
可行的替代物：洋蔥

亞洲料理
蘆筍

酪梨
羅勒
月桂葉
四季豆
甜菜
抱子甘藍
奶油
胡蘿蔔
乳酪，如：侯克霍乳酪
辣椒
中式料理
細香蔥
柑橘類，如：*葡萄柚、檸檬、萊姆、*
　　柳橙
椰奶
玉米
鮮奶油
咖哩類
蘸料
茄子
蛋，如：*蛋捲*
莒菜
歐洲料理，如：*法式料理、義大利*
　　料理
茴香
法式料理，尤以北法料理為佳
水果
南薑
蒜頭
薑
全穀物，如：大麥、布格麥片、烘
　　製蕎麥、米
鍋底焦渣醬汁
苦味綠色蔬菜，如：蕪菁葉
蜂蜜
莢果，如：扁豆
檸檬香茅
檸檬，如：檸檬汁、碎檸檬皮
扁豆，如：黃扁豆
萵苣
萊姆
滷汁醃醬
地中海料理
味噌

菇蕈類，如：香菇
芥末，如：第戎芥末
麵條，如：亞洲炒麵
油脂，如：葡萄籽油、榛果油、橄
　欖油、核桃油
柳橙
木瓜
歐芹
歐洲防風草塊根
義式麵食
花生
黑胡椒
馬鈴薯
葡萄乾
迷迭香
鼠尾草
沙拉淋醬，尤以油醋沙拉淋醬為
　佳
沙拉
海鹽

醬汁，如：奶油醬汁、法式醬汁
湯
東南亞料理
小果南瓜，如：白胡桃瓜
燉煮料理
蔬菜高湯
糖，如：黃砂糖
龍蒿
百里香
豆腐
番茄
蔬菜，如：根莖蔬菜，如：蕪菁
醋，如：巴薩米克香醋、糙米醋、
　香檳酒醋、蘋果酒醋、紅酒醋、
　雪利酒醋、白酒醋
酒，如：干紅酒或白酒
伍斯特素食辣醬油
櫛瓜

對味組合
紅蔥＋辣椒＋薑＋檸檬香茅
紅蔥＋香料植物＋檸檬汁＋芥末
紅蔥＋檸檬汁＋侯克霍乳酪＋伍
　斯特素食辣醬油＋優格

獅子唐辛子 Shishito Peppers
風味：甜／辣，帶有柑橘類的風
　味
風味強度：弱（以胡椒而言）
這是什麼：亞洲小青椒
料理方式：燒烤、烘烤、煎炒、填
　料

亞洲料理
乳酪，如：藍黴、山羊乳酪、帕爾
　瑪乳酪
辣椒粉
蛋，如：蛋捲、炒蛋
檸檬

平底鍋油煎獅子椒搭配帕爾瑪乳酪、芝麻和味噌
——女孩與山羊（Girl & the Goat），芝加哥

味噌
油脂，如：菜籽油、橄欖油、芝麻
　油
泡椒
鹽，如：海鹽
芝麻，如：芝麻籽、芝麻油
醬油
翻炒料理
填餡獅子唐辛子

對味組合
獅子唐辛子＋辣椒片＋檸檬＋醬
　油

紫蘇葉 Shiso Leaf
（亦稱日本羅勒）
風味：微酸；芳香，帶有茴芹、羅
　勒、肉桂（特別是綠色的紫蘇
　葉）、茴香、檸檬、甘草、薄荷、
　胡椒和／或鼠尾草的風味
風味強度：較弱（紅色的）─中等
　／較強（綠色的）
小祕訣：這個日本的香料植物有
　綠色（一般的）和紅色的（更澀，
　帶有茴芹、花和薄荷的風味）。
料理方式：汆燙、生食、蒸煮、炸
　天婦羅
近親：羅勒、薄荷
可行的替代物：薄荷

酪梨
甜菜
大白菜
玉米
黃瓜
白蘿蔔
毛豆
蒜頭
薑，如：醃漬薑

全穀物，如：布格麥片、米
葡萄柚
日式料理
韓式料理
萊姆，如：萊姆汁
甜瓜
味醂
味噌，如：白味噌
菇蕈類，如：香菇
亞洲麵條，如：日本蕎麥麵、素麵
海苔卷（如：酪梨＋黃瓜）
油脂，如：橄欖油、花生油、芝麻
　油
洋蔥
桃子
米，如：糙米、壽司米
清酒
沙拉，如：義式麵食
嫩青蔥
種籽，如：南瓜籽、芝麻籽
荷蘭豆
湯，如：湯麵
醬油
春捲
翻炒料理
純素食壽司
溜醬油
天婦羅
豆腐，如：冷卻後上桌
梅干和梅干醬
醋，如：巴薩米克香醋、米醋

對味組合
紫蘇葉＋酪梨＋黃瓜＋海苔＋壽
　司米
紫蘇葉＋蒜頭＋油脂＋醬油＋醋
紫蘇葉＋薑＋萊姆
紫蘇葉＋薑＋溜醬油

豌豆苗 Shoots, Pea
季節：春季
風味：甜，帶有豌豆的風味，質地
　清脆／爽脆
風味強度：弱
這是什麼：在長成豌豆苗之前的
　豌豆芽
熱量：每1杯30大卡（生食）
蛋白質：2克
料理方式：生食或非常輕快的烹
　煮一下；煎炒、蒸煮、翻炒
小祕訣：如果要煮的話，只要稍微
　煮一下就好（例如用橄欖油和
　蒜頭快速煎炒）。在料理烹調尾
　聲才添加，或出餐前才添加。

亞洲料理
酪梨
羅勒
乳酪，如：費達、山羊乳酪、帕爾
　瑪乳酪
細葉香芹
中式料理
細香蔥
玉米
蒔蘿
蛋，如：炒蛋
比利時苦苣
蒜頭
薑
葡萄柚
羽衣甘藍
檸檬，如：檸檬汁
芒果
菇蕈類，如：雞油菌、義大利棕蘑
　菇
亞洲麵條
海苔卷
油脂，如：亞麻油、**橄欖油**、烤花
　生油、芝麻油
柳橙
義式麵食
梨子
櫻桃蘿蔔

義式燉飯
沙拉
鹽，如：海鹽
三明治
種籽，如：芝麻籽
紅蔥
湯
東南亞料理
芽菜，如：葵花籽芽
翻炒料理
蔬菜高湯
草莓
糖
醋，如：米酒醋
小麥仁

對味組合
豌豆苗＋蒜頭＋薑＋芝麻油
豌豆苗＋蒜頭＋菇蕈類＋橄欖油
＋義式麵食＋帕爾瑪乳酪
豌豆苗＋檸檬＋橄欖油＋櫻桃蘿
蔔

葵花苗 Shoots, Sunflower
風味：帶有檸檬和堅果的風味，質
地清脆
風味強度：弱－中等
這是什麼：在長成葵花苗之前的
葵花籽芽
料理方式：生食、煎炒（要非常迅
速）

蘋果
酪梨
乳酪，如：山羊乳酪、帕爾瑪乳酪
蒜頭
檸檬
橄欖油
黑胡椒
義式青醬
沙拉
海鹽
葵花籽
優格

慢燒菜餚 Slow-Cooked
季節：秋－冬
小祕訣：香料植物和調味食材經
過長時間烹煮後，味道會更好。
相對於慢燒菜餚的祕訣，請見
新鮮香料。

孜然
蒜頭
薑
辣根
洋蔥
奧勒岡
迷迭香
紅蔥
百里香

煙燻 Smoking
小祕訣：對許多食物來說，要增
添煙燻風味不需要煙燻超過
30-60秒。你絕對不想要將食物
煙燻過頭，這樣會讓食物變苦，
外層還呈現不好看的褐色。實
驗用各種木頭來獲得不同的風
味，不過你一般會想要用風味
較淡的木頭，像是蘋果木、櫻
桃木（比較甜），或者大概是
橡木和美洲山核桃木（有點較
強），而非山核桃木、楓木和牧
豆木（風味非常明顯，而且可
能很容易就蓋過水果和蔬菜的
風味）。
品牌：諾迪威和其他供應小型爐
臺／烤爐煙燻用品的公司

我喜歡煙燻風味，並喜歡煙燻許
多不同的水果和蔬菜。煙燻過的
萵苣有一種燒烤漢堡的風味。好
笑的是這還挺讓人相信的：顧客
指控我們添加培根在煙燻馬鈴薯
泥這道菜裡，因為有培根和蛋的
風味。我們會煙燻蒜頭或洋蔥，
製成泥添加到醬汁裡，或添加到
帶有培根風味的培根蛋義式麵食

中。顧客自然而然會預期葡萄乾
嘗起來是乾的、耐嚼、且甜，不
過上桌的葡萄乾是醃漬再煙燻過
的，這會讓他們對此重新思考。
——瓊·杜布瓦斯（Jon Dubois），綠斑馬，
芝加哥

我偶爾會添加一點龍舌蘭酒到黑
眉豆醬汁裡，來增添一股獨特的
煙燻風味，這款醬汁用在辣烤麵
筋佐綠葉甘藍和甜大蕉這道料理
會很美味。
——安潔·拉莫斯（Angel Ramos），蠟燭
79，紐約市

蔬果昔 Smoothies
（同時參見榨汁）
這是什麼：與蔬果汁的差異在於
內含的纖維，纖維讓蔬果昔濃
厚且更有營養。
小祕訣：不確定的話，就添加香
蕉來增添質地和風味；香蕉跟
很多其他水果甚至蔬菜都能搭
配得很好。想要蔬果昔的味道
更豐富，就用冷凍的水果。

熱帶水果製成的**蔬果昔**會隱藏綠
色蔬菜的強烈風味。我們最受歡
迎的蔬果昔是「綠之島」（Island
Green），以椰子、椰子水、黃瓜、
羽衣甘藍、芒果、鳳梨、菠菜和草
莓調製而成。
——凱西和瑪琳·托爾曼（Cassie and
Marlene Tolman），石榴咖啡館，鳳凰城

S

季節是我們所有人的靈感來源。某個秋季，我想到了理想的季節限定料理：以楓糖漿、杏仁奶、肉桂和肉豆蔻調味的甘藷蔬果昔。之後每年秋季我們都會再次推出這道蔬果昔！

——馬克‧多斯考（Mark Doskow），蠟燭79執行董事，紐約市

零食 Snacks

小祕訣：當你想吃零食時，選擇下面這些更健康的蔬菜選項，而非一般美國零食那種鹹味或甜味的加工食品。例如，如果你想吃巧克力，不要吃糖果棒或甚至是巧克力脆片來當零食，試試可可豆碎粒。

蘋果（如：搭配乳酪或堅果醬）和蘋果醬汁
中東茄泥蘸醬
全穀貝果麵包，如搭配堅果醬
香蕉
漿果
全穀麵包，如：搭配堅果醬或其他抹醬
可可豆碎粒
胡蘿蔔條
脆片，如：烘烤墨西哥玉米脆片
生菜沙拉，如：搭配蘸料
蘸料，如：朝鮮薊蘸料、豆泥蘸料、扁豆蘸料、菠菜蘸料
毛豆，如：乾烤毛豆、新鮮毛豆
蛋，如：魔鬼蛋、水煮全熟蛋
水果，如：水果乾或新鮮水果（如：蘋果、香蕉、地中海寬皮柑、梨子）
（全穀）全麥餅乾，如：搭配堅果醬
格蘭諾拉麥片或格蘭諾拉麥片棒
葡萄，如：冷凍葡萄
墨西哥酪梨醬
鷹嘴豆泥醬搭配生菜袋餅或全穀袋餅

甜瓜
堅果和堅果醬，如：杏仁果醬、花生醬
橄欖
花生
義式青醬，如：搭配全穀麵包或蔬菜
酸漬食物和酸漬蔬菜
全穀袋餅
爆米花，如：搭配營養酵母
米餅
莎莎醬，如：搭配烘烤脆片
種籽，如：南瓜籽、葵花子，尤以烤過為佳
蔬果昔
湯，如：蔬菜湯，搭配全穀麵包或全穀餅乾
抹醬，如：豆泥抹醬、日曬番茄乾抹醬
烘烤墨西哥玉米脆片，如：搭配莎莎醬
什錦乾果
生菜，如：胡蘿蔔、芹菜、黃瓜切片（比如搭配蘸料）
優格，如：新鮮優格、冷凍優格

對味組合
杏仁果醬＋蘋果切片（或全穀麵包）＋生蜂蜜（主廚馬修‧肯尼最喜歡的零食之一）

● 荷蘭豆 Snow Peas
（亦稱 Chinese Pea Pods；同時參見甜豌豆）
季節：春季、秋季
風味：甜，質地清脆、爽脆但軟嫩
風味強度：中等
營養學剖繪：73% 碳水化合物／23% 蛋白質／4% 脂肪
熱量：每1杯40大卡（生、切碎）
蛋白質：3克
料理方式：汆燙、沸煮（2-3分鐘）、生食、煎炒、微滾烹煮、蒸煮、**翻炒（2-3分鐘）**

小祕訣：只要短暫烹煮3-4分鐘就可以。
近親：豌豆、甜豌豆

亞洲料理
竹筍
芽菜
燈籠椒，如：紅燈籠椒
青江菜
青花菜
奶油
大白菜
胡蘿蔔
腰果
白花椰菜
芹菜
辣椒、辣椒膏和辣椒醬
中式料理
芫荽葉
椰子和椰奶
咖哩類、咖哩醬和咖哩粉
五香粉
蒜頭
薑
香料植物
海鮮醬
羽衣甘藍
檸檬
檸檬香茅
萊姆
薄荷
味醂
味噌
菇蕈類，如：亞洲香菇、蠔菇、波特貝羅大香菇、野菇
芥末
麵條，尤以亞洲麵條為佳，如：拉麵或烏龍麵
油脂，如：菜籽油、花生油、芝麻油
洋蔥，如：青蔥、紅洋蔥
柳橙，如：橙汁、碎橙皮
泰式炒河粉
花生和花生醬

主廚私房菜 | DISHES

青醬義大利細扁麵搭配檸檬皮刨絲、日曬番茄乾和荷蘭豆
——牧場之門（Rancho La Puerta），墨西哥

豌豆
胡椒，如：黑胡椒、四川花椒
日式醋汁醬油
櫻桃蘿蔔
米，如：印度香米、糙米、野生米
沙拉，如：亞洲沙拉、豆子沙拉、穀物沙拉、涼麵沙拉
鹽
嫩青蔥
芝麻，如：芝麻油、芝麻籽
美式涼拌菜絲，如：涼拌亞洲蔬菜絲
湯
東南亞料理
醬油
芽菜
夏南瓜
翻炒料理
蔬菜高湯
糖，如：黃砂糖
甜豌豆
龍蒿
泰式料理
豆腐
油醋醬
米醋
荸薺
伍斯特素食辣醬油
櫛瓜

對味組合
荷蘭豆＋亞洲麵條＋萊姆＋花生醬
荷蘭豆＋亞洲麵條＋味醂
荷蘭豆＋燈籠椒＋咖哩粉＋嫩青蔥＋豆腐
荷蘭豆＋胡蘿蔔＋薑
荷蘭豆＋胡蘿蔔＋蜂蜜＋柳橙
荷蘭豆＋辣椒＋薑＋檸檬香茅

荷蘭豆＋椰奶＋蒜頭＋萊姆
荷蘭豆＋蒜頭＋薑
荷蘭豆＋蒜頭＋花生油＋胡椒
荷蘭豆＋薑＋嫩青蔥

● 高粱 Sorghum
（亦稱蜀黍、穗蘆粟）
風味：微甜，帶有堅果風味，外觀像是以色列庫斯庫斯；非常耐嚼
風味強度：弱－中等
這是什麼：全穀
無麩質：是
營養學剖繪：89% 碳水化合物／8% 脂肪／3% 蛋白質
熱量：每¼杯165大卡
蛋白質：5克
料理方式：爆（像是爆米花）、微滾烹煮（50-60分鐘）、蒸煮
比例：1：3（1杯高粱對3杯烹調湯汁，如水或高湯）

非洲料理
酪梨
月桂葉
胡蘿蔔
熱麥片
卡宴辣椒
乳酪，如：費達、帕爾瑪乳酪
辣椒粉
細香蔥
椰奶
黃瓜
咖哩粉
蒜頭
薑
印度料理
印度扁豆飯
檸檬，如：檸檬汁、碎檸檬皮

扁豆
味醂
味噌
橄欖油
洋蔥，如：青蔥、春日洋蔥
柳橙
奧勒岡
歐芹
黑胡椒
抓飯
松子
高粱爆米花（像爆玉米花）
稠粥，如：香薄荷稠粥或甜稠粥
葡萄乾
迷迭香
沙拉，如：穀物沙拉
海鹽
芝麻，如：芝麻油、芝麻籽
湯
醬油
高湯，如：蔬菜高湯
塔希尼芝麻醬
百里香
蔬菜
米醋

酸模 Sorrel
[SOR-ell]
季節：**春**－秋
風味：苦／**非常酸**／甜，帶有檸檬和／或菠菜的澀味，質地柔軟
風味強度：中等（較幼嫩和／或種植）－強（較老和／或野生）
料理方式：生食、微滾烹煮、煮軟
近親：蕎麥

蘆筍
羅勒
豆類，如：四季豆、皇帝豆、白豆
甜菜
燈籠椒
麵包粉
奶油

S

胡蘿蔔
芹菜
芹菜根
蒸菜
乳酪，如：山羊乳酪、葛黎耶和、
　帕爾瑪、瑞可達乳酪
細葉香芹
細香蔥
鮮奶油
法式酸奶油
黃瓜
孜然
咖哩粉
卡士達
蒔蘿
**蛋，如：*義式蛋餅*、水煮全熟蛋、
　蛋捲、水波蛋、*鹹派***
歐洲料理
法式料理
蒜頭
全穀物
焗烤料理
綠色蔬菜，如：甜菜葉、沙拉青蔬
韭蔥
檸檬，如：檸檬汁、碎檸檬皮
扁豆，如：綠扁豆
歐當歸
薄荷
菇蕈類，如：牛肝菌、野菇
芥末
蕁麻
肉豆蔻
**油脂，如：榛果油、橄欖油、核桃
　油**

橄欖
洋蔥，如：紅洋蔥、黃洋蔥
春日洋蔥
歐芹
義式麵食
去莢乾燥豌豆瓣
豌豆，如：春豌豆
胡椒，如：黑胡椒、白胡椒
松子
馬鈴薯
濃湯
馬齒莧
野生韭蔥
米
義式燉飯
**沙拉，如：*穀物沙拉*、*綠色蔬菜沙
　拉*（尤以嫩酸模為佳）**
鹽，如：*海鹽*
三明治
**醬汁，如：*鮮奶油醬汁、酸模、白
　醬***
紅蔥
**湯，如：*奶油濃湯、扁豆湯、馬鈴
　薯湯、酸模湯***
酸奶油
菠菜
高湯，如：菇蕈高湯、蔬菜高湯
龍蒿
百里香
番茄
蔬菜，尤以為綠色蔬菜、炙烤蔬
　菜、根莖蔬菜為佳
醋，如：巴薩米克香醋、紅酒醋、
　雪利酒醋

干白酒
優格

對味組合
酸模＋蘆筍＋義式燉飯
酸模＋細香蔥＋蒜頭＋優格
酸模＋蒜頭＋菇蕈類
酸模＋蒜頭＋優格
酸模＋菇蕈高湯＋紅洋蔥＋*醬汁*
酸模＋蒜頭＋肉豆蔻＋洋蔥＋馬
　鈴薯＋馬齒莧
酸模＋馬鈴薯＋春日洋蔥＋*湯*
酸模＋番茄＋白豆＋*湯*

● **酸奶油** Sour Cream
風味：酸，質地濃厚
風味強度：中等－強
小祕訣：使用新鮮的，或只用低
　溫烹煮。試試 ● 零脂肪或非乳
　製品（如腰果或豆腐）酸奶油。
素食品牌：豆腐地牌非氫化「超
　越酸奶油」（Better Than Sour
　Cream）

烘焙食物，如：蛋糕、餅乾
黑眉豆
甜菜
東歐乳酪薄烤餅
辣椒，如：齊波特辣椒
芫荽葉
玉米
黃瓜
甜點
蒔蘿
蘸料
歐洲料理，尤以東歐、北歐料理
　為佳
法士達
水果
辣根
檸檬，如：檸檬汁
萊姆，如：萊姆汁
墨西哥料理
芥末，如：第戎芥末

主廚私房菜	DISHES

蕪菁和馬鈴薯湯搭配酸模
　——帕妮絲之家（Chez Panisse Café），柏克萊

白酒醃煮法式清湯凍：祖傳原生種酸模、烤松子和卡斯特韋特拉
諾橄欖
　——自身（Per Se），紐約市

草莓酸模麵包布丁搭配甜菜根果醬和酸模軟糖
　——費吉（Vedge），費城

麵條
*美式香薄荷煎餅，如：以平底鍋
　烹調的玉米煎餅*
紅椒粉
胡椒，如：黑胡椒
馬鈴薯，如：烘焙馬鈴薯
俄羅斯料理
沙拉淋醬
沙拉
莎莎醬
醬汁
嫩青蔥
斯堪地納維亞料理
*湯，如：甜菜湯、羅宋湯、青花菜湯、
　胡蘿蔔湯、菇蕈湯、南瓜湯、甘
　藷湯*
糖，如：黃砂糖
淋醬
香莢蘭
蔬菜

對味組合

酸奶油＋辣椒粉＋芫荽葉＋蒜頭
　＋蜂蜜＋鹽
酸奶油＋芥末＋蔬菜高湯

酸味 Sourness

小祕訣：酸味有助於讓其他風味
　變得明顯。一點點酸味會增強
　苦味；大量的酸味則會抑制苦
　味。酸味食物舉例如下：

蘋果塔，如：澳洲青蘋果塔、醇露
　蘋果塔
黑莓
白脫乳
葛縷子籽
酸乳酪，如：法國乳酪和其他山
　羊乳酪、奶油乳酪
酸櫻桃
柑橘類
丁香
芫荽
醃黃瓜

蔓越莓
塔塔粉
法式酸奶油
穗醋栗
發酵食品
水果，如：酸味水果、未成熟的水
　果
南薑
薑
葡萄柚
綠葡萄
卡非萊姆
奇異果
金桔
檸檬，如：檸檬汁、碎檸檬皮
醃檸檬
檸檬香茅
萊姆，如：萊姆汁、碎萊姆皮
山羊奶
味噌
金針菇
柳橙：橙汁、碎橙皮
醃漬食物
李子，尤以未熟李子為佳
日式醋汁醬油
榲桲
大黃
玫瑰果
醬汁，如：白酒醬汁
德國酸菜
酸模
酸奶油
醬油
鹽膚木
羅望子
番茄，尤以綠番茄為佳
酸葡萄汁
醋
乳清
干烈酒
優格
日本柚子

南美洲料理
South American Cuisine
黑眉豆
燈籠椒
墨西哥鮮乳酪
辣椒
玉米
熱帶水果
印加蘿蔔
馬鈴薯
藜麥
小果南瓜
木薯

美國西南方料理
Southwestern (U.S.) Cuisine
這是什麼：受墨西哥、美國本地
　和西班牙影響混合而成的料理
　風格

酪梨
豆類：黑眉豆、紅豆
燈籠椒
仙人掌
卡宴辣椒
佛手瓜
乳酪，如：可提亞、墨西哥鮮乳酪
辣椒，如：阿納海椒、安佳辣椒、
　齊波特辣椒、哈拉佩諾辣椒、
　波布蘭諾辣椒、塞拉諾辣椒；
　和辣椒粉
巧克力
芫荽葉
肉桂
玉米
孜然
蒜頭
豆薯
萊姆
馬薩麵團
菇蕈類
堅果
洋蔥
墨西哥奧勒岡

墨西哥玉米燉煮
南瓜籽
米
嫩青蔥
小果南瓜
黏果酸漿
墨西哥薄餅
小果南瓜

對味組合
燈籠椒＋黑眉豆＋糙米＋白胡桃瓜＋芫荽葉＋嫩青蔥

─────────

● 大豆 Soybeans
（同時參見毛豆這種綠色大豆）
風味：中性，帶有豆類和／或青草的風味
風味強度：弱
營養學剖繪：43% 脂肪／33% 蛋白質／24% 碳水化合物
熱量：每1杯300大卡（高溫水煮）
蛋白質：29克
烹調時間：烹調前要先浸泡乾燥大豆約3-4小時。**不要高壓烹煮**，否則泡沫會堵塞排氣閥，導致壓力鍋爆炸。
小祕訣：只購買有機（非基因改良）大豆。尋找更具風味的黑豆。

烤豆子
月桂葉
小豆蔻
胡蘿蔔
法式砂鍋菜
卡宴辣椒
芹菜
辣椒，如：齊波特辣椒和辣椒粉
素辣豆醬
芫荽葉
芫荽
孜然
蒜頭
薑

穀物，如：大麥、小米
蜂蜜
鷹嘴豆泥醬
檸檬，如：檸檬汁
薄荷
糖蜜
菇蕈類
納豆
堅果醬，如：杏仁果醬、腰果醬、花生醬、核桃醬
燕麥
油脂，如：花生油、芝麻油、葵花油
洋蔥
花生
沙拉，如：穀物沙拉、綠色蔬菜沙拉
嫩青蔥
芝麻籽
湯，如：義式蔬菜湯、蔬菜湯
醬油
菠菜
小果南瓜，如：日本南瓜
八角
燉煮料理
塔希尼芝麻醬
溜醬油
羅望子
天貝
素食漢堡
醋
山葵

對味組合
大豆＋芫荽葉＋薄荷＋菠菜
大豆＋堅果醬＋醬油

─────────
自然發酵醬油
Soy Sauce, Naturally Fermented
（同時參見溜醬油）
風味：鹹，帶有焦糖和／或焙烤的風味
風味強度：中等－強
這是什麼：以大豆、海鹽、水和小

麥釀造而成的調味料
營養學剖繪：58% 碳水化合物／41% 蛋白質／1% 脂肪（和非常高的鈉）
熱量：每1大匙10大卡
蛋白質：1克
小祕訣：在烹調過程的尾聲才添加，或作為料理收尾用。尋找生醬油（未滅菌的醬油）。日本醬油比起中式醬油通常會稍微較甜、較濃烈。需要注意鈉攝取量的人可以選擇低鈉醬油。
品牌：**Nama Shoyu** 或 San-J
可行的替代物：布拉格牌液體氨基酸、溜醬油

亞洲料理
泰國羅勒
辣椒
中式料理
柑橘類
餃類，如：亞洲餃類
茄子
蒜頭
薑
綠色蔬菜
蜂蜜
日式料理
滷汁醃醬
味醂
糖蜜
菇蕈類，如：波特貝羅大香菇、香菇
芥末和芥末醬
亞洲麵條，如：泰式炒河粉
油脂，如：芝麻油、蔬菜油
洋蔥
米
沙拉淋醬
醬汁和蘸醬
芝麻，如：芝麻油、芝麻籽
湯
翻炒料理
糖

純素食壽司
羅望子
天貝
豆腐
米醋

對味組合
醬油＋糙米＋海苔＋芝麻籽
醬油＋糙米醋＋辣椒醬＋萊姆＋
　芝麻油
醬油＋辣椒＋蒜頭
醬油＋辣椒＋蒜頭＋薑＋蜂蜜＋
　味醂＋**嫩青蔥**＋芝麻油＋醋
醬油＋蒜頭＋薑＋味醂＋芝麻油
醬油＋薑＋嫩青蔥
醬油＋薑＋芝麻
醬油＋羅望子＋豆腐
醬油＋泰國羅勒＋豆腐

泰式醬油 Soy Sauce, Thai
（亦稱淡醬油、薄醬油、白醬油）
風味：鹹，質地淡薄、充滿水分
風味強度：中等
小祕訣：在東南亞料理中用來替
　代發酵魚露。
品牌：肥兒牌（Healthy Boy）

滷汁醃醬
麵條，如：亞洲麵食、粄條
醬汁，如：蘸醬
東南亞料理
翻炒料理
泰式料理
豆腐
越南料理

西班牙料理 Spanish Cuisine
杏仁果
月桂葉
麵包
卡士達
蛋
蒜頭
榛果

檸檬
橄欖油
橄欖
洋蔥
柳橙
紅椒粉，如：煙燻紅椒粉、甜紅椒
　粉
歐芹
胡椒，尤以西班牙小紅椒、皮奎
　洛辣椒（尤以烘烤為佳）為佳
西班牙紅椒粉
松子
石榴
米，如：西班牙圓米
烘烤料理
番紅花
湯
燉煮料理
百里香
番茄
墨西哥薄餅（無皮鹹派填馬鈴薯
　和／或蔬菜）
香莢蘭
雪利酒醋
核桃
酒，如：雪利酒

● **斯佩耳特小麥** Spelt Berries
風味：微甜，帶有大麥和／或堅
　果風味，質地密實、硬、耐嚼
風味強度：弱－中等／強烈
這是什麼：全穀（提醒：斯佩爾特
　小麥與能快速煮好的法老小麥
　不同）
健康元素：**蛋白質**含量高於小麥
　和其他一些穀類
無麩質：否

營養學剖繪：78% 碳水化合物／
　16% 蛋白質／6% 脂肪
熱量：每1杯250大卡（熟）
蛋白質：11克
料理方式：醃滷、微滾烹煮、蒸煮
烹調時間：如果想要有更豐富的
　風味，就先焙烤麥仁。先將麥
　仁洗淨，然後預先浸泡8小時，
　接著加蓋微滾烹煮約30-60分
　鐘直到變軟嫩。
比例：1：2（耐嚼）-3（軟）（1杯
　斯佩爾特小麥對2-3杯烹調湯
　汁，如水、高湯）
近親：大麥、玉米、裸麥、黑小麥、
　小麥
可行的替代物：小麥仁

多香果
蘋果
耶路撒冷朝鮮薊
酪梨
烘焙食物，如：麵包、蛋糕、馬芬
羅勒
豆類，如：四季豆、白豆
抱子甘藍
奶油
白脫乳
法式砂鍋菜
芹菜
穀片，如：熱早餐麥片
乳酪，如：費達、山羊乳酪、帕爾
　瑪乳酪
鷹嘴豆
素辣豆醬
細香蔥
芫荽葉
肉桂

主廚私房菜	DISHES

溫醃漬朝鮮薊和斯佩耳特小麥仁沙拉，搭配茴香和紅洋蔥刨片、
闊葉萵苣等帶苦味的青蔬、橄欖和穗醋栗油醋醬，以及粉紅胡椒
粒蒜泥蛋黃醬
　　——千禧（Millennium），舊金山

孜然
穗醋栗
蒔蘿
卓瑪
闊葉莙菜
歐洲料理，如：*奧地利、德國、瑞士料理*
茴香
法式料理，如：*南法料理*
蒜頭
薑
其他穀物，如：糙米
羽衣甘藍
克非爾奶酒
檸檬，如：檸檬汁、碎檸檬皮
扁豆，如：黑扁豆、綠扁豆
歐當歸
墨角蘭
地中海料理
菇蕈類，如：黑色喇叭菌
堅果，如：杏仁果、榛果、美洲山核桃、核桃
油脂，如：堅果油、**橄欖油**、芝麻油
洋蔥，如：焦糖化洋蔥、紅洋蔥
美式煎餅
歐芹
義式麵食
黑胡椒
抓飯
松子
義大利薄餅
義式燉飯
沙拉，如：*穀物沙拉、綠色蔬菜沙拉*
鹽，如：*海鹽*
湯，如：*義式蔬菜湯、蔬菜湯*
小果南瓜，如：*冬南瓜*
燉煮料理
草莓
餡料，如：*葡萄葉捲餡料、蔬菜捲餡料*
<u>麥粒番茄生菜沙拉</u>
龍蒿

天貝
百里香
豆腐
蕪菁
醋，如：巴薩米克香醋
核桃
中東扎塔香料

對味組合

斯佩耳特小麥仁＋蘋果＋松子＋沙拉
斯佩耳特小麥仁＋巴薩米克香醋＋堅果（或豆腐）＋橄欖油＋生菜
斯佩耳特小麥仁＋焦糖化洋蔥＋扁豆
斯佩耳特小麥仁＋玉米粉＋義大利薄餅
斯佩耳特小麥仁＋穗醋栗＋核桃

● 菠菜 Spinach

季節：全年，但特別是春－秋
風味：苦／微甜，質地柔軟
風味強度：較弱（幼嫩時）－較強（較老時）
這是什麼：綠色蔬菜
營養學剖繪：59% 碳水化合物／32% 蛋白質／9% 脂肪
熱量：每1杯40大卡（高溫水煮）
蛋白質：5克
料理方式：氽燙、沸煮、生食、煎炒、蒸煮（2-3分鐘）、翻炒、煮軟
小祕訣：選擇有機菠菜。盡可能新鮮使用。
近親：甜菜、藜麥、瑞士菾菜
可行的替代物：瑞士菾菜

多香果
蘋果
朝鮮薊，如：*球狀朝鮮薊、心狀朝鮮薊、耶路撒冷朝鮮薊*
芝麻菜
蘆筍

酪梨
羅勒
豆類，如：紅豆、黑眉豆、白腰豆、四季豆、綠豆
甜菜
燈籠椒，如：紅燈籠椒、烘烤燈籠椒
麵包粉，如：*全穀麵包粉*
青花菜
墨西哥捲餅
奶油
義大利披薩餃
續隨子
小豆蔻
胡蘿蔔
法式砂鍋菜
白花椰菜
卡宴辣椒
乳酪，如：藍黴、巧達、農家、愛蒙塔爾、**費達**、芳汀那、**山羊乳酪**、戈根索拉、**葛黎耶和**、印度乳酪、**帕爾瑪乳酪**、佩科利諾、**瑞可達乳酪**、含鹽瑞可達乳酪、瑞士乳酪
細葉香芹
鷹嘴豆
菊苣
辣椒，如：青辣椒、哈拉佩諾辣椒、塞拉諾辣椒；和**辣椒**片
細香蔥
芫荽葉
丁香
椰奶
芫荽
鮮奶油
奶油菠菜
可麗餅
孜然
咖哩粉／辛香料和咖哩類
蒔蘿
蘸料
茄子
蛋，如：*佛羅倫斯蛋、義式蛋餅、水煮全熟蛋、蛋捲、水波蛋、鹹*

派、半熟水波蛋、舒芙蕾
炸鷹嘴豆泥
無花果
水果乾，如：蔓越莓乾、葡萄乾
蒜頭
薑
芝麻鹽
穀物，如：大麥、布格麥片、藜麥
焗烤料理
希臘料理
辣根
印度料理
義大利料理
日式料理
韭蔥
檸檬，如：檸檬汁、碎檸檬皮
檸檬香茅
扁豆
萊姆，如：碎萊姆皮
歐當歸
肉豆蔻乾皮
墨角蘭
地中海料理
奶類
薄荷
味醂
味噌，如：白味噌
*菇蕈類，如：鈕扣菇、雞油菌、
　義大利棕蘑菇、牛肝菌、洋菇、
　香菇、野菇
芥末，如：第戎芥末、乾芥末
麵條，如：日本蕎麥麵、烏龍麵
*肉豆蔻
堅果和堅果醬，如：杏仁果、腰果、
　榛果、美洲山核桃、松子、開心
　果、核桃
油脂，如：杏仁果油、葡萄籽油、
　榛果油、橄欖油、花生油、芝麻
　油、核桃油
橄欖，如：卡拉瑪塔橄欖
洋蔥，如：焦糖化洋蔥、紅洋蔥、
　甜洋蔥、黃洋蔥
柳橙，如：橙汁
奧勒岡

菠菜、菇蕈和松子方麵餃，淋上腰果鮮奶油
　——花開（Blossom），紐約市

菠菜和菇蕈沙拉，搭配溫熱焦糖化洋蔥和芥末油醋醬
　——峽谷牧場（Canyon Ranch），麻州萊諾克斯

鮮奶油菠菜內餡可麗餅、蠔菇、油封朝鮮薊、帕爾瑪乳酪
　——綠斑馬（Green Zebra），芝加哥

炒軟菠菜沙拉搭配菊苣、紅色蒲公英、費達乳酪、酥脆麵包、紅
洋蔥、加埃塔橄欖、大蒜、薄荷、雪利酒醋、熱橄欖油
　——綠色餐廳（Greens Restaurant），舊金山

菠菜炸鷹嘴豆泥蔬菜球搭配塔希尼芝麻醬、優格、甜菜和皺葉水
芹
　——歐連納（Oleana），麻州劍橋

菠菜可麗餅搭配青醬、梨子、瑞可達乳酪和芝麻菜
　——李子小酒館（Plum Bistro），西雅圖

有機菠菜沙拉：白花椰菜、櫻桃蘿蔔、酸葡萄汁、羊肚菌蒜泥蛋
黃醬、威斯特葛羅金蓮花油醋醬
　——威斯特葛羅度假水療飯店的羅蘭餐廳（Rowland's Restaurant at
Westglow），北卡羅萊納州布洛英羅克

溫菠菜以巴薩米克香醋乳化液拋拌均勻後，鋪上燒烤時令水果、
時令蔬菜以及純楓糖漬核桃
　——智者咖啡館（Sage's Cafe），鹽湖城

菠菜安吉拉捲：菠菜洋蔥、大蒜、菇蕈和乳酪，捲入有機玉米西
班牙蛋餅中烘焙，搭配辣味酸奶油醬汁
　——席法（Seva），密西根州安娜堡

歐芹
義式麵食，如：義大利麵捲、義式
　麵疙瘩、義式努迪麵疙瘩、千
　層麵、寬管麵、方麵餃、貝殼麵
梨子
豌豆
去莢乾燥豌豆瓣
胡椒，如：黑胡椒、白胡椒
義式青醬
費洛皮，如：斯佩耳特小麥費洛
　皮、全麥費洛皮
派
抓飯
披薩
義式粗玉米糊
馬鈴薯

濃湯
墨西哥餡料薄餅
藜麥
葡萄乾
野生韭蔥
米，尤以印度香米、黑米、糙米為
　佳
義式燉飯
迷迭香
鼠尾草
沙拉淋醬，如：奶油沙拉淋醬、熱
　　沙拉淋醬
沙拉，如：綠色蔬菜沙拉、菇蕈沙
　　拉、義大利麵沙拉、菠菜沙拉
鹽，如：海鹽
三明治

S

嫩青蔥
種籽，如：南瓜籽、芝麻籽、葵花
　　籽
芝麻，如：芝麻油、芝麻籽
紅蔥
蔬果昔
酸模

對味組合

菠菜＋杏仁果＋雞油菌＋檸檬
菠菜＋朝鮮薊心＋費達乳酪＋披薩
菠菜＋酪梨＋葡萄柚＋紅洋蔥
菠菜＋甜菜＋茴香＋柳橙＋核桃
菠菜＋胡蘿蔔＋薑＋沙拉
菠菜＋胡蘿蔔＋柳橙＋芝麻油和芝麻籽
菠菜＋乳酪＋水果（如：蘋果、梨子、草莓）**＋堅果**
菠菜＋乳酪（如：藍黴、費達、山羊乳酪）**＋堅果**（如：杏仁果，核桃）
菠菜＋辣椒片＋蒜頭＋橄欖油＋醋
菠菜＋辣椒片＋檸檬
菠菜＋柑橘類＋石榴＋洋蔥＋核桃
菠菜＋第戎芥末＋櫻桃乾＋楓糖漿＋美洲山核桃
菠菜＋蔓越莓乾＋山羊乳酪＋榛果＋梨子
菠菜＋蒔蘿＋費達乳酪
菠菜＋茴香＋柳橙＋紅洋蔥
菠菜＋費達乳酪＋蒜頭＋檸檬＋堅果
菠菜＋費達乳酪＋柳橙＋核桃油
菠菜＋費達乳酪＋義式麵食
菠菜＋水果＋堅果
菠菜＋蒜頭＋薑＋花生油＋醬油
菠菜＋蒜頭＋山羊乳酪＋香料植物＋費洛皮＋瑞可達乳酪＋核桃
菠菜＋蒜頭＋檸檬＋橄欖油＋帕爾瑪乳酪＋歐芹
菠菜＋蒜頭＋菇蕈類＋豆腐
菠菜＋蒜頭＋橄欖油＋松子
菠菜＋蒜頭＋迷迭香
菠菜＋蒜頭＋芝麻
菠菜＋薑＋洋蔥＋柳橙＋芝麻
菠菜＋薑＋花生醬＋花生油＋醬油
菠菜＋山羊乳酪＋檸檬＋橄欖油／橄欖
菠菜＋檸檬＋塔希尼芝麻醬
菠菜＋味噌＋芝麻籽＋醬油＋塔希尼芝麻醬
菠菜＋菇蕈類＋肉豆蔻＋瑞可達乳酪
菠菜＋堅果（如：松子、核桃）**＋葡萄乾**
菠菜＋南瓜籽＋野生米
菠菜＋香菇＋蕎麥麵

舒芙蕾
湯，如：菇蕈湯、菠菜湯、蔬菜湯、
　　優格湯
醬油
希臘菠菜派／菠菜派
抹醬
芽菜，如：綠豆芽、葵花籽芽

小果南瓜，如：甜薯瓜、夏季南瓜
燉煮料理
翻炒料理
高湯，如：蔬菜高湯
糖（只要一撮）
甘藷
塔希尼芝麻醬
溜醬油
紅橘
龍蒿
百里香
豆腐，如：生豆腐、絹豆腐、豆乾
番茄和番茄糊
蔬菜
素食漢堡
醋，如：巴薩米克香醋、糙米醋、
　　蘋果酒醋、紅酒醋、米醋、雪利
　　酒醋、白酒醋
優格
日本柚子，如：柚子汁、碎柚子皮
櫛瓜

螺旋切絲
Spiraling or Spiralizing
使用螺旋切絲器來來製作「義式
麵食」（如「義大利天使髮絲麵」
「義大利細扁麵」「義大利直麵」），
或從硬蔬菜（如甜菜、胡蘿蔔、芹
菜根、白蘿蔔、豆薯、大頭菜、小
果南瓜、甘藷、蕪菁、櫛瓜）或甚
至是水果（如蘋果）上，刨出一條
條薄薄的帶子。為了讓它們變軟，
要先用少許油拌一下（或只是稍
微煎炒），然後才能添加醬汁或放
到湯品中。
可行的替代物：刨絲器、多功能
　　切絲切片器

櫛瓜「麵條」柔軟且柔韌，特別是
放在檸檬汁中汆燙過的。檸檬汁
可以給予櫛瓜柔軟的「煮熟」質
地——讓它們成為生義式麵食的
第一選擇。雖然使用**螺旋切絲器**
成品會比較像真的麵條，不過如

果你時間緊迫，用蔬果切片器就可以了。
——艾咪·比奇（Ami Beach），G禪餐廳，康乃狄克州布蘭福德

我會用**螺旋切絲器**製作「麵條」，像是用生大頭菜或櫛瓜或其他蔬菜製作而成的義大利細麵。只要用一點點油脂和鹽按摩它們，只要1分鐘，麵條就不再爽脆，而是變得耐嚼。
——阿曼達·科恩（Amanda Cohen），泥土糖果，紐約市

豆薯螺旋切絲後看起來像河粉。我會將它們添加到蔬菜河粉（越南湯麵），或以烘烤過的香菇和紫色甘藷製成、頂部佐有紅咖哩醬的菇蕈咖哩中。
——瓊·杜布瓦斯（Jon Dubois），綠斑馬，芝加哥

春季食材 Spring

天氣：典型溫暖的天氣
料理方式：鍋烤和使用其他爐臺的方式來料理

朝鮮薊，尤以嫩花為佳（盛產季節：3月～4月）
耶路撒冷朝鮮薊（盛產季節：秋／**春**）
芝麻菜（盛產季節：春／夏）
蘆筍，如：綠蘆筍、紫蘆筍、白蘆筍（盛產季節：4月）
酪梨（盛產季節：春／夏）
竹筍（盛產季節：春／夏）
蠶豆（盛產季節：4月～6月）
甜菜

藍莓（盛產季節：春／夏）　　　瑞士荃菜
琉璃苣　　　　　　　　　　　　櫻桃
波伊森莓（盛產季節：春／夏）　細葉香芹
胡蘿蔔　　　　　　　　　　　　菊苣
白花椰菜（盛產季節：3月）　　細香蔥，尤以蒜為佳

芫荽葉（盛產季節：春／夏）
黃瓜（盛產季節：春／夏）
紅穗醋栗
蒔蘿（盛產季節：春／夏）
苣菜，如：比利時苣菜、皺葉苣菜
闊葉苣菜
茴香，尤以嫩葉為佳
茴香花粉（盛產季節：春／夏）
蕨菜
新鮮香料，比如生食或只有稍微
　　烹調過
蒜頭，如：青蒜（盛產季節：3月）、
　　春蒜
綠色蔬菜，如：綠葉甘藍、蒲公英
　　葉（盛產季節：5月～6月）、東
　　京水菜、芥末葉、沙拉青蔬、春
　　季綠色蔬菜
豆薯（盛產季節：冬／春）
韭蔥
檸檬
梅爾檸檬
萵苣，如：羊萵苣、橡樹萵苣、春
　　季蘿蔓萵苣
輕食料理
佛羅里達萊姆
琵琶
萵苣纈草
芒果（盛產季節：春／夏）
薄荷
淡味噌
菇蕈類，如：雞油菌、羊肚菌（盛
　　產季節：4月）、香菇
蕁麻（盛產季節：春／夏）
麵條，如：素麵
洋蔥，如：春日洋蔥、維塔莉亞洋
　　蔥（盛產季節：5月）
柳橙，如：血橙（盛產季節：冬／
　　春）
柳橙、臍橙（盛產季節：3月）
豌豆，如：**英國豌豆、春季豌豆、**
　　甜豌豆（盛產季節：5月）
新馬鈴薯
櫻桃蘿蔔
野生韭蔥（盛產季節：5月）

大黃（盛產季節：4月）
嫩青蔥
嫩苗，如：蒜苗、豌豆苗
荷蘭豆（盛產季節：春；秋）
酸模（盛產季節：5月）
舒芙蕾
菠菜
抱子甘藍，如：白蘿蔔
草莓
甜豌豆（盛產季節：春）
綠茶，尤以早茶為佳
黏果酸漿（盛產季節：春／夏）
復古番茄
裙帶菜（盛產季節：冬／春）
水田芥（盛產季節：春／夏）
櫛瓜花

當我看到野生韭蔥上市時，我知
道隧道盡頭出現了亮光──而且
我將不再用小果南瓜和馬鈴薯
了！我盼望著長在中東的春季蘆
筍和羊肚菌。當六月到來，就是
草莓的季節了。
──瓊·杜布瓦斯（Jon Dubois），綠斑馬，
芝加哥

春天時，蘆筍是第一個大量出現
的蔬菜，然後是豌豆、接著是蠶
豆。我們很幸運而且被綠色餐廳
給寵壞了，因為全年都能取得很
棒的物產，而且我們對此知之甚
詳。我們所做的事在其他地方都
很難做到！
──安妮·索梅維爾（Annie Somerville），
綠色餐廳，舊金山

● **芽菜或綜合芽菜**
Sprouts—In General, or Mixed
這是什麼：發芽豆類、穀類或種
　　籽（通常爽脆）的可食幼芽
健康元素：比沒發芽的版本多了
　　很多營養
料理方式：生食，或稍稍煮過就
　　好，如蒸煮
小祕訣：始終要從信賴的源頭購
　　買芽類，例如有口碑的農夫市
　　集供應商，特別是如果你選擇
　　要生食的話。

蘋果和蘋果汁
酪梨
全穀麵包，如：全麥麵包
甘藍菜，如：綠甘藍菜、紫甘藍
胡蘿蔔
乳酪，如：藍黴、農家、蒙特利傑
　　克乳酪
柑橘類
黃瓜
蒜頭
綠色蔬菜，如：綜合生菜、沙拉青
　　蔬
檸檬，如：檸檬汁、碎檸檬皮
萵苣，如：蘿蔓萵苣
薄荷
油脂，如：橄欖油
洋蔥
歐芹
櫻桃蘿蔔
葡萄乾
沙拉，如：*蛋沙拉、綠色蔬菜沙拉*
三明治
芝麻籽
醬油

主廚私房菜 | DISHES

綜合芽菜沙拉：荷蘭豆苗、葵花籽和芽、薄荷拋拌之後，與甘藍、
白蘿蔔、胡蘿蔔和水田芥在冷的薄荷油醋醬中拌勻。以烤花生、
洋蔥芽和白蘿蔔芽為裝飾
　　──安潔莉卡的廚房（Angelica Kitchen），紐約市

塔希尼芝麻醬
番茄
醋，如：巴薩米克香醋、米醋

對味組合
芽菜＋酪梨＋麵包＋胡蘿蔔＋黃
　瓜＋洋蔥＋塔希尼芝麻醬

● 紫花苜蓿芽 Sprouts, Alfalfa
風味：微甜，帶有堅果風味
風味強度：弱
小祕訣：要很快速的烹煮，否則
　會變成糊狀。要小心生的紫花
　苜蓿或苗可能具有毒素。

酪梨
豆類，如：花豆
燈籠椒，如：橙燈籠椒、紅燈籠椒
麵包，如：*全麥麵包*
甘藍菜
芫荽葉
蒔蘿
蛋，如：*蛋捲*
薑
蜂蜜
檸檬，如：檸檬汁
萊姆
芒果
味噌
海苔卷
洋蔥，如：青蔥、紅洋蔥
柳橙
葡萄乾
越南米紙膾卷
沙拉
三明治，如：*烤乳酪三明治、捲餅*
　三明治
芝麻，如：芝麻油、芝麻籽
美式涼拌菜絲
蔬果昔
湯
其他芽菜，如：蘿蔔苗
翻炒料理
葵花籽

豆腐
墨西哥薄餅，如：*墨西哥全穀薄*
　餅
米醋
核桃
水田芥
捲裹料理

對味組合
紫花苜蓿芽＋酪梨＋萊姆＋芒果
紫花苜蓿芽＋蜂蜜＋檸檬

豆芽 Sprouts, Bean
（參見綠豆芽）

青花菜芽 Sprouts, Broccoli
風味：中性，帶有青花菜的風味
風味強度：弱
熱量：每1杯20大卡
蛋白質：3克
料理方式：生食、蒸煮、翻炒
小祕訣：如果有的話，要快速烹
　煮以留住營養。

甜菜
胡蘿蔔
乳酪，如：哈瓦堤、明斯特乳酪
沙拉，***如***：***綠色蔬菜沙拉***
三明治，***如***：***素食漢堡***
其他芽菜，如：三葉草芽
翻炒料理
塔希尼芝麻醬

蕎麥芽 Sprouts, Buckwheat
料理方式：供應生鮮的最好。

奶油麵糊，如：*美式煎餅、比利時*
　鬆餅
胡蘿蔔
檸檬
沙拉，如：*綠色蔬菜沙拉*
三明治，如：*乳酪*
種籽，如：芝麻籽
嫩芽，如：豌豆苗

其他芽菜，如：紫花苜蓿芽
塔希尼芝麻醬

鷹嘴豆芽 Sprouts, Chickpea
小祕訣：稍微烹煮，絕對不要生食。

鷹嘴豆泥醬
翻炒料理

三葉草芽 Sprouts, Clover
風味：微甜
風味強度：弱

美式涼拌菜絲
蛋，如：*蛋捲*
洋蔥
沙拉
三明治，***如***：***花生醬三明治***
其他芽菜，如：青花菜芽
翻炒料理

白蘿蔔苗 Sprouts, Daikon
（同時參見櫻桃蘿蔔苗）
季節：春－夏
風味：苦
風味強度：弱
料理方式：生食

日式料理
沙拉
壽司

葉狀芽 Sprouts, Leafy
（參見紫花苜蓿芽、三葉草芽）

● 扁豆芽 Sprouts, Lentil
風味：微甜，帶有燈籠椒胡椒、芹
　菜和／或堅果的泥土味
風味強度：中等
營養學剖繪：75%碳水化合物／
　21%蛋白質／4%脂肪
熱量：每1杯80大卡（生食）
蛋白質：7克
料理方式：蒸煮（提醒：絕對不要

生食）
可行的替代物：芹菜、綠燈籠椒

芝麻菜
豆類
奶油
飲料，如：榨汁、蔬果昔
薑
沙拉青蔬
蜂蜜
檸檬
洋蔥
柳橙
豌豆
米
沙拉，如：綠色蔬菜沙拉、馬鈴薯
沙拉
三明治
種籽，如：葵花籽
湯，如：發芽扁豆湯
醬油
燉煮料理
翻炒料理
醋

● 綠豆芽 Sprouts, Mung Bean
風味：微甜，帶有青豆的風味，質
　　地清脆、爽脆、多汁
風味強度：弱
營養學剖繪：70% 碳水化合物／
　　25% 蛋白質／5% 脂肪
熱量：每1杯30大卡（生食）
蛋白質：3克
料理方式：煎炒、翻炒（只要30秒，
　　以維持綠豆芽的輕脆口感）、蒸
　　煮（提醒：絕對不要生吃）
有此一說：是全球消耗最多的芽
　　類

亞洲料理
豆類，如：黑眉豆
燈籠椒，如：紅燈籠椒
青江菜
奶油

大白菜
胡蘿蔔
芹菜
軟質乳酪
鷹嘴豆
辣椒，如：紅辣椒
中式料理
孜然籽
咖哩粉
蘸料
飲料，如：榨汁、蔬果昔
蛋捲
蛋
蒜頭
薑
綠色蔬菜，如：沙拉青蔬
海鮮醬
鷹嘴豆泥醬
印度料理
韓式泡菜
韓式料理
檸檬，如：檸檬汁
扁豆
撈麵
味噌
木須炒菜
菇蕈類，如：香菇
芥末
芥末籽
亞洲麵條，如：粄條、米粉、烏龍
　　麵
油脂，如：葡萄籽油、花生油、芝
　　麻油
洋蔥，如：紅洋蔥
泰式炒河粉
歐芹
花生和花生醬
豌豆
藜麥
櫻桃蘿蔔
米
越南米紙膰卷
沙拉，如：亞洲沙拉、馬鈴薯沙拉、
蔬菜沙拉

鹽，如：海鹽
三明治
芝麻，如：芝麻油、芝麻籽
美式涼拌菜絲，如：涼拌亞洲蔬
　　菜絲
湯，如：味噌湯
醬油
菠菜
春捲，比如炸春捲
其他芽菜，如：紅豆芽、扁豆芽
燉煮料理
翻炒料理
蔬菜高湯
糖
越式春捲，比如非油炸的越式春
捲
泰式料理
豆腐
蔬菜
越南料理
醋，如：米醋
水田芥

對味組合
綠豆芽＋味噌湯＋豆腐
綠豆芽＋紅燈籠椒＋香菇
綠豆芽＋米醋＋鹽＋糖＋芝麻
　　（油／籽）

● 豌豆芽 Sprouts, Pea
風味：帶有新鮮豌豆的風味，質
　　地帶澱粉
營養學剖繪：78% 碳水化合物／
　　17% 蛋白質／5% 脂肪
熱量：每1杯150大卡（生）
蛋白質：11克

蘸料
蒜頭
芥末
油脂，如：芝麻油、蔬菜油
米
沙拉
湯，如：冷湯、豌豆湯

醬油
翻炒料理
龍蒿
豆腐

● 櫻桃蘿蔔苗 Sprouts, Radish
（同時參見白蘿蔔苗）

風味：微酸／辣，帶有胡椒和／
　　或櫻桃蘿蔔的辛辣味
風味強度：中等－強

酪梨
全麥麵包
軟質乳酪
蘸料
蛋，如：*蛋捲*
沙拉青蔬
堅果油（如：核桃油）、橄欖油
洋蔥，如：紅洋蔥
蛋沙拉
三明治，如：*蛋沙拉三明治、捲餅
　　三明治*
紅蔥
美式涼拌菜絲
翻炒料理
純素食壽司
醋，如：紅酒醋

葵花籽芽
Sprouts, Sunflower Seed

風味：苦／甜，帶有葵花籽的泥
　　土味，質地清脆
風味強度：弱

酪梨
羅勒
乳酪，如：費達乳酪
柑橘類，如：葡萄柚、柳橙
蒔蘿
蒜頭
羽衣甘藍
檸檬，如：檸檬汁
油脂，如：葵花油
歐芹

豌豆苗
沙拉
三明治，如：*捲餅三明治*
嫩青蔥
種籽，如：*芝麻籽、葵花籽*
紅蔥
蔬果昔
菠菜
純素食壽司
番茄
紅酒醋

小果南瓜 Squash
（參見夏南瓜、冬南瓜、櫛瓜和
其他特定種類的小果南瓜）

小祕訣：金線瓜是得名自它像是
　　義大利直麵的條狀，你可以將
　　其拌上醬汁，就像義式麵食一
　　樣出餐。可考慮用蔬果切片器
　　將夏南瓜（如黃南瓜、櫛瓜）切
　　成細條狀，或削成螺旋狀，以
　　同樣方式出餐。

● 橡實南瓜 Squash, Acorn
（同時參見冬南瓜）

季節：秋－冬
風味：微甜，帶有黑胡椒和／或
　　堅果風味
風味強度：弱－中等
營養學剖繪：93%碳水化合物／
　　5%蛋白質／2%脂肪
熱量：每1杯85大卡（高溫水煮、
　　搗成糊狀）
蛋白質：2克
料理方式：烘焙（比如以177°C-
　　191°C烘焙45分鐘）、燜煮、搗
　　成糊狀、高壓烹煮（3-8分鐘）、
　　烘烤、蒸煮（10-12分鐘）、填料
小祕訣：選擇較大、較重的橡實
　　南瓜。質地不適合做成泥。

橡實南瓜填餡
多香果
杏仁果

蘋果
杏桃，如：杏桃乾
豆類，如：紫花雲豆、蠶豆、腰豆
燈籠椒，如：紅燈籠椒
麵包粉和麵包餡料，如：*全麥麵
　　包粉和麵包餡料*
布格麥片
奶油和褐化奶油
芹菜
瑞士茶菜
乳酪，如：**帕爾瑪、瑞士乳酪**
肉桂
丁香
椰子和椰奶
玉米
蔓越莓，如：*蔓越莓乾*
穗醋栗
咖哩粉
茴香
蒜頭
印度酥油
薑
榛果
蜂蜜
羽衣甘藍
檸檬，如：檸檬汁
香甜酒，如：杏仁香甜酒、金萬利
　　香橙甜酒
楓糖漿
薄荷
味噌
菇蕈類，如：雞油菌
肉豆蔻
橄欖油
洋蔥
柳橙，如：橙汁、碎橙皮
平葉歐芹
梨子
美洲山核桃
胡椒，如：黑胡椒、白胡椒
抓飯
松子
開心果
李子乾

藜麥
葡萄乾
米（如：野生米）和米餡料
鼠尾草
海鹽
香薄荷
嫩青蔥
湯
醬油
燉煮料理
黃砂糖
甜味劑，尤以原蔗糖為佳
蔬果汁
溜醬油
香莢蘭
醋，如：蘋果酒醋

對味組合
橡實南瓜＋蘋果＋咖哩粉
橡實南瓜＋蘋果＋楓糖漿
橡實南瓜＋肉桂＋橄欖油
橡實南瓜＋玉米＋馬鈴薯
橡實南瓜＋蔓越莓＋柳橙
橡實南瓜＋薑＋楓糖漿＋醬油
橡實南瓜＋美洲山核桃＋藜麥

毛茛南瓜 Squash, Buttercup
（同時參見冬南瓜）
風味：甜－非常甜，帶有栗子、蜂
　　蜜和／或甘藷的風味，質地有
　　點乾（近似甘藷）
風味強度：弱－中等
料理方式：烘焙、燜煮、打泥、烘
　　烤（以204℃烘烤30-45分鐘）、
　　蒸煮

杏仁果
芝麻菜
烘焙食物，如：馬芬、派
燈籠椒
奶油和褐化奶油
法式砂鍋菜
乳酪，如：費達、泰勒吉奧乳酪
辣椒和辣椒粉

芫荽葉
椰奶
孜然
咖哩類
蒜頭
薑
焗烤料理
玉米粥
蜂蜜
韭蔥
檸檬，如：檸檬汁
檸檬香茅
油脂，如：辣椒油、玉米油、花生
　　油
洋蔥，如：紅洋蔥
歐洲防風草塊根
義式麵食，如：義式麵疙瘩、方麵
　　餃
花生
梨子
黑胡椒
濃湯
鼠尾草
紅蔥
湯，如：義式蔬菜湯、小果南瓜湯
醬油
菠菜
其他冬南瓜，如：白胡桃瓜
燉煮料理
蔬菜高湯
溜醬油
優格，如：希臘優格

對味組合
毛茛南瓜＋燈籠椒＋辣椒＋椰奶
　　＋咖哩醬＋花生
毛茛南瓜＋薑＋梨子

● 白胡桃瓜 Squash, Butternut
（同時參見冬南瓜）
季節：秋－冬
風味：甜，帶有奶油、水果、堅果
　　和／或甘藷的風味，質地濃厚
風味強度：中等

料理方式：烘焙、燜煮、搗成糊狀、
　　打泥、烘烤、微滾烹煮、煎炒、
　　蒸煮、炸天婦羅
誰說它有益健康：美國公共利益
　　科學中心在《健康行動》上發表
　　包含白胡桃瓜在內的「十種最
　　棒食物」。
營養學剖繪：93％碳水化合物／
　　5％蛋白質／2％脂肪
熱量：每1杯85大卡（烘焙、切小
　　塊）
蛋白質：2克
可行的替代物：南瓜、甘藷、山芋

多香果
蘋果，如：果實、蘋果汁
耶路撒冷朝鮮薊
芝麻菜
烘焙食物，如：馬芬
大麥
羅勒
月桂葉
豆類，如：紅豆、皇帝豆、花豆、
　　白豆
漿果，如：黑莓、藍莓
奶油和褐化奶油
皺葉甘藍
小豆蔻
胡蘿蔔
法式砂鍋菜
白花椰菜
卡宴辣椒
芹菜
芹菜根
乳酪，如：愛亞格、康門貝爾、巧
　　達、奶油乳酪、芳汀那、山羊乳
　　酪、帕爾瑪、佩科利諾、瑞可達
　　乳酪、羅馬諾乳酪
栗子
鷹嘴豆
辣椒，如：安佳辣椒、齊波特辣椒、
　　哈拉佩諾辣椒；辣椒片；辣椒
　　醬
細香蔥

芫荽葉
肉桂
丁香
椰子和椰奶
芫荽
玉米
庫斯庫斯
蔓越莓
鮮奶油
孜然
咖哩粉和咖哩類
椰棗
蛋
茴香
蒜頭
薑
全穀物，如：布格麥片、法老小麥、
　　小米、藜麥
焗烤料理
綠色蔬菜
蜂蜜
羽衣甘藍
韭蔥
檸檬，如：檸檬汁、碎檸檬皮
檸檬香茅
萊姆，如：萊姆汁、碎萊姆皮
楓糖漿
墨角蘭
牛奶或植物奶，如：腰果奶
味噌，如：白味噌
菇蕈類，如：黑色喇叭菌、雞油菌、
　　野菇
肉豆蔻
堅果，如：杏仁果、榛果、花生、
　　美洲山核桃、松子、開心果、核
　　桃
油脂，如：菜籽油、葡萄籽油、**橄**
　　欖油、南瓜籽油、核桃油
洋蔥，如：青蔥、紅洋蔥、黃洋蔥
柳橙，如：橙汁、碎橙皮
奧勒岡
煙燻紅椒粉
平葉歐芹
義式麵食，*如：義式麵疙瘩、千層*

| 主廚私房菜 | DISHES |

白胡桃瓜燉飯搭配烤杏仁果和烤鼠尾草
—— Gobo（New York City）

軟墨西哥塔可餅：玉米西班牙蛋餅搭配烘烤白胡桃瓜、波布蘭諾辣椒、甜椒、燒烤洋蔥、戈多牧場豆、巧達乳酪、芫荽、大白菜、酪梨、黏果酸漿莎莎醬和法式酸奶油
—— 綠色餐廳（Greens Restaurant），舊金山

白胡桃瓜餡方麵餃、橄欖油、大蒜、檸檬、鼠尾草葉和鹽漬瑞可達乳酪
—— 瑪哪食物吧（Mana Food Bar），芝加哥

白胡桃瓜和蘋果沙拉搭配苦苣，瑞可達乳酪蔓越莓、胡桃和巴薩米克香醋
—— 李子小酒館（Plum Bistro），西雅圖

白胡桃瓜燉飯：烤開心果、抱子甘藍、南瓜籽油、紅蔥酥和鼠尾草
—— 波多貝羅純素餐飲店（Portobello），俄勒岡州波特蘭市

南瓜安吉拉捲：白胡桃瓜、奶油乳酪和青蔥搭配辣椒、孜然和一點肉桂，捲入有機玉米西班牙蛋餅中烘焙，再淋上辣味番茄醬汁和乳酪
——席法（Seva），密西根州安娜堡

麵、方麵餃
梨子和日本梨
胡椒，如：黑胡椒、白胡椒
披薩
石榴籽
南瓜籽
濃湯
葡萄乾
米，如：阿勃瑞歐米
義式燉飯
迷迭香
番紅花
鼠尾草
鹽，如：海鹽
香薄荷
芝麻籽，如：黑芝麻籽、白芝麻籽
紅蔥
紫蘇
湯和法式濃湯
菠菜
八角

燉煮料理
高湯，如：菇蕈高湯或蔬菜高湯
豆煮玉米
糖，如：黃砂糖
葵花籽
塔希尼芝麻醬
溜醬油
龍蒿
餡餅
百里香
豆腐
番茄
香莢蘭
醋，如：巴薩米克香醋、蘋果酒醋、
　　紅酒醋、雪利酒醋
酒，如：干白酒
優格
中東扎塔香料

S

對味組合

白胡桃瓜＋多香果＋**肉桂**＋丁香＋**楓糖漿**＋香莢蘭
白胡桃瓜＋杏仁奶油＋肉桂＋蒜頭＋薑
白胡桃瓜＋杏仁果＋孜然＋葡萄乾
白胡桃瓜＋蘋果＋**肉桂**＋薑＋**楓糖漿**＋核桃
白胡桃瓜＋蘋果＋乳酪＋蜂蜜
白胡桃瓜＋蘋果＋咖哩粉
白胡桃瓜＋蘋果＋**堅果**（如：美洲山核桃、核桃）
白胡桃瓜＋巴薩米克香醋＋菇蕈類＋義式麵食
白胡桃瓜＋香蕉＋芫荽葉＋椰奶＋萊姆
白胡桃瓜＋褐化奶油＋松子＋鼠尾草＋義式麵食
白胡桃瓜＋雞油菌＋義式燉飯＋番紅花
白胡桃瓜＋鷹嘴豆＋庫斯庫斯
白胡桃瓜＋辣椒＋萊姆
白胡桃瓜＋芫荽葉＋咖哩粉＋萊姆＋優格
白胡桃瓜＋柑橘類（如：萊姆、柳橙）（＋蒜頭）＋薑
白胡桃瓜＋椰奶＋檸檬香茅
白胡桃瓜＋咖哩＋豌豆＋豆腐
白胡桃瓜＋水果（如：蔓越莓、椰棗）＋**堅果**（如：美洲山核桃，開心果）
白胡桃瓜＋薑＋溜醬油＋豆腐
白胡桃瓜＋玉米粥＋紅豆
白胡桃瓜＋楓糖漿＋核桃油
白胡桃瓜＋洋蔥＋義式麵食＋美洲山核桃＋**鼠尾草**
白胡桃瓜＋柳橙＋鼠尾草
白胡桃瓜＋帕爾瑪乳酪＋南瓜籽
白胡桃瓜＋藜麥＋核桃
白胡桃瓜＋迷迭香＋番茄＋白豆
白胡桃瓜＋鼠尾草＋核桃

我們用多汁的**白胡桃瓜**來替義式燉飯增添色彩和風味。我不喜歡用乾燥和粉狀的（剩餘）覆蓋物來替料理調味的口感。不過我做過一款白胡桃瓜印度酸甜醬，將汁液倒回覆蓋物上，並以小豆蔻、蒜頭、八角、糖和醋調味。

——馬克·李維（Mark Levy），重點餐廳，紐約州薩拉納克湖

彎頸南瓜 Squash, Crookneck
（同時參見夏南瓜）
料理方式：燒烤、生食、煎炒

羅勒
月桂葉
辣椒，如：哈拉佩諾辣椒
芫荽葉
咖哩粉
墨角蘭
奶類，如：植物奶（杏仁奶、椰奶、米奶）
薄荷
油脂，如：橄欖油、蔬菜油
洋蔥
奧勒岡
歐芹
黑胡椒
鼠尾草
鹽
嫩青蔥
湯，如：小果南瓜湯
百里香

甜薯瓜 Squash, Delicata
（同時參見冬南瓜）
季節：冬季
風味：甜，帶有奶油、玉米和／或**甘藷**的風味，質地濃厚、紮實
風味強度：弱－中等
料理方式：烘焙（以177°C烘烤45分鐘）、燒烤、烘烤、煎炒、蒸煮
小祕訣：甜薯瓜的皮薄，可以很容易剝除，甚至可以直接吃。

多香果
茴芹
蘋果、蘋果酒和蘋果汁
豆類，如：黑眉豆、白腰豆、蔓越莓豆、白豆
甜菜
麵包粉
奶油
卡宴辣椒
芹菜
乳酪，如：費達、莫札瑞拉、帕爾瑪、煙燻莫札瑞拉乳酪
辣椒，如：齊波特辣椒、哈拉佩諾辣椒
芫荽葉
肉桂
丁香
蔓越莓乾
鮮奶油
孜然
椰棗
茴香
茴香籽
蒜頭
蜂蜜
羽衣甘藍

萊姆，如：萊姆汁
楓糖漿
薄荷
菇蕈類，如：義大利棕蘑菇、蠔菇、
　香菇
第戎芥末
肉豆蔻
堅果，如：杏仁果、榛果、松子、
　開心果、核桃
橄欖油
洋蔥，如：紅洋蔥、黃洋蔥
柳橙，如：橙汁
歐芹
胡椒，如：白胡椒
披薩
石榴籽
馬鈴薯，如：姆指馬鈴薯
藜麥
糙米
迷迭香
鼠尾草
種籽，如：芝麻籽
醬油
填餡小果南瓜
蔬菜高湯
黃砂糖
塔希尼芝麻醬
百里香
番茄
蘋果酒醋或巴薩米克香醋
優格

對味組合
甜薯瓜＋蘋果酒／蘋果＋香料植
　物（如：迷迭香、**鼠尾草**）＋核
　桃
甜薯瓜＋甜菜＋費達乳酪＋薄荷
甜薯瓜＋黑胡椒＋蒜頭＋橄欖油
　＋帕爾瑪乳酪＋義式麵食
甜薯瓜＋黃砂糖＋醬油
甜薯瓜＋齊波特辣椒＋萊姆
甜薯瓜＋蒜頭＋鼠尾草
甜薯瓜＋蜂蜜＋鼠尾草
甜薯瓜＋柳橙＋百里香

● **哈伯南瓜** Squash, Hubbard
（同時參見冬南瓜）
風味：中性，質地充滿水分
風味強度：弱
料理方式：烘焙、沸煮、搗成糊狀、
　打泥、烘烤
可行的替代物：南瓜

多香果
杏仁果
烘焙食物，如：派
月桂葉
豆類，如：皇帝豆
胡蘿蔔
卡宴辣椒
細香蔥
肉桂
咖哩辛香料，如：芫荽、孜然
茴香
蒜頭
榛果
韭蔥
檸檬，如：檸檬汁
楓糖漿
糖蜜
肉豆蔻
油脂，如：橄欖油
美式煎餅
黑胡椒
濃湯
義式燉飯
迷迭香
鼠尾草
鹽
湯
填餡小果南瓜
黃砂糖
溜醬油

日本南瓜 Squash, Kabocha
（同時參見冬南瓜）
[kah-BOH-chah]
季節：夏－冬
風味：甜，帶有蜂蜜、堅果、南瓜

和／或甘藷的風味，質地乾燥，
帶澱粉，但濃厚，似卡士達和
滑順（熟）
風味強度：中等－強
料理方式：烘焙（以204℃烘焙
20-25分鐘）、沸煮、燜煮、深炸、
搗成糊狀、**打泥**、高壓烹煮、烘
烤、微滾烹煮（20-25分鐘）、蒸
煮
小祕訣：這是外皮可食的快煮小
果南瓜。

杏仁果
蘋果
羅勒和泰國羅勒
月桂葉
豆類，如：紅豆、蔓越莓豆、四季
　豆、腰豆、綠豆
奶油
卡宴辣椒
芹菜根
莙薘菜
乳酪，如：帕爾瑪、瑞可達乳酪
栗子
辣椒，如：齊波特辣椒
辣椒片和辣椒粉
芫荽葉
肉桂
椰子和椰奶
芫荽
庫斯庫斯
蔓越莓乾
鮮奶油
法式酸奶油
孜然
穗醋栗
咖哩醬、咖哩粉、咖哩辛香料和
　咖哩類，如：*泰式咖哩*
甜點
茴香和茴香籽
蒜頭
薑
全穀物，如：小米
冬季綠色蔬菜，如：芥末葉

榛果
蜂蜜
日式料理
卡非萊姆葉
羽衣甘藍
韭蔥
檸檬，如：檸檬汁
檸檬香茅
萵苣，如：畢布萵苣
萊姆，如：萊姆汁、碎萊姆皮
楓糖漿
苦瓜
味醂
味噌，如：白味噌
菇蕈類，如：黑色喇叭菌、蠔菇
烏龍麵
肉豆蔻
油脂，如：菜籽油、橄欖油、芝麻油

洋蔥，如：紅洋蔥、甜洋蔥、黃洋蔥
柳橙，如：橙汁、碎橙皮
紅椒粉，如：辣紅椒粉、煙燻紅椒粉
義式麵食，如：千層麵
梨子
美洲山核桃
胡椒，如：黑胡椒
派
石榴
布丁
南瓜籽
濃湯
紫葉菊苣
葡萄乾
米，如：印度香米和／或糙米
野生米
迷迭香

鼠尾草
清酒
海鹽
嫩青蔥
紫蘇
湯，如：*蔬菜湯*
黃豆，如：黑豆
醬油
燉煮料理
蔬菜高湯
糖
溜醬油
蔬菜天婦羅
豆腐
番茄，如：綠番茄或紅番茄
梅干醬
醋，如：蘋果酒醋、巴薩米克香醋、糙米醋
核桃
日本柚子，如：柚子汁、碎柚子皮

對味組合

日本南瓜＋糙米＋紫蘇＋豆腐
日本南瓜＋糙米醋＋味醂＋味噌＋溜醬油＋梅子醬
日本南瓜＋肉桂＋楓糖漿
日本南瓜＋椰奶＋咖哩辛香料
日本南瓜＋椰奶＋卡非萊姆葉＋檸檬香茅
日本南瓜＋蒜頭＋薑＋芝麻油＋醬油
日本南瓜＋薑＋楓糖漿＋醬油
日本南瓜＋榛果＋百里香
日本南瓜＋羽衣甘藍＋溜醬油
日本南瓜＋味醂＋嫩青蔥＋醬油
日本南瓜＋鼠尾草＋野生米

主廚私房菜 DISHES

白胡桃瓜和日本南瓜的混合精淬液、煙燻紅椒粉
——筆劃（Brushstroke），紐約市

日本南瓜咖哩：青江菜、藜麥、布格麥和南瓜籽
——格拉梅西酒館（Gramercy Tavern），紐約市

日本南瓜湯搭配打發的大豆鮮奶油和混合青蔬沙拉（搭配淋上芝麻醬油和檸檬沙拉淋醬的柿子乾）
——秋夕（Hangawi），紐約市

日本南瓜義大利小麵餃搭配石榴、黑色喇叭菌、核桃碎粒
—— Mélisse，聖塔莫尼卡

飛碟南瓜 Squash, Pattypan
（同時參見夏南瓜）

季節：夏季—初秋
風味：帶有奶油、黃瓜、堅果和／或櫛瓜的風味，質地厚實、柔嫩
風味強度：弱
料理方式：烘焙、煎炒、蒸煮、填料（**提醒**：小顆飛碟南瓜要整顆一起煮）
小祕訣：因為飛碟南瓜嘗起來與櫛瓜很相似，就用相同的方法烹調。

多香果
蘋果
蘆筍
麵包粉，如：全麥麵包粉
續隨子
乳酪，如：山羊乳酪、葛黎耶和、蒙契格、帕爾瑪乳酪、瑞可達乳酪
辣椒粉
細香蔥

玉米
茄子
蛋
蒜頭
韭蔥
檸檬
菇蕈類，如：雞油菌
肉豆蔻
油脂，如：橄欖油、核桃油
洋蔥，如：紅洋蔥
歐芹
填餡飛碟南瓜
美洲山核桃
胡椒，如：黑胡椒
義式青醬
迷迭香
鼠尾草
鹽，如：猶太鹽
湯，如：小果南瓜湯
蔬菜高湯
百里香
番茄
櫛瓜

對味組合

飛碟南瓜＋蘆筍＋菇蕈類＋洋蔥
　＋核桃油
飛碟南瓜＋麵包粉＋蒜頭
飛碟南瓜＋玉米＋洋蔥

● **金線瓜** Squash, Spaghetti
季節：晚夏－冬
風味：微甜，質地如爽脆的義大
　利直麵（如果多纖維的話）
風味強度：弱－中等
營養學剖繪：86% 碳水化合物／
　8% 脂肪／6% 蛋白質
熱量：每1杯45大卡（高溫水煮或
　烘焙過）
蛋白質：1克
料理方式：烘焙（以177°C 烘焙
　30-90 分鐘）、沸煮（30-60 分
　鐘）、烘烤（以204°C 烘烤15-20
　分鐘）、煎炒、蒸煮（20-45 分鐘

直到變軟嫩）
小祕訣：名為金線瓜是因為其煮
　過的條狀果肉看起來像是義大
　利直麵。你可將金線瓜整顆烘
　焙（如同某些人的堅持），不過
　要先刺穿南瓜幾個地方，讓蒸
　氣逸散出來，或者是將南瓜對
　切（這是安德烈教我的）。用一
　把叉子將煮好的南瓜肉一條條
　拉出。如同義大利直麵一樣，
　供餐時要拌過醬汁，或是上面
　淋了醬汁。雖然最早在晚夏就
　可以買到金線瓜，不過看看冬
　南瓜的搭配技巧，它的風味更
　加相似。

羅勒
月桂葉
豆類，如：黑眉豆、腰豆
燈籠椒，如：紅燈籠椒
青江菜
青花菜
布格麥片
奶油和褐化奶油
胡蘿蔔
法式砂鍋菜
荼菜
乳酪，如：葛黎耶和、莫札瑞拉、
　帕爾瑪乳酪
乾辣椒；和辣椒片
芫荽葉
肉桂
蛋
茴香
蒜頭
薑
焗烤料理
榛果
扁豆

美式素肉丸
菇蕈類，如：鈕扣菇、雞油菌、蠔
　菇、牛肝菌
肉豆蔻
油脂，如：玉米油、亞麻籽油、**橄**
　欖油、花生油、芝麻油
洋蔥
奧勒岡
歐芹
歐洲防風草塊根
義式麵食
黑胡椒
義式青醬
開心果
迷迭香
鼠尾草
沙拉
鹽
醬汁，如：義式麵食、番茄醬汁
素食香腸
嫩青蔥
醬油
黃砂糖
百里香
黏果酸漿
番茄、番茄糊和番茄醬汁
醋，如：巴薩米克香醋、米醋、雪
　利酒醋、酒醋
核桃
櫛瓜

對味組合

金線瓜＋巴薩米克香醋＋腰豆
金線瓜＋羅勒＋蒜頭
金線瓜＋羅勒＋番茄
金線瓜＋褐化奶油＋榛果
金線瓜＋蒜頭＋番茄
金線瓜＋莫札瑞拉乳酪＋番茄
金線瓜＋菇蕈類＋洋蔥

主廚私房菜	DISHES

金線瓜法式砂鍋搭配新鮮莫札瑞拉乳酪、有機番茄和櫛瓜
——真食廚房（True Food Kitchen），聖塔莫尼卡

S

●夏南瓜 Squash, Summer
（同時參見合掌瓜、彎頸南瓜、飛碟南瓜、櫛瓜）

季節：夏季

風味：微苦／甜，帶有奶油、黃瓜和／或堅果的泥土味，質地軟嫩、多汁

風味強度：非常弱－弱／中等

這是什麼：蔬菜

營養學剖繪：73%碳水化合物／18%蛋白質／9%脂肪

熱量：每1杯20大卡（生、切片）

蛋白質：1克

料理方式：烘焙（以191℃烘焙20分鐘）、沸煮、燜煮、深炸、刨絲、燒烤、醃滷、搗成糊狀、高壓烹煮（整顆煮2-3分鐘）、生食、烘烤、煎炒、蒸煮（5-10分鐘）、翻炒（2-3分鐘）、填料

小祕訣：選擇有機的夏南瓜。外皮也可以吃，是很棒的纖維來源。

近親：冬南瓜

多香果
芝麻菜
烘焙食物，如：馬芬、快速法麵包
羅勒
豆類，如：白腰豆、白豆
燈籠椒，如：綠燈籠椒、紅燈籠椒
麵包粉
奶油
續隨子
胡蘿蔔
瑞士蒸菜
乳酪，如：愛亞格、巧達、費達、山羊乳酪、葛黎耶和、蒙特利傑克、莫札瑞拉、**帕爾瑪**、**佩科利諾**、義大利波伏洛、瑞可達乳酪、含鹽瑞可達乳酪、瑞士乳酪
辣椒，如：乾辣椒、新鮮辣椒、哈拉佩諾辣椒、紅辣椒、青辣椒；辣椒粉和辣椒粉

細香蔥
芫荽葉
肉桂
芫荽
玉米
咖哩，如：咖哩粉、咖哩辛香料
蒔蘿
茄子
蛋，如：義式蛋餅、蛋捲
墨西哥玉米捲
土荊芥
闊葉苣菜
茴香籽
蒜頭
薑
全穀物，如：布格麥片
綠色蔬菜，如：芥末葉、蕪菁葉
檸檬，如：檸檬汁、碎檸檬皮
墨角蘭
薄荷
芥末，如：第戎芥末和芥末種籽
肉豆蔻
油脂，如：菜籽油、**橄欖油**
橄欖
洋蔥，如：紅洋蔥
奧勒岡
紅椒粉
歐芹
義式麵食，如：千層麵、義大利細扁麵、米粒麵、管狀麵
黑胡椒
義式青醬
松子
普羅旺斯燉菜
米
義式燉飯
迷迭香
番紅花
鼠尾草
沙拉，如：綠色蔬菜沙拉、義大利麵沙拉
鹽，如：海鹽
香薄荷

嫩青蔥
紅蔥
湯，如：小果南瓜湯
燉煮料理，如：燉煮蔬菜
高湯，如：蔬菜高湯
葵花籽
龍蒿
百里香
番茄和番茄醬汁
番茄乾
根莖蔬菜，如：歐洲防風草塊根、蕪菁
醋，如：巴薩米克香醋、蘋果酒醋、紅酒醋、米酒醋、白酒醋
核桃
優格
櫛瓜花

對味組合
夏南瓜＋羅勒＋番茄
夏南瓜＋乳酪＋蛋＋義式蛋餅＋嫩青蔥
夏南瓜＋芫荽葉＋闊葉苣菜＋嫩青蔥
夏南瓜＋蛋＋義式蛋餅＋山羊乳酪
夏南瓜＋蒜頭＋橄欖油
夏南瓜＋蒜頭＋歐芹
夏南瓜＋檸檬＋迷迭香
夏南瓜＋薄荷＋百里香
夏南瓜＋佩科利諾乳酪＋松露

●冬南瓜：一般或綜合
Squash, Winter—In General, or Mixed Squashes（同時參見南瓜、橡實南瓜、毛茛南瓜、白胡桃瓜、甜薯瓜、哈伯南瓜、日本南瓜）

季節：秋－冬

風味強度：中等

這是什麼：澱粉類蔬菜

料理方式：烘焙（以191℃烘焙30-45分鐘）、沸煮（切小塊6-10分鐘）、燜煮、燒烤、搗成糊狀、高壓烹煮、打泥、

烘烤、煎炒、微滾烹煮、蒸煮（15-40
　分鐘）、燉煮、填料
近親：黃瓜、甜瓜、南瓜
可行的替代物：胡蘿蔔、南瓜

多香果
茴芹籽
蘋果，如：蘋果酒、果實、蘋果汁
***烘焙食物*，如：*麵包、蛋糕、餅乾、*
　馬芬、派
羅勒
白豆
燈籠椒，如：紅燈籠椒
麵包粉，如：全穀麵包粉
墨西哥捲餅
奶油和褐化奶油
小豆蔻
胡蘿蔔
腰果
法式砂鍋菜
白花椰菜
卡宴辣椒
芹菜
乳酪，如：藍黴、巧達、費達、芳
　汀那、戈根索拉、**葛黎耶和**、莫
　札瑞拉、**帕爾瑪乳酪**、佩科利
　諾、瑞可達乳酪、含鹽瑞可達
　乳酪、羅馬諾、羅卡爾乳酪
栗子
辣椒，如：乾燥辣椒、哈拉佩諾辣
　椒、紅辣椒；辣椒片和辣椒粉
蘋果酒
芫荽葉
肉桂
柳橙，如：橙汁、碎橙皮
丁香
椰子，如：椰子醬、椰子果肉、椰
　奶
芫荽
玉米粉
蔓越莓，如：蔓越莓乾
鮮奶油
孜然
咖哩，如：咖哩醬、咖哩粉、咖哩

　辛香料
椰棗
蛋，如：水波蛋
茴香籽
無花果和無花果糖漿
蒜頭
印度酥油
薑
全穀物，如：法老小麥、斯佩耳特
　小麥
焗烤料理
綠色蔬菜，如：綜合生菜、芥末葉
蜂蜜
韭蔥
檸檬，如：檸檬汁
檸檬香茅
甘草
萊姆
肉豆蔻乾皮
楓糖漿
墨角蘭
薄荷
味酥
味噌，如：白味噌
糖蜜
慕斯
菇蕈類，如：雞油菌、野菇
麵條，如：烏龍麵
肉豆蔻
堅果，如：榛果、夏威夷堅果、美
　洲山核桃、核桃

油脂，如：**橄欖油**、紅花油、芝麻
　油、葵花油
洋蔥，如：**青蔥、紅洋蔥**
柳橙，如：橙汁
美式煎餅
紅椒粉
歐芹
歐洲防風草塊根
***義式麵食*，如：*方麵餃*
梨子
美洲山核桃
胡椒，如：黑胡椒
派
松子
鳳梨
開心果
馬鈴薯
布丁
濃湯
榅桲
紫葉菊苣
葡萄乾
紫葉菊苣
米，如：糙米、野生米
義式燉飯
迷迭香
蘭姆酒
鼠尾草
香薄荷
嫩青蔥
種籽，如：亞麻籽、南瓜籽、芝麻

籽（如：黑芝麻籽）
紅蔥
舒芙蕾
湯，如：冬南瓜湯
蔬菜
醬油
抹醬
其他冬南瓜
填餡小果南瓜
燉煮料理

對味組合
冬南瓜＋蘋果＋肉桂＋薑＋美洲山核桃
冬南瓜＋麵包粉＋乳酪
冬南瓜＋褐化奶醬＋乳酪（如：葛黎耶和、帕爾瑪、含鹽瑞可達乳酪）
　＋鼠尾草
冬南瓜＋腰果＋芫荽葉＋椰子＋咖哩粉＋芝麻籽
冬南瓜＋肉桂＋丁香＋薑＋肉豆蔻
冬南瓜＋蔓越莓＋芥末葉＋肉豆蔻＋瑞可達乳酪
冬南瓜＋蔓越莓＋美洲山核桃
冬南瓜＋蒔蘿＋酸奶油
冬南瓜＋蒜頭＋韭蔥＋橄欖油＋鼠尾草
冬南瓜＋蜂蜜＋檸檬汁
冬南瓜＋萊姆汁＋醬油
冬南瓜＋歐芹＋迷迭香＋鼠尾草＋百里香

黃南瓜 Squash, Yellow
（參見夏南瓜）

是拉差辣椒醬 Sriracha
（亦稱蒜蓉辣椒醬）
風味：苦／酸／辣，質地滑順
風味強度：強
這是什麼：泰式辣醬：辣椒醬＋
　蒜頭＋鹽＋糖＋醋
小祕訣：匯豐牌是拉差辣椒醬沒
　有跟其他品牌一樣添加魚露或
　蝦醬。
可行的替代物：素亞洲蒜蓉辣椒
　醬或馬來西亞參芭蒜茸辣椒醬

亞洲料理
胡蘿蔔
腰果

蔬菜高湯
黃砂糖
塔希尼芝麻醬
龍蒿
百里香
豆腐
薑黃
香莢蘭
醋，如：巴薩米克香醋、雪利酒醋
核桃

芹菜
鷹嘴豆
素辣豆醬
炒飯
蒜頭
薑
菇蕈類
亞洲麵條，如：粄條
洋蔥，如：青蔥、白洋蔥
米，如：茉莉香米
芝麻，如：芝麻油、芝麻籽
醬油
翻炒料理
蔬菜高湯
泰式料理
豆腐
番茄

八角 Star Anise
風味：苦／甜、芳香，帶有茴芹、
　甘草和／或辛香料的嗆味
風味強度：中等－強
小祕訣：八角比茴芹籽稍微苦一
　點，兩者並無關連。在烹調過
　程一開始就添加。
可行的替代物：茴芹籽

亞洲料理
烘焙食物
月桂葉
漿果，如：黑莓
辣椒
中式料理
巧克力，如：牛奶巧克力
肉桂
柑橘類
咖哩類
新鮮咖哩葉和咖哩粉
五香粉
薑
綠色蔬菜，如：東京水菜
冰淇淋
馬來西亞料理
滷汁醃醬
薄荷
亞洲麵條
柳橙
梨子，如：水煮西洋梨
黑胡椒
李子
玫瑰水
沙拉淋醬
醬汁，如：燒烤醬
雪碧冰

湯
醬油
燉煮料理
翻炒料理
糖，如：黃砂糖
茶
越南料理，如：*河粉*

● **楊桃** Star Fruit
（亦稱 Carambola）
風味：酸和／或甜，帶有蘋果、柑
　橘類和／或熱帶水果的風味，
　質地清脆、多汁
風味強度：中等
營養學剖繪：80% 碳水化合物／
　11% 蛋白質／9% 脂肪
熱量：每1杯40大卡（生）
蛋白質：1克
小祕訣：尋找邊角變褐色的楊桃，
　這種最甜。切成星形片狀很可
　愛，不建議做成蔬果昔，不過
　還是有些人這麼做！

龍舌蘭糖漿
小豆蔻
辣椒粉
印度甜酸醬
甜點，如：餡餅（當水果全熟時）
蜂蜜
印度料理
奇異果
檸檬，如：檸檬汁、碎檸檬皮
萊姆，如：萊姆汁、碎萊姆皮
芒果
薄荷
柳橙
木瓜
沙拉，如：水果沙拉、綠色蔬菜沙
　拉
莎莎醬
鹽
蔬果昔
東南亞料理
翻炒料理

草莓
泰式料理

「牛」高湯 Stock, "Beef"
品牌：「比清湯更好」品牌旗下
　帶有牛肉風味的清湯「無牛肉
　純素基本高湯」（No Beef Vegan
　Base）

「雞」高湯 Stock, "Chicken"
品牌：「比清湯更好」品牌旗下帶
　有雞肉風味的清湯「無雞肉純
　素基本高湯」（No Chicken Vegan
　Base）

菇蕈高湯 Stock, Mushroom
小祕訣：使用（由以下幾種材料
　製成的）菇蕈高湯來作為許多
　較豐盛的菜餚更有大地氣息、
　更大膽的蔬菜高湯替代品，例
　如以菇蕈為基底的義式麵食、
　義式燉飯、醬汁和湯品。

月桂葉
胡蘿蔔
芹菜
茴香
蒜頭
韭蔥
墨角蘭
菇蕈類，如：乾蘑菇或新鮮蘑菇；
　綜合蘑菇、牛肝菌、香菇、白蘑
　菇
橄欖油
洋蔥，如：黃洋蔥
奧勒岡
歐芹
黑胡椒
迷迭香
鹽
溜醬油
百里香
酒，如：馬沙拉酒

蔬菜高湯 Stock, Vegetable
（同時參見日式高湯）
小祕訣：蔬菜高湯是手邊必備的
　很棒的主食材，可以用來作為
　穀類、莢果、醃醬、米、義式燉
　飯、醬汁或湯品的基底。蔬菜
　高湯很容易製作，只要將幾種
　蔬菜搭配成你最愛的組合，並
　加水加以調味。要做出更濃烈
　的蔬菜高湯，就要先烘烤蔬菜。
　蔬菜高湯可以在煎炒或翻炒食
　物時，作為取代油脂的低脂替
　代品。

羅勒
月桂葉
黑眉豆（豆豉）
甘藍菜
胡蘿蔔
芹菜
芫荽葉
蒜頭
昆布
韭蔥
檸檬香茅
墨角蘭
調味蔬菜（胡蘿蔔＋芹菜＋洋蔥）
菇蕈類，如：香菇、白菇蕈類
橄欖油
洋蔥，如：黃洋蔥
奧勒岡
歐芹
歐洲防風草塊根
黑胡椒
馬鈴薯
迷迭香
鼠尾草
猶太鹽或海鹽
香薄荷
百里香
水
干白酒

我的**蔬菜高湯**是以60% 洋蔥、

S

25% 芹菜和 15% 胡蘿蔔為基底。
我通常會再添加蒜頭和波特貝羅
大香菇,或香菇和香菇柄。

——艾隆‧亞當斯(Aaron Adams),波多
貝羅純素餐飲店,奧勒岡州波特蘭市

● 草莓 Strawberries
季節:春-夏
風味:甜/酸,質地纖弱
風味強度:弱-中等
營養學剖繪:85% 碳水化合物/
　8% 脂肪/7% 蛋白質
熱量:每 1 杯 50 大卡(生、對切)
蛋白質:1 克
料理方式:打泥、生食、煎炒
小祕訣:**選擇有機草莓**。添加糖
　可以提升草莓的風味,添加酸
　也可以,如柑橘類果汁或醋。
近親:杏仁果、蘋果、杏桃、黑莓、
　櫻桃、桃子、梨子、李子、橙梓、
　覆盆子

龍舌蘭糖漿
杏仁果
蘋果
杏桃
芝麻菜
香蕉
羅勒
燈籠椒
其他漿果,如:黑莓、藍莓、覆盆
　子
白脫乳
焦糖
乳酪,如:布瑞達乳酪、奶油乳酪、
　費達、山羊乳酪、莫札瑞拉、瑞
　**可達、含鹽瑞可達、綿羊奶乳
　酪**
巧克力,如:黑巧克力
肉桂
椰子
鮮奶油
法式酸奶油
黃瓜

草莓蜂蜜油酥糕餅、草莓雪碧冰、白脫乳檸檬雪碧冰
　——ABC 廚房(ABC Kitchen),紐約市

草莓杏仁果蛋糕:杏仁果巴伐利亞奶凍、草莓果凍、烤杏仁果冰
淇淋
　——布呂德咖啡館(Café Boulud),紐約市

草莓西班牙冷湯搭配羅勒、黑胡椒和橄欖油
　——麥迪遜公園十一號(Eleven Madison Park),紐約市

野草莓法切林乳酪搭配檸檬百匯和羅勒
　——麥迪遜公園十一號(Eleven Madison Park),紐約市

草莓巴薩米克香醋搭配春季綜合蔬菜、烤葵花籽、搗碎的藍黴乳
酪、蔓越莓乾
　——金色大門溫泉咖啡館(The Golden Door Spa Café),亞利桑那州斯科茨代爾

當地綠葉萵苣和比利時苦苣搭配當地草莓、炭灰山羊乳酪、龍蒿
油醋醬
　——諾拉(Nora),華盛頓特區

草莓碎沙拉:甜豌豆、茴香、山羊乳酪、核桃和巴薩米克油醋醬
　——真食廚房(True Food Kitchen),鳳凰城

甜點，如：美式鬆厚酥頂派、酥粒、
　卡士達、**冰淇淋**、派、布丁、雪
　碧冰、草莓
水果蛋糕、*餡餅*
飲料，如：氣泡水、氣泡酒
茴香
無花果
薑
葡萄柚
義式冰沙
番石榴
榛果
蜂蜜
果醬
奇異果
檸檬，如：檸檬汁
萊姆，如：萊姆汁
香甜酒，如：君度橙酒、庫拉索酒、
　覆盆子啤酒、金萬利香橙甜酒、
　櫻桃白蘭地
荔枝
芒果
楓糖漿
馬士卡彭乳酪

對味組合

草莓＋杏仁果＋檸檬
草莓＋芝麻菜＋巴薩米克香醋＋松子＋瑞可達乳酪
草莓＋巴薩米克香醋＋羅勒＋布瑞達乳酪
草莓＋巴薩米克香醋＋菠菜＋核桃
草莓＋巴薩米克香醋＋泰利櫻桃胡椒
草莓＋羅勒＋巴薩米克香醋
草莓＋羅勒＋金萬利香橙甜酒
草莓＋羅勒＋檸檬＋薄荷
草莓＋黃砂糖＋肉桂＋燕麥片
草莓＋奶油乳酪＋檸檬
草莓＋薑＋楓糖漿＋大黃
草莓＋蜂蜜＋萊姆
草莓＋檸檬＋瑞可達乳酪
草莓＋楓糖漿＋百里香
草莓＋馬士卡彭乳酪＋百香果＋香莢蘭
草莓＋開心果＋優格
草莓＋大黃＋香莢蘭
草莓＋含鹽瑞可達乳酪＋核桃

甜瓜，如：洋香瓜
杏仁奶
薄荷
堅果
燕麥和燕麥片
橄欖油
柳橙，如：橙汁、碎橙皮
美式煎餅
百香果
桃子
美洲山核桃
胡椒，如：黑胡椒、泰利櫻桃
鳳梨
松子
開心果
*大黃
沙拉，如：水果沙拉、綠色蔬菜沙
　拉
醬汁，如：甜點醬汁
水果蛋糕
蔬果昔
雪碧冰
湯，如：水果湯、<u>紅捲心菜冷湯</u>
酸奶油

菠菜
糖，如：黃砂糖、糖粉
餡餅
百里香
絹豆腐
番茄
香莢蘭
醋，如：***巴薩米克香醋**，尤以陳
　年為佳；紅酒醋
核桃
西瓜
酒，如：薄酒萊、馬沙拉酒、波特
　酒、粉紅酒、雪利酒、氣泡酒
　（如：香檳）、甜酒
優格

我知道這很無趣，但是**草莓**和鮮
奶油或草莓和香莢蘭冰淇淋的組
合是你根本無法有所改進的組
合。它們在一起時就是具有完美
風味和口感。

——阿曼達·科恩（Amanda Cohen），泥
土糖果，紐約市

● 原蔗糖 Sucanat

風味：甜

風味強度：中等

這是什麼：由甘蔗汁中的糖分製
　成的甜味劑（天然蔗糖的英文
　名sucanat出自於SUgar CAne
　NATural），是已蒸發的顆粒狀。

可行的替代物：可以用等量來替
　代一般糖（或黑砂糖），特別是
　用在烘焙時。

● 深色黃砂糖

Sugar, Brown—Dark

風味：甜，帶有糖蜜的深沉風味

有此一說：深色紅糖含有6.5%糖
　蜜。

● 淺色黃砂糖

Sugar, Brown—Light

風味：甜，帶有淡焦糖的風味

有此一說：淺色紅糖含有 3.5% 糖蜜。

● 椰棗糖 Sugar, Date
風味：甜，帶有椰棗風味
風味強度：中等
這是什麼：將椰棗脫水研磨而成

● 楓糖漿 Sugar, Maple
風味：甜，帶有楓木風味

● 黑砂糖 Sugar, Muscovado
風味：甜，帶有糖蜜的泥土味
風味強度：中等－強

● 有機蔗糖
Sugar, Organic Cane
品牌：拉帕杜拉（Rapadura）

● 棕櫚糖 Sugar, Palm
風味：甜，帶有焦糖和／或楓糖漿的風味
風味強度：較弱（顏色較淡）－較強（顏色較深）
料理方式：刨絲
可行的替代物：淡色紅糖
品牌：大樹農場品牌有機椰子棕櫚糖

烘焙食物，如：餅乾
香蕉
紅豆
辣椒
巧克力
椰子和椰奶
咖啡
鮮奶油
泰式咖哩
卡士達
甜點
水果
印尼料理
波羅蜜
萊姆

馬來西亞料理
芒果
楓糖漿
泰式炒河粉
青木瓜
布丁
南瓜
糯米
沙拉，如：水果沙拉
醬汁
東南亞料理
泰式料理
荸薺

● 甜豌豆 Sugar Snap Peas
（亦稱 Snap Peas）
季節：春季
風味：甜，帶有豌豆和荷蘭豆的風味，質地清脆、爽脆
風味強度：弱－中等
營養學剖繪：68% 碳水化合物／27% 蛋白質／5% 脂肪
熱量：每 1 杯 70 大卡（煮熟的）
蛋白質：5 克
料理方式：汆燙、沸煮、燜煮（在最後起鍋前才添加）、生食、煎炒、微滾烹煮、蒸煮（2-3 分鐘）、**翻炒**
小祕訣：要保留清脆度就只要稍微煮一下。

蘆筍
羅勒
燈籠椒，如：黃燈籠椒
青花菜
奶油和褐化奶油
胡蘿蔔

腰果
白花椰菜
乳酪，如：帕爾瑪乳酪
細葉香芹
辣椒
細香蔥
芫荽葉
椰奶
孜然
咖哩粉
咖哩類
蒔蘿
蘸料
茴香
蒜頭和蒜薑
薑
全穀物
辣根
檸檬，如：檸檬汁、碎檸檬皮
萵苣
蓮藕
墨角蘭
薄荷
味噌
菇蕈類，如：波特貝羅大香菇、香菇
第戎芥末
亞洲麵條，如：日本蕎麥麵
油脂，如：菜籽油、玉米油、葡萄籽油、橄欖油、芝麻油
洋蔥，如：青蔥、紅洋蔥
歐芹
義式麵食
花生和花生醬
豌豆
黑胡椒
松子

主廚私房菜 DISHES

甜豌豆沙拉：山羊乳酪優格、黃瓜和櫻桃蘿蔔
——格拉梅西酒館（Gramercy Tavern），紐約市

春季碎沙拉搭配甜豌豆、草莓、核桃、山羊乳酪和巴薩米克油醋醬
——真食廚房（True Food Kitchen），聖塔莫尼卡

開心果
櫻桃蘿蔔
米
鼠尾草
沙拉,如:穀物沙拉、涼麵沙拉、
*　義大利麵沙拉*
鹽,如:猶太鹽
嫩青蔥
芝麻,如:芝麻油、芝麻籽
紅蔥
荷蘭豆
湯
醬油
燉煮料理
翻炒料理
蔬菜高湯
糖
龍蒿
百里香
豆腐
醋,如:紅酒醋

荸薺
優格

對味組合

甜豌豆＋羅勒＋蒜薑
甜豌豆＋羅勒＋*翻炒料理*＋豆腐
甜豌豆＋辣椒＋蒜頭＋檸檬
甜豌豆＋孜然＋百里香
甜豌豆＋蒔蘿＋橄欖油＋嫩青蔥
甜豌豆＋蒜頭＋碎檸檬皮＋義式
　麵食
甜豌豆＋蒜頭＋菇蕈類
甜豌豆＋蒜頭＋松子
甜豌豆＋薑＋芝麻油
甜豌豆＋檸檬＋薄荷
甜豌豆＋芥末＋橄欖油＋醋
甜豌豆＋麵條／義式麵食＋花生
　醬＋醬油
甜豌豆＋芝麻油＋芝麻籽

鹽膚木 Sumac

[SOO-mack]

風味:苦／鹹／**酸**／甜,帶有水
　果和／或檸檬的澀味
風味強度:弱－中等
這是什麼:一種帶有酸辣風味的
　辛香料
小祕訣:添加到你可能會擠上檸
　檬汁或放上刨絲檸檬皮的食物
　上。

北非料理
酪梨
豆類,如:白豆
甜菜
燈籠椒
麵包,如:袋餅
乳酪,如:費達乳酪
鷹嘴豆
辣椒和辣椒粉
芫荽葉
芫荽
黃瓜
孜然
蘸料
飲料,如:檸檬水
埃及杜卡綜合香料(混合杏仁果
　＋芫荽＋孜然＋鹽＋芝麻籽＋
　鹽膚木的埃及辛香料)
茄子
蛋,如:水煮蛋
炸鷹嘴豆泥
茴香
蒜頭
薑
全穀物,如:法老小麥、藜麥
鷹嘴豆泥醬
伊朗料理
串燒
黎巴嫩料理
檸檬,如:檸檬汁
扁豆,如:紅扁豆
滷汁醃醬
美乃滋

東部地中海料理
中東料理
薄荷
摩洛哥料理
橄欖油
洋蔥，如：生洋蔥
柳橙
奧勒岡
歐芹
黑胡椒
抓飯
松子
石榴
馬齒莧
米
沙拉淋醬，如：塔希尼芝麻沙拉
　　淋醬
沙拉，如：鷹嘴豆沙拉、黃瓜沙拉、
　　阿拉伯蔬菜沙拉、番茄沙拉
鹽
醬汁
芝麻籽
酸奶油
燉煮料理
甜豌豆
敘利亞料理
塔希尼芝麻醬
百里香
番茄
土耳其料理
蔬菜
核桃
優格
中東扎塔香料
櫛瓜

對味組合
鹽膚木＋燈籠椒＋蒜頭＋檸檬＋
　　洋蔥＋番茄
鹽膚木＋鷹嘴豆＋芫荽＋孜然
鹽膚木＋黃瓜＋費達乳酪＋檸檬
　　＋薄荷＋歐芹＋番茄
鹽膚木＋椰棗＋費達乳酪＋歐芹
鹽膚木＋費達乳酪＋全穀物＋櫛

瓜

鹽膚木＋蒜頭＋檸檬

鹽膚木＋奧勒岡＋芝麻籽＋百里香（又名中東扎塔香料）

夏季食材 Summer

天氣：典型炎熱的天氣

料理方式：炭烤、燒烤、醃滷、生食、煎炒

茴藿香

杏桃（盛產季節：6月）

芝麻菜（盛產季節：春／夏）

酪梨（盛產季節：春／夏）

竹筍（盛產季節：春／夏）

羅勒（盛產季節：夏）

豆類，如：蔓越莓豆、蠶豆、**四季豆**、皇帝豆

燈籠椒，如：紅燈籠椒或黃燈籠椒（盛產季節：夏／秋）

漿果（盛產季節：春／夏）

黑莓（盛產季節：6月）

藍莓（盛產季節：7月）

沸煮料理

青江菜（盛產季節：夏／秋）

波伊森莓（盛產季節：6月）

燉煮莧菜湯

芹菜（盛產季節：夏／秋）

莙菜（盛產季節：夏／秋）

櫻桃

新鮮鷹嘴豆

辣椒，如：波布蘭諾辣椒

冷盤料理和飲品

芫荽葉（盛產季節：春／夏）

玉米（盛產季節：7月～8月）

黃瓜（盛產季節：8月）

黑穗醋栗

蒔蘿（盛產季節：春／夏）

毛豆

茄子

接骨木果和接骨木花

闊葉苣菜（盛產季節：夏／秋）

茴香花粉（盛產季節：春／夏）

無花果（盛產季節：8月）

食用花

新鮮香料

蒜頭（盛產季節：8月）

枸杞（盛產季節：夏／秋）

葡萄（盛產季節：夏／秋）

綠色蔬菜，如：甜菜葉、綠葉蔬菜、東京水菜

燒烤料理

炙烤料理

番石榴（盛產季節：夏／秋）

清涼香料植物，如：羅勒、芫荽葉、蒔蘿、茴香、甘草、墨角蘭、薄荷

辣根（盛產季節：夏／秋）

越菊莓

冰淇淋

冰和義式冰沙

波羅蜜

大頭菜（盛產季節：夏／秋）

灰藜

萵苣，如：綠葉萵苣、羊萵苣、紅葉萵苣

萊姆（盛產季節：6月）

琵琶

荔枝

芒果（盛產季節：春／夏）

甜瓜，如：洋香瓜（盛產季節：8月）

淡味噌

菇蕈類，如：硫色絢孔菌、刺蝟菇、龍蝦菌、牛肝菌

油桃（盛產季節：7月）

蕁麻（盛產季節：春／夏）

麵條，如：涼麵、素麵

秋葵（盛產季節：8月）

洋蔥（盛產季節：8月）

青蔥

紅洋蔥（盛產季節：7月）、維塔莉亞洋蔥（盛產季節：6月）

巴巴羅葉

木瓜（盛產季節：夏／秋）

桃子（盛產季節：7月～8月）

威廉斯梨（盛產季節：8月）

豌豆（盛產季節：春／夏）

野餐

李子（盛產季節：8月）

馬鈴薯，如：新馬鈴薯（盛產季節：春／夏）

夏季布丁

馬齒莧

覆盆子（盛產季節：6月～8月）

可生食的食物，如：沙拉）

沙拉，如：水果沙拉、綠色蔬菜沙拉、義式麵食

新鮮莎莎醬

夏季香薄荷

海蘆筍

紅蔥（盛產季節：夏／秋）

美式涼拌菜絲

荷蘭豆（盛產季節：6月～7月）

雪碧冰

冷湯，如：水果湯、紅捲心菜冷湯

烹調辛香料，如：黑胡椒粒、白胡椒粒；薑黃

白蘿蔔苗（盛產季節：春／夏）

夏南瓜，如：飛碟南瓜、黃櫛瓜、櫛瓜

清蒸料理

核果水果，如：桃子、李子

草莓（盛產季節：春／夏）

越式春捲

龍蒿

百里香

黏果酸漿（盛產季節：8月）

番茄

綠葉蔬菜

水田芥

西瓜

櫛瓜和櫛瓜花（盛產季節：7月）

夏季是一整年中最利於烹調的時光，因為有許多食材可以運用。這是人們希望整年都可以吃到的所有風味：水果、番茄和玉米。

——瓊．杜布瓦斯（Jon Dubois），綠斑馬，芝加哥

菊芋 Sunchokes

（參見耶路撒冷朝鮮薊）

純素食壽司 Sushi, Vegetarian
（參見海苔、海苔卷）

● 甘藷 Sweet Potatoes

季節：秋－冬

風味：微甜－甜，帶有栗子、南瓜和／或香莢蘭的風味，質地柔軟（熟）

風味強度：中等－強

這是什麼：澱粉類蔬菜

誰說它們有益健康：美國公共利益科學中心在《健康行動》上發表包含甘藷在內的「十種最棒食物」，而且「營養滿點」，是你可以吃到的最棒蔬菜。

營養學剖繪：93% 碳水化合物／6% 蛋白質／1% 脂肪

熱量：每1杯180大卡（烘焙過）

蛋白質：4克

料理方式：烘焙（戳刺外皮後，整顆以204°C烘焙40-60分鐘以上）、沸煮（25-40分鐘）、炙烤、煮糖、深炸、油炸、燒烤（或以鋁箔紙包裹放在煤炭堆裡）、搗成糊狀、高壓烹煮（3-7分鐘）、打泥、烘烤、煎炒、微滾烹煮、蒸煮（切片煮20分鐘）

可行的替代物：胡蘿蔔、南瓜、冬南瓜、山芋

| 主廚私房菜 | DISHES |

蓬勃蔬菜鍋派：馬鈴薯泥搭配胡蘿蔔和芹菜、甘藷、赤褐馬鈴薯有機米奶、特級初榨橄欖油和海鹽
——蓬勃烘焙公司（Flourish Baking Company），紐約斯卡斯代爾

楓糖胡桃甘藷：有機烘焙甘藷，放上齊波特辣椒腰果鮮奶油和楓糖漬胡桃
——追隨你心（Follow Your Heart），加州卡諾加公園

低溫水煮蛋搭配黑眉豆和甘藷泥、烘烤辣椒醬
——伍德拉可小屋（The Lodge at Woodloch），賓州豪利

馬鈴薯美式煎餅：甘藷和白肉馬鈴薯，搭配蘋果蔓越莓印度甜酸醬和義式濃縮浮沫
——瑪哪食物吧（Mana Food Bar），芝加哥

甘藷玉米粽：煙燻胡桃和波布蘭諾辣椒內餡、黑眉豆墨西哥摩爾醬、冬季青蔬和焦糖化洋蔥、酪梨、醃漬洋蔥-胭脂仙人掌莎莎醬、辣南瓜籽乳化液
——千禧（Millennium），舊金山

墨西哥甘藷餡薄餅：甘藷、煎炒洋蔥和羽衣甘藍，搭配滑潤的百里香醬汁
——根（Root），麻州奧爾斯頓

自製方麵餃，甘藷和南薑為內餡，搭配檸檬香茅椰漿
——真實小酒館（True Bistro），麻州薩默維爾

木柴燒烤甘藷「肉派」、芥末籽醬、牙買加煙燻香料腰果、吐司麵包
——費吉（Vedge），費城

甘藷派搭配甜德國酸菜和鮮奶油、焦軟無花果、煙燻楓糖冰淇淋、核桃奶酥
——費吉（Vedge），費城

龍舌蘭糖漿
多香果
蘋果、蘋果酒、蘋果汁和蘋果醬汁
杏桃
芝麻菜
烘焙食物，如：*比斯吉、麵包、蛋糕、餅乾、馬芬、**派***
香蕉
羅勒和泰國羅勒
月桂葉
豆類，如：**黑眉豆**、四季豆
四季豆
燈籠椒，如：*綠燈籠椒、紅燈籠椒、*

黃燈籠椒
波本酒
墨西哥捲餅
奶油和褐化奶油
焦糖
小豆蔻
胡蘿蔔
法式砂鍋菜
白花椰菜
卡宴辣椒
芹菜
瑞士莙蓬菜
乳酪，如：*藍黴、費達、芳汀那、山羊乳酪、帕爾瑪、斯提爾頓、*

泰勒吉奧乳酪
鷹嘴豆
辣椒，如：*齊波特辣椒、青辣椒、哈拉佩諾辣椒、波布蘭諾辣椒*
辣椒，如：*辣椒片、辣椒醬、辣椒粉*
蔬菜脆片
巧克力
芫荽葉
肉桂
丁香
椰子，如：*椰子醬、椰漿、椰奶*
芫荽
玉米

蔓越莓，如：蔓越莓乾、蔓越莓汁
鮮奶油
法式酸奶油
全穀酥脆麵包丁
孜然
咖哩類
咖哩，如：咖哩粉、咖哩辛香料
卡士達
甜點，如：卡士達、派、布丁
蛋
茴香
無花果
水果乾
葛拉姆馬薩拉
蒜頭
印度酥油（澄清奶油）
薑
全穀物，如：大麥、庫斯庫斯、小米、
　燕麥
焗烤料理
綠色蔬菜，如：綠葉甘藍、芥末葉、
　沙拉青蔬
雜燴
海鮮醬
蜂蜜
印度料理
義大利料理
日式料理
羽衣甘藍
檸檬，如：檸檬汁、碎檸檬皮
檸檬香茅
扁豆，如：紅扁豆
萊姆，如：萊姆汁、碎萊姆皮
楓糖漿
墨角蘭
奶類，如：杏仁奶、腰果奶、椰奶
味醂
味噌，如：甜味噌、白味噌
糖蜜
菇蕈類，如：香菇
芥末，如：第戎芥末
肉豆蔻
堅果、堅果醬和堅果奶，如：杏仁
　奶、花生奶、美洲山核桃奶、核

桃奶
油脂，如：葡萄籽油、榛果油、堅
　果油、橄欖油、花生油、芝麻油、
　核桃油
洋蔥，如：紅洋蔥、白洋蔥、春日
　洋蔥、甜洋蔥、黃洋蔥
柳橙，如：橙汁、碎橙皮
奧勒岡
美式煎餅，如：甘藷煎餅
紅椒粉，如：甜紅椒粉、煙燻紅椒
　粉
歐芹
歐洲防風草塊根
義式麵食，如：義式麵疙瘩、千層
　麵、方麵餃
法式酥皮醬糜派
梨子
胡椒，如：黑胡椒、白胡椒
鳳梨
罌粟籽
白肉馬鈴薯
南瓜籽
濃湯
墨西哥餡料薄餅
藜麥
紫葉菊苣
葡萄乾
米，如：糙米
迷迭香
蘭姆酒
鼠尾草
沙拉
莎莎醬
鹽，如：猶太鹽、海鹽、煙燻鹽
香薄荷
嫩青蔥
種籽，如：芝麻籽、葵花籽
芝麻，如：芝麻油、芝麻醬、芝麻
　籽
紅蔥
牧羊人派
舒芙蕾
湯，如：黑眉豆湯、甘藷湯、番茄
　湯

酸奶油
醬油
菠菜
燉煮料理
蔬菜高湯
黃砂糖
溜醬油
天貝
天婦羅
百里香
豆腐，如：豆乾
番茄
墨西哥薄餅
薑黃
蕪菁
香莢蘭
醋，如：**巴薩米克香醋**、紅酒醋、
　米酒醋、雪利酒醋
比利時甘藷鬆餅
水田芥
優格

對味組合
甘藷＋**多香果**＋**肉桂**＋**薑**＋楓糖
　漿＋**肉豆蔻**（＋香莢蘭）
甘藷＋杏仁奶＋**肉桂**＋楓糖漿＋
　肉豆蔻（＋香莢蘭）
甘藷＋杏仁果＋杏仁奶＋蘋果
甘藷＋**蘋果**＋**薑**
甘藷＋酪梨＋黑眉豆＋辣椒
甘藷＋巴薩米克香醋＋羽衣甘藍
　＋鼠尾草
甘藷＋燈籠椒＋蒜頭＋*雜燴*＋洋
　蔥
甘藷＋黑眉豆＋芫荽葉＋芒果＋
　莎莎醬
甘藷＋黑眉豆＋*莎莎醬*＋*墨西哥
　薄餅*
甘藷＋波本酒＋黃砂糖＋美洲山
　核桃
甘藷＋褐化奶油＋鼠尾草
甘藷＋黃砂糖＋肉桂＋香莢蘭
甘藷＋黃砂糖＋柑橘類（如：檸
　檬／萊姆／柳橙汁）

S

甘藷＋黃砂糖＋薑
甘藷＋辣椒＋薑＋萊姆＋鹽
甘藷＋辣椒＋蜂蜜
甘藷＋巧克力＋肉桂＋堅果＋香
　　莢蘭
甘藷＋芫荽葉＋萊姆＋洋蔥＋醋
甘藷＋椰奶＋咖哩辛香料
甘藷＋蒜頭＋香料植物（如：迷
　　迭香、鼠尾草、百里香）
甘藷＋薑＋蜂蜜＋芝麻＋醬油
甘藷＋薑＋萊姆＋梨子
甘藷＋薑＋味噌
甘藷＋薑＋柳橙＋優格
甘藷＋薑＋花生
甘藷＋薑＋芝麻（油／籽）
甘藷＋綠色蔬菜＋藜麥
甘藷＋蜂蜜＋萊姆
甘藷＋萊姆＋鹽
甘藷＋楓糖漿＋美洲山核桃
甘藷＋糖蜜＋芝麻籽
甘藷＋堅果＋葡萄乾
甘藷＋芝麻（油／籽）＋醬油

甜味／甜味劑
Sweetness / Sweeteners

小祕訣：較冰的食物或飲料感覺
　　起來比較不甜。在酸味會凸顯
　　風味的同時，甜味則是讓風味
　　更加完整。有很多方法可以在
　　料理中增加甜味，而非只是使
　　用精製白糖：下面有些範例。

龍舌蘭糖漿，如：生食
蘋果汁和蘋果醬汁
大麥麥芽糖漿
糙米糖漿
原甘蔗汁
肉桂
椰子糖漿
椰子糖
椰棗和椰棗糖
新鮮水果，如：香蕉
水果乾，如：椰棗乾、葡萄乾
果汁，尤以濃縮果汁為佳，如：水

果糖漿
醃漬水果和果醬
蜂蜜，如：生蜜
楓糖
楓糖漿
味醂
糖蜜
肉豆蔻
大米糖漿
甜菊糖
原蔗糖
糖，如：黃砂糖、椰子、椰棗、楓糖、
　　黑砂糖、有機糖、棕櫚糖、原糖、
　　天然粗糖
香莢蘭

────────────

大米糖漿 Syrup, Rice
（參見糙米糖漿）

────────────

● 塔希尼芝麻醬 Tahini
[tah-HEE-nee]
風味：甜和／或鹹、堅果風味，質
　　感滑順
風味強度：中等
這是什麼：生芝麻醬，把芝麻磨
　　碎製成
營養學剖繪：70% 脂肪／19% 碳
　　水化合物／11% 蛋白質
熱量：每1大匙90大卡
蛋白質：3克
小祕訣：選擇以石磨研磨生芝麻
　　籽所製成的塔希尼芝麻醬。
可行的替代物：煙燻味較重的中
　　國芝麻醬（用於亞洲菜餚）

北非料理
亞洲料理
蘆筍
中東茄泥蘸醬
烘焙食物，如：麵包
豆類，如：黑眉豆、白腰豆、四季
　　豆、白豆
甜菜
青江菜

甘藍菜
胡蘿蔔
腰果
白花椰菜
鷹嘴豆
芫荽葉
以色列庫斯庫斯
孜然
蘸料
茄子
炸鷹嘴豆泥
水果
蒜頭
薑
希臘料理
綠色蔬菜，如：沙拉青蔬
哈爾瓦酥糖
蜂蜜
*鷹嘴豆泥醬
糖霜，如：蛋糕、杯子蛋糕
檸檬，如：檸檬汁
萊姆
中東料理
植物奶，如：杏仁奶、米奶、豆奶
味噌
菇蕈類，如：香菇
亞洲麵條，如：涼麵、日本蕎麥麵
堅果，如：夏威夷堅果
油脂，如：芝麻油
洋蔥，如：黃洋蔥
柳橙
松子
馬鈴薯
南瓜
濃湯，如：胡蘿蔔濃湯、馬鈴薯濃
　　湯、甘藷濃湯
藜麥
沙拉淋醬
沙拉，如：阿拉伯蔬菜沙拉、水果
　　沙拉、莢果沙拉
三明治
醬汁
芝麻，如：芝麻油、芝麻籽
蔬果昔

荷蘭豆
湯
醬油
菠菜
抹醬
白胡桃瓜
燉煮料理
蔬菜高湯
鹽膚木
甘藷
溜醬油
天貝
豆腐
香莢蘭
醋，如：巴薩米克香醋或米醋
酒
核桃
優格
中東扎塔香料
櫛瓜

對味組合
塔希尼芝麻醬＋胡蘿蔔＋薑
塔希尼芝麻醬＋鷹嘴豆＋蒜頭＋檸檬汁＋橄欖油
塔希尼芝麻醬＋鷹嘴豆＋以色列庫斯庫斯
塔希尼芝麻醬＋蒜頭＋檸檬＋芝麻油＋溜醬油
塔希尼芝麻醬＋蒜頭＋優格
塔希尼芝麻醬＋檸檬汁＋日本蕎麥麵
塔希尼芝麻醬＋檸檬汁＋優格
塔希尼芝麻醬＋麵條＋芝麻油＋醬油＋米酒醋

● 溜醬油 Tamari
[tah-MAHR-ee]
風味：鹹／甜／鮮，帶有肉香
風味強度：中等
小祕訣：溜醬油通常比中式醬油甜（風味也比較複雜），而中式醬油比較鹹。烹調中或結束後加進食物裡。建議選用低鈉的。

亞洲料理
烘烤料理
法式砂鍋菜
蘸料和蘸醬
薑
亞洲綠色蔬菜
燒烤料理
蜂蜜
滷汁醃醬
菇蕈類
洋蔥，如：青蔥
花生
南瓜籽
烘烤料理
沙拉淋醬
醬汁
芝麻，如：芝麻籽
湯
燉煮料理
翻炒料理
葵花籽
壽司，如：海苔卷
豆腐
番茄和番茄醬汁
米醋
核桃

對味組合
溜醬油＋蜂蜜＋米醋＋芝麻籽

溜醬油基本上是發酵的鹽，非常適合製作醃醬。太容易過鹹了，所以我通常不會直接灑進食物裡。
——馬克‧蕭德爾（Mark Shadle），G禪餐廳（G-Zen）

● **羅望子、羅望子果醬**
Tamarind And Tamarind Paste
風味：非常酸／微甜，帶有杏桃、黃糖、椰棗、李子乾和／或糖蜜的刺激香調
風味強度：中等－非常強
這是什麼：熱帶水果的果肉

杏桃
亞洲料理
香蕉
豆類
水果飲品
黑眼豆
加勒比海料理
胡蘿蔔
腰果
白花椰菜
瑞士蒸菜
鷹嘴豆
辣椒，如：哈拉佩諾辣椒、泰國鳥眼辣椒
辣椒粉
印度甜酸醬
芫荽葉
柑橘類，如：葡萄柚、檸檬、萊姆、柳橙、紅橘
椰子和椰奶
芫荽
孜然
新鮮咖哩葉、咖哩粉、咖哩
辛香料和咖哩類
椰棗
冷凍甜點，如：義式冰沙、雪碧冰
日本茄子
蒜頭
薑
穀物
葡萄柚
印度料理
拉丁美洲料理
萊果
檸檬
檸檬香茅

T

羅望子香蕉船、巧克力棉花軟糖、羅望子芫荽慕斯、香蕉法式酸
奶油雪碧冰
——自身（Per Se），紐約市

扁豆，如：紅扁豆
萊姆，如：萊姆汁、碎萊姆皮
楓糖漿
滷汁醃醬
地中海料理
墨西哥料理
中東料理
薄荷
糖蜜
菇蕈類
芥末和芥末籽
亞洲麵條，如：粄條
油脂，如：葡萄籽油
柳橙
泰式炒河粉
花生
馬鈴薯，如：新馬鈴薯
米，如：印度香米、茉莉香米
沙拉淋醬
沙拉，如：涼麵沙拉、泰式沙拉
醬汁，如：燒烤醬、糖醋醬、番茄
　醬
嫩青蔥
紅蔥
雪碧冰
湯，如：酸辣湯、扁豆湯、蔬菜湯
醬油
八角
翻炒料理
糖，如：黃砂糖、梅干糖、白糖
甘藷
溜醬油
甘橘
泰式料理
豆腐
番茄和番茄糊
薑黃
香莢蘭

蔬菜
醋，如：蘋果酒醋、褐醋
米
核桃
優格
櫛瓜

對味組合
羅望子＋腰果＋豆腐＋番茄
羅望子＋咖哩辛香料＋花生＋甘
　藷
羅望子＋蒜頭＋薑

● 紅橘 Tangerines（參見橘子）

● 粉圓 Tapioca
風味：中性、小而紮實的「珍珠」
風味強度：非常弱
這是什麼：木薯的澱粉做成的圓
　粒；當作稠化物使用，和玉米
　澱粉不同，不用沸煮就能增稠。
營養學剖繪：100% 碳水化合物
小祕訣：浸泡數小時後使用。

杏仁果
蘋果
香蕉
巧克力
椰子和椰奶
甜點，如：美式鬆厚酥頂派、脆片、
　派、餡餅

蛋
水果
薑
馬來西亞料理
芒果
楓糖漿
甜瓜，如：蜜露瓜
奶類
堅果
布丁
芝麻籽，如：烤芝麻籽
糖，如：黃砂糖
香莢蘭
越南料理
日本柚子

對味組合
粉圓＋香蕉＋椰奶＋薑
粉圓＋香蕉＋椰奶＋香莢蘭

我們的**樹薯布丁**非常受歡迎，很
難從菜單上拿掉。椰奶可以增添
風味和濃醇感（相較之下，米奶
稀薄而缺乏風味，豆奶則有股粉
筆味）。我們用洋菜為布丁增稠，
洋菜和玉米澱粉不同，不會遮蓋
風味。我們喜歡用生水果或煮熟
的水果來畫龍點睛，例如新鮮的
櫻姚加上櫻桃醬或凝膠。
——亞倫・伍（Aaron Woo），天擇餐廳，
奧勒岡州波特蘭市

● 芋頭 Taro（亦稱芋塊莖）
風味：堅果、馬鈴薯、荸薺和／或
　酵母的泥土味，質地柔軟、粉
　片狀、澱粉質（有時滑溜）
風味強度：弱

椰子和香莢蘭樹薯布丁，搭配越橘莓、血橙和紅橘
——天擇（Natural Selection），俄勒岡州波特蘭市

香莢蘭和椰子樹薯布丁，搭配杏桃、覆盆子、杏仁果和白巧克力
——天擇（Natural Selection），俄勒岡州波特蘭市

這是什麼：澱粉類蔬菜（塊莖）
營養學剖繪：98% 碳水化合物／
　1% 脂肪／1% 蛋白質
熱量：每1杯190大卡（熟）
蛋白質：1克
料理方式：烘焙、沸煮、燜煮、油炸、
　刨絲、磨碎、搗成糊狀、打泥、
　煎炒、微滾烹煮、蒸煮、燉煮（提
　醒：絕對不可以生吃！）
可行的替代物：馬鈴薯

西非料理
亞洲料理
加勒比海料理
中式料理
洋芋片
椰奶
咖哩類
蒜頭
夏威夷料理
蜂蜜
日式料理
馬鈴薯泥
椰奶
菇蕈類，如：亞洲香菇、乾香菇
巢
洋蔥
美式香薄荷煎餅
夏威夷芋泥蘸醬
嫩青蔥
芝麻，如：芝麻籽
湯
醬油
小果南瓜，如：日本南瓜
燉煮料理
甘藷
芋頭葉

對味組合
芋頭＋辣椒＋椰奶
芋頭＋蜂蜜＋芝麻

─────────────

● 龍蒿 Tarragon
[TEHR-ah-gon]

季節：夏季
風味：苦／酸／**甜**；芳香，帶有茴
　芹、羅勒、茴香、香料植物、檸
　檬、甘草、薄荷和／或松木的
　刺激香調
風味強度：**強**

小祕訣：在烹煮過程最後加入新
　鮮龍蒿。和其他香料不同，龍
　蒿在乾燥時風味更濃烈。
近親：朝鮮薊、洋甘菊、菊苣、蒲
　公英葉、茛菜、萵苣（如畢布萵
　苣、捲心萵苣、蘿蔓萵苣）、紫
　葉菊苣、波羅門參

茴芹
蘋果
杏桃
朝鮮薊
蘆筍
豆類，如：乾燥豆類、新鮮豆類、
　四季豆、皇帝豆、白豆
甜菜
法國香草束
青花菜
奶油，如：風味奶油
續隨子
胡蘿蔔
白花椰菜
芹菜籽
芹菜根
乳酪，如：山羊乳酪、瑞可達乳酪
細葉香芹
細香蔥
柑橘類，如：葡萄柚、檸檬、萊姆
玉米
鮮奶油
乳製品，如：奶油、鮮奶油
蒔蘿
蘸料
蛋，如：水煮全熟蛋、*蛋捲、鹹派*
茴香和茴香籽
調味香料植物（如龍蒿＋細葉香
　芹＋細香蔥＋歐芹）
法式料理

綠捲鬚苦苣
蒜頭
全穀物，如：大麥、糙米、**布格麥
　片、小麥仁**
葡萄柚
苦味綠色蔬菜
普羅旺斯香料植物
韭蔥
檸檬，如：檸檬汁、碎檸檬皮
檸檬香料植物，如：檸檬香蜂草、
　檸檬百里香，檸檬馬鞭草
扁豆
萊姆
歐當歸
滷汁醃醬
墨角蘭
美乃滋
甜瓜
薄荷
菇蕈類
芥末，如：第戎芥末
油脂，如：菜籽油、榛果油、橄欖
　油、核桃油
洋蔥
柳橙，如：橙汁、碎橙皮
紅椒粉
歐芹和歐芹根
義式麵食
桃子
豌豆，如：英國豌豆
胡椒，如：黑胡椒、綠胡椒、粉紅
　胡椒
馬鈴薯
櫻桃蘿蔔
米
沙拉淋醬，如：油醋沙拉淋醬
沙拉，如：*蛋沙拉、水果沙拉、穀
　物沙拉、綠色蔬菜沙拉、義大
　利麵沙拉、馬鈴薯沙拉*
波羅門參
醬汁，尤以經典法式醬汁為佳，
　如：*貝納斯醬汁、荷蘭醬；奶油
　醬汁、塔塔醬*
紅蔥

T

酸模

湯，如：以鮮奶油為基底的湯、菇
　蕈湯、白豆湯

菠菜

蔬菜高湯

餡料

甜豌豆

豆腐

番茄

蔬菜

醋，如：香檳酒醋、紅酒醋、雪利
　酒醋、白酒醋

核桃

櫛瓜

對味組合

龍蒿＋茴芹＋芹菜籽

龍蒿＋布格麥片＋扁豆＋核桃

龍蒿＋第戎芥末＋檸檬汁

龍蒿＋第戎芥末＋紅酒醋醋

龍蒿＋四季豆＋番茄

龍蒿＋綠色蔬菜（蘆筍、綠豌豆）
　＋檸檬＋橄欖油

龍蒿＋芝麻＋醬油

龍蒿＋紅蔥＋酒

龍蒿那種香料植物、甘草的風味，
讓我宛如置身於法國鄉間。我愛
在春天把龍蒿搭配輕食，例如籃
筍或青豆等綠色蔬菜，加上少許
橄欖油和檸檬。

　　──里奇・蘭道（Rich Landau），費吉餐
　　廳，費城

● 塌棵菜 Tatsoi
（亦稱 Tat Soi）

[taht-SOY]

風味：苦／酸／甜，帶有青江菜、
　甘藍、礦物質、**芥末**、堅果和／
　或菠菜的香調，質地厚、脆／
　耐嚼

風味強度：弱－中等

這是什麼：亞洲的綠葉蔬菜

熱量：每1杯35大卡（生）

蛋白質：3克

料理方式：燜煮、生食（特別是
　嫩葉）、煎炒、蒸煮（10
　分鐘）

小祕訣：徹底沖洗。生食或稍微
　烹煮。

近親：青花菜、芥菜

可行的替代物：菠菜

細香蔥

黃瓜

毛豆

蒜頭

薑

其他綠色蔬菜，如：青江菜、東京
　水菜

芒果

菇蕈類，如：香菇

亞洲麵條，如：日本蕎麥麵

油脂，如：葡萄籽油、橄欖油

青蔥

花生和花生醬

沙拉

嫩青蔥

海菜，如：昆布、裙帶菜

芝麻，如：芝麻油、芝麻籽

紅蔥

湯

醬油和溜醬油

燉煮料理

翻炒料理

塔希尼芝麻醬

豆腐，如：烤豆腐
醋，如：米酒醋

對味組合
塌棵菜＋蒜頭＋薑＋紅蔥
塌棵菜＋蒜頭＋薑＋醬油
塌棵菜＋蒜頭＋橄欖油
塌棵菜＋薑＋芝麻油＋醬油
塌棵菜＋米酒醋＋芝麻（油／籽）
塌棵菜＋芝麻油＋醬油＋塔希尼
　芝麻醬＋醋

● 苔麩酥 Teff
風味：微甜、帶有榛果、麥芽和／
　或糖蜜的風味，與非常細小的
　顆粒
風味強度：弱－中等
這是什麼：全穀
無麩質：是
營養學剖繪：80％碳水化合物／
　14％蛋白質／6％脂肪
熱量：每28.35克105大卡（未烹
　煮）
蛋白質：4克
料理方式：乾烤、煎炒、微滾烹煮
烹調時間：預先浸泡；烹調之前
　先焙烤苔麩酥；加蓋煮約15-20
　分鐘。
比例：1：4（1杯苔麩酥對4杯烹
　調湯汁）
小祕訣：由於苔麩酥顆粒很小，因
　此都是全穀。

北非料理
多香果
烘焙食物，如：麵包、餅乾
法式砂鍋菜
卡宴辣椒
熱早餐麥片
細香蔥
肉桂
椰棗
衣索比亞料理
其他更大粒穀物，如：大麥，小米、

米
鍋底焦渣醬汁
因傑拉
楓糖漿
奶類
堅果，如：美洲山核桃、核桃
洋蔥
美式煎餅
歐芹
抓飯
葡萄乾
嫩青蔥
湯
燉煮料理
餡料
百里香
蔬菜

對味組合
苔麩酥＋楓糖漿＋奶類

● 天貝 Tempeh
[TEM-pay]
風味：微甜／苦，帶有**菇蕈**、**堅果**、
　煙燻和／或**酵母**的泥土味，質
　地紮實、耐嚼、肉質
風味強度：中等－強
這是什麼：大豆加上一種或多種
　穀物（如米、大麥、小米）一起
　發酵，做成餅狀；比豆腐紮實
　營養學剖繪：47％脂肪／33％
　蛋白質／20％碳水化合物
熱量：每½杯160大卡
蛋白質：15克
料理方式：烘焙（177℃烘焙30分
　鐘）、燜煮、炙烤（每面4-5分
　鐘）、油炸、刨絲、燒烤（每面4-5
　分鐘）、煎炸（10分鐘）、烘烤、
　煎炒、蒸煮、翻炒（注意：必須
　完全煮熟）
小祕訣：蒸煮10分鐘減弱天貝的
　苦味。蒸煮之後，務必確實醃
　滷（至少30分鐘）、調味，才能
　得到理想的風味。

品牌：輕生活、大豆小子、蘇拉塔、
　韋斯、原木牌（找有機的產品）

龍舌蘭糖漿
天貝培根
燒烤醬
泰國羅勒
月桂葉
豆類，如：黑眉豆、四季豆、花豆
燈籠椒，如：烘烤燈籠椒
墨西哥捲餅
甘藍菜，如：綠甘藍菜
胡蘿蔔
法式砂鍋菜
芹菜
芹菜根
蒸菜
乳酪，如：巧達、瑞士乳酪
辣椒，如：齊波特辣椒、哈拉佩諾
　辣椒
素辣豆醬
辣椒粉
芫荽葉
肉桂
椰子和椰奶
芫荽
孜然
咖哩類
咖哩粉和咖哩類
茴香，如：茴香菜泥
五香粉
蒜頭
薑
全穀物，如：小米
菇蕈鍋底焦渣醬汁
綠色蔬菜，如：綠葉甘藍
海鮮醬
蜂蜜
印尼料理
羽衣甘藍
串燒
昆布
檸檬，如：檸檬汁
檸檬香茅

萵苣
萊姆，如：萊姆汁
煙燻調理液
日本長壽飲食料理
楓糖漿
芒果
味醂
味噌
糖蜜
菇蕈類，如：牛肝菌，波特貝羅大
　香菇、香菇
芥末
麵條，如：日本蕎麥麵
油脂，如：菜籽油、**橄欖油**、花生
　油、紅花油、芝麻油、葵花油
洋蔥，如：紅洋蔥、黃洋蔥
柳橙
奧勒岡
紅椒粉，如：煙燻紅椒粉、甜紅椒
　粉
歐芹
義式麵食
花生和花生醬
豌豆
米，如：糙米或茉莉香米
沙拉淋醬，如：俄羅斯沙拉淋醬、
　千島沙拉淋醬，如：雞（如：＋
　胡蘿蔔＋芹菜＋美乃滋）、墨西
　哥塔可餅
海鹽
三明治，如：魯本三明治、培根萵
　苣番茄三明治、捲餅三明治
醬汁，如：義式麵食
德國酸菜
嫩青蔥
炒天貝
芝麻，如：芝麻油、芝麻醬、芝麻
　籽
紅蔥
遢遢喬三明治
煙燻香甜酒
湯
醬油
是拉差香甜辣椒醬

八角
燉煮料理，如：燉煮蔬菜
翻炒料理
蔬菜高湯
糖，如：黃砂糖
甘藷
墨西哥塔可餅
溜醬油
羅望子

百里香
番茄、番茄糊和番茄醬汁
梅干醬汁
素食漢堡
醋，如：蘋果酒醋、巴薩米克香醋、
　糙米醋、烏醋、米醋
酒，如：干紅酒或白酒
伍斯特素食辣醬油

對味組合
天貝＋酪梨＋黑眉豆＋菇蕈類＋*墨西哥薄餅*
天貝＋酪梨＋*墨西哥捲餅或辣椒或墨西哥塔可餅*＋齊波特辣椒＋番茄
天貝＋黑眉豆＋柳橙
天貝＋葛縷子籽＋孜然
天貝＋辣椒＋芫荽葉
天貝＋辣椒＋柑橘類（如：檸檬、柳橙）
天貝＋辣椒＋椰子＋薑＋檸檬香茅＋花生
天貝＋辣椒＋薑＋檸檬＋醬油
天貝＋芫荽葉＋嫩青蔥＋芝麻籽
天貝＋芫荽葉＋番茄
天貝＋椰奶＋綠葉甘藍＋咖哩＋甘藷
天貝＋芫荽＋孜然＋薑
天貝＋蒜頭＋薑＋醬油
天貝＋蒜頭＋檸檬＋歐芹＋紅蔥＋白酒
天貝＋蒜頭＋洋蔥＋溜醬油＋醋
天貝＋蒜頭＋柳橙＋醬油
天貝＋檸檬＋菇蕈類＋紅蔥
天貝＋楓糖漿＋芥末
天貝＋*俄羅斯淋醬*＋德國酸菜＋瑞士乳酪＋三明治

豆腐、天貝和麵筋製品是素食主義的三位一體……天貝營養最豐富，
因此是我的最愛。
——巴特‧波坦扎（Bart Potenza）蠟燭79的共同創辦人，紐約市

夏天我比較喜歡大豆天貝，和比較輕淡的風味很搭（例如柑橘、檸檬
和白酒）。秋天天氣變涼時，我喜歡多穀類天貝，較重的泥土味比較適
合搭配秋季菇蕈和肉桂等香料的豐富風味。我真的很愛蘇拉塔（牌）
天貝的質地和風味。
——瑪基妮‧豪威爾（Makini Howell），李子小酒館餐車，西雅圖

比起豆腐或麵筋製品，我更喜歡天貝，因為天貝比較健康，而且最不
會被風味豐富的醬汁（如墨西哥摩爾醬）蓋過。
——安潔‧拉莫斯（Angel Ramos），蠟燭79，紐約市

素食泰國鳥眼辣椒醬
Thai Chili Paste, Vegetarian

這是什麼：乾燥的泰國辣椒＋南
薑＋蒜頭＋卡非萊姆葉＋檸檬
香茅＋鹽＋紅蔥＋大豆油＋糖
（如棕櫚糖）＋羅望子

竹筍
四季豆
燈籠椒
青花菜
甘藍菜
胡蘿蔔
椰奶
泰式蔬菜咖哩
茄子
檸檬香茅
萊姆，如：萊姆汁
菇蕈類
亞洲麵條
洋蔥
花生
鳳梨
米，如：茉莉香米
湯，如：酸辣湯、泰式湯
溜醬油
豆腐
番茄
櫛瓜

泰式料理 Thai Cuisine

小祕訣：正統的泰國料理力求辣、
鹹、酸、甜的平衡。注意泰式
魚露是非常普遍的調味料，因
此有時會出現在泰國餐廳的
「素食」菜餚中。

竹筍
香蕉
泰國羅勒
燈籠椒
辣椒，如：塞拉諾辣椒、泰國鳥眼
辣椒
辣椒醬，尤以泰國鳥眼辣椒為佳

主廚私房菜 | DISHES

天貝魯本三明治：自家版本的經典特色烘焙醃漬天貝，以葛縷子
和孜然調味，淋上俄羅斯豆腐淋醬、德國酸菜和萵苣，搭配精選
綜合穀物或斯佩耳特小麥麵包
　　——安潔莉卡的廚房（Angelica Kitchen），紐約市

巴西式豆子燉菜（比葡式豆子燉菜清淡）搭配煙燻天貝：以柳橙
萊姆清湯燉煮煙燻燒烤天貝、黑眉豆、佛手瓜和甘藷
　　——花開（Blossom），紐約市

楓糖芥末天貝三明治，在燒烤斯佩耳特小麥麵包放上烘烤大蒜泥
蛋黃醬、羽衣甘藍、番茄、洋蔥
　　——肉桂蝸牛食物卡車（Cinnamon Snail Food Truck），紐澤西州紅色銀行／紐
約市

天貝和根菜類蔬菜泥：烘烤甘藷、歐洲防風草塊根和白胡桃瓜，
與烘焙天貝、香腸、紅洋蔥和菠菜充分拋拌後，放到滑潤的美式
粗玉米粉上，搭配煎炒農場水菜和貝亞恩蛋黃醬
　　——開懷種子咖啡館（Laughing Seed Café），北卡羅萊納州阿什維爾

黑蒜和味噌釉汁天貝：韓式泡菜炒不丹紅米、甜豌豆和毛豆、水
田芥菊花青蔬沙拉，搭配日本柚子薑油醋醬、烤花生、辣味醃漬
泰國鳥眼辣椒和酸甜醃漬富有柿
　　——千禧（Millennium），舊金山

克里奧爾式天貝搭配焦黑辛香料楓糖釉汁、克里奧爾式甜椒和番
茄燉菜、大蒜甘藷泥、煎炒羽衣甘藍搭配焦糖化洋蔥和海菜、第
戎鮮奶油
　　——千禧（Millennium），舊金山

馬里蘭天貝蛋糕：當地新鮮天貝，與紅洋蔥、甜椒、香料植物和
辛香料大火油煎到酥脆，搭配法式齊波特辣椒調味蛋黃醬上桌
　　——在地食物（Native Foods），多處連鎖店

翻炒薑片：時令蔬菜、燒烤天貝、烏龍麵、芝麻味噌清湯
　　——植栽（Plant），北卡羅萊納州阿什維爾

泰式天貝沙拉：綜合萵苣和香料植物、胡蘿蔔、酪梨、紅洋蔥、櫻
桃蘿蔔、黃瓜，以及花生萊姆淋醬
　　——植栽（Plant），北卡羅萊納州阿什維爾

楓糖燒烤天貝搭配焦黑抱子甘藍和蕪菁泥
　　——李子小酒館（Plum Bistro），西雅圖

安迪的最愛「天貝生菜番茄三明治」：天貝、萵苣、番茄、酪梨、
美乃滋和全穀麵包
　　——真食廚房（True Food Kitchen），聖塔莫尼卡

T

辣椒粉
辣椒醬
芫荽葉
椰子和椰奶
芫荽
孜然
咖哩類
泰式咖哩醬
亞洲茄子
蒜頭
薑
新鮮香料植物
卡非萊姆葉
檸檬香茅
萊姆
芒果，如：青芒果
薄荷
麵條，如：亞洲麵食、粄條
泰式炒河粉
木瓜，如：青木瓜
花生
鳳梨
酸甜醃菜
米，如：茉莉香米
沙拉
鹽
湯
醬油
辛香料
冬南瓜
糖
羅望子
豆腐
薑黃
蔬菜

感恩節 Thanksgiving
如果你問大家，他們最愛的感恩節食物是什麼，答案通常是我們認為是「配料」的東西。」重點是香料植物和辛香料；填料裡的鼠尾草，和小果南瓜裡的薑；菜餚湯汁裡的百里香和馬鈴薯裡的胡椒。有好多方式可以為節日的餐

桌創造美滿的風味。我當然很愛漂亮的中心擺飾，或許是鍋派或烘烤扁豆，但我認為，確保所有熟悉的味道都有出現，正是節日餐桌最重要的一環。
——伊莎・莫科維茲（Isa Chandra moskowitz），著有《伊莎煮得出來》和《以素之名》

稠化物 Thickening Agents
無法或不想依賴奶油和鮮奶油來讓菜餚更濃稠的時候，可以考慮這些選擇：

洋菜（雖然這作為明膠替代品效果更好）
葛鬱金粉
玉米澱粉
葛根（又名葛根粉）

● 百里香 Thyme
季節：夏季
風味：苦／甜；芳香，帶有葛縷子、丁香、花、香料植物、檸檬、薄荷、柳橙和／或松木的泥土味／刺激香調
風味強度：中等－強
小祕訣：選用新鮮百里香，不要乾燥的。烹調過程最後加入，才能保存風味。檸檬百里香比一般百里香有更多柑橘類的香氣。

近親：羅勒、薰衣草、墨角蘭、薄荷、奧勒岡、迷迭香、鼠尾草、夏季香薄荷
可行的替代物：奧勒岡

蘋果
羅勒
烘焙食物，如：義大利脆餅、比斯吉、餅乾
月桂葉
乾燥豆類，如：黑眉豆、腰豆、花豆
四季豆
甜菜
燈籠椒
法國香草束
香薄荷麵包布丁
麵包
抱子甘藍
加勒比海料理
卡津料理
胡蘿蔔
法式砂鍋菜
蒸菜
乳酪，如：藍黴、巧達、新鮮乳酪、山羊乳酪、瑞可達乳酪
細香蔥
巧達濃湯
柑橘類，如：**檸檬**、柳橙
玉米
克利歐料理
茄子

蛋，如：蛋捲
歐洲料理
茴香
法式料理
蒜頭
焗烤料理
希臘料理
沙拉青蔬，如：綜合生菜
秋葵海鮮湯
普羅旺斯香料植物
義大利料理
牙買加料理，如：燒烤料理
韭蔥
檸檬
萵苣，如：蘿蔓萵苣
歐當歸
滷汁醃醬
墨角蘭
地中海料理
中東料理
蘑菇和野菇
菇蕈類，如：義大利棕蘑菇
芥末
橄欖油
洋蔥
柳橙，如：碎橙皮
奧勒岡
歐芹
義式麵食
梨子
豌豆
去莢乾燥豌豆瓣
黑胡椒
義式粗玉米糊
馬鈴薯
藜麥
迷迭香
沙拉淋醬，如：油醋沙拉淋醬
沙拉，如：義式麵食
醬汁，如：燒烤醬汁、奶油乳酪醬
　　汁、義式麵食醬汁、紅酒醬汁、
　　番茄醬汁
香薄荷
芝麻籽

湯，如：清湯、巧達濃湯、奶油濃
　　湯、秋葵海鮮湯、蔬菜湯
菠菜
夏南瓜和冬南瓜，如：白胡桃瓜、
　　甜薯瓜
燉煮料理，如：燉煮菇蕈、燉煮蔬
　　菜
蔬菜高湯
餡料
鹽膚木
豆腐
番茄和番茄醬汁
蔬菜，如：根莖蔬菜、冬季蔬菜
櫛瓜

對味組合

百里香＋蒜頭＋檸檬＋橄欖油
百里香＋山羊乳酪＋橄欖油
百里香＋洋蔥＋菠菜
百里香＋芝麻籽＋鹽膚木（中東
　　扎塔香料）

豆腐 Tofu—In General

[TOH-foo]
風味：中性，質地從軟到硬實
風味強度：弱
這是什麼：大豆製成的豆類凝乳
營養學剖繪：50%脂肪／38%蛋
　　白質／12%碳水化合物（生、板
　　豆腐）
熱量：每½杯185大卡（生、板豆
　　腐）
蛋白質：20克（生、板豆腐）
料理方式：烘焙（每面177°C烘焙
　　15分鐘）、汆燙（特別在長時間
　　微滾烹煮之前）、沸煮（10分
　　鐘）、燜煮、炙烤、壓碎、切小塊、
　　冷凍（解凍之後會增加嚼勁）、
　　油炸、燒烤（每面4-5分鐘）、醃
　　滷、鍋煎、打泥、烘烤、煎炒、
　　切片、烹煮（20分鐘）、翻炒、
　　炸天婦羅、焙烤
小祕訣：溫和的風味是個優點，
　　因為能吸收一起烹調的其他風

味。豆腐是用鹽滷或檸檬汁來
凝固，所以和檸檬很搭的風味
時常也很適合。使用前先用冷
水沖洗、瀝乾，讓豆腐更能吸
收調味。可以用紙巾和沉重的
書或罐頭壓出豆腐多餘的水
分，但時常烹調豆腐的廚師可
以考慮投資豆腐壓製機（如豆
腐速壓〔TofuXpress〕）。
品牌：橋牌（康乃狄克州，米德爾
　　敦）、鮮豆腐（Fresh Tofu，賓州
　　阿倫鎮）、島嶼之春（華盛頓州
　　瓦雄島）

亞洲料理
蘆筍
酪梨
羅勒
豆類，如：黑眉豆、四季豆、花豆
燈籠椒，如：紅燈籠椒
黑豆醬，如：豆豉醬
青江菜
丼飯，如：穀物丼飯／素食丼飯
　　／淋醬丼飯
青花菜和球花甘藍
牛蒡
甘藍菜，如：中國白菜、大白菜
胡蘿蔔
腰果
芹菜
蒸菜
乳酪蛋糕
辣椒，如：安佳辣椒、齊波特辣椒；
　　辣椒醬和辣椒片
素辣豆醬
中式料理
芫荽葉
肉桂
椰子和椰奶
玉米粉，如：做成糕點麵皮
孜然
咖哩類
咖哩粉
白蘿蔔

日式高湯
甜點，如：奶油甜點
蒔蘿
蘸料
淋醬
茄子
中式五香粉
蒜頭
薑
全穀物，如：小米
綠色蔬菜，如：亞洲區的蔬菜、綠葉甘藍
鹿尾菜
海鮮醬
蜂蜜
日式料理
羽衣甘藍
串燒
韓式料理
韭蔥
檸檬，如：檸檬汁、碎檸檬皮

檸檬香茅
萊姆，如：萊姆汁、碎萊姆皮
楓糖漿
美乃滋和素乃滋
薄荷
味醂
味噌
菇蕈類，如：**香菇**
芥末
麵條，尤以亞洲麵條為佳，如：蕎麥麵、粄條、日本蕎麥麵、烏龍麵
海苔
油脂，如：橄欖油、花生油、芝麻油
洋蔥，如：青蔥、紅洋蔥、春日洋蔥、黃洋蔥
柳橙，如：橙汁、碎橙皮
泰式炒河粉
花生和花生醬
黑胡椒

梅子醬
南瓜和南瓜籽
藜麥
米，如：黑米、糙米
迷迭香
沙拉淋醬
沙拉，如：綠色蔬菜沙拉、素蛋沙拉、蔬菜沙拉
海鹽
三明治
沙嗲
醬汁，如：花生
嫩青蔥
海菜，如：紫紅藻、鹿尾菜
炒豆腐
芝麻，如：芝麻油、芝麻醬、芝麻籽
紫蘇
串燒
甜豌豆
荷蘭豆

對味組合

豆腐＋蘆筍＋腰果＋香菇

豆腐＋蘆筍＋芝麻

豆腐＋酪梨＋糙米／壽司米＋海苔

豆腐＋巴薩米克香醋＋羅勒＋檸檬＋醬油

豆腐＋黑豆醬＋菇蕈類

豆腐＋黑眉豆＋番茄＋櫛瓜

豆腐＋青江菜＋蒜頭＋芝麻

豆腐＋奶油＋檸檬＋白酒

豆腐＋白胡桃瓜＋咖哩＋豌豆

豆腐＋芹菜＋蒔蘿＋素蛋沙拉＋醬菜＋紅洋蔥＋素乃滋

豆腐＋辣椒＋蒜頭＋薑

豆腐＋芫荽葉＋蒜頭＋菇蕈類＋花生＋醬油

豆腐＋椰奶＋咖哩＋花生

豆腐＋椰奶＋薑＋檸檬香茅

豆腐＋白蘿蔔＋薑＋味醂＋醬油

豆腐＋蒜頭＋薑＋蜂蜜＋芥末＋醬油

豆腐＋蒜頭＋薑＋米醋＋芝麻油＋醬油

豆腐＋蒜頭＋香料植物＋味噌＋洋蔥

豆腐＋蒜頭＋*串燒*＋**檸檬**＋迷迭香

豆腐＋蒜頭＋檸檬＋醬油

豆腐＋蒜頭＋薄荷

豆腐＋蒜頭＋菇蕈類＋菠菜

豆腐＋薑＋蜂蜜＋花生醬＋芝麻油

豆腐＋薑＋味噌

豆腐＋薑＋柳橙

豆腐＋薑＋歐芹＋醬油

豆腐＋薑＋花生

豆腐＋薑＋米＋黃豆

豆腐＋薑＋嫩青蔥＋溜醬油

豆腐＋香料植物（如：薄荷、歐芹、迷迭香）**＋檸檬**

豆腐＋羽衣甘藍＋味噌＋芝麻籽＋核桃

豆腐＋昆布＋味噌＋香菇＋裙帶菜

豆腐＋檸檬＋味噌＋**歐芹**＋芝麻

豆腐＋楓糖漿＋溜醬油

豆腐＋味噌＋香菇＋紫蘇＋醬油

豆腐＋菇蕈類＋菠菜

豆腐＋南瓜＋番茄

豆腐＋南瓜籽＋*墨西哥薄餅*

豆腐＋甜豌豆＋日本蕎麥麵

湯，如：奶油濃湯、味噌湯

醬油

菠菜

抹醬，如：豆腐泥

春捲

小果南瓜，如：白胡桃瓜、日本南瓜

八角

翻炒料理

高湯，如：蔬菜高湯

糖，如：黃砂糖

溜醬油

泰式料理

番茄

梅干醬汁

素食漢堡

醋，如：巴薩米克香醋、糙米醋、烏醋、米醋、梅子醋

核桃

水田芥

酒

櫛瓜

● **板豆腐或老豆腐**

Tofu, Firm or Extra-Firm

風味：中性，質地比絹豆腐密實，也比絹豆腐健康，但比白豆乾溼潤

風味強度：弱

營養學剖繪：54% 脂肪／38% 蛋白質／8% 碳水化合物

熱量：每⅓塊85大卡（老豆腐）

蛋白質：9克（老豆腐）

料理方式：烘焙、壓碎、深炸、油炸、刨絲（特別是板豆腐）、燒烤、醃滷、煎炸、烘烤、煎炒、拌炒、翻炒

小祕訣：醃滷過夜或數天。如果要比較有嚼勁，可以把板豆腐或老豆腐冷凍24小時以上，然後解凍，擠出豆腐中的水分，再醃滷；質地可以很接近素辣豆或墨西哥塔可餅裡的牛絞肉或雞肉。把板豆腐壓碎、調味

（如加入羅勒、蒜頭、檸檬汁、營養酵母、奧勒岡、鹽），做成純素的瑞可達乳酪替代物，用在義式麵食和披薩裡。

羅勒
燈籠椒，如：綠燈籠椒、紅燈籠椒
布拉格牌液體氨基酸
串烤
乳酪蛋糕
辣椒，如：哈拉佩諾辣椒；和辣椒醬
芫荽葉
椰奶
咖哩類
義式蛋餅
蒜頭
薑
綠色蔬菜，如：苦味綠色蔬菜、水田芥
海鮮醬
蜂蜜
檸檬，如：檸檬汁
楓糖漿
墨角蘭
美式素肉丸
菇蕈類，如：牛肝菌或香菇
芥末，如：第戎芥末
營養酵母
油脂，如：葡萄籽油、橄欖油、芝麻油
洋蔥，如：紅洋蔥
柳橙，如：碎橙皮
奧勒岡
歐芹
黑胡椒
米，如：糙米、長粒米、野生米
豆腐瑞可達乳酪
迷迭香
沙拉，如：*蛋沙拉、綠色蔬菜沙拉*
鹽，如：*海鹽*
三明治
醬汁，如：*燒烤醬、花生醬*
嫩青蔥

拌炒料理
芝麻籽，如：黑芝麻籽、白芝麻籽
紅蔥
醬油
菠菜
豆腐排
翻炒料理
高湯，如：蔬菜高湯
糖，如：黃砂糖
溜醬油
百里香
番茄，如：櫻桃番茄
蔬菜，如：青花菜、茄子、櫛瓜
醋，如：蘋果酒醋、糙米醋、紅酒醋、雪利酒醋
水田芥

對味組合
老豆腐／**板豆腐**＋羅勒＋腰果＋蒜頭＋**檸檬**＋**橄欖油**
老豆腐／**板豆腐**＋羅勒＋蒜頭＋**檸檬**＋營養酵母＋**橄欖油**
老豆腐／板豆腐＋燈籠椒＋*串烤*＋菇蕈類＋洋蔥
老豆腐／板豆腐＋續隨子＋檸檬＋水田芥
老豆腐／板豆腐＋海鮮醬＋芝麻油＋芝麻籽＋醬油
老豆腐／板豆腐＋蜂蜜＋醬油
老豆腐／板豆腐＋檸檬＋芝麻油＋醬油

我喜歡老豆腐搭配橄欖醬和番茄。如果把老豆腐放進食物處理機，打出來的質地就像瑞可達乳酪，可以像瑞可達乳酪一樣加入寬麵片和其他義式麵食裡。

——費爾南達·卡波比安科（Fernanda Capobianco），迪瓦思純素烘焙屋，紐約市

凍豆腐 Tofu, Frozen
小祕訣：冷凍板豆腐或老豆腐，會改變質地。解凍、烹煮之後，

有種耐嚼、像肉的質地。切小塊的凍豆腐質地接近肉類。壓碎的凍豆腐質地接近牛絞肉。

法式砂鍋菜
義式麵食
披薩
醬汁，如：番茄醬汁
燉煮料理

日式豆腐 Tofu, Japanese
小祕訣：想要最軟的質地，就用日式豆腐。

炒豆腐 Tofu, Scrambled
小祕訣：用壓碎的板豆腐或老豆腐替代炒蛋作為基底食材，加入蔬菜、調味料，如酪梨、燈籠椒、黑眉豆、芫荽、蒜頭、菇蕈、洋蔥、歐芹、嫩青蔥、菠菜、天貝培根、番茄，或素香腸。加入營養酵母或薑黃，做出炒蛋那種黃色色調。

● 絹豆腐 Tofu, Silken
風味：微甜，質地綿密、溼潤、滑順，類似卡士達
風味強度：弱
小祕訣：豆泥做成醬和湯，得到綿密的質地。把絹豆腐和龍舌蘭糖漿和／或楓糖漿和香莢蘭混合在一起，淋上法國土司、美式煎餅、比利時鬆餅（或甜點）當純素頂飾。不要用一般豆腐代替絹豆腐，反之亦然；要用食譜指定的種類。
品牌：森永絹豆腐

龍舌蘭糖漿
乳酪蛋糕
甜點
蘸料
淋醬，如：奶油醬汁
楓糖漿

美乃滋
慕斯
義式麵食，如：千層麵
布丁
印度黃瓜優格蘸醬
沙拉淋醬
醬汁，尤以奶油醬汁為佳，如：義式奶油乳酪醬
蔬果昔
湯，如：奶油濃湯、馬鈴薯湯
酸奶油
香莢蘭

對味組合
絹豆腐＋芫荽葉＋萊姆＋薄荷＋味噌
絹豆腐＋黃瓜＋檸檬＋薄荷＋糖
絹豆腐＋薑＋嫩青蔥＋醬油

豆腐皮 Tofu Skin
（亦稱豆皮）
風味：帶有卡士達、肉和／或堅果香調，質地有嚼勁、柔軟、像卡士達／麵條
風味強度：弱
這是什麼：豆奶表面的薄膜
料理方式：紅燒、煎炒（會變酥脆）

酪梨
大白菜
胡蘿蔔
辣椒，如：乾紅辣椒和辣椒片
芫荽葉
肉桂
丁香
椰奶
咖哩粉和辛香料
日式高湯
薑
日式料理
檸檬香茅
味醂
味噌
菇蕈類，如：香菇

芥末
假海鮮沙拉
油脂，如：芝麻油
洋蔥
柳橙，如：碎橙皮
米，如：壽司
鹽
醬汁，如：蘸醬、花生醬
嫩青蔥
芝麻，如：芝麻油、芝麻籽
紫蘇
湯，如：咖哩湯
醬油
黑豆
八角
翻炒料理
高湯，如：日式高湯、菇蕈高湯、蔬菜高湯
壽司和壽司捲
鳥眼辣椒醬
腐皮麵條，切成長段，蘸醬食用

越南料理
醋，如：米酒醋
山葵
米酒，如：清酒
櫛瓜

對味組合
豆腐皮＋辣椒＋碎橙皮＋鹽＋芝麻籽
豆腐皮＋米＋醬油＋山葵

豆乾 Tofu, Smoked
風味：微鹹，帶有培根、火腿和／或**煙燻**的香調，質地紮實、肉質
風味強度：較弱（淡煙燻）－較強（濃煙燻）
熱量：每100克170大卡
蛋白質：25克
料理方式：油炸、燒烤
小祕訣：代替菜餚中的培根、印

豆腐的用途千變萬化！可以用豆腐當鹹的元素，做慕斯或純素漢堡。醃滷過的豆腐可以當乳酪使用，加進沙拉。我把豆奶和絹豆腐加進義式粗玉米糊中，然後搭配球花甘藍。我喜歡加薑黃或生洋蔥、西班牙雪利酒、紅胡椒或綠胡椒和醬油下去醃滷。最簡單的是把一整塊豆腐放進味噌裡醃滷，然後烘焙20分鐘——成品的風味驚人，配上一點糙米和球花甘藍更是美味。
——費爾南達．卡波比安科（Fernanda Capobianco），迪瓦思純素烘焙屋，紐約市

島嶼之春是豆腐的凱迪拉克。發展出色的產品需要時間，而島嶼之春的豆腐綿密、風味豐富，而且很能吸收其他風味……我喜歡先燒烤豆腐，再醃滷，因為柑橘類會破壞纖維，之後就無法炭化。燒烤過的再來醃滷，可以把炭化和醃滷的風味逼進豆腐裡。
——瑪基妮．豪威爾（Makini Howell），李子小酒館餐車，西雅圖

我們對芥末鮪魚的大轉彎，是改成韓式的辛香料燒烤豆腐，加上苦椒醬（也就是石鍋拌飯用的醬）。苦椒醬的味道有點強烈，所以我們加一點豆瓣醬，用甜味來平衡，最後變成釉汁，為這道豆腐收尾。
——里奇．蘭道（Rich Landau）和凱特．雅各比（Kate Jacoby），費吉餐廳，費城

我們把原木牌有機發芽豆腐用齊波特辣椒粉、咖哩粉、營養酵母、鹽和薑黃調味，做我們的墨西哥鄉村煎鍋菜。（見511頁的照片）
——凱西．托爾曼，石榴咖啡館，鳳凰城

T

炒軟的菠菜、豆乾、胡桃、蔓越莓、紅洋蔥、巴薩米克香醋
——真實小酒館（True Bistro），麻州薩默維爾

培根生菜番茄三明治：自家豆乾、波士頓萵苣、新鮮番茄、義大利拖鞋麵包捲
——真實小酒館（True Bistro），麻州薩默維爾

鹽烤黃金甜菜、酪梨、豆乾、裸麥、酸豆、鮮奶油般滑潤的黃瓜
——費吉（Vedge），費城

度乳酪（用於印度料理）、燻肉或鮪魚。如果自己煙燻，要用老豆腐。

杏仁果
蘋果和蘋果酒
荒布藻
朝鮮薊
蘆筍
酪梨
羅勒
豆類，如：黑眉豆或腰豆
甜菜
燈籠椒
全穀麵包
甘藍菜
胡蘿蔔
白花椰菜
卡宴辣椒
蒜菜
芫荽葉
柑橘類，如：檸檬、萊姆、柳橙
椰子
玉米
黃瓜
白蘿蔔
蘸料，如：菠菜醬
毛豆
茄子，如：日本茄子
蒜頭
穀物，如：裸麥粒
綠色蔬菜，如：亞洲區的蔬菜、芥末葉、沙拉青蔬
卡非萊姆

羽衣甘藍
扁豆
萵苣，如：蘿蔓萵苣
萊姆
薄荷
味醂
味噌，如：白味噌
菇蕈類，如：金針菇、蠔菇、波特貝羅大香菇、香菇
亞洲麵條，如：米、日本蕎麥麵、烏龍麵
油脂，如：橄欖油、芝麻油
洋蔥，如：紅洋蔥
泰式炒河粉
歐芹
義式麵食，如：義大利培根蛋麵
梨子
義式青醬
藜麥
米，如：印度香米、茉莉香米、野生米
沙拉，如：亞洲沙拉、柯布沙拉、菇蕈沙拉、涼麵沙拉、義式麵食、菠菜沙拉
三明治，如：酪梨萵苣番茄三明治、酪梨培根萵苣番茄三明治
嫩青蔥
芝麻，如：芝麻油、芝麻醬、芝麻籽
荷蘭豆
湯，如：玉米湯、扁豆湯、味噌湯、蔬菜湯
醬油
菠菜

春捲
芽菜，如：蘿蔔苗
冬南瓜，如：白胡桃瓜
燉煮料理
翻炒料理
蔬菜高湯
甜豌豆
百里香
番茄
番茄乾
素食漢堡
巴薩米克香醋
核桃
水田芥

對味組合

豆乾＋杏仁果＋酪梨＋蘿蔓萵苣＋*沙拉*＋番茄

豆乾＋巴薩米克香醋＋菇蕈類＋橄欖油＋菠菜

豆乾＋羅勒＋白胡桃瓜＋味噌＋日本蕎麥麵

豆乾＋羅勒＋義式青醬＋日曬番茄乾

豆乾＋豆類＋蒜頭＋洋蔥

豆乾＋麵包＋毛豆＋紅洋蔥＋水田芥

豆乾＋義式麵食＋菠菜

我會自製豆乾。先把豆腐用溜醬油、芝麻油和龍舌蘭（糖漿）醃滷、烘焙，再來煙燻。放進煙燻機裡不出45-60分鐘就完成了。我把豆乾加入菠菜沙拉，再加上鮮橙味噌淋醬。

——艾瑞克·塔克（Eric Tucker），千禧餐廳，舊金山

嫩豆腐 Tofu, Soft

小祕訣：嫩豆腐的軟硬介於板豆腐和絹豆腐之間。壓碎使用。

農家乳酪
奶油乳酪

蘸料
義式麵食，如：千層麵、寬管麵
瑞可達乳酪
沙拉淋醬
醬汁
拌炒料理
蔬果昔
湯

● 白豆乾 Tofu, Super-Firm

風味：中性，質地非常密實、肉質，
　　接近雞肉、蟹肉或魚類的質地
料理方式：烘焙、油炸、刨絲、燒烤、
　　醃滷、烘烤、切絲、微滾烹煮、
　　煙燻
營養學剖繪：46% 脂肪／41% 蛋
　　白質／13% 碳水化合物
熱量：每80克100大卡
蛋白質：10克
小祕訣：常標示為「高蛋白」豆腐。
　　沒有時間壓力的時候，可以選
　　擇這種豆腐，只要瀝乾就好。
品牌：原木

雞塊
蛋類料理
肉乾
烤串
素食麻婆豆腐
*印度菜餡波尼爾，如：咖哩類波
　　尼爾、炙烤綜合香料波尼爾*
鹹派
豆乾
翻炒料理

● 黏果酸漿 Tomatillos

[toh-mah-TEE-yohz]
季節：春－夏
風味：酸／甜，帶有水果（如檸檬、
　　李子）、香料植物，和綠番茄的
　　香調
風味強度：中等－強
營養學剖繪：66% 碳水化合物／
　　27% 脂肪／7% 蛋白質

熱量：每½杯20大卡（生、切丁）
蛋白質：1克
料理方式：燒烤、打泥、生食
小祕訣：加鹽和甜味來平衡酸味。
近親：燈籠椒、辣椒、茄子、鵝莓
　　（有類似的外殼）、馬鈴薯、番
　　茄

酪梨
羅勒
燈籠椒，如：綠燈籠椒
墨西哥炸玉米片早餐
辣椒，如：安佳辣椒、齊波特辣椒、
　　青辣椒、瓜吉羅辣椒、哈拉佩
　　諾辣椒、波布蘭諾辣椒、塞拉
　　諾辣椒
芫荽葉
玉米
黃瓜
孜然
*蛋和蛋料理，如：墨西哥鄉村蛋
　　餅早餐*
墨西哥玉米捲
土荊芥
蒜頭
墨西哥酪梨醬
豆薯
萵苣，如：蘿蔓萵苣

萊姆，如：萊姆汁
芒果
墨西哥料理
薄荷
橄欖油
洋蔥，如：紅洋蔥、白洋蔥、黃洋
　　蔥
奧勒岡
義式粗玉米糊
墨西哥玉米燉煮
南瓜籽
藜麥
沙拉淋醬
沙拉
***莎莎醬，如：綠莎莎醬，尤以莎莎
　　青醬為佳***
海鹽
醬汁，如：安吉拉捲醬汁
嫩青蔥
湯，如：冷湯、綠捲心菜冷湯
美國西南方料理
蔬菜高湯
墨西哥塔可餅
美式墨西哥料理
百里香
番茄，如：櫻桃番茄
*墨西哥薄餅，如：墨西哥玉米薄
　　餅*

T

醋，如：紅酒醋

對味組合
黏果酸漿＋酪梨＋萊姆
黏果酸漿＋酪梨＋南瓜籽
黏果酸漿＋燈籠椒＋辣椒＋洋蔥
黏果酸漿＋辣椒（如：哈拉佩諾辣椒）＋芫荽葉＋洋蔥
黏果酸漿＋辣椒＋芫荽葉＋蒜頭＋紅洋蔥＋醋
黏果酸漿＋辣椒＋芫荽葉＋芒果
黏果酸漿＋辣椒＋玉米＋萊姆
黏果酸漿＋辣椒＋萊姆＋薄荷
黏果酸漿＋芫荽葉＋蒜頭＋綠燈籠椒＋洋蔥
黏果酸漿＋芫荽葉＋蒜頭＋萊姆＋橄欖油
黏果酸漿＋芫荽葉＋萊姆
黏果酸漿＋哈拉佩諾辣椒＋萊姆＋洋蔥

● 番茄、番茄汁、番茄糊、番茄醬 Tomatoes, Tomato Juice, Tomato Paste, And Tomato Sauce

季節：夏－秋
風味：甜／酸
風味強度：中等
這是什麼：嚴格來說是水果；一般以養分來看是蔬菜。
營養學剖繪：79% 碳水化合物／12% 蛋白質／9% 脂肪
熱量：每1杯35大卡（生、切碎）
蛋白質：2克
料理方式：烘焙、炙烤、油封、炸、燒烤、榨汁、打泥、生食、烘烤、煎炒、燉煮、填料、曬乾
近親：燈籠椒、辣椒、茄子、鵝莓、馬鈴薯、黏果酸漿
品牌：不在新鮮番茄的產季，或是臨時需要用到的話，可以找找穆爾格倫（火烤）或聖馬爾札諾（San Marzano）的罐裝番茄

杏仁果

朝鮮薊
芝麻菜
蘆筍
酪梨
大麥
***羅勒**
月桂葉
豆類，如：黑眉豆、蔓越莓豆、白腰豆、蔓越莓豆、乾燥豆類、蠶豆、四季豆、腰豆、綠豆、花豆、紅豆、白豆
甜菜
燈籠椒，如：綠燈籠椒、紅燈籠椒，尤以烘烤為佳
麵包（如：義大利扁麵包）和麵包粉
義大利烤麵包片
奶油
續隨子
葛縷子籽
法式砂鍋菜
白花椰菜
卡宴辣椒
芹菜和芹菜籽
蓁菜，如：瑞士蓁菜
乳酪，如：藍黴、卡伯瑞勒斯乳酪、巧達、農家、費達、山羊乳酪、戈根索拉、葛黎耶和、莫札瑞拉、帕爾瑪、佩科利諾、瑞可達、含鹽瑞可達乳酪
細葉香芹

鷹嘴豆
辣椒，如：哈拉佩諾辣椒；辣椒片和辣椒醬汁
素辣豆醬
細香蔥
印度甜酸醬
芫荽葉
肉桂
芫荽
玉米
庫斯庫斯
鮮奶油
黃瓜
孜然
咖哩類
蒔蘿
茄子
蛋，如：義式蛋餅、蛋捲
墨西哥玉米捲
茴香
法式料理
蒜頭
紅捲心菜冷湯
薑
全穀物，如：大麥、布格麥片、法老小麥
焗烤料理
綠色蔬菜，如：綠色蔬菜嫩葉、沙拉青蔬
秋葵海鮮湯
義大利料理

韭蔥
莢果
檸檬，如：檸檬汁
檸檬百里香
扁豆
萵苣，如：蘿蔓萵苣
萊姆
歐當歸
墨角蘭
墨西哥料理
薄荷
菇蕈類，如：牛肝菌或波特貝羅
　　大香菇
肉豆蔻
橄欖油
橄欖，如：黑橄欖、綠橄欖
洋蔥，如：紅洋蔥、甜洋蔥、黃洋
　　蔥
柳橙和柳橙汁

奧勒岡
紅椒粉，如：辣紅椒粉、煙燻紅椒
　　粉、甜紅椒粉
平葉歐芹
歐洲防風草塊根
義式麵食
胡椒，如：黑胡椒、白胡椒
義式青醬
披薩
義式粗玉米糊
馬鈴薯
南瓜
濃湯
藜麥
普羅旺斯燉菜
醃漬小菜
米，如：黑米、糙米
義式燉飯
迷迭香

番紅花
鼠尾草
沙拉淋醬，如：油醋沙拉淋醬
沙拉，如：豆子沙拉、麵包沙拉
　　（如：托斯卡尼麵包丁沙拉）、
　　穀物沙拉、綠色蔬菜沙拉、菠
　　菜沙拉、番茄沙拉
莎莎醬，如：公雞嘴莎莎醬
鹽，如：猶太鹽、海鹽、煙燻鹽
三明治
醬汁，如：拿坡里紅醬、義大利麵
　　醬汁、披薩醬汁、番茄醬汁
香薄荷
嫩青蔥
麵筋製品
紅蔥
紫蘇
甜豌豆
湯，如：紅捲心菜冷湯、番茄湯、

蔬菜湯
酸奶油
醬油
西班牙料理
菠菜
小果南瓜，如：夏南瓜
燉煮料理
高湯，如：蔬菜高湯
糖（只要一小撮）
麥粒番茄生菜沙拉
溜醬油
羅望子
龍蒿
餡餅
百里香

豆腐
填餡番茄，如：填米進去
薑黃
醋，如：巴薩米克香醋、紅酒醋、
　　米醋、雪利酒醋或酒醋
西瓜
小麥仁
伍斯特素食辣醬油
優格
櫛瓜

處理**番茄**最理想的方法，是絕對
不要洗，否則會泡爛——而且千
萬不要冰，以免變得粉粉、有顆粒。
　　——克里斯多福・貝茲（Christopher
　　Bates），法謝爾飯店餐廳，賓州米爾福德
　　鎮

對味組合

番茄＋酪梨＋辣椒＋芫荽葉＋蒜頭＋嫩青蔥＋醋
番茄＋巴薩米克香醋＋羅勒＋蒜頭＋橄欖油＋*醬汁*
番茄＋巴薩米克香醋＋羅勒＋莫札瑞拉
番茄＋羅勒＋腰果＋**山羊乳酪＋**橄欖油＋西瓜
番茄＋羅勒＋莫札瑞拉乳酪
番茄＋羅勒＋橄欖油
番茄＋羅勒＋帕爾瑪乳酪
番茄＋燈籠椒＋黃瓜＋橄欖油＋洋蔥＋醋
番茄＋辣椒＋芫荽葉＋蒜頭＋萊姆＋洋蔥
番茄＋辣椒＋蒜頭＋油脂＋洋蔥＋莎莎醬＋鹽
番茄＋齊波特辣椒＋芫荽葉＋萊姆
番茄＋黃瓜＋蒜頭＋綠燈籠椒
番茄＋費達乳酪＋墨角蘭
番茄＋蒜頭＋奧勒岡
番茄＋檸檬＋薄荷
番茄＋義式青醬＋松子＋瑞可達乳酪
番茄＋芝麻油＋紫蘇＋豆腐

綠番茄 Tomatoes, Green

料理方式：油炸、燒烤

燈籠椒
乳酪，如：布瑞達、費達、**帕爾瑪
　　乳酪**
細香蔥
玉米

玉米粉
蒔蘿
蛋，如：義式蛋餅
芥末
油脂，如：橄欖油、蔬菜油
洋蔥，如：紅洋蔥
歐芹
黑胡椒

莎莎醬
鹽，如：海鹽
香薄荷
嫩青蔥
湯
油炸綠番茄

對味組合

綠番茄＋布瑞達乳酪＋芥末＋橄
　　欖油

● 日曬番茄乾 Tomatoes, Sun-Dried（或烘番茄乾）

風味：鹹／微甜，有強烈的番茄
　　香調，質地有嚼勁
風味強度：強－非常強
小祕訣：在滾水中浸泡60秒，然
　　後瀝乾、冷卻，就能軟化番茄乾。
品牌：地中海有機

杏仁果
朝鮮薊和朝鮮薊心
芝麻菜
蘆筍
羅勒
月桂葉
豆類，如：白豆
燈籠椒
麵包，如：全麥麵包
續隨子
腰果
法式砂鍋菜
**乳酪，如：法國乳酪、費達、山羊
　　乳酪、莫札瑞拉、帕爾瑪、瑞可
　　達乳酪**
鷹嘴豆
辣椒，如：哈拉佩諾辣椒、紅辣椒

辣椒片
蘸料
蛋，如：義式蛋餅、蛋捲
墨西哥玉米捲
蒜頭
哈里薩辣醬
榛果
鷹嘴豆泥醬
義大利料理
羽衣甘藍
檸檬，如：檸檬汁、碎檸檬皮
萊姆，如：萊姆汁、碎萊姆皮
地中海料理
橄欖油
橄欖，如：黑橄欖、卡拉瑪塔橄欖
洋蔥，如：紅洋蔥
柳橙，如：碎橙皮
奧勒岡
歐芹
義式麵食，如：義大利麵捲、義大
　利細扁麵
黑胡椒
義式青醬
松子
披薩
義式粗玉米糊
馬鈴薯
義式燉飯
迷迭香
沙拉，如：豆子沙拉、穀物沙拉、
　綠色蔬菜沙拉、馬鈴薯沙拉
海鹽
三明治，如：乳酪三明治、帕尼尼
　三明治
醬汁，如：義式麵食、番茄醬汁
嫩青蔥
紅蔥
湯
菠菜
抹醬
燉煮料理
餡料
橄欖醬
百里香

豆腐
番茄糊
新鮮番茄
墨西哥薄餅
醋，如：巴薩米克香醋、米酒醋
核桃
酒，如：干白酒

對味組合

日曬番茄乾＋朝鮮薊＋費達乳酪
**日曬番茄乾＋羅勒＋蒜頭＋橄欖
　油**
日曬番茄乾＋羅勒＋香料植物
　（如：迷迭香、百里香）＋**橄欖
　油**
日曬番茄乾＋續隨子＋蒜頭＋山
　羊乳酪＋奧勒岡
日曬番茄乾＋山羊乳酪＋義式青
　醬＋松子
日曬番茄乾＋橄欖油＋奧勒岡＋
　紅洋蔥

什錦乾果和能量棒
Trail Mix And Trail Bars

小祕訣：只用無鹽生堅果和無糖
　有機水果。如果要烘烤過的堅
　果，就選用乾式烘烤而不是添
　加油脂烘烤的。

我們製作的（能量）棒結合非硫化
水果乾、堅果和辛香料，替美味
的綜合有機全穀物增添辛香和甜
味。我們最受歡迎的風味主要是
杏桃、腰果和薑黃；杏仁果、可可
豆和椰子；椰棗、薑和芝麻；以及
肉桂、李子乾和核桃。

——黛安‧弗里（Diane Forley），蓬勃烘
焙公司，紐約州斯卡斯代爾

● 黑小麥 Triticale

[trit-ih-KAY-lee]
風味：微甜，帶有堅果的泥土味
　香調，質地耐嚼
風味強度：中等－強

這是什麼：全穀（是裸麥和小麥
　的雜交種）
麩質：有
營養學剖繪：82% 碳水化合物／
　13% 蛋白質／5% 脂肪
熱量：每½杯 325 大卡
蛋白質：12 克
料理方式：高壓烹煮、微滾烹煮
　（30-40分鐘）、焙烤
烹調時間：預先浸泡的黑小麥加
　蓋煮 15–20 分鐘
近親：大麥、玉米、裸麥、斯佩爾
　特小麥、小麥
可行的替代物：裸麥粒、小麥仁

烘焙食物，如：比斯吉、麵包
羅勒
法式砂鍋菜
穀片，如：天然穀物麥片
蒸菜
乳酪，如：帕爾瑪乳酪
細香蔥
芫荽葉
肉桂
椰棗
蒔蘿
蒜頭
薑
綠色蔬菜
菇蕈類，如：義大利棕蘑菇、香菇
芥末，如：第戎芥末
油脂，如：堅果油、橄欖油、芝麻
　油、核桃油
洋蔥
奧勒岡
美式煎餅
歐芹
花生
黑胡椒
抓飯
稠粥
葡萄乾
鼠尾草
穀物沙拉

T

嫩青蔥
冬南瓜，如：白胡桃瓜
蔬菜高湯
百里香
醋，如：巴薩米克香醋、雪利酒醋

對味組合
黑小麥＋芫荽葉＋蒜頭＋薑＋花
　生＋嫩青蔥＋芝麻油
黑小麥＋蒜頭＋菇蕈類＋橄欖油
　＋帕爾瑪乳酪＋歐芹＋醋

澳洲松露 Truffles, Australian
季節：冬季（澳洲的冬季，因此是
　在6-9月船運到北美）
風味：鮮
風味強度：中等－強
這是什麼：黑松露，1999年起在
　澳洲栽培
小祕訣：使用方式同其他黑松露
　（見下文）。

澳洲黑松露在香氣和風味上，已
經與其他（如法國）的黑松露平起
平坐，每年繼續培養出更強烈、
更持久的風味。此外，夏天（也
就是澳洲的冬天）用松露很有趣
——黑松露的泥土味對於義大利
玉米餃的甜味，是很神奇的互補。

——喬塞·席特林（Josiah Citrin），美利
思餐廳，聖塔莫尼卡

黑松露 Truffles, Black
季節：秋－冬
風味：芳香，帶有乳酪、巧克力、
　菇蕈／或煙燻的泥土味香調
風味強度：中等－強
小祕訣：削薄片加在菜餚上點綴。
　讓松露擴散到食材（如米飯）24
　小時以上再上桌。
近親：菇蕈

芹菜根
乳酪，如：卡司特爾馬紐乳酪

細香蔥
鮮奶油
蛋，如：炒蛋
法式料理
韭蔥
馬德拉酒
菇蕈類，如：黑香菇、羊肚菌、牛
　肝菌
堅果油，如：山核桃油、核桃油
義式麵食
馬鈴薯
醬汁
湯
蔬菜高湯

太平洋西北地區松露
Truffles, Pacific Northwest
（尤其是俄勒岡）
風味：芳香
風味強度：較弱－較強
近親：歐洲松露

奶油
芹菜根
乳酪，如：山羊乳酪、煙燻豪達乳
　酪
蛋
韭蔥，尤以佐黑松露為佳
堅果，尤以佐榛果為佳
義式麵食，尤以佐白松露為佳
馬鈴薯，尤以佐白松露為佳
義式燉飯
沙拉，尤以佐白松露為佳
根莖蔬菜，尤以佐白松露為佳

俄勒岡白松露至少和它們義大利
的親戚一樣出色。
——詹姆士·畢爾德（James Beard，
1983）

白松露 Truffles, White
季節：秋季
風味：芳香，帶有泥土味香調
風味強度：中等－非常強

小祕訣：可以把松露保存在密封
　罐的米粒中，保存香氣和風味。
　不要烹煮——最後一刻再削薄
　片加到完工的菜餚上。
近親：菇蕈

奶油
乳酪，如：芳汀那、帕爾瑪乳酪
蛋，尤以炒蛋為佳
乳酪火鍋
義大利料理
菇蕈類，如：牛肝菌
橄欖油
歐芹
義式麵食，如：寬麵
義式粗玉米糊
馬鈴薯
米，如：阿勃瑞歐米
義式燉飯

對味組合
白松露＋蛋＋*乳酪火鍋*＋芳汀那
　乳酪＋奶類
白松露＋帕爾瑪乳酪＋馬鈴薯

我從沒在京都的日式餐廳看過任
何人用白松露。但我樂於看到白
松露在這裡多麼熱門，我真的打
算十一月的時候，在我們新一季
的菜單中加上白松露。去年十一
月，我做了深炸的壽司卷，用茗
荷調味，上面撒上松露薄片。
——上島良太，美好的一日餐廳，紐約市

土耳其料理 Turkish Cuisine
料理方式：油炸、燒烤、烘烤

朝鮮薊
豆類，如：蠶豆、四季豆
燈籠椒
布格麥片
胡蘿蔔
乳酪，如：費達乳酪、山羊乳酪、
　綿羊奶乳酪、白乳酪

鷹嘴豆
辣椒和辣椒片
肉桂
丁香
黃瓜
孜然
蒔蘿
茄子
蒜頭
葡萄葉
蜂蜜
檸檬
扁豆，如：紅扁豆
薄荷
肉豆蔻
堅果，如：杏仁果、開心果、核桃
橄欖油
橄欖
洋蔥
乾燥奧勒岡
紅椒粉
歐芹
黑胡椒
費洛皮
開心果
袋餅
石榴
米飯
玫瑰水
芝麻籽
菠菜
鹽膚木
塔希尼芝麻醬
番茄和番茄糊
核桃
優格
櫛瓜

對味組合
布格麥片＋薄荷
蒔蘿＋蒜頭＋檸檬＋嫩青蔥
蒔蘿＋優格＋櫛瓜
茄子＋蒜頭＋洋蔥＋歐芹＋番茄

● **薑黃** Turmeric
（或含有薑黃成分的咖哩粉）

[TER-mer-ic]
風味：苦／甜，帶有薑、柳橙和／
　或胡椒的泥土味香調
風味強度：中等－強
小祕訣：不只增添風味，也讓咖
　哩、芥末、炒豆腐和其他食物
　呈現薑黃獨特的黃／橙色。

近親：薑

胡蘿蔔
白花椰菜
鷹嘴豆
辣椒
芫荽葉
肉桂
丁香
椰子和椰奶
芫荽
孜然
咖哩類，如：印度咖哩、泰式咖哩
　（尤以紅咖哩、黃咖哩為佳）
＊**新鮮咖哩葉和咖哩粉**
印度豆泥糊
蛋，如：*魔鬼蛋、蛋沙拉、蛋捲*
水果乾，如：蔓越莓乾、穗醋栗乾、
　葡萄乾
蒜頭
薑
穀物，如：藜麥
燉煮綠色蔬菜
印度料理
大頭菜
檸檬，如：檸檬汁
檸檬香茅
扁豆
萊姆
中東料理
摩洛哥料理
芥末和芥末籽
麵條，如：亞洲麵食、粄條
橄欖油
秋葵

洋蔥
花生
豌豆
黑胡椒
酸漬食物
開心果
馬鈴薯
葡萄乾
米，如：印度香米、糙米
沙拉淋醬
沙拉，如：蛋沙拉
醬汁
嫩青蔥
紅蔥
湯，如：胡蘿蔔湯、甘藷湯
東南亞料理
菠菜
燉煮料理
翻炒料理
黃砂糖
甘藷
摩洛哥塔吉鍋燉菜
羅望子
泰式料理
豆腐
炒豆腐（用於上色）
蔬菜，尤以根莖蔬菜為佳
優格

對味組合
薑黃＋印度香米＋水果乾＋蒜頭
　＋檸檬＋開心果＋嫩青蔥
薑黃＋黑胡椒＋檸檬汁＋橄欖油
薑黃＋胡蘿蔔＋鷹嘴豆＋肉桂＋
　庫斯庫斯＋番紅花＋櫛瓜
薑黃＋芫荽葉＋孜然＋蒜頭＋洋
　蔥＋紅椒粉＋歐芹＋胡椒
薑黃＋芫荽＋孜然

● **蕪菁** Turnips
（同時參見蕪菁葉）
季節：秋－冬
風味：甜（特別是秋／冬）、帶有
　甘藍、芥末、堅果和／或胡椒

的刺激香調
風味強度：中等（較嫩和／或
　熟）－強烈（較老和／或生）
這是什麼：根菜類
營養學剖繪：88% 碳水化合物／
　9% 蛋白質／3% 脂肪
熱量：每1杯35大卡（熟、切小塊）
蛋白質：1克
料理方式：烘焙（切片的蕪菁用
　204°C 烘焙40分鐘；整顆蕪菁
　烘焙60-90分鐘）、沸煮（10-15
　分鐘）、燜煮、炙烤、深炸、釉
　汁、刨絲、搗成糊狀（特別是和
　馬鈴薯一起）、醃漬、高壓烹煮
　（2-8分鐘）、打泥、生食、烘烤、
　煎炒、微滾烹煮、蒸煮（5-20分
　鐘，時間長短按切片或整顆決
　定）、燉煮、翻炒、填料、炸天
　婦羅
小祕訣：去皮之後使用。烹煮到
　軟即可；不要過度烹煮。
近親：青花菜、抱子甘藍、甘藍、
　白花椰菜、綠葉甘藍、辣根、羽
　衣甘藍、大頭菜、春山芥、芥末、
　櫻桃蘿蔔、蕪菁甘藍、水田芥
可行的替代物：在許多菜餚中可
　以取代蕪菁甘藍，參見蕪菁甘
　藍的小祕訣。

多香果
杏仁果
茴芹籽
蘋果和蘋果酒
杏桃乾
羅勒
月桂葉
麵包和麵包粉，如：全穀麵包和
　麵包粉
青花菜和球花甘藍
奶油
甘藍菜
葛縷子籽
胡蘿蔔
芹菜、芹菜葉和芹菜根

乳酪，如：藍黴、巧達、戈根索拉、
　豪達、葛黎耶和、帕爾瑪乳酪
辣椒片
細香蔥
芫荽葉
肉桂
柳橙，如：碎橙皮
庫斯庫斯
鮮奶油
咖哩粉
蒔蘿
法式料理
蒜頭
印度酥油
薑
焗烤料理
綠色蔬菜，如：**蕪菁葉**
蜂蜜
羽衣甘藍
大頭菜
韭蔥
檸檬，如：檸檬汁、碎檸檬皮
扁豆
楓糖漿
馬士卡彭乳酪
馬鈴薯泥

對味組合

蕪菁＋杏仁果＋巴薩米克香醋
蕪菁＋羅勒＋黑胡椒＋檸檬
蕪菁＋葛縷子籽＋胡蘿蔔
蕪菁＋胡蘿蔔＋綠色蔬菜
蕪菁＋胡蘿蔔＋扁豆
蕪菁＋胡蘿蔔＋馬鈴薯
蕪菁＋蒜頭＋韭蔥＋蕪菁甘藍＋百里香
蕪菁＋薑＋柳橙＋迷迭香
蕪菁＋綠色蔬菜＋檸檬＋松子
蕪菁＋焗烤料理＋葛黎耶和乳酪＋百里香
蕪菁＋韭蔥＋味噌
蕪菁＋楓糖漿＋歐芹
蕪菁＋味醂＋味噌＋嫩青蔥＋芝麻籽
蕪菁＋義式麵食＋蕪菁葉
蕪菁＋馬鈴薯＋蕪菁甘藍
蕪菁＋馬鈴薯＋龍蒿＋番茄

味醂
味噌，如：白味噌
菇蕈類，如：牛肝菌、波特貝羅大
　香菇
芥末，如：第戎芥末和芥末粉
肉豆蔻
油脂，如：葡萄籽油、堅果油、**橄**
　欖油、葵花油、蔬菜油、核桃油
洋蔥，如：青蔥、白洋蔥、黃洋蔥
柳橙，如：橙汁、碎橙皮
歐芹
歐洲防風草塊根
梨子
豌豆
美洲山核桃
胡椒，如：黑胡椒、白胡椒
松子
罌粟籽
馬鈴薯和新馬鈴薯
南瓜
濃湯
櫻桃蘿蔔
迷迭香
蕪菁甘藍
沙拉，如：碎蕪菁沙拉
鹽，如：猶太鹽、岩鹽、**海鹽**

香薄荷
芝麻籽，如：黑芝麻籽、白芝麻籽
紫蘇
湯，如：奶油濃湯、義式蔬菜湯、馬鈴薯湯、蕪菁湯
醬油
冬南瓜，如：*橡實南瓜、白胡桃瓜*
八角
燉煮料理
翻炒料理
蔬菜高湯
糖，如：黃砂糖
甘藷
龍蒿
百里香和檸檬百里香
豆腐
番茄
根莖蔬菜，尤以烘烤為佳
油醋醬
醋，如：**巴薩米克香醋或巴薩米克白醋、紅酒醋、米醋、雪利酒醋、白酒醋**
核桃
水田芥
酒，如：紅酒、雪利酒
優格

鮮味 Umami
風味：可口，或鹹而可口
富含鮮味的素食包括：

熟成食物，如：熟成乳酪
豆豉
啤酒
青花菜
焦糖化料理
焦糖化胡蘿蔔
熟成乳酪，如：藍黴、葛黎耶和、帕爾瑪、侯克霍乳酪
發酵食品和飲品（如：味噌、溜醬油、酒）
葡萄柚
葡萄
燒烤料理

番茄醬
味噌
菇蕈類，如：乾香菇、松茸、香菇
營養酵母
焦糖化洋蔥
馬鈴薯
全熟食物
烘烤料理
德國酸菜
海菜，如：乾海菜、昆布
黃豆，如：豆豉
醬油
菇蕈類高湯
甘藷
溜醬油
綠茶
天貝
豆腐
番茄和番茄醬汁，以及日曬番茄乾
松露
梅干和梅子醬
醋，如：巴薩米克香醋、雪利酒醋、梅子醋
核桃
酒

梅干 Umeboshi, Umeboshi Paste
（亦稱 Pickled Plum Puree）、
梅干醬 Umeboshi Plums
（同時參見梅子醋）
[oo-meh-BOH-shee]
風味：酸／很鹹／甜／鮮，帶有複雜的水果香調
風味強度：中等－非常強
這是什麼：日本「李子」加鹽和紫蘇發酵製成
近親：杏桃（非李子）
品牌：伊甸食品、帝王廚房（李子醬）

龍舌蘭糖漿
酪梨
羅勒

豆類，如：腰豆
青花菜
大白菜
白花椰菜
芹菜
細香蔥
芫荽葉
玉米，如：*玉米棒*
黃瓜
咖哩類，如：泰式咖哩
白蘿蔔
蘸料
淋醬
綠捲鬚苦苣
蒜頭
薑
穀物
綠色蔬菜，如：綠葉甘藍
日式料理
豆薯
檸檬，如：檸檬汁
扁豆
萵苣，如：蘿蔓萵苣
萊姆，如：萊姆汁
日本長壽飲食料理
滷汁醃醬
美乃滋
味醂
菇蕈類
第戎芥末
亞洲麵條，如：日本蕎麥麵
海苔和**海苔卷**
油脂，如：橄欖油、花生油、芝麻油
歐芹
美洲山核桃
米，如：短糙米、壽司米、白米
飯糰
沙拉淋醬，如：*凱薩沙拉淋醬、綠沙拉淋醬*
沙拉，如：*凱薩沙拉、綠色蔬菜沙拉*
醬汁
嫩青蔥

芝麻，如：芝麻醬、芝麻籽、芝麻
　　醬汁
紫蘇
荷蘭豆
湯
酸奶油
抹醬
翻炒料理
糖
溜醬油
天貝
豆腐，如：老豆腐
蔬菜，如：炒青菜
米醋
核桃

對味組合
梅干＋龍舌蘭糖漿＋蒜頭＋芥末
　　＋橄欖油＋*沙拉淋醬*
梅干＋青花菜＋米＋嫩青蔥＋豆
　　腐
梅干＋扁豆＋核桃
梅干＋海苔＋米＋米醋＋嫩青蔥
　　＋核桃
梅干＋海苔＋米＋米醋＋紫蘇
梅干＋橄欖油＋歐芹＋米＋芝麻
　　籽
梅干＋橄欖油＋米醋＋糖＋溜醬
　　油

香莢蘭 Vanilla
風味：苦／微甜；芳香，帶有濃郁
　　的奶油香和一絲煙燻的香調
風味強度：弱
近親：蘭花（不可食用）

蘋果
杏桃
烘焙食物，如：蛋糕，餅乾
香蕉
豆類，如：四季豆
甜菜
漿果，如：覆盆子、草莓
飲品，如：蛋酒

白蘭地
奶油
小豆蔻
乳酪蛋糕
櫻桃
辣椒
巧克力
肉桂，如：錫蘭肉桂
丁香
咖啡
鮮奶油
甜點，如：卡士達、*冰淇淋
蛋
法國土司
水果，如：低溫糖煮水果
薑
蜂蜜
檸檬，如：檸檬汁、碎檸檬皮
楓糖漿
奶類
肉豆蔻
堅果，如：**杏仁果、腰果**
燕麥和燕麥片
桃子
梨子
黑胡椒
布丁，如：酪梨布丁、麵包布丁、
　　奇亞籽布丁、米布丁
南瓜
覆盆子
米，如：印度香米、茉莉香米
水果沙拉
醬汁，如：奶油醬汁、鮮奶油醬汁、
　　甜點醬汁
蔬果昔
湯，如：水果湯
其他辛香料
草莓
糖，如：黃砂糖
茶
豆腐
番茄
甜味蔬菜，如：玉米、豌豆
伏特加

酒
優格

對味組合
香莢蘭＋杏仁奶＋杏仁果＋楓糖
　　漿＋米
香莢蘭＋蘋果＋肉桂
香莢蘭＋蘋果＋檸檬
香莢蘭＋巧克力＋肉桂
香莢蘭＋蜂蜜＋梨子＋優格

香莢蘭和錫蘭肉桂的結合，既強
烈又美味。
——艾咪·比奇（Ami Beach），G禪餐廳，
康乃狄克州布蘭福德

素食漢堡 Veggie Burgers
有多少位素食廚師，就有多少種
素食漢堡！靈活運用你最愛的全
穀物、莢果、菇蕈、堅果、種籽和

主廚私房菜　DISHES

118布里斯托迷你漢堡：醃滷波特貝羅大香菇、番茄、菠菜、蒜味奶油醬和羅勒蒜泥蛋黃醬，放在蕎麥小圓麵包上
—— 118度（118 Degrees），加州

重裝西南方素肉堡：自製辣味漢堡素肉餅搭配新鮮蔬菜、認證無麩質燕麥和南瓜籽，放在全麥小圓麵包上搭配酪梨和公雞嘴莎莎醬上桌
—— 峽谷牧場（Canyon Ranch），麻州萊諾克斯

自製西南方黑眉豆和烘烤甘藷堡，放在烤小圓麵包上搭配墨西哥酪梨醬和莎莎醬
—— 花園咖啡館（Garden Café），紐約州伍茲塔克

綠扁豆和白胡桃瓜堡：南瓜籽酥底蔬菜堡，以綠扁豆、白胡桃瓜、藜麥、甘藍菜、焦糖化洋蔥、胡蘿蔔和辛香料
—— 大智者（Great Sage），馬里蘭州克拉克斯維爾

瑪哪迷你漢堡：糙米和菇蕈堡，搭配辣味美乃滋
—— 瑪哪食物吧（Mana Food Bar），芝加哥

小米和藜麥堡搭配柳橙片、芫荽、紅蔥酥、薄荷青醬和甜菜根脆片
—— 李子小酒館（Plum Bistro），西雅圖

炙烤扁豆堡搭配番茄、焦黑甜菜葉、紅蔥酥、蒔蘿蒜泥蛋黃醬和薯蕷脆片
—— 李子小酒館（Plum Bistro），西雅圖

新鮮香料植物燒烤素排堡，搭配焦黑甜菜葉、胡蘿蔔刨片、紅蔥酥和冬南瓜脆片
—— 李子小酒館（Plum Bistro），西雅圖

水牛城波特貝羅大香菇堡：油炸日式麵包粉裹波特貝羅大香菇，蘸水牛城辣醬，搭配純素牧場沙拉淋醬、燒烤洋蔥、黃瓜、混合青蔬和炸薯條
—— 李子小酒館（Plum Bistro），西雅圖

自製甜菜堡、新鮮烘焙迷迭香佛卡夏小圓麵包、胡蘿蔔蒜泥蛋黃醬、芝麻菜、油封紅洋蔥和番茄，可自由搭配腰果乳酪
—— 波多貝羅（波特貝羅大香菇 Portobello），俄勒岡州波特蘭市

根菜堡：自製黑眉豆和藜麥堡，搭配波士頓萵苣、番茄、酥炸洋蔥和蒜泥蛋黃醬，搭配拌入淋醬的青蔬或香料植物調味炸薯條
—— 根（Root），麻州奧爾斯頓

／或蔬菜的結合，做出你自己的素食漢堡。

我用糙米、鷹嘴豆、扁豆和菇蕈，替美利思餐廳之外的一個餐廳計畫發明了一種素食漢堡——但我也用過同樣的組合做了豆子和波特貝羅大香菇什錦鍋（卡酥來）裡的「香腸」。沒有腸衣——碎米粒發揮了黏合的功能，我把食材包在保鮮膜，蒸過，然後放進煎鍋煎脆。
—— 喬塞・席特林（JOSIAH CITRIN），美利思餐廳，聖塔莫尼卡

我們供應三種不同的素食漢堡。我最愛的追隨你心漢堡，是像肉一樣的大豆餅。其次是特級堅果堡，以堅果和蔬菜為主，加上萵苣、無凝乳酶的巧達乳酪、番茄、菇蕈、洋蔥、德國酸菜、素乃滋和胡蘿蔔刨絲。不是凝聚在一塊的餅，比較像法式酥皮醬糜派在烤架上加熱過，咬的時候會流汁。我們也提供多穀物野菇堡，質地有點類似堅果堡，加了糙米、小麥仁、大麥、扁豆、菇蕈和香料植物。
—— 鮑伯・哥登伯格（Bob Goldberg），追隨你心餐廳，洛杉磯

酸葡萄汁 Verjus
[vair-ZHOO]

風味：**酸**／甜，時常帶有水果香調

風味強度：變化很大，從弱到中等－強

這是什麼：未成熟的紅葡萄或白葡萄汁（低糖、高酸度）

小祕訣：想讓菜餚增添比較弱的酸味，或是想用這道菜餚搭配酒時，可用酸白葡萄汁取代柑橘類（如檸檬、萊姆），和酸紅葡萄汁取代紅酒醋（酸白葡萄

V

汁比醋適合配酒）。一般而言，
要搭配比較溫和或清淡的食材
時，選用酸白葡萄汁；要搭配
比較濃烈或蝸深色的食材，就
選用帶泥土味的酸紅葡萄汁。
在美國東西岸之間的酒莊尋找
酸葡萄汁，如納瓦羅（Navarro，
加州）到沃爾夫酒莊（Wölffer
Estate，紐約州），以及法國生
產商羅蘭（Roland）。

蘋果
芝麻菜
甜菜
乳酪，如：帕爾瑪乳酪
甜點
飲料，如：雞尾酒
法式料理
水果
葡萄
沙拉青蔬
香料植物
冰沙甜點，如：冰沙、雪碧冰，尤
以水果風味為佳
奇異果
奶油萵苣
滷汁醃醬
芥末
油脂，如：橄欖油
桃子
梨子
沙拉淋醬
沙拉，如：水果沙拉、綠色蔬菜沙
拉
醬汁
湯，如：水果湯、紅捲心菜冷湯
燉煮料理
百里香

對味組合
酸葡萄汁＋蘋果＋葡萄
酸葡萄汁＋芝麻菜＋橄欖油＋帕
　爾瑪乳酪
酸葡萄汁＋甜菜＋橄欖油＋百里

香
酸葡萄汁＋蒜頭＋橄欖油＋紅蔥
酸葡萄汁＋梨子＋沙拉青蔬

越南料理 Vietnamese Cuisine
香蕉
泰國羅勒
辣椒
芫荽葉
椰奶
黃瓜
咖哩粉和咖哩辛香料
蒔蘿
蒜頭
薑
檸檬
檸檬香茅
萵苣
萊姆
奶類，如：煉奶（如：加入咖啡）
薄荷
麵條，如：粄條
花生
裸食料理
米，如：茉莉香米
春捲，如：春捲、越南春捲
沙拉，如：米粉沙拉
嫩青蔥
紅蔥
春捲
芽菜
八角
糖
越南春捲
珍珠粉圓
米醋

對味組合
甘藍菜＋腰果＋粄條＋沙拉青蔬
　＋豆腐

醋 Vinegar—In General
（參見特定的醋）
風味：從微酸到非常酸

風味強度：從較弱到較強
營養學剖繪：幾乎100%碳水化合
　物
熱量：每½杯25大卡（蘋果酒醋、
　酒醋）－100大卡（巴薩米克醋）
小祕訣：可以為許多菜餚增添風
　味。
可行的替代物：檸檬汁、萊姆汁、
　羅望子果醬、酸葡萄汁、葡萄酒。

我愛各種花俏的醋！我會用幾滴
香檳酒醋或西班牙雪利酒醋替一
道菜收尾。
——莫利・卡岑（Mollie Katzen），多本暢
銷食譜作家，著有《菜餚之心》等書

● **蘋果酒醋** Vinegar, Apple
Cider（亦稱 Vinegar, Cider）
風味：酸／微甜，帶有蘋果和／
　或蜂蜜的水果香調
風味強度：弱－中等－強
這是什麼：蘋果汁發酵製成
小祕訣：選用未過濾、有機的蘋
　果酒醋。

蘋果和蘋果汁
烘焙食物
黑眼豆
印度甜酸醬
黃瓜
水果
全穀物
香料植物，如：蒔蘿
滷汁醃醬
油脂，如：橄欖油、花生油、葵花
　油
桃子
梨子
豌豆
李子
沙拉淋醬
沙拉，如：水果沙拉、綠色蔬菜沙
拉、義大利麵沙拉、蔬菜沙拉
海鹽

美式涼拌菜絲
湯，如：羅宋湯
蔬菜，尤以清蒸為佳
醃漬蔬菜

●巴薩米克香醋
Vinegar, Balsamic

風味：酸／甜，風味豐富，帶有濃厚、稍微類似糖漿的質地

風味強度：中等－強

小祕訣：最優質的巴薩米克香醋都熟成過，價格不菲，但非常值得。巴薩米克香醋可以不加油，當作低脂的淋醬。在烹調過程最後加入（千萬不能煮沸），或在菜餚上桌之前做收尾，尤其適合希望醋甜而酸度低的時候。需要比較淡的風味（或顏色）時，選用巴薩米克白醋（如搭配葡萄籽油）。

可行的替代物：無。少量的時候，或許可用西班牙雪利酒醋替代

甜菜
褐化奶油
蛋糕
乳酪，如：山羊乳酪、莫札瑞拉、帕爾瑪、瑞可達乳酪
櫻桃
柑橘類水果
水果甜點
茄子
茴香
無花果
水果
蒜頭
綠色蔬菜，如：苦味綠色蔬菜、燉煮綠色蔬菜
冰淇淋
義大利北方料理
羽衣甘藍，如：燉煮羽衣甘藍
滷汁醃醬
芥末，如：第戎芥末、乾芥末、芥末籽

橄欖油，尤以特級初榨為佳
洋蔥，尤以焦糖化為佳
柳橙
義式麵食
胡椒，如：黑胡椒或白胡椒
沙拉淋醬
沙拉
鹽，如：猶太鹽
嫩青蔥
麵筋製品
紅蔥
湯
***草莓**
糖
***番茄**
蔬菜
其他醋類：風味較強的醋，如：紅酒醋、雪利酒醋

對味組合

巴薩米克香醋＋甜菜＋茴香＋柳橙

巴薩米克香醋＋蒜頭＋橄欖油＋嫩青蔥

巴薩米克香醋＋蜂蜜＋馬士卡彭／瑞可達乳酪＋草莓

每次我想讓一道菜餚增添一點甜味，就會用巴薩米克白醋，例如烹調苦味蔬菜或燜煮羽衣甘藍的時候。
——喬塞·席特林（JOSIAH CITRIN），美利思餐廳，聖塔莫尼卡

班努斯醋 Vinegar, Banyuls

風味：**酸／甜**，帶有漿果、薑、蜂蜜、堅果（杏仁果、核桃）、李子和／或香莢蘭的複雜香調，質地濃厚。

風味強度：**弱－中等**

這是什麼：使用格那希葡萄（Grenache grape）製成，這種葡萄也用於製作班努斯甜點酒（Banyuls dessert wine）

可行的替代物：紅酒醋（如用於溶解鍋底褐渣）、西班牙雪利酒醋

大麥
豆類
乳酪，如：藍黴、山羊乳酪
鷹嘴豆
法式料理，尤以普羅旺斯料理為佳
沙拉青蔬，如：綠捲鬚苦苣
扁豆，如：黑扁豆、綠扁豆、法國扁豆
滷汁醃醬
油脂，如：榛果油、橄欖油、核桃油
燉菜
沙拉淋醬，如：油醋沙拉淋醬
沙拉，如：綠捲鬚苦苣沙拉、綠色蔬菜沙拉
海鹽
醬汁
核桃

啤酒醋 Vinegar, Beer

風味：酸，帶有麥芽香調

風味強度：中等－強

乳酪，尤以軟質乳酪為佳，如：布瑞達乳酪
油脂，如：橄欖油
沙拉
蔬菜
水田芥

糙米醋 Vinegar, Brown Rice
（亦稱中式黑醋）

風味：酸至非常酸／甜，帶有水果、煙燻和／或伍斯特辣醬油

V

的複雜香調

風味強度：中等－強

小祕訣：可以視為亞洲版的巴薩米克香醋。

可行的替代物：巴薩米克香醋

亞洲料理

豆豉

中式料理

調味料

蒜頭

穀物

日式料理

滷汁醃醬

菇蕈類，如：波特貝羅大香菇、煙燻菇蕈

亞洲麵條

油脂，如：芝麻油

米，如：壽司

沙拉淋醬

沙拉

醬汁，如：蘸醬、糖醋醬、素食XO醬

湯，如：以米為基底的湯

醬油

是拉差甜辣椒醬

燉煮料理

翻炒料理

糖

純素食壽司

溜醬油

蔬菜，如：炙烤蔬菜

櫛瓜，如：炙烤櫛瓜

對味組合

烏醋＋亞洲麵條＋醬油

我們製作中式菜餚時，會使用黑醋，因為黑醋的風味十分有趣。我們的一道燒烤櫛瓜前菜是用芝麻油和黑醋醃滷，然後用香菇XO醬來提升風味。

——里奇・蘭道（Rich Landau）和凱特・雅各比（Kate Jacoby），費吉餐廳，費城

香檳酒醋 Vinegar, Champagne

風味：酸，帶有葡萄的清新風味，質地輕盈

風味強度：**弱**－中等（算是風味最弱的一種醋）

小祕訣：風味最細緻的一種醋，夠清淡，因此可以不加油，直接當沙拉淋醬。

可行的替代物：蘋果酒醋、米醋、白酒醋（不過這些的風味都不像香檳酒醋那麼弱）

漿果，如：覆盆子、草莓

柑橘類，如：葡萄柚、檸檬、萊姆、柳橙、紅橘；橙汁、碎橙皮

水果，尤以漿果、柑橘類和核果類水果為佳

沙拉青蔬，尤以較清淡者為佳

香料植物，如：檸檬百里香

蜂蜜

萵苣，如：奶油萵苣

油脂，如：堅果油、橄欖油、松露油

柳橙，如：橙汁、碎橙皮

沙拉淋醬

沙拉，如：水果沙拉、風味「較弱」的沙拉

醬汁

風味較弱的蔬菜

椰子醋 Vinegar, Coconut

風味：酸，帶有酵母的香調

風味強度：中等－強

咖哩類

菲律賓料理

米

東南亞料理

翻炒料理

榲桲醋 Vinegar, Quince

風味：**酸**／甜，帶有蘋果、梨子和／或榲桲的香調

可行的替代物：蘋果酒醋

蘋果

耶路撒冷朝鮮薊

烘焙食物，如：酥皮

漿果，如：草莓

甘藍菜，如：燉煮甘藍菜

芹菜根

乳酪，如：硬乳酪

栗子

柑橘類，如：柳橙

新鮮水果

甜瓜

油脂，如：橄欖油、松子油、開心果油

洋蔥

梨子

鳳梨

松子

開心果

南瓜

榲桲

沙拉，如：綠色蔬菜沙拉

醬汁

● **紅酒醋 Vinegar, Red Wine**
（同時參見酒醋）

風味：酸－非常酸

風味強度：中等（新鮮）－強（陳年）

小祕訣：紅酒醋的風味不會被辛香料和比較強烈的香料植物壓過。

可行的替代物：巴薩米克香醋、西班牙雪利酒醋、白酒醋

瑞士茶菜

冷食料理

法式料理

蒜頭

綠色蔬菜，如：蒲公英葉、沙拉青蔬、風味較強的綠色蔬菜

羽衣甘藍

檸檬，如：檸檬汁

滷汁醃醬

菇蕈類

第戎芥末
油脂，如：堅果油、**橄欖油**（尤以
　特級初榨為佳）
黑胡椒
沙拉淋醬，如：*油醋沙拉淋醬*
沙拉
醬汁
紅蔥
湯
菠菜
燉煮料理
根莖蔬菜

對味組合
紅酒醋＋黑胡椒＋蒜頭＋芥末＋
　橄欖油

米醋 Vinegar, Rice（Wine）
（米酒醋）
風味：微酸／微甜
風味強度：**弱**（白醋）—中等（糙
　米醋）
這是什麼：把米發酵製成的醋（雖
　然常俗稱米酒醋，但並不是米
　酒做的）
小祕訣：夠清淡，因此可以不加
　油，直接當沙拉淋醬。
可行的替代物：蘋果酒醋（＋甜
　味劑）、香檳酒醋、白酒醋

亞洲料理
竹筍
牛蒡
甘藍菜，如：中國白菜、大白菜
胡蘿蔔
辣椒和辣椒片
素辣豆醬
中式料理
柑橘類，如：葡萄柚、檸檬、萊姆、
　柳橙、紅橘；橙汁、碎橙皮
丁香
黃瓜
白蘿蔔
水果

蒜頭
薑
全穀物
日式料理
韓式料理
萊姆，如：萊姆汁
蓮藕
味醂
菇蕈類
亞洲麵條
油脂，如：花生油、**芝麻油**
亞洲醃漬蔬菜
米，如：壽司
沙拉淋醬
沙拉，如：*亞洲沙拉、黃瓜沙拉、
　水果沙拉、綠色蔬菜沙拉、涼
　麵沙拉*
醬汁，如：*蘸醬、日式醋汁醬油*
湯
醬油
燉煮料理，如：*亞洲料理*
翻炒料理
糖
壽司
溜醬油
蕪菁
蔬菜，如：風味較淡的蔬菜
越南料理
日本柚子

對味組合
米醋＋亞洲麵條＋薑
米醋＋辣椒粉＋糖＋溜醬油
米醋＋薑＋醬油
米醋＋萊姆汁＋醬油
米醋＋味醂＋醬油＋日本柚子
米醋＋鹽＋糖
米醋＋芝麻油＋醬油

雪利酒醋 Vinegar, Sherry
風味：**酸／甜**，帶有焦糖、花、葡
　萄和／或堅果的複雜香調，質
　地滑順
風味強度：中等－**強**

可行的替代物：巴薩米克香醋、紅
　酒醋、米醋

豆類
甜菜
奶油
乳酪，如：藍黴、莫札瑞拉乳酪
柑橘類，如：葡萄柚、檸檬、萊姆、
　柳橙、紅橘；橙汁、碎橙皮
蛋，如：義式蛋餅、水煮全熟蛋、
　墨西哥薄餅
茴香
蒜頭
穀物
苦味綠色蔬菜
香料植物
檸檬，如：檸檬汁、碎檸檬皮
滷汁醃醬
芥末，如：第戎芥末
油脂，如：**堅果油、橄欖油、核桃
　油**
洋蔥
柳橙，如：橙汁、碎橙皮
馬鈴薯
紫葉菊苣
沙拉淋醬，如：雪利酒沙拉淋醬
油醋醬
沙拉，如：*水果沙拉、蔬菜沙拉*
鹽
醬汁，如：*奶油醬汁*
湯，如：*紅捲心菜冷湯*
西班牙料理
番茄
其他醋類，如：巴薩米克香醋、紅
　酒醋、白酒醋
核桃

上好的西班牙雪利酒醋讓人口水
直流，即使白酒醋或巴薩米克香
醋都沒有這種能耐。我愛用西班
牙雪利酒醋搭配特級初榨橄欖油
當作醃醬。
——里奇·蘭道（Rich Landau），費吉餐
廳，費城

梅子醋 Vinegar, Umeboshi Plum (or Ume Plum)

風味：**酸／鹹**，帶有檸檬的水果香調

風味強度：中等

小祕訣：醃梅液嚴格說來不算是醋，但可代替醋和鹽當作速成的風味增進劑。

豆類
甜菜
蘸料
穀物
綠色蔬菜
滷汁醃醬
味噌
酸漬食物
沙拉淋醬
新鮮烹調醬汁
紫蘇葉
湯，如：味噌湯
燉煮料理
蔬菜，如：蒸蔬菜

白酒醋 Vinegar, White Wine

風味：酸／甜

風味強度：弱－中等

小祕訣：烹調淡色食材（如白花椰菜）時，選用白酒醋，因為紅酒醋可能影響食材顏色。

可行的替代物：香檳酒醋、蘋果酒醋、米酒醋

漿果
白花椰菜
柳橙，如：橙汁、碎橙皮
蒔蘿
法式料理
淺色食物
滷汁醃醬
甜瓜
第戎芥末
油脂，如：橄欖油、紅花油、葵花油

桃子
胡椒，如：黑胡椒、白胡椒
沙拉淋醬，如：油醋沙拉淋醬
沙拉
醬汁，如：蛋黃醬汁、荷蘭醬汁
紅蔥
湯
燉煮料理
龍蒿
蔬菜，如：炙烤蔬菜

酒醋 Vinegar, Wine—In General

風味：酸，帶有水果香調（如葡萄）

風味強度：弱－中等

小祕訣：選用優質、未經巴氏消毒的紅酒醋或白酒醋。

可行的替代物：蘋果酒醋

漿果
水果
滷汁醃醬
甜瓜
沙拉淋醬
沙拉
莎莎醬
醬汁
燉煮料理

維他美仕食物調理機 Vitamix

這是什麼：出色的食物調理機，價格接近二手車，馬達也和二手車一樣有力

小祕訣：可當作投資，這真的不只是調理機！稍微列舉一下你可以用維他美仕做什麼：麵糊、浸泡液、麵團、淋漿、穀粉（磨碎穀物）、蔬果汁、堅果醬、蔬果泥（如蔬菜泥）、沙拉淋醬、醬料和蘸醬、蔬果昔、湯、雪碧冰和抹醬。

我缺一不可的廚具是我的維他美仕食物調理機、螺旋切絲器、食

物乾燥機和深炸機。
　　——阿曼達・科恩（Amanda Cohen），泥土糖果，紐約市

● 裙帶菜（新鮮和乾燥）Wakame (Fresh and Dried)

季節：冬－春

風味：鹹／甜／鮮，帶有海的香調，質地滑溜有嚼勁

風味強度：弱－中等

這是什麼：海菜

營養學剖繪：72% 碳水化合物／16% 蛋白質／12% 脂肪

熱量：每 2 大匙 5 大卡（生食）

小祕訣：使用前先沖洗過，再浸泡於冷水中（新鮮裙帶菜只要幾分鐘，乾燥裙帶菜 20-30 分鐘以上）。要注意，乾燥裙帶菜恢復原狀時，可能膨脹十倍，甚至更多。烹煮時間不能長，5 分鐘。快上桌之前再加入菜餚中。

品牌：伊甸食品

龍舌蘭糖漿
亞洲料理
豆類
青江菜
胡蘿蔔
卡宴辣椒
辣椒，如：哈拉佩諾辣椒和辣椒片
中式料理
黃瓜
白蘿蔔
蒜頭
薑
芝麻鹽
穀物
綠色蔬菜，如：綠葉甘藍、蒲公英葉、芥末葉
日式料理
羽衣甘藍
莢果
檸檬，如：檸檬汁

日本蕎麥麵裙帶菜捲，淋上七味粉蒜泥蛋黃醬和楓糖照燒醬
——真就是生活（Cal-a-Vie），加州維斯塔

扁豆
萊姆，如：萊姆汁
日本長壽飲食料理
味噌
麵條，如：拉麵、日本蕎麥麵
油脂，如：橄欖油、**芝麻油**
洋蔥，如：青蔥、紅洋蔥
柳橙，如：橙汁
蔬菜醬，如：堅果蔬菜醬
馬鈴薯
櫻桃蘿蔔
米，如：糙米、短米
沙拉，如：黃瓜沙拉、綠色蔬菜沙拉
海鹽
嫩青蔥
種籽，如：南瓜籽、**芝麻籽**
美式涼拌菜絲
湯，如：冷湯、味噌湯、冬季湯
醬油
春捲
冬南瓜，如：白胡桃瓜
燉煮料理
翻炒料理
蔬菜高湯
溜醬油
天貝
豆腐
蔬菜
醋，如：米酒醋

對味組合
裙帶菜＋黃瓜＋柳橙
**裙帶菜＋黃瓜＋米醋＋芝麻籽＋
　溜醬油**
裙帶菜＋檸檬汁＋芝麻油＋醬油
裙帶菜＋海鹽＋芝麻籽

我第一次烹調**裙帶菜**時，是把整

包倒進鍋子裡，加水淹過，煮到
滾，然後就離開廚房。我不知道
海藻會膨脹七倍——所以回來看
到裙帶菜脹到鍋子外，我的爐子
面目猙獰，我震驚極了！
——潘姆・布朗（Pam Brown），花園咖
啡館，紐約州伍茲塔克

● **核桃** Walnuts
季節：秋季
風味：微甜到苦，帶有奶油、鮮奶
　油和／或堅果的泥土味（及核
　桃皮的澀味香調），質地濃厚、
　清脆
風味強度：弱－中等
健康元素：omega-3脂肪酸
營養學剖繪：83%脂肪／9%碳水
　化合物／8%蛋白質
熱量：每28.35克185大卡
蛋白質：4克
小祕訣：選用乾燥的黑核桃。
近親：其他樹生堅果

蘋果
杏桃，如：杏桃乾
朝鮮薊和朝鮮薊心
芝麻菜
*烘焙食物，如：麵包、蛋糕、餅乾、
　馬芬、酥皮、餡餅*
土耳其果仁甜餅
香蕉
羅勒
豆類，如：蠶豆、四季豆、白豆
甜菜
紅燈籠椒，尤以烘烤為佳
漿果，如：藍莓
奶油
甘藍菜
焦糖

胡蘿蔔
芹菜和芹菜根
熱麥片
蒸菜
乳酪，如：**藍黴**、康門貝爾、巧達、
　奶油乳酪、費達、**山羊乳酪**、戈
　根索拉、蒙特利傑克、蒙契格、
　帕爾瑪、佩科利諾、**瑞可達乳
　酪**、侯克霍、綿羊奶乳酪、斯提
　爾頓乳酪
櫻桃，如：櫻桃乾、酸櫻桃
巧克力，如：黑巧克力、牛奶巧克
　力、白巧克力
肉桂
椰子
咖啡
庫斯庫斯
蔓越莓
鮮奶油
黃瓜
孜然
穗醋栗
椰棗
甜點，如：水果脆片
茄子
比利時苦苣
茴香
無花果
綠捲鬚苦苣
水果，如：水果乾、新鮮水果
蒜頭
全穀物，如：莧屬植物、大麥、布
　格麥片、燕麥、藜麥、斯佩耳特
　小麥仁、小麥仁
格蘭諾拉麥片
葡萄柚
葡萄
希臘料理
綠色蔬菜，如：甜菜葉、苦味綠色
　蔬菜、沙拉青蔬
蜂蜜
冰淇淋
金桔
韭蔥

W

檸檬，如：檸檬汁、碎檸檬皮
萵苣，如：蘿蔓萵苣
楓糖漿
馬士卡彭乳酪
甜白味噌
糖蜜
天然穀物麥片
馬芬
菇蕈類，如：牛肝菌
肉豆蔻
其他堅果，如：腰果、榛果
燕麥和燕麥片
油脂，如：橄欖油、核桃油
橄欖，如：綠橄欖
洋蔥
柳橙，如：橙汁、碎橙皮

美式煎餅
歐芹
歐洲防風草塊根
義式麵食，如：蝴蝶麵、義大利麵
　捲、米粒麵、義大利大寬麵
酥皮
法式酥皮醬糜派
桃子
梨子
義式青醬
費洛皮
披薩
李子，如：李子乾、新鮮李子
石榴和石榴糖蜜
南瓜
　桲

藜麥
葡萄乾
米，如：糙米、野生米
沙拉，如：華爾道夫沙拉
鹽，如：海鹽
鼠尾草
醬汁，如：番茄醬汁、核桃
種籽，如：大麻籽、南瓜籽
作為零食
湯
斯佩耳特小麥仁
菠菜
小果南瓜，如：夏南瓜、冬南瓜
餡料
糖
甘藷

麥粒番茄生菜沙拉

橄欖醬

百里香

番茄和日曬番茄乾

什錦乾果

香菜蘭

對味組合

核桃+蘋果+甜菜+*沙拉*

核桃+蘋果+*肉桂*

核桃+蘋果+*小麥仁*

核桃+朝鮮薊心+庫斯庫斯

核桃+芝麻菜+甜菜+費達乳酪

核桃+芝麻菜+義式青醬

核桃+羅勒+茄子

核桃+甜菜+菠菜

核桃+（烘烤）燈籠椒+蒜頭+歐芹+義式麵食

核桃+藍黴乳酪+莒菜

核桃+藍黴乳酪+洋蔥

核桃+麵包粉+蒜頭+橄欖油+帕爾瑪乳酪

核桃+麵包粉+石榴糖蜜+烤紅燈籠椒

核桃+白胡桃瓜+鼠尾草

核桃+胡蘿蔔+葡萄乾

核桃+乳酪（如：藍黴、山羊乳酪、帕爾瑪乳酪）+**水果**（如：蘋果、椰棗、無花果、梨子）

核桃+蔓越莓+薑+柳橙+香菜蘭

核桃+蒔蘿+紫紅藻+檸檬

核桃+莒菜+侯克霍乳酪

核桃+無花果+蜂蜜+優格

核桃+無花果+綠捲鬚苦苣+戈根索拉乳酪+核桃油

核桃+蒜頭+義式麵食+葡萄乾

核桃+蒜頭+溜醬油

核桃+山羊乳酪+蜂蜜

核桃+馬士卡彭乳酪+義式麵食+鼠尾草

核桃+糖蜜+香菜蘭

核桃+菇蕈類+百里香

● 山葵 Wasabi

[wah-SAH-bee]

風味：非常辣／微甜，帶有辣根和／或堅果的刺激香調

風味強度：非常強

這是什麼：日本辣根

營養學剖繪：83% 碳水化合物／

12% 蛋白質／5% 脂肪

小祕訣：在烹調快結束時添加，或搭配冰涼的食物。

近親：甘藍

亞洲料理

酪梨

雪利酒醋

甜酒，如：馬德拉酒、波特酒、雪利酒

優格

櫛瓜

冷食料理

水煮全熟蛋

薑

日式料理

滷汁醃醬

美乃滋

麵條，如：日本蕎麥麵

海苔卷

馬鈴薯

米，如：糯米

沙拉淋醬

醬汁

芝麻，如：芝麻油、芝麻籽

醬油

糖，如：黃砂糖

壽司

塔希尼芝麻醬

溜醬油

天婦羅

豆腐

糙米醋

精進料理（佛教禪宗僧侶的發明）禁止使用大蒜；大蒜的風味強烈、持久，可能壓過其他風味，甚至影響下一道菜的風味——或影響到隔天的食物！山葵也很強烈，但風味會迅速揮發。

——上島良太，美好的一日餐廳，紐約市

● 荸薺 Water Chestnuts

季節：全年

風味：微甜，帶有蘋果和／或耶路撒冷朝鮮薊的香調，質地脆而多汁

風味強度：弱

營養學剖繪：95% 碳水化合物／4% 蛋白質／1% 脂肪

熱量：每½杯60大卡（生、切片）

蛋白質：1克

料理方式：烘焙、沸煮、燜煮、深炸、油炸、生食、煎炒、蒸煮、翻炒

小祕訣：如果為了方便而用罐裝的荸薺，使用前要先在滾水中

W

汆燙過。

亞洲料理
竹筍
豆豉
四季豆
燈籠椒，如：紅燈籠椒
青江菜
青花菜
抱子甘藍
甘藍菜，如：紫甘藍
胡蘿蔔
芹菜
乾辣椒
中式料理
芫荽葉
玉米
餃類
毛豆
蒜頭
薑
海鮮醬
韭蔥
萵苣，如：畢布萵苣
萵苣捲餅
薄荷
菇蕈類，如：中式乾香菇、乾香菇、
　　蠔菇、香菇
亞洲麵條
堅果，如：夏威夷堅果
油脂，如：橄欖油、花生油、芝麻油、
　　蔬菜油
紅洋蔥
柳橙，如：橙汁
歐芹
花生和花生醬汁
豌豆
鳳梨
松子
糙米
沙拉，如：水果沙拉、涼麵沙拉、
　　米沙拉、蔬菜沙拉
嫩青蔥
芝麻，如：芝麻油、芝麻籽

荷蘭豆
湯，如：冬瓜湯
醬油
春捲
是拉差香甜辣椒醬
燉煮料理
翻炒料理
蔬菜高湯
糖
甜豌豆
豆腐，如：老豆腐
蔬菜
醋，如：巴薩米克香醋、米醋
水田芥
米酒

對味組合
荸薺＋亞洲麵條＋花生醬
荸薺＋香菇＋甜豌豆

● 水田芥 Watercress
（同時參見春山芥）
季節：晚春－夏
風味：苦，溫和到辣，帶有芥末和
　　／或胡椒的刺激香調，質地細
　　緻但清脆
風味強度：中等－強
這是什麼：綠葉蔬菜
營養學剖繪：51% 蛋白質／41%
　　碳水化合物／8% 脂肪
熱量：每1杯5大卡（切碎、生食）
蛋白質：1克
料理方式：雖然水田芥可以快速
　　蒸煮或翻炒（帶出甜味），但最
　　適合生食。

近親：青花菜、抱子甘藍、甘藍、
　　白花椰菜、綠葉甘藍、辣根、羽
　　衣甘藍、大頭菜、春山芥、芥末、
　　櫻桃蘿蔔、蕪菁甘藍、蕪菁、水
　　田芥

杏仁果
蘋果
蘆筍
酪梨
豆類，如：豆豉、白豆
甜菜
燈籠椒，尤以紅燈籠椒為佳
奶油
白脫乳
胡蘿蔔
乳酪，如：**藍黴、巧達、農家、奶
　　油乳酪、費達、山羊乳酪、葛黎
　　耶和、蒙特利傑克、佩科利諾、
　　瑞可達、含鹽瑞可達、綿羊奶
　　酪、白乳酪**
菊苣
辣椒，如：哈拉佩諾辣椒
中式料理
細香蔥
芫荽葉
柑橘類
鮮奶油
黃瓜
穗醋栗
蒔蘿
蛋，如：煎蛋、義式蛋餅、水煮全
　　熟蛋、蛋捲、水波蛋、炒蛋
苣菜
茴香

蒜頭
薑
全穀物
葡萄柚
溫和沙拉青蔬
蜂蜜
辣根
豆薯
韭蔥
檸檬，如：檸檬汁
萵苣，如：奶油萵苣、蘿蔓萵苣
萊姆
馬士卡彭乳酪
美乃滋
薄荷
菇蕈類，如：鈕扣菇、金針菇、波
　特貝羅大香菇
芥末，如：第戎芥末、芥末粒
油脂，如：菜籽油、葡萄籽油、橄
　欖油、花生油、芝麻油、蔬菜油、
　核桃油
橄欖
洋蔥，如：紅洋蔥
柳橙，如：血橙、切片柳橙
歐芹
歐洲防風草塊根
義式麵食
桃子
梨子
豌豆
胡椒，如：黑胡椒、白胡椒
鳳梨
開心果
石榴
馬鈴薯
紫葉菊苣
櫻桃蘿蔔
覆盆子
米
沙拉，如：豆子沙拉、蛋沙拉、綠
　色蔬菜沙拉、馬鈴薯沙拉、水
　田芥沙拉
鹽，如：猶太鹽、海鹽
三明治，如：蛋沙拉、烤乳酪三明
　治、迷你三明治
醬汁
芝麻，如：芝麻籽
紅蔥
湯，如：大麥湯、奶油濃湯、味噌湯、
　菇蕈湯、馬鈴薯湯
酸奶油
醬油
燉煮料理
翻炒料理
蔬菜高湯
草莓
溜醬油
紅橘

對味組合
水田芥＋杏仁果＋巴薩米克香醋＋草莓
水田芥＋蘋果＋甜菜
水田芥＋蘆筍＋水波蛋
水田芥＋酪梨＋葡萄柚
水田芥＋甜菜＋乳酪（如：山羊乳酪、佩科利諾）**＋核桃**
水田芥＋甜菜＋蛋沙拉
水田芥＋甜菜＋芥末
水田芥＋血橙＋瑞可達乳酪
水田芥＋芹菜＋櫻桃蘿蔔＋核桃油
水田芥＋乳酪（如：藍黴、佩科利諾）**＋水果**（如：蘋果）**＋堅果**（如：
　杏仁果、核桃）
水田芥＋細香蔥＋奶油乳酪＋歐芹＋迷你三明治
水田芥＋黃瓜＋薄荷＋紅洋蔥
水田芥＋第戎芥末＋橄欖油＋紅酒醋
水田芥＋茴香＋柳橙
水田芥＋蒜頭＋味噌＋芝麻油
水田芥＋蒜頭＋洋蔥＋馬鈴薯＋百里香
水田芥＋山羊乳酪＋番茄
水田芥＋韭蔥＋馬鈴薯
水田芥＋洋蔥＋馬鈴薯＋蔬菜高湯

百里香
豆腐
番茄
番茄乾
越南料理
油醋醬
醋，如：巴薩米克香醋、香檳酒醋、
　紅酒醋、米酒醋、雪利酒醋、巴
　薩米克白醋、白酒醋
核桃
酒，如：干白酒、米酒
優格
木薯

● 西瓜 Watermelon

季節：**晚夏**
風味：非常甜，質地非常多汁
風味強度：弱－中等
營養學剖繪：89%碳水化合物／
　7%蛋白質／4%脂肪
熱量：每1杯45大卡（生、挖球）

蛋白質：1克
料理方式：燒烤、生食
小祕訣：西瓜子和西瓜皮都可食
　用，可以試試烘烤西瓜子，或
　醃西瓜皮。

W

龍舌蘭糖漿

果味水

杏仁果

芝麻菜，如：芝麻菜嫩葉

羅勒

漿果，如：黑莓、藍莓、**覆盆子**、
　草莓

乳酪，如：藍黴、**費達**、山羊乳酪、
　含鹽瑞可達乳酪

辣椒，如：哈拉佩諾辣椒

辣椒粉

芫荽葉

蔓越莓

黃瓜

甜點

飲料，如：果味水

茴香

義式冰沙、冰、雪碧冰

蜂蜜

豆薯

檸檬，如：檸檬汁、碎檸檬皮

萊姆，如：萊姆汁、碎萊姆皮

楓糖漿

其他甜瓜，如：洋香瓜

薄荷

油脂，如：酪梨油、菜籽油、葡萄
　籽油、**橄欖油**

洋蔥，如：青蔥、紅洋蔥

柳橙，如：橙汁

歐芹

黑胡椒

開心果

罌粟籽

迷迭香

沙拉，如：水果沙拉

水果莎莎醬

鹽，如：猶太鹽、海鹽

嫩青蔥

黑芝麻籽

紅蔥

雪碧冰

湯，如：水果湯、紅捲心菜冷湯、
　西瓜湯

糖

番茄

香莢蘭

醋，如：巴薩米克香醋（黑酒醋或
　白酒醋）、蔓越莓醋、紅酒醋、
　米酒醋、雪利酒醋

優格

對味組合

西瓜＋龍舌蘭糖漿＋檸檬汁

西瓜＋杏仁果＋羅勒＋萊姆＋柳橙

西瓜＋芝麻菜＋黑胡椒＋開心果

西瓜＋芝麻菜＋黃瓜＋費達乳酪＋紅洋蔥

西瓜＋芝麻菜＋核桃

西瓜＋巴薩米克香醋＋羅勒＋番茄

西瓜＋羅勒＋費達乳酪＋醋（如：巴薩米克白醋）

西瓜＋洋香瓜＋薄荷

西瓜＋黃瓜＋紅洋蔥

西瓜＋茴香＋費達乳酪

西瓜＋費達乳酪＋萊姆＋薄荷

西瓜＋費達乳酪＋橄欖油＋紅洋蔥＋醋（如：白酒）

西瓜＋薑＋薄荷

西瓜＋山羊乳酪＋番茄

西瓜＋哈拉佩諾辣椒＋萊姆

西瓜＋哈拉佩諾辣椒＋橄欖油＋雪利酒醋＋番茄

西瓜＋檸檬／萊姆＋薄荷＋草莓

西瓜＋萊姆＋罌粟籽

西瓜＋蔓越莓醋＋紅洋蔥

主廚私房菜 DISHES

西瓜瑞可達乳酪沙拉：青江菜葉和菠菜葉、西瓜、腰果鹽漬瑞可
達乳酪、茴香油、香莢蘭和黑胡椒
——肉販的女兒（The Butcher's Daughter），紐約市

西瓜和茴藶香沙拉：卡非萊姆、酪梨、醃漬薑
——丹尼爾（DANIEL），紐約市

西瓜山羊乳酪沙拉：糖漬巴薩米克白醋和芝麻菜芽
——米阿默咖啡館（Mii amo Café），亞利桑那州塞多納

西瓜沙拉、辣味克色爾、農場萵苣和薄荷
——歐連納（Oleana），波士頓

● 小麥仁 Wheat Berries
（同時參見布格麥片）

風味：微甜、帶堅果味，質地非常
　有嚼勁

風味強度：弱

這是什麼：全穀

無麩質：否

營養學剖繪：83% 碳水化合物／
　14% 蛋白質／3% 脂肪

熱量：生的每¼杯165大卡（煮過
　之後約½杯）

蛋白質：6克

烹調時間：煮到軟，約1小時（預
　先浸泡）-2小時。

比例：1：3（1杯小麥仁對3杯烹

調湯汁）

小祕訣：堅硬的紅色小麥仁蛋白質含量最高（15%）。烤過再浸泡或烹煮，堅果風味更強。可以讓小麥仁發芽之後，加入沙拉。

近親：大麥、玉米、卡姆小麥、裸麥、斯佩爾特小麥、黑小麥

可行的替代物：裸麥粒、斯佩爾特小麥、黑小麥

蘋果
朝鮮薊心
蘆筍
烘焙食物，如：麵包
月桂葉
豆類，如：黑眉豆、白豆
燈籠椒
麵包
胡蘿蔔
法式砂鍋菜
熱早餐麥片

芹菜
瑞士萘菜
乳酪，如：巧達、費達、山羊乳酪、蒙契格、帕爾瑪、佩科利諾乳酪
鷹嘴豆
辣椒，如：青辣椒、哈拉佩諾辣椒
素辣豆醬（如：佐豆類）
蕪菁葉
柑橘類
丁香
芫荽
玉米
孜然
咖哩粉
蒔蘿
茄子
蛋，如：水波蛋
茴香
無花果
蒜頭
韭菜
薑

其他穀物，如：大麥、米
羽衣甘藍
檸檬，如：檸檬汁、碎檸檬皮
扁豆
萊姆
奶類
菇蕈類，如：香菇、野菇
堅果，如：杏仁果、腰果，松子、**核桃**
油脂，如：橄欖油、芝麻油
洋蔥，如：紅洋蔥、黃洋蔥
歐芹
桃子
豌豆
黑胡椒
抓飯
石榴糖蜜
南瓜籽
藜麥
葡萄乾
野生韭蔥
米，如：印度香米、糙米、野生米

W

義式燉飯

迷迭香

鼠尾草

沙拉，如：穀物沙拉、綠色蔬菜沙
　　拉

鹽，如：海鹽

嫩青蔥

紅蔥

湯

菠菜

芽菜，如：黃豆芽

燉煮料理，如：燉煮蔬菜

高湯，如：菇蕈高湯、蔬菜高湯

餡料，如：菇蕈類

糖，如：黃砂糖

溜醬油

龍蒿

百里香

豆腐

番茄

番茄乾

薑黃

蕪菁

蔬菜，尤以根莖蔬菜為佳

油醋醬

醋，如：巴薩米克香醋、蘋果酒醋、
　　雪利酒醋

酒，如：干白酒

山芋

優格

櫛瓜

對味組合

小麥仁＋蘋果＋葡萄乾＋核桃

小麥仁＋蘆筍＋乳酪＋菇蕈類＋
　　義式燉飯

小麥仁＋黑眉豆＋芫荽葉＋蒜頭
　　＋萊姆

小麥仁＋胡蘿蔔＋孜然

小麥仁＋胡蘿蔔＋嫩青蔥＋芝麻
　　油＋抱子甘藍＋溜醬油

小麥仁＋芹菜＋菇蕈類＋鼠尾草
　　＋百里香

小麥仁＋費達乳酪＋檸檬＋松子

＋菠菜

小麥仁＋桃子＋優格

全食物 Whole Foods

指食物在自然界的模樣，即完整
的狀態（未經處理、去皮等等）

例如：水果、穀物、莢果、菇蕈、
　　　堅果、種籽、蔬菜

酒 Wine

（見BOX）

冬季食材 Winter

天氣：典型寒冷的天氣

料理方式：烘焙、燜煮、釉汁、烘烤、

BOX

**紐約市紅番茄餐廳（Rouge Tomate）的侍酒師
帕斯卡琳・勒帕提耶（Pascaline Lepeltier）
論酒與素食、純素菜餚的搭配**

　　雖然我們不是素食餐廳，不過這裡的料理是以蔬食為重心。無肉料理中，有令人目不暇給的香氣、味道和質地——從生的茴香到番茄為基底的菜餚，到穀物與菇蕈。不過說到蔬菜，60%的時候是和白酒搭配。簡單來說，可以用**季節**思考：

- 春／夏：有許多綠色蔬菜（例如春日蘆筍、蠶豆和豌豆），因此會想找芳香而酸度高的酒，例如白蘇維濃（Sauvignon Blanc）、綠菲特麗娜（Grüner Veltliner）、不甜的蜜思嘉（Muscat）和麗絲玲（Riesling）。夏天裡，可以加入阿西爾提可（Assyrtiko）、蜜思卡得（Muscadet）和梧雷（Vouvray）這類酸度高的酒（蜜思卡得很適合搭配蘆筍和朝鮮薊，朝鮮薊時常讓人一杯接一杯）。

- 秋／冬：這時節有許多根莖類（例如蕪菁和歐洲防風草塊根），會想找比較濃郁、氧化的酒，例如隆河（Rhone）來的白酒，包括維歐尼耶白酒（Viognier）和胡珊／馬姍混釀（Roussanne／Marsanne blends）。帶有一點蘋果酸乳酸發酵風味、一點橡木和（片岩種植）梢楠品種（Chenin）的夏多內白酒（Chardonnay）也行。這個時節，我愛義大利的菲亞諾品種（Fiano），或灰皮諾（Pinot Grigio）或弗里烏利（Friuli）有點浸皮的酒。

　　如果想用紅酒搭配素食菜餚，會找酸度較高、單寧含量較低的紅酒，例如輕盈的黑皮諾葡萄酒（Pinot Noir）、嘉美葡萄酒（Gamay，例如薄酒萊）或格那希（Grenache）。

　　我搭配酒和菜餚時，主要思考這兩點：

　　（1）質地：一道菜是如何建構的一（是軟、脆、耐嚼，還是會在你口中融化？）和；（2）風味：味道（是甜、酸、鹹、苦、鮮？）加上香氣。

　　和生菜搭配時，通常會有某種淋醬（時常是以檸檬或醋為基底）和酒中清爽、明亮、清新的風味互補。

有兩大主流概念：（1）讓酒和菜餚並行，仿效菜餚；或（2）讓酒來平衡菜餚，增進餐酒搭配。舉幾個例子：

- **沙拉青蔬佐香料植物**。菜單上總是有這一道，加了檸檬油醋醬，帶著微苦，給人一種新鮮的整體感覺。於是我找的是風味清新的酒。白蘇維濃是很明顯的選擇——不過我喜歡嘗試不同種類。我另外找了勃艮第（Burgundy）的灰蘇維翁（Sauvignon Gris），這款酒比較芳香，卻有白蘇維濃的青澀香調加上夏布利白酒（Chablis）的礦物味。如果你想找比較新奇或時髦的選擇，或許可以試試不甜的居宏頌白酒（Jurançon）——是蒙仙品種（Manseng），沒有橡木味，有點純淨、藥草的要素。

- **胡蘿蔔沙拉佐蜂蜜**。這種沙拉有胡蘿蔔的一點甜味，其中的胡蘿蔔經過烘烤、低溫水煮，用蜂蜜調味，質地非常柔軟，所以幾乎會在嘴裡融化。酒至少必須帶有一絲甜味。我為梢楠（白葡萄）瘋狂，白梢楠的酸度高，但質地可能稍微滑膩。梧雷（用白梢楠品種的葡萄製成）在淺齡的時候稍有植物味，和少許類似洋甘菊的清新氣息，和這是完美的搭配。

- **甜菜沙拉佐鳳梨**。搭配玫瑰紅酒十分完美，尤其是格那希品種為基底的玫瑰紅酒，有草莓氣息，和較甜或較泥土味的風貌。我也會拿葡萄牙杜羅（Douro）地區用拉比加托葡萄（Rabigato grape）釀的白酒來搭配這種沙拉。這種酒濃郁、微甜，類似格那希白葡萄酒（Grenache Blanc，帶有泥土味的茶和茉莉花的香調）。

- **馬鈴薯／蕁麻湯**。由於基底是馬鈴薯，因此這種酒有澱粉味，質地濃厚——而且搭配了蛋，讓酒更加濃郁。因此我要的酒濃郁而醇厚，所以酒精濃度比較高，才能得到我想找的口感。我找上匈牙利的玉法克（Juhfark），跟胡珊很像，但比較芳香、帶有燧石味。

微滾烹煮、慢燒

多香果
蘋果
耶路撒冷朝鮮薊
烘烤料理
香蕉
豆類，如：乾燥豆類、花豆、白豆
甜菜
燜燒菜餚
青花菜（盛產季節：2月）
抱子甘藍（盛產季節：12月）
蕎麥
甘藍菜，如：紫甘藍、皺葉甘藍
南歐洲刺菜薊（盛產季節：秋／冬）

法式砂鍋菜
白花椰菜（盛產季節：秋／冬）
芹菜根
佛手瓜
法切林金山乳酪
栗子（盛產季節：秋／冬）
菊苣
巧克力
肉桂
柑橘類
地中海寬皮柑
椰子
蔓越莓（盛產季節：秋／冬）
白蘿蔔（盛產季節：秋／冬）
椰棗（盛產季節：12月）
比利時苦苣

闊葉苣菜
茴香（盛產季節：秋／冬）
較重的麵粉，如：蕎麥麵粉
綠捲鬚苦苣
重穀物
葡萄柚（盛產季節：2月）
焗烤料理
苦味綠色蔬菜，如：芥末葉、蕪菁葉
乾香料植物
熱食料理
豆薯（盛產季節：冬／春）
羽衣甘藍
烘製蕎麥
金桔（盛產季節：秋／冬）
韭蔥
檸檬（盛產季節：1月）
梅爾檸檬
扁豆（盛產季節：秋／冬）
萊姆
萵苣纈草
楓糖漿
冬瓜
味噌、濃味噌
菇蕈類，如：松茸、野菇
日本蕎麥麵，尤以熱食為佳
肉豆蔻
堅果
堅果油
洋蔥，如：珍珠洋蔥
柳橙，如：血橙
橘子（盛產季節：1月）
歐芹根
歐洲防風草塊根
百香果
梨子（盛產季節：12月）
大蕉
柚子
馬鈴薯，尤以烘烤為佳
熟食料理
紫葉菊苣
櫻桃蘿蔔，如：黑櫻桃蘿蔔（盛產季節：冬／春）
燉菜

W

烘烤料理
根莖蔬菜，如：胡蘿蔔、芹菜根、
　歐洲防風草塊根、蕪菁甘藍、
　甘藷、蕪菁
迷迭香
蕪菁甘藍
鼠尾草

波羅門參（盛產季節：秋／冬）
冬季香薄荷
慢煮菜餚
熱湯
熱性辛香料
冬南瓜，如：橡實南瓜、毛茛南瓜、
　白胡桃瓜、甜薯瓜

燉煮料理
甘藷（盛產季節：12月）
紅橘（盛產季節：1月）
羊乳（土黨參）
松露，如：黑松露
蕪菁（盛產季節：12月）
烏格利橘橙（盛產季節：冬／春）
裙帶菜（盛產季節：冬／春）
荸薺（盛產季節：2月）
山芋（盛產季節：12月）

伍斯特辣醬油 Worcestershire Sauce
素食品牌：安妮、愛德華父子公司
　的巫師牌（Edward & Sons' The
　Wizard's，有機）

●山芋 Yams
風味：微甜，帶有甘藷的香調，和
　澱粉質
風味強度：中等
這是什麼：澱粉類蔬菜
營養學剖繪：95%碳水化合物／
　4%蛋白質／1%脂肪
熱量：每1杯160大卡（熟、切小
　塊）
蛋白質：2克
料理方式：烘焙（40分鐘）、沸煮
　（10-20分鐘）、搗成糊狀、打泥、
　烘烤、蒸煮、燉煮（注意：不可
　生吃）
有此一說：山芋不是甘藷的植物
　學親戚。甘藷在分類上比較接
　近牽牛花，和山芋關係比較遠。
可行的替代物：胡蘿蔔、南瓜、甘
　藷、冬南瓜

非洲料理
龍舌蘭糖漿
多香果
杏仁果
蘋果
杏桃，如：杏桃乾、新鮮杏桃
亞洲料理，山芋也有亞洲馬鈴薯

之稱
香蕉
小豆蔻
加勒比海料理
胡蘿蔔
卡宴辣椒
栗子
墨西哥香炸辣椒捲
辣椒片和辣椒粉
洋芋片
芫荽葉
肉桂
丁香
椰子和椰奶
芫荽
法式酸奶油
孜然
穗醋栗
咖哩粉和咖哩辛香料
蛋
蒜頭
薑
焗烤料理
苦味綠色蔬菜，如：芥末葉
蜂蜜
羽衣甘藍
檸檬，如：檸檬汁、碎檸檬皮
萊姆，如：萊姆汁
楓糖漿
奶類，如：椰奶、米奶
小米
芥末和芥末籽
北非料理
肉豆蔻
油脂，如：菜籽油、玉米油、葡萄籽油、橄欖油、花生油、芝麻油

洋蔥
柳橙，如：橙汁、碎橙皮
奧勒岡
歐洲防風草塊根
義式麵食，如：義式麵疙瘩
花生和花生醬
綠豌豆
黑胡椒
開心果
大蕉，如：綠大蕉
馬鈴薯
布丁
墨西哥餡料薄餅
糙米
鼠尾草
沙拉
猶太鹽或海鹽
種籽，如：南瓜籽、芝麻籽、葵花籽
芝麻，如：芝麻油、芝麻籽
紅蔥
湯，如：羽衣甘藍湯、花生湯、山芋湯
醬油
燉煮料理
溜醬油
羅望子，如：羅望子醬
紅橘
天貝
百里香
番茄和番茄糊
薑黃
素食漢堡
優格

對味組合
山芋＋香蕉＋肉桂＋蜂蜜＋柳橙汁
山芋＋肉桂＋柳橙
山芋＋椰奶＋蒜頭＋肉豆蔻＋百里香
山芋＋椰子＋薑＋楓（糖）
山芋＋蒜頭＋鼠尾草
山芋＋蒜頭＋百里香
山芋＋蜂蜜＋萊姆
山芋＋芝麻籽＋塔希尼芝麻醬

優格 Yogurt
風味：酸，質地濃厚綿密
風味強度：中等－強
營養學剖繪：53% 碳水化合物（高糖分）／44% 蛋白質／3% 脂肪（脫脂、原味）
熱量：每 1 杯 140 大卡（脫脂、原味）
蛋白質：13 克
小祕訣：可以考慮選用原味（無另外調味）、●脫脂或 ●低脂優格，或非乳製品的（如大豆）優格。稍微冷凍，做成凍糕；灑上楓糖漿，及／或用新鮮水果（如漿果）當頂飾。

杏仁果
蘋果
杏桃
酪梨
香蕉
大麥
羅勒
豆類，如：蠶豆、皇帝豆、白豆
甜菜
單一種漿果或綜合漿果
藍莓
胡蘿蔔
卡宴辣椒
芹菜
早餐麥片，尤以格蘭諾拉、天然穀物麥片為佳

乳酪，如：費達、山羊乳酪
櫻桃
細葉香芹
鷹嘴豆
細香蔥
芫荽葉
椰子
芫荽
黃瓜
孜然
蒔蘿
蘸料
飲料
茄子
茴香
無花果
水果乾
蒜頭
薑
全穀物，如：布格麥片、燕麥、斯
　　佩耳特小麥
希臘料理
綠色蔬菜，如：蒲公英葉
榛果
單一種香料植物或綜合香料植物
蜂蜜
辣根
印度料理
羊萵苣
*印度酸乳酪飲品，*如：芒果酸乳
　　酪飲品
薰衣草
黎巴嫩料理
檸檬，如：檸檬汁
扁豆
萊姆，如：萊姆汁
芒果
楓糖漿
滷汁醃醬
中東料理
薄荷
菇蕈類
芥末，如：第戎芥末、芥末籽
堅果

燕麥
橄欖油
洋蔥，如：黃洋蔥
柳橙，如：橙汁、碎橙皮

奧勒岡
木瓜
紅椒粉
歐芹

對味組合

優格＋巴薩米克香醋＋草莓
優格＋羅勒＋第戎芥末＋橄欖油＋雪利酒醋
優格＋甜菜＋黃瓜
優格＋甜菜＋核桃
優格＋漿果（如：藍莓）**＋甜味劑**（如：蜂蜜、楓糖漿）
優格＋小豆蔻＋香莢蘭
優格＋鷹嘴豆＋菠菜
優格＋辣椒＋蒔蘿＋檸檬＋嫩青蔥
優格＋芫荽葉（＋孜然）**＋萊姆**
優格＋芫荽＋孜然＋蒜頭＋薑
優格＋黃瓜＋孜然＋薄荷
優格＋黃瓜＋蒜頭
優格＋黃瓜＋蒜頭＋檸檬＋薄荷＋歐芹＋塔希尼芝麻醬＋白酒醋
優格＋黃瓜＋洋蔥
優格＋蒔蘿＋費達乳酪＋蒜頭
優格＋茄子＋蒜頭＋核桃
優格＋茴香＋韭蔥＋湯
優格＋無花果＋蜂蜜＋核桃
優格＋蒜頭＋薄荷＋*印度黃瓜優格蘸醬*
優格＋蒜頭＋檸檬＋橄欖油＋奧勒岡＋菠菜
優格＋薑＋李子
優格＋香料植物（如：奧勒岡、百里香）＋檸檬
優格＋蜂蜜＋薰衣草＋薄荷
優格＋蜂蜜＋香莢蘭＋核桃
優格＋檸檬＋百里香
優格＋楓糖漿＋核桃
優格＋柳橙＋核桃
優格＋開心果＋草莓
優格＋石榴籽＋核桃

桃子
豌豆
美洲山核桃
鳳梨
開心果
大蕉
石榴籽
馬鈴薯
櫻桃蘿蔔
葡萄乾
印度黃瓜優格蘸醬
覆盆子
大黃
米
沙拉淋醬，如：綠女神沙拉淋醬
沙拉
鹽
醬汁，如：印度黃瓜優格蘸醬、青
  瓜酸乳酪醬汁、優格醬汁
嫩青蔥
蔬果昔
湯，如：黃瓜湯
酸模
菠菜
抹醬
白胡桃瓜
草莓
糖，如：黃砂糖
塔希尼芝麻醬
羅望子
天貝
百里香
番茄
土耳其料理
香莢蘭
醋，如：巴薩米克香醋、紅酒醋、
  雪利酒醋、酒醋
核桃
水田芥
優格，如：冷凍優格或半凍優格
中東扎塔香料
櫛瓜

豆皮 Yuba（參見豆腐皮）

● 木薯 Yuca
（又名Cassava、Yucca）

[YOO-kah]
風味：微甜，帶有樹薯的澱粉香
  調，質地脆（類似馬鈴薯）
風味強度：弱
這是什麼：根菜類，木薯的塊根
營養學剖繪：97%碳水化合物／
  2%蛋白質／1%脂肪
熱量：每1杯330大卡（生）
蛋白質：3克
料理方式：烘焙、沸煮（20-30分
  鐘）、油炸、刨絲、搗成糊狀、
  打泥、烘烤、煎炒、微滾烹煮（20
  分鐘以上）、燉煮（注意：絕對
  不可生食，生的木薯有毒）
小祕訣：木薯類似馬鈴薯，可以
  按烹調馬鈴薯的方式來處理。
近親：樹薯

亞洲料理
烘焙食物，如：麵包
豆類，如：腰豆
燈籠椒，如：烘烤燈籠椒
黑眉豆
奶油
木薯糕
佛手瓜
辣椒，如：哈拉佩諾辣椒、塞拉諾
  辣椒；和辣椒片
木薯脆片
芫荽葉
椰子、椰漿和椰奶
玉米
咖哩粉
卡士達
多明尼加料理
炸木薯條
蒜頭
薑
印度料理
拉丁美洲料理
萊姆，如：萊姆汁
墨西哥料理

麵條
油脂，如：橄欖油、蔬菜油
洋蔥
柳橙
奧勒岡
歐芹
大蕉
鹽，如：海鹽
英國牧羊人派
湯，如：玉米湯
南美洲料理
美國西南方料理
菠菜
燉煮料理
甘藷
龍蒿
泰式料理
百里香
墨西哥薄餅，如：墨西哥玉米薄
  餅、墨西哥全麥薄餅
醋，如：紅酒醋、白酒醋

對味組合
木薯＋燈籠椒＋辣椒＋蒜頭＋萊
  姆＋橄欖油
木薯＋辣椒＋柑橘類（如：萊姆、
  柳橙）
木薯＋芫荽葉＋萊姆

日本柚子 Yuzu
季節：秋－春
風味：酸；芳香，帶有柑橘類（葡
  萄柚、檸檬、萊姆、柳橙）香調
風味強度：中等－強（比檸檬強）
這是什麼：日本的柑橘類水果
對健康的助益：維生素 C 含量是
  檸檬的3倍
小祕訣：用法同其他柑橘類水果，
  果汁和果皮都可使用。

亞洲料理
香蕉
飲品，如：雞尾酒、蔬果汁、檸檬
  水／萊姆汁

Y

奶油乳酪
辣椒，如：青辣椒、紅辣椒
白蘿蔔
甜點
日式料理
韓式料理
滷汁醃醬
味醂
味噌
油脂，如：菜籽油、葡萄籽油、橄
　欖油、蔬菜油
柳橙，如：橙汁
石榴
日式醋汁醬油
沙拉淋醬
鹽
醬汁，如：美乃滋、木犀草醬
海菜
芝麻，如：芝麻籽
紫蘇
雪碧冰
東南亞料理
醬油
糖
粉圓
醋，如：米醋

對味組合
日本柚子＋香蕉＋巧克力＋芝麻
日本柚子＋辣椒＋鹽
日本柚子＋石榴＋雪碧冰
日本柚子＋海菜＋芝麻籽

敘利亞牛至 Za'Atar（香料
植物；同時參見中東扎塔香料）
[zah-TAHR]
風味：強烈、芳香，帶有墨角蘭、
　奧勒岡和／或百里香的香調
風味強度：中等－強
這是什麼：這一類的香料植物被
　一些大廚稱為「香料植物之王」
　和「世上最偉大的調味料」

蘸料

鷹嘴豆泥醬
地中海料理
中東料理
橄欖油
橄欖
芝麻籽
湯
鹽膚木

中東扎塔香料 Za'Atar
（同時參見敘利亞牛至）
[zah-TAHR]
風味：酸（強烈），帶有香料植物
　和堅果的風味，質地粗糙
風味強度：中等
這是什麼：綜合的乾燥香料植物
　和辛香料，用於中東和北非，
　可能包括下列部分或全部的香
　料：黑胡椒＋芫荽＋孜然＋茴
　香籽＋牛膝草＋墨角蘭或奧勒
　岡＋薄荷＋歐芹＋鼠尾草＋**鹽**
　＋香薄荷＋**＊芝麻子＋＊鹽膚木**
　＋＊百里香

豆類，如：黑眉豆、蠶豆、白豆
麵包，如：全穀無酵餅、袋餅
白花椰菜
乳酪，如：濃縮優格乳酪
鷹嘴豆
黃瓜，如：切片黃瓜
蘸料，如：用麵包來蘸
茄子
蛋
炸鷹嘴豆泥
茴香
蒜頭
鷹嘴豆泥醬
串燒
黎巴嫩料理

扁豆
萊姆，如：萊姆汁
地中海料理
中東料理
薄荷
北非料理
橄欖油
橄欖，如：黑橄欖
洋蔥
義式麵食
豌豆
開心果
披薩
馬鈴薯，如：烘烤馬鈴薯、油炸馬
　鈴薯、蒸馬鈴薯
藜麥
米
迷迭香
番紅花
沙拉
三明治
番茄
蔬菜，如：烤蔬菜
優格，如：希臘優格
櫛瓜

對味組合
中東扎塔香料＋費達乳酪＋橄欖
　油＋優格
中東扎塔香料＋橄欖油＋松子＋
　優格
中東扎塔香料＋橄欖油＋開心果
　＋藜麥

我用我自己的中東扎塔香料，其
中加了墨角蘭、芝麻、鹽膚木、奧
勒岡和百里香，我會放在烤盤上
面乾燥。我用扎塔香料替摻了洋
蔥和迷迭香的玉米無酵餅加強風

| 主廚私房菜 | DISHES |

茴香搭配中東扎塔香料：酸甜醃漬番紅花-番茄、鷹嘴豆
　　　——丹尼爾（DANIEL），紐約市

味，或是做炸鷹嘴豆泥的完美裝飾。也可以加上薄荷，撒到蠶豆上面。

——莎琳・貝德曼（Charleen Badman），餐&飲餐廳，亞利桑那州斯科茨代爾

● 櫛瓜 Zucchini
（同時參見夏南瓜）

季節：夏季

風味：甜，帶有奶油、鮮奶油、黃瓜和／或堅果香調，質地軟嫩

風味強度：弱－中等

營養學剖繪：73% 碳水化合物／18% 蛋白質／9% 脂肪

熱量：每1杯20大卡（切碎、生食）

蛋白質：2克

料理方式：烘焙、沸煮、炙烤、深炸、油炸、刨絲、燒烤、醃滷、鍋烤、生食、煎炒、削薄片（例如用蔬果切片器削成大寬麵）、螺旋切絲器、蒸煮、翻炒、填料

小祕訣：用蔬果切片器把櫛瓜削成長條的薄片，做成沙拉或用在「義式麵食」。櫛瓜皮也能吃，是絕佳的纖維質來源。

近親：夏南瓜和冬南瓜

杏仁果
蘋果
朝鮮薊
芝麻菜
蘆筍
烘焙食物，如：麵包、蛋糕、馬芬、快速法麵包
羅勒和泰國羅勒
豆類，如：蠶豆、四季豆、腰豆
燈籠椒，如：綠燈籠椒、紅燈籠椒，尤以烘烤為佳

麵包粉
布格麥片
奶油
續隨子
義式生醃冷盤
胡蘿蔔
卡宴辣椒
乳酪，如：**巧達**、**費達**、芳汀那、山羊乳酪、葛黎耶和、莫札瑞拉、**帕爾瑪**、佩科利諾、**瑞可達**、含鹽瑞可達、羅馬諾、綿羊奶、瑞士乳酪
細葉香芹
鷹嘴豆
辣椒，如：安佳辣椒、青辣椒、波布蘭諾辣椒；辣椒片和辣椒粉
洋芋片、蔬菜
細香蔥
芫荽葉

Z

主廚私房菜	DISHES

櫛瓜蛋糕搭配奶油乳酪淋面和糖漬萊姆
—— ABC 廚房（ABC Kitchen），紐約市

生櫛瓜義式乳酪捲：羅勒腰果乳酪餡、細香蔥油芝麻葵花苗、酪梨
——花開（Blossom），紐約市

生青醬義大利細扁麵：生櫛瓜寬絲、核桃-羅勒青醬、醃菇蕈、櫻桃番茄和瑞可達乳酪
——肉販的女兒（The Butcher's Daughter），紐約市

生櫛瓜安吉拉捲：腰果乳酪、菠菜、墨西哥酪梨醬、齊波特辣椒-番茄醬汁、腰果酸奶油、南瓜籽、蘿蔓萵苣嫩葉、黃瓜-番茄莎莎醬
——蠟燭 79（Candle 79），紐約市

豆子和烤南瓜：白豆泥和烘烤櫛瓜，放在炸過的墨西哥薄餅上，搭配甘藍菜、酸甜醃漬哈拉佩諾辣椒、義式濃縮浮沫和芫荽
——古堡旅店咖啡館（El Parador Café），紐約市

蓬勃素烤蔬菜鍋派，內餡為烘烤櫛瓜、紅色燈籠椒、洋蔥和茄子，與番茄、菠菜、大蒜和新鮮蘿勒一起燉煮
——蓬勃烘焙公司（Flourish Baking Company），紐約斯卡斯代爾

櫛瓜義大利寬麵條：小果南瓜花天婦羅，以豆腐瑞可達乳酪、蘿勒青醬、醃漬番茄為內餡
——羽（Plume），華盛頓特區

肉桂
柑橘類
椰奶
玉米
庫斯庫斯
咖哩粉和咖哩類
蒔蘿
茄子
蛋，如：義式蛋餅、蛋捲、鹹派、炒蛋
蒜頭
薑
焗烤料理
榛果
以櫛瓜條替代麵條製成的*千層麵*
韭蔥
檸檬，如：檸檬汁、碎檸檬皮
萊姆，如：萊姆汁、碎萊姆皮
墨角蘭

馬士卡彭乳酪
小米
薄荷
菇蕈類，如：義大利棕蘑菇
亞洲麵條，如：海藻麵、粄條
肉豆蔻
油脂，如：葡萄籽油、榛果油、**橄欖油**、山核桃油、葵花油、核桃油
橄欖，如：黑橄欖
洋蔥
柳橙，如：果實、橙汁
奧勒岡
歐芹
義式麵食，如：蝴蝶麵、寬麵、千層麵、義大利細扁麵、貓耳朵麵、尖管麵、管狀麵
美洲山核桃
胡椒，如：黑胡椒、白胡椒

義式青醬
抓飯
松子
開心果
披薩
義式粗玉米糊
馬鈴薯
南瓜
藜麥
葡萄乾
普羅旺斯燉菜
米，如：糙米
義式燉飯
迷迭香
鼠尾草
沙拉，如：裸食櫛瓜沙拉
鹽，如：猶太鹽、海鹽
醬汁
湯，如：馬鈴薯湯、番茄湯、蔬菜湯、櫛瓜湯
菠菜
燉煮料理
翻炒料理
摩洛哥塔吉鍋燉菜
塔希尼芝麻醬
溜醬油
橄欖醬
龍蒿
天婦羅
百里香
豆腐
番茄和日曬番茄乾
番茄
香莢蘭
素食漢堡（如：櫛瓜＋杏仁果）
醋，如：巴薩米克香醋、香檳酒醋、紅酒醋、雪利酒醋、白酒醋
核桃
優格
櫛瓜花
填餡櫛瓜，如：填進庫斯庫斯、菇蕈類、松子、葡萄乾、米、瑞可達乳酪

對味組合

櫛瓜＋芝麻菜＋檸檬＋橄欖油＋**帕爾瑪乳酪**

櫛瓜＋巴薩米克香醋＋茄子＋番茄

櫛瓜＋羅勒＋續隨子＋橄欖

櫛瓜＋羅勒＋蒜頭＋橄欖油＋**帕爾瑪乳酪**＋開心果

櫛瓜＋羅勒＋檸檬＋瑞可達乳酪

櫛瓜＋羅勒＋堅果（如：杏仁果、松子、開心果）＋**帕爾瑪乳酪**

櫛瓜＋羅勒＋義式燉飯＋番茄

櫛瓜＋燈籠椒＋茄子＋蒜頭＋歐芹

櫛瓜＋辣椒＋芫荽葉＋玉米＋蒜頭＋番茄

櫛瓜＋辣椒片＋墨角蘭＋優格

櫛瓜＋肉桂＋肉豆蔻＋堅果＋葡萄乾＋香莢蘭

櫛瓜＋柑橘類＋薄荷

櫛瓜＋椰子＋咖哩＋豆腐

櫛瓜＋椰子＋薑

櫛瓜＋蒔蘿＋**費達乳酪**＋檸檬＋薄荷

櫛瓜＋費達乳酪＋蒜頭＋歐芹

櫛瓜＋蒜頭＋檸檬

櫛瓜＋蒜頭＋檸檬＋馬士卡彭乳酪＋肉豆蔻＋歐芹＋義式麵食

櫛瓜＋蒜頭＋薄荷＋橄欖油＋醋

櫛瓜＋蒜頭＋橄欖油＋奧勒岡＋**帕爾瑪乳酪**＋番茄

櫛瓜＋薑＋柳橙＋豆腐

櫛瓜＋檸檬（＋薄荷）＋**帕爾瑪乳酪**

櫛瓜＋檸檬＋薄荷＋松子＋優格

櫛瓜＋檸檬＋橄欖油＋瑞可達乳酪＋百里香

櫛瓜＋檸檬＋橄欖＋奧勒岡

櫛瓜＋墨角蘭＋瑞可達乳酪＋番茄

櫛瓜＋薄荷＋粄條

櫛瓜＋菇蕈類＋義式粗玉米糊

櫛瓜＋肉豆蔻＋帕爾瑪乳酪＋歐芹

櫛瓜＋松子＋葡萄乾＋米

用蔬果切片器把**櫛瓜**削成大寬麵，然後加入萊姆汁、橄欖油與鹽來醃滷。可以做成非常滑順的蔬菜義式麵食。如果生的拿去烤，會烹煮不均，容易變成糊狀——但如果先烘烤到變得彈牙，只是過一下烤架，就有助於維持完整。

——里奇・蘭道（Rich Landau），費吉餐廳，費城

櫛瓜花 Zucchini Blossoms

季節：夏季

風味：帶有櫛瓜的香調，質地非常細緻

風味強度：弱

料理方式：烘焙、燜煮、深炸、炸、低溫水煮、煎炒、蒸煮、燉煮、填料

羅勒

豆類

甜菜，如：黃甜菜

燈籠椒，如：紅燈籠椒、黃燈籠椒

麵包粉

續隨子

芹菜

乳酪，如：費達、山羊乳酪，莫札瑞拉、**帕爾瑪、瑞可達乳酪**、綿羊奶、軟質乳酪

辣椒，如：波布蘭諾辣椒

細香蔥

芫荽葉

玉米

蒔蘿

蛋，如：義式蛋餅、蛋捲

土荊芥

法式料理

蒜頭

穀物

焗烤料理

香料植物

義大利料理

檸檬

墨角蘭

地中海料理

墨西哥料理，如：墨西哥餡料薄餅、墨西哥湯品

薄荷

肉豆蔻

橄欖油

橄欖，如：法國橄欖、義大利橄欖

洋蔥，如：白洋蔥

柳橙，如：橙汁、碎橙皮

奧勒岡

Z

櫛瓜花爆軟蕎麥；烘烤甘藷泥、洋蔥
——筆劃（Brushstroke），紐約市

玉米粉麵衣櫛瓜花，搭配祖傳原生種番茄、濃縮巴薩米克香醋、
水田芥沙拉搭配哈拉佩諾辣椒-萊姆油醋醬
——蠟燭79（Candle 79），紐約市

歐芹
義式麵食，*如：寬麵、義式麵疙瘩、*
  義大利細扁麵、義大利大寬麵
黑胡椒
松子
新馬鈴薯
米
義式燉飯
鼠尾草
沙拉
鹽，如：海鹽
醬汁
嫩青蔥
紅蔥
湯
美國西南方料理
菠菜
夏南瓜
蔬菜高湯

填餡櫛瓜花，*如：油炸填餡櫛瓜*
  花
天婦羅
百里香
番茄和**番茄醬汁**
櫛瓜

對味組合
櫛瓜花＋羅勒＋蒜頭＋橄欖油
櫛瓜花＋費達乳酪＋薄荷
櫛瓜花＋山羊乳酪＋松子
櫛瓜花＋瑞可達乳酪＋鼠尾草

我愛把櫛瓜和義式麵食擺在一
起，尤其是義大利細扁麵或大寬
麵。**櫛瓜花**的風味和番茄、羅勒
與櫛瓜是美妙的搭配，更不用提
腰果乳酪了。
——安潔·拉莫斯（Angel Ramos），蠟燭
79，紐約市

感恩咖啡館，洛杉磯

誌謝

《風味聖經》是我會不斷回去翻找查詢的烹飪工具。

——安吉拉‧里登（Angela Liddon），部落客以及《看她如此光彩》作者

我最喜愛的非食譜類書籍有三本，其中一本就是《風味聖經》。

——羅賓‧羅伯森（Robin Robertson），著有《純素星球》等20本以上的食譜書

「如果你查看任何一位專業大廚的書架，佩吉和唐納柏格的書很可能就在其中，而且書頁磨損、破缺、沾染了咖啡漬，書脊還用膠帶黏合著。這些書為何受到如此青睞？因為裡面集結了最有用的烹飪列表。」

——麥可‧納特金（Michael Natkin），部落客以及《就是愛吃香料植物》

　　我感謝無數素食和純素作家的熱情支持，他們對我們著作的讚賞，是無價的鼓勵。

　　我很感謝所有接受訪談的主廚、餐廳老闆、同行作家以及專家，他們總是慷慨地撥出時間分享見解。蠟燭79的老闆Joy Pierson和Bart Power是如此溫暖而友好，讓我第一次見面時就覺得已是多年老友，而受過營養師培訓的Joy，更尤其是寶貴的宣傳者。

　　我也很感謝這三位作者啟迪人心的研究成果，對我造成莫大影響。我非常感謝T‧柯林‧坎貝爾博士，透過康乃爾大學營養研究中心提供植物營養的認證課程，這課程改變了我的生活。我很感謝尼爾‧巴納德醫師，他的清晰論證有助於我發現我相信什麼。我很感謝喬爾‧福爾曼醫師讓我認識了食物營養密度的概念，這有助於我每天選擇健康的食物。

　　我的丈夫安德魯（我感謝他所提供絕美的食物攝影）同我一起感謝我們的家庭成員以及舊識跟新友，你們給予無與倫比的愛、支持、友誼，尤其是Rosario Acquista、Ivan Askwith、Steve Beckta、Kristen Bell、Bill Bratton、Brian Burry、Susan Bulkeley Butler、John Carter、Ilene Cavagnuolo、Howard Childs、Maureen Cunningham、Julia D'Amico、Blake Davis、Julia Davis、Susan Davis、Laura Day、Samson Day、Susan Dey、Deborah Domanski、Jill Eikenberry、Ashley Garrett、Michael Gelb、Marketa Irglova、Alan Jones、我那執迷於營養學的死黨Rikki

Klieman、Brendan Milburn、Jody Oberfelder、Kelley Olson、Scott Olson、Cynthia Penney、Jeff Penney、Lynn Pike、Deborah Pines、Caroline Pires、Juergen Riehm、Stuart Rockefeller、Stephen Schiff、Tony Schwartz、Leslie Scott、Michael Tucker、Jane Umanoff和Valerie Vigoda。Cynthia Penney在編輯工作上提供了寶貴的意見，對此我們也一定要感謝Shauna James Ahern、Joan Green、Tami Hardeman、Cameron Karger、Ellie Krieger、Teresa Schlanger和Janos Wilder的好意。

我永遠感謝Little, Brown出版團隊的成員，對我的編輯Michael Sand尤其獻上我衷心的感謝，他懷抱著對這本書的熱情，把書做得盡善盡美，以及一路上給予支持的Reagan Arthur、Judy Clain、Nicole Dewey、Heather Fain、Peggy Freudenthal、Cathy Gruhn、Keith Hayes、Denise LaCongo、Garrett McGrath、Michael Pietsch、Kathryn Rogers、Andrea Shallcross、Rebecca Westall和Jean Wilcox.

——凱倫・佩吉 KAREN PAGE

攝影師的謝辭

我很感謝本書作者，容我擔任攝影師這項突破性的工作。

我也很感謝她寫出如此意義非凡的著作，讓我有機會以影像讓本書更為鮮活，更感謝她給予我無數的鼓勵和支持，我才得以完成這項任務。對我來說，她一直是這個星球上最棒的妻子。我要集結全宇宙的愛，對她說，謝謝妳，凱倫。

我很感謝從長島北福克到芝加哥中心地帶再到加州海岸的這些農民，他們全心全意所種植出書中照片這些美麗的產品。我最喜歡的是紐約市聯合廣場綠色市場（GrowNYC.org），過去兩年，我在那裡購買了大量的主要產品，現在我覺得與這個市場有了神聖的連結。

特別感謝Bobolink Dairy和Jonathan White；Bodhitree Farm和Nevia No；Greener Pastures；Lani's Farm；Lucky Dog Farm和Richard Giles；Keith's Farm；Migliorelli Farm；Queens County Farm Museum、Keha McIlwaine和Karen Jarman；S & S O Produce Farms；Violet Hill Farm；Windfall Farms；以及W. Rogowski Farm和Andrzej Kurosz。

我很感謝這些烹調出美麗的植物性菜餚的餐廳，對我啟發良多：Betony、Candle 79、Candle Cafes、Café Gratitude、Cookbook、Crossroads、Dirt Candy、Dovetail、Downtown、Eleven Madison Park、FnB、Glenmere Mansion、Hotel Fauchère、The Inn at Little Washington（以及Rachel Hayden）、Kajitsu、Mélisse、Narcissa、Per Se、Picholine、The Point、Pomegranate Café、Rouge Tomate、Suenos、Table Verte、Tulsi以及Vedge。

我很感謝Little, Brown的編輯Michael Sand以他銳利的目光，對這本書中的圖片做出無與倫比的貢獻。

最後，我要感謝我才華洋溢的攝影師朋友Howard Childs（「我人會在日本，但有問題就打給我」），他不斷給予我鼓勵、為我撥出時間，並給予建議。

——安德魯・唐納柏格 ANDREW DORNENBURG

專家簡介

以下列出對本書貢獻良多的專家、簡介及網址。想對他們有更深入的了解，歡迎讀者前往瀏覽。

艾隆・亞當斯 Aaron Adams
奧勒岡州波特蘭市波多貝羅純素餐飲店的主廚兼擁有者。Portobellopdx.com

戴夫・安德森 Dave Anderson
馬蒂斯餐廳（2013年開幕）主廚兼老闆，也是洛杉磯瑪德連酒館餐廳的前主廚兼擁有者（2005-2013）。maddysla.com

夏伶・巴曼 Charleen Badman
亞利桑那州斯科茨代爾市以素食為主的餐&飲餐廳餐廳的素食主廚兼擁有者。fnbrestaurant.com

尼爾・巴納德 Dr. Neal Barnard
位於華盛頓特區「責任醫療醫師委員會」的創辦人。pcrm.org

克里斯多福・貝茲 Christopher Bates
侍酒大師，賓州米爾福德鎮法謝爾飯店素食餐廳德爾莫妮科之室的行政主廚和總經理。
hotelfauchere.com / elementwinery.com

艾咪・比奇 Ami Beach
康乃迪克州布蘭福德 G 禪餐廳裸食主廚，與丈夫馬克・蕭德爾主廚同為餐廳擁有者。vegandivasnyc.com

柯林・貝德福 Colin Bedford
北卡羅萊納州菲靈頓村的菲靈頓之屋餐廳行政主廚。fearrington.com

泰朗斯・布倫南 Terrance Brennan
紐約市皮肖利餐廳主廚兼擁有者，自2008年起便提供素食品嘗菜單。picholinenyc.com

潘姆・布朗 Pam Brown
紐約州伍茲塔克市素食的花園咖啡館主廚兼擁有者。woodstockgardencafe.com

費爾南達・卡波比安科
Fernanda Capobianco
紐約市迪瓦思純素烘焙屋主廚兼擁有者。vegandivasnyc.com

喬塞・席特林 Josiah Citrin
加州聖塔莫尼卡餐廳主廚兼擁有者，餐廳自開幕起便提供素食品嘗菜單。melisse.com

阿曼達・科恩 Amanda Cohen
紐約市泥土糖果餐廳主廚兼擁有者。dirtcandynyc.com

瓊・杜布瓦斯 Jon DuBois
芝加哥綠斑馬餐廳主廚。greenzebrachicago.com

克里斯・艾迪 Chris Eddy
康乃迪克州莫里斯市溫薇安度假村餐廳行政主廚。winvian.com

黛安・弗里 Diane Forley
與丈夫麥可・歐蘇卡是紐約州斯卡斯代爾蓬勃烘焙公司主廚兼擁有者。
www.flourishbakingcompany.com

鮑伯・哥登伯格 Bob Goldberg
洛杉磯早期素食餐廳之一追隨你心餐廳的四位創始人之一，和保羅・列文同為餐廳擁有者。素乃滋發明人。
followyourheart.com

格爾・格林 Gael Greene
40年來美國頂尖的餐廳評論家。insatiable-critic.com

瑪基妮・豪威爾 Makini Howell
西雅圖李子小酒館餐廳主廚兼擁有者。plumbistro.com

凱特・雅各比 Kate Jacoby
費城費吉餐廳甜點主廚，與丈夫里奇・蘭道共同經營餐廳。vedgerestaurant.com

迪娜・賈拉勒 Deena Jalal
與丈夫為麻州波士頓城外奧爾斯頓市佛姆冰淇淋店與根素食餐廳的共同擁有者。fomuicecream.com / rootboston.com

莫利・卡岑 Mollie Katzen
暢銷烹飪書以及素食烹飪書作者。molliekatzen.com

馬修・肯尼 Matthew Kenney
洛杉磯 M.A.K.E. 餐廳主廚兼擁有者。matthewkenneycuisine.com

里奇・蘭道 Rich Landau
費城費吉餐廳主廚，和擔任甜點主廚的妻子凱特・雅各比共同經營餐廳。vedgerestaurant.com

肯・拉森 Ken Larsen
紐約市第一間法式素食餐廳綠色餐桌的行政主廚。他和副主廚麥特・魯茲現在經營單純之家素食外燴公司。simplyhomenyc.com

馬克・李維 Mark Levy
紐約市薩拉納克湖重點餐廳行政主廚。thepointsaranac.com

帕斯卡琳・勒帕提耶
Pascaline Lepeltier
侍酒大師，紐約市紅番茄餐廳的侍酒師。www.rougetomatenyc.com

黛博拉・麥迪遜 Deborah Madison
舊金山綠色餐廳的創店主廚，也是美國暢銷素食烹飪書的作者。deborahmadison.com

蓋比・馬丁尼茲 Gaby Martinez
紐約市蠟燭79的經理兼調酒師。candle79.com

黑曼特・馬圖爾 Hemant Mathur
紐約市塔西餐廳主廚兼擁有者。tulsinyc.com

西爾瑪・米利安 Selma Miriam
康乃迪克州布里奇波特血根草餐廳餐廳創店主廚。bloodroot.com

亞當・穆謝爾 Adam Mosher
賓州霍利伍德拉可小屋飯店的共同主
廚。thelodgeatwoodloch.com

伊莎・莫科維茲
Isa Chandra Moskowitz
暢銷純素烹飪書《伊莎煮得出來》《以素
之名》作者，住在奧馬哈。theppk.com

安德列斯・帕迪拉 Andres Padilla
芝加哥托波洛萬波餐廳主廚。
fronterafiesta.com/restaurants

喬伊・皮爾森 Joy Pierson
紐約市蠟燭79餐廳營養師和共同擁有
者。Candle 79.com

喬治・皮內達 Jorge Pineda
紐約市蠟燭79餐廳甜點主廚和餐廳經
理。candle79.com

巴特・波坦扎 Bart Potenza
紐約市蠟燭79餐廳創立者和共同擁有
者。candle79.com

安潔・拉莫斯 Angel Ramos
紐約市蠟燭79餐廳行政主廚。
candle79.com

塔爾・羅奈 Tal Ronnen
洛杉磯十字街口餐廳餐廳主廚兼擁有
者。crossroadskitchen.com

蘇維爾・沙朗 Suvir Saran
紐約市德維餐廳行政主廚，以及舊金山
即將開幕印度餐廳的主廚兼擁有者。
suvir.com

查德・薩爾諾 Chad Sarno
主導植物性飲食烹飪Rouxbe.com線上專
業認證課程，與克莉絲・卡爾為暢銷書
《瘋狂的性感廚房》共同作者。
chadsarno.com

馬克・蕭德爾 Mark Shadle
康乃迪克州布蘭福德市G禪餐廳主廚，
與擔任裸食主廚的妻子艾咪・比奇為餐
廳共同擁有者。g-zen.com

布萊斯・舒曼 Bryce Shuman
紐約市貝托尼餐廳行政主廚。
betony-nyc.com

安妮・索梅維爾 Annie Somerville
舊金山綠色餐廳行政主廚。
greensrestaurant.com

凱西・托爾曼 Cassie Tolman
與母親瑪琳・托爾曼為鳳凰城石榴咖啡
館共同主廚和共同擁有者。
Pomegranatecafe.com

瑪琳・托爾曼 Marlene Tolman
與女兒凱西・托爾曼為鳳凰城石榴咖啡
館共同主廚和共同擁有者。
Pomegranatecafe.com

艾瑞克・塔克 Eric Tucker
舊金山千禧餐廳餐廳行政主廚。
millenniumrestaurant.com

上島良太 Ryota Ueshima
紐約市美好的一日餐廳餐廳行政主廚。
kajitsunyc.com

蕭瓦因・懷特 Shawain Whyte
紐約市格林威治村花開咖啡館行政主
廚。blossomnyc.com / cafecarmine.php

亞倫・伍 Aaron Woo
俄勒岡州波特蘭市天擇餐廳餐廳主廚兼
擁有者。naturalselectionpdx.com

健康飲食總是著重在相同的食物上：
蔬菜、水果、豆子、扁豆、堅果、種籽和全穀物。
——大衛‧卡茨（David Katz），《疾病證明：讓我們健康的顯著真相》

心臟病、中風、癌症、糖尿病、肥胖等慢性病占2010年十大死因中第七位。
其中，營養不良就是會引發慢性病的健康危險行為……
2011年，有超過36%青少年表示自己每日攝取的水果少於一份，
38%表示他們每日攝取的蔬菜少於一份。
除此之外，38%的成人表示他們每日攝取的水果少於一份，
每日蔬菜少於一份的則有23%成人。
——全美慢性病預防和健康推展中心

孩子要嘗試一樣食物並且喜歡上它，大約要12次的機會。
因此要讓他們習慣青花菜並真正覺得好吃，也承認好吃，得花一點時間。
——梅默特‧奧茲醫師在Oprah.Com上的談話中提到，她與妻子Lisa在家中是素食者。妻子自15歲起便開始吃素。

史帝文森夫婦的女兒諾薇兒。他們在長島北福克牡蠣池農場種植優質的漿果。

食材列表索引

1-5劃

丁香 Cloves 214

八角 Star Anise 490

十字花科蔬菜 Cruciferous Vegeta-bles→參見芝麻菜、青江菜、青花菜、芥藍花菜、球花甘藍、抱子甘藍、甘藍菜、花椰菜。綠色蔬菜，如：綠葉甘藍、芥末藍、蕪菁葉、羽衣甘藍、大頭菜葉、蘿蔔葉、水田芥

三葉草芽 Sprouts, Clover 479

土耳其料理 Turkish Cuisine 520

土荊芥 Epazote 245

大白菜 Cabbage, Napa（亦稱中國白菜）164

大米糖漿 Syrup, Rice→參見糙米糖漿

大豆 Soybeans→同時參見毛豆這種綠色大豆 472

（去殼）大麥 Barley 117

大麥麥芽 Barley Malt 119

大麻奶 Milk, Hemp 334

大麻籽 Seeds, Hemp 458

大麻籽油 Oil, Hemp 376

大黃 Rhubarb 437

大蕉和綜合大蕉 Plantains—In General, or Mixed 415

大頭菜 Kohlrabi 297

小米 Millet 335

小豆蔻 Cardamom 168

小果南瓜 Squash→參見夏南瓜、冬南瓜、櫛瓜和其他特定種類的小果南瓜

小麥仁 Wheat Berries→同時參見布格麥片 536

山羊乳 Milk, Goat 333

山芋 Yams 540

山葵 Wasabi 533

中式料理 Chinese Cuisine 209

中式雞蛋麵 Noodles, Chinese Egg 362

中東扎塔香料 Za'Atar→同時參見敘利亞牛至 544

中東料理 Middle Eastern Cuisines 331

中國白菜 Cabbage, Chinese（亦稱大白菜）→同時參見青江菜 162

中餐和晚餐 Lunch And Dinner 321

五香粉 Five-Spice Powder 255

什錦乾果和能量棒 Trail Mix And Trail Bars 519

天貝 Tempeh 505

太平洋西北地區松露 Truffles, Pacific Northwest（尤其是俄勒岡）520

巴西料理 Brazilian Cuisine 149

巴西堅果 Nuts, Brazil 370

巴西莓 Açai 91

巴薩米克香醋 Vinegar, Balsamic 527

手指馬鈴薯 Potatoes, Fingerling 423

日本南瓜 Squash, Kabocha→同時參見冬南瓜 485

日本柚子 Yuzu 543

日本茄子 Eggplant, Japanese 240

日本綠茶蕎麥麵 Noodles, Green Tea Soba 363

日式豆腐 Tofu, Japanese 512

日式料理 Japanese Cuisine 287

日式高湯 Dashi（亦稱昆布高湯）→同時參見蔬菜高湯 232

日式麵包粉 Bread Crumbs, Panko 150

日曬番茄乾 Tomatoes, Sun-Dried（或烘番茄乾）518

月桂葉 Bay Leaf 121

木瓜 Papaya（亦即紅肉木瓜）392

木薯 Yuca 543

毛豆 Edamame 236

毛莨南瓜 Squash, Buttercup→同時參見冬南瓜 482

水田芥 Watercress→同時參見春山芥 301

水果乾 Fruits, Dried→參見杏桃乾、櫻桃乾、蔓越莓乾、穗醋栗乾、李子乾、葡萄乾等

牙買加料理 Jamaican Cuisine→同時參見加勒比海料理 287

牛肝菌 Mushrooms, Porcini→同時參見野菇 352

牛乳，如全脂牛乳或脫脂牛乳 Milk, E.G., Whole or Nonfat—In General 332

「牛」高湯 Stock, "Beef" 491

牛蒡 Burdock 159

以色列庫斯庫斯 Couscous, Israeli 222

以色列料理 Israeli Cuisine→同時參見地中海料理 285

冬瓜 Melon, Winter 330

冬季食材 Winter 538

冬南瓜：一般或綜合 Squash, Winter—In General, or Mixed Squashes→同時參見南瓜、橡實南瓜、毛莨南瓜、白胡桃瓜、甜薯瓜、哈伯南瓜、日本南瓜 488

冬粉 Noodles, Bean Thread→參見粉條

加勒比海料理 Caribbean Cuisines→同時參見牙買加料理 169

卡姆小麥 Kamut 294

卡拉瑪塔橄欖 Olives, Kalamata 383

卡非萊姆、卡非萊姆葉 Kaffir Lime And Kaffir Lime Leaves 289

卡津料理 Cajun Cuisine 166

卡宴辣椒 Cayenne（亦稱紅辣椒）175

卡納羅利米 Rice, Carnaroli（亦稱義式燉飯用米；見阿勃瑞歐米的介紹）444

去莢乾燥豌豆瓣 Peas, Split 407

古巴料理 Cuban Cuisine 227

可可或可可豆碎粒 Cacao or Cacao Nibs→同時參見巧克力：黑巧克力 166

可可粉 Cocoa Powder→同時參見可可；巧克力：黑巧克力 215

四川花椒 Pepper, Szechuan 409

奶油 Butter 161

奶油乳酪 Cheese, Cream→同時參見白乳酪 184

奶油萵苣 Lettuce, Butter（亦稱畢布萵苣、波士頓萵苣）315

尼斯橄欖 Olives, Niçoise 383

巧克力：白巧克力 Chocolate, White 212

巧克力：黑巧克力 Chocolate, Dark→同時參見可可、可可粉 210

布拉格牌液體氨基酸 Bragg Liquid Aminos 148

布格麥片：全麥 Bulgur, Whole Wheat→同時參見碎麥片、小麥仁 158

玉米 Corn 218

玉米粉、義式粗玉米糊 Cornmeal and Polenta→同時參見美式粗玉米粉 220

玉米粥 Hominy 281

玉米黑粉菌 Huitlacoche 283

玉米澱粉 Cornstarch 222

甘藍菜：一般或混合 Cabbage—In General, or Mixed Cabbages 162

甘薯 Sweet Potatoes 498

生麩 Nama-Fu→同時參見麵筋製品的介紹 359

白米 Rice—In General 438

白肉馬鈴薯 Potatoes, White 424

白豆乾 Tofu, Super-Firm 515

白乳酪 Fromage Blanc 259

白味噌 Miso, White→同時參見淡味噌 340

白松露 Truffles, White 520

白松露油 Oil, Truffle—White 379

白花椰菜 Cauliflower 172

白胡桃瓜 Squash, Butternut→同時參見冬南瓜 482

白胡椒 Pepper, White 409

白酒醋 Vinegar, White Wine 530

白蘆筍 Asparagus, White 111

白蘑菇 Mushrooms, White→參見鈕扣菇

白蘿蔔 Daikon 231

白蘿蔔苗 Sprouts, Daikon→同時參見櫻桃蘿蔔苗 479

皮肖利橄欖 Olives, Picholine 384

皮奎洛辣椒 Peppers, Piquillo 410

石榴、石榴汁 Pomegranates And Pome-granate Juice→同時參見石榴糖蜜 418

石榴糖蜜 Pomegranate Molasses 418

6-10劃

伍斯特辣醬油 Worcestershire Sauce 540

全食物 Whole Foods 538

全麥庫斯庫斯 Couscous, Whole-Wheat 223

全麥費洛皮 Phyllo, Whole-Wheat 411

全穀日本蕎麥麵 Noodles, Soba—Whole-Grain 365

全穀義式麵食 Pasta—Whole-Grain, In General 399

全穀麵包粉 Bread Crumbs, Whole-Grain 149

印加蘿蔔、印加蘿蔔粉、印加蘿蔔根 Maca, Maca Powder, or Maca Root 322

印尼料理 Indonesian Cuisine 284

印度香米、印度糙香米 Rice, Basmati, And Brown Basmati Rice 440

印度料理 Indian Cuisine 284

印度酥油 Ghee 263

印度黑糖 Jaggery 287

地中海料理 Mediterranean Cuisines→參見希臘料理、義大利料理等南歐料理

地中海寬皮柑 Clementines→參見橘子、柳橙、紅橘

多香果 Allspice 93

早餐 Brunch→參見早餐、早午餐

早餐、早午餐 Breakfast and Brunch 150

有機味噌：一般（或混合味噌）Miso—In General（or Mixed Misos），Organic 338

有機產品 Organic Produce 390

有機蔗糖 Sugar, Organic Cane 494

灰藜 Lamb's-Quarter（亦稱野莧或野菠菜）→同時參見莧屬蔬菜小祕訣、菠菜 301

百里香 Thyme 508

百香果 Passion Fruit 398

竹筍 Bamboo Shoots 116

米奶 Milk, Rice 334

米穀粉 Flour, Rice 255

米醋 Vinegar, Rice（Wine）（米酒醋）529

羊肚菌 Mushrooms, Morel 349

羊萵苣 Lettuce, Lamb's（亦稱野萵苣、萵苣纈草）316

羽衣甘藍 Kale 290

肉豆蔻 Nutmeg 369

肉豆蔻乾皮 Mace 323

肉桂 Cinnamon 214

自然發酵醬油 Soy Sauce, Naturally Fermented→同時參見溜醬油 472

艾斯佩雷胡椒 Pepper, Espelette 409

血橙 Oranges, Blood→同時參見柳橙 388

衣索比亞料理 Ethiopian Cuisine 246

西瓜 Watermelon 535

西非豆蔻 Grains of Paradise 266

西班牙紅椒粉 Paprika, Spanish→參見煙燻紅椒粉

西班牙紅椒粉 Pimenton→同時參見

煙燻紅椒粉 412
西班牙料理 Spanish Cuisine 473
西班牙圓米 Rice, Bomba→同時參見西班牙料理 442
低脂白脫乳 Buttermilk, Low-Fat 161
低澱粉馬鈴薯 Potatoes, Low- Starch（如新馬鈴薯）423
佛手瓜 Chayote（亦稱合掌瓜；→同時參見夏南瓜 181
冷凍蔬果 Fruits And Vegetables, Frozen 259
孜然 Cumin 230
希臘料理 Greek Cuisine→同時參見地中海料理 269
快煮穀物 Grains, Fast-Cooking→參見庫斯庫斯、藜麥
李子 Plums 417
李子乾、李子乾泥 Plums, Dried（aka Prunes）and Dried Plum Puree 417
李子乾、李子乾泥 Prunes And Prune Puree→參見李子乾
杏仁奶 Milk, Almond 332
杏仁（和無糖杏仁醬 Almonds（and Unsweetened Almond Butter)→同時參見杏仁奶 93
杏仁油 Oil, Almond 373
杏桃 Apricots→同時參見杏桃乾 100
杏桃乾 Apricots, Dried→同時參見杏桃 101
杜松子 Juniper Berries 289
沙拉青蔬：一般或混合 Greens, Salad—In General And Mixed（例如綜合生菜）→同時參見芝麻菜、苣菜、闊葉苣菜、綠捲鬚苦苣、萵苣、萵苣纈草、東京水菜、紫葉萵苣、沙拉淋醬、菠菜、水田芥等 276
沙拉淋醬 Salad Dressings 450
芋頭 Taro（亦稱芋塊莖）502
芒果 Mangoes 324
豆奶 Milk, Soy 334
豆皮 Yuba→參見豆腐皮
豆芽 Sprouts, Bean→參見綠豆芽
豆乾 Tofu, Smoked 513
豆腐 Tofu—In General 509
豆腐皮 Tofu Skin（亦稱豆皮）513
豆薯 Jicama 288
豆：一般或混合豆類 Beans—In General (or Mixed) 122
豆：大北豆 Beans, Great Northern→參見豆類：白豆
豆類：日本紅豆 Beans, Adzuki 123
豆類：四季豆 Beans, Green（亦有黃皮四季豆 Wax Beans）→同時參見豆類：法國四季豆 131
豆：巨人豆 Beans, Gigante 131
豆：白豆 Beans, White→同時參見豆類：白腰豆；豆類→海軍豆 137
豆類：白腰豆 Beans, Cannellini→同時參見豆類：白豆 126
豆類：豆豉（醬汁）Beans, Fermented Black（and Sauce）128
豆類：貝殼豆 Beans, Shell→參見豆類：蔓越莓豆；豆類：蠶豆；豆類：皇

帝豆
豆類：法國四季豆 Beans, French Green 130
豆類：花豆 Beans, Pinto 136
豆類：長豇豆 Beans, Long 134
豆類：皇帝豆 Beans, Lima 133
豆類：紅豆 Beans, Red→同時參見豆類：腰豆 137
豆類：海軍豆 Beans, Navy 135
豆類：笛豆 Beans, Flageolet 130
豆類：紫花雲豆 Beans, Anasazi 124
豆類：黑眉豆 Beans, Black 124
豆類：腰豆 Beans, Kidney→同時參見豆類：紅豆 132
豆類：綠豆 Beans, Mung 135
豆類：蔓越莓豆 Beans, Cranberry 127
豆類：蠶豆 Beans, Fava 127
豆類 Pulses→同時參見特定豆類：鷹嘴豆、特定扁豆、去莢乾燥豌豆瓣 424
赤味噌 Miso, Red 340
赤褐馬鈴薯 Potatoes, Russet 424
乳酪：山羊 Cheese, Chèvre（亦稱新鮮山羊乳酪）184
乳酪：山羊 Cheese, Goat 187
乳酪：戈爾根索拉 Cheese, Gorgonzola→參見乳酪：藍黴乳酪
乳酪：可提亞 Cheese, Cotija→參見乳酪：阿涅荷
乳酪：巧達 Cheese, Cheddar 183
乳酪：布利 Cheese, Brie 182
乳酪：艾斯亞格 Cheese, Asiago 181
乳酪：含鹽瑞可達 Cheese, Ricotta Salata 194
乳酪：佩科利諾 Cheese, Pecorino 191
乳酪：帕爾瑪乳酪 Cheese, Parmesan 191
乳酪：芳汀那 Cheese, Fontina 186
乳酪：阿涅荷 Cheese, Queso Añejo 192
乳酪：侯克霍 Cheese, Roquefort→參見乳酪：藍黴
乳酪：哈瓦堤 Cheese, Havarti 189
乳酪：哈羅米 Cheese, Halloumi 189
乳酪：泰勒吉奧 Cheese, Taleggio 195
乳酪：莫札瑞拉 Cheese, Mozzarella 190
乳酪：傑克 Cheese, Jack（亦稱蒙特利傑克乳酪）189
乳酪：斯提爾頓 Cheese, Stilton（See Cheese, Blue→參見乳酪：藍黴
乳酪：費達 Cheese, Feta 185
乳酪：愛蒙塔爾 Cheese, Emmental（法國）or Emmentaler（瑞士）185
乳酪：煙燻莫札瑞拉 Cheese, Smoked Mozzarella 194
乳酪：瑞士 Cheese, Swiss 194
乳酪：瑞可達 Cheese, Ricotta 192
乳酪：義大利布瑞達生乳酪 Cheese, Burrata 183
乳酪：義大利波伏洛 Cheese, Provolone 192
乳酪：葛黎耶和 Cheese, Gruyère 188

乳酪：農家乳酪 Cheese, Cottage 184
乳酪：蒙契格 Cheese, Manchego 189
乳酪：豪達 Cheese, Gouda 188
乳酪：墨西哥鮮乳酪 Cheese, Queso Fresco 192
乳酪：藍黴 Cheese, Blue（如：戈爾索拉乳酪、侯克霍乳酪、斯提爾頓乳酪）182
乳酪：羅馬諾 Cheese, Romano 194
乳酪彎管麵 Macaroni And Cheese 323
亞洲料理 Asian Cuisines→參見中式料理、日式料理、泰式料理、越南料理等
亞洲綠葉蔬菜 Greens, Asian→參見青江菜、芥藍、大白菜、東京水菜、塌棵菜
亞洲麵條 Noodles, Asian→參見粉條、寒天麵條、拉麵、粄條、米粉、日本蕎麥麵、素麵、日本烏龍麵
亞麻籽 Flaxseeds
亞麻籽油 Flaxseed Oil→參見亞麻籽油
亞麻籽油 Oil, Flaxseed 375
亞麻薺籽油 Oil, Camelina Seed 374
刺蝟菇 Mushrooms, Hedgehog 346
味醂 Mirin 338
咖啡、義式濃縮咖啡 Coffee / Espresso 217
奇亞籽 Chia Seeds 199
奇波利尼洋蔥 Onions, Cipollini 385
奇異果 Kiwi 296
季節性 Seasonality→參見春季、夏季、秋季、冬季
抱子甘藍 Brussels Sprouts 154
抹茶粉 Matcha Powder 328
拉麵 Noodles, Ramen 363
拌炒料理 Scrambles→參見炒豆腐
昆布 Kombu 299
東京水菜 Greens, Mizuna 274
松子 Pine Nuts（亦稱松仁）413
松子油 Oil, Pine Nut 377
松茸 Mushrooms, Matsutake 348
松露油 Oil, Truffle—In General（即黑松露油或白松露油）379
松露鹽 Salt, Truffle 455
板豆腐或老豆腐 Tofu, Firm or Extra-Firm 511
油桃 Nectarines→同時參見桃子的小祕訣 359
油脂 Oil—In General 372
法式料理 French Cuisine 257
法式酸奶油 Crème Fraiche→同時參見白乳酪 226
法老小麥 Farro 246
法國扁豆 Lentils, French 311
波士頓萵苣 Lettuce, Boston（亦稱奶油萵苣；見奶油萵苣）315
波伊森莓 Boysenberries→同時參見黑莓 148
波特貝羅大香菇 Mushrooms, Porto-bello 353
波羅門參 Salsify 453
炒豆腐 Tofu, Scrambled 512

芝麻油 Oil, Sesame 379
芝麻油 Sesame Oil→參見芝麻油
芝麻籽 Sesame Seeds—In General 463
芝麻菜 Arugula（亦稱火箭菜）106
芥末，例如第戎芥末 Mustard, e.g., Dijon→同時參見芥末葉、芥末粉、芥末籽 358
芥末籽 Mustard Seeds 359
芥末粉 Mustard Powder（亦稱乾芥末）358
芥末葉 Greens, Mustard 275
芥花油 Oil, Canola 374
芥藍 Broccoli, Chinese 152
芥藍花莖 Broccolini 154
芫荽 Coriander 218
芫荽葉 Cilantro 212
花生、花生醬 Peanuts And Peanut Butter 402
花生油 Oil, Peanut 377
芹菜 Celery 175
芹菜籽 Celery Seeds 178
芹菜根 Celery Root（亦稱芹菜根菜）177
芽菜或綜合芽菜 Sprouts—In General, or Mixed 478
金桔 Kumquat 300
金針菇 Mushrooms, Enoki 346
金線瓜 Squash, Spaghetti 487
長粒米 Rice, Long-Grain→同時參見印度香米、茉莉香米 444
長粒糙米 Rice, Brown—Long-Grain 443
阿多波醬汁、調味料 Adobo Sauce and/or Seasoning→同時參見辣椒：齊波特 91
阿勃瑞歐米 Rice, Arborio（亦稱義式燉飯用米）439
阿魏粉 Asafoetida Powder 108
青木瓜 Papaya, Green 393
青江菜 Bok Choy 147
青芒果 Mangoes, Green→同時參見芒果 325
青波羅蜜 Jackfruit, Unripe Green 286
青花菜 Broccoli 150
青花菜芽 Sprouts, Broccoli 479
青蒜 Garlic, Green（亦稱蒜苗或春蒜）262
非洲料理 African Cuisines→同時參見衣索比亞料理、摩洛哥料理 92
俄勒岡松露油 Oil, Truffle—Oregon 379
南瓜 Pumpkin→同時參見冬南瓜 424
南瓜籽 Seeds, Pumpkin 459
南瓜籽油 Oil, Pumpkin Seed 378
南美料理 South American Cuisine 471
南薑 Galangal→同時參見薑 260
厚皮馬鈴薯 Potatoes, Thick-Skinned（如愛達荷州馬鈴薯、赤褐馬鈴薯）424
哈伯南瓜 Squash, Hubbard→同時參見冬南瓜 485

扁豆 Lentils—In General→同時參見 特定扁豆 308

扁豆芽 Sprouts, Lentil 479

春山芥 Land Cress（亦稱獨行菜；→ 同時參見水田芥）301

春日洋蔥 Onions, Spring→同時參見 青蔥 386

春季食材 Spring 477

是拉差辣椒醬 Sriracha（亦稱蒜蓉辣 椒醬）490

枸杞 Goji Berries 265

柑橘類 Citrus—In General→參見葡萄 柚、檸檬、萊姆、柳橙、紅橘

柚子 Pomelo→參見葡萄柚的介紹

柳橙、柳橙汁和碎橙皮 Oranges, Orange Juice, And Orange Zest 387

柿子 Persimmons 410

洋香瓜 Melon, Cantaloupe 329

洋菜 Agar→同時參見寒天 92

洋蔥或綜合洋蔥 Onions—In General, or Mixed 384

珍珠洋蔥 Onions, Pearl 386

珍珠麥 Barley, Pearl 119

秋季 Autumn 111

秋葵 Okra 381

紅心蘿蔔 Radishes, Watermelon 433

紅皮馬鈴薯 Potatoes, Red→參見新馬 鈴薯

紅花油 Oil, Safflower 378

紅扁豆 Lentils, Red 312

紅洋蔥 Onions, Red→同時參見洋蔥 386

紅酒醋 Vinegar, Red Wine→同時參見 酒醋 528

紅棕櫚油 Oil, Red Palm 378

紅椒粉 Paprika→同時參見煙燻紅椒 粉 393

紅蔥 Shallots 464

紅橘 Tangerines→參見橘子

美乃滋 Mayonnaise 328

美式料理 American Cuisine→同時參 見卡津料理、克利歐料理、美國南 方料理、美式墨西哥料理等 96

美洲山核桃 Pecans 407

美國在地料理 Native American Cuisine 359

美國西南方料理 Southwestern（U.S.） Cuisine 471

耶路撒冷冷朝鮮薊 Artichokes, Jerusalem （亦稱菊芋）105

胡椒薄荷 Peppermint 410

胡椒醬 Pepper Sauce→參見辣胡椒醬

胡蘿蔔 Carrots 169

苔麩酥 Teff 505

苣菜 Endive 243

苦瓜 Melon, Bitter 329

苦味食材 Bitterness 144

苦味綠色蔬菜 Greens, Bitter→參見甜 菜葉、綠葉甘藍、蒲公英菜、芥末 葉、羽衣甘藍等

茄子 Eggplant 237

茉莉香米 Rice, Jasmine→同時參見泰 式料理 444

韭菜 Chives, Garlic 210

韭蔥 Leeks 303

飛碟南瓜 Squash, Pattypan→同時參 見夏南瓜 486

食用花卉 Flowers, Edible 256

香芹調味鹽 Celery Salt 178

香莢蘭 Vanilla 524

香蕉 Bananas 116

香薄荷 Savory 455

香檳酒醋 Vinegar, Champagne 528

凍豆腐 Tofu, Frozen 512

原蔗糖 Sucanat 493

埃及料理 Egyptian Cuisine 243

夏季食材 Summer 497

夏南瓜 Squash, Summer→同時參見合 掌瓜、彎頸南瓜、飛碟南瓜、櫛瓜 488

夏威夷堅果 Nuts, Macadamia 370

恐龍羽衣甘藍 Kale, Black（亦稱托斯 卡尼羽衣甘藍）294

栗子 Chestnuts 197

核桃 Walnuts 531

核桃油 Oil, Walnut 380

根莖蔬菜：一般或綜合 Root Vegetables—In General, or Mixed→同時 參見甜菜、胡蘿蔔、歐洲防風草塊 根、蕪菁甘藍、甘藷、蕪菁等 446

桃子 Peaches 400

泰式咖哩醬 Curry Paste, Thai（如：綠 咖哩或紅咖哩）231

泰式料理 Thai Cuisine 507

泰式醬油 Soy Sauce, Thai（亦稱淡醬 油、薄醬油、白醬油）473

泰國羅勒 Basil, Thai 121

海苔 Nori（亦稱紫菜）368

海帶、海帶顆粒、海帶粉 Kelp, Kelp Granules, And Kelp Powder→同時 參見荒布藻、昆布、海菜、裙帶菜 296

海菜 Sea Vegetables→同時參見荒布 藻、紫紅藻、鹿尾菜、昆布、海苔、 裙帶菜 457

海藻 Seaweed→參見海菜、荒布藻、 紫紅藻、鹿尾菜、海帶、海苔、裙 帶菜

海蘆筍 Sea Beans（亦稱玻璃草或聖彼 得草）457

海鹽 Salt, Sea 455

烏龍麵 Noodles, Udon 367

烘製蕎麥 Kasha（亦稱烘烤去殼蕎麥； →同時參見蕎麥）295

班努斯醋 Vinegar, Banyuls 527

琉璃苣 Borage 148

粄條 Noodles, Rice（亦稱河粉、米線） 364

粉條 Noodles, Cellophane（亦稱冬粉、 綠豆粉皮）361

粉圓 Tapioca 502

純素「乳酪」"Cheese," Vegan 195

純素奶油乳酪：腰果 "Cheese, Cream"—Cashew Nut（Vegan）185

純素食壽司 Sushi, Vegetarian→參見海 苔、海苔卷

純素義大利餡餅 Piecrusts, Vegan 412

純素蜂蜜 Honey, Vegan→同時參見蜂 蜜 282

素奶油乳酪：大豆 "Cheese, Cream"— Soy 185

素食泰國鳥眼辣椒醬 Thai Chili Paste, Vegetarian 507

素食漢堡 Veggie Burgers 524

素魚子醬 Caviar, Vegan 175

素發泡鮮奶油 Cream, Whipped （Vegan）226

素麵 Noodles, Somen 366

胭脂樹籽 Achiote Seeds 91

茴芹籽 Anise Seeds 96

茴香 Fennel 248

茴香花粉 Fennel Pollen 250

茴香籽 Fennel Seeds 251

茴香葉 Fennel Fronds（or Leaves）250

茴藿香 Anise Hyssop 97

草莓 Strawberries 492

荒布藻 Arame→同時參見海菜 101

荔枝 Lychees 322

迷迭香 Rosemary 446

酒 Wine 538

酒醋 Vinegar, Wine—In General 530

馬士卡彭乳酪 Mascarpone 327

馬科納杏仁果 Almonds, Marcona 95

馬鈴薯 Potatoes—In General, With Skin 420

馬齒莧 Purslane 427

高脂鮮奶油 Cream, Heavy 226

高粱 Sorghum（亦稱蜀黍、穗蘆粟） 469

高澱粉馬鈴薯 Potatoes, High-Starch （如愛達荷州馬鈴薯、赤褐馬鈴薯） 423

高壓烹煮 Pressure-Cooking 424

11-15劃

乾香菇、新鮮香菇 Mushrooms, Shiitake—Dried And Fresh 355

乾燥香料植物 Herbs, Dried 280

啤酒醋 Vinegar, Beer 527

堅果 Nuts→同時參見杏仁果、腰果、 花生、核桃等 370

堅果油 Oil, Nut→參見杏仁油、榛果 油、開心果油、核桃油

捲葉苣菜 Endive, Curly→參見綠捲鬚 苦苣

敘利亞牛至 Za'Atar（香料植物）→同 時參見中東扎塔香料 544

曼密 Mamey（亦稱曼密蘋果或曼密 果）323

曼薩尼亞橄欖 Olives, Manzanilla（亦 稱西班牙橄欖）383

梅子醋 Vinegar, Umeboshi Plum 530

梅干 Umeboshi, Umeboshi Paste、梅干 醬 Umeboshi Plums→同時參見梅 子醋 523

梅干和梅干醬 Plums, Umeboshi And Umeboshi Plum Paste→參見梅干

梅爾檸檬 Lemons, Meyer 307

梨子 Pears—In General 403

淡味噌 Miso, Light（亦稱甜味噌）339

深色黃砂糖 Sugar, Brown—Dark 493

淺色黃砂糖 Sugar, Brown—Light 493

球花甘藍 Broccoli Rabe 153

甜大蕉 Plantains, Sweet（如褐色或黃 色）416

甜瓜：一般或混合 Melon—In General, or Mixed→同時參見洋香瓜、蜜露 瓜、西瓜等 329

甜味／甜味劑 Sweetness / Sweeteners 500

甜椒 Peppers, Sweet→參見燈籠椒：紅 燈籠椒和黃燈籠椒

甜菜 Beets 138

甜菜葉 Greens, Beet 271

甜豌豆 Sugar Snap Peas 494

甜薯瓜 Squash, Delicata→同時參見冬 南瓜 484

甜點 Desserts 234

畢布萵苣 Lettuce, Bibb（亦稱奶油萵 苣；見奶油萵苣）315

硫色絢孔菌 Mushrooms, Chicken of The Woods 345

粗玉米粉 Grits 278

細香蔥 Chives 209

細葉香芹 Chervil 197

脫水乾燥 Dehydrating 234

荷蘭豆 Snow Peas→同時參見甜豌豆 468

荸薺 Water Chestnuts 533

莢果 Legumes→同時參見特定豆類： 鷹嘴豆、扁豆、花生、豌豆、大豆 304

莧籽（穀物 Amaranth（The Grain）→ 同時參見莧屬蔬菜 95

莧屬蔬菜（葉／莖 Greens, Amaranth （亦稱莧菜；→同時參見灰藜和菠 菜）270

蛋，水煮到全熟 Eggs, Hard-Boiled 242

蛋 Eggs（如：新鮮的蛋）241

野生米 Rice, Wild 445

野生韭蔥 Ramps 435

野莧 Quelites→參見灰藜

野菇：一般或混合 Mushrooms, Wild—In General, or Mixed→同時 參見雞油菌、舞菇、羊肚菌、牛肝 菌等 357

雪利酒醋 Vinegar, Sherry 529

鹿尾菜 Hiziki 280

喜馬拉雅山鹽 Salt, Himalayan 454

寒天 Kanten 295

寒天麵條 Noodles, Kelp 363

斯佩耳特小麥 Spelt Berries 473

斯佩耳特小麥粉 Flour, Spelt 256

替代油脂 Oil Substitutes 380

朝鮮薊 Artichokes→同時參見朝鮮薊 心 103

朝鮮薊心 Artichoke Hearts→同時參 見朝鮮薊 102

棕櫚心 Palm, Hearts of 391

棕櫚起酥油 Palm Shortening 392

棕櫚糖 Sugar, Palm 494

無花果 Figs →同時參見無花果乾 253

無花果乾 Figs, Dried 254

無麩質 Gluten-Free 265

焦糖 Caramel 167

猴頭菇 Mushrooms, Pom Pom 352

猶太鹽 Salt, Kosher 455

番石榴／番石榴汁（糖漿）／番石榴醬 Guava / Guava Juice（or Nectar）/ Guava Paste 278

番紅花 Saffron 449

番茄、番茄汁、番茄糊、番茄醬 Tomatoes, Tomato Juice, Tomato Paste, And Tomato Sauce 516

發芽麵粉 Flour, Sprouted 256

短粒米 Rice, Short-Grain →同時參見阿勃瑞歐米、壽司米 444

短粒糙米 Rice, Brown—Short-Grain 443

紫甘藍 Cabbage, Red 164

紫花苜蓿芽 Sprouts, Alfalfa 479

紫紅藻（薄片）Dulse（Flakes）236

紫葉菊苣 Radicchio 430

紫蘇葉 Shiso Leaf（亦稱日本羅勒）466

菇蕈高湯 Stock, Mushroom 491

菇蕈類 Mushrooms—In General 341

菊芋 Sunchokes →參見耶路撒冷朝鮮薊

菊苣 Chicory →同時參見紫葉菊苣 202

菜籽油 Oil, Rapeseed →參見芥花油

菠菜 Spinach 474

菲卡麥 Freekeh 256

茶菜，如：彩虹茶菜、紅茶菜、瑞士茶菜（著蓬菜）或混合茶菜 Chard, E.G., Rainbow, Red/Ruby, Swiss, or Mixed 179

萊姆（汁、碎皮）Limes 318

越南料理 Vietnamese Cuisine 526

鈕扣菇 Mushrooms, Button（亦稱白蘑菇）344

開心果 Pistachios 414

開心果油 Oil, Pistachio 378

黃瓜 Cucumbers 227

黃肉馬鈴薯 Potatoes, Yellow（如育空黃金馬鈴薯）424

黃味噌 Miso, Yellow →同時參見淡味噌 340

黃南瓜 Squash, Yellow →參見夏南瓜

黃扁豆 Lentils, Yellow 314

黑小麥 Triticale 519

黑米 Rice, Black（亦稱紫米）441

黑色喇叭菌 Mushrooms, Black Trumpet 343

黑味噌 Miso, Dark 339

黑松露 Truffles, Black 520

黑松露油 Oil, Truffle—Black 379

黑扁豆 Lentils, Black 310

黑砂糖 Sugar, Muscovado 494

黑胡椒 Pepper, Black 408

黑眼豆 Black-Eyed Peas（亦稱牛豆）145

黑莓 Blackberries →同時參見漿果 144

黑種草籽 Nigella Seeds 361

黑蒜頭 Garlic, Black 262

黑蘿蔔 Radishes, Black 432

黑鹽 Salt, Black 454

塌棵菜 Tatsoi 504

塔希尼芝麻醬 Tahini 500

奧地利料理 Austrian Cuisine 111

奧勒岡 Oregano 390

愛爾蘭苔 Irish Moss 285

感恩節 Thanksgiving 508

新馬鈴薯 Potatoes, New（亦稱紅皮馬鈴薯）423

新鮮咖哩葉 Curry Leaves 230

新鮮香料 Freshness 258

椰子、椰漿、椰奶 Coconut, Coconut Cream, and Coconut Milk →同時參見椰子醬、椰子糖漿、椰子水、椰奶 215

椰子水 Coconut Water 217

椰子油 Oil, Coconut 374

椰子醋 Vinegar, Coconut 528

椰子糖漿 Coconut Nectar 217

椰子醬 Coconut Butter 216

椰奶 Milk, Coconut 332

椰棗 Dates 233

椰棗糖 Sugar, Date 494

楊桃 Star Fruit 491

楓糖漿 Maple Syrup 325

楓糖糖 Sugar, Maple 494

榲桲 Quinces 428

榲桲醋 Vinegar, Quince 528

溜醬油 Tamari 501

煙燻菜餚 Smoking 467

煙燻紅椒粉 Paprika, Smoked（亦為西班牙紅椒粉或維拉地區的西班牙紅椒粉）394

煙燻調味液 Liquid Smoke 319

煙燻鹽 Salt, Smoked 455

獅子唐辛子 Shishito Peppers 465

瑞可達乳酪 Ricotta →參見乳酪：瑞可達

稠化物 Thickening Agents 508

絹豆腐 Tofu, Silken 512

義大利北方料理 Italian Cuisine, Northern 285

義大利米粒麵 Orzo →參見義大利米粒麵

義大利南方料理 Italian Cuisine, Southern 285

義大利棕蘑菇 Mushrooms, Cremini 345

義式粗玉米糊 Polenta →參見玉米粉，義式粗玉米糊由此製成

義式燉飯 Risotto →參見阿勃瑞歐米的介紹

腰果、腰果醬 Cashews and Cashew Nut Butter 171

腰果「奶霜」"Cream," Cashew 226

萵苣：一般或混合 Lettuces—In General or Mixed →同時參見特定萵苣，例如奶油萵苣、蘿蔓萵苣 314

萵苣纈草 Mâche →參見羊萵苣

葉狀芽 Sprouts, Leafy →參見紫花苜蓿芽、三葉草芽

葛根粉 Kuzu（亦稱葛根）300

葛縷子籽 Caraway Seeds 168

葛鬱金 Arrowroot 102

葡萄 Grapes（葡萄汁）268

葡萄柚 Grapefruit 267

葡萄籽油 Oil, Grapeseed 375

葡萄乾 Raisins 434

葡萄葉 Grape Leaves 268

胡蘆巴 Fenugreek 252

葵花油 Oil, Sunflower Seed 379

葵花籽 Seeds, Sunflower 460

葵花籽芽 Sprouts, Sunflower Seed 481

葵花苗 Shoots, Sunflower 467

蜂蜜 Honey—In General 281

裙帶菜 Wakame 530

酪梨 Avocado 113

酪梨油 Oil, Avocado 373

零食 Snacks 468

鼠尾草 Sage 450

壽司米 Rice, Sushi 444

嫩豆腐 Tofu, Soft 514

嫩青蔥 Scallions（亦稱青蔥或春日洋蔥）456

慢燒菜餚 Slow-Cooked 467

榛果 Hazelnuts（亦稱榛子）279

榛果油 Oil, Hazelnut 375

榨汁 Juices →同時參見蔬果昔 289

綜合生菜 Mesclun →參見沙拉青蔬

綠大蕉 Plantains, Green 416

綠甘藍菜 Cabbage, Green（亦即高麗菜）163

綠色蔬菜：一般或混合 Greens—In General or Mixed →同時參見芝麻菜、青江菜、甘藍菜、瑞士茶菜、甜菜葉、苦味綠色蔬菜、綠葉甘藍、蒲公英葉、沙拉青蔬、蕪菁葉、羽衣甘藍、萵苣、菠菜 270

綠豆芽 Sprouts, Mung Bean 480

綠豆粉皮 Noodles, Mung Bean →參見粉條

綠扁豆 Lentils, Green 312

綠洋蔥 Onions, Green →參見嫩青蔥

綠捲鬚苦苣 Frisée（亦稱捲葉苣菜）258

綠番茄 Tomatoes, Green 518

綠葉甘藍 Greens, Collard 272

綠葉蔬菜 Greens, Leafy →參見苦味綠色蔬菜、沙拉青蔬

維他美仕食物調理機 Vitamix 530

維達利亞洋蔥 Onions, Vidalia 387

舞菇 Mushrooms, Hen of The Woods 347

蒔蘿 Dill →同時參見蒔蘿籽、蒔蘿葉 234

蒔蘿籽 Dill Seeds →同時參見蒔蘿、蒔蘿葉 235

蒔蘿葉 Dill Weed →同時參見蒔蘿、蒔蘿籽 235

蒜頭 Garlic 260

蒜薹 Garlic Scapes 262

蒟蒻麵、豆腐蒟蒻麵 Noodles, Shirataki And Tofu Shirataki 365

蒲公英葉 Greens, Dandelion 273

蜜露瓜 Melon, Honeydew 330

裸麥粒 Rye Berries（亦稱全裸麥）448

辣根：醃漬或新鮮 Horseradish—Prepared or Fresh 282

辣椒：一般或混合 Chiles—In General, or Mixed 202

辣椒：瓜吉羅 Chiles, Guajillo 206

辣椒：安佳 Chiles, Ancho 204

辣椒：帕西里亞乾辣椒 Chiles, Pasilla 207

辣椒：波布蘭諾 Chiles, Poblano 207

辣椒：阿納海 Chiles, Anaheim 203

辣椒：青辣椒 Chiles, Green →參見辣椒：哈拉佩紐；辣椒：塞拉諾

辣椒：哈瓦那 Chiles, Habanero 206

辣椒：哈拉佩紐 Chiles, Jalapeño 206

辣椒：泰國鳥眼 Chiles, Thai 208

辣椒：塞拉諾 Chiles, Serrano 208

辣椒：鈴鐺 Chiles, Cascabel 205

辣椒：齊波特 Chiles, Chipotle 205

辣椒 Peppers, Chile →參見辣椒

辣椒片 Chili Pepper Flakes 209

辣椒油 Oil, Chili 374

辣椒粉 Chili Powder 209

酸奶油 Sour Cream 470

酸味 Sourness 471

酸越橘 Huckleberries 283

酸葡萄汁 Verjus 525

酸模 Sorrel 469

酸櫻桃、甜櫻桃 Cherries, Sour and Sweet 195

鳳梨 Pineapple 412

墨西哥玉米燉煮 Posole →參見脫殼玉米粒

墨西哥料理 Mexican Cuisine 331

墨西哥奧勒岡 Oregano, Mexican 390

墨角蘭 Marjoram 326

（全）穀物和穀片 WholeGrains And Cereals →同時參見全麥庫斯庫斯、義式粗玉米糊、藜麥、糙米、小麥仁等 266

16劃以上

德國酸菜 Sauerkraut 455

摩洛哥料理 Moroccan Cuisine 341

摩洛哥堅果油 Oil, Argan 373

歐芹 Parsley 394

歐芹根 Parsley Root 396

歐洲防風草塊根 Parsnips 396

歐當歸 Lovage 320

漿果：一般或混合 Berries—In General, or Mixed Berries →同時參見特定漿果，如：黑莓、藍莓、覆盆子、草莓 143

澄清奶油 Butter, Clarified →同時參見印度酥油 161

皺葉甘藍 Cabbage, Savoy 165

緬甸料理 Burmese Cuisine 160

蓮藕 Lotus Root 319

蔓越莓 Cranberries 224

蔓越莓乾 Cranberries, Dried 226
蔬果昔 Smoothies→同時參見榨汁 467
蔬菜油 Oil, Vegetable 380
蔬菜高湯 Stock, Vegetable→同時參見日式高湯 491
褐味噌 Miso, Brown 339
褐扁豆 Lentils, Brown 311
豌豆 Peas→同時參見黑眼豆、去莢乾燥豌豆瓣 405
豌豆芽 Sprouts, Pea 480
豌豆苗 Shoots, Pea 466
醃檸檬 Lemons, Preserved 307
醋 Vinegar—In General→同時參見特定的醋 526
麩質 Gluten 265
橄欖或綜合橄欖 Olives—In General, or Mixed 381
橄欖油 Oil, Olive 376
橘子 Oranges, Mandarin 389
橡實南瓜 Squash, Acorn→同時參見冬南瓜 481
橡實南瓜籽油 Oil, Acorn Squash Seed 373
澳洲松露 Truffles, Australian 520
燈籠椒：一般或混合甜椒 Bell Peppers—In General, or Mixed 142
燒烤 Grilling 277
燕麥片、燕麥 Oatmeal And Oats 371
獨行菜 Garden Cress→參見春山芥
糖蜜 Molasses 340
蕁麻 Nettles（亦稱異株蕁麻）360
蕎麥 Buckwheat（亦稱脫殼蕎麥；→同時參見烘製蕎麥、全穀日本蕎麥麵 157
蕎麥芽 Sprouts, Buckwheat 479
蕎麥麵 Noodles, Buckwheat→參見日本蕎麥麵
蕨菜 Fiddlehead Ferns 252
蕪菁甘藍 Rutabagas 447
蕪菁 Turnips→同時參見蕪菁葉 521
蕪菁葉 Greens, Turnip 276
龍舌蘭糖漿 Agave Nectar 92
龍蒿 Tarragon 503
龍蝦菌 Mushrooms, Lobster 348
優格 Yogurt 541
櫛瓜 Zucchini→參見夏南瓜
櫛瓜花 Zucchini Blossoms 547
營養酵母 Nutritional Yeast 370
糙米：印度糙香米 Rice, Brown—Basmati→參見印度香米
糙米：茉莉糙香米 Rice, Brown—Jasmine→同時參見茉莉香米 443
糙米 Rice, Brown—In General 442
糙米醋 Vinegar, Brown Rice（亦稱中式黑醋）527
糙米糖漿 Brown Rice Syrup（亦稱米麥芽糖漿）154
薄皮馬鈴薯 Potatoes, Thin-Skinned（如新馬鈴薯、白肉馬鈴薯）424
薄荷 Mint（一般是綠薄荷）336
薑 Ginger—In General 263
薑粉 Ginger, Powdered（乾燥、研磨製成）265
薑黃 Turmeric（或含有薑黃成分的咖哩粉）521
螺旋切絲 Spiraling or Spiralizing 476
闊葉苣菜 Escarole 245
韓國料理 Korean Cuisine 299
鮮味 Umami 523
黏果酸漿 Tomatillos 515
檸檬 Lemons 305
檸檬百里香 Lemon Thyme 308
檸檬油 Oil, Lemon 376
檸檬香茅 Lemongrass 304
檸檬馬鞭草 Lemon Verbena 308
薰衣草 Lavender 302
藍肉馬鈴薯（或紫肉馬鈴薯）Potatoes, Blue（or Purple）422
藍莓 Blueberries 146
覆盆子 Raspberries 436
雞油菌 Mushrooms, Chanterelle 344
「雞」高湯 Stock, "Chicken" 491
爆米花，如氣爆式爆米花 Popcorn, E.G., Air-Popped 420
羅勒 Basil 120
羅望子、羅望子果醬 Tamarind And Tamarind Paste 501
藜麥 Quinoa 428
糯米 Rice, Sticky 444
罌粟籽 Seeds, Poppy 458
蘆筍 Asparagus 108
蘋果（和蘋果酒、蘋果汁及／或蘋果醬汁）Apples (and Apple Cider, Apple Juice and/Or Applesauce) 97
蘋果酒醋 Vinegar, Apple Cider 526
蠔菇 Mushrooms, Oyster 350
鹹度 Saltiness 455
麵筋製品 Seitan→同時參見生麩的小祕訣 461
櫻桃乾，尤以酸櫻桃為佳 Cherries, Dried, Esp. Sour 196
櫻桃蘿蔔 Radishes—In General→同時參見白蘿蔔 431
櫻桃蘿蔔苗 Sprouts, Radish→同時參見白蘿蔔苗 481
續隨子（酸豆）Capers 166
彎頸南瓜 Squash, Crookneck→同時參見夏南瓜 484
蘿蔓萵苣 Lettuce, Romaine 317
鷹嘴豆 Chickpeas 200
鷹嘴豆 Garbanzo Beans→參見鷹嘴豆
鷹嘴豆 Lentils, Chickpea 311
鷹嘴豆芽 Sprouts, Chickpea 479
鹽 Salt—In General 454
鹽膚木 Sumac 495

中英譯名對照

飲食類（依中文筆畫排序）

1-5劃

七味粉 Togarashi
二粒小麥 Emmer wheat
十字花科蔬菜 Cruciferous vegetable
三仙膠 Xanthan
三葉草芽 Clover sprouts
千層蛋糕 Many layered crepe cake
千層麵 Lasagna
口感 Mouthfeel
土耳其果仁甜餅 Baklava
土荊芥 Epazote
大火油煎 Pan-sear
大麻 Marijuana
大蒜梅爾巴脆薄吐司 Garlic melba
大蕉 Plantain
大頭菜 Kohlrabi
女主人杯子蛋糕 Hostess cupcake
小白菜 Pak choy
小披薩 Pizzetta
小型乳酪麵餃 Cappelletti
小麥仁 Wheat berry
小麥蛋白 Vital wheat gluten
小圓麵包 Bun
山椒 Sansho
山葵 Wasabi
山櫚 Lucuma
中式雞蛋麵 Chinese egg noodles
中東扎塔香料 Zaatar / za'atar
中東茄泥蘸醬 Baba ghanoush
中熟成巧達 Sharp Cheddar
什錦乾果 Trail mix
公雞嘴莎莎醬 Pico de gallo
反烤蘋果塔 Tarte tatin
天貝 Tempeh
「天皇」苦苣 Endive "mikado"
天然穀物麥片 Muesli
太妃糖布丁 Sticky toffee pudding
太陽蛋 Sunny egg
巴巴羅葉 Papalo
巴伐利亞奶凍 Bavarois
巴西式豆子燉菜 Feijoadinha
巴西堅果 Brazil nut
巴西莓 Açaí
巴哈橄欖油 Baja olive oil
巴爾多米 Baldo rice
巴薩米克白醋 White balsamic vinegar
手指馬鈴薯 Fingerling potatoe
方麵餃 Ravioli
日本長壽飲食 Macrobiotic
日本南瓜 Kabocha
日本柚子 Yuzu
日本紅豆 Anasazi bean
日本羅勒／紫蘇葉 Japanese basil
日式炒牛蒡 Kinpira
日式素麵 Somen
日式高湯 Dashi
日式醬油 Shoyu
日式麵包粉 Panko
木脂素 Lignan
木犀草醬 Mignonettes sauces
木槿 Hibiscus
毛伊島甜洋蔥 Sweet Maui onion
毛莨南瓜 Buttercup squash
水田芥 Watercress
水果凍甜心 Dessert, gelled
水菜 Mizuna
牙買加煙燻燻香料烹調法 Jerk
牛蒡 Gobo
世界純素日 World vegan day
主食 Staple foods
品嘗菜單 Tasting menu
丼 Donburi
以色列袋餅 Sabich
冬瓜 Winter melon
冬季黑松露 Black winter truffle
冬季豪華南瓜 Winter luxury squash
冬南瓜 Winter squash
加多加多 Gado gado
加州金米粗粉 Carolina gold rice grit
加埃塔橄欖 Gaeta olives
加登牌無牛肉小丁 Gardein beefless tips
加登牌義式裹粉煎肉排 Gardein scallopini
加登牌雞里肌 Gardein chik'n filets
北印洋芋花椰菜咖哩 Aloo gobi
卡司特爾馬紐乳酪 Castelmagno cheese
卡姆小麥 Kamut
卡拉瑪塔橄欖 Kalamata olive
卡杰塔 Cajeta
卡非萊姆 Kaffir lime
卡納羅利米 Carnaroli
卡郡素肉三明治 Cajun seitan sandwich
卡斯特法蘭科沙拉 Castelfranco salad
卡斯特韋特拉諾橄欖 Castelvetrano olive
卡塔帕諾山羊乳酪 Catapano goat cheese
可可豆碎粒 Cacao nibs
可樂餅 Croquettes
可提亞乳酪 Cotija cheese
四川花椒 Szechuan pepper
四季豆 String bean
奶油 Manteca
奶油瓜 Butternut squash
奶油乳酪醬 Alfredo
奶油般的 Buttery
奶油酥餅 Shortbread
奶油醬 Cream sauce
奶酥 Streusel
尼可拉橄欖 Nicoise olives
尼斯橄欖 Niçoise olive
巧克力女侯爵蛋糕 Chocolate marquise

巧克力辣椒 Chocolate chilies
巨豆 Gigante beans
市場料理 Cuisine du Marché
布列塔尼酥餅 Sablé breton
布拉格牌液體氨基酸 Bragg liquid aminos
布拉塔乳酪 Burrata
布拉塔乳酪果凍 Jellied burrata
布倫特伍德玉米 Brentwood corn
平葉歐芹 Flat-leaf parsley
弗雷斯諾辣椒 Fresno Chili pepper
玉米筍 Corn shoot/ baby corn
玉米黑粉菌 Huitlacoche
玉法克 Juhfark
瓜希柳辣椒 Guajillo chile
瓦倫梨 Warren pear
甘味噌 Sweet miso
甘草 Liquorice
甘薯 Sweet potato
甘露子 Crosne
生乳酪 Raw cheese
生麩 Nama-fu
生醬油 Raw soy sauce
田野饗宴牌素肉總匯 Field roast's celebration roast
田野饗宴牌義式穀肉香腸 Field roast italian grain meat sausage
「田野饗宴」經典美式素肉團 Field roast's classic meatloaf
田園沙拉醬汁 Ranch
田園溫沙拉 Gargouillou
白肉馬鈴薯 White potato
白豆 White bean
白豆乾 Super-firm tofu
白味噌 Light miso
白酒醃煮 Barigoule
白楠楠品種 Chenin blanc
白蘆筍 White asparagus
白蘭姆酒 White rum
白蘿蔔芽 Daikon sprouts
皮卡達醬 Picada
皮肖利橄欖 Picholine olive
皮奎洛辣椒 Piquillo pepper
石榴 Pomegranate
石蓴 Sea lettuce
石磨燕麥粒 Scottish oats

6-10劃

全食物蔬食 Whole-food, plant-based diet
全麥小圓麵包 Whole-wheat roll
全麥餅乾碎屑 Graham cracker crumble
全穀鋼切燕麥粒 Steel-cut oats
冰柱蘿蔔 Icicle radish
匈牙利紅椒粉 Hungarian paprika
印加蘿蔔 Maca
印式點心 Chat
印度水果與沙拉綜合香料 Chat masala
印度多薩烤餅 Dosas
印度多薩餅 Dosai
印度豆泥糊 Dal
印度波亞尼香料飯 Biryanis

印度扁豆飯 Khichuri
印度香米 Basmati
印度香飯 Dum biryani
印度烤餅麵糰 Naan dough
印度甜酸醬 Chutney
印度黃瓜優格蘸醬 Raitas
印度煎餅 Roti
印度綠豆糊 Moong dal
印度酸乳酪飲品 Lassis
合掌瓜 Chayote
吉豆 Beluga lentil
回鍋炸 Refry
因傑拉 Injera
地中海式希臘檸檬雞湯 Avgolemono
地中海寬皮柑 Clementine
安丘辣椒 Ancho
尖葉花豆 Tepary bean
尖葉菠菜 Arrowleaf spinach
托斯卡尼佩科利諾乳酪 Pecorino toscano
托斯卡尼麵包丁沙拉 Panzanella
灰皮諾 Pinot grigio
灰藜 Lamb's-quarter
灰蘇維翁 Sauvignon gris
灰鹽 Sel gris
百慕達洋蔥 Bermuda onion
米穀粉 Rice flour
米糖漿 Rice syrup
米蘭蘆筍 Asparagi alla Milanese
羊肚菌鮮奶油 Crème de Morilles
羊乳（土黨參）Todok
羊萵苣 Lamb's lettuce
老豆腐 Extra-firm tofu
老抽 Dark soy sauce
老灣調味粉 Old Bay seasoning
肉豆蔻乾皮 Mace
艾法隆山羊乳酪 Evalon
艾美許藍紋乳酪 Amish blue cheese
艾斯佩雷胡椒 Espelette pepper
艾斯佩雷辣椒 Pimente d'espelette
衣索匹亞柏柏爾綜合辛香料 Berbere
衣索比亞瓦特燉菜 Wat
衣索比亞提布斯醬炒菜 Tibs
西瓜蘿蔔 Watermelon radish
西西里島燉菜 Caponata
西非天堂椒 Grains of paradise
西班牙水果酒 Sangrias
西班牙杏仁冷湯 Ajoblanco
西班牙紅椒堅果醬 Romesco
西班牙香炒番茄醬 Sofritos
西班牙圓米 Bomba rice
西班牙辣肉腸 Chorizo
西班牙櫻桃辣椒 Pimento
串烤 Spiedini
串燒 Kebabs
亨利爵士牌琴酒「格蘭尼塔」Hendricks gin "granite"
低澱粉馬鈴薯 Law-starch potato
佛手柑百匯 Bergamot parfait
佛羅里達酪梨 Florida avocado
克色爾 Kisir
克非爾奶酒 Kefir
克索白乳酪 Queso bianco

刨片 Shavings
含羞草 Mimosa
夾心蛋糕 Twinkie
希臘式菇蕈 Mushrooms à la grecque
希臘旋轉串烤肉片 Gyros
希臘菠菜派 Spanakopita
扭結麵包 Pretzel
杏仁飲 Almond breeze
杏鮑菇 King Trumpet Mushroom / royal trumpet mushroom / king oyster mushroom
杜布隆菇 Doubloons
沙威瑪 Shawarma
沙勞越白胡椒 Sarawak pepper
沛堤牌羅勒 Petite basil
豆子和烤南瓜 Tostadas de Frijol y Calabaza
豆子燉飯 Hoppin' john
豆奶 Soy milk
豆乾 Smoked tofu
豆豉 Fermented black bean sauce
豆腐 Bean curd
豆腐地牌非氫化「超越酸奶油」Tofutti non-hydrogenated Better Than Sour Cream
豆腐蒟蒻麵 Tofu shirataki noodles
豆薯 Jícama
貝殼豆 Shell bean
赤味噌 Dark miso paste
赤褐馬鈴薯 Russet potato
車輪麵 Wagon wheel
乳酪火鍋 Fonduta
乳酪通心麵 Macaroni and cheese
亞洲綠葉蔬菜 Asian greens
亞美尼亞黃瓜 Armenian cucumber
亞麻 Flax
亞麻籽 Flaxseed
亞麻薺籽油 Camelina seed
其拉卡辣椒 Chilaca
卓瑪 Dolmas
卷壽司 Maki roll
卷緣齒菌 Hedgehog
味醂凍 Mirin gelée
和風醬 Ponzu sauce
奇米秋里醬 Chimichurri
奇亞籽 Chia
奇波利尼洋蔥 Cipollini / cippolini onion
奇波里尼洋蔥 Cipollini
奈特爾無肉肉丸 Nate's meatless meatballs
姆加達 Mujadara
居宏頌白酒 Jurançon
帕尼尼三明治 Panini
帕爾瑪乳酪泡沫 Parmesan foam
幸運手牌黑拉格啤酒 Lucky Hand black lager
拉比加多葡萄 Rabigato grape
拉麵麵條 Ramen noodles
拋拌 Toss
東歐乳酪薄烤餅 Blintzes
松子 Pine nut
松子／松仁 Pignoli

松香 Pine resin
板豆腐 Firm bean curd / Firm tofu
果味水 Agua fresca
果昔 Smoothies
河粉 Pho noodle
油炸玉米球 Hushpuppy / hush puppy
油炸獅子唐辛子 Blistered shishito peppers
油炸綠番茄 Fried green tomato
油醋醬 Vinaigrettes
法切林乳酪 Vacherin
法切林金山乳酪 Vacherin mont d'or
法式千層酥 Mille-feuille
法式水果塔 Clafoutis
法式卡士達 Pot de crème / Pots de Crème
法式可麗餅 Galettes
法式奶油什錦薯泥 Brandade
法式布丁塔 Flan
法式咖哩粉 Vadouvan
法式芥末美乃滋 Sauce gribiche
法式炸丸 Cromesquis
法式砂鍋菜 Casserole
法式開胃小菜 Canapés
法式蔬菜蒜泥濃湯 Pistou
法式調味蛋黃醬 Rémoulades
法式燉菜 Fricassee
法式蔔慕拉芙醬 Rémoulade
法式醬塊 Terrines
法老小麥（二粒麥）Farro
法國王儲酥皮馬鈴薯球 Pommes dauphine
法國四季豆 French bean
法國四香粉 Quatre épices
法國扁豆 French lentils
法國熟成乳酪 Fromage affinés
泡沫 Froth
波尼爾乳酪 Panir
波布拉諾辣椒 Poblano
波伏洛乳酪片 Provolone slices
波羅蜜 Jackfruit
波蘭餃子 Pierogi
炊合 Takiawase
炒豆腐 Tofu scramble
炙烤綜合香料 Tikka masalas
牧豆 Mesquite
玫瑰純露 Rose water
芥末水果蜜餞 Mustard fruit
芥菜 Chinese mustard
花生羽衣甘藍沙拉 Peanut-kale salad
花生脆片 Peanut brittle
花椰菜小球花 Cauliflower florets
芹菜根 Celery root
芹菜莖寬絲 Celery branch ribbon
芹菜餡法式小炸餅 Celeri farcien façon subric
金山調味醬油 Golden mountain seasoning sauce
金柑 Kumquat
金針花 Day lily / daylily
金針菇 Enoki mushroom
金黃甜菜 Golden beet
金蓮花 Nasturtium

金褐梨 Golden russet pear
阿多波（醬醋燉肉）Adobo
阿拉伯肉丸 Kibbeh
阿拉伯蔬菜沙拉 Fattoush
阿勃瑞歐米 Arborio rice
阿涅荷乳酪 Queso añejo
阿勒坡辣椒 Aleppo pepper
阿魏 Asafoetida
阿魏粉 Asafoetida powder
青瓜酸乳酪醬汁 Tzatziki
青豆 Spring pea
青蒜 Green garlic
青蘿蔔 Green meat radish
侯克霍乳酪 Roquefort cheese
俄羅斯牛奶穀物粥 Kasha
俄羅斯淋醬 Russian dressing
前衛料理 Avant-garde cuisine
勁力果昔 Rocket fuel smoothie
南瓜安吉拉捲 Enchiladas calabaza
南瓜籽 Pepitas
南瓜籽辣椒 Pumpkin seed chili
南印度辣椒咖哩湯 Mulligatawny
南美餡餃 Empanadas
南薑 Galangal
厚皮馬鈴薯 Thick-skinned potato
哈伯南瓜 Hubbard squash
哈里薩辣醬 Harissa
哈斯酪梨 Hass avocado
哈爾瓦酥糖 Halvah
哈羅米乳酪 Halloumi
奎寧 Quinine
威化餅 Wafer
威靈頓牛排 Beef wellington
扁豆洋蔥燉飯 Mujadura
扁豆素食漢堡 Lentil-based veggie burger
扁豆絲絨濃醬 Lentil velouté
春山芥 Land cress
春日洋蔥 Spring onion
是拉差香甜辣椒醬 Sriracha
枸杞 Goji berry
柑橘凍 Citrus gelée
柚子 Pomelo
柯布沙拉 Cobb
柳橙法式海綿蛋糕 Orange genoise
柳橙高塔 Orange supreme
洋菜 Agar
洋蔥小麵包 Bialy
炭灰山羊乳酪 Ashed goat cheese
炸天婦羅 Tempura-fry
炸雞鬆餅 Chicken-and-waffles
炸鷹嘴豆泥 Falafel
玻璃草 Glasswort
珍珠粉圓 Pearl tapioca
紅心蘿蔔 Watermelon radishes
紅皮馬鈴薯 Red potato
紅花油 Safflower oil
紅扁豆 Crimson lentil
紅棕櫚油 Red palm oil
紅椒鑲肉 Pequillo
紅酸模 Red ribbon sorrel
紅橘 Tangerine
紅薯 Garnet yam

美乃滋 Mayonnaise
美式什錦醃菜 Chow-chow
美式長條素肉團、美式長條肉團 Loaf
美式素辣豆醬 Vegetarian chili
美式涼拌甘藍菜絲 Coleslaws
美式涼拌菜絲 Slaw
美式鬆厚酥頂派 Cobbler
美國舊灣 Old bay
美華素食超市的「雞肉」May Wah Vegetarian Market's "chicken"
胡珊／馬姍混釀 Roussanne／Marsanne blends
胡椒薄荷 Peppermint
苔麩 Teff
苔麩酥 Teff crisp
苗菜 Microgreen
苜蓿 Clover
苣菜 Endive
苦椒醬 Gochujang
英式百匯甜點 Trifles
茉莉香米 Jasmine rice
飛碟南瓜 Pattypan squash
香茅麵腸米線 Lemongrass seitan on rice vermicelli
香料什錦飯 Jambalaya
香料酒 Mulled wine
香料飯 Pilaf
香脆馬鈴薯雞蛋餅 Potato crusted hen egg
香菇 Shiitake
香腸和薯泥 Bangers and Mash
香辣 Picante
香蕉瓜 Banana squash
香蕉船 Banana split
香檳凍 Champagne gelée
修道院愛爾啤酒冰淇淋 Abbey ale ice cream
凍糕 Semifreddo
原蔗糖 Sucanat
埃及杜卡綜合香料 Dukkah
夏季香薄荷 Summer savory
恐龍羽衣甘藍 Black / Lacinato kale
核桃扁豆醬 Walnut-lentil paté
格那希白葡萄酒 Grenache blanc
格那希葡萄 Grenache grape
格拉娜帕達諾乳酪 Grana padano
格蘭尼塔 Granité
桃子貝里尼 Peach bellini
桃子梅爾巴 Peach melba
桉樹類 Eucalyptus
氣爆式爆米花 Air-popped popcorn
泰式帕能咖哩 Panang curry
泰式炒河粉 Pad thai
泰式醬油 Thai soy sauce
泰勒吉奧 Taleggio
泰國鳥眼辣椒 Thai chilies
海帶 Kelp
海帶粉 Kelp powder
海菜 Sea vegetable
海葡萄 Kelp caviar
海蓬子 Sea bean
海蘆筍 Sea bean / sea asparagus
消化餅 Graham cracker

烏格利橘橙 Ugli fruit
烘烤黏果酸漿莎莎醬 Roasted tomatillo salsa
烤蘋果奶酥 Apple crisp
特級菜園 The grands crus du potager
班努斯甜點酒 Banyuls dessert wine
班努斯醋 Banyuls vinegar
琉璃苣 Borage
真空低溫烹調 Sousvide
秘魯黃辣椒醬 Aji amarillo sauce
純素牧場淋醬 Vegan Ranch dressing
素乃滋 Vegenaise
素丸 Wheatball
素火雞 Tofurky
素法式清湯 Faux consommés
素食法國白豆什錦鍋（卡酥來）Cassoulets
素蛋粉 Egg replacer
素蠔油 Vegetarian oyster sauce
索夫利特醬 Sofritas
索甸甜白酒 Sauternes
耆那教 Jainism
胭脂仙人掌 Nopales
茗荷 Myoga ginger
茴芹籽 Anise seed
茴藿香 Anise hyssop
茶泡飯 Chazuke
荒布藻 Arame
迷你三明治 Tea sandwich
迷你甜菜 Baby beet
迷你漢堡 Slider
迷你蕪菁 Baby turnip
馬來紅燒口味 Masak kicap
馬拉斯基諾櫻桃 Maraschino cherry
馬科納杏仁果 Marcona almond
馬斯卡彭乳酪 Mascarbone cheese
馬爾頓海鹽 Malden sea salt
馬德拉斯咖哩 Madras curry
馬齒莧 Purslane
馬薩麵團 Masa
馬鞭草 Verbena
高粒山小麥 Khorasan wheat
高澱粉馬鈴薯 High-starch potato

11-15劃

參芭蒜茸辣椒醬 Sambal oelek
參薯 Ube
培根生菜番茄三明治 Blt
培根蛋義大利麵 Pasta alla carbonara
堅果糖 Praline
堆疊食物的擺盤 Tall food
康考特葡萄 Concord grape
康堤乳酪 Comté
強尼煎餅 Johnny cake
捲心萵苣 Iceberg lettuce
捲葉水芹 Curly cress
捲葉苣菜 Curly endive
捲裹料理 Wraps
捷克麵包團子 Bread dumpling
接骨木花 Elderflower
敘利亞辣椒 Syrian pepper
曼尼牌特級初榨橄欖油 Armando manni extra virgin olive oil

曼努里乳酪 Manouri cheese
曼密 Mamey
曼密果 Mamey sapote
曼密蘋果 Mamey apple
曼薩尼亞橄欖 Manzanilla olive
梅子醬 Umeboshi paste
梅干 Umeboshi plum
梅塔格藍紋乳酪 Maytag blue cheese
梅爾檸檬 Meyer lemon
條紋無花果 Tiger striped fig
梨子醬 Pear butter
涼拌櫻桃蘿蔔 Radish slaw
淋醬安吉拉捲 Enchiladas con mole
深色紅糖 Dark brown sugar
清酒 Sake
焗烤 Gratin
甜椒 Sweet peppers
甜椒粉 Pimenton
甜菜葉 Beet green
甜菜薯泥 Flannel hash
甜薯瓜 Delicata squash
畢布萵苣 Bibb lettuce
硫色絢孔菌 Chicken of the woods mushroom
粗粒玉米粉 Grits
細葉香芹 Chervil
細蘆筍 Pencil asparagus
荷蘭豆 Mange tout
莎莎醬 Salsa
莙薘菜 Swiss chard
莧菜、燉煮莧菜 Callaloo
莧屬植物 Amaranth
訥沙泰勒乳酪 Neufchâtel
豉汁 Black bean sauce
通寧果凍 Tonic gelée
野生韭蔥 Ramps
野草莓 Frais de Bois
野莧 Quelite
野菠菜 Wild spinach
野萵苣 Corn salad
陳年巴薩米克香醋 Aged balsamic
雪利酒醋 Sherry vinegar
雪碧冰 Sorbet
魚素食 Pescetarian
魚露甜酸汁 Nuac cham
鹿尾菜 Hijiki / Hiziki
麻婆豆腐 Ma po tofu
凱撒沙拉 Caesar salad
博伊森莓 Boysenberry
喜馬拉雅山鹽 Himalayan salt
喬氏超市的非雞肉條 Trader Joe's Chicken-less Strips
喬治亞梨 Georgia peach
壺底溜醬油 Barrel aged tamari
富有柿 Fuyu persimmon
寒天 Kanten
寒天麵條 Kelp noodles
寒作里辣醬 Kanzuri
斯佩耳特小麥 Spelt berries
斯肯納櫻桃 Skeena cherry
普切塔 Bruschetta
普羅旺斯燉菜 Ratatouille
普羅旺斯鮮嫩綠沙拉 Mesclun

晶球化 Spherification
朝鮮薊心 Artichoke heart
棉花軟糖 Marshmallow
棕櫚心 Hearts of palm
湯飯 Rice soup
焦軟綠葉芥甘藍 Melted collards
焦糖化長紅蔥 Caramelized torpedo shallot
焦糖爆米花 Caramel corn
發芽豆腐 Sprouted tofu
紫皮馬鈴薯脆片 Blue majestic potato crisps
紫米 Forbidden rice
紫肉馬鈴薯 Purple potato
紫花苜蓿芽 Alfalfa sprouts
紫紅藻 Dulse
紫草科植物 Comfrey
紫菜 Laver
菊芋 Sunchokes
菊苣 Chicory
菜心 Choy sum
菜籽油 Rapeseed
菜園 Le potager
菲亞諾品種 Fiano
菲奈特‧布蘭卡（苦酒名）Fernet branca
菲律賓撈麵 Lomi
菲歐瑞薩丁佩科利諾乳酪 Pecorino fiore sardo
費洛皮 Phyllo dough
費達乳酪 Feta cheese
「超越法式清湯」的無牛肉湯底 Better Than Bouillon "No Beef" base
越式河粉 Pho
越式法國麵包 Vietnamese baguette sandwich（banh mi）
越式春捲 Summer rolls
越南米紙膾卷 Rice paper wrappers
越橘莓 Huckleberry
鄉村酸麵包 Country sourdough
酥脆 Crispy
酥粒 Crumble
飯團 Onigiri
黃色小南瓜 Yellow squash
黃花酢漿草 Yellow wood sorrel
黃金巴薩米克香醋 Golden balsamic
黃金藜麥 Golden quinoa
黃砂糖 Brown sugar
黃莢四季豆 Wax beans
黑白餅乾 Black and White Cookie
黑皮波羅門參 Salsify
黑砂糖 Muscovado
黑莓果醬 Coulis de mûres
黑麥仁 Rye berry
黑麥麵包 Rye bread
黑喇叭菌 Black trumpet mushroom
黑葉甘藍 Cavolo nero
黑種草籽 Nigella seed
黑蒜 Black garlic
黑糖蜜 Blackstrap molasses
黑蘿蔔 Black radish
黑鹽 Kala namak
圓茄 Prosperosa eggplant

圓葉珍珠葉的花 Creeping Jenny flower
塌棵菜 Tatsoi
塔夫特素土耳其烤肉 Taft seitan gyro
塔可餅（外殼）Taco shells
塔布勒沙拉 Tabbouleh
塔希尼芝麻醬 Tahini
塔塔醬 Tartar sauce
塞米諾爾式的 Seminole
奧弗涅藍紋乳酪 Bleu d'auvergne
奧勒岡 Oregon
奧爾良芥末鮮奶油 Orleans mustard cream
愛達荷州馬鈴薯 Idaho potato
愛爾啤酒 Ale
愛爾淡啤酒 Pale ale
愛爾蘭苔 Irish moss
新馬鈴薯 New potato
新鮮乳酪 Queso fresco
椰子醬 Coconut butter
椰棗 Date
椰棗糖 Date sugar
楓糖油醋醬 Maple vinaigrette
溜醬油 Tamari
溫州蜜柑 Satsuma
煎大蕉 Tostones
煙燻液 Liquid smoke
煙燻甜紅椒粉 Pimenton / paprika
獅子唐辛子 Shishito peppers
獅子椒 Shishito pepper
瑞士焗烤素菜 Swiss au Gratin in Veggie Stock
碎沙拉 Chopped salad
碎肝醬 Chopped liver
稠粥 Porridge
絹豆腐 Silken tofu
義大利小麵餃 Agnolotti
義大利天使髮絲麵 Angel hair
義大利奶凍 Panna cottas
義大利米粒麵 Orzo
義大利披薩餃 Calzones
義大利香芹 Italian parsley
義大利培根蛋麵 Carbonara
義大利細扁麵 Linguini
義大利細管狀麵 Ziti
義大利細麵 Vermicelli
義大利開胃點心 Crostini
義大利綜合炸物 Frito misto
義大利寬麵條 Pappardelle
義大利燉飯 Risotto
義大利餡餅 Piecrusts
義大利薄餅 Pizza dough
義大利檸檬酸豆料理 Piccata
義大利羅勒 Italian basil
義大利麵豆湯 Pasta e fagioli
義大利麵捲 Cannelloni
義式三明治 Muffulettas
義式奶酪 Panna cotta
義式生醃冷盤 Carpaccio
義式冰沙 Granita
義式扭指麵 Cavatelli
義式乳酪疙瘩 Gnudi
義式乳酪捲 Rollatini
義式紅醬 Marinara

義式麥飯 Farrotto
義式葛瑞莫拉塔調味料 Gremolata
義式調味蔬菜醬 Soffritto
義式濃縮浮沫 Crema
義式燉甜椒 Peperonata
義式臘腸 Pepperoni
聖內泰爾乳酪 Saint-nectaire
聖夫洛朗坦馬鈴薯 Potato saint-florentin
聖彼得草 Samphire
聖馬爾扎諾番茄 San marzano tomato
腰果奶霜 Cashew cream
腰果醬 Cashew nut butter
萵苣纈草 Mâche
萵筍 Celtuse
葛拉姆馬薩拉（印度綜合香料）Garam masala
葛根粉 Kuzu
葡式豆子燉菜 Feijoada
葡萄番茄（聖女小番茄）Grape tomato
葵花苗 Sunflower shoots
蜀黍 Jowar
蜂花粉 Bee pollen
蜂屋柿 Hachiya persimmon
裙帶藻 Wakame
跳跳糖 Pop rocks
鈴鐺辣椒 Cascabel chili
雷斯岬經典藍紋乳酪 Point reyes original blue
嘉美品種 Gamay
壽喜燒 Sukiyaki
嫩青蔥 Scallion
穀諾拉 Granula
榛果油 Hazelnut oil
瑪利莎牌的素西班牙辣肉腸 Melissa's soyrizo
瑪拉魯米牌巧克力「甘納許」Mar-alumi chocolate "ganache"
睡蓮 Water liliy
精進料理 Shojin cuisine
綜合花園 Garden blend
綠女神淋醬 Green goddess dressing
綠之島 Island green
綠色羽衣芥藍 Green kale
綠豆芽 Mung bean sprouts
綠豆粉皮 Mung bean noodles
綠莎莎醬 Salsa verde
綠維特利納酒 Grüner veltliner
維阿龍那諾米 Vialone nano
維達利亞洋蔥 Vidalia onion
維達利亞洋蔥甜醬 Vidalia onion marmalade
維歐尼耶白酒 Viognier
舞菇 Hen of the Woods Mushroom
蒙仙品種 Manseng
蒙斯特乳酪 Munster
蒜泥馬鈴薯 Skordalia
蒜苗 Baby garlic/spring garlic
蒜香布里歐喜麵包 Brioche croûtons
蒜蓉辣椒醬 Chili garlic sauce
蒜薹 Garlic scape

蒟蒻 Konnyaku
蒟蒻麵 Shirataki noodles
蒲公英 Dandelion
蒲公英葉 Dandelion greens
蜜脆蘋果 Honeycrisp apples
蜜棗 Medjool dates
裸食 Raw food
裸食料理 Raw cuisine
裸食素食 Raw vegan
裹粉 Breading
賓櫻桃 Bing cherry
「輕生活」法金培根有機煙燻天貝條 Lightlife fakin' bacon organic smoky tempeh strips
輕生活牌聰明達利義式臘腸 Lightlife smart deli pepperoni
輕生活牌聰明雞肉條 Lightlife smart strips: chick'n style
「輕生活」聰明培根 Lightlife smart bacon
辣味莎莎醬 Pico de gallo
辣椒 Peperoncino
辣椒絲 Chili thread
酵母通心麵 Mac and Yease
酸梅醬 Umeboshi plum paste
酸甜醃菜、醃漬小菜 Relishes
酸葡萄汁 Verjus
酸模 Sorrel
酸麵包 Sourdough bread
酸櫻桃 Sour cherry
鳳梨可樂達 Piña coladas
鳳梨與香料 Ananas aux épices
齊波特辣椒 Chipotle
墨西哥玉米片 Masa harina
墨西哥玉米片 Nachos
墨西哥玉米粥 Pozole
墨西哥玉米燉素 Posole
墨西哥玉米薄餅脆片 Tortilla chip
墨西哥有機菲卡麥 Freekeh
墨西哥豆腐餡薄餅 Tofudilla
墨西哥披薩 Tostada
墨西哥松露和菇蕈 Huitlacoche y Hongos
墨西哥油炸玉米夾餅 Chalupas
墨西哥油炸玉米袋餅 Gorditas
墨西哥炸玉米片早餐 Chilaquiles
墨西哥烤餅層疊塔 Tostada stack
墨西哥堅果醬汁 Nogada sauce
墨西哥捲餅 Burrito
墨西哥焗烤 Queso fundido
墨西哥鄉村蛋餅早餐 Huevos ranche-ros
墨西哥鄉村煎鍋菜 Ranchero skillet
墨西哥塔可餅 Taco
墨西哥酪梨醬 Guacamole
墨西哥粽 Tamale
墨西哥綠摩爾醬 Mole verde
墨西哥摩爾醬 Mole sauce
墨西哥燉豬肉 Carnitas
墨西哥餡料薄餅 Quesadilla
墨西哥薄餅 Tortilla
墨角蘭 Marjoram

16劃以上

德州墨西哥料理 Tex-mexican cuisine
德國炸肉排 Schnitzel
德國麵疙瘩 Spaetzle
摩洛哥堅果油 Argan oil
摩洛哥塔吉鍋燉菜 Tagines
摩納哥炸餛飩 Barbajuan
標準美式飲食 The standard american diet
樟腦 Camphor
模擬蘋果派 Mock apple pie
歐姆蛋 Omelette
歐芹根 Parsley root
歐洲防風草塊根 Parsnips
歐洲野蘋果 Crab apple
歐洲酸櫻桃 Sour cherries
歐洽達 Horchata
歐當歸 Lovage
潘塔雷奧乳酪 Pantaleo
熟成乳酪 Aged cheese
熱那亞羅勒 Genovese basil
熱那亞麵包 Pain de Gênes
熱炒 Wok-fried
皺葉水芹 Crinkled cress
皺葉菠菜 Savoy spinach
稻荷壽司 Inari sushi
蓮藕 Lotus root
蓽澄茄 Cubeb pepper
蔬菜棒沙拉 Crudités
蔬菜濃湯 Potage
蝴蝶麵穀物飯 Varnishkes
褐化奶油 Brown butter
褐扁豆 Brown lentil
調味料 Seasoning
豌豆花 Pea blossom
豌豆芽 Pea sprouts
豌豆苗 Pea shoot
豌豆捲鬚 Pea tendril
趣味烹飪 Playful cuisine
醃梅液 Umeboshi brine
醃漬 Pickle
醋栗 Gooseberry
魯本三明治 Reuben sandwiche
麩胺酸鈉 Monosodium glutamate
樹豆 Gungo peas
橄欖醬 Tapenade
橘子 Mandarin
橙丁 Diced orange
橙花純露 Orange flower water
橡木 Oak
橡葉萵苣 Oak leaf lettuce
橡實小南瓜 Acorn squash
澤西玉米 Jersey corn
濃稠滑順 Creamy
濃縮巴薩米克香醋 Balsamic reduction
濃縮優格乳酪 Labneh
燉菜 Ragouts
燒烤牛肉 Carne asada
燒烤特雷維索 Grilled Treviso
燕麥片 Oatmeal
獨行菜 Garden cress
糖果紋無花果 Candystripe fig
糖果類點心 Confection

糖醋 Aigre-doux
蕁麻 Nettles
蕎麥芽 Buckweat sprouts
蕨類嫩芽 Fiddlehead
蕪菁菜 Turnip greens
貓王三明治 The Elvis
鮑魚菇 Abalone mushroom
龍舌蘭 Agave
龍舌蘭酒 Tequila
龍舌蘭糖漿 Agave nectar
龍蝦菇 Lobster mushroom
龍鱗櫚 Sabal palmetto
壓縮青蔥 Compressed scallion
戴菲諾芫荽 Delfino cilantro
櫛瓜圈 Zucchini spirals
營養酵母 Nutritional yeast
穗醋栗 Currant
穗蘆粟 Milo
糙米 Brown rice
糙米糖漿 Brown rice syrup
繁縷 Chickweed
薄皮馬鈴薯 Thin-skinned potato
薄荷香草醬 Chermoula
薑餅 Ginger cake
螺旋切絲器 Spiralizer
鍋底焦渣醬汁 Gravies
鍋派 Pot pie
霜淇淋 Soft (serve) ice cream
韓式拌飯 Bibimbap
鴻喜菇 Beech mushroom
檸檬油柑 Limonene
檸檬苦素 Limonin
檸檬凝乳 Lemon curd
藍肉馬鈴薯 Blue potato
藍腳菇 Blue foot mushroom
醬油櫛瓜筆管麵 Soy gevalt
雙孢蘑菇 Portabella mushroom
雜燴 Hash
鬆脆香酥 Crunchy and crispy
懷石料理 Kaiseki
爆小麥 Puffed wheat
爆米香 Puffed rice
羅甘莓 Loganberry
羅馬諾沙拉 Romano salad
麗茲餅乾 Ritz
寶塔花菜 Romanesco
礦工的生菜 Miner's lettuce
蘇丹娜葡萄 Sultanas
蘋果酒醋 Cider vinegar
蘑菇木莎卡 Mushroom moussaka
鹹派 Quiche
鹹焦糖 Salted caramel
麵包布丁 Bread pudding
麵包粉 Breadcrumb
麵疙瘩 Gnocchi
麵條小南瓜 Spaghetti squash
麵筋製品 / 麵腸 / 烤麩 / 素肚 / 麵輪

/ 素雞 / 素肉 Seitan / wheat meat
櫻桃貝兒蘿蔔 Cherry belle radish
櫻桃番茄 Baby tomato
櫻桃蘿蔔苗 Radish sprouts
魔鬼蛋 Deviled eggs
麝香 Musky
彎頸南瓜 Crookneck squash
韃靼甜菜 Tartare beet
鱈魚角餅 Cape Cod cakes
蘿蔓萵苣心沙拉 Insalata di Lattuga Romana / Romaine lettuce hearts salad
蠶豆 Fava bean
鷹嘴豆 Garbanzo
鷹嘴豆芽 Chickpea sprouts
鷹嘴豆綜合香料 Chana masala
鹽之花 Fleur de sel
鹽滷 Nigari
鹽膚木 Sumac

飲食類（依英文字母排序）

Abalone mushroom 鮑魚菇
Abbey ale ice cream 修道院愛爾啤酒冰淇淋
Açai 巴西莓
Acorn squash 橡實小南瓜
Adobo 阿多波（醬醋燉肉）
Agar 洋菜
Agave 龍舌蘭
Agave nectar 龍舌蘭糖漿
Aged balsamic 陳年巴薩米克香醋
Aged cheese 熟成乳酪
Agnolotti 義大利小麵餃
Agua fresca 果味水
Aigre-doux 糖醋
Air-popped popcorn 氣爆式爆米花
Aji amarillo sauce 秘魯黃辣椒醬
Ajoblanco 西班牙杏仁冷湯
Ale 愛爾啤酒
Aleppo pepper 阿勒坡辣椒
Alfalfa sprouts 紫花苜蓿芽
Alfredo 奶油乳酪醬
Almond breeze 杏仁飲
Aloo gobi 北印洋芋花椰菜咖哩
Amaranth 莧屬植物
Amish blue cheese 艾美許藍紋乳酪
Ananas aux épices 鳳梨與香料
Anasazi bean 日本紅豆
Ancho 安丘辣椒
Angel hair 義大利天使髮絲麵
Anise hyssop 茴藿香
Anise seed 茴芹籽
Apple crisp 烤蘋果奶酥
Arame 荒布藻
Arborio rice 阿勃瑞歐米
Argan oil 摩洛哥堅果油
Armando manni extra virgin olive oil 曼尼牌特級初榨橄欖油
Armenian cucumber 亞美尼亞黃瓜
Arrowleaf spinach 尖葉菠菜
Artichoke heart 朝鮮薊心
Asafoetida 阿魏

Asafoetida powder 阿魏粉
Ashed goat cheese 炭灰山羊乳酪
Asian greens 亞洲綠葉蔬菜
Asparagi alla Milanese 米蘭蘆筍
Avant-garde cuisine 前衛料理
Avgolemono 地中海式希臘檸檬雞湯
Baba ghanoush 中東茄泥蘸醬
Baby beet 迷你甜菜
Baby garlic / spring garlic 蒜苗
Baby tomato 櫻桃番茄
Baby turnip 迷你蕪菁
Baja olive oil 巴哈橄欖油
Baklava 土耳其果仁甜餅
Baldo rice 巴爾多米
Balsamic reduction 濃縮巴薩米克香醋
Banana split 香蕉船
Banana squash 香蕉瓜
Bangers and Mash 香腸和薯泥
Banyuls dessert wine 班努斯甜點酒
Banyuls vinegar 班努斯醋
Barbajuan 摩納哥炸餛飩
Barigoule 白酒醃煮
Barrel aged tamari 壺底溜醬油
Basmati 印度香米
Bavarois 巴伐利亞奶凍
Bean curd 豆腐
Bee pollen 蜂花粉
Beech mushroom 鴻喜菇
Beef wellington 威靈頓牛排
Beet green 甜菜葉
Beluga lentil 吉豆
Berbere 衣索匹亞柏柏爾綜合辛香料
Bergamot parfait 佛手柑百匯
Bermuda onion 百慕達洋蔥
Better Than Bouillon "No Beef" base「超越法式清湯」的無牛肉湯底
Bialy 洋蔥小麵包
Bibb lettuce 畢布萵苣
Bibimbap 韓式拌飯
Bing cherry 賓櫻桃
Biryanis 印度波亞尼香料飯
Black and White Cookie 黑白餅乾
Black bean sauce 豉汁
Black garlic 黑蒜
Black kale 恐龍羽衣甘藍
Black radish 黑蘿蔔
Black trumpet mushroom 黑喇叭菌
Black winter truffle 冬季黑松露
Blackstrap molases 黑糖蜜
Bleu d'auvergne 奧弗涅藍紋乳酪
Blintzes 東歐乳酪薄烤餅
Blistered shishito peppers 油炸獅子唐辛子
Blt 培根生菜番茄三明治
Blue foot mushroom 藍腳菇
Blue majestic potato crisps 紫皮馬鈴薯脆片
Blue potato 藍肉馬鈴薯
Bomba rice 西班牙圓米
Borage 琉璃苣
Boysenberry 博伊森莓
Bragg liquid aminos 布拉格牌液體氨基酸

Brandade 法式奶油什錦薯泥
Brazil nut 巴西堅果
Bread dumpling 捷克麵包團子
Bread pudding 麵包布丁
Breadcrumb 麵包粉
Breading 裹粉
Brentwood corn 布倫特伍德玉米
Brioche croûtons 蒜香布里歐喜麵包
Brown butter 褐化奶油
Brown lentil 褐扁豆
Brown rice 糙米
Brown rice syrup 糙米糖漿
Brown sugar 黃砂糖
Bruschetta 普切塔
Buckweat sprouts 蕎麥芽
Bun 小圓麵包
Burrata 布拉塔乳酪
Burrito 墨西哥捲餅
Buttercup squash 毛茛南瓜
Butternut squash 奶油瓜
Buttery 奶油般的
Cacao nibs 可可豆碎粒
Caesar salad 凱撒沙拉
Cajeta 卡杰塔
Cajun seitan sandwich 卡郡素肉三明治
Callaloo 莧菜、燉煮莧菜
Calzones 義大利披薩餃
Camelina seed 亞麻薺籽油
Camphor 樟腦
Canapés 法式開胃小菜
Candystripe fig 糖果紋無花果
Cannelloni 義大利麵捲
Cape Cod cakes 鱈魚角餅
Caponata 西西里島燉菜
Cappelletti 小型乳酪麵餃
Caramel corn 焦糖爆米花
Caramelized torpedo shallot 焦糖化長
  紅蔥
Carbonara 義大利培根蛋麵
Carnaroli 卡納羅利米
Carne asada 燒烤牛肉
Carnitas 墨西哥燉豬肉
Carolina gold rice grit 加州金米粗粉
Carpaccio 義式生醃冷盤
Cascabel chili 鈴鐺辣椒
Cashew cream 腰果奶霜
Cashew nut butter 腰果醬
Casserole 法式砂鍋菜
Cassoulets 素食法國白豆什錦鍋（卡
  酥來）
Castelfranco salad 卡斯特法蘭科沙拉
Castelmagno cheese 卡司特爾馬紐乳
  酪
Castelvetrano olive 卡斯特韋特拉諾橄
  欖
Catapano goat cheese 卡塔帕諾山羊乳
  酪
Cauliflower florets 花椰菜小球花
Cavatelli 義式扭指麵
Cavolo nero 黑葉甘藍
Celeri farcien façon subric 芹菜餡法式
  小炸餅
Celery branch ribbon 芹菜莖寬絲

Celery root 芹菜根
Celtuse 萵筍
Chalupas 墨西哥油炸玉米夾餅
Champagne gelée 香檳凍
Chana masala 鷹嘴豆綜合香料
Chat 印式點心
Chat masala 印度水果與沙拉綜合香
  料
Chayote 合掌瓜
Chazuke 茶泡飯
Chenin blanc 白梢楠品種
Chermoula 薄荷香草醬
Cherry belle radish 櫻桃貝兒蘿蔔
Chervil 細葉香芹
Chia 奇亞籽
Chicken of the woods mushroom 硫色
  絢孔菌
Chicken-and-waffles 炸雞鬆餅
Chickpea sprouts 鷹嘴豆芽
Chickweed 繁縷
Chicory 菊苣
Chilaca 其拉卡辣椒
Chilaquiles 墨西哥炸玉米片早餐
Chili garlic sauce 蒜蓉辣椒醬
Chili thread 辣椒絲
Chimichurri 奇米秋里醬
Chinese egg noodles 中式雞蛋麵
Chinese mustard 芥菜
Chipotle 齊波特辣椒
Chocolate chilies 巧克力辣椒
Chocolate marquise 巧克力女侯爵蛋
  糕
Chopped liver 碎肝醬
Chopped salad 碎沙拉
Chorizo 西班牙辣肉腸
Chow-chow 美式什錦醃菜
Choy sum 菜心
Chutney 印度甜酸醬
Cider vinegar 蘋果酒醋
Cipollini 奇波里尼洋蔥
Cipollini / cippolini onion 奇波利尼洋
  蔥
Citrus gelée 柑橘凍
Clafoutis 法式水果塔
Clementine 地中海寬皮柑
Clover 苜蓿
Clover sprouts 三葉草芽
Cobb 柯布沙拉
Coconut butter 椰子醬
Coleslaws 美式涼拌甘藍菜絲
Comfrey 紫草科植物
Compressed scallion 壓縮青蔥
Comté 康堤乳酪
Concord grape 康考特葡萄
Confection 糖果類點心
Corn salad 野萵苣
Corn shoot/ baby corn 玉米筍
Cotija cheese 可緹亞乳酪
Coulis de mûres 黑莓果醬
Country sourdough 鄉村酸麵包
Crab apple 歐洲野蘋果
Crab cake 蟹肉餅
Crab dip 蟹肉醬

Cream sauce 奶油醬
Creamy 濃稠滑順
Creeping Jenny flower 圓葉珍珠菜的花
Crema 義式濃縮浮沫
Crème de Morilles 羊肚菌鮮奶油
Crimson lentil 紅扁豆
Crinkled cress 皺葉水芹
Crispy 酥脆
Cromesquis 法式炸丸
Crookneck squash 彎頸南瓜
Croquettes 可樂餅
Crosne 甘露子
Crostini 義大利開胃點心
Cruciferous vegetable 十字花科蔬菜
Crudités 蔬菜棒沙拉
Crumble 酥粒
Crunchy and crispy 鬆脆香酥
Cubeb pepper 華澄茄
Cuisine du Marché 市場料理
Curly cress 捲葉水芹
Curly endive 捲葉苣菜
Currant 穗醋栗
Daikon sprouts 白蘿蔔芽
Dal 印度豆泥糊
Dandelion 蒲公英
Dandelion greens 蒲公英葉
Dark brown sugar 深色紅糖
Dark miso paste 赤味噌
Dark soy sauce 老抽
Dashi 日式高湯
Date 椰棗
Date sugar 椰棗糖
Day lily/ daylily 金針花
Delfino cilantro 戴菲諾芫荽
Delicata squash 甜薯瓜
Dessert, gelled 水果凍點心
Deviled eggs 魔鬼蛋
Diced orange 橙丁
Dolmas 卓瑪
Donburi 丼
Dosai 印度多薩餅
Dosas 印度多薩烤餅
Doubloons 杜布隆菇
Dukkah 埃及杜卡綜合香料
Dulse 紫紅藻
Dum biryani 印度香飯
Egg replacer 素蛋粉
Elderflower 接骨木花
Emmer wheat 二粒小麥
Empanadas 南美餡餃
Enchiladas calabaza 南瓜安吉拉捲
Enchiladas con mole 淋醬安吉拉捲
Endive 苣菜
Endive "mikado" 「天皇」苦苣
Enoki mushroom 金針菇
Epazote 土荊芥
Espelette pepper 艾斯佩雷胡椒
Eucalyptus 桉樹類
Evalon 艾法隆山羊乳酪
Extra-firm tofu 老豆腐
Falafel 炸鷹嘴豆泥
Farro 法老小麥（二粒麥）
Farrotto 義式麥飯

Fattoush 阿拉伯蔬菜沙拉
Faux consommés 素法式清湯
Fava bean 蠶豆
Feijoada 葡式豆子燉菜
Feijoadinha 巴西式豆子燉菜
Fermented black bean sauce 豆豉
Fernet branca 菲奈特·布蘭卡（苦酒
  名）
Feta cheese 費達乳酪
Fiano 菲亞諾品種
Fiddlehead 蕨類嫩芽
Field roast italian grain meat sausage 田野
  饗宴牌義式穀肉香腸
Field roast's celebration roast 田野饗宴
  牌烤肉總匯
Field roast's classic meatloaf「田野饗宴」
  經典美式素肉團
Fingerling potatoe 手指馬鈴薯
Firm bean curd 板豆腐
Firm tofu 板豆腐
Flan 法式布丁塔
Flannel hash 甜菜薯泥
Flat-leaf parsley 平葉歐芹
Flax 亞麻
Flaxseed 亞麻籽
Fleur de sel 鹽之花
Florida avocado 佛羅里達酪梨
Fonduta 乳酪火鍋
Forbidden rice 紫米
Frais de Bois 野草莓
Freekeh 墨西哥有機菲卡麥
French bean 法國四季豆
French lentils 法國扁豆
Fresno Chili pepper 弗雷斯諾辣椒
Fricassee 法式燉菜
Fried green tomato 油炸綠番茄
Frito misto 義大利綜合炸物
Fromage affinés 法國熟成乳酪
Frontera grill 邊疆燒烤
Froth 泡沫
Fuyu persimmon 富有柿
Gado gado 加多加多
Gaeta olives 加埃塔橄欖
Galangal 南薑
Galettes 法式可麗餅
Gamay 嘉美品種
Garam masala 葛拉姆馬薩拉（印度綜
  合香料）
Garbanzo 鷹嘴豆
Gardein beefless tips 加登牌無牛肉小
  丁
Gardein chik'n filets 加登牌雞里肌
Gardein scallopini 加登牌義式裹粉煎
  肉排
Garden blend 綜合菜園
Garden cress 獨行菜
Gargouillou 田園溫沙拉
Garlic melba 大蒜梅爾巴脆薄吐司
Garlic scape 蒜薹
Garnet yam 紅薯
Genovese basil 熱那亞羅勒
Georgia peach 喬治亞梨
Gigante beans 巨豆

Ginger cake 薑餅
Glasswort 玻璃草
Gnocchi 麵疙瘩
Gnudi 義式乳酪疙瘩
Gobo 牛蒡
Gochujang 苦椒醬
Goji berry 枸杞
Golden balsamic 黃金巴薩米克香醋
Golden beet 金黃甜菜
Golden mountain seasoning sauce 金山調味醬油
Golden quinoa 黃金藜麥
Golden russet pear 金褐梨
Gooseberry 醋栗
Gorditas 墨西哥油炸玉米袋餅
Graham cracker 消化餅
Graham cracker crumble 全麥餅乾碎屑
Grains of paradise 西非豆蔻
Grana padano 格拉娜帕達諾乳酪
Granita 義式冰沙
Granité 格蘭尼塔
Granula 穀諾拉
Grape tomato 葡萄番茄（聖女小番茄）
Gratin 焗烤
Gravies 鍋底焦渣醬汁
Green asparagus 綠蘆筍
Green garlic 青蒜
Green goddess dressing 綠女神淋醬
Green kale 綠色羽衣芥藍
Green meat radish 青蘿蔔
Gremolata 義式葛瑞莫拉塔調味料
Grenache blanc 格那希白葡萄酒
Grenache grape 格那希葡萄
Grilled Treviso 燒烤特雷維索
Grits 粗粒玉米粉
Grüner veltliner 綠維特利納酒
Guacamole 墨西哥酪梨醬
Guajillo chile 瓜希柳辣椒
Gungo peas 樹豆
Gyros 希臘旋轉串烤肉片
Hachiya persimmon 蜂屋柿
Halloumi 哈羅米乳酪
Halvah 哈爾瓦酥糖
Harissa 哈里薩辣醬
Hash 雜燴
Hass avocado 哈斯酪梨
Hazelnut oil 榛果油
Hearts of palm 棕櫚心
Hedgehog 卷緣齒菌
Hen of the Woods Mushroom 舞菇
Hendricks gin "granite" 亨利爵士牌琴酒「格蘭尼塔」
Hibiscus 木槿
High-starch potato 高澱粉馬鈴薯
Hijiki / Hiziki 鹿尾菜
Himalayan salt 喜馬拉雅山鹽
Honeycrisp apples 蜜脆蘋果
Hoppin' john 豆子燉飯
Horchata 歐洽達
Hostess cupcake 女主人杯子蛋糕
Hubbard squash 哈伯南瓜
Huckleberry 越橘莓
Huevos rancheros 墨西哥鄉村蛋餅早餐

Huitlacoche 玉米黑粉菌
Huitlacoche y Hongos 墨西哥松露和菇蕈
Hungarian paprika 匈牙利紅椒粉
Hushpuppy / hush puppy 油炸玉米球
Iceberg lettuce 捲心萵苣
Icicle radish 冰柱蘿蔔
Idaho potato 愛達荷州馬鈴薯
Inari sushi 稻荷壽司
Injera 因傑拉
Insalata di Lattuga Romana / Romaine lettuce hearts salad 蘿蔓萵苣心沙拉
Irish moss 愛爾蘭苔
Island green 綠之島
Italian basil 義大利羅勒
Italian parsley 義大利香芹
Jackfruit 波羅蜜
Jainism 耆那教
Jambalaya 香料什錦飯
Japanese basil 日本羅勒／紫蘇葉
Jasmine rice 茉莉香米
Jellied burrata 布拉塔乳酪果凍
Jerk 牙買加煙燻香料烹調法
Jersey corn 澤西玉米
Jicama 豆薯
Johnny cake 強尼煎餅
Jowar 蜀黍
Juhfark 玉法克
Jurançon 居宏頌白酒
Kabocha 日本南瓜
Kaffir lime 卡非萊姆
Kaiseki 懷石料理
Kala namak 黑鹽
Kalamata olive 卡拉瑪塔橄欖
Kamut 卡姆小麥
Kanten 寒天
Kanzuri 寒作里辣醬
Kasha 俄羅斯牛奶穀物粥
Kebabs 串燒
Kefir 克非爾奶酒
Kelp 海帶
Kelp caviar 海葡萄
Kelp noodles 寒天麵條
Kelp powder 海帶粉
Khichuri 印度扁豆飯
Khorasan wheat 高粒山小麥
Kibbeh 阿拉伯肉丸
King Trumpet Mushroom / royal trumpet mushroom / king oyster mushroom 杏鮑菇
Kinpira 日式炒牛蒡
Kisir 克色爾
Kohlrabi 大頭菜
Konnyaku 蒟蒻
Kumquat 金柑
Kuzu 葛根粉
Labneh 濃縮優格乳酪
Lacinato kale 恐龍羽衣甘藍
Lamb's lettuce 羊萵苣
Lamb's-quarter 灰藜
Land cress 春山芥
Lasagna 千層麵

Lasagna noodles 寬麵片
Lassis 印度酸乳酪飲品
Laver 紫菜
Law-starch potato 低澱粉馬鈴薯
Le potager 菜園
Lemon curd 檸檬凝乳
Lemongrass seitan on rice vermicelli 香茅麵腸米線
Lentil velouté 扁豆絲絨濃醬
Lentil-based veggie burger 扁豆素食漢堡
Light miso 白味噌
Lightlife fakin' bacon organic smoky tempeh strips「輕生活」法金培根有機煙燻天貝條
Lightlife smart bacon「輕生活」聰明培根
Lightlife smart deli pepperoni 輕生活牌聰明達利義式臘腸
Lightlife smart strips: chick'n style 輕生活牌聰明雞肉條
Lignan 木脂素
Limonene 檸檬油精
Limonin 檸檬苦素
Linguini 義大利細扁麵
Liquid smoke 煙燻液
Liquorice 甘草
Loaf 美式長條素肉團、美式長條肉團
Lobster mushroom 龍蝦菇
Loganberry 羅甘莓
Lomi 菲律賓撈麵
Lotus root 蓮藕
Lovage 歐當歸
Lucky Hand black lager 幸運手牌黑拉格啤酒
Lucuma 山欖
Ma po tofu 麻婆豆腐
Mac and Yease 酵母通心麵
Maca 印加蘿蔔
Macaroni and cheese 乳酪通心麵
Mace 肉豆蔻乾皮
Mâche 萵苣纈草
Macrobiotic 日本長壽飲食
Madras curry 馬德拉斯咖哩
Maki roll 卷壽司
Malden sea salt 馬爾頓海鹽
Mamey 曼密
Mamey apple 曼密蘋果
Mamey sapote 曼密果
Mandarin 橘子
Mange tout 荷蘭豆
Manouri cheese 曼努里乳酪
Manseng 蒙仙品種
Manteca 奶油
Many layered crepe cake 千層蛋糕
Manzanilla olive 曼薩尼亞橄欖
Maple vinaigrette 楓糖油醋醬
Maralumi chocolate "ganache" 瑪拉魯米牌巧克力「甘納許」
Maraschino cherry 馬拉斯基諾櫻桃
Marcona almond 馬科納杏仁果
Marijuana 大麻
Marinara 義式紅醬

Marjoram 墨角蘭
Marshmallow 棉花軟糖
Masa 馬薩麵團
Masa harina 墨西哥玉米片
Masak kicap 馬來紅燒口味
Mascarbone cheese 馬斯卡彭乳酪
May Wah Vegetarian Market's "chicken" 美華素食超市的「雞肉」
Mayonnaise 美乃滋
Maytag blue cheese 梅塔格藍紋乳酪
Medjool dates 蜜棗
Melissa's soyrizo 瑪利莎牌的素西班牙辣肉腸
Melted collards 焦軟綠葉甘藍
Mesclun 普羅旺斯鮮嫩綠沙拉
Mesquite 牧豆
Meyer lemon 梅爾檸檬
Microgreen 苗菜
Mignonettes sauces 木犀草醬
Mille-feuille 法式千層酥
Milo 穗蘆粟
Mimosa 含羞草
Miner's lettuce 礦工的生菜
Mirin gelée 味醂凍
Mizuna 水菜
Mock apple pie 模擬蘋果派
Mole sauce 墨西哥摩爾醬
Mole verde 墨西哥綠摩爾醬
Monosodium glutamate 麩胺酸鈉
Moong dal 印度綠豆糊
Mouthfeel 口感
Muesli 天然穀物麥片
Muffulettas 義式三明治
Mujadara 姆加達
Mujadura 扁豆洋蔥燉飯
Mulled wine 香料酒
Mulligatawny 南印度辣椒咖哩湯
Mung bean noodles 綠豆粉皮
Mung bean sprouts 綠豆芽
Munster 蒙斯特乳酪
Muscovado 黑砂糖
Mushroom moussaka 蘑菇木莎卡
Mushrooms à la grecque 希臘式菇蕈
Musky 麝香
Mustard fruit 芥末水果蜜餞
Myoga ginger 茗荷
Naan dough 印度烤餅麵糰
Nachos 墨西哥玉米片
Nama-fu 生麩
Nasturtium 金蓮花
Nate's meatless meatballs 奈特牌無肉肉丸
Nettles 蕁麻
Neufchâtel 訥沙泰勒乳酪
New potato 新馬鈴薯
Niçoise olive 尼斯橄欖
Nicoise olives 尼可拉橄欖
Nigari 鹽滷
Nigella seed 黑種草籽
Nogada sauce 墨西哥堅果醬汁
Nopales 胭脂仙人掌
Nuac cham 魚露甜酸汁
Nutritional yeast 營養酵母

Oak 橡木
Oak leaf lettuce 橡葉萵苣
Oatmeal 燕麥片
Old bay 美國舊灣
Old Bay seasoning 老灣調味粉
Omelette 歐姆蛋
Onigiri 飯團
Orange flower water 橙花純露
Orange genoise 柳橙法式海綿蛋糕
Orange supreme 柳橙高塔
Oregon 奧勒岡
Orleans mustard cream 奧爾良芥末鮮奶油
Orzo 義大利米粒麵
Pad thai 泰式炒河粉
Pain de Gênes 熱那亞麵包
Pak choy 小白菜
Pale ale 愛爾淡啤酒
Panang curry 泰式帕能咖哩
Panini 帕尼尼三明治
Panir 波尼爾乳酪
Panko 日式麵包粉
Panna cotta 義式奶酪
Panna cottas 義大利奶凍
Pan-sear 大火油煎
Pantaleo 潘塔雷奧乳酪
Panzanella 托斯卡尼麵包丁沙拉
Papalo 巴巴羅葉
Pappardelle 義大利寬麵條
Parmesan foam 帕爾瑪乳酪泡沫
Parsley root 歐芹根
Parsnips 歐洲防風草塊根
Pasta alla carbonara 培根蛋義大利麵
Pasta e fagioli 義大利麵豆湯
Pattypan squash 飛碟南瓜
Pea blossom 豌豆花
Pea shoot 豌豆苗
Pea sprouts 豌豆芽
Pea tendril 豌豆捲鬚
Peach bellini 桃子貝里尼
Peach melba 桃子梅爾巴
Peanut brittle 花生脆片
Peanut-kale salad 花生羽衣甘藍沙拉
Pear butter 梨子醬
Pearl tapioca 珍珠粉圓
Pecorino fiore sardo 菲歐瑞薩丁佩科利諾乳酪
Pecorino toscano 托斯卡尼佩科利諾乳酪
Pencil asparagus 細蘆筍
Peperonata 義式燉甜椒
Peperoncino 辣椒
Pepitas 南瓜籽
Peppermint 胡椒薄荷
Pepperoni 義式臘腸
Pequillo 紅椒鑲肉
Pescetarian 魚素食
Petite basil 沛堤牌羅勒
Pho 越式河粉
Pho noodle 河粉
Phyllo dough 費洛皮
Picada 皮卡達醬
Picante 香辣

Piccata 義大利檸檬酸豆料理
Picholine olive 皮肖利橄欖
Pickle 醃漬
Pico de gallo 辣味莎莎醬
Pico de gallo 公雞嘴莎莎醬
Piecrusts 義大利餡餅
Pierogi 波蘭餃子
Pignoli 松子／松仁
Pilaf 香料飯
Pimente d'espelette 艾斯佩雷辣椒
Pimento 西班牙櫻桃辣椒
Pimenton 甜椒粉
Pimenton / paprika 煙燻甜紅椒粉
Piña coladas 鳳梨可樂達
Pine nut 松子
Pine resin 松香
Pinot grigio 灰皮諾
Piquillo pepper 皮奎洛辣椒
Pistou 法式蔬菜蒜泥濃湯
Pizza dough 義大利薄餅
Pizzetta 小披薩
Plantain 大蕉
Playful cuisine 趣味烹飪
Poblano 波布拉諾辣椒
Point reyes original blue 雷斯岬經典青紋乳酪
Pomegranate 石榴
Pomelo 柚子
Pommes dauphine 法國王儲酥皮馬鈴薯球
Ponzu sauce 和風醬
Pop rocks 跳跳糖
Porridge 稠粥
Portabella mushroom 雙孢蘑菇
Posole 墨西哥玉米燉煮
Pot de crème / Pots de Crème 法式卡士達
Pot pie 鍋派
Potage 蔬菜濃湯
Potato crusted hen egg 香脆馬鈴薯雞蛋餅
Potato saint-florentin 聖夫洛朗坦馬鈴薯
Pozole 墨西哥玉米粥
Praline 堅果糖
Pretzel 扭結麵包
Prosperosa eggplant 圓茄
Provolone slices 波伏洛乳酪片
Puffed rice 爆米香
Puffed wheat 爆小麥
Pumpkin seed chili 南瓜籽辣椒
Purple potato 紫肉馬鈴薯
Purslane 馬齒莧
Quatre épices 法國四香粉
Quelite 野莧
Quesadilla 墨西哥餡料薄餅
Queso añejo 阿涅荷乳酪
Queso bianco 克索白乳酪
Queso fresco 新鮮乳酪
Queso fundido 墨西哥焗烤
Quiche 鹹派
Quinine 奎寧
Rabigato grape 拉比加托葡萄

Radish slaw 涼拌櫻桃蘿蔔
Radish sprouts 櫻桃蘿蔔苗
Ragouts 燉菜
Raitas 印度黃瓜優格蘸醬
Ramen noodles 拉麵麵條
Ramps 野生韭蔥
Ranch 田園沙拉醬汁
Ranchero skillet 墨西哥鄉村煎鍋菜
Rapeseed 菜籽油
Ratatouille 普羅旺斯燉菜
Ravioli 方麵餃
Raw cheese 生乳乳酪
Raw cuisine 裸食料理
Raw food 裸食
Raw soy sauce 生醬油
Raw vegan 裸食素食
Red palm oil 紅棕櫚油
Red potato 紅皮馬鈴薯
Red ribbon sorrel 紅酸模
Refry 回鍋炸
Relishes 酸甜醃菜、醃漬小菜
Rémoulade 法式蛋慕拉芙醬
Rémoulades 法式調味蛋黃醬
Reuben sandwiche 魯本三明治
Rice flour 米穀粉
Rice paper wrappers 越南米紙膾卷
Rice soup 湯飯
Rice syrup 米糖漿
Risotto 義大利燉飯
Ritz 麗茲餅乾
Roasted tomatillo salsa 烘烤黏果酸漿莎莎醬
Rocket fuel smoothie 勁力果昔
Rollatini 義式乳酪捲
Romanesco 寶塔花菜
Romano salad 羅馬諾沙拉
Romesco 西班牙紅椒堅果醬
Roquefort cheese 侯克霍乳酪
Rose water 玫瑰純露
Roti 印度煎餅
Roussanne／Marsanne blends 胡珊／馬珊混釀
Russet potato 赤褐馬鈴薯
Russian dressing 俄羅斯淋醬
Rye berry 黑麥仁
Rye bread 黑麥麵包
Sabal palmetto 龍鱗櫚
Sabich 以色列袋餅
Sablé breton 布列塔尼酥餅
Safflower oil 紅花油
Saint-nectaire 聖內泰爾乳酪
Sake 清酒
Salsa 莎莎醬
Salsa verde 綠沙沙醬
Salsify 黑皮波羅門參
Salted caramel 鹹焦糖
Sambal oelek 參芭蒜茸辣椒醬
Samphire 聖彼得草
San marzano tomato 聖馬爾扎諾番茄
Sangrias 西班牙水果酒
Sansho 山椒
Sarawak pepper 沙勞越白胡椒
Satsuma 溫州蜜柑

Sauce gribiche 法式芥末美乃滋
Sauternes 索甸甜白酒
Sauvignon gris 灰蘇維翁
Savoy spinach 皺葉菠菜
Scallion 嫩青蔥
Schnitzel 德國炸肉排
Scottish oats 白磨燕麥粒
Sea bean 海蓬子
Sea bean / sea asparagus 海蘆筍
Sea lettuce 石蓴
Sea vegetable 海菜
Seasoning 調味料
Seitan / wheat meat 麵筋製品／麵腸／烤麩／素肚／麵輪／素雞／素肉
Sel gris 灰鹽
Semifreddo 凍糕
Seminole 塞米諾爾式的
Sharp Cheddar 中熟成巧達
Shavings 刨片
Shawarma 沙威瑪
Shell bean 貝殼豆
Sherry vinegar 雪利酒醋
Shiitake 香菇
Shirataki noodles 蒟蒻麵
Shishito pepper 獅子椒
Shishito peppers 獅子唐辛子
Shojin cuisine 精進料理
Shortbread 奶油酥餅
Shoyu 日式醬油
Silken tofu 絹豆腐
Skeena cherry 斯肯納櫻桃
Skordalia 蒜泥馬鈴薯
Slaw 美式涼拌菜絲
Slider 迷你漢堡
Sloppy Joe 邋邋喬三明治
Smoked tofu 豆乾
Smoothies 果昔
Soffritto 義式調味蔬菜醬
Sofritas 索夫利特醬
Sofritos 西班牙香炒番茄醬
Soft (serve) ice cream 霜淇淋
Somen 日式素麵
Sorbet 雪碧冰
Sorrel 酸模
Sour cherries 歐洲酸櫻桃
Sour cherry 酸櫻桃
Sourdough bread 酸種包
Sousvide 真空低溫烹調
Soy gevalt 醬油櫛瓜筆管麵
Soy milk 豆奶
Spaetzle 德國麵疙瘩
Spaghetti squash 麵條小南瓜
Spanakopita 希臘菠菜派
Spelt berries 斯佩耳特小麥
Spherification 晶球化
Spiedini 串烤
Spiralizer 螺旋切絲器
Spring onion 春日洋蔥
Spring pea 青豆
Sprouted tofu 發芽豆腐
Sriracha 是拉差香甜辣椒醬
Staple foods 主食
Steel-cut oats 全穀鋼切燕麥粒

Sticky toffee pudding 太妃糖布丁
Streusel 奶酥
String bean 四季豆
Sucanat 原蔗糖
Sukiyaki 壽喜燒
Sultanas 蘇丹娜葡萄
Sumac 鹽膚木
Summer rolls 越式春捲
Summer savory 夏季香薄荷
Sunchokes 菊芋
Sunflower shoots 葵花苗
Sunny egg 太陽蛋
Super-firm tofu 白豆乾
Sweet Maui onion 毛伊島甜洋蔥
Sweet miso 甘味噌
Sweet peppers 甜椒
Sweet potato 甘薯
Swiss au Gratin in Veggie Stock 瑞士焗
    烤素菜
Swiss chard 莙薘菜
Syrian pepper 敘利亞辣椒
Szechuan pepper 四川花椒
Tabbouleh 塔布勒沙拉
Taco 墨西哥塔可餅
Taco shells 塔可餅（外殼）
Taft seitan gyro 塔夫特素土耳其烤肉
Tagines 摩洛哥塔吉鍋燉菜
Tahini 塔希尼芝麻醬
Takiawase 炊合
Taleggio 泰勒吉奧
Tall food 堆疊食物的擺盤
Tamale 墨西哥粽
Tamari 溜醬油
Tamarind 羅望子
Tamarind paste 羅望子果醬
Tangerine 紅橘
Tapenade 橄欖醬
Tartar sauce 塔塔醬
Tartare beet 韃靼甜菜
Tarte tatin 反烤蘋果塔
Tasting menu 品嘗菜單
Tatsoi 塌棵菜
Tea sandwich 迷你三明治
Teff 苔麩
Teff crisp 苔麩酥
Tempeh 天貝
Tempura-fry 炸天婦羅
Tepary bean 尖葉花豆
Tequila 龍舌蘭酒
Terrines 法式醬糜
Tex-mexican cuisine 德州墨西哥料理
Thai chilies 泰國鳥眼辣椒
Thai soy sauce 泰式醬油
The Elvis 貓王三明治
The grands crus du potager 特級菜園
The standard american diet 標準美式飲
    食
Thick-skinned potato 厚皮馬鈴薯
Thin-skinned potato 薄皮馬鈴薯
Tibs 衣索比亞提布斯醬油炒菜
Tiger striped fig 條紋無花果
Tikka masalas 炙烤綜合香料
Todok 羊乳（土黨參）

Tofu scramble 炒豆腐
Tofu shirataki noodles 豆腐蒟蒻麵
Tofudilla 墨西哥豆腐餡薄餅
Tofurky 素火雞
Tofutti non-hydrogenated Better Than
    Sour Cream 豆腐地牌非氫化「超越
    酸奶油」
Togarashi 七味粉
Tonic gelée 通寧果凍
Tortilla 墨西哥薄餅
Tortilla chip 墨西哥玉米薄餅脆片
Toss 拋拌
Tostada 墨西哥披薩
Tostada stack 墨西哥烤餅層塔
Tostadas de Frijol y Calabaza 豆子和烤
    南瓜
Tostones 煎大蕉
Trader Joe's Chicken-less Strips 喬氏超
    市的非雞肉條
Trail mix 什錦乾果
Trifles 英式百匯甜點
Turnip greens 蕪菁菜
Twinkie 夾心蛋糕
Tzatziki 青瓜酸乳酪醬汁
Ube 參薯
Ugli fruit 烏格利橘橙
Umeboshi brine 醃梅液
Umeboshi paste 梅子醬
Umeboshi plum 梅干
Umeboshi plum paste 酸梅醬
Vacherin 法切林乳酪
Vacherin mont d'or 法切林金山乳酪
Vadouvan 法式咖哩粉
Varnishkes 蝴蝶麵穀物飯
Vegan Ranch dressing 純素牧場淋醬
Vegenaise 素乃滋
Vegetarian chili 美式素辣豆
Vegetarian oyster sauce 素蠔油
Verbena 馬鞭草
Verjus 酸葡萄汁
Vermicelli 義大利細麵
Vialone nano 維阿龍那諾米
Vidalia onion 維達利亞洋蔥
Vidalia onion marmalade 維達利亞洋蔥
    甜醬
Vietnamese baguette sandwich（banh
    mi）越式法國麵包
Vinaigrettes 油醋醬
Viognier 維歐尼耶白酒
Vital wheat gluten 小麥蛋白
Wafer 威化餅
Wagon wheel 車輪麵
Wakame 裙帶藻
Walnut-lentil paté 核桃扁豆醬
Warren pear 瓦倫梨
Wasabi 山葵
Wat 衣索比亞瓦特燉菜
Water liliy 睡蓮
Watercress 水田芥
Watermelon radish 西瓜蘿蔔
Watermelon radishes 紅心蘿蔔
Wax beans 黃莢四季豆
Wheat berry 小麥仁

Wheatball 素丸
White asparagus 白蘆筍
White balsamic vinegar 巴薩米克白醋
White bean 白豆
White potato 白肉馬鈴薯
White rum 白蘭姆酒
Whole-food, plant-based diet 全食物蔬
    食
Whole-wheat roll 全麥小圓麵包
Wild spinach 野菠菜
Winter luxury squash 冬季豪華南瓜
Winter melon 冬瓜
Winter squash 冬南瓜
Wok-fried 熱炒
World vegan day 世界純素日
Wraps 捲裹料理
Xanthan 三仙膠
Yellow squash 黃色小南瓜
Yellow wood sorrel 黃花酢漿草
Yuzu 日本柚子
Zaatar / za'atar 中東扎塔香料
Ziti 義大利細管麵
Zucchini spirals 櫛瓜圈

專有名詞（依中文筆畫排序）

「健康從這裡開始」活動 Health Starts
    Here
大開本精裝書 Coffee Table Book
化學感知 Chemesthesis
心臟支架手術 Stent Surgery
方便素食主義 Flexitarianism
主要營養素 Macronutrients
付費發行量 Paid Circulation
半素食主義 Semi-Vegetarianism
奶蛋素食主義 Ovo-Lacto Vegetarian-
    ism
生食主廚 Raw Chef
印度大鍋 Handi Pot
在地飲食者 Locavore
多功能切絲切片器 Mandolins
自體免疫疾病 Autoimmune Diseases
血栓性栓塞症 Thrombo-Embolic
    Disease
佛萊明罕心臟研究計畫 Framingham
    Heart Study
冷盤主廚 Garde Manger
快gana, Fast-Casual Chains 快速休閒連鎖餐廳 Fast-Casual Chains
快速服務餐廳 Quick-Service
我的飲食金字塔 Mypyramid
我的餐盤 Myplate
抗氧化劑 Antioxidants
乳化 Emulsify
拉斯特法里人 Rastafarians
物種主義 Speciesism
虎鯨 Orcas
阿薩德烤架 Asador Grill
冠狀動脈阻塞 Coronary Occlusion
冠狀動脈繞道手術 Bypass Surgery
哈德利果園 Hadley Orchards
查氏餐館調查 Zagat Survey
美好飲食獎 Tastemaker Award

食物金字塔 Food Pyramid
格蘭菲迪最佳烹飪書獎 Glenfiddich
    Best Cookbook Award
烤焗架 Dry Roaster
純素主義者 Vegan
純素挑戰賽 Vegan Challenge
素食主義者 Vegetarian
素食意識月 Vegetarian Awareness
    Month
缺血性心臟病 Ischemic Heart Disease
胺基酸 Amino Acid
退化性疾病 Degenerative Diseases
高油酸 High-Oleic
健康暨特殊飲食 Health And Special
    Diets
動脈粥狀硬化 Atherosclerosis
甜點主廚 Pastry Chef
畢達哥拉斯的信徒 Pythagoreans
第二型糖尿病 Type 2 Diabetes
組織化植物蛋白 Texturized Vegetable
    Protein (TVP)
貫時性研究 Longitudinal Study
植物化學物質 Phytochemicals
氯化烴 Chlorinated Hydrocarbons
超覺靜坐 Transcendental Meditation
集約畜牧 Factory-Farmed
飲食指南 Dietary Guideline
新四大類食物 New Four Food Groups
新式烹調 Nouvelle Cuisine
葛拉罕的信徒 Grahamites
農夫市集 Farmers' Market
農業企業 Agribusiness
對抗冠狀動脈心臟病會議 National
    Conference For The Elimination Of
    Coronary Heart Disease
維他命仕 Vitamix
蓋洛普民意調查 Gallup Poll
銀星勛章 Silver Star
蔬食性飲食者 Vegivore
蔬菜屠夫 Vegetable Butcher
龍碗 Dragon Bowl
總計營養密度指標 Aggregate Nutrient
    Density Index, Andi
糧食安全指標 Food Security Indicators

餐廳、組織機構、品牌、地名（依中文筆畫排序）

1-5劃

118度 118 degrees
31冰淇淋 Baskin-robbins ice cream
ABC新聞 Abc news
ABC廚房 Abc kitchen
B&H奶素料理 B&h dairy
DB現代小酒館 Db bistro moderne
G禪餐廳 G-zen
K. K.哈斯佩（品牌）K. K. Haspel
一間屋子 餐廳 Casa mono
十字街口餐廳 Crossroads
三重奏餐廳 Trio
三國野生豐收 Mikuni wild harvest

三葉草連鎖快餐 Clover
上西城 Upper west side
下一個餐廳 Next
也要一飲而盡純素餐廳 Quickie too
千禧餐廳 Millennium
土桑市 Tucson
大不列顛及外國發揚人道並禁絕動物食物協會 The british and foreign society for the promotion of humanity and abstinence from animal food
大地平衡（品牌名）Earth balance
大豆小子 Soyboy
大智者餐廳 Great sage
大樹農場 Big tree farms
山迪葛夫餐廳 Shandygaff
五月花溫泉旅店 Mayflower inn & spa
元氣牌 Ener-G
切斯特市 Chester
厄巴尼 Urbani
天然美食學院 Natural gourmet institute
大擇餐廳 Natural selection
太陽勇士（品牌）Sunwarrior
尤金 Eugene
巴特爾克里克 Battle creek
巴斯克 Basque
戈多牧場（品牌）Rancho gordo
文頓 Vinton
日日愛食廚房 Lyfe kitchen
比清湯更好 Better than bouillon
水道餐廳 Watercourse foods
火與辛香料餐廳 Fire & spice
牛心餐廳 Oxheart
牛蒡餐廳 Gobo
世界素食代表大會 World vegetarian congress
主動學習小學 Active learning elementary school
主廚的菜園 The chef's garden
加州 Golden state
加迪納市 Gardena
加埃塔市（位於義大利）Gaeta
包利・吉餐廳 Paulie gee
北美素食協會 North american vegetarian society
北福克餐食旅店 North fork table & inn
卡加利 Calgary
卡利歐佩 Calliope
卡姆登港旅店餐廳 Camden harbor inn
卡拉馬塔市（位於希臘）Kalamata
卡林綠色餐廳 Karyn's on green
卡爾弗城 Culver
卡諾加公園 Canoga park
卡露斯揚 Kalustyan
古法有機 Ancient organics
古堡旅店咖啡館 El parador café
可口餐廳 Taïm
史丹頓島 Staten island
史洛夫出版社 Del sroufe
四季莊園 Le manoir aux quat'saisons
尼可斯農場（品牌）Nichols farm
布卡拉餐廳 Bucara
布呂德咖啡館 Café boulud

布里奇波特 Bridgeport
布里斯托 Bristol
布里餐廳 Bouley
布洛考 Brokaw
布洛英羅克 Blowing rock
布萊斯・安的冰淇淋店 Blythe anne's
布德斯溫泉度假中心 The boulders
布蘭福德 Branford
弗里烏利利 Friuli
本桑釀酒廠餐廳 Benson brewery
母親咖啡館 Mother's café
母親的勇氣餐廳 Mother courage
民眾健康聯盟 People's league of health
永生餐廳 Everlasting life
瓜納哈 Guanaja
瓦雄島 Vashon island
白色穀倉旅店 The white barn inn
白浪 Whitewave
白堊山甜點屋 Chalk hill cookery
皮肖利餐廳 Picholine
石倉農場 Stone barns
石溪 Stony brook
石榴咖啡館 Pomegranate café

6-10劃

伊甸食品 Eden foods
伊莉莎白的邁向裸食餐廳 Elizabeth's gone raw
伍茲塔克 Woodstock
伍德拉可小屋飯店 The lodge at wood-loch
全美牧民牛肉協會 National cattle-men's beef association
全美餐飲業協會 National restaurant association（nra）
全食超市 Whole foods market
全國公共廣播電台 National public radio (npr)
印刷餐廳 Print
「吃大利」超市 Eataly
吉諾牛排館 Geno's steaks
向日葵咖啡館 Cafésunflower
回到原始餐廳 In the raw
回歸自然健康茅舍 Back to nature health hut
在地食物連鎖快餐店 Native foods
在餐飲店 Al di la trattoria
地中海有機 Mediterranean organic
地平線咖啡館 Horizons café
安妮（品牌）Annie's
安娜堡 Ann arbor
安潔莉卡的廚房 Angelica kitchen
托波洛萬波餐廳 Topolobampo
托納多（品牌）Tonatto
此處餐廳 Del posto
百合花餐廳 Fleur de lys
米阿默咖啡館 Mii amo café
米莉第納 Milly's
米夢 Rice dream
米爾福德鎮 Milford
米爾維爾鄉 Millville
米德爾敦 Middleton
羽餐廳 Plume

肉桂蝸牛食物卡車 Cinnamon snail food truck
肉桂蝸牛餐車 Cinnamon snail
自身餐廳 Per se
自家煙燻素食燒烤餐車 Homegrown smoker vegan bbq
艾科佩農場牌 Iacopi farm
艾斯垂馬杜拉 Extremadura
血根草餐廳 Bloodroot
行板乳製品 Andante dairy
西木 Nishiki
西好萊塢 West hollywood
西格餐廳 Seeger
西蠟燭咖啡館 Candle café west
佛姆冰淇淋店 Fomu
佛姆和根餐廳 Fomu and Root
佛菩提素菜餐廳 Buddha bodai
佛萊明罕心臟研究 Framingham heart study
佛經餐廳 Sutra
克里斯・艾迪 Chris eddy
克里斯多福・貝茲 Christopher bates
克拉克斯維爾市 Clarksville
克林頓大廳 Clinton hall
克羅格連鎖超市 Kroger
利古里亞 Liguria
努提瓦 Nutiva
巫師牌 The wizard's
希拉妮＆馬蒂斯 Sylas & maddy's
希爾茲堡 Healdburg
希爾提的提彼特 Tibits by hild
希臘蘑菇 Mushrooms à la grecque
我們在山坡上的家 Our home on the hillside
抒情食品 Lyrical foods
李子小酒館餐車 Plum bistro
杜羅地區 Douro region
每日真食餐廳 Real food daily
沃特金斯格倫 Watkins glen
沃爾夫酒莊 Wolffer estate
沛圖尼亞餅屋 Petunia's pies & pastries
牡蠣池農場 Oysterponds farm
「豆腐地」牌酸奶油 Tofutti sour cream
豆腐速壓 Tofuxpress
貝比蛋糕 Babycakes
貝托尼餐廳 Betony
貝克塔餐飲 Beckta dining and wine
貝勒斯（品牌）Bayless
貝魯加 Beluga
身體文化素食餐廳 Physical culture
辛那達餐廳 Sinatra restaurant
味譜 Spectrum
味譜有機公司 Spectrum organics
和平食物咖啡館 Peacefood café
奇諾農場 Chino farms
岩漠農場 Hamada farm
帕沙第納 Pasadena
帕妮絲之家 Chez panisse
帕特牛排館 Pat's king of steaks
帕提那餐廳 Patina
幸運狗農場 Lucky dog farm
彼得森（品牌）Peterson

拉古思塔糖果屋 Lagusta's luscious
拉吉奧爾 Laguiole
拉克斯珀市 Larkspur
拉杜藍喬 La tourangelle
拉帕杜拉 Rapadura
拉法葉 Lafayette
果園（農場名）Fruitlands
枝子與藤蔓餐廳 Sprig and vine
河流咖啡館 River café
法可赫飯店 Hotel fauchere
法拉克 Falak
法拉盛 Flushing
法國洗衣房餐廳 French laundry
法謝爾飯店餐廳 Hotel fauchère
波士頓公園 Boston commons
波多貝羅純素餐飲店 Portobello vegan trattoria
波西米亞乳酪廠 Bohemian creamery
波浪磨坊食品公司 Ridgecut gristmills, inc.
波德 Boulder
泥土糖果 Dirt candy
牧場之門飯店 Rancho la puerta
社區支持農業 Community supported agriculture（csa）
肥兒牌 Healthy boy
肯納邦克 Kennebunk
芝加哥晚餐 The chicago diner
花開咖啡館 Café blossom
花園咖啡館 Garden café
采庭雅餐廳 Zaytinya
金色之門飯店 Golden door
金門公園 Golden gate park
金淇淋 Kindkreme
阿什維爾 Asheville
阿什蘭 Ashland
阿夸維特餐廳 Aquavit
阿克美（品牌）Acme
阿克倫城 Akron
阿貝金納（品牌）Arbequina
阿里尼亞餐廳 Alinea
阿倫鎮 Allentown
阿雷蘇薩農場 Arethusa farm
青菜餐廳 Greens
青蛙谷（品牌）Frog hollow
冠軍牌 Champion
南之布魯德 Boulud sud
品牌 Brands
哈佛公共衛生學院 Harvard school of public health
哈特福市 Hartford
城市禪餐廳 Cityzen
威斯特葛羅度假水療飯店 Westglow resort & spa
威廉飯店的孔雀餐廳 The peacock at the william hotel
峇里島努沙英達餐廳 Bali nusa indah
帝王廚房 Emperor's kitchen
拜倫飯店 Hotel byron
春天餐廳 Spring
查爾斯頓市 Charleston
柬埔寨三明治 Num pang
柯斯拉創投 Khosla ventures

柳安妮地球村水果 Annie ryu's global village fruits
洛利瓦 Loriva
洛斯卡沃斯 Los cabos
派威亞洲餐廳 Pei wei asian diner
相遇咖啡館 Encuentro cafe
研究中的祖傳品種餐廳 Heirloom at the study
秋夕餐廳 Hangawi
科米餐廳 Komi
科諾普夫 Knopf
約翰霍普金斯大學彭博公衛學院的宜居未來中心 Johns hopkins bloomberg school of public health's center for a livable future
紅星 Red star
紅番茄餐廳 Rouge tomate
美好的一日餐廳 Kajitsu
美西健康改革研究所 Western health reform institute
美利思餐廳 Melisse
美國公共利益科學中心 Center for science in the public interest
美國心臟協會 American heart association
美國生理學會 American physiological society (aps)
美國食品管理局 U.s. food administration
美國疾病防制中心 U.s. centers for disease control and prevention (cdc)
美國純素協會 American vegan society
美國國家衛生研究院 National institutes of health
美國烹飪學院 Culinary institute of america
美國飲食協會 American dietetic association
美國農業部 U.s. department of agriculture (usda)
美國營養學院 Academy of nutrition and dietetics
美國環境工作組織 Environmental working group, ewg
美國醫學會 American medical association
美華素食總匯 May wah
美聯社 Associated press
耶和華 13 搖滾樂團 Ya ho wa 13
英國牛頭牌 Colman's
迪瓦思純素烘焙屋 Vegan divas
迪佛托（品牌）Devoto
迪提‧尼法斯餐廳 Dipti nivas
重點餐廳 The point
韋斯 Westsoy
食物改革協會 Food reform society
食堂餐廳 Canteen
香料屋 The spice house
香榭麗舍餐廳 Champs
倫德伯格有機 Lundberg organic
原木餐廳 Wildwood
哥倫布市 Columbus
埃文斯頓市 Evanston

埃弗拉塔修道院 Ephrata cloister
埃斯孔迪多 Escondido
島嶼之春 Island spring
峽谷牧場餐廳 Canyon ranch
席法 Seva
根本飲食 Essential eating
根素食餐廳 Root
格拉梅西酒館 Gramercy tavern
格倫米爾宅邸 Glenmere mansion
格雷諾耶餐廳 La grenouille
桃福 Momofuku
桑尼斯 Sunny's
海洋世界 Seaworld
海餐廳 Laut
烏班班餐廳 Ubuntu
烏爾法 Urfa
烤爐餐廳 Al forno
特利杰里 Tellicherry
班特姆鎮 Bantam
琉璃苣 Borage
真食廚房 True food kitchen
真就是生活健康溫泉度假中心 Cal-a-vie health spa
真實小酒館 True bistro
祖尼咖啡館 Zuni café
祖克曼農場 Zuckerman's farm
祝你健康 To your health
神聖的周 Sacred chow
納瓦羅（酒品牌）Navarro
納西莎 Narcissa
納帕谷 Napa valley
紐伯茲市 New paltz
紐哈芬市 New haven
「紐約茶」餐廳 Teany
純食物和酒 Pure food & wine
純素協會 Vegan society
純素美食家 Vegan gourmet
純素甜點烘焙坊 Vegan treats
素丸 Wheatball
素食者之家 & 禁酒者的咖啡館 The vegetarians' home and teetotaller café
素食者協會 Vegetarian society
素食港式點心屋 Vegetarian dim sum house
素食資訊服務 Vegetarian information service
素食資源小組 Vegetarian resource group（vrg）
索貝婁農場 Sorbello farms
索迪斯 Sodexo
索薩利托 Sausalito
草葉集咖啡館 Café flora
起源家族 Source family
起源餐廳 The source
迷詢中國 Mission chinese
追隨你心餐廳 Follow your heart
馬里基塔農場 Mariquita farm
馬林郡 Marin
馬鈴薯餅 Potato latke
馬爾頓海鹽 Malden sea salt
馬鞭草餐廳 Verbena
高地公園 Highland park
高譚酒吧 & 燒烤餐廳 Gotham bar &

grill
鬥牛犬餐廳 El bulli

11-15 劃

健康蠟燭餐廳 Healthy candle
唯一僅有帕米拉度假村 One&only palmilla
國家研究委員會 National research council
國際食品資訊協會 International food information council foundation
國際素食營養大會 The international congress on vegetarian nutrition
國際素食聯盟 International vegetarian union
國際專業烹飪協會 International association of culinary professionals (iacp)
基奧賈市 Chioggia
基督復臨安息日會 Seventh-day adventist church
肉販的女兒餐廳 The butcher's daughter
崇高餐廳 Sublime
教會街 Mission street
曼納 Manna
烹調坊餐廳 Cookshop
烹調實驗室 Cooking lab
甜豌豆烘焙公司 Sweetpea baking co.
第一屆美國素食者大會 First american vegetarian convention
紹斯霍爾德 Southold
莎拉的糖果屋 Sweet & sara
莫里斯 Morris
莫阿茲素食餐廳 Maoz vegetarian
莫華克‧班德餐廳 Mohawk bend
責任醫療醫師委員會 Physicians committee for responsible medicine (pcrm)
野花餐廳 Wildflower
雪城地區素食教育協會 Syracuse area vegetarian education society
麻州 Massachusetts
傑森熟食店 Jason's deli
創始者基金 Founders fund
勝利菜園 Victory garden
勞氏連鎖超市 Lowes
善待動物組織 People for the ethical treatment of animals (peta)
喬氏超市 Trader joe
喬伊亞 Ristorante joia
揚特維爾 Yountville
斯卡斯代爾 Scarsdale
斯科茨代爾 Scottsdale
普洛威頓斯市 Providence
普萊西德湖小屋餐廳 Lake placid lodge
普萊西德湖工匠餐廳 Artisans restaurant at lake placid lodge
智者咖啡館 Sage's Café
智慧平方辯論平台 Intelligence squared (iq2)
棕櫚泉 Palm springs
森巴宗（品牌）Sambazon
森永絹豆腐 Mori-nu silken tofu
森林專家 Proforest

植栽餐廳 Plant
渥太華 Ottawa
湖南莊園 Hunan manor
無牛肉純素基本高湯 No beef vegan base
無蜂蜜 Bee free honee
無雞肉純素基本高湯 No chicken vegan base
琶音餐廳 L'Arpege
登維爾甜甜圈 Dun-well donuts
筆記 V 餐廳 V-note
筆劃餐廳 Brushstroke
絲牌（品牌名）Silk
華館 P. F. Chang's
菲靈頓之屋餐廳 Fearrington house restaurant
萊斯皮納斯餐廳 Lespinasse
萊諾克斯 Lenox
街頭餐館 Street
費吉里亞餐廳 Vegeria
費吉餐廳 Vedge
超越肉品 Beyond meat
超越蛋品 Beyond eggs
超越壽司 Beyond sushi
週一無肉日 Meatless mondays
週三無麥日 Wheatless wednesdays
開懷種子咖啡館 Laughing seed café
隆河 Rhone
飲食指南委員會 Dietary guidelines committee
黑鳥披薩餐廳 Blackbird pizza
匯豐 Huy fong
塔西 Tulsi
塔科馬 Tacoma
塔薩哈拉禪中心 The tassajara zen mountain center
塞多納市 Sedona
奧米加（果汁機品牌）Omega
奧特溪（品牌）Otter creek
奧斯汀湖溫泉休閒中心 Lake austin spa resort
奧爾柯特之家 Alcott house
奧爾斯頓 Allston
愛德華父子公司 Edward & sons
感恩咖啡館 Café gratitude
感謝母親咖啡館 Gracias madre
新蜻蜓餐廳 Dragonfly neo-v
椰菜鎮咖啡館 Cabbagetown café
楓館集體餐廳 The moosewood collective
極樂椰子 Coconut bliss
溫薇安餐廳 Winvian
瑞內‧雷哲單 René redzepi
瑞吉納（品牌）Regina
瑞秋小姐的食品櫃餐廳 Miss rachel's pantry
義式蔬食餐廳 Le verdure
聖夫洛朗坦 Saint-florentin
聖安東尼奧市 San antonio
聖拉菲爾 San rafael
聖馬提歐 San mateo
聖塔克魯茲 Santa cruz
聖塔芭芭拉 Santa barbara

聖塔莫尼卡 Santa monica
聖塔菲 Santa fe
聖經基督教會 Bible christian church (bcc)
葉子 Leaf
葛蘭‧霍普金斯委員會 Gowland hopkins committee
裘絲餐廳 Josie's
裘裘餐廳 Jojo
詹姆士‧畢爾德之屋 James beard house
路易十五 Le louis xv
農食 Farmfood
農場聖所 Farm sanctuary
達亞(品牌名)Daiya
鈴鐺餐廳 Cascabel
雷妮(品牌)Rennie
雷斯岬 Point reyes
預防醫學研究所 Preventative medicine research institute
嘉麗寶(巧克力品牌)Callebaut
圖書館食物吧 Library bar
漢普頓溪食品 Hampton creek foods
瑪契拉‧賀桑 Marcella hazan
瑪迪的冰淇淋店 Maddy's
瑪哪食物吧 Mana food bar
瑪德連酒館 Madeleine bistro
精進餐廳 Shojin
精選純素咖啡館 Choices vegan café
綠色餐桌 Table verte
綠色餐廳 Greens restaurant
綠谷農場 Green gulch farm
綠斑馬 Green zebra
綠象餐廳 Green elephant
綠種子純素餐廳 Green seed vegan
維那瑞市(位於義大利)Venere
維拉 La vera
維斯塔市 Vista
綺色佳 Ithaca
蒙頓餐廳 Menton
齊波特墨西哥燒烤連鎖快餐店 Chipotle mexican grill
齊格曼(品牌)Zingerman
墨印墨餐廳 Ink
墨菲爸爸的店 Papa murphy's
嬉皮城市蔬食餐廳 Hip city veg
嬉皮香脆(品牌名)Hippy and crunchy

16劃以上

德里 Delhi
德維餐廳 Dévi
摩納哥 Monaco
歐米茄(椰子油品牌)Omega
歐克蘭市 Oakland
歐肯納根 Okanagan
歐連納餐廳 Oleana restaurant
潘娜拉麵包店 Panera bread
箭頭磨坊 Arrowhead mills
蓬勃烘焙公司 Flourish baking company
蓮花盛開餐廳 Blossoming lotus
蔬食 U Veggie U
蔬食之地 Vegi terranean
蔬食星系 Veggie galaxy

蔬食燒烤連鎖快餐店 Veggie grill
衛格門超市 Wegmans
衛福部次長 Surgeon general
橋牌 The bridge
橡子餐廳 The acorn
獨木舟灣餐廳 Canoe bay
穆哈米(品牌)Mughal rice
穆爾格倫 Muir glen
諾加雷拉(品牌)La nogalera
諾克斯山農場 Knox mountain farm
諾拉餐廳 Nora
諾迪威 Nordic ware
諾爾農場 Knoll farm
諾瑪餐廳 Noma
餐&飲餐廳 Fnb restaurant
餐桌旁的阿雷蘇莎 Arethusa al tavolo
鴨女士農場(品牌)Lady duck farm
戴爾的上城餐廳 Dell'z uptown
戴爾的靈魂餐廳 Dell' anima
營養專家委員會 Select committee on nutrition
禪味餐廳 Zen palate
聯合國糧食及農業組織(聯合國糧農組織)Food and agriculture organization of the united nations (fao)
聯合廣場 Union square
聯合廣場綠色市集 Union square greenmarket
賽百味連鎖快餐店 Subway
鴿子尾餐廳 Dovetail
黏手指烘焙咖啡屋 Sticky fingers
叢林製品公司 Jungle products
舊金山禪修中心 Zen center in sf
薩比克 Sabick
薩拉納克湖 Saranac lake
薩莫薩之屋 Samosa house
薩魯梅莉亞‧羅西餐廳 Salumeria rosi
薩默敦 Summertown
薩默維爾 Somerville
藍山餐廳 Blue hill
藍帶廚藝學校 Le cordon bleu
藍鑽石杏仁微風 Blue diamond almond breeze
雞油菌餐廳 Chanterelles
羅馬林達大學 Loma linda university
羅德岱堡 Fort lauderdale
羅蘭(法國酒品牌)Roland
羅蘭餐廳 Rowland's restaurant
邊界燒烤 Frontera grill
邊疆燒烤餐廳 Border grill
蘇伯塔 Surata
蘇富比 Sotheby's
麵食公司 Noodles & company
蘭咖啡館 Lan café
蠟燭79 Candle 79
蠟燭咖啡館 Candle café
露比餐廳 Ruby tuesday
鱈魚角 Cape cod
靈魂美食純素餐廳 Soul gourmet vegan

人名（依中文筆畫排序）

1-5劃

R‧J‧米奈 R. J. Minney
T‧A‧馮甘迪 T. A. Van Gundy
T‧K‧皮爾 T. K. Pillan
T‧柯林‧坎貝爾 T. Colin Campbell
上島良太 Ryota Ueshima
大衛‧卡茨 David Katz
大衛‧金希 David Kinch
大衛‧張 David Chang
小鮑伯‧瓊斯 Bob Jones, Jr.
丹‧巴柏 Dan Barber
丹尼斯‧巴約米 Dennis Bayomi
丹尼斯‧韋弗 Dennis Weaver
丹尼爾‧布呂德 Daniel Boulud
丹尼爾‧多蘭 Daniel Dolan
丹尼爾‧高爾曼 Daniel Goleman
丹尼爾‧赫姆 Daniel Humm
厄普頓‧辛克萊 Upton Sinclair
厄爾‧巴茨 Earl Butz
巴特‧波坦扎 Bart Potenza
比茲‧史東 Biz Stone
比爾‧克林頓 Bill Clinton
比爾‧馬赫 Bill Maher
比爾‧福特 Bill Ford
王子 Prince
「主廚喬」‧柯舍 "Chef Jo" Kaucher
以撒‧辛格 Isaac Bashevis Singer
加布里亞‧寇柏懷特 Gabriela Cowperthwaite
加斯頓‧盧諾特 Gaston Lenôtre
卡洛‧弗林德斯 Carol Flinders
卡洛‧凱恩 Carol Kane
卡洛斯‧山塔那 Carlos Santana
卡爾‧雷納 Carl Reiner
卡德威‧埃塞斯廷 Caldwell Esselstyn
古吉拉特人 Gujurati Peoples
史考特‧海門丁格 Scott Heimendinger
史帝夫‧艾倫 Steve Allen
史提夫‧麥昆 Steve Mcqueen
史蒂夫‧韋恩 Steve Wynn
史蒂芬妮‧伊澤德 Stephanie Izard
史蒂芬妮‧瑪奇 Stephanie March
史賓瑟‧溫德畢爾 Spencer Windbiel
尼乾陀若提子 Nigantha Nataputta
尼爾‧巴納德 Neal Barnard
布洛溫‧葛弗瑞 Bronwen Godfrey
布朗森‧奧爾柯特(Amos)Bronson Alcott
布萊斯‧舒曼 Bryce Shuman
布蘭恩特‧泰瑞 Bryant Terry
瓦昆‧菲尼克斯 Joaquin Phoenix
皮特‧威爾斯 Pete Wells

6-10劃

伊曼紐‧斯威登堡 Emanuel Swedenborg
伊莉莎白‧大衛 Elizabeth David
伊莎‧莫科維茲 Isa Chandra Moskowitz

伊萊克崔思蒂‧阿奎瑞安 Electricity Aquarian
伊藤穰一 Joi Ito
伍迪‧艾倫 Woody Allen
伍迪‧哈里森 Woody Harrelson
休伯特‧凱勒 Hubert Keller
列‧畢頓 Red Buttons
吉希拉‧威廉斯 Gisela Williams
吉兒‧瓦德 Jill Ward
吉姆‧貝克 Jim Baker
吉哈荷 Guérard
吉普賽‧布茲 Gypsy Boots
安‧根特利 Ann Gentry
安‧海瑟薇 Anne Hathaway
安吉拉‧里登 Angela Liddon
安妮‧索梅維爾 Annie Somerville
安娜‧金斯福德 Anna Kingsford
安娜‧湯瑪士 Anna Thomas
安琪‧迪金森 Angie Dickinson
安瑪麗‧寇比 Annemarie Colbin
安德列‧威爾博士 Dr. Andrew Weil
安德列斯‧帕迪拉 Andres Padilla
安德利亞‧科薩利 Andrea Corsali
安德莉亞‧麥克金緹 Andrea Mcginty
安德森‧古柏 Anderson Cooper
安潔‧拉莫斯 Angel Ramos
托馬斯‧M‧坎貝爾二世 Thomas M. Campbell II
托爾斯泰 Leo Tolstoy
托瑪斯‧愛迪生 Thomas Edison
朱利亞諾‧麥迪奇 Giuliano De'mediciin
朵蘿勒斯‧亞歷山大 Dolores Alexander
米悠寇‧昔那 Miyoko Schinner
米莉‧凱恩 Mily Kaiser
米莉安‧霍斯波達爾 Miriam Kasin Hospodar
米榭爾‧史都特 Michel Stroot
米榭爾‧布拉斯 Michel Bras
米榭爾‧吉哈姆 Michel Guérard
老鮑伯‧瓊斯 Bob Jones, Sr.
艾凡‧克萊曼 Evan Kleiman
艾比‧伯格森 Abie Bergson
艾西斯‧阿奎瑞安 Isis Aquarian
艾拉‧凱洛格 Ella Eaton Kellogg
艾咪‧比奇 Ami Beach
艾倫‧史皮法克 Ellen Sue Spivack
艾倫‧杜卡斯 Alain Ducasse
艾倫‧狄珍妮 Ellen Degeneres
艾倫‧康明 Alan Cumming
艾倫‧瑞奇曼 Alan Richman
艾倫‧懷特 Ellen G. White
艾莉西亞‧席薇史東 Alicia Silverstone
艾莉絲‧拉登 Alice Laden
艾隆‧亞當斯 Aaron Adams
艾瑞克‧布蘭特 Eric Brent
艾瑞克‧馬庫斯 Erik Marcus
艾瑞克‧塔克 Eric Tucker
艾爾‧高爾 Al Gore
艾爾維‧辛格 Alvy Singer
艾歷克西斯‧史都華 Alexis Stewart
西本美代子 Miyoko Nishimoto

西恩·蒙森 Sean Monson
西爾瑪·米利安 Selma Miriam
西蒙·古爾德斯 Symon Gould
亨利·梭羅 Henry David Thoreau
亨利·福特 Henry Ford
亨利·薩特 Henry Salt
亨利·大衛·梭羅 Henry David Thoreau
伯納爾·麥克法登 Bernarr Macfadden
佛瑞斯·惠特克 Forest Whitaker
克里西·海牛 Chrissie Hynde
克里斯·艾迪 Chris Eddy
克里斯·馬斯特強 Chris Masterjohn
克里斯多夫·泰勒 Christopher Taylor
克里斯多福·貝茲 Christopher Bates
克拉斯·馬廷斯 Klaas Martens
克莉絲·卡爾 Kris Carr
克莉絲汀·貝爾 Kristen Bell
克雷格·克萊本 Craig Claiborne
克蘿伊·科斯卡雷利 Chloe Coscarelli
克蘿麗絲·利奇曼 Cloris Leachman
希歐·史內格 Theo Schoenegger
李·富爾克森 Lee Fulkerson
李·瓊斯 Lee Jones
沛珍·費茲傑羅 Pegeen Fitzgerald
肖恩·麥克萊恩 Shawn Mcclain
辛納爾美代子 Miyoko Nishimoto Schinner
里奇·蘭道 Rich Landau
亞力克斯·亞歷山卓 Alex Alejandro
亞力克斯·帕切科 Alex Pacheco
亞倫·伍 Aaron Woo
亞當·史普林森 Adam D. Shprintzen
亞當·李維 Adam Levine
亞當·薩荷斯 Adam Sachs
亞穆娜·德維 Yamuna Devi
佩姬·紐 Peggy Neu
佩蒂·艾爾德 Patty Penzey Erd
坦亞·佩卓納 Tanya Petrovna
妮基·戈德貝克 Nikki Goldbeck
尚-喬治·馮格里奇頓 Jean-Georges Vongerichten
尚-路易·帕拉丁 Jean-Louis Palladin
帕特·博尼 Pat Boone
帕斯卡琳·勒帕提耶 Pascaline Lepeltier
彼得·伯立 Peter Berley
彼得·辛格 Peter Singer
彼得·泰爾 Peter Thiel
拉蘿·羅伯森 Laurel Robertson
林哥·史達 Ringo Starr
法如沙 Psychic Fahrusha
法蘭西斯·摩爾·拉佩 Frances Moore Lappé
法蘭克·赫爾德 Frank Hurd
波菲利 Porphyry
波蒂亞·德羅西 Portia De Rossi
肯·拉森 Ken Larsen
肯尼斯·卡羅 Kenneth K. Carroll
金·巴努因 Kim Barnouin
阿特·史密斯 Art Smith
阿曼達·科恩 Amanda Cohen
阿蘭·帕薩德 Alain Passard

阿蘭·桑德宏斯 Alain Senderens
青柳昭子 Akiko Aoyagi
保羅·巴瑞特·歐比斯 Paul Barrett Obis, Jr.
保羅·列文 Paul Lewin
保羅·麥卡尼 Paul Mccartney
南西·亞歷山大 Nanci Alexander
威廉·卡斯特利 William Castelli
威廉·考赫德 William Cowherd
威廉·夏利夫 William Shurtleff
威廉·夏特奈 William Shatner
威廉·梅爾卡夫 William Metcalfe
威廉·奧爾柯特 William Alcott
威爾·凱洛格 Will Keith Kellogg
查理·特羅特 Charlie Trotter
查爾斯·斯塔勒 Charles Stahler
查德·薩爾諾 Chad Sarno
柯林·貝德福 Colin Bedford
洛伯·帕卓奈特 Rob Patronite
洛珊娜·克萊恩 Roxanne Klein
洛爾納·薩斯 Lorna Sass
派翠克·埃斯皮諾薩 Patrick Espinoza
珀西·雪萊 Percy Shelley
珊蒂·達瑪托 Sandy D'amato
珍·古德 Jane Goodall
珍·布羅迪 Jane Brody
珍·芳達 Jane Fonda
珍妮弗·魯貝爾 Jennifer Rubel
珍妮佛·羅培茲 Jennifer Lopez
珍妮絲·米格里奇歐 Janice Cook Migliaccio
科特·瓦德罕 Kurt Waldheim
約瑟森·凱 Jonathon Kay
約瑟夫·柏瑟頓 Joseph Brotherton
約瑟夫·康納利 Joseph Connelly
約老老爹 Father Yod
約翰·史密斯 John Smith
約翰·弗萊澤 John Fraser
約翰·伊夫林 John Evelyn
約翰·多諾凡 John Donovan
約翰·安德森 John Anderson
約翰·法蘭克·牛頓 John Frank Newton
約翰·查普曼 John Chapman
約翰·洛克斐勒 John D. Rockefeller
約翰·科納德·貝索 Johann Conrad Beissel
約翰·麥克杜格醫師 John Mcdougall
約翰·麥基 John Mackey
約翰·凱洛格 John Harvey Kellogg
約翰·藍儂 John Lennon
約翰·羅賓斯 John Robbins
英格麗·紐科克 Ingrid Newkirk
迪安妮·福斯 Deanie Fox
迪迪·埃蒙斯 Didi Emmons
迪娜·賈拉勒 Deena Jalal
迪恩·奧尼希 Dean Ornish
唐·強生 Don Johnson
唐納·蘇瑟蘭 Donald Sutherland
唐納德·華生 Donald Watson
埃克納斯·伊斯瓦蘭 Eknath Easwaran
夏令·巴曼 Charleen Badman
娜塔莉·波曼 Natalie Portman

席維斯·葛拉罕 Sylvester Graham
席德·萊納 Sid Lerner
庫克·亞當斯 G. Cooke Adams
格里·尤洛夫斯基 Gary Yourofsky
格爾·格林 Gael Greene
格蘭特·奧赫茨 Grant Achatz
桃樂絲·朵利 Doris Dörrie
泰朗斯·布倫南 Terrance Brennan
泰瑞·羅米洛 Terry Hope Romero
特希絲·恩格爾霍特 Terces Engelhart
特斯拉 Nikola Tesla
納丹尼爾·惠特摩 Nathaniel Whitmore
納特·科提斯 Nate Curtis
索傑納·特魯思 Sojourner Truth
茱莉·克莉絲蒂 Julie Christie
茱莉·沙尼 Julie Sahniis
茱莉·喬登 Julie Jordan
茱莉亞·莫斯金 Julia Moskin
馬克·多斯考 Mark Doskow
馬克·李維 Mark Levy
馬克·彼特曼 Mark Bittman
馬克·蕭德爾 Mark Shadle
馬克·戴弗瑞 Mark Devries
馬克·羅特拉 Mark Rotella
馬里歐·巴塔利 Mario Batali
馬修·肯尼 Matthew Kenney
馬修·恩格爾霍特 Matthew Engelhart
馬歇爾·「米奇」·霍尼克 Marshall "Mickey" Hornick
馬蒂·費爾德曼 Marty Feldman
馬德·傑佛瑞 Madhur Jaffrey
馬龍·白蘭度 Marlon Brando

11-15劃

寇林·荷蘭德 Colleen Holland
強尼·維斯穆勒 Johnny Weissmuller
梅默特·奧茲 Mehmet Oz
理查·托爾爵士 Sir Richard Doll
理查·沛托爵士 Sir Richard Peto
理查·藍道 Richard Landau
畢達哥拉斯 Pythagoras
荷西·安德烈 José Andrés
莎迪·席庫拉特 Sadie Schildkraut
莫利·卡岑 Mollie Katzen
莫利·恩格爾霍特 Mollie Engelhart
莫里西 Morrissey
莫堤摩·祖克曼 Mort Zuckerman
陶比·麥奎爾 Tobey Maguire
麥可·包爾 Michael Bauer
麥可·亞科保 Michael Iacobbo
麥可·波倫 Michael Pollan
麥可·納特金 Michael Natkin
麥可·畢森克 Michael Besancon
麥可·葛柏 Michael Gelb
麥可·摩斯 Michael Moss
麥可·歐蘇卡 Michael Otsuka
麥克·安德森 Mike Anderson
麥克·泰森 Mike Tyson
麥可·彭博 Michael R. Bloomberg
麥克·羅伯茲 Mike Roberts
傑·丁夏 H. Jay Dinshah
傑夫·尼爾森 Jeff Nelson

傑里·布朗 Jerry Brown
傑思羅·克拉斯 Jethro Kloss
傑洛米·福克斯 Jeremy Fox
傑納·博爾 Gene Baur
傑瑞德·雷托 Jared Leto
凱文·波伊蘭 Kevin Boylan
凱西·弗雷斯頓 Kathy Freston
凱西·托爾曼 Cassie Tolman
凱利·提斯代爾 Kelly Tisdale
凱倫·亞科保 Karen Iacobbo
凱特·朱利安 Kate Julian
凱特·雅各比 Kate Jacoby
凱莉·安德伍 Carrie Underwoo
凱瑞·恩格爾霍特 Cary Engelhart
凱瑟琳·尼姆 Catherine Nimmo
凱瑟琳·霍布森 Katherine Hobson
凱蒂·庫瑞克 Katie Couric
喬·尤南 Joe Yonan
喬·克羅斯 Joe Cross
喬伊·皮爾森 Joy Pierson
喬治·皮內達 Jorge Pineda
喬治·貝樂 George Bayle
喬治·哈里森 George Harrison
喬治·麥戈文 George Mcgovern
喬治·漢密爾頓 George Hamilton
喬迪·韋爾 Jodi Wille
喬納森·戈爾德 Jonathan Gold
喬納森·薩弗蘭·福爾 Jonathan Safran Foer
喬許·特垂克 Josh Tetrick
喬塞·席特林 Josiah Citrin
喬爾·福爾曼 Joel Fuhrman
喬爾·薩拉丁 Joel Salatin
普魯塔克 Plutarch
森本正治 Masaharu Morimoto
湯姆·史迪爾 Tom Steyer
湯姆·威茲 Tom Waits
湯姆·柯里奇歐 Tom Colicchio
湯瑪士·凱勒 Thomas Keller
琳達·麥卡尼 Linda Mccartney
筏馱摩那 Vardhamana
華倫·比提 Warren Beatty
華特·威樂特 Walter C. Willett
菲爾·維格爾特 Phil Vettel
萊倫·恩格爾霍特 Ryland Engelhart
萊恩·麥克 Ryan Mac
費爾南達·卡波比安科 Fernanda Capobianco
費蘭·亞德里亞 Ferran Adrià
雅克·馬克西姆 Jacques Maximin
黑曼特·馬圖爾 Hemant Mathur
塔夫特總統 William Howard Taft
塔爾·羅奈 Tal Ronnen
奧維德 Ovid
愛迪生 Thomas Edison
愛蜜莉亞·艾爾哈特 Amelia Earhart
愛德華·布朗 Edward Espé Brown
愛蓮娜·羅斯福 Eleanor Roosevelt
愛麗絲·沃特斯 Alice Waters
愛麗絲·費林 Alice Feiring
瑞秋·卡森 Rachel Carson
瑞普·艾塞爾斯汀 Rip Esselstyn
聖帕布帕德 Srila Prabhupada
聖雄甘地 Mohandas Gandhi

葛瑞・昆茲 Gray Kunz
葛蘭特・巴特勒 Grant Butler
葛蘿麗亞・史璜森 Gloria Swanson
詹姆斯・傑克遜 James Caleb Jackson
詹姆斯・懷特 James White
詹姆斯・克隆威爾 James Cromwell
路易・哈格勒 Louise Hagler
雷奈・瑞哲彼 Rene Redzepi
雷蒙・布朗克 Raymond Blanc
歌蒂・韓 Goldie Hawn
瑪利亞・戴莫普勒斯 Maria Demopoulos
瑪基妮・豪威爾 Makini Howell
瑪莉莎・沃爾夫森 Marisa Miller Wolfson
瑪莎・史都華 Martha Stewart
瑪莎・舒爾曼 Martha Rose Shulman
瑪琳・托爾曼 Marlene Tolman
瑪塔・柏瑟頓 Martha Brotherton
瑪麗・陶德 Mary Todd Lincoln
瑪麗安・布若 Marian Burros
瑪麗昂・內斯特 Marion Nestle
維諾德・柯斯拉 Vinod Khosla
綺桑 Kitsaun
蓋瑞・瓊斯 Gary Jones
蜜雪兒・歐巴馬 Michelle Obama
賓夕法尼亞 Pennsylvania
赫伯特・胡佛 Herbert Hoover

16劃以上

歐普拉・溫芙蕾 Oprah Winfrey
潘姆・布朗 Pam Brown
潘蜜拉・伊莉莎白 Pamela Elizabeth
魯賓・亞伯拉莫維茲 Rubin Abramowitz
蕭瓦因・懷特 Shawain Whyte
蕭伯納 George Bernard Shaw
諾薇爾・佛瑞 Noel Furie
賴・貝里 Rynn Berry
霍馬洛・坎圖 Homaro Cantu
霍勒斯・格里利 Horace Greeley
霍華德・威廉斯 Howard Williams
霍華恩・斯特恩 Howard Stern
霍華德・萊曼 Howard Lyman
鮑伯・哥德伯格 Bob Goldberg
戴夫・安德森 Dave Anderson
戴夫・貝蘭 Dave Beran
戴博拉・沃瑟曼 Debra Wasserman
戴維・戈德貝克 David Goldbeck
蕾思莉・麥克艾貝 Leslie Mceachern
黛安・弗里 Diane Forley
黛博拉・山塔那 Deborah Santana
黛博拉・麥迪遜 Deborah Madison
薩瑪・梅格利斯 Sarma Melngailis
薩賓娜・尼爾森 Sabrina Nelson
瓊・杜布瓦斯 Jon Dubois
瓊・傑特 Joan Jett
羅伯・波金斯 Robert Bootzin
羅伯特・肯納 Robert Kenner
羅伯特・彭 Robert Peng
羅恩・皮卡斯基 Ron Pickarski
羅素・布蘭德 Russell Brand
羅素・西蒙斯 Russell Simmons

羅莎里・赫爾德 Rosalie Hurd
羅賓・奎弗斯 Robin Quivers
羅賓・萊斯菲爾德 Robin Raisfeld
羅賓・羅伯森 Robin Robertson
麗婭・米雪兒 Lea Michele
蘇珊・弗尼格 Susan Feniger
蘇珊・安東尼 Susan B. Anthony
蘇維爾・沙朗 Suvir Saran
蘋果籽強尼 Johnny Appleseed
釋迦牟尼 Siddhartha Gautama
露意莎・梅・奧爾柯特 Louisa May Alcott
魔比 Moby
蘿莉・費里曼 Rory Freedman
蘿瑞・休士頓 Lorri Houston

書刊篇名、
電影電視節目名名
（依中文筆畫排序）

《2012年世界糧食無保障狀況》State of Food Insecurity in the World 2012 (SOFI 12)
《2012年食物與健康調查：消費者對食品安全、營養和健康的態度》The 2012 Food & Health Survey: Consumer Attitudes Toward Food Safety, Nutrition & Health
《VB6：6點前吃純素，減重、重拾健康又不復胖》VB6: Eat Vegan Before 6:00 to Lose Weight and Restore Your Health … for Good
《一座小行星的飲食方式》Diet for a Small Planet
《二號引擎的飲食》The Engine-2 Diet
《人人都愛素食烹飪》Vegetarian Cooking For Everyone
《十大才華》Ten Talents
《瀕死胖子的減肥之旅》Fat, Sick & Nearly Dead
《千禧食譜書》The Millennium Cookbook
《小婦人》Little Women
「今天」Today
《公民不服從》Civil Disobedience
60分鐘（電視節目）60 Minutes
《友善食物》Friendly Foods
《天貝之書》The Book of Tempeh.
《天堂的饗宴》Heaven's Banquet
《手工純素乳酪》Artisanal Vegan Cheese
《手工純素起司》Artisan Vegan Cheese
《方便純素》Conveniently Vegan
《日式烹調》Japanese Cooking
《世紀畫報》Century Illustrated
《以素之名》Veganomicon
《出版者週刊》Publishers Weekly
《只要純素》Simply Vegan
《巧妙的純素》The Artful Vegan
《布尚餐廳》Bouchon
〈正確飲食金字塔食物指南〉Eating Right Pyramid Food Guide

《生命之翼：素食烹調法》Wings of Life：Vegetarian Cookery
《生態廚房食譜》Recipes from an Ecological Kitchen
《伊莎煮得出來》Isa Does It
「休憩時間」網站 Time Out
《全美餐廳新聞》Nation's Restaurant News
《吃什麼》What to Eat
《吃出好腦力》Power Foods for the Brain
《吃多一點，體重輕一點》Eat More, Weigh Less
《吃你的蔬菜》Eat Your Vegetables
《吃動物》Eating Animals
《向上的第一步》The First Step
《回到伊甸園》Back to Eden
《回歸自然》Return to Nature
《地球上的生靈》Earthlings
「好食」（廣播節目）Good Food
《安全食物》Safe Food
《安妮・霍爾》Annie Hall
《安潔莉卡的家庭廚房》The Angelica Home Kitchen
「早安美國」Good Morning America
〈自然飲食的辯護〉A Vindication of Natural Diet
《行家》Connoisseur
《希特勒：既非素食主義者也非動物愛好者》Hitler: Neither Vegetarian Nor Animal Lover
《我不笨，所以我有話說》Babe
《我能坦白嗎？》May I Be Frank?
《沙拉專論》Acetaria: A Discourse of Sallets
《豆腐之書》The Book of Tofu
《豆腐烹調書》Tofu Cookery
《刺絡針》Lancet
《味噌之書》The Book of Miso
《夜柔吠陀》YAJUR VEDA
《拉蘿的廚房》Laurel's Kitchen
《法律篇》The Laws
《法國美食百科全書》Larousse Gastronomique
《泥土糖果食譜書：來自紐約市爆紅素食餐廳的好風味食物》Flavor-Forward Food from the Upstart New York City Vegetarian Restaurant
《物種》Speciesism: The Movie
《芝加哥晚餐食譜書》The Chicago Diner Cookbook
《芝加哥論壇報》Chicago Tribune
《俄勒岡人報》The Oregonian
「後龐克廚房」The Post-Punk Kitchen
《查理・特羅特的蔬菜》Charlie Trotter's Vegetables
《洛爾納・薩斯的素食廚房大全》Lorna Sass's Complete Vegetarian Kitchen
《為活而食：富含營養的快速持續減重驚人計畫》Eat to Live: The Amazing Nutrient-Rich Program for Fast and Sustained Weight Loss

〈為素食主義者的七大抗辯〉In Defense of Vegetarianism: Seven Yeas
《為素食主義辯護》A Plea for Vegetarianism
〈為素食者抗辯〉A Defence of the Vegetable Regimen
〈看她如此光彩〉Oh She Glows
《美形》雜誌 Shape magazine
《美味之道》The Savory Way
《美味代價》Food, Inc
《美食》雜誌 Bon Appétit
美食頻道 Food Network
《美酒佳餚》Food & Wine
《美國2010年飲食指南》The 2010 Dietary Guidelines for Americans
〈美國人不符合聯邦飲食建議〉Americans Do Not Meet Federal Dietary Recommendations
《美國社會史》Social History Of The United States
〈美國素食主義〉Vegetarianism in America
《美國素食史》Vegetarian America: A: History
《美國素食者》American Vegetarian
《美國國家癌症研究院期刊》Journal of the National Cancer Institute
〈美國最令人興奮的主廚？〉The Most Exciting Chefs In America
《美國新聞與世界報導》U.S. News & World Report
《美國臨床營養學期刊》American Journal of Clinical Nutrition
《美國醫學會雜誌》Journal of the American Medical Association
《要吃要喝，也要健康》Eat, Drink and Be Healthy
《迪恩・奧尼希博士的心臟病逆轉計畫》Dr. Dean Ornish's Program for Reversing Heart Disease
《韋恩堡哨兵報》Fort Wayne Sentinel
〈食肉者罹癌人數增加〉Cancer Increasing Among Meat Eater
「食物的未來」The Future of Food
《食物政治：食品工業如何影響營養與健康》Food Politics: How the Food Industry Influences Nutrition and Health
《食物政治十週年紀念版》The Tenth Anniversary edition of Food Politics
《食物革命》The Food Revolution
《食物無罪》In Defense Of Food
〈食品遊說、食物金字塔、以及美國營養政策〉Food Lobbies, The Food Pyramid, And U.S. Nutrition Policy
《食品戰爭》Food Fight
《娛樂週刊》Entertainment Weekly
《料理鼠王》Ratatouille
疾病證明：讓我們健康的顯著真相 Disease-Proof: The Remarkable Truth About What Makes Us Well
《神奇的青花菜森林》The Enchanted Broccoli Forest

《神的食物：素食主義以及世界宗教》Food for the Gods: Vegetarianism & the World's Religions
《笑聲的饗宴》A Feast Made For Laughter
《紐約》New York
《紐約市的純素指南》Vegan Guide to New York City
《紐約客》The New Yorker
《紐約時報》New York Times
《紐約時報雜誌》The New York Times Magazine
《紐約論壇》New York Tribune
《純素：飲食新倫理》Vegan: The New Ethics of Eating
《純素杯子蛋糕拿下全世界》Vegan Cupcakes Take Over the World
《純素者的復仇》Vegan with a Vengeance
《純素星球》Vegan Planet
《素食之聲》Vegetarian Voice
《素食主義的邏輯》The Logic of Vegetarianism
《素食主義者》The Vegetarians
《素食主義者的十字軍東征》The Vegetarian Crusade
《素食主義者期刊》Vegetarian Journal
《素食快訊》Vegetarian Messenger
《素食時報》Vegetarian Times
《素食烹調的原理和方法》The Principles and Practices of Vegetarian Cookery
《素食新聞》VegNews
〈素食餐飲的新研究〉New Research on the Vegetarian Diet
《素食饗宴》The Vegetarian Feast
《素食饗客》The Vegetarian Epicure
《素菜美食家》Vegetarian Epicure
《茱莉‧喬登的味道》A Taste of Julie Jordan
《追隨你心素食湯品食譜》Follow Your Heart's Vegetarian Soup Cookbook
《馬德‧傑佛瑞的東方世界的素食烹飪》Madhur Jaffrey's World-of-the-East Vegetarian Cooking
《健康行動》Nutrition Action
《健康服務國際期刊》International Journal Of Health Services
《健康者》The Healthian
《動物解放》Animal Liberation
《動物權》Animals' Rights
《寂靜的春天》Silent Spring
《救命飲食：中國健康調查報告》The China Study: The Most Comprehensive Study of Nutrition Ever Conducted And the Startling Implications for Diet, Weight Loss, And Long-term Health
《曼雷薩餐廳》MANRESA
《烹飪人生》How to Cook Your Life
《烹飪的喜悅》Joy of Cooking
《現在來禪美食：給老饕級味蕾的美味純素食譜》The Now and Zen Epicure: Gourmet Vegan Recipes for the Enlightened Palate
《理想國》The Republic
這輩子你會聽到的最佳演說 Best Speech You Will Ever Hear
《富比士》Forbes
《就是愛吃香料植物》Herbivoracious
《彭博商業周刊》BusinessWeek
《湖濱散記》Walden
《菜蔬辨識》Vegetable Literacy
《菜餚之心》The Heart of the Plate
《菜餚剖析》The Anatomy of a Dish
《華爾街日報》The Wall Street Journal
《超級免疫力》Super Immunity
《週六晚間郵報》Saturday Evening Post
《週日在楓館餐廳》Sundays at Moosewood Restaurant
《進食》Eating
〈飲食、營養和可避免的癌症〉Diet, Nutrition, And Avoidable Cancer
《飲食的完美方式》The Perfect Way in Diet
《飲食的道德》The Ethics of Diet
《黑天神的烹飪：印度素食烹飪的藝術》Lord Krishna's Cuisine: The Art of Indian Vegetarian Cooking
《黑魚》Blackfish
《塔薩哈拉麵包書》The Tassajara Bread Book
《新的營養學：吃什麼？怎麼吃？》The New Dietetics: What To Eat And How
《新芝加哥晚餐食譜書》The New Chicago Diner Cookbook
《新美國的飲食》Diet for a New America
〈新素食〉La Nouvelle Veg
《新規則》New Rules
《新聞日》Newsday
《椰菜鎮咖啡館食譜》Cabbagetown Café Cookbook
《楓館食譜》Moosewood Cookbook
《極簡烹飪教室》How to Cook Everything
《極簡烹飪教室素食版》How to Cook Everything Vegetarian
《溫柔飲食》The Kind Diet: A Simple Guide to Feeling Great, Losing Weight, and Saving the Planet
《當代素食餐廳》The Modern Vegetarian Kitchen
《經典印度素食和穀物烹飪》Classic Indian Vegetarian and Grain Cooking
《農產品污染導購指南》Shopper's Guide to Pesticides
《農場素食食譜》The Farm Vegetarian Cookbook
《農業法案》Farm Bill
《農業調整法案》Agricultural Adjustment Act
《預防及逆轉心臟病》Prevent and Reverse Heart Disease
《預防和逆轉心臟病：有科學根據並以營養為基礎的革命性治療》Prevent and Reverse Heart Disease: The Revolutionary, Scientifically Proven, Nutrition-Based Cure
《漢普頓》雜誌 Hamptons Magazine
《漫旅雜誌》Travel & Leisure
《瘋狂牛仔：牧場主人不食肉的簡單真相》Mad Cowboy: Plain Truth from the Cattle Rancher Who Won't Eat Meat
《瘋狂的性感廚房：點燃美味革命的150種強大的素食食譜》Crazy Sexy Kitchen: 150 Plant-Empowered Recipes to Ignite a Mouthwatering Revolution
《瘋狂的性感廚房》Crazy Sexy Kitchen
《綜藝》Variety
《綠色食譜書：知名餐廳的超凡素食料理》The Greens Cookbook: Extraordinary Vegetarian Cuisine from the Celebrated Restaurant,
《裸食／真實世界：熠熠生輝的100道食譜》Raw Food / Real World: 100 Recipes to Get the Glow
《裸食》Raw
《烹調之光》雜誌 Cooking Light
〈增加人類能量的問題〉The Problem of Increasing Human Energy
《增進超級免疫力的頭號超級食物》Top Super Foods for Super Immunity
《廚房中的科學》Science in the Kitchen
《廚房中的樂趣》Happy in the Kitchen
歐普拉脫口秀 The Oprah Winfrey Show
《瘦婊子》Skinny Bitch
《蔬食：由醫療人員和閱歷豐富者所認可》Vegetable Diet: As Sanctioned by Medical Men, and By Experience in All Ages
《蔬食教育》Veguated
《蔬食烹調新體系》A New System of Vegetable Cookery
《蔬菜飲食》Vegetable Diet
《論食肉》On the Eating of Flesh
《糖尿病有救了》Dr. Neal Barnard's Program for Reversing Diabetes
《蕭伯納的素食烹飪書》The George Bernard Shaw Vegetarian Cookbook
《蕭伯納精選集》The quintessence of G.B.S.
《頻譜》The Spectrum
《餐叉勝過手術刀：食譜》Forks Over Knives: The Cookbook
《餐叉勝過手術刀》Forks Over Knives
《餐廳》雜誌 Restaurant Magazine
《營養和健康報導》Report on Nutrition and Health
《營養與健康：美國人飲食指南》Nutrition and Your Health: Dietary Guidelines for Americans
《營養學期刊》Journal of Nutrition
《癌症》Cancer
《癌症研究》Cancer Research
《簡單料理》Simple Cuisine
《舊金山紀事報》San Francisco Chronicle
《羅斯福新政》New Deal
羅賓的素食教育（youtube 節目）Vegucating Robin
《願所有人都得以飽足：新世界的飲食》May All Be Fed: Diet for a New World
《麵包及麵包製作專論》A Treatise on Bread, and Bread-Making
鐵人料理（電視節目）Iron Chef
〈權力純素者的崛起〉The Rise of the Power Vegans
《變形記》Metamorphoses